万水 ANSYS 技术丛书

电磁兼容原理分析与设计技术

林汉年　编著

中国水利水电出版社
www.waterpub.com.cn

内 容 提 要

电磁兼容性要求是各国为确保电机电子产品能于其所规划应用的环境中正常操作而制定的，因此是强制要求检验的项目，也因此成为产品设计与系统整合工程师必备的工程技术能力。本书基于作者多年产品研发、标准审订、测试实验室认证评鉴、学术研究的经验进行EMC 实务分析与根本原因及原理说明，同时纳入电源完整性与信号完整性等重要议题，并提供仿真软件的分析案例，有别于一般 EMC 参考书籍只着重于 EMC 现象与问题的解决，可谓兼顾理论与实务、模拟与量测技术并重；同时为配合高科技产业的发展，本书还将 IC 芯片与无线通信的 EMC 效应与设计方案纳入，因此适合从事半导体、IC 设计、电机电子产品、信息通信产品、车用电子产品等开发与制造的工程技术人员参考。

图书在版编目（CIP）数据

电磁兼容原理分析与设计技术 / 林汉年编著. -- 北京 : 中国水利水电出版社, 2016.8（2020.3 重印）
（万水ANSYS技术丛书）
ISBN 978-7-5170-4464-2

Ⅰ. ①电… Ⅱ. ①林… Ⅲ. ①电磁兼容性－有限元分析－应用软件 Ⅳ. ①TN03-39

中国版本图书馆CIP数据核字(2016)第142180号

策划编辑：杨元泓　　责任编辑：张玉玲　　封面设计：李　佳

书　　名	万水 ANSYS 技术丛书 电磁兼容原理分析与设计技术
作　　者	林汉年　编著
出版发行	中国水利水电出版社 （北京市海淀区玉渊潭南路 1 号 D 座　100038） 网址：www.waterpub.com.cn E-mail：mchannel@263.net（万水） sales@waterpub.com.cn 电话：（010）68367658（营销中心）、82562819（万水）
经　　售	全国各地新华书店和相关出版物销售网点
排　　版	北京万水电子信息有限公司
印　　刷	三河市铭浩彩色印装有限公司
规　　格	184mm×260mm　16 开本　30.5 印张　758 千字
版　　次	2016 年 8 月第 1 版　2020 年 3 月第 2 次印刷
印　　数	3001—4000 册
定　　价	79.00 元

凡购买我社图书，如有缺页、倒页、脱页的，本社营销中心负责调换

版权所有・侵权必究

序

我国正处于从中国制造到中国创造的转型期，经济环境充满挑战。由于80%的成本在产品研发阶段确定，如何在产品研发阶段提高产品附加值成为制造企业关注的焦点。

在当今世界，不借助数字建模来优化和测试产品，新产品的设计将无从着手。因此越来越多的企业认识到工程仿真的重要性，并在不断加强应用水平。工程仿真已在航空、汽车、能源、电子、医疗保健、建筑和消费品等行业得到广泛应用。大量研究及工程案例证实，使用工程仿真技术已经成为不可阻挡的趋势。

工程仿真是一件复杂的工作，工程师不但要有工程实践经验，同时要对多种不同的工业软件了解掌握。与发达国家相比，我国仿真应用成熟度还有较大差距。仿真人才缺乏是制约行业发展的重要原因，这也意味着有技能、有经验的仿真工程师在未来将具有广阔的职业前景。

ANSYS 作为世界领先的工程仿真软件供应商，为全球各行业提供能完全集成多物理场仿真软件工具的通用平台。对有意从事仿真行业的读者来说，选择业内领先、应用广泛、前景广阔、覆盖面广的 ANSYS 产品作为仿真工具，无疑将成为您职业发展的重要助力。

为满足读者的仿真学习需求，ANSYS 与中国水利水电出版社合作，联合国内多个领域仿真行业实战专家，出版了本系列丛书，包括 ANSYS 核心产品系列、ANSYS 工程行业应用系列和 ANSYS 高级仿真技术系列，读者可以根据自己的需求选择阅读。

作为工程仿真软件行业的领导者，我们坚信，培养用户走向成功，是仿真驱动产品设计、设计创新驱动行业进步的关键。

ANSYS 大中华区总经理

2015 年 4 月

前　　言

电磁兼容性要求是各国为确保电机电子产品能于其所规划应用的环境中正常操作而制定的，是强制要求检验的项目，也因此成为产品设计与系统整合工程师必备的工程技术能力。

要了解电机电子产品与系统的电磁兼容性问题与相关测试标准法规，我们先要从分析形成电磁干扰现象的基本要素出发，而这些要素和相关的干扰能量传输机制是相关测试法规与测试方法的基础。由电磁干扰源发射的电磁能量经过耦合路径传输到对电磁噪声敏感的设备，这个过程称为电磁干扰效应。为了实现电磁兼容性的设计与各类电气产品对应的验证测试，我们必须从基本要素出发，从技术和组织两个方面着手。所谓技术，就是从分析电磁干扰源、耦合路径和敏感设备着手，采取有效的技术，抑制干扰源、消除或减弱干扰的耦合、降低敏感设备对干扰的回应；对人为干扰进行限制并验证所采用技术的有效性。组织，则是制订和遵循一套完整的标准和规范，进行合理的频谱分配，控制与管理频谱的使用，依据频率、工作时间、天线方向性等规定工作方式，分析电磁环境并选择地域，进行电磁兼容性管理等。

电磁兼容性是电子设备或系统的主要性能之一，电磁兼容设计是实现设备或系统规定的功能、使系统效能得以充分发挥的重要保证，因此必须在设备或系统功能设计的同时进行电磁兼容设计。电磁兼容设计的目的是使所设计的电子设备或系统在预期的电磁环境中实现电磁兼容，其要求是使电子设备或系统满足 EMC 标准的规定并具有以下两方面的能力：

- 能在预期的电磁环境中正常工作，而且无效能降低或故障。
- 对于该电磁环境不是一个污染源。

第 1 章会介绍什么是 EMC、EMC 的目的是什么、为什么现在越来越多。

第 2 章系统分析。要先知道噪声源特性，EMC 是三者互容，互容代表有很多东西存在于这里面，彼此之间是可以兼容的，所以一定会有噪声源，这些噪声源我们怎么来做分析？有哪些噪声源？这些噪声源频谱特性是怎样的？要知道噪声源的特性才有办法做实际的设计分析，以及有了噪声源之后，这个噪声源是通过怎样的耦合机制，因为 EMC 是一个 broadband，当它是一个宽带的时候，会发现在低频的时候是以电压电流的方式传送，可以通过传输线的方程式的概念来看；当频率说高不高说低不低的时候，就用传输线的概念来看，这时候就是近场耦合；当频率更高，波长跟开口的结构尺寸或传输线、散热片结构尺寸相近的时候就会产生共振，而共振就会产生辐射，所以知道有哪些是噪声源和噪声源的频谱特性之后，这些噪声源会通过怎样的耦合机制把能量带出去、干扰到什么东西才是 EMC，所以要做 EMC 的设计也从这里开始，擒贼先擒王，一开始如果能够把噪声源控制住，那么问题就解决了，如果控制不住，就把它的耦合路径断掉，比如说传导的时候就做滤波、高频辐射的时候就做屏蔽，频率说高不高说低不低的串音就用 PCB 的 Layout 来改变。

第 3 章分析是通过怎样的方式才会将噪声进行耦合传送，以致形成电磁干扰的问题。

第 4 章主要介绍在电子科技发展过程中，组件的非理想特性所造成的 EMC 根源的接地弹跳或电源不稳定，进而演变为电源完整性问题。而在目前科技产业要求提升通信效能与数据传输速度的同时，高速数字电路信号完整性（SI）问题（第 5 章）以及最后产生的电磁干扰（EMI）

效应与问题（第 6 章）是没有办法避免的，因此各技术组织与各国政府才需要制订相关的产品 EMC 标准，规范产品的 EMC 测试与管制限制，这些均在第 7 章中讲述。既然电磁噪声在产品运行过程中无法避免，在这种情况下会造成怎样的失效而无法符合标准要求，以及如何诊断解决，就成为第 8 章失效原因分析的内容，有这么多的复杂内容，那么知道什么才可以有对策，最后就谈到累积排错经验后的 EMC 设计技巧（第 9 章），如屏蔽、PCB 的布局与走线、滤波技术等，以协助工程师或产品开发规划者能从一开始就解决 EMC 的问题，而不是等到上市前的认证测试发现问题后才开始亡羊补牢，贻误商机。

本书虽是从实务角度出发，但为了提供完整且严谨的理论依据，书后补充有关电磁基础理论（附录 A）和屏蔽技术原理（附录 B），以方便读者更了解电磁兼容技术的相关理论，进而发展出属于自己的研究与创新领域。

作　者

2016 年 7 月

目　　录

1 电磁兼容简介与目的

什么叫电磁兼容性（Electromagnetic Compatibility，EMC）？这可由两个方面来说明（如图 1-1 所示）：一方面是电磁干扰，即任何数字组件本身在做逻辑状态切换的时候会对周围产生电磁场影响，而这样的电磁场影响就是所谓的噪声源（Source），所以必须考虑到任何不同产品的类别，不同产品类别会因为设计的技术和使用的工程技术与组件特性不同致使产生的频率和强度不同；另一方面是电磁耐受或免疫力（抗扰力），电磁耐受就是有些系统、产品或零件无法抵挡外部环境的电磁噪声以及很多必要的无线通信与广播能量，因为对某些使用者而言，那些是有用的信号，但对未使用到或不需要该无线信号的人而言，就会形成干扰噪声。

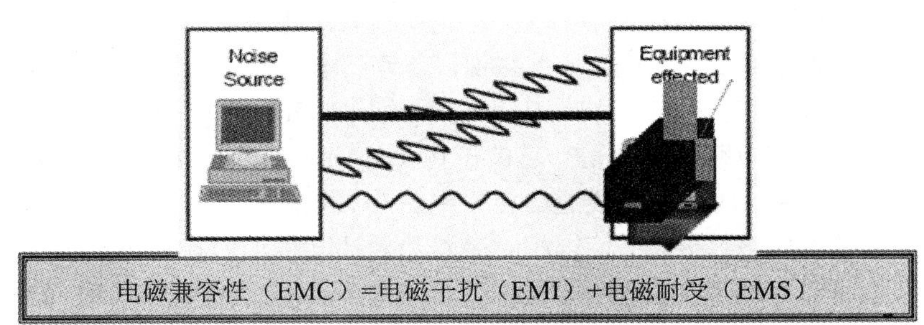

图 1-1　电磁兼容的含义

所以 EMC 的含义就是：了解自己所设计的东西一定会产生噪声，这个噪声用在什么场合和什么情境之下会干扰其他的组件、产品、设备，以至于令其产生误动作；清楚这样的设备或使用者，也同样会处在不同的电磁环境之下，因此要了解这个地方所产生的电磁场（包括自然界的雷击、静电等）或者它的供应电压电流可能并不稳定会不会对系统或电路造成操作上的影响，就要进行电磁耐受性防护。

由于任何系统在进行信号沟通的时候，不管是通过有线还是无线方式都一定需要耦合或传输路径，因此国际电通协会谈到，设备应能够在它欲使用的环境下正常运行，该设备欲使用的可能是工业环境、汽车环境、航天环境、医疗环境等，而在这些环境下本来就存在一些电磁场，这样的电磁场会不会对设备性能造成影响就是电磁耐受性（EMS），因此对各种使用环境下的产品都有 EMC 规格要求，而且各个不同地区所要求的规格等级会有不同，例如由于美国中西部气候干燥，因此对静电的要求等级就很严格，而北欧国家对太阳黑子和极光的电磁噪声要求很严格，部分大陆地区则会因为产业发展迅速，因此针对电源稳定性要求就很严格。

此外，系统在环境里运行会不会造成周围其他对象的误动作，这就是电磁干扰的问题，而只要有电压电流的变化，便一定会产生电场与磁场，所以电磁兼容性（EMC）不是要抑制所有的电磁噪声，而是要通过设计规划达到电子电路运作的可兼容并蓄、不会彼此严重影响的目的。所以 EMC 技术涵盖的范围很大，其对象可以是一辆车、一个组件、一个模块、一块 IC，甚至可以只是 IC 内部的一个功能区块，终极的 EMC 目标就是希望 IC 内部的功能区块能和平相处而不会产生误动作，使该 IC 达到要求的功能规格，那也就会衍生出系统内部干扰的问题，称为 Self EMC 或 Intra-EMC，系统内部干扰讨论的也是载台噪声（Platform Noise），例如当无线通信装置内部的数字组件启动之后，该组件产生的电磁噪声的水平是否太高，以至当接收外部的通信信号时，因为信噪比（S/N ratio）变差，以致严重影响通信效果；另外还有系统间（Inter System）干扰问题，其目的即在保护消费者能在室内环境中正常地使用设备，目前的 EMC 标准即是针对此类产品，也就是确保系统与系统之间能正常运作，如投影机、计算机、灯具等在使用时会不会对其他的投影机、计算机、灯具造成干扰影响，而 Intra-System 问题就是研究在无线通信装置或是汽车内部，因有非常多不同的模块与组件并存，彼此之间会不会有效能影响，所以我们讨论 EMC 就必须从一个系统整合的角度来看，小到一块功能 IC 的功能区块大到一架飞机都是如此，因此 EMC 范畴就是当使用各式电机电子产品时，由于势必会产生不同层次的电磁扰动，以及不管是人为造成还是自然造成（雷击、闪电、静电）的环境，为防止产品彼此间有所干扰，所以就有很多相关的测试标准与规范应运而生。

一般来说，电磁兼容是定义一个电子系统或组件能工作在恰当的电磁环境中，而不是在不正常的干扰环境中而遭遇失效或性能恶化，这也是为什么电磁兼容对于产业（尤其是电子科技与无线通信产业）如此重要的原因。举例来说，当笔记本电脑功能越来越强的同时也在内部加入许多无线通信模块，有 Wi-Fi 模块、Bluetooth 模块、GPS 模块等，由于除了高速的中央处理器与内存等高速数字电路组件都是严重的干扰源外，LCD 与 CCD 等影像信号传输线路也都是明显的 EMI 干扰源；而随着无线通信接收电路的高敏感度、大吞吐率（Throughput）以及智能汽车电子系统的安全性要求，使得相对装置数量逐渐增加而设计也变得更为复杂，如果没有考虑到数字系统载台噪声（Platform noise）与各射频系统模块共存（RF coexist）问题，那么在系统整合完成后所面临的电磁兼容性问题将会使整个产品开发进度受到极大的考验与延误。因此，为达到无线通信系统较高传输速率或较远传输距离（大覆盖率）与较低噪声水平的要求，以及强化智能汽车电子系统的安全性，利用系统整合概念，通过问题的原因分析及 EMC 设计改善方法，以降低制造成本、改善通信质量及强化电子产品效能等就成为本书的主要目的。

1-1 电磁兼容的现象

现代生活中，除了自然界的电磁干扰现象外，电子科技的普及化带来了各种人为的电气噪声，也导致更复杂的电磁环境。

随着第三代 3G 移动通信的普及与第四代 4G 移动通信的发展及基站的布建，使用智能手机、平板电脑上网已经成为人们的生活习惯，同时科技产业积极推广的智慧生活更使得未来连汽车、电视、冰箱也都可以直接上网，随时随地交换环境信息并彻底改变生活形态。此外，随着智能运输系统与车联网的发展趋势，无线通信技术的应用更使环境电磁波的效应与环保问题更加严重。

伴随着移动通信的使用需求越来越大，数据传送接收速度的要求越来越快，无线通信接收电路对高灵敏感度的要求也益趋严苛，因此除了各国电信主管部门持续对无线通信装置进行传统的辐射功率（如 ERP、EIRP 等）与频宽等要求，以避免造成通信系统间彼此干扰外，相关的组织（如 CTIA、PTCRB 等）与厂商也开始对无线通信装置的天线机构与电磁兼容性效应进行性能上的规范（如 TRP、TIS、Throughput）以提升通信系统的效能。然而对于所有电子电气设备或装置而言，当设备间相互联通或置于邻近的位置时，所有的电子电气设备或装置都会因电磁效应而相互影响，如洗衣机或架空的电力线路可能因运作时产生的电磁波而影响附近的电视机或收音机的接收质量，如图 1-2 所示。一般家庭里处处充斥着会产生电磁噪声的电子产品，其中有小至电动牙刷大至日常生活所使用的智能手机、平板电脑、笔记本电脑、电动工具、LED 灯的控制器和一些未经测试认可的有问题的电子设备。此外，值此无线通信系统已发展成熟，而且嵌入数字应用电路在各种电子产品的时刻，未来生活环境中将有更多高速传输的无线通信产品相互连接，在寻求生活的便利性时却可能因为其他电子产品所发射的电磁波噪声造成信号错误，进而导致产品的功能无法正常使用。因此，当多个无线装置同时运作而导致产品无法顺利接收正确信号或是无线装置在互联之间所传送的信号与对应装置所能接收的是不同频率，在为了使两者能互相连接而需要转换频率所造成的噪声导致传输信号失真时，将使得原本的应用装置功能失效，为了促进产业发展及保护消费者，世界各国政府、技术组织与产业联盟纷纷建立相关的电磁兼容性规范，以建立电子与无线通信科技产业的符合性认证体系。

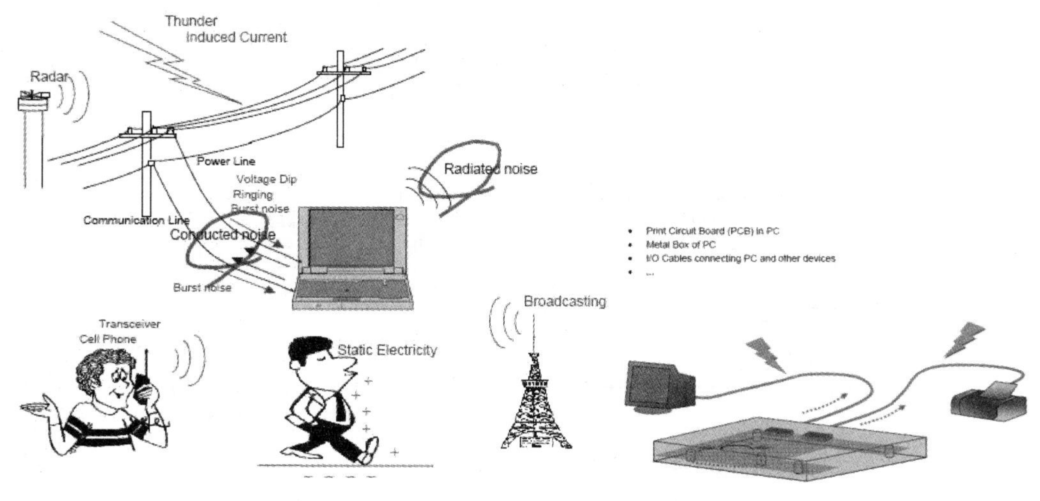

图 1-2　生活与计算机周遭的 EMI 现象

要了解电机电子产品与系统的电磁兼容性问题和相关测试标准法规，我们先要从分析形成电磁干扰现象的基本要素出发，而这些组成要素与相关的干扰能量传输机制也就是相关标准法规与测试方法的基础。由干扰源发射的电磁能量，经过耦合路径传输到对电磁噪声会有敏感响应的设备，这个过程称为电磁干扰效应。因此，形成电磁干扰的现象必须同时具备三个基本要素（如图 1-3 所示）：干扰源、耦合路径和噪声受体。

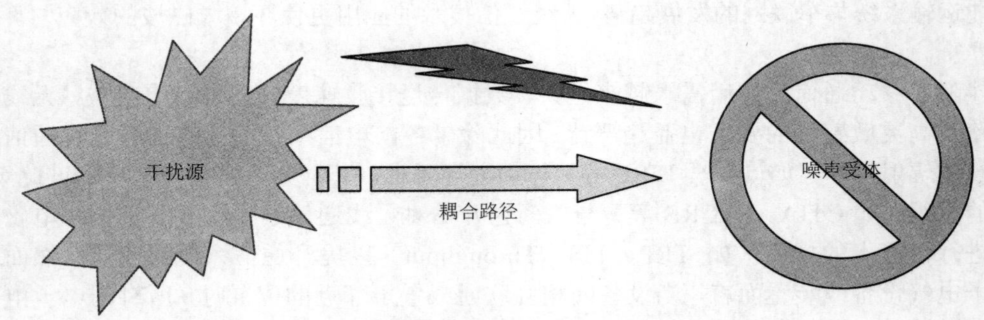

图 1-3　电磁兼容现象的组成要素

（1）干扰源（或噪声源）。

任何形式的自然雷击与静电现象或人为电能装置所发射的电磁能量，可能使共享同一环境的人或其他生物受到伤害，或使其他设备系统或装置系统发生电磁危害，导致性能降低或失效，这种自然现象或电子装置就称为干扰源或噪声源。如果是航天设备则要考虑宇宙射线及太阳黑子，以及穿过大气层时产生的摩擦放电等干扰现象。不管是静电还是雷击或无线通信等干扰源，其频谱特性都是不相同的，而无线通信则比较简单，因为容易确认通信或广播系统的电磁特性，因此若知道产品操作环境很靠近干扰源，针对雷达、无线通信以及广播电台只要做好滤波与屏蔽即可阻挡噪声干扰，但是静电、雷击以及快速瞬时脉冲等瞬时干扰能量较大，其干扰波形经过傅里叶转换形成宽带分布，所以很难仅用滤波与屏蔽来加以抑制。一般信息类产品的电磁噪声如图 1-4 所示。

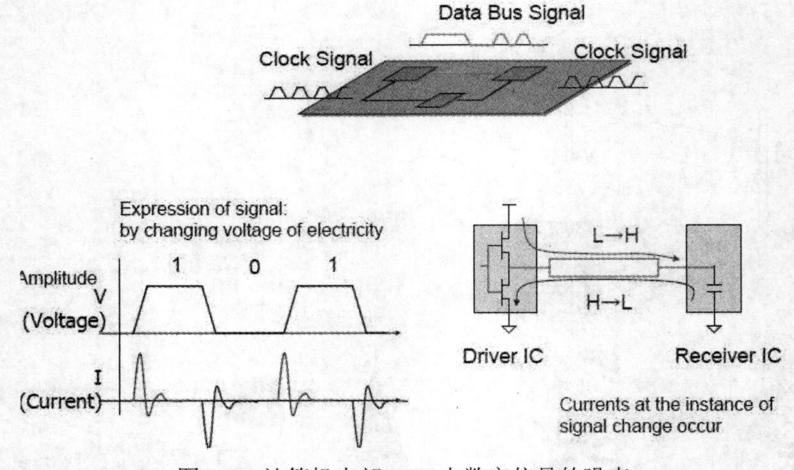

图 1-4　计算机内部 PCB 上数字信号的噪声

其中有传送到驱动器与负载元件的高速频率信号，以便使驱动电路（Driver）与接收负载（Receiver Load）两端元件进行同步，以及由发射端的驱动电路（Driver）传送到负载端的真正有用信号。而从数字电路几乎都是以反相器（Inverter）来看，目前的 IC 可能是由几亿个或几千万个反相器所组成，而数字逻辑 IC 的等效输入电路就是一个电容，其在状态 LOW 时 P-MOS 开启而 N-MOS 关闭，负载经由电源充电，而在状态 HIGH 时 P-MOS 关闭 N-MOS 开启，负载经由接地放电，因为互补式金氧半 CMOS 反相器在稳态时并没有把电源及接地连接在一起，所以一般都非常省电，但是当状态转换时则会因其间的 P-MOS 与 N-MOS 同时在极短时间内开启，所以瞬间产生极大的噪声电流，而形成明显的干扰源。

（2）耦合路径。

耦合路径即传输电磁干扰能量的通路或媒介，它可以是经由导体传输干扰电压或电流的传导路径，或是因电压及电流于电路装置结构激发电场与磁场或电磁场后经由空气辐射的辐射路径，而这二者是由干扰源的频率分布所决定的。任何的系统与外界沟通，不管是通过有线还是无线方式都一定会有暴露的途径，而要有效解决路径的干扰耦合，高频问题可以用电磁波方式解决（屏蔽），低频则可用滤波的方式加以解决。

（3）噪声受体（敏感电路或被干扰者）。

噪声受体是指当受到干扰源所发射的电磁能量的作用时会受到生理性伤害的人或其他生物，以及敏感设备会因为发生电磁危害导致性能降低或失效的器件、设备、分系统或系统。许多器件、设备、分系统或系统可以既是干扰源又是敏感的噪声受体设备。

依据上述现象分析，三者只要解决其中一个就可以完成 EMC 设计目的，而从这个角度来看测试规划也是如此，所以如果执行 EMI 测试就通过辐射或是串音（串扰）和传导方式，此时敏感设备就是天线与接收机，若要执行 EMS 测试，那敏感设备就是产品，而此时的电磁干扰源就是像雷击、静电、快速瞬时脉冲等信号产生器，故设计及测试都是通过这三点来加以应用。电磁兼容性标准和规范进而分为两大类：电磁干扰（EMI）和电磁耐受性或免疫力（EMS）测试，在不同频率范围内，采用不同的耦合方式进行；当噪声源为待测物，而噪声受体为量测仪器时，此即为 EMI 测试；反之，如果噪声源为干扰信号的产生仪器，而噪声受体为待测物时，此便为电磁耐受性测试（EMS）。任意电子电机设备可能既是一个干扰源又是一个被干扰者，因而电磁兼容性测试往往包含电磁干扰测试（EMI）和电磁耐受性测试（EMS）。

为了实现电磁兼容性的设计与各类电气产品对应的验证测试，我们必须从上述三个基本要素出发，从技术和组织两方面着手。所谓技术，就是从分析干扰源、耦合路径和敏感设备着手，采取有效的技术，抑制干扰源、消除或减弱干扰的耦合、降低敏感设备对干扰的响应，以及对人为干扰进行限制，并验证所采用技术的有效性。组织，则是制订和遵循一套完整的标准和规范，进行合理的频谱分配，控制与管理频谱的使用，依据频率、工作时间、天线方向性等规定工作方式，分析电磁环境并选择地域，进行电磁兼容性管理等。

电磁兼容性是电子设备或系统的主要性能之一，电磁兼容设计是实现设备或系统规定的功能、使系统效能得以充分发挥的重要保证，因此必须在设备或系统功能设计的同时进行电磁兼容设计。由于电磁兼容设计的目的在于使所设计的电子设备或系统在预期的电磁环境中实现电磁兼容，因此其要求是使电子设备或系统满足 EMC 标准的规定并具有以下两方面的能力：

（1）能在预期的电磁环境中正常工作，并且无效能降低或故障的状况。

（2）对该电磁环境而言，不是一个电磁污染源而影响周围其他设备的正常运作。

为了实现电磁兼容的环境，我们必须深入研究以下 5 个与标准法规制定息息相关的问题：

（1）对干扰源的研究，包括干扰源的频域和时域特性、产生的机制及抑制方法等的研究。

（2）对电磁干扰传播特性的研究，即研究电磁干扰如何由干扰源传播到敏感设备，包括对传导干扰和辐射干扰的研究。传导干扰是指沿着导体传输的电磁干扰，辐射干扰即由组件、部件、连接线、电缆或天线，以及设备系统辐射的电磁干扰。

（3）对敏感设备抗干扰能力的研究。

（4）对测量设备测量方法与数据处理方法的研究。电磁干扰十分复杂，测量与评价需要有许多特殊要求，例如测量接收机要有多种检波方式、多种测量频宽、大过载系数、严格的中频滤波特性等，还有测量场地的传播特性与理论值的符合性要求等；如何评价测量结果也是个重点问题，需要应用概率论、数理统计等数学工具。

（5）对系统内、系统间电磁兼容性的研究。系统内电磁兼容性是指在给定系统内部的分系统、设备及部件之间的电磁兼容性，而给定系统与它运行时所处的电磁环境或与其他系统之间的电磁兼容性即系统间电磁兼容性，这方面的研究需要广泛的理论知识与丰富的实务经验。

此外，还应当指出的是，由于电磁兼容是抗电磁干扰的扩展与延伸，其研究的重点是设备或系统的非预期效果和非工作性能、非预期发射和非预期响应，而在分析干扰的叠加和出现统计概率时，还需要按最差的情况考虑，即“最差原则”，这些都比研究设备或系统的工作性能复杂得多。由于电子产品都必须经过电磁兼容性的测试，配合相关产品的技术与性能要求所对应的标准规范进行最完整和严格的检测，以确保该产品在实际使用的情境下能与其他电子电气产品的操作正常共存。其中一项是主动性的电磁干扰测试，测试电子电气产品或机器在运行过程中是否会产生影响其他系统的电磁干扰噪声，而另一项测试则是被动性的电磁耐受或抗扰能力测试，目的是测试产品或机器在运行过程中，具有忍受周围电磁环境影响的能力，也唯有同时通过这两项检测才能算是安全性比较高的电子产品，才能获得验证上市。因为被动性的电磁耐受性测试相较于主动性的电磁干扰测试较易对待测产品造成破坏性，所以在一般双向性的噪声耦合途径状况下，测试与执行对策排错的顺序就会以电磁干扰测试项目为先。

由于产品操作的电磁环境是否是特定的、可以预期的，其电磁噪声的强度与频率范围会有很大差异，所以在测试标准的最上层，先制定一般或通用标准，这种一般标准会规定要用在工业用的环境、商业用的环境、医疗用的环境、汽车用的环境中因环境效应引起的测试项目与限制值要求，在适用的环境操作下一般产品的性能会有怎样的电磁影响；然后就会说明因为产品须使用在同一电磁环境共容的情况下，所使用的仪器设备或模块（次系统）就不应该产生超过标准规范规定的电磁干扰强度，所以必须据此定义限制值，该限制值是依据目前产品类别的工艺技术与耗电情况在一般使用情况之下它可能产生的噪声水平有多高以及与可能受影响的周围其他产品距离而制定，因此就有在距离三米或十米时，电磁干扰水平不能超过多大的限制值，而这就是规范从信号源端往外传送的电磁干扰发射现象，也就是限制噪声源的电磁辐射。

而另外一个制定电磁干扰限制值的方式则是通过产品或组件的操作环境中的敏感电路电磁耐受度或抗扰度，再定义出噪声耐受余裕度能承受的其他干扰性组件的电磁干扰水平。如放大器、传感器等对电磁噪声的免疫能力，即环境中的设备、次系统的电磁耐受性水平，如汽车电子模块的耐受性标准（ISO 11452-xx）有超过十项的测试，这是因为对汽车来说安全影响因素最重要，越来越多的动力与电子装置控制系统会不会导致误动作，最常看到就是电子控制系统产生的爆冲和煞车失灵问题，确实是因为电路系统产生问题造成干扰现象，所以就特别有电磁免疫性（抗扰度）的要求，这是因为已经知道汽车行驶的环境中，附近可能有很多的高压电、变电厂、汽车内外的无线通信装置等，那些高压电、变电厂都会产生很强的电场和磁场噪声，若未加以防护则电子控制系统可能会出现问题，抗扰度或EMS的能力越强就越不容易遭受干扰，但其对有用信号的敏感度也同样会变差，进而可能影响电路效能。

针对各种电子产品在规范环境的EMC要求，各国主管部门都有对应的产品认验证规定，例如，卫生部针对所有的医疗产品与设备、交通部针对汽车等交通工具等进行各种频率使用管制规范以及EMC规格要求，因为频率是非常昂贵的公众财产，而且也要确保人体的健康，例如手机要管制近场的比吸收率（SAR），是因为发射体靠近人体一般是在6cm的距离以内，场强多大可能对人体会造成影响，另一个则是管制基站的最大允许曝露量（MPE），通过管制远场电磁波对人体健康的评估，以便让各种设备在复杂的电磁环境中均能正常的运作，而且也不会对人体造成危害，也因此产生了很多EMC测试实验室，甚至所有的产品后面都一定会有EMC合格标识，以确保产品符合全球各地的对应EMC要求，例如CE的是欧洲市场，FCC的是美国市场，VCCI的是日本市场，BSMI的是台湾市场。

然而，除了目前针对成品系统所规范的系统间电磁兼容性标准外，系统内性能的电磁兼容性问题，也就是系统内的零部件、电路板、模块、装置等，两两之间也可能会互相干扰影响，因此若将前面的电磁兼容性测试含义引入产品设计的系统整合规划时，即可借助EMC设计规划与噪声概算（Noise Budget）的应用，通过部件的摆放布局与信号传输布线改善其EMC特性以达到系统间与系统内的EMC要求，后续章节会有更详细的应用说明。

1-2　电磁兼容的发展趋势

通过前面的EMC含义说明我们即可了解EMC的目的，也就是在当前科技发展越来越快，系统的整合性越来越强，而产品与组件体积越来越小，在所有功能不变，耗电也没有减少的情况下，如何在一个更小的空间里面，而且组件或装置之间彼此的互相影响越来越明显的趋势下，通过原理分析与仿真来符合EMC的设计目标与性能要求。所以在生活中电气及电子设备数量不断增加，而且无线通信频谱使用范围越来越广，尤其是全球积极推行物联网与车联网应用的情况下，EMC的问题将更加复杂。物联网代表生活周遭与包含人体在内所有的一切都会有各种不同形式的传感器，就像是植入在身体里面，能控制人体的血流、心跳等装置，以及越来越多的环境电子感测与控制对象，让电磁环境越来越复杂，所以除了目前使用到的广播与通信频谱，会因为无线通信的传输速率与频宽需求而将频谱向高频延展，后续也会因为智慧车辆与ITS（智能型运输系统）的发展而有防撞雷达、车联网与自动导航的技术应用，而且现在汽车的防撞雷达技术已经相当成熟，应用也逐渐普及，目前有部分无人驾驶车即将或已经问市，而无人驾驶车的行驶方式一般要靠与其附近车辆和道路环境进行通信联络与感测控制，以及前后车辆的防撞控制与导航规划，甚至通过地面上的传感器交通分隔线，以防止车辆偏移或偏离车道，以及跟道路旁边的无线网络信号柱（一般为5.6或5.9 GHz）持续进行联网沟通，而在这样的智慧城市环境下，电磁环境只会越来越复杂。

早期的电子产品较少考虑电磁兼容性（EMC）的问题，主要是因为电路速度慢、电子零部件因操作时供应电压较高而有较大的噪声余裕度、无线通信系统尚未形成复杂的电磁环境或污染，以至于在产品周期长的情况下，商用产品的设计多强调自身功能而非使用时的电磁环境效应。所以过去在设计电路布局或走线时，因为频率较低、信号波长不足以导致传输线效应，因此 EMC 设计必须考虑的因素相对来说并不多，只要遵守基本安全规则就足够了，但随着半导体制程的发展、系统接口传输速度的增加、数字电路操作的频率上升，在传输线效应与电磁场耦合效应逐渐明显的情况下；同时，在其操作频率快速提升、供应电压渐渐降低，但消耗功率在效能提升的前提下却不减反增（遵循着 Moore 定律的半导体制程法则），以至于在 IC 的电磁耐受度上面更明显遭遇严重问题，因此传统的电路设计规则已渐渐无法防止电磁效应所产生的干扰影响；同时，IC 设计已进入到封装系统（System in Package，SiP）与芯片系统（System on Chip，SoC）设计，甚至是三维制程（3D IC）的先进半导体时代，因此电磁兼容领域的研究最近几年也渐渐从传统的频谱管制、系统产品规范演变到将 EMC 的设计与规范运用到模块与 IC 上，以便在系统的设计整合阶段即可将噪声概算的观念导入组件的质量管理范围，及早从电磁干扰源端有效达到电磁兼容性设计的目的，也就是说，EMC 设计必须提升到研发的境界，从系统整合的观念来思考产品的性能规划与规范要求，而不再像传统的 EMC 管制流程，等到产品开发完成进入性能测试与标准验证阶段再要求产品开发链最下游或最低阶的 EMC 工程师通过各种补丁式的滤波或屏蔽技巧来进行事后补救，那样不仅增加对策材料的成本，更会延误产品上市的时机。

在现今电子信息技术日益普及的数字化社会，笔记本电脑及移动通信设备的使用需求越来越大。对于想要随时随地上网、执行导航定位、体验移动创新应用的消费者和专业人士来说，高速数字运算与各种无线通信模块已经变成移动设备不可或缺的一部分。为确保在此种数字经济发展的过程中所有的便携式移动设备能够正常运行，以及减轻恶劣的电磁环境对人体及生态产生不良影响，加上民众的环保意识抗拒基站在住家邻近区域建置，使得一般型稍大功率的基站数目会越来越少，因为基站的覆盖范围如果要大，那么发射功率就必须要强，但大的发射功率对邻近居民的健康就可能造成影响，因此随着无线通信产业与技术的发展，基站已经逐渐朝覆盖率较小但可更有效提升频谱使用效率与数据传输率的小细胞方式建置（如 Pico-Cell 或 Femto-Cell），对电信系统业者而言虽然必须增加建置数量与成本，但可以配合比较小的基站发射功率，因为信号强度可能也会相对下降，在不影响通信质量的条件下就必须改善无线设备的接收灵敏度。此外，因为无线或移动产品内一般都包含数个不同系统的无线通信模块（例如个人网络 Bluetooth、局域网络 802.11x、移动网络 WCDMA 或 LTE、定位导航 GPS 等），若要各模块间在收发之际能够兼容共存，EMC 的设计也必须从系统整合的角度来看，如 RF 射频模块、天线、数字电路、模拟敏感电路等如何将其组合在一起才会获得最好的性能，而且每个产品内部都有各种不同的功能模块，要能够让彼此共存而不相互产生干扰就必须靠组件摆置、PCB 布局走线等技术使产品能够符合电磁试验与性能规格的要求。

而随着半导体产业的蓬勃发展，数字组件的速度与效能也逐渐向上延伸，加上消费性电子产品流行、无线通信设备的小型化且附加功能越来越强大的趋势下，在越小体积的平台下放入更多的无线设备和功能更强大的数字系统，在越多模块同时作用下（如笔记本电脑内部加入 GSM、WLAN、GPS、Bluetooth、DVB-H 等天线模块时），系统设计工程开发人员所需要注意的焦点就不仅仅是探讨在电磁兼容法规所关注的设备与设备间的问题，更是演进到模块与模块间、模块与集成电路零件间以及电子零件与零件之间干扰所造成的性能恶化问题。为了解决不同厂商所制造的模块和电子组件间电磁干扰与兼容性问题，以及减少产品本身所产生的电磁辐射对通信频段的干扰，无线通信模块与数字系统的共存也成为目前无线通信与汽车电子产品量产出货前的重要性能认证之一，以便改善无线通信传输效能及进行电磁噪声成因分析抑制的设计技术，进而达成提升集成电路生产效率与降低生产成本的最佳方案。

由前述电子产业发展趋势的说明可以清楚地了解电机电子产品的EMC设计挑战将越来越严苛，而且必须深入分析其效应产生的根因，而不再只是表层所显现出来的 EMC 现象进行补救措施而已，所以 EMC 技术的要求与发展趋势必将朝以下方向发展：

（1）第一阶段：符合系统间（Inter-System）标准规范要求，其设计与改善对策有天线设计、吸波与屏蔽材料的应用、滤波器等。

（2）第二阶段：进行系统内（Intra-System）模块的噪声耦合分析，其在载台噪声的设计与改善目的，即在利用个别集成电路（IC）与模块的电磁干扰噪声分析设计出符合汽车制造商与移动通信系统厂商（电信业者）对性能的技术要求，如 CTIA、3GPP、美国三大车厂的要求等，而此目标要求则必须事先建立 IC-EMC 的行为特性模型。

（3）第三阶段：进行硅芯片与封装层级的噪声产生与耦合分析，目的在于能从电磁干扰的源头即进行设计管控，其发展方向将是集成电路（IC）的电磁干扰噪声预算和集成电路（IC）的电磁噪声模型，以提供给产品设计与系统整合人员参考。

从图 1-5 所示的 EMC 国际标准发展状况可以更明确地发现除了测试标准已经逐步由系统到芯片、由外而内进行模块与芯片的 EMC 测试验证，以达到 EMC 设计的目的外，更将 EMC 模型设计的标准导入整个流程，以达到有效协助产业发展和系统整合的 EMC 管制目的。

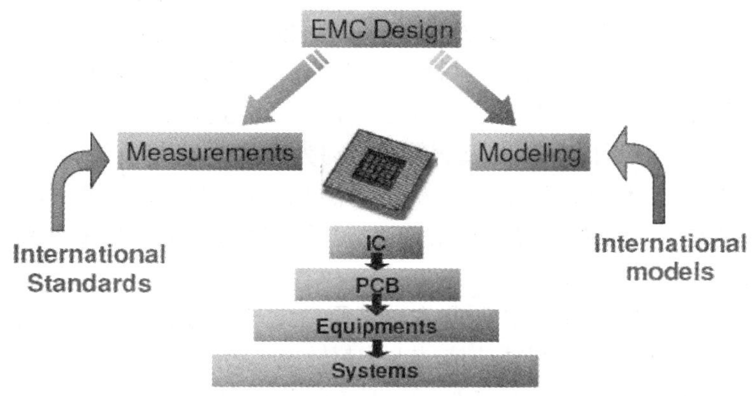

图 1-5　EMC 国际标准发展架构

1–3　电磁兼容面临的技术挑战

鉴于近年来 IC 制程技术发展相当快速，现已进入纳米时代，所设计的电路速度也已进入到 GHz 的范围，然而这些半导体产业的进步却衍生出如信号完整性（Signal Integrity）、电源完整性（Power Ontegrity）与电磁兼容性（EMC）等相关议题，使得将射频电路、模拟电路、数字电路等整合到单一系统芯片（SoC）或是系统封装（SiP）在整合实现时将变得更加困难。因为一般的数字电路区块是干扰源，而模拟组件与感测电路是电磁敏感电路或是抗扰性比较弱的部分，因此在积体化的整合过程中，其间的电磁噪声隔离与抑制技术便亟待解决。随着集成电路（IC）速度越来越快，所造成的电磁干扰问题也越来越严重，集成电路（IC）已成为电子系统的整体电磁干扰能量的重要来源。

一般而言，EMC 的问题越往源头越容易解决，而且解决的成本较低，因此 EMC 技术发展的趋势是由系统开始，然后逐渐朝模块与电路板设计方向研究，未来则无可置疑地往芯片层级解决 EMC 的问题。而随着制程技术的进步，开发一个 IC 的成本与困难度也变得越来越高，为了降低 IC 开发的成本与风险，加快产品进入市场的时间，我们通常想在设计阶段，即在 IC 未制造前，即能解决 IC-EMC 相关的问题。

然而，IC-EMC 这个领域是希望通过事先对 IC 进行 IC-EMC 量测，再以 EDA 软件进行仿真与分析，进而建立 IC 的电磁行为模型，以便提供给 IC 设计 EDA 软件在设计阶段即可进行 IC 电磁行为模型连接。换句话说，IC-EMC 的解决方案是通过改变传统的 IC 设计流程来解决以往需要等到产品制造完成后再进行 EMC 测试，等发现 EMC 不符合规定或客户要求规格时才作 EMC 对策的事后补救方式，改变为：在设计阶段即对 EMC 作验证模拟，使通过 EMC 模拟分析与验证后的产品在 IC 制造完成后进行电路系统的整合，即能符合相关的 EMC 规定要求，这样即可有效地减少产品因失败而蒙受巨大损失的风险，并利于缩短产品进入市场的时间，降低产品成本，使具差异化与个性化的产品在市场上更具竞争优势，而且目前也已有部分国际 IC 大厂在其产品目录中已附有 IC-EMI、IC-EMS 的测试报告供客户设计参考，以便在产品设计阶段即可引用数据进行 EMC 设计规划。

电磁兼容技术是跨学科的研究议题，因为除了必须知道电子电路学的基本概念与功能设计、天线的特性与结构效应、放大器的灵敏度效应等知识之外，还是产品设计流程的重要一环，因为它是非常实务的，所以必须在电子性能设计、机构设计、EMC 设计验测等团队之间密切交流合作方能达到一致的目标，然而目前的产品开发流程却大部分仅着眼于功能的设计，欠缺系统整合时的 EMC 设计规划与技术，直到产品完成后才在 EMC 测试时发现不符合的问题，进行事后的补救而延误商机，因为电磁兼容的设计目的是在有限的空间、有限的时间、最低的成本等条件下，在竞争激烈与产品周期渐短的市场有效达到产品的 EMC 符合性，因此这种传统技术本身与设计流程不完整的隔阂将是未来高速高性能产品开发时的最大挑战。

因为一般在研发工程阶段都是依照基本电路原理设计使功能呈现，所以 RD 研发工程师都是关注数字逻辑电路，其工作所观察的信号水平都较高（如伏特 V 或安培 A 等级）；而在信号完整性工程阶段，其目的是降低信号失真度、完成阻抗匹配，信号完整性（SI）工程师所观察的信号水平则较低（如毫伏特 mV 或毫安 mA 等级），但基本上 RD 和 SI 都是利用时域分析，通过示波器观察性能会不会失效或失真，然后利用傅里叶转换将信号波形转换成频谱，最后在电磁兼容性工程阶段为确保产品能够符合 EMC 规格可使用无误与正常售卖，电磁兼容（EMC）工程师必须了解各国法规，并处理频谱范围更广、信号水平更小的对象，因此必须具备更全面更敏锐的观察与分析能力。这些可由图 1-6 加以说明。

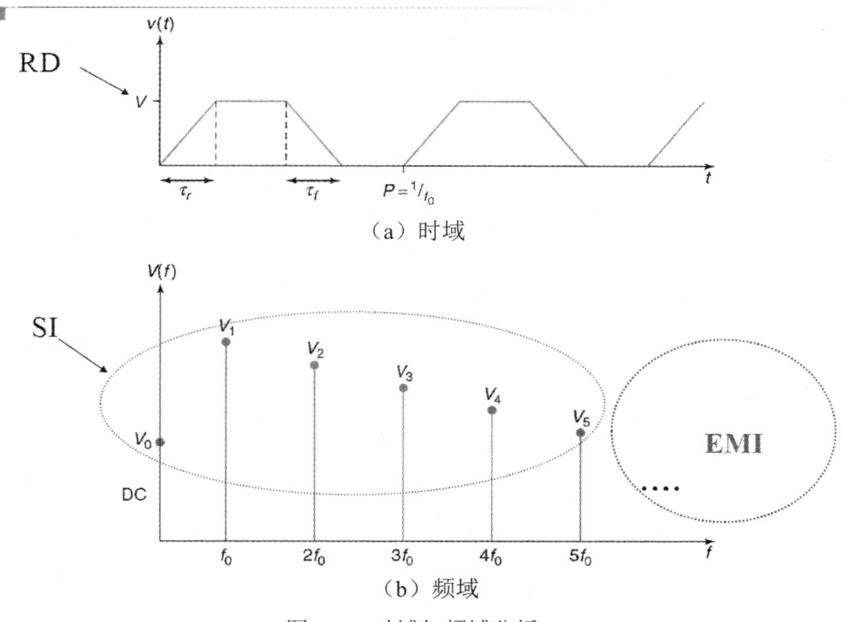

（a）时域

（b）频域

图 1-6　时域与频域分析

为了面对未来 EMC 的设计挑战，我们必须改进 EMC 设计流程，有效整合产品开发乃至上市所需的各种技术。传统的产品开发流程都是通过设计功能模块的连接，利用各模块规格来设计机械结构和电子电路、工业设计外观和螺丝定位锁定位置、不需要螺丝使用夹合方式等逐序进行，但产品的结构设计，对于无线装置上的天线摆放位置是否会互相耦合、不同组件位置会产生何种干扰影响，则尚无太多相关的设计指引（Design Guide），EMC 特性往往会因设计不同而有很大差异，所以本书的目的即在通过系统性的根因分析与案例模拟，协助读者进行 EMC 设计准则（Design Rule）的建立，以便后续在有限时间内可通过设计准则了解如何以最有效益的组合达到 EMC 设计的目标，因为很多 RD 研发工程师都是数字电路专长，不懂如何有效使用设计准则来缩短设计周期，所以很多产品在使用几乎相同的零部件情况下、使用同样或类似的电子模块和仿真软件组合也有好坏差别，最终生产出来的产品其性能与 EMC 特性的优缺点就会差异很大，因此通过设计准则的建立并整合至设计流程（图 1-7）即可有效地克服 EMC 设计的问题挑战。

因为电磁兼容法规的要求是各国主管机关针对成品实际运行现象的测试管制，而在电路设计时只要有正常的功能操作则信号源到负载端到接地难免会形成一个回路，任何的回路就会有电压与电流的传送，进而产生无可避免的电场和磁场，此种电磁扰动（Disturbance）即称为正常模式辐射（Normal Mode Radiation），其水平通常都很小，不会造成明显的干扰效应，但是因 EMC 设计不良、组件的非理想特性、组件的摆置或布线及接地不良都会产生共模噪声，而其造成的共模辐射（Common Mode Radiation）的水平通常都较大，容易导致明显的干扰效应。因此 EMC 的要求是只要电磁扰动现象不超过限制水平而造成干扰即可，所以各种不同标准会针对各种产品制定等级不同的限制值。

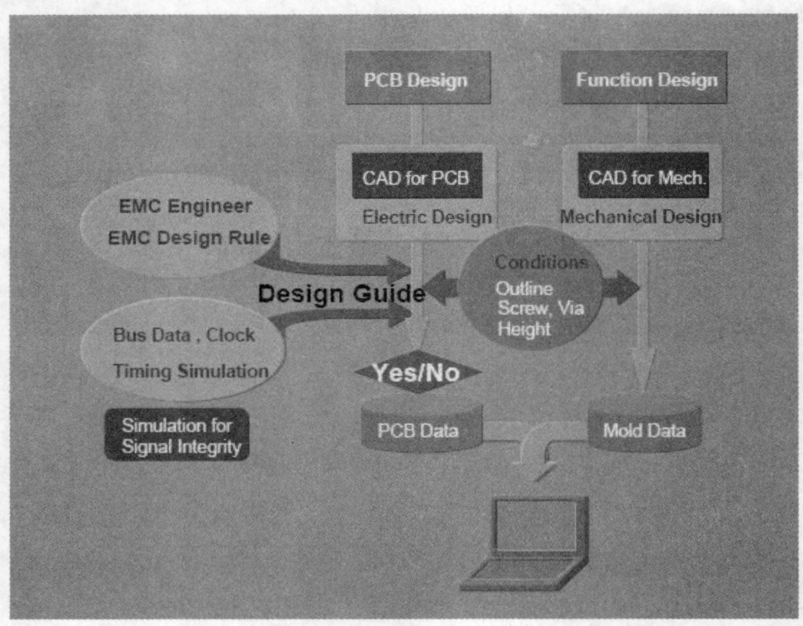

图 1-7　产品开发的 EMC 设计流程

然而 EMC 管制的是表层的现象，其问题产生的根本原因则是电源完整性与信号完整性问题，其间的关系可由图 1-8 表示。

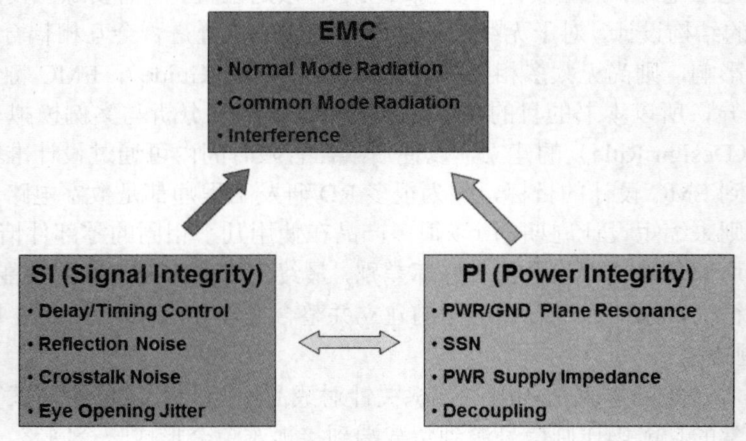

图 1-8　EMC 现象与根本原因的关联性

电源完整性问题的出现是因为接地设计不好或是使用的去耦合组件特性不好而造成的；其他原因有：在 PCB 板的电源层（Power）与接地层（Ground）形成夹层，其间的电源与接地层形成共振腔，瞬时噪声能量会在其中共振传播，若有贯孔穿过则噪声将耦合到贯孔上或是通过 PCB 边缘辐射出去。逻辑门的瞬间同步切换噪声在产品设计时需要知道会有多少位同时切换，若有 n 个位同时转态则噪声电流必须乘上 n 倍，辐射场强也将变为 n 倍，而造成电源位准的瞬间陡降（Voltage Droop）与接地层的噪声位准弹跳（Ground Bounce）。若 PCB 板层结构产生共振或电路组件非理想特性中的寄生电感、电容、电阻效应造成参考电压差异时，即会产生电源完整性问题而导致共模噪声电压，因此电源完整性的目标便是高速电路的电源供应阻抗要低，尤其是供应电源或接地导线的电流会产生磁场，而有磁场就有对应的电感效应，电感阻抗却又随频率增加而增加，因此要降低电源阻抗则线要短、宽，而接地组态则是可利用多点接地；至于在高频或高速电路切换时，则可以利用去耦合电容降低电源阻抗，因为电容随频率增加阻抗变小，或通过缩小电源回路来降低寄生电感效应。

然而电源分配网络在未来 PCB 设计上会面临越来越严重的挑战。因为一般在电路系统只有一个电源输入，但由于各种功能的电子电路要得到适度的偏压，所以就需要有变压电路或组件，但电源会因为高速数字电路操作越快，状态切换时原本稳压的电源就会浮动，因为电源完整性是要确保电源偏压 V_{dd} 与参考接地 V_{ss} 的正确性，当接地不好时切换噪声电流会使参考电位弹跳，进而造成偏压点或电路操作点的偏移而影响性能；而当电源参考区域与外部连接时，其共模噪声就会通过电源与接地传送出去，因为接地和电源都浮动而与外部结构形成一个寄生回路而造成严重影响电磁干扰的共模辐射。

信号完整性的目的是要能控制频率与数据信号的有效传输，但因为线材不同会造成传输速度差异，线材长度不同也会导致传输时间差异，而因为时序若未控制好，或因为阻抗不连续造成信号反射与涟波、走线紧靠造成的信号串扰、因使用的材料损耗过大而造成衰减与失真，都将导致眼图和时序产生问题而让系统误动作。发生在高速数字电路的 SI 问题可以归纳为以下各项：时序（Timing）、反射及涟波（Reflection and Ringing）、终接（Termination）、串音干扰（Cross-talk）、眼图（Eye Diagram）、偏斜（Skew）、时间抖动（Jitter）、损耗（Loss）和符码间干扰（ISI）等。

此外，由于无线通信系统的高接收灵敏度要求，让通信频谱内的噪声位准甚至较一般电气产品的要求更严格，以确保通信效能的规格。图 1-9 所示范例是一个频率为 200MHz 的数字逻辑信号，其经过傅里叶转换后的频谱分布包括了奇次谐振与偶次谐振，若工作周期（Duty Cycle）越接近 50%，则偶次谐振的位准就会越小，另外图中也显示目前为主要的通信与广播系统频段分配，而范例的 200MHz 数字信号所产生的噪声就会明显地干扰部分系统的接收效能。

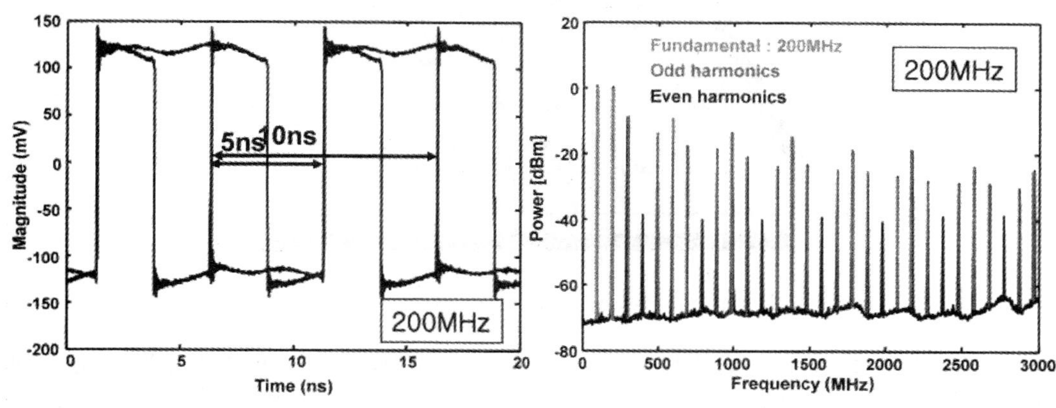

图 1-9　数字频率波形与其频谱所影响的通信系统

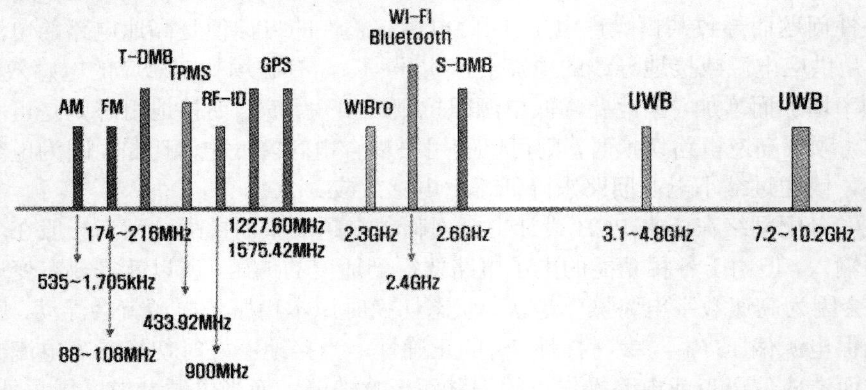

图 1-9　数字频率波形与其频谱所影响的通信系统（续图）

然而，因为一般产品是由许多 PCB 板模块构成的，而 PCB 板由许多 IC 组成，IC 又包含许多如 SIP 等的封装结构，封装结构再由晶元（die）与走线构成，最后才到晶元内部的功能与逻辑区块。一般讨论的芯片 EMC 是探讨晶元里的噪声源，而不谈其耦合路径，这是因为晶元（die）很小，其结构尺寸不会造成多强的辐射，严重的是在 IC 内部的状态切换产生的噪声经由接脚（Pin）到 PCB 走线再到主板，所以传输路径的复杂程度可以从 die 到 SIP 层级，从 SIP 到好几个组件构成的印刷电路板层级，多个印刷电路板构成的 PCB 或主板层级逐步分析，图 1-10 即显示了一般电路层级与功能复杂度的架构。

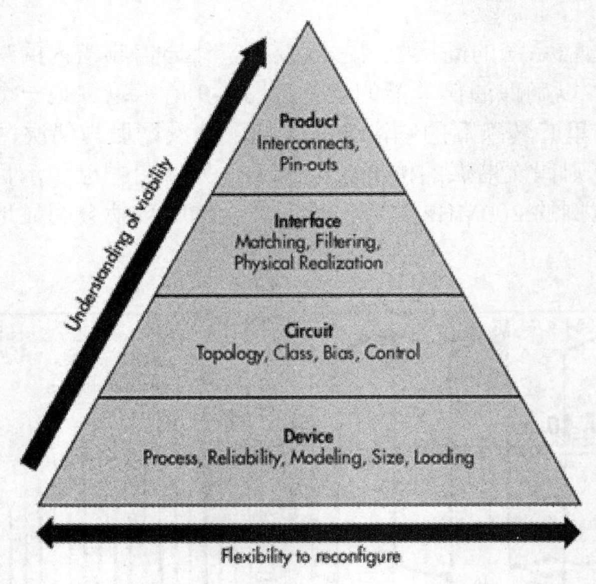

图 1-10　电路层级与功能复杂度的架构

图 1-10 最底层显示的是 IC 组件的制程、可靠度、模型、尺寸、负载效应等，因此若要研究 EMC 的根源，则必须从 IC 层级的 EMC 效应去评估它是如何造成产品与系统层级问题的，因为各种不同的制程所产生的寄生噪声特性也都不同，例如组件的尺寸越大，噪声可能越大；负载越多，消耗电流越大，噪声也会越强。接着在上一层则是由各种 IC 组成一个功能电路板所需考虑的因素，例如多点接地、偏压部分的电源完整性（PI）设计，或是利用差模传输电路、

阻抗匹配设计的信号完整性（SI）议题。在上一层级的功能接口则涵盖像滤波电路、PCB 板的具体实现与阻抗匹配等议题。最上层则为产品，产品层级必须知道采用何种接口、信号管脚安排，以及交联电路的规划，以确保产品的输入输出接口不会将底层的电磁噪声传送出去。

以图 1-11 所示的混合数字射频系统为例，这是一个典型的无线通信产品架构，包含有一个外部天线，结构内部还有 PCB 板、CPU 处理器、散热片、内存、I/O 控制接口与数据总线，如果结构上还有散热孔或耳机孔，就可能会将内部数字噪声辐射到产品外部，然而产品内部也会有噪声源间的交互耦合，或可能通过接地传导或金属接地结构产生干扰效应，所以就容易产生 RF 射频电路与数字噪声间的互相干扰，尤其当内部噪声耦合到外部的天线时，如何判断天线接收到的是有用信号还是邻近的载台噪声呢？假如 RF 射频电路噪声位准（Noise Floor）变大，那么 RF 电路的设计效益就没有用，因为如果设计的 RF 射频电路噪声位准比别人少 0.5dB，但如果因为组件的布局不佳而使邻近的数字噪声耦合产生 1dB 的干扰噪声，那等于射频电路的效能改善完全无效，甚至使传输距离变短，这就是射频干扰（RFI），也是目前 EMC 研究中最严苛的设计挑战议题。

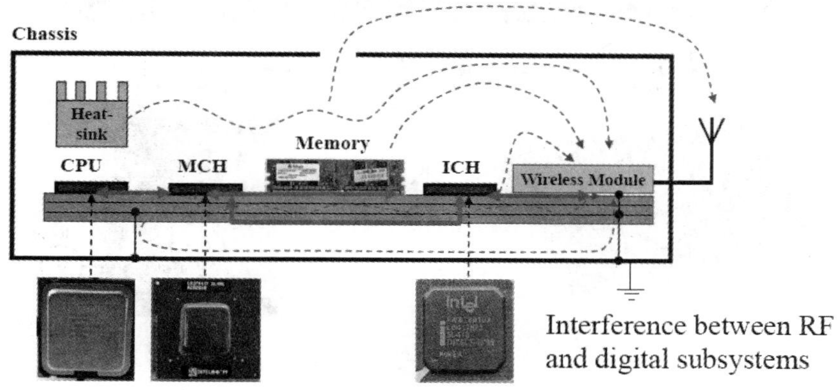

图 1-11　混合数字射频系统的内部干扰耦合

图 1-12 所示的范例是内建天线的混合数字射频封装系统的内部干扰耦合机制，此图显示封装系统采用隐藏式天线，因此数字噪声部分更会直接在内部交互耦合，那么封装材料究竟是要采用金属材料还是磁性材料就要考虑遮蔽的是外部的远场电磁波还是内部的近场噪声，而且因为封装材料形成阻抗不连续也会产生共振耦合，所以必须清楚地知道哪些是噪声源。一般噪声源如果是组件或导线激发造成的，那么就可以假设为噪声电流密度 J，而如果是槽孔所激发造成的干扰辐射，此时就可以将噪声源假设为磁流密度 M，接着就可以通过天线理论进行辐射场的分析，因此若能了解到整个构造何处有槽孔所造成的磁流或是金属导线或组件产生的电流，进而分析噪声的传播路径是通过传导还是辐射的方式耦合到天线而使射频电路噪声位准效能恶化，而此种载台噪声的量测方式将天线直接连接到频谱分析仪就可以感测得到天线邻近的干扰噪声。

未来产业还将面临的问题、发展过程中迫切需求的 EMC 设计与分析技术可以图 1-13 加以说明：一个 PCB 基板上面有经过封装的晶元 die，而前面谈到的所有瞬时逻辑同步切换噪声都产生于 die 内部，噪声可能会通过封装架构传送出去，而 PCB 上产生的噪声会在电源与接地层间形成共振传播，最后再从 PCB 边缘散逸出来，而若 die 与封装结构尺寸较大时，就会形成共振进而直接将电磁噪声辐射出去，因此 IEC 61967-2 的横向电磁波室（TEM Cell）就是针对此种机制进行侦测；IC 层级的 EMC 问题与挑战在未来的 3D IC 制程中将会更加明显，当逻辑状态的切换噪声电流造成参考电源浮动时，因为需要稳压电路，所以必须使用去耦合电容来稳定电压，而一般 3D IC 的最上层可能是像天线或传感器等的敏感电路，内层则多为数字电路，以往的干扰源 IC 与敏感电路距离较远，但现在则是整合在同一 IC 的不同叠层，而且若旁边就有一收发天线时，那噪声就会直接耦合进来，3D IC 对环境静电产生的抗扰能力一般都较差，而且当静电耦合到连接器或天线时就可能损坏或干扰内部组件，所以目前很多的 EMC 问题都与天线有关。

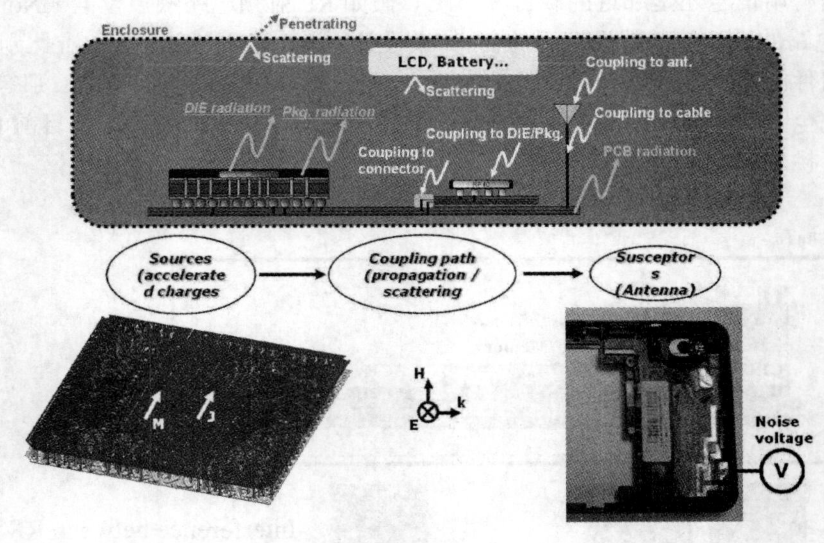

图 1-12　内建天线的混合数字射频系统干扰耦合机制

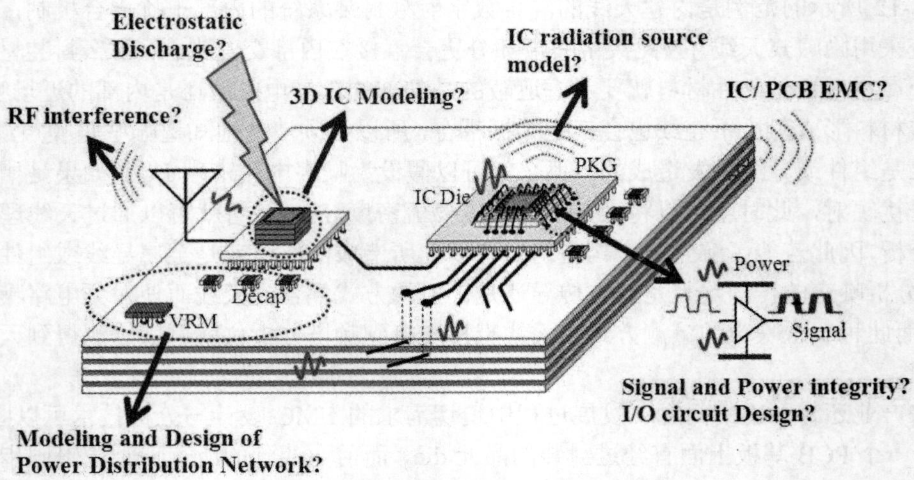

图 1-13　产业发展的迫切需求技术

因为未来的微系统会以 3D IC 的形式呈现，逻辑与功能区块从以往的水平摆置变成上下垂直摆置，而垂直摆置就会出现更严重的寄生效应。一般的 BEOL（Back End of Line）是内层走线，可以是 PCB 板走线或 IC 走线，未来当 3D IC 因性能与耗电同时增加时，3D IC 内部温度会越来越高，若再结合外层的散热片，那电磁干扰问题就会越来越严重。因为电路架构与封装方式会越来越复杂，而 EMC 的设计挑战也随之更为复杂，因此如果能建立 IC 的辐射源电磁模型就可以通过天线或电磁理论，由 EMI 噪声根源逐步从 IC-封装-PCB-产品机构的整合 EMC 分析，最终达到 EMC 虚拟实验室的设计目标。

2 电气系统的电磁兼容噪声源分析

如前一章开宗明义说明，EMC 是由三个因素所构成的，缺一不可。第一个因素是噪声源头，我们一定要知道噪声源的特性是什么，以及这个噪声源是如何产生的；第二个因素是这些噪声源产生之后，它到底通过怎么样的耦合机制，然后去干扰到我们周围的环境或者是邻近的待测物设备；第三个因素是一定有容易受干扰的敏感电路，这个敏感电路在所处的环境里面受到来自噪声源的这些电磁干扰使它无法正常动作。

因此，要了解 EMC 的问题及其解决的途径与方法，我们必须从电磁干扰（EMI）的源头出发，分析其特性与产生的原因。依据噪声源持续的时间与周期性，可以区分为瞬时噪声、切换/开关噪声、周期性的信号谐波噪声。

2-1 瞬时噪声

瞬时噪声（Transient Noise）一般是能量较大、持续时间较短暂的脉波（Pulse）形式，它是由时间相当短的窄脉波开始，其后伴随着振幅逐渐衰减的低频振荡所组成，其初始的峰值振幅通常是由脉冲（Impulse）干扰所引起，而其后续的振荡则是因为环境或对象结构在受到初始脉冲干扰后所产生的共振现象。

在 EMC 测试项目中，针对电子产品或设备的瞬时噪声耐受能力主要是针对一般使用环境中最常见的三种瞬时噪声类别，其波形分别为如图 2-1 所示的 IEC 61000-x 的电磁耐受（EMS）测试波形。

图（a）显示的静电放电（ESD）波形系仿真人体接触电子设备或邻近导体时人体累积电荷的放电转移现象；图（b）显示的是电性快速丛束（EFT）中的一根波形，EFT 测试波形系仿真因电感性负载瞬间断路或是继电器接触点来回弹跳时所产生的切换瞬时现象；图（c）显示的突波或浪涌（Surge）测试波形则系模拟闪电雷击时或是电力系统因为负载突然改变与短路时所产生的瞬时现象，所以其包含的能量最大，破坏性也最强。下面分别说明上述三种瞬时波形的成因与特性。

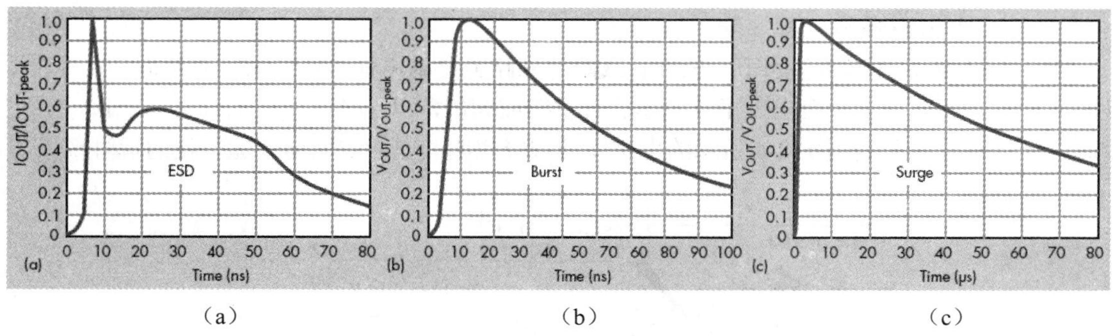

（a）　（b）　（c）

图 2-1　瞬时事件对应的波形类别

（1）ESD 瞬时噪声。

ESD 现象的产生是因为在干燥的气候环境下，人体穿着的衣鞋在行走一段距离后，身体因为衣着与地毯及空气的摩擦而产生电荷的转移与累积，直到人体邻近或碰触金属对象时，再次于短时间内进行身体电荷的放电转移所产生的静电放电现象。

为了分析 ESD 波形的频谱组成，可以将它近似地分解为两个类梯形波形（如图 2-2 所示），这样就可以评估 ESD 电流的频谱分布状况（如图 2-3 所示），其在时域上的波形就是由一短脉波与一长脉波所叠加组合而成。

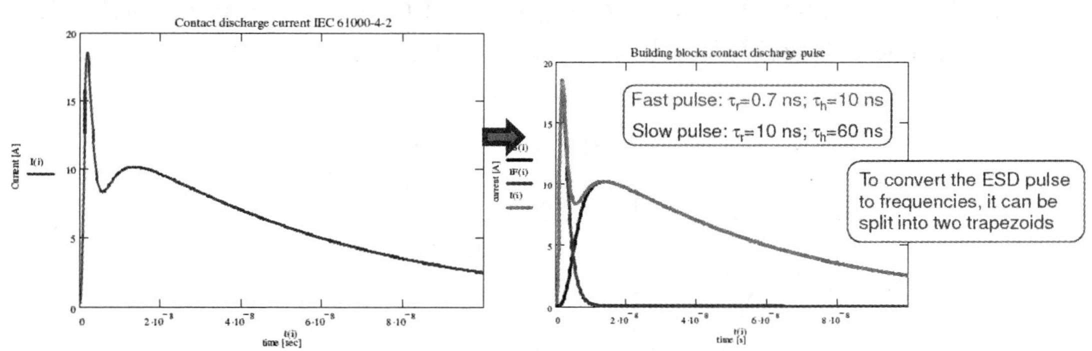

图 2-2　ESD 电流波形分解为一短脉波与一长脉波

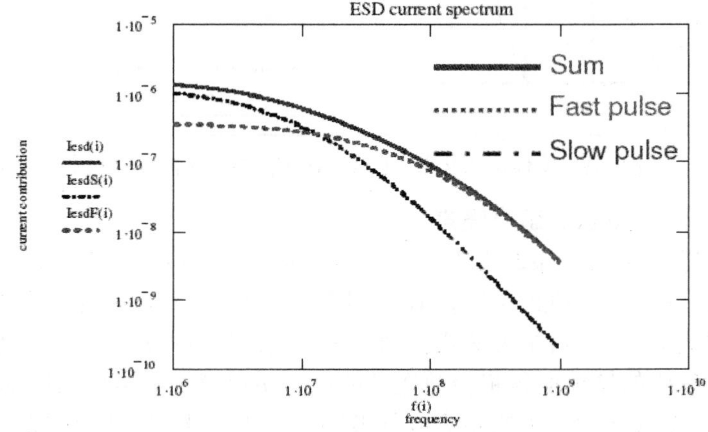

图 2-3　短脉波与长脉波组成的 ESD 波形频谱

（2）EFT 瞬时噪声。

由于 EFT 瞬时波形系起因于电感性负载瞬间断路或是继电器接触点来回弹跳时所产生的切换瞬时现象，因此它一般会出现于继电器、真空管或阀门，以及脉冲宽度调变（PWM）的马达控制系统，其成因可利用图 2-4 所示的电路原理解释说明其电能与磁能快速转换的瞬时现象。

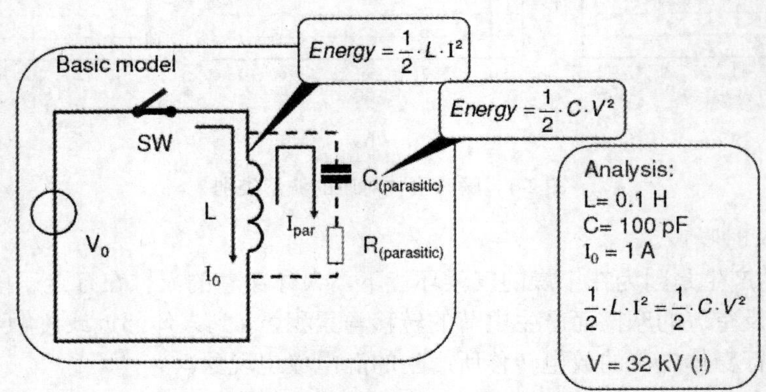

图 2-4　电感性负载切换或开关时的能量转换瞬时

由于 Lenz 定律说明电流变化时会同时感应出抗拒其磁场变化的电流，因此在电感性负载切换或开关时即会产生如图 2-5 所示的电性快速丛束（EFT）波形，而其频谱分布特性则可以利用傅里叶（Fourier）转换较简易地由较有规律的时域周期性波形转换为频率分量。

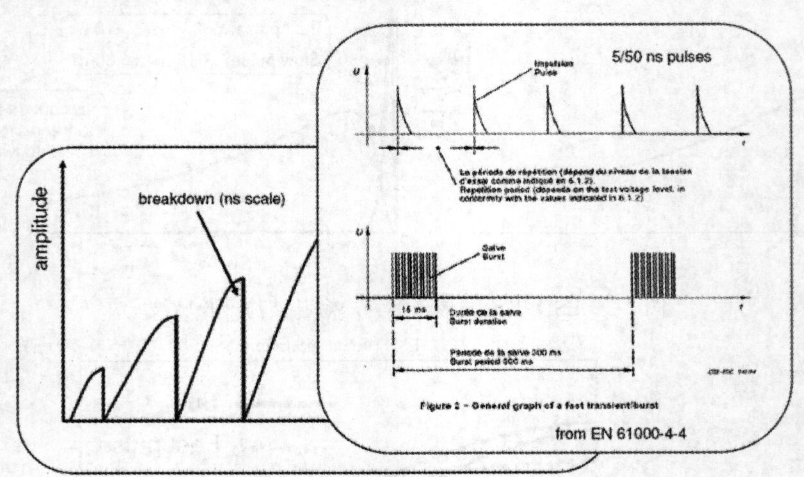

图 2-5　电性快速丛束（EFT）在不同时间区间的波形

（3）突波或浪涌（Surge）瞬时噪声。

由于突波或浪涌（Surge）系起因于闪电雷击时或是电力系统因为负载突然改变与短路时所产生的瞬时现象，那是相当强的低阻抗效应，因此一般而言其破坏性最为严重，而且会以雷击电流方式显现；因为第一发雷击突波或浪涌为最主要的瞬时波形成分，而且雷击触地放电时或电力系统短路时宽广的接地面积将会散逸其能量，所以就先不考虑后续的二次雷或振荡效应，因其包含的能量远小于第一发雷击突波或浪涌，所以我们可以利用图 2-6 所示的衰减波形和其中的公式来描述突波或浪涌的时域波形，然后再通过傅里叶转换得到图 2-7 和图 2-8 所示的对应频谱分布状况，由图 2-7 可以明显地发现，绝大部分的突波能量都分布在低频区域，而由图 2-8 可以发现最严重的影响频率区域是由于感应在小循环或小电流回路上的干扰电压。

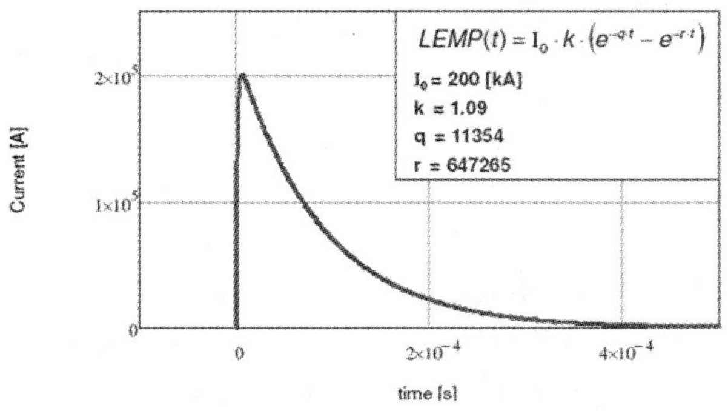

图 2-6 第一发雷击突波或浪涌的时域电流表示

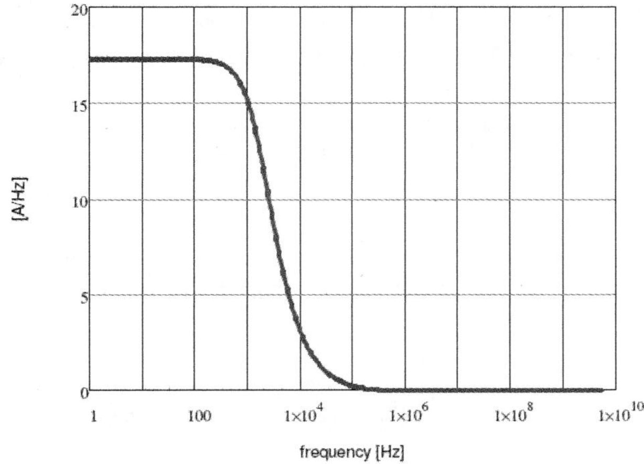

图 2-7 第一发雷击突波或浪涌的电流频域分布

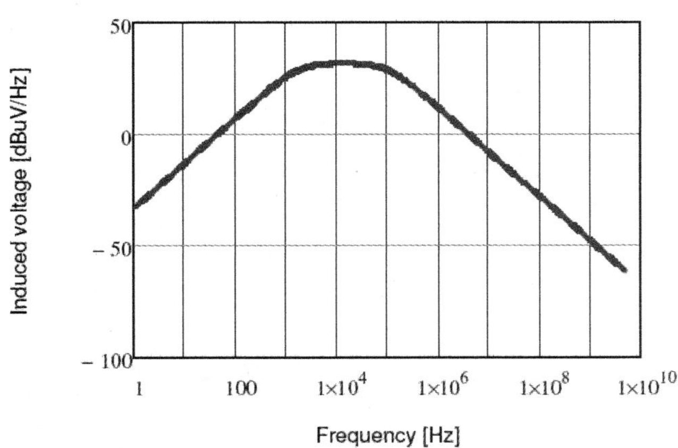

图 2-8 突波或浪涌的电压规一化频域图

2-2 切换/开关噪声

对电机电子系统而言，电源供应系统虽然只负责直流偏压，但无疑是最主要的电路功能模块或区块；传统的线性电源系统主要是利用变压器通过线圈的磁通量耦合来进行输出/输入（二次侧与一次侧）两端电压的变化，除了尺寸大且笨重外，能源转换效率也很差，而且为了有足够电流驱动输出端的负载，一般它只能作为降压变压器，即所谓的 Step-Down Converter。

由于传统线性变压器的转换效率太低，不足以应付持续发展的高速数字电路与信息类产品的应用，因此目前常用的便携式消费性与数字影音产品，其电源供应器几乎都是高效能的切换或开关式电源供应器（Switched Mode Power Supply，SMPS），它不仅可以执行降压供电，也具有执行升压（Boost）供电的能力，其电路功能的方框结构如图 2-9 所示，因为包含一般频率为 150 kHz 以下的场效应晶体管（FET）快速切换 IC（Switching IC）以及非线性的整流电路，所以其也明显地成为主要的电磁噪声源，除了有影响电源质量的电流谐波（Current Harmonics）和闪烁（Flicker）现象外，其高频噪声部分还会造成传导干扰和辐射干扰效应。

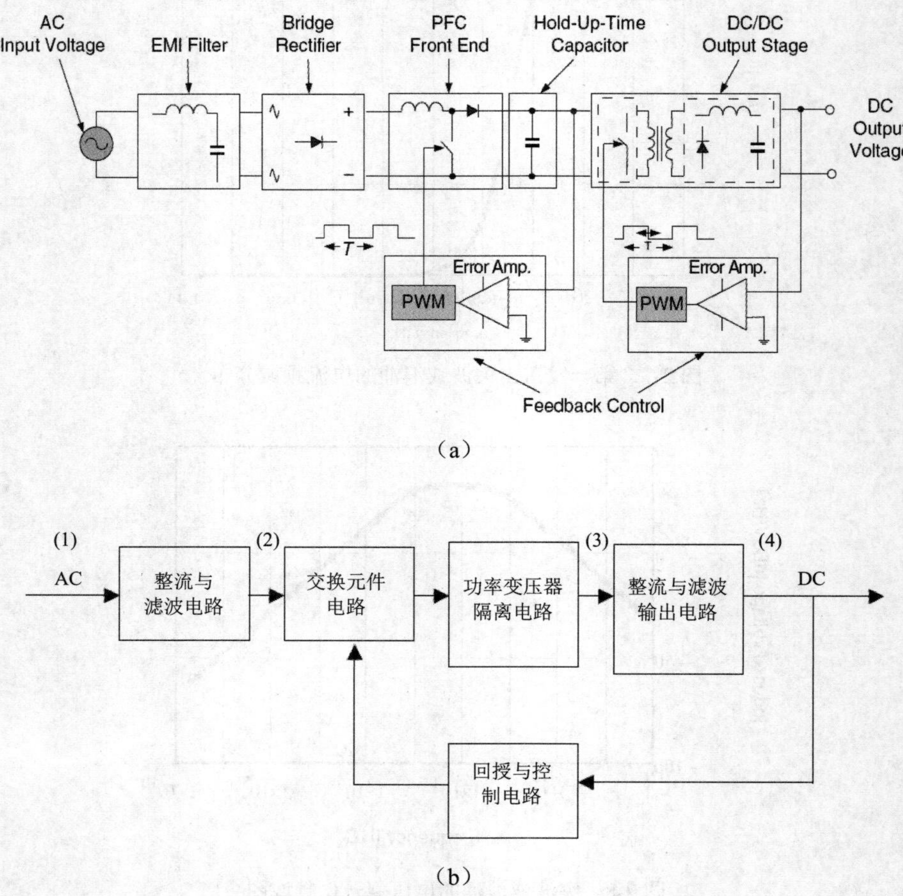

图 2-9 切换/开关式电源供应器架构与功能方框

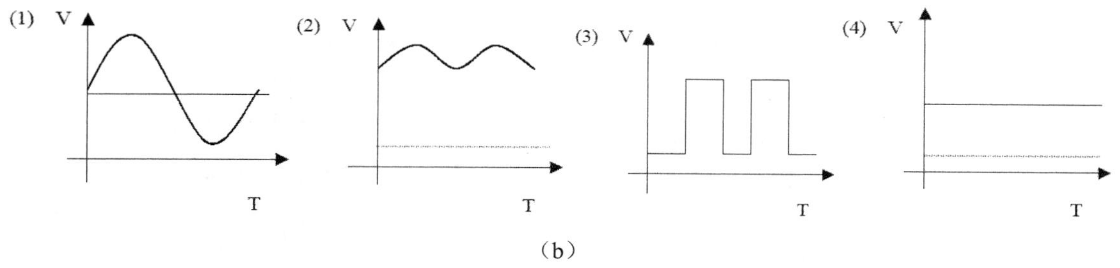

（b）

图 2-9 切换/开关式电源供应器架构与功能方框（续图）

切换式电源供应器的实际运行过程与各处的结果波形如图 2-9（b）所示，先进行整流，整流开始产生直流 DC 电压之后 DC 电压会与回馈电路（Feed Back）的参考电位进行比较，此时即会利用场效应晶体管 SwitchFET，趁输入电压波形还没完全下落时，在上有一定电压位准时将它再次拉上来，而这个切换（Switch）IC 频率越高，电源效率越高，但因为考虑到传导干扰的频率管制范围与设计技术，所以一般切换IC的操作频率约为100多kHz或200多kHz，有些甚至高达数 MHz。

图 2-10 所示为一个未屏蔽的降压电压器（Buck Converter），此变压器的功能是从一次侧高压转变为二次侧的低压，在一个交流电源的周期中，通过切换 IC 来控制导通（ON）时间与断开（OFF）时间就可以得到这个 Buck Converter 的输出电压，例如外面供电是 110V，而输入到计算机端变为 19V 电源；相反的，升压电压器（Boost Converter）则是由低压转换为高压，例如汽车前方的 LED 灯就是昼行灯的高压电源系统。

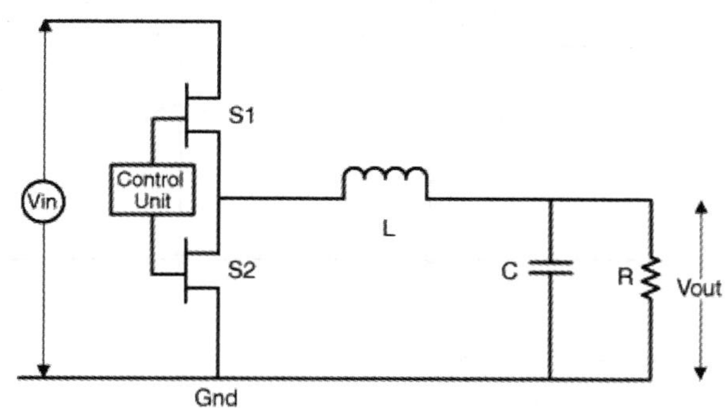

图 2-10 降压电压器（Buck Converter）

降压电压器的控制单元（Control Unit）用以控制工作周期（Duty Cycle）的切换时间，其切换 IC 的效率非常高而且体积可以很小，但也是主要产生电磁噪声的地方，其导致的切换噪声干扰会非常严重，所以常常需要通过滤波和屏蔽技术来抑制其快速切换噪声的传播，以达到 EMC 的目的。图 2-11 所示为切换式电源供应器的电压转换原理与输出电流波形，右方的电容可以由输出电流充电方式获得输出电压，而左方的两个 FETSwitch（HS 与 LS）则会对应到升压（Boost Converter）或降压（Buck Converter）架构组态，通过 FET Switch，就像后续即将讨论到的 IC 内部逻辑门状态转换一样，Switch-HIGH 与 Switch-LOW 就像是 IC 内部逻辑门对负载地等效输入电容充放电一样，而负载电容除了储存能量外也具有滤波稳压的特性。

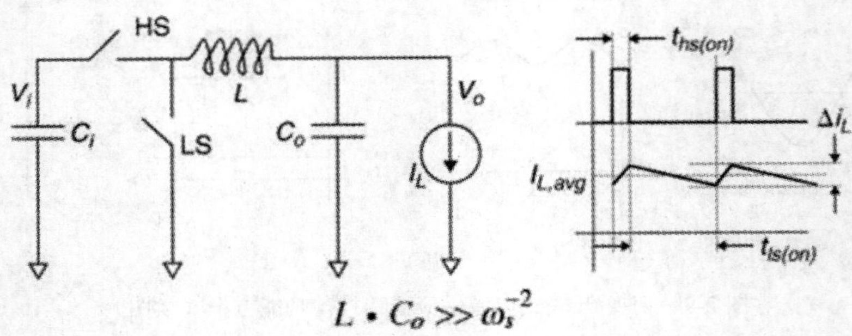

图 2-11　切换式电压转换原理与输出电流

更详细的电源切换噪声的产生原因可以利用图 2-12 所示的电路结构来简单说明。究竟有多少电流会流到输出的负载端主要决定于 IC 切换 ON 与 OFF 的时间控制，然而只要有点压与电流的变化（d*V*/d*t* 与 d*I*/d*t*），再加上电路上电抗性组件或是电路与机构间的寄生电容或电感效应，即会产生电磁噪声电流或电压（$CdV/dt = i$ 与 $LdI/dt = v$）。因为从电源来看，Switch IC 的切换控制了电流的路径，通过 ON-OFF 的时间比例可以看到 Switch 的电流有多少会流过去，然后经由整流二极管开始充电，进而达到所需要的输出电压，这就是变压器的操作方式，而在 ON-OFF 的切换状态即会产生电磁干扰的能量，如图 2-13 所示。

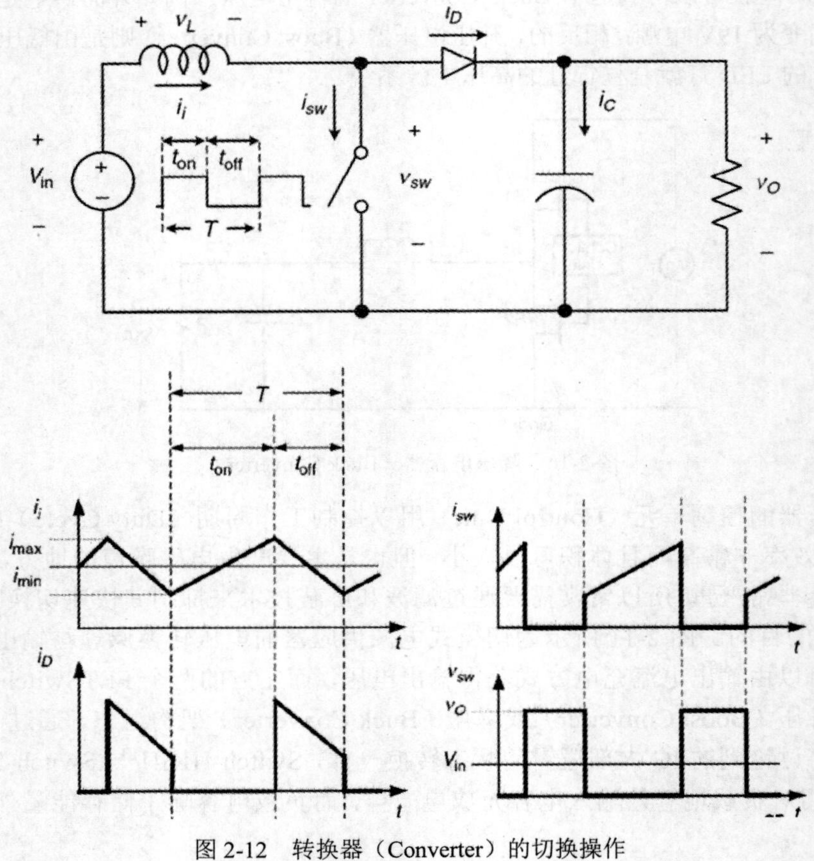

图 2-12　转换器（Converter）的切换操作

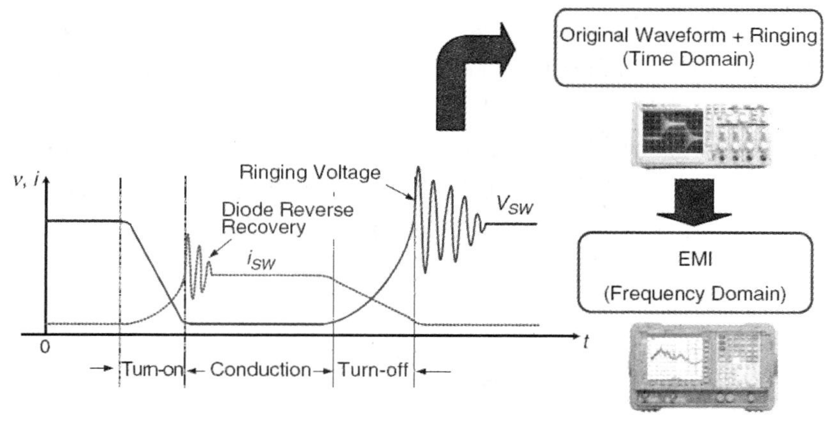

图 2-13 切换装置快速切换时产生的噪声源

接着讨论另一种形式的切换噪声，也是所有电磁干扰噪声的最根本源头，是互补式金氧半 CMOS 反向器的切换噪声。因为目前大部分的数字逻辑电路都是由 CMOS 反向器架构而成，此时在输入信号高低位准转态切换时，CMOS 逻辑门的问题就出现了，前面已经讨论过的电源切换噪声是属于较低频的，但在此处的高速数字信号就会产生高频的电磁噪声，当输入信号是状态 High 的时候，也就是 CMOS 输入端处在高电位，此时其中的 PMOS 的通道闭合，而 NMOS 通道导通，则输出端就经由 NMOS 接地而输出状态 Low，所以称其为反向器，利用图 2-14 中的 8mA 简易 CMOS 输出驱动器逻辑切换过程来看，图中的 C_L 电容一般用来代表数字组件的等效输入，所以如果输入信号是状态 High，负载的 C_L 电容就从 NMOS 放电接地，反过来如果输入信号是状态 Low，负载的 C_L 电容就经由 PMOS 从电源端充电，如图中弧形箭头表示的电流方向，此为动态切换（DynamicSwitching），此时因为 PMOS 与 NMOS 各维持在其状态而并未同时导通（一者导通，则另一者关闭），电源并未与接地直接导通，所以除了损耗较少电流能量外，其产生的电源完整性扰动也较小，因为在状态 High 或 Low 的绝大部分时间没有严重的电源电流导通，从电源到接地端并不会形成回路。

然而当输入信号的状态为准转换时，如 High 转 Low 或是 Low 转 High 的过程就出现问题了，在这种转态过程期间，PMOS 与 NMOS 一个正处于开启导通，而另一个则处于闭合断开中，此时就会出现如图中直线箭头指示的短暂短路电流（Crowbar Current），在这极短的切换转态期间电源与接地直接相连，而且由于高速数字 IC 内部有非常多个逻辑门，所以瞬间同步切换噪声（Simultaneous Switching Noise，SSN）将会很大，而所有电源完整性与电磁干扰 EMI 的问题就从此浮现出来，这样除了会造成电源与接地的参考位准浮动外，更会通过电源与接地导线将这种数字切换的高频电磁噪声传播出去。

由于一般 IC 内部的功能方框几乎都是由 CMOS 逻辑门所构成的，而且因为 CMOS 是由 PMOS 和 NMOS 所组成的 I/O 端，所以如前所述，在输入维持在高状态（State High）或低状态（State Low）时，PMOS 或 NMOS 的其中一者会导通（ON），而另一者会关闭（OFF），因而其具有在状态维持不变时不会同时启动 PMOS 与 NMOS 而使偏压电源端与接地导通的省电功能，对于常见的 8 位系统输出于驱动逻辑门同时切换的情形，简单介绍其启动过程如下（如图 2-15 所示）：如果输入正电位（输入为 1 或 High）PMOS 就会关闭而 NMOS 会开启，输出端会放电至接地（输出 0），反过来说如果输入负电位（输入为 0 或 Low），则 NMOS 就会关闭而 PMOS 会开启，输出就会接通到 3.3V 电源，也就是反向器功能；如果数字逻辑在切换过程中，输入为 High→Low 或 High→Low 的转态切换时，就会瞬间产生由电源端导通至接地的跨越电流（Crossover current）损耗，这也就是切换或开关噪声；此外，如果有 8 个逻辑门同时在进行逻辑转态切换时，切换噪声就要乘以 8 倍，而如果同时有上千万的逻辑门同时启动，那么噪声电流位准就会变得相当大，也就是同时切换（或开关）噪声（Simultaneous Switching Noise，SSN），更是目前产生电磁干扰最严重的根源。

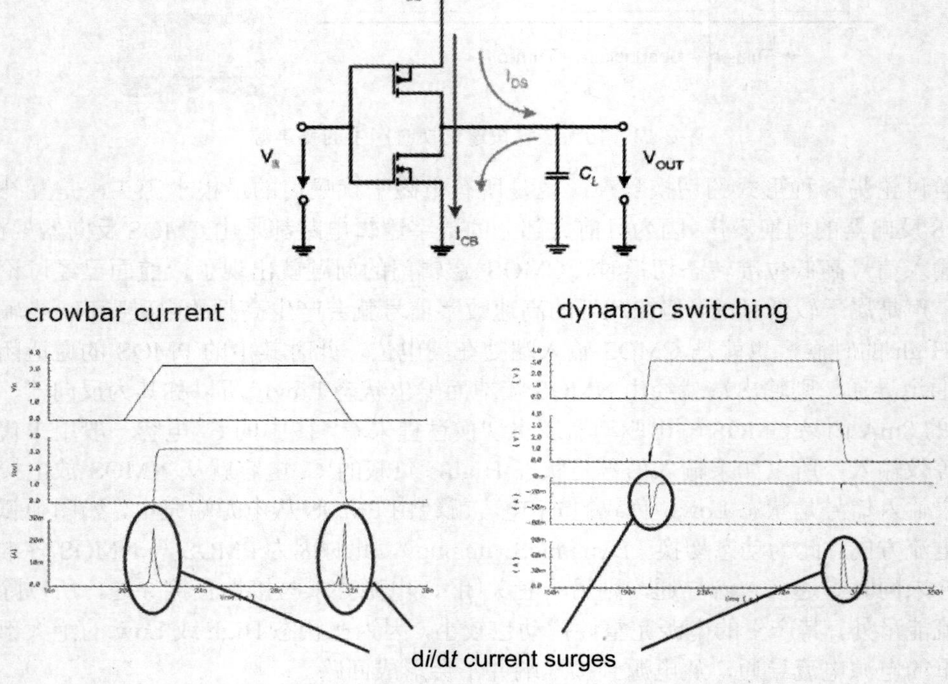

图 2-14　8mA 简易 CMOS 输出驱动器逻辑切换效应

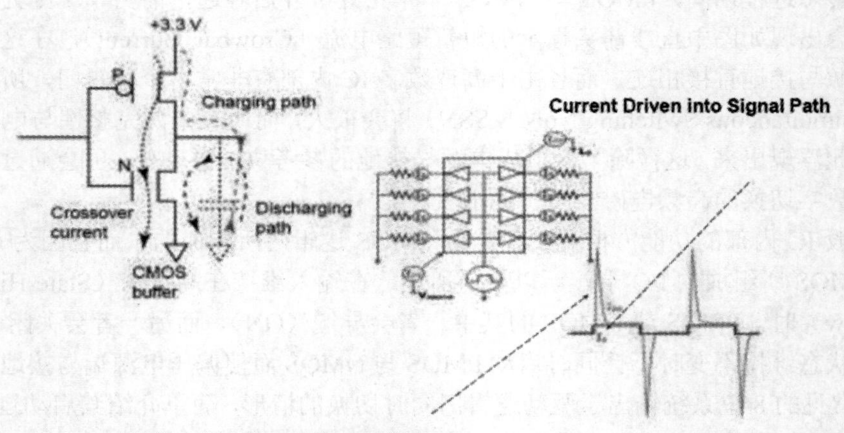

图 2-15　8 位驱动输出的切换/开关噪声

从上述切换过程的说明中可以看到明显的瞬间电流变化 di/dt，而因为这些由 IC 内部晶元 die 产生的噪声电流，经过 IC 封装上的镑线（Bonding Wire）、线架（Lead Frame）而到外部管脚（Pin），这些金属导体或导线的阻抗就会产生电压差，而由于从晶元 die 内部的微米长度连接（Interconnect）直到 IC 外部的 PCB 上数十厘米长的走线，其间切换噪声传输路径上的寄生阻抗效应将会如图 2-16 所示的电源参考位准随着各电路层级的传输路径切换电磁噪声在时间上的变化情形；晶元 die 内部的切换速度很快，起始的共振频率很高，因此电压噪声的时域波形相当尖锐，它对应的是 die 里面，各位记得 IC 里面的都是几个 micrometer 的线，但它只有在局部区域产生电源的陡降，接着到达封装层级，因为封装的结构尺寸较长，其寄生电容与电感都变大，所以时间常数会变慢，共振频率会下降，到达 PCB 层级与稳压电路时，其电感与电容值会更大，然后逐步随着时间缓和下来，直到稳定状态（Steady State）。

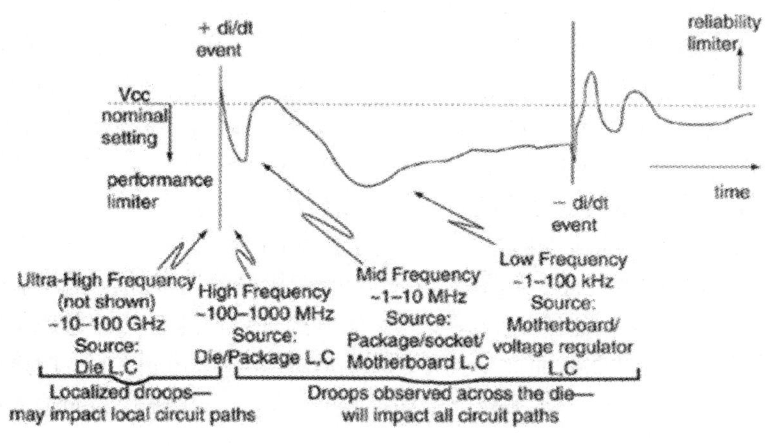

图 2-16　各层级对应的 EMI 噪声时域特征

然而数字切换噪声从逻辑门激发开始，逻辑门通过在 die 里面的走线将内部噪声流传到封装，最后再到达 PCB 走线及主板与稳压电路模块，其中的稳压电路模块一般都是由电容电感 LC 组成而具有低通滤波器特性，所以越往噪声圆的外部传播，其噪声频率就越低，而时间越久，电源就慢慢稳定下来，如果数字电路操作速度很快，而从时间轴发现经过一段时间参考电位才会稳定，如何让瞬时电压变化很小，这就是我们后面还会讨论的电源完整性议题；但是因为一般的电路系统有各式不同的输入/输出 I/O 接口，因此其各功能区块的供应电压位准也不同，如图 2-17 所示，而问题是数字切换噪声在电源与接地层之间共振扩散，而且会连接到外部的传导线路，因此会导致非常严重的电磁干扰现象。

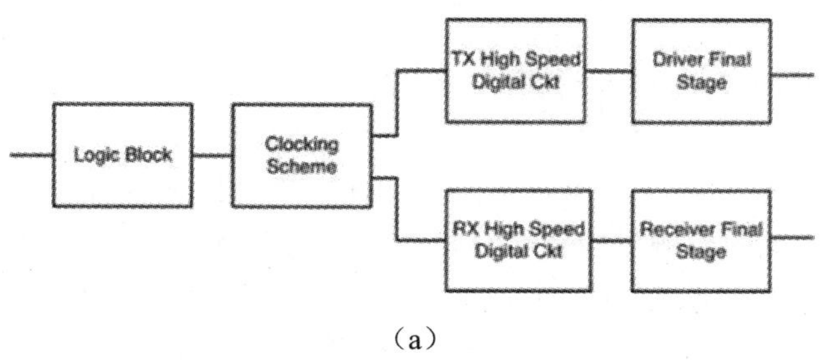

（a）

图 2-17　输入/输出 I/O 接口电路区块与偏压电源

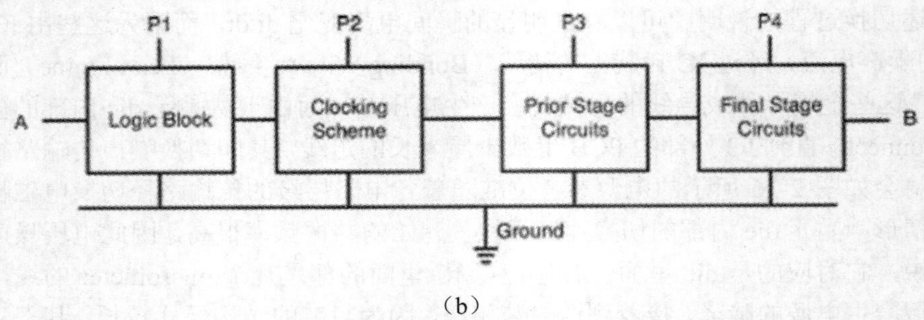

（b）

图 2-17 输入/输出 I/O 接口电路区块与偏压电源（续图）

由于数字电路的运行需要很多不同的 I/O 接口，以便进行控制信号与数据的传输，甚至小至 IC 也需要跟外部进行沟通，因此 IC 内部的各功能区块与处理核心间的运算以及与外部电路的信号传输都需要如图 2-17 所示的 I/O 接口电路相关的工作区块，其中当然必须有接地作为共同的参考电位，有逻辑区块、频率系统区块、前级电路以及连接到外部的最后一级电路，所以针对一个输入输出的 I/O 接口，除了必须要检查信号电流回路与路径外，图（b）中的 P1～P4 分别代表不同区块的供应电压位准，而数字切换噪声的干扰电流若规划路径不良，电流回路的面积越大则磁通量就越大，也伴随着更大的电感效应与电源扰动问题。

双向的收发 I/O 界面架构如图 2-17（a）所示，即图 2-17（b）中的输出 B 有可能是高速数字电路的发射器或接收器，而一般图 2-17（b）的架构是单向传输，在数字电路中非常重要的就是频率 Clock 信号，因为必须达到同步的优化以提升操作速度与改善逻辑判断结果，而因为一般接收端的信号都较微弱，而此架构下的取样与后续数字逻辑电路因为必须处理 0 和 1 的不同信号位准转换，而其过程就都会产生切换噪声，进而干扰到微弱的输入接收信号，导致逻辑判断错误而影响电路运行功能。

由上述的切换噪声成因说明可以了解到近年来切换开关造成的耗电越来越大以及干扰噪声越来越严重的原因为：由于 IC 内部的等效电容和截面积成正比、与电源及接地层间板层的厚度成反比，由 $C\dfrac{dV}{dT}=I$ 公式可知虽然制程的精微化使接面电容值越来越小，因此单一逻辑门的切换电流噪声似乎随着变小，但同时 IC 内部逻辑门数目随着穆尔定律（Moore's Law）却急速增加，因此总电容值与切换电流噪声还是持续变大；此外，虽然公式中分子对应的偏压电压随着制程改善而变小，但分母对应的切换转态时间也同步变得更短暂，在分母比分子变化更快的情况下，切换电流噪声也持续变大，而且现阶段 IC 制程为了使 IC 内部操作速度更快，逻辑门也会越来越多，更使得切换开关的噪声干扰问题更加严重。

2–3 数字频率/时钟信号与符码信号

截至目前，我们大概知道了电磁噪声源是如何产生的以及各种类别噪声的特性。首先是电源供应器，要有高效能的电源供应就会伴随较严重的噪声干扰问题，而这些高效能的参考电源供应给数字组件进行逻辑状态切换时又再次产生更宽带的数字同步切换噪声，如何针对这样的数字噪声进行频谱分析以便评估其电磁干扰效应的影响呢？如果已经知道频率产生器为主要的数字噪声源，那么就可以进一步分析它的频率范围、谐波振幅的大小，以便利用 PCB 布局、信号走线规划和滤波设计进行噪声隔离或衰减。因为如前一节的说明，对数字电路的数字信号逻辑运算与判断而言，最重要的就是频率 Clock 信号，在其进行电路系统地同步化时 High-Low 状态之间的转换就会产生切换电流，而这些电流会沿着总线（Bus）传输在线流动，如图 2-18 所示计算机内 PCB 上频率与数字信号的噪声通过傅里叶转换后，数字频率的信号可以分解成基本频率与其高次谐波的频谱分量，如图 2-19 所示，因此 EMC 设计必须从数字波形的频率扫描分析开始。

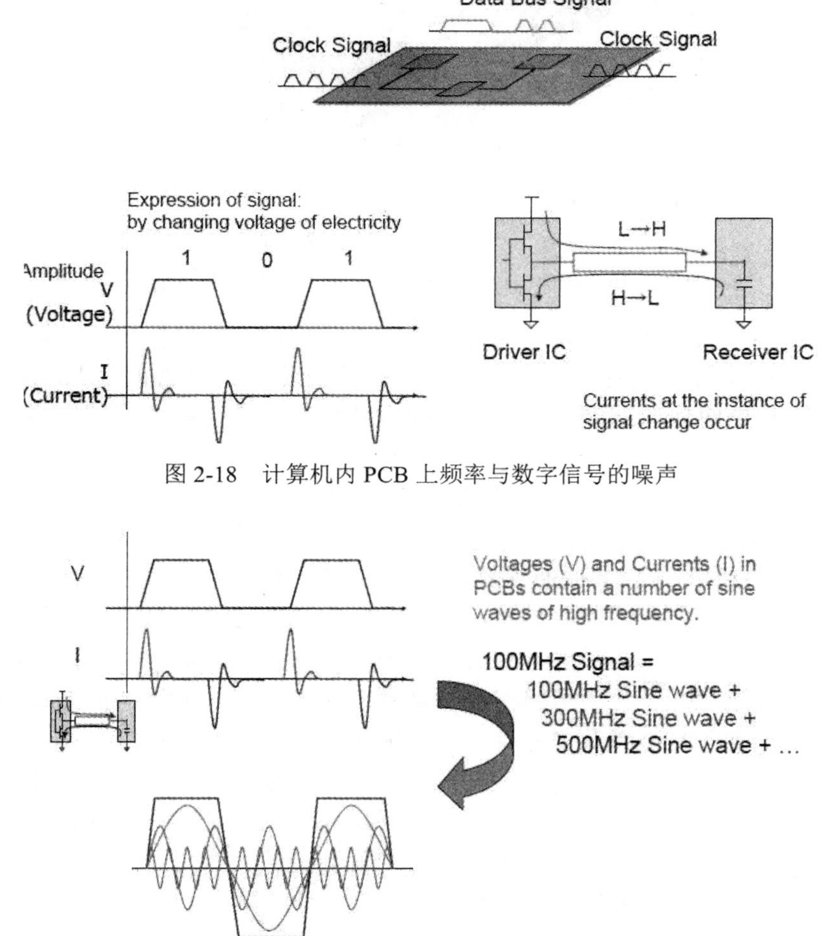

图 2-18　计算机内 PCB 上频率与数字信号的噪声

图 2-19　数字频率信号的谐波频谱

1. 频率/时钟信号

要分析数字频率信号内包含的谐波时，可以从其时域波形来进行。在一个信号周期内，包含了上升时间与下降时间、高位准与低位准的持续时间，对于一个对称频率波形，也就是 50% 工作周期的波形而言，通过傅里叶转换后，其频谱成分除了基本频率外，只会包含奇次谐波而不会有偶次谐波，如图 2-20 所示，可以观察到这是基本频率以及各奇次谐波经由谐波峰值（Peak）的显示，三次谐波就会出现三个峰值。

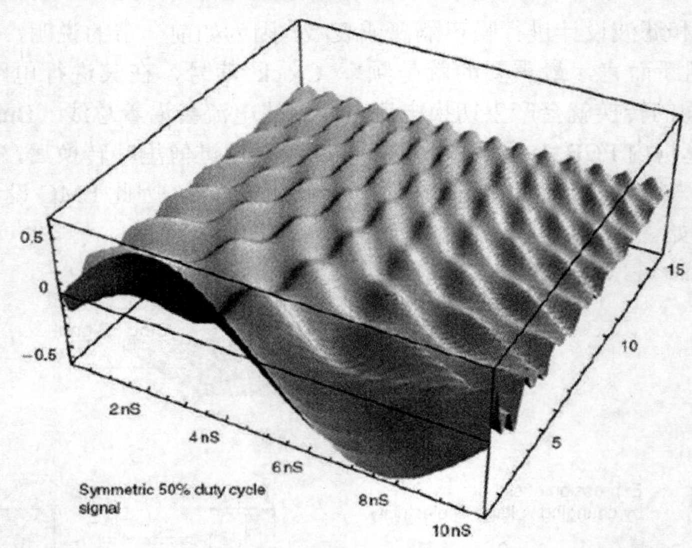

图 2-20　对称频率（时钟信号）的谐波与时间变化

然而 EMC 这一横跨数字系统、信号处理、电子电路、半导体、无线通信与天线等电磁理论相关领域的实际应用并不需要对数字波形进行完整复杂的时域与频域间的转换计算，只需要从组件的时序数据即可简单地转换成其频谱分量的最大振幅包络（Envelope）。以最简单的梯形波来仿真一个数字频率信号为例，其参数有振幅（V_s）、周期 T_o（即频率 f_o 的倒数）、工作周期或状态 on 的持续时间（τ）、上升时间 τ_r（Rise time）与下降时间 τ_f（Falling time）等，其中一般定义工作周期或状态 on 的持续时间都是从稳定状态最高位准上升沿与下降沿的 50%（$V_s/2$）区间计算，状态 on 的持续时间代表耗电的期间，因此其与振幅在时域波形所占的面积即代表能量的损耗或干扰源的强度，而这一能量将平均成类似均匀地分布在一个周期内，再考虑上升时间（Rise time）与下降时间（Falling time）两者较小者所对应的波形状态变化即可将一个时域数字波形转换成近似的频谱分布，因为对应能量的电磁噪声位准是与振幅及信号持续时间成正比的。因为状态 on 的持续时间越长、信号位准越高就代表越耗电，而该损耗能量是分配在一周期内加以平均，因此若操作的频率或速度越慢（即信号周期越长），或是 on 的时间越短，也就是工作周期越小（工作周期定义为 on 的时间除以整个周期时间），则噪声位准就会越低。经由上述对损耗能量与对应电磁噪声的简单原理说明，再通过简化的傅里叶转换进行估算，我们就会得到如图 2-21 所示的周期性数字梯形波信号频谱包络。

图 2-21 中的第一个转折频率点是状态 on 的持续时间（τ）与 π 乘积的倒数，超过第一个转折频率点后，其频率谐波振幅每增加十倍频则其位准会以 20dB 的衰减降低；而第二个转折频率则对电磁干扰 EMI 问题更为重要，因为那是上升时间（Rise time）与下降时间（Falling time）两者较小者与 π 乘积的倒数，频率超过该频率点后，其谐波振幅将随着每增加十倍频而降低 40dB，因此只要有数字组件的时序规格数据（DataSheet）即可画出该数字频率信号的频谱分布图，然后依据基频与各倍频谐波在横轴上的位置即可对应纵轴上噪声位准有多高，因此通过调整上述的数字频率波形参数即可控制噪声干扰的频谱与位准。

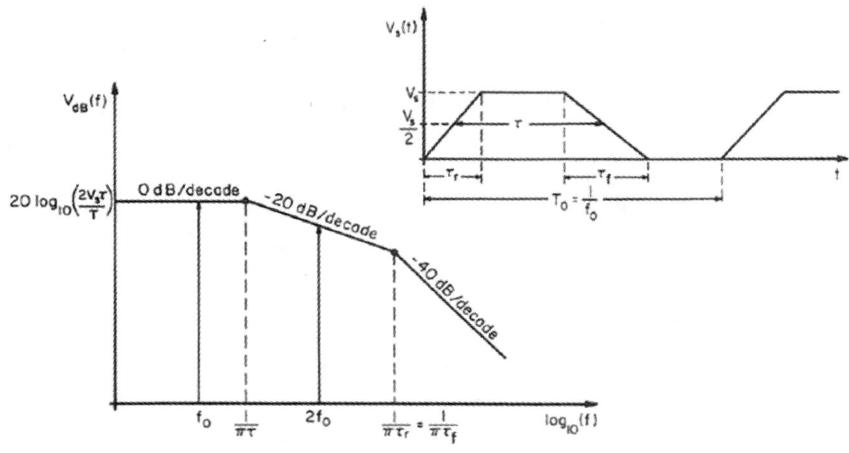

图 2-21　周期性数字梯形波信号的时域与频域分析

可以利用简单的波形范例（图 2-22 至图 2-24）来观察改变工作周期会如何改变周期性的数字信号频谱，该范例梯形波的振幅为 1V，频率为 1MHz，上升时间（Rise time）与下降时间（Falling time）均为 20ns，因此第二个转折频率点为 20ns 与 π 乘积的倒数，约为 16 MHz 左右，其斜率于超过这一频率后每十倍频即降低 40dB。当其工作周期由 50%改变为 30%或 10%时，其频谱分布将会产生何种变化呢？首先图 2-22 的工作周期是 50%，由图中并看不到第一个转折频率点，因为对 1MHz 的频率波形而言，其周期为 1μs，那么状态 on 的持续时间约为 0.5μs，0.5μs 与 π 乘积的倒数尚小于 1 MHz，所以无法从该图中看到第一个转折频率点，而通过实际的傅里叶转换可以看到基频与三倍频、五倍频、七倍频等谐波位准的确在频谱包络内，因此该包络代表最差状况（WorstCase），而由于是 50%的工作周期，所以没有偶次谐波的出现。

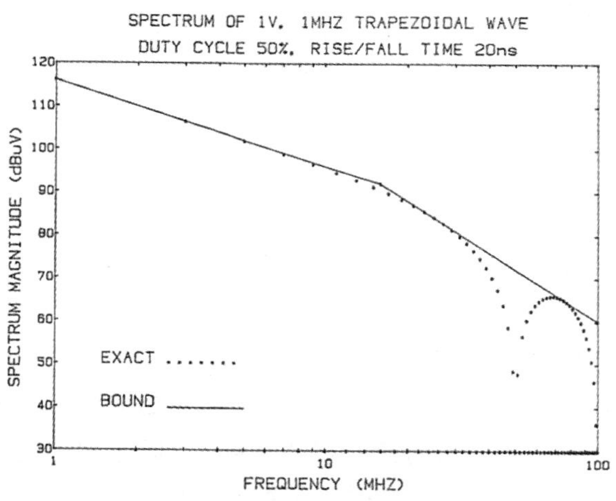

图 2-22　工作周期 50%的梯形脉波串行的频谱包络

当工作周期减少为 30%时，频率波形虽因稳态时间缩短而可能会影响逻辑运算与判断的正确性，但因为持续时间较短所以也较省电，此时 30%的工作周期，on 的时间约为 0.3μs，0.3μs 与 π 乘积的倒数已经大于 1MHz，因此第一个转折频率点就出现了，超过这个频率后每增加十倍频的谐波振幅会降低 20dB，而且因为它的波形是不对称的 30%工作周期，因此所有的奇次与偶次谐波都出现了，如图 2-23 所示。如果电路系统想更省电时，则工作周期可能降到 10%，此时第一个转折频率点明显地往高频偏移，但其低频分量的振幅或噪声位准则较前面两个案例降低了约 10dB，如图 2-24 所示。经由上述范例的分析，要解决干扰源的问题，可以在频率不变的情况下通过改变工作周期来使 EMI 噪声位准下降。

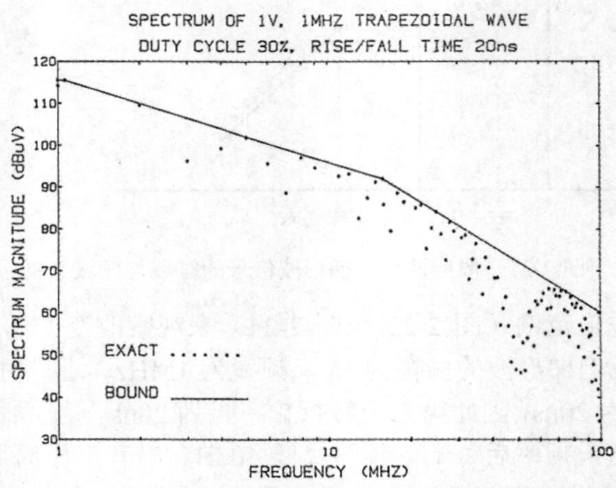

图 2-23　工作周期 30%的梯形脉波串行的频谱包络

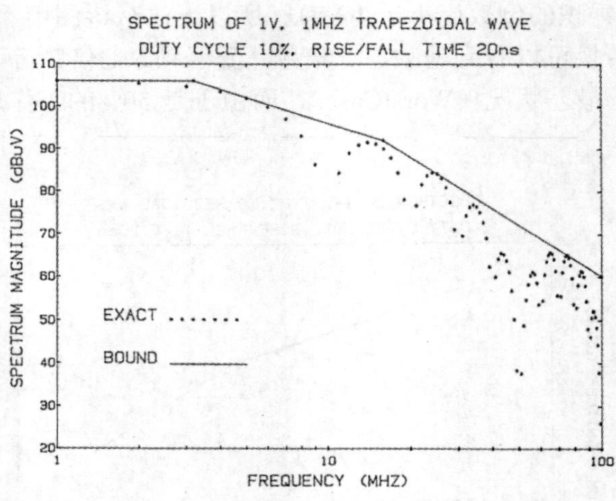

图 2-24　工作周期 10%的梯形脉波串行的频谱包络

接着我们讨论数字波形的上升时间（Rise time）与下降时间（Falling time）改变时所导致的信号频谱变化，尤其在半导体制程持续发展的情形下，除了组件操作速度增加外，首先影响的就是上升时间与下降时间的缩短，亦即时间常数的变小。以一般学校电子电路学实验课常见的数字波形为范例（如图 2-25 所示），由示波器可以看到这是一个速度较慢，频率为 10MHz，振幅为 1V，上升时间与下降时间均为 20ns 的周期性数字波形，所以发现上升沿与下降沿都还算平滑，过激（Overshoot）的失真现象也相当缓和，而图 2-26 则是由频谱分析仪量测到的信号频谱分布。然而当为了改善信号完整性而在未改变操作频率的条件下要增加逻辑判断的时间或是增加眼图（Eye Diagram）的时间宽度时，该信号上升沿与下降沿就需要更陡峭，也就是缩短上升时间与下降时间，这也是一般数字研发工程师的期望。可是因为上升时间与下降时间的改变会影响信号频谱分布的第二个转折频率点，也就是高频部分的谐波振幅，这有别于刚刚讨论的改变工作周期是改变低频部分的谐波振幅或位准。

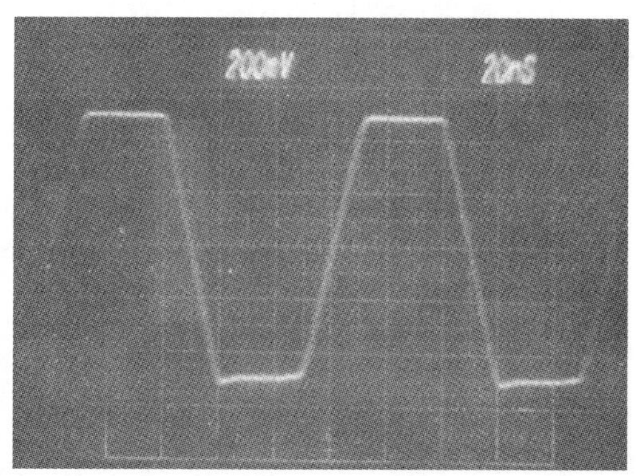

图 2-25　工作周期 50%、振幅 1V、频率 10 MHz、上升时间 20 ns 的梯形脉波串行

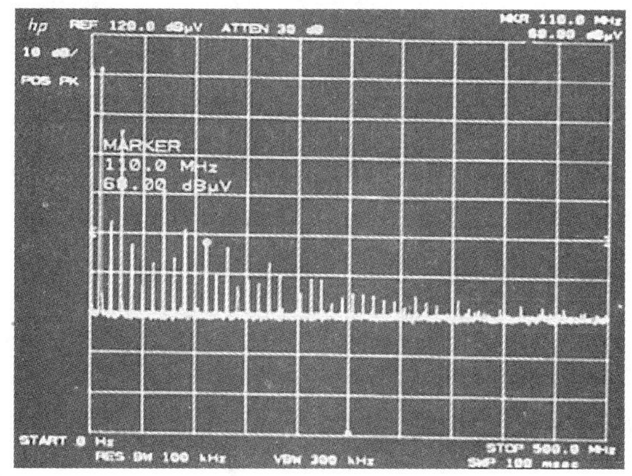

图 2-26　梯形脉波串行的量测频谱（20 ns 上升时间）

所以如果数字研发工程师希望有封装管脚完全相同（Pin to Pin Compatible）而且频率也一样的 IC 加以取代，但只要求波形更陡峭、上升时间较短时，其信号频谱会有何变化呢？如图 2-27 所示的数字波形，如果上升时间缩短至 5ns，其状态 on 的持续时间可以较久以增加逻辑判断的正确性，但此时已经由示波器看到在上升沿与下降沿会产生较明显的过激失真状况，而由频谱分析仪观察其对应的频谱分布（如图 2-28 所示），对照上升时间改变的前后两张频谱分布图（图 2-26 与图 2-28 所示）可以发现随着上升时间的缩短，高频部分的谐波振幅位准已经增加，而该高频部分的谐波容易导致辐射的 EMI 电磁干扰问题。

有关频率信号上升（或下降）时间改变的影响，可以通过图 2-29 所示的一个 133MHz 频率信号范例观察，若信号频率相同，0.7ns 上升（或下降）时间的波形比较平滑，信号频谱也大致分布于低频部分，然而当波形变得更陡峭，即上升（或下降）时间缩短为 0.35ns 时，可以发现到第二个频率转折点频率增加一倍，高频的谐波部分就明显出现了，这会造成较严重的 EMI 问题。

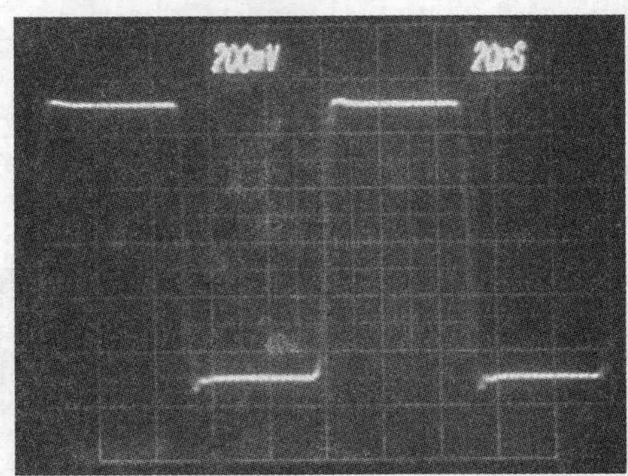

图 2-27　工作周期 50%、振幅 1V、频率 10 MHz、上升时间 5 ns 的梯形脉波串行

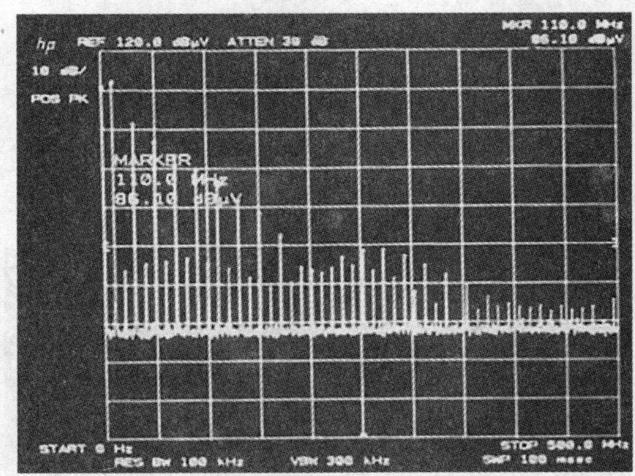

图 2-28　梯形脉波串行的量测频谱（5 ns 上升时间）

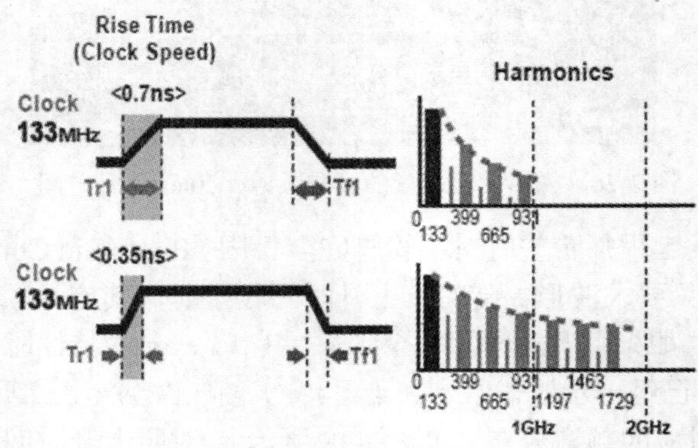

图 2-29　133MHz 频率（时钟信号）的谐波范例

通过上述的数字波形参数与对应频谱特性的关联性分析可以发现一个数字逻辑信号能通过工作周期与上升（或下降）时间的改变来分别改变低频部分（第一个频率转折点以下的频率）或是高频部分（第二个频率转折点以上的频率）的谐波振幅位准，进而控制电磁干扰噪声的频谱特性。

2. 符码信号

目前为止，我们已经讨论过各种环境与电机电子系统运行时的电磁噪声特性，其中有电子设备系统使用环境下遭遇到的各式瞬时噪声、运行时供应电源的切换噪声和数字逻辑电路同步频率信号的谐波噪声，但尚未讨论到各种 I/O 接口与系统通信层级的控制与数据信号的频谱特性，也就是一般由各种位（Bit）组合而成的符码（Symbol）信号，例如常见影音显示传输中的控制符码（Control Symbol）与数据显示符码（Display Symbol），由各种不同位数及不同 0 与 1 排列组合而成的符码分别代表数字系统中不同的数据内容与动作指令，例如一般系统的基本符码都是由 8 个位（Bit）构成的字节（Byte），而如果符码通过 0 与 1 位的不同排列时会产生何种的频谱变化呢？图 2-30 所示为一数据串流所产生的符码频谱范例。

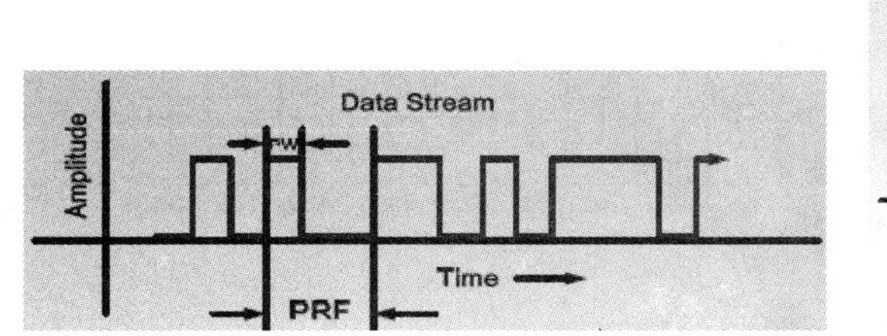

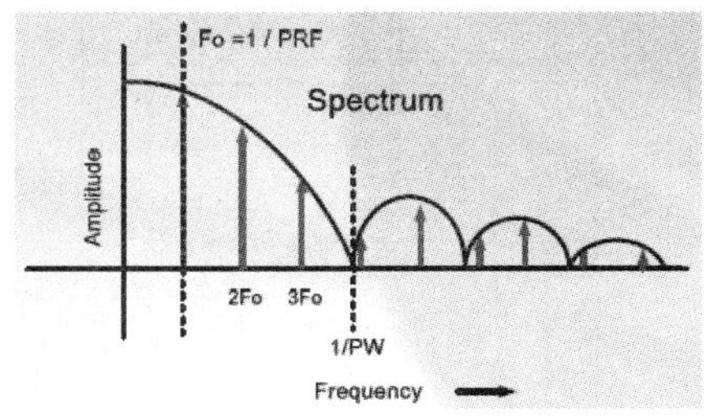

图 2-30　数据串流及其产生的符码频谱

当一般的数字与通信系统在传送与接收信息时，各种不同的系统协议即会定义其收发信框（Frame）的架构或组态，假设每一个信框是由 10 个 bits 所构成，那么就可以通过改变 0 与 1 位的顺序而改变其频谱特性，例如图 2-31 所示为由复杂的 10 位序列所组成的符码信号，图（a）为一个频率符码（ClockSymbol），而图（b）则为一个数据显示符码（Display Symbol），该显示符码（Display Symbol）就代表要显示某特定数据内容，但因为一般我们希望数字电路系统具有直流平衡（DC Balance）的特性，也就是符码内所含的 0 与 1 的位数目不要差太多，而且因为状态 0 与 1 在转态时会因瞬间改变位准而产生数字切换电流噪声而导致电磁干扰的问题，所以系统操作过程中，信框符码内的位顺序也需要加以规划。再参考图 2-31 所示的 10 位符码，由于有些系统电路并不需要太快的速度，因此当系统的频率产生器（Clock）速度太快时，其数字切换噪声也会太大，因此我们可以利用图（a）的十位频率符码 1111100000 使操作速度慢下来，成为原本频率速度的十分之一，也可以改善电磁干扰的噪声频谱。

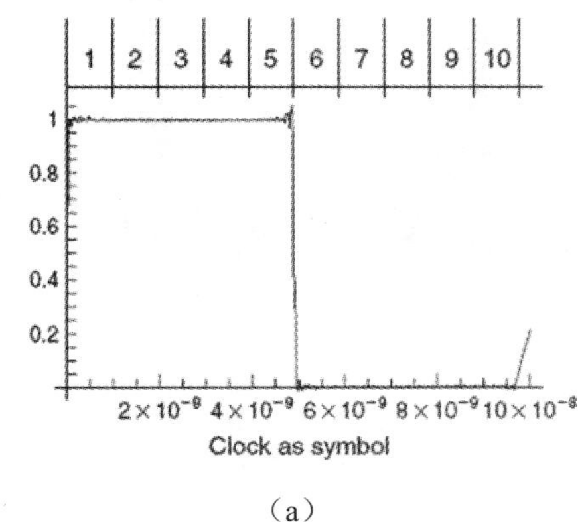

（a）

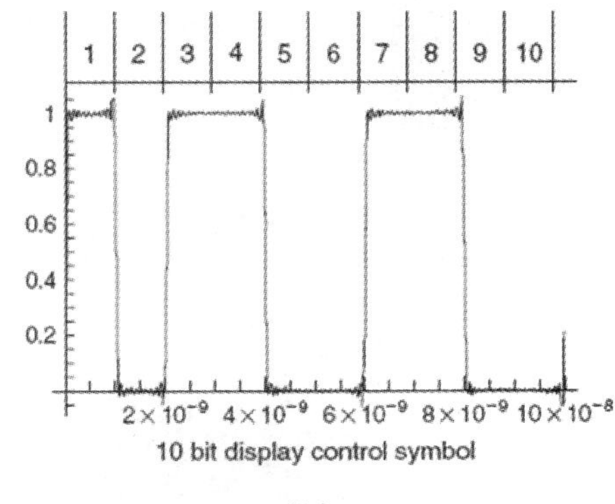

（b）

图 2-31　10 位序列组成的符码

图 2-32 左边代表的是三个不同组合的符码，因为每一个符码由 10 个位所组成，所以每一

个符码长度为 10ns（系统频率周期为 1ns），分别以 S1、S2、S3 表示，也就是代表三种不同的符码内容，将其进行傅里叶转换后得到右边的频谱分布，可以看到在 500MHz 的频率点三个不同符码的谐波位准可以达到 35dB 的差异，因此可以尝试从软件的角度来思考这个电磁干扰问题的改善。

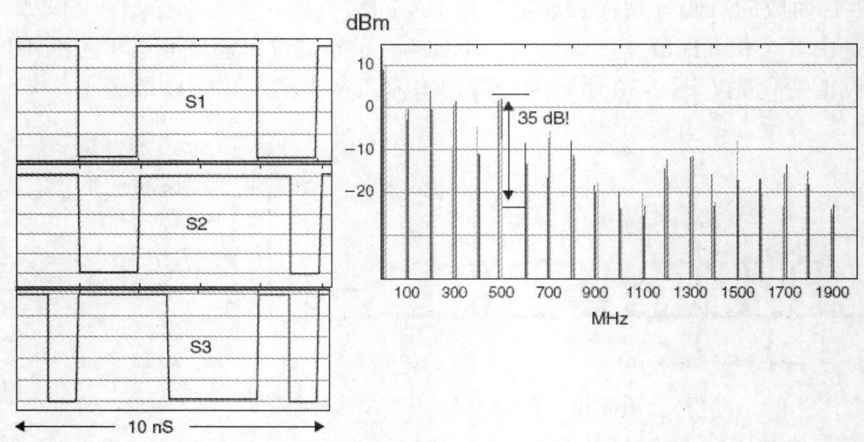

图 2-32　三种任意组合的 10 位符码频谱特性比较

因为一般的系统通信传输必须利用其协议所规定的信框架构进行，其中一般开头都是标头符码（Header Symbol），后续再跟随实际的数据（Payload），如图 2-33 所示即为由符码组成的信框与其可能对应频谱的示意图。标头符码（Header Symbol）对系统的运行是非常重要的，它会对应协议或调变系统、字节与时间长度的信息、是否有错误侦错与更正码的说明，然后在两个标头符码（Header Symbol）之间才是真正要传送的实际数据（Payload），而如果传送信框的标头符码与实际数据符码组合改变的话，也可能会明显地改变数字系统运行时的频谱特性。

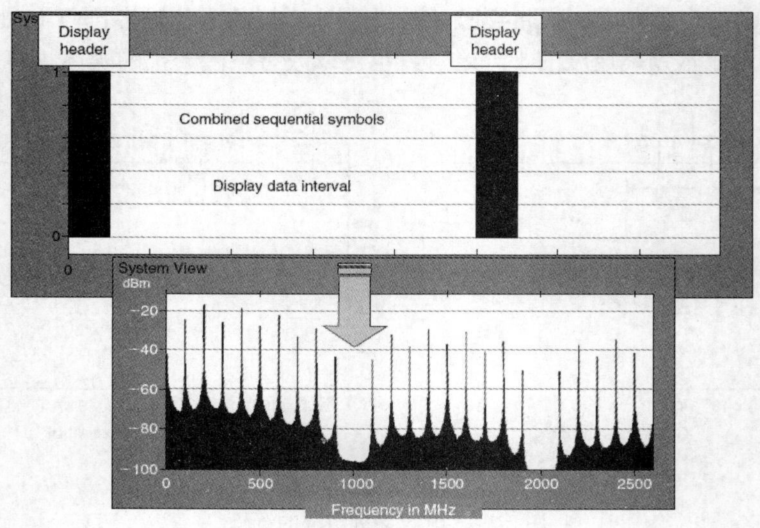

图 2-33　由符码组成的信框的频谱示意

最后再来看一些不同符码结构以及可能因为频率位的上升时间与下降时间不同而导致波形不对称时对频谱产生效应的范例。图 2-34 所示为一个工作周期为 50%的频率符码位结构（1111100000、1111100000...）及其所对应的频谱，其操作速度或数据传输率（Data Rate）已经降慢成原来频率信号的十分之一，但从频谱可以发现有偶次谐波的存在，这是因为上升时间（200 ps）与下降时间（90 ps）不同时，因为数字波形的不对称而产生的问题，也因为绝大部分的差模信号（Differential Signaling）传输的驱动 IC，其上升时间与下降时间会有些微差异，因此就会因其不对称性而产生工模噪声，当上升时间与下降时间越来越接近时，数字波形就越对称，偶次谐波位准也会随着降低，而从能量守恒的角度，奇次谐波位准则会增加。

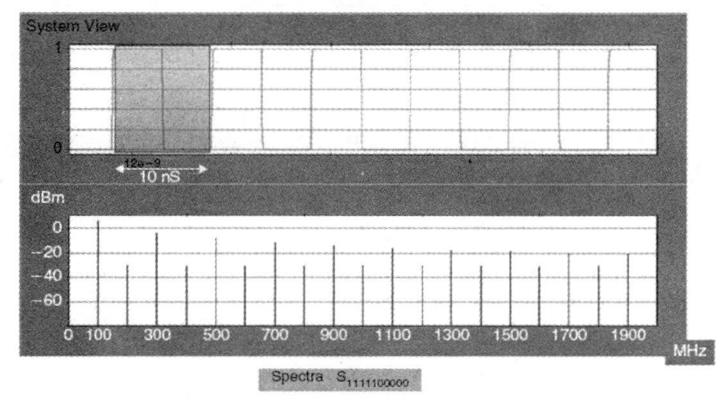

图 2-34　工作周期为 50%的频率符码位结构与对应频谱

前面虽然已经讨论过工作周期对频谱的范例，但此处再提供图 2-35 所示的波形（字节为 1000000000）更能清楚地观察其频谱的分布特性，其为单一位的符码波形与对应频谱，如同工作周期为 10%的数字信号，在位 1 之后跟随 9 个 0 位，以达到省电且持续唤醒系统操作的目的，由频谱可以看到高频谐波位准也会更高。

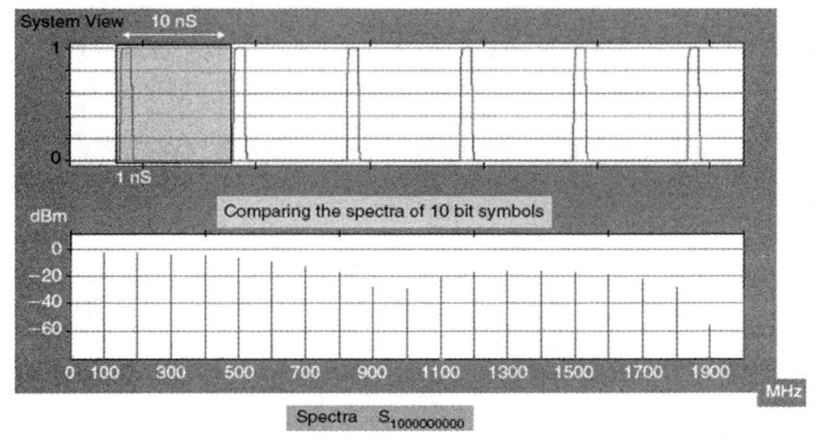

图 2-35　单一位符码的频谱

如果传输信号是如图 2-36 所示的随机符码，则其组成位序列为 1100110101，是个相当接近直流平衡的符码组合，因为位 1 与 0 的数目差不多一样多，其对应的频谱也同样显示于图 2-36 的下方。

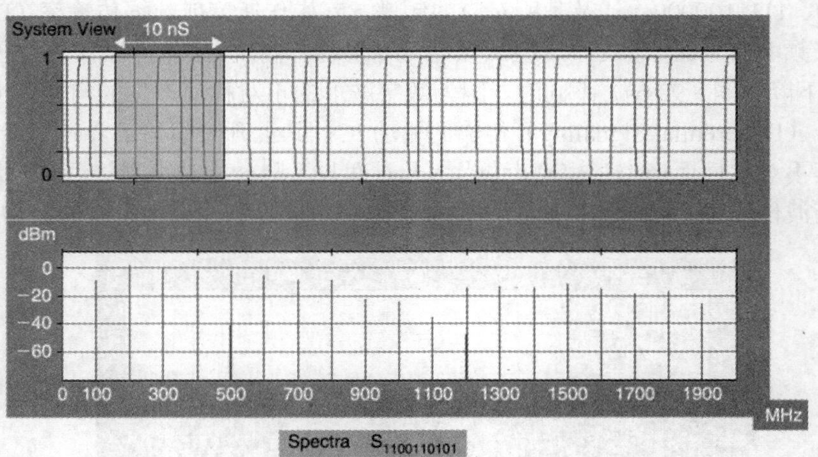

图 2-36　随机符码的频谱

图 2-37 所示是一个 10 位符码的特殊组合频谱，其位序列为 0110111100，发现其频谱非常有趣的特性是 500MHz 与 1500MHz 完全没有任何谐波，所以如果利用它来执行 GPS 系统操作时最常出现的控制符码结构就可以因为抑制该频段的数字噪声位准而提升 GPS 的接收灵敏度。

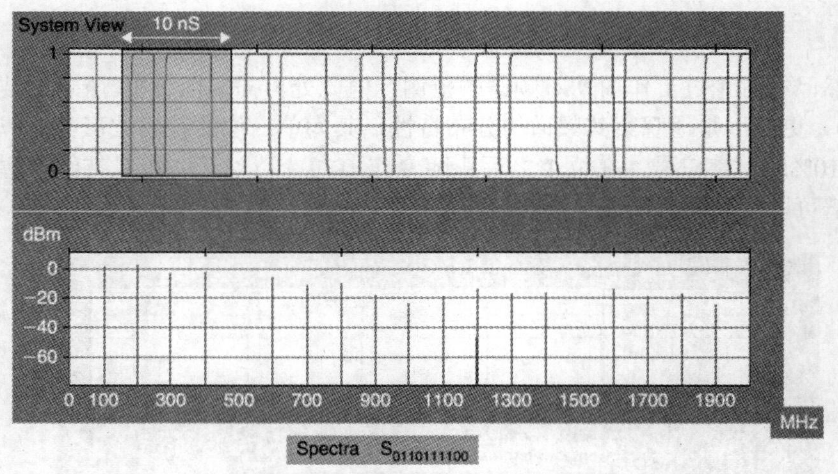

图 2-37　10 位符码特殊组合的频谱

最后可以比较数字电路最常见的频率、数据显示符码和拟（伪）随机二进制序列信号（PRBS）三种的频谱特性，如图 2-38 所示。

综合上述对电机电子设备与数字系统的电磁噪声频谱分析，我们即可针对各种无线通信系统的使用频段与灵敏度要求规划数字信号的内容与波形参数，以评估其可能导致的电磁干扰效应，因为科技与智慧生活中有越来越多的通信系统建置与频谱需求，如第三代移动通信的 WCDMA 与第四代移动通信的 LTE 系统，再加上各种规格的无线局域网络（如 802.11a/b/g/n/ac/

ad 等）对传输速率的迫切需求，所以为确保所有无线局域网络以及移动通信网络不会受到干扰以及无线装置内的载台噪声不会影响接收效能，我们就必须从噪声源头去分析其电磁干扰频谱的特性，做好妥善的 EMC 设计规划。

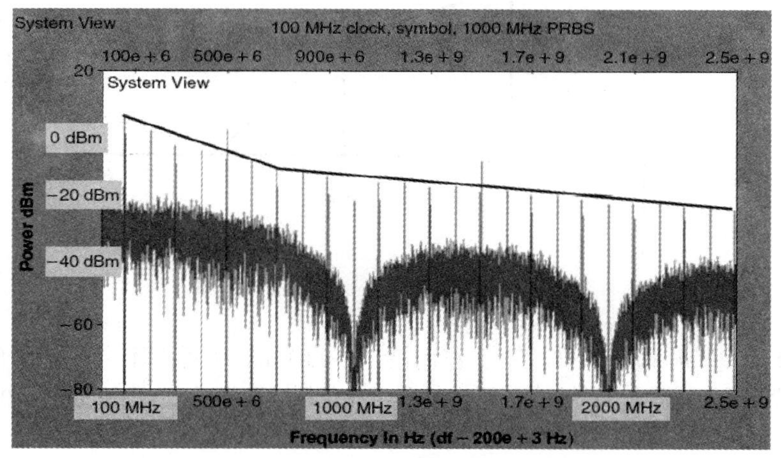

图 2-38　100MHz 频率、数据显示符码与拟（伪）随机二进制序列信号（PRBS）的频谱比较

2-4　ANSYS 仿真范例 1：数字脉冲信号上升/下降时间对电磁干扰 EMI 的频谱效应

1. 前言

本范例旨在探讨当一周期性的梯形脉冲序列改变工作周期（duty cycle，$D=\tau/T_0$）或 rise time/fall time 时，其信号频谱的变化。

由图 2-39 和图 2-40 可知，-20dB/dec 转折点的频率及强度（V_{dB}）与 τ 有关，当 τ 越小，-20dB/dec 转折点频率向高频移动（但 DC 强度则下降），越大则反之。而-40dB/dec 转折点的频率及强度与 τ_r 有关，当 τ_r 越小，-40dB/dec 转折点频率向高频移动，越大则反之。

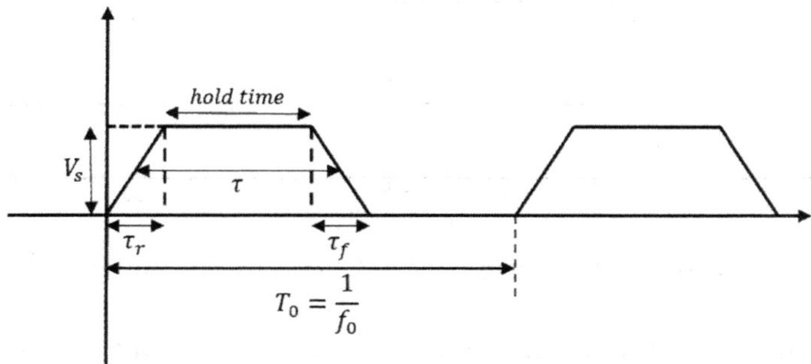

图 2-39　Time domain 梯形脉冲图

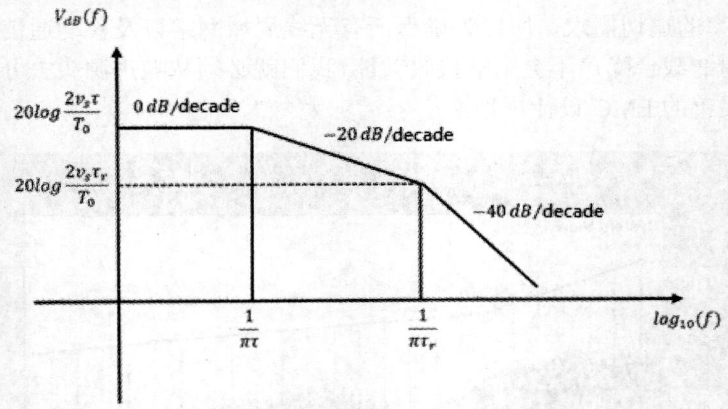

图 2-40　Frequency domain 梯形脉冲图

若固定 rise time/fall time，只改变工作周期，-40dB/dec 转折点不会移动，但-20dB/dec 转折点会移动。若固定 Hold time 和 T_0，只改变 rise time/tall time，-20dB/dec 与-40dB/dec 转折点都会移动。

2. 模拟

使用 ANSYS Designer 2015 来进行模拟分析。

（1）建立 Source 源，产生 Rise time/Fall time 为 20ns，hold time 为 480ns，周期为 1μs，duty cycle 为 50%的梯形脉冲，如图 2-41 和图 2-42 所示。

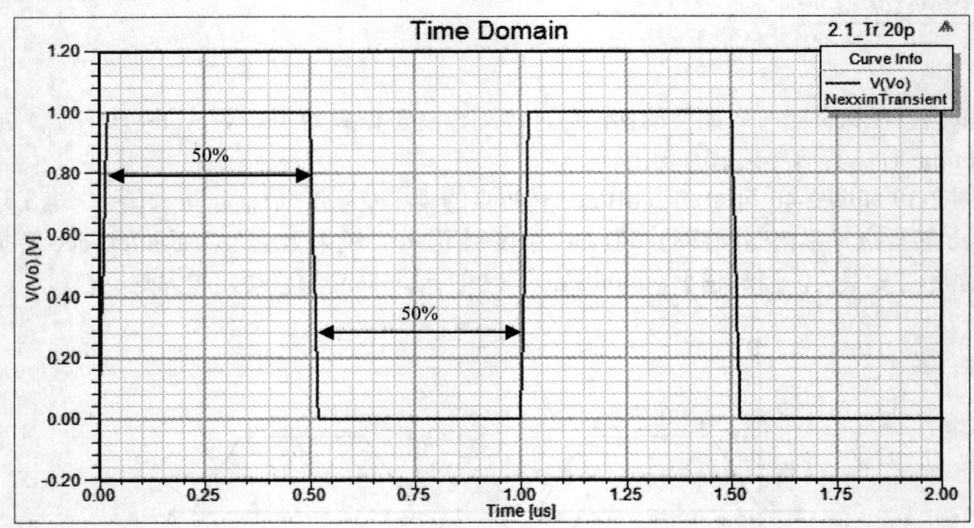

图 2-41　Source 端 duty cycle 为 50%的输出梯形脉冲图

（2）建立 source 源，产生 rise time/fall time 为 20ns，hold time 为 280ns，周期为 1μs，duty cycle 为 30%的梯形脉冲，如图 2-43 和图 2-44 所示。

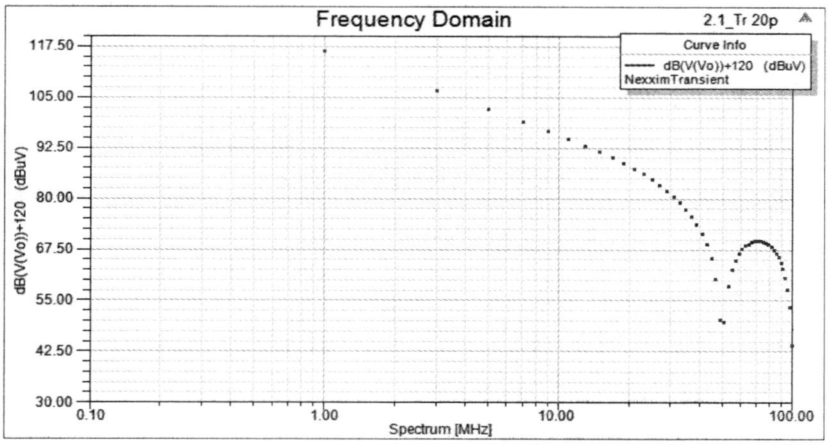

图 2-42 Source 端 duty cycle 为 50%的输出频谱图

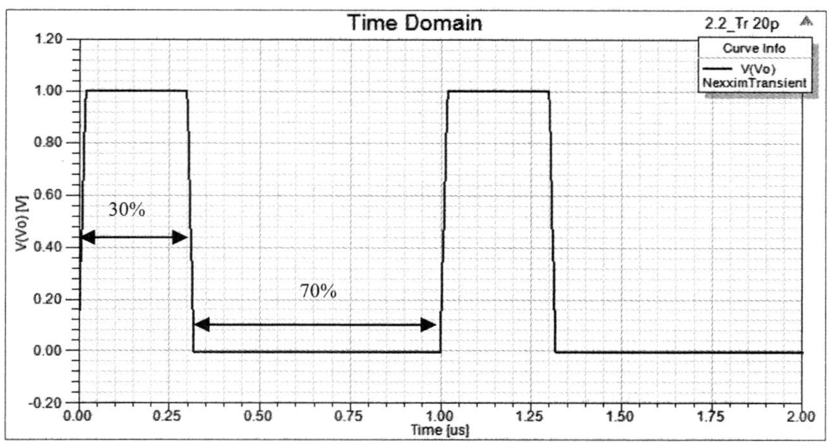

图 2-43 Source 端 duty cycle 为 30%的输出梯形脉冲图

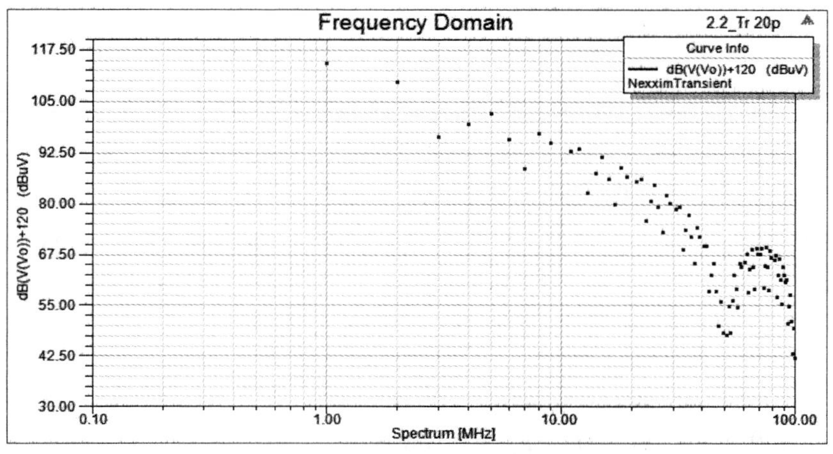

图 2-44 Source 端 duty cycle 为 30%的输出频谱图

（3）建立 source 源，产生 rise time/fall time 为 20ns，hold time 为 80ns，周期为 1μs，duty cycle 为 10%的梯形脉冲，如图 2-45 和图 2-46 所示。

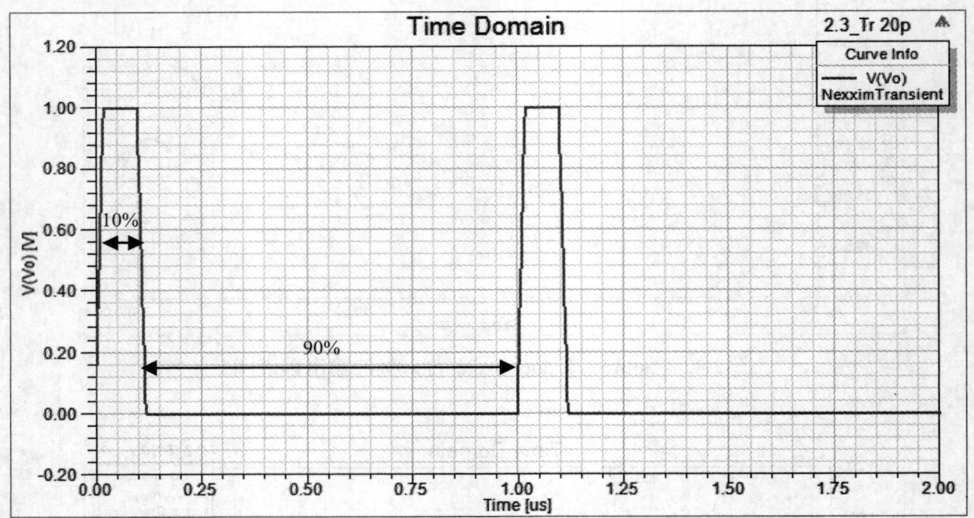

图 2-45　Source 端 duty cycle 为 10%的输出梯形脉冲图

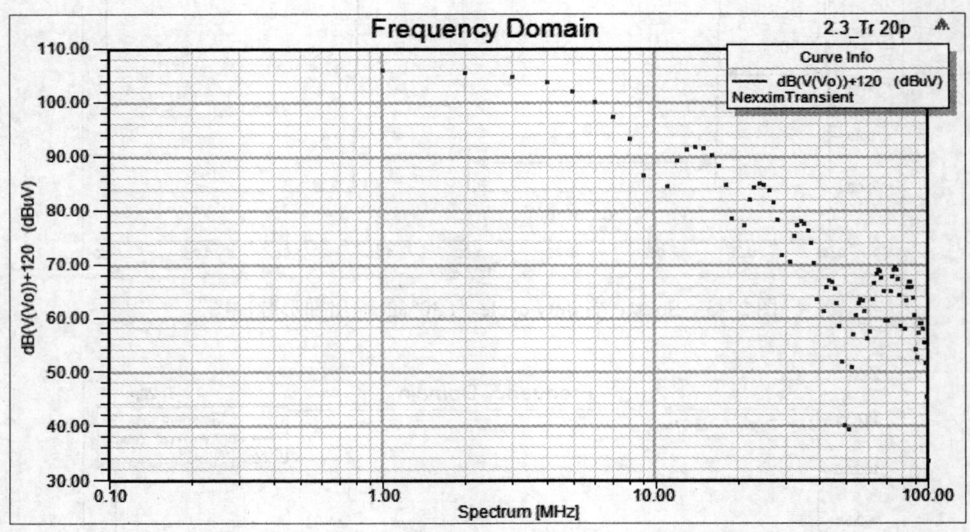

图 2-46　Source 端 duty cycle 为 10%的输出频谱图

梯形脉冲由 Time domain 经过傅里叶转换至 Frequency domain 后，其-20dB/dec 的转折点及频率点会随着梯形脉冲的工作周期变化。由图 2-39 到图 2-46 可知，工作周期越短（τ 越小），其-20dB/dec 的转折点频率会随着往高频移动，如图 2-47 所示。

D=50%，τ=500ns，τ_r=20ns，$F_{-20dB/dec}$= 0.63MHz

D=30%，τ=300ns，τ_r=20ns，$F_{-20dB/dec}$= 1.06MHz

D=10%，τ=100ns，τ_r=20ns，$F_{-20dB/dec}$= 3.18MHz

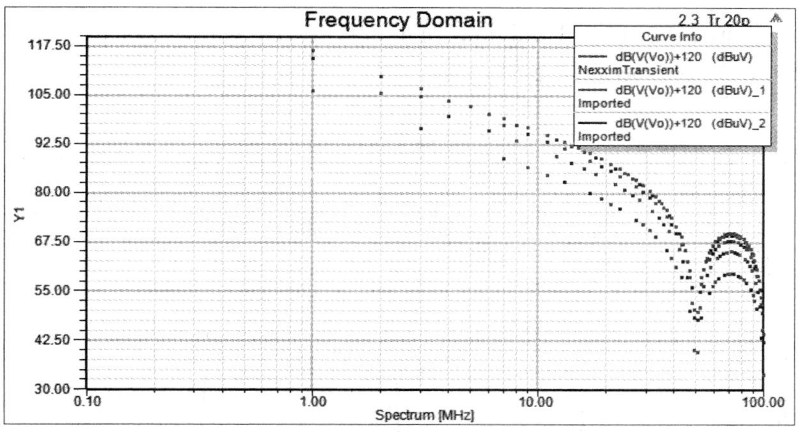

图 2-47 duty cycle 10%、30%、50%的比较频谱图

（4）建立 Source 源，产生 Hold time 为 400ns，Duty cycle 为 50%，Rise time/Fall time 分别为 10ns、30ns、50ns 和 100ns 的梯形脉冲。图 2-48 和图 2-49 所示为 Rise time/Fall time 为 100ns 的梯形脉冲。

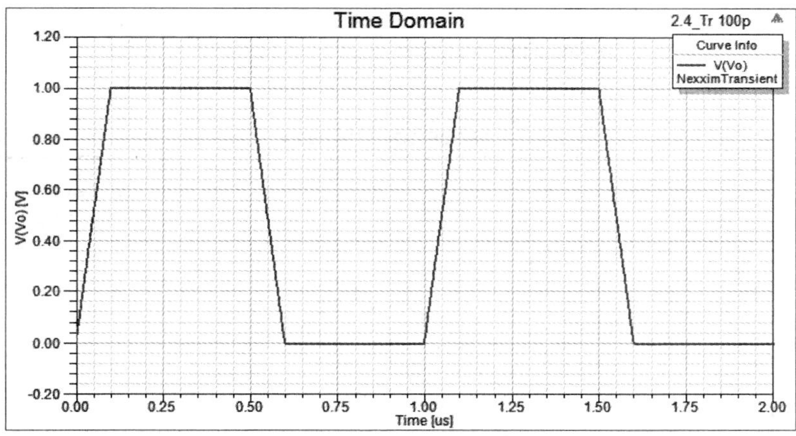

图 2-48 Rise time/Fall time 为 100ns 的输出梯形脉冲图

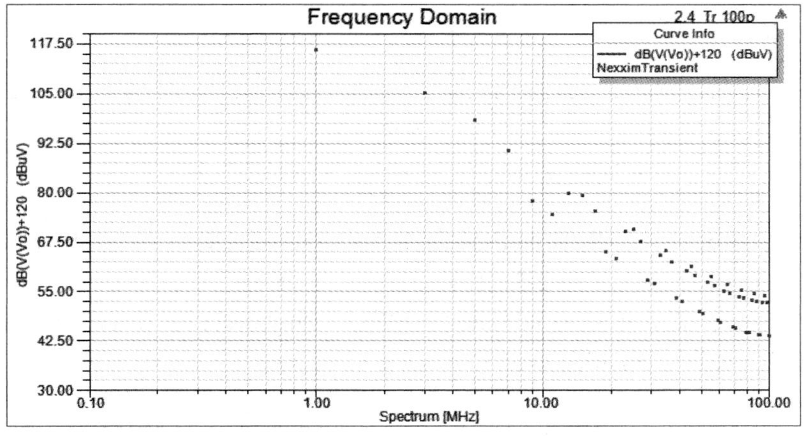

图 2-49 Rise time/Fall time 为 100ns 的输出频谱图

（5）建立 Source 源，产生 Hold time 为 400ns，Duty cycle 为 50%，Rise time/Fall time 为 50ns 的梯形脉冲，如图 2-50 和图 2-51 所示。

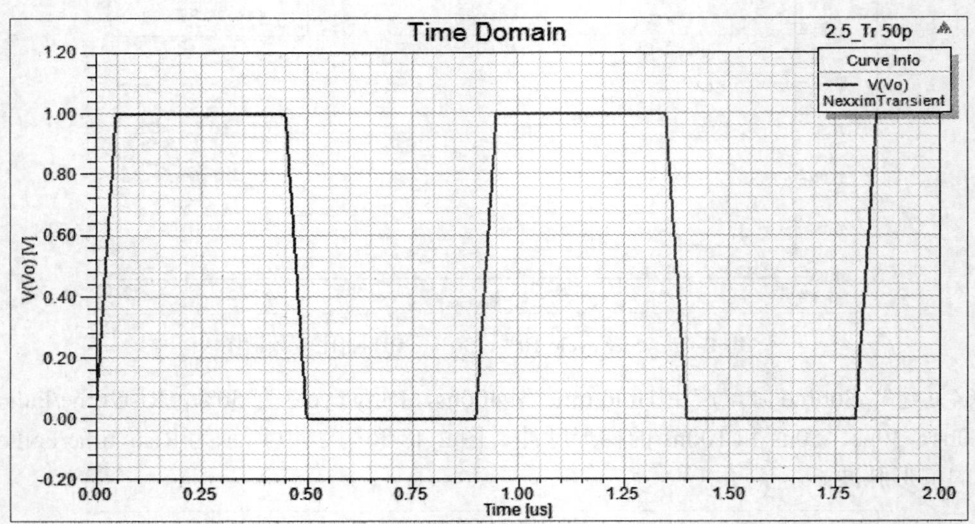

图 2-50　Rise time/Fall time 为 50ns 的输出梯形脉冲图

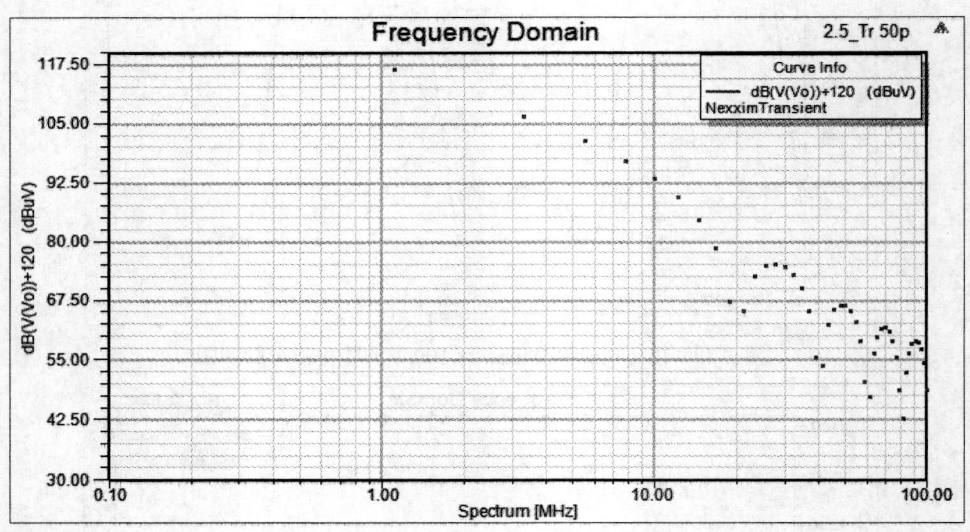

图 2-51　Rise time/Fall time 为 50ns 的输出频谱图

（6）建立 Source 源，产生 Hold time 为 400ns，Duty cycle 为 50%，Rise time/Fall time 为 30ns 的梯形脉冲，如图 2-52 和图 2-53 所示。

（7）建立 Source 源，产生 Hold time 为 400ns，Duty cycle 为 50%，Rise time/Fall time 为 10ns 的梯形脉冲，如图 2-54 和图 2-55 所示。

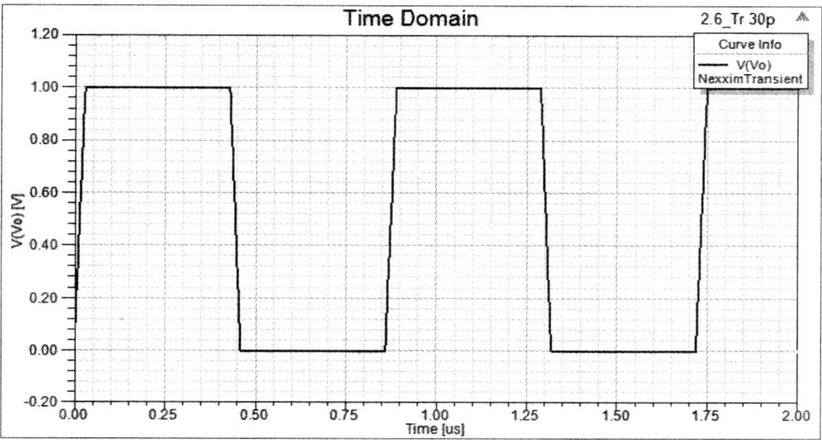

图 2-52　Rise time/Fall time 为 30ns 的输出梯形脉冲图

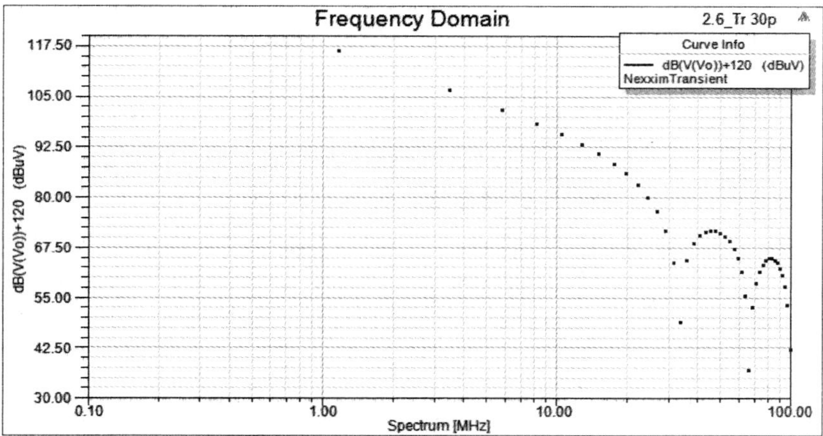

图 2-53　Rise time/Fall time 为 30ns 的输出频谱图

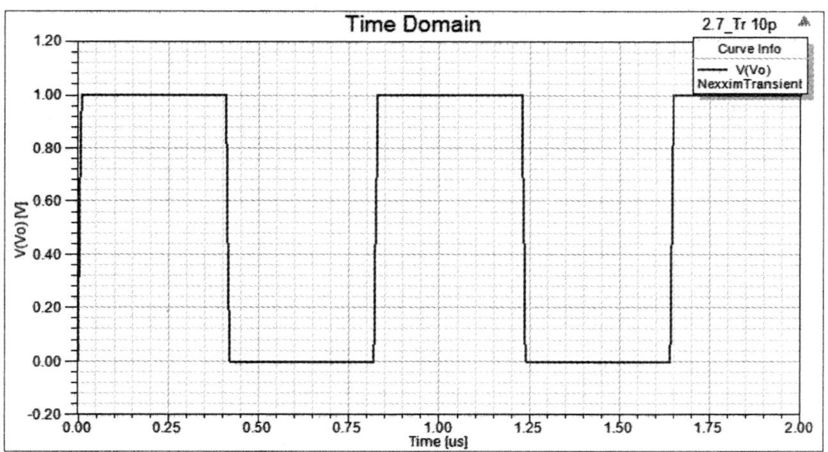

图 2-54　Rise time/Fall time 为 10ns 的输出梯形脉冲图

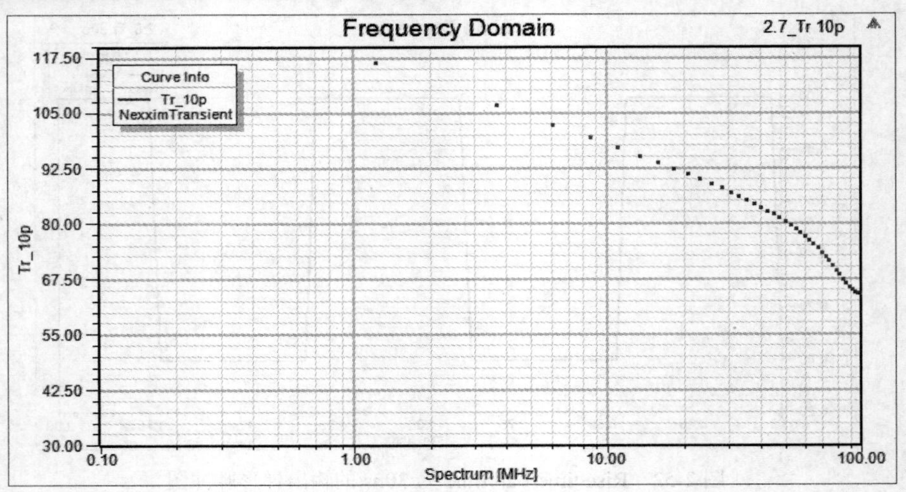

图 2-55 Rise time/Fall time 为 10ns 的输出频谱图

D=50%，τ=410ns，τ_r=10ns，$F_{-20dB/dec}$= 0.77MHz，$F_{-40dB/dec}$= 31.8MHz

D=50%，τ=430ns，τ_r=30ns，$F_{-20dB/dec}$= 0.74MHz，$F_{-40dB/dec}$= 10.6MHz

D=50%，τ=450ns，τ_r=50ns，$F_{-20dB/dec}$= 0.7MHz，$F_{-40dB/dec}$= 6.36MHz

D=50%，τ=500ns，τ_r=100ns，$F_{-20dB/dec}$= 0.63MHz，$F_{-40dB/dec}$= 3.18MHz

数字信号在切换 dV/dt 时会产生许多高次谐波分量，而谐波的振幅会因信号的上升与下降时间而受到影响。上升时间越短，所造成的高次谐波能量越多，则造成更多 EMI 现象。由图 2-48 到图 2-55 可以明显地看出其-20dB/dec 转折点随着工作周期 τ 而改变，而-40dB/dec 转折点随 Rise time/Fall time 而改变，而且可以看出其 Rise time 越短则频率的能量越强，数值越高，如图 2-56 所示。

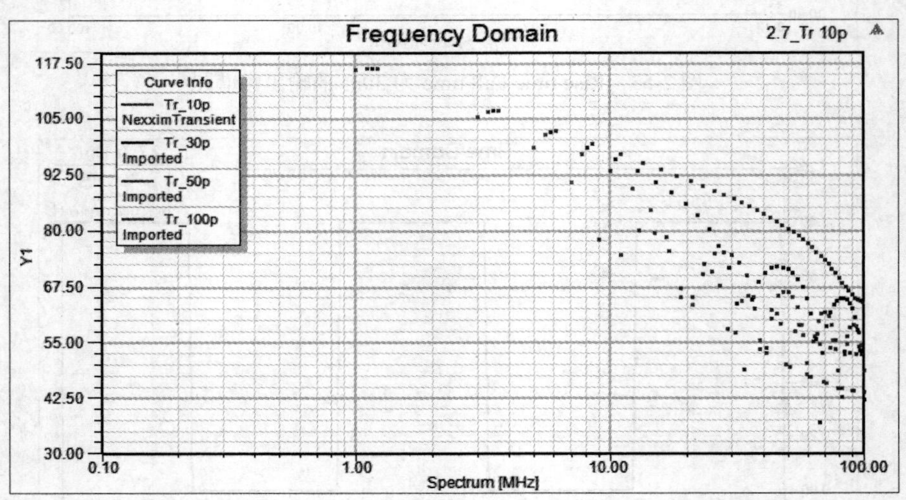

图 2-56 Rise time/Fall time 为 100ns、50ns、30ns、10ns 的输出频谱图比较

3. 问与答

问：频谱图输出方式如何以不同形态呈现？

答：在 Designer 内显示结果时可以将原本是一根一根的频谱转成标记最高点，比较容易看出频谱变化趋势，如图 2-57 所示。

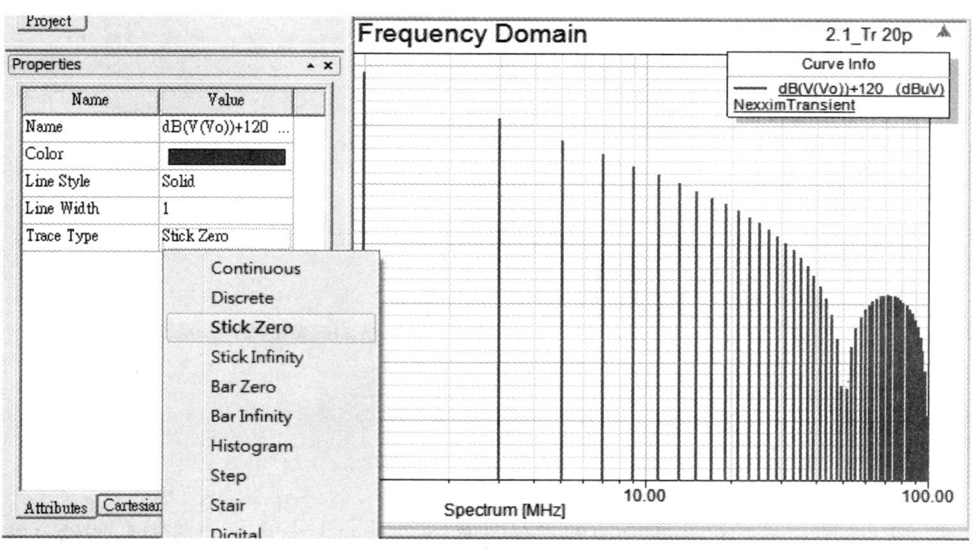

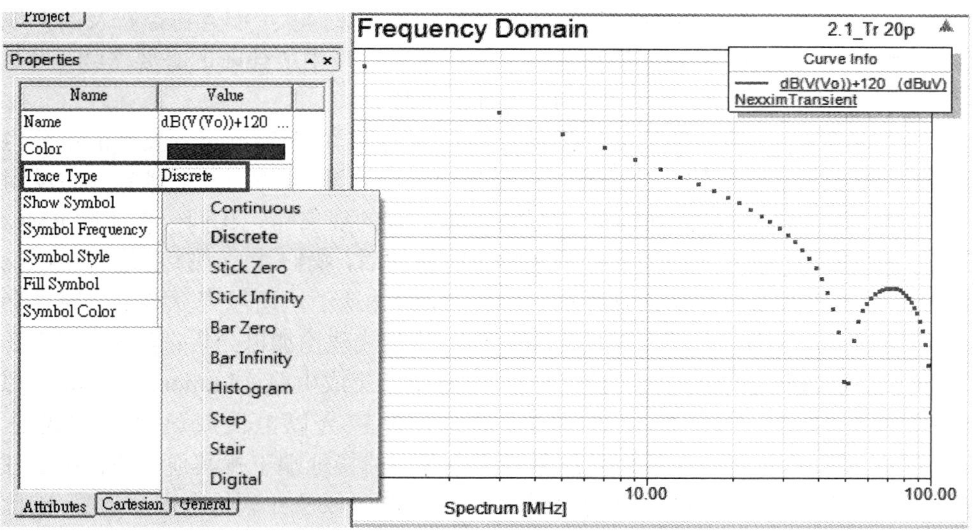

图 2-57　频谱图的不同输出方式

3 电磁耦合原理分析

第 2 章讨论了自然界的噪声和电路系统操作时产生的人为噪声的成因与特性，随着半导体制程的精细化与逻辑门数目剧增，使得数字切换噪声越来越大，而且日益普及的无线通信系统使电磁频谱拥挤，让我们了解到那都是电子产业发展过程中所伴随的必要产物，也是环境中无法避免的噪声问题，更因此带来了 EMC 设计的挑战。

我们已经知道 EMC 的问题是由三要素所构成，在第 2 章针对噪声源要素的部分也通过频谱分析进行了改变数字波形的参数来控制电磁噪声频谱的探讨，然而一般半导体主动组件的内部噪声源是通过何种路径传送出去，以致导致电磁干扰的现象呢？我们一直谈到 EMC 现象的发生必须是三要素缺一不可的，因此分析完噪声源特性后，我们就必须接着进行电磁噪声耦合路径的分析。由于瞬时或数字切换噪声展开的频谱范围相当大，所以究竟有哪些路径会将所有噪声分量传送出去，就必须利用基础的电磁原理与传输线理论加以分析：首先，因为在低频时信号波长较长，以致传输线的效应尚不明显，而是依据集成电路（Lumped Circuit）原理的传导路径进行能量传送，因此低频部分的电磁干扰噪声会以电压或电流的方式通过传导（Conduction）耦合途径将噪声或信号能量经由电源端或接地端干扰其他电路；由于任何双导体的传输线可等效为其结构与材料寄生的串联电感与电阻以及并联的电容与电导，因此它可视为一个低通滤波电路，以致当噪声或信号的频率越高时传输线的效应就开始出现，所以高频成分的谐波或噪声能量传导时遭遇高阻抗，因此通过电路的实体架构产生电压在导体结构感应出电场，而电流在导体回路上产生磁场，此时电场与磁场基本上还是分离而非相互感应耦合的，所以是属于近场感应耦合的串扰（Crosstalk）现象，其频率范围一般落在第 2 章讨论的第一个频率转折点与第二个频率转折点之间；最后，对于高频部分的谐波或噪声能量，一般是指频率超过第二个频率转折点后，此时因为对应频率更高、波长更短，以致可能在任何一条导线上产生共振，再经由这一电磁能量共振的机制产生辐射现象，此即为辐射（Radiation）耦合路径；一般 EMC 测试路径也是从上述的几个耦合路径来分别执行，而测试标准所参考的测试组态则是日常生活中常见的噪声传送路径，如图 3-1 所示。

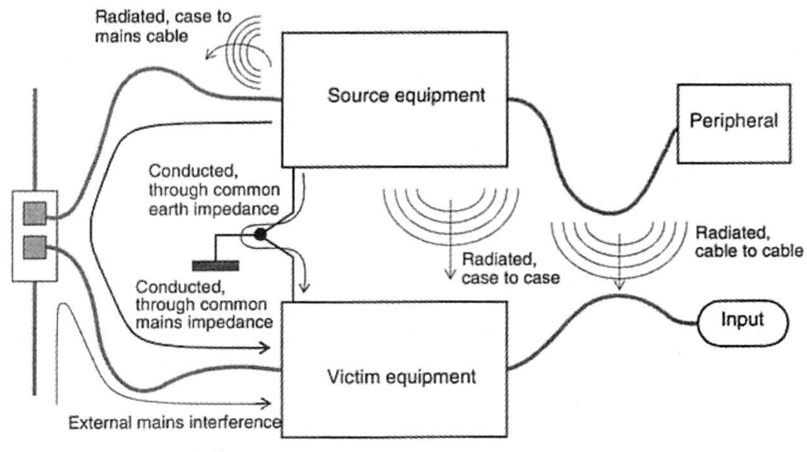

图 3-1　生活中常见的电磁耦合路径

此外，当金属机壳或 PCB 上面的电源层与接地层间的板间结构形成共振腔的时候，例如从 IC、PCB 板直到最后的主板与机壳封装的各产品层级，当利用 PCB 结构布线以隔绝噪声或利用导体机壳作为屏蔽时，其内部的噪声激发源就会在其中产生共振效应，所以就会有电源共振、回响室共振、机壳共振等现象，而像目前穿戴式装置最需要的系统封装（SIP）组件，就像刚刚提及很多电路模块与组件整合在一个机壳里面产生共振一样，以后的 SIP 系统封装则是会有很多不同功能的晶元（die）整合在同一个体积更小的封装（Package）里面，当其中的数字组件激发出电磁噪声而产生共振时，即会对同一封装或机构内的其他敏感电路产生共振耦合（Resonance Coupling）的问题。

另外，因为一般电路参考平面或机壳封装导体都很难有完整的架构，而常会有各式各样的槽孔（Aperture 或 Slot）而形成导体屏蔽结构或信号与接地回路的不完整，例如电源平面因需要提供不同供应电压而必须分割，接地平面因为要避免数字电路噪声区块与敏感电路的耦合，因隔离数字噪声的传导耦合而必须划分数字地、模拟地、I/O 地等，都会破坏信号回路或参考平面的完整性，以及设计屏蔽的系统总是要通过槽孔及连接器与外部信号连接，或是为了高速高功率系统的散热作用，而必须利用槽缝结构进行散热，因此也会破坏屏蔽结构的完整性，进而将内部区域的电磁噪声能量泄漏出去，这就是槽孔耦合（Aperture 或 Slot Coupling）路径。

我们先以一 PCB 板为例（如图 3-2 所示）来分析电磁噪声可能会导致干扰现象的放射耦合路径。该 PCB 板布局上有多个 IC 组件，其中有驱动 IC（Driver），还有参考平面或接地的信号回路，有会产生共振的电源层与接地层结构，电源瞬时切换噪声将可能从旁边产生辐射现象，也可能经由走线，然后在导体结构上通过电流激发磁场与电压激发电场，所以干扰噪声除可能经由连接线传导出去外，还可能经由走线辐射或产生串扰耦合。如果接地设计不好或电源质量不好，电源与接地都会因电源完整性的问题而产生共模噪声，它就会经由连接缆线（Cable）以传导或辐射的方式向外放射，所以图 3-2 显示出很多的可能耦合途径，如电路走线、PCB 板结构、与外部交连的 I/O 缆线，由数字噪声源向外看，越外面的信号路径，因为它长度越长，所以辐射效率也越高，共振频率则较低，接着往内遭遇到 PCB 走线，因为其对应共振的路径较短，所以有效的辐射频率就比较高，直到碰到干扰源的 IC 组件，因为其共振的天线效应长度更短，所以有效的辐射分量频率更高，所以会发现不同的耦合路径会对应不同的电磁干扰频率范围。

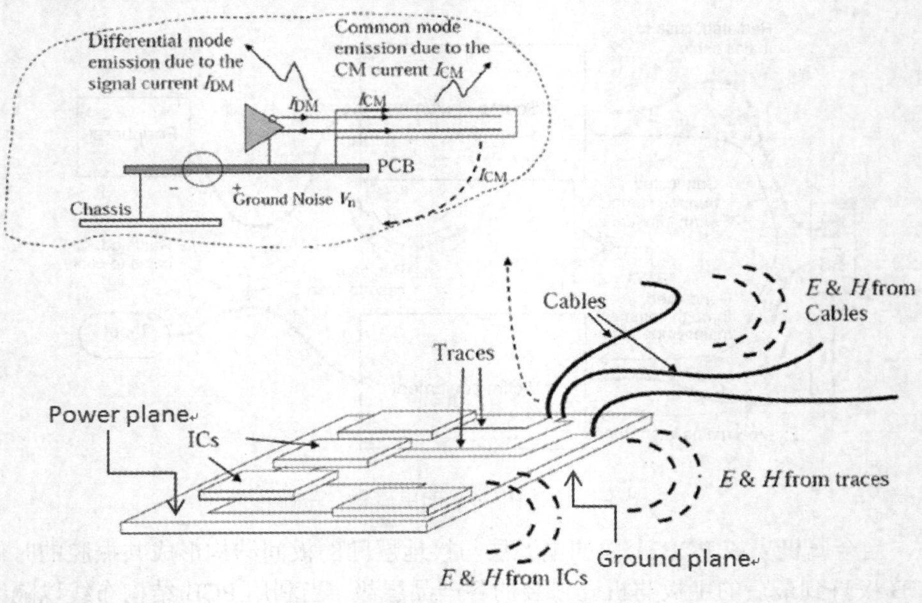

图 3-2 PCB 产生的电磁放射图示

电磁噪声本身是相当复杂的，随着不同组件的特性，其在正常的功能操作时，一般都会产生各式的数字或电源瞬时噪声，而这些噪声又会经由各种耦合路径进行能量传送，其中最严重的电磁干扰噪声是因为寄生效应所产生的共模噪声（Common Mode Noise）。因为目前随处可见的数字与通信装置，如笔记本电脑、平板电脑、智能移动电话等，触控面板模块无疑是涵盖面积最大的数字电子零部件，而因为触控面板上有相当灵敏的感测电路、因为容易邻近噪声最严重的系统或装置的主要驱动数字电路或是射频电路的发射模块及其噪声耦合机制相当复杂（如图 3-3 所示），所以其所面临的 EMC 问题就更为严重。图 3-3 所示的触控面板除了有液晶显示器（LCD）外，还有一些硬件电路，所以一般的触控面板上面都会有屏蔽对策（如图中标示的 Shield Can），因为触控面板模块的数字部件会产生相当严重的干扰噪声（即载台噪声 Platform Noise），所以必须利用屏蔽来阻隔可能干扰敏感电路的数字噪声，因为挂载触控面板的通信装置都有 RF 射频电路，也要确保 RF 射频电路在发射时与各部件间不会造成干扰效应，所以触控面板一般都要分别经过 EMI 和 EMS 的测试。

综合上述有关电磁干扰耦合路径的分析，这里可以利用图 3-4 归类为几种简单的耦合原理。传导路径可能是电源网络、信号网络或接地回路；近场串扰耦合路径则可能通过电容性或电感性耦合，电容性耦合源自于高阻抗的数字电路，因为高阻抗的数字电路上的电流不容易流动因此会造成电压差，而当它跟旁边的走线因为非常靠近而形成电位差后，就会导致寄生电容，进而产生电容性串扰，而如果是低阻抗的驱动电路，因为其上的电路电荷容易流动而在电流周围产生磁通量，进而产生电感性耦合；而当噪声频谱更高、对应波长更短时，则会形成天线效应而导致远场辐射。由于有那么多且复杂的耦合路径可能将电磁噪声进行传送而造成 EMC 问题，所以必须针对各种耦合路径加以适当的处理，例如利用滤波、PCB 布局、屏蔽设计等来系统地解决 EMC 的问题。

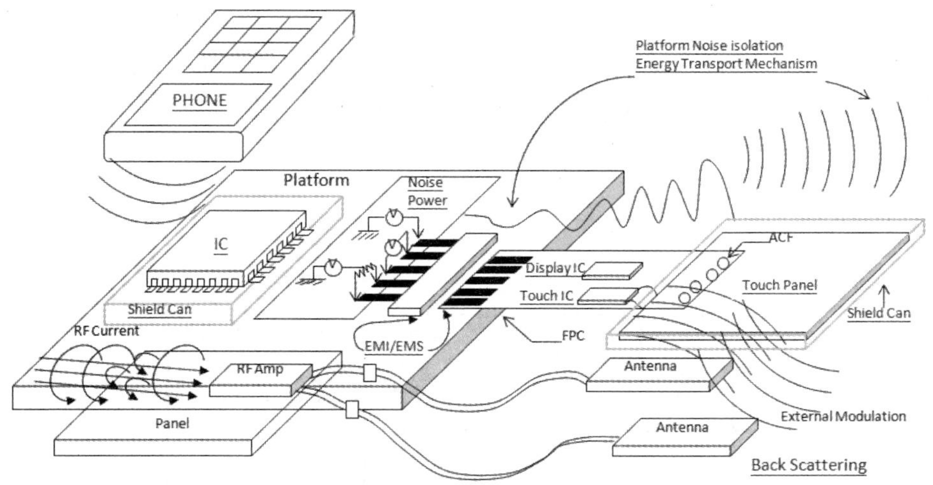

图 3-3　触控面板常见的耦合机制

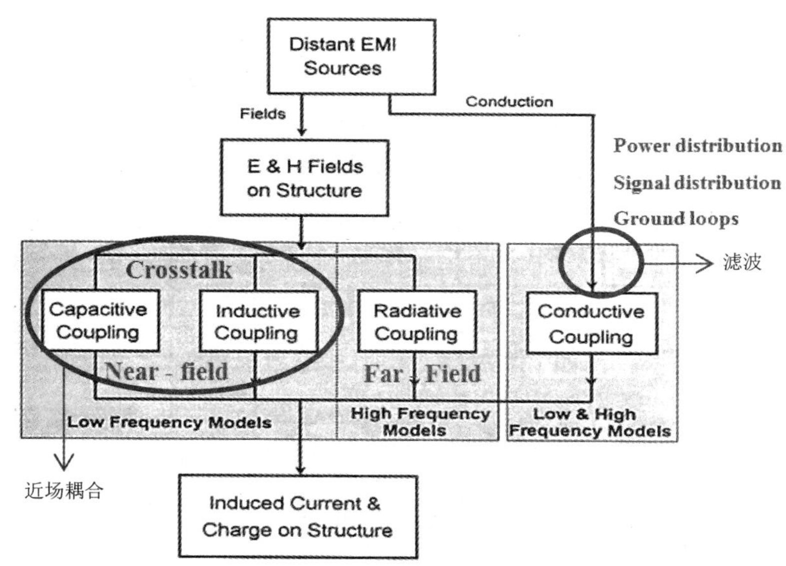

图 3-4　电磁耦合路径分析架构

下面将会针对上述几种电磁噪声耦合途径加以说明，以便从其耦合机制的原理寻求与规划最佳的噪声阻隔技术来达到 EMC 设计的目标。

3-1　传导耦合

以图 3-5 所示的传导电磁干扰放射测试的图例来看，当外部提供干净的电源给待测设备，可能由于待测设备内部电路动作时，其所产生的切换噪声或数字逻辑噪声会经由电源或接地网络将噪声传送出去。图 3-5 中小弧线标示的电流路径是在火线（L）与水线（N）这对电源线之间流动，称为差模电流（Differential Mode）；然而当电源完整性出现问题，使得电源与接地参考位准同时变化浮动时，即会产生共模噪声电压，而图 3-5 中大弧线标示的电流路径是同时经由火线（L）与水线（N）一起由待测设备的电源线流出去并通过设备的寄生回路（例如机壳或安全接地（G））返回而形成电流回路，大弧线标示的电流就称为共模电流（Common Mode），所以共模电流路径绝对是因为寄生效应而产生的，所以执行传导干扰测试时就必须同时进行火线（L）与地（G）、水线（N）与地（G）两项噪声电流测试，以便可以得到共模与差模干扰电压的信息。

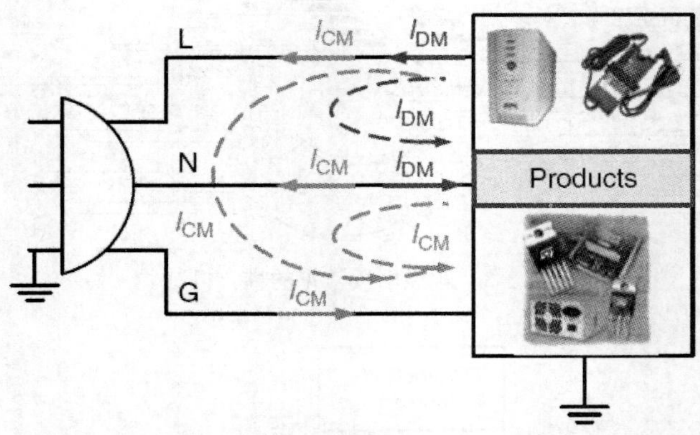

图 3-5　传导电磁干扰放射的定义

图 3-6 所示是典型的传导干扰耦合路径，图中的噪声源可能是左方电路中的数字切换噪声、或是切换时电源供应器上的切换噪声，它可能经由信号线、接地线、电源线传送，因此如果能侦测到电磁噪声由哪种传导路径耦合至设备外部，便可以利用滤波技术将噪声能量阻隔或损耗掉。

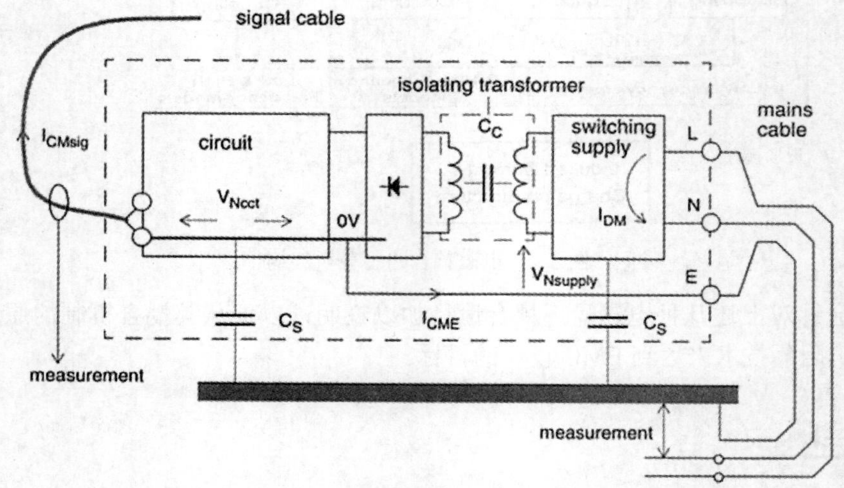

图 3-6　传导干扰的耦合路径图示

上述的传导干扰路径分析是针对低频的噪声，一般是 30 MHz 以下的噪声。如果噪声频率更高，以致传导路径的传输线效应开始出现而形成低通滤波器的特性时，这时高阻抗的逻辑电路如果以开路来表示，因高阻抗电路上的电荷不易流动而累积形成电压源，所以就会在导体间产生电场（如图 3-7 所示），这叫做电场耦合或电容性耦合；如果是低阻抗的驱动电路，则此时容易有电流流过而产生磁通量（如图 3-7 所示），进而在邻近的其他电路回路形成磁场耦合或电容性耦合。

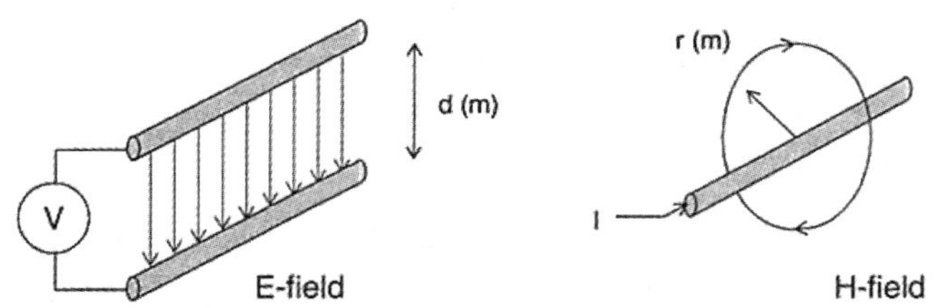

图 3-7　电压源与电流源形成的电场与磁场

有关邻近的耦合效应参考图 3-8 中两信号回路走线间的电场与磁场耦合就更清楚了，图中下方的接地平面是两信号的共同回路，各对传输线与其对应的回路会形成电容，也就是自容（Self Capacitance），而穿越信号线与其对应回路形成封闭面积（即板层厚度）的磁通量则会获得传输线的自感（Self Inductance）。然而现在因为各对传输线除了其对应的回路之外，还有另外一条邻近的信号线，结果这两条信号线之间可能会有电位差，进而产生耦合电场与互容，而且电流产生的磁通量耦合至另一相邻信号回路，就会产生耦合磁场与互感，因此三导体的等效电路可以用图 3-9 来表示；而当线路越密集、信号对越多时，这种近场耦合效应将会更严重。

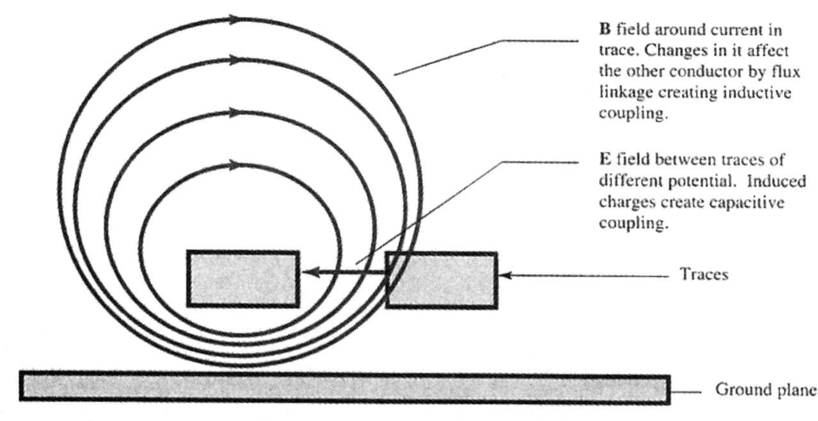

图 3-8　两信号回路走线间的电场与磁场耦合

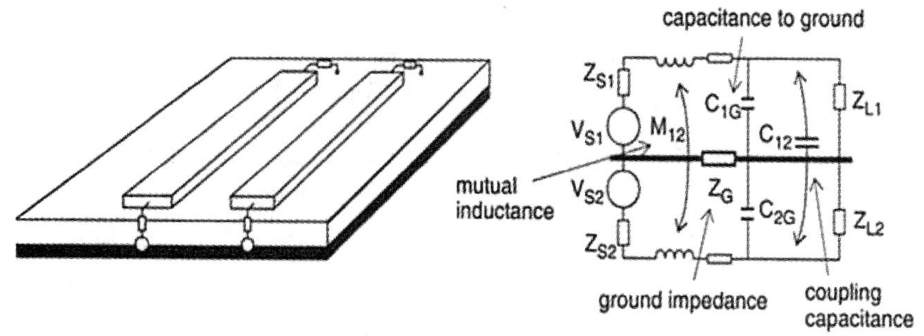

图 3-9　三导体的近场串扰等效电路

3-2 近场串扰耦合

串扰（Crosstalk）是属于电磁干扰 EMI 的一种问题，特别针对于传输线与传输线之间的电磁干扰。当信号由某条传输线触发，在传输过程中，经由电磁场耦合到邻近的信号线，造成邻近的信号线接收到原本不是传给自己的噪声，诸如此类的问题，都可归类为串扰的问题。

串扰与耦合通常被混用。一般而言，耦合是指导体与导体间电磁场的相互关系，从电路学的角度来看，耦合可分为电容性的耦合与电感性的耦合。如果由某导体的信号通过电磁场传递能量到另一端（不论此信号是否为设计者想要的信号），则称为耦合。如果这个耦合是不想要的信号，则称为串扰。可以用一句很简单的话来形容：噪声耦合就是串扰。

广泛的串扰问题包括传输线与传输线之间、芯片与芯片之间、连接器与连接器之间、管脚与管脚之间，以及它们交互之间等不胜枚举的噪声干扰。在现在所有电子产品都要求短小精薄的条件下，传输导体与导体间的距离越靠越近，噪声越来越容易耦合到邻近走线，串扰的问题也越来越严重。就模拟电路而言，串扰经常造成信号失真，数字电路虽然有比较强的抗噪声干扰能力，但当串扰问题严重时仍会造成高低位准的误判。尤其是现在的数字电路频率速度越来越快，为了省电，数字电路的高位准又越降越低，噪声容限越来越小，串扰的问题越来越严重。

虽然所有连接通路之间都会有噪声耦合的问题，但一般广泛被探讨的问题局限于传输线与传输线之间的串扰。并不是其他效应不重要，而是可以比较单纯被探讨的机制只有传输线与传输线之间的串扰。大体上我们可以把这种效应再细分为以下两种机制：

- 传输线与传输线间电容性的噪声干扰
- 传输线与传输线间电感性的噪声干扰

后面将针对这些现象进行详细探讨，在此将先就传输线结构的邻近效应所产生的寄生互容与互感加以分析。

以一般如图 3-10 所示实验常用的 PCB 传输线结构为例，对高阻抗电路的电容性耦合而言，可以利用图中左方的两条导线为代表进行分析，此种导线的一般直径是 1mm，电容与距离成反比，与介电系数成正比，与重叠的面积成正比，所以确实当两条导线的距离很靠近的时候寄生电容效应就会增加，而当距离越远的时候，其寄生电容变小也使串扰效应变小，图中左侧纵轴所标示的是其间每厘米有多少 pF 的寄生电容。接着来看电感性耦合效应，对低阻抗电路而言一定要有接地回路，以图中 PCB 板上面两对信号走线均利用参考接地为回路进行分析，因为一般实验常用的是厚度为 1.6mm 的 FR4 PCB 板，两对信号线各自回路的电流会导致磁通量耦合，进而产生寄生互感，由于在 PCB 厚度固定而信号回路面积也因此固定的条件下，磁通量密度与距离成反比，图中左侧纵轴所标示的是其间单位长度，也就是每厘米有多少 nH 的寄生电感。由图 3-10 可以注意到互感随着距离减少地较快，但若为使其电容性与电感性耦合效应降低而使传输线间距增加时，则电路密度就变小，进而使得 PCB 板面积变大而增加成本而不符合经济效益，所以可以通过电磁仿真分析了解电路速度与信号线间距的串扰效应，以便满足电路设计与制作的规格及成本需求，因此 PCB 电路布局走线时就必须权衡其间的设计参数最佳化。

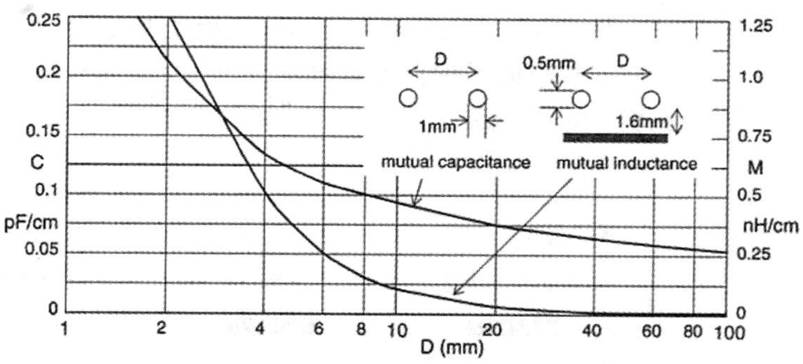

图 3-10 传输线结构间距与互感、互容的关系

传输线结构间的寄生互感与互容会引起哪种效应呢？以图 3-11 为例，电路设计时原本认为图中下方那一条信号线的速度很慢，若它有 I/O 接口连接到系统外部时，却可能因认为它速度较慢不会主动产生干扰噪声，所以设计时并没有考虑加装滤波器，然而由于该传输线旁边有一条 Clock 频率信号线（图中下方那一条信号线），当两对传输线很靠近时就会在频率信号一边传输一边通过互容的 $C\mathrm{d}v/\mathrm{d}t=I_n$ 与互感 $M\mathrm{d}i/\mathrm{d}t=V_n$ 将噪声耦合至低速传输线，电压与电流信号经过微分后就产生尖锐的时域串扰波形，而在噪声耦合过程中，随着信号传输而流到远程（Far End，FE）负载侧方向的噪声称为顺向耦合串扰（Forward Crosstalk）或远程耦合串扰，而流回到近端（Near End，NE）信号源侧方向的噪声就称为逆向耦合串扰（Reverse Crosstalk）或近端耦合串扰。

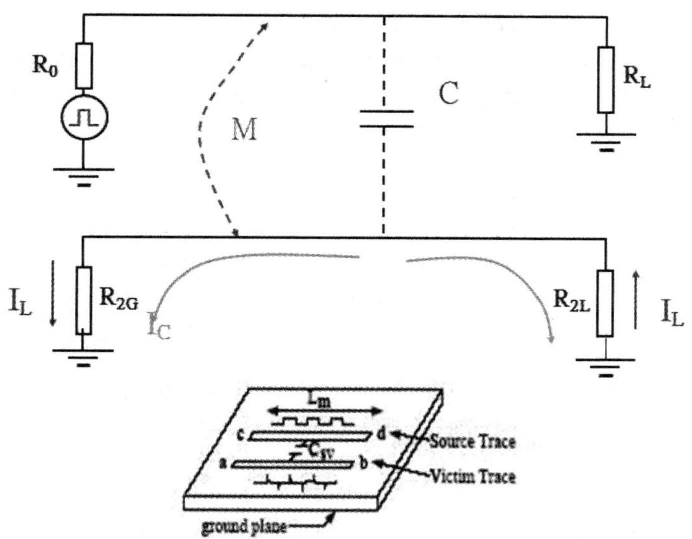

图 3-11 两对传输线间的串扰（音）效应

为了通过 PCB 布线设计来降低信号线间的串扰效应，可以参考图 3-12 所示的 PCB 走线的横截面结构参数，左方为一条携带干扰噪声的走线，右方则是遭受干扰的受害信号线，如果两者电位不同，就会有电场耦合效应，而噪声电流会产生磁场耦合效应，曲线表示噪声能量或功率（电压与电流或电场与磁场的乘积）的空间分布状况，可以发现虽然噪声能量大部分都会集中在携带干扰噪声的走线下方，可是仍有部分会耦合到邻近区域，进而产生串扰现象。从图

3-12 所示的结构来看，距离越大互容与互感都越小，而降低板层厚度 H（信号回路面积变小）就可以降低互感，因此在 PCB 布局时降低串扰效应最有效的方式就是让板层厚度 H 变小，这也是高速信号线要紧靠着参考平面的原因。

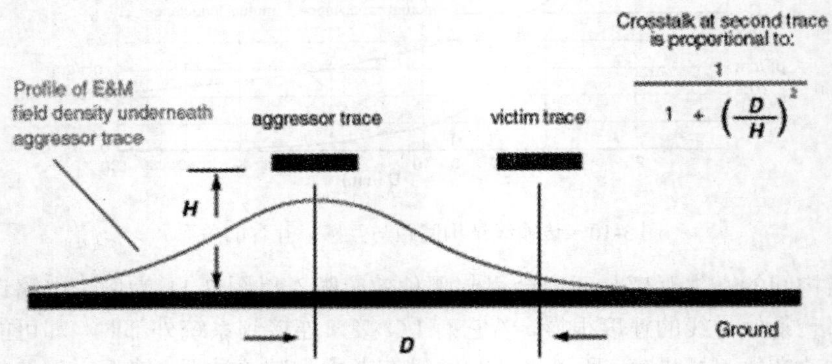

图 3-12　两信号线间（截面图）的耦合串扰能量示意

经过上述有关近场串扰耦合的分析后，我们可以将解决近场串扰效应的 PCB 布线技巧简单归纳为 3W（或对应图 3-12 中的 3D）原则和 20H 原则。此外，还有一些降低近场串扰效应的电路设计技巧，可以利用图 3-13 和图 3-14 来加以简要说明。

图 3-13 所示为电场或电容性耦合的示意图，一样是由两对信号线所构成的电路范例，其中左图两条信号线平行的部分就会产生寄生电容 C_c，针对逻辑电路状态位准的变化时，其电容性耦合效应就会产生 $C_c\mathrm{d}v/\mathrm{d}t=I_n$ 的噪声电流而流过受扰电路上，形成右图的电容性耦合等效电路图，所以要减小寄生的电容性耦合效应，可以通过以下几种方式：增加两线路之间的距离、减少两线路布线的重叠面积、在两条走线之间加入接地的 Guard Trace 导线。

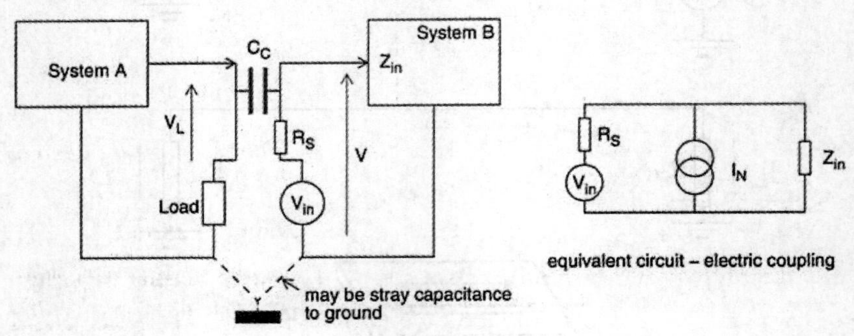

图 3-13　电场（电容性）耦合图示

图 3-14 所示为磁场或电感性耦合的示意图，用于描述低阻抗电路上电流的磁场耦合效应。因为电流流动产生的磁场耦合到邻近电路循环，耦合的磁通量形成寄生互感 M，而通过左图循环上的干扰电流就会在图右的受扰电路上产生噪声感应电动势 $M\mathrm{d}i/\mathrm{d}t=V_n$，形成右图的电感性耦合等效电路图，所以要减小寄生的电感性耦合效应，可以通过以下几种方式：增加两个电流回路之间的距离、在电流大小不变的情况下减小噪声电流回路产生的磁通量密度（例如使用双绞线）、减小接收回路的面积、调整两个电流回路的相对位置和角度关系以减小耦合面积、利用屏蔽的镜像平面原理（Image Theory）所产生的镜像电流来抵减磁通量密度。

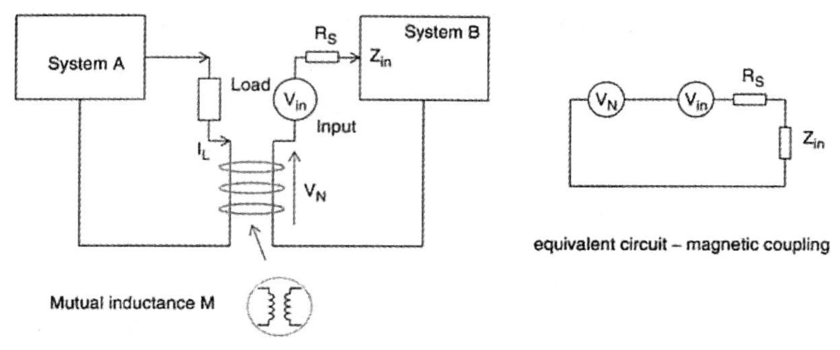

图 3-14 磁场（电感性）耦合图示

如果将刚刚讨论过的电容性与电感性串扰效应叠加起来时，我们就可以利用图 3-15 加以分析，以便在受扰电路上获知实际的串扰机制，才能通过前面说明的解决方案达到最佳的效益。前面已经提过在近端信号源侧产生的噪声现象称为近端（NE）串扰，而在远程负载侧产生的噪声现象称为远程（FE）串扰，因此其耦合的串扰噪声电压就分别以 V_{NE} 与 V_{FE} 表示，其等效电路则如图 3-15 所示，因为磁场耦合和电场耦合的解决方法还是有一些差别的，那要如何判定是电场耦合还是磁场耦合以选择最佳的解决方法呢？我们知道噪声 I_C 是电容性耦合的产物，而 V_M 则是电感性耦合的产物，通过噪声在受扰电路等效电路的连接方式，如果改变干扰源位准时，而量测近端与远程的串扰噪声 V_{NE} 与 V_{FE} 时，发现两者同时增加或同时减少，就代表其为电容性耦合；若是发现 V_{NE} 与 V_{FE} 两者其中一个增加，而另一个就减少时，反之亦然，则代表其为电感性耦合。

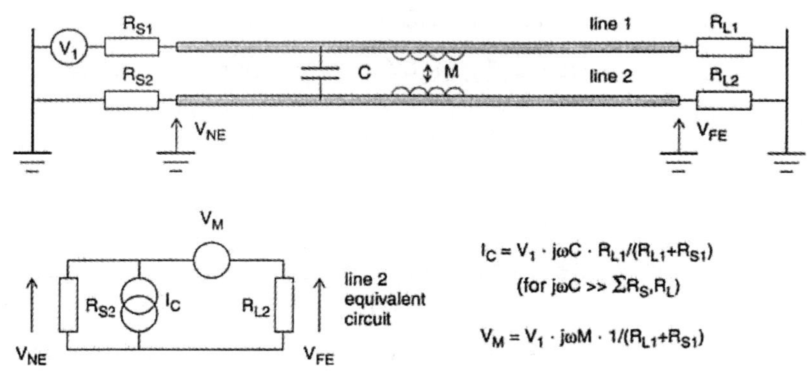

图 3-15 串扰耦合总效应的图示分析

经过上述有关近场串扰耦合的简要分析后，我们可以更了解 3W 原则和 20H 原则等解决近场串扰效应的 PCB 布线技巧原理，由于串扰耦合的近场噪声影响很大，所以后面几节会更详细地加以原理分析说明。

3-2-1 电容性的噪声干扰

电容性的噪声干扰源自于电场性的耦合，图 3-16 所示为电容性的串扰等效电路示意图。设触发电压 v_{in} 为梯状上升波，传输线的特征阻抗为 Z_0，耦合后往接收端方向传播的噪声电压为v_C^+，回到触发端方向的噪声电压为v_C^-，单位长度的互容值为C_m，则由基尔霍夫电流定律可知：

$$\frac{v_C^+}{Z_0}+\frac{v_C^-}{Z_0}=C_m\Delta\ell\frac{\mathrm{d}v_{in}}{\mathrm{d}t} \tag{3-1}$$

由于通过电场感应过去的电压必须连续，所以$v_C^+=v_C^-$，因此：

$$v_C^+=v_C^-=\frac{1}{2}Z_0C_m\Delta\ell\frac{\mathrm{d}v_{in}}{\mathrm{d}t} \tag{3-2}$$

一般探讨串扰，传递信号的传输线又称为触发线，被噪声干扰的线称为受干扰线，受干扰线与接收端同侧所收到的噪声称为顺向串扰或远程串扰，在触发端同侧所接收到的噪声称为背向串扰或近端串扰。

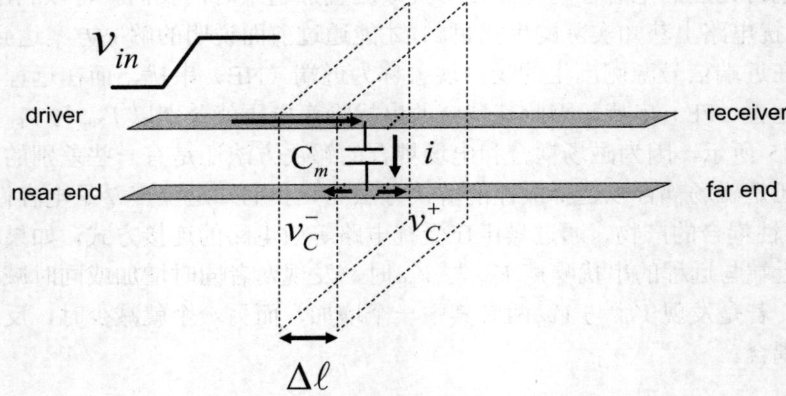

图 3-16　电容性的串扰等效电路示意图

由图 3-17 可知，所有线段的顺向耦合噪声会同时到达远程，逆向耦合噪声则会延长至两倍的传输时间到达近端，并从式（3-2）可以得知，当两条长度为ℓ的传输线经过电容性的噪声耦合后，其远程串扰v_C^{FE}为：

$$v_C^{FE}=\frac{1}{2}Z_0C_m\ell\frac{\mathrm{d}v_{in}}{\mathrm{d}t} \tag{3-3}$$

假设信号在传输线的特征阻抗为Z_0，则由传输线理论可以得知：

$$Z_0=\sqrt{\frac{L}{C}}$$

其中L与C分别表示传输线单位长度的电感与电容值。设信号在传输线的速度为v，则：

$$v=\frac{1}{\sqrt{LC}}$$

因此式（3-3）可以改写为：

$$v_C^{FE}=\frac{1}{2}\sqrt{LC}\frac{C_m}{C}\ell\frac{\mathrm{d}v_{in}}{\mathrm{d}t}=\frac{\ell}{2v}\frac{C_m}{C}\frac{\mathrm{d}v_{in}}{\mathrm{d}t}=\frac{TD}{2}\frac{C_m}{C}\frac{\mathrm{d}v_{in}}{\mathrm{d}t} \tag{3-4}$$

其中TD（Time Delay）$=\ell/v$，为传输线的延迟时间。

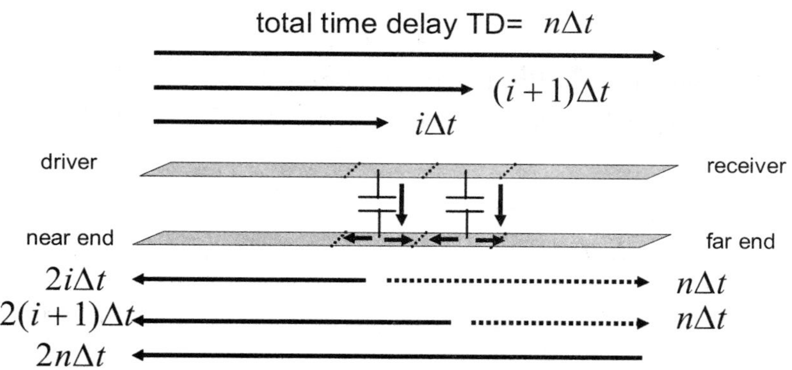

图 3-17 图例说明所有线段的顺向耦合会同时到达远程，逆向耦合则会延长至两倍的传输时间到达近端

因为所有线段的逆向耦合噪声不是同时到达近端，所以近端串扰并不能像上式一样直接积分。假设信号在传输线的速度为 v，梯状上升波的最大值为V_m，上升时间为T_r，因为只有在上升边缘中信号才会触发高频频谱，耦合过去受干扰端。当信号达终端值时，因其为单纯的直流信号，所以不会耦合。如图 3-18 所示，当信号到达上升时间T_r时，在距离触发端$\frac{1}{2}T_r v$处的逆向耦合电压刚好回到近端，因此逆向串扰的有效耦合长度为$\ell'=\frac{1}{2}T_r v$，亦即近场串扰的大小为：

$$v_C^{NE}=\frac{1}{2}Z_0 C_m \ell' \frac{\mathrm{d}v_{in}}{\mathrm{d}t}=\frac{1}{4}Z_0 C_m v T_r \frac{\mathrm{d}v_{in}}{\mathrm{d}t} \tag{3-5}$$

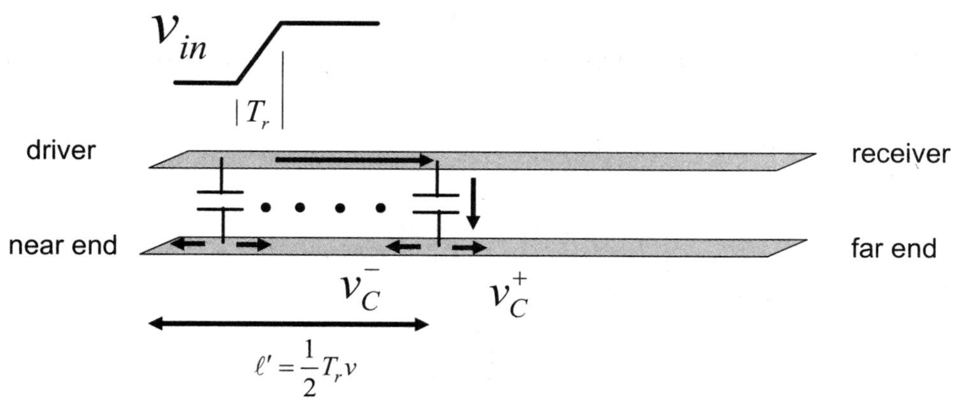

图 3-18 逆向串扰的有效耦合长度为$\ell'=\frac{1}{2}T_r v$

又因为触发信号为梯状上升波，所以$\frac{\mathrm{d}v_{in}}{\mathrm{d}t}=\frac{V_m}{T_r}$，将此条件代入式（3-4）与式（3-5），可以得到下列结论：

$$v_C^{FE}=\frac{TD}{2}\times\frac{C_m}{C}\times\frac{V_m}{T_r} \tag{3-6a}$$

$$v_C^{NE}=\frac{V_m}{4}\times\frac{C_m}{C} \tag{3-6b}$$

由上述分析可以得知，电容性的串扰，不论是远程串扰还是近端串扰，其极性与触发端的电压极性一样，其波形如图 3-19 所示，近端串扰会延长至 $2TD$，而远程串扰只有一小段，其长度为 T_r。

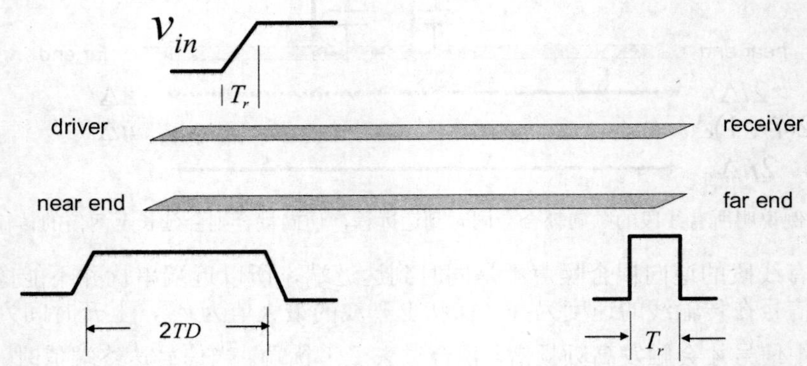

图 3-19　近端串扰会延长至 $2TD$，而远程串扰只有一小段长度 T_r

3-2-2　电感性的噪声干扰

电感性的噪声干扰源自于磁场的耦合，图 3-20 所示为电感性的串扰等效电路示意图，我们可由基尔霍夫电压定律得知：

$$v_L^-=L_m\Delta\ell\frac{\mathrm{d}i}{\mathrm{d}t}+v_L^+ \tag{3-7}$$

其中 L_m 为单位长度的等效电感值，$i=\frac{v_{in}}{Z_0}$ 代表信号传输线所流过的电流。由电流连续条件可以得知 $\frac{v_L^-}{Z_0}+\frac{v_L^+}{Z_0}=0$，带入上式得：

$$v_L^-=-v_L^+=\frac{1}{2}\frac{L_m}{Z_0}\Delta\ell\frac{\mathrm{d}v_{in}}{\mathrm{d}t} \tag{3-8}$$

与上节一样的推导方法，可以得知：

$$v_L^{FE}=-\frac{TD}{2}\times\frac{L_m}{L}\times\frac{V_m}{T_r} \tag{3-9a}$$

$$v_L^{NE}=\frac{V_m}{4}\times\frac{L_m}{L} \tag{3-9b}$$

电感性噪声耦合产生的近端串扰与远程串扰和电容性串扰的波形相似，最大的不同是电感性耦合所产生的远程串扰其极性与触发端电压的极性相反。

3-2-3　电容性噪声耦合和电感性噪声耦合的总效应

正如前面两个小节所探讨的，邻近传输线所受的干扰为电容性噪声耦合与电感性噪声耦合的加成效应，所以由前面两个小节的探讨，远程串扰 v^{FE} 与近端串扰 v^{NE} 分别为：

$$v^{FE} = v_C^{FE} + v_L^{FE} = -\frac{TD}{2} \times \left(\frac{L_m}{L} - \frac{C_m}{C}\right) \times \frac{V_m}{T_r} \tag{3-10a}$$

$$v^{NE} = v_C^{NE} + v_L^{NE} = \frac{V_m}{4} \times \left(\frac{L_m}{L} + \frac{C_m}{C}\right) \tag{3-10b}$$

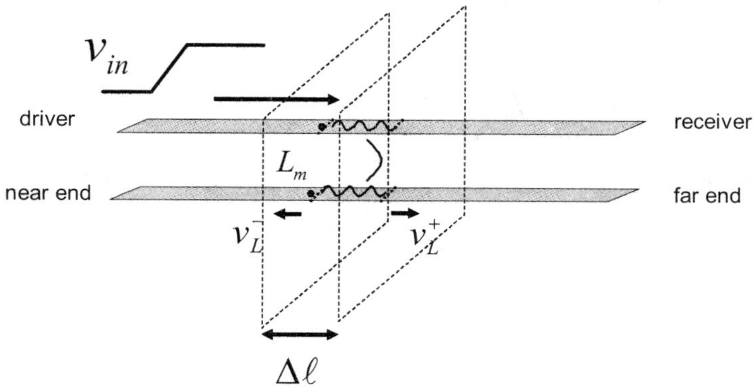

图 3-20 电感性的串扰等效电路示意图

在一般电路的传输线上，电感性的耦合效应要比电容性的耦合效应严重，因此在一般匹配的电路问题，近端串扰极性与触发端一样，但远程串扰极性刚好相反。近端串扰的长度为 $2TD$，远程串扰长度却只有 T_r。图 3-21 描述了一般匹配电路的近端串扰与远程串扰的波形。由以上分析可知，当传输的信号线邻近只有另一条传输线时，由传输线理论及以上的分析可知其等效电路如图 3-22 所示。这个等效电路是一个泛用型的双传输线等效电路图，不仅可以用来描述信号由某一条传输线触发影响到另外一条传输线的效应，如果两条信号线同时触发同样的波形，此等效电路也可以拿来仿真共模传输线的传输效应；当其反对称触发时，可以拿来模拟差模传输线的效应。甚至是任意一组触发波形，此等效电路仍然成立。

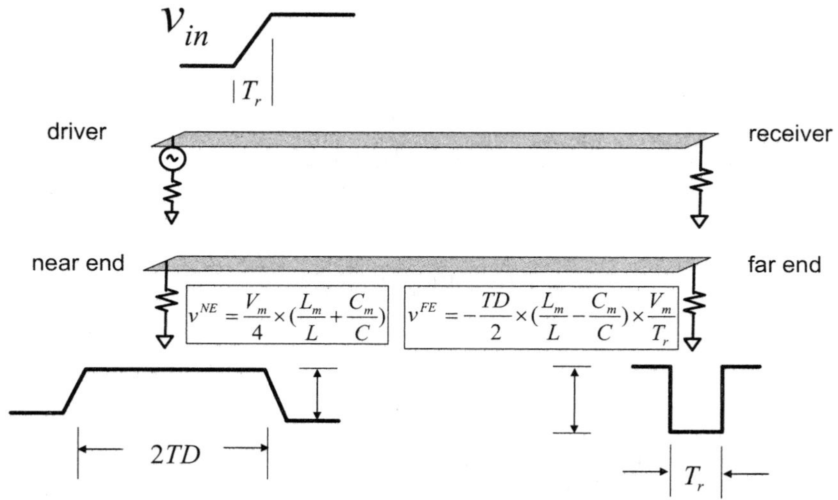

图 3-21 一般匹配电路的近端串扰与远程串扰的波形

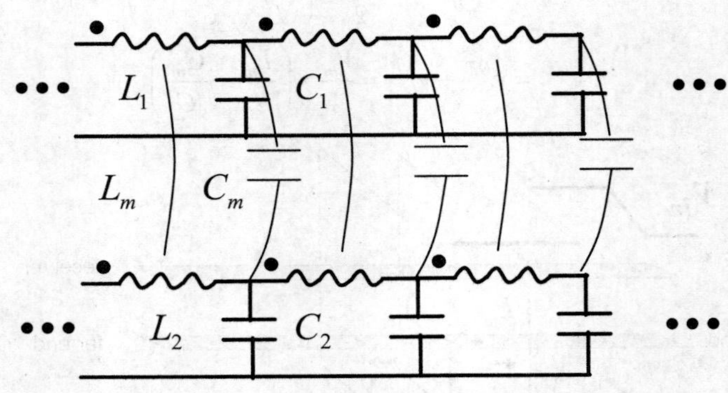

图 3-22　双传输线等效电路图

3-2-4　电感与电容矩阵表达式

当触发线邻近的传输线超过两条时，通常会用电感与电容矩阵来表示其效应，为了深入了解电感与电容矩阵里元素的物理意义，我们从最简单的两条传输线出发。以微带线为例，两条微带线的截面如图 3-23 所示，其中 C_{1g} 与 C_{2g} 表示第一个与第二个导体对地单位长度的等效电容值，C_m 表示第一个导体与第二个导体间单位长度的等效互容值。

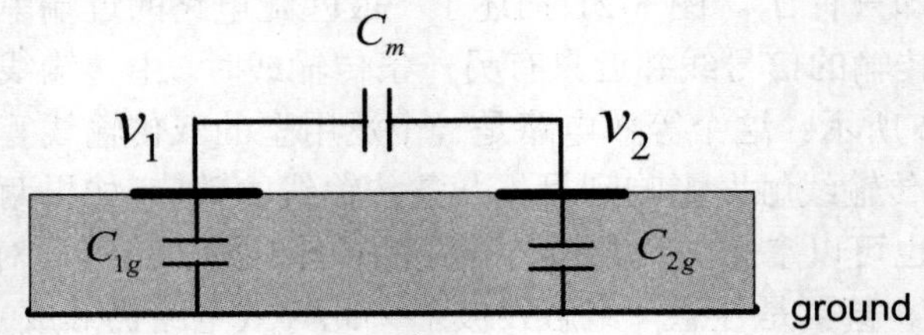

图 3-23　双传输线截面图

从图 3-23 可知：

$$
\begin{aligned}
q_1 &= C_{1g}v_1 + C_m(v_1 - v_2) \\
q_2 &= C_m(v_2 - v_1) + C_{2g}v_2
\end{aligned} \tag{3-11}
$$

其中，q_1 和 q_2 分别代表第一条与第二条导线单位长度所带的电荷量。式（3-11）又可以整理为：

$$
\begin{aligned}
q_1 &= (C_{1g} + C_m)v_1 - C_m v_2 \\
q_2 &= -C_{21}v_1 + (C_{2g} + C_m)v_2
\end{aligned} \tag{3-12}
$$

最后将式（3-11）整理为：

$$[q] = [C][v] \tag{3-13}$$

其中 $[q] = \begin{bmatrix} q_1 \\ q_2 \end{bmatrix}$，$[v] = \begin{bmatrix} v_1 \\ v_2 \end{bmatrix}$，$[C] = \begin{bmatrix} C_{1g} + C_{12} & -C_m \\ -C_{21} & C_m + C_{22} \end{bmatrix}$，定义电容矩阵为：

$$[C]=\begin{bmatrix}C_{11} & C_{12}\\ C_{21} & C_{22}\end{bmatrix}=\begin{bmatrix}C_{1g}+C_m & -C_m\\ -C_m & C_m+C_{22}\end{bmatrix} \tag{3-14}$$

必须特别注意，除对角线元素外电容矩阵的元素都为负值。从磁场的观念出发，可知：

$$\begin{aligned}\phi_1 &= L_{11}i_1+L_{12}i_2\\ \phi_2 &= L_{21}i_1+L_{22}i_2\end{aligned} \tag{3-15}$$

其中，ϕ_1和ϕ_2分别为第一条导线与第二条导线对地的单位长度磁通量，L_{ii}为第 i 个导体与地单位长度的回路所构成的自感值，L_{ij}表示（第 i 个导体与地单位长度的回路）与（第 j 个导体与地单位长度的回路）所构成的互感值。将上式整理可得：

$$[\phi]=[L][i] \tag{3-16}$$

其中$[\phi]=\begin{bmatrix}\phi_1\\ \phi_2\end{bmatrix}$，$[i]=\begin{bmatrix}i_1\\ i_2\end{bmatrix}$，并定义电感矩阵：

$$[L]=\begin{bmatrix}L_{11} & L_{12}\\ L_{21} & L_{22}\end{bmatrix} \tag{3-17}$$

L_{ij}与C_{ij}的单位分别为$H\cdot m$与F/m。一般大家常以为C_{11}是第一个导体对地的等效电容值，其实这个观念是错的。从上式可知$C_{11}=\left.\dfrac{q_1}{v_1}\right|_{v_2=0}$，所以把第二个导体接地，我们可以知道$C_{11}$就是$C_{1g}$与$C_m$并联的等效电容值，亦即：

$$C_{11}=C_{1g}+C_m \tag{3-18}$$

表示自容C_{11}为第一个导体对地的电容C_{1g}与两导体间的互容C_m的总和。此处描述的C_{1g}就是图 3-22 中的C_1。由式（3-15）得知$L_{11}=\left.\dfrac{\phi_1}{i_1}\right|_{i_2=0}$，自感$L_{11}$就是电流由第一个导线通过，导线与地的回路所含的磁通量，并不像自容C_{11}，除了对地的电容C_{1g}还要加上互容C_m。此处描述的L_{11}就是图 3-22 中的L_1，L_{12}就是L_m。因为$i=\dfrac{\mathrm{d}q}{\mathrm{d}t}$，$v=\dfrac{\mathrm{d}\phi}{\mathrm{d}t}$，由式（3-13）与式（3-16）可知：

$$\begin{bmatrix}i_1\\ i_2\end{bmatrix}=\frac{\mathrm{d}}{\mathrm{d}t}\begin{bmatrix}C_{11} & C_{12}\\ C_{21} & C_{22}\end{bmatrix}\begin{bmatrix}v_1\\ v_2\end{bmatrix} \tag{3-19a}$$

$$\begin{bmatrix}v_1\\ v_2\end{bmatrix}=\frac{\mathrm{d}}{\mathrm{d}t}\begin{bmatrix}L_{11} & L_{12}\\ L_{21} & L_{22}\end{bmatrix}\begin{bmatrix}i_1\\ i_2\end{bmatrix} \tag{3-19b}$$

有些软件包给定的C_{12}是正值，请自行加入负号，代入式（3-19a）。在无串扰发生的时候，传输线的特征阻抗及信号在线的传播速度为：

$$Z_0=\sqrt{\frac{L_{11}}{C_{1g}}} \tag{3-20}$$

$$v_p=\frac{1}{\sqrt{L_{11}C_{1g}}} \tag{3-21}$$

经常听到工程师在做量测时发现特征阻抗和传播速度都与上式不一样，这往往是因为邻近有信号线与其发生耦合。比如说，欲量测第一条信号线的特征阻抗与传播速度，然后邻近有第二条传输线，此时单位长度的电容值并不是 C_{1g}，应该要用 C_{11} 来取代。假设二次耦合项可以被忽略，亦即从第二个导体感应的耦合电流在第一个导体所产生的磁通量很小，那么可以用 L_{11} 来近似单位长度的电感量。所以在耦合发生时，特征阻抗值与传播速度可近似为：

$$Z_0' \cong \sqrt{\frac{L_{11}}{C_{11}}} = \sqrt{\frac{L_{11}}{C_{1g}+C_{12}}} \tag{3-22}$$

$$v_p' \cong \frac{1}{\sqrt{L_{11}C_{11}}} = \frac{1}{\sqrt{L_{11}(C_{1g}+C_{12})}} \tag{3-23}$$

所以量测到阻抗值变低，传播速度变慢的现象。

由以上的分析可以类推，当 n 条传输线时，改写式（3-11）为：

$$\begin{aligned} q_1 &= C_{1g}v_1 + C_{12}^m(v_1-v_2) + C_{13}^m(v_1-v_3) + \cdots + C_{1n}^m(v_1-v_n) \\ q_2 &= C_{21}(v_2-v_1) + C_{2g}v_2 + C_{23}^m(v_2-v_3) + \cdots + C_{2n}^m(v_2-v_n) \\ &\vdots \qquad\qquad \vdots \qquad\qquad \vdots \\ q_n &= C_{n2}^m(v_n-v_2) + C_{n2}^m(v_n-v_2) + C_{n3}^m(v_n-v_3) + \cdots + C_{nn}^m v_n \end{aligned} \tag{3-24}$$

其中 C_{ig} 表示第 i 个导体对地单位长度的等效电容值，C_{ij}^m 表示第 i 个导体与第 j 个导体间单位长度的等效互容值。电容矩阵表示为：

$$[C] = \begin{bmatrix} C_{11} & C_{12} & \cdots & C_{1n} \\ C_{21} & C_{22} & & \vdots \\ \vdots & & \ddots & \vdots \\ C_{n1} & \cdots & \cdots & C_{nn} \end{bmatrix} \tag{3-25a}$$

$$C_{ii} = C_{ig} + \sum_{j=1(j\neq i)}^{n} C_{ij}^m \tag{3-25b}$$

$$C_{ij(i\neq j)} = -C_{ij}^m \qquad 1 \leqslant i,\ j \leqslant n \tag{3-25c}$$

流过各导线上的电压电流与电容矩阵的关系为：

$$\begin{bmatrix} i_1 \\ i_2 \\ \vdots \\ i_n \end{bmatrix} = \frac{\mathrm{d}}{\mathrm{d}t} \begin{bmatrix} C_{11} & C_{12} & \cdots & C_{1n} \\ C_{21} & C_{22} & & \vdots \\ \vdots & & \ddots & \vdots \\ C_{n1} & \cdots & \cdots & C_{nn} \end{bmatrix} \begin{bmatrix} v_1 \\ v_2 \\ \vdots \\ v_n \end{bmatrix} \tag{3-26}$$

电感矩阵不像电容矩阵那样复杂，电感矩阵与电压电流的关系为：

$$[L]=\begin{bmatrix} L_{11} & L_{12} & \cdots & L_{1n} \\ L_{21} & L_{22} & & \vdots \\ \vdots & & \ddots & \vdots \\ L_{n1} & \cdots & \cdots & L_{nn} \end{bmatrix} \tag{3-27}$$

$$\begin{bmatrix} v_1 \\ v_2 \\ \vdots \\ v_n \end{bmatrix}=\frac{\mathrm{d}}{\mathrm{d}t}\begin{bmatrix} L_{11} & L_{12} & \cdots & L_{1n} \\ L_{21} & L_{22} & & \vdots \\ \vdots & & \ddots & \vdots \\ L_{n1} & \cdots & \cdots & L_{nn} \end{bmatrix}\begin{bmatrix} i_1 \\ i_2 \\ \vdots \\ i_n \end{bmatrix} \tag{3-28}$$

L_{ii} 表示第 i 个导体与地单位长度的回路所构成的自感值，L_{ij} 表示（第 i 个导体与地单位长度的回路）与（第 j 个导体与地单位长度的回路）所构成的互感值。在此特别强调，电容矩阵除了对角线元素为正值外，其余均为负值，电感矩阵的元素全部都是正值。

3-2-5 两条对称传输线的奇模态和偶模态与电感和电容矩阵的关系

也有人经常把干扰到另一条传输线的串扰问题与一对传输线奇模态和偶模态联想在一起，其实这两类问题是不一样的。一般串扰的问题，两条传输线独立运作，各自触发其传输信号，然后彼此干扰。但是一对传输线的奇模态与偶模态却是把两条信号线用来传输一个数据。所以从某个角度来说，奇模态或偶模态根本就只是单一一条传输线。只是如果这组传输奇模态的传输线受到干扰，破坏了原本的反对称性，偶模态就会被触发出来。反之亦然，原本只有偶模态传播的传输线因受干扰破坏对称性，会产生奇模态。

如果是奇模态，则 $v_1=-v_2$，$i_1=-i_2$，带入式（3-13）可得：

$$i_1=C_{11}\frac{\mathrm{d}v_1}{\mathrm{d}t}+C_{12}\frac{\mathrm{d}v_2}{\mathrm{d}t}=(C_{11}-C_{12})\frac{\mathrm{d}v_1}{\mathrm{d}t}=(C_{11}+C_m)\frac{\mathrm{d}v_1}{\mathrm{d}t} \tag{3-29a}$$

$$v_1=L_{11}\frac{\mathrm{d}i_1}{\mathrm{d}t}+L_{12}\frac{\mathrm{d}i_2}{\mathrm{d}t}=(L_{11}-L_{12})\frac{\mathrm{d}v_1}{\mathrm{d}t} \tag{3-29b}$$

由此可知奇模态单位长度的电容与电感为：

$$C_{odd}=C_{11}+|C_{12}| \tag{3-30}$$

$$L_{odd}=L_{11}-L_{12} \tag{3-31}$$

特征阻抗与传播速度分别为：

$$Z_{odd}=\sqrt{\frac{L_{odd}}{C_{odd}}}=\sqrt{\frac{L_{11}-L_{12}}{C_{11}+|C_{12}|}} \tag{3-32}$$

$$v_{odd}=\frac{1}{\sqrt{L_{odd}C_{odd}}}=\frac{1}{\sqrt{(L_{11}-L_{12})(C_{11}+|C_{12}|)}} \tag{3-33}$$

如果是偶模态，则 $v_1=v_2$，$i_1=i_2$，带入式（3-13）可得：

$$i_1=C_{11}\frac{\mathrm{d}v_1}{\mathrm{d}t}+C_{12}\frac{\mathrm{d}v_2}{\mathrm{d}t}=(C_{11}+C_{12})\frac{\mathrm{d}v_1}{\mathrm{d}t}=(C_{11}-C_m)\frac{\mathrm{d}v_1}{\mathrm{d}t} \tag{3-34a}$$

$$v_1=L_{11}\frac{\mathrm{d}i_1}{\mathrm{d}t}+L_{12}\frac{\mathrm{d}i_2}{\mathrm{d}t}=(L_{11}+L_{12})\frac{\mathrm{d}i_1}{\mathrm{d}t} \tag{3-34b}$$

由此可知偶模态单位长度的电容与电感为：

$$C_{even} = C_{11} - |C_{12}| \tag{3-35}$$

$$L_{even} = L_{11} + L_{12} \tag{3-36}$$

特征阻抗与传播速度分别为：

$$Z_{even} = \sqrt{\frac{L_{even}}{C_{even}}} = \sqrt{\frac{L_{11} + L_{12}}{C_{11} - |C_{12}|}} \tag{3-37}$$

$$v_{even} = \frac{1}{\sqrt{L_{even} C_{even}}} = \frac{1}{\sqrt{(L_{11} + L_{12})(C_{11} - |C_{12}|)}} \tag{3-38}$$

由式（3-32）和式（3-37）可以很清楚地知道：

$$Z_{odd} \leqslant Z_0 \leqslant Z_{even} \tag{3-39}$$

可是由式（3-35）和式（3-38）却很难知道奇模态与偶模态哪一个传播速度快。可以从另外一个物理角度来思考这个问题，不管是哪种模态其传播速度均为：

$$v = \frac{c}{\sqrt{\varepsilon_{eff}}} \tag{3-40}$$

其中 c 为光在真空中传播的速度，ε_{eff} 为有效的相对介电常数而且满足：

$$1 \leqslant \varepsilon_{eff} \leqslant \varepsilon_r \tag{3-41}$$

电场越裸露在空气中，ε_{eff} 越接近 1；越集中在介质中，越接近 ε_r。ε_{eff} 越大，传播速度越慢。奇模态与偶模态的电力线和磁力线如图 3-24 和图 3-25 所示。

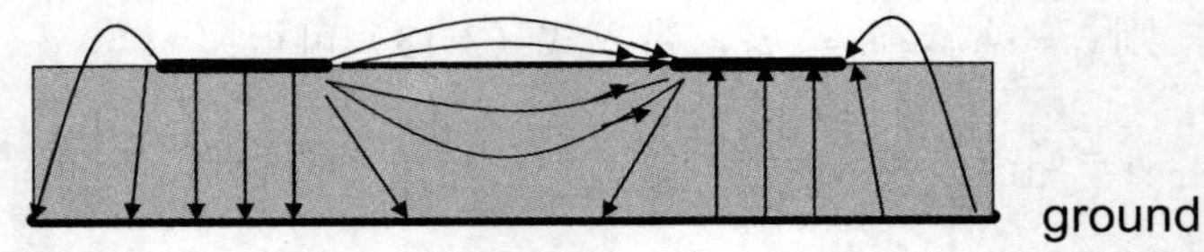

（a）电力线

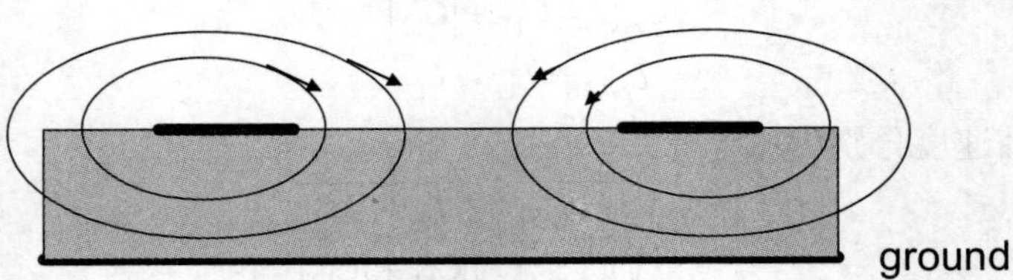

（b）磁力线

图 3-24　奇模态的电力线与磁力线

由图可知，偶模态的电力线彼此排斥，所以其电容值为自容减掉互容：$C_{even} = C_{11} - |C_{12}|$。偶模态的磁力线互相链接，所以其电感值为自感加上互感：$L_{even} = L_{11} + L_{12}$。因为其电力线互相排挤，所以电力线会有比较多的量被排挤到空气中，因此 ε_{eff} 比原来单一一条传输线的等效介电常数小，也可以从电容值比较小而得到相同的推论。至于磁力线，因为磁场的相对导磁系

数 μ_r 很难改变，所以速度主要取决于电力线的分布。

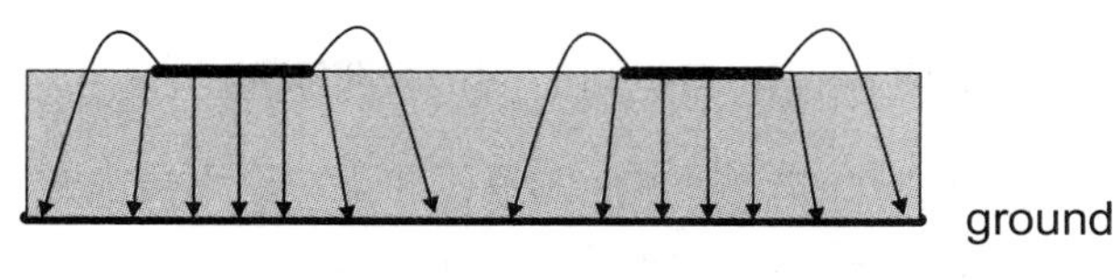

（a）电力线

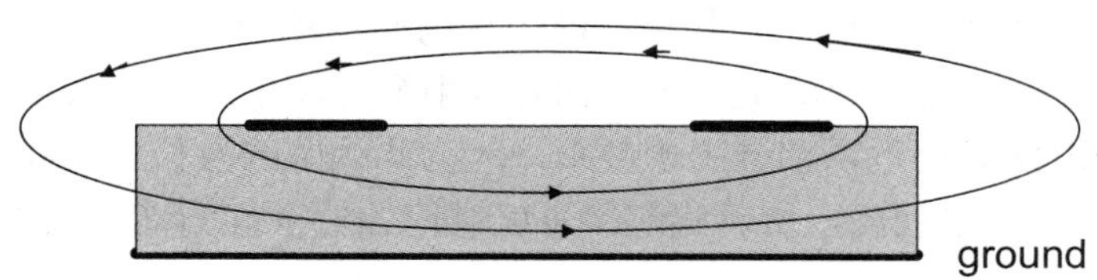

（b）磁力线

图 3-25　偶模态的电力线与磁力线

同理，奇模态的电力线彼此吸引，所以其电容值为自容加上互容：$C_{odd}=C_{11}+\left|C_{12}\right|$。奇模态的磁力线互相排斥，所以其电感值为自感减掉互感：$L_{odd}=L_{11}-L_{12}$。因为其电力线互相吸引，所以电力线会有比较少的量被排挤到空气中，因此 ε_{eff} 比原来单一一条传输线的等效介电常数大。由以上的分析可知：

$$v_{odd} \leqslant v_{even} \tag{3-42}$$

亦即奇模态的传播速度比偶模态慢。

多导体的情形也是一样，如果三条线传输的波形为（+ + -），那么在中间的传输线看到的电容值为：

$$C_{2,eff}=C_{22}-\left|C_{21}\right|+\left|C_{23}\right| \tag{3-43}$$

因为第一个导体的电力线与第二个导体相斥，与第三个导体吸引。如果在第一个与第三个导体看到的电容值近似于：

$$C_{1,eff}=C_{11}-\left|C_{12}\right|+\left|C_{13}\right| \tag{3-44}$$

$$C_{3,eff}=C_{33}+\left|C_{32}\right|+\left|C_{31}\right| \tag{3-45}$$

依此类推：

$$L_{1,eff}=L_{11}+L_{12}-L_{13} \tag{3-46}$$

$$L_{2,eff}=L_{22}+L_{21}-L_{23} \tag{3-47}$$

$$L_{3,eff}=L_{33}-L_{32}-L_{31} \tag{3-48}$$

$$Z_{i,eff}=\sqrt{\frac{L_{i,eff}}{C_{i,eff}}} \tag{3-49}$$

$$v_{i,eff}=\frac{1}{\sqrt{L_{i,eff}C_{i,eff}}} \tag{3-50}$$

$i=1,2,3$。

综合上述有关近场耦合串扰的分析，不管是电容性耦合（$C\dfrac{\mathrm{d}v}{\mathrm{d}t}=i$）还是电感性耦合（$M\dfrac{\mathrm{d}i}{\mathrm{d}t}=V$），其所产生的噪声位准都是与时间成反比（也就是和频率成正比），因此我们知道随着频率的增加，串扰耦合效应将会更加明显，那么近场噪声的耦合位准或两邻近电路间的耦合因子是否也会无止境地随着频率增加而变大呢？通过图 3-26 有关一段长度为 5m 的长直导线随着频率增加其对邻近电路的耦合因子的变化关系，我们发现当频率高到一定程度时耦合因子反而逐渐变小，这是因为随着波长变短在导体上产生共振，对某一个固定的长度而言，当波长越来越短时，已经不再是面临邻近导体间的电场与磁场耦合的效应，而是产生共振的天线效应，因此噪声并没有完全耦合到邻近电路，而是辐射到环境中造成更大区域的电磁干扰，从图中可以看到在 30MHz 时的近场耦合因子最小，因为此频率的波长为 10m，而 5m 导线刚好为半波长，故天线辐射效率最高，所以我们接着就讨论辐射干扰的耦合现象。

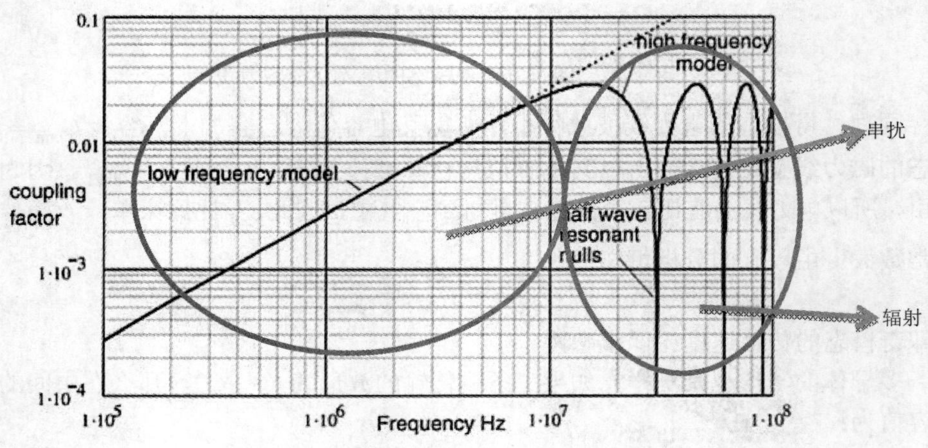

图 3-26　长度 5m 直导线的高频耦合因子

3–3　辐射耦合

一般电路在 PCB 上的组件布局与信号走线，在噪声频率逐渐增加的情况下，其辐射耦合的效应将更加明显，而且除了信号在正常操作情况下的差模电流会在信号回路中产生差模辐射外，因为电源完整性或信号完整线的问题，也可能在参考平面或接地上产生共模电压噪声，或是因为近场的寄生串扰效应而在传输线或连接到外部的缆线感应出共模电流并产生共模辐射。PCB 上的电磁干扰辐射机制及其等效的天线组态可以由图 3-27 和图 3-28 说明。其中差模电流涉及的是电路正常运作模式，所以那是有用的信号，它是沿着规定的走线回路由信号源端至负载端一去一回流动，而共模电流则是与正常的电路运作模式无关，通常会涉及寄生效应，所以绝对是无用的噪声，接着我们就对两者的辐射效应进行简要分析。

利用图 3-29 中两条平行导体传输线的电流来评估差模与共模辐射的效应，而各传输线的电流 I_1 与 I_2 又都可以分解为差模分量 I_D 与共模分量 I_C，而因为远场的辐射电场强度与距离成反比，因此依据各导线上电流分量所激发出的合成电场即可如图中所示。

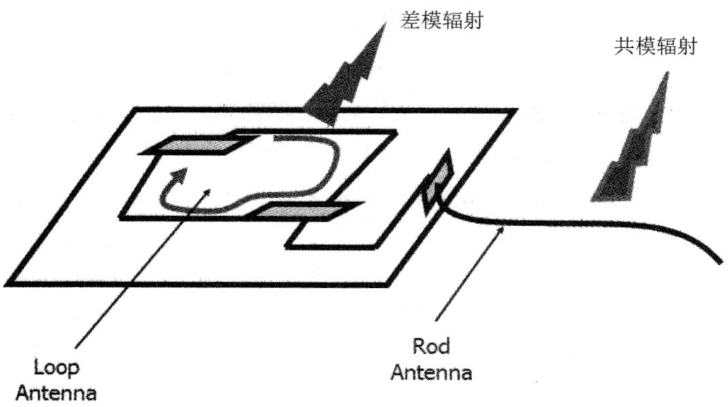

图 3-27 PCB 布线的两种电磁干扰辐射机制

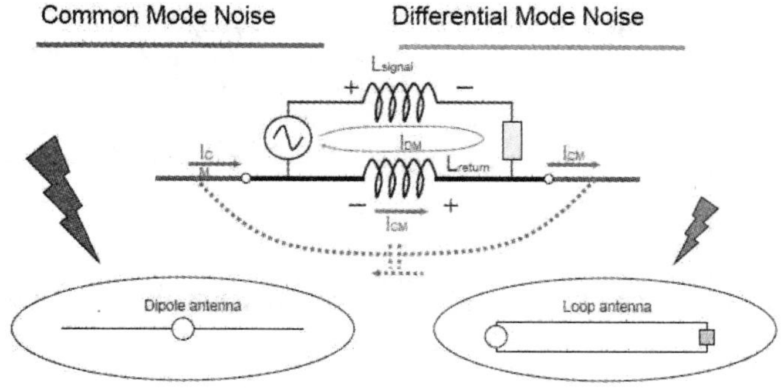

图 3-28 EMI 电磁干扰的噪声辐射等效天线组态

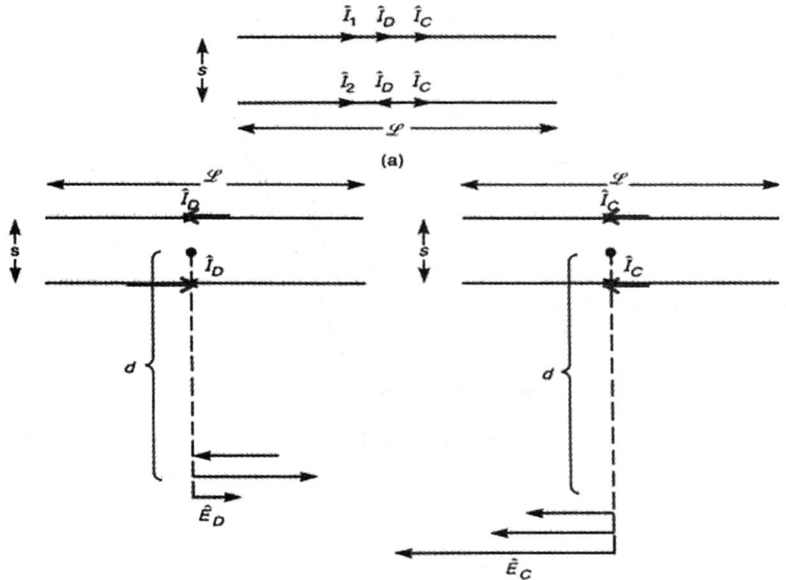

图 3-29 平行导体传输线电流的辐射效应

由图 3-30 的差模电流产生的辐射电场强度推导，从合成电场的结果公式来看，其等级约为10^{-14}，其中 d 为辐射耦合距离，L 为传输线长度，s 为传输线与其回路的间距。将该结果以图 3-31 所示的差模辐射组态与对应改善方法说明即发现可通过以下几种方式来降低其辐射耦合效应：减小电流幅度 I、降低信号及其谐波频率 f（例如增加数字信号波形的上升或下降时间 t_r 或是利用低通滤波器）、减小信号的回路面积（例如将信号线紧靠着参考平面或接地）。

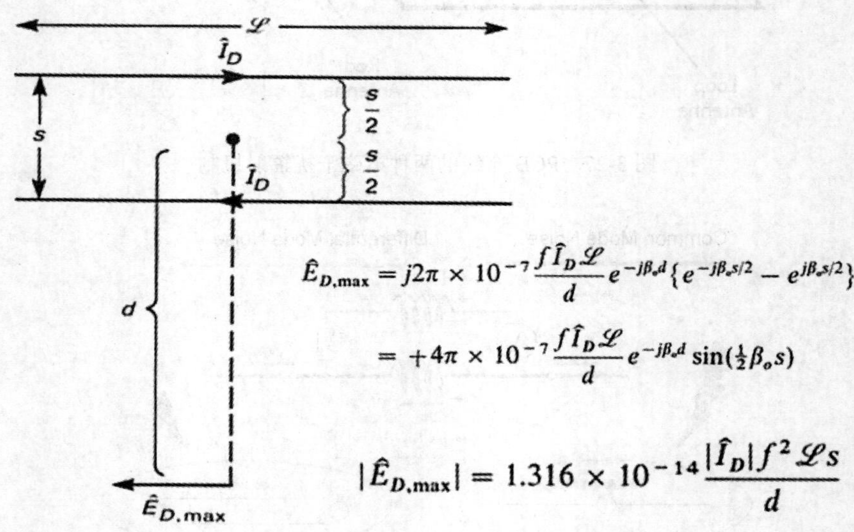

图 3-30　差模电流的最大辐射值估算

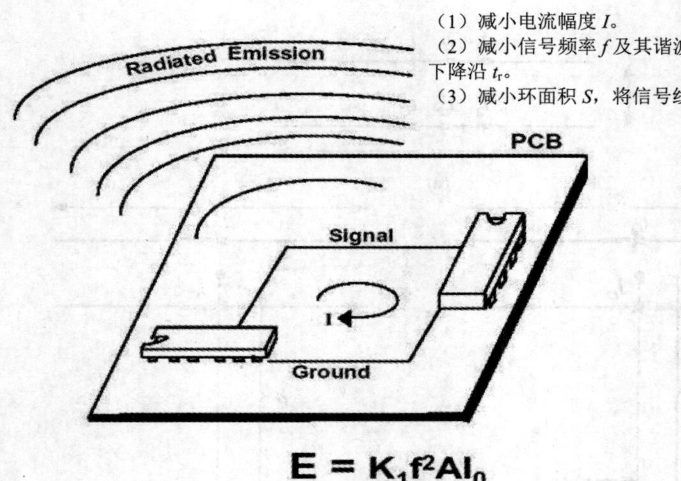

图 3-31　差模辐射组态与对应改善方法

由图 3-32 的共模电流产生的辐射电场强度推导，从合成电场的结果公式来看，其等级约为 10^{-6}，明显地远较差模辐射严重，相差了近 100 万（10^8）倍，其中 d 为辐射耦合距离，L 为传输线长度，s 为传输线与其回路的间距。将该结果以图 3-33 所示的共模辐射组态与对应改善方法说明即发现可通过以下几种方式来降低共辐射耦合效应：尽量降低激发此天线的源电位（即参考平面或接地的共模噪声电压）、提供与电缆串联的高共模阻抗（即加上共模扼流圈）、将共模电流旁路到机壳接地、利用密闭连接器将电缆屏蔽层与屏蔽壳体作完整的360°端接。

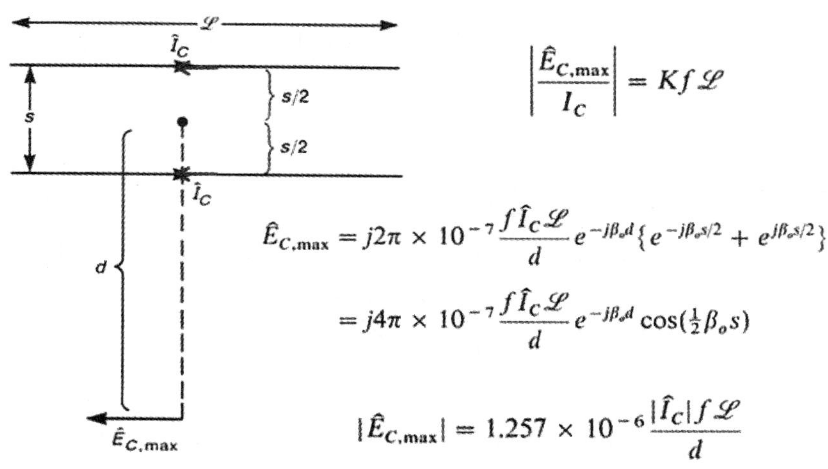

图 3-32　共模电流的最大辐射值估算

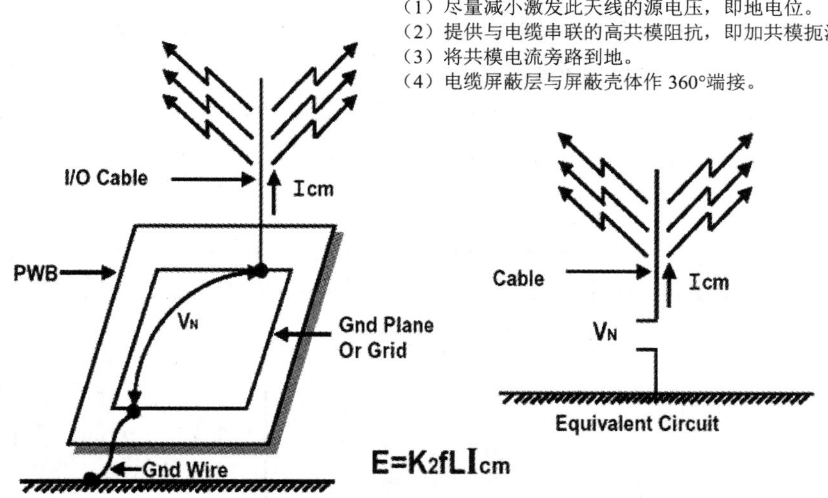

图 3-33　共模辐射组态与对应改善方法

3-4　共振耦合

当金属机壳或 PCB 上面的电源层与接地层间的板间结构形成共振腔的时候，例如从 IC、PCB 板直到最后的主板与机壳封装的各产品层级，当利用 PCB 结构布线以隔绝噪声或利用导体机壳作为屏蔽时，其内部的噪声激发源就会在其中产生共振效应，就会有电源共振、回响室共振、机壳共振等现象，而像目前穿戴式装置最需要的系统封装（SIP）组件，如同刚刚提及的很多电路模块与组件整合在一个机壳里面产生共振一样，以后的 SIP 系统封装则是会有很多不同功能的晶元（die）整合在同一个体积更小的封装里面，当其中的数字组件激发出电磁噪声而产生共振时，即会对同一封装或机构内的其他敏感电路产生共振耦合的问题。

图 3-34 所示为在 PCB 电源层与接地层间所形成的平行波导的电磁波传输示意图。

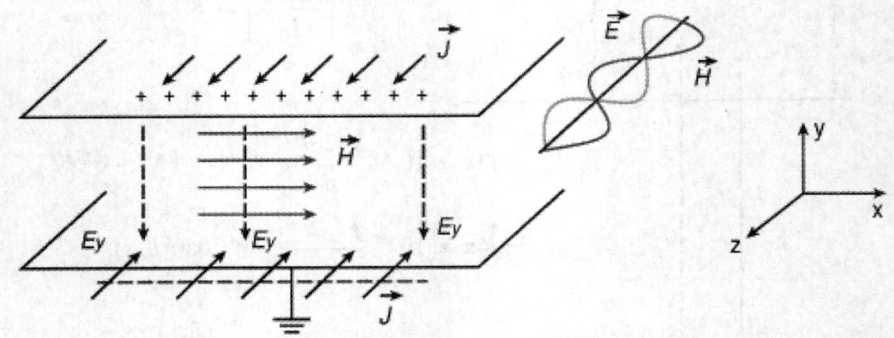

图 3-34　电磁波在 PCB 电源层与接地层形成的平行波导的传输

若 PCB 板的长度与宽度分别为 a 和 b，而在其中央摆置的数字组件产生切换噪声时，若忽略板层厚度的共振效应，则切换噪声由中央向外扩散时就会在共振结构中激发各种不同共振频率所对应的模态场型分布，如图 3-35 所示，其将引起电源阻抗在不同区域的明显变化，进而导致严重的电源完整性问题，如图 3-36 所示，当代表数字切换噪声的电流脉冲 I_s 从左侧位置激发时，在噪声的扩散过程中将会在一对电源层与接地层形成的共振结构中产生共振耦合的现象，右侧深色区域为共振耦合最强的区域，若刚好在该处有贯孔（Via）穿越而传输信号至其他信号层时，就会将噪声一并耦合传送，从而导致严重的共振耦合干扰现象。

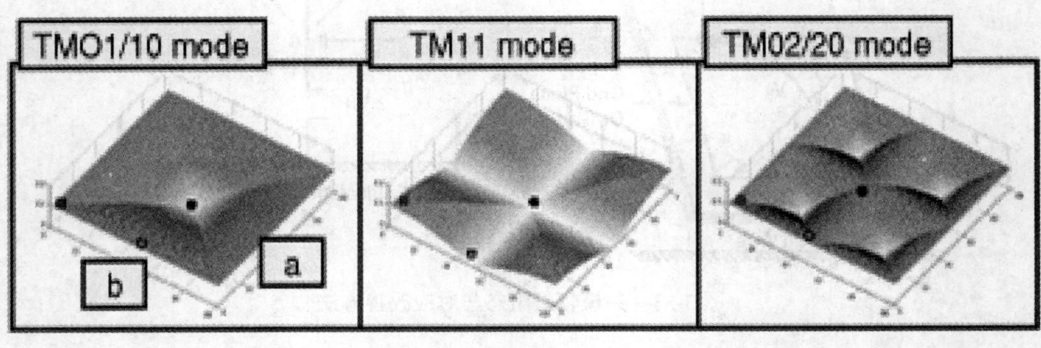

$$(f_r)_{\min} = \frac{1}{2\pi\sqrt{\mu_0\varepsilon_0\varepsilon_r}}\sqrt{\left(\frac{m\pi}{a}\right)^2 + \left(\frac{n\pi}{a}\right)^2}$$

图 3-35　电源层与接地层形成的低阶共振模态场型分布

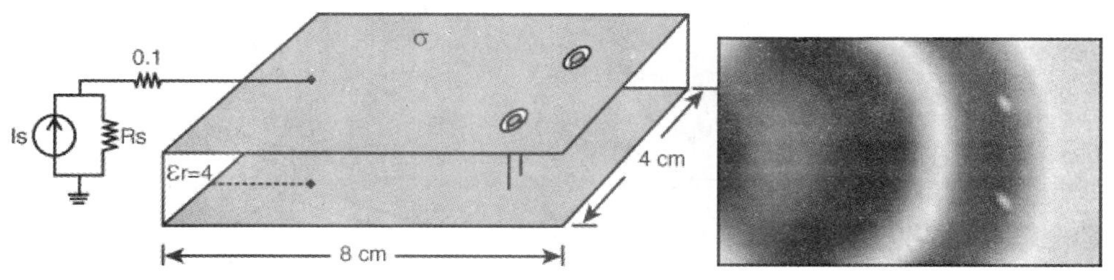

图 3-36　代表数字切换噪声的电流脉冲在电源与接地对的共振耦合现象

3-5　槽孔耦合

在耦合路径中要探讨的是槽孔耦合，因为一般电路参考面或机壳封装导体都很难有完整的结构，经常会有各式各样的槽孔（Aperture 或 Slot），从而形成导体屏蔽结构或信号与接地回路的不完整，例如电源平面因需提供不同供应电压而必须分割，接地平面要避免数字电路噪声区块与敏感电路的耦合，因隔离数字噪声的传导耦合而必须划分数字地、模拟地、I/O 地等，都会破坏信号回路或参考平面的完整性，如图 3-37 所示；设计屏蔽的系统总是要透过槽孔及连接器与外部信号连接，或是为了高速高功率系统的散热作用，而必须利用槽缝结构进行散热，因此也会破坏屏蔽结构的完整性，进而将内部区域的电磁噪声能量泄漏出去，如图 3-38 所示，这就是槽孔耦合（Aperture 或 Slot Coupling）路径。

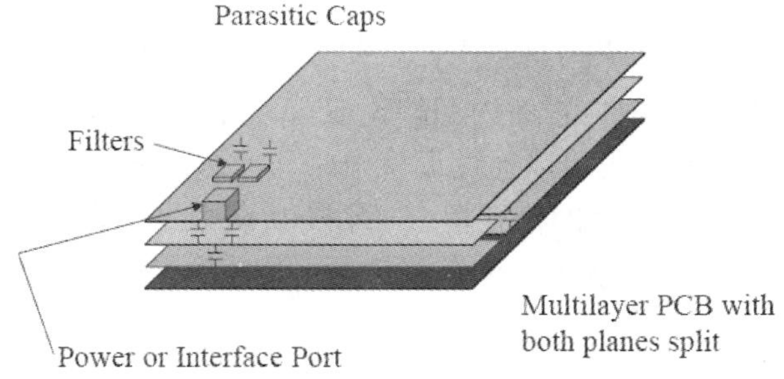

图 3-37　多层 PCB 内部参考平面的分割范例

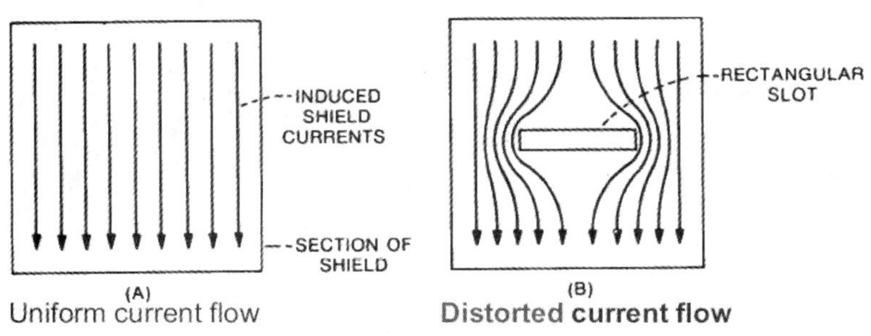

图 3-38　屏蔽结构槽孔导致的感应电流路径变化

槽孔结构的辐射耦合效应可以由 Babinet 原理的狭缝或条状金属结构绕射现象加以解释，对于金属屏蔽结构槽孔的等效辐射原理可以由图 3-39 和图 3-40 所示的电流路径变化所产生的感应电动势来简单说明。

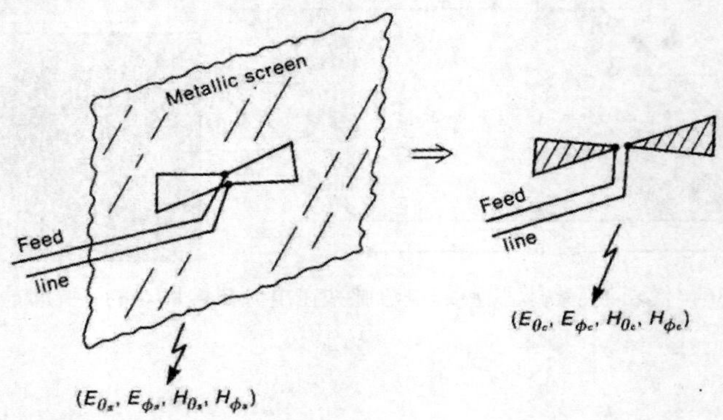

图 3-39　Babinet 等效辐射原理

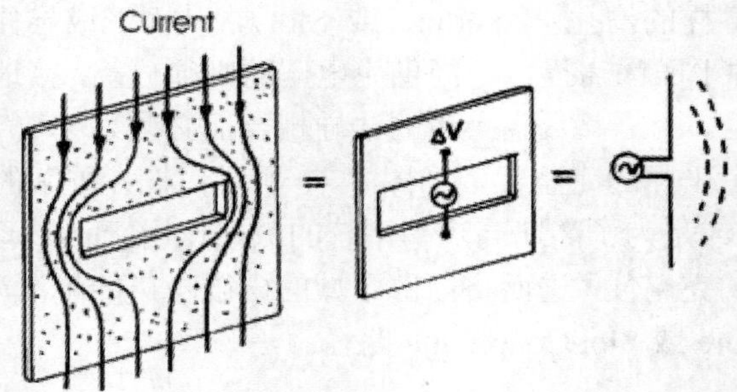

图 3-40　金属屏蔽结构槽孔的等效辐射原理

由上述对槽孔辐射耦合机制与原理的图解说明可以知道，当结构上必须有槽缝或孔洞，而因而破坏掉屏蔽的完整性时，也可以通过调整电路与槽缝的方向，尽量避免因屏蔽结构上感应电流路径的剧烈变化而导致严重的槽孔耦合辐射干扰现象，如图 3-41 所示，其中在槽孔尺寸相同的情况下，左图的电路与槽缝的对应方向明显具有较佳的槽孔耦合效应的抑制效果。

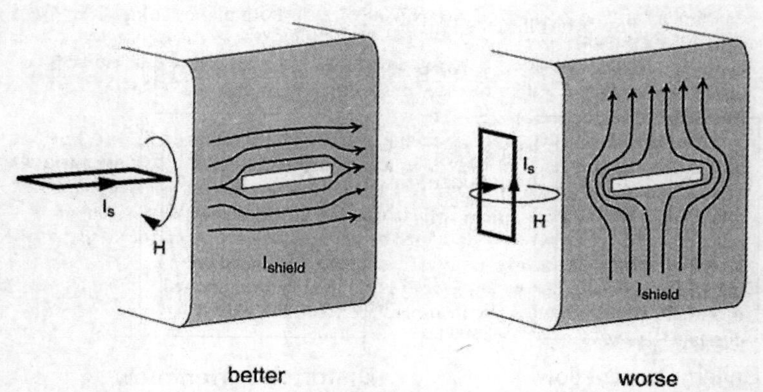

图 3-41　金属屏蔽结构槽孔对感应电流路径的影响

4 电源完整性效应分析

以往由于电路操作速度很慢，数字处理器的操作频率仅约数百 kHz，所以有关电源分配问题的电源完整性以及像信号完整性与电磁辐射干扰议题等都完全不会造成任何问题，因此也都不会引起任何电路设计上的关注，这是因为在早期计算机主板主要运用在低频信号，因此对应波长较长，所以只要以传统集成电路分析的原理进行系统设计即可，根本不需要应用到涉及分布式电路分析的传输线或电磁理论，所以一般电子组件与系统的尺寸都很大，而且数字逻辑电路板上几乎都没有旁路电容，如图 4-1 所示的早期计算机功能插卡几乎都是二极管与晶体管逻辑电路，因此其插卡上完全没有任何旁路电容。

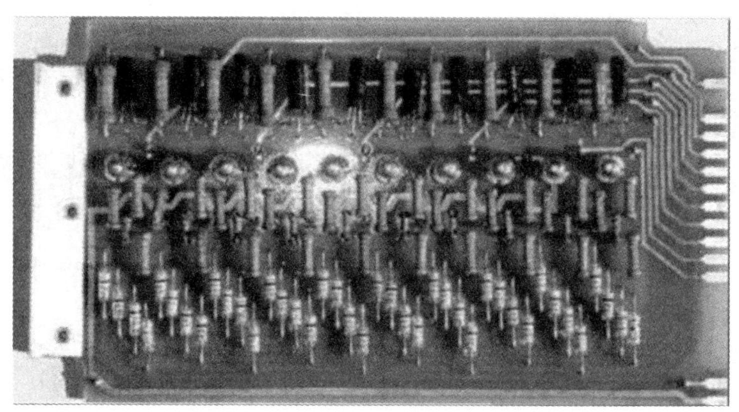

图 4-1 无任何旁路电容的早期二极管与晶体管逻辑计算机插卡

随着运算功能的提升与电路操作速度的增加，电源供应器与电源网络的效能和稳定性也随之越发重要，因此在 20 世纪 80 年代前后出现的第一代苹果计算机的主板如图 4-2 所示已经使用 IC 集成电路，所以就伴随着几个一般为电解材质的大型电容与陶瓷旁路电容。现今科技产品的性能要求越来越高，运算速度也越来越快，因此更为耗电，所以为确保数字组件能正常偏压操作，电源分配网络的设计就极为关键，可以发现 2000 年左右的 SUN V890 服务器的主板上除了有两颗高效能的 UltraSparcIV 中央处理器（CPU）与 16 片内存插槽外，在其 22 层的 PCB 上还有四层薄板，以 7 个 dc-dc 直流变压器与 1907 个旁路电容来提供 8 个电源线路，如图 4-3 所示，以便提供高速数字电路运作时必要的稳定电源，由此可知，电源完整性设计将随着半导体与电子产业的发展而更显重要，因此本章将针对此议题进行分析。

图 4-2　含有 IC 集成电路、大型电解与陶瓷旁路电容的第一代苹果计算机主板

图 4-3　尺寸为 25cm×50cm 服务器主板上的 CPU 模块与其他组件

4-1　电源供应网络的功能与问题

一般电子系统 PCB 上的电源分配网络如图 4-4 所示，其主要功能如下：

（1）提供干净的电源给主动组件。

（2）为高速信号提供回路。

（3）提供一个不会有共振的电源分配网络。

（4）确保因电源分配网络而引起的辐射不会违反干扰限制值的规定。

图 4-4 PCB 电路板上的电源分配网络

然而如第 2 章有关电源与数字切换噪声特性的讨论，随着操作速度越来越快，噪声涵盖的频谱也越高越宽，而图 4-4 中 PCB 上的电源走线或连接线会面临几个问题：第一个是电源走线电阻变大，以致电源线压降效应变大；第二个是电源走线的电感电抗效应使得其对电源电流产生的感应电动势随频率增加，从而影响电源完整性；第三个是数字切换噪声在 PCB 电源与接地层间造成共振效应，使得 PCB 阻抗变大，或是电源网络上的电抗性组件与其他寄生效应所产生的共振，都会影响到高速电路的电源供应。以上三个与电源走线和网络相关的三个现象也常称为电源完整性的 3R 效应。

电源走线的电阻与截面积成反比，与长度成正比，但因为现在电路密度大而线宽越来越细，而且有各种不同的电源位准要求（如图 4-5 所示的 P1～P4）而导致走线越来越长，电阻就会变大，加上当频率越高的时候会产生集肤效应使电流路径深度变小，而不是电源连接线的整个截面积都有电流通过，而是只有薄薄一层而已，因此有效截面积变小致使交流电阻变大，此外由于源电阻：

$$\text{Source Resistance} = \frac{V_{No\ Load} - V_{Full\ Load}}{I_{Full\ Load}}$$

若 IC 未启动时，电源网络完全没有负载，所以此时电源就是开路，式中的 $V_{No\ Load}$ 为开路电压，而当 IC 启动而使负载接上去后，$V_{Full\ L}$ 就会降下来，因为电源端的电阻是电源供应电路的一个本质特性，因此其内部电阻在其提供电流以驱动后面的负载时电源电位就会降下来，这就是压降现象，因此需要稳压电路。

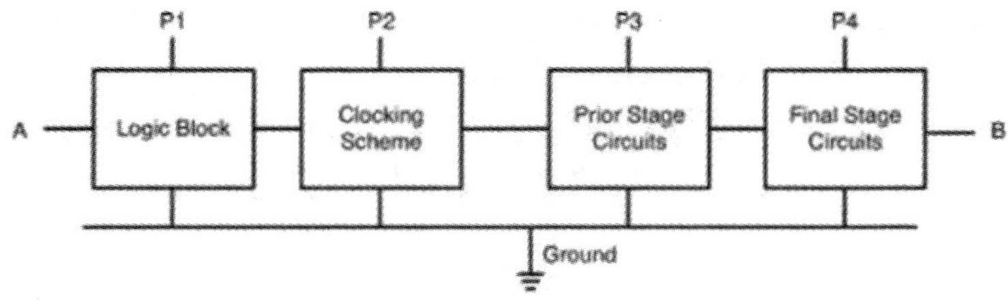

图 4-5 一般 I/O 接口各功能区块的不同供应电源电位

接着是电源网络上所感应出的电动势效应，因为如果供应电流不是直流电而是随时间变化的交流电或电源切换电流，则任何一条走线只要有电流经过所产生的磁通量就会有电感效应，因此会因感应电动势造成压差。

$$v = L \cdot \frac{\mathrm{d}i}{\mathrm{d}t}$$

因为电感阻抗会随着频率增加而增加，进而影响正常的高速电路供应电压。前面提到的电阻与电感效应对 IC 电源偏压的影响以及问题越来越严重的趋势可由图 4-6 中看出来，这是一般电源供应器与接地的架构示意图，若要将同样的电位提供给两颗同一个系统中的区块，可以发现左边比较靠近电源端的电压较高，而右边则比较小，图中说明因为 IC 的逻辑门数目越多越耗电，因此功率需求 P 会越来越大，可是供应电压却因半导体制程而越来越小，而操作频率也越来越高，因此当这些逻辑 IC 切换启动后，参考电位的波动就会越来越严重，这也是目前电磁干扰的主要原因。

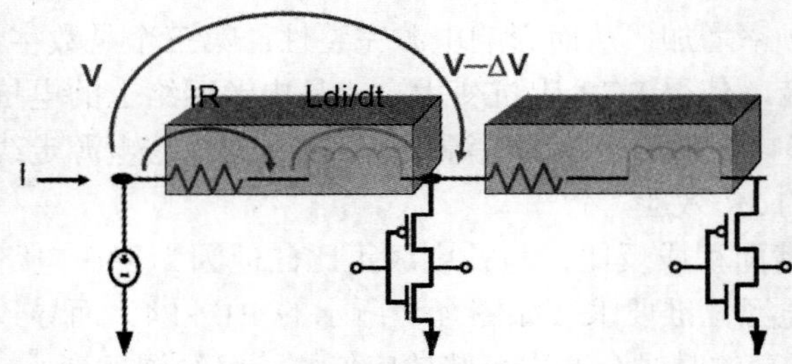

图 4-6　电阻与电感效应对电源波动的影响

最后就是电源网络的共振效应，当除了 IC 的数字切换噪声在 PCB 的电源与接地层间激发时就会产生高频的共振效应，另外电源网络上的电抗性组件（如各式各样的电容与电感）与其他寄生效应，结果就会造成较低频的 LC 并联或 LC 串联共振。

$$f = \frac{1}{2\pi\sqrt{LC}}$$

目前因为有很多高速电路有高性能的操作要求，因此数字系统的电源分配网络面临很严苛的设计挑战。因为电源分配网络的目标是要提供一个干净稳定的电源给这些高效能的 IC，可是这些 IC 在 PCB 上的布局会有一个特性，即局部区域的耗电越来越多，功率密度越来越大，而且独立且不同的电源电位供应路径数目也越来越多，因此电源分配网络的阻抗必须很小，以便及时提供足够电源给 IC 运作，因而将设计电源阻抗的目标要求小到 mΩ 的等级。此外，IC 的偏压电源却越来越小，而一般电源电位的变化要求不可超出标称值的±5%，不幸的是 IC 的操作速度越来越快，频率越来越高，除了电源线压降之外，还有 L*di/dt 感应电动势，这些现象所造成的问题却越来越难处理，IC 芯片会因为电源线压降使偏压点偏移而造成性能变差，另一个问题则是 IC 越来越耗电，若瞬间在某一个区域有大电流持续通过金属导线时会导致温度太高而容易将 IC 内部导线烧断，也就是电迁移效应，尤其当走线越来越细，电阻 R 越来越大，逻辑门越来越多使瞬时电流 I 越来越大的情况下，其所产生的焦耳热（I^2R）更是越来越大，最后因为热能而将 IC 连接线烧断。因此要设计出高效能的电源分配网络所必须面临的挑战就如图 4-7 所示。

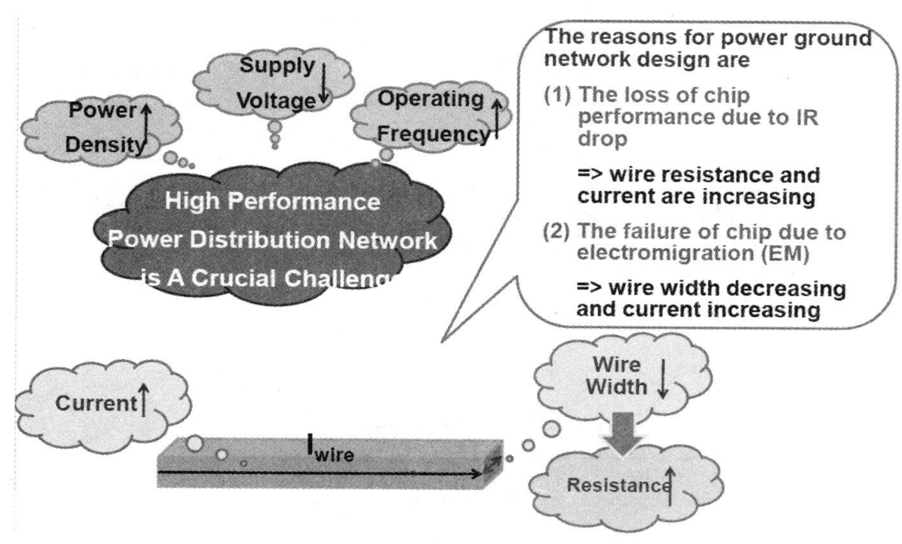

图 4-7　高效能电源分配网络的设计挑战

要分析电源完整性，可以从图 4-7 所示的电源网络组态范例开始。图 4-8 所示的电源网络使用 6V DC 变压至 5 或 3.3V V_{CC} 的电压调控模块（VRM），电源从外部为 IC 封装内的晶元（die）提供操作所需的能量，所有电子组件是利用 DC 偏压，其中电压调控模块（VRM）为一开路电压源，因此由图中的电源阻抗可以发现低频时阻抗很大，而随着频率增加，其阻抗就会开始变小，然而因前述的感应电动势的电源网络电感效应，因此在经过某一频率后，电感效应越发明显，而使电源阻抗开始随着频率增加而越来越大，因此在各阶段都有旁路或去耦合电容，利用其高通特性将阻抗逐级拉下，例如图中外接电源先经过大电容，然后再有容值越来越小、适用频率越来越高的电容，以便适度地将电源网络与电容的寄生电感效应降低进而使阻抗变小，以达到设计低阻抗电源网络的目标。

电源完整性所讨论的电源电压下垂（Voltage Droop）与接地弹跳（Ground Bounce）两者所导致的参考电位波动问题，以及为什么图 4-8 的电源分配网络组态中需要那么多电容来稳定电源的原因可由图 4-9 说明。在数字组件逻辑转态启动的瞬间会产生峰值切换电流，因为该电流必须由电源 V_{CC} 提供，然后经由接地路径流到接地面 GND，但由于电源与接地导线都有高频阻抗，所以产生如图 4-8 中虚线部分的电源电压下垂与接地弹跳的现象，V_{CC} 电源端就会不稳定，偏压电位也因此受到扰动，甚至向外部电路扩散而引起干扰效应，这就是需要利用扼流电感以及旁路或去耦合电容来稳定电源的原因，如图 4-10 所示，除了驱动组件 A 与负载组件 B 外，在电源 V_{CC} 与接地之间还有扼流电感和电容，因为在逻辑切换过程中电源和接地端都会受到噪声干扰而波动，然后经由走线传导出去，需要经过一定时间后参考电位才会恢复平稳状态，当高速电路的操作周期时间变短或者在尚未恢复到参考电位稳定时就执行下一指令，就会导致逻辑错误。

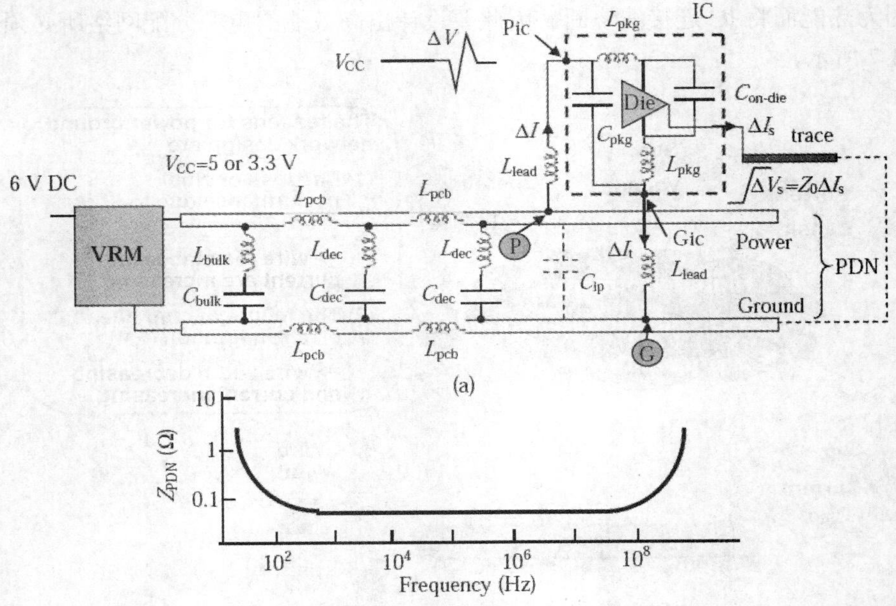

图 4-8　电源分配网络组态范例及其阻抗的频率响应

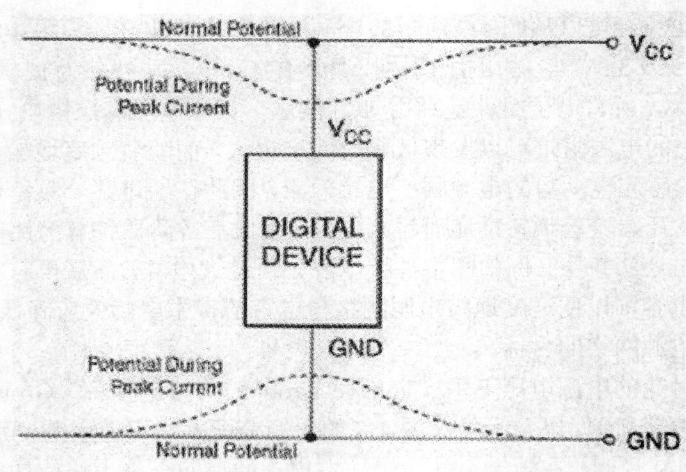

图 4-9　数字组件逻辑转态时的电压下垂与接地弹跳

有关数字切换噪声所导致的电源波动现象可以由图 4-11 所示的一个以 DIL 封装的 IC，在逻辑转态的瞬时切换过程中在其电源（V_{DD}）和接地端（V_{SS}）受到噪声干扰而产生明显参考电位波动，在电源恢复稳定状态前，甚至可以发现期间有 150 MHz 的振荡涟波现象，其原因除了如第 2 章曾提过无可避免的瞬时切换噪声（SSN 或 SSO）外，就是如右图所示的 IC 内部管脚的电感效应所造成，只要有电源与接地导线就会有电感效应，在数字组件瞬间启动时瞬时切换电流就会由电源端往接地端流入而产接地弹跳现象；而从 EMI 的角度来看，当我们把时域噪声转换成频域的干扰频谱来看时，如图 4-12 所示的接地弹跳现象就会发现其 EMI 问题也是非常严重的。

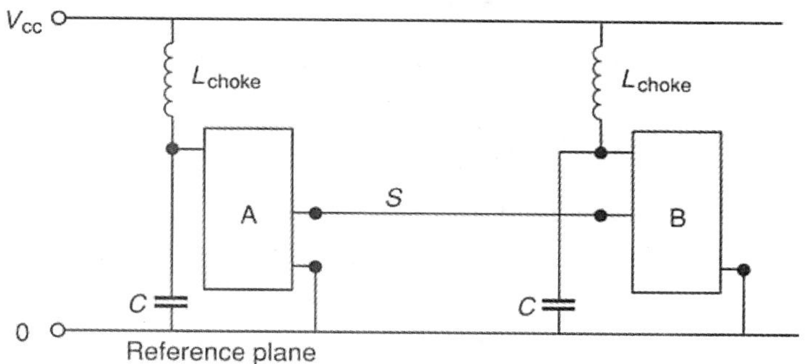

图 4-10 利用扼流电感与去耦合电容维持电源的稳定

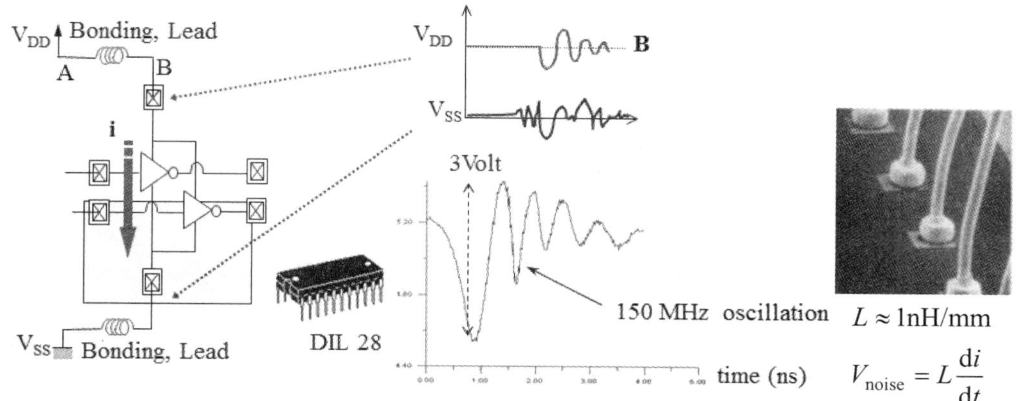

图 4-11 电源和接地在 DIL 封装 IC 瞬时切换过程中的波动现象

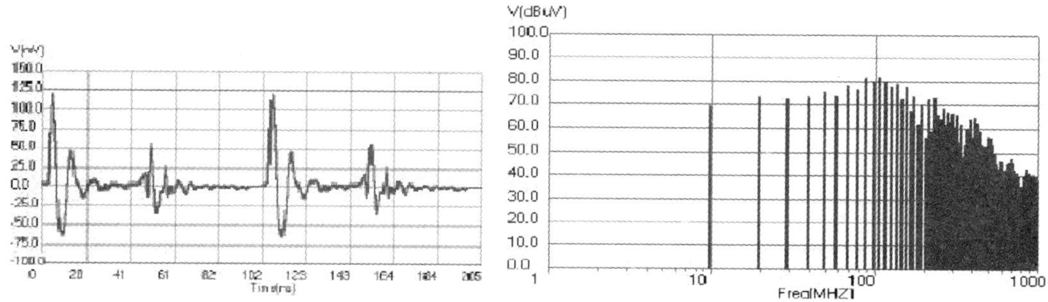

图 4-12 数字切换噪声的接地弹跳量测波形与对应频谱

如果在系统里同时有很多位同时进行切换时就会产生更严重的瞬时同步切换噪声（SSO 或 SSN），因为瞬时变化电流 ΔI 噪声将会更大，所以如果驱动电路中同时有多个位（bit）进行逻辑状态改变，瞬时切换电流增加，电源与接地参考电位就会波动得更严重，因此高速电路就需要更高效能的稳定电源供应，如图 4-13 所示。

随着半导体制程的持续发展，目前的制程已经进入到 20 nm 以下的阶段，因此国际半导体研究协会（ITRS）也预测未来电子 IC 组件的供应电压将会持续下降，若将电源浮动的余裕度（Margin）纳入考虑，则芯片的供应电压趋势将如图 4-14 所示。

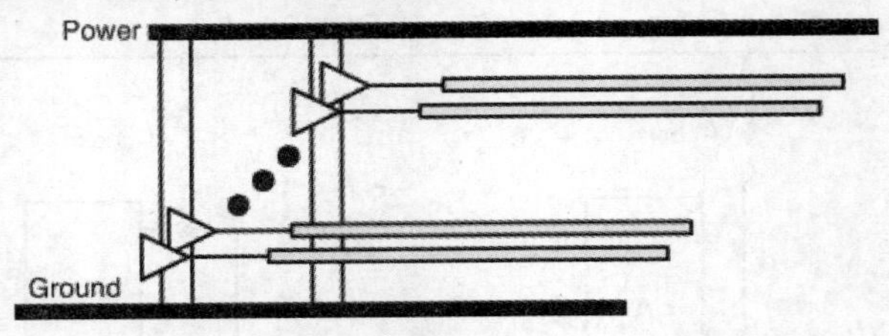

图 4-13　多位缓冲器的瞬时同步切换示意图

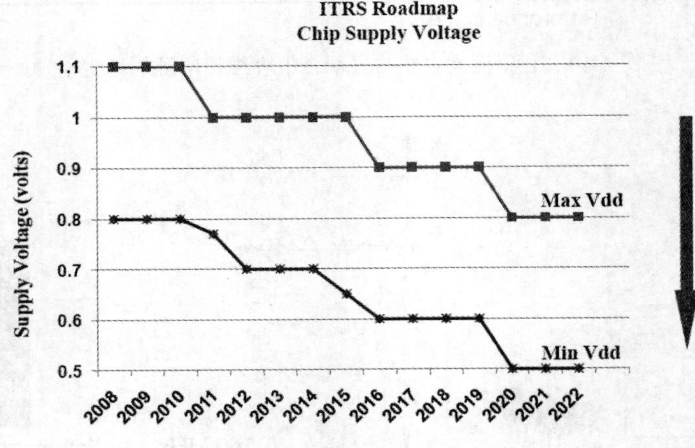

图 4-14　芯片供应电压趋势

在 2007 年的时候半导体制程是 68nm 技术，其芯片供应电压为 1.1V，操作频率为 4.7GHz，功率约 190W，随着制程技术的发展，从 ITRS 分析与预测电子产业发展趋势的表 4-1 来看，制程越细偏压电压就越小，芯片的操作频率也越快，在逻辑门数目增加而使消耗功率并无太大变化的情况下，因制程与芯片结构越来越小，就代表功率密度越来越高，所以若因为电源波动而使偏压过大时就容易产生绝缘崩溃，而当偏压电压过低时，则可能使芯片无法正常动作，而这一趋势也就会使电源完整性的问题越来越严重。

表 4-1　高效能电子产业趋势

Year	Feature	V_{dd}	Chip Freq	Power
2007	68nm	1.1V	4.70GHz	189W
2010	45nm	1.0V	5.88GHz	198W
2013	32nm	0.9V	7.34GHz	198W
2016	22nm	0.8V	9.18GHz	198W
2019	16nm	0.7V	11.48GHz	198W

Low voltage　　High speed

由于偏压电压越来越小，芯片所能允许的电源波动（ΔV）就会越来越小，一般的数字组件的供应电压容许的偏移变化为±5%，因此电磁干扰的耐受能力越来越差，但由于消耗功率会增加而使电磁干扰问题越来越严重，为确保高速电路的电源稳定，电源阻抗必须降低，由表4-2 可以发现操作电压越来越小，使得电源目标阻抗 Z_{target} 急速下降到电路设计的极限，因此电源完整性设计的重要性就更加显现出来。

表 4-2　操作电压与电源目标阻抗的关系

Year	Voltage (V)	Power (W)	Current (A)	Ztarget (Ω)	Frequency (MHz)
1990	5	5	1	250	16
1993	3.3	10	3	54	66
1996	2.5	30	12	10	200
1999	1.8	90	50	1.8	600
2002	1.2	180	150	0.4	1200

为了达到上述说明的目标，一般典型的 PCB 电源分配网络架构与组件如图 4-15 所示，其中有一个电稳调控模块（VRM），以提供给 IC 逻辑门正常动作时的电源偏压，从 VRM 模块走到 IC 内部逻辑门的电源路径上，有电感的低通滤波器以确保高频的噪声不会通过，因为 IC 切换速度很快，所以有大电容、钽质电容、陶瓷电容、高频的封装内部电容、电源与接地平面等以便及时且有效地提供干净的电源给 IC。

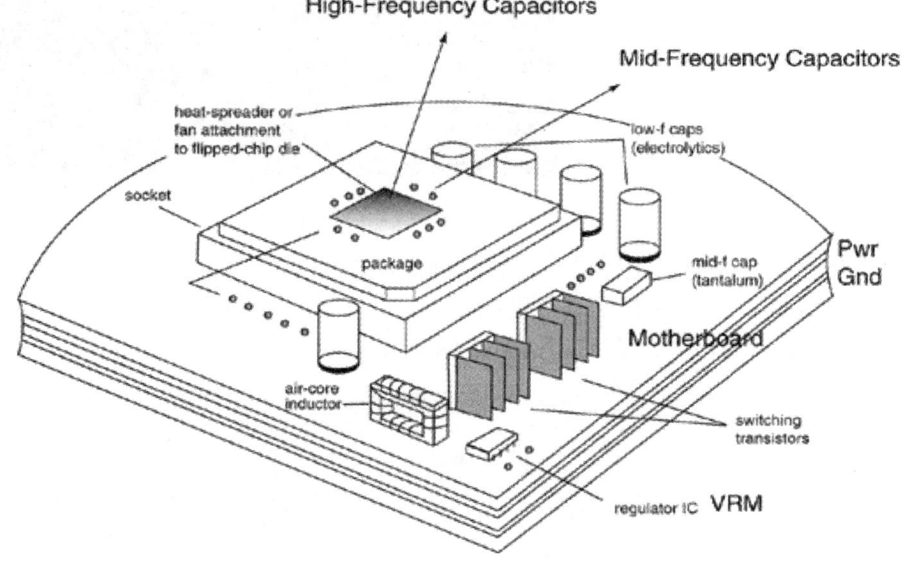

图 4-15　典型 PCB 上的电源分配网络架构与组件

由前面的讨论我们知道电源完整性随着电路系统的电流与区域电流密度越来越大、供应电压电位却越来越小的趋势而显得越来越重要。因为数字组件偏压降低以及接地弹跳与电源下垂造成的共模噪声问题越来越严重，所以电源分配网络必须使用适当的去耦合或旁路电容，同时解决问题时不能仅看电容或电感的个别阻抗效应，而是应从整个 PCB 的设计着手。

4-2 电源供应的架构分析

接着分析一般电源分配网络的架构与其特性，图 4-16 所示的简单范例即显示部件图与电路图左方的 IC 为电源供应的对象，而最右侧是电压调控器，其间还有陶瓷与 SMD 表面黏着电容、大电容以及相关的连接走线，由图中的分析结果来看，可以发现电源电压确实有瞬间电压下垂波动的现象，因为电源本来应该是平坦的，但是当频率 Clock 切换时就会有变化的状况。

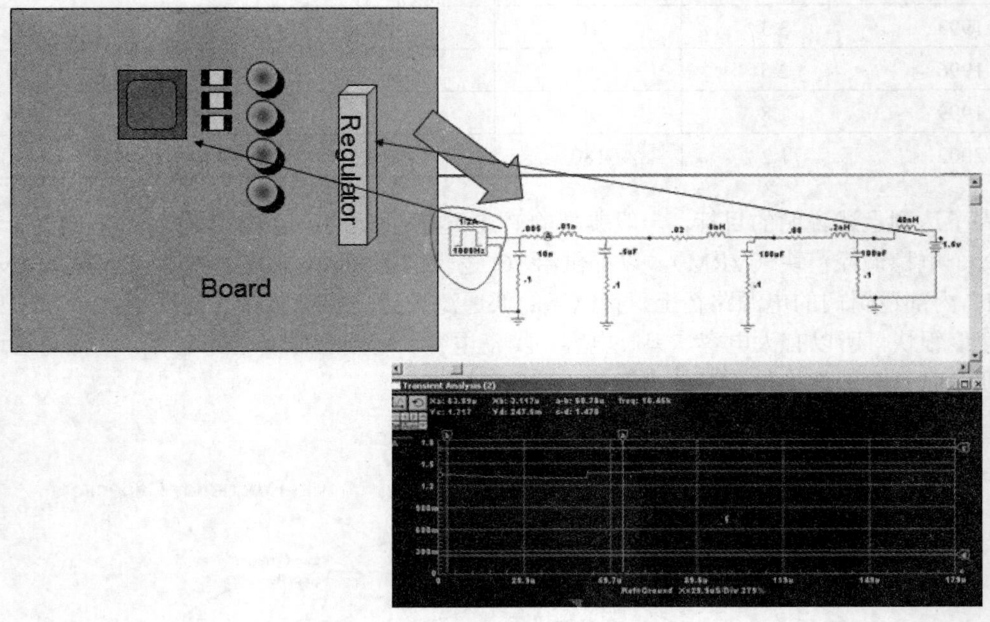

图 4-16 一般电源分配网络架构

那么这一传统的电源供应电路会有怎样的问题呢？因为数字信号都有判定其状态的临界电位（THERSHOLD），信号电位在其上是状态 High，而在其下时是状态 Low，如图 4-17 所示的理想 I/O 信号，其接收端就会得到如图 4-18 所示的理想输出结果。

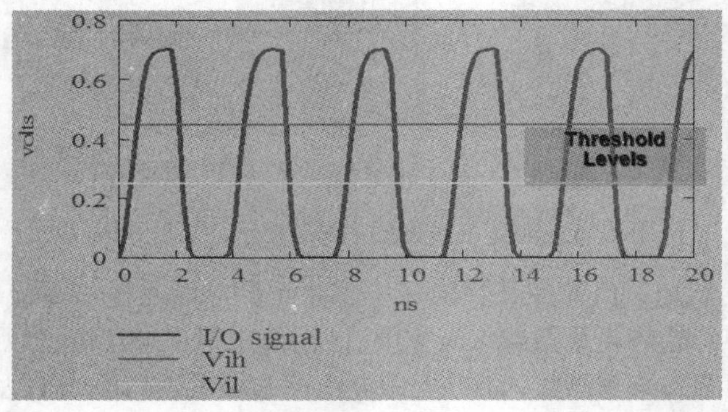

图 4-17 理想的 I/O 信号

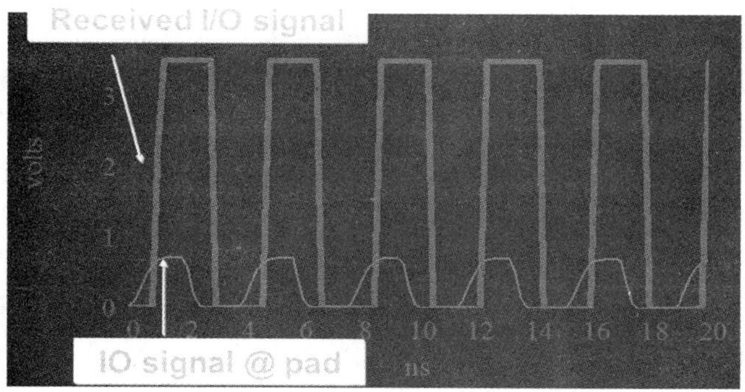

图 4-18　理想的接收端输出

但是如果前面所讨论的参考电源位准，因为顺时切换电流的数字噪声扰动而发生电压波动问题（如图 4-19 所示），那么经过信号的 I/O 接口电路后，输出信号会出现什么状况呢？此时该电源所提供的组件操作不像图 4-17 中理想的 I/O 信号那么明显而可以明确定义其状态时，而是信号电位刚好落在状态判定的临界电压之间，此时是没有办法明确判断其实际逻辑状态的，如图 4-20 所示，所以就会引出信号完整性的问题，进而影响数字电路的正常操作功能。

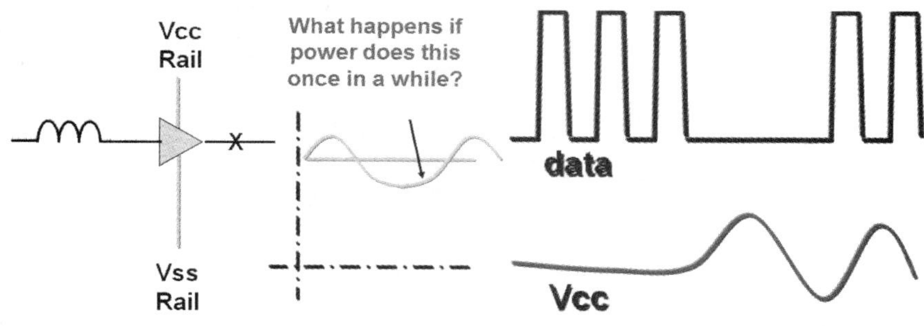

图 4-19　电源参考电位波动与 I/O 信号关联示意图

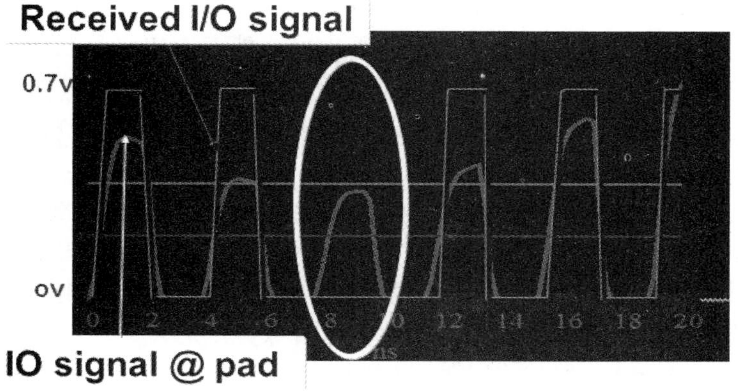

图 4-20　电源噪声可能导致数据漏失与瞬时失效

接着继续讨论图 4-16 中一般电源分配网络架构范例，然后将图中的负载芯片移除，只保留电源分配网络中的被动组件，再依据各电路阶段的特性定义各电源网络的区域如图

4-21 所示。电源是从左方的电压调控模块 VRM 进来的，而最右边的是晶元（die）上的去耦合电容，内部的逻辑门切换速度很快，因此会由偏压电源产生切换电流，沿着电源网络从内部 die 的位置往外看出去，除了有各式电容外，还有电源走线，而只要有走线就会有电感效应，走线越长电感效应越大，所以电路操作的时候要供应足够的电源，电源阻抗可能就会很大，最好是采用分布式电源区域（如图 4-21 所示），所以就有晶元上去耦合电容、封装上去耦合电容、PCB 上的中级去耦合电容（Mid Tier Cap）和一般为电解电容形式的大电容（Bulk Cap）紧邻 VRM，对这种分级架构而言，IC 外部的电容尺寸较大，电容值也较大，因此其对低频的效果较好，越往里面电容值会越小，其对高频的效果就比较好，但技术与成本可能就较高，因为电容值与面积成正比，本来 die 主要是用来制作数字逻辑电路的，所以 die 大部分的面积是要用来做主动电路区块，若为了要从源头抑制切换噪声而在 die 上建置去耦合电容的话，一般都较不符合经济效益，所以目前有些先进的封装技术就在封装的 I/O 处内建去耦合电容。

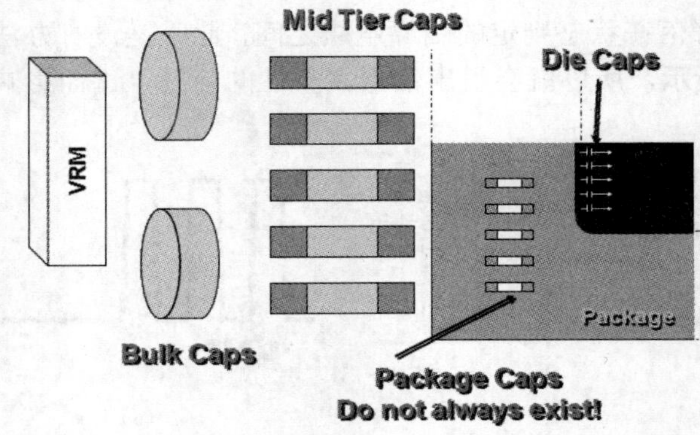

图 4-21　定义电源网络的区域

如果将电路系统的供应网络比喻成我们日常生活的供水系统，则可以利用图 4-22 所示的概念分析供水路径或电源供应网络提供 IC 所需电流的过程。由供电的 VRM 一级一级往下传送电流，最下层就是 die 的逻辑门，为确保其能在适当的供应电压下快速且正常地运作，从这个角度来看，就如同左边最上层的是水库，然后逐级将水源传送到后续的蓄水池或有用水需求的客户端，虽然个别用户或分散各处的 IC 组件需求量较小，但因为水流或电流的供应需求必须及时，所以最上层的驱动电源或供水系统的供应可以随时以较慢的速度进行，但供应量必须要够大以满足最下层所有用户与 IC 组件的需求；但越接近底层的用户或要执行运作的 IC 组件时，则必须随时有稳定的偏压电源供其正常操作，就如同水龙头一开即须有水流供使用，所以越下层的电流与水流的供应量虽然可以很少，但是其流速必须要快，也就是阻抗必须要小。然而每一阶段的储能组件（如各式的电容 C 与电感 L）及其本身或与周围结构产生的寄生效应都会产生共振现象，其共振频率是 $1/\sqrt{LC}$，如果希望越往下层或 IC 里面其速度越快、频率越高的时候避免出现高阻抗 $\sqrt{LC}$ 的情况，共振频率就必须要高，也就是说它在很高频的时候依然要保持是电容的形态，上述说明也就是分布式电源网络系统的概念。

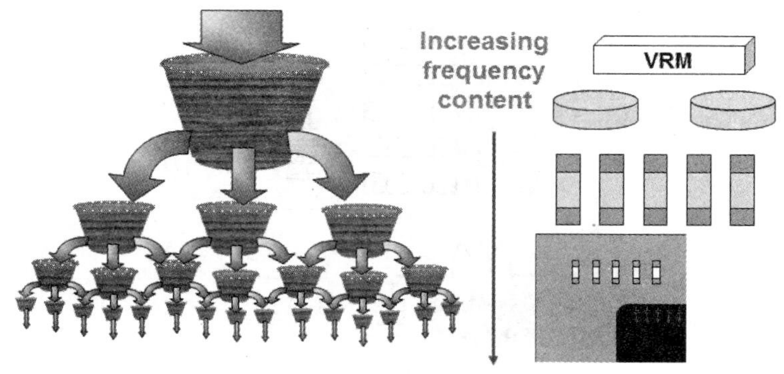

图 4-22　供水系统的水流与电流网络电流的模拟

因此当要设计符合电源完整性要求的电源网络时，就必须像前面所提到的，应从整个 PCB 的设计着手。以图 4-21 和图 4-22 所示的电源分配网络架构为例，从最内层的 die 往外看，当其中的逻辑门在操作过程中产生数字切换噪声时，就要靠最外面的 VRM 供电给它，如果从 VRM 供电给 die 的过程中，因为 die 内部的逻辑门切换速度太快而整个电源传输系统上有走线与储能电容中的寄生电感效应，以致因对高频的数字切换噪声产生的 ωL 阻抗过大，而出现远水救不了近火的情况，无法由 VRM 实时且直接地提供数字切换时所需的能量，而使电源参考电位产生波动，因此各阶段的电容等效电路与走线的电感效应所形成的电源网络各级的 LC 串并联共振现象和供电路径就有图 4-23 至图 4-26 所示从 die 到 VRM 的各阶段发生的情形。

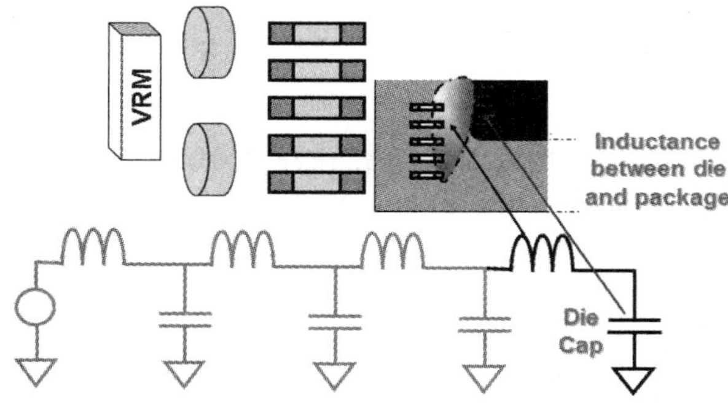

图 4-23　晶元 die 至封装阶段

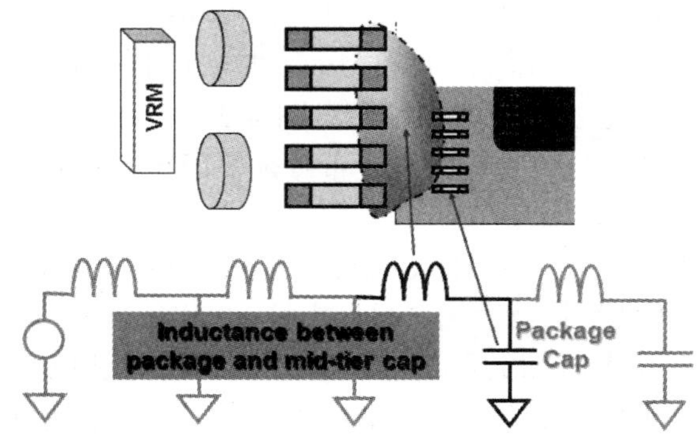

图 4-24　封装至中级去耦合电路阶段

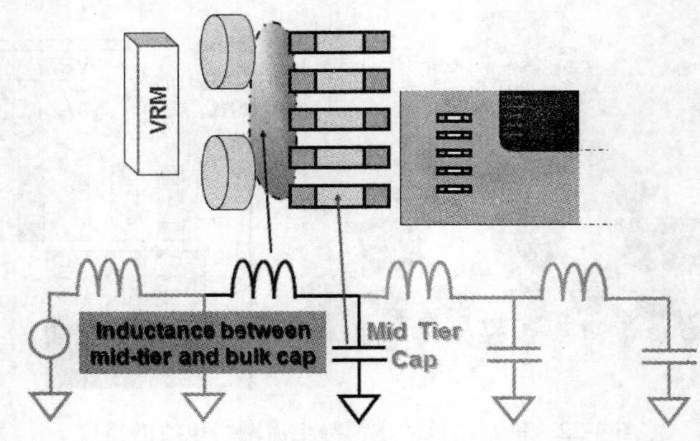

图 4-25　中级去耦合电路至大电容阶段

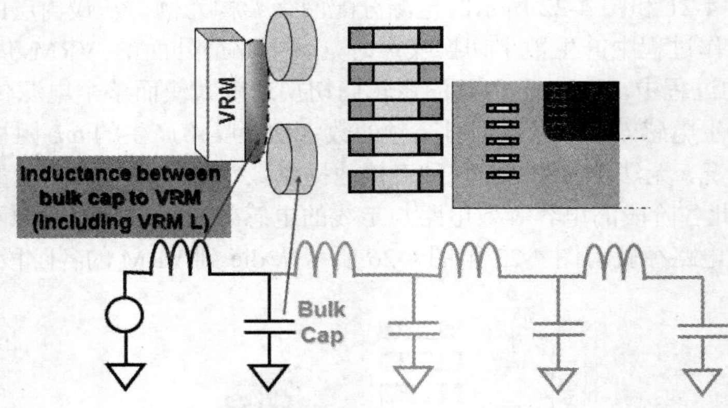

图 4-26　大电容至 VRM 阶段

4-3　电源阻抗分析

由以上几个电源网络供电过程的图示我们就可以了解前面提到过的需要定义目标阻抗的原因了；从表 4-2 发现在 1999 年的时候，目标阻抗已经要求必须降至 2mΩ，而一般的传输线等效电感约为 1nH/mm，电感阻抗 ωL，对宽带的切换信号而言，电源会面临不同频率对应的电源阻抗，而对高频分量的高阻抗就会出现供电及时与否的问题，因此在设计电源分配网络时，各阶段的去耦合电容规划就必须参考图 4-27，其中 PCB 上电源网络切换式电源供应器、VRM 模块与各组件的频率特性与分布必须要能符合各制程技术芯片供压电位所对应的目标阻抗的频率响应要求。

图 4-27 中左方的切换式电源供应器（SMPS）基本上也是变压器，而其中的线圈电感随着频率增加而使阻抗增加，因此很快就会超过目标阻抗，可以发现其输出端就需要有个低通滤波器（LPF），然后右边适当位置再加上各式的电容以使全操作频段及其噪声谐波的阻抗都能维持在目标阻抗以下，因此 PCB 板上面有电解电容或陶瓷电容以及最后 PCB 上的电源层与接地层所构成的电源对。其原理说明如下：SMPS 基本上就是一个电感，电感的阻抗是随着频率增

加而增加的，结果到某个频率时超过了目标阻抗，也代表电源无法提供能量给快速的 IC，所以需要将阻抗拉下来，那么如何把阻抗降下来呢？答案就是并联的去耦合电容，因为电容的阻抗随着频率增加而减少，所以就会将电源阻抗拉下来；然而因为电容都有等效串联电感 ESL，所以超过电容的自振频率后，电容阻抗随着频率增加而它的电感效应又出现了，进而又超过目标阻抗，所以只好再加一颗容值较小且自振频率较高的电容，再次将目标阻抗降下来，而该小电容因为也有电感效应，又会使阻抗再变大，后续的去耦合电容功能与效应依此类推，直到最后利用无导线电感的 PCB 电源层与接地层所构成的电源对等效电容将阻抗再次降下来，这就是前面所谈到的电源网络会分这么多级的原因。

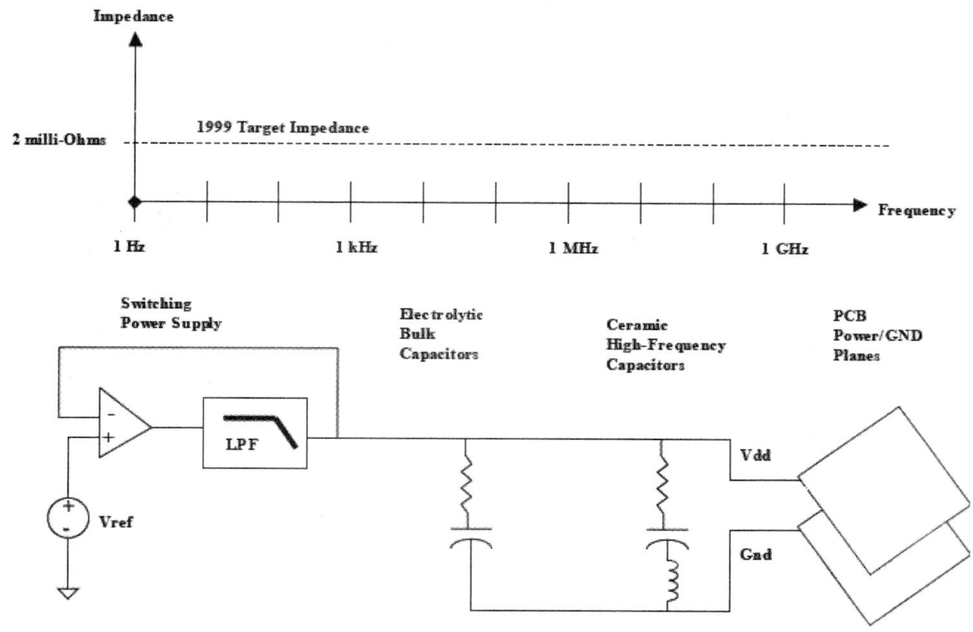

图 4-27　PCB 电源网络各组件分布与目标阻抗的频率响应

图 4-8 所示的电源分配网络组态范例在全频段的电源阻抗响应就如上一段的说明。电源网络阻抗两端会变高是因为电源端为开路电压源，而负载端是高阻抗逻辑的等效输入电容，图中左边有一个 6V 稳压电路，IC 在右边，其中的 die 启动有电流产生，就会在电源线上产生电感效应，期间每一个电容都是一个电容与等效电感串联的共振电路，而且 PCB 板上面的走线或接地都是一个等效电感。当 VRM 要供电给 die 的时候，输入状态的 High-Low 切换使电源波动，要弥补其效应就要靠每一层级的电容。

为了通过逻辑门切换转态的供电系统支电流变化情形来更深入地分析电源阻抗的效应，我们在此由图 4-28 所示的逻辑转态过程发生的情形开始。图的右边代表的都是 IC 负载，左边是一个 CMOS 驱动器，其上下分别连接到电源与接地，左下图是逻辑状态 1，当输入是 Low，输出是 High 的时候，CMOS 驱动器上方的 PMOS 启动，而下方的 NMOS 断开，此时大折线箭头的路径表示从 V_{CC} 充电；右下图是逻辑状态 0，其输入是 High，输出是 Low，此时 CMOS 驱动器上方的 PMOS 断开，而下方的 NMOS 启动，此时箭头的路径表示从 IC 负载端经由接地放电，这两个就是固定状态下的动态充电与放电现象，其中也将负载 IC 等效成一个电容 C_L。

然而，另一个更重要的现象是发生在逻辑转态过程的短暂切换时间内，因为发生充放电的动态电流时，电源与接地并没有连接在一起，但当 High 转 Low 或 Low 转 High 的逻辑转态时 PMOS 与 NMOS 两者瞬间都处于半开或半关的状态，此时大短路电流直接由 V_{CC} 下到接地，而这个现象所对应的上升时间或下降时间都非常短暂，致使对应的频率非常高。

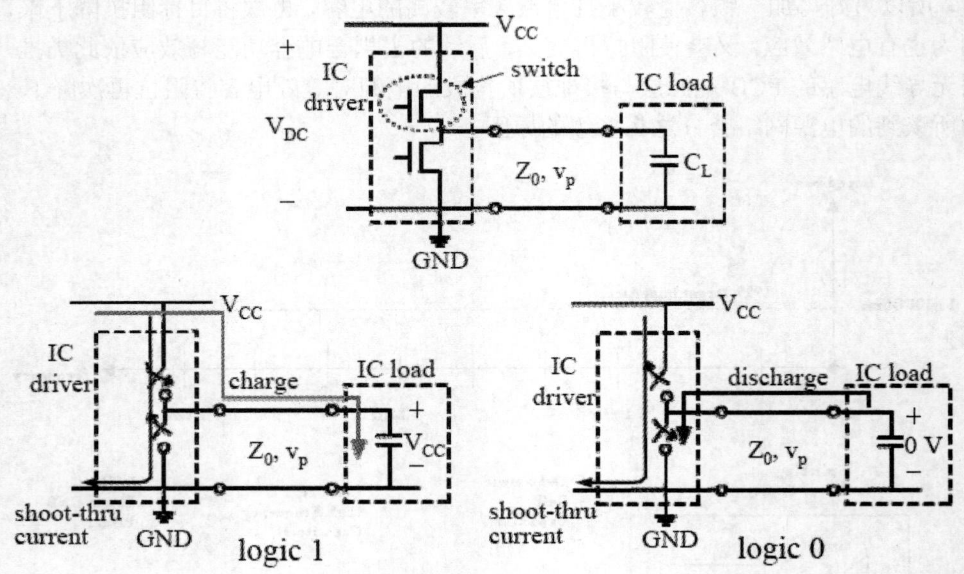

图 4-28　逻辑转态过程

接着分析当上述 CMOS 驱动 IC 与负载 IC 以及其他电源网络组件一起布件在多层板 PCB 上时的供电路径与效应，如图 4-29 所示为当 $L_O \rightarrow H_I$ 的逻辑转态时，由 DC 电源总线汲取电荷的过程。PCB 左边有 Driver IC，右边是负载，驱动 IC 传送信号给负载而形成回路，可以看到 PCB 上面是接地层下面是电源层，其间的共振效应将在下一节探讨；如果信号电流要形成回路，电源回路依箭头路径由 IC 下来到地，而问题是因电源层与接地层为 DC 开路，那么如何形成回路呢？因为接地平面与电源平面之间是本质电容，CMOS 驱动 IC 切换的时候电源供电给负载，经由 V_{CC} 到下层后再上来，上下层板间就会有位移电流，也因为有位移电流所以才会产生共振现象，而 CMOS 驱动 IC 周围的各式电容都是用来供应驱动 IC 和负载 IC 在充放电以及逻辑转态时所需要的电荷。

然而当 DC 电源要提供电荷给 IC 的时候，其间要经过走线（Trace），只要有 Trace 就会有电感，为了让电感阻抗下降，就有电源平面和接地平面提供去耦合电路最小的回路面积，而且完整的电源平面和接地平面并没有电源导线等效电感，但前面也曾谈到，如果因为独立电源太多，就不可能有一个完整的电源平面，而可能只是一条条的电源走线（Power Trace 或 Power Rail），如果是 Power Trace 的时候，其等效电感值就会增加，而且不同的电容（例如电解电容或陶瓷电容）所对应的寄生等效电感也都不一样，所以产生的共振频率就会不一样。

图 4-8 所示就是从 IC 看出去的阻抗频率响应示意图，我们希望都要小于目标阻抗，所以把负载 IC 与 DC 电源都等效成开路，就会看到阻抗频率响应曲线图的两端会弯起来的情况，而中间频段的阻抗要够低才能够让 DC 的电压除以目标阻抗的电流能及时且足够提供给负载

IC 正常操作使用，因为电源网络的电感效应越明显，阻抗就会随着频率而越大，使得电流越慢越小，而无法使高速电路的 IC 正常运作，甚至衍生出信号完整性的问题。

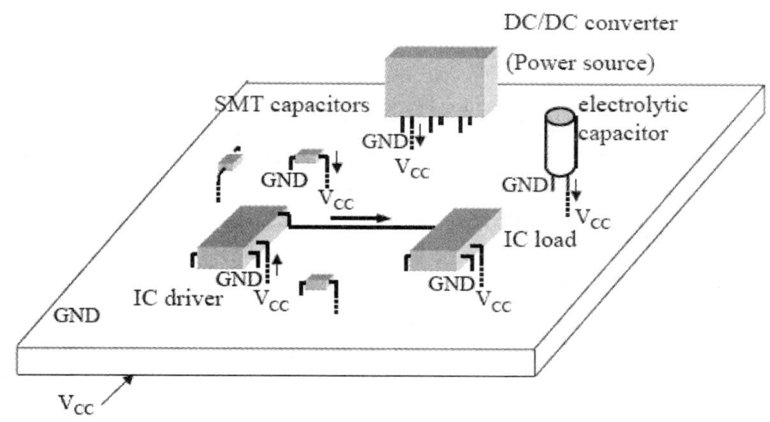

图 4-29　多层板 PCB 的电源总线

图 4-29 所示的多层板 PCB 电源总线架构可以利用图 4-30 所示的低频等效电路模型进行分析。图 4-29 中的电解电容所扮演的大电容角色是当 CMOS 驱动 IC 切换的时候可以就近提供电流，然后经由接地形成电源回路，然而电源阻抗也包含了所有路径的效应，当电流路径越长时，形成的面积就越大，而对应的等效电感也越大，何况电解电容一般都还有较长的焊接线，所以大型电解电容的电感值就会很大（如图 4-31 所示），进而阻碍高频电流的供电能力。

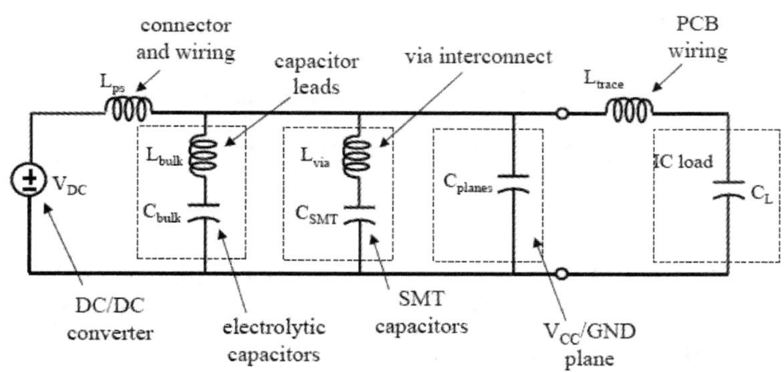

图 4-30　电源网络的低频等效电路模型

另外，针对图 4-30 的表面黏着 SMT 电容在 PCB 上所产生的电感效应进行分析，因为 SMT 组件紧贴在 PCB 上，所以上述的情形就会改善很多，图中的电解电容因为是利用导线焊接，以致其容量虽大但供电速度很慢，所以电解电容不适合置于高速 IC 旁边，而较适合在 VRM 的旁边作为电源缓冲使用，因为 VRM 的速度更慢，而越往 IC 方向所要求的供电速度越快，所以电感效应要更小，利用 SMT 电容可以缩小供应电流的回路面积（如图 4-32 所示），这样一来等效电感就变得更小，而供电速度就会更快更及时；而 PCB 上最后一级的电源网络就是由完整的电源平面和接地平面所组成的电源对，因为它并没有电源导线等效电感，所以去耦合电源回路所形成的面积就更小，约为板层的厚度，如图 4-33 所示。

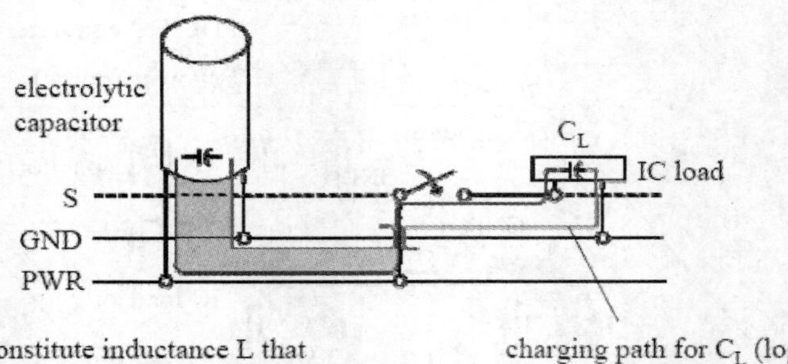

图 4-31　电解电容的电感效应

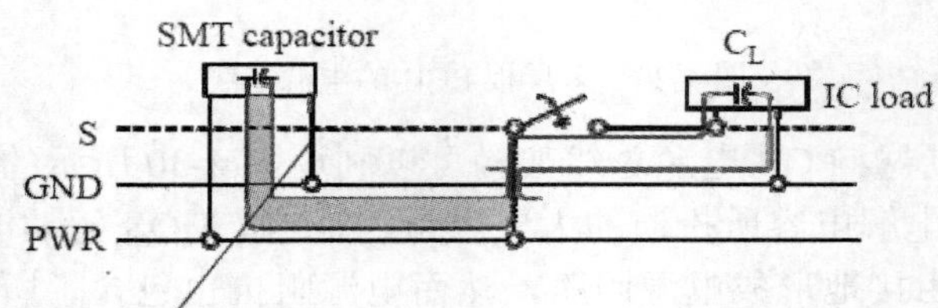

图 4-32　SMT 电容的电感效应

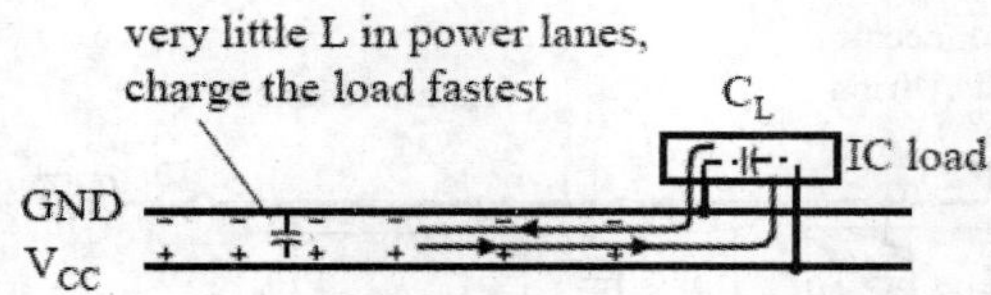

图 4-33　PCB 本质电容的电感效应

综合上述有关电源网络中各式去耦合电容以及供电路径的电感效应可以将各级所对应的等效电感大小和与电容结合时的电源去耦合速度总结如图 4-34 所示的电源网络各阶层特性。IC 等效的电容在图中的最右边，在 IC 左边的就是等效电容约为数 pF～100nF 的 DC 电源平面，所以它的供电速度很快，再往外面（左边）就是 SMT 电容，再往更外面是电解电容，而最外面是电源供应器，因此越往外面（左边）其供电速度就越慢。所以越往外面共振频率就越低，所以电源网络阶层的供电流动情形就会如图 4-35 所示，一步一步地供电给下一级电容，所以越往 IC 端的供电速度就越快，因此电源供应网络就需要有各种不同的电容。

最后探讨 PCB 上电源平面和接地平面所组成的电源对问题，因为在连接其上的驱动 IC 启动并传送信号给负载时，于其上的等效电容（约数 pF～100nF）所储存的电荷提供给驱动 IC 后，瞬时切换电流将在电源平面和接地平面之间引发位移电流，进而造成 PCB 共振效应，这些现象可以利用图 4-36 所示的简单示意图说明。

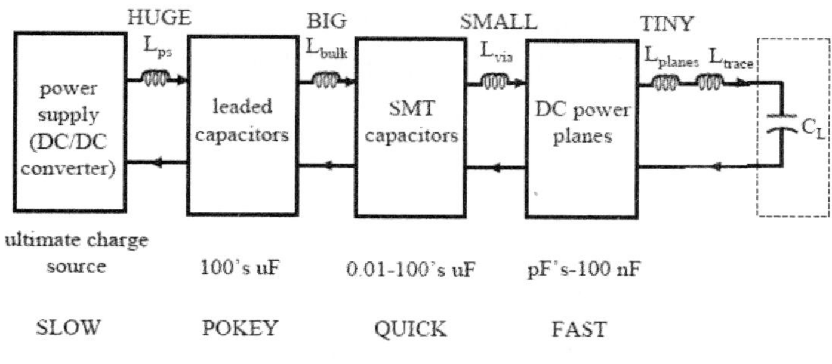

图 4-34　电源网络各阶层特性

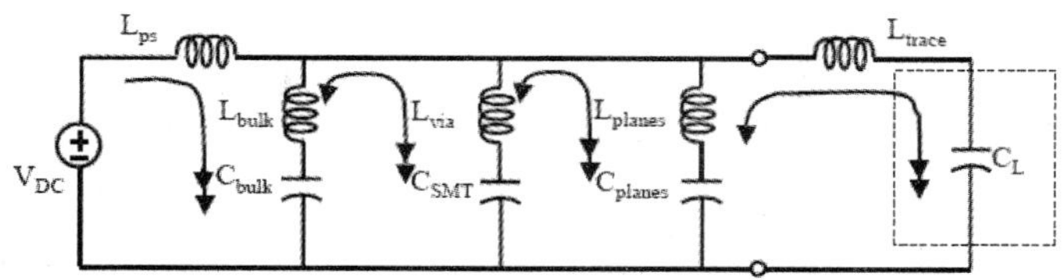

图 4-35　电源总线的阶层供电流动示意

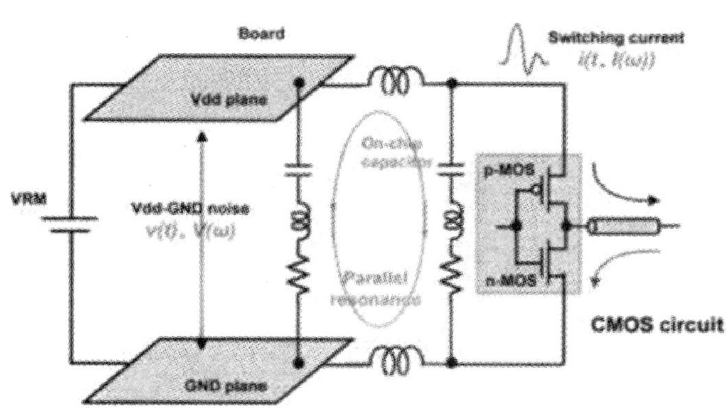

图 4-36　PCB 电源平面在驱动 IC 启动后与其他组件的共振示意

4-4　PCB 共振效应与电源阻抗分析

有关 PCB 共振效应及其对电源阻抗的影响可以从图 4-37 所示完整 PCB 上驱动 IC 在启动后的情形开始进行分析。图中 PCB 的上下两参考平面层分别是接地和 V_{CC} 电源，电源平面本来就储存有正电荷，所以当驱动 IC 启动时会发现电荷要从 V_{CC} 电源平面提供上去。

接着就会碰到一个问题，也就是对照前述的几个图例发现，当驱动 IC 启动之后，驱动 IC 要从旁边的电容与电源平面汲取电荷，当电荷往上提供给 IC 就代表电源平面与接地平面之间会产生位移电流，有了这样的位移电流就会在两参考平面之间产生共振，甚至导致 Ldi/dt 的电源噪声，且该噪声会从这个激发点往外扩散（如图 4-38 所示），而在 PCB 板层边缘因阻抗不连续的反射作用而导致共振现象，使得 PCB 像一个共振腔；而当 PCB 共振腔因驱动 IC 的切换电流而产生共振时，如果 PCB 上或邻近区域有其他穿层贯孔（Via）存在的时候，电源噪声就会经由贯孔结构耦合出去，然后就通过信号线的贯孔将噪声传送到其他地方。

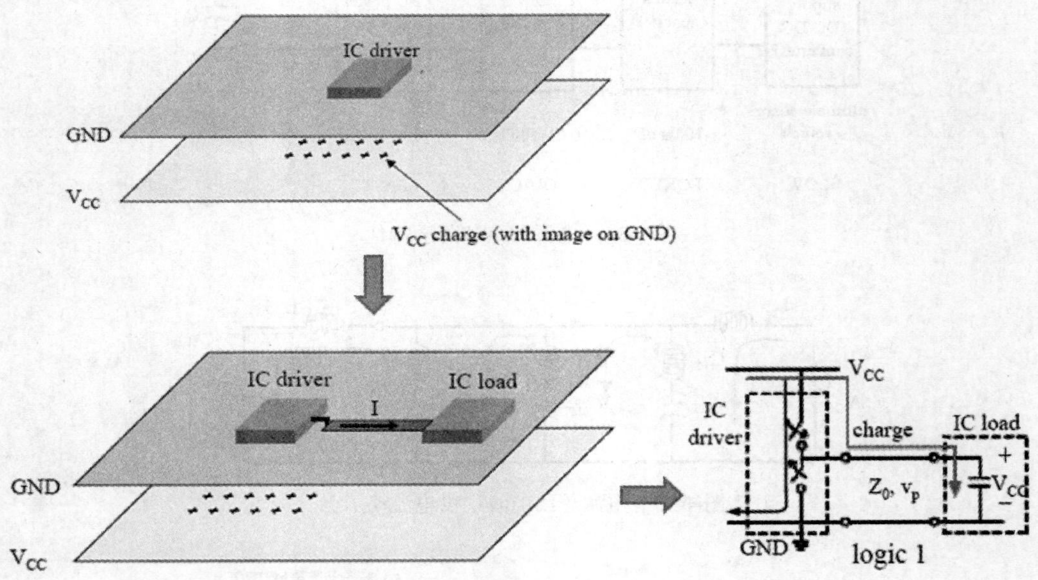

图 4-37 驱动 IC 从 PCB 电源平面汲取电荷的情形

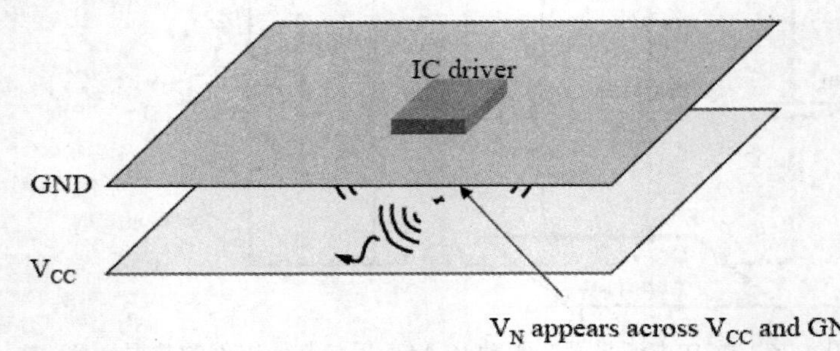

图 4-38 PCB 中电源噪声电压的激发与扩散

另外一个问题如图 4-39 所示，当 IC driver 1 启动之后，电源噪声在 PCB 电源平面和接地平面之间扩散，结果该噪声就耦合到跟它同样利用该电源对平面供应偏压的另外一个 IC driver 2，结果除了偏压电源参考电位的波动之外，PCB 共振腔中间也会产生噪声，这样一来，IC driver 2 受到两者的噪声干扰后电压上升速度就变快，电压下降速度就变慢，以致 I/O 信号可能会因为电位波动与噪声干扰而造成误动作，这就导致了信号完整性的问题。

当驱动 IC 的启动而导致 PCB 上的电源平面与接地平面的电位产生波动现象时，原本是 DC 的电源网络平面，而 DC 最多就是涉及静电场效应，所以不会产生辐射干扰的问题，可是当电源与接地电位因切换电流而随着时间波动时，电源与接地平面之间就会有时变的电位差，而该时变的电位差就成为辐射激发源，在板层间会造成辐射电场往外辐射出去，板层距离越短电场 E 越大，造成的 EMI 电磁干扰问题也会更严重，如图 4-40 所示。

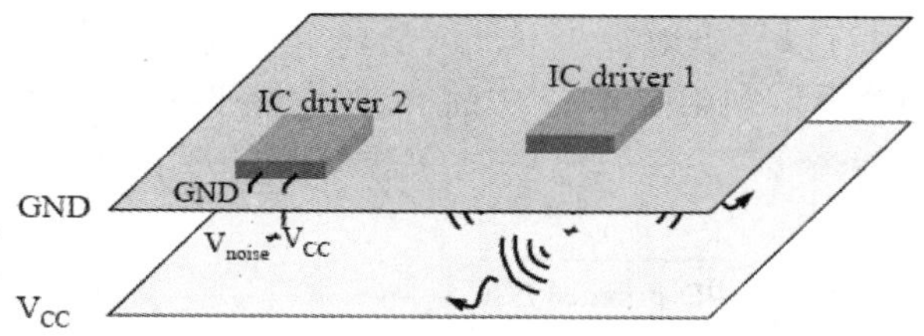

图 4-39 PCB 上电源噪声干扰导致的信号完整性问题

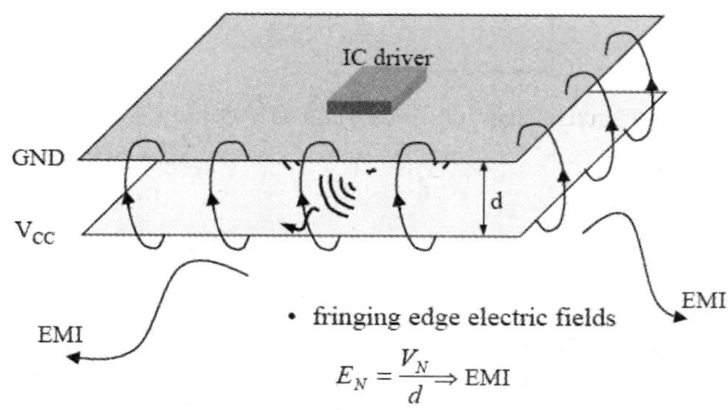

图 4-40 PCB 上电源噪声干扰导致的 EMI 电磁干扰问题

讨论完 PCB 供电网络的共振效应后，我们接着分析 PCB 共振结构对电源阻抗的影响，而针对这一议题，可以利用图 4-41 所示的 PCB 电源网络架构分别在产生切换电流的主动组件以观察点或测试点 1（Test Point 1）来标示，而 PCB 上另一组件（可能是 VRM 或另一可能受扰的主动组件）的位置则由观察点或测试点 2（Test Point 2）加以标示，其间的阻抗可从 Z_{21} 的量测或模拟分析得到。现在有两个测试点，就像图 3-36 描述数字切换噪声电流在电源与接地平面间的共振耦合现象，其中一个驱动 IC 启动而产生噪声电流（ΔI Noise）后，就像一个石头丢入池塘产生涟漪般而形成驻波的共振情形，通过测试点 1（Test Point 1）与测试点 2（Test Point 2）两个测试点的阻抗 Z_{21} 或 S_{21} 参数分析即可知道 PCB 共振效应对电源阻抗的影响。

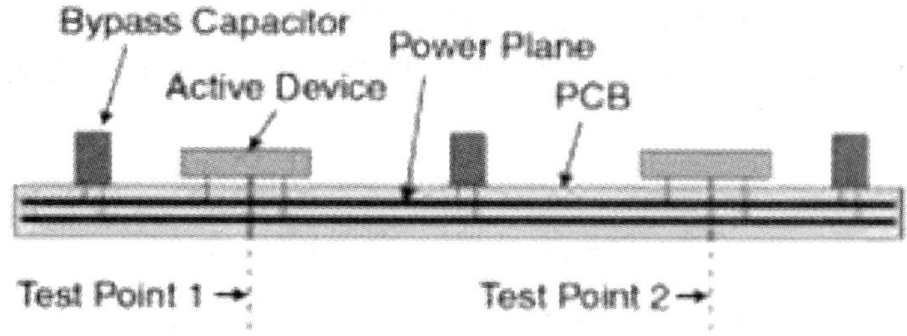

图 4-41 PCB 电源阻抗的量测与分析架构

分析 PCB 上因电源平面扰动而导致其结构形成的共振效应可以参考图 3-35 中有关电源层与接地层所形成各共振模态的场型分布特性，以及 4-42 所示的 T 型电路等效模型进行分析，图中最左边是代表 IC 的噪声源，往右是走线与去耦合电路的寄生电感，接着就是分布式模型的 PCB 板。这里可以简单地看一下，这是一个等效电路的模型，电源偏压组件所遭遇的输入阻抗与频率的关系可利用图 4-43 中的 PCB 电源平面与接地平面电源阻抗和共振频率响应图表示。

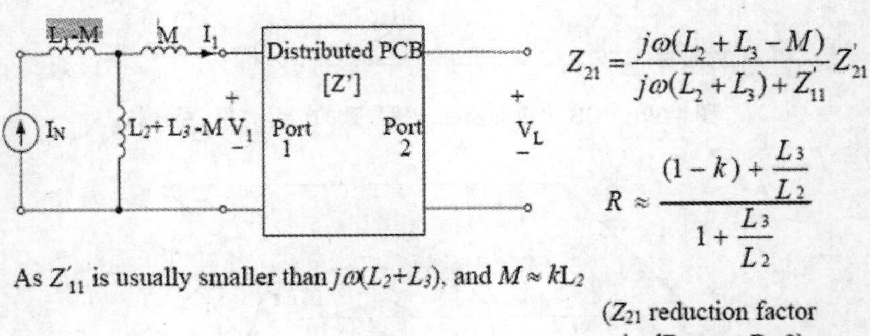

图 4-42　T 型电路等效模型

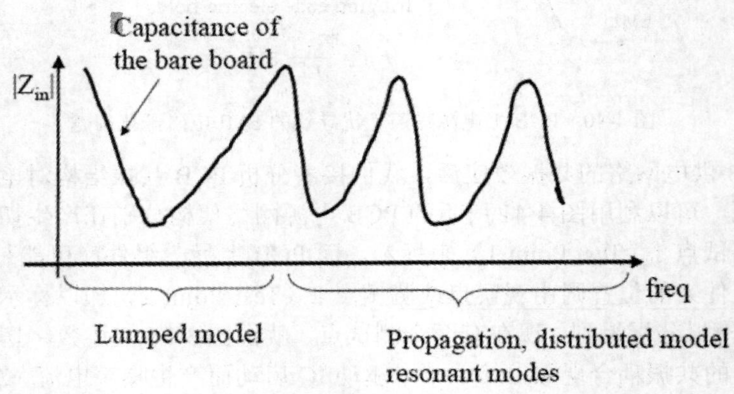

图 4-43　PCB 电源平面与接地平面所形成的阻抗共振频率响应

其中低频部分的阻抗响应主要是来自 PCB 板的准静态（Quasi-Static）集成电路模型（本质电容与去耦合回路面积所导致的等效电感）的共振，而其他高频的阻抗共振响应则是来自于由电源平面与接地平面所形成的共振腔的高阶模态传输现象，但由于板层厚度太小，高度方向所对应的半波长的共振频率太高，因此只须考虑 PCB 长度与宽度所形成的面积即可，其所对应的共振频率 f_{mn} 或 f_{res} 可用式（4-1）计算：

$$f_{res} = \frac{1}{2\pi\sqrt{\mu\varepsilon}}\sqrt{\left(\sqrt{\frac{\pi m}{a}}\right)^2 + \left(\sqrt{\frac{\pi n}{b}}\right)^2} \tag{4-1}$$

由公式可以发现，当接地平面大小不一样或结构及材料改变时，其阻抗或共振频率就会有所不同。

以图 4-44 至图 4-46 中的各种电源与接地平面结构为例，利用 Port 1 与 Port 2 两个测试点的分析可以了解 PCB 共振时的阻抗频率响应现象，从图中发现面积与贯孔对阻抗频率响应的影响，由于贯孔会减少电源与接地平面共振腔结构的有效面积，因此会将共振频率往高频方向推移，如果在共振腔结构中间加上贯孔数组而形成一个栅栏（如图 4-45 所示），可以发现高频共振持续往更高频方向偏移，而且低频部分的阻抗也降低的情形；如果进一步直接在电源平面的中间割开一个间隙（如图 4-46 所示），则有效面积明显缩小，导致阻抗除了高频偏移外阻抗频率响应形态也有明显的改变。

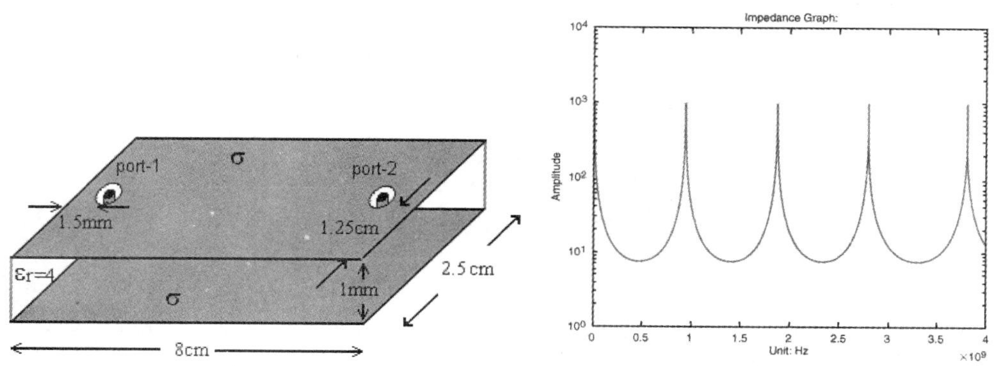

图 4-44　一般电源与接地平面结构及其 Z_{11} 阻抗频率响应形态

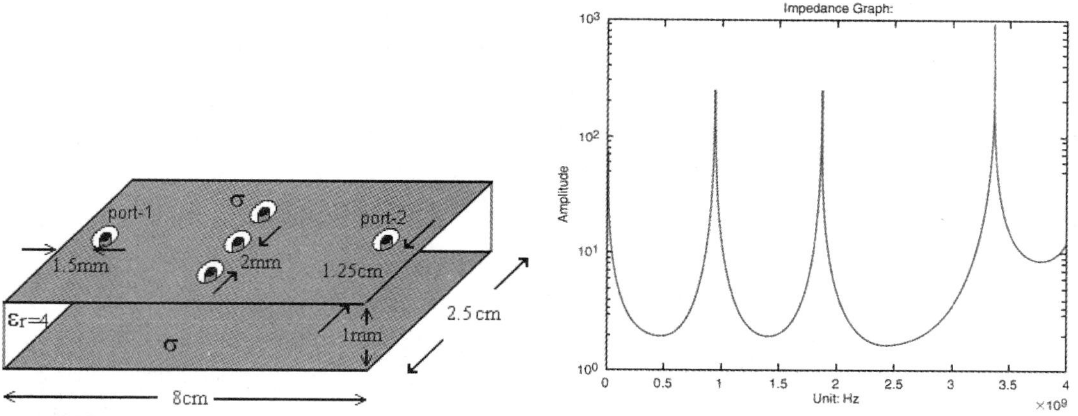

图 4-45　电源与接地平面结构改变及其 Z_{11} 阻抗频率响应形态

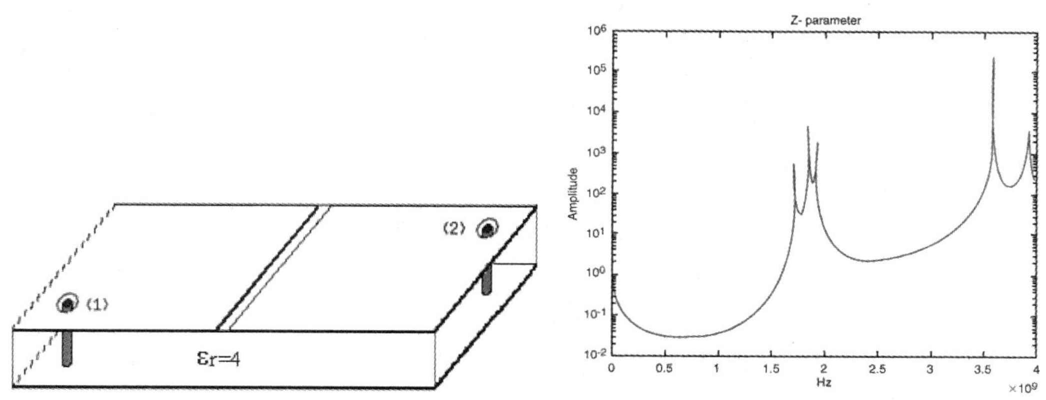

图 4-46　电源平面上有 2mm 间隙时的 Z_{21} 阻抗频率响应形态

讨论完 PCB 上电源与接地平面结构面积对阻抗频率响应的影响之后，最后再来探讨电源与接地平面结构的板层厚度与介质材料对阻抗频率响应的影响，因为上述三者都是决定电源与接地平面间本质电容值的参数，所以就会具有影响噪声去耦合的程度，图 4-47 所示即为分析 PCB 上电源分配网络特性的架构，其中右图是数字切换时的瞬时噪声电流波形，并利用其作为问题分析时的激发源。

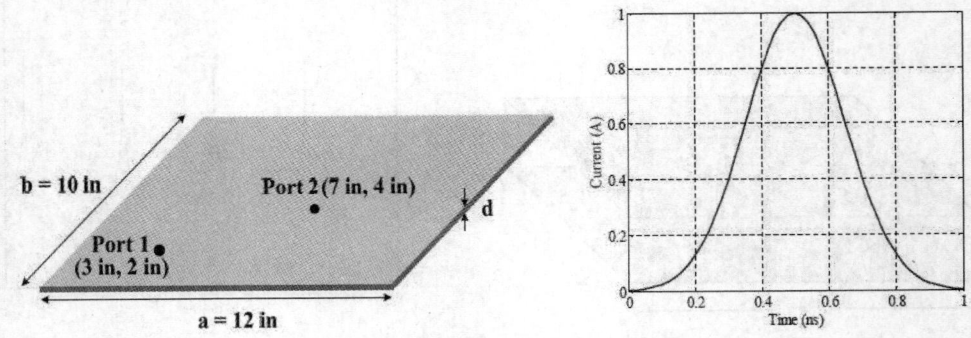

图 4-47　PCB 电源分配网络特性的分析架构

首先针对板层厚度（d）的改变分析其对阻抗形态的影响，在图 4-48 所示的例子中，PCB 为一般的 FR4，其板层材料的介电常数 ε_r 为 4，损耗正切（Loss Tangent）为 0.02。从图 4-48 中可以发现随着板层厚度变小，所有的阻抗（自身阻抗$|Z_{11}|$与转换阻抗$|Z_{21}|$）频率响应均会降低（因等效电容增加），但由于是同一种介电材料，其电极化特性相同，所以所对应的自振频率并没有偏移或改变；此外，随着阻抗的降低，时域噪声电压的去耦合能力与电源电位的稳定效率也会提升，如图 4-49 所示。

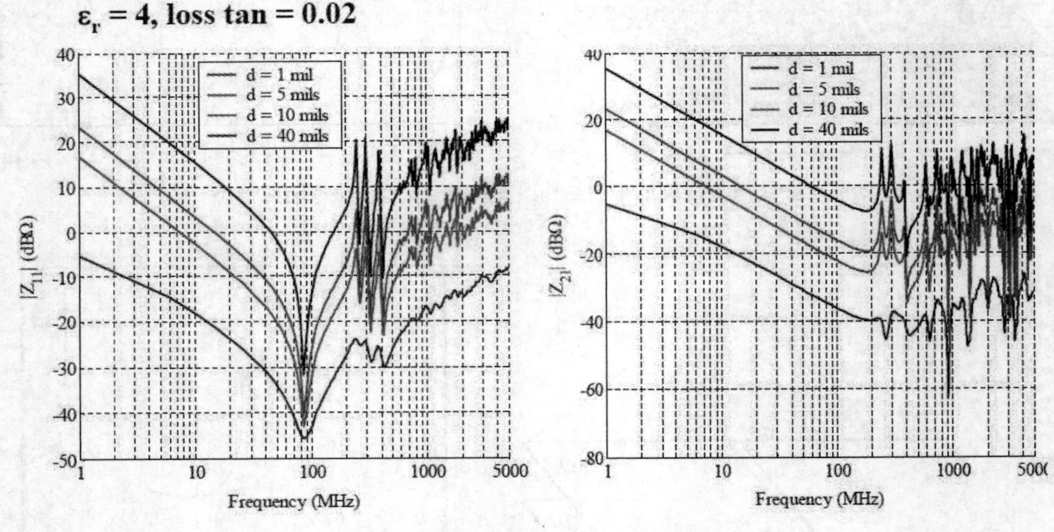

图 4-48　阻抗$|Z_{11}|$与$|Z_{21}|$与厚度 d 的关系

接着针对 PCB 材料（ε_r）的改变分析其对阻抗形态的影响，在图 4-50 所示的例子中，PCB 的板层厚度为 40 mils，损耗正切（Loss Tangent）均为 0.02。从图 4-49 中可以发现随着介电常数 ε_r 的增加，所有的阻抗（自身阻抗$|Z_{11}|$与转换阻抗$|Z_{21}|$）普遍都有降低的情形，尤其在低频

的部分降低的情形更为明显（因等效电容增加的集成源模型效应），但由于是使用不同的介电材料，其电极化的频率响应特性不同，所以对应自振频率介电常数 ε_r 的增加而有明显往低频偏移的现象，这是由于电容增加使得共振频率下降；此外，随着对应阻抗的降低，时域噪声电压的去耦合能力与电源电位的稳定效率也会有所改善，但并不如降低板层厚度的效应那么明显，如图 4-51 所示。

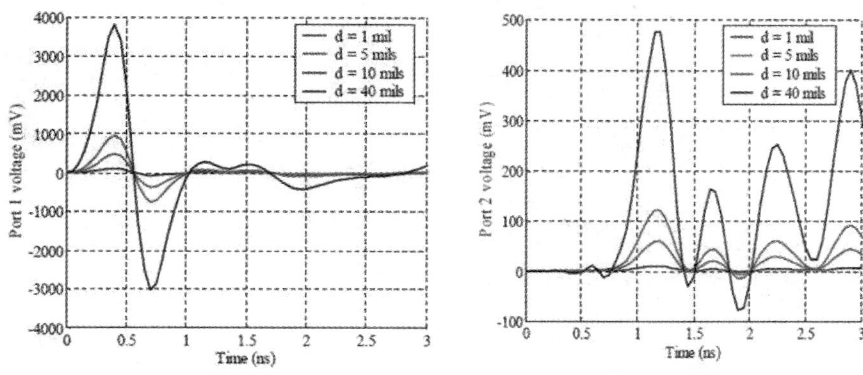

图 4-49　时域噪声电压与厚度 d 的关系

d = 40, loss tan = 0.02

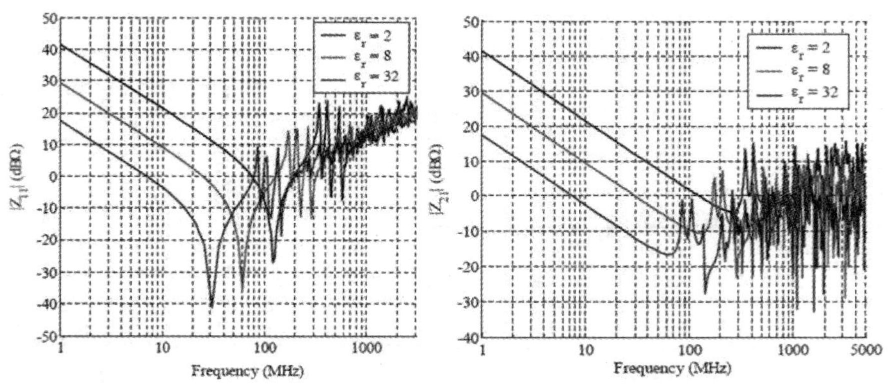

图 4-50　阻抗$|Z_{11}|$与$|Z_{21}|$与介电常数 ε_r 的关系

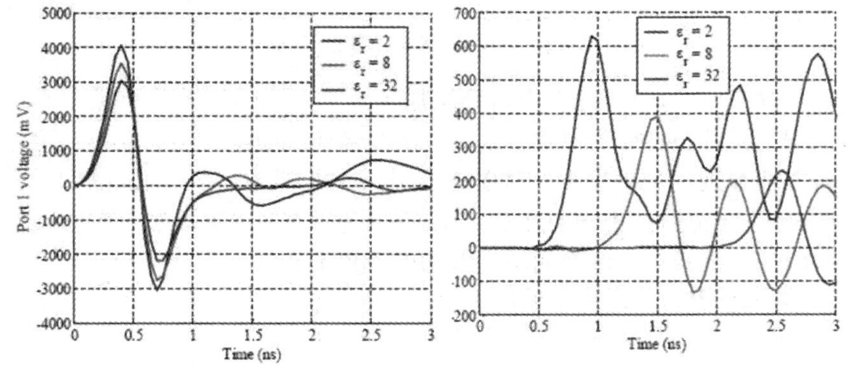

图 4-51　时域噪声电压与介电常数 ε_r 的关系

综合上述两种 PCB 结构参数对阻抗影响的分析，我们在此可以将其对阻抗和对时域噪声电压的去耦合效应归结到图 4-52 和图 4-53 中以方便比较各自的影响程度。

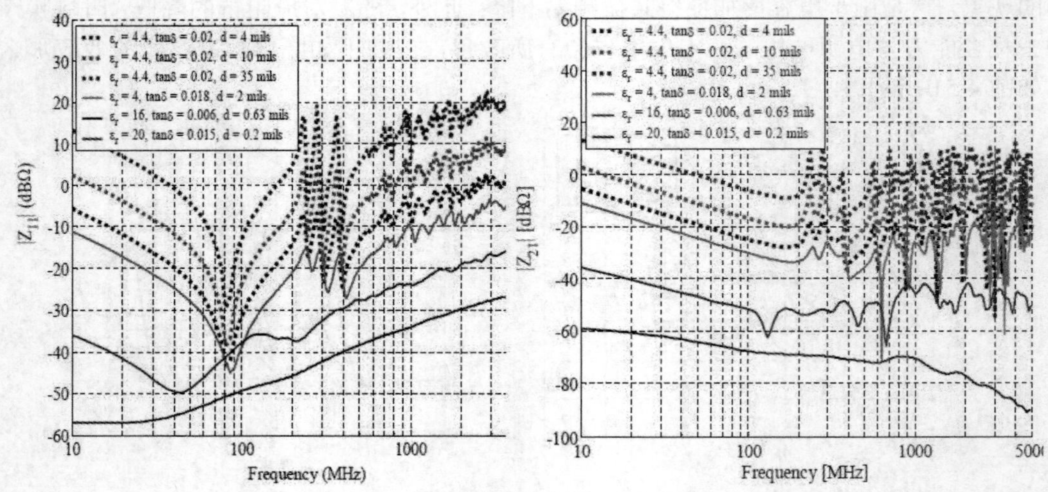

图 4-52 阻抗$|Z_{11}|$与$|Z_{21}|$的比较

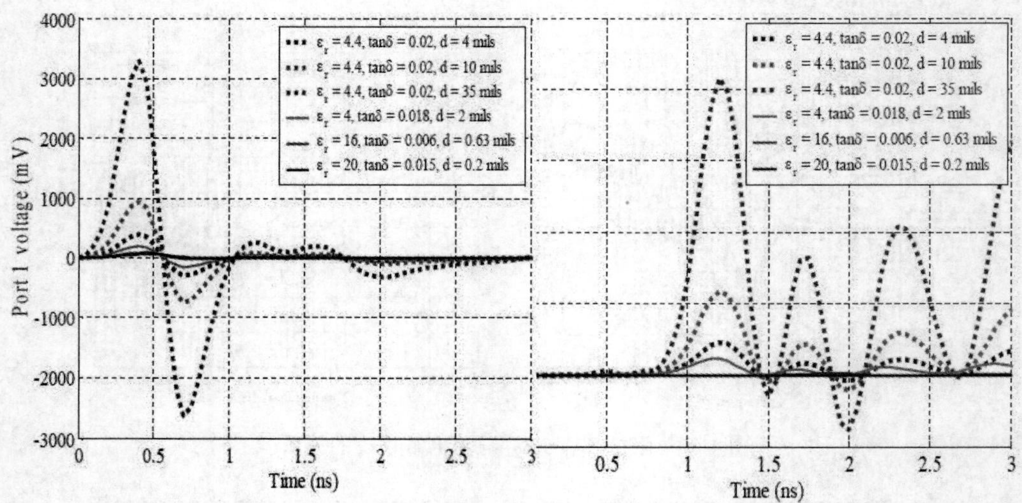

图 4-53 时域噪声电压的比较

既然前述的 PCB 电源阻抗分析中得到增加等效电容时即可改善电源完整性的一般性结论，那么如果在多层结构的 PCB 中增加几对电源与接地平面层，以并联方式增加总体的电容值时，是否也可以明显地产生效果呢？从图 4-54 所示的驱动 IC 汲取电流的示意图中可以发现虽然上下两对电源平面都提供相同的 DC 电压，但因为不同电流路径引起的回路电感效应不同，因此驱动 IC 从上下两对电源平面所汲取的电流也不相同（如图 4-54 下方所示），所以对高频噪声电流的去耦合而言，增加下层的电源平面对并没有多少帮助。

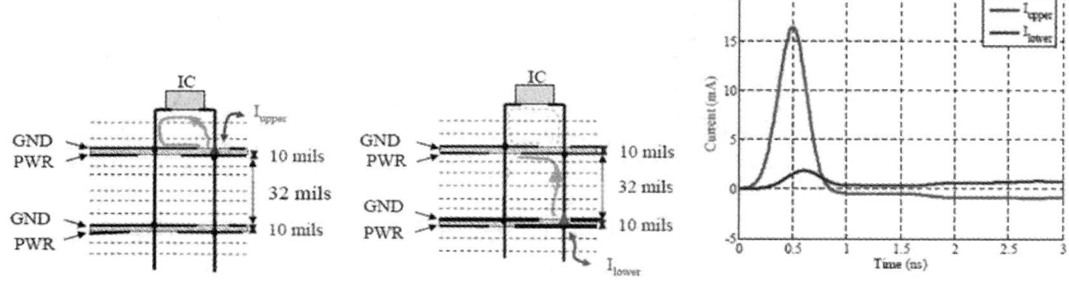

图 4-54　PCB 中多组电源平面对的效应分析

总结以上对 PCB 阻抗的分析，可以归纳成以下三点 PCB 电源平面层的设计方向和优先级：

（1）降低板层间的距离。

- 对降低激发源的噪声电压与耦合扩散噪声电压都很有效益。
- 不会改变电源总线的共振频率，但共振现象在薄层板中可以明显地加以抑制。

（2）增加介电常数。

- 对低于集成源件模型共振频率的效果远较高频部分佳。
- 对抑制扩散噪声电压的耦合效果远较对激发源端本身累积的噪声电压抑制能力为佳。
- 会使电源总线的共振频率朝较低频率偏移。

（3）增加多层的电源平面对：在噪声初始阶段，可能对高频的去耦合效应并没有任何帮助。

4-5　去耦合电容对电源完整性的影响

到目前为止，我们已经针对电源网络上的去耦合电路组件和 PCB 本质电容的阻抗与噪声去耦合能力进行了详细的讨论与说明，其中也包含了组件的寄生电感非理想特性所引起的共振现象。由于从供应电源的 VRM 一路到 PCB 板上的负载 IC，其间更有各式各样的去耦合电容和 PCB 的电源平面等，因此利用一般在 PCB 上如图 4-55 所示的去耦合电容组态，同时也将寄生电感 ESL 纳入考虑的情况下，可以对整个电源网络阻抗在各阶段的共振现象加以定性的原理分析。

图 4-55 左上方箭头所指的位置就是需要电源供应的 IC，由该处往外看的阻抗 Z_{in} 就是电源输入阻抗，其等效电路如图 4-55 下方所示，当 IC 由内往外看时第一个看到的是最小的 PCB 电源平面的集成本质电容 C_p，也就是前面谈到的平行板 PCB 电容，然后是比较小的 SMD 去耦合电容（10nF），而这样的一个电容则有等效串联电感（ESL），然后再往外看有一个更大的去耦合电容（50nF）和其等效串联电感（ESL），如图 4-55 下方等效电路图所示，因此 IC 往外看出去的电源输入阻抗因为不同阶段的 LC 共振使得其频率响应形态就类似图 4-56 所示的样子。

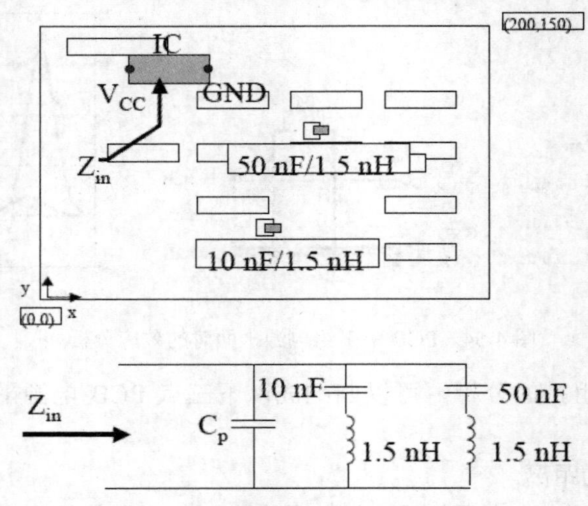

图 4-55　PCB 去耦合电路组态范例

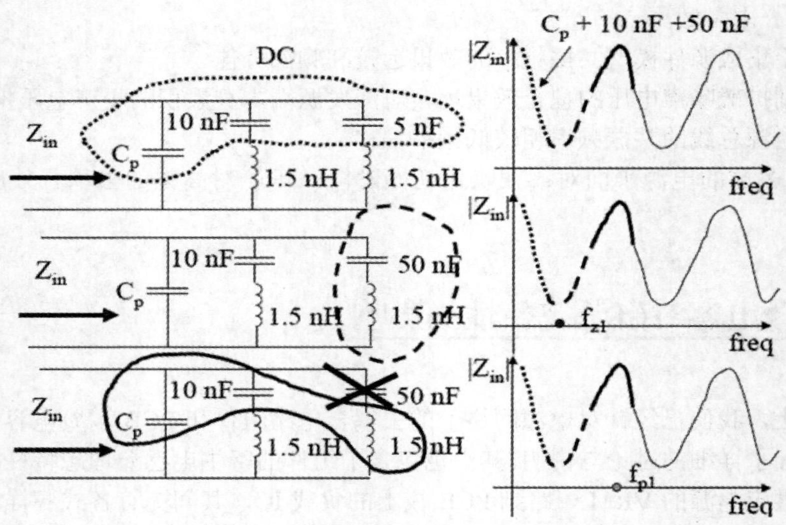

图 4-56　各阶段去耦合共振现象的阻抗频率响应

电源输入阻抗的频率响应为什么会产生这么多的共振峰值呢？首先在低频的时候去耦合先发生作用的是等效电路图虚线围起来的所有并联电容，因此随着频率增加阻抗变小，而当与寄生电感产生时的第一个自振频率点是阻抗最低的时候，接着各种电容与寄生电感的组合就开始产生各种串联与并联形式的共振与反共振现象，因此随着频率的变化而产生各个对应的峰值阻抗情况。

分析完电源网络去耦合电容对阻抗的影响后，我们可以针对去耦合电容的容值大小、个数、位置的效应加以进一步分析，同时也讨论去耦合电容寄生电阻 ESR 和寄生电感 ESL 对电源完整性的影响。

现在来看 SMT 去耦合电容一般在 PCB 上摆置的情形，如图 4-57 所示，PCB 上层是接地平面 Ground Plane，下层是电源平面 Power Plane，所以当 PCB 上的 IC 启动之后就会有位移电流从下面流到 PCB 上面的 IC，而其布局和组件摆置的互感效应与电流路径有关，一般也都会影响到 SMT 表面黏着电容与 IC 组件间的耦合，那么到底 SMT 电容在 PCB 上要怎么摆放比较好？我们经常听到 SMT 去耦合电容要尽量摆在驱动 IC 旁边且就近连接到 PCB 的电源和接地平面，那么我们现在就来分析不同的摆放会产生怎样的影响。

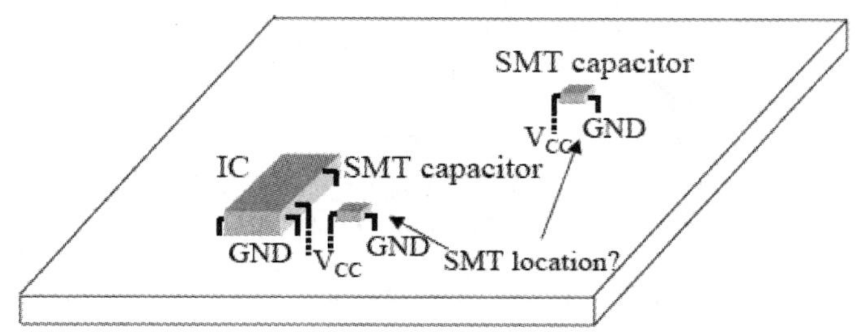

图 4-57　SMT 电容的摆置布局

SMT 去耦合电容的摆置和电流路径可以用图 4-58 来表示。

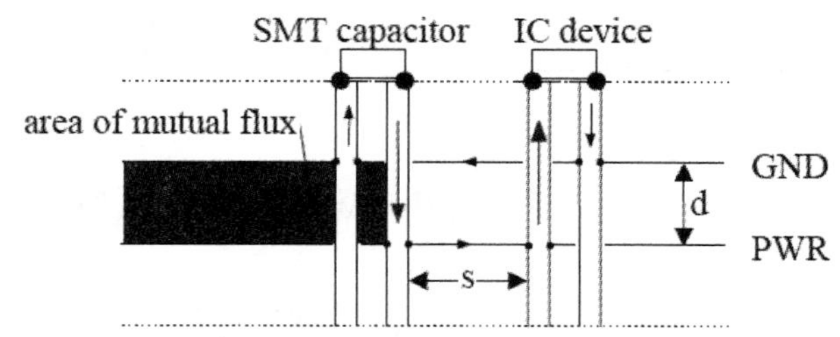

图 4-58　SMT 去耦合电容的摆置和电流路径示意

这个电源总线可以分析如下：图 4-58 右侧是 IC 组件，IC 焊在 PCB 上面后，PCB 内层还有 GND 有 PWR 电源参考平面，当 IC 组件启动切换的时候，驱动 IC 需要由电源网络提供电荷给 IC，从 PWR 电源平面经过 GND 接地平面形成回路，然后到 SMT 去耦合电容再回到电源平面，记住电源回路的磁通量会感应出电感，而磁通量或等效电感又与回路面积成正比。从图 4-58 可以看到，s 是去耦合电容与 IC 供电的路径距离，而 d 是 PWR 与 GND 间的板层厚度，此时就可以看到电源回路。

经过电源路径的阻抗分析，在只有全区（Global）去耦合和有局部（Local）去耦合电容随着与 IC 组件的不同距离变化，例如 S 由 50 mils 变化到 500 mils，由图 4-59 所示的 Z_{21} 阻抗频率响应图可以发现其间只有些微的差异，因为板层间局部形成的去耦合回路面积很小，所以电感效应还不是很明显；然而，为了降低供电回路的电感效应，局部 SMT 电容布件也有图 4-60 所示的两种形式，因为布件方式因回路面积与路径不同，所以寄生电感效应也可能有差异。

分析完图 4-58 所示的距离参数 s 的影响后，接着想要的是到底电源阻抗 Z_{21} 与另一参数 d，也就是板层厚度的关系如何？图 4-61 所示的例子是局部 SMT 去耦合电容的各种摆置与连接方式的组态，除了代表板层厚度的 d_1 与 d_2 有 10 mils 和 40 mils 两种间距的不同组合外，还有 4 种去耦合电容布件的组态：完全没有去耦合电容、距离 s 为 300mils、距离 s 为 75mils、两个回路共享一个贯孔，以便分析电流回路造成的影响。

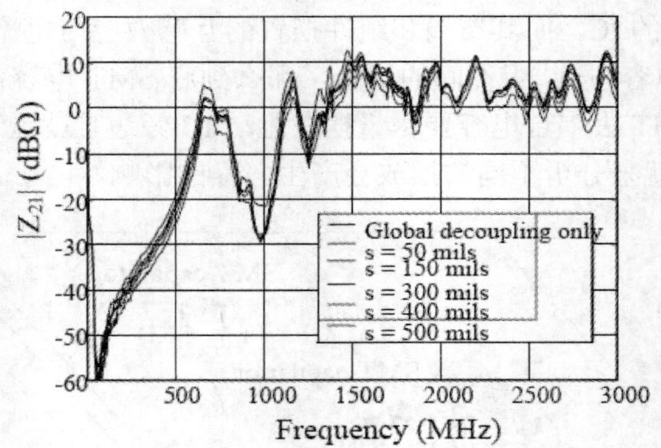

图 4-59　量测的 Z_{21} 阻抗与间距 s 的关系

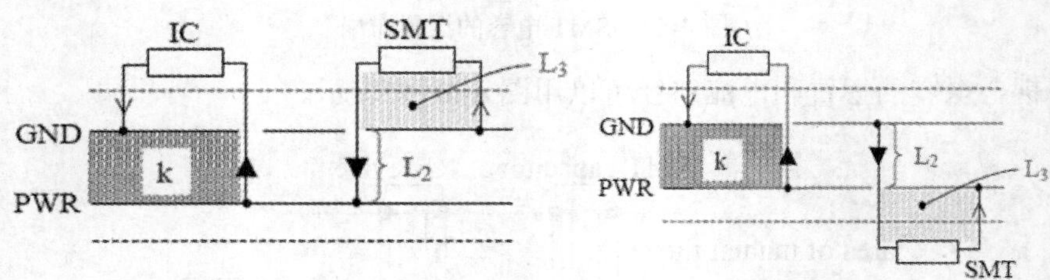

图 4-60　局部 SMT 电容布件形式与寄生电感效应图示

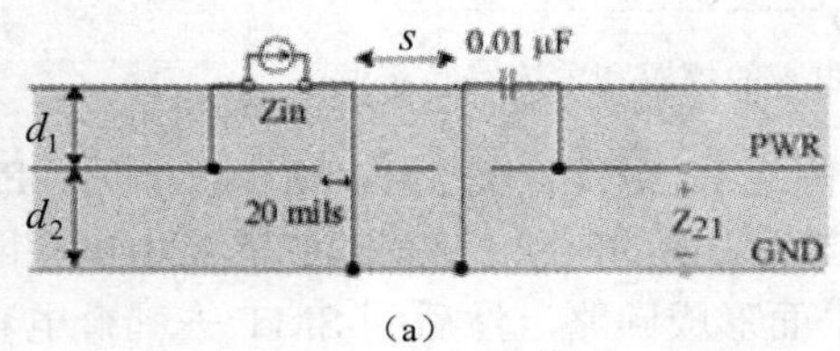

（a）

0.01 µF
Zin
d_1
PWR
d_2
20 mils
Z_{21}
GND

（b）

Board	d_1 (mils)	d_2 (mils)
#1	40	40
#2	10	40
#3	10	10

Four placements:

a) no local decoupling
b) s = 300 mils
c) s = 75 mils
d) connected with a shared via

图 4-61　局部 SMT 去耦合电容的摆置与连接方式的组态

先来看第一个 PCB（Board#1），板层厚度 d_1 与 d_2 都是 40mils，如果只有全区去耦合电容，而完全没有局部 SMT 去耦合电容时，其电流面积最大，所以阻抗也最大，当加了局部 SMT 去耦合电容后，回路面积变小、电感变小，因此阻抗也就降下来了，当再把局部 SMT 去耦合电容移近 IC 组件（例如 s 从 300mils 降到 75mils）时，电源阻抗又往下降，如果两回路是共享同一个贯孔时，也就是说间距 s=0，那么电源阻抗又再次降低，如图 4-62 所示，因此可以发现 SMT 去耦合电容摆放的地方确实会对电源阻抗有影响。

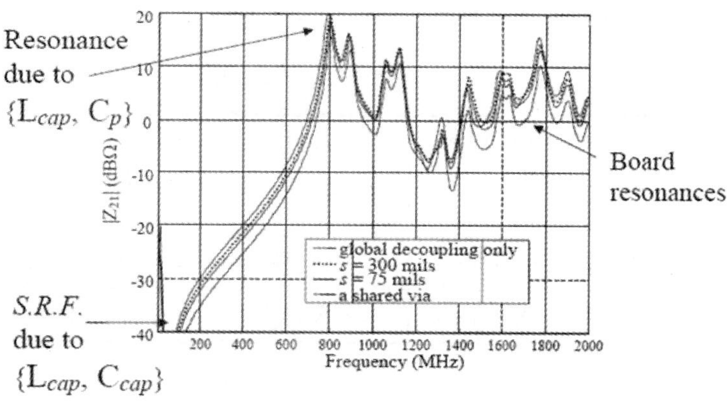

图 4-62　PCB 1（Board#1）的阻抗 Z_{21}

接着参考图 4-63 和图 4-64 所示的 PCB 2 与 PCB 3 的阻抗 Z_{21}，其阻抗变化与相关参数端的关系与趋势也和 PCB 1 解释的原理一样。

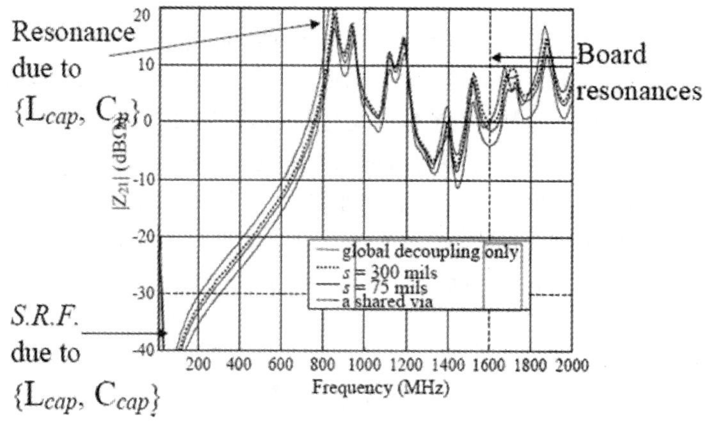

图 4-63　PCB 2（Board#2）的阻抗 Z_{21}

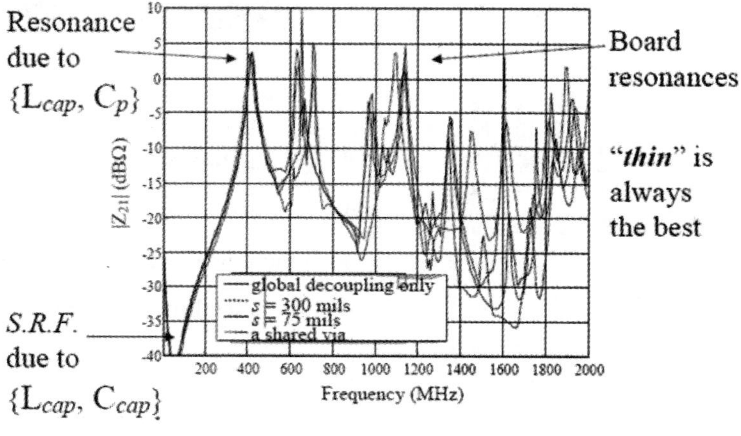

图 4-64　PCB 3（Board#3）的阻抗 Z_{21}

以上几个案例分析的电源阻抗与去耦合组态的结果和等效电感效应归纳如表 4-3 所示。

表 4-3 不同去耦合组态的电源阻抗

Case *(d)* – a shared via *vs. (a)* - no local decoupling	Modeled $\|Z_{21}\|$	Calculated R
Board #1 (40/40)	-3.9 dB	- 3.0 dB
Board #2 (10/40)	-4.5 dB	-4.6 dB

$$R \approx \frac{(1-k)+\dfrac{L_3}{L_2}}{1+\dfrac{L_3}{L_2}} \quad \text{where} \quad \begin{aligned} &L_2 = 1.14\ \text{nH} \\ &L_{3,10} = 0.19\ \text{nH} \\ &L_{3,40} = 1.12\ \text{nH} \\ &k \approx 0.8 \quad \text{for a shared via} \end{aligned}$$

最后是有关电源完整性设计时如何权衡去耦合电容的摆放位置层级、电容数目、电容值的大小等因素，以期获得最经济有效的方案。在此，我们可以利用图 4-65 所示的分析架构进行，依据图示右上方的芯片封装与 PCB 可能摆置去耦合电容的地方，我们针对其摆置的位置层级（例如去耦合电容安装在封装内或是 PCB 上）进行电源阻抗或传输系数的研究，其中用以分析的去耦合电容，不管其电容值大小如何，均假设每个电容本身都有 0.04Ω 的等效串联电阻（ESR）和 0.63nH 的等效串联电感（ESL），图 4-66 至图 4-68 所示分别为去耦合电容在 PCB 与封装上的位置、去耦合电容数目、电容值等设计因素对电源阻抗或传输系数的效应分析结果。

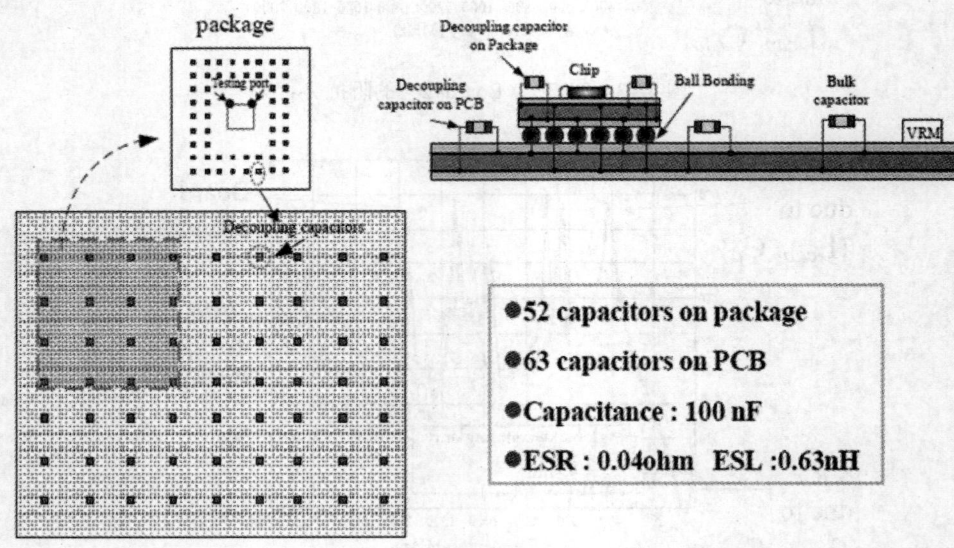

图 4-65 去耦合电容在 PCB 与封装上的摆置架构和分析参数

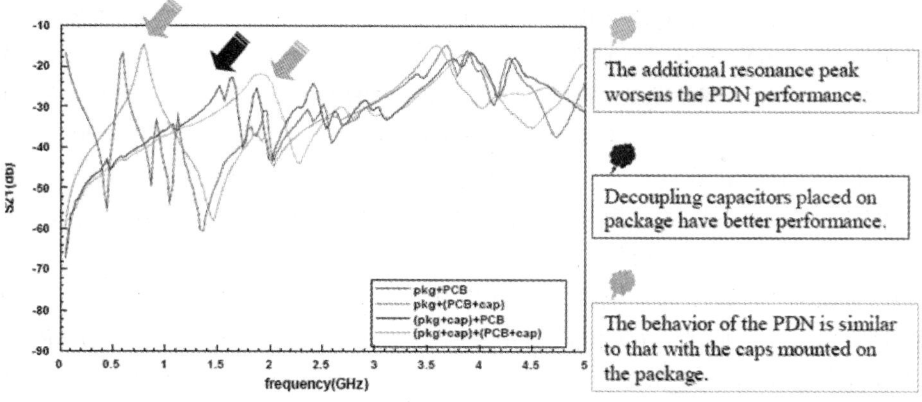

图 4-66　去耦合电容在 PCB 与封装上的位置的电源阻抗或传输系数

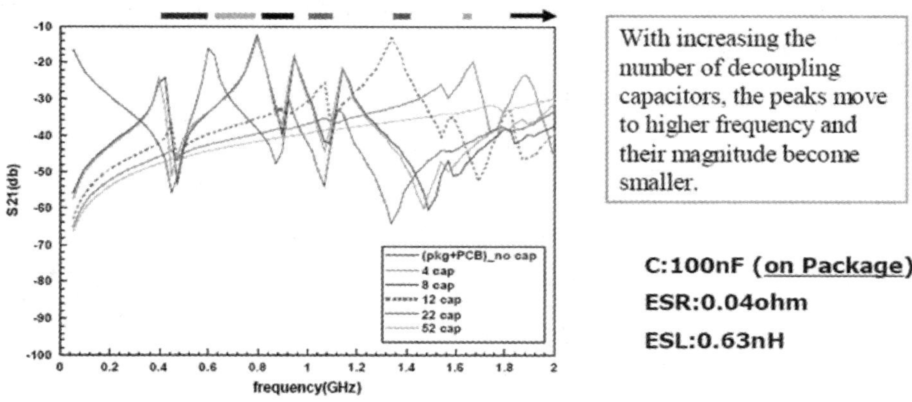

图 4-67　SMT 去耦合电容数目对电源阻抗或传输系数的效应

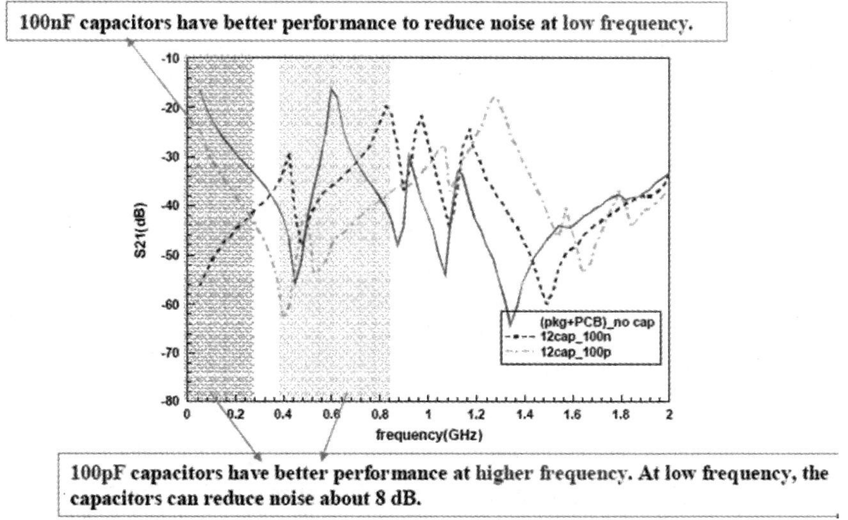

图 4-68　电容值对电源阻抗或传输系数的效应

由上述分析结果可以知道设计电源完整性时，若能将去耦合电容的位置安排在封装，甚至是 IC 芯片上时，电路更靠近需要供电的切换主动电路或逻辑门的地方，电源回路的面积越小，等效电感效应越不明显；或者是使用去耦合电容的数目越多，则因为等效电感的并联效应、电源回路面积的缩小，也同样会使等效电感效应较不明显，所以都能提升电源完整性的效能。至于电容值对电源阻抗的效应，从图 4-68 所示的结果很难骤下优劣的比较结论，而是发现其所能有效改善的频段并不相同，低频部分的问题适合采用大电容值的去耦合电容，而高频部分的问题则比较适合采用小电容值的去耦合电容。

上述分析案例中，假设每个电容本身都有固定的 0.04Ω 等效串联电阻（ESR）和 0.63nH 等效串联电感（ESL），而图 4-69 和图 4-70 则是探讨去耦合电容的寄生电阻 ESR 与寄生电感 ESL 对去耦合电容阻抗特性和电源完整性的影响。从图 4-69 所示的结果发现等效串联电阻（ESR）越小，去耦合电容阻抗就越小，而且电源完整性就越好；而从图 4-70 所示的结果发现，等效串联电感（ESL）越小，去耦合电容阻抗在较大频宽范围内都较小，但因为 LC 共振情形较明显，使得组件的共振频率较低，因此电源阻抗的频率响应就会出现较多的峰值，以致电源完整性效能不见得就较好。

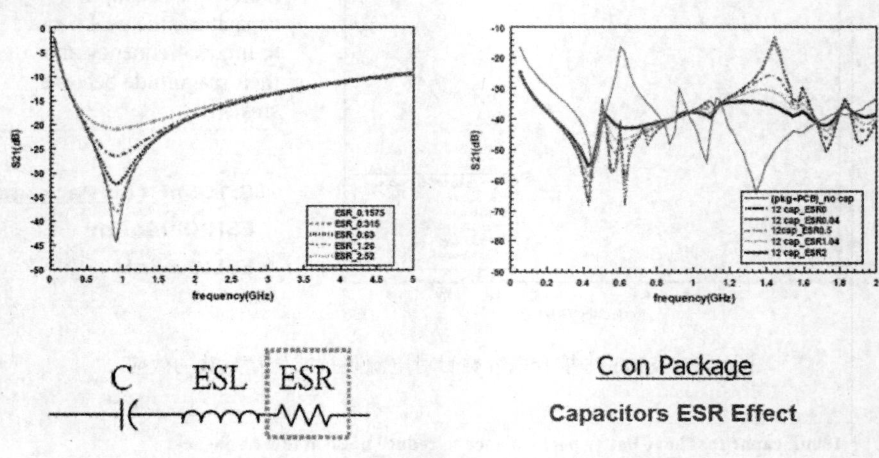

图 4-69　等效串联电阻对的去耦合电容阻抗的效应

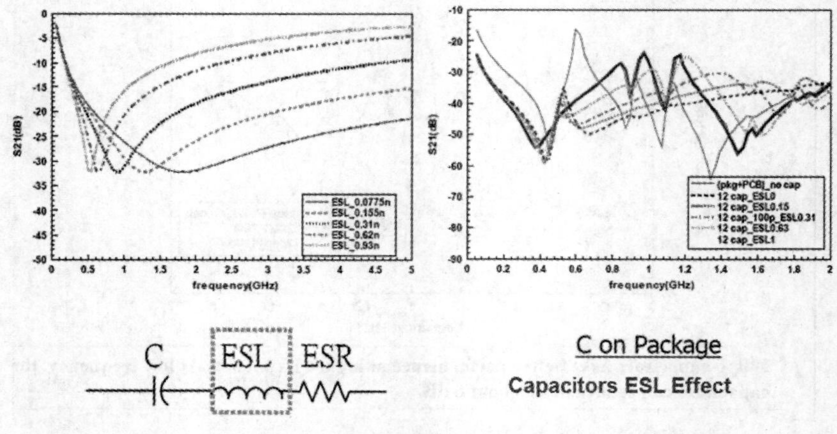

图 4-70　等效串联电感对的去耦合电容阻抗的效应

4-6　电源完整性问题的效应

本章前面的内容虽有偶尔提及电源完整性出现问题时可能会出现的不良效应，但是仍然不够完整，因此在本章的最后部分再比较完整地加以说明。

1. 组件可靠度问题

电源完整性的重要性在于，因为它会影响数字电路的操作速度，各种不同的驱动 IC 与电路都会有规定的额定供应电压范围，些微的供应电压的变化就会影响到电路的操作速度或信号的完整性。以图 4-71 所示的微处理器效能与供电偏压电位波动的关系为范例，假设其额定的偏压是 1.55V，操作频率是 720MHz，当电压产生一个波动变化时会观察到一个情况：如果偏压电压降了 0.1V，则操作频率变低，而当电压变大的时候，它的速度就变快，但一旦电位波动过大而使电压 V_{CC} 超过 1.65V 时，就可能导致微处理器内部的绝缘材料崩溃，从而引发可靠度的问题，这是因为现在的半导体制程越来越精细，电源/接地平面组成的电源层为获得大电容值而使其厚度越来越薄，所以如果电压过大或厚度过小，就会使感应电场（$E=\dfrac{v}{d}$）强度过大，进而使得绝缘材料的极化向量过大而产生崩溃的现象。

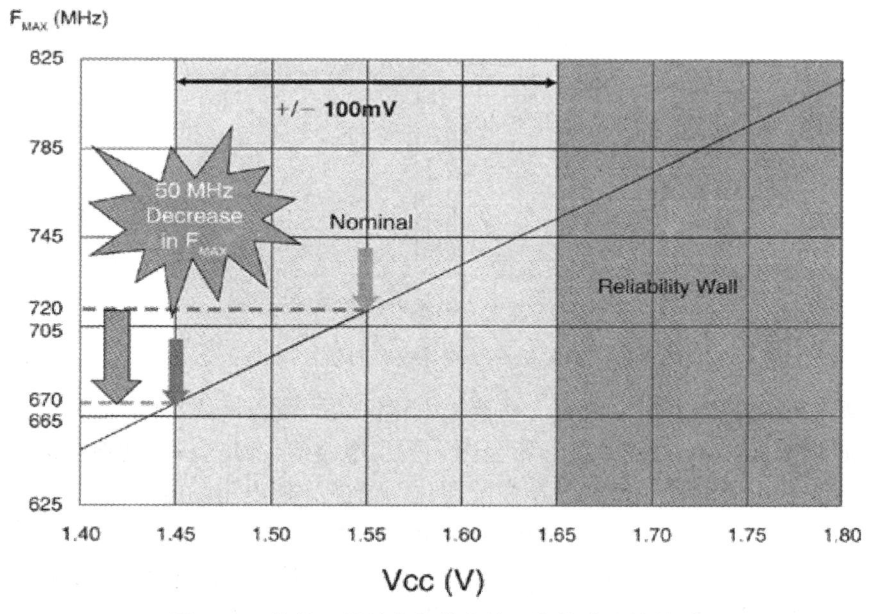

图 4-71　微处理器效能与供电偏压电位波动的关系

2. 信号完整性问题

此外，因为驱动 IC 启动而产生瞬时切换电流时就会造成电源及接地参考电位的波动（电源下垂和接地弹跳），如果有两颗 IC 由同一电源网络提供操作所需的偏压，只要其中任何一颗 IC 开始动作的时候就会出现如图 4-72 所示的现象，当标示 ACTIVE 的组件或逻辑门启动后，标示 QUIET 的组件或逻辑门虽然原本是静态不动的，但它会因为参考电位的波动而误以为有信号过来以致产生误动作，而且当走线因电路布局密集而越来越靠近的时候，也会有明显切换噪声的串扰耦合状况；而且，电压波动也会影响数字逻辑信号的上升沿与下降沿的状态转换位置而产生时间抖动（Jitter）的问题影响到眼图的宽度，因为如果波动使电压变大，那么时间就会提前，如果波动使电压降低，那么转态的时间就会延迟，如图 4-73 所示瞬时切换噪声与时间信号抖动的关系导致时序的逻辑运算问题，进而影响判断该位有效性的信号完整性问题。

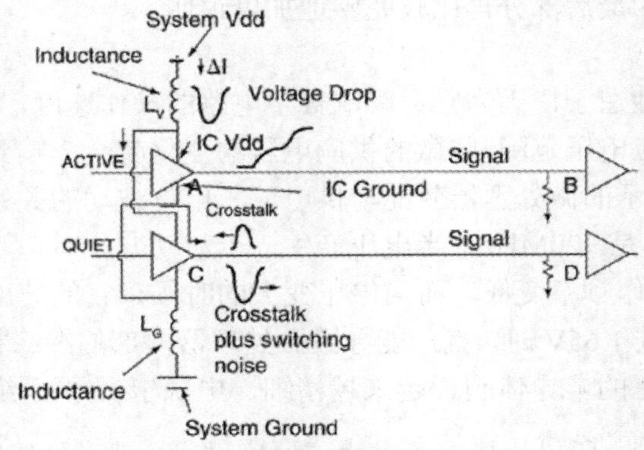

图 4-72　电源电位波动的效应

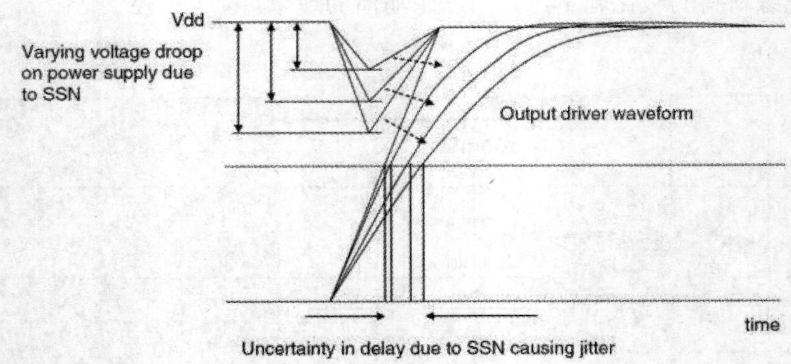

图 4-73　瞬时切换噪声导致时间信号抖动的关系

对内含数字电路区块和敏感模拟（仿真）电路区块的混合模式（信号）的 IC 而言，IC 组件内部的电源垫片（Power Pad）处通常会因为数字电路操作时的快速切换电流变化而造成两个模拟电路区块的电源波动，使得偏压性能恶化而可能导致电路功能的失效。

以图 4-74 上方利用单端传输（Single-ended）电路方式执行的混合模式 IC 为例，假设电路上方为电源 V_{dd}，下方为接地（Gnd），中间两点 V_{out1} 和 V_{in2} 分别是第一级的输出和第二级的输入电压，同时也将每一条走线等效电感显示出来，在逻辑快速切换期间，电源参考电位就会有 Ldi/dt 的波动电压，使得 V_{dd1} 的电位可能和 V_{dd2} 的电位不一样，同样地，Gnd1 和 Gnd2 的电位也可能不一样，所以导致信号严重受到干扰而出现如下方图示的 V_{out1}。

如果要解决该项由电源完整性引发的信号干扰问题，我们可以用图 4-75 上方的差模传输电路方式执行，此时除了上方仍是电源下面仍是接地外，中间的信号传输使用差模信号对（Differential Pair），因为差模信号对是两路信号相减，也就是两者互相参考，所以前面谈到电源参考平面的波动噪声，在接收端因为两者上面相同的噪声相减，所以就会获得如下方图示的理想干净信号。

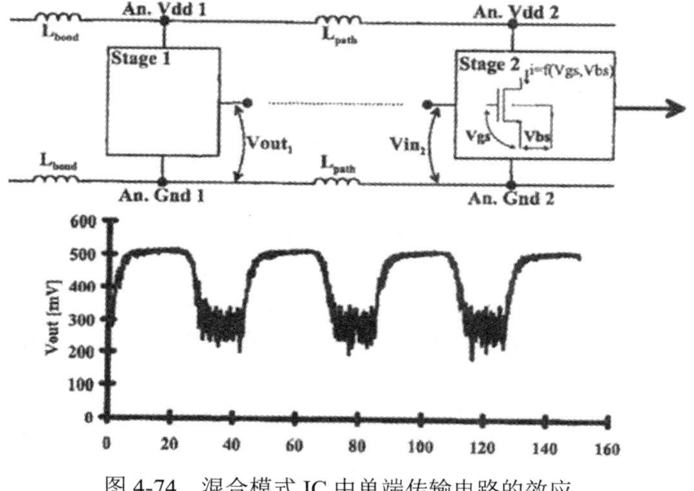

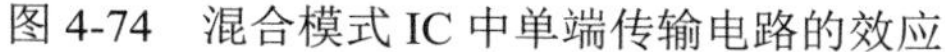

图 4-74　混合模式 IC 中单端传输电路的效应

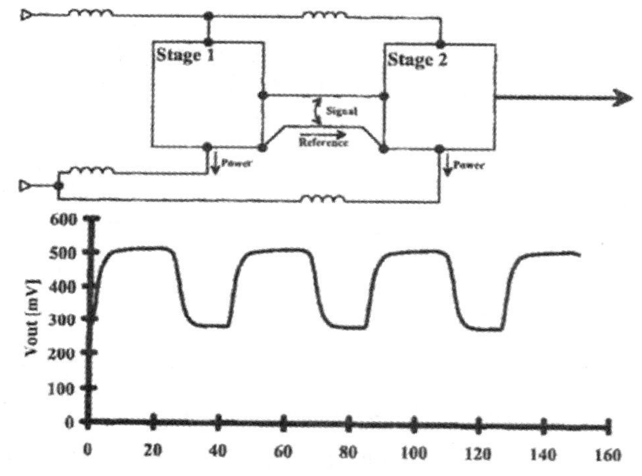

图 4-75　混合模式 IC 中差模传输电路的效应

3. 电磁干扰问题

最后一个问题就是当电源平面波动时，在电源走线上的 L*di/dt 切换噪声电压和接地弹跳噪声就会产生 EMI 电磁干扰现象，这些问题可以通过第 3 章讨论过的各种耦合路径效应加以评估。我们在这里就再将图 4-40 提过的 PCB 上电源噪声导致的电磁干扰现象加以分析，并将其重新以图 4-76 表示以解释后续因为 PCB 电源阻抗所产生的辐射电磁干扰问题。

因为第 3 章推导出共模辐射干扰远较差模干扰辐射严重，而电源完整性问题所产生的共模噪声电压更是共模辐射的激发源，如果数字瞬时切换电流 di/dt 不变的话，当电源阻抗越大时共模噪声电压就越大，其所产生的辐射干扰就越严重，因此我们可以从 PCB 电源阻抗随着去耦合效应的降低来分析对应的辐射电场强度是否也随之降低。从图 4-77 可以看到不同厚度的 PCB，当厚度越厚时（如 100 mils），电源阻抗 Z 越大，去耦合的特性越差，结果在 3m 的距离就发现其电场强度 E 很大；如果把 PCB 厚度降到 25mils，数字切换噪声在 3m 距离的辐射电场强度就会明显下降。

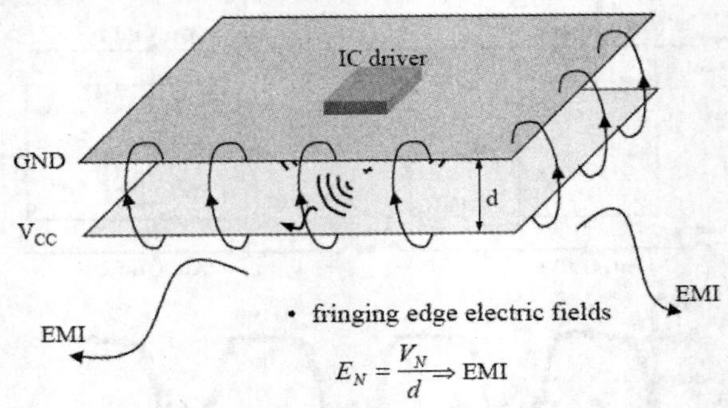

图 4-76　PCB 上电源噪声导致的电磁干扰问题

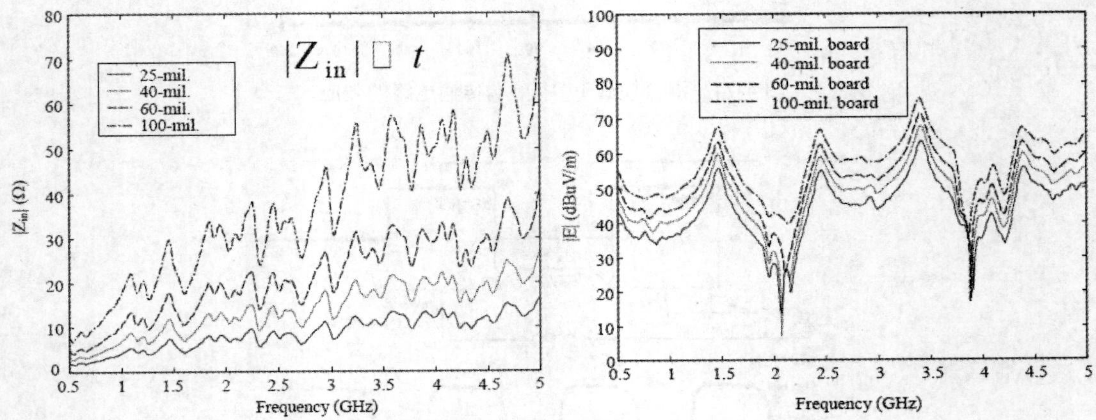

图 4-77　电源阻抗及 3m 处电场强度与 PCB 厚度的关系

此外，为了抑制 PCB 的噪声辐射，也有很多人在 PCB 上使用针缝（stitch）技巧，stitch 就是利用在噪声源四周以接地贯孔形成防护环（Guard Ring），至于要使用多少接地贯孔或是针缝贯孔间距（Stitch Spacing），可以从图 4-78 所示的噪声电压及电场强度与不同针缝间距的关系发现当针缝间距（Stitch Spacing）越小，代表会有越多的接地贯孔并联，而且把噪声源围起来就如同屏蔽效应一样，所以整个辐射电场的强度都会降低。

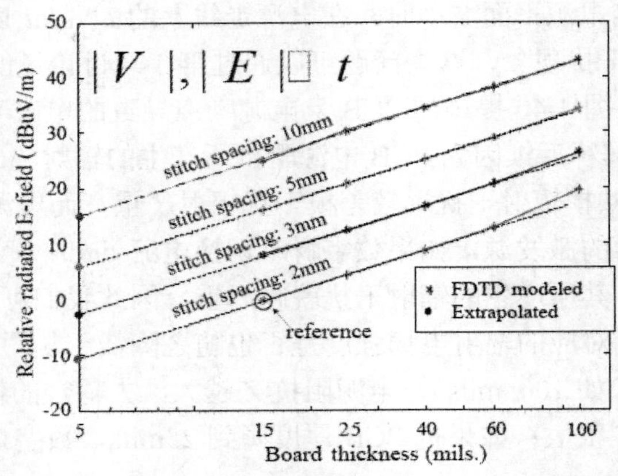

图 4-78　噪声电压及电场强度与不同针缝间距的关系

总结本节讨论的各种因为电源完整性问题所产生的效应，我们最后可以归纳为图 4-79 所示，并将在后续章节的内容中再详细讨论。

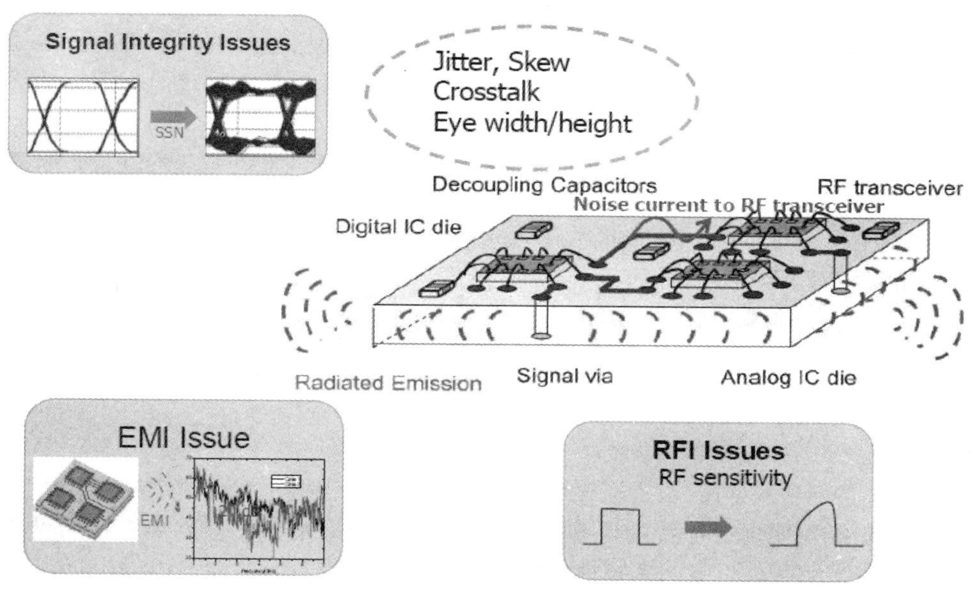

图 4-79　电源噪声引发的议题

5 信号完整性效应分析

前面章节已经说明电磁干扰的问题是一个发生的现象，而除了自然界存在的噪声（如雷击突波和静电放电等）外，电源完整性与信号完整性所造成的问题才是电磁干扰现象会发生的根本原因，尤其两者所产生的共模噪声电压更是电磁干扰最重要的激发源。其中针对电源完整性的问题与和解决方法我们已经在上一章中讨论过，因此本章就来探讨电源完整性的问题和可能的解决方法，而当讨论高速电路的电源完整性问题时，分析的对象是如何降低电源阻抗，然而现在要讨论信号完整性问题的时候所必须探讨的因素就相当多了。

一般信号传输线都有低通滤波器的等效特性，因为其具有等效的分布式串联电感和并联电容、导体与介质损耗，所以高频信号及其谐波将会被衰减和阻隔，尤其对于高速数字信号传输系统的影响更为严重；随着数字组件的运算速度越来越快，操作频率越来越高，而一般而言，只要信号走线长度大于十分之一波长，就必须用传输线与 EMC 天线辐射的概念来分析和处理，因为在能量守恒的前提下，如果信号能量无法由发射端的驱动电路顺利地抵达接收端的负载时，除了材料的损耗外，其他能量就会经由近场串扰或远场辐射向周围结构或环境耦合而成为干扰噪声。信号完整性的现象和问题可以用图 5-1 所示的高速连接系统的架构来加以图示说明。

如图 5-1 所示，在 PCB 上的信号发射器 IC 经由 PCB 走线及连接器传送至主板上，再经由连接器与连接缆线将信号传送至接收器的 IC，而其间的信号路径上有走线和连接器就会有损耗，而 PCB 或主板上有贯孔或信号转弯就会产生阻抗不连续，而连接器与交连缆线的阻抗和损耗特性好坏更会影响传输信号的质量，当信号经过一连串的路径媒介传输后，在接收端所看到的代表数字信号位有效性的眼图（Eye Diagram）可能产生严重衰减或失真，以致无法在接收端明确判定而产生超过系统规格的误码率（Bit Error Rate，BER），而眼图也是一般评估传输系统和信道路径优劣的方式。

信号会发生严重衰减或失真的原因可以分析如下：发射器 IC 焊在 PCB 板上并在上面的走线传输信号，此时要考虑 PCB 板上面传输线有没有阻抗匹配以及使用的 PCB 材料有没有损耗，因此由发射器出来的信号就很清楚（最左侧的大眼图），眼图高度振幅很大且影响逻辑转态点的时间抖动也很小（即眼图宽度也很大），结果信号从 PCB 板走线一路过来，可能会因为旁边还有很多走线而产生串扰耦合、走线阻抗不匹配而产生反射和振荡、材料损耗而衰减，接着来到连接器处，连接器一般都会造成阻抗不连续的问题，而且连接器内部因为信号线更密集也会有较明显的串扰现象，接着主板上的信号传输路径会经过贯孔连接内层和外层走线，由于主板的尺寸较大而使信号路径较长，因此要选择何种材料、信号要走内层板还是外层板影响就更大了，因为外层板走线的阻抗一般较难控制，这是因为外层板走线架构一般是微带线，其旁边的结构和材料很容易影响到它的特性，而内层板走线看到的几乎都是介质材料的环境，信号能量的集中度较高，所以旁边结构的影响不大，而且因为内层板走线属于带线架构，其上下两面已经被金属层屏蔽，所以一般很容易将其阻抗控制在固定数值；接着信号由主板来到连接器后，就经由各式缆线传送出去了，而因为连接的缆线长度更长，除了其间所发生的损耗与串扰现象会更严重外，如果信号路径的长度稍有不同的时候，还会因为传输时间的差异而产生信号歪斜现象，以致抵达接收端的时候眼图的振幅高度和时间宽度都会变小（如最右侧的小眼图），从而影响系统的正常效能。

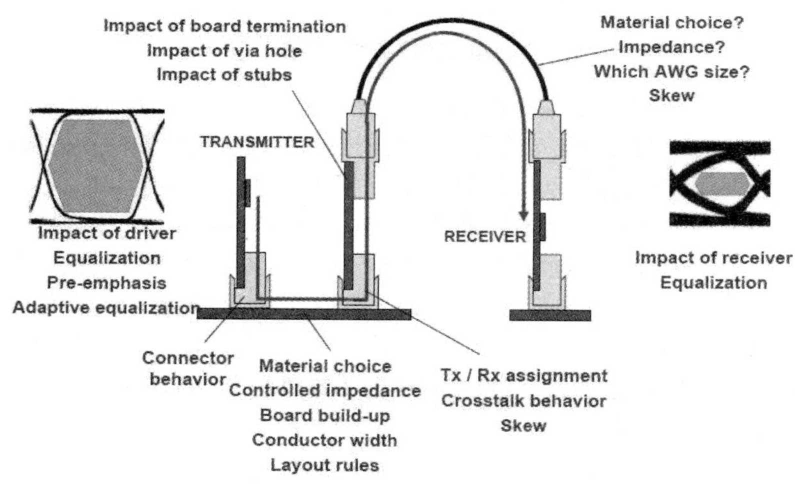

图 5-1　相互连接系统的信号完整性现象

所以在设计高速连接系统的时候，在电路设计和硬件部件选择时就必须参考系统的性能规格要求，规划在信号路径上每一个环节的设计参数，以便达到信号完整性的目标，因此针对图 5-1 所示的范例，我们可以将相关路径各环节会影响信号完整性的议题简单地分列于图 5-2 中信号在路径上可能遭遇的状况。

例如信号从 IC 一开始出来后是否要有预强调电路先调整信号波形，高速连接器上有这么多且密集的信号线，走线与走线之间的距离这么靠近，如何抑制其串扰耦合的现象，贯孔结构会有什么特性影响、主板内层走线与走线之间的距离需要多远才不会有串扰耦合的现象，连接器与主板的连接处是否需要有贯孔，贯孔的深度（或长度）及直径有多深多宽，使用何种连接器，连接器是否有屏蔽的，使用何种传输缆线等因素，就可以发现从信号源一路到接收端，信号传输会经过这么多的阻抗不连续以及周围结构的串扰现象，因此无可避免地会发生信号完整性的问题，因而只能试图抑制其严重程度。

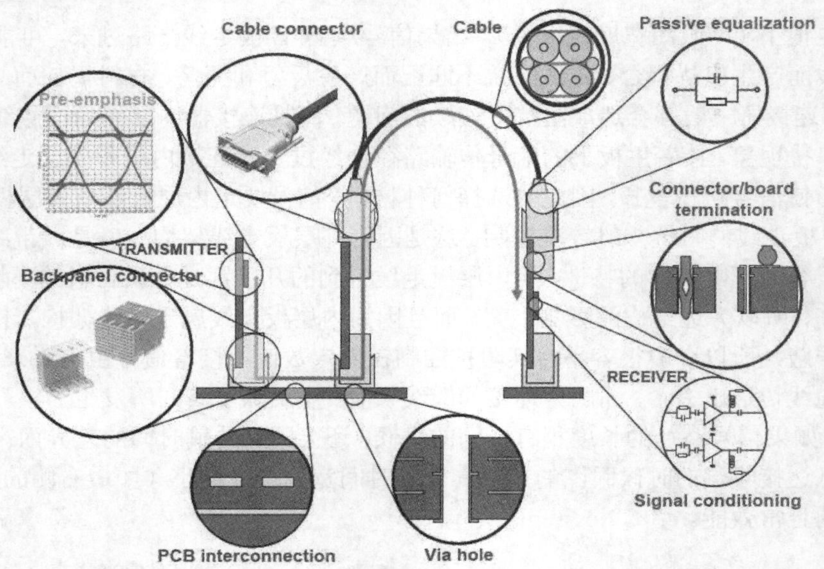

图 5-2　高速相互连接系统的设计考虑因素

从上述高速传输系统图例可以确定的是，高速电路在实际上已经不再是理想而且可忽略其信号传输路径各种效应的传统集成电路了，其所面临的信号完整性问题可由图 5-3 看出来，因为左端的信号发射源 TX（即驱动电路 Driver）的逻辑门操作速度越来越快，信号从晶元 die 一出来就面临封装结构的效应，封装结构就有寄生电容和寄生电感，离开封装层级后进入 PCB 的区域，接着 PCB 板上的信号路径再经由连接器转移到主板上，而且主板还有更长的走线，因此线与线之间的串扰效应就更加明显，接着信号传输以相反的层级依序再传送到负载接收器 TX（即接收电路 Receiver），经过信号信道的各种非理想效应后，原本左图的信号波形还能清晰判别，结果抵达右图的接收端后，信号就明显且严重地恶化，而造成信号恶化的原因也就是要讨论的信号完整性影响要素。

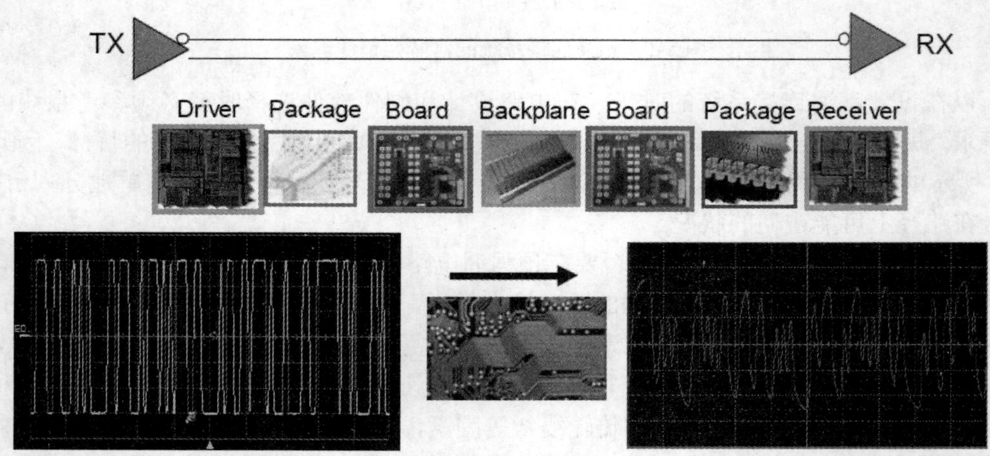

图 5-3　高速系统电路的信号传输路径效应

以电路系统角度来看，从 TX（Driver）到 PCB，经过连接器、主板，通过线缆再连接到外部，然后再以反向电路接口依序将信号传送至 RX（Receiver），在这样的过程中高速电路设计的信号完整性会遭遇怎样的问题呢？因为信号完整性与前一章讨论的电源完整性设计是属于不同的议题，电源完整性的设计目标希望电源阻抗越小越好，这代表 IC 启动产生瞬时切换电流让电源电位波动之后可以尽快通过低阻抗电源网络将电流送到 IC；但在处理信号完整性时，信号波形所涵盖的频率宽广且因材料频散效应而使其所对应的相位速度不一样，同时在数字信号传输的第一个重要步骤就是同步，因此时序就非常重要，也就代表频率信号在传输信道上所遭遇的干扰效应，在抵达接收端 RX（Receiver）时的眼图（Eye Diagram）时间宽度与振幅高度是否可以执行明确的逻辑判断或信号处理，因此下面就来分析信号完整性的设计参数。

5-1 影响信号完整性的因素

一般在高速数字电路设计时必须关注的信号完整性的议题有以下几项：时序（Timing）、反射与涟波（Reflection and Ringing）、电路终接（Termination）、串扰（Crosstalk）、瞬时切换噪声（Simultaneous Switching Noise，SSN）、眼图（Eye Diagram）、歪斜（Skew）、抖动（Jitter）、损耗与符码间干扰（Inter-Symbol Interference，Loss & ISI）等。

1. 时序（Timing）

为了达到数字电路的正常功能，相关组件与布线传输的时间延迟和变动范围都必须在图 5-4 所示的一个频率周期内达成，如果无法满足这一时序要求时，将会因为信号的延迟而导致误动作；因为任何的数字信号要进行逻辑判断时，除了信号源的输出信号上升时间或波形抖动以及在接收端的 IC 会有一个准备的调适（Setup）时间外，传输路径中还有其他影响波形与传输延迟的因素，为了时序规格能符合系统的操作要求以便有足够的时间能做逻辑判断，相关影响因素的时间预算与频率周期的关系就会如图 5-4 所示。

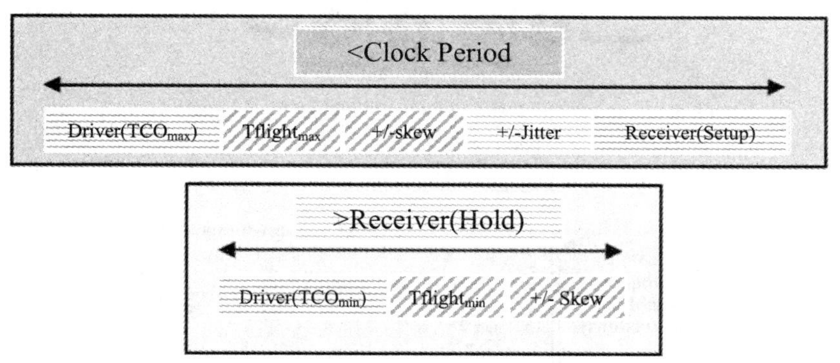

图 5-4 数字信号时序预算要求

在一个频率（Clock）的周期里面，驱动电路（Driver）要能够到达稳定的状况，就会需要有一个稳定的期间 Tco（如上升或下降时间、涟波效应），从 Driver 到接收负载（Receiver）中间要经过多少时间，也就是传输延迟（Tflight），若有多个位（bit）同时传送，则可能在 I/O 之间每一位或输出路径的长度不一样，以致抵达接收端的时间不同，就会产生歪斜（Skew）现象；

还有很多因素会影响波形的抖动时间（Jitter），例如电源参考电位波动或是本地振荡特性的影响，导致眼图时间产生前后抖动，然后等到接收负载（Receiver）信号时，还会有准备的调适（Setup）时间以及需要的保留（Hold）时间，而其中每一个因素的时间预算都必须涵盖在一个频率周期里面才可以得到正确的逻辑运算结果。

其中与 IC 组件相关（如带横纹标示）的时间都要由组件厂商提供，而带斜纹的时间预算部分则决定于 PCB 布局与走线技术上，但是因为数字电路速度越来越快，频率周期越来越短，传输线效应引起的时间延迟越来越明显，都使得这一时序问题越来越严重，各种延迟线的技巧与架构也应运而生，如图 5-5 所示即为几种会影响信号质量与延迟时间的蜿蜒曲线形式，而问题是怎么知道信号会如何传输，以及蜿蜒曲线之间因为会有电容效应，所以到底折回的长度与距离究竟要多少，还有如果蜿蜒曲线邻近贯孔会有何种效应等呢，而这些都会影响到信号的质量和时序。

以图 5-6 至图 5-9 所示的三种总长度相同但布线方式不同的延迟线为例，可以发现布线方式对延迟时间的效应，进而可能产生数字信号时序的问题。例如本来是一条长度 300 mm 一路直直走到底的频率信号线，但如果因为还有其他接收组件的布件位置与频率信号源距离不等的话，势必要靠延迟线来延迟与近距离组件间的传输时间，因此在图 5-6 中就有三种不同的走线图示，通过近端串扰（NEXT）的噪声波形与延迟时间的差异分析就可以改善信号完整性的时序问题。

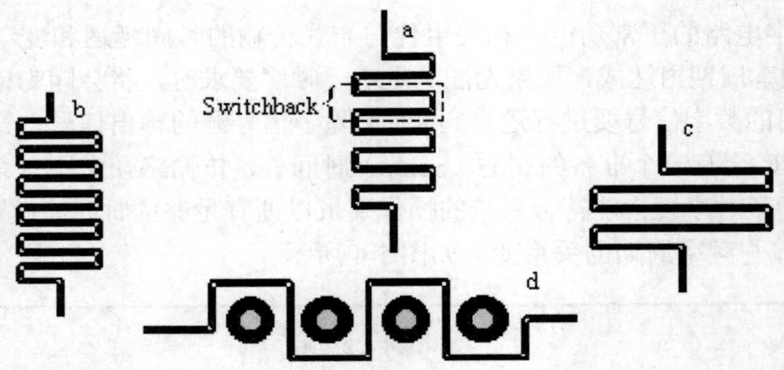

图 5-5　会影响信号质量与延迟时间的蜿蜒曲线布线方式

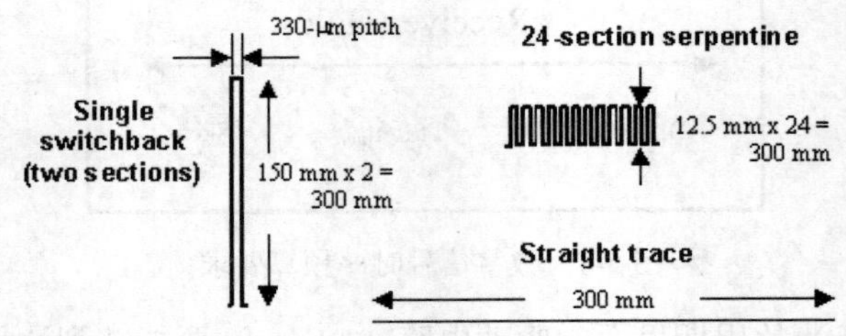

图 5-6　三种总长度相同但延迟时间会不同的延迟线布线图

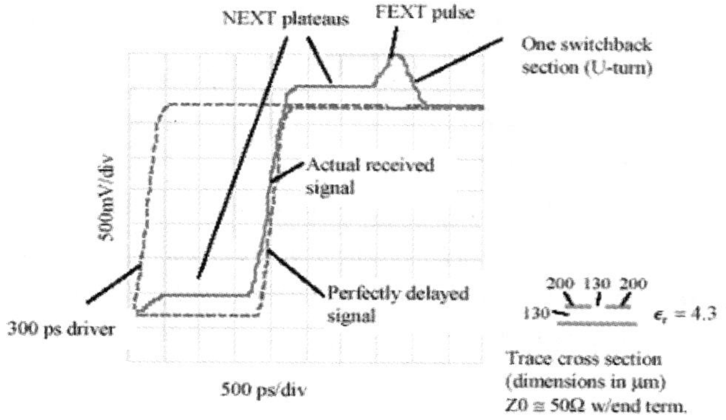

图 5-7　单一折回（U 形）延迟线（微带线）的近端串扰效应

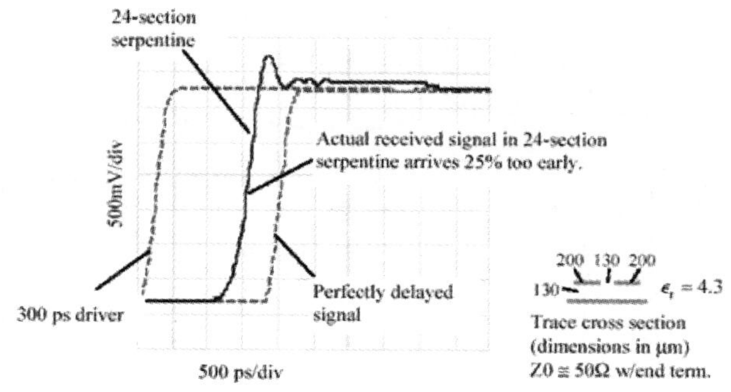

图 5-8　24 段折回延迟线（微带线）的近端串扰（NEXT）效应

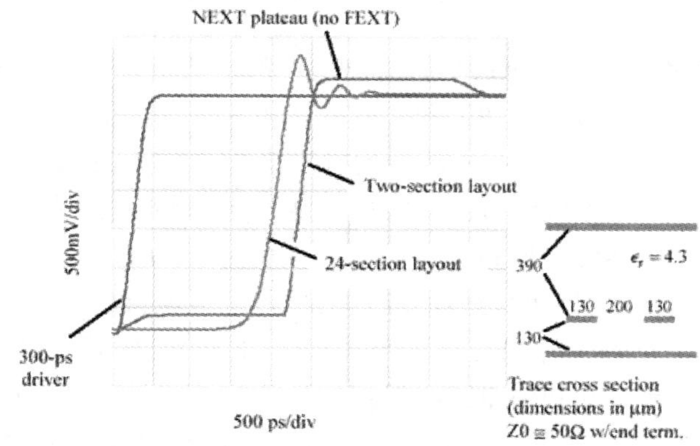

图 5-9　较紧密耦合的蜿蜒延迟线（带线形式）串扰效应

上面各范例中，驱动 IC 的上升时间为 300 ps，其他的传输线参数分别是特性阻抗均设为 50Ω，PCB 介电常数为 4.3，而 PCB 上布线结构与线宽、线距等参数则标示于各图右下方。图 5-7 显示单一折回（U 形）延迟线（微带线）的近端串扰（NEXT），在其主要上升沿的前后都有高原型的平坦噪声，但是与长直线的延迟时间差异不大；图 5-8 显示 24 段折回延迟线（微带线）的近端串扰（NEXT）现象，其中因为每一段折回线长度的信号传输时间小于上升时间，所以近端串扰噪声就会混合在一起而产生明显的过激与涟波，而且加速接收端的上沿约提前

25%的时间抵达，因此容易导致时序上的问题；图 5-9 显示较紧密耦合的蜿蜒延迟线架构，也就是带线（Stripe）形式的串扰现象，可以发现其效应类似前面的微带线结构，但较微带线各种延迟线形状的时间延迟差异效应更小。

2. 反射与涟波（Reflection and Ringing）

一般在数字信号切换转态的时候，如果信号源没有设计好阻抗匹配特性，以致经过其内阻驱动外部的传输线时，因为传输路径的阻抗不连续而会导致反射，所以会产生如图 5-10 所示的过激（Overshoot）或欠激（Undershoot）的现象，以及在达到稳态前也会有持续的涟波，这在操作速度越快和波形的上升或下降越短的情况下越容易造成反射而使波形失真的状况。

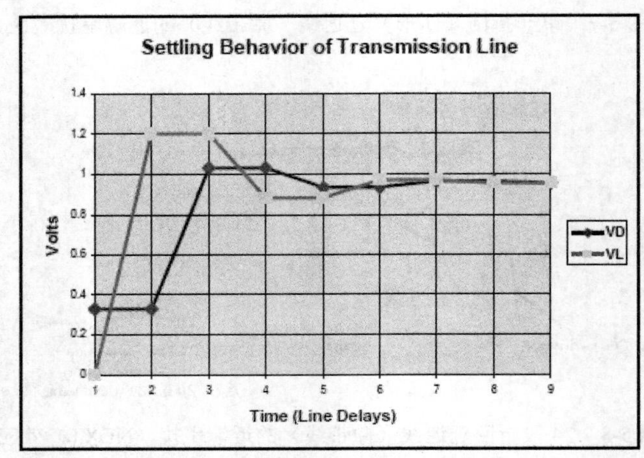

图 5-10　传输线的过激或欠激现象

由于一般的驱动电路或 IC（Driver）的输出阻抗都是低阻抗，而一般 PCB 上的传输线特性阻抗都是 50Ω 或 100Ω，负载逻辑 IC 的输入等效电路都以电容来表示，所以可以想象得到特性阻抗与电抗性负载（电容）因阻抗不连续而几乎产生全反射的现象，而一般在数字电路上一定会产生这种情况，因为低阻抗信号源要将信号送出去，此时低阻抗电路要去驱动一个高阻抗的电抗性负载，所以一般传输线阻抗都会设计在 50Ω 或 100Ω，以便在两端的低阻抗与高阻抗之间做适度的匹配与平衡。然而因为传输线将信号传送至电抗性的负载时会产生反射，然后经由传输线再回传至低阻抗的信号源又再次产生反射，如此来来回回的反射现象就造成过激或欠激以及涟波的情形，因此必须利用电路终接或阻抗匹配的设计，例如低阻抗的时候利用串联阻抗来改善匹配特性，而高阻抗的时候利用阻抗并联来改善匹配特性；数字电路信号传输的反射现象可由图 5-11 和图 5-12 所示的电路架构说明。

图 5-11 显示在传输线远程可能因电抗性负载而反射时，往回碰到由电阻 R_1、短株电感 L_{STUB} 以及驱动电路内部电阻 R_S 与电感 L_S 所组成的等效源阻抗而产生再反射的现象；此例因为在传输线有信号源处的串联电阻 R_1，因此它的输出在抵达传输线 Z_o 时已经有部分能量被损耗掉了，因此要抑制反射波振幅的另一种方式就是在高阻抗的负载端利用并联电阻将阻抗降下来，如图 5-12 所示，当有一个数字信号从源端传过来时，之前在这里会产生反射的负载等效电容此时在负载之前增加一段悬挂短株（dangling stub）和并联电阻来改善阻抗匹配特性，但悬挂短株

电容 C_{STUB} 会增加总负载电容，从而影响到原本企图完全抑制的反射波的振幅 a。

$$a = \Delta V\left[\frac{1}{2}\frac{Z_o(C_{STUB}+C_{IN})}{t_{10\text{-}90}}\right]$$

其中，ΔV 为信号变化振幅，Z_o 为信号传输线特性阻抗（单位为 Ω），C_{STUB} 为短株电容（单位为 pF），C_{IN} 为接收负载的寄生输入电容（单位为 pF），$t_{10\text{-}90}$ 为驱动组件振幅由 10%上升到 90%的上升时间（单位为 ps），所以可以由上式发现，当信号振幅越大时失真也就越大，上升时间越短时噪声也会越大，而传输线特性阻抗越大失真就越大，但是当电容等效负载越小时，需求电流就会小，然后反射波噪声振幅也会变小。图 5-13 显示的是飞越式（fly-by）终接电路架构，信号传送时会遭遇到接收端负载组件的电容效应而产生反射现象，但不会有来自于终接电路的额外反射。

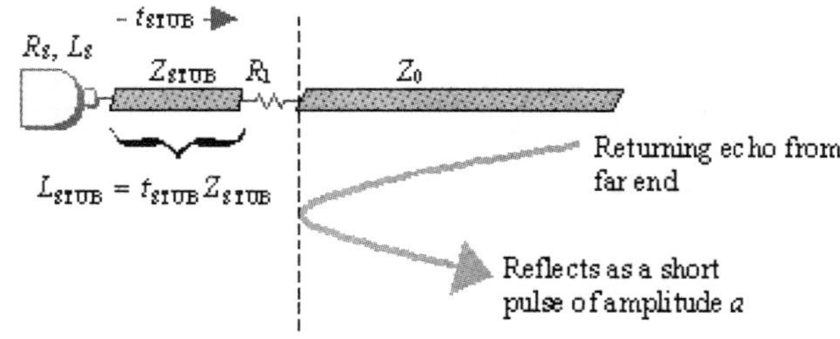

图 5-11　远程负载反射时碰到信号源合成阻抗的再反射现象

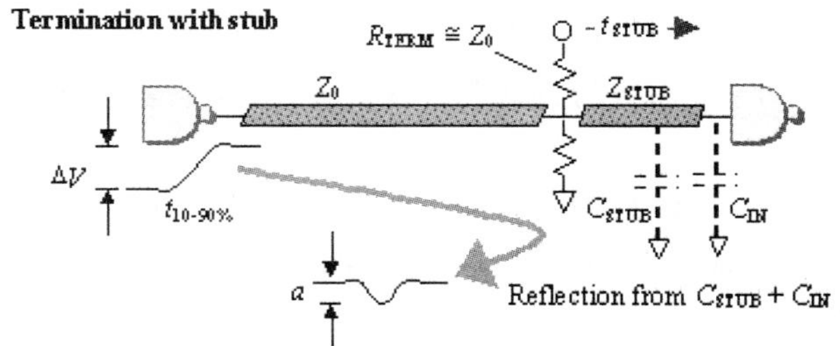

图 5-12　在走线终端增加一段悬挂短株（dangling stub）及并联电阻的效应

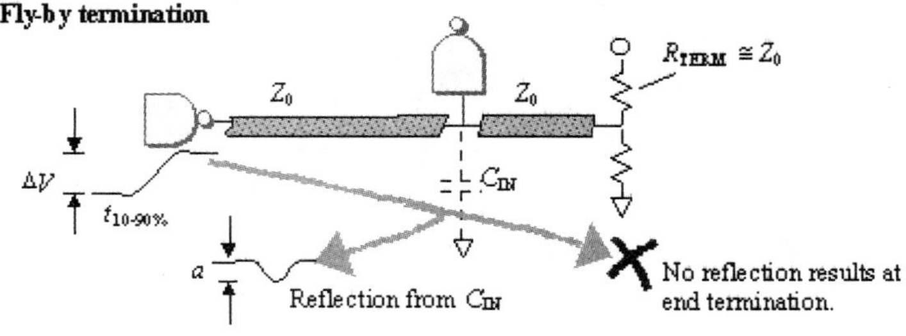

图 5-13　飞越式终接电路遭遇到接收端负载组件电容的反射效应

最后通过图 5-14 所示的多段匹配网络可以发现逐段进行高低阻抗的匹配技巧，可以明显改善极端阻抗不连续（如图中信号源的低阻抗和负载端的开路阻抗）的反射的现象。

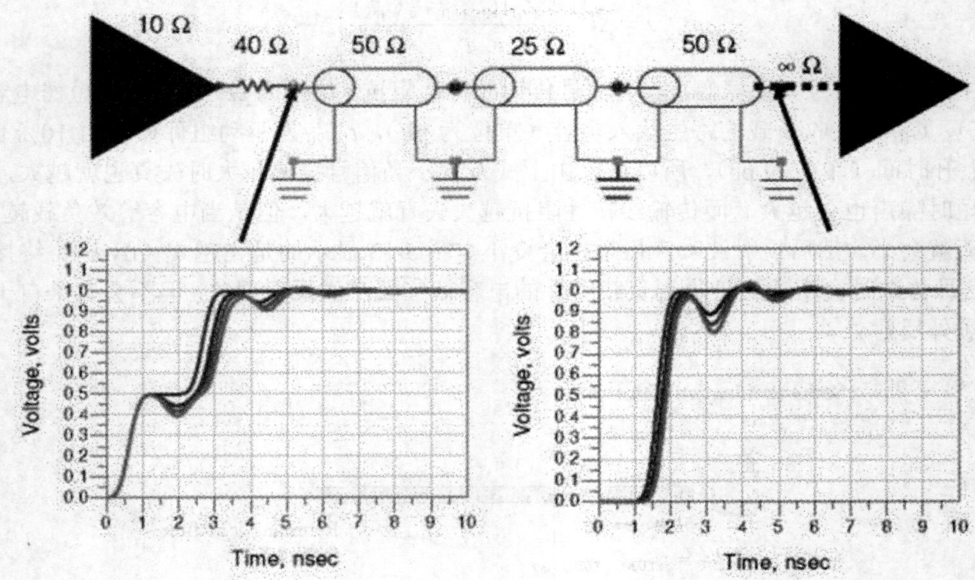

图 5-14　多段匹配网络的反射与涟波现象

总结以上分析，要降低反射波的振幅和改善涟波现象，可以用以下几种设计技巧：

- 增加驱动电路（Driver）的上升/下降时间，使上升/下降波形和缓。
- 降低每一个电流分接处（Tap）的电容。
- 降低频率分配传输线的特性阻抗。
- 利用电阻值至少与传输线特性阻抗一样大的串联电阻将接收端负载从信号总线隔离开。
- 在接近每一个电流分接处（Tap）调整传输线宽度以进行电容补偿。
- 对于阻抗极度不匹配的两端，可以利用多段高低阻抗的匹配网络。

3. 电路终接（Termination）

由于一般的驱动电路多为低阻抗，而负载或接收端则为高阻抗逻辑组件，加上传输路径存在着各种阻抗不连续的布线状况，以致造成高速信号的严重失真，因此如何利用最佳化的电路终接或阻抗匹配技术，以降低因阻抗不连续而造成的反射现象和信号恶化即成为高速数字电路的重要课题，下面给出相关终接技术的原理分析。

图 5-15 至图 5-21 所示的电路布线范例中，A 点为驱动电路 Driver 信号源输出，B 点为信号分流点，C 点和 D 点均为负载，假设驱动电路 Driver 的内阻是 10Ω。首先在图 5-15 中，各传输线阻抗都是 50Ω，如果三条电路分支长度的传输时间与信号的上升或下将时间相当时，其拓扑布线的电路终接方式将无法满足信号特性要求，例如要信号从 A 点驱动到 B 点，这里会产生第一个反射，因为此处阻抗为两条 50Ω 并联而成为 25Ω，所以这里会因为阻抗不连续而产生反射。

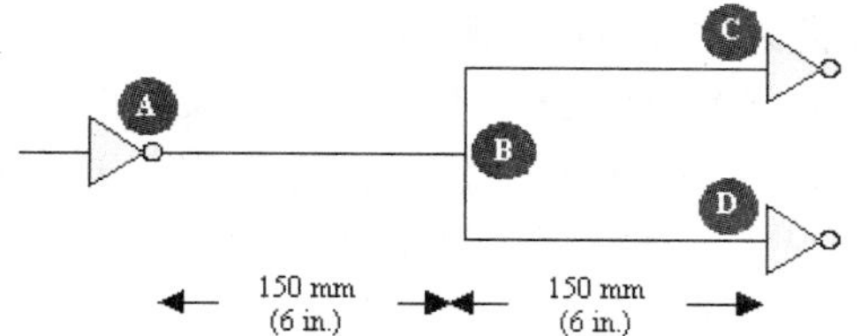

图 5-15　三条电路分支长度的传输时间与信号的上升/下降时间相当时的拓扑布局

由 A 开始出来后，C 点和 D 点是两个一样的对称负载，抵达 C 或 D 时会有时间延迟，A 是低阻抗，因此 50Ω 来到 B 点后变成 25Ω，因为反射系数是负的所以信号就掉下去，然后再慢慢地上升，因为这里会有来回反射的现象，到达 C 点之后，50Ω 传输线又碰到一个电抗性的负载，反射系数大小几乎等于 1，所以就升上去而形成过激，随后就出现涟波现象，图 5-16 是电路左端如果维持未进行终接时电路结构会产生明显的过激、欠激、涟波现象，所以出现如图 5-16 左边的步阶响应波形，右图是 66MHz 频率波形，可以明显看到信号的严重失真。

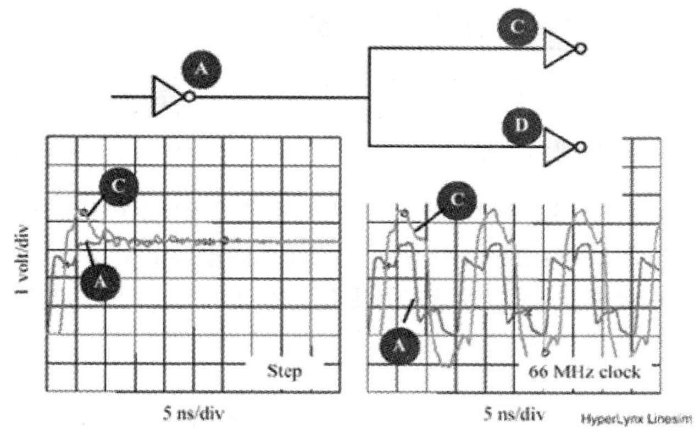

图 5-16　电路未进行终接时明显的过激及涟波现象

所以我们就试着用到目前讨论到降低反射现象的方式开始着手改善信号失真的问题；首先从上升时间的参数来看，当采用上升时间比较长的频率信号时，高频谐波成分电位就会降低，因为上升时间决定了第二转折频率点，因此现在看起来 A 点与 C 点的步阶响应波形都较为平滑，从图 5-17 所示的较慢的驱动电路虽然会得到较佳的阻尼波形（左图）但速度过慢而无法操作在 66MHz 的频率，因为右图的频率波形已经会出现逻辑信号的时序问题了。

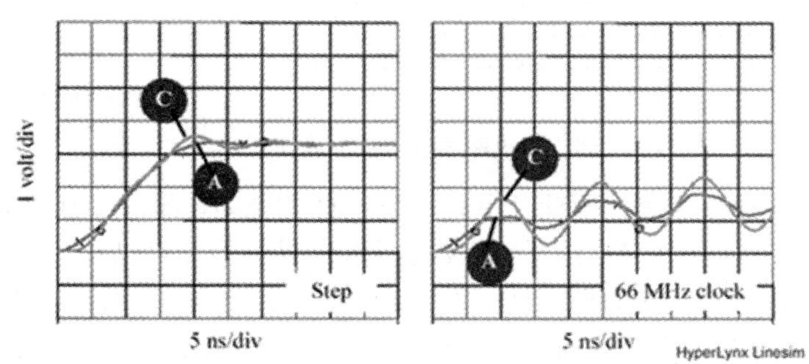

图 5-17　较慢的频率会得到较佳的步阶响应波形但无法操作在 66MHz 的频率

接着就开始进行终接来尝试改善阻抗匹配问题，如图 5-18 所示用 5 个电阻进行串联和并联电路终接来分别匹配三条阻抗都是 50Ω 的传输线，结果从图中看到步阶响应与频率波形都非常陡峭，而且也都因为降低反射效应而变得较为平整，但是因为电阻将电流分流到接地而损耗掉能量，进而降低振幅，因此适当地摆置衰减网络虽然可以阻尼所有的振荡模态，但付出的代价却是信号抵达接收端时降低到原本正常位准的 1/3。

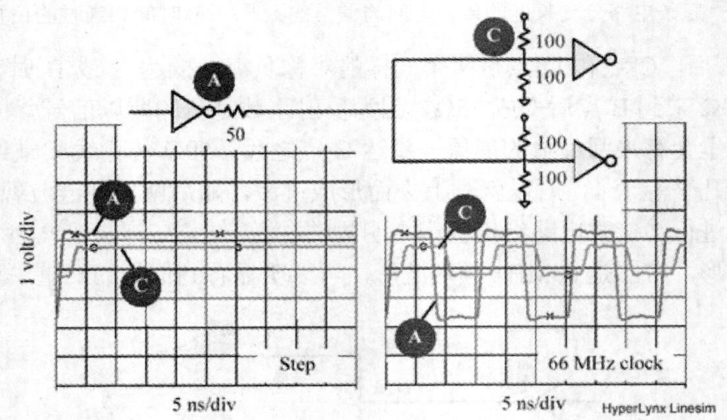

图 5-18　适当摆置的衰减网络可以阻尼所有的振荡模态但牺牲信号位准

所以为了减缓并联电阻分流的损耗情况，我们换用高电阻来降低它的泄逸电流，则结果如图 5-19 所示，利用 4 个 200Ω 的并联电阻，该弱终接电路可以降低电流损耗和波形过激与欠激的振幅，并改善涟波现象，但是发现信号振幅虽然变大，波形仍旧有些许的失真，但是比起最原始的结果已经有相当大的改善。

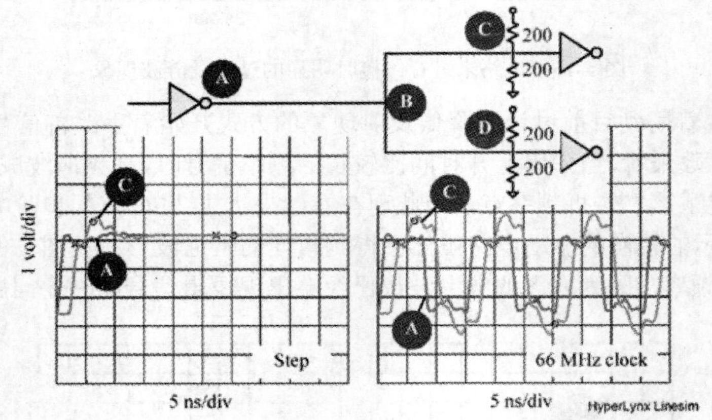

图 5-19　弱终接电路可以改善电流损耗及涟波现象

接着再针对内阻 10Ω 的信号驱动源串联一个 40Ω 的电阻，此时在 B 点看进去也刚好是匹配的 50Ω，再者 100Ω 与 50Ω 阻抗的反射系数也会降下来，因此可以看到 A 和 C 都非常平滑。那如果用 66MHz 的频率来看，右图一样有不错的振幅和波形，因此如图 5-20 所示的混合阻抗传输线方式，再加上信号源端的阻抗匹配终接，几乎可以将信号完美地传送到终端，而且还只是增加了一个电阻而已。

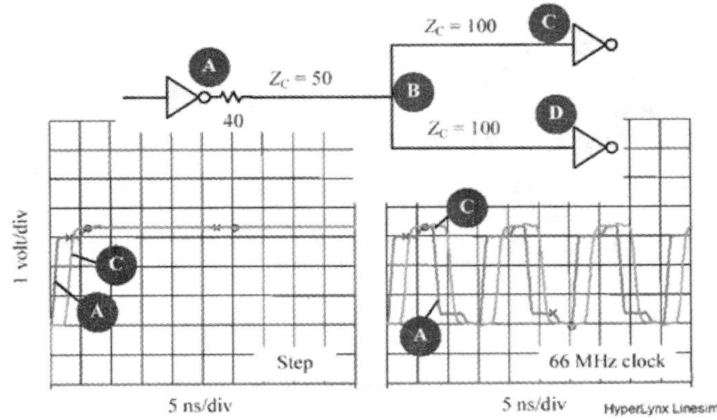

图 5-20 混合阻抗传输线的方式加上信号源端的阻抗匹配几乎可以得到完美信号

但是如果负载端长度不一样，也就是传输时间不一样（反射的时间也不一样）时，如图 5-21 所示的毛球网络因具有对连接至终端（如 C 点和 D 点）信号传输线长度间平衡与否的敏感特性，因此可以发现又有明显的反射与涟波现象，甚至连接收端信号波形也再次严重失真。

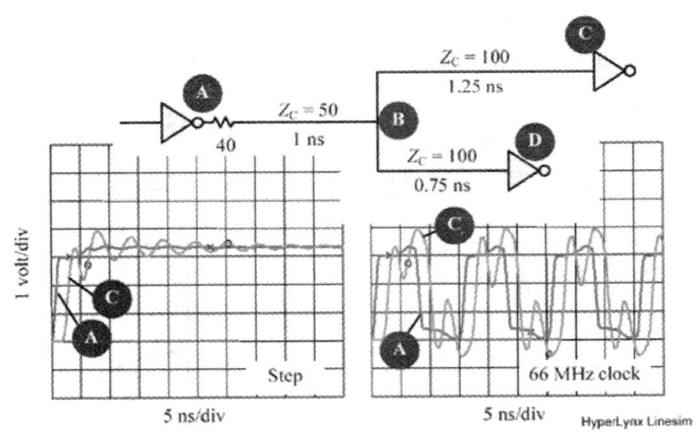

图 5-21 毛球网络具有对信号传输线长度不平衡的敏感特性

4. 串扰（Crosstalk）

由于目前的一般数字逻辑电路都是采用 CMOS 制程，在状态 HIGH 或 LOW 时，因为没有瞬时切换电流，所以都不会有明显的串扰现象；但是在状态 HIGH 转 LOW 或 LOW 转 HIGH 时，由于逻辑状态切换致使 CMOS 逻辑门中的 PMOS 和 NMOS 均处于半开或半关的状态，就产生由电源至接地的瞬间电流，即转态电流，而在电路走线越来越密集的情况下，因为传输线间的互容和互感效应而在逻辑切换转态时产生明显的串扰现象，如图 5-22 所示。有关串扰的原理分析在第 3 章的耦合机制中已经有相当完整的说明，因此在这里仅对其现象和影响进行简要叙述。

当有信号在走线上流动时就会有电场和磁场耦合到旁边而在波形上升与下降期间造成串扰效应，因为在该时间内电压与电流都有明显的时间变化。然而因为电压和电流都与电路阻抗有关，因此我们来分析一下电路终端阻抗与串扰现象之间的关系。

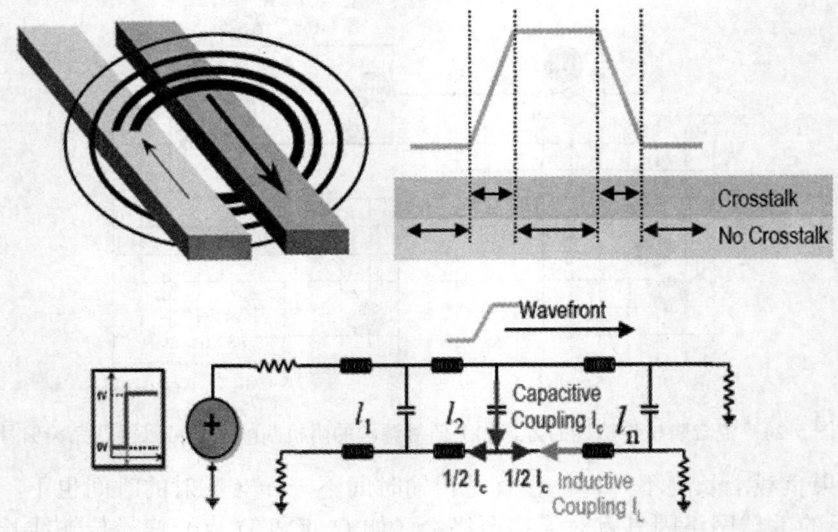

图 5-22 串扰现象

在图 5-23 中，上方是干扰源走线，下面则代表受扰的敏感电路，因为若阻抗不连续则受扰敏感电路上的串扰噪声就会来回反射，产生明显的涟波效应，而如果阻抗匹配时就不会有反射现象，如图 5-23 的下方图示。

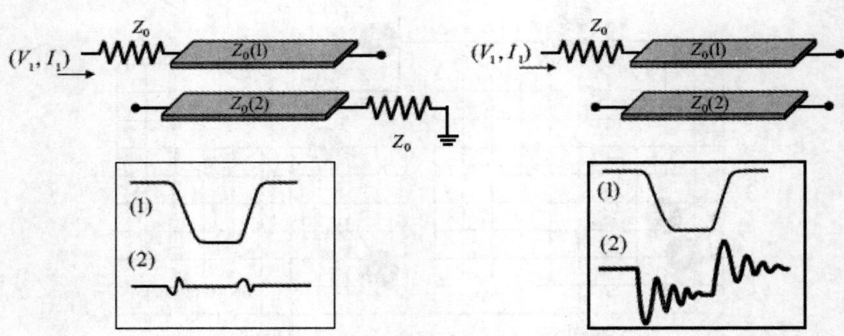

图 5-23 电路终接对串扰效应的影响

在图 5-24 所示的例子中，驱动电路的输出 A 要驱动 3 个逻辑门负载，所以该条走线为干扰线（Aggressor），其旁边（上下）有两条线跟它非常靠近的是受扰线（Victim），我们在此观察远程（D）与近端（F）处的串扰噪声，而 B 点是负载端的驱动分流位置。范例中的驱动电路（driver），其内阻为 28Ω，上升时间为 500ps，接收端的每一个负载等效输入电容为 8pF，信号走的是 PCB 上的微带线，板厚是 125μm，线宽也是 125μm，然后走线采用 1/2oz 的铜，传输线的特性阻抗是 65Ω，其中分析串扰的中间那段最靠近的重叠长度为 7.5cm，线与线的间距为 12.5μm。从图 5-24 的右图可以看到 A 点与 B 点有传输时间延迟，而 D 点与 F 点两个被干扰的敏感电路近端与远程噪声振幅波动上下相反，所以有相当明显的串扰噪声传输方向性。

第 3 章也曾提过串扰方式有电容性和电感性（如图 5-25 所示），也讨论过判定的方法，而其串扰效应则会发生在近端（NEXT）和远程（FEXT）（如图 5-25 右侧的示意图），而通过图

5-26 所示的有关近端串扰（NEXT）与远程串扰（FEXT）的计算方程式我们更可以计算出串扰噪声的振幅和影响的维持时间，并清楚地看到串扰效应的方向性。

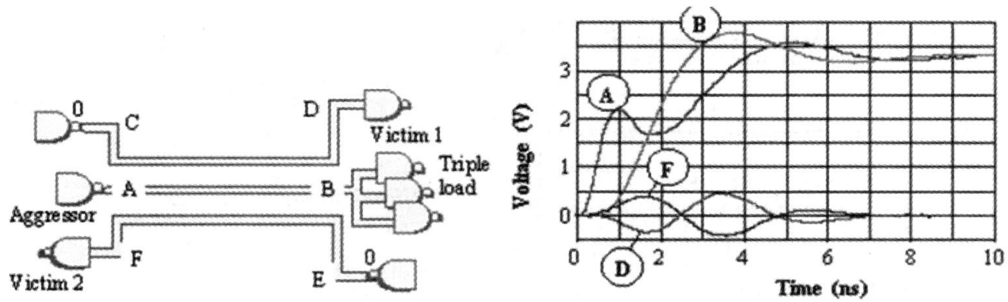

图 5-24　重度负载的短线串扰有明显的方向性或极化性

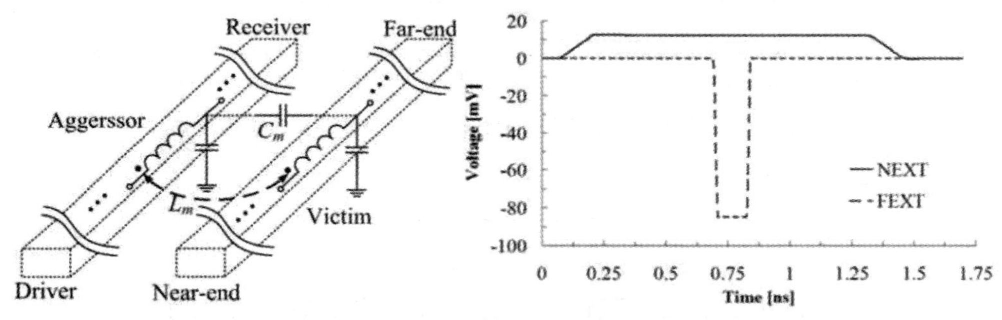

图 5-25　两相邻走线的串扰耦合模型与近/远程串扰噪声

假设图 5-26 所示的电路都有阻抗匹配，可以发现近端串扰（NEXT）的持续时间很长，因为从一开始的近端处就开始耦合，然后耦合噪声与信号是随着时间反向传输，而不像远程串扰（FEXT）的耦合噪声与信号是同向传输，因此 NEXT 相较于 FEXT 多了上升时间和传输延迟时间（总长度 X 除以相位速度 $\frac{1}{LC}$），TD 是信号传输一趟的时间，因此近端的持续时间总共多了来回一趟的传输时间 $2TD$。图 5-26 中的公式 A 和 B 分别对应近端（NEXT）和远程（FEXT）串扰的振幅。为了降低串扰效应，在 PCB 的相邻布线就有 King 所提出的 3W 原则，此时互感和互容耦合的电场与磁场大约不到干扰源本身信号的 30%，因此耦合能量就不到 10%。

3W 法则主要是针对当带有强烈的高频谐波频率信号与其他敏感走线太靠近时，担心会将高频能量耦合到其他的受扰线而造成干扰问题，甚至带来 EMI 的电磁干扰，尤其若是受扰的信号线通往 I/O 连接器时，这个问题就更加严重，若两相邻信号线中心与信号线中心的距离维持 3 倍信号线宽度的距离（3W）时，如图 5-27 所示，则可保持 70%的电磁场不互相干扰，图 5-28 则比较 2W 和 3W 的近端与远程串扰噪声；但若要达到 98%的电磁场不互相干扰时，则距离必须拉到 10W 的间距。

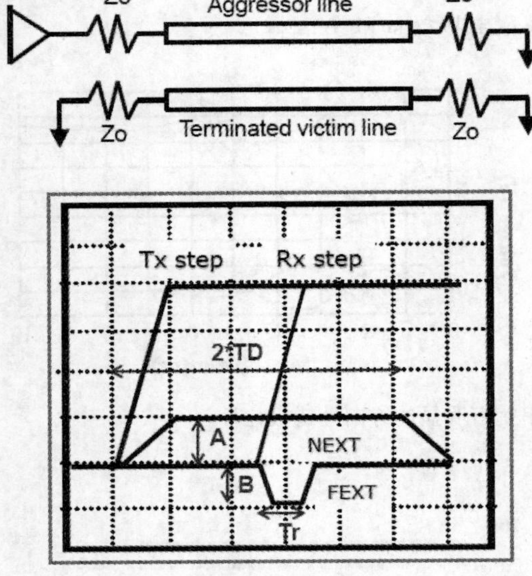

NEXT amplitude:

$$A=\frac{V_{input}}{4}\left[\frac{L_M}{L}+\frac{C_M}{C}\right]$$

Propagation delay:

$$TD=X\sqrt{LC}$$

NEXT duration = 2* *TD*

FEXT amplitude:

$$B=-\frac{V_{input}X\sqrt{LC}}{2T_r}\left[\frac{L_M}{L}-\frac{C_M}{C}\right]$$

FEXT duration ~= Tr

Source: Stephen H. Hall, et al, "High-Speed Digital System Design", John Wiley & Sons, Inc., 2000.

图 5-26　近端串扰（NEXT）与远程串扰（FEXT）的计算公式

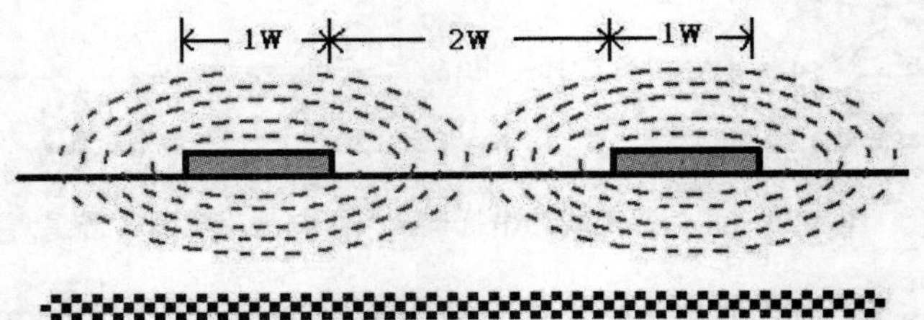

图 5-27　3W 法则示意图

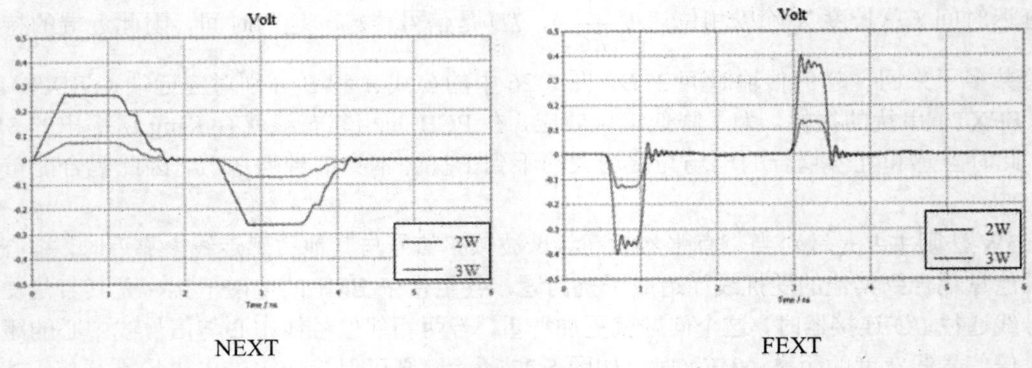

图 5-28　2W 与 3W 的串扰噪声

串扰问题会变得越来越严重的原因是由于通信相互连接的系统速度会越来越快，因此高频的效应就会越来越明显，而且半导体制程使得 IC 的上升与下降时间越来越短，而我们知道眼图是分析信号信道质量最有效的工具，也是分析传输线串扰严重与否的利器，因此从图 5-29 所示的扭曲眼图就可以知道串扰问题的严重性了。

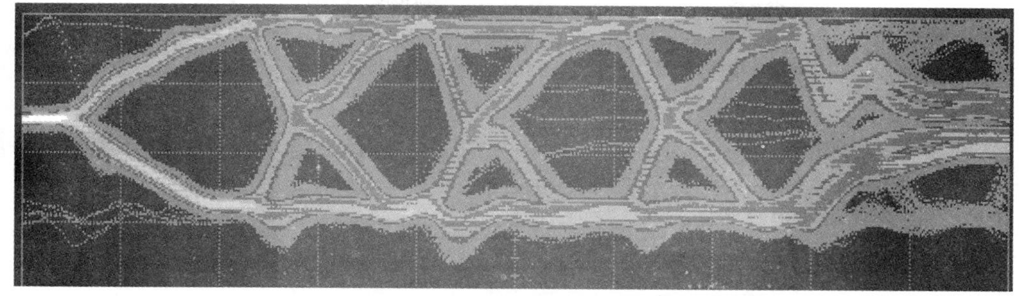

图 5-29　串扰对眼图的效应

5. 瞬时切换噪声（Simultaneous Switching Noise，SSN）

在电源完整性分析中曾经说明过，由于数字电路逻辑状态切换致使 CMOS 逻辑门中的 PMOS 和 NMOS 均处于半开或半关的状态，从而产生由电源至接地的瞬间电流；若总线（Data Bus）电路运作中同时有多个位（Bit）同步转态切换时，则会产生更大的瞬间电流噪声，而走线的寄生电感和电流回路形成回路面积的电感效应就会产生明显的电源电位波动和接地弹跳（如图 5-30 所示），进而导致参考平面的偏压电位变化和信号在传输时产生时间抖动（Jitter）的效应。

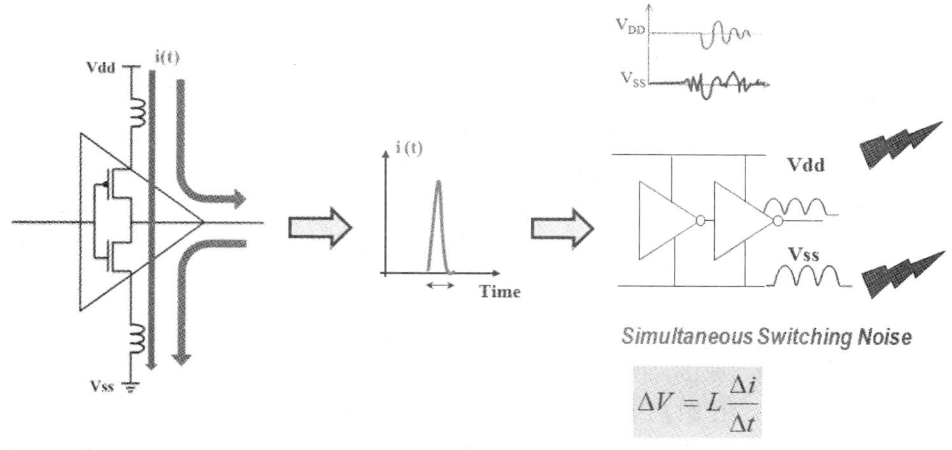

图 5-30　CMOS 逻辑门瞬时切换产生噪声的现象

假设现在有个 8 位的数字系统，位信号分别走上下两层电路，各有 4 个位分别对应到接地（GND）和电源平面（Vdd），电路布局上还有一个本地振荡器提供频率信号，如图 5-31 所示。如果这 8 个位同时从状态 0 转变为状态 1 或是同时从状态 1 转变为状态 0 时，顺时切换电流就增加为单一逻辑门切换电流的 8 倍，同步切换的位数目越多，电源的波动就会越大，而且串扰现象也会更明显。为了解决这样的同步瞬时切换导致的电源完整性问题，布线设计时就一定要提供一个完整的回路路径，以避免因回路路径过长使回路面积变大，进而增加寄生电感值；另一个方法就是额外增加一个转态控制位，利用这第 9 个转态控制位来减少同步改变状态的位数，例如若 8 个位全部转态时，可以只让第 9 个转态控制位的状态变化来取代，也就是第 9 个转态控制位一转态时就代表其他 8 个位状态都是全部改变的，虽然会付出多传送 1 个位的代价，但可以将原本最多有 8 个位转态的同步瞬时切换电流降到最多只会有 4 个位转态的同步瞬时切换电流，进而改善信号完整性和电源完整性的问题。

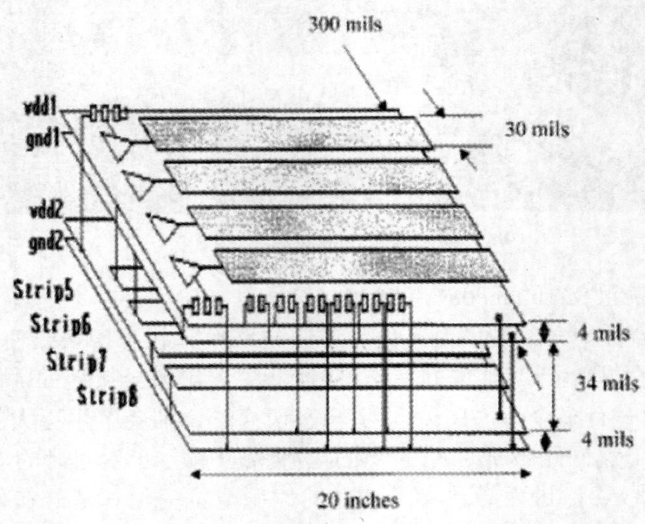

图 5-31　多位同步瞬时切换的走线情形

6. 眼图（Eye Diagram）

眼图是评估信号传输信道特性非常重要的工具，眼图的用途是可以通过示波器有效量测信号经过一个数据传输系统后时间扭曲失真的程度。眼图是在信号源端和负载端经过一段时间将传输线中很多的位波形累积叠加而来（如图 5-32 所示），图中不同线条代表不同位出现的时间，将其累积起来形成眼图，若输入为稳定的 High 和 Low，输出即为稳定且可能只有一些衰减；若有 High/Low 转态变化时，上升沿越陡峭则经过传输线后会变平滑，把其累积在一起的结果就会失真，图中可以发现信号经过传输线后，由于等效串联电感与等效并联电容的低通效应，使得输出眼图变得较平滑而失真。眼图的形状会决定接收端的灵敏度，其纵轴高度代表信号位准，横轴宽度代表逻辑时间，其决定逻辑判断时的灵敏度，这就是我们利用眼图来判断信号线是否容易导致失真的原因，所以眼高和眼距均越大代表信号质量越好。此外，各传输系统为了规定位的有效性，会在眼图中定义出一个眼罩（Eye Mask）区域（如图 5-33 所示），若系统灵敏度很高则眼罩可以缩得很小，代表周围或传输环境不佳也不会影响位判定的准确性与效能；反之，若系统灵敏度不够，则眼罩就必须要张得很大。

图 5-34 和图 5-35 所示的两个眼图范例分别代表一个 NRZ（Non-Return-to-Zero）的拟随机位序列形样（pseudo-random pattern）信号，在介质材料为 IS 620，线长为 70cm，特性阻抗为 50Ω，但是其走线宽度分别为 160μm（图 5-34）和 250μm（图 5-35）的微带线传输，并在微带线终端量测到的眼图结果，发现在 2.5Gb/s 的传输速率时，图 5-34 的眼罩几乎完全闭合，代表该传输线结构对系统完全没有功用；反观图 5-35 的眼罩已经张开，该传输线结构对系统已经能够提供传输功能。

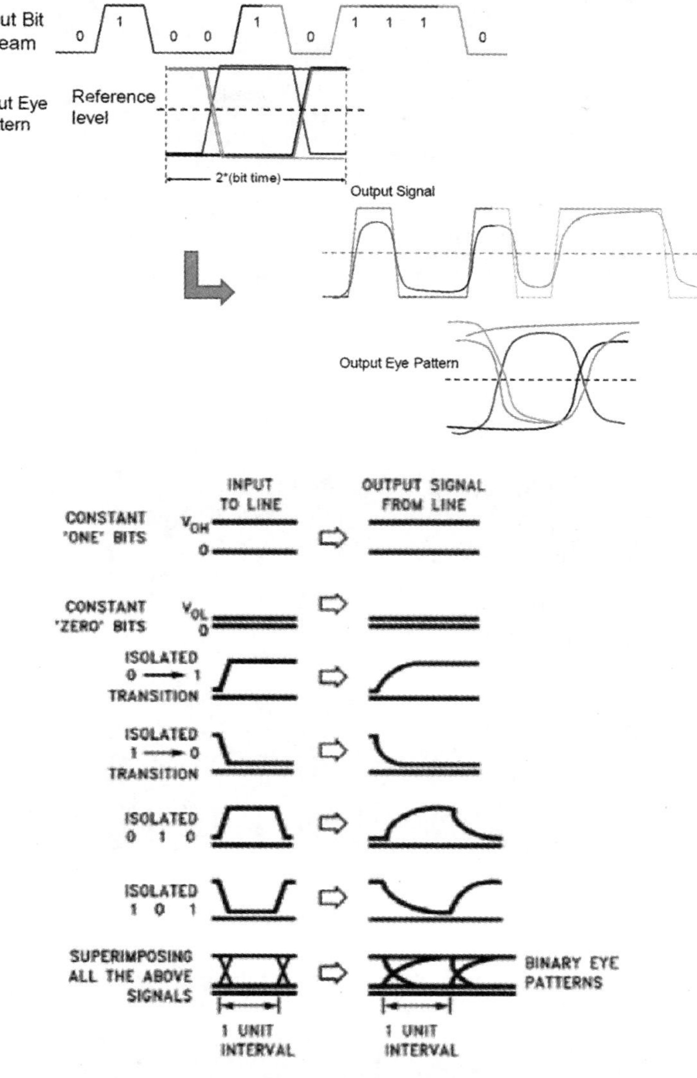

图 5-32　位波形叠加而成的眼图结构

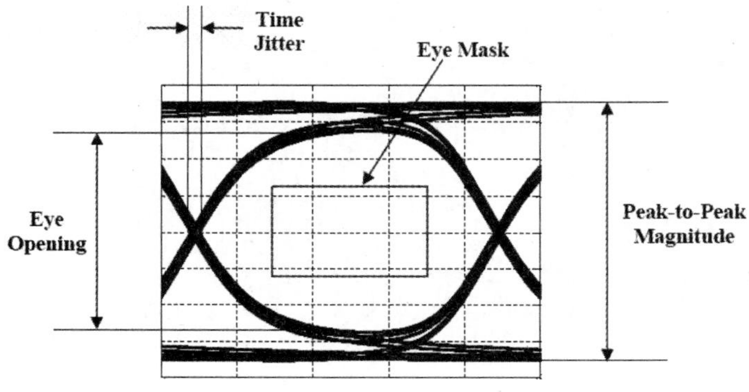

图 5-33　眼图的定义

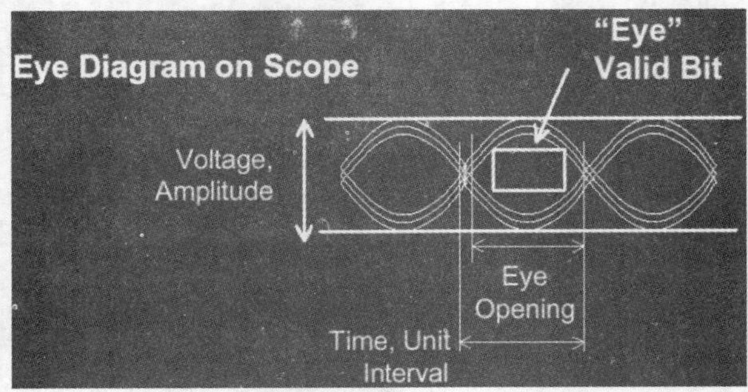

图 5-33　眼图的定义（续图）

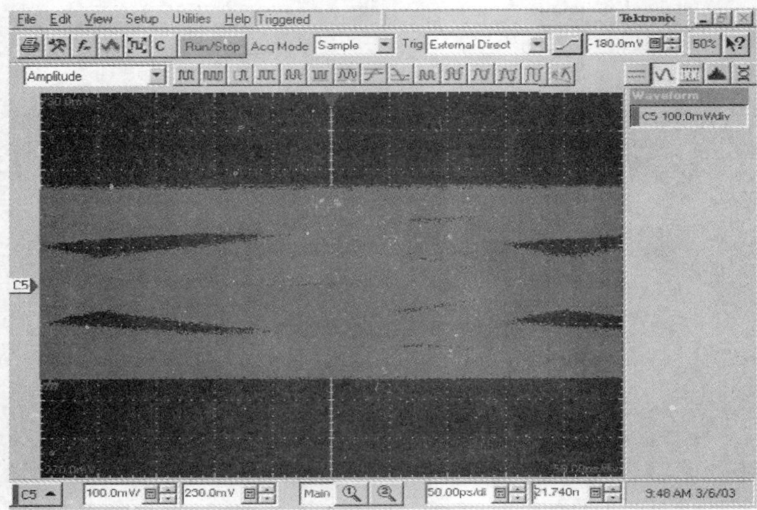

图 5-34　线宽度为 160μm 的眼图

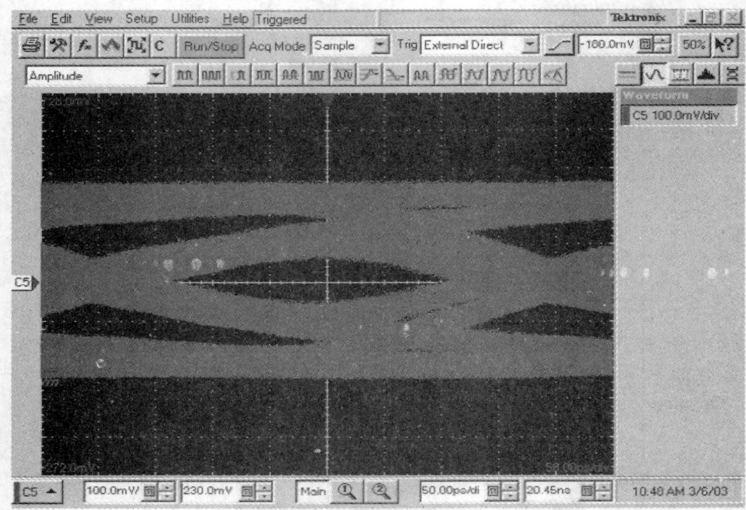

图 5-35　线宽度为 250μm 的眼图

7. 歪斜（Skew）

歪斜现象是指数字电路中频率信号到达各个部分传输时间的差异。对于大部分数字集成电路系统而言，例如计算机，各种信号都是根据系统定时器信号的频率进行同步的，以使这些信号均能在相同的步调上进行工作，其中最理想的情况是，输入信号在下一个频率的有效位准或者信号边缘进来之前已经完成逻辑状态切换并在其正确的逻辑位准上保持稳定，进而使整个电路系统的行为和功能符合预设要求。然而，在一个完整的电路系统中，不同电子组件的速度可能有所不同，系统中就会存在一个最大的操作或运行频率，因此实际上信号可能无法准确地在理想的信号边缘到来之前的瞬间保持在其正确的信号值上，所以它保持稳定所需的时间与理想情况相较就会有一定的偏移，这种偏移现象就是频率歪斜（Clock Skew），如图 5-36 所示。同步电路中的频率歪斜或偏移 T_{Skew} 是指频率信号到达两个相互连接的硬件缓存器单元的时间差异，频率歪斜的数值可以是正的，也可以是负的，如果频率信号在集成电路中完全同步，那么该集成电路中各个部分观察到的频率歪斜即为零。

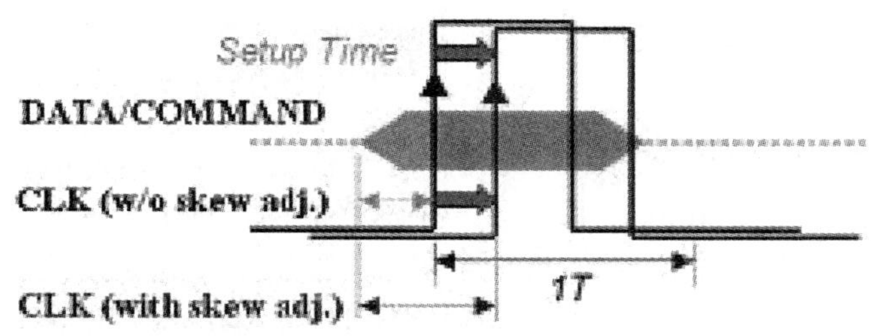

图 5-36 频率歪斜现象

对于次微米的半导体制程（1.0μm 以下），IC 组件的小型化造成逻辑门延迟时间降低，然而走线或信号绕线的延迟却因走线宽度变窄、走线等效电阻升高而增加，导致频率歪斜的问题变得无法再忽略，因为在同步时序电路里，各正反器的频率都是连接在一起的，以使各正反器同步改变状态，但若因为布线、绕线延迟的问题而导致各正反器的频率有相位差时，就有可能造成电路动作不正常。因为同步时序电路的基本架构是由缓存器（实现时序功能）和缓存器之间的组合逻辑电路（实现组合逻辑功能）所组成的，数据信号被锁存在缓存器中，并可以“穿过”组合逻辑电路到达下一个缓存器，然后在频率的有效边缘到来时，下一级缓存器再对数据信号进行锁存；理想的电路系统需要频率信号在各个缓存器上的步调尽可能地一致，这样才能使各个缓存器的行为达到“同步”的状况，然而在实际的同步电路设计过程中，经常会遭遇到频率信号在不同时间到达电路各个部分的现象，而无法准确执行同步的工作。频率歪斜主要分为两类：正歪斜和负歪斜，当信号传输的目标缓存器在接收缓存器之前捕获到正确的频率信号，电路就发生正歪斜现象；反之，当信号传输的目标缓存器在接收缓存器之后才捕获正确的频率信号，电路就发生负歪斜现象。

此外，还有其他多种原因可以导致频率歪斜的现象，例如信号互连走线的长度、电路温度的偏差、位于传输路径中的组件效应、电容耦合效应、元器件材料不完善、使用频率信号的组件的输入端电容有差异等情形。随着电路的频率增加，时序因素会变得更加关键，微小的频率歪斜都可能导致电路偏离正常工作的状态而失效。

频率歪斜的情形可以用图 5-37 中的图例加以表示，图中的频率驱动器 Driver）左方有一个频率信号进来，而要有右方的 8 个输出，此时因为路径长度不同造成输出时间就不同，中间两个输出（第 4、5 两个）路径最短而最早离开驱动器，其他传输路径则往外部依次越来越长而导致频率越晚出现，才会出现前面提及解决时序问题的蜿蜒延迟线架构。在驱动输出越来越多的时候，若线路布线不够严谨则频率歪斜的问题就会越大。

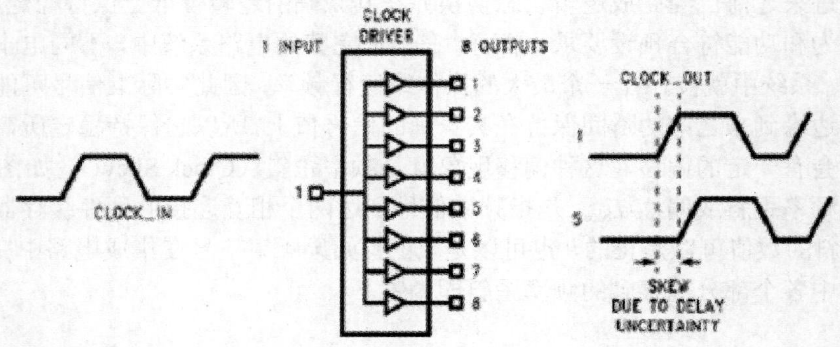

图 5-37　频率歪斜的图例

8. 抖动（Jitter）

在电子和通信产业中，抖动（Jitter）又可称为时基误差，通常是指周期信号与参考频率之间的差异，如图 5-38 所示；Jitter 周期是指一个信号的两次峰值之间时间发生变化的周期，Jitter 频率则是 Jitter 的倒数，通常如果 Jitter 频率对系统影响不大时，该因素在低阶系统设计中是可以不用加以考虑的。然而，抖动会影响数字模拟转换器的模拟输出，在通信连接系统中（如 USB、PCI-e、SATA、OC-48 等）是不希望有抖动现象发生的，尤其是取样信号的还原过程中，抖动的因素考虑更是非常重要。

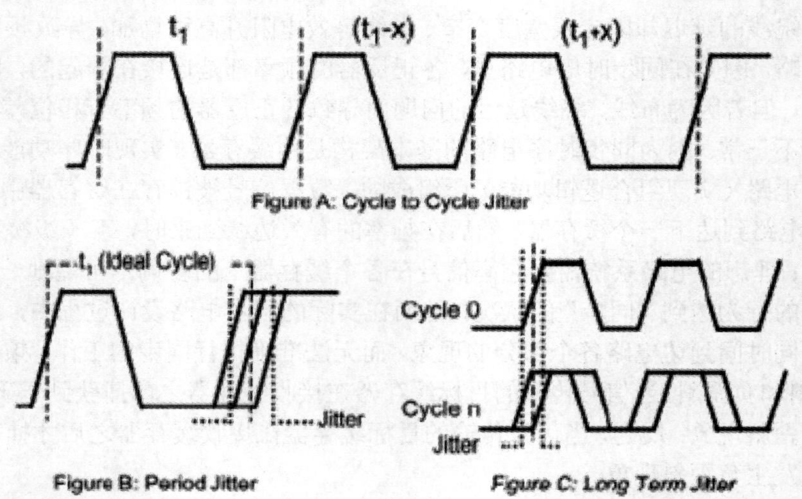

图 5-38　抖动或时基误差现象图示

抖动问题的主要来源就是信号的传递时间不同，因为任何导线都会有寄生电容，而电容是影响高电位至低电位或是低电位至高电位的转态阻碍(也就是 0 到 1 或 1 到 0 的充放电时间常数)，然而不只是导线自己的电容，导线与导线之间的串扰效应也会导致导线充电时间的延迟，这样的信号延迟现象就会致使模拟数字转换器和数字模拟转换器发生取样或还原的误差。而除了上述的电容效应外，电磁干扰（EMI）也会造成抖动或时基误差，因此一般好的数字电路走线设计时必须考虑以下几个因素：导线电容、导线串扰、电磁干扰防护、导线长度、阻抗匹配等。

除了前述有关信号传输的外部电路布线引发的问题外，对于频率信号本身的不准确也有可能造成抖动现象，例如硬件严重震动时，也会影响振荡石英体而使得频率来源制造出来的方波已不再是完美的方波，在这样的情况下，纵使信号传输过程没有产生抖动问题，但频率的判定已经有了误差，而这样的情形也可等效于时基出现了误差。

抖动会造成信号完整性问题的原因是由于一般理想的信号是在频率边缘期间进行状态转换，但当有噪声出现而使频率边缘忽前忽后地抖动时，如果噪声很大使转态时间有变化，就会引起时序变化而造成取样位错误动作，如图 5-39 所示，因为电压噪声会造成短时间内频率电压位准可能会超过临界值而发生位错误的问题。

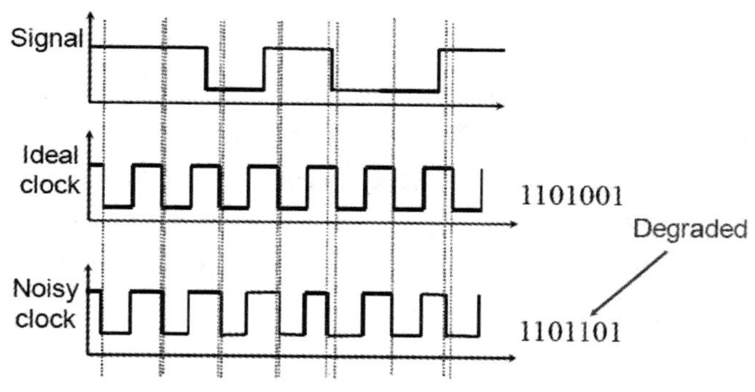

图 5-39 抖动导致的位错误现象

如果从时域角度来看抖动的问题，则可以如图 5-40 所示分类为以下两种：cycle-to-cycle Jitter 是在周期内有多少时基变化，在一周期内有抖动即为刚刚谈到转态期间的时间变化；edge-to-edge Jitter 是整个频率信号传输延迟时间造成的问题，也就是说，从信号源到负载端有这么长的时间，每个频率周期累积起来就越来越大，因为一般传输延迟时间会比频率周期长，所以就必须要考虑到传输线的效应。

归纳起来，会造成时间抖动（Jitter）的机制有以下三种：第一种是噪声机制，它主要是来自于电路设计者本身无法控制的因素，而是必须由组件供货商提供相关信息，例如振荡器（Oscillator）结构与振荡方式（相位噪声的大小）、锁相回路（PLL）的设计（频率是否稳定）、晶体（Crystal）与材料频散特性（石英或其他种类的振荡晶体）、热噪声、来自于半导体电子组件中经过 P/N 接面电流的随机涨落，即来自携带电流的离散载体电子所产生的散粒噪声（Shot Noise）等；第二种是系统机制，它主要是来自于电源完整性问题引起的参考电位混附噪声、传导与辐射形式的电磁干扰 EMI 噪声、串扰噪声、因为信号完整性问题引起的工作周期失真扭曲等原因；最后一种就是数据相关性机制，它主要是来自于符码间干扰（ISI）、接收器侦测特性（如灵敏度）、频率与数据的还原设计、阻抗不匹配、拟随机二进制序列架构等原因。

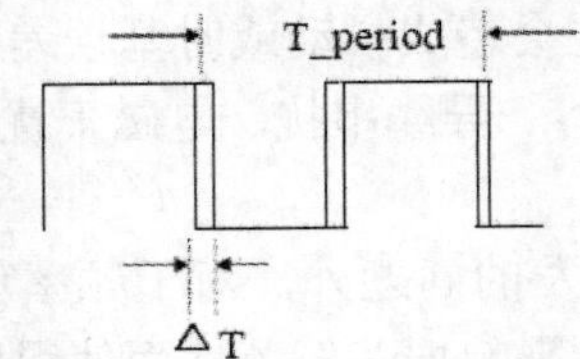

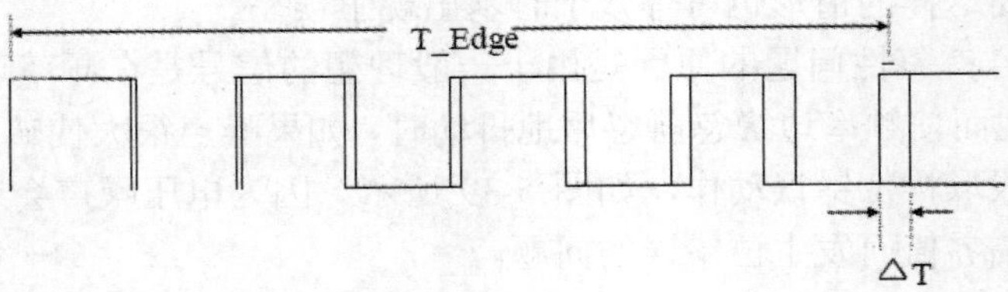

图 5-40 抖动的时域观点

一般从系统来看，有信号发射端的驱动 IC，经过中间的传输线，最后再到接收器，利用图 5-41 所示的通信连接系统示意图可以发现，本来在发射端的眼图那么大，经由传输线到接收端的过程中，会遭遇到传输线的损耗、传输线的阻抗不连续、传输线的串扰噪声等问题，再加上 Driver 一开始出来碰到本地振荡器，它是否产生散粒噪声、在 PCB 与主板的带线传输路径中因为贯孔导致的阻抗不连续、在连接器上的串扰效应等因素的时间抖动都会影响信号完整性，致使右方接收端的眼图有明显裂化的情形。

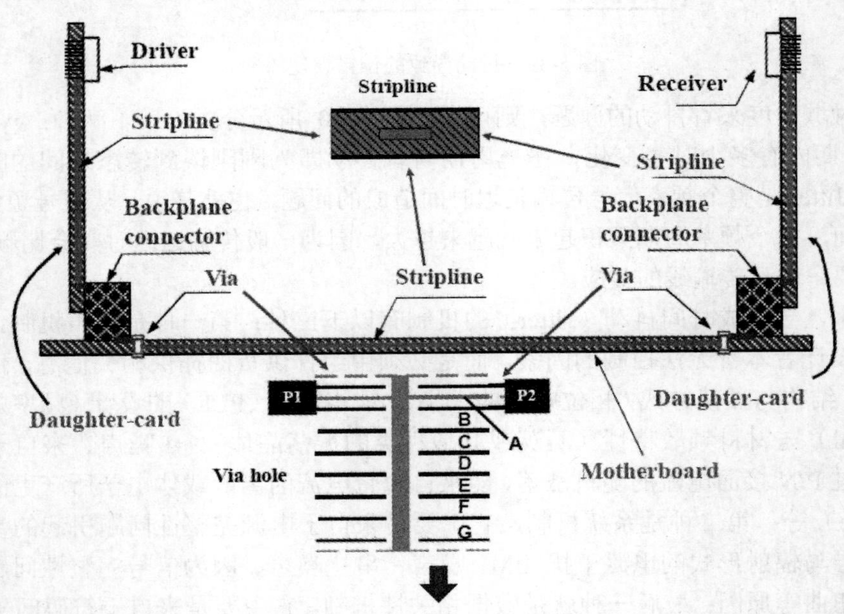

图 5-41 抖动现象的系统观点

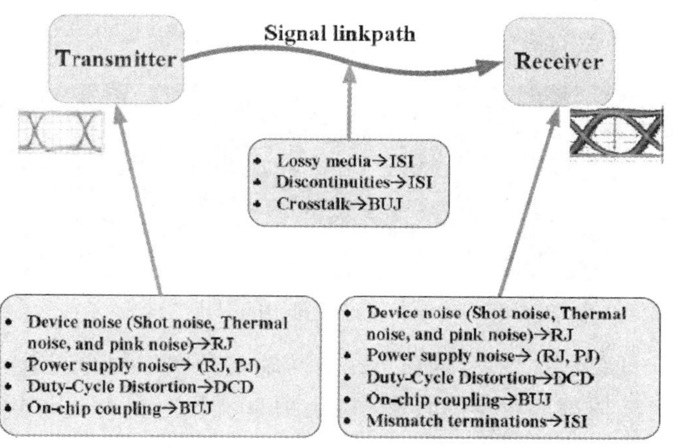

图 5-41 抖动现象的系统观点（续图）

通过对上述各项产生抖动问题的分析后，我们可以从稳定频率电路和优化信号传输线设计两个方向着手并归纳出以下几种解决方法：

- 稳定频率电路：对频率信号源加以保护，甚至使用多重频率或利用锁相回路加以校正，这样就可以大大降低频率的误差。
- 优化信号传输线设计：
  - 降低导线电容：使用电容较低的材质（如银）可以降低整体导线电容，进而降低 0 到 1、1 到 0 的转态充放电时间（高电位至低电位、低电位至高电位的时间）。
  - 降低导线间的串扰：将导线与导线间的距离拉大并加入介电系数较低（如空气）的介质，以降低导线与导线间的电容，进而降低串扰对抖动造成的影响。
  - 加强电磁干扰防护：导线外皮可以使用不导磁的材质以降低空气中 EMI 的辐射干扰，以避免高频信号传输受到干扰而造成抖动现象。
  - 缩短导线长度：导线过长有可能会互相交缠，增加串扰影响，而且导线长度与电容大小成正比关系，因此降低导线长度就可以降低抖动效应。
  - 改善阻抗匹配：阻抗严重不匹配的导线会使信号产生反射而严重干扰信号与信号间的电压位准，并影响数字模拟转换器的辨识能力，造成抖动效应，因此一般数字电路线材的阻抗均有严格的规定。

9. 损耗与符码间干扰（Loss 与 ISI）

在信息与电信领域中，符码间干扰（Inter-Symbol Interference，ISI）是一种信号失真形式，是位序列中的一个符码与后继符码发生干扰现象，这是电路系统所不想要的效应，就像先前提过符码 ISI 具有与噪声类似的效果，从而使通信效能变得不可靠，而且通道脉冲的响应超出其分配的时间间隔，其时间扩展的结果就导致与它相邻脉冲位的干扰，如图 5-42 所示，数据从上方发射端 Tx 送出的位序列相当清楚，然而在接收端 Rx 收到信号时，部分序列中的位已经无法辨识判定了。

符码间干扰ISI通常是由多径传播或是传输线材料与结构产生的固有非线性频率响应等非理想传输路径效应，而且因为不同的材料就会有不同的损耗，致使信号信道造成连续符码“模糊”在一起而无法明确辨认。由于 ISI 问题的存在，会使系统中在接收端输出的判定上引入错误位或信息，因此发射和接收滤波器的设计目的就是希望能最大限度地减少 ISI 的影响，并且由此使该数据的传输以可能的最小误差率传送到它的目的地接收端。

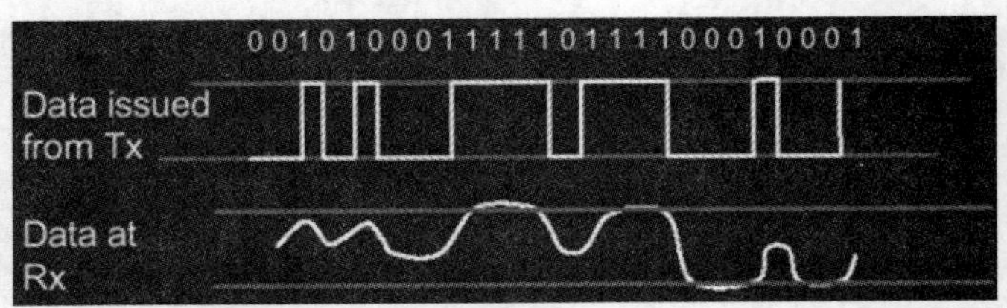

图 5-42　传输路径产生符码间干扰的现象

符码间干扰的另一原因是，信号通过一个有传输带频宽限制的通道时，其中频率响应高于一定频率（截止频率）时就会为零。另外，截止频率以下的频率分量虽然可以通过但也会受到通道衰减。通过滤波器可以调整发射信号影响其到达接收端的脉冲形状，滤波过的矩形脉冲效果不仅会改变第一符码周期内的脉冲形状，也会影响散布在其随后符码周期的能量，所以数据通信系统通常会针对超过限制频带信道的发射信号实现脉冲整形，以避免由于带宽限制而产生 ISI 干扰；如果信号信道的频率响应是平坦的时候，在整形滤波器有限的频带范围内就可以达到无 ISI 问题的通信效能。

符码间干扰 ISI 对信号完整性的影响可以利用其在眼图上产生的效应观察到；图 5-43 所示是一个由-1 的振幅和通过+1 振幅零表示的二进制（PSK）系统，其电流取样时间是在图像的中心，前一个和下一个取样时间是在图像的边缘，从一个取样时间到另一个不同状态的转变（例如状态 1 到 0）可以清楚地看出在右图 ISI 的影响下，因为添加了相同系统的信号信道多径效应，致使接收到的信号或所显示的眼图出现延迟和扭曲的现象，它也会降低噪声的容限能力，并使该系统的性能变差（即它会产生较大的误码率BER）。

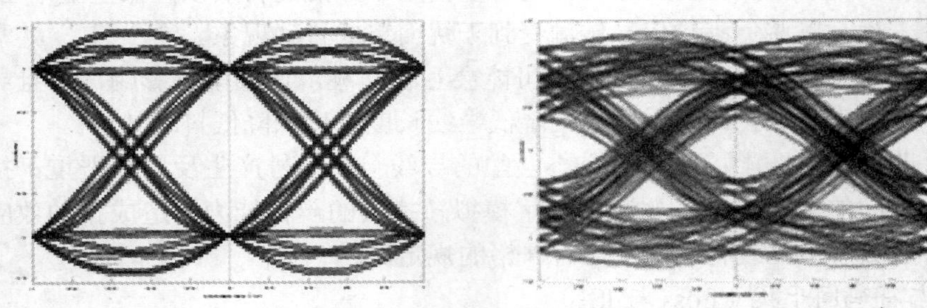

图 5-43　ISI 对二进制 PSK 系统眼图的影响

5–2　差模信号的模态转换噪声分析

对电磁干扰而言，共模噪声（Common-Mode Noise）电压无疑是最严重的干扰激发源，而除了第 4 章所谈到的电源完整性会产生共模噪声之外，信号完整性还有哪些地方是我们尚未讨论，但是也会产生共模噪声的机制呢？那就是接下来要探讨的模态转换机制。

噪声免疫力是高速电路或数据网络在传输线上是否能正常传输信号能力的一个重要因

素，例如常见用于当今高速以太网的平衡双绞线铜缆，其平衡背后的基本概念是，以太网信号在一对在两个导体上施加互为相对的正电压和负电压的信号，亦即彼此相位差为 180°的信号对，在差模信号传输情况下，这两个信号相互引用，而不同于传统电路系统中一般信号都以接地为参考的单端（Single-Ended）传输模式，而由于单端信号传输模式所参考的接地电位常会因为各式的电源噪声而波动，因此容易激发出共模电压，而经由其他的寄生电容路径返回信号源端，因而成为噪声干扰其他电路的运作。但是差模信号在传输过程中也常会遭受其他因素影响而转变为容易造成干扰的共模噪声；或是电路周围出现的共模噪声，当其耦合至差模信号传输对时，可能会有部分能量转换为在两导体上的差模信号而影响到系统的性能，这就是模态转换现象。

当我们进入到操作频率更高和速度更快的数据传输系统时，信号线或电缆对噪声的效应就更加敏感，因此要确保良好的信号传输平衡，以避免共模电压噪声的产生，就变得比以往任何时候都更加重要。信号平衡可以通过将会导致具有相等大小耦合效应的两导体间距更紧密的设计来加以实现，因为平衡良好的信号传输对所感应或耦合到的共模噪声将在平衡线对出现相等或几乎相等的电压，因此在接收端相互抵消后即可得到更好的噪声抑制能力。

我们接着来探讨会导致模态转换的因素。图 5-44 所示的 PCB 范例的主要信号传输模式为差模形式，所以从左图的差模驱动器（Differential Driver）出来后，即利用差模的微带线对执行信号传输，旁边则因为有单端传输形式的信号产生串扰耦合效应，而在差模传输的微带线对产生共模噪声，本来该传输对上载送一正一负的信号电压，结果在中间传输部分就出现耦合问题，而这个效应来到连接器就会更明显，因为连接器连接到外面的线很长，共模电压所产生的电磁干扰问题就更严重了；因为系统原本在传送理想的差模信号时，微带线对一正一负两条走线的信号相位相差 180°，所以外面看来总电压和总电流均等于零，而不会对周围电路产生电磁场干扰，但如果旁边邻近处有走线而破坏其对称性或平衡的时候，微带线对就会受到串扰影响而在这两条线上形成共模电流，最后导致以等效为偶极天线的形式产生共模辐射的现象，就像第 3 章的辐射耦合机制所叙述的一样。

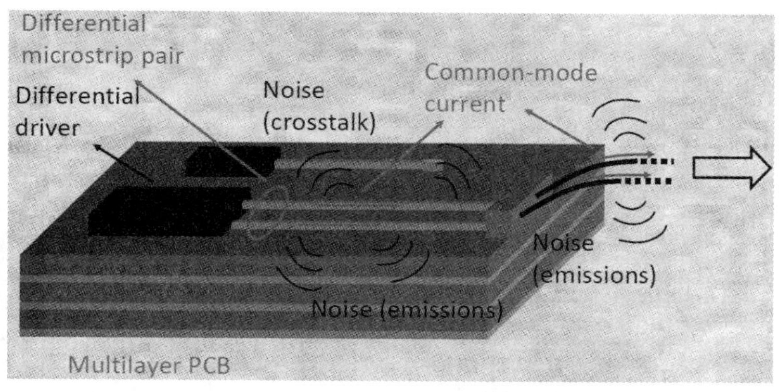

图 5-44　PCB 上的共模噪声

由于模态转换现象的发生是因为差模信号的不平衡，而信号不平衡的原因又可能是差模信号驱动电路本身在源端产生两个相位相差 180°的信号波形就不对称，也可能是信号传输路径上的不对称结构所引发的问题，因此我们接着针对这些可能的不对称因素分别讨论其造成的共模噪声效应。

1. 信号歪斜（Skew）造成的共模噪声效应

要分析信号歪斜现象所产生的共模噪声，可以利用图 5-45 所示的差模信号对中两信道的波形歪斜情形探讨因歪斜程度差异所造成的共模噪声位准。

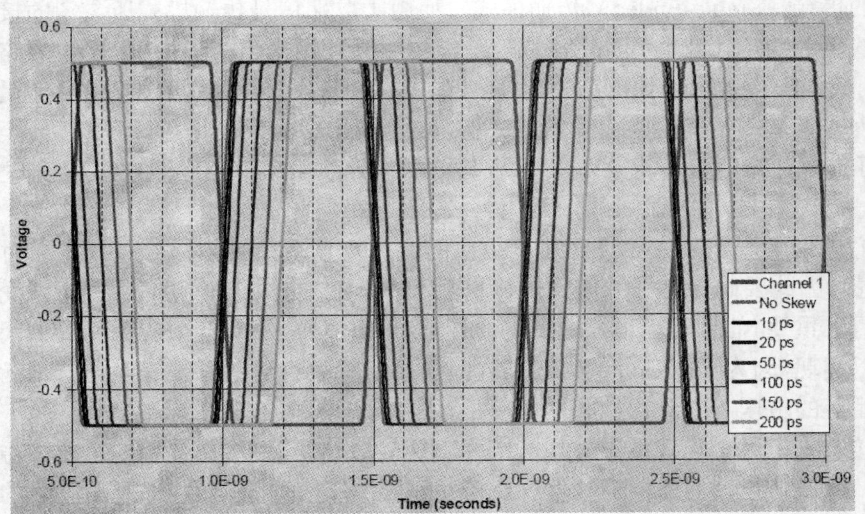

图 5-45 歪斜情形下差模信号各信道的波形

图 5-45 所示的范例传输速率为 2Gb/s，而驱动器输出的上升与下降时间均为 50ps。图中右边的是 Channel 1 的波形，靠左边的是 Channel 2 的波形。从图 5-46 所示的时域结果可以看到信号对中歪斜现象所导致的共模电压，本来完全对称都没有 Skew 的时候，Channel 1 与 Channel 2 两个通道加起来的合成振幅应该是要落在位准 0 的轴线，但因为有了 Skew 后，两个信道正负电压无法完全抵消，所以可以发现当 Skew 越大时，共模噪声的电压就越高，持续时间也越久。

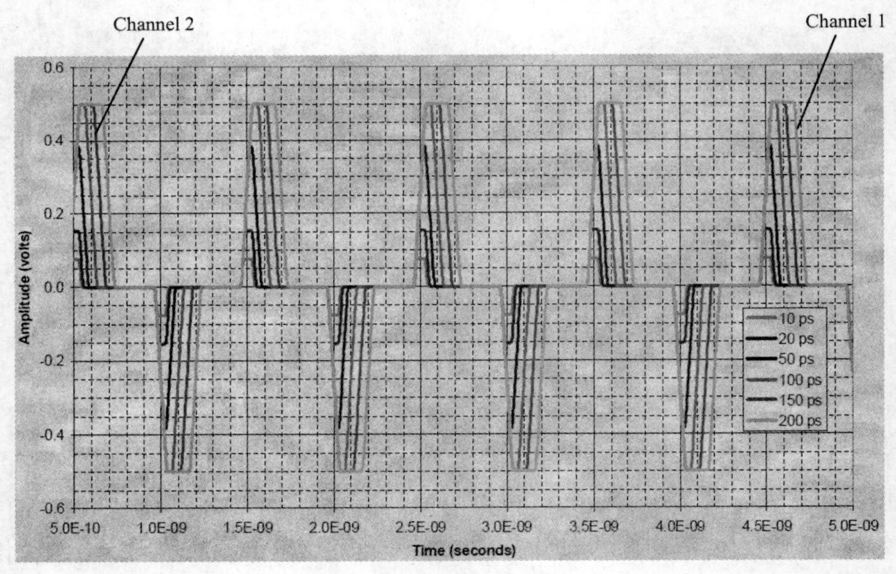

图 5-46 信号对中歪斜现象所导致的共模电压

而差模信号对会造成 EMI 电磁干扰的问题就是因为模态转换而产生共模电压，而电磁干扰现象则必须由频域的角度来看，因此图 5-47 就显示差模信号对中不同歪斜程度所导致的共模电压与频率关系的结果比较，可以发现 Skew 会对不同频率造成不同的共模噪声电压位准。而一般几乎只要有 1%的 Skew 程度，就会造成非常严重的 EMI 电磁干扰问题，而 10%的 Skew 程度大概会造成的电磁干扰位准已经超过测试标准所规定的限制值。

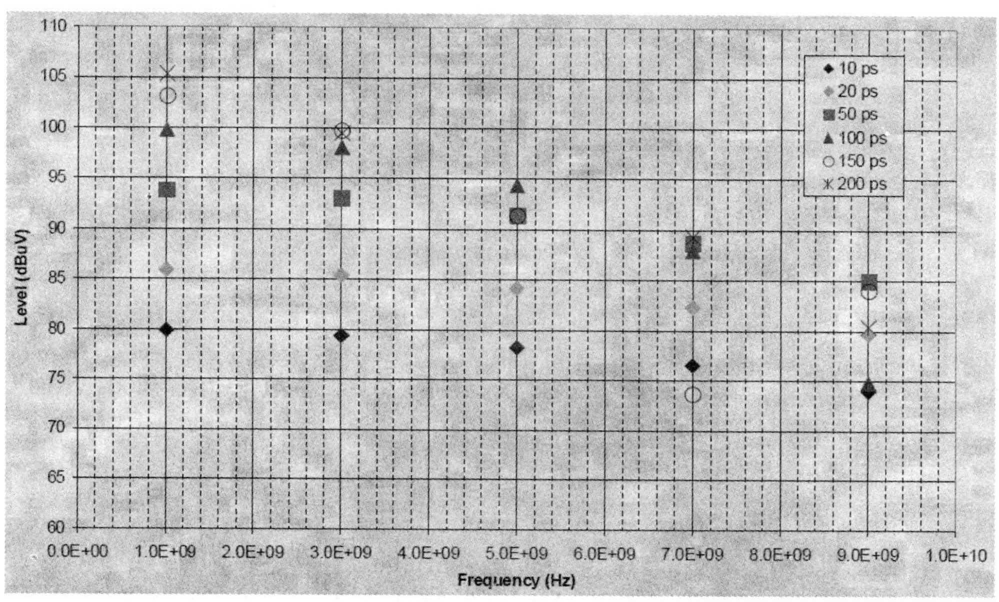

图 5-47　信号对中不同歪斜程度所导致的共模电压与频率关系比较

2. 上升/下降时间不对称造成的共模噪声效应

图 5-48 所示为有关差模信号上升与下降时间不对称匹配的效应范例，差模信号驱动电路在源端所输出的信号波形本身就不对称，其上升与下降时间分别为 50ps 和 100ps，从图 5-48 来看，Channel 1 和 Channel 2 的波形看似相当对称，但实际上却因为转态的时间不一样而有些微差异，如果上升与下降时间完全对称匹配时，则时域波形的合成电压应该为零，结果即为中间水平没有起伏的曲线，电压永远等于零，若因为上升与下降时间的不对称匹配而在一个通道 High 转 Low，而另一个通道是 Low 转 High 的状态转换期间就无法完全对称抵消，纵使 High/Low 的转态时间就差那么一点点，代表合成电压的中间由线就会产生些微突波，也就是共模噪声电压。

图 5-49 和图 5-50 分别显示的是差模信号对上升与下降时间不对称匹配所产生的共模电压，其不匹配的程度（上升时间与下降时间的差异大小）在时域和频域上的比较关系。差模信号对上升与下降时间之间的变化越大，转态的时间点差异越大，而一般的 IC 它的上升与下降时间几乎不会完全一样，所以差模信号对上升与下降时间越不匹配的时候就会产生更大的共模噪声电压；然而从频域来看，因为还要考虑到周期和频率的因素，所以时域的共模噪声位准高就会在所有频率产生较高电磁干扰 EMI 位准。

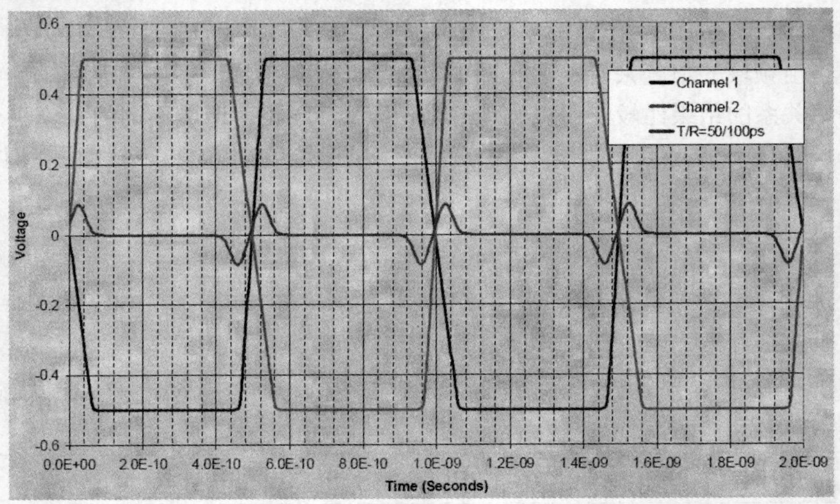

图 5-48　差模信号上升与下降时间不对称匹配的效应

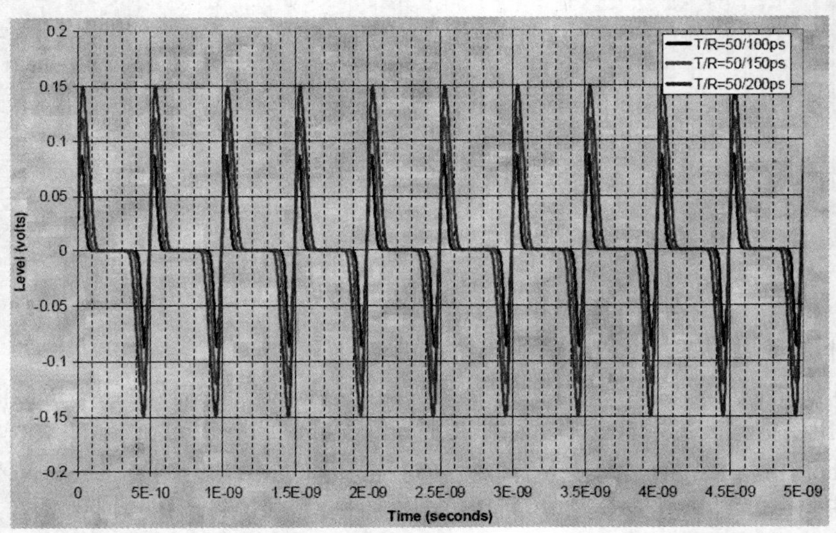

图 5-49　差模信号对上升与下降时间不对称匹配所产生的共模电压

3. 振幅不对称造成的共模噪声效应

图 5-51 所示为有关差模信号状态 High 与状态 Low 的信号位准或是振幅不对称匹配的效应范例，假设其传输速率为 2Gb/s，而驱动器输出的上升与下降时间均是 50ps，但是状态 High 与状态 Low 的信号电位并不完全一样。如果今天的信号标称（Nominal）振幅是 1V，但是状态 High 与状态 Low 的信号电位之间分别相差 10mV、25mV、50mV、100m、150mV 时，其所产生共模噪声电压的状况会如何呢？

振幅相差 1%甚至到 15%的时候，从示波器上看到的波形似乎相差不多，但从图 5-51 和图 5-52 所示的结果来看，其显示差模信号状态 High 与状态 Low 的信号电位不对称匹配所产生的共模电压，其不匹配的程度（状态 High 与状态 Low 的信号振幅差异大小）分别在时域和频域上的比较关系，而随着时间变化，振幅不匹配越严重的时候，噪声电压就会更大；而从频率角度来看，这样的共模噪声电压就容易在所有频率振幅不匹配越严重时导致越严重的 EMI 电磁干扰问题。

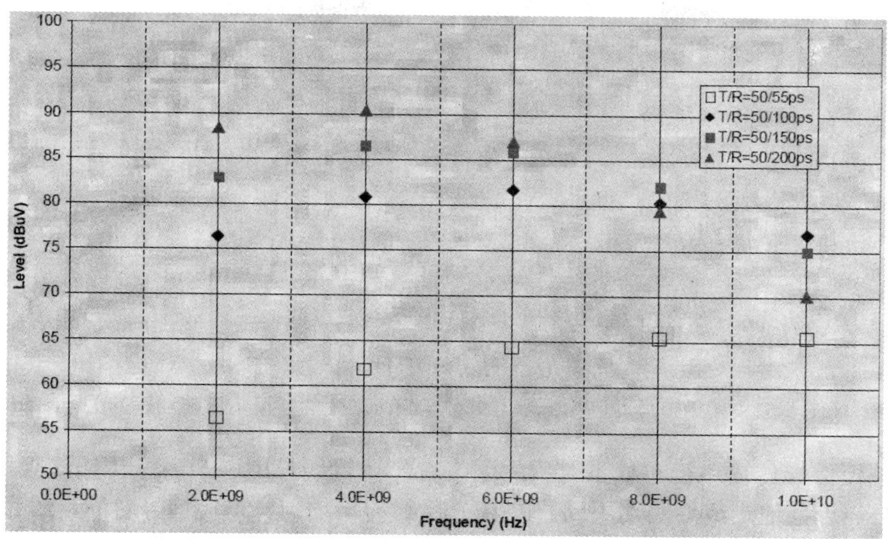

图 5-50　差模信号对上升与下降时间不对称匹配所产生的共模电压与频率的关系

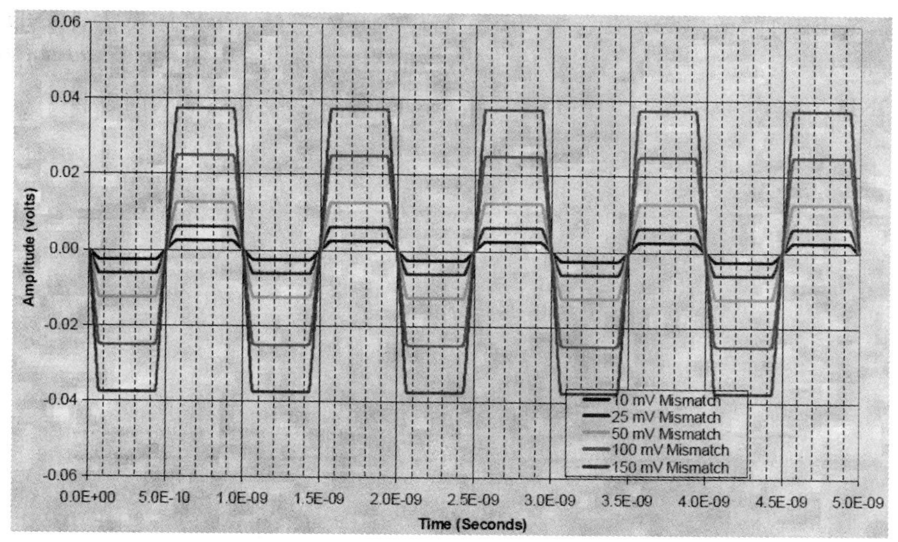

图 5-51　差模信号对因为振幅不对称匹配所导致的共模电压

4. 布线不对称造成的共模噪声效应

上述探讨的因素都是信号源驱动电路的不对称效应，下面接着来分析因为驱动电路外部的信号路径布线不对称所造成的共模噪声效应。要改善差模信号传输特性，两条紧靠的差模信号对走线的结构与环境就要相当平衡，也就是要改进布线的对称性，因此两者在行进过程中所看到的状况应该要一模一样，否则只要因为结构不对称而引发两信号出现不平衡现象时就会因两导线上的电压无法完全抵消而产生共模噪声电压。

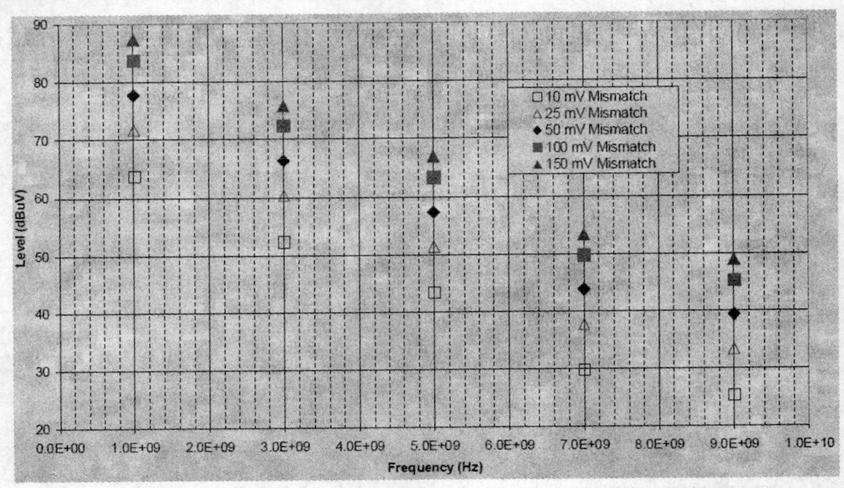

图 5-52 差模信号对因为振幅不对称匹配所产生的共模电压与频率的关系

影响差模信号传输路径布线不对称的因素有：传输线长度不一致、传输线阻抗不同、差模信号对与邻近其他走线的距离不同、PCB 介质材料不均匀、差模信号对的走线靠近 PCB 边缘、传输线有转弯、多层板 PCB 传输线与穿层贯孔的距离不同等因素，这里就针对多层板 PCB 传输线穿层贯孔与接地贯孔的距离不同所产生的布线不对称效应为例来加以分析，如图 5-53 所示的结构，图中有两条信号走线经过贯孔穿层，而其旁边有一个接地贯孔（GND Via），其中左边的传输线只会看到右边的另一条传输线，然而右边的传输线会同时看到左边的传输线和其旁边的 GND Via，所以会发现因为布线结构不对称而发生模态转换的问题。

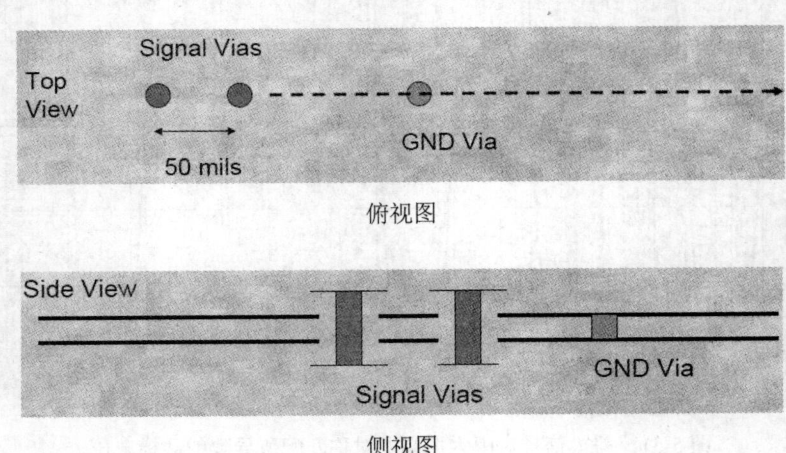

图 5-53 贯孔位置不对称结构

图 5-54 和图 5-55 所示分别是单层与 11 层 PCB 不同贯孔长度情况下信号线贯孔与接地贯孔不对称的模态转换现象，其中 PCB 的每层板厚为 10 mils，两差模传输线的距离为 50mils，纵轴代表的是模态转换因子，如果越大的话，模态转换效应就会更严重。从图中显示的结果来看，如果接地贯孔 GND Via 越靠近，则发现不对称性就会更明显。另外，因为图 5-55 显示的是贯孔总共有 11 层厚度的多层板 PCB，因此贯孔长度较长，模态转换因子就会增加。

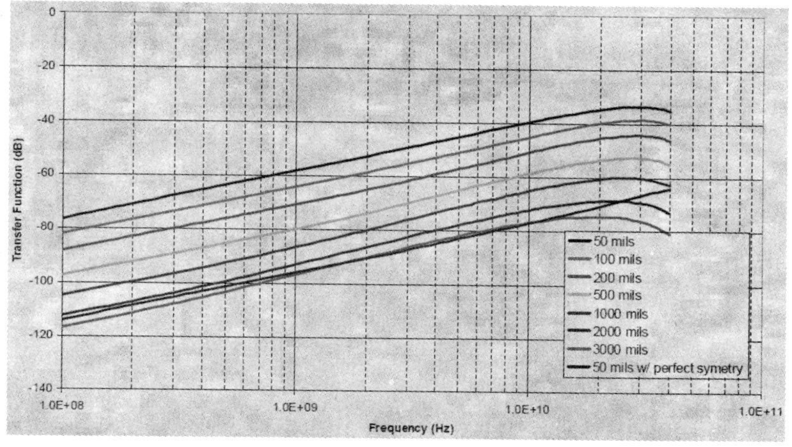

图 5-54 单层 PCB 由于接地贯孔位置不对称结构所造成的模态转换因子

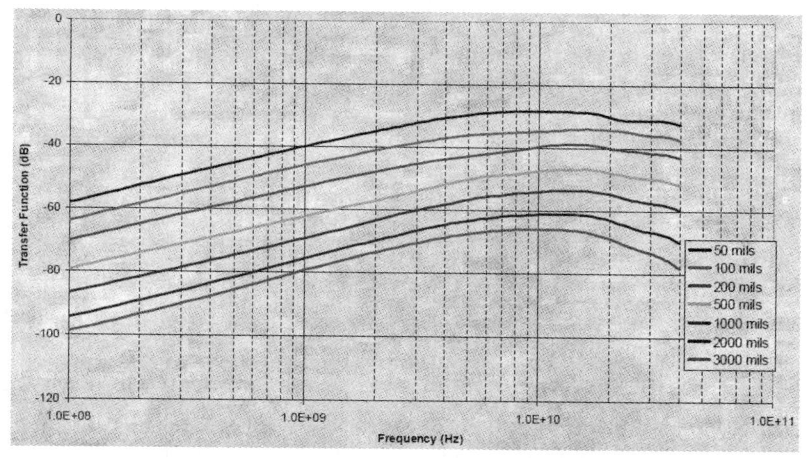

图 5-55 11 层 PCB 由于接地贯孔位置不对称结构所造成的模态转换因子

因为影响差模信号传输路径不平衡的因素，进而导致模态转换问题的因素有：传输线长度不一致、传输线阻抗不同、差模信号对与邻近其他走线的距离不同、PCB 介质材料不均匀、差模信号对的走线靠近 PCB 边缘、传输线有转弯、多层板 PCB 传输线与穿层贯孔的距离不同等，这些都与布线相关，所以差模信号对设计的最大问题就是 PCB 布线的要求是非常严格的，如果今天有一个完美的对称结构，模态转换因子就会降低，反之，不对称性增加时模态转换因子就会变大。例如图 5-56 所示的范例，如果是将接地贯孔置于两传输线贯孔之间的对称位置时（如圆圈标示），因明显改善结构对称，所以其转换因子也远较非对称布线结果（如上方曲线标示）为佳。

由于共模噪声几乎是无法避免的，只要存在微小的共模噪声电压，对信号完整性（SI）来讲也许不会有很明显的效应，然而对电磁干扰（EMI）问题而言，它所导致的共模电磁干扰就会很明显，当频率超过 1GHz 时，1mV 的共模噪声电压就会激发很强的电磁场而导致 EMI 问题，所以必须要使用滤波器。

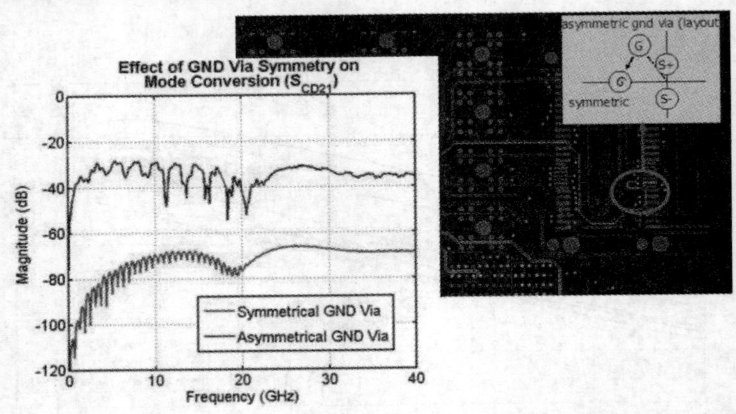

图 5-56　接地贯孔对称性对模态转换的影响

上述效应在高速连接器上产生的问题越来越严重，因此应试着抑制模态转换效应的发生，也就是通过补偿技术来达到目的。例如额外增加长度、增加电容或电感效应以改善 skew 及阻抗不匹配的效应、改善高速连接器的设计，所以从 EMC 的系统角度来看，甚至要考虑到 3D 电磁仿真软件的使用。图 5-57 所示就是某种高速连接器经过补偿前与补偿后的模态转换改善范例。

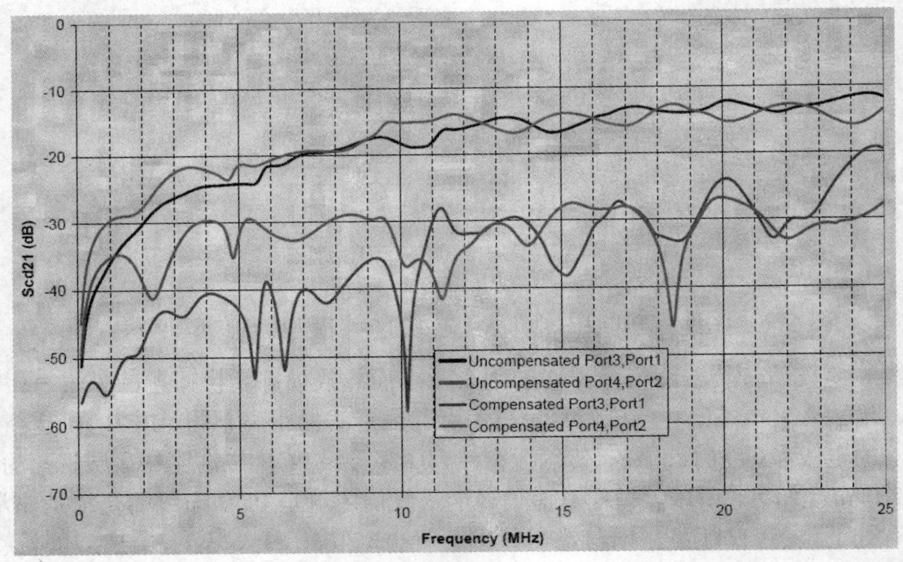

图 5-57　高速连接器模态转换范例

前面探讨完差模信号传共模信号而使传输效能恶化的模态转换现象与效应后，下面就来详细地进行信号模态转换的分析。因为在讨论信号完整性议题的时候必须要思考一下：当把两段传输线 a 与 b 连在一起时会发生怎样的情况？

如果 a=b 就没有问题，但如果两个不相等就会产生问题，只要有阻抗不连续包含并联或因为其他结构改变就会造成反射。匹配的问题纯粹是看阻抗有没有连续，如果没有连续就会造成反射（如图 5-58 所示），有反射就会形成共模噪声，可是谈平衡的问题一般是总电流，如果去和回的电流没有一样多就是不平衡，如果电流如图 5-59 所示地被分流成（*ha,hb*）就会造成模态转换现象。如果电流没有分流就是平衡；但如果线路走过去有接地电容或寄生效应，有些电流来到这边会经由第三个接地回来，所以过去的电流不一样，就叫不平衡，当有不平衡时便会产生模态转换。

Matching
Mismatching
$Z_a = Z_b$
$Z_a \neq Z_b$
Z_a
Z_b
No reflection
Z_a
Z_b
Reflection occurs

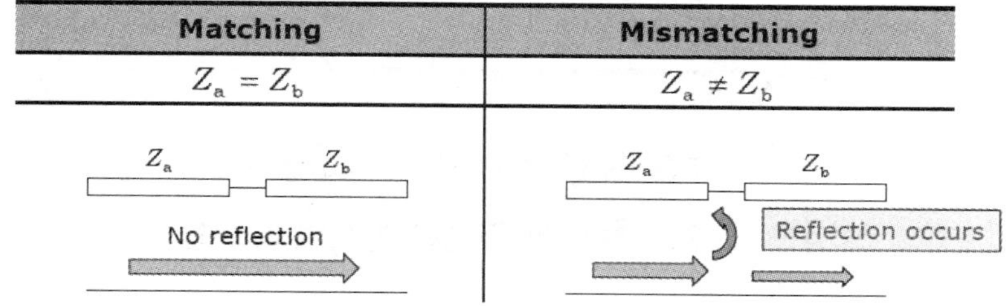

图 5-58　两段传输线连接时的匹配（左）与不匹配（右）现象

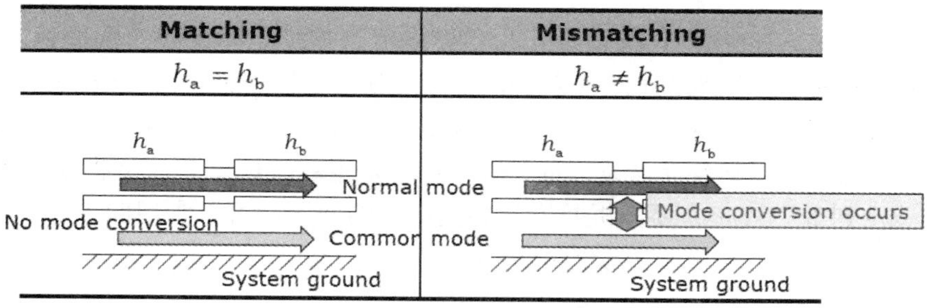

Matching
Mismatching
$h_a = h_b$
$h_a \neq h_b$
h_a
h_b
Normal mode
No mode conversion
Common mode
System ground
h_a
h_b
Mode conversion occurs
System ground

图 5-59　不平衡匹配

电流分流因子越大代表越多电流，因为寄生电容会回到原来路径，如同上面走线与下面信号线是不平衡。当在不同的截面上时就是走线的宽度或厚度不一样或截面的形状改变就会产生不平衡因子。

信号完整性的问题可以通过眼图看出，图 5-60 所示的电路结构，在 PCB 上是微带线形式，两 PCB 间则是双导体缆线；如果发射端（Transmitter）为振荡器，而接收端（Receiver）为匹配的负载时，图 5-61 所示为其信号的眼图结果，其中上图经抑制没有共模而只有差模信号，所以眼图的振幅和宽度都很好，下图则是因为有共振和传输截面结构的不同造成不匹配。会造成共模是因为有分流，分流的部分有些信号会耦合到另一条线上，所以眼图会极度失真。

Transmitter
Two-wire Cable
Receiver
MSL on PCB
MSL on PCB
System GND

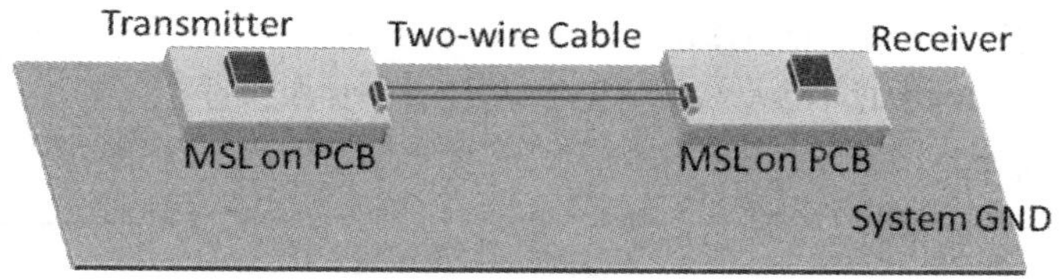

图 5-60　电路串接形式

针对不平衡的考虑目的，首先要知道哪些地方造成不平衡，原来连接器和传输线与连接器上面的线的截面结构不一样，所以这边必须知道到底哪里造成电流分流并确定是什么机制（例如串扰或接地贯孔效应等）；再来是要怎么降低模态转换效应，也就是设计的时候要考虑结构对称性，不要 skew，选择差模信号传输方式，因为它理论上是完全对称的。最大的问题是 SI 和 EMI 都是由共模噪声电压造成的，而共模信号绝对是完全没有用的噪声，那是因为设计出现问题，所以一定得把共模噪声压抑下来才可以。

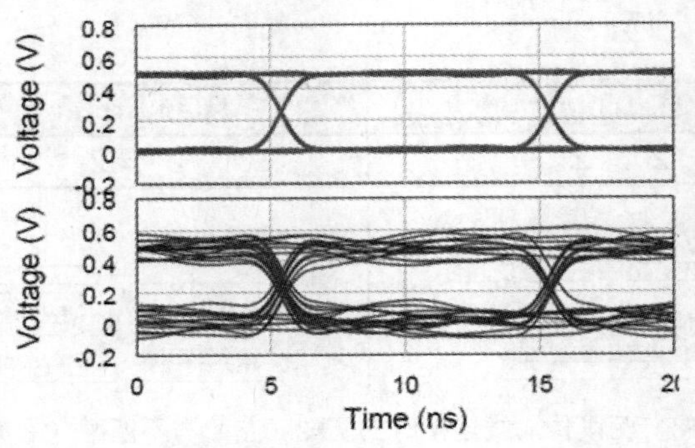

图 5-61　模态转换效应

在导体上的差模（也称为正常模态）与共模电流，差模是两条线一去一返，共模绝对是噪声而没有指定的回路，也就是通过寄生电容效应找到低阻抗路径返回，共模与寄生电源有关，信号经由传输线到负载端接地回路回来，这一接地即为系统的结构，两个相加为共模，相减得到差模。共模的两个信号接往负载端，负载端一定有寄生的接地电容从负载端流回去，因此共模才一定会涉及到寄生效应。要分析差模与共模电流的问题，可以利用图 5-62 所示的三导体系统结构。

Currents I_1 and I_2 flowing along balanced transmission line

Divided into two components

$$\begin{cases} I_1 = I_n + \frac{1}{2} I_c \\ I_2 = -I_n + \frac{1}{2} I_c \end{cases}$$

- Normal mode (in opposite phase)
    - Also called differential mode

$$I_n \equiv \frac{I_1 - I_2}{2}$$

- Common mode (in phase)
    - Return current flows along system ground

$$I_c \equiv I_1 + I_2$$

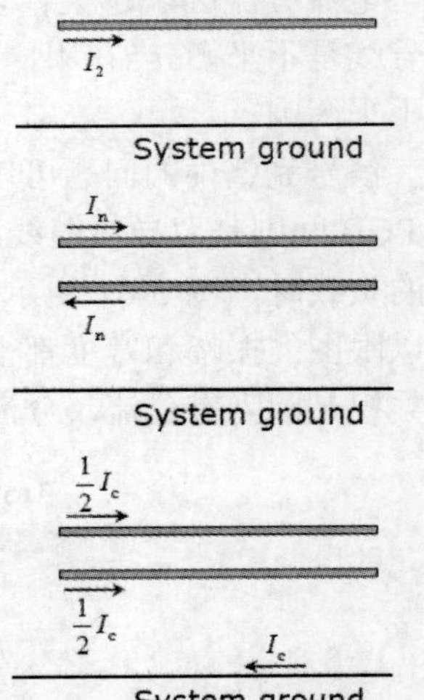

图 5-62　三导体系统的差模与共模电流

与模态转换息息相关的电流分配因子 h 分成平衡的和不平衡的，其主要问题均在于差模信号对、电流流经线#1 和整条系统线路的比值（称为电流的比值或电流分配因子 h），如图 5-63 所示，其中#1 即为总电流，因差模是有用的，故此处仅显示共模，但要差模与共模的模态转换，一般在测量传导干扰时是分别测量两线对接地，比值为在线#1 上流动的共模除以流经接地的电流即为电流分配因子。平衡时两条线大小一样，若为走在内层板的带线，则很多是不对称的，是不平衡的。

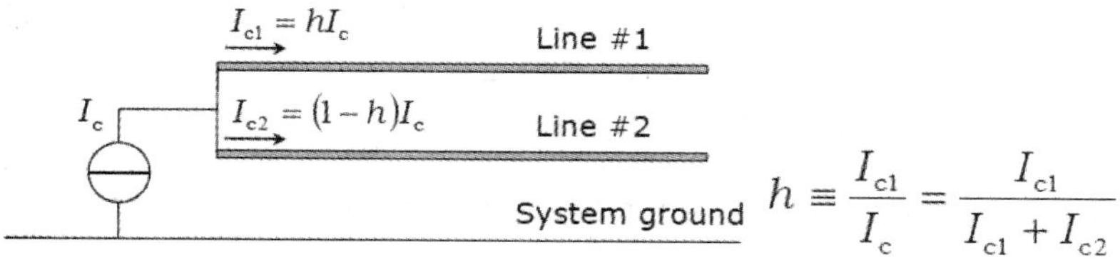

$I_{c1}=hI_c$
Line #1
I_c
$I_{c2}=(1-h)I_c$
Line #2
System ground
$h\equiv\frac{I_{c1}}{I_c}=\frac{I_{c1}}{I_{c1}+I_{c2}}$

图 5-63　电流分配因子 h

接着为不平衡线的部分，一般共模电流在内部线距不同的两条线中就会有不平衡的状况。分配因子依照图 5-64 所示和刚刚所提到的定义可知 $I_1=I_n+hI_c$，$I_2=-I_n+(1-h)I_c$，在讨论运算放大器时，由于运算放大器的增益很大，需要无穷大的共模抑制比（CMRR），故只要将有用的差模信号放大，两个相加得到的即为共模噪声。若完全对称时即为平衡，电流分配因子 h 为 0.5 代表不匹配程度。

$$\begin{cases} I_1 = I_n + hI_c \\ I_2 = -I_n + (1-h)I_c \end{cases}$$

Ex. $h = 0.5$ on balanced line

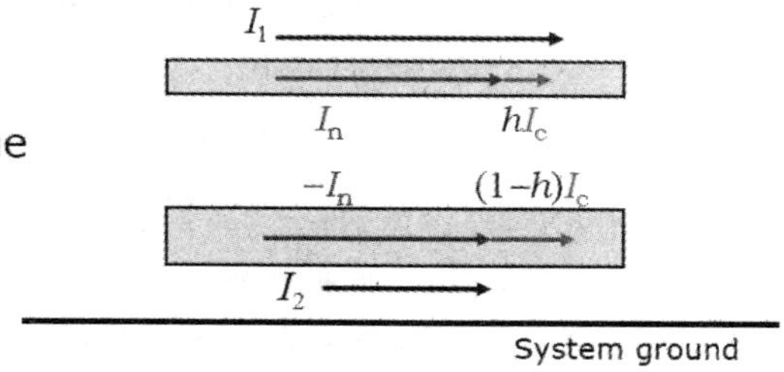

I_1
I_n
hI_c
$-I_n$
$(1-h)I_c$
I_2
System ground

图 5-64　不平衡线的电流分配因子 h

图 5-65 所示为电流分配因子的计算与对应寄生电容的关系，也说明如何利用 2D 电磁分析软件去计算电流分配因子。其中有一系统的接地与两条线，线与线间两两互容，若为平衡时，则 $C_{12}=0$。

- TEM mode propagation assumed
- 2-D analysis applied

$$h \equiv \frac{I_{c1}}{I_c} = \frac{I_{c1}}{I_{c1}+I_{c2}} = \frac{Q_1}{Q} = \frac{Q_1}{Q_1+Q_2} = \frac{C_1V}{C_1V+C_2V} = \frac{C_1}{C_1+C_2} = \frac{C_{11}+C_{12}}{C_{11}+C_{22}+2C_{12}}$$

$I_{c1}=hI_c$
Line #1
I_c
$I_{c2}=(1-h)I_c$
Line #2
System ground
Line #1
C_{12}
C_1
Line #2
$(=C_{11}+C_{12})$
C_2
$(=C_{22}+C_{12})$
System ground
Cross-sectional view

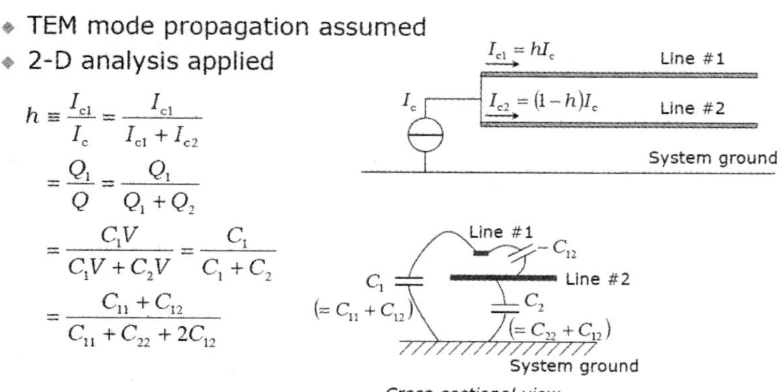

C_1, C_2: self-capacitances of conductor #1 and #2

C_{11}, C_{12}, C_{22}: elements of capacitance matrix

图 5-65　电流分配因子的计算

信号由Line#1出去Line#2回来，系统接地就像是机壳，这就是所谓的三导体系统，在进行电流分析时，I_1、I_2、V_1、V_2就是Line#1和Line#2上的电流和电压。在这样的三导体系统中，模态电压分为共模和差模，在导体1与2上各自都有电压电流，它们分别由共模和差模造成，故在进行模态转换时不像原本只针对线1和线2上的电压电流，而是把它分为有用的差模和没用的共模，此即为模态的分解方式，如图5-66所示。

Actual voltage $\boldsymbol{V}$ and current $\boldsymbol{I}$ in three-conductor system

$$\boldsymbol{V}=\begin{bmatrix}V_1\\V_2\end{bmatrix},\quad \boldsymbol{I}=\begin{bmatrix}I_1\\I_2\end{bmatrix}$$

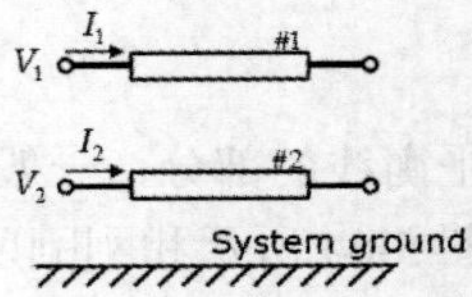

- V_1, V_2 : actual voltages of line #1, #2
- I_1, I_2 : actual currents of line #1, #2

V_1 I_1 #1
V_2 I_2 #2
System ground

Modal voltage $\boldsymbol{V}_{\mathrm{m}}$ and current $\boldsymbol{I}_{\mathrm{m}}$ in three-conductor system

$$\boldsymbol{V}_{\mathrm{m}}=\begin{bmatrix}V_{\mathrm{n}}\\V_{\mathrm{c}}\end{bmatrix},\quad \boldsymbol{I}_{\mathrm{m}}=\begin{bmatrix}I_{\mathrm{n}}\\I_{\mathrm{c}}\end{bmatrix}$$

- V_{n}, I_{n} : normal-mode voltage and current
- V_{c}, I_{c} : common-mode voltage and current

图5-66　模态的分解

通过模态的分解方式可以分析什么是模态转换。模态转换不管在什么问题中都是相当严重的，不管是信号完整性还是连接器性能。我们可以把一个三导体系统拆解为如图5-67所示的使用模态转换源的模态等效电路，其中G为信号源，L为负载，h为分配因子，若在比较高阶时，可以把模态转换拆为差模和共模。在差模时，若h_{G}不等于h_{L}，则会有电流由中间流下来，而这些电流即为模态转换，故我们希望h_{G}与h_{L}相等，代表完全不会有模态转换现象。而利用模态转换电流即可算出共模的等效结构。

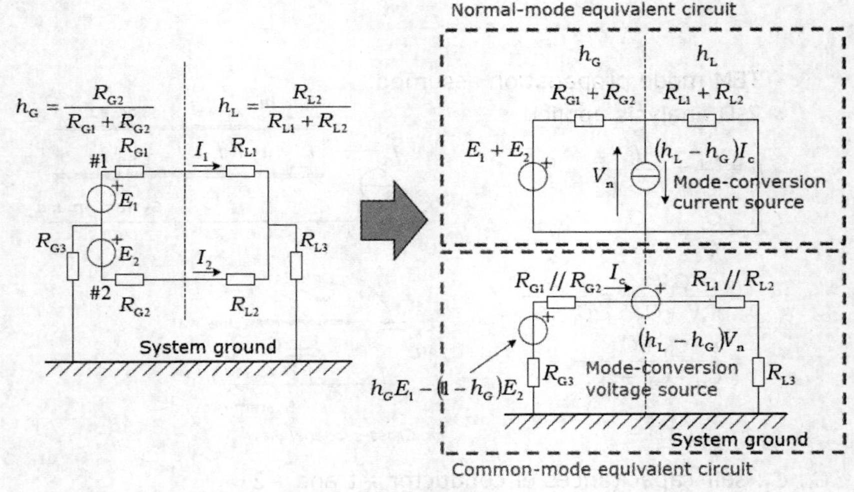

图5-67　使用模态转换源的模态等效电路

图5-68所示为利用电磁仿真软件确认模态转换模型的正确性，这是一个三导体系统。会

看到微带线，因为很多介电系数会随频率改变，所以先假设不考虑介电系数，表 5-1 所示为它的参数资料。

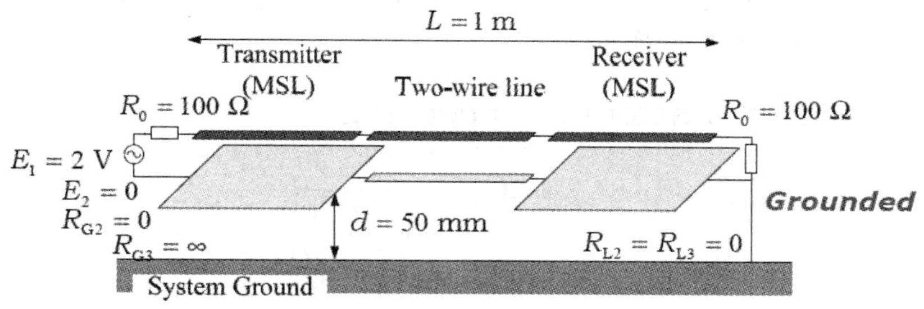

图 5-68　模态验证：与电磁模拟结果的比较

表 5-1　三导体系统分析结构的参数

	Item	Value
MSL	Line width (mm)	2.5
	Return plane width (mm)	30
	Line-plane separation (mm)	1.6
	Cu thickness (mm)	0.035
	Line length (mm)	70, 30
Two-wire line	Diameter (mm)	1.17
	Center separation (mm)	1.6
	Line length (mm)	900

图 5-68 所示的结构可以如图 5-69 所示分成五段等效电路，即信号源端与接地、微带线与接地、两条导线与接地、微带线与接地、接收端与接地，这五处会由分流现象来做分析，其中差模的等效电路均为回路，但共模只有单点馈入，很像偶极天线。

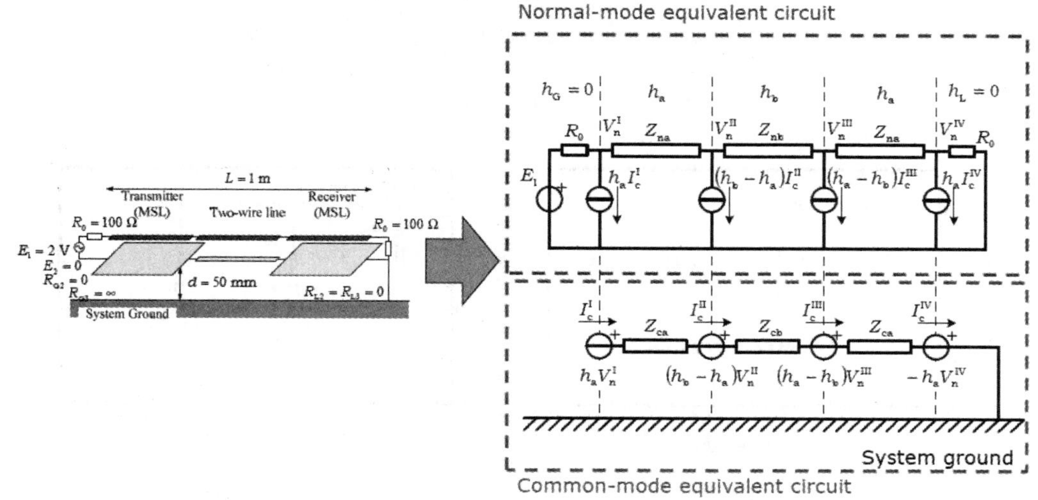

图 5-69　电路系统分析的模态等效电路

接下来用每小段的电容和电感计算阻抗，微带线其实不是真正的横向电磁波模态，但在这里的双导体为了方便起见都叫做 TEM 模态。差模（或正常模态）的阻抗为光速乘上某一个东西，而共模因为与系统接地间有寄生效应故有电容，所以才会造成分流而导致模态转换的问题，其特性阻抗的计算如图 5-70 所示。

Normal-mode characteristic impedance

$$Z_{\mathrm{n}}=\sqrt{\frac{L_{11}+L_{22}-2L_{12}}{C_{11}C_{22}-C_{12}^{2}}\left(C_{11}+C_{22}+2C_{12}\right)}=\sqrt{\frac{L_{11}+L_{22}-2L_{12}}{\dfrac{C_{11}C_{22}-C_{12}^{2}}{C_{11}+C_{22}+2C_{12}}}}=\frac{L_{11}+L_{22}-2L_{12}}{\sqrt{\mu_{0}\varepsilon_{0}}}$$

Common-mode characteristic impedance

$$Z_{\mathrm{c}}=\sqrt{\frac{\dfrac{L_{11}L_{22}-L_{12}^{2}}{L_{11}+L_{22}-2L_{12}}}{C_{11}+C_{22}+2C_{12}}}=\frac{\sqrt{\mu_{0}\varepsilon_{0}}}{C_{11}+C_{22}+2C_{12}}$$

图 5-70　模态特性阻抗

接着看到差模与共模的成分。图 5-71 中的箭头处是系统中心点，左为发射源，差模阻抗为 100Ω，振幅为 2V，微带线接到连接器，连接器再经由负载端微带线接至系统接地。结果发现，差模的电流在 λ/4、3λ/4、5λ/4 等处会因为阻抗不连续而形成共振，差模因为一去一回，所以一直有电流，且一正一负相互抵消；但共模在 λ/4、3λ/4、5λ/4 等处会发生辐射，所以绝大部分的地方不明显，在产生共振的地方就会产生明显的辐射。

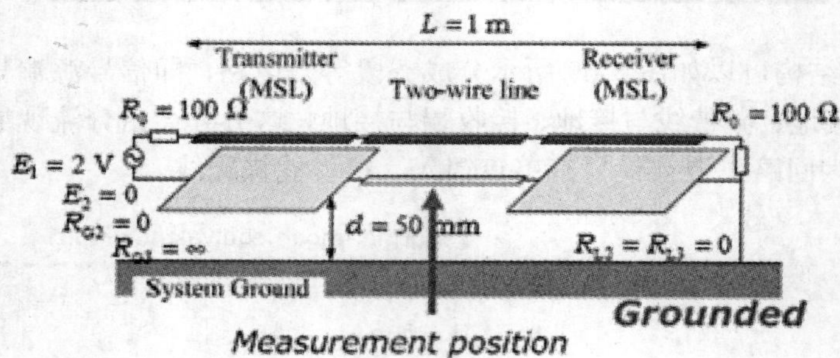

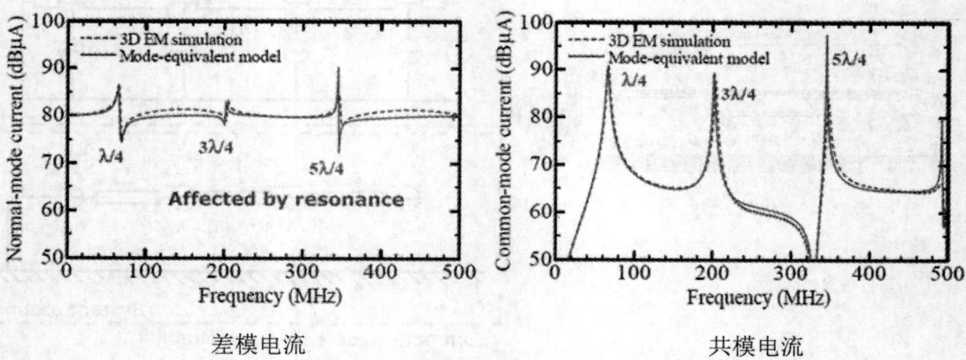

图 5-71　负载短路差模与共模电流的比较

若不像前例把接地短路，因为那会有阻抗不连续而形成共振，而是像图 5-72 所示的范例在负载与地间用阻抗匹配的方式，会发现若在终端做阻抗匹配，则不容易产生反射，就可以压抑共振。所以这就是为什么不管任何连接器或信号走线都要避免有阻抗不连续以免产生共振而导致信号完整性变差。

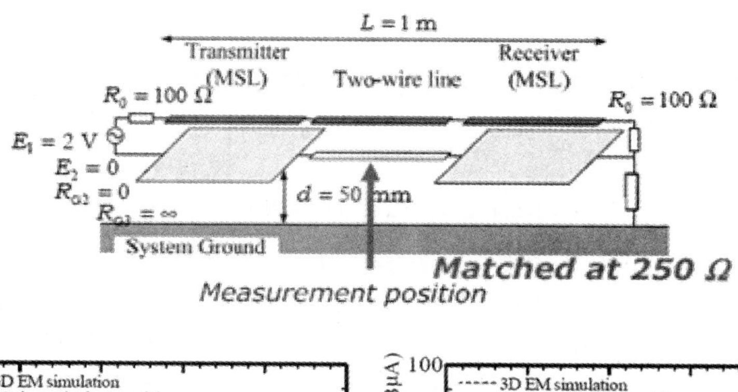

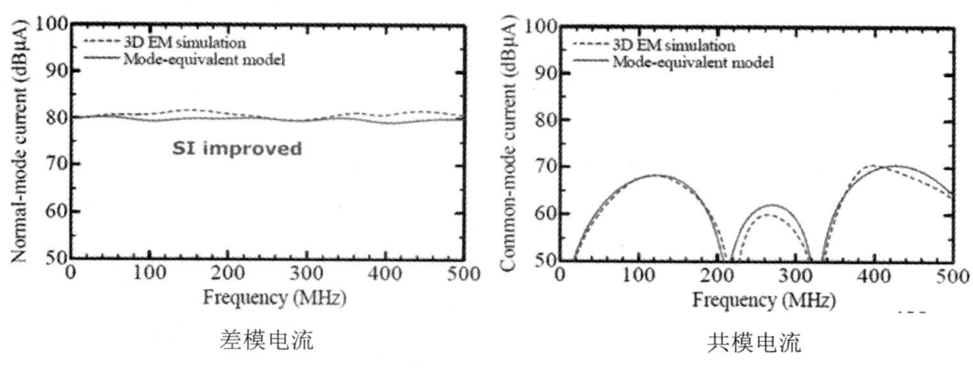

差模电流 共模电流

图 5-72 负载匹配情况下差模与共模电流的比较

如果两 PCB 之间的传输结构完全用平衡方式，即不用两条线而改用同轴缆线，且只用负载 5Ω 来做分流，如图 5-73 所示，所谓的平衡即为来回的信号一样，因此负载与接地之间几乎没有电流，故有无 5Ω 对其影响不大，由于加了同轴缆线让其电流不用由系统接地流回，只因为有经过接地的皆为不平衡。结果可以看到差模的电流很平滑，共模则因为越高频波长越大，故在越高频会共振越大，容易产生辐射，但在低频部分却比其前面还低，所以在模拟时要思考用怎样的结构来分析共模与差模。

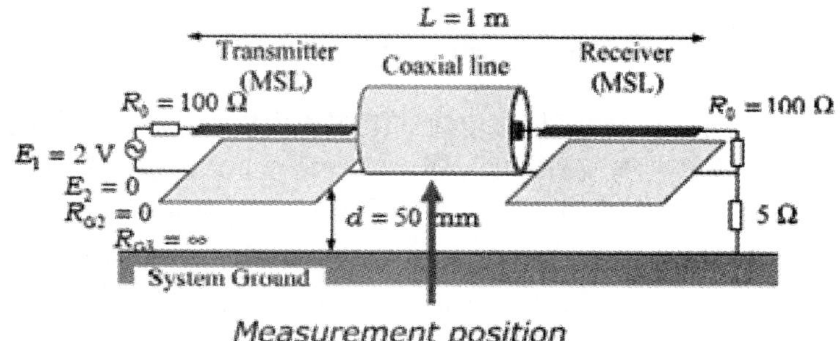

图 5-73 负载匹配情况下差模与共模电流的比较

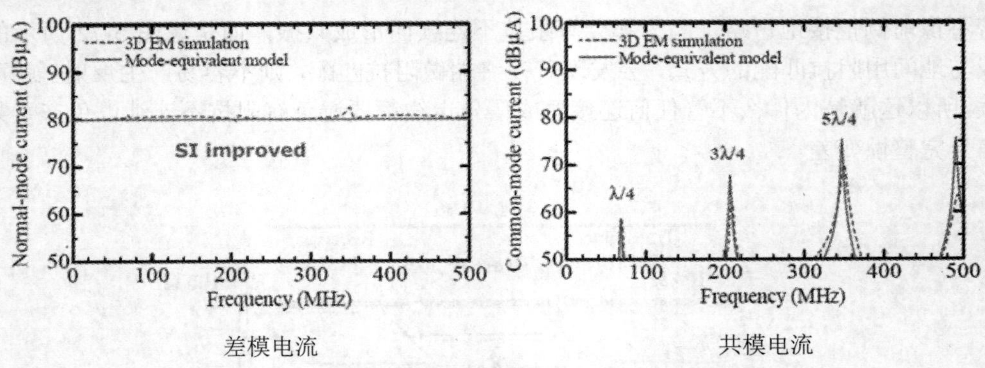

图 5-73 负载匹配情况下差模与共模电流的比较（续图）

那么一般用什么方式进行比较呢？如图 5-74 所示，在实验室一般都有电流探棒，有些人也会用主动式的探棒，就是直接接触在测试点上面观看电流，另一种方式则是测共模电流，如果是差模则刚好一去一回磁通量抵消。环柱型电流探棒的圈柱是由磁性材料组成的，那么电流流过去产生的磁通量就可以被接收，单独看一条线一定会有磁通量，如果是差模因为磁通量会相互抵消所以测不到，因此这一方式只适用于共模测量。对于发射端（Transmitter）也要设计，希望噪声是由它自己产生的，而不是来自外面的电源，所以使用干电池，使用干电池代表真正的噪声是由这个发射端所产生的，因为如果万一供电是接外面的电源线，那么说不定量测到的是连接外面的线将噪声带进来的。图中的测试配置，微带线的噪声电流就用接触式电流探棒测，如果是观察双线束或是同轴缆线有没有共模噪声，则利用环柱型电流探棒来测。

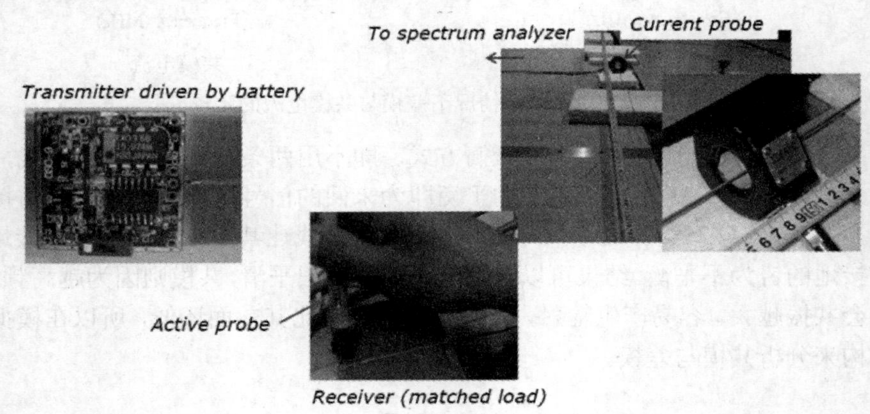

图 5-74 利用量测方法验证模态电流

图 5-75 所示为利用量测方法验证模态电流的架构和规格，其中有微带线、振荡器、接收机、线长 3m、电压 1V、接地高度 5cm，PCB 距离地也是 5cm，在这个部分就会看到，在 PCB 板上面的电流分配因子是 0.024，在双线束上面的是 0.494，因此就会发现相当的不对称。再者差模阻抗都是 100Ω，共模阻抗则分别是 90Ω 和 270Ω，会不一样的原因是差共模就类似奇偶模，阻抗是 L/C 的平方根，那么就必须要知道两个之间互容和互感的效应，如果是差模代表两个电压差很大，会有很大的电场或电容，但如果是偶模两个电压是一样的，就没有电位差，没有电场就没有互容，所以奇偶模跟共模差模就是从哪个角度来看。

	MSL on PCB	Two-wire line
Current division factor	0.024	0.494
Normal-mode characteristic impedance (Ω)	100	100
Common-mode characteristic impedance (Ω)	90	270

图 5-75　利用量测方法验证模态电流的架构和规格

图 5-76 所示的共模电流量测结果分别是两端都接地（左图）、一边开路一边接地（右图）。结果是测中心这点，因为共模最担心的就是在两条线电流同样方向，就像两条紧紧靠在一起的偶极天线。那么另一个量测中间的理由是，就像天线的电流分布一样，希望中间电流最大两边最小。从图 5-76 所示的这两个例子就会发现有接地和没接地产生的共振现象是不一样的。

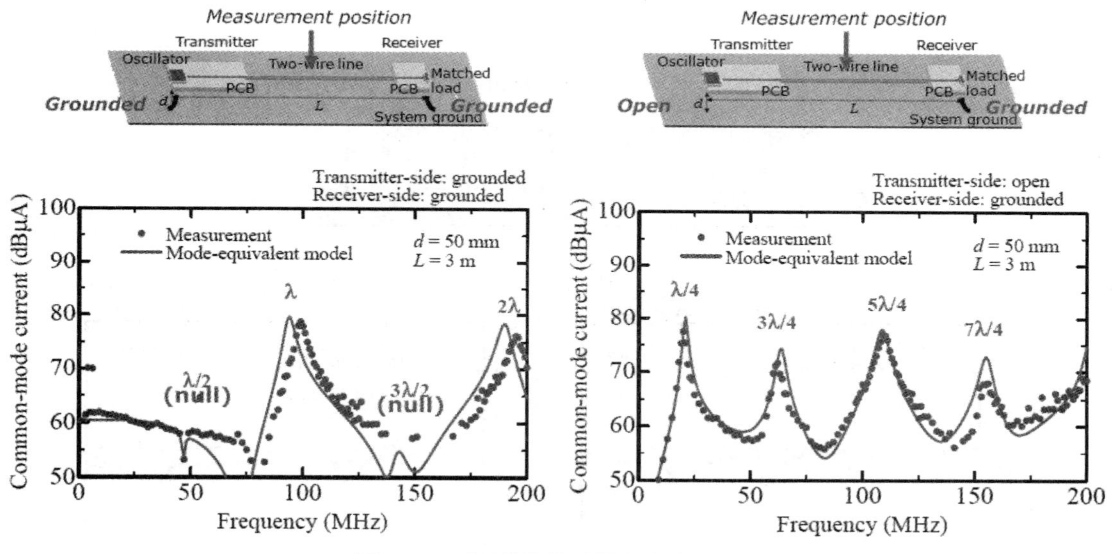

图 5-76　不同终接的共模电流量测结果

既然共模电流是个大问题，如果针对这个共模进行匹配，这里发射端维持开路状态，但是负载端在 PCB 板的接地和系统的地之间加了一个 270Ω 的电阻进行匹配，如图 5-77 所示，与原本发射端开路而负载端接地的结果（左图）相比较，匹配之后的结果（右图）可以看到共模电流明显地降下来了，其中 270Ω 并不是要匹配接收端也不是匹配微带线，而是要匹配最重要的双线束中的两条线。

观察完共模电流后，接下来分析对电磁干扰造成最重要影响的共模电压情形，发射端仍是开路，从图 5-78 可以发现负载端接地时（左图），在 λ/4、3λ/4、5λ/4 等处有明显的共振，但从匹配之后的共模电压结果（右图）可以看到在低频的地方就变得比较平滑了，也就是没有造成明显的共振。

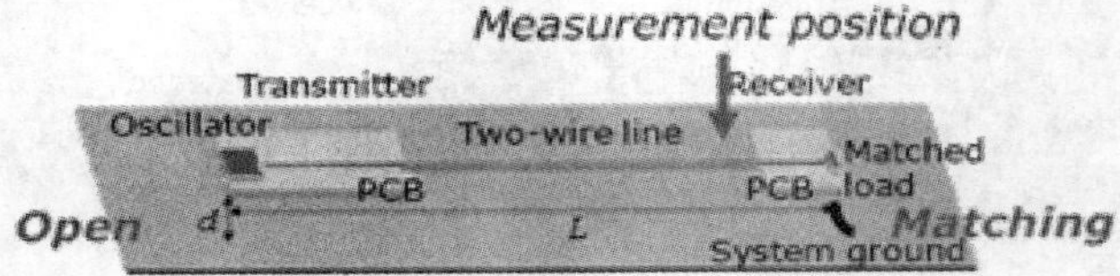

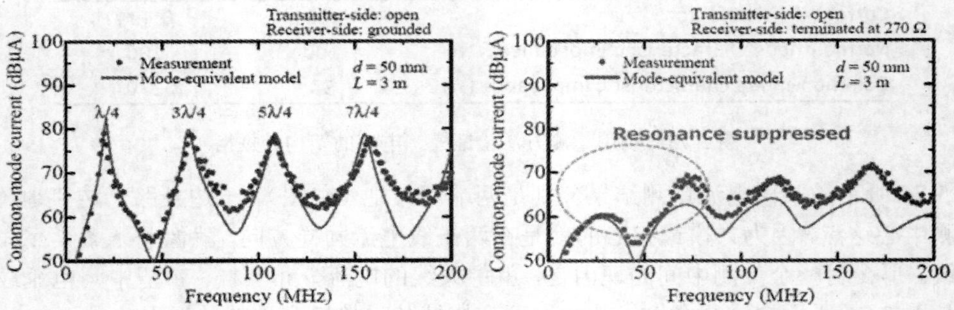

图 5-77　对共模匹配以压抑共模共振的共模电流量测结果

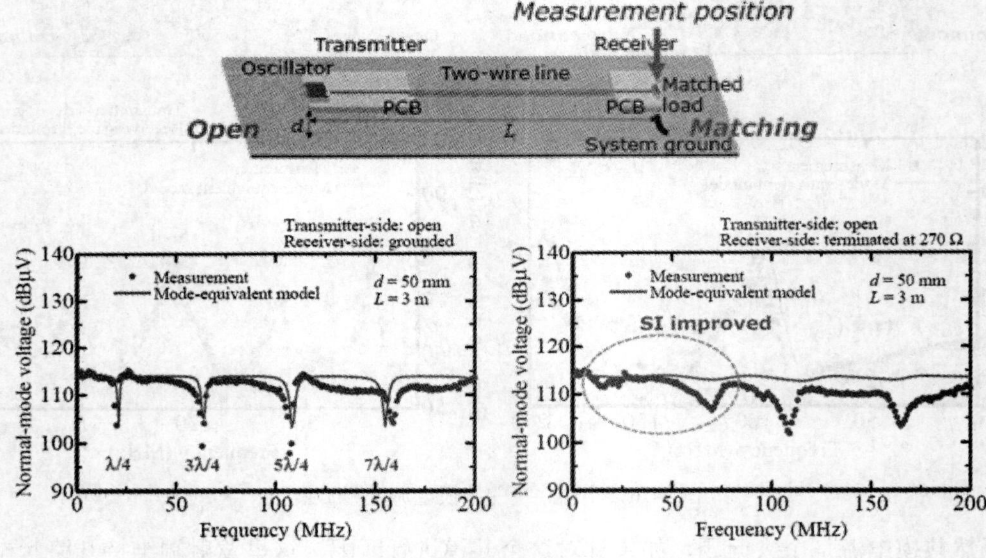

图 5-78　对共模匹配以压抑共模共振的共模电压量测结果

最后可以从上述范例的分析来归纳观察结果，在负载端接地时有的共模噪声在共模匹配之后就被抑制下来，而且眼图也明显改善了（如图 5-79 所示），因为当进行了匹配后，可以使得共模的影响几乎消失于无形。但是由图 5-78 发现其实只改善了低频部分的共模电压，那些高频部分的共模噪声还是会造成电磁干扰的效应。所以呼应了第 2 章曾提到过的：一般的研发工程师看的是波形，SI 信号完整性工程师大概只看到一定的频率而已，而 EMI 工程师则还要关注更高频率的部分。

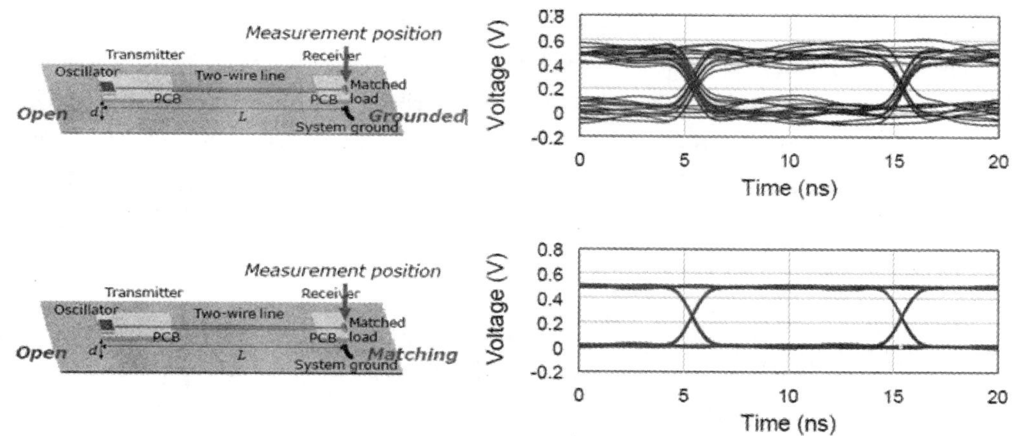

图 5-79 借共模匹配改善信号完整性在匹配负载处观察到的电压眼图

5-3 高速率串接链路分析

前面讨论过有关信号完整性的各项设计议题以及各种因素可能造成的影响，同时也探讨了共模噪声电压产生的机制，接下来就可以利用这些相关知识来分析几个高速率串接链路范例的信号完整性问题，以期更深入地了解影响信号完整性问题的根源，并进一步在电路设计规划的初期即能有能使系统功能最佳化的解决方案。

图 5-80 所示为一般在实现 Gb/s 高速串接链路时在信号传输过程中所会面临的三个障碍，也就是连接器的特性（例如阻抗与串扰）、连接器附着方式（例如图 5-81 所示：压接和焊接方式）和传输线的损耗等因素。

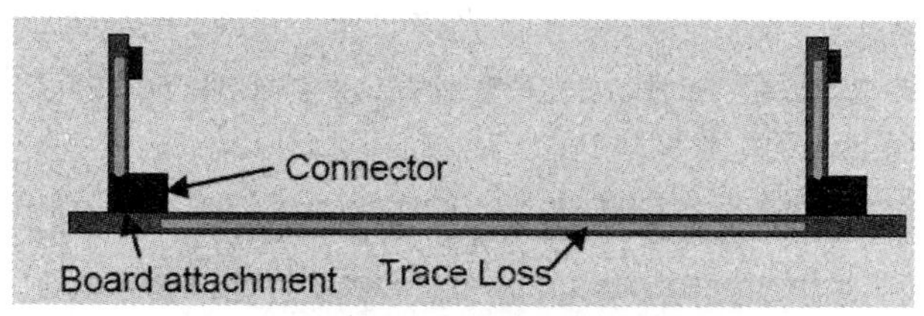

图 5-80 实现 Gb/s 高速串接链路的三个障碍

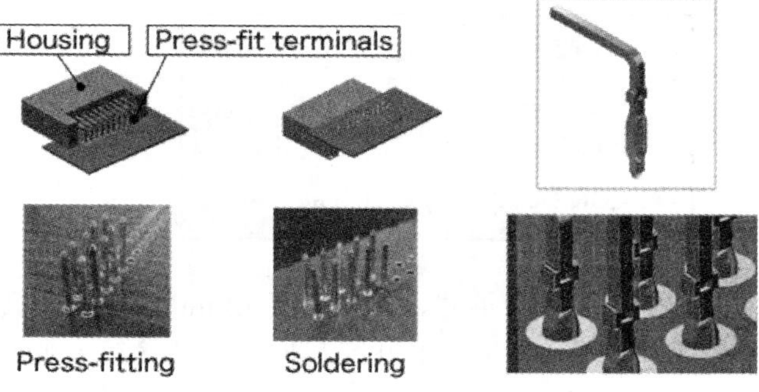

图 5-81 连接器附着方式：压接（左图）和焊接（右图）

由图 5-80 可以发现，在三个影响信号传输的路径因素中，主板上传输线的长度最长，因此可以预期它所引起的损耗和信号完整性的问题会最严重；图 5-82 所示为两条长度分别为 0.5m（上）和 5m（下）的 10Gb/s 以太网传输线，使信号随着不同传输距离所遭遇到损耗情形的比较，显然 0.5m 的传输线因距离短损耗较小，所以传输系数 S_{21} 就比较大而且因为 5m 的传输线长度较长，所以容易在较低频的地方因为与连接器间的阻抗不连续而产生明显的共振现象，同时因为其天线辐射效率较高，辐射损耗也大，所以传输系数 S_{21} 明显比较小。

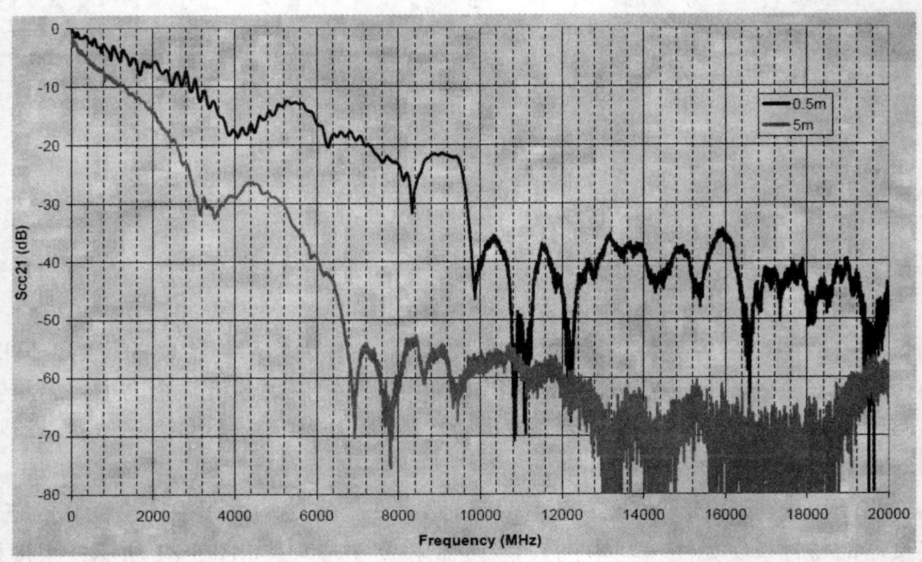

图 5-82 不同长度的 10Gb/s 以太网传输线的传输系数

接着在分析第一个高速网络的范例之前，先来参考一般 PCB 或主板所使用的材料特性（如表 5-2 所示），其中有 1 MHz 和 1 GHz 的介电常数、1 GHz 的损耗正切、用尺寸为 10 英寸×10 英寸 12 层主板计算的相对成本等数据。

表 5-2 一般常见的 PCB 材料特性

Material	ε_r* @ 1 MHz	ε_r* @ 1 GHz	$\tan\delta$* @ 1 GHz	Relative Cost**
FR4	4.30	4.05	0.020	1
GETEK	4.15	4.00	0.015	1.1
ROGERS 4350/4320	3.75	3.60	0.009	2.1
ARLON CLTE	3.15	3.05	0.004	6.8

第一个案例是主板传输线长度 18 英寸、板层厚度 12 mil、阻抗 50Ω 的内层带线结构，由振幅 1V、上升时间 60ps、位场型 32 位的 K28.5 反向输入传输线来观察上述三种高速信号传输障碍因素对信号完整性（如眼图）的影响。因为材料的损耗特性不同，所以图 5-83 所示的

5 Gb/s 高速网络单纯只考虑在不同材料主板上走线的眼图比较，图右有各眼图对应的抖动（Jitter）与眼高（Opening）数据，可以发现差异不算太大，眼图结果都还是合理范围。

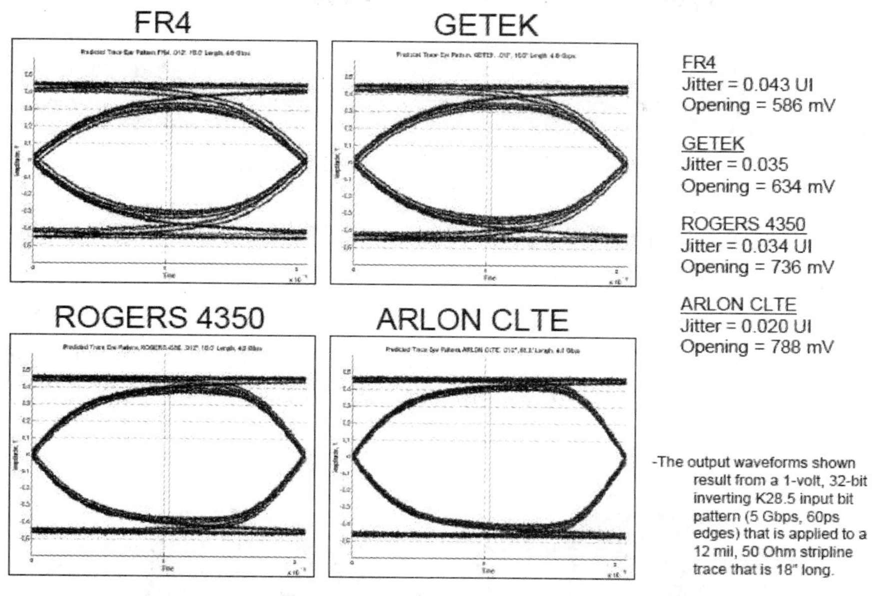

图 5-83　5 Gb/s 高速网络在不同材料主板上走线的眼图比较

图 5-84 所示是当 5 Gb/s 高速网络系统包含连接器效应一起考虑的眼图比较，图右显示各眼图所对应的抖动（Jitter）与眼高（Opening）数据，可以发现性能明显变差，但眼图结果都还在可以接受的范围，其所量测的测试点位置和架构如图 5-85 所示。

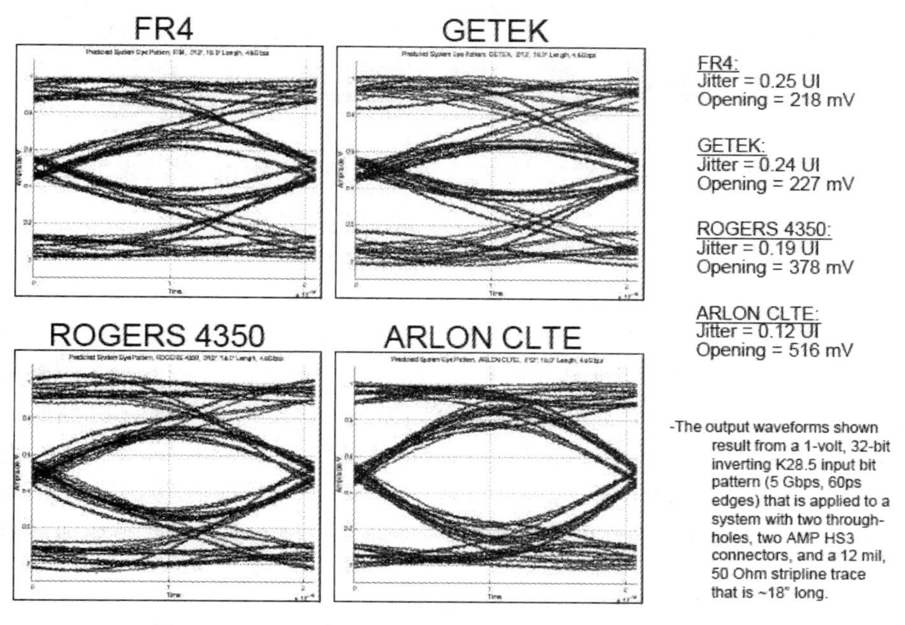

图 5-84　5 Gb/s 高速网络系统包含连接器效应的眼图比较

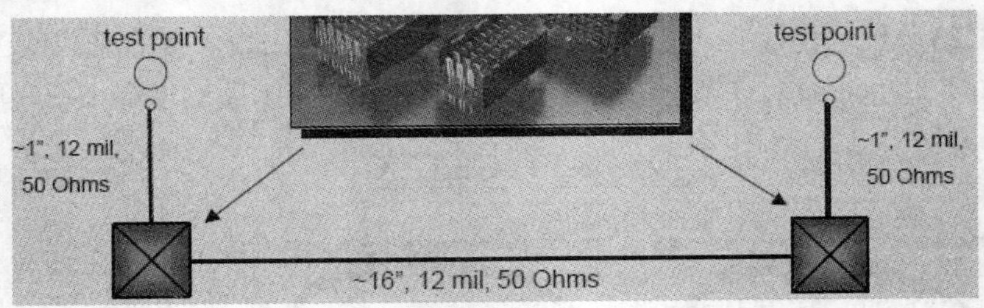

图 5-85 眼图的量测架构和测试点位置

由于连接器的效应会明显地影响整个高速网络的性能（如图 5-83 和图 5-84 所示的眼图结果比较），因此就针对连接器的特性规格（例如尺寸和阻抗）数据进行传输路径使用相同对应尺寸的 50Ω 走线结构和 HS3 型连接器的效应分析比较，分析架构和结果如图 5-86 所示，可以看出来其眼图几乎没有什么差异。但是如果将连接器的贯孔效应也纳入分析时（如图 5-87 上图所示），则可以发现整个系统性能有非常明显的恶化，以致图 5-87 下图所示的眼图结果非常紊乱而几乎失效。

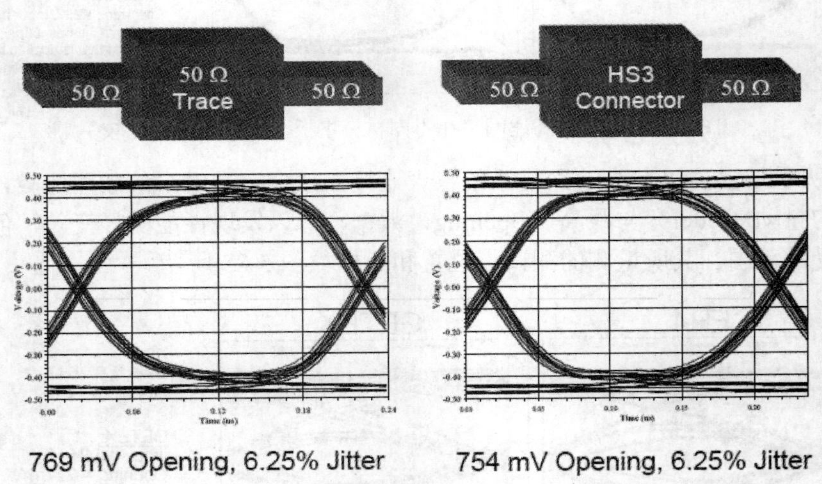

图 5-86 连接器对系统性能的效应

因为连接器的贯孔问题对整个系统的影响相当明显，所以我们接着探讨贯孔所引起的效应。如果相关的设计或测试参数为：所有走线宽度为 12 mils，主板上走线长度为 6 英寸，主板的介电材料为 ROGERS 4350，PCB 子板上的走线长度为 3 英寸，PCB 介电材料为 FR4，连接器为 6 排的 HS3，连接器在 PCB 与主板上的贯孔效应可以从图 5-88 所示时域反射图（TDR）中的阻抗不连续情形观察到，其中连接虽有一些电感特性，但显然贯孔引入的电容性不连续效应更为明显，使得阻抗不连续的反射现象很明显而影响整体信号信道的传输效能，以致除了与纯传输线比较有更大的损耗及更小的传输系数外，更可以发现有很多因为反射所导致的共振现象，如图 5-89 所示。

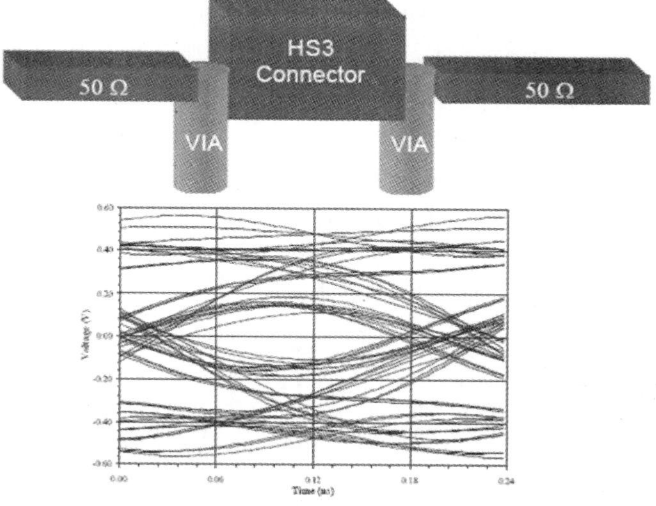

图 5-87 连接器贯孔对系统性能的效应

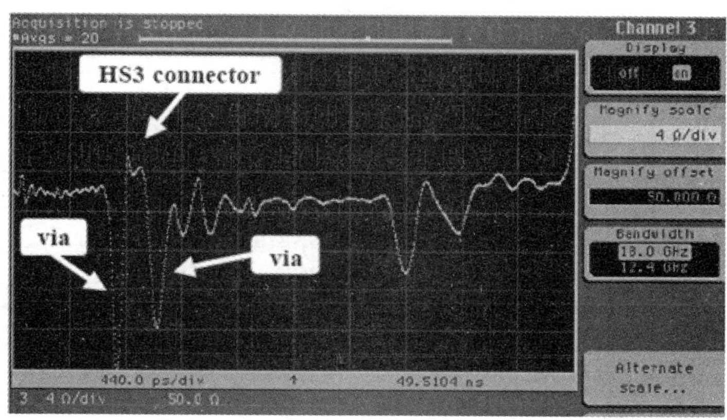

图 5-88 连接器贯孔引入的电容性不连续效应

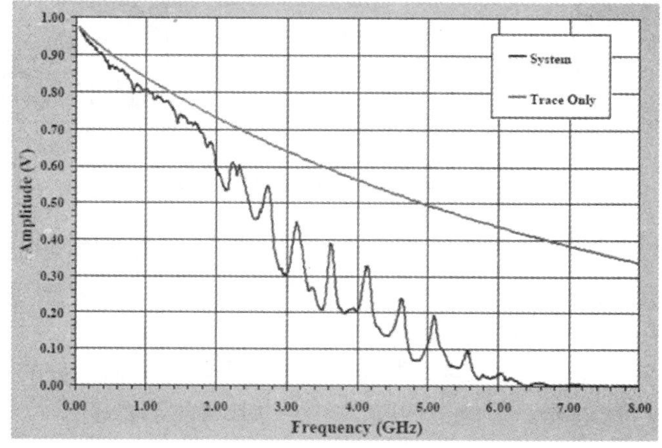

图 5-89 系统与单纯走线插入损耗效应比较

而由于分析所使用的连接器为 6 排的 HS3，因此当其以贯孔方式焊接在主板或 PCB 上以便信号能通过 PCB 内层的带线传输时，在内层就会有反焊盘的出现（如图 5-90 所示），反焊盘是走线贯孔和参考平面金属铜间的空隙区域（如图中平面上的深色圆环），其设计目的是使得当贯孔穿过平面时能保持传输线阻抗的连续。如果主板厚度为 200 mils，其走线长度为 12 英寸，PCB 子板厚度为 100 mils，其走线长度为 3 英寸时，在 5 Gb/s 的传输速率下连接器贯孔旁不同大小的反焊盘区域的影响如图 5-91 所示。

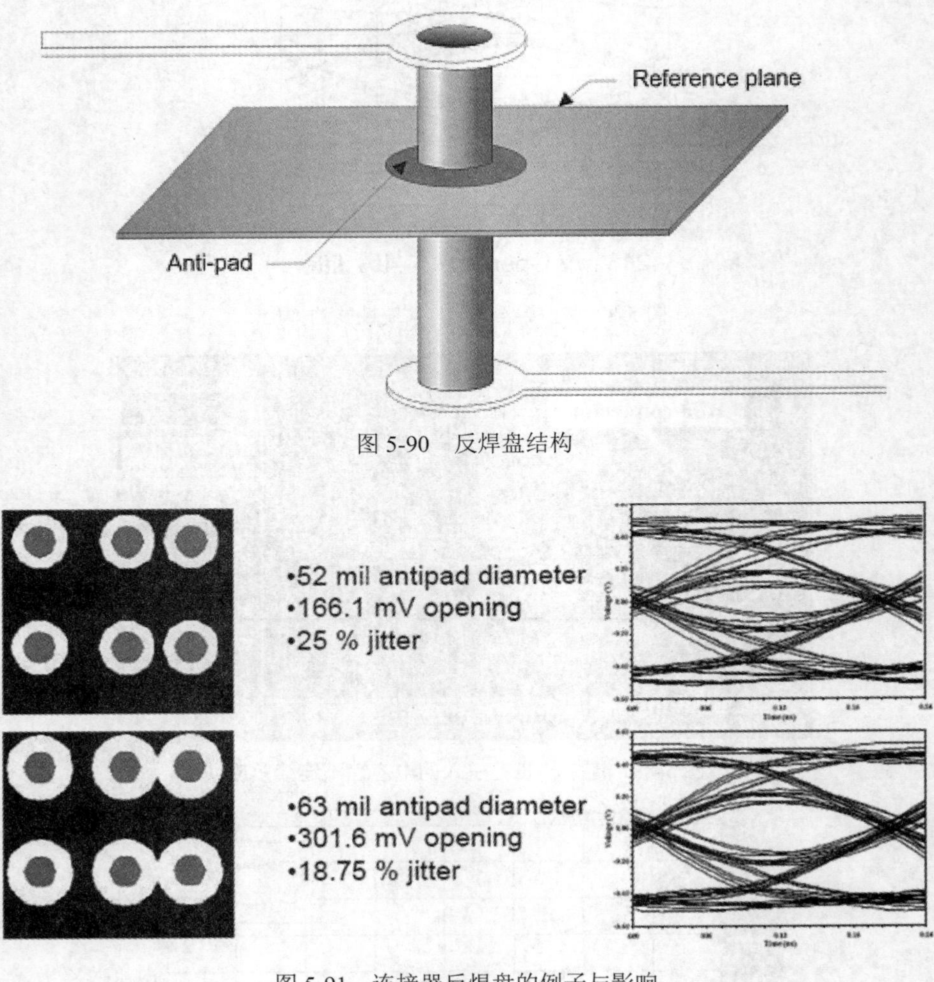

图 5-90　反焊盘结构

图 5-91　连接器反焊盘的例子与影响

而因为 6 排的 HS3 连接器附着在主板或 PCB 上时反焊盘就会影响信号线的布线区域和方式，因而产生管脚场的现象。图 5-92 所示的结果是，如果主板厚度为 200 mils，其走线长度为 12 英寸，PCB 子板厚度为 100 mils，其走线长度为 3 英寸时，走线宽度均为 12 mils 时，在 5 Gb/s 的传输速率下经过 12 个连接器管脚场布线后的影响，传输系数的结果显示：有管脚场与完全无管脚场几乎没有差异，也就是管脚场布线的影响并不明显。

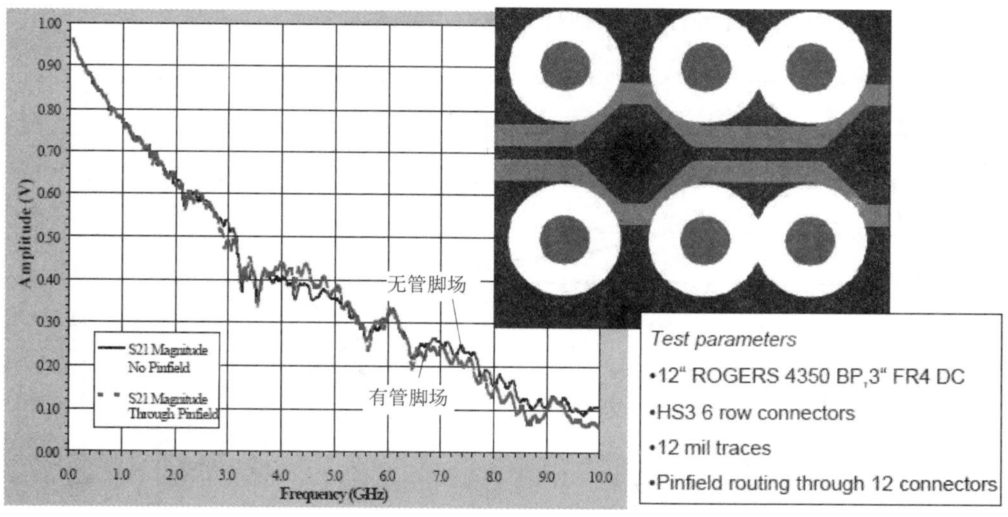

图 5-92 管脚场布线影响

接下来分析一下传输线结构固定的情况下（所有走线宽度为 8 mils，主板上走线长度为 18 英寸，主板的介电材料为 ROGERS 4350，PCB 子板上的走线长度为 3 英寸，PCB 介电材料为 FR4，连接器为 6 排的 HS3，最佳化的反焊盘设计）在不同传输速率（如 2 Gb/s、3.125 Gb/s、5Gb/s 等）的性能差异。如图 5-93 所示，系统的传输速率越快，其性能就会明显变差，而通过这种分析也可以让设计者了解其系统设计的适用范围。

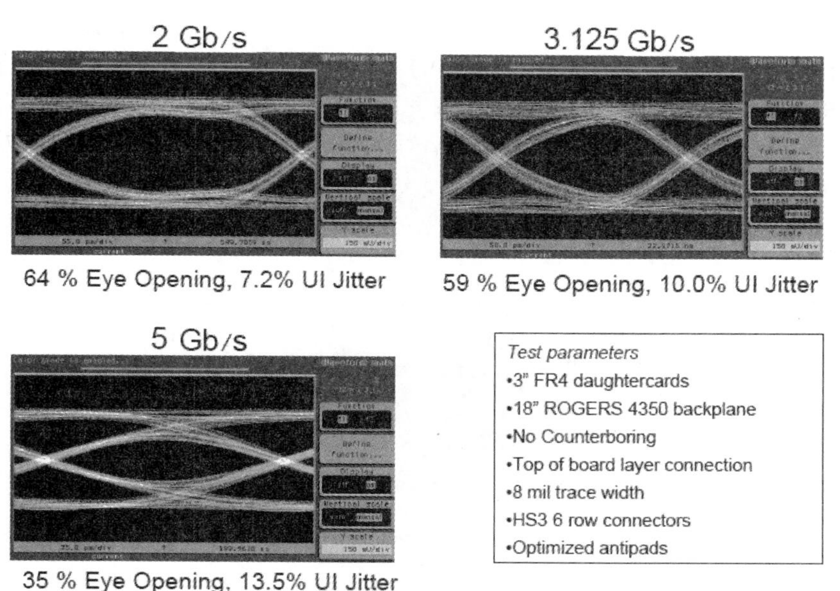

图 5-93 18 英寸传输线长度的不同传输速率系统眼图比较

由于走线宽度增加会增加本身与接地间的电容效应，降低特性阻抗，同样也会降低与邻近走线的串扰效应，因此当改变走线宽度时（如 8 mils 和 12 mils）也会改变系统的信道特性，如图 5-94 所示走线宽度增加时，其眼图特性也会改善，尤其在传输速率越快时，较宽走线的噪声串扰效应可以明显抑制，所以眼图特性也较窄走线特性为佳。

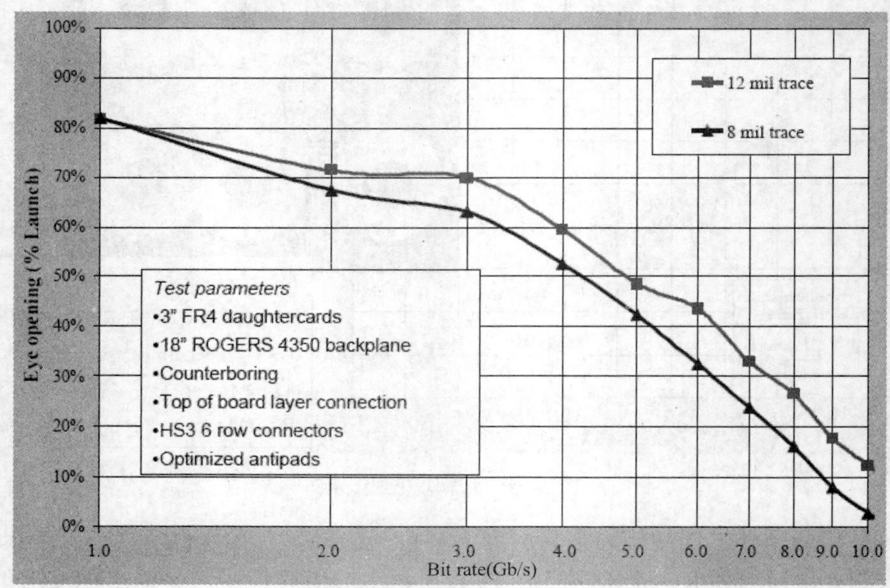

图 5-94　走线宽度效应比较

由于 PCB 被贯孔穿割时在 PCB 截面上会有类似平头螺钉所使用的锥形孔出现，以便让各层的 PCB 面平整，其结构被称为埋头孔，埋头孔的结构与设计考虑参数如图 5-95 所示，它也可视为一个锥形孔被切割到 PCB 层的压体，主要目的是让一个埋头螺钉或贯孔的头部一旦被插入并在该孔被拧下来时能够与 PCB 层物体的表面齐平。由于有无埋头孔以及埋头孔的位置也会影响到系统的信号完整性，因此对应埋头孔的形状和位置可以得到如图 5-96 所示 PCB 布线层间埋头孔连接的效应比较，从结果可以再次明显地发现，埋头孔结构与位置对高速传输速率的网络系统性能影响较大。

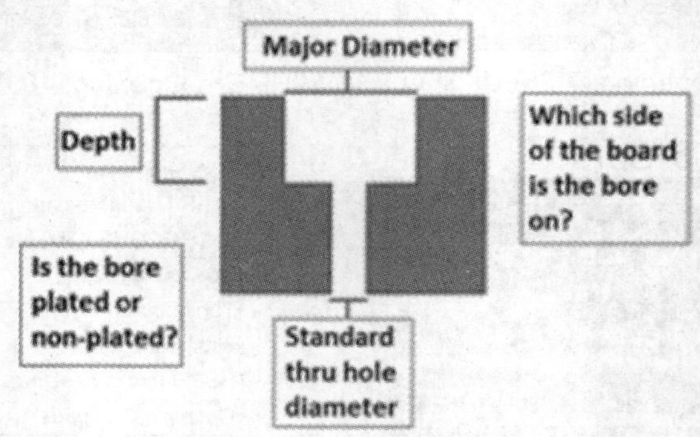

图 5-95　埋头孔结构与考虑参数

从图 5-93 有关不同传输速率对系统性能和信道信号眼图的比较结果发现，传输速率越快，信号完整性的问题越严重，而信号信道特性和眼图结果就变得更差，因此我们再针对第一个范例的结构从原本传输速率为 5 Gb/s 提升到 10 Gb/s 时分析看看会发生怎么样的结果。

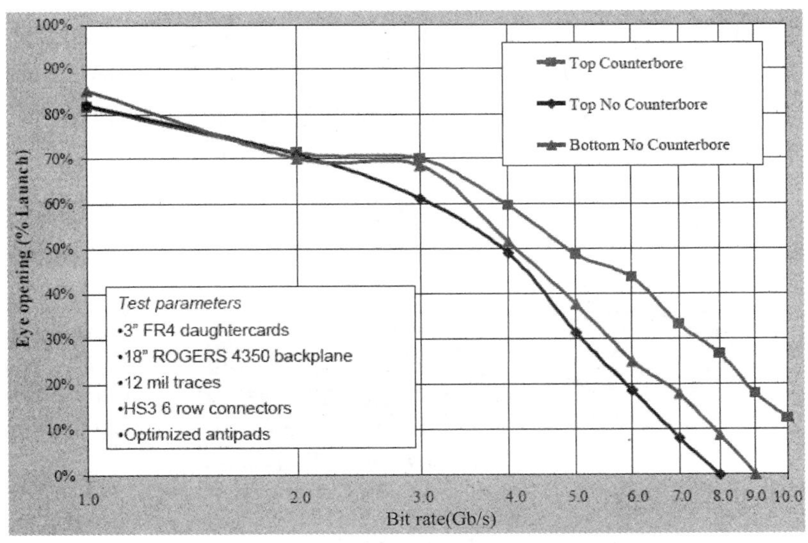

图 5-96 PCB 布线层间埋头孔的连接效应比较

该范例结构在此再次说明如下：主板为传输线长度 18 英寸、板层厚度 12 mil、阻抗 50Ω 的内层带线结构，由振幅 1V、上升时间 60ps、位场型 32 位的 K28.5 反向输入传输线来观察当高速信号传输速率增加一倍时对信号完整性（如眼图）会有怎样的影响。因为材料的损耗特性不同，所以图 5-97 所示的 10Gb/s 高速网络单纯只考虑在不同材料主板上走线的眼图比较，图右有各眼图对应的抖动（Jitter）和眼高（Opening）数据，可以发现不同材料间的差异不算太大，眼图结果都还是合理范围，但是与图 5-83 所示的 5 Gb/s 系统比较起来，不管使用哪种主板材料，信号完整性都会明显变差。

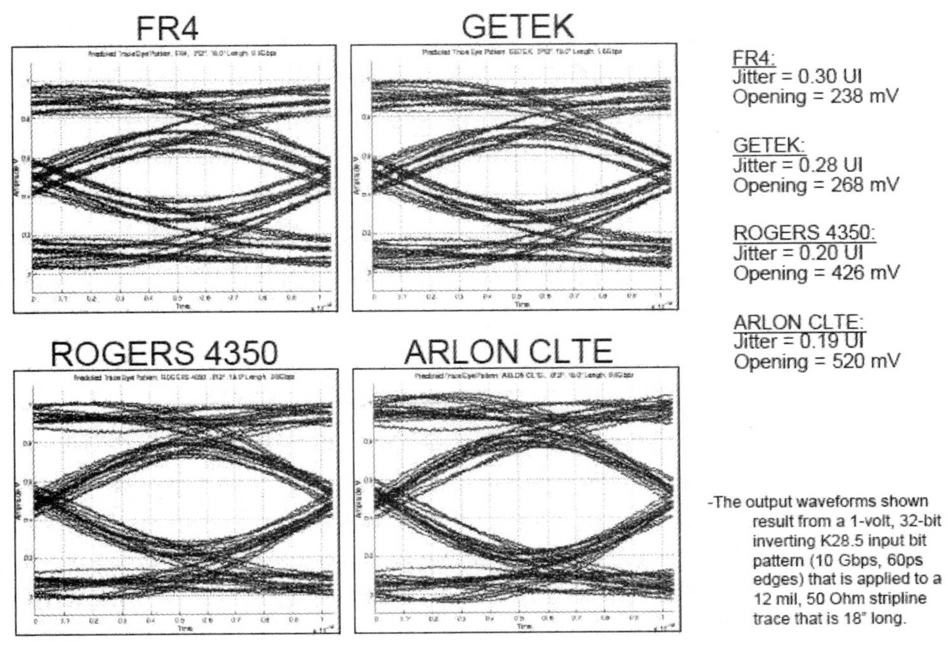

图 5-97 10Gb/s 高速网络在不同材料主板上走线的眼图比较

再来看看加上连接器的效应之后，整个信号完整性的变化会如何？如果分析的方式与步骤都与 5 Gb/s 的速率系统一样，从图 5-98 的结果显示，传输速率会明显地影响整个高速网络的信道信号完整性，使整个系统性能有非常明显的恶化，以致图 5-98 所示的眼图结果非常紊乱而几乎完全无法辨识。

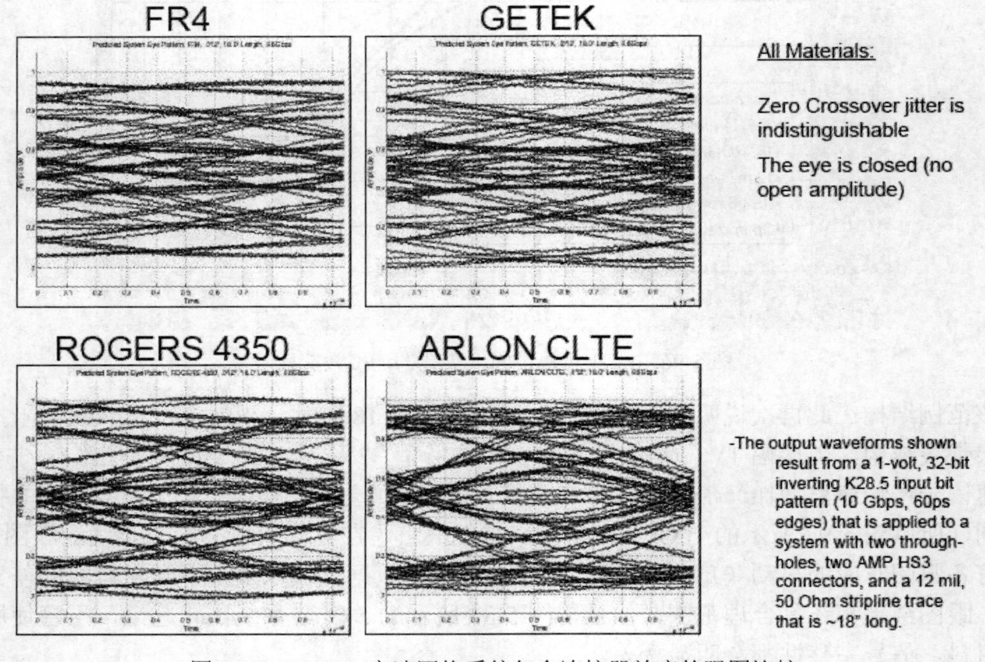

图 5-98　10 Gb/s 高速网络系统包含连接器效应的眼图比较

前面讨论不同主板材料的损耗特性、贯孔与管脚场布线效应、埋头孔与反焊盘效应、传输速率等因素对高速网络系统信号完整性的影响，接着就来看看连接器的影响。

针对连接器效应对高速网络的效能影响分析，我们参考的分析架构和系统信号规格均如图 5-99 中的说明，该系统为 25 Gb/s 的高速网络系统，信号振幅由 20%至 80%间的上升时间为 20ps，如果除了连接器不同外，其他信号信道的参数和分析配置与架构都相同时，我们就可以通过在主板上附着不同连接器的组合结果比较来了解连接器对高速网络的影响，范例中共比较某家连接器厂商三代四种不同的连接器，由第一代的 Gen 1 到第三代的 Gen 3 逐步改良的连接器以及第三代的 Gen 3 连接器再设计阻抗分别为 85Ω 和 100Ω 的两种连接器，在以下的分析结果中：①代表阻抗为 100Ω 的 Gen 1 连接器，②代表阻抗为 100Ω 的 Gen 2 连接器，③代表阻抗为 100Ω 的 Gen 3 连接器，④代表阻抗为 85Ω 的 Gen 3 连接器。

不同连接器效应的分析结果与比较分别如图 5-100 和图 5-101 所示，分别是长度为 14.8 英寸和 30.8 英寸，而且没有连接器的完美连接（假设贯孔、管脚场、埋头孔、反焊盘等效应都不存在）通道的眼图结果，其中各图左方也都有差模信号的插入损耗数据，从两个结果比较，虽然眼图的大小都比里面规定的矩形眼罩（Eye Mask）还大，因而确认不同长度都对系统效能有效，但是短距离（图 5-100）信号信道的信号完整性明显比较远距离（图 5-101）的要好很多。

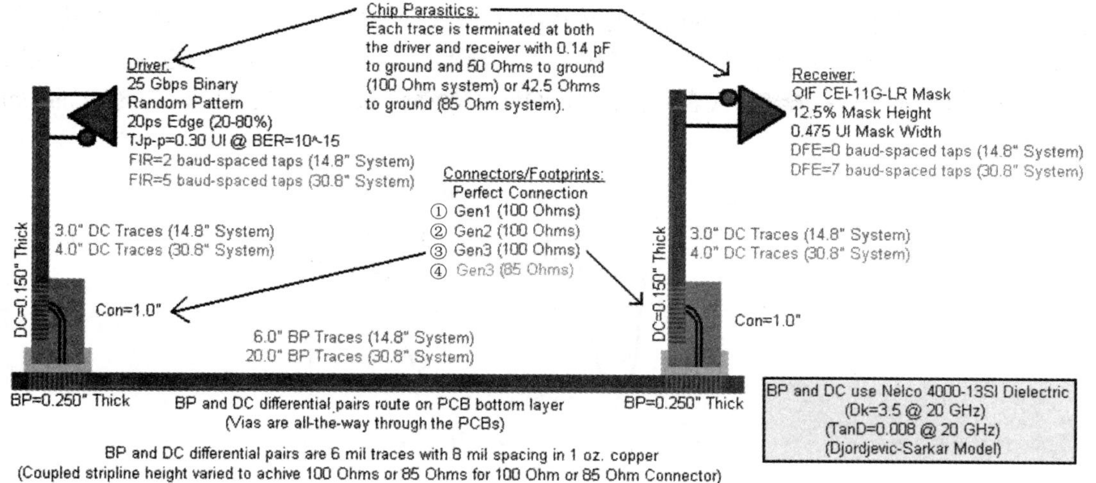

图 5-99　主板信号信道参数

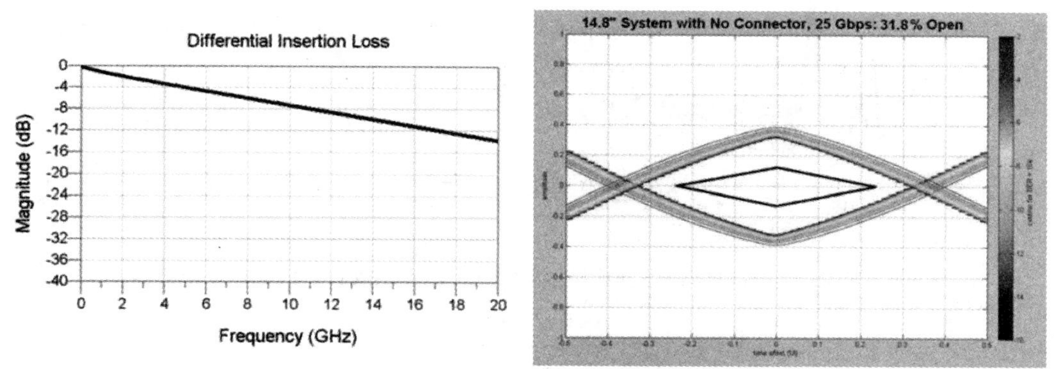

图 5-100　长度为 14.8 英寸完美连接（不含连接器）通道的眼图结果

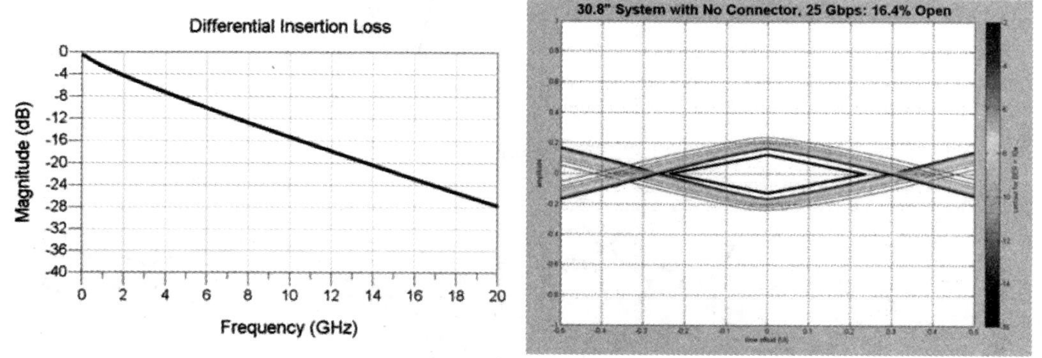

图 5-101　长度为 30.8 英寸完美连接（不含连接器）通道的眼图结果

接着将具有不同特性（如图 5-102 所示的时域阻抗、近端串扰 NEXT 与远程串扰 FEXT 和图 5-103 所示的频域传输系数、NEXT 与 FEXT 等）的 4 种连接器加入系统分析的架构内时，我们可以在图 5-104 中观察到在时域中 4 种不同连接器在长度为 14.8 英寸的系统中对信号信道性能和信号完整性（近端串扰 NEXT 与远程串扰 FEXT）的影响，以及图 5-105 中其在频域中对 S 参数、NEXT 与 FEXT 的影响。其中，①代表阻抗为 100Ω 的 Gen 1 连接器，②代表阻抗为 100Ω 的 Gen 2 连接器，③代表阻抗为 100Ω 的 Gen 3 连接器，④代表阻抗为 85Ω 的 Gen 3 连接器。

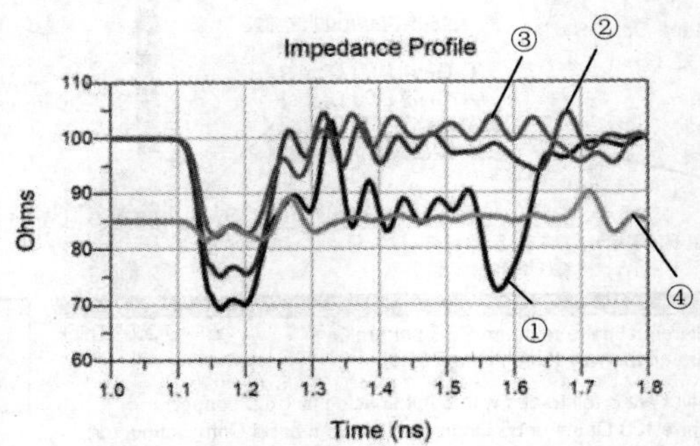

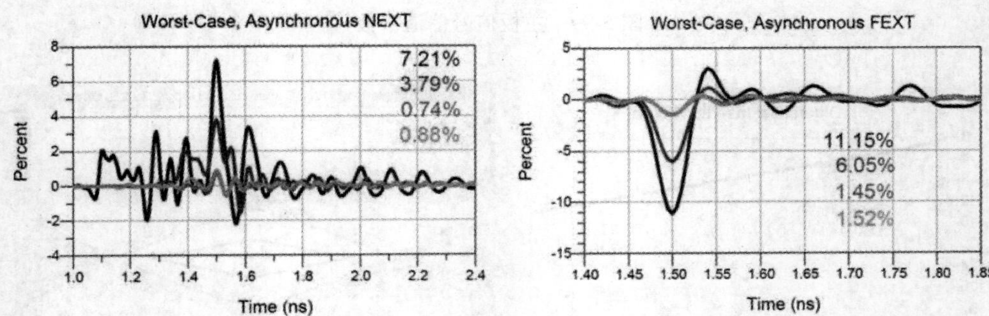

图 5-102　比较 4 种不同连接器的时域阻抗、NEXT 与 FEXT 结果

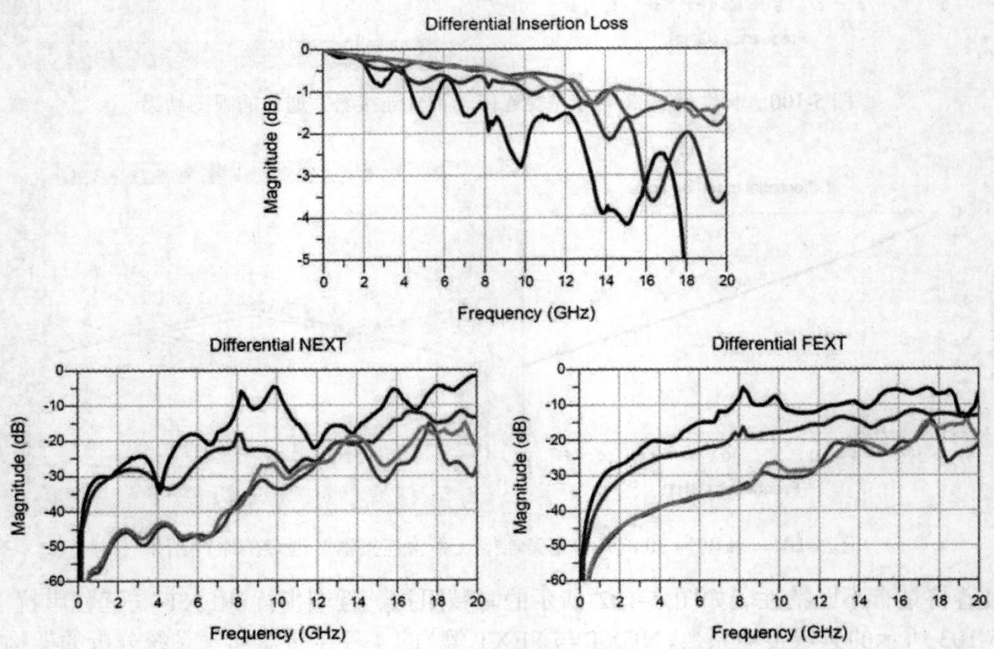

图 5-103　比较 4 种不同连接器的频域传输系数、NEXT 与 FEXT 结果

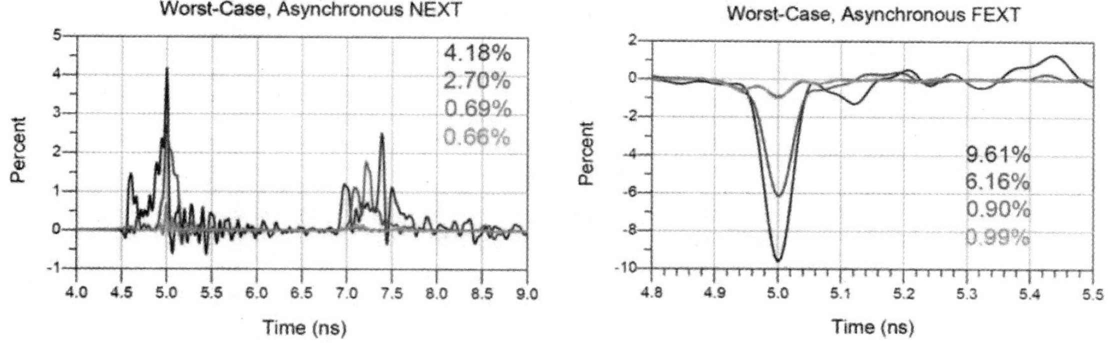

图 5-104　4 种不同连接器在长度为 14.8 英寸系统的结果比较（NEXT 与 FEXT）

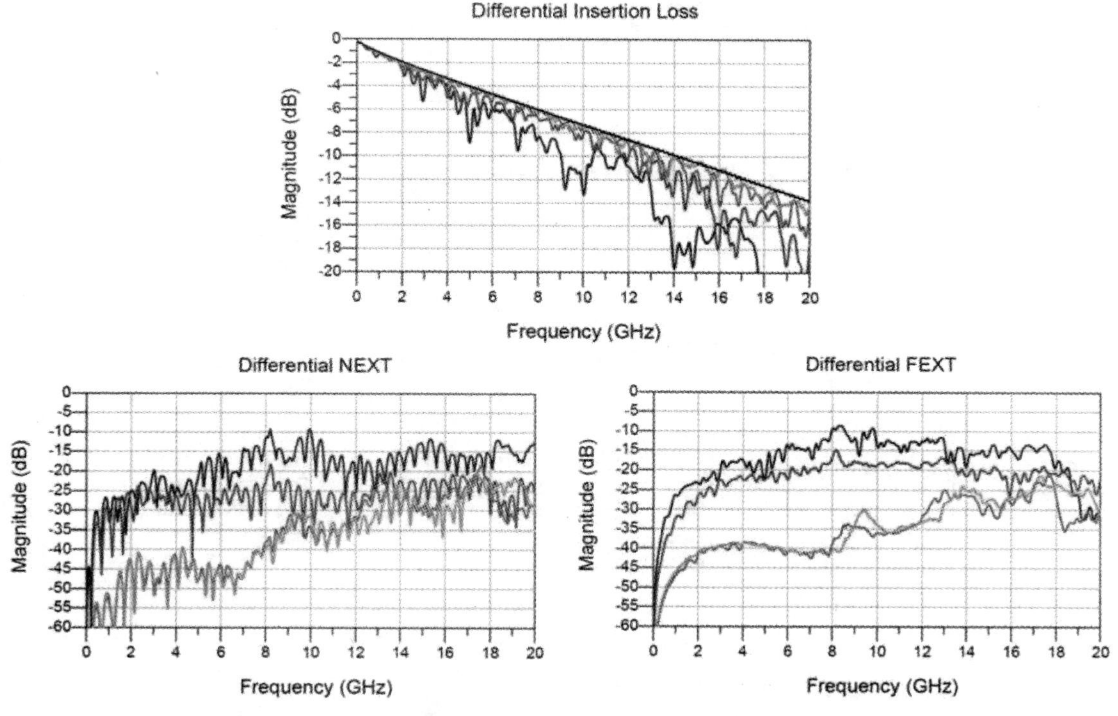

图 5-105　4 种不同连接器在长度为 14.8 英寸系统的 S 参数比较

上述结束 4 种不同连接器在长度为 14.8 英寸的系统中对信号信道性能与信号完整性的比较后，接下来看看各种不同连接器对眼图的影响，其中如图 5-106 所示是长度为 14.8 英寸系统的完美连接方式（不含连接器）的数据信号眼图，该电路已经经过了两次分接头处预强调处理，以改善信号质量。

图 5-107 至图 5-110 分别呈现在长度为 14.8 英寸的系统上仅考虑吞吐率的效能时三代四种不同的连接器（Gen1、Gen2、Gen3 的 100Ω/85Ω 四种）对系统眼图的效应，从中可以发现 4 种连接器的效应都一定会使不含连接器的完美连接特性变差，但是 Gen 3 的两种连接器都能符合规格要求，其中又以 Gen3 85Ω 的连接器最佳。相关的性能比较分项列于表 5-3 中。

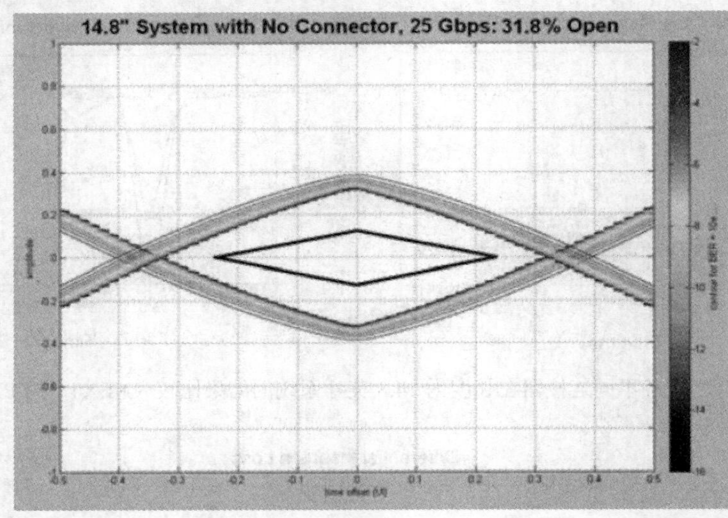

图 5-106　长度为 14.8 英寸系统的完美（不含连接器）数据眼图（经过两次分接头处预强调）

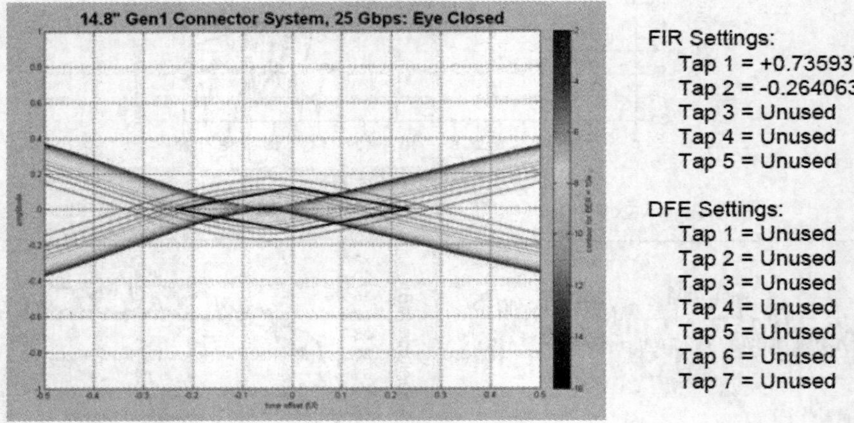

图 5-107　长度 14.8 英寸 Gen1 连接器的系统效能：仅吞吐率

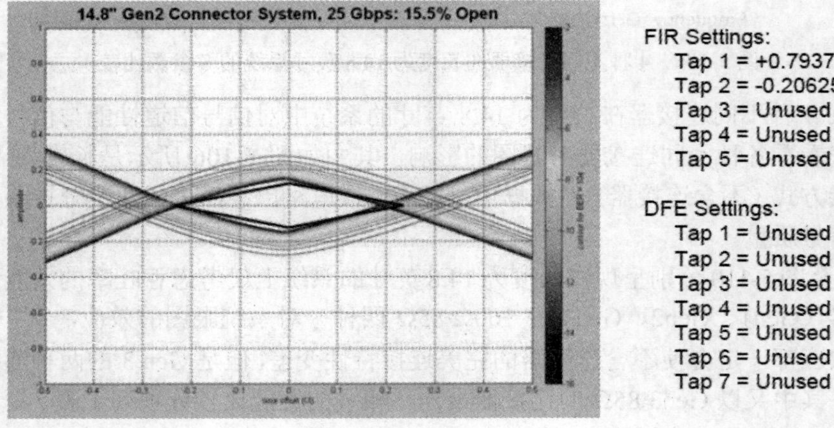

图 5-108　长度 14.8 英寸 Gen2 连接器的系统效能：仅吞吐率

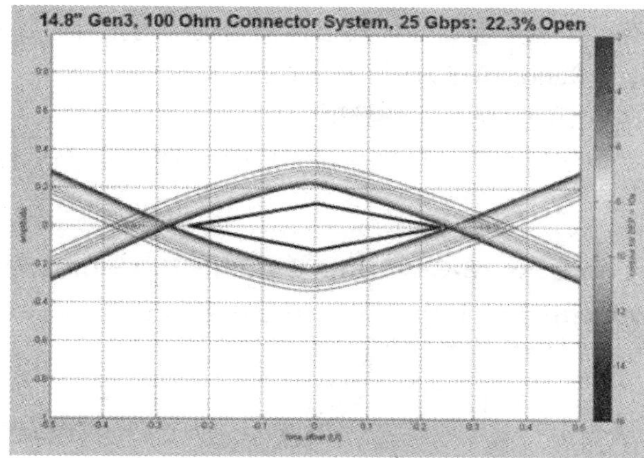

FIR Settings:
Tap 1 = +0.80625
Tap 2 = -0.19375
Tap 3 = Unused
Tap 4 = Unused
Tap 5 = Unused

DFE Settings:
Tap 1 = Unused
Tap 2 = Unused
Tap 3 = Unused
Tap 4 = Unused
Tap 5 = Unused
Tap 6 = Unused
Tap 7 = Unused

图 5-109　长度 14.8 英寸 Gen3/100 Ω 连接器的系统效能：仅吞吐率

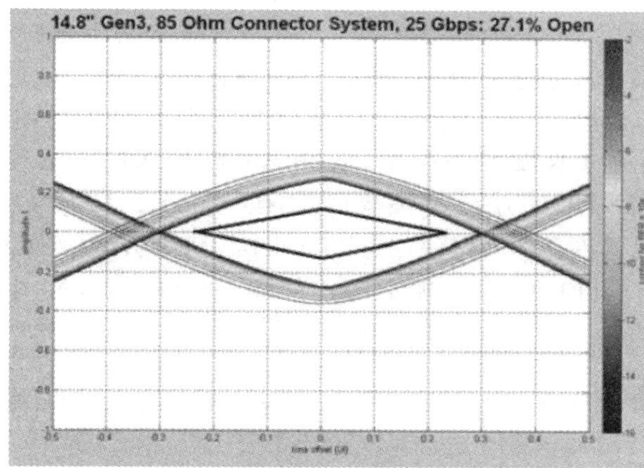

FIR Settings:
Tap 1 = +0.80625
Tap 2 = -0.19375
Tap 3 = Unused
Tap 4 = Unused
Tap 5 = Unused

DFE Settings:
Tap 1 = Unused
Tap 2 = Unused
Tap 3 = Unused
Tap 4 = Unused
Tap 5 = Unused
Tap 6 = Unused
Tap 7 = Unused

图 5-110　长度 14.8 英寸 Gen3/85Ω 连接器的系统效能：仅吞吐率

表 5-3　长度 14.8 英寸不同连接器的 25 Gb/s 系统眼图概要

Throughput-Only:	Base System 100 Ω	Gen1 System 100 Ω	Gen2 System 100 Ω	Gen3 System 100 Ω	Gen3 System 85 Ω
Eye Opening:	31.8%	Closed	15.5%	22.3%	27.1%
P-P Jitter (10^-15):	0.36 UI	Closed	0.59 UI	0.48 UI	0.40 UI
Pass/Fail:	PASS	FAIL	FAIL	PASS	PASS
Throughput w/ NEXT:	Base 100	Gen1 100	Gen2 100	Gen3 100	Gen3 85
Eye Opening:	31.8%	Closed	8.5%	20.9%	25.6%
P-P Jitter (10^-15):	0.36 UI	Closed	0.69 UI	0.49 UI	0.42 UI
Pass/Fail:	PASS	FAIL	FAIL	PASS	PASS
Throughput w/ FEXT:	Base 100	Gen1 100	Gen2 100	Gen3 100	Gen3 85
Eye Opening:	31.8%	Closed	1.5%	20.9%	24.8%
P-P Jitter (10^-15):	0.36 UI	Closed	0.87 UI	0.49 UI	0.42 UI
Pass/Fail:	PASS	FAIL	FAIL	PASS	PASS

此外，对高速网络而言，还有一个重要参数是比较信号信道优劣的指针，那就是插入损耗串扰比（Insertion Loss-to-Crosstalk Ratio，ICR），其定义如下：

ICR = Insertion Loss（in dB）– Total Noise（in dB）

如图 5-111 所示分别为含连接器的 14.8 英寸长度系统上近端（NEXT）与远程（FEXT）的插入损耗对串扰比（ICR）值比较。

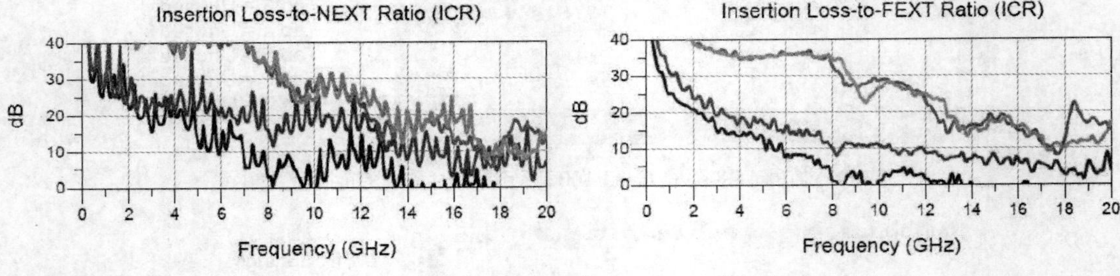

图 5-111　插入损耗对串扰比（ICR）值的比较

针对上述 4 种连接器对 30.8 英寸长度的系统结果（NEXT 和 FEXT）的影响如图 5-112 所示，其中右图的远程串扰（FEXT）明显随着距离而加剧，与图 5-104 所示的 14.8 英寸系统结果互相比较，可以发现其对远程串扰（FEXT）的影响比较大，而对近端串扰（NEXT）的影响相当轻微；图 5-113 则是 4 种不同连接器在频域中对 S 参数、NEXT 与 FEXT 的影响。

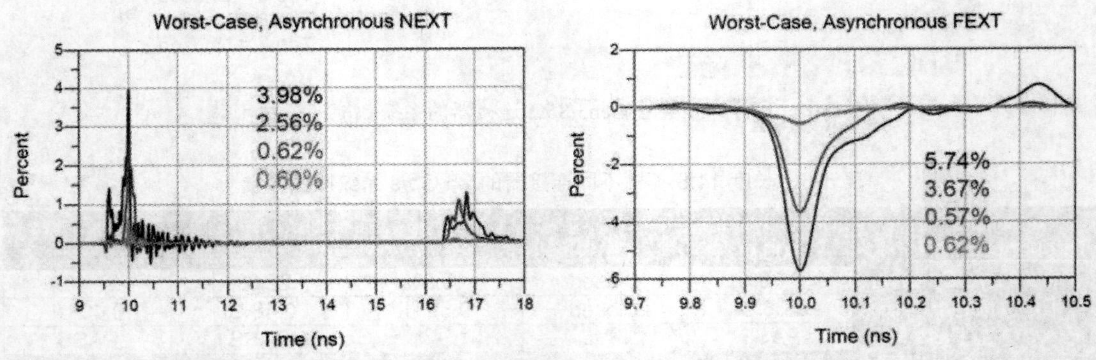

图 5-112　4 种不同连接器在长度为 30.8 英寸系统的结果比较（NEXT 与 FEXT）

讨论完各种会影响高速网络信号完整性因素所造成的效应后，我们再从系统设计的角度来分析如何在高速网络系统设计流程中调整信号布线或板层材料使符合规格的要求。在此以另一个主板上 PCB 相互连接链路的应用系统范例（如图 5-114 所示）来说明高速网络设计可能出现的问题以及所选择解决方案的有效性分析，以期在成本效益与传输性能间获得最佳的平衡，这也是信号完整性的目标。

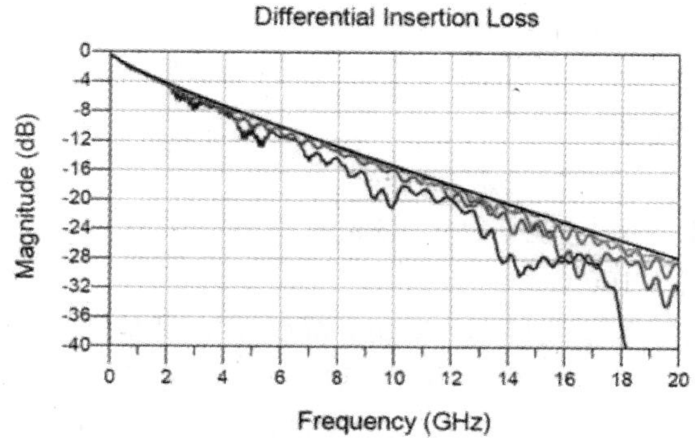

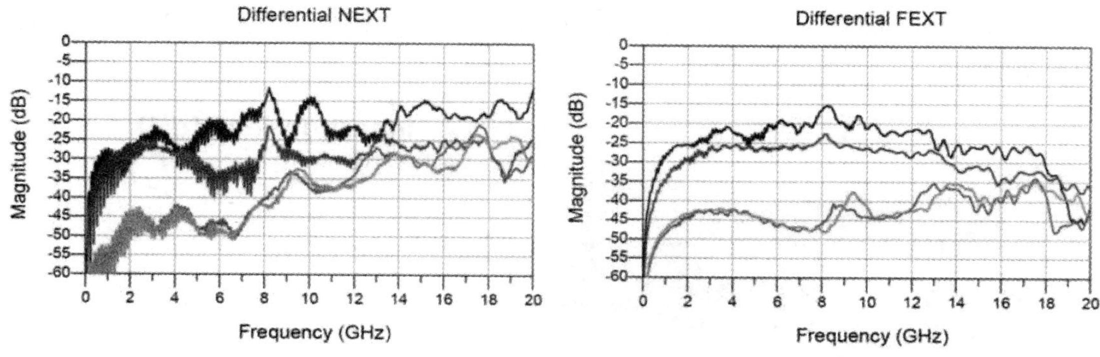

图 5-113　4 种不同连接器在长度为 30.8 英寸系统的 S 参数比较

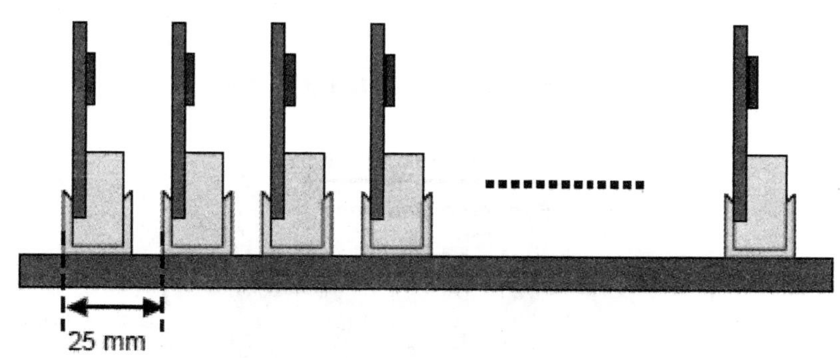

图 5-114　主板上 PCB 相互连接链路系统的应用范例

图 5-114 中的应用范例，除了已经确定组件驱动电路 IC（Driver）和接收电路 IC（Receiver）的操作特性外，例如在驱动电路 IC（Driver）端，速率为 10 Gb/s，振幅为 1V，上升时间为 35ps，时间抖动 Jitter 为 0.1 个单位间隔（Unit Interval，UI），并且阻抗完全匹配，而在接收电路 IC（Receiver）端，例如眼图的眼罩宽度为 0.4UI，眼罩高度为 250mV，并且阻抗完全匹配等，

其他后续必须设计的系统规格如下：

- 横跨主板的信号传输速度为 10 Gb/s。
- 使用标准型主板连接器。
- 主板上预期最长的连接长度为 0.5m。
- 附着组件的 PCB 子板走线长度为 75 mm。
- 所有传输线阻抗为 100 Ω。

系统设计中所使用的标准型连接器（Metral 4000，如图 5-115 所示）在 5GHz 时的插入损耗为 0.8 dB，而且连接器迹印（如图 5-116 所示）的管脚间距（column pitch）为 2 mm，钻洞直径（Drilled hole）为 0.6 mm，焊盘（Pad size）直径为 1 mm，焊盘与走线间距为 0.165 mm，最大走线宽度（Maximum Routing Width）为 670 μm，最大板层厚度为 7.2 mm，即宽高比（aspect ratio）为 1/12。

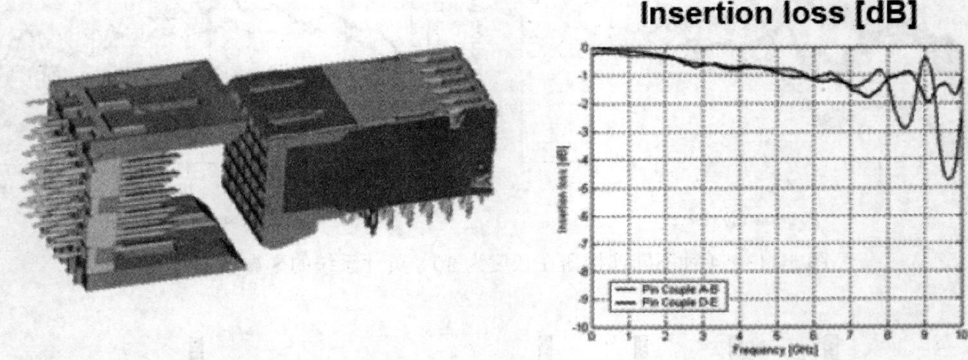

图 5-115　系统设计中的标准型连接器

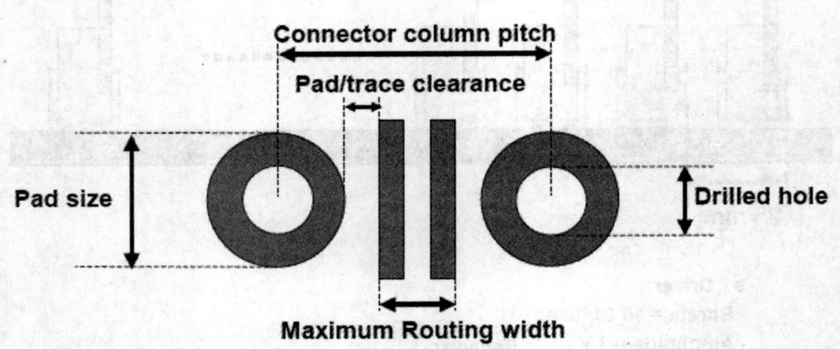

图 5-116　系统设计中的连接器迹印

当主板材料为 FR4（ε = 4，tan δ = 0.02）时，由图 5-117 和图 5-118 所示在阻抗为 100Ω 时走线结构的厚度与宽度关系图及其插入损耗关系可以得到布线的厚度、宽度与插入损耗等设计参数：走线宽度为 225 μm，走线厚度为 18 μm，在 5 GHz 时的插入损耗为 12.4 dB。如图 5-119 所示为主板贯孔结构，其总板层厚度为 6.4 mm（10 层信号层），钻洞直径为 0.6 mm，焊盘直径为 1 mm，反焊盘直径为 1.33 mm。

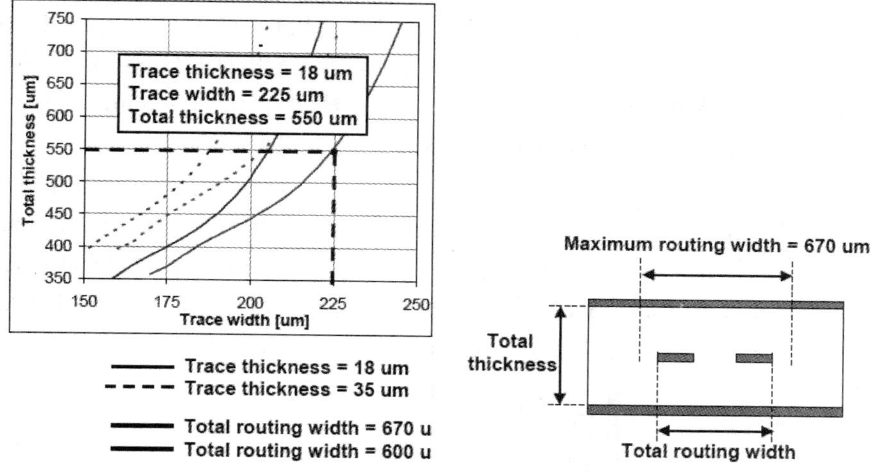

图 5-117 主板材料为 FR4 时阻抗为 100Ω 结构的厚度与宽度关系

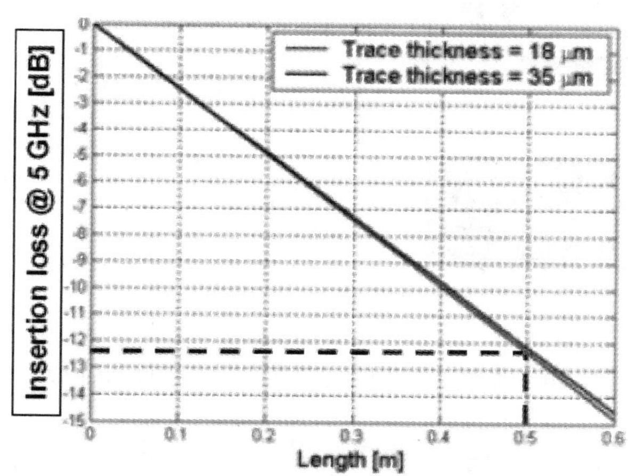

图 5-118 主板材料为 FR4 的插入损耗

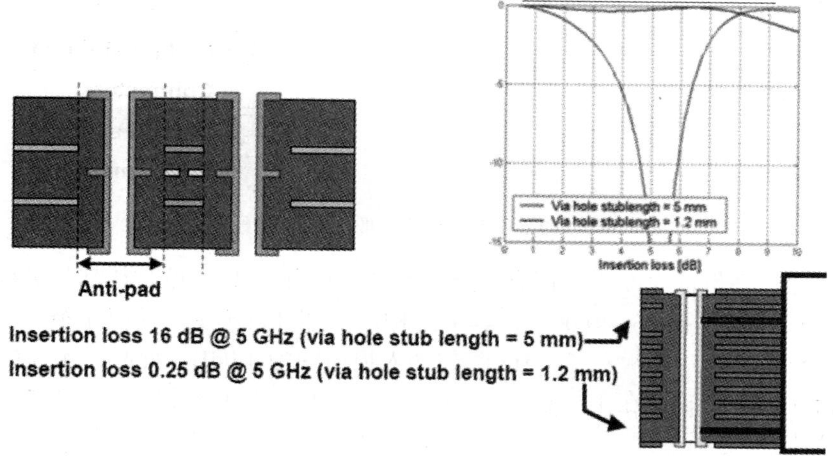

图 5-119 主板的贯孔结构

接着就是附着组件的PCB子板布线设计。当PCB子板材料也是FR4（$\varepsilon=4$，$\tan\delta=0.02$）时，其设计参数分别为：阻抗为100Ω，线长为7.5cm，走线宽度为150 μm，走线厚度为18 μm，在5 GHz时的插入损耗为2.0 dB，板层厚度为1.6 mm，钻洞直径为0.6 mm，焊盘直径为1 mm，反焊盘直径为1.33 mm，贯孔在5 GHz时的插入损耗为0.1dB。

设计的布线参数确定后，就要验证其信号完整性是否能符合系统设计规格的要求。不考虑串扰和Jitter的效应，而仅仅考虑传输线在主板和PCB子板的插入损耗时其结果如图5-120左下方所示，眼图完全闭合，因此完全不能满足系统设计的眼罩高度与宽度的要求。整个交连系统中，各部分的链路预算如图5-121所示，可以发现最大的问题来自于FR4主板与PCB子板的插入损耗，因此可以尝试从这部分来改善。

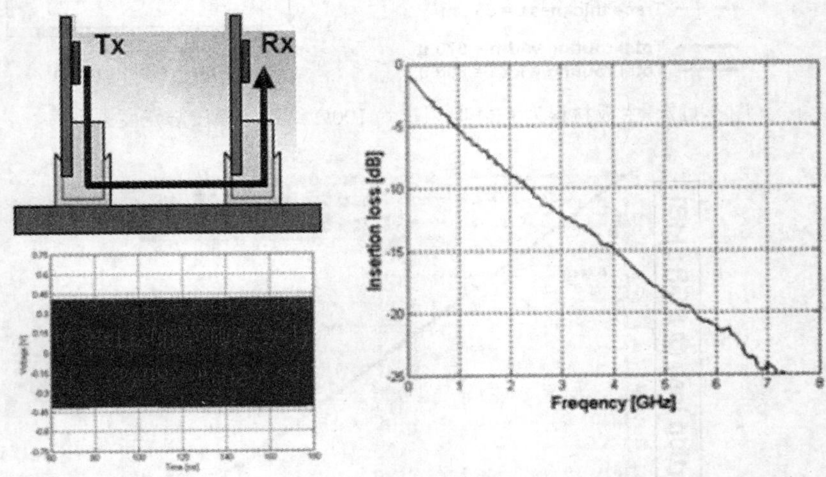

图5-120　系统性能（其中眼图未包含串扰和Jitter效应）

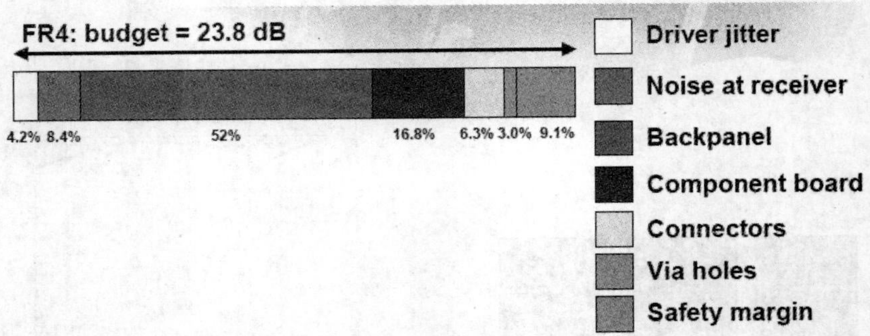

图5-121　交连系统各部分的链路预算

为了解决前一案例的系统失效问题，接着就将主板与PCB子板材料都从FR4改为损耗较小的RO4350（$\varepsilon=3.5$，$\tan\delta=0.005$），其他结构尺寸都维持不变，此时主板在5 GHz时的插入损耗降为5.5dB，PCB子板在5 GHz时的插入损耗降为1.0dB。此时，不考虑串扰和Jitter的效应，而仅仅考虑传输线在主板和PCB子板的插入损耗时其结果如图5-122左下方所示，眼图已经稍微张开，但是如果将7.5%的串扰与0.1 UI的Jitter纳入设计因素时，结果则如右下方所示，眼图又几乎完全闭合，因此完全不能满足系统设计的眼罩高度与宽度的要求。此时，整个交连系统中，各部分的链路预算如图 5-123 所示，可以发现最大的问题来自于 FR4 主板与 PCB 子板的插入损耗，因此可以尝试从这部分来改善。

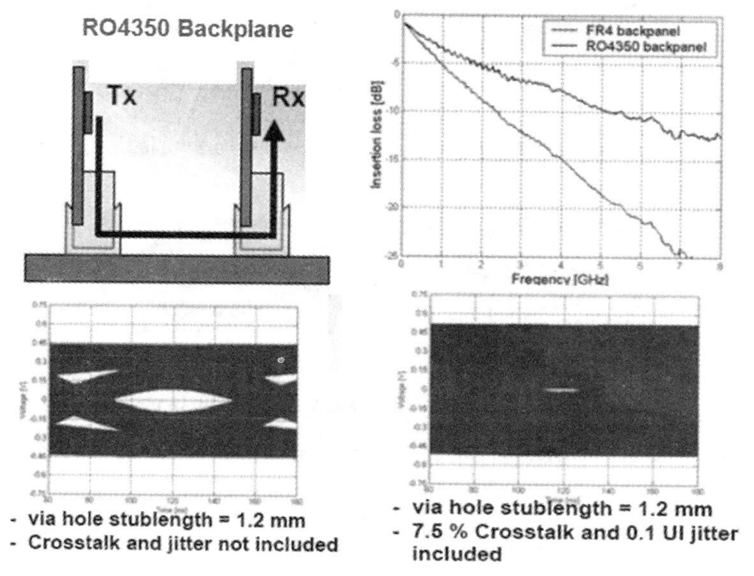

图 5-122 系统性能（其中眼图未包含串扰和 Jitter 效应）

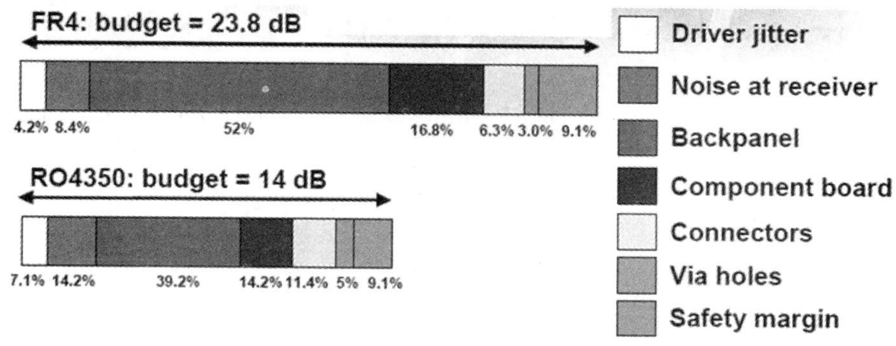

图 5-123 交连系统各部分的链路预算

由前面的系统分析可以发现，串扰和 Jitter 的效应会明显地影响高速网络的传输系统特性，图 5-124 所示即为驱动电路 IC（Driver）的 Jitter 效应对信号完整性的影响，其中上图为 Driver 输出的眼图，下图为 Receiver 输入的眼图，可以发现当多了 0.1UI 的 Jitter 时，系统性能都会明显变差；此外，在图 5-125 中，也会发现如果在接收电路（Receiver）处有耦合噪声，那么也会明显影响系统效能的信号完整性。

其中，可能会影响系统链路预算的噪声源有：连接器、贯孔间的耦合、走线间的耦合、贯孔与走线间的耦合、内部反射、驱动电路阻抗不匹配、接收电路阻抗不匹配、电磁干扰辐射的现象等，因此为了改善信号完整性，系统设计时就必须严谨地考虑上述因素。

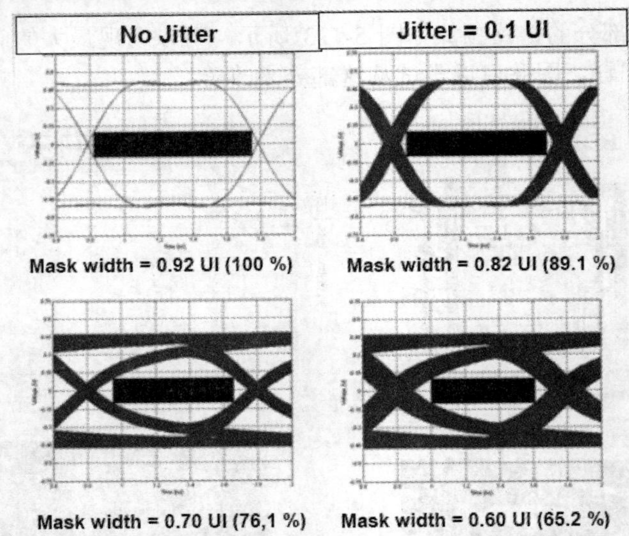

图 5-124 驱动电路 IC（Driver）的 Jitter 效应（上图：Driver 输出；下图：Receiver 输入）

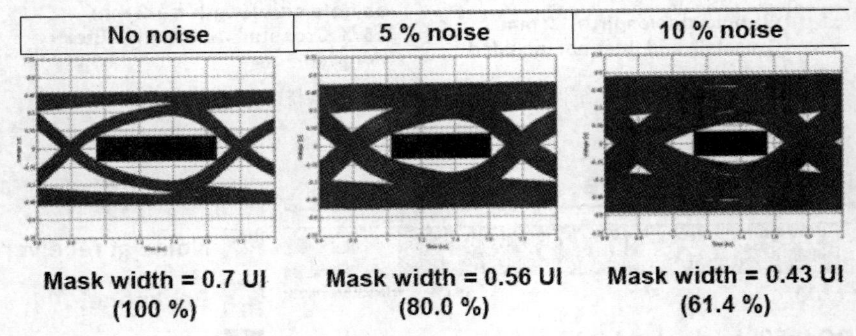

图 5-125 接收电路（Receiver）处的噪声效应

5–4 高速连接器信号完整性设计分析

从前面几个高速网络系统的案例分析中我们发现，连接器在系统的信号完整性中扮演着重要的角色，而连接器的特性更是影响高速网络系统非常常见的关键因素，而早期的连接器厂商多半为精密机械业者，因此对连接器的基本电磁效应并不了解，也因此逐渐在高速网络的浪潮下被淘汰，因此在本章最后的讨论内容中就针对高速连接器的信号完整性问题与挑战加以分析，以期能设计出符合各种系统规格的连接器。

在网络科技快速发展的科技时代中，虽然无线网络发展极为迅速，也成为市场中最具竞争力的电子产品，但在无线网络后端提供服务的依然是使用有线的服务器、工作站、云端数据存储器等信息设备，这是因为无线网络的频宽发展有所限制，在市场需求已经由单纯的声音、文字信息转变为影音、多媒体信息时，所需要使用的频宽亦随之增加，这不仅仅是个人用户所需频宽的增加，服务器与工作站的频宽负荷量更是暴增，虽然目前的光纤网络的频宽与传送速度相对于传统的电缆已有突破性的发展，但是在光纤传送前后端与其连接的部分依然需要转换成电的形式，以将数据传递给服务器和工作站进行后续的处理工作。以往连接器所扮演的只是一个连接外部与主板的角色，但随着传输速率的提升、频宽的需求增加等原因，使连接器的信号完整性已成为非常重要的设计议题。如果连接器本身非理想特性所造成的影响过大，那么不论服务器内部运作多快，都会因前端连接器的问题而导致频宽和传输速率降低。

以生活中最普及的以太网来说，图 5-126 所示是以太网从 1997 年到 2014 年的传输速率趋势演进图，传输速率在 2.5 Gb/s 以下时，使用的是目前在网络上常见的 Cat.5e/6 连接器，而传输绞线只是完全由塑料包覆着，且传输线设计以成本低且方便制作为主要考虑；但随着光纤网络的普及，频宽和传输速率的增加，推动了 SFP 高速连接器应用于 5 Gb/s 的发展；不过当传输速率提高到 10 Gb/s 之后，原先的 SFP 连接器设计却开始出现在高速网络系统效能上的问题，因此又改良成 SFP+与后续高阶的高速连接器，如图 5-127 所示 SFP+、QSFP、CXP 等连接器的结构改进，因此迫使连接器产业也必须开始探讨信号完整性的问题，例如传输线的返回损耗、插入损耗、传输对的串扰、模态转换性能、差模传输对的阻抗等。

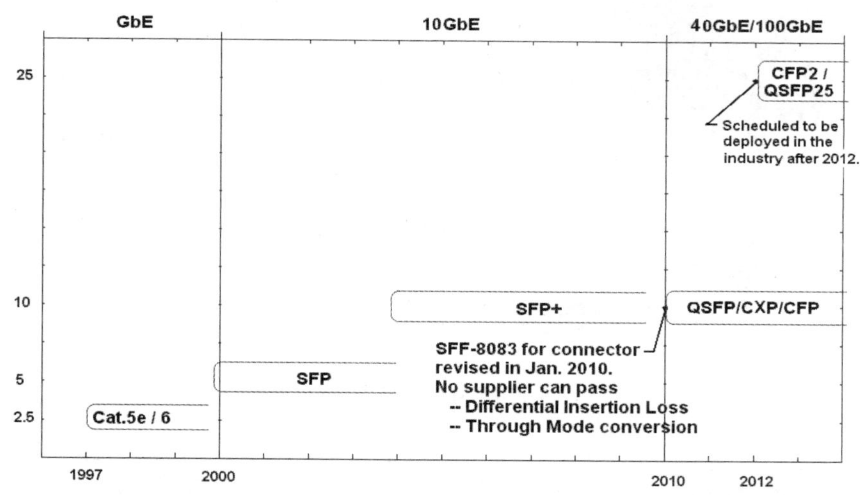

图 5-126　高速连接器发展趋势

Type	Assembly	Connector	Contact Module
2xN SFP+	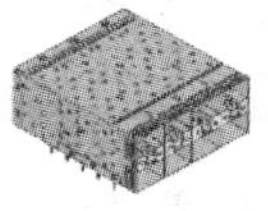		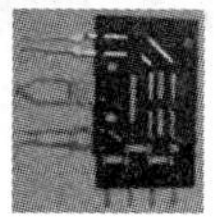
QSFP	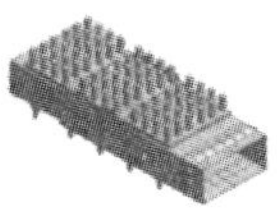		
CXP	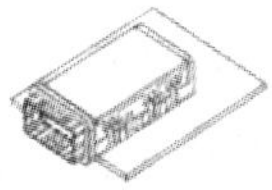		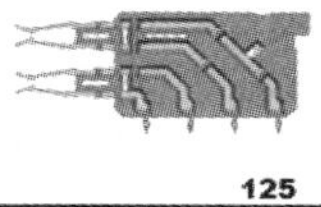 125

图 5-127　SFP+、QSFP、CXP 连接器的结构比较

由于 SFP 连接器是目前高速网络中常见的高速高效能连接器，而 SFP+高速连接器的规格为 SFF 委员会于 2006 年 12 月 21 日制定出来的，为了设计符合规格的连接器，我们在此就以 SFP 高速连接器为例，通过改变高速连接器的架构来分析不同设计的影响：例如挖空部分区域的塑料包材使传输线部分外露与空气接触以降低电容效应，或是改变内部传输线的走线设计（例如将垂直走线改为多段小角度弯折走线）以降低电感效应及改善阻抗匹配特性。

在分析 SFP 连接器的案例中，分别针对接触点、压接脚形状等所引起的效应进行研究，其阻抗变化的结果如图 5-128 和图 5-129 中的 TDR 时域阻抗图所示，后续会针对阻抗变化的趋势原因探讨一些改善的方向，例如挖空部分区域的塑料包材或是改变内部走线的弯折方式等。

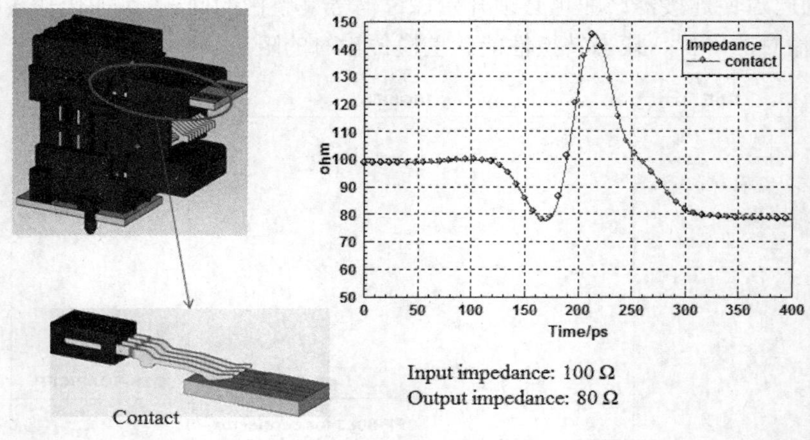

图 5-128　SFP 接触点效应

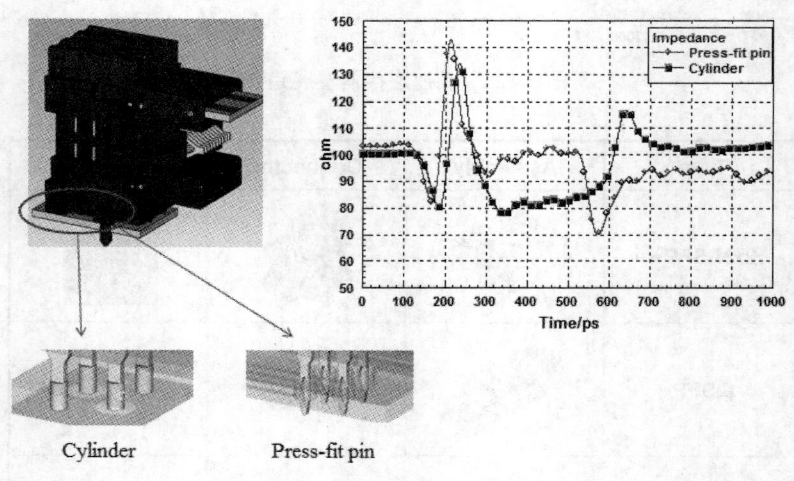

图 5-129　SFP 压接脚效应

第二个分析的案例为消费性电子产品中常见的 Micro-USB 2.0 连接器，其结构如图 5-130 所示。Micro-USB 2.0 连接器的 5 根管脚定义布局为：#1 Power（5V 电源）；#2 D+（差模信号对的+信号：同相位）；#3 D-（差模信号对的-信号：反相位）；#4 Ground（接地）；#5 Empty（未连接的空脚）。

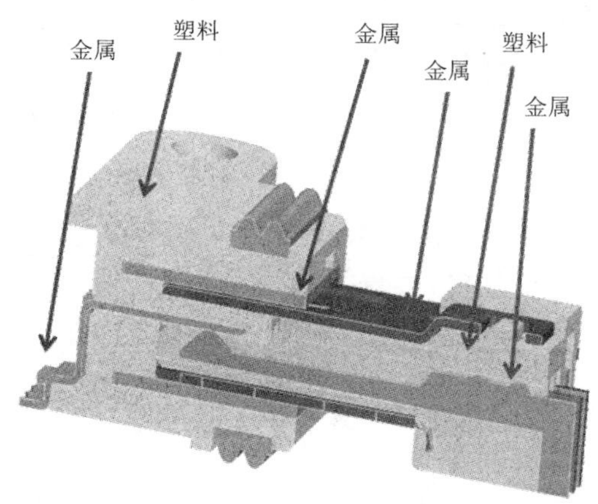

图 5-130 Micro-USB 2.0 架构

Micro-USB 2.0 连接器虽然是 3D 架构，但可以利用 TDR 结果来观察阻抗不连续的位置，并利用寄生电感或电容来加以等效电路化，并利用本章讨论过的设计技巧来进行分析，从而进一步修改成最佳化结构，但在修改设计电气特性的过程中也需要考虑到结构应力、热力等问题。

在利用 TDR 进行模拟分析时，上升时间设定为 50 ps（20%～80%），信号为单向传输，也就是只有从母座往外传出的发射端。图 5-131 所示为有关接触点的 TDR 分析结果以及可能的效应原因说明与推测；接着将 TDR 模拟分析结果，针对发生阻抗不连续的地方，以等效电路图来进行后续结构改变的效应分析（如图 5-132 所示）；最后再如图 5-133 所示，可以通过改变走线弯折形状或是在走线挖孔等方式观察连接器特性的改变趋势，以期获得最佳化的设计结构。

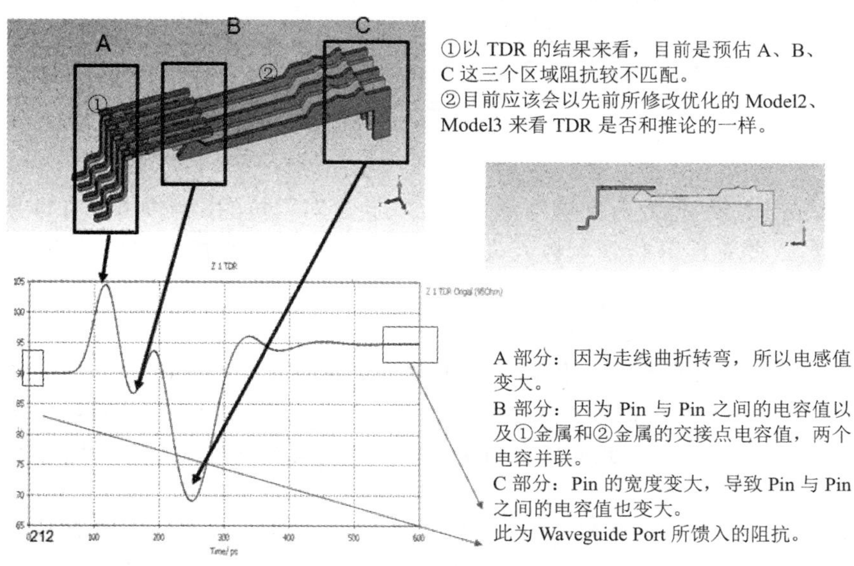

图 5-131 接触点的 TDR 分析

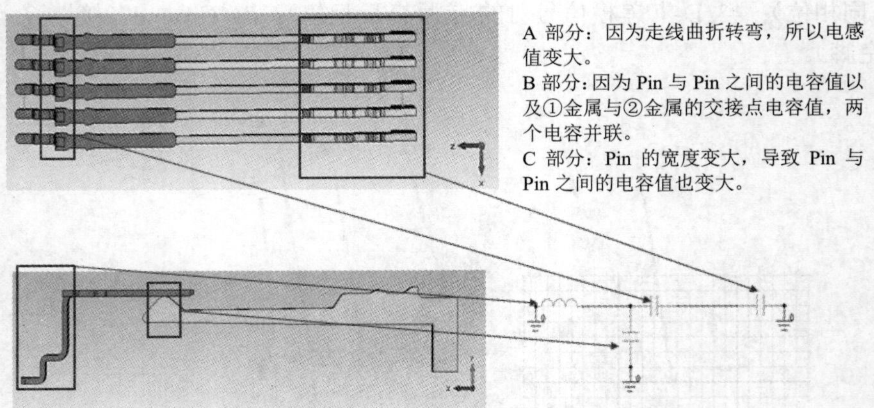

图 5-132　接触点的等效电路

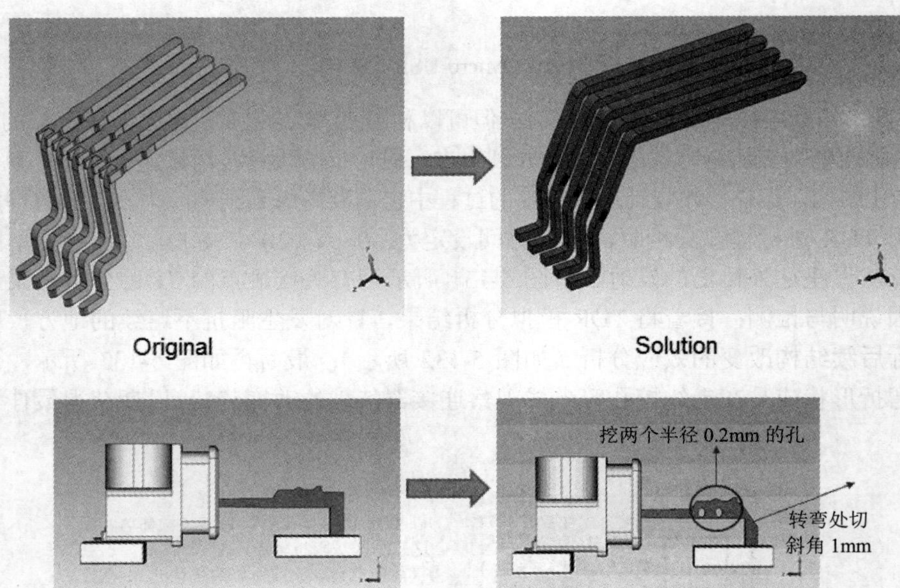

图 5-133　改变走线弯折形状或在其上挖孔

如果在金属导体走线挖孔，则这种形式的结构改变对阻抗的影响如图 5-134 所示。

接着再针对改变走线弯折形状以及在走线挖孔等有机会改善连接器特性的方式详细说明其原理。

1．*塑料与连接器之间效应分析*

新型的高速连接器设计都会对传输线挖去部分塑料而使其外露在空气介质中，因为空气是最佳的介质，可让信号传输时所产生的损耗最低，但也不可能让内部传输线完全掏空，因为这将会导致传输线无法固定，因此如何在与塑料挖空和包覆塑料之间取得平衡即为一高速连接器信号完整性设计的重要研究。

连接器的传输线有部分由塑料包覆、部分外露空气，这就会产生阻抗的不连续性，因为介质由塑料变成空气，介电系数降低，电容值上升减少，使特性阻抗也跟着提升，图 5-135 所示是设计一个简易长直条的差模信号对，让中间部分传输线外露在空气中，从 TDR 模拟的结果，可以发现随着塑料挖空的部分越长，阻抗的不连续性就越严重。

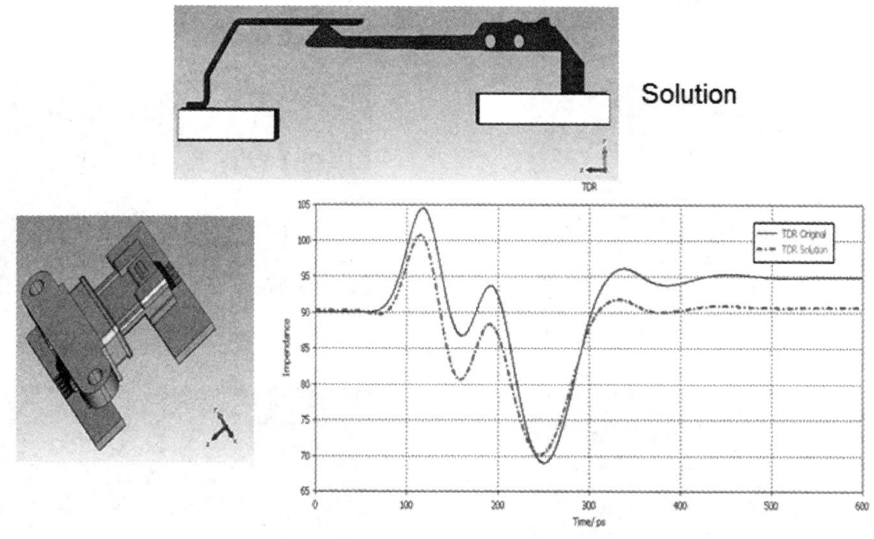

图 5-134　走线挖孔对阻抗的影响

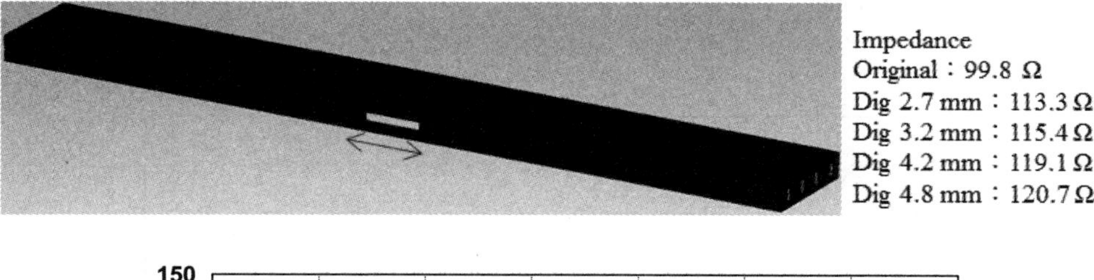

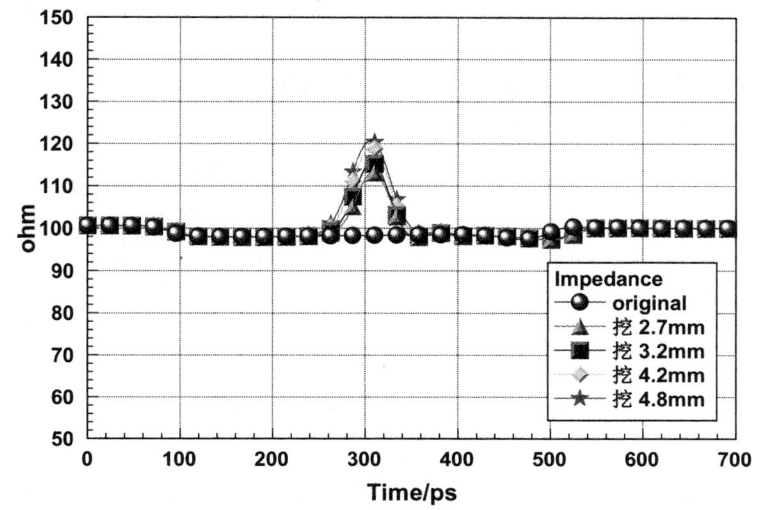

图 5-135　长直条传输线中间部分塑料挖空的 TDR 模拟

此外，塑料挖空的形状也会影响特性阻抗的变化，图 5-136 中的（a）是矩形形状的挖法，（b）同样也是矩形的挖法但传输线的上下保留一小段塑料，（c）是上下保留一小段塑料上下挖 45°斜角，（d）是上下保留一小段塑料上下左右挖 45°斜角。4 种不同塑料挖空形状的 TDR 阻抗如图 5-137 所示。

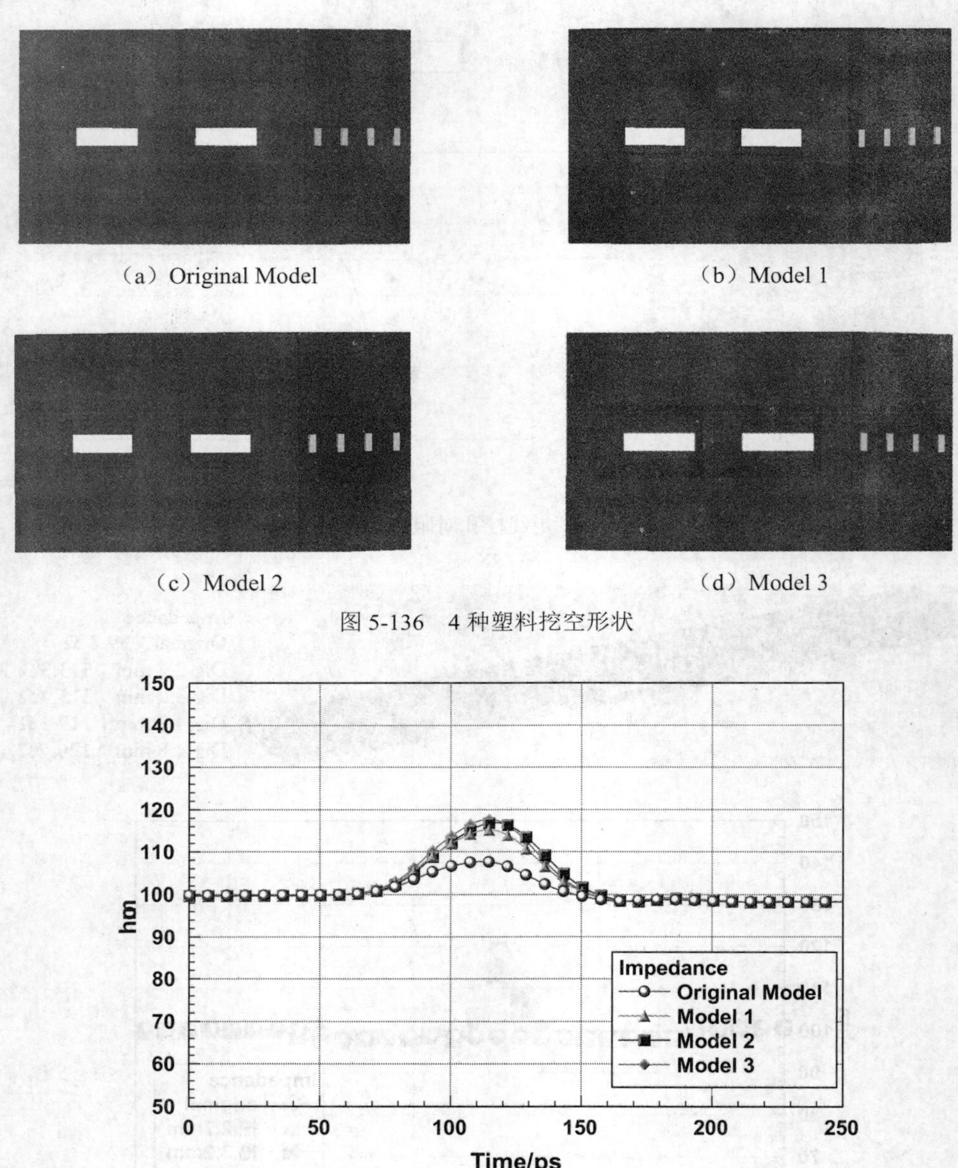

（a）Original Model

（b）Model 1

（c）Model 2

（d）Model 3

图 5-136　4 种塑料挖空形状

图 5-137　4 种塑料挖空形状的 TDR 阻抗

接着再针对弯折结构的塑料挖空效应进行分析，图 5-138 所示的 3 种弯折结构的塑料挖空情形分别标示为 Model 1、2、3，这三者的塑料挖空部分上下均有保留塑料的传输线，其与完全塑料密封的 Original Model 比较起来，Model 1、2、3 传输线露在空气所占的比例较高，由于传输线在信号传输过程中会产生边缘效应，介电系数的改变产生电容效应降低，使特性阻抗增加。图 5-139 所示为完整塑料密封与 3 种弯折结构的塑料挖空结构的效应：返回损耗、插入损耗、TDR 阻抗结果比较。

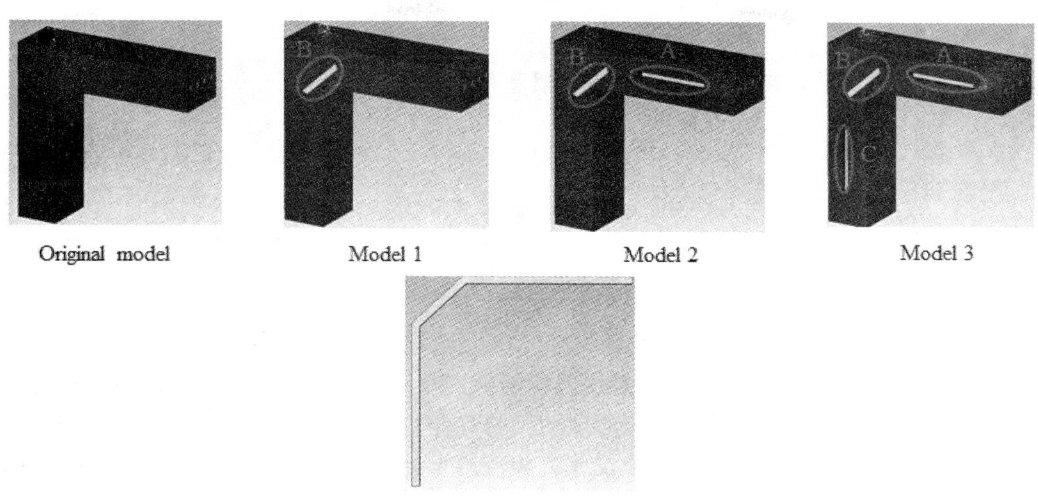

图 5-138　3 种弯折结构的塑料挖空情形与内部传输线导体

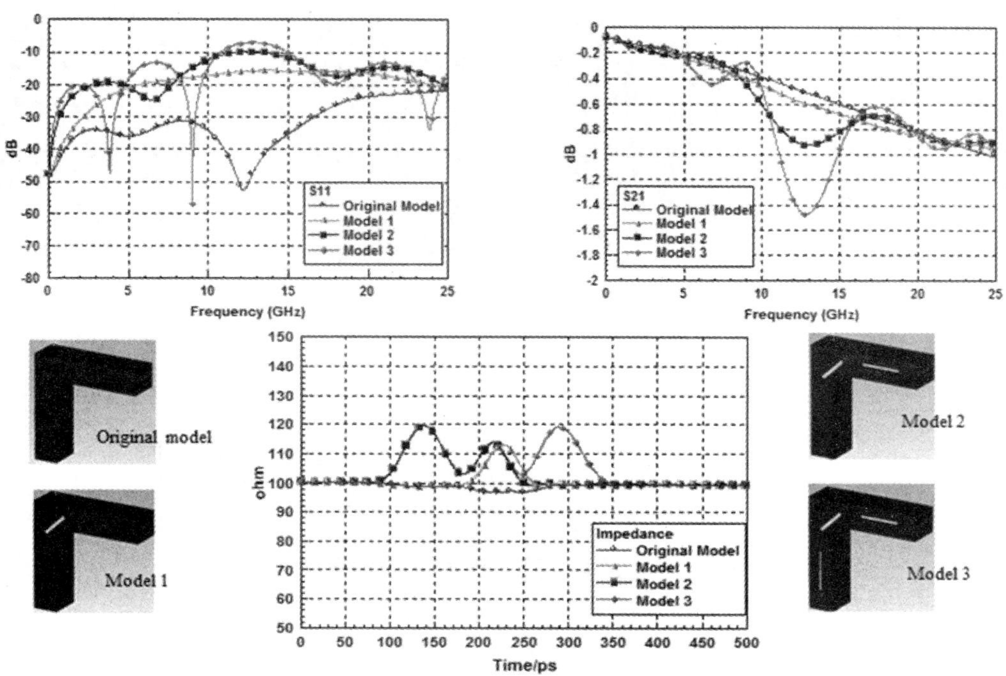

图 5-139　完整塑料密封与 3 种弯折结构的塑料挖空结构的效应

2. 传输线的转角设计分析

在电路布线时，常见采用 45°截角以避免电荷累积在直角转弯处，同时也能减少比直线形状额外增加面积所产生的电容效应，并降低因为线宽改变所造成的阻抗不连续效应。如图 5-140 所示，电场强度确实在 45°截角时有明显的减少。

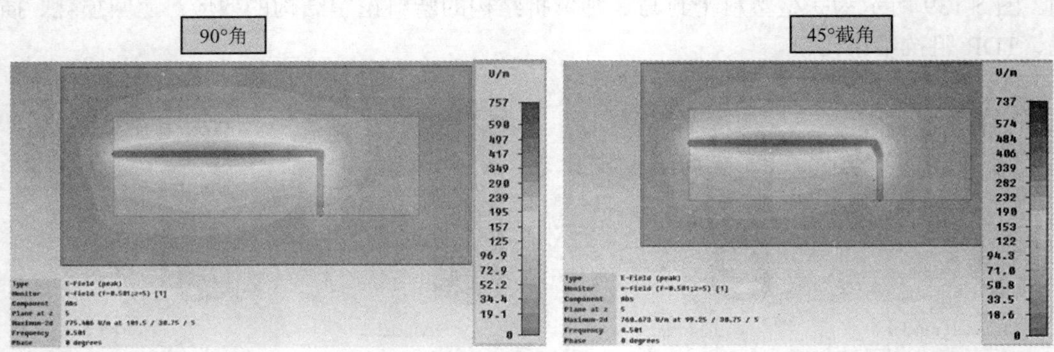

图 5-140　90°直角转弯与 45°截角的电场强度分布图

而对于一个高速连接器而言，若要使其信号完整性良好，最重要的是其内部的传输线设计，因此我们接着探讨内部传输线转折方式对信号完整性的影响。图 5-141 显示了 4 种转角设计结构：直角转弯、转角设计 1、转角设计 2 和转角设计 3，其中转角设计 1、2、3 的转折角度均为 45°，差别在于转角设计 3 的斜边长度较长，转角设计 2 的斜边长度较短，转角设计 1 的斜边长度介于转角设计 2 和 3 之间。不同转角弯折结构的 TDR 阻抗分析如图 5-141 所示。

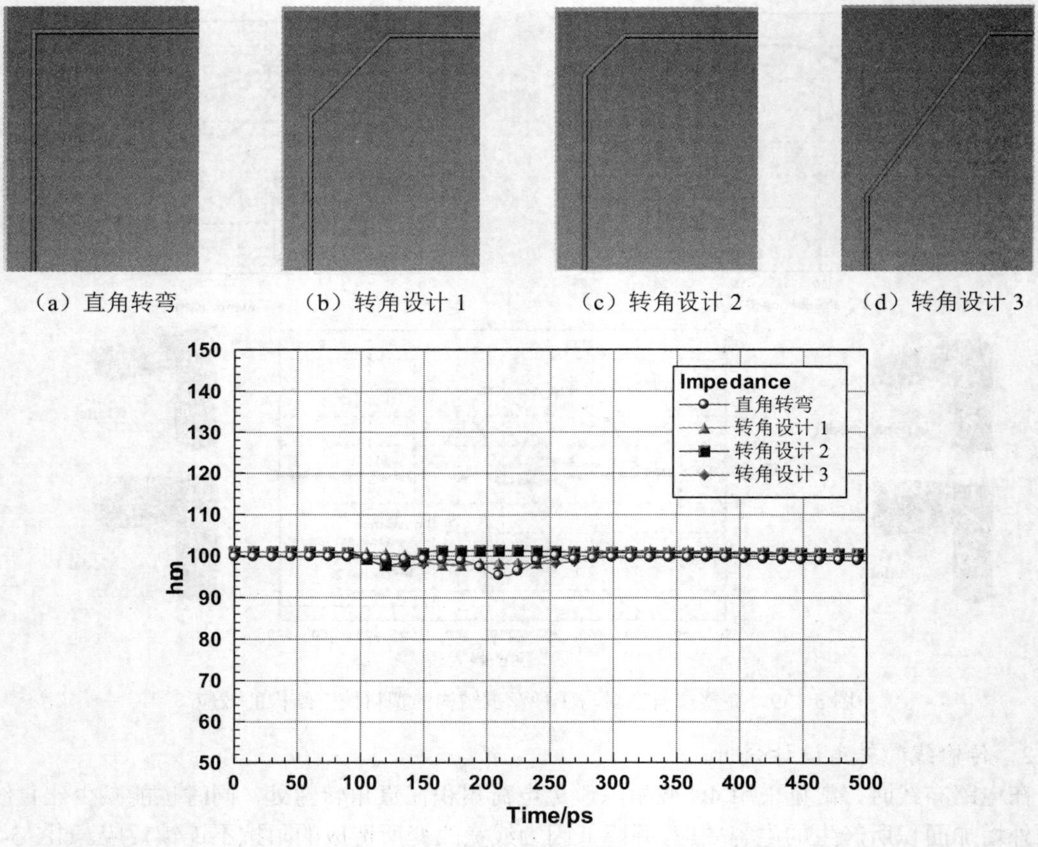

（a）直角转弯　　（b）转角设计 1　　（c）转角设计 2　　（d）转角设计 3

图 5-141　不同转角弯折结构与 TDR 阻抗分析

除了如图5-141所示的时域TDR阻抗分析外，不同转角弯折的结构也可以利用频域分析来观察其返回损耗（RL）和插入损耗（IL）的特性，如图5-142所示。

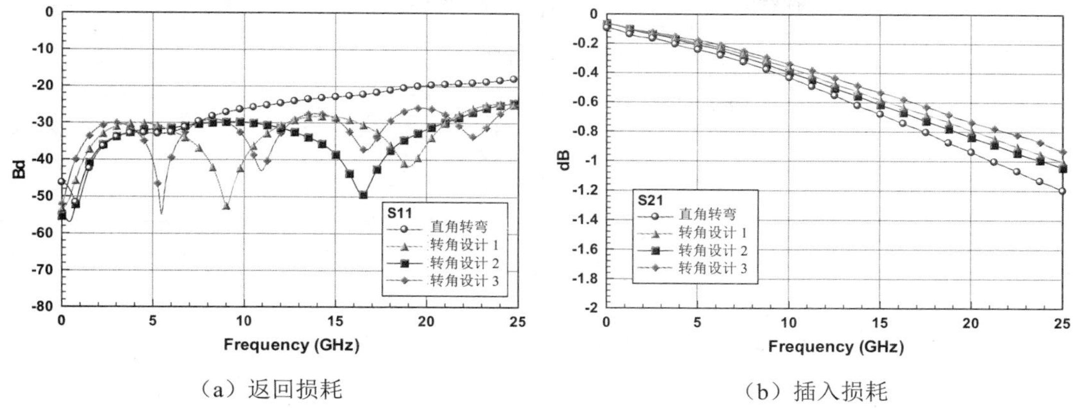

（a）返回损耗 （b）插入损耗

图5-142 4种转角设计的频域分析：返回损耗（RL）和插入损耗（IL）模拟结果

图5-143和图5-144所示是针对同时改变传输线弯折与塑料挖空形式时所造成效应的时域TDR阻抗分析和频域分析的返回损耗与插入损耗。

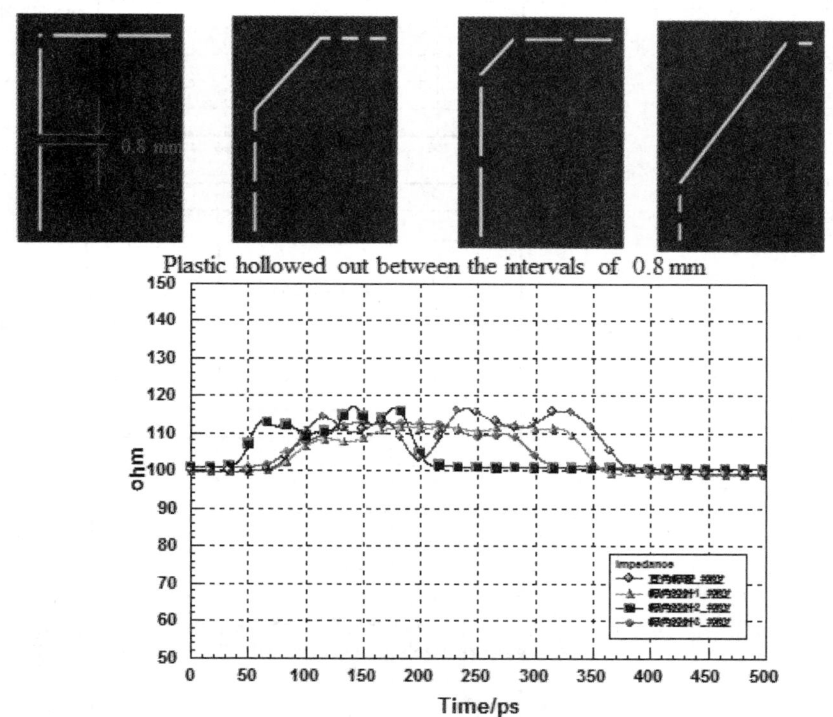

图5-143 同时改变传输线弯折与塑料挖空形式的时域TDR分析

最后，针对弯折传输线塑料挖空后的阻抗不连续可以利用局部调整传输线宽度来改变电感与电容效应的补偿作用，其TDR阻抗的分析结果如图5-145所示，而同时改变传输线弯折与塑料挖空形式的补偿效应的比较如表5-4所示。

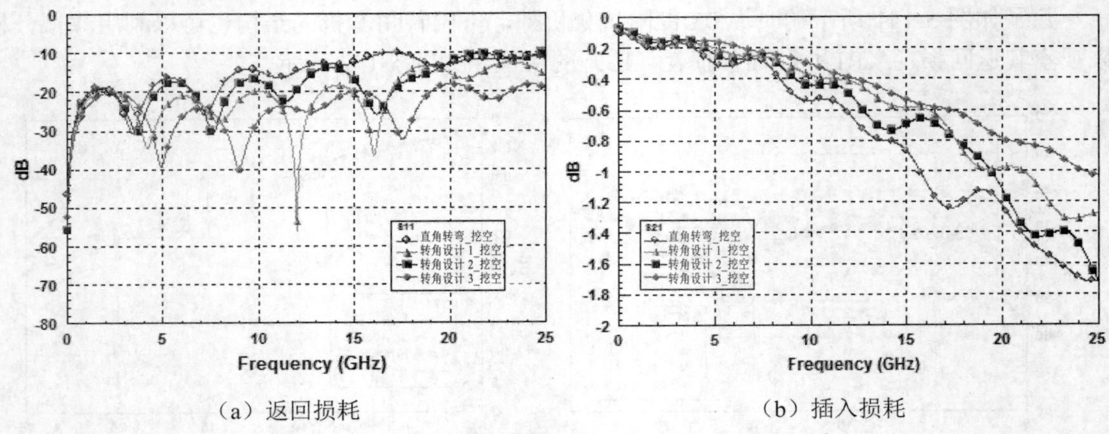

（a）返回损耗　　（b）插入损耗

图 5-144　同时改变传输线弯折与塑料挖空形式的频域分析

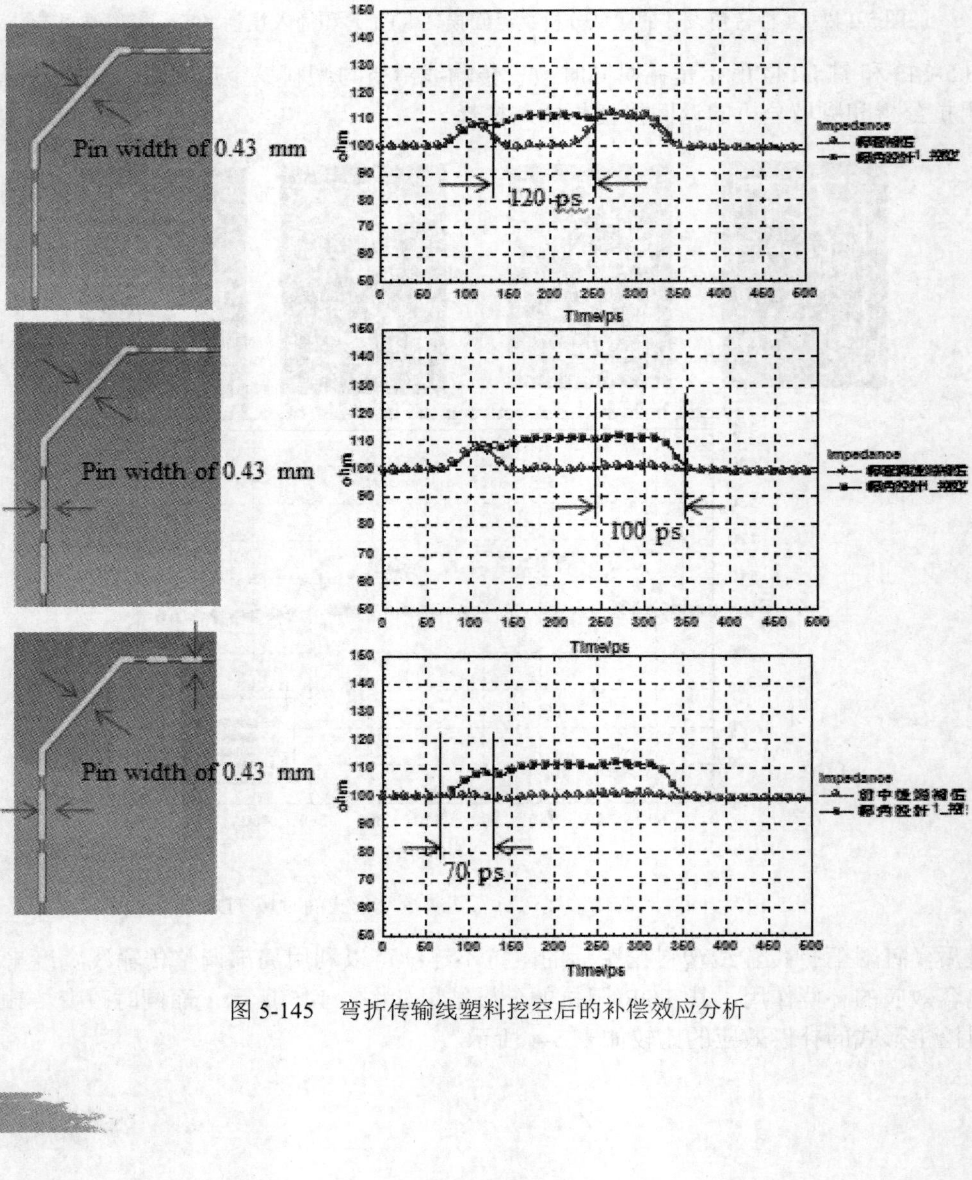

图 5-145　弯折传输线塑料挖空后的补偿效应分析

表 5-4　各种转角形式与塑料挖空补偿设计的比较

Model	Model size description	Remark	Figure
直角转弯_挖空补偿	有挖空部分线宽：0.43mm 无挖空部分线宽：0.27mm 无挖空长度：0.8mm	①在弯曲部分采用 90°转角 ②与其他 3 个 Model 比较，线长度较长，损耗也较多 ③由于弯曲只占一小段，因此较无共振点	无挖空部分 有挖空部分
转角设计 1_挖空补偿	斜边长度：7.5mm		斜边长 7.5mm
转角设计 2_挖空补偿	斜边长度：3.6mm		斜边长 3.6mm
转角设计 3_挖空补偿	斜边长度：13.1mm	①总长度最短，损耗最少 ②有三个共振点	斜边长 13.1mm

综合以上分析结果的比较，从 TDR 模拟结果可以看出若由塑料完全包覆，特性阻抗并无太大的变化，但从 S 参数来看，直角转弯只有一小段的转折，另外 3 个转角设计有两个转折点，随着斜边越长返回损耗的共振点越多，而从插入损耗的模拟结果可以看出，因为直角转弯信号传送的时间较慢，插入损耗较高，转角设计 3 的斜边长度最长，信号传送时间较快，插入损耗也相对较低。

在目前高速网络传输速率需求越来越快的时代，高速连接器的信号完整性也日渐重要，有关信号传送产生的影响有本章所讨论的各种因素与效应，若能够改善信号完整性问题的产生，就可以有效提升高速网络的传输效能。塑料材质与高速连接器的传输线间产生的效应也是设计的一大重点，从分析结果可以发现，要解决此情形可以通过改变传输线的宽度、弯折方式或塑料的挖孔，以调整连接器的时域阻抗及频率的损耗特性，使连接器能符合系统的规格要求。

5-5 ANSYS 仿真范例 2：传输线的阻抗时域反射与串扰分析

1. 前言

这里探讨传输线经过弯折、贯孔的特性阻抗改变情形，利用 TDR 的方式分析传输线特性阻抗不连续时的现象，并使用电路仿真软件，以 LC 等效电路来适配出传输线所呈现的 TDR 数据，如图 5-146 所示。

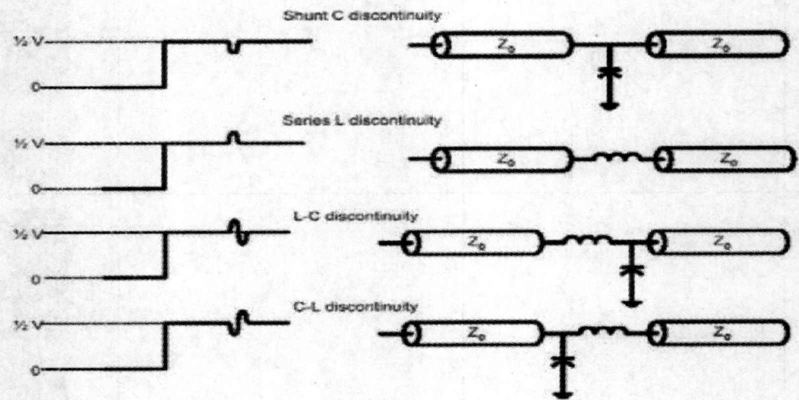

图 5-146 TDR 快速判断示意图

当信号在传输线上传递时，传输路径可能因特性阻抗不连续而使一部分信号反射，但另一部分继续传送。TDR（Time Domain Reflectometry）为量测信号在传输线上的时域反射状况来判断传输线特性阻抗的技术，可以推算出传输路径中特性阻抗变化的位置。

2. 模拟

使用仿真软件 ANSYS SIwave 2015 和 Designer 2015 来进行分析。

设定板材为 FR4 四层板，介电系数为 4.4，金属厚度为 0.02mm，每层板厚为 0.2mm，如图 5-147 所示。

为了达到 port 阻抗 50Ω，将线宽设为 0.371mm 使其特性阻抗匹配为 50Ω。

总共模拟了 4 条总长均为 80mm、不同特性阻抗的微带线（如图 5-148 所示）：

- Line1：线宽均相同且无穿层的微带线。
- Line2：在线长 40mm 处打 via 到第四层的微带线。
- Line3：在线长 25mm 处打 via 到第四层后又在线长 55mm 处打 via 回到第一层。
- Line4：在线长 25mm 处将线宽改变为 0.8mm（特性阻抗为 30.5Ω），又在线长 55mm 处将其改回原线宽 0.371mm（50Ω 匹配）。

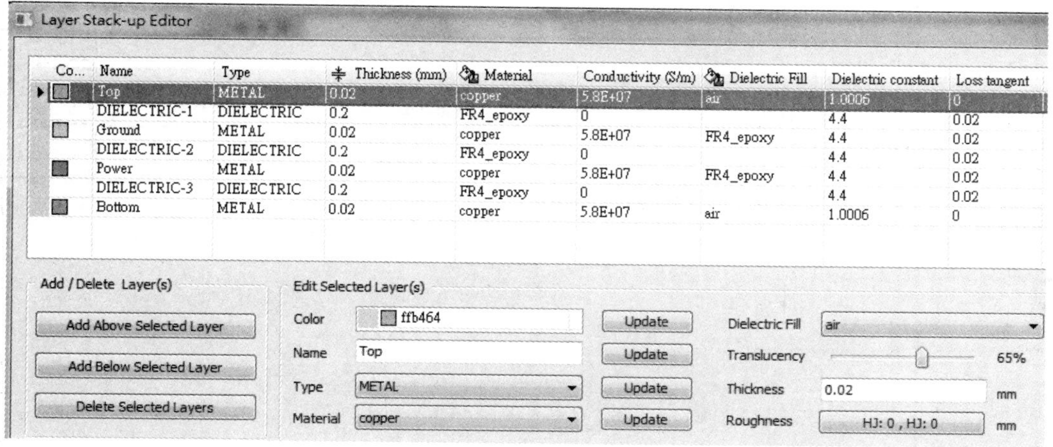

图 5-147 设定板材

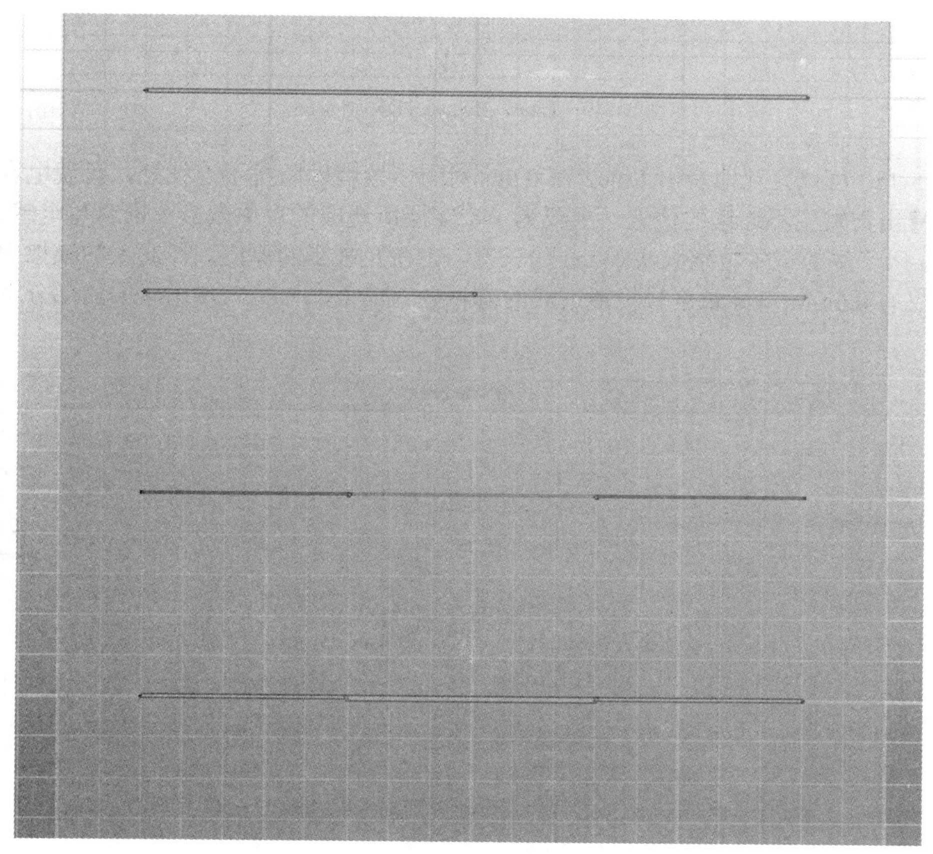

图 5-148 Line1、Line2、Line3、Line4 SIwave 模拟图

利用模拟看微带线的 TDR，并以 ANSYS Designer 2015 仿真用 LC 等效电路表示其电容、电感性。

从图 5-149 可以看出微带线 Line1 的特性阻抗是连续的，维持在约 50Ω，因此无明显的寄生电感、电容效应。

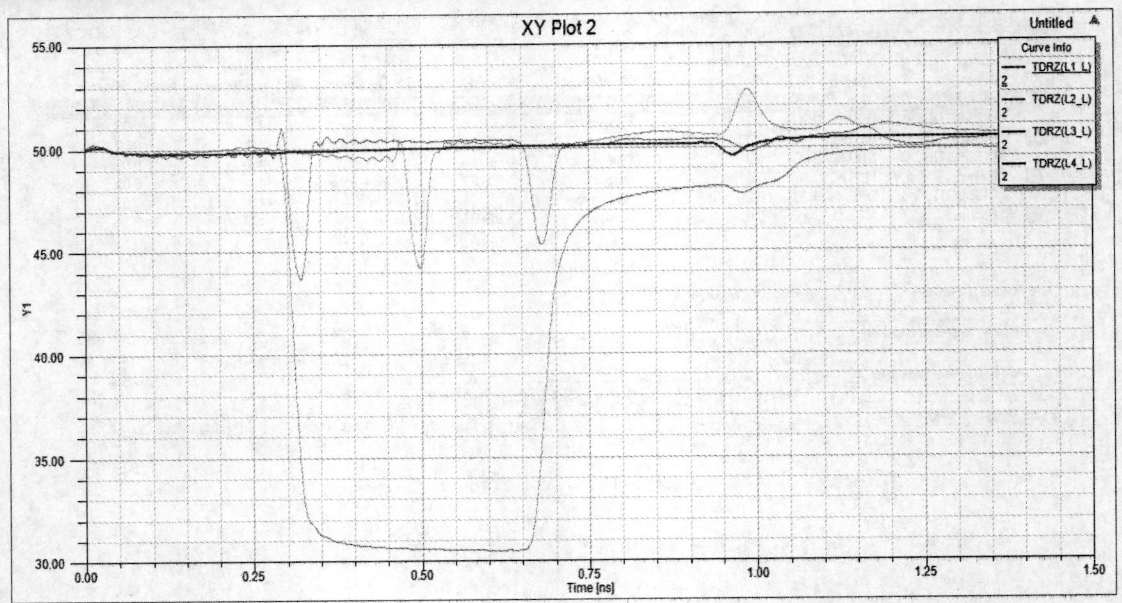

图 5-149　Line1 SIwave TDR 结果图

从图 5-150 可以直观地看出 Line2 在 0.5ns 时有一段特性阻抗不连续处，呈现电容性，利用时间推算出其发生不连续的位置，主要为 via 穿层所造成的寄生效应（电容与电感）。在一般穿层 via 所产生的寄生电感取决于 via 的长度，也就是板子的厚度，在此次的模拟中由于板子的厚度仅有 0.6mm，via 长度较短所造成的寄生电感较少，所以 TDR 在 via 的部分主要呈现电容性。

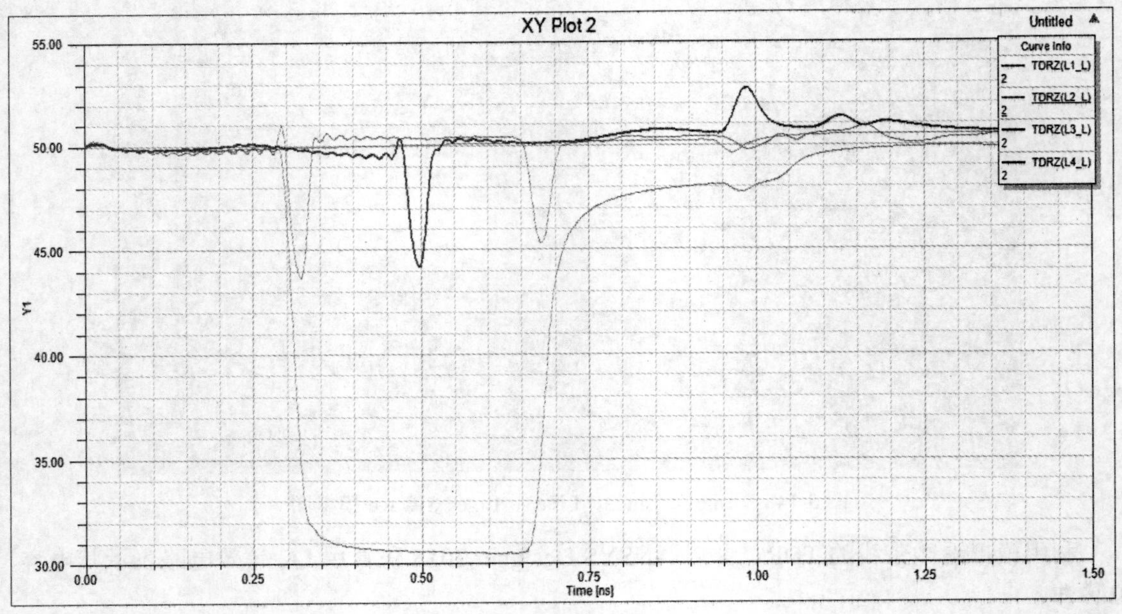

图 5-150　Line2 SIwave TDR 结果图

从图 5-151 可以看出微带线 Line3 在 25mm 经过第一个 via 时，同图 5-150 一样会产生寄生电容并在第四层继续信号传输，在 55mm 处经过第二个 via 时也产生电容效应，之后在第一层继续信号传输到结束。

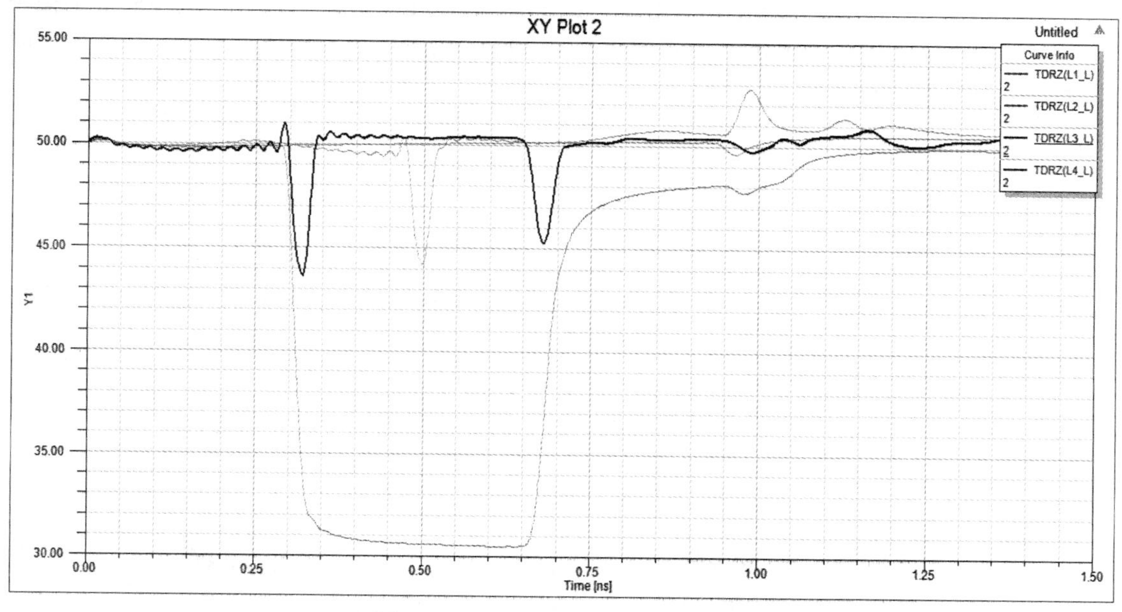

图 5-151　Line3 SIwave TDR 结果图

从图 5-152 可以看出当微带线在 25mm 处改变线宽为 0.8mm（特性阻抗为 30.5Ω 左右），到了 55mm 处又变回 0.363mm，特性阻抗“慢慢”变回 50Ω，然而信号并未瞬间到达 50Ω（详见问题与讨论）。

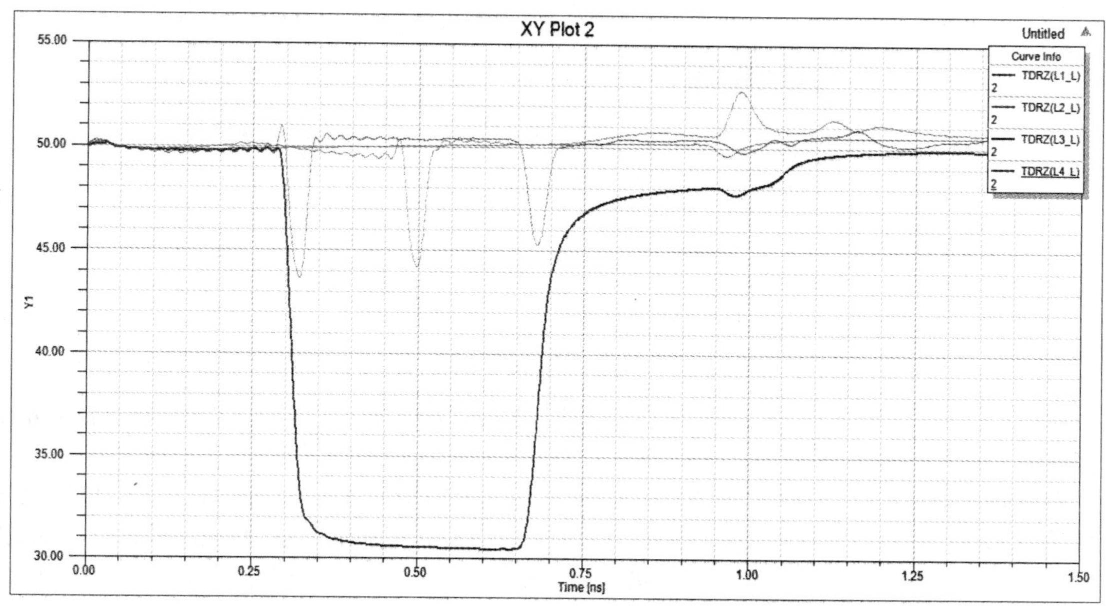

图 5-152　Line4 SIwave TDR 结果图

利用 SIwave 模拟完传输线在 PCB 板上的分析后，再利用 Designer 仿真实际电路上传输线的等效电容、电感值。

利用 Designer 模拟 Line2 如图 5-153 所示，在设定微带线的部份需要另外设定 PCB 板的材质、结构和长度，如图 5-154 所示。电路中在 TDR 的 Source 源之后加上一段 40mm 的微带线 model 后为等效电容值为 0.08pF，再放上一段 40mm 的微带线 model，加上一 50Ω 的电阻当作 port 端的终端阻抗。

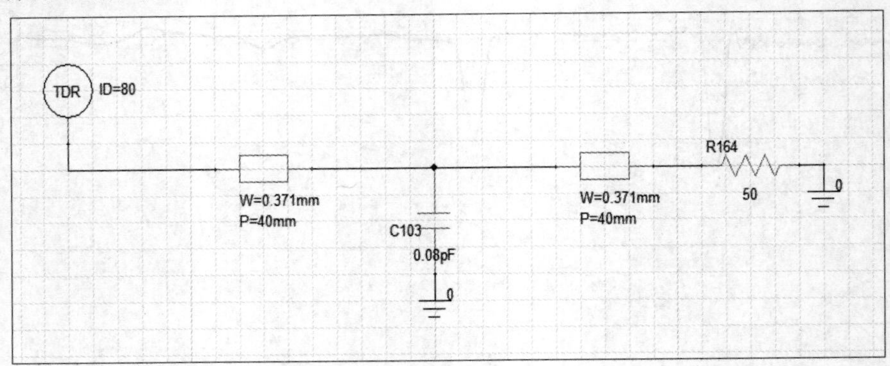

图 5-153　Line2 Designer 电路设计图

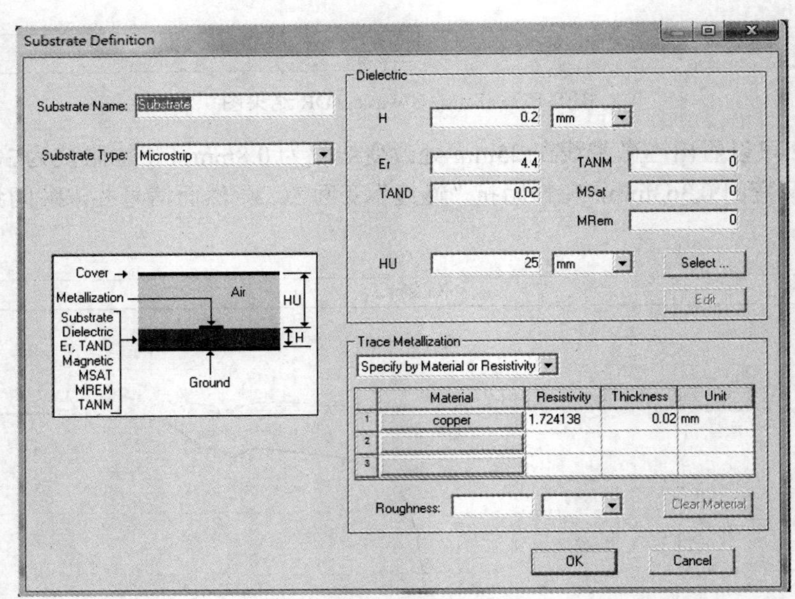

图 5-154　微带线设定图

模拟 Line2 结果如图 5-155 所示，可以看出微带线因为 via 产生的等效电容值，利用 Designer 模拟出其值约为 0.08pF。

利用 Designer 模拟 Line3 如图 5-156 所示。电路中在 TDR 的 Source 源之后加上一段 25mm 的微带线 model 后放上第一个 via 的等效电容值为 0.08pF，再放上一段 30mm 的微带线 model 作为在第四层传输的微带线，之后放上第二个 via 的等效电容值为 0.07pF，最后加上一 50Ω 的电阻当作 port 端的终端阻抗。

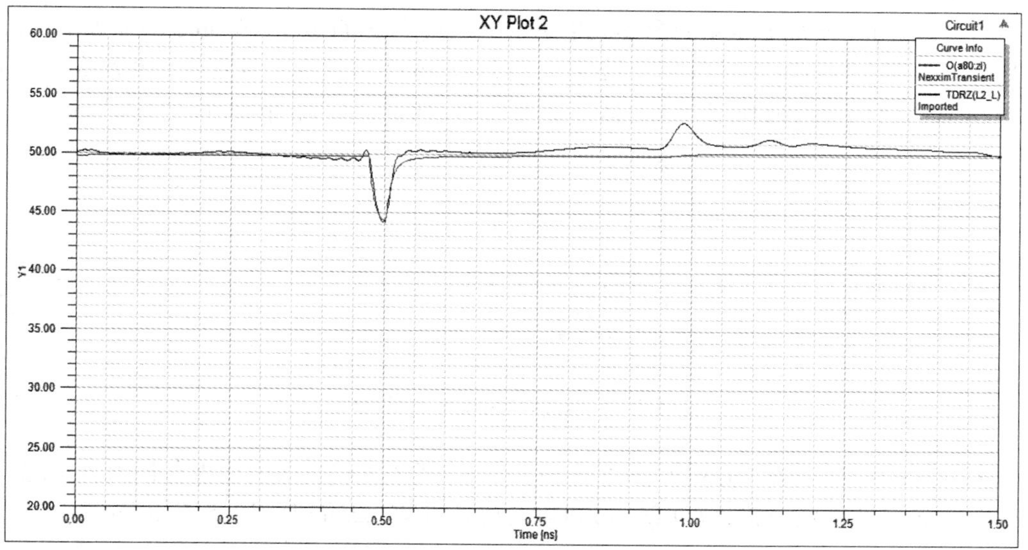

图 5-155 SIwave 及 Designer 模拟 Line2 TDR 比较图

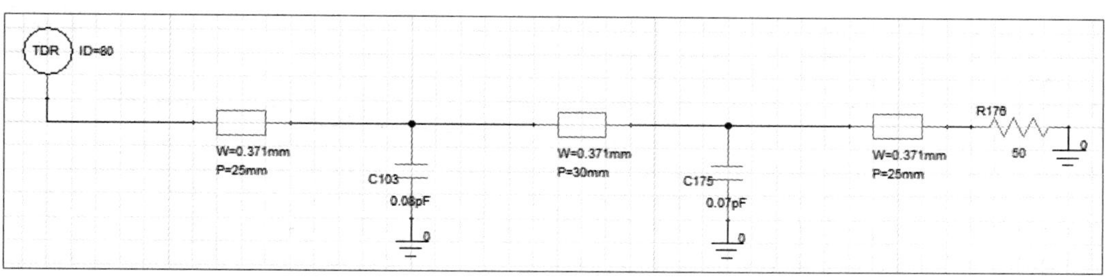

图 5-156 Line3 Designer 电路设计图

模拟 Line3 结果如图 5-157 所示，可以看出微带线因为两个 via 产生的等效电容值，利用 Designer 模拟出其值分别约为 0.08pF 和 0.07pF。

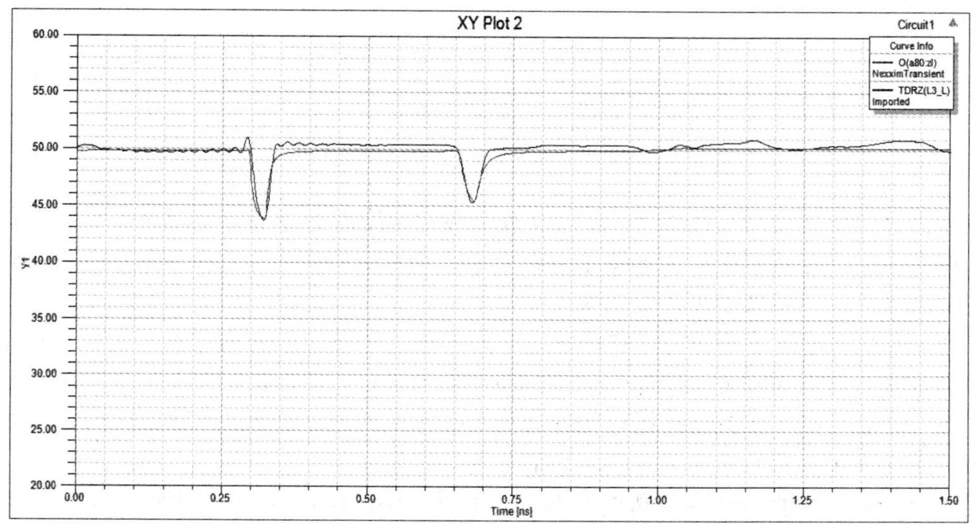

图 5-157 SIwave 及 Designer 模拟 Line3 TDR 比较图

利用 Designer 模拟 Line4 如图 5-158 所示。电路中在 TDR 的 Source 源后加上一段线宽 0.371mm、长度 25mm 的微带线，之后接上一段 30mm 的微带线（线宽改为 0.8mm），到了线长 55mm 处再将线宽改回 0.371mm，最后加上一 50Ω 的电阻当作 port 端的终端阻抗。

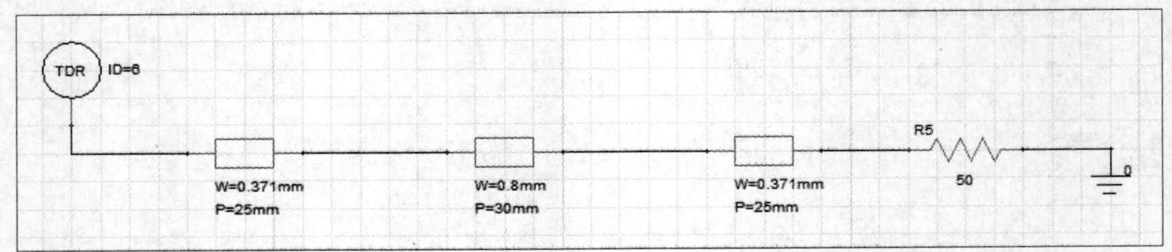

图 5-158　Line4 Designer 电路设计图

模拟 Line4 结果如图 5-159 所示，可以看出微带线因为线宽改变使得特性阻抗不连续，而线宽 0.371mm 与板材匹配约为 50Ω，故可以看出在时间 0.25ns 时阻抗值降为 50Ω。

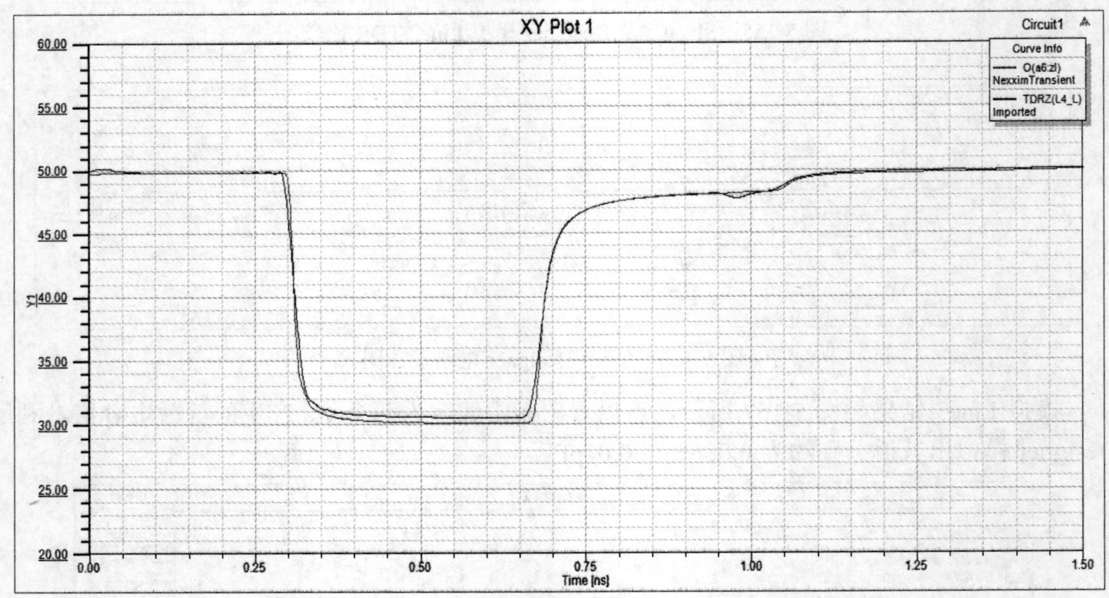

图 5-159　SIwave 及 Designer 模拟 Line4 TDR 比较图

上述仿真主要是使用直线加上 via 以及改变线宽宽度而造成的特性阻抗不连续。接下来第二部分将会模拟当走线弯折时（如图 5-160 所示）会造成的寄生电容效应和 loop area 所引入的寄生电感效应，在模拟中可以看出来。

在图 5-160 中走线线宽均为 0.371mm，一开始经过一条 30mm 微带线，之后利用 via 穿层至第四层并向上弯折 30mm，再向右弯折 30mm 经由 via 穿层至第一层，经过 30mm 后向下弯折 30mm，最后向右弯折 30mm 抵达传输线终点。中间经过了 4 次弯折和两个 via，总线长为 180mm。图 5-160 中①部分为第一层，②部分为第四层。

利用 Designer 仿真走线为弯折的电路图，如图 5-161 所示。电路中放置了如第一部分加上了许多等效电容电感去模拟传输线中的寄生电感电容。

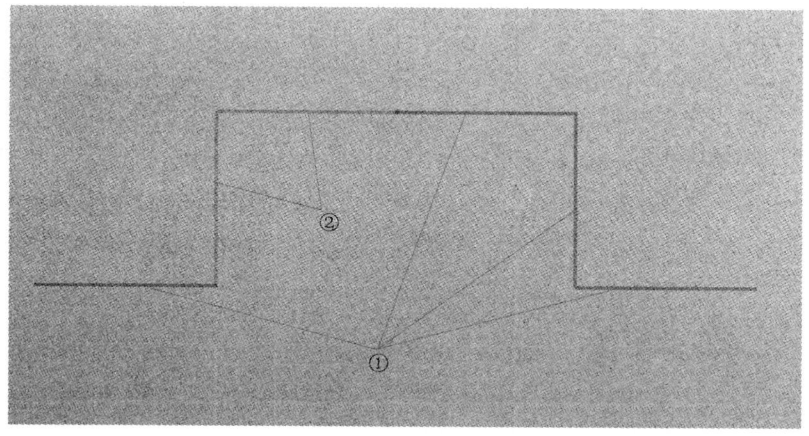

图 5-160　走线弯折的 SIwave TDR 模拟图

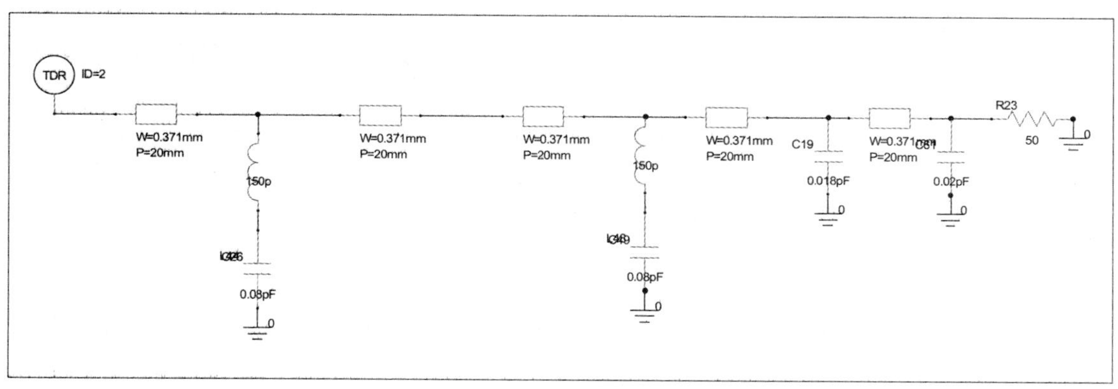

图 5-161　走线弯折电路图

模拟弯折走线结果如图 5-162 所示，由于模拟的板厚较薄，对应到特性阻抗 50Ω 的线宽为 0.371mm，主要产生不连续的地方仍是 via 穿层贯孔的部分产生的电容性。

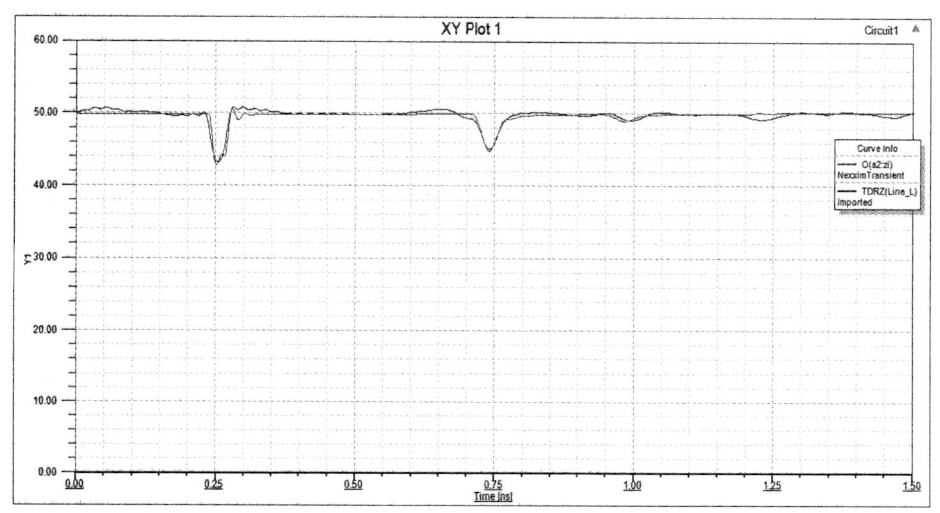

图 5-162　SIwave 及 Designer 模拟走线弯折 TDR 比较图

3. 问题与讨论

问：为什么图 5-152 和图 5-159 在 0.7～1ns 处特性阻抗无法迅速回到 50Ω 呢？

答：TDR 观察的是高频信号成分（具有很小上升时间的边沿）在传输线上所引起的反射，此激发反射的能量成分其实会随着在传输线上的传递而衰减，故对损耗较大的传输线，信号尾端所看到的 TDR 反应会变得很缓慢，这个现象称为 TDR 掩盖效果。这也是图 5-151 中，同样两个 via，TDR 第一个遇到的 via 影响的 TDR 波形凹陷比较深的原因。

5–6 ANSYS 仿真范例 3：电路阻抗对近场串扰的效应

1. 前言

这里探讨传输线间的耦合和串扰现象，并通过 ANSYS 仿真软件 SIwave 2015+Designer 2015 观察以下现象：

- 原特性阻抗 Z0=50Ω 的传输线，当两线相靠近且彼此间开始有耦合时，其 Z0 会小于 50Ω。
- 上升时间（Tr）较小的信号较易引起串扰和反射。
- 较长的传输线串扰也会较严重（近端串扰和远程串扰）。
- 若传输线有适宜的终端，反射、串扰、近场辐射、远场辐射都会获得改善。

2. 模拟

（1）耦合对特性阻抗的影响。

以 Designer 的 TRL 组件估算 50Ω 特性阻抗传输线的线宽和结构。W=1.06mm，H=0.55mm，Er=4.2，如图 5-163 所示。

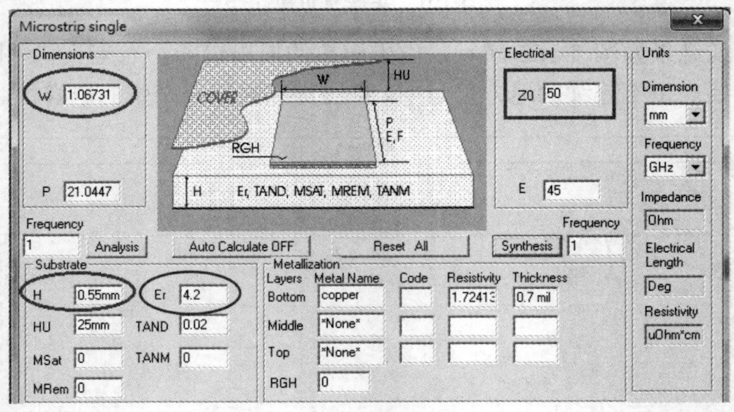

图 5-163 参数设置

同样结构条件下，把一条传输线改成有耦合关系的两条传输线。

这时可以看到 Z0=31.89Ω，果然比原来的 50Ω 小，如图 5-164 所示。

（2）观察 NEXT 和 FEXT。

采用（1）中的结构，取 physical length P=50mm 长度的两条相邻传输线（W=1.06mm，S=0.09mm），其中一条左侧灌入 Tr=20ps 和宽度 100ps 的 1.8V pulse。

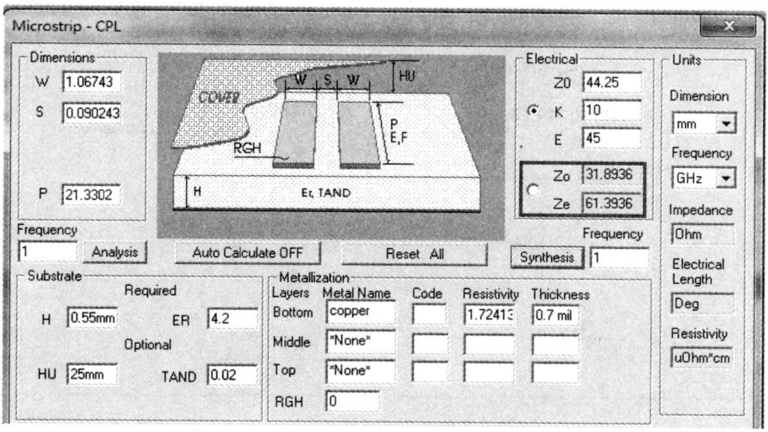

图 5-164　分析结果

图 5-165 不只在 quiet line 上可以看到明显的 NEXT 和 FEXT，还可以看到多重反射。

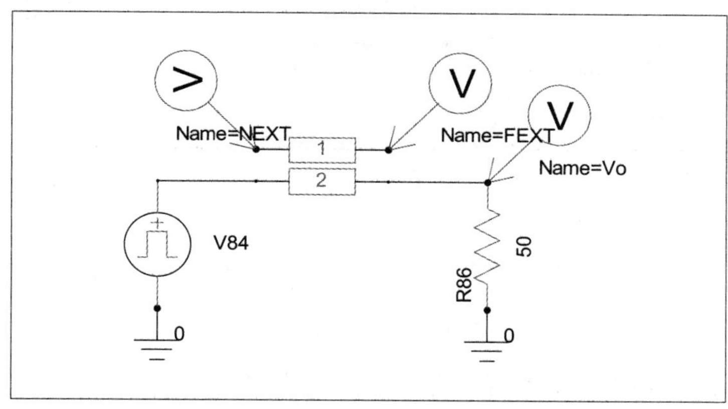

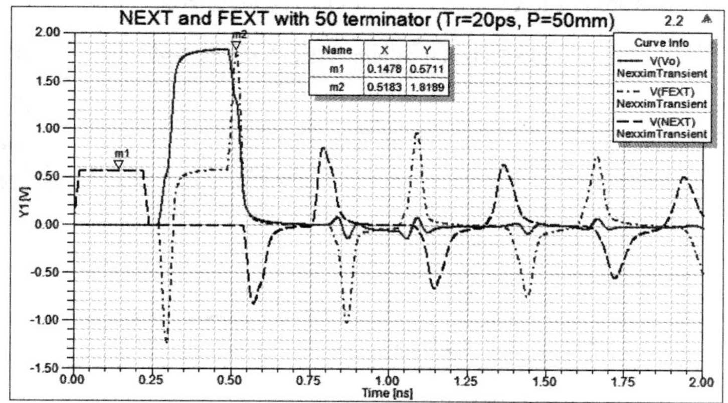

图 5-165　观察 NEXT、FEXT 和多重反射

（3）传输线终端的影响。

在 quiet line 上加上终端电阻，并且把终端电阻改成 44.25Ω。

很明显，不只 NEXT 和 FEXT 减轻，多重反射的成分大多也消除了，如图 5-166 所示。

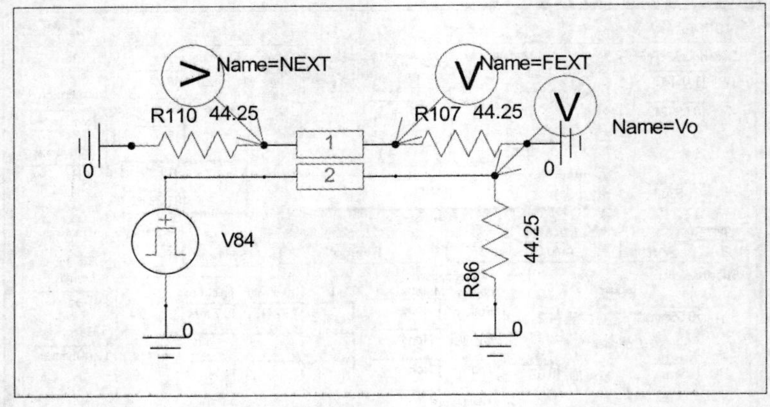

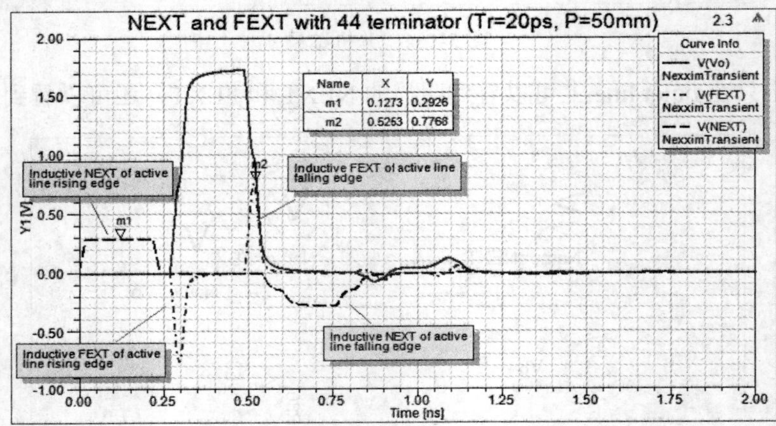

图 5-166　传输线终端的影响

（4）延续（3）中的例子，信号上升时间 Tr 的影响。

把 Tr 从 20ps 改成 60ps，FEXT 高度明显降低，但宽度增加，如图 5-167 所示。

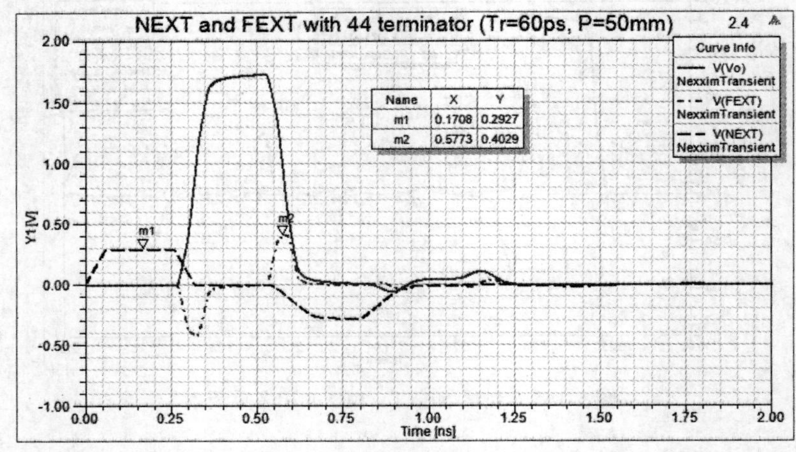

图 5-167　信号上升时间 Tr 的影响

（5）延续（3）中的例子，线长从 50mm 改成 100mms。

线长增加，FEXT 的信号宽度会增加。这是因为太强的 FEXT 会回头影响到原 active line

上主信号的上升边沿和下降边沿（二次耦合），让上升时间增加，如图 5-168 所示。

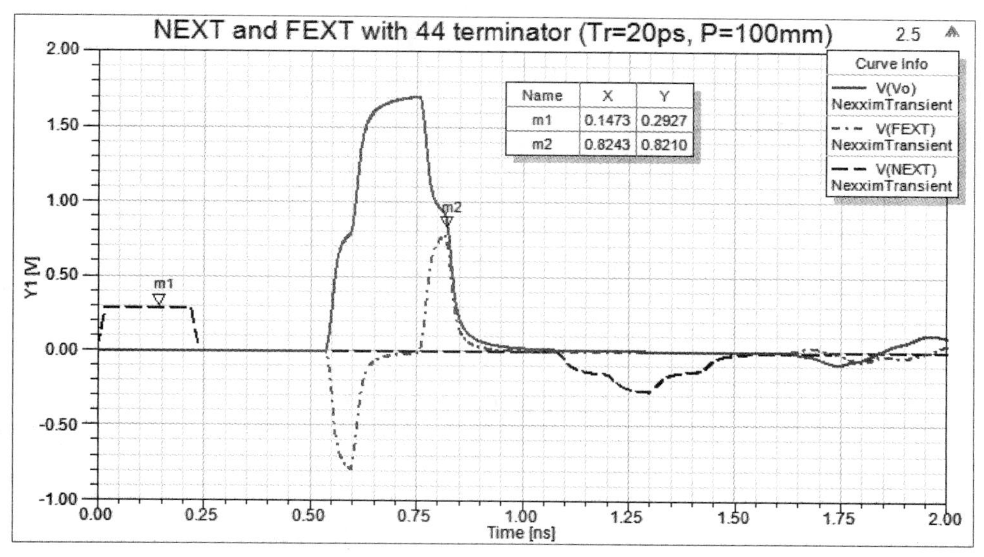

图 5-168　线长的影响

（6）没有正确终端对近场和远场的影响。

延续（2）中的例子，但传输线部分以 SIwave model 取代，因为我们要通过 push excitation 在 SIwave 内观察近场和远场，如图 5-169 所示。

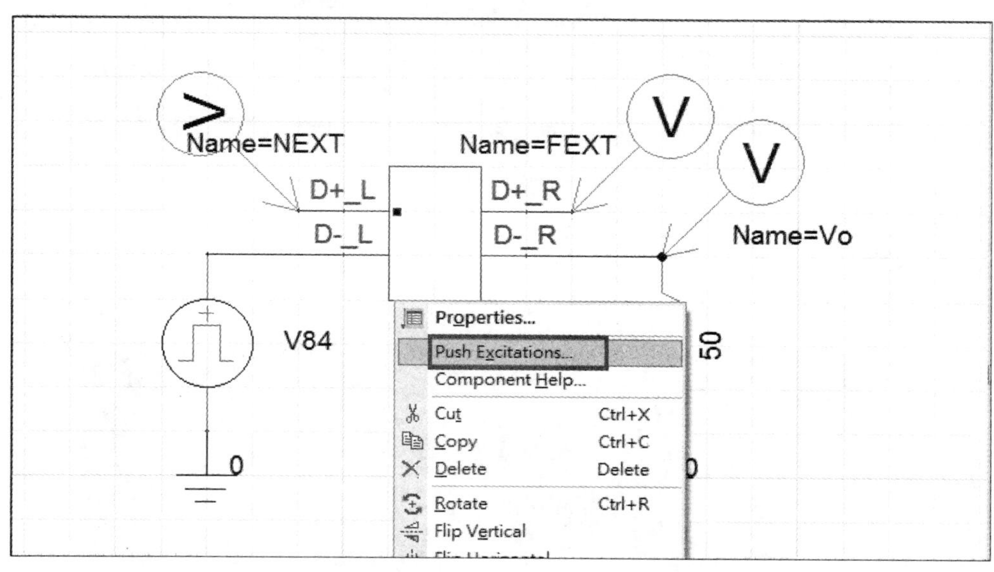

图 5-169　近场和远场

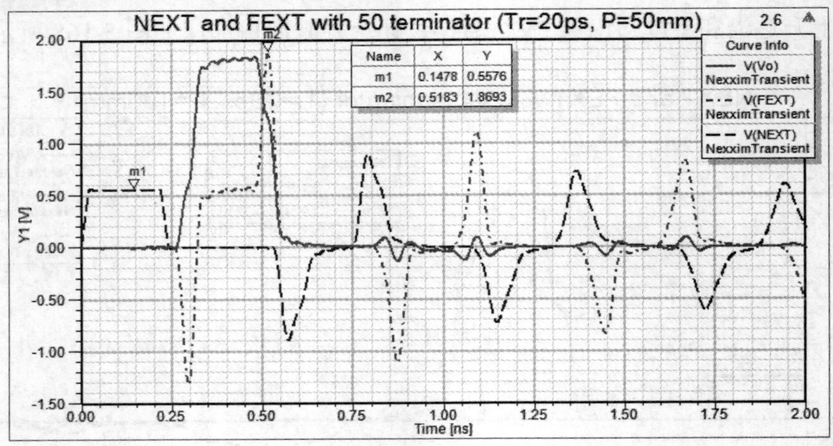

Near-field |E| at 1.62GHz

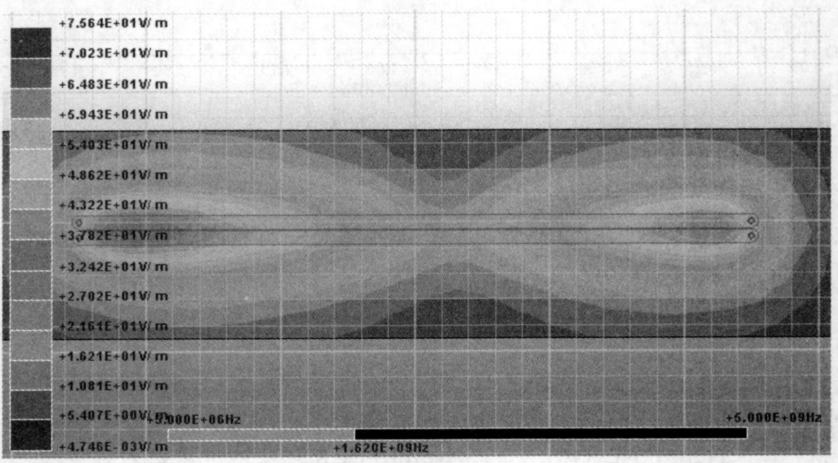

Near-field |H| at 1.62GHz

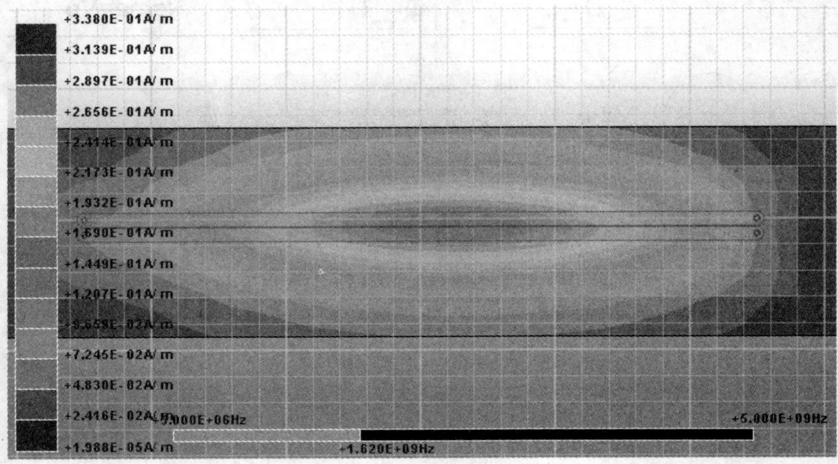

图 5-169　近场和远场（续图）

远场场型（Far-field 3D plot at 1GHz）和 3m 远场，如图 5-170 所示。

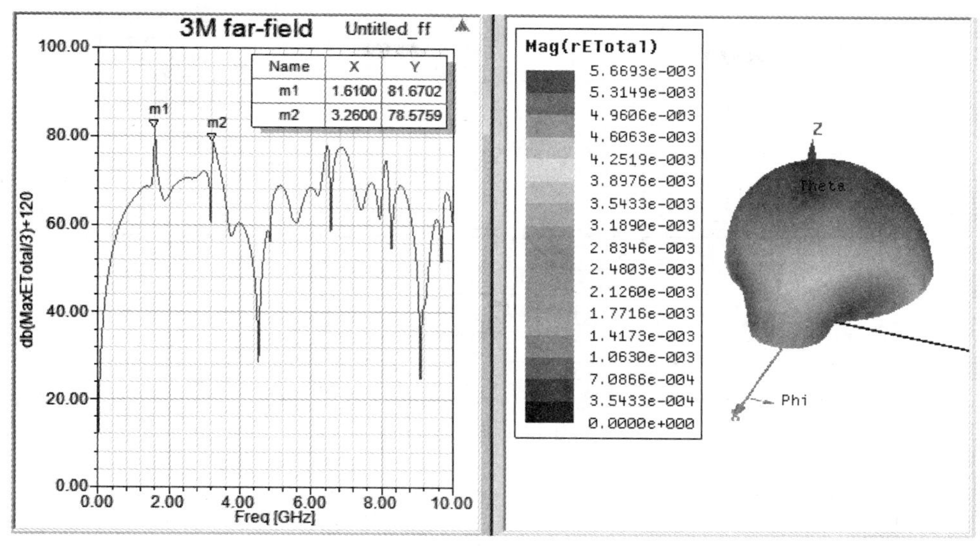

图 5-170　远场场型和 3m 远场

比对近场与远场的结果，发现近场|H|最强的频点在 1.62GHz，而远场在 1.61GHz 频点上确实也可以看到一根很强的 EMI。

（7）正确终端对近场和远场的影响。

延续（3）中的例子，但传输线部分以 SIwave model 取代，因为我们要通过 push excitation 在 SIwave 内观察近场和远场，如图 5-171 所示。

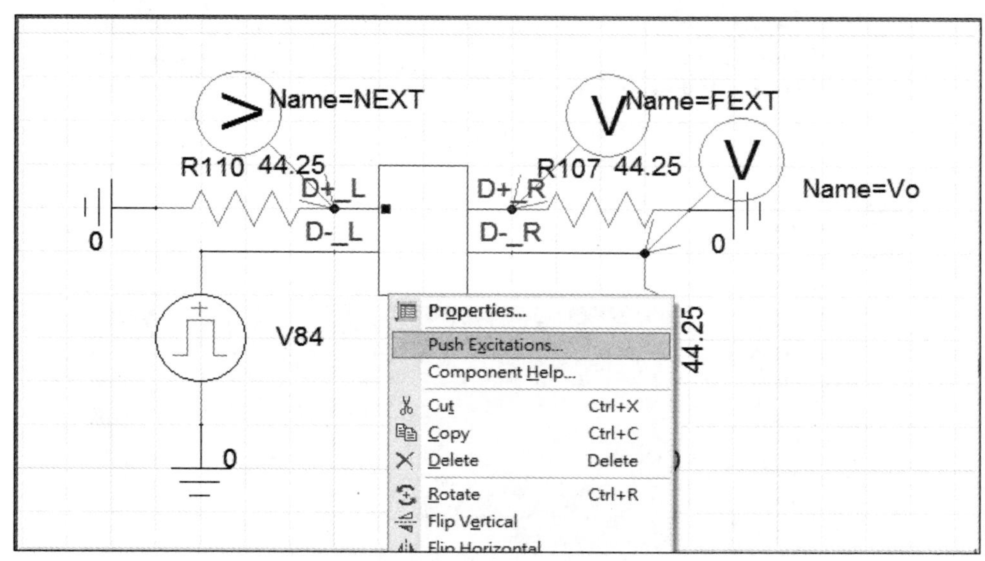

图 5-171　近场和远场

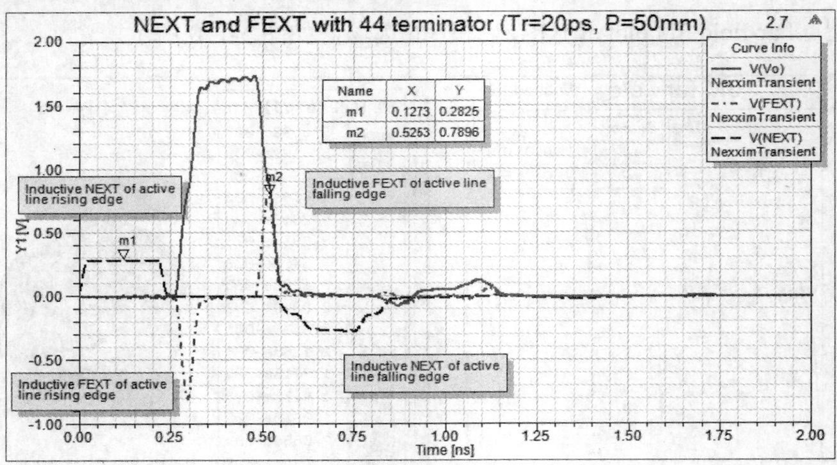

Near-field |E| at 1.26GHz

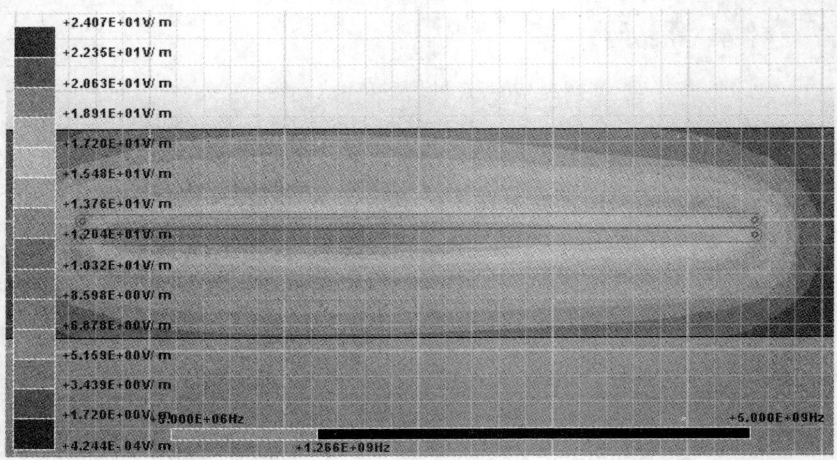

Near-field |H| at 1.26GHz

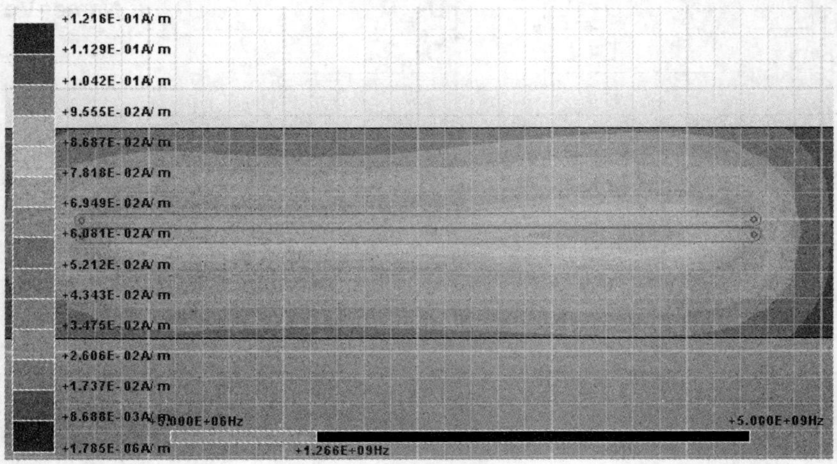

图 5-171　近场和远场（续图）

远场场型（Far-field 3D plot at 1GHz）和 3m 远场，如图 5-172 所示。

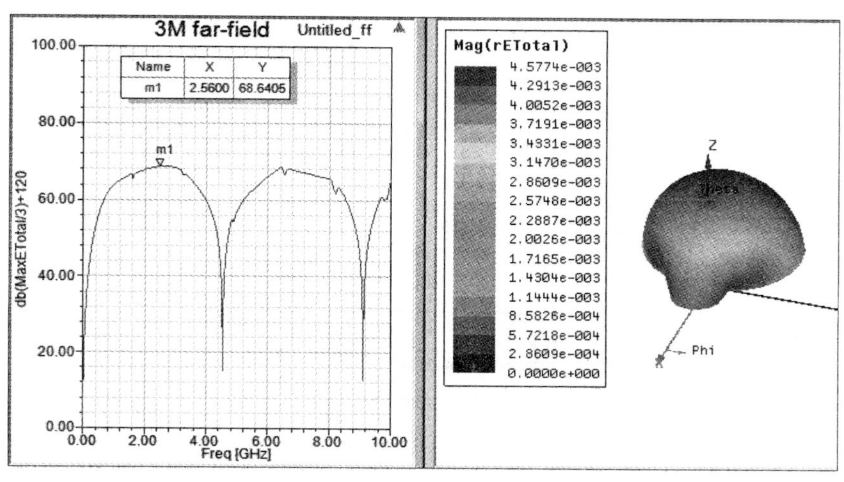

图 5-172　远场场型和 3m 远场

比起（6），（7）中的例子因为传输线有良好的终端，近场强度约少一半，远场则少 13dB。

3．问题与讨论

（1）问：以 SIwave 建立传输线模型，需要注意什么才可以像第 6 个例子得到和第 2 个例子相同的正确波形？

答：由于仿真的信号是具有 Tr=20ps 的高速信号，由 0.5/Tr=25GHz 可知，在 SIwave 的求解频宽要达到 25GHz 以上才行。

（2）问：为什么第 6 个例子中的远场输出纵轴需要 dB 除以 3 再加 120？

答：SIwave 的远场输出预设是在 1m 处的 dB（V），如果是要 3m 的 EMI dB（μV），就需要除以 3 再加 120。

（3）问：近场一般应该看电场|E|还是看磁场|H|？

答：近场看|E|还是看|H|，取决于辐射源是哪一种形态。如果噪声源属于高阻抗电压源（如 rod antenna 或 microstrip line with one open terminal），这也是板子上容易产生共模成分的辐射源，那么近场就观察电场|E|比较适合。

（4）问：为什么第 7 个例子中近场最强的频点 1.26GHz，在远场却量不到？

答：第 7 个例子中因为传输线有良好的终端，所以板子上的传输线无法成为很好的辐射天线，因此近场较强的能量也没有辐射路径可以辐射出去让远场可以量到。

6

电磁干扰效应分析

在第 4 章的电源完整性和第 5 章的信号完整性的讨论中，我们一直关注的焦点都是如何避免共模噪声电压的产生，那么为什么要特别强调控制共模噪声呢？最简单的原因就是：一般的功能性电路不管是采用单端还是差模信号传输，基本上都是假设单端电路的信号线与参考回路电流或是差模信号两相对导线上的电流都是平衡的状况，因此在电流一去一回（电压一正一负）的平衡状态下，根据安培定律：总电流在等于 0 的情况下就不会在周围产生磁场效应或是因为存在的时变激发电压而产生电场感应，而且磁场在等于 0 的情况下，也就不会再激发出电场产生电磁干扰（请参考附录 A 的基础电磁理论说明）。

但如果是接地回路电流因路径被破坏而与信号传输电流不平衡，或是差模信号对不对称（尤其是在 I/O 端）以致其两导体上的电流或电压不平衡时，就会在其传输结构上产生净电压或净电流不等于 0 的共模噪声，进而形成一个天线辐射的现象。在信号的完整性分析中发现会有模态转换问题存在，因此纵使我们在高速电路中使用的是差模信号传输方式，但是共模噪声的存在是一定没有办法避免的，例如前一章提到的几个影响因素：PCB 板或者连接器的布线长度不一样而产生的歪斜（skew）效应、差模驱动 IC（driver）的两个输出上升或下降时间不同以及振幅不相同而产生的歪斜（skew）或 Jitter 现象、差模信号对的两条线结构不对称时也会产生模态转换的现象而导致共模噪声。尽管信号完整性 SI 的设计技巧已经解决很多信号严重失真的问题，但是信号完整性 SI 可以接受的些微共模噪声在电磁干扰 EMI 上还是产生非常严重的电磁干扰问题。而且因为外部的共模噪声也会通过模态转换而增加差模信号的串扰现象，进而影响信号传输的效能和系统功能，从而导致电磁耐受性 EMS 问题，因为外面的共模噪声转换为差模噪声传送而干扰内部的正常信号，这就是电磁耐受性 EMS 的问题了，所以接下来开始分析因为电路的布线方式不佳、外部信号缆线滤波不良、机壳开槽破坏完整屏蔽、高速数字噪声对邻近敏感 RF 射频电路或天线的干扰耦合等问题所导致的电磁干扰现象。

6-1 电路布线的电磁干扰效应

图 6-1 所示是一个电信交换机设备在半电波暗室中 3m 距离的辐射干扰测试，有别于一般射频产品在全电波暗室测试旨在模拟避免环境反射效应的自由空间，半电波暗室则是模拟实际待测设备使用在一般有地面反射效应的真实环境，3m 测试距离一般在 CISPR 是针对影音类与低功率射频电机产品以及主要是销售到美国的产品测试，其他产品与地区的辐射干扰测试距离都要求 10m。以图 6-1 为例，很多的电信交换机设备都有类似像实验室里堆栈测试仪器的机架基座，金属门则有散热孔和供信号缆线连接至外部的机壳界面孔洞，左上图是金属机架门打开，而且连接到外部的信号缆线并未以滤波器夹紧固定住；左下图则是关着门，而且连接到外部的信号缆线以滤波器夹紧并固定住。由右图测试结果可以明显地发现如果没有把门打开且没有把信号缆线以滤波器夹紧并固定住时，辐射干扰噪声就会超标（图中虚线所标示的限制值）；如果将门关起来增加屏蔽作用，而且连接到外部的信号缆线也以滤波器夹紧并固定住，并顺着金属机架支柱绑在一起的时候，整个电磁干扰水平就降下来，而且也符合产品限制值规格了。以乙类产品（Class B）限制值在 600 MHz 应低于 47dBμV/m 的要求来看，左上图测试配置的结果达 70dB μV/m，明显超标，而左下图测试配置的结果仅 34dBμV/m，明显低于该限制值而符合测试标准要求。

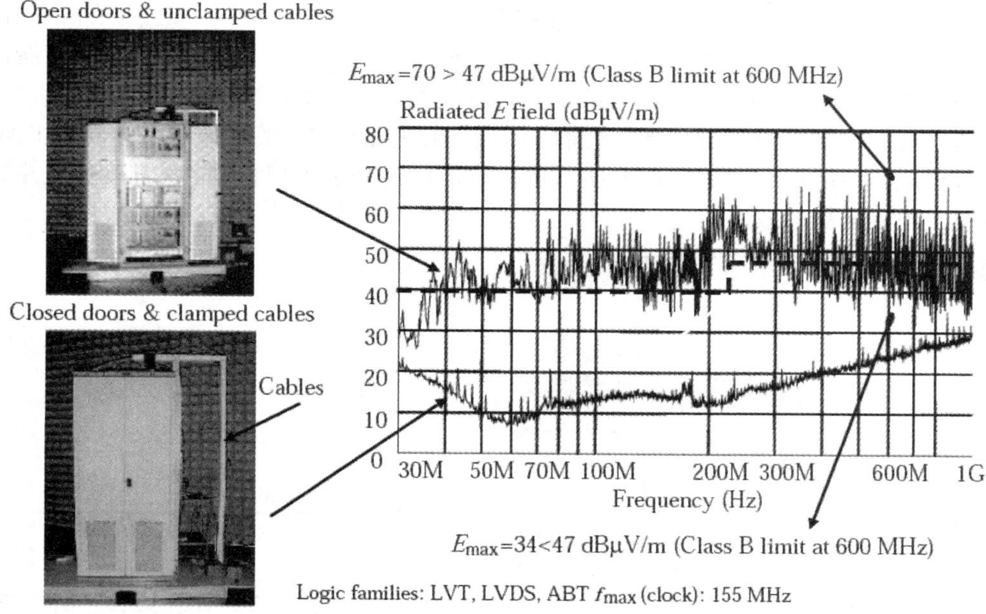

图 6-1　电信交换机设备在半电波暗室中 3m 距离测试的辐射干扰

为了分析图 6-1 范例的电磁干扰效应影响因素，仿真该范例在半电波暗室的测试配置简易模型及各项相关设定参数，如图 6-2 所示。仿真范例中就用一个 8MHz 的振荡器为噪声激发源，在 PCB 同一面上连接到 50Ω 的输出阻抗，然后将信号送进走线长度为 20 厘米，线宽为 1 厘米，线间距离为 2 厘米的并行传输线，最后送到阻抗为 100Ω 的负载，所以会有一个很大的回路面积（将会有明显的电感和对应的共模噪声）。图中也显示了测试接收天线和待测电路距离地面的高度，均为1m，但从测试结果可以发现，即使是速度这么慢的电路，也无法符合辐射电磁干扰的规格要求。

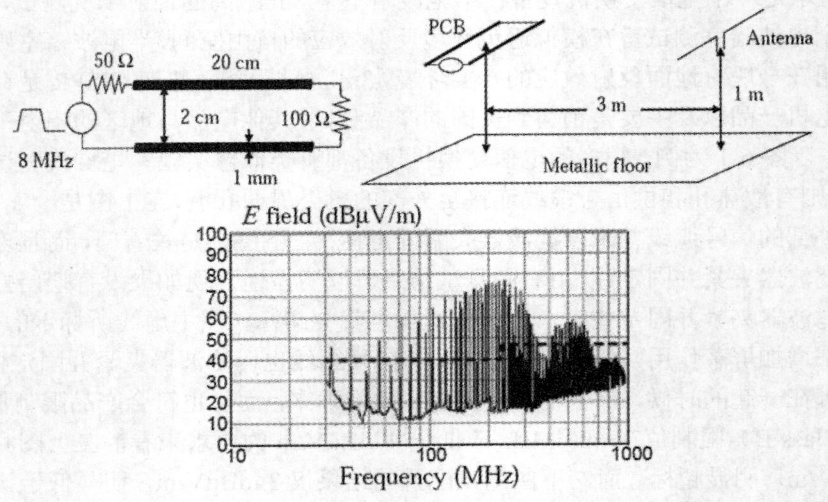

图 6-2　PCB 同一平面 PCB 电路的辐射干扰测试配置

再将这个 PCB 并行线电路置于金属屏蔽机壳中，然后再由负载接上连接到外部的信号缆线，穿过机壳的界面孔洞后连接地，模拟架构如图 6-3（a）所示，其中也包含振荡器信号线 PCB 和金属机壳的寄生电容 Cge，测试结果如图 6-3（b）所示，即使加装了屏蔽箱，其出来的结果依然超标，所以问题还是要先从原本的噪声源电路来看，为了改善上述同一平面 PCB 电路布线形成回路面积过太而使 EMI 失效的问题，下面就通过几种不同 PCB 上的电路布线结构来分析其电磁干扰的效应比较。

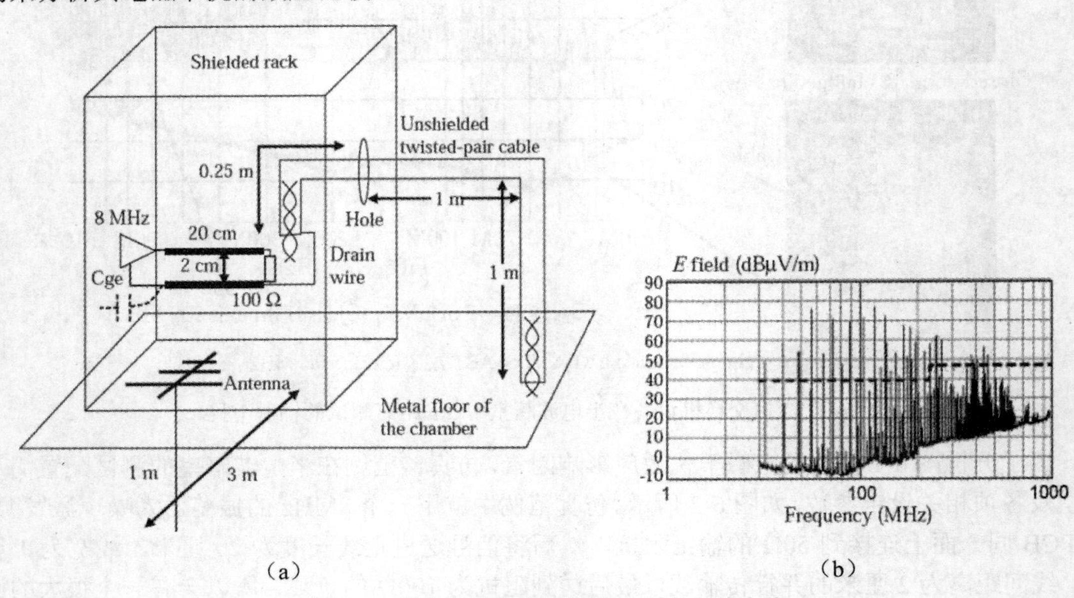

图 6-3　附接信号缆线的待测 PCB 并行线电路

进行比较的 3 种 PCB 布线结构如图 6-4 左图所示：最上方的是一信号线在完整接地面上的 PCB 微带线，中间第二个结构是前一个微带线上方再加一层未接地相连的浮接镜像平面（Image Plane），最下方的结构则是将中间结构的镜像平面与 PCB 接地连接而形成带线（Stripe）的形式。这 3 种 PCB 布线结构都可以将回路面积大幅缩小，因为原本的线距 2cm 已经降为 PCB 板层厚度约 1.6mm，其中第二个中间结构的镜像平面似乎希望形成屏蔽层，但因为该镜像平面浮接而会产生辐射效应（微带片状天线），因此必须特别注意其后面结果产生的效应效果。

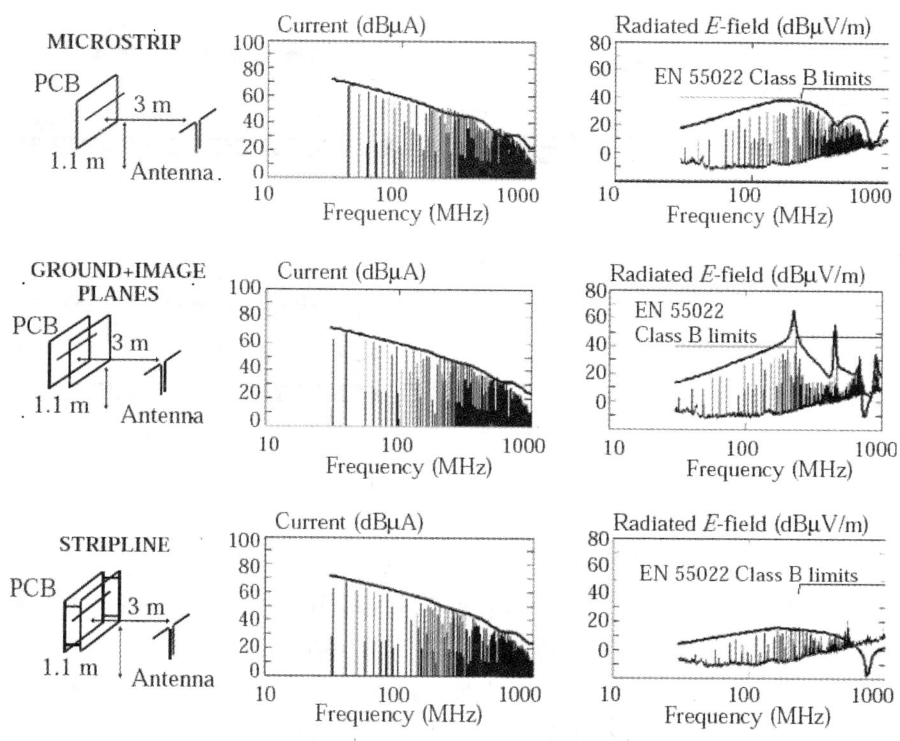

图 6-4 3 种不同电路布线结构的噪声电流与辐射电场比较

从图 6-4 的中间栏发现其噪声电流看来都差不多，而且因为这 3 种布线结构都是利用微带线将回路面积缩小，所以图 6-4 右边的辐射电场结果明显较图 6-3 的结果噪声降下来很多，几乎都在限制值以下。但是可以观察到第二个浮接镜像平面的结构在某些频率会产生峰值电场而变差，这是因为该镜像平面已经形成天线效应，经由微带线激发后产生共振频率上的峰值辐射电场，这就如同很多工程师在使用散热片或屏蔽材料时的情形，仅有包覆但是没有完整密合或接地以形成完整屏蔽，使得原本仅微带线时是类似较全向性天线，能量与场型分布较均匀，但当仅屏蔽某些部分却没有完整包覆起来时，就会从某些角度或区域泄漏出来更强的辐射电磁场。在图 6-4 中可以看到，这 3 种不同的 PCB 传输线结构，在几乎同样电流的情况下，却产生不同频率分布的电场强度，所以布线结构对电磁干扰现象有非常明显的效应。

接着从激发源的角度来看，从前面几章的分析已经了解到共模噪声无可避免地一定会存在，因此只能尝试通过布线技巧来降低模态转换效应，尽量想办法把共模噪声的电压水平压抑下来，也就是把 EMI 的激发噪声源影响降低。由图 6-5 最左边的微带线结构来看，PCB 上有微带线的走线，下面则是接地；其右边是带线结构，同时假设 PCB 的相对介电系数是 5。接着右边两组图标是信号线走的路径图，上方是微带线的信号路径图，特性阻抗为 75Ω，负载也是匹配的 75Ω；下方是带线的信号路径图，特性阻抗为 50Ω，负载也是匹配的 50Ω；I_D 代表差模信号电流，线长均为 30cm。左下方所示是测试板，分别用 SMA 的连接器来接至激发源。

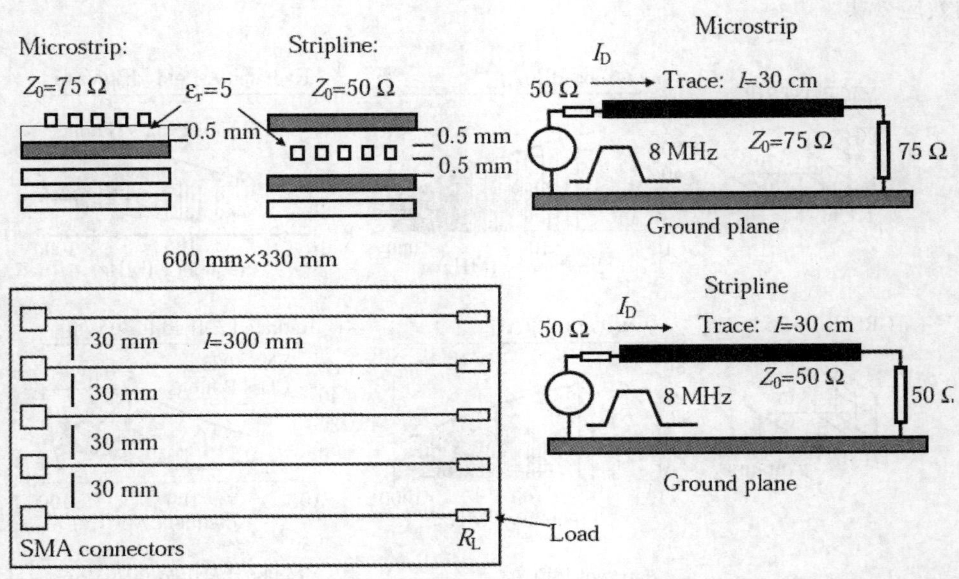

图 6-5　信号传输测试板及其等效电路略图

如果带线结构信号在线下两层的接地层没有利用贯孔连接时，就只是浮接的镜像平面而已且可能形成共振天线效应。如果读者对这个部分有兴趣，则可以尝试分析在两层接地多加几个贯孔，就像是 IC 上贴着散热片并将其通过接地线连接一样，并观察贯孔数目对电磁干扰效应的影响。图 6-6 中，左图是微带线，右图是带线结构的电磁干扰测试配置，摆放位置高度为 1.1m，而发射和接收端则分别是干扰源 PCB 电路和测试接收天线，其间的距离为 3m。从下面的辐射电场结果可以看到，辐射干扰水平已经很明显地降下来，而且均符合限制值要求，所以从分析结果知道纵使共模噪声在现实中是无法避免的，但是并不代表 EMI 问题是无法改善的。EMI 谈的主要是如何利用被动组件的摆放和 PCB 布线来解决问题，而一般的研发工程师则比较专注与主动 IC 组件运作相关的信号完整性（SI）和电源完整性（PI）问题，考虑如何把信号失真问题降低，但是从刚刚分析的结果可以发现，改善信号完整性后使噪声电压和电流降低到彼此差不多的情况下，极其微小的差异所导致的干扰结果依旧会使电磁干扰场强超标失效。

为了解决电源完整性的问题，第 4 章曾经讨论了去耦合电容的必要性和效应，接着我们就来分析去耦合电容因为与 IC 形成电流回路后会发生何种电磁干扰效应，因为如果某个 IC 组件与去耦合电容造成电流回路后就会形成回路天线效应，如图 6-7 所示，同时将第 3 章中差模辐射干扰的电场强度公式再次一并列出参考。从上方的左边图片可以看到底部是

PCB 板的电源和接地层架构，上面则有去耦合电容，本来在 DC 的时候中间是开路状态，但是当 IC 启动而需要去耦合电容就近提供电荷时，其与电源和接地层间就会形成电流回路，所以图 6-7 上有流经电容的电流，因为此处的去耦合电容就像是一个放在 IC 旁边的局部电源供应器，IC 启动切换之后所需要的电流就由这个电容供应。那它有没有辐射效应呢？答案是有的。去耦合电容的辐射机制是来自于电容下方与 PCB 间的电流回路。我们有各式各样的去耦合电容，例如陶瓷电容、SMD 电容或电解电容等，当 IC 启动后就由其瞬间提供能量，这种交流电流的传送才会让电容回路导通，而在 DC 时不会导通也不会有电磁辐射。

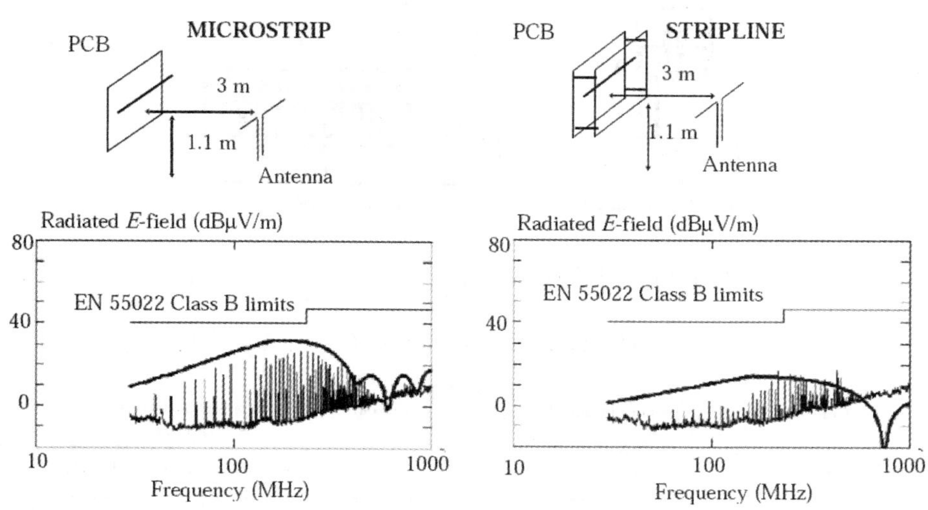

图 6-6 微带线和带线两种结构辐射电场比较

图 6-7 中的右图则显示有一颗 IC，其上有镑线（Wire bond），PCB 上面还有走线，而且在 IC 旁边还有一颗去耦合电容，所以目前仿真分析即是 Die 电路在 IC 内部封装又有很多镑线，那么电流的流动情形就会形成一定面积的回路，而一般 PCB 以及在去耦合电容处产生的电磁辐射就是在这个地方，辐射电场强度公式则显示在图 6-7 下方，此去耦合电容影响电磁干扰的因素有：第一个是与电流的大小成正比，电流越大辐射越强；第二个是与面积成正比；第三个是与距离成反比，所以这就是在 PCB 布线的时候一定要让回路面积缩小的原因；最后一个是与频率的平方成正比，与频率的平方成正比代表着越高频的 EMI 问题越大，所以在不影响信号完整性的情况下，是否有办法延缓上升或下降时间，也就是把噪声频谱的第二个频率转折点往低频偏移，这样一来频率的平方项影响就能够明显地降低。此外，万一回路面积很大，频率很高时，是否有办法让回路电流降低呢？因为此处电流是负责驱动负载的功能性电流，因此若不得已真的需要降低回路电流的时候，一般就是大回路上面的电流保持较小，但是在其所要驱动的 IC 的前面才加一个缓冲器或电流放大器，这不会影响逻辑电压水平和电路功能。

刚刚讨论了去耦合电容在 PCB 上的电磁辐射机制，接着就来看看利用其来作为去耦合和滤波功能时在改变电流回路面积情形下对电磁干扰效应的影响。图 6-8 所示是针对 3 种不同去耦合与滤波结构的分析案例，分别是 STD（未在 IC 旁加装局部去耦合与滤波电容的标准测试板）、STDF（PCB 上在 IC 旁加装局部去耦合与滤波电容的测试板）、BC（PCB 分布式埋层去耦合与滤波电容的测试板）的结构，信号驱动 IC 为 74AC244。3 种结构中，STD 结构的去耦合电容形成的回路面积最大，BC 的最小，从不同的去耦合与滤波结构来比较，图 6-8 所示的结果中，分别比较了 IC 电源 Vcc 上的时域电流波形与其频域频谱的分布和辐射电场的分布，可以发现不同的去耦合与滤波结构之间还是存在一些的差异，尤其是两种加装去耦合与滤波的结构都能通过减少电流回路面积而改善几 dB 的辐射场强位准。

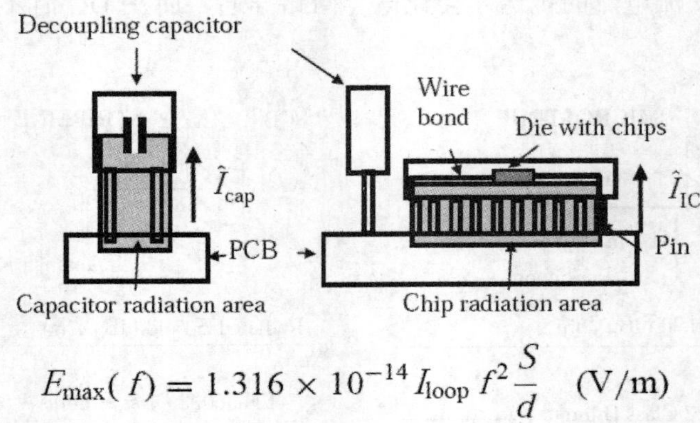

$$E_{\max}(f) = 1.316 \times 10^{-14} I_{\text{loop}} f^2 \frac{S}{d} \quad (\text{V/m})$$

图 6-7　由组件及其去耦合电容形成电流回路的辐射效应

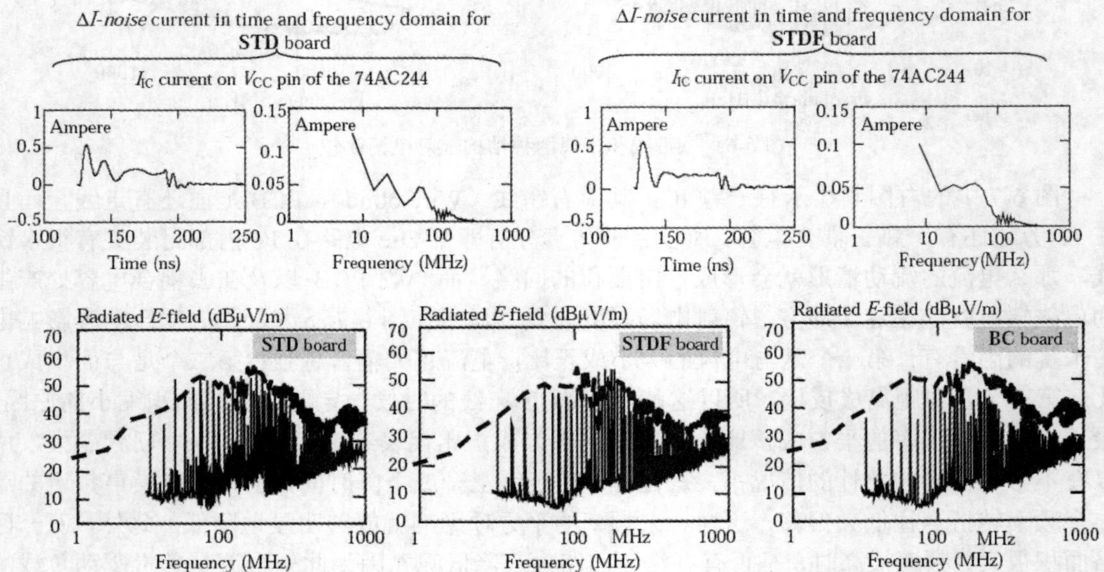

图 6-8　STD、STDF 和 BC 板 3 种案例的 Vcc 管脚电流与辐射电场

图 6-9 是针对交流信号的星状结构网驱动电路的布局进行分析，此处 Driver 指的地方即为驱动电路位置，而最右下角是 8MHz 振荡器产生的数字频率信号源，图中黑色粗线（AC Star net）的指示方向即是驱动电路的信号驱动路径，接着就开始传送到左上方的接收端（Receiver）IC，右图是星状结构网电路的 PCB 布线形式。

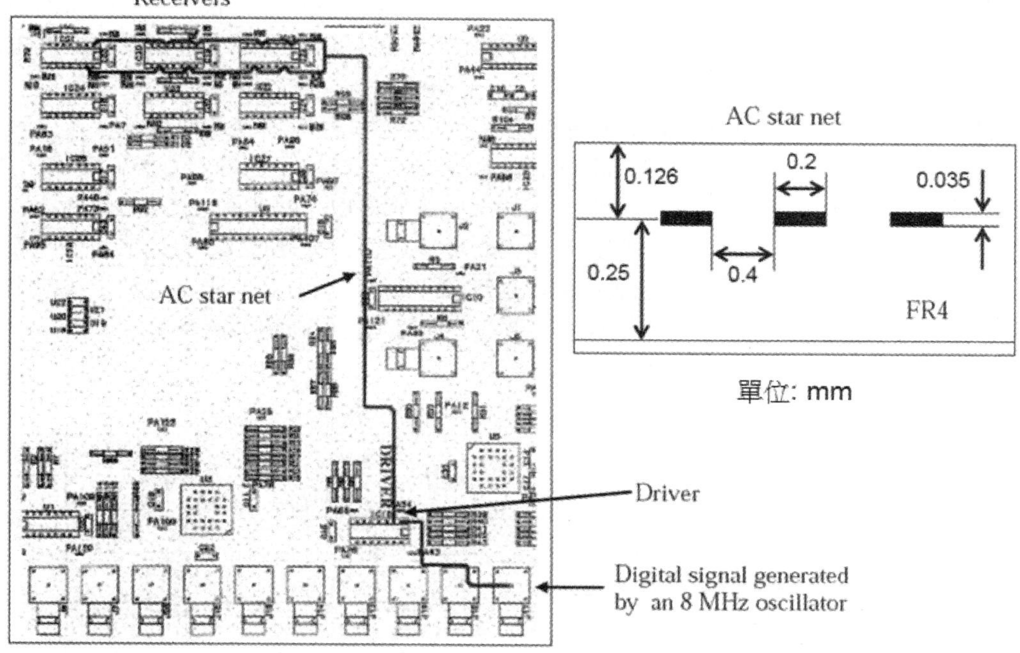

图 6-9　AC 星状连接线布局图

分析的量测设置如图 6-10 左图所示，待测 PCB 通过 5V 直流电源供电（如图左下方有一个 5V 的 DC 用来做电路偏压），并通过同轴电缆将屏蔽的 8MHz 振荡器信号连接到驱动电路（Driver），假设天线的高度是 1m，天线与待测物之间的距离为 3m。右图为模拟与实测的结果，实测结果因为是以测试标准规定的解析频宽要求的频率执行扫描方式测试，所以会出现一根根个别频率的电场强度，而模拟则因为分析频率可以较密集，所以其结果就会以包络方式呈现，但整体来看两者结果相当一致。

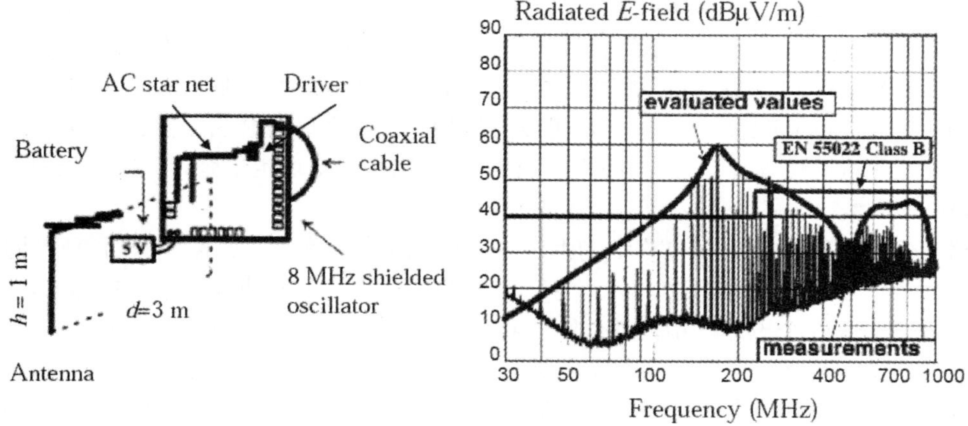

图 6-10　AC 星状网布线测试板的辐射电场

由于图 6-10 所示为 AC 星状网布线测试板的辐射电场，而其根源仍是 AC 噪声所激发，因此接下来分析瞬时数字切换噪声电流（ΔI-noise）在该传输路径上的现象。一般称为 ΔI -noise

的原因是由于每个逻辑门都有等效的输入或接面电容，而在 High/Low 状态转换时状态电压变化会产生 Cdv/dt 效应，这就是 ΔI 噪声，因为它如果经过任何走线都会因电感而产生电压差（Ldi/dt）。

从图 6-11（a）所示的 Driver 波形图可以发现，当电压或状态切换的时候就会产生突波状的瞬时电流，而当图（b）的接收器 Receiver 侦测到信号转态时也可以看到有类似变化的电流。问题是该数字切换电流在走线上面传输时，走线又有电感效应，因此就会产生 Ldi/dt，或者是因为接地设计不好形成大回路面积，因此产生 Ldi/dt 电压差，而这些 ΔI 的数字切换电流在电源或接地上面产生共模噪声后就会造成电磁辐射现象。所以可以看到本来希望到走线的电流是平滑的，但是在切换的时候就产生一些数字涟波，这些就是我们在电源或导体上面连接时所造成的电磁干扰辐射电流。

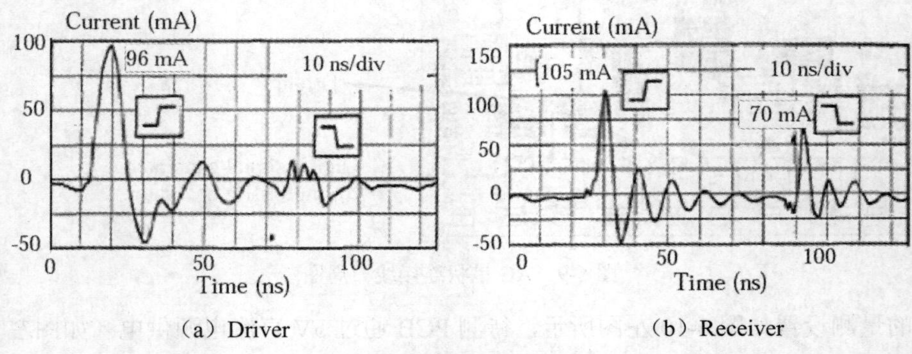

（a）Driver　　　　（b）Receiver

图 6-11　瞬时切换电流噪声

通过刚刚的说明可以观察噪声电流在各种不同的电路布线组态情境下所产生的 EMI 效应。图 6-12 中所分析的各种电路组态分别为：只有走线（Trace）时、走线加上驱动器（Trace+Driver）回路时、连同接收回路一起涵盖进来（Trace+Driver Loop + Receiver Loop）时。由图中的结果看到 Trace+Driver 的组态在较高频部分会有共振现象，那是因为只有单一走线（Trace）的时候会设计成阻抗匹配，也就是纯粹的被动传输线；然而在加上 Driver 之后，Driver 有较低的输出阻抗，而且还会在 High/Low 状态间切换而因阻抗不连续的反射现象产生共振，所以就会看到该组态的辐射电场变得更大。若最后再加上接收端的完整回路（Trace+Driver Loop + Receiver Loop），可以发现加上回路之后就会因路径长度增加而产生共振频率往较低频方向偏移，而且因为回路面积更大，所以辐射电场也更强，甚至已经超过 CISPR 22 Class B 的信息类产品标准限制值。

了解了信号或噪声电流在电路结构上产生的电磁辐射现象后，就需要分析有哪些机制会将噪声电流通过外部缆线而辐射出去。电磁辐射机制的第一个为功能性的差模形式，而问题就是它一定会形成一个电路功能回路，因此我们可以靠布线设计把回路面积缩小，或是通过延缓上升/下降时间及滤波将高频的谐波成分位准降低，但是要考虑到会不会影响到信号完整性，再或者就是把回路电流大小降低，但必须确认降低电流大小的时候是否还能够有效推动后面的负载，如果不能推动，那么必须要在负载前加上一个缓冲放大电路。第二个电磁辐射机制是共模形式，这是因为寄生或耦合效应所导致的现象，两条电流不平衡的导线沿同一个方向流出的共模电流而造成电磁辐射，解决的方法就是把干扰的共模电压抑制，例如前面提到过的阻抗匹配、设计提供信号良好回路的参考平面、加上共模滤波设计或是使用遮蔽特性良好的传输线等。

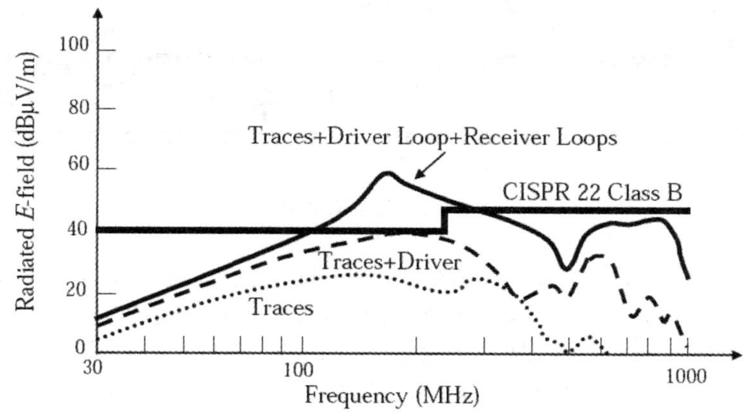

图 6-12 测试板在几种组态状况下的辐射电场计算轮廓

要有效解决共模噪声的电磁辐射问题，我们必须分析其共模噪声产生后耦合到辐射体（例如外部信号缆线或机壳槽孔等）的驱动机制（例如通过寄生电容或寄生电感）。图 6-13 所示为电流驱动机制，从侧面来看，其底部可以看成是机壳或系统的接地，中间部分是 PCB 板，上面是信号传输线，所以该电路系统通过信号线（传输线有等效电感）送到负载端再到接地回来，看似差模路径。可是万一在负载端接一个 I/O 信号线出去，信号在 PCB 板的接地回路与环境（如系统机壳）的地就会产生寄生电容，而在 I/O 端的缆线 Cable 又会与环境（系统）的地产生寄生效应而形成寄生回路，进而形成第二个回路（PCB 板的地传到环境的地再回传），这样就会产生共模路径。这是低阻抗驱动电路常见的现象，右图是这种电流驱动机制的等效电路，中间圆圈代表的是共模噪声电压。

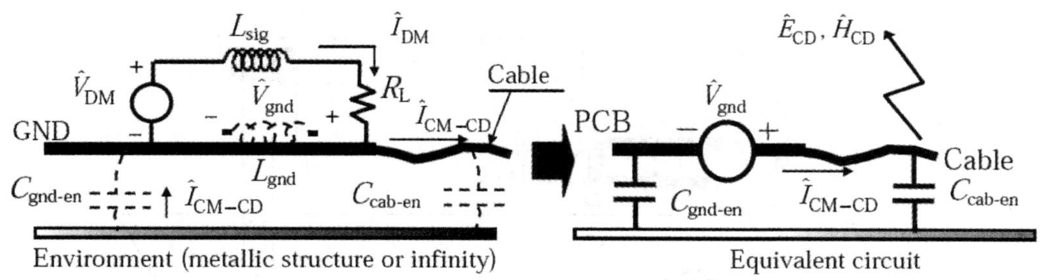

图 6-13 电流驱动机制

图 6-14 所示为电压驱动机制，这一般是高阻抗逻辑电路常见的现象，因为当高阻抗的时候电荷不容易流动，而会累积在上面产生电压，之所以我们称为电压机制是因为任何的不同金属对象间都会产生电场，进而形成寄生电容效应。从图 6-14 中可以看到许多的寄生电容，右边是它所对应的等效电路。如果原本 PCB 的接地是干净无噪声的，那么经由缆线 Cable 接到外部也不会有电磁辐射问题，但假如接地已经被共模噪声干扰了，那么就会经由连接缆线 Cable 而将噪声辐射出去，以上就是我们看到的电流驱动与电压驱动的电磁干扰激发机制。

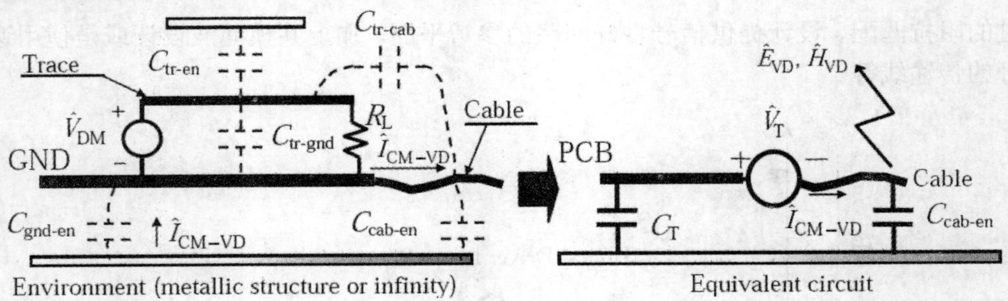

图 6-14　电压驱动机制

通过上述共模噪声电压的电磁干扰驱动机制说明，我们接着分析图 6-15 所示的 PCB 同平面并行线电路的测试架构，由图中可以看到 PCB 板与机壳有一个等效电容，然后 PCB 通过无遮蔽的双绞线经由机壳槽孔连接到外部后接地，机壳是一个屏蔽的箱架，相关尺寸均如图 6-15 所示。从图 6-16 所示的 EMI 测试结果中可以看到天线的水平极化（左图）与垂直极化（右图）的辐射电场。水平极化测试的主要目的是针对当无遮蔽的双绞线从屏蔽箱架的槽孔出来之后的水平悬挂部分，也就是说激发信号源原本在 PCB 板，然后 PCB 的接地因为共模噪声电压而浮动，噪声就会在缆线激发电流而把噪声传送出去，所以可以看到从挖槽出来后水平悬挂长度差不多 1m，高度也差不多 1m，所以从图 6-16 看到水平极化与垂直极化的最大辐射电场值差不多，因为水平的线长与垂直的线长差不多都是 1m。由于在前面几章的讨论中一再强调寄生电感对电源完整性、信号完整性和电磁干扰的严重影响，所以在图 6-16 下面也分别将等效电感与等效互感的近似计算公式和等效接地电感一并列出，其值为 $L_{gnd} = 148$ nH。

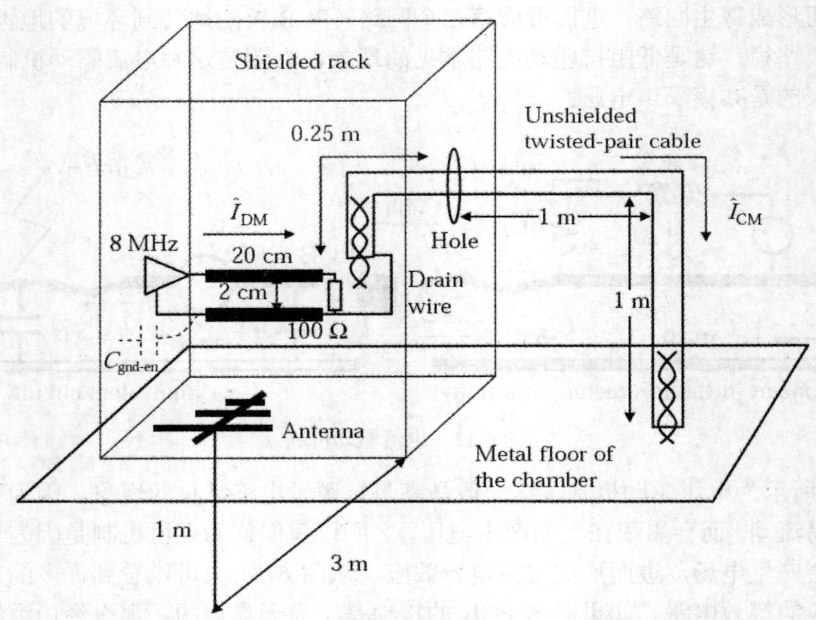

图 6-15　PCB 上两并行线附接离开屏蔽机壳的测试板设置

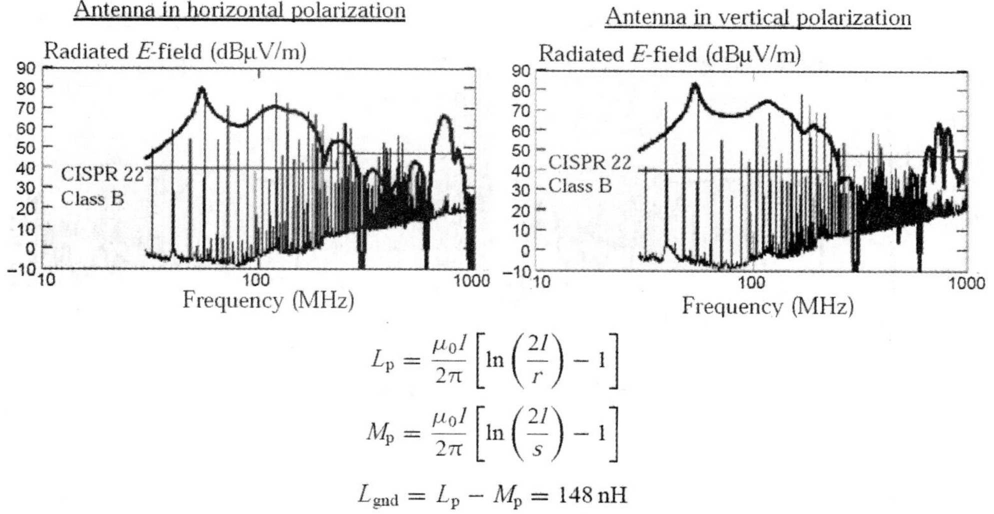

$$L_{\mathrm{p}} = \frac{\mu_0 l}{2\pi}\left[\ln\left(\frac{2l}{r}\right) - 1\right]$$

$$M_{\mathrm{p}} = \frac{\mu_0 l}{2\pi}\left[\ln\left(\frac{2l}{s}\right) - 1\right]$$

$$L_{\mathrm{gnd}} = L_{\mathrm{p}} - M_{\mathrm{p}} = 148\,\mathrm{nH}$$

图 6-16 PCB 上两并行线附接离开屏蔽机壳的测试板辐射电场

接着把待测物由上例的 PCB 同平面并行线电路的测试架构换成微带线结构，其他的条件不变（如图 6-17 所示），从图 6-18 所示的水平极化（左图）与垂直极化（右图）辐射电场的结果就可以看到干扰辐射电场明显变得比较小，这是因为激发源共模噪声变小了，也就代表着在 PCB 上的布线方式严重影响着电路电磁干扰的现象，主要的原因就是图 6-18 下方所示的，等效接地电感 L_{gnd} 已经从前例的 148 nH 降低到只剩 5.6 nH，因此大大改善了电磁干扰的问题。

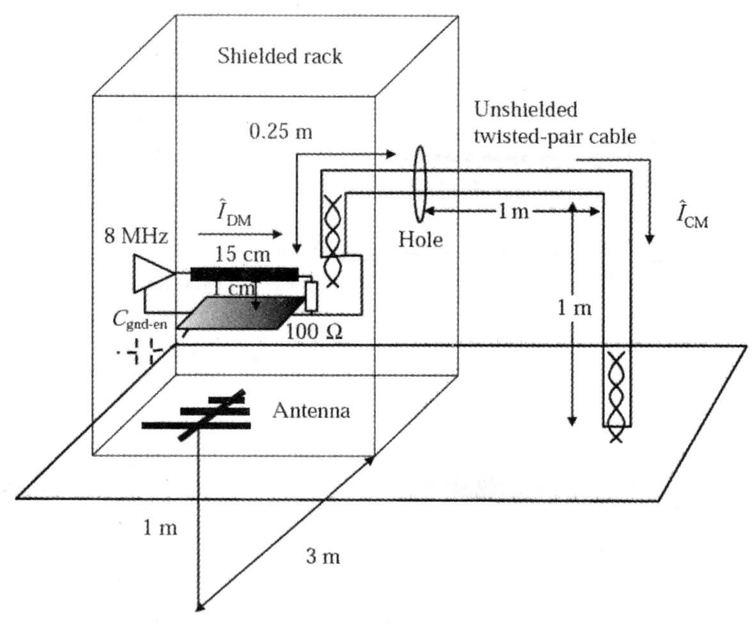

图 6-17 PCB 上一走线与接地面附接离开屏蔽机壳的测试板架构（微带线结构）

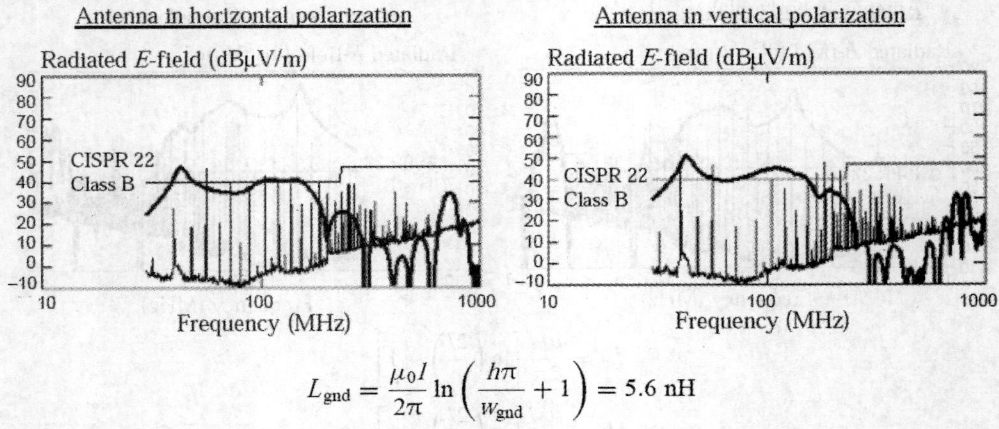

$$L_{\mathrm{gnd}}=\frac{\mu_0 l}{2\pi}\ln\left(\frac{h\pi}{w_{\mathrm{gnd}}}+1\right)=5.6\ \mathrm{nH}$$

图 6-18　PCB 上一走线与接地面（微带线结构）的辐射电场

要分析激发源共模噪声降低的状况，可以利用图 6-19 所示的架构进行，待测件高度是 1.1m。假设有一个 PCB 连接一条信号缆线（Cable），如果 PCB 接地本身有共模噪声时就会由缆线传送出来，所以在距离连接处 0.5m 的地方以电流探棒（Current Probe）夹住，以进行共模电流的量测；图 6-19 右边是微带线结构的共模电流频率响应；左下方是微带线与浮接镜像平面组合结构的共模电流频率响应，发现其共模噪声电流在 100 MHz 下的频率区较单纯微带线的位准还高，这就是因为前面提到的共振天线（Patch Antenna）效应；右下方是带线结构的结果，由于把信号接地和镜像平面用贯孔连接在一起，因为有更低阻抗的回流路径，所以整个共模噪声电流的位准就会降下来。

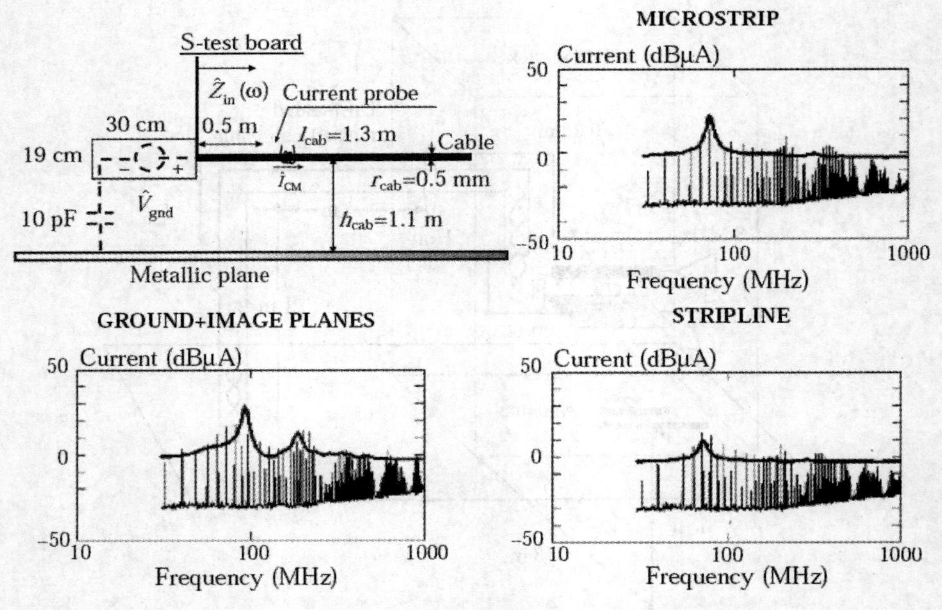

图 6-19　3 种测试板附接信号缆线架构的量测共模电流

分析完 PCB 传输线结构连接到缆线的共模噪声电流后，由于共模辐射会形成偶极天线效应，所以利用如图 6-20 左边所示的待测件水平摆置方式，也利用天线水平极化来执行测试，测试距离为 3m，测试配置高度同样都是 1.1m，从右图结果可以发现带线结构的辐射效能因共模电流较小，所有频段的辐射电场都较另两种 PCB 结构低很多，而其他两种 PCB 结构从信号缆线出来的辐射则主要问题是在 30MHz～200MHz 的低频部分。

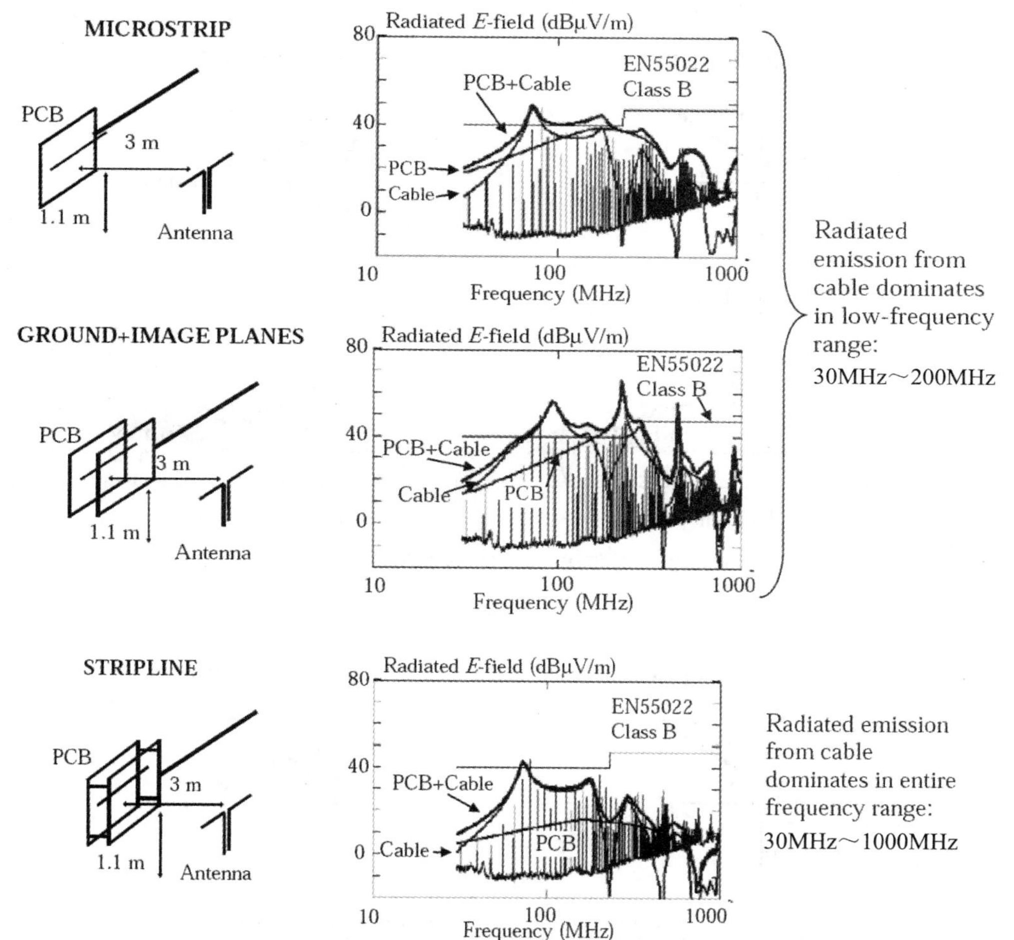

图 6-20　3 种测试板附接信号缆线架构的辐射电场

进一步分析微带线和带线两种 PCB 结构的共模电流（图 6-21）与辐射电场（图 6-22），可以发现两者的共模电流噪声的频谱分布其实并无太大差异，但是带线结构的高频分量似乎更大，因此其在高频部分的辐射电场也比较大，但因为标准的限制值要求在高频也比较宽松，所以其余裕度还很大，足以符合测试标准要求。

带线结构从前面的分析中都可以发现它具有较佳的电磁干扰性能，但是多层板 PCB 会碰到一个问题，那就是在第 4 章电源完整性内容中提到的，在接地面与电源面之间除了有 DC 偏压电位差外，还会有瞬时切换噪声电流，刚刚看到为什么信号缆线会有共模噪声辐射，是因为一般屏蔽的 I/O 缆线终端有金属接地，而本来缆线金属接地要与系统接地形成良好屏蔽，但因为一般连接器或缆线与系统间的接地连接不好，因此共模噪声电流会激发过去（如图 6-23 所示），如果与机壳间的寄生电容很大而电感很小，则可以很快地把高频噪声去耦合至机壳接地，但如果接地阻抗太大或电容太小时就会造成高频信号下不了接地而形成共模噪声通过浮动接地从缆线的金属导体以偶极天线的形式辐射出去，因此缆线越长辐射效率就越高。

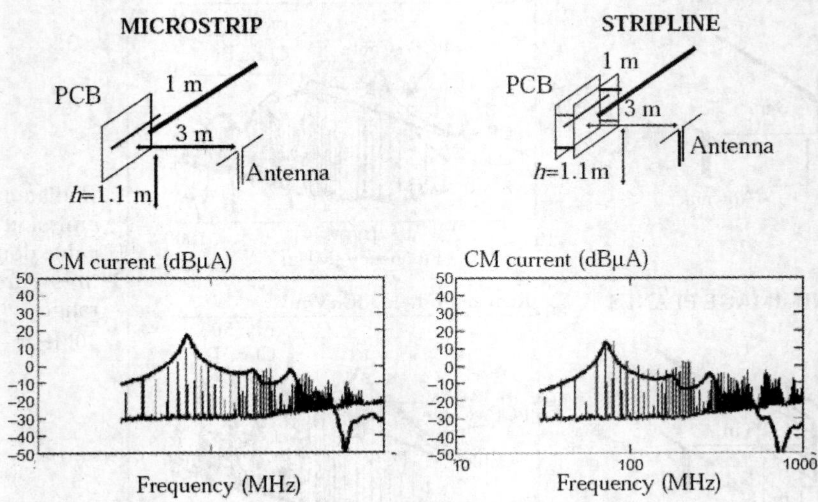

图 6-21 微带线与带线结构的共模电流比较

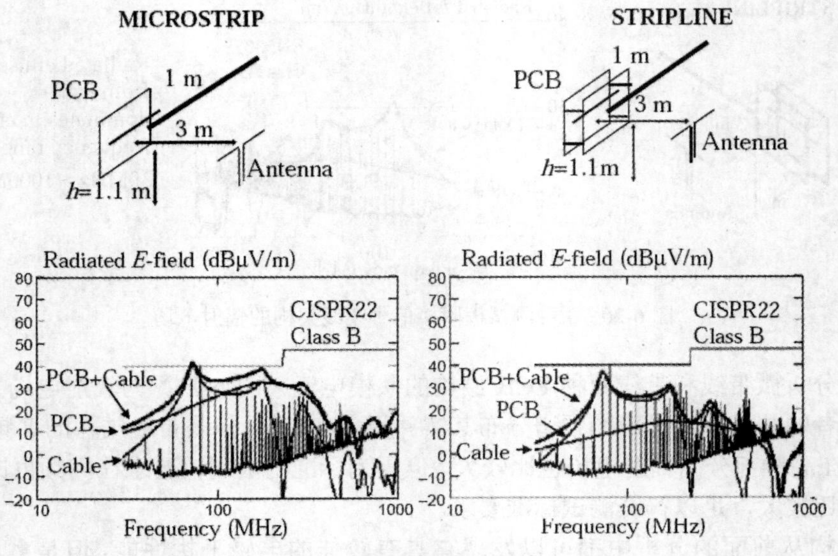

图 6-22 微带线与带线结构的辐射电场比较

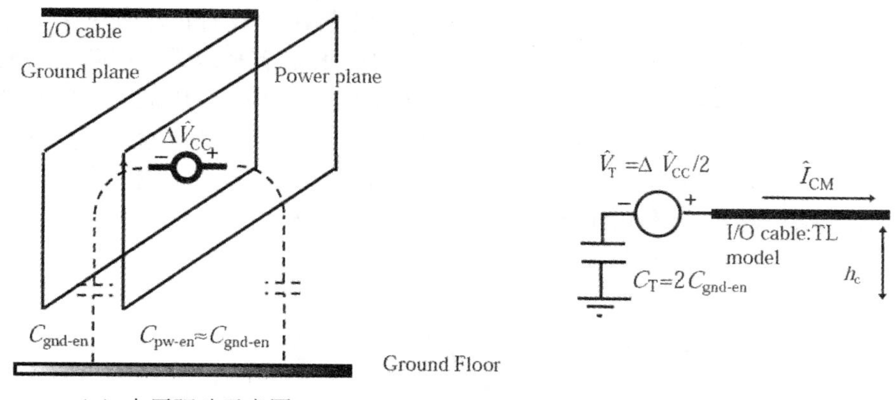

（a）电压驱动示意图　（b）共模电流附接信号缆线的等效电路

图 6-23　有电源与接地平面的多层板 PCB 噪声辐射机制

图6-24所示的测试架构为前述提过的各种加装去耦合或滤波电路的PCB接上了一条1.1m的信号线（就像一般的鼠标线），完全没有加装去耦合或滤波电路的 PCB 测试板（STD+cable）组合测试结果在右上角，可以发现加了一段长度的缆线后产生低频的共振更明显而且也让整个EMI 辐射电场变大；左下角是 PCB 上加装去耦合或滤波电路的 PCB 测试板（STDF+cable）组合测试结果，因为去耦合电容或低通滤波电路的效用，使得高频部分的辐射电场明显下降，但仍有部分的共振现象存在；右下角是 BC（PCB 分布式埋层去耦合与滤波电容结构）测试板（BC+cable）组合测试结果，不只因为去耦合电容或低通滤波电路的效用使得高频部分的辐射电场明显下降，甚至连低频部分的共振现象也压抑下来。

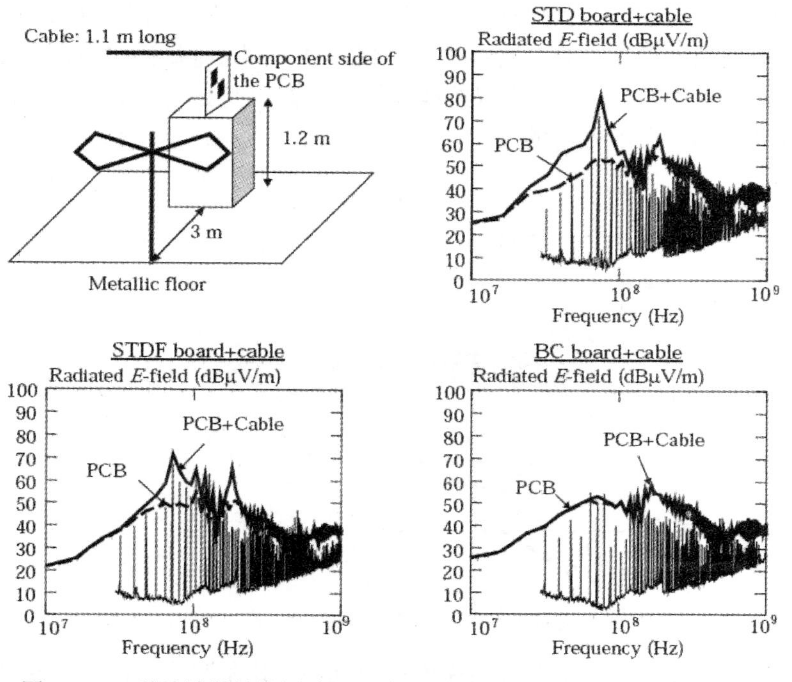

图 6-24　3 种滤波器结构测试 PCB 与 PCB 板附接信号缆线的辐射电场

为了分析多层板 PCB 的信号传输路径上加了一条屏蔽缆线后有什么现象，可以参考图 6-25 所示的示意图，它在 PCB 电路上由差模信号，因为模态转换或缆线屏蔽层接地不良，以致产生的共模与差模电流及其形成差模与共模辐射的状况。图中 PCB 板的接地连接至机壳，而这样的接地线会产生电感效应，PCB 上面有差模信号传输对及其传输线的遮蔽层，差模信号对中除了有正常功能的差模信号电流 I_{DM} 外，可能还会因为模态转换或串扰耦合而同时载送共模噪声电流 I_{CM}，或是当遮蔽层接地结构不好时，会在差模信号传输对的遮蔽层感应出共模噪声电流 I_{CM}，进而导致共模辐射电场 E_{CM}。

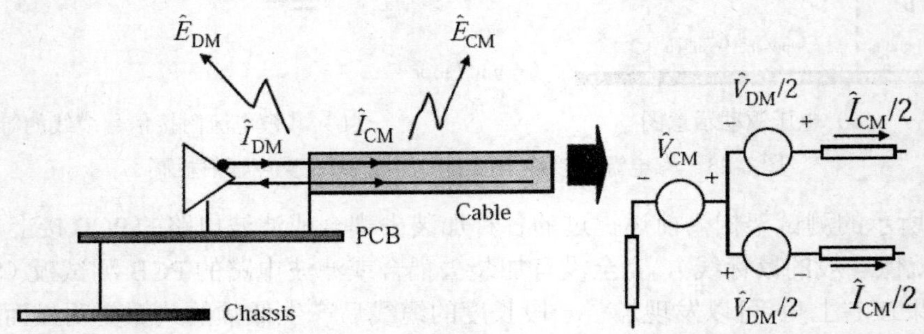

图 6-25　由差模信号产生的共模与差模电流

所以我们接着参考图 6-26，依据高速网络系统常见以 UTP（无遮蔽双绞线对）缆线进行相互连接时的共模辐射进行分析。图 6-26 所示的图例架构中有两个 PCB 电路板，利用未遮蔽的 UTP 双绞线进行差模信号传输，一般网络会使用双绞线的原因是在成本考虑下，对远距离传输的串扰和共模辐射都远比单端信号传输有更好的抑制效果，可是因为前一章提过无法完全避免模态转换的效应，所以就同时会有共模噪声产生。共模噪声的问题主要有两个：第一个是直接辐射造成电磁干扰，第二个是它会经由寄生组件耦合到其他敏感电路而导致信号完整性或电磁耐受性问题。这里就来看看使用双绞线差模信号对时是如何在其上感应出共模噪声电流 I_{CM}，进而导致共模辐射电场 E_{CM} 的。

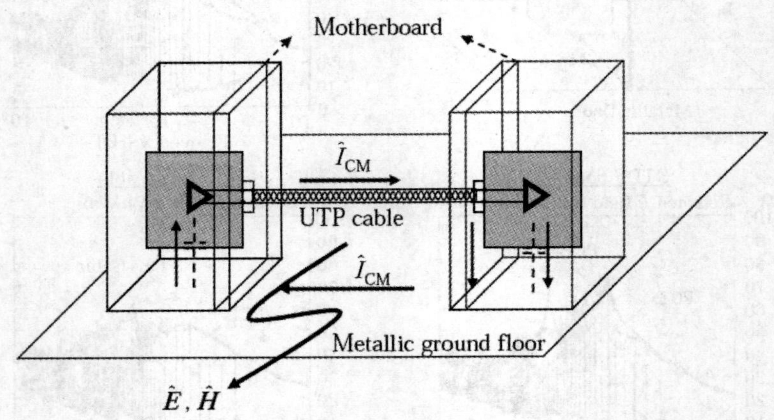

图 6-26　连接 UTP（无遮蔽双绞线对）缆线的辐射机制

当在屏蔽层外部或接地平面上有共模电压出现时，其在遮蔽层内部或接地面上的差模传输对上感应出共模电流，其比值一般就称为转换阻抗，这也是评估遮蔽缆线或连接器屏蔽效率特性的重要规格参数。连接器或缆线的屏蔽效率越高，其转换阻抗就会越小，阻隔噪声的能力就会越好；反之，转换阻抗越大时，越容易将屏蔽体表层的感应电流转换为共模噪声电压，屏蔽效率就越差，也就越容易产生电磁干扰的问题。以图 6-27 所示的 Z 型封装连接器为例，其左侧是驱动端，右侧则连接到遮蔽的双绞线差模信号对缆线 SFTP，在右图中可以发现外部的遮蔽层或接地导体上会有来自环境的电磁场感应或是接地不良的 PCB 所激发在遮蔽层的共模电流 I_{CM}，当其在遮蔽层内部的差模信号对产生共模电压 V_{CM} 或是因为遮蔽层内部的双绞线差模信号对缆线因模态转换效应所产生的共模电流 I_{CM} 在遮蔽层外部表面感应出共模电压 V_{CM} 时，其比值就是转换阻抗。理论上遮蔽缆线的外层屏蔽效率应该很高，而其内部信号所有的参考接地也应该是遮蔽导体的内部而不会泄漏到外部，但因为有集肤深度效应和遮蔽层辫带因有可绕曲性的需求而有网格出现，所以才会在遮蔽层外面感应电压，转换阻抗越大就代表里面只要有共模噪声电流流动就会在遮蔽层外面产生感应共模电压，进而激发偶极天线结构的共模电磁干扰辐射现象。

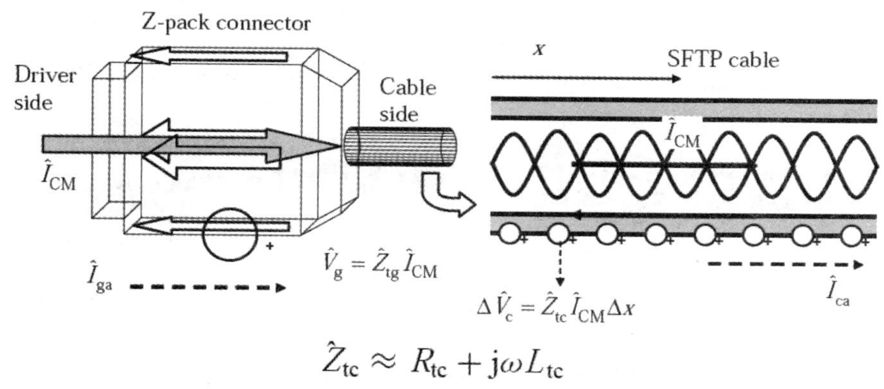

图 6-27 遮蔽双绞线对（SFTP）缆线的辐射机制转换阻抗

因此图 6-28 所示的例子即代表差模信号驱动器与接收器电路在半电波暗室中的测试设置，差模信号驱动器与接收器电路分别置放在两个屏蔽箱中，这个测试的主要目的是观察无遮蔽的 UTP 双绞线对或遮蔽的 SFTP 双绞线的转换阻抗特性是否会从差模信号对感应出共模电流，进而产生 EMI 电磁辐射的问题。图 6-28 所示的测试配置中，信号缆线在离地面 35cm 的高度水平悬挂，天线与待测装置距离 3m，天线高度 1m 且以水平极化架置，而为了确认由缆线辐射的电磁场，在距离左边驱动电路（Driver）机箱 7cm 处以电流探棒夹住待测信号缆线，以便进行共模电流的量测；若缆线屏蔽与接地均非常完美，则电流探棒测不到任何电流。

图 6-28 的测试配置中，待测信号缆线有 Cat 5e 无遮蔽双绞线（UTP）和遮蔽的双绞线（SFTP）两种，每种网络线缆中都有 4 对共 8 条线，其中 SFTP 的屏蔽结构是先用铝膜包住后，外面再以辫带线编织屏蔽起来，其结构如图 6-29 所示，待测信号缆线长度均为 1m，而图 6-26 中所有测试设置的各部件与连接器等硬件细部图片如图 6-30 所示。

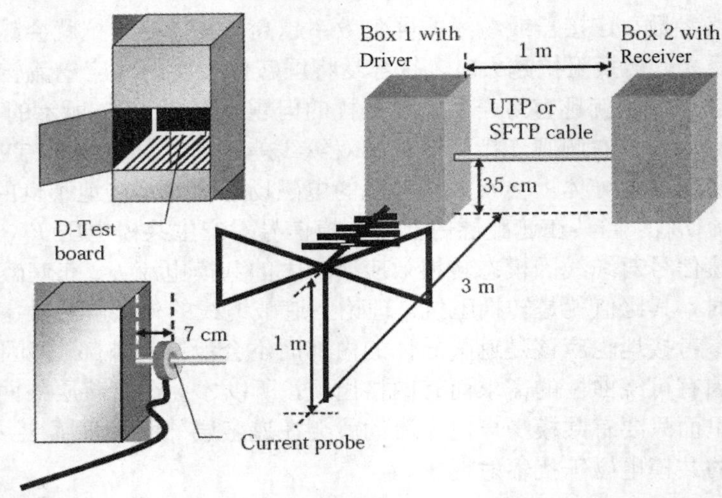

图 6-28　差模信号驱动器与接收器电路在半电波暗室中的测试设置

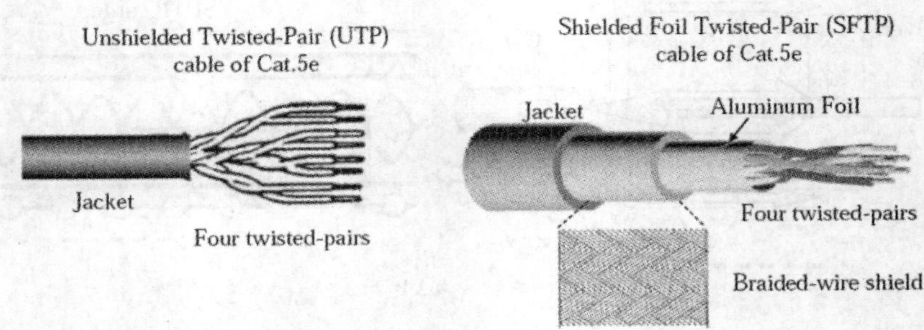

图 6-29　无遮蔽与遮蔽的双绞线对

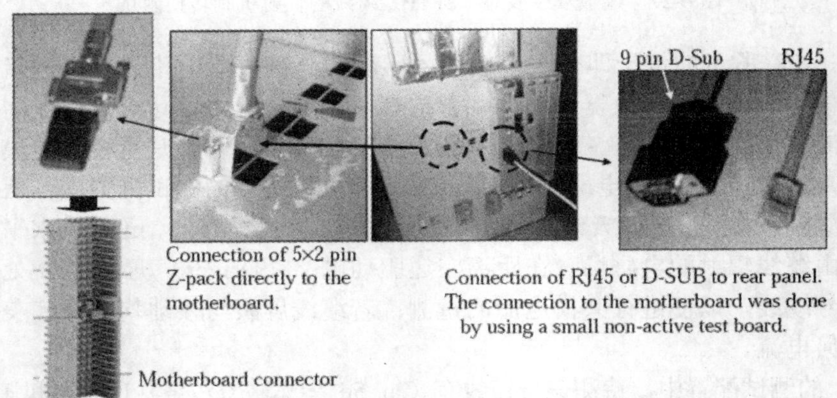

图 6-30　测试设置的硬件细部图示

测试架构确定后，接着就考虑驱动电路信号的影响，待测系统的频率信号是由图 6-31 左边的 16MHz 本地振荡器所产生的，这里共有 3 种比较的驱动电路信号系统：RS422、LVDS 和 LVPECL，3 种测试驱动电路信号系统的信号驱动电路与负载端电路配置如图 6-31 左图所示，而且使用的差模信号传输均有良好的阻抗匹配特性，右图是 3 种信号系统的信号波形，而且其中有差模信号与对应单端两种波形，RS422 的信号明显失真较大，类似经过低通滤波器一样的效应。

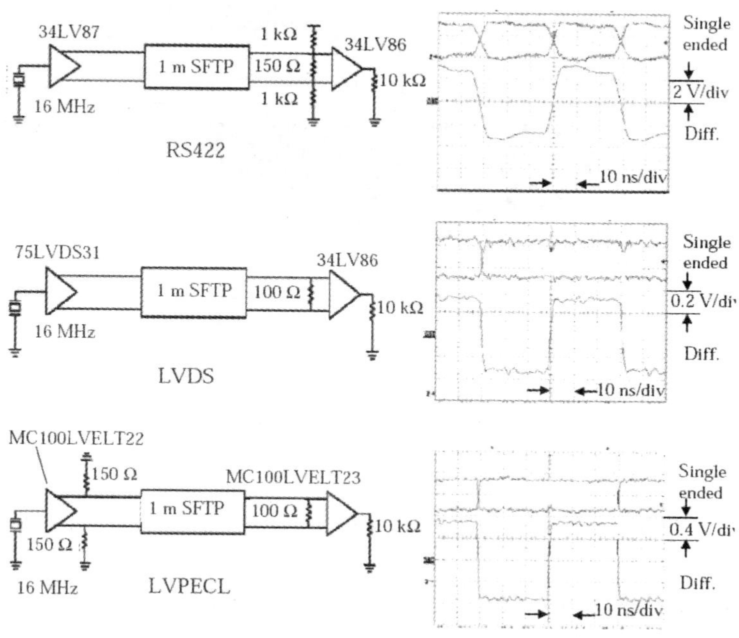

图 6-31　3 种测试驱动电路信号的电路配置

图 6-32 和图 6-33 所示为 3 种形式驱动器信号系统连接无遮蔽 5×2 管脚 Z 型连接器与 Cat 5e 无遮蔽双绞线对的垂直极化和水平极化的辐射电场量测结果，其中背景噪声（Floor Noise）就是驱动电路与接收系统都还没有启动时测试系统（接收天线与频谱分析仪或 EMI 接收机）测到的信号。从测试结果可以发现，在所有的线缆与硬件条件都相同的情况下，RS422 信号系统的电磁干扰较严重，所以其垂直与水平极化的辐射电场都超过限制值，LVDS 与 LVPECL 信号系统的电磁干扰效应就比较小，但是在 200 MHz 以下的垂直极化结果还是超标失效，无法符合标准规格的要求。

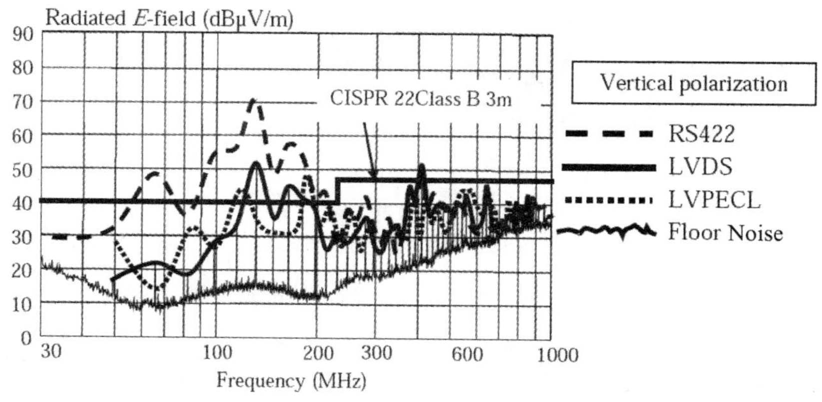

图 6-32　3 种形式驱动器连接无遮蔽 5×2 管脚 Z 型连接器与 Cat 5e 无遮蔽双绞线对的辐射电场量测结果（垂直极化）

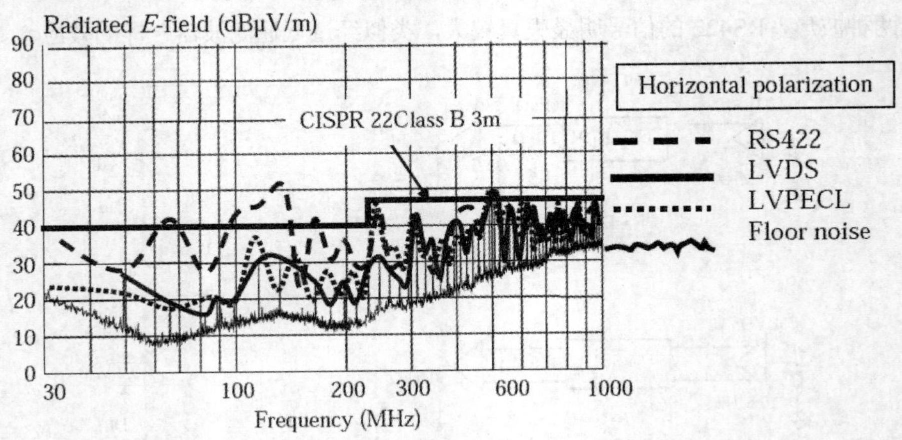

图 6-33 3 种形式驱动器连接无遮蔽 5×2 管脚 Z 型连接器与 Cat 5e 无遮蔽双绞线对的辐射电场量测结果（水平极化）

6-2 传输线屏蔽结构的电磁干扰效应

分析完驱动器信号系统对电磁干扰效应的影响后，接着就来探讨不同连接器架构（如 D-Sub、RJ45、屏蔽的 5×2 管脚 Z 型连接器 3 种）对电磁干扰效应的影响。图 6-34 和图 6-35 即为 RS422 驱动器信号系统以同样的 SFTP 缆线分别用 D-Sub、RJ45、屏蔽的 5×2 管脚 Z 型 3 种连接器执行辐射干扰测试的垂直极化（图 6-34）与水平极化（图 6-35）结果，可以发现各有较适合的使用频段。

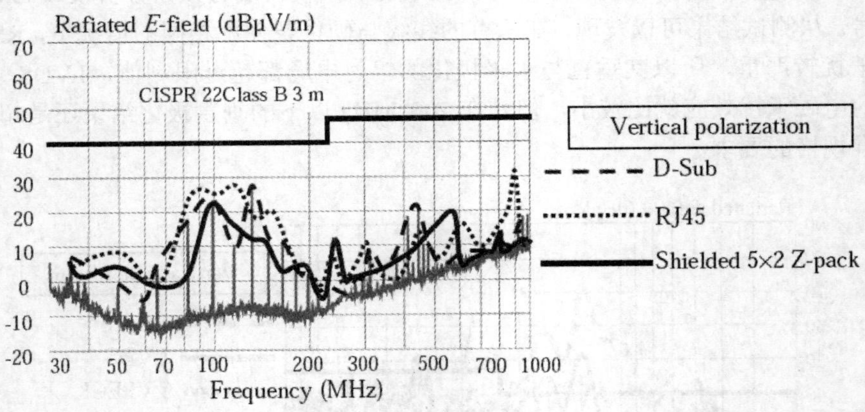

图 6-34 RS422 驱动器与 3 种不同连接器的辐射电场（垂直极化）

为了进一步分析差模信号对的传输效应，针对这个问题一般会将传输线的信号分解成有用的差模信号和因设计不理想或寄生效应而产生的共模噪声，如图 6-36 所示即为 UTP 缆线的差模和共模电压波形，所以结构不对称或电流不平衡就会产生共模噪声，差模信号对的两个导体信号相加结果即为共模，而相减所得即为差模，若在双绞线上不同时间看到的共模电压就会转成电流而激发天线产生电磁辐射。

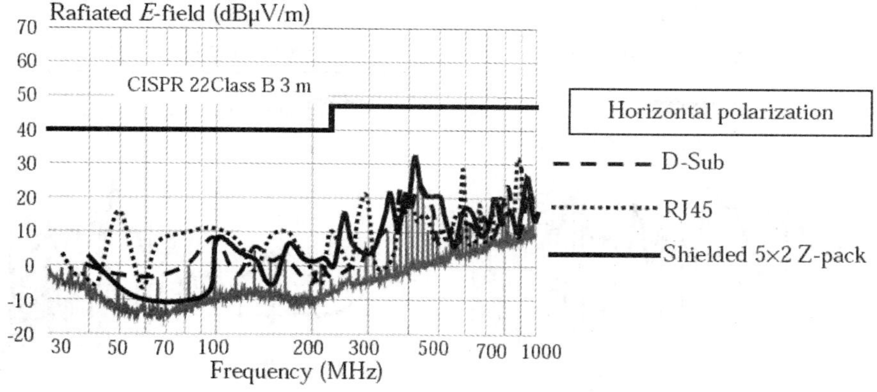

图 6-35　RS422 驱动器与 3 种不同连接器的辐射电场（水平极化）

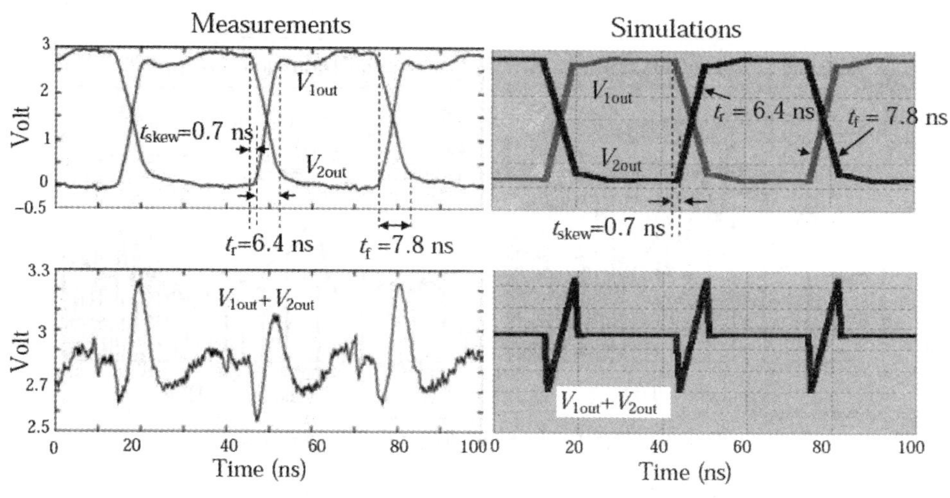

图 6-36　UTP 缆线的差模与共模电压（左：量测；右：模拟）

图 6-37 和图 6-38 所示是从量测或计算的方式来得到的 UTP 与 SFTP 的水平极化（图 6-37）与垂直极化（图 6-38）的辐射电场结果，可以看到有屏蔽的 SFTP 的电磁干扰水平均明显较低，代表缆线作为耦合路径时扮演很重要的角色，屏蔽效率越高则转换阻抗越小，而其所造成的电磁干扰问题也越小。此外，如先前的说明：连续的辐射电场峰值包络是计算值，而不连续的则为量测值。

针对传输路径上的屏蔽效率对电磁干扰的影响分析，以图 6-39 所示的系统层级辐射干扰测试设置为例，它是一屏蔽机箱外面有用塑料导管套封的遮蔽缆线，其水平横挂的长度为 1.5m，垂直高度为 2.2m，并在外部接地处馈入网络分配点，而在屏蔽机箱上方的遮蔽缆线出口处分别以没有箝制夹紧而有孔缝以及将遮蔽缆线紧密夹紧而使金属机箱与缆线屏蔽层连接在一起的两种结构来进行比较分析，辐射来源则为机箱内的 AC/DC 变压器，8MHz 频率产生器连接到 PCB 后再以双缆线将信号送至外部。

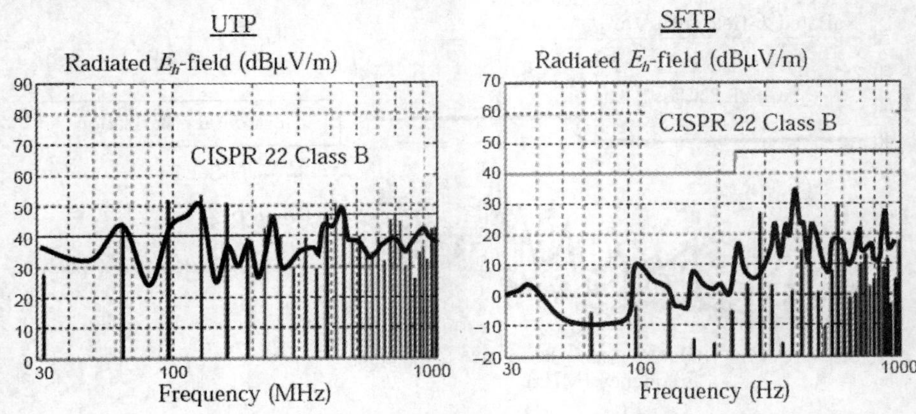

图 6-37　量测与谐波计算的辐射电场：水平极化

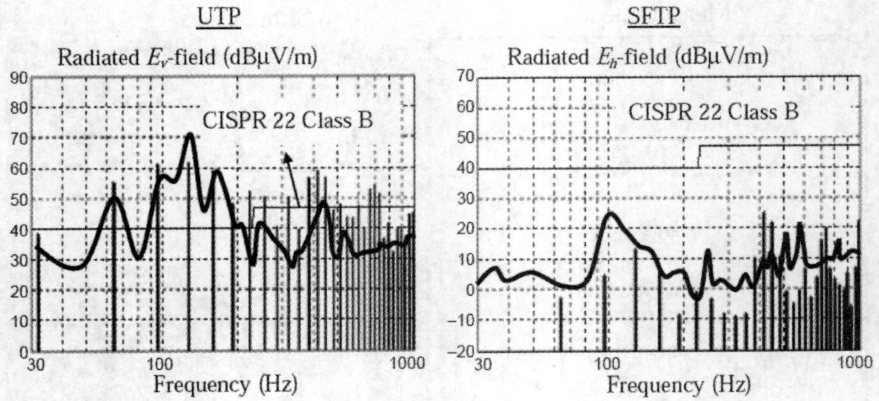

图 6-38　量测与谐波计算的辐射电场：垂直极化

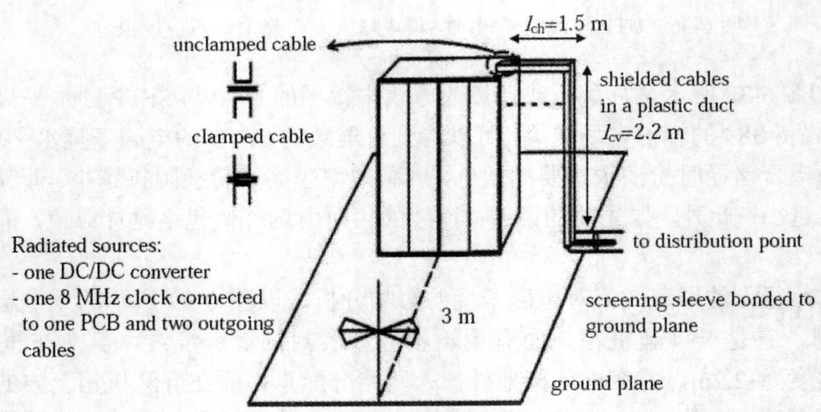

图 6-39　系统层级的辐射干扰测试设置图

从系统层级看，对应到图 6-39 所示的系统测试配置，首先把机箱门打开且遮蔽缆线出口处未箝制夹紧而有孔缝，所以里面 PCB 电路上的噪声会通过缆线出来而形成共模辐射，测试结果如图 6-40 中的左图所示，代表此屏蔽结构的电磁干扰问题很大；接着把机箱门关起来但遮蔽缆线出口处仍然未箝制夹紧而有孔缝出现，测试结果如图6-40中的右图所示，低频部分与前者情况差不多，但在高频部分辐射噪声水平则有明显降低，因为低频辐射部分是对应长度比较长的外部缆线，但图6-40的比较中其外部缆线的设置并没有改变，反而因PCB板的结构比较小，其走线也较短，所以对应的是高频部分的辐射噪声，而这正好是针对机箱门的开关与否所对应的PCB上的电路辐射，因此机箱门的屏蔽效率所影响的是高频辐射部分，所以为抑制低频部分的严重干扰，应该在机箱出口处将遮蔽缆线紧密夹紧而使金属机箱与缆线屏蔽层连接在一起。

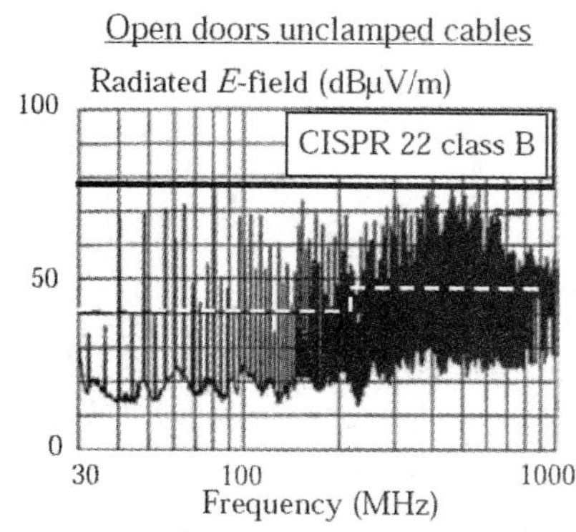

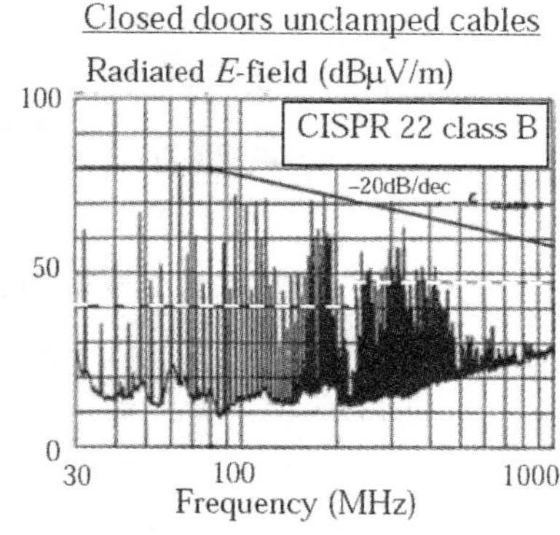

图6-40　系统层级的辐射电场比较（左：门未关且线缆未滤波夹紧；右：门紧闭但线缆未滤波夹紧）

接着在机箱出口处将遮蔽缆线紧密夹紧而使金属机箱与缆线屏蔽层连接在一起，以降低连接到外部线缆与接口处的传输路径上的转换阻抗，然后先把机箱门打开，测试结果如图6-41中的左图所示，此时高频辐射干扰问题明显比较严重，这是因为主要辐射体的PCB板结构较小，因此共振频率较高，以致高频处的噪声非常明显；然后把机箱门关起来，测试结果如图6-41中的右图所示，此时在高频部分的辐射噪声水平也明显降低，使得全频段的电磁辐射水平均低于测试标准的限制值，让产品达到符合性要求。

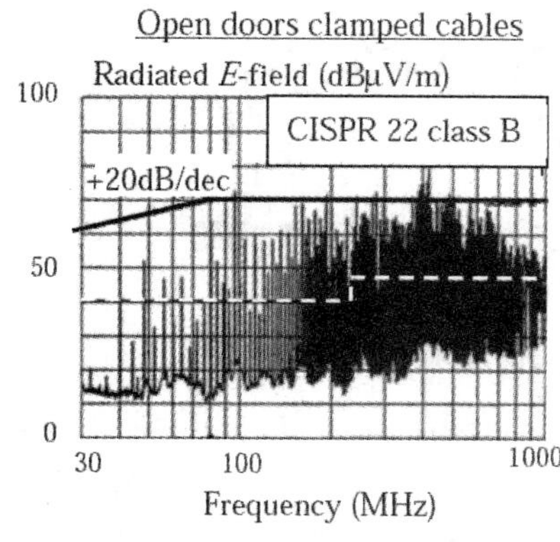

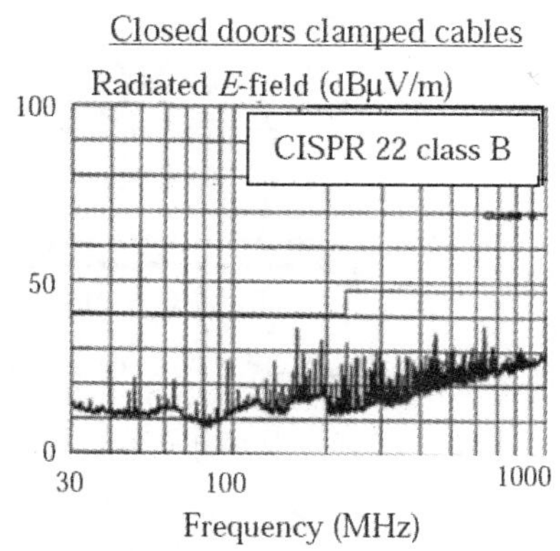

图6-41　系统层级的辐射电场比较（左：门未关但线缆滤波夹紧；右：门紧闭且线缆滤波夹紧）

上面的例子显示出电磁干扰超标的最主要问题是屏蔽缆线与接口处组合的信号路径转换阻抗（如图6-42所示），而噪声屏蔽效率所对应的转换阻抗在EMC问题中扮演着重要的角色，若连接器与缆线的屏蔽效率不够好，则屏蔽层内部有用的传输信号会在缆线披覆层外面感应出共模电压而导致电磁干扰辐射出去，形成 EMI 的问题；相反地，外面的电磁场也会在缆线披覆层外面感应出共模电流，然后耦合到内部信号线转换为干扰信号，若外面有强大的电磁场，此时若缆线或信号传输路径的转换阻抗很大，则缆线披覆层上面的共模电流会通过金属编织网漏到内部而影响到信号，这个现象称为共模至差模的模态转换，就会造成信号完整性或 EMS 的问题。

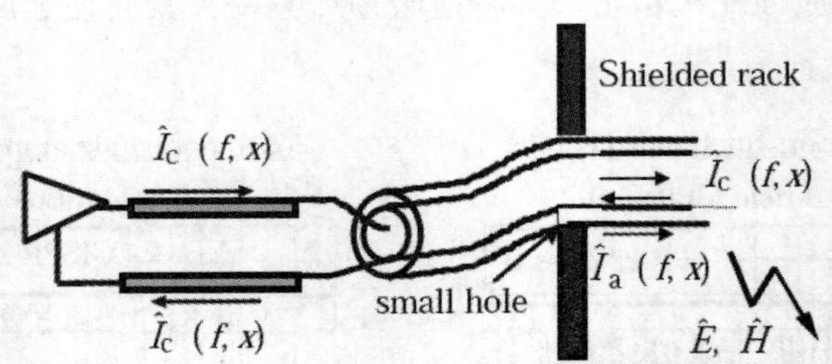

图 6-42　信号缆线通过机壳孔洞的结构略图

另外，从机箱接到外部线缆出口处的机壳孔洞结构泄漏波来看，机壳孔洞破坏完整的屏蔽结构，使得金属屏蔽机壳上的感应电流回路变大，电感效应就会增加，进而使共模电压变大，就像 3-5 节中的槽孔辐射耦合效应的说明，利用传输线模型建置机壳外部缆线的等效电路如图 6-43 所示。传统低速电路所谈的电阻都是 DC 电阻，但其在高频情况下的非理想寄生效应就会看到 AC 特性，因此接下来讨论的转换阻抗除了集肤深度与屏蔽材料金属导电率造成的电阻效应外，流经其上面的电流也会产生磁场而造成电感效应。因此任何金属导线都可等效为电阻串联电抗，而转换阻抗越小越好，代表其屏蔽效率越高。一般的同轴电缆都是单层屏蔽包覆的，越容易弯折的其屏蔽层辫带编织网就越疏松，导致屏蔽效率越差，而披覆多层屏蔽的缆线，其等效电感与电阻值都小很多，屏蔽效果也会改善很多，但是线缆也会变得刚硬难弯折。

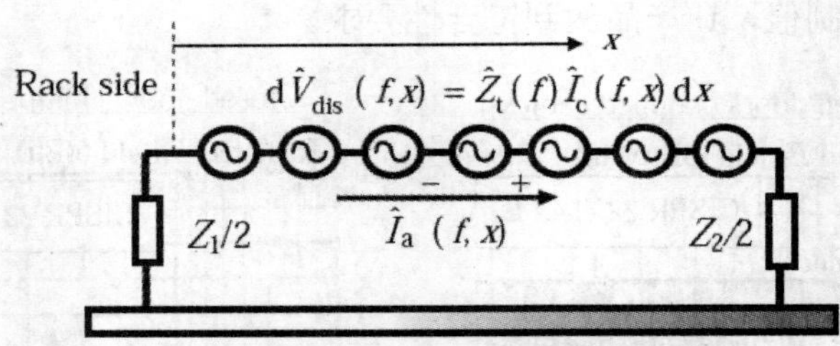

图 6-43　以传输线模型建置机壳外部缆线的等效电路

对应各种同轴电缆的典型结构（如图 6-44 中的上图所示），其外部屏蔽层的不同辫带层结构以及各种披覆层的同轴电缆典型转换阻抗 Z_t 则分别如图 6-44 中的右上图和下图所示，可以发现越多层（如范例中的三层辫带结构）屏蔽披覆的同轴电缆其转换阻抗越小。

要分析缆线转换阻抗或屏蔽效率与电磁辐射干扰的关系，以图 6-45 左上图的测试架构来量测由各种同轴电缆泄漏出来的辐射电场，待测缆线是一条长 1.15m 的同轴电缆，如果屏蔽效率好，则理论上内导体流上去的电流与外导体内侧流下来的电流应该相等，因此转换阻抗很小而外面的金属层完全不会有任何的共模电流，也就不会在此测试架构中形成单极天线而产生辐射现象，该装置是因为 8MHz 的数字电路先输入到数字逻辑门 AC244 后，再经由 50Ω 匹配电阻连接到外部待测同轴电缆，数字信号波形如图 6-45 左下图所示，而该数字信号源的 PCB 电路板完全用一个完整的金属腔体屏蔽起来，仅有连接输出的待测同轴缆线直立在外部，然后利用垂直极化的天线摆置进行量测。图 6-45 的右上图与右下图则分别为待测同轴电缆是一般单层披覆的 RG58 与双层披覆的 RG214 的辐射电场强度，而两种同轴电缆结构的转换阻抗数据的转换电阻 R_t 和转换电感 L_t 也分别显示在辐射场强结果的上方，可以发现 RG58 的所有值都比 RG214 的转换电阻和转换电感要大，所以可以知道单层披覆同轴电缆的屏蔽效率比较差，辐射干扰电场也强很多，造成的电磁干扰问题也就比较严重。

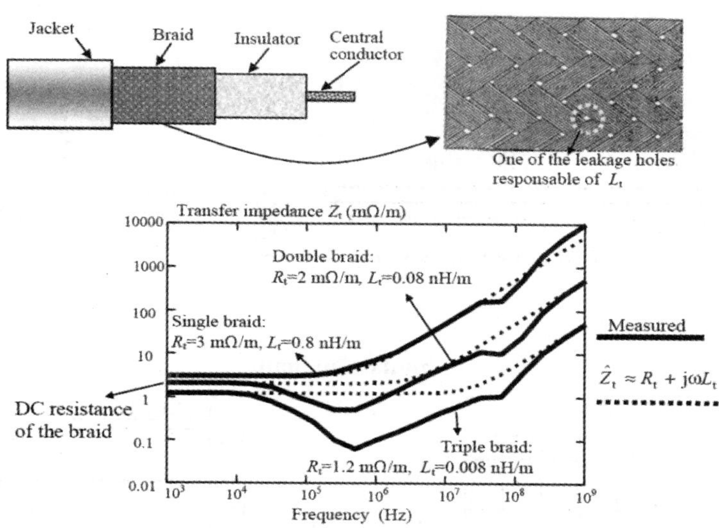

图 6-44　同轴电缆典型结构（上图）与不同辫带层结构同轴电缆的典型转换阻抗 Z_t（下图）

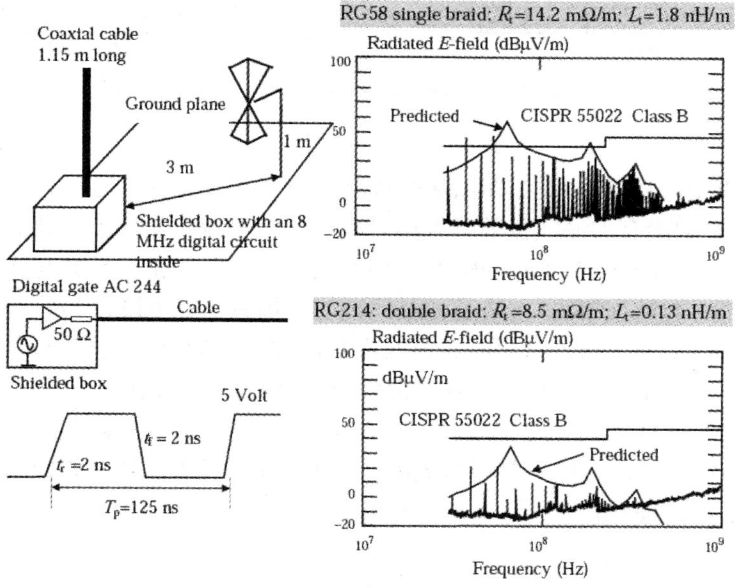

图 6-45　由同轴电缆出来的辐射电场

有关信号路径的屏蔽效率对电磁干扰效应的影响分析，最后以图 6-46 所示的差模信号驱动器 34C87 去驱动长度为 1m 的无遮蔽 UTP 双绞线，然后连接到 100Ω 的负载为范例，探讨若未使用遮蔽缆线结构而改采取 I/O 端的滤波电路时是否也能达到同样的电磁干扰问题的改善效果。图 6-46 所示的范例中，激发源是一个 8MHz 的频率信号，其中屏蔽箱连接到外部 UTP 缆线的输出端装置了如右上图所示的滤波器（包含共模扼流圈和泄流导线：CM Filter + Drain Wire），也就是不要让噪声泄漏出去，其中 R 是 100Ω 负载。如果没有加滤波器，负载端的信号就如左下图的波形，抖动会很严重，波形抖动得越严重，电磁干扰就会越严重；如果加上滤波器，就能够看到右下图比较平滑的负载端波形，而泄流导线就是由多余的 RG45 的线接地。

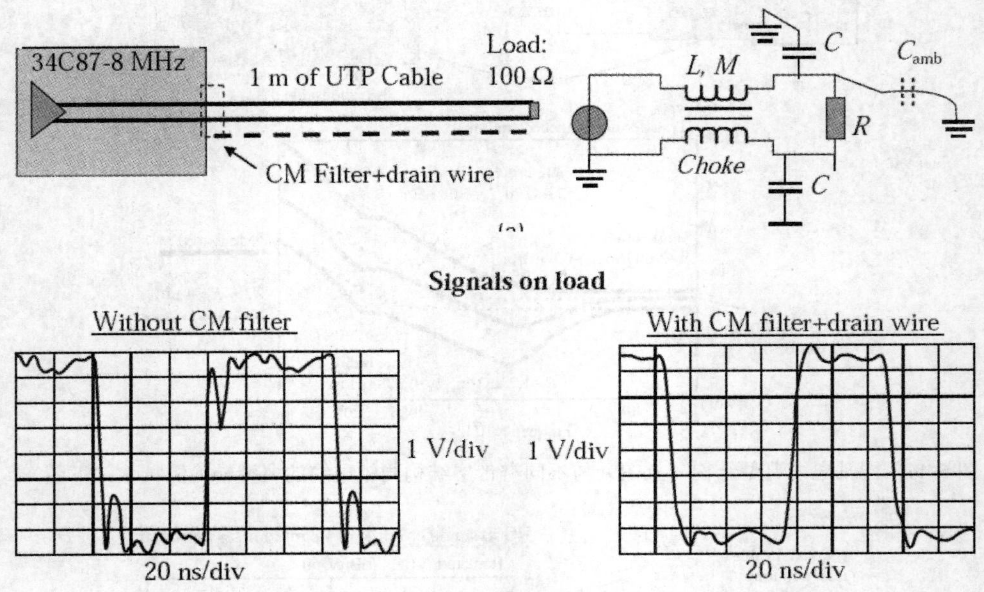

图 6-46 差模信号驱动器 34C87 驱动 UTP 缆线的负载信号

针对图 6-46 所示的设置，天线即以水平极化摆置方式量测其电磁辐射效应，测试距离为 3m。在图 6-46 中看到没有加滤波器的时候信号失真比较严重，在加上滤波器之后，负载端信号则变得比较平整。从图 6-47 所示的辐射电场测试结果来看，在没有加滤波器时的辐射干扰水平与加装滤波器后的结果相比，加装滤波器的辐射电场有明显下降，因为只剩下了差模辐射，这是真正有用的功能信号，而没有用的共模噪声则已被共模扼流圈阻挡掉。从结果可以看到，在接收端不只是信号完整性会变好，电磁干扰性能也会改善，所以可以发现在 I/O 端加装滤波器与利用遮蔽缆线有同样的 EMI 改善效果，所以我们会看到很多信息设备（如 SMPS 电源供应器或投影机）的连接线都会加上共模扼流圈，如果在 I/O 端不加装共模扼流圈，则可能需要使用成本更高的长遮蔽缆线。

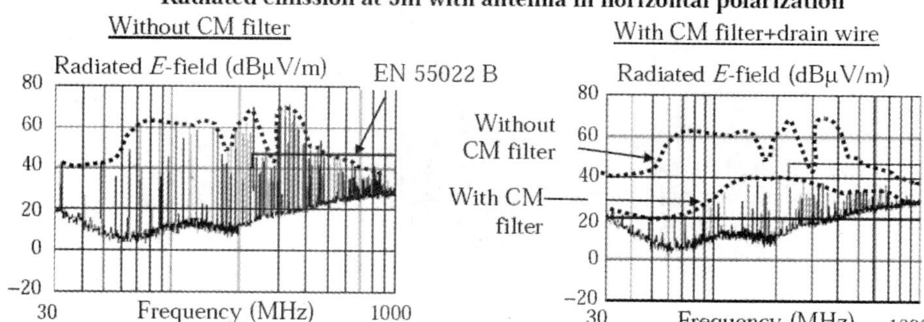

图 6-47 差模信号驱动器 34C87 驱动 UTP 缆线的辐射电场

6–3 机构槽孔的电磁干扰效应

前一节讨论的外接信号缆线或机壳的通风散热结构都无可避免地会在屏蔽机壳上挖空部分槽孔，从而破坏掉完整的屏蔽效率。一般来说，完整而没有开槽孔的屏蔽体，如果其厚度远比集肤深度大，理论上就不会有任何信号能量穿透传输。现在想象一块无穷大的金属平面，通过Babinet原理可以知道图6-48中最左边中间有开孔的金属板与最右边的补钉状理论上其辐射特性应该是要互补的，两个合起来的效应就如同中间那片完整的金属平面具有完美的屏蔽效率而完全不会有电磁波穿透，那么既然知道一片面积有限的金属会形成辐射体（例如补钉状天线 Patch antenna 或微带天线 Microstrip Antenna），所以左边第一块开了槽孔的金属平面应该也会产生辐射，因为它与最右边的那块补钉金属片是互补的，槽孔辐射极化的特性可如图 6-48 所示以电偶极矩的低频效应加以近似。而从另一个角度来看，本来有电流在完整的金属平面上很平滑地流动，结果因为槽孔的影响，使得电流来到有槽孔的地方就类似先前信号完整性讨论的接地不完整一样，电流往槽孔两侧流动而使路径变大了，路径变大代表的就是磁通量变大（因为磁通量与面积和电流成正比），磁通量变大则等效电感就变大，接着共模噪声电压就增加，从而使电磁干扰问题变得更严重。

此外，天线理论中的辐射电场可以由金属导体上面的电流分布来求取，而槽孔处没有电流可以流动，所以利用前面提到的互补概念，因此将导体上的电流激发对比为槽孔处的虚拟磁流，再利用这种概念将一个开槽的部分当成是磁偶极矩对比金属导体天线的电偶极，然后利用麦克斯韦方程式推导出槽孔天线对应的所有电磁场。

如果屏蔽机构因为有通风散热、I/O 线缆导管或控制转扭等需要开槽孔的时候，就会看到如图 6-49 中左图所示的结构和电磁场分布情形，实线代表电场，虚线代表磁场；由于电磁学的边界条件告诉我们：电场一定是与金属的表面互相垂直的，也就是金属表面的电场分布只有法线分量而没有切线分量，因为我们的金属一般是高导电材料，在高导电材料上如果是切线分量，就会产生无穷大的电流而违反能量守恒的自然法则，所以金属表面的边界条件就是电场一定是与金属的表面互相垂直。由图 6-49 可以看到从槽孔泄漏的电磁波可以等效成右边的电偶极与磁偶极的组合。

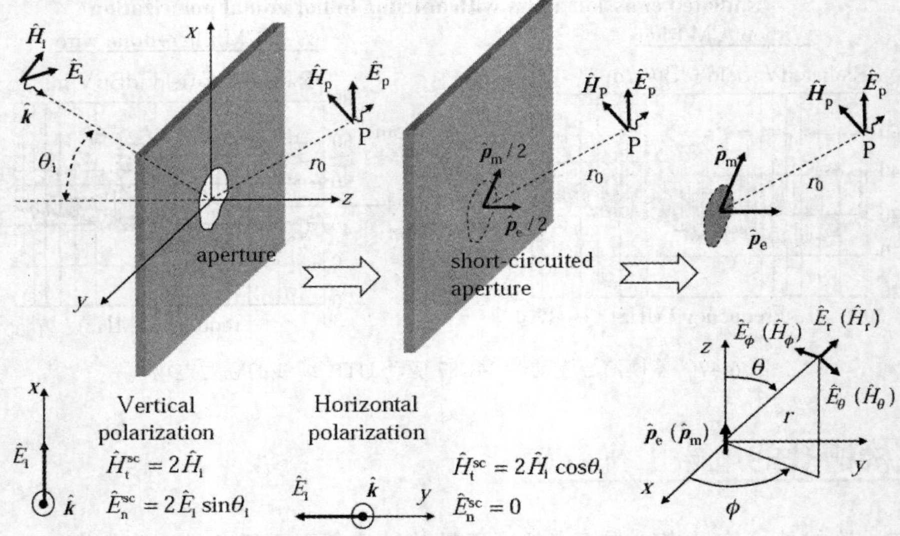

图 6-48　槽孔极化特性的电偶极矩低频近似

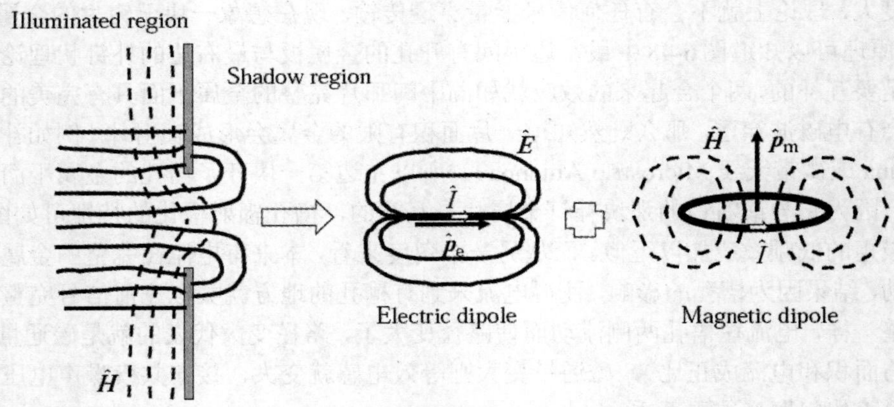

图 6-49　槽孔处的静电场与静磁场及其等效偶极矩

针对图 6-49 所示的有关金属屏蔽槽孔处，可以利用低频的静电场电偶极和静磁场的磁偶极的组合来加以等效，而其个别所对应的辐射电磁场，通过麦克斯韦方程式的推导可以获得如图 6-50 所示的电偶极辐射电磁场和图 6-51 所示的磁偶极辐射电磁场的各个分量。

$$\hat{H}_\phi = \frac{j\omega \hat{p}_e}{4\pi}\beta^2 \sin\theta\left(\frac{j}{\beta r} + \frac{1}{\beta^2 r^2}\right) e^{-j\beta r}$$

$$\hat{E}_r = 2\frac{j\omega \hat{p}_e}{4\pi}\eta\beta^2 \cos\theta\left(\frac{1}{\beta^2 r^2} - \frac{j}{\beta^3 r^3}\right) e^{-j\beta r}$$

$$\hat{E}_\theta = \frac{j\omega \hat{p}_e}{4\pi}\eta\beta^2 \sin\theta\left(\frac{j}{\beta r} + \frac{1}{\beta^2 r^2} - \frac{j}{\beta^3 r^3}\right) e^{-j\beta r}$$

$$\hat{H}_r = \hat{H}_\theta = \hat{E}_\phi = 0$$

图 6-50　电偶极的辐射电磁场

$$\hat{E}_{\phi} = -\mathrm{j}\frac{\omega\mu\hat{p}_{\mathrm{m}}}{4\pi}\beta^2\sin\theta\left(\frac{\mathrm{j}}{\beta r}+\frac{1}{\beta^2r^2}\right)\mathrm{e}^{-\mathrm{j}\beta r}$$

$$\hat{H}_{\mathrm{r}} = \mathrm{j}2\frac{\omega\mu\hat{p}_{\mathrm{m}}}{4\pi}\frac{\beta^2}{\eta}\cos\theta\left(\frac{1}{\beta^2r^2}-\frac{\mathrm{j}}{\beta^3r^3}\right)\mathrm{e}^{-\mathrm{j}\beta r}$$

$$\hat{H}_{\theta} = \mathrm{j}\frac{\omega\mu\hat{p}_{\mathrm{m}}}{4\pi}\frac{\beta^2}{\eta}\sin\theta\left(\frac{\mathrm{j}}{\beta r}+\frac{1}{\beta^2r^2}-\frac{\mathrm{j}}{\beta^3r^3}\right)\mathrm{e}^{-\mathrm{j}\beta r}$$

$$\hat{E}_{\mathrm{r}} = \hat{E}_{\theta} = \hat{H}_{\phi} = 0$$

图 6-51　磁偶极的辐射电磁场

如果有 PCB 上信号线一圈为 15cm 的测试电路，其信号源为 8MHz 的频率产生器，在距离其 44cm 处有片大的金属平面，其中间挖了一长为 30cm 宽为 7.5cm 的槽洞，如图 6-52 中的上图所示，左下图是其等效电偶极的辐射电场结果，右下图是其等效磁偶极的辐射电场结果。

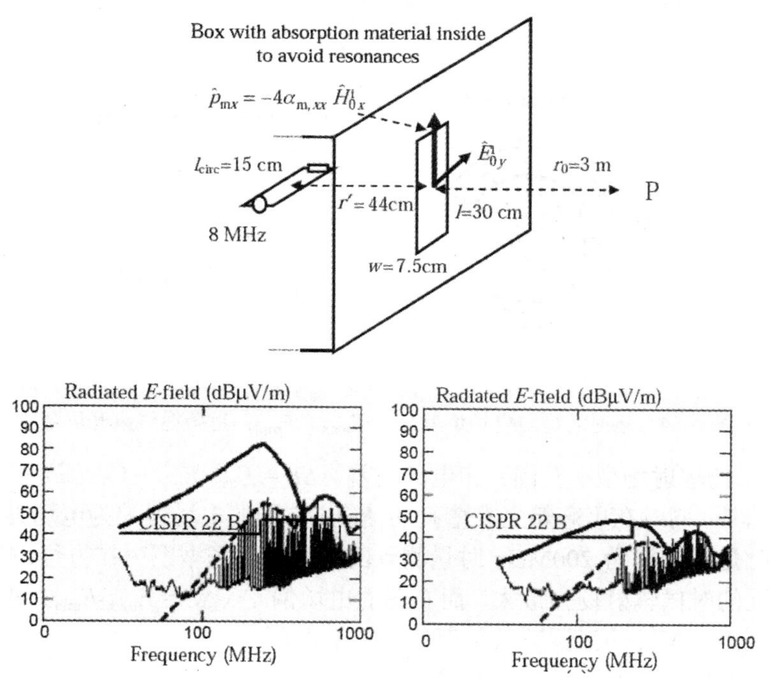

图 6-52　由矩形槽孔出来的辐射电场：等效电偶极（左）与等效磁偶极（右）

接着就将上述测试电路置放在正面有长方形槽孔的屏蔽机箱内，然后如图 6-53 右边黑粗线部分所示接到地面的遮蔽信号缆线，而天线则在距其 3m 处围绕带测装置旋转 360°地垂直与水平极化分别进行量测或模拟分析，主要也是确认辐射的电磁干扰噪声究竟是否真的是从槽腔泄漏出来的。因为这也可以通过模拟屏蔽箱内的磁偶极和电偶极或者是从其右边引出的屏蔽缆线来分析到底噪声源是长电偶极天线还是循环天线或者是因为有绞线对，所以也可以仿真螺旋结构缆线，因为要进行这样的分析模拟，所以才会将该测试配置做旋转 360°的模拟。

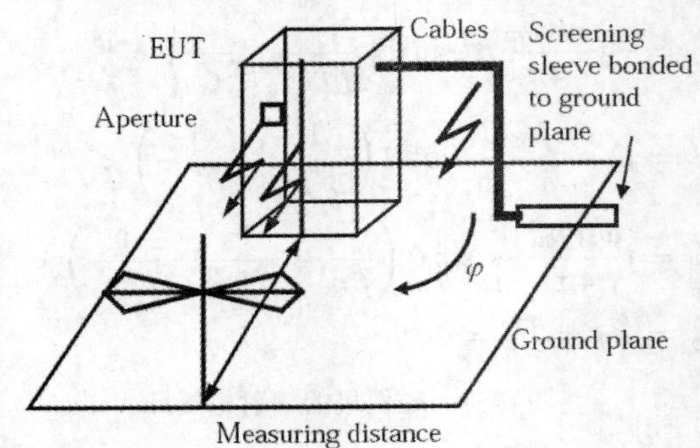

图 6-53　不同旋转角度 φ 的辐射电场测试设置

图 6-54 所示辐射场型（左图）和电场偏差（$\Delta E = E_{max}$-E_{min}）（右图）的结果是仅有遮蔽缆线离开屏蔽箱的情况，右图的电场偏差为电场强度最大值与最小值的差异，同时是在频率为 200MHz 时量测到的场型图，可以发现其有明显的等向性，因此遮蔽缆线的辐射效应并不明显。

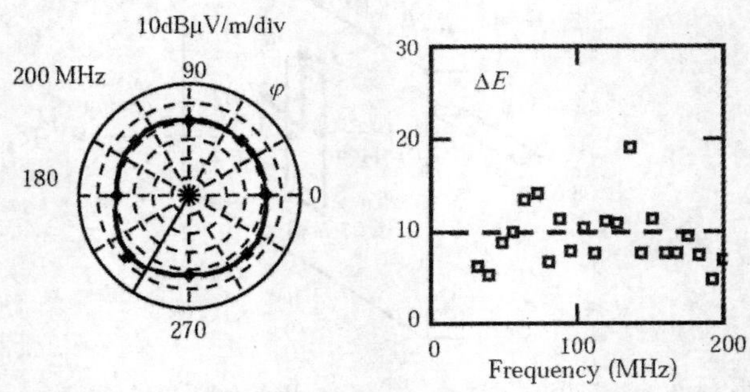

图 6-54　辐射场型与电场偏差$\Delta E = E_{max} - E_{min}$：遮蔽缆线离开屏蔽箱

图 6-55 所示的辐射场型（左图）和电场偏差（$\Delta E = E_{max}$-E_{min}）（右图）的结果是除了遮蔽缆线离开屏蔽箱外，同时在屏蔽箱上有槽孔的情况，右图的电场偏差为电场强度最大值与最小值的差异，同时是在频率为 200MHz 时量测到的场型图。场型图中在方位角为 0 的时候，也就是正面对槽孔的时候辐射场强最大，而右图的电场偏差（$\Delta E = E_{max}$-E_{min}）变化也比较大，这代表其辐射场型因为槽孔的泄漏波效应而使得它不再是一个全向性的辐射场型，而在 180°的辐射电场比较弱的原因是背面是完整的屏蔽面。

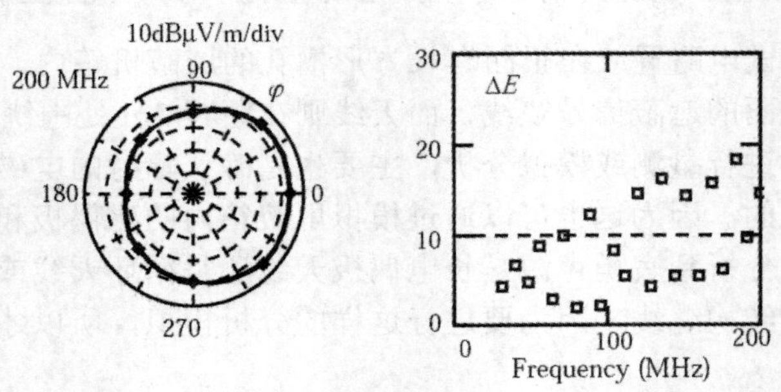

图 6-55　辐射场型与电场偏差$\Delta E = E_{max} - E_{min}$：屏蔽箱上有槽孔

从以上的分析结果我们可以确认屏蔽结构的屏蔽效率对辐射电磁干扰的影响很大，而且在系统组装连接的细微槽缝都有可能在某些角度形成严重的电磁干扰，所以也才有很多对应的屏蔽对策组件（如金属弹片、金属垫衬、导电贴布等）会应运而生。

6-4 无线通信载台噪声分析

6-4-1 移动通信装置内高速数字传输线对天线的噪声耦合分析

在现今计算机技术日益普及的数字化社会，伴随着笔记本电脑的使用需求越来越大，对于想要随时随地上网、执行先进应用与仿真软件的消费者和专业人士来说，无线通信模块已经变成计算机平台不可或缺的一部分。而随着半导体产业的蓬勃发展，数字组件的速度与效能也逐渐向高频延伸，加上消费性电子产品流行、无线通信装置小型化且附加功能越来越强大的趋势下，在越小体积的平台内放入更多的无线装置及功能更强大的数字系统，然而在越多模块同时作用下，所需注意的焦点不单单只探讨在电磁兼容（EMC）法规所关注测试设备与设备间的问题，更演进到模块与模块间、模块与集成电路零件间和电子零件与零件间干扰的问题所造成的性能衰减。为了解决不同厂商所制造的模块和电子组件间电磁干扰与兼容性的问题，并减少产品本身所产生的电磁辐射对通信频段的干扰，无线通信模块与数字系统的共存也成为产品量产发售前的重要性能认证之一。

1. 模块对通信性能的影响分析

目前一般较常见无线通信产品的噪声干扰源包括：CPU（中央处理器）、LCD Panel（液晶显示面板）、Memory（内存）、电子零部件、高速 I/O 布线、电缆等，如图 6-56 所示为一般笔记本电脑的内部配置图。这些噪声干扰源通过辐射、传导或串扰（音）耦合方式传输电磁干扰能量至邻近的被干扰组件，使得产品本身的无线通信传输性能下降。因此若能利用噪声水平的量测结果得知待测物产生噪声的频率，再准确定出各组件所产生的噪声水平和位置后，并移动待测组件与通信天线之间的相对位置，通过移动待测组件对天线的位置来观察不同组件位置对天线通信频带产生的影响，从而寻找出最佳的组件或通信天线的摆放位置。

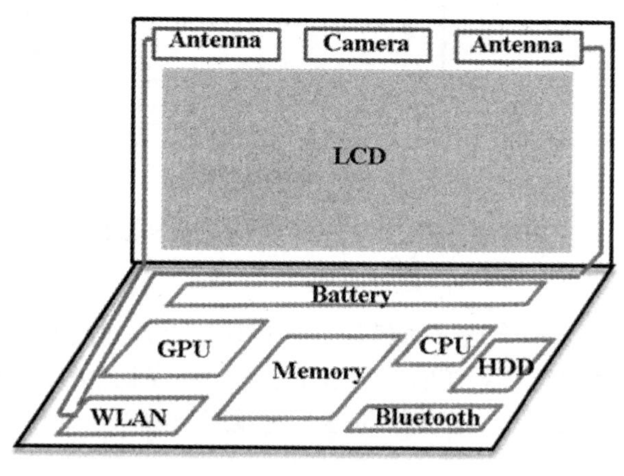

图 6-56 笔记本电脑的内部配置图

2. 噪声源对天线的噪声耦合分析

图 6-57 所示为笔记本电脑上应用于 WWAN 频段的平面倒 F 天线（PIFA），将此天线置于笔记本电脑 LCD Panel 右上方，而图 6-58 是天线在自由空间以及将天线置于笔记本电脑机壳上所量测的 S 参数图，从 S 参数的量测结果可以发现，机构对天线会有耦合效应而影响其特性。

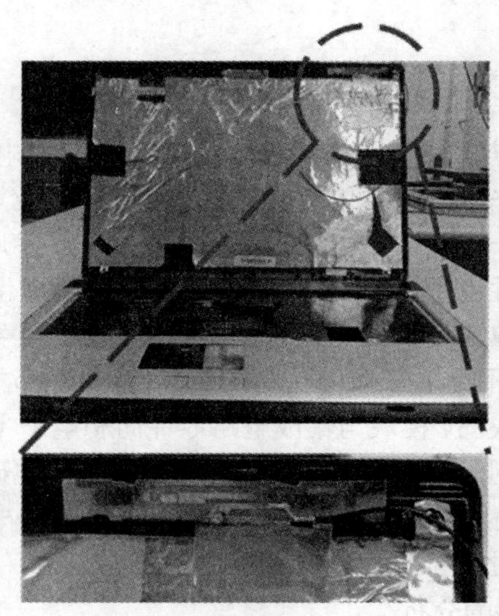

图 6-57　笔记本电脑 WWAN 天线架构图

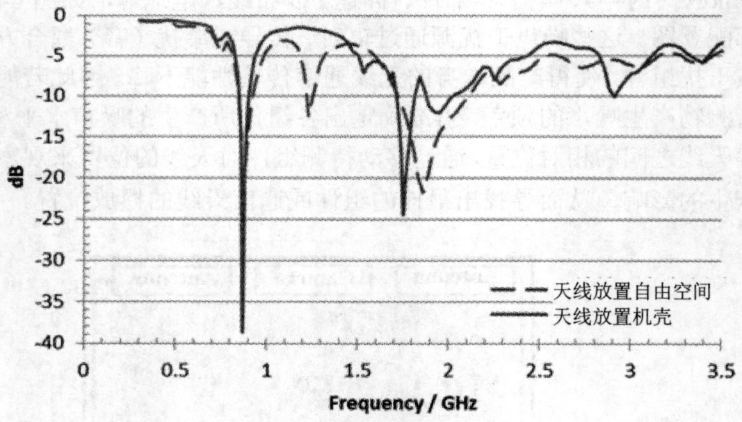

图 6-58　笔记本电脑 WWAN 天线 S 参数图

3. 噪声源分析

因笔记本电脑系统平台中包含多种模块，各模块均会通过传导或辐射的耦合路径而对接收天线产生干扰，因此使得整体系统的噪声水平上升，造成载台噪声的问题。而且噪声源会干扰无线装置而降低其接收灵敏度，若能清楚地了解噪声来源以及如何改善载台噪声，即可提高系统无线通信传输的性能。

为了分析数字载台上的噪声源，可以利用如图 6-59 所示的 50Ω 传输线标准板以代表系统中高速数字电路的噪声干扰源，其设计频带为 GSM/DCS 系统的 1.8 GHz，从模拟辐射场型图可以发现其有着近似全向性。由于在笔记本电脑内部相机（Camera）模块坐落位置离接收天线最接近，所产生的干扰也会较为明显，故将其传输线等效干扰源置于笔记本电脑内部的 Camera 模块位置，比拟为 Camera 模块所产生的噪声源，分析其噪声源摆放不同距离时对其邻近接收天线所造成的影响，以及传输线发射不同功率时所产生的噪声位准。

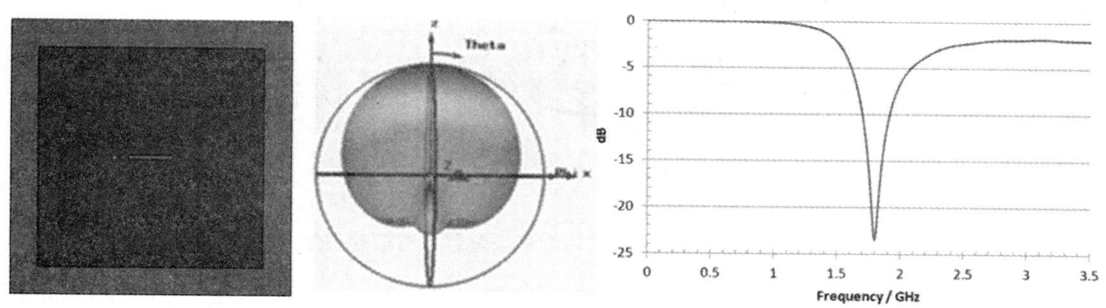

图 6-59　50Ω 高速传输线标准板示意图、模拟场型图与 S 特性

为了确认设计模拟高速传输线标准板结构特性，利用 IEC61967-3 表面扫描法标准搭配磁场探棒，并配合具有影像直观人机接口的近场电磁场量测系统（如图 6-60 所示），以验证传输线标准板的发射频率及其均匀辐射场。进行量测时将标准板以直立方式摆置，扫描距标准板 10mm 处的 XY 平面，其量测配置和结果如图 6-60 所示。

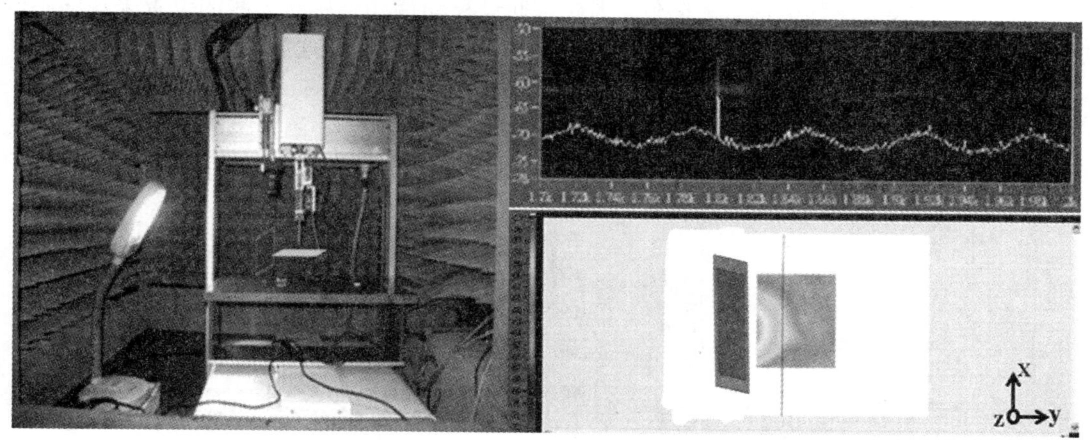

图 6-60　近场表面扫描配置图与扫描结果

接着要分析各种笔记本电脑上数字模块产生的噪声对无线通信的影响，数字模块噪声位准耦合至接收天线的量测配置和测试步骤如图 6-61 所示，将天线与传输线标准板置于一笔记本电脑机构空壳的数字模块（如相机镜头、DRAM 内存、硬盘、CPU、绘图卡等）的相对位置上，利用噪声位准的量测方法来了解系统内的载台噪声现象，而噪声位准的量测系统至少需要以下仪器设备：屏蔽箱、前置放大器、频谱分析仪和待测物（DUT）。屏蔽箱的主要作用是将待测物笔记本电脑放置其中以确保在量测过程中能隔绝外在环境中不必要的噪声（例如手机基站所发出的信号或无线网络所产生的信号）。进行噪声位准量测前会将前置放大器由笔记本电脑接收天线连接至频谱分析仪，以便将屏蔽箱内的待测物所产生的噪声加以放大以利于观察

分析。在量测待测物前先在屏蔽箱内接上一 50Ω 理想负载并观察其整个噪声位准量测配置能接收到的最低的量测系统噪声位准。

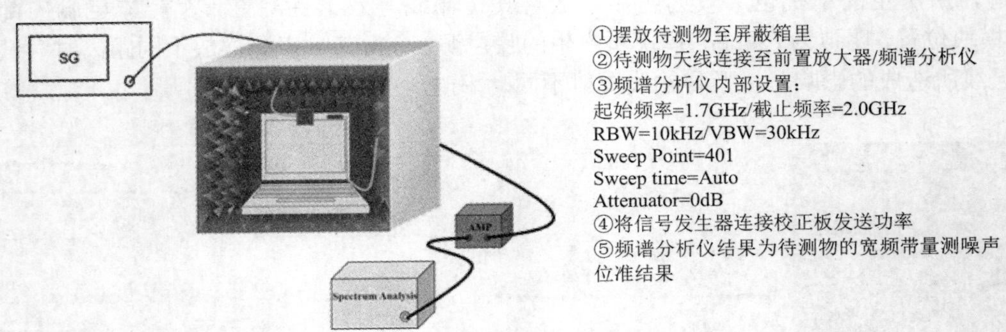

图 6-61　噪声位准耦合量测配置图与量测程序

在进行干扰源对天线耦合的量测分析中，依照一般笔记本电脑内部数字模块对固定在计算机盖上的接收天线的相对距离分别分析干扰源与天线的不同距离对噪声位准的影响，如图 6-62 所示。传输线标准板与天线间的距离为 d，移动传输线标准板使其距离天线分别为 10mm、30mm、50mm 时，传输线标准板输入功率为-30dBm 的信号，以仿真数字模块在 1.8 GHz 所产生的相对噪声位准。由量测结果（图 6-62 右图）可以观察出当干扰源越接近天线时所产生的噪声位准会越高，则所产生的辐射噪声将会耦合至天线越多，进而降低接收机的信噪比而影响系统的接收灵敏度，使其传输效能降低。因此可通过移动待测模块对天线的位置来观察不同模块位置对天线通信频带产生的影响，从而寻找出最佳的数字组件摆放位置。

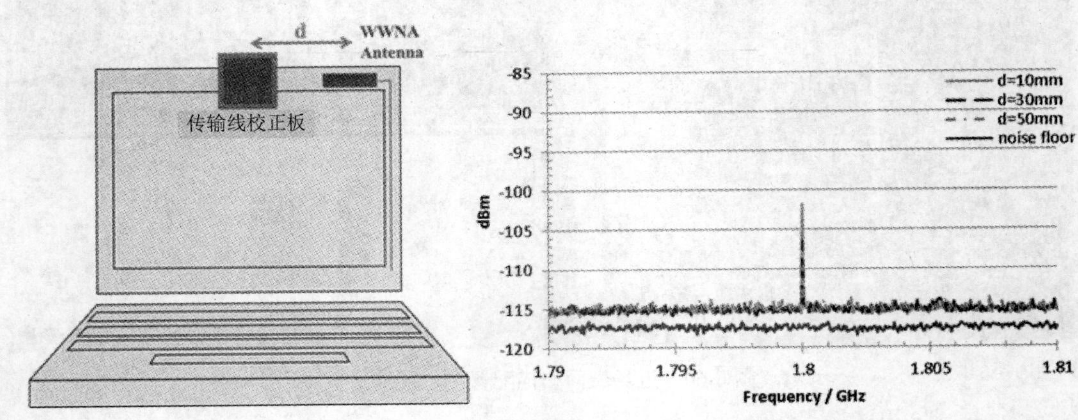

图 6-62　待测物摆置与接收天线相对示意图和量测结果

至于不同数字功能模块对天线耦合噪声的分析则利用不同功率的干扰源分析其对天线接收的噪声位准的影响。将仿真噪声源的传输线标准板固定在 d =50mm 处，即笔记本电脑内部 Camera 模块所摆放的位置，然后分别输入-30dBm、-40dBm、-50dBm 的功率，观察天线接收至频谱分析仪的噪声位准变化，如图 6-63 所示，可以看出每当功率值提升 10dBm 时，噪声位准即上升 2dBm，其分析结果归纳如表 6-1 所示。

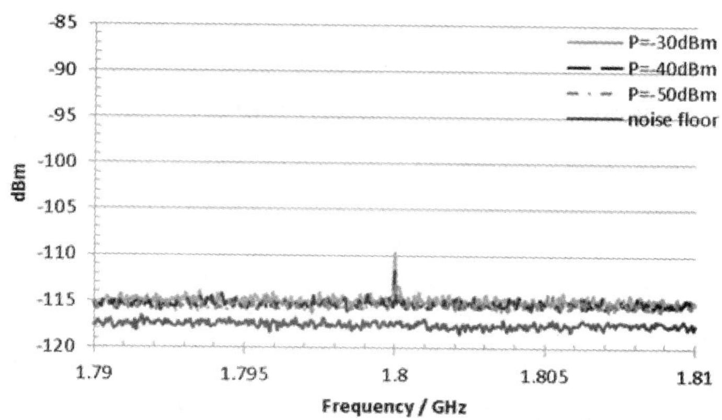

图 6-63　不同仿真噪声源传输线标准板输入功率耦合至天线的噪声位准

表 6-1　1.8GHz 不同功率值对天线的噪声位准

功率	-30 dBm	-40 dBm	-50 dBm
1.8 GHz 噪声位准	-109.66 dBm	-111.68 dBm	-113.19 dBm

4. 相机模块位移的噪声位准影响分析

接着利用实际笔记本电脑量测其相机模块位移变化时天线接收的噪声位准，与前述利用传输线标准板的结果进行比较分析，实际笔记本电脑的各主要噪声源数字模块位置如图 6-64 所示。

图 6-64　不同数字模块噪声源在笔记本电脑上的实际位置

由于各种零部件的驱动基频不同，因此可配合噪声位准量测方法，并通过频率对照表推算出天线接收端所接收到的噪声是经由哪些零部件的几次谐波产生的干扰。范例中笔记本电脑的相机模块的驱动电路基频为 48MHz，推算其在 1.824GHz 时是第 38 次谐波，因此将量测频率范围设定在 1.724GHz～1.924GHz 间，从图 6-65 所示的量测结果可以发现相机模块在关闭

（左图）和启动（右图）时，其噪声位准都会因为距离的变化而受到影响，天线距离相机模块越远时噪声位准也会越小，相机模块功能启动后会造成噪声位准提高，并影响到通信频段使得传输性能下降，因此当传输性能下降时可利用移动待测模块与天线之间的相对位置来解决传输性能下降的问题。

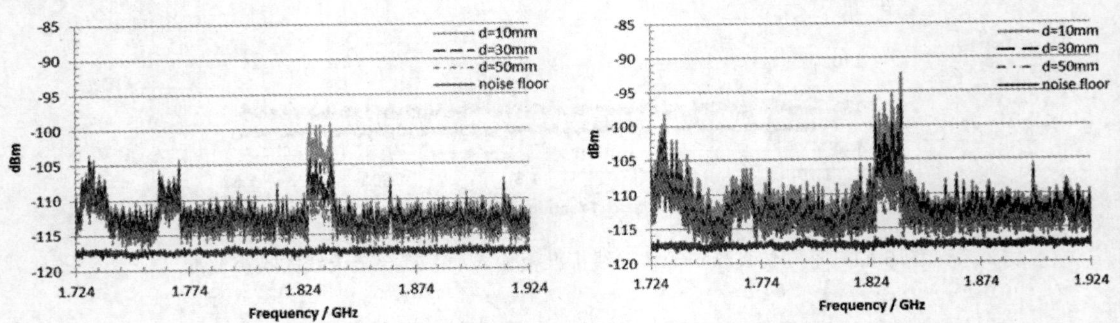

图 6-65　相机模块关闭时（左图）与开启时（右图）对天线不同距离的噪声位准

由上述的分析概念和量测方法可知，利用噪声位准的量测结果准确地确认模块所产生的噪声位准和频率后，并通过移动数字噪声模块与天线之间的相对位置观察不同模块位置对天线通信频带产生的干扰影响，以便寻找和规划数字组件或模块的最佳摆放位置，再利用表面扫描法观察模块所产生的噪声位置及辐射场型，可以有效避开会干扰天线的辐射耦合噪声，有利于配合厂商所需的设计规格在设计之初即避开噪声的耦合效应以降低开发成本。

而模块在不同动作时会产生不同的噪声位准，可以发现在启动数字模块后并持续动作时噪声位准会有明显变化，因此可通过设计与制作共模及差模辐射机制的噪声源标准板并输入不同功率以观察其噪声位准变化，并与各模块的噪声位准进行比照，从其中可预估各模块所发射的功率，以用来建立初步的笔记本电脑内各零部件的噪声预算，可提早在产品设计时即快速了解各零部件所产生的噪声效应，进而找到提升产品生产效率和降低生产成本的最佳方案。

6-4-2　LCD 控制电路模块干扰噪声对 802.11 无线局域网络的传输影响分析

承接上一节的叙述和观念说明，目前一般在笔记本电脑中较常见会影响无线局域网（WLAN）效能的噪声干扰源有：CPU（中央处理器）、LCD 面板（液晶面板显示屏幕）、Memory（内存）、电子零部件、高速 I/O 布线和各种信号电缆等，如图 6-66 所示为本范例的待测笔记本电脑的内部功能模块配置图。本分析范例对笔记本电脑内各种常见模块的噪声干扰源进行探讨，分析各种模块在不同动作时所产生的噪声对无线局域网的影响，并观察模块在不同动作状态下所产生的噪声位准与数据传输速率的变化关系，并利用近场磁场探棒找出噪声影响较大的位置，以验证模块在不同动作时所产生的噪声对天线接收效能的影响。

噪声位准量测的配置与程序均与图 6-61 所示类似，只是依据观察项目和目标不同，对待测物的功能设定与操作会有所差异。本范例探讨笔记本电脑内 LCD 面板显示屏幕在关闭、开启、打字（输入英文字母 H）时，不同使用状态下其可能产生的噪声对天线接收效能的影响（如图 6-67 所示），图中下方较平直的曲线为测试系统的背景噪声。首先利用图 6-61 所示的屏蔽箱测试配置使量测环境更为单纯，然后再启动 LCD 面板显示屏幕，观察 LCD 面板显示屏幕不同动作时所产生的噪声位准，先确定 LCD 面板显示屏幕的噪声频率，再以近场磁场探棒针对 LCD 面板控制电路上 LVDS 的电缆线、连接器部分与驱动 IC 这些明显的噪声源进行扫描，并从数据传输速率观察 LCD 面板显示屏幕不同动作时对无线局域网效能的影响。

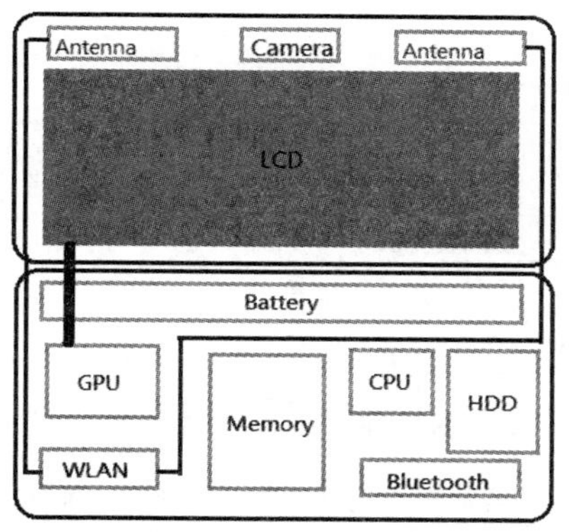

图 6-66　笔记本电脑内部零部件配置图

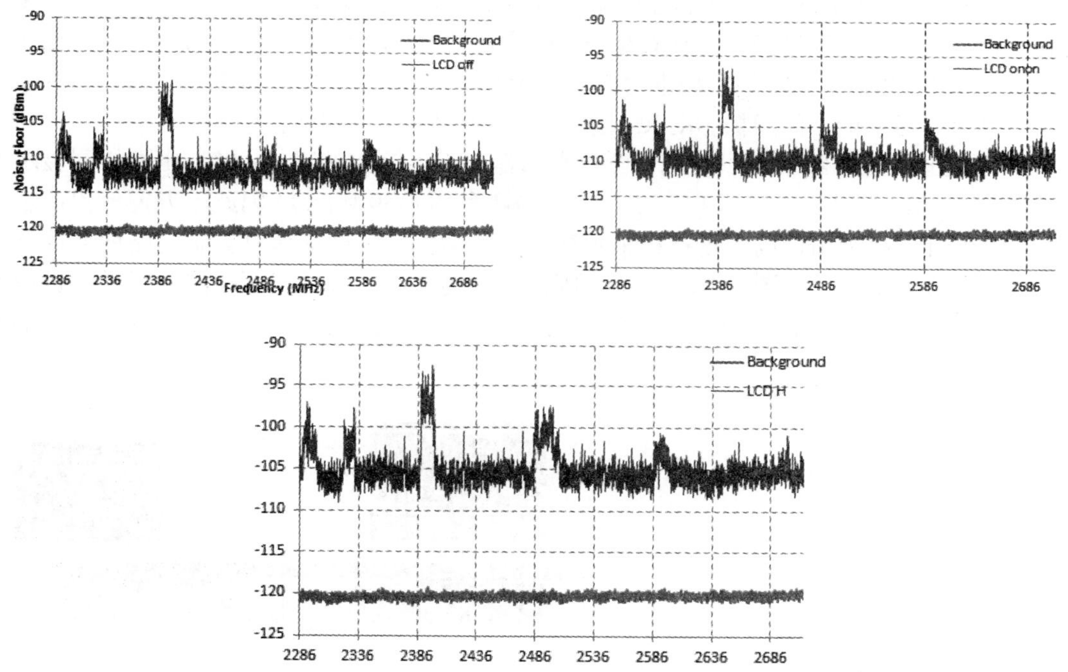

图 6-67　LCD 面板不同动作时的噪声位准：关闭（左）、开启（右）、打字（下）

数据传输速率测试配置和量测结果如图 6-68 所示，传输速率量测装置包含了无线网络接取器（Access Point，AP）、待测物、衰减器和控制传输速率软件 Chariot。

从数据传输速率的量测结果可以发现，天线受到 LCD 面板显示屏幕产生的噪声影响相当严重，如图 6-68 所示为当 LCD 面板显示屏幕关闭、LCD 面板显示屏幕开启、输入 H-Pattern 形式状态时其在 802.11b 低信道的数据传输速率状况，此例说明 LCD 面板显示屏幕所产生的噪声的确会干扰到通信频段的天线接收信号，使 WLAN 系统降低接收敏感度，衰减数据传输速率并降低传输距离。

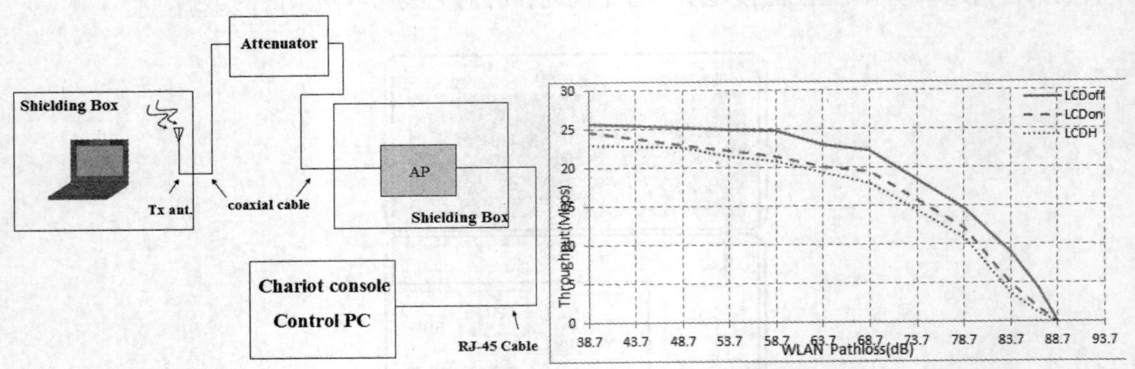

图 6-68　量测数据传输速率的设备配置图和量测结果

1. LCD 面板显示屏幕的近场扫描分析

由于驱动 IC 与 LVDS 信号线和连接器为液晶显示器的主要零件，其中驱动 IC 的主要功能是输出所需要的电压至像素来控制液晶分子的扭转程度，驱动 IC 电路可分为两种：控制横轴的源极驱动 IC 和控制纵轴的门极驱动 IC。源极驱动 IC 主要是安排数据的输入，特性为较高频率且具有显像功能，而门极驱动 IC 主要是决定液晶分子的扭转快慢。

从噪声位准的量测结果可以发现待测物显示器面板所产生的噪声频率，由于控制显示器的电路板位于笔记本电脑显示器的下方（如图 6-64 和图 6-69 所示），因此不方便放置在表面噪声扫描平台上，故利用近场磁场探棒来观察显示器面板在不同动作时控制电路的连接器与驱动 IC 的磁通量变化（如图 6-70 所示），因此在机构尚无法进行表面扫法摆置时，也能替换通过近场磁场探棒来侦测哪个位置能感应到较多的磁通量，也表示那个区域有较大的辐射噪声产生。

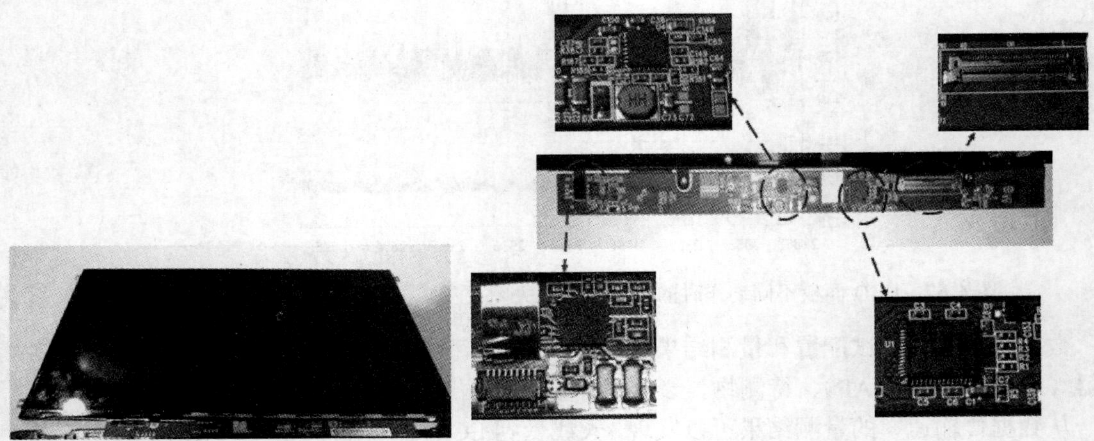

图 6-69　LCD 面板控制电路正面（左）和背面（右）实体图

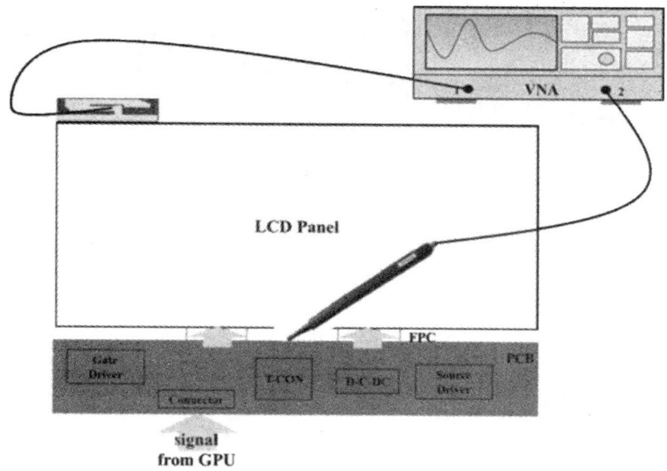

图 6-70　利用近场磁场探棒量测 LCD 面板噪声的设备配置

利用近场磁场探棒观察在不同动作时显示器的控制电路板和天线端口对通信频段的影响，其结果如图 6-71 和图 6-72 所示，分别为显示器控制电路的 LVDS 连接器与天线端口的穿透系数变化，左边的量测结果图为近场探棒摆置水平方向，右边的量测结果图为近场探棒摆置垂直方向，当磁场探棒摆置垂直方向时与 LVDS 连接器的走线平行，因此测到的接收灵敏感度会较大，且当显示器启动或显示器面板输入 H 字母时感度也会比显示器面板关闭时的大。图 6-73 和图 6-74 所示为显示器面板控制电路的驱动 IC 与天线端口的穿透系数变化，左边的量测结果图为近场探棒摆置水平方向，右边的量测结果图为近场探棒摆置垂直方向，当 LCD 面板启动或有显示字母时，表示控制 IC 确实在运作，因此 LCD 面板功能启动相较于 LCD 面板未开启时会量测到较大的噪声。

（a）探棒摆置位置

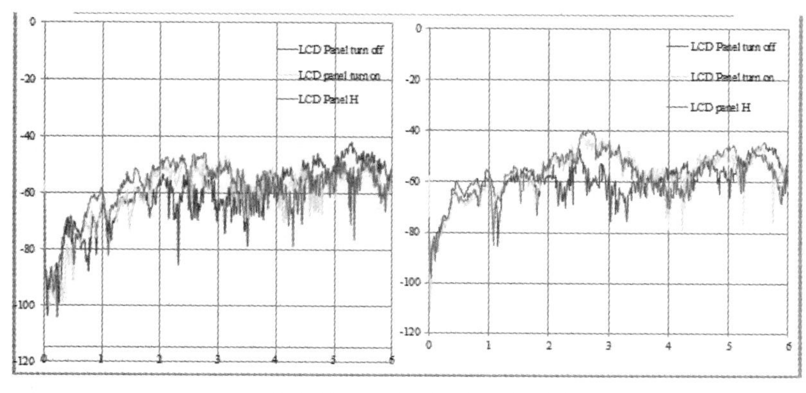

（b）S21 量测结果：水平（左）和垂直（右）

图 6-71　LCD 面板控制电路 LVDS 量测位置和 S21 量测结果

（a）探棒摆置位置

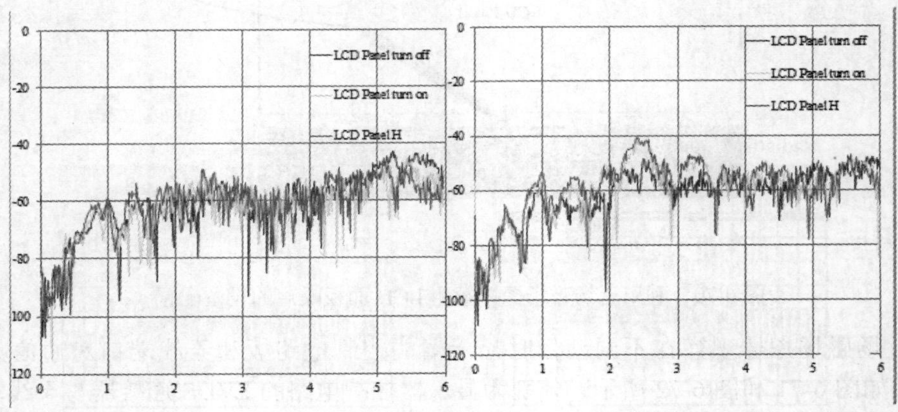

（b）S21 量测结果：水平（左）和垂直（右）

图 6-72　LCD 面板控制电路 LVDS 量测位置和 S21 量测结果

（a）探棒摆置位置

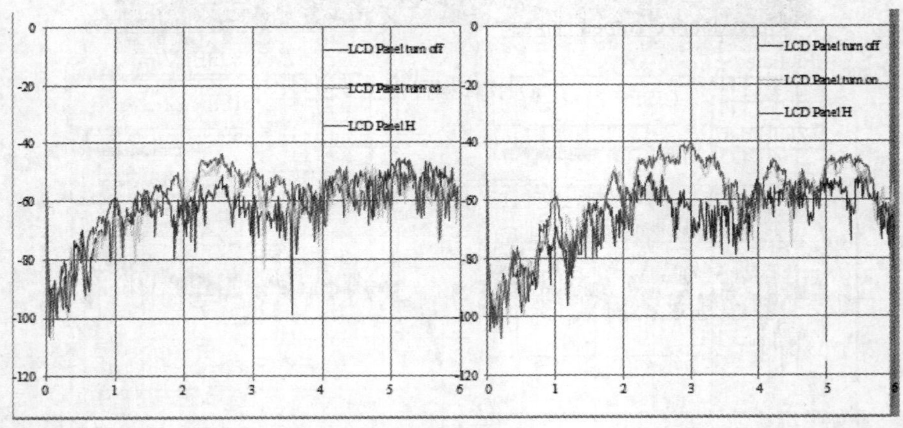

（b）S21 量测结果：水平（左）和垂直（右）

图 6-73　LCD 面板控制电路驱动 IC 量测位置和 S21 量测结果

（a）探棒摆置位置

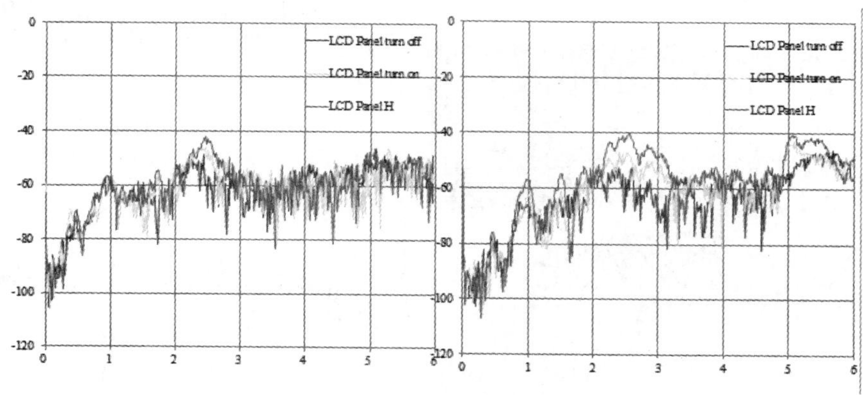

（b）S21 量测结果：水平（左）和垂直（右）

图 6-74　LCD 面板控制电路驱动 IC 量测位置和 S21 量测结果

2. 系统内近场与远场耦合效应分析

传统 EMI 测试场地都是测试 30MHz～1GHz，场地特性要求也就是正规化场地衰减 NSA，但是现在的无线通信使用频率越来越高，这些场地已不再适合相关产品的完整测试，因此目前 CISPR16-1-4 规定的测试场地频率范围都可适用于 1GHz～18GHz，可将现行的无线通信频率包括在内，其场地特性要求也是场地驻波比 SVSWR。

本范例在 3m 全电波暗室内执行 1GHz～6 GHz 的 EMI 特性检测，以观察待测物笔记本电脑液晶屏幕显示器在不同功能启动时的远场 EMI 效应，测试环境图如图 6-75 所示，水平与垂直极化的背景噪声显示于图 6-75 的右图中，这里笔记本电脑只有单纯开机并未开启任何功能，而且连显示器面板都关闭的情况下所量测到的结果。液晶屏幕显示器在进行 EMI 检测时常会以持续输入英文字母 H 来作为筛选面板好坏的方法，图 6-76 所示的结果是两种不同显示方式的水平极化（左图）和垂直极化（右图）的量测结果，一种为较普通的显现方式输入的字母由左至右依序出现（上图），另一种为随机出现（下图），可以发现显示器显示字幕的方式是由左至右，因此显示器模块在控制纵向的源极驱动 IC 时会被启动，因此接收天线摆置水平方向时会有较大的辐射产生，而接收天线摆置垂直方向时，由于与源极驱动 IC 的极化方向正交因此不会产生太大噪声，而随机出现字母的方式则会比依序输入字母的噪声大。

综合上述不同的量测方法，先利用噪声位准量测和信号频率推算方式清楚地了解噪声来源以及所对应产生噪声的频率，再以表面扫描方式找出实际噪声源位置，接着配合数据传输速率量测方法观察模块在不同动作时数据传输速率的差异，分别将不同模块放置在其上观察模块产生的噪声对载台系统内的天线所造成的影响。这样一来便能来观察不同模块的各类金属构件与干扰电路及敏感性组件的耦合机制与传导干扰的效应影响，并重复利用噪声位准、表面扫描、数据传输速率等量测方法进一步找出最佳数字噪声组件和天线的摆放位置，并可约略整理出系统内各零部件的噪声预算表，让产品在设计时或量产前便能了解如何下手改善载台噪声。

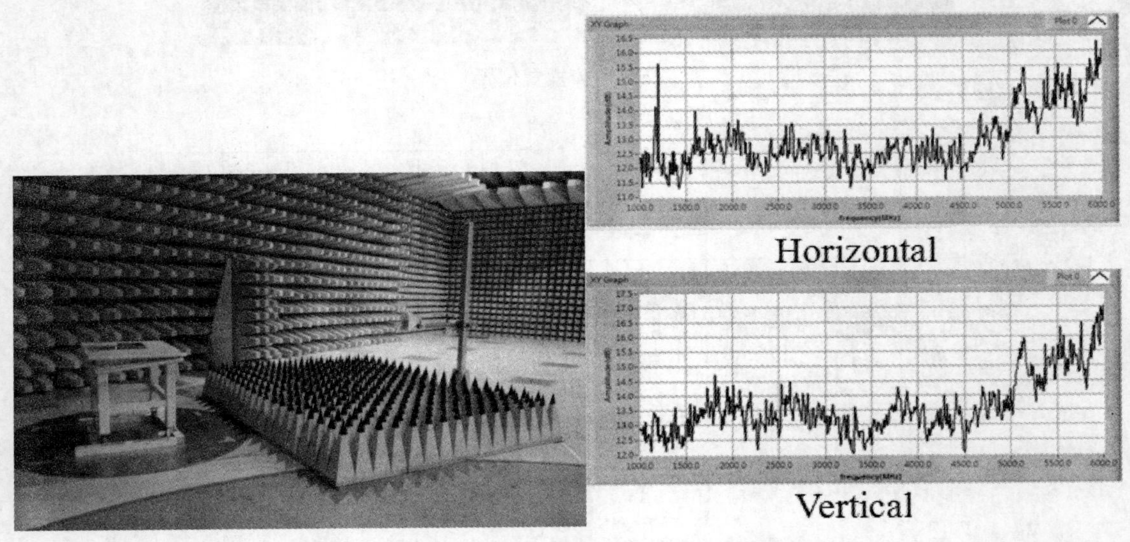

图 6-75　3m 远场 EMI 量测环境配置图和背景噪声

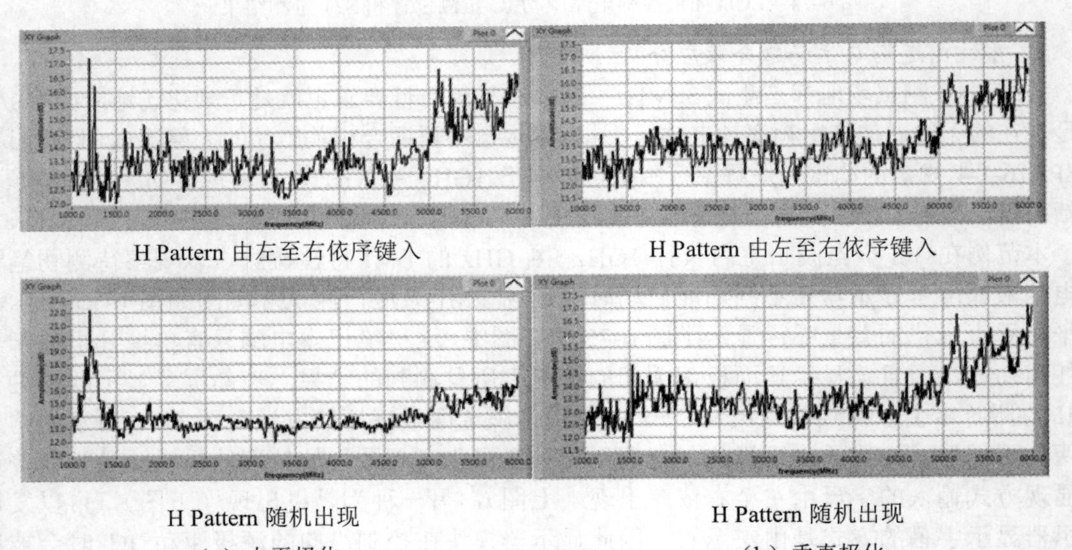

H Pattern 由左至右依序键入　　H Pattern 由左至右依序键入

H Pattern 随机出现　　H Pattern 随机出现

（a）水平极化　　（b）垂直极化

图 6-76　输入 H Pattern 时的 3m 远场 EMI 量测结果

另外，从远场 EMI 测试结果来看，待测物对标准要求的环境电磁干扰效应似乎不明显且能符合限制值要求，但这并不表示在近场就没有噪声耦合问题的产生，如上例中使用噪声位准、表面扫描、数据传输速率的方法观察显示器面板在不同功能启动时产生的噪声确实会导致天线传输性能下降，因此在持续发展的移动和无线通信产业中，与射频干扰（Radio Frequency Interference，RFI）问题息息相关的载台噪声（Platform Noise）分析将扮演更重要的角色。

6–5　瞬时噪声耐受问题分析

由第 2 章的瞬时噪声源分析中可以知道电机电子产品在使用环境中最常面临的 3 种瞬时噪声是静电放电、电性快速瞬时噪声和雷击突波，它们都容易导致设备或产品的耐受性问题，在此我们先针对静电放电（ESD）和电性快速瞬时噪声（EFT）的效应进行简要分析。

6-5-1　ESD 放电模型

自然界中的物质可通过某种过程而获得或失去电子（例如摩擦或感应起电），这类电荷即称为静电。当这些正电荷或负电荷逐渐累积时，会与周围环境产生电位差，电荷如果是经由放电路径而产生在不同电位之间移转现象，即称此为静电放电现象，简称 ESD（Electro-Static Discharge）。而在 ESD 的过程中，会产生瞬间高电压、大电流和宽带的电磁干扰（EMI）效应，小至电子组件失效、损坏、降低可靠度，大至电子系统设备误动作、损毁，甚至会酿成重大灾难，而对 IC 产品来说，在生产、运输、操作等情况下，人体或机台的静电都有可能经由 IC 管脚传入 IC 内部，造成 IC 电路失效，甚至损坏。

由于ESD产生的原因和对IC放电的方式不同，因此目前在IC层级的可靠度测试就将ESD归类为以下 3 种模型：人体放电模型、机器放电模型和组件充电模型。

1．人体放电模型（Human-Body Model，HBM）

人体经由各种方式使身上累积电荷时（如摩擦碰触物体、走路时鞋子摩擦地面等），再去拿起或接触 IC，由于电位差的关系，电荷从手指路径经由 IC 管脚移动至 IC 内部，如 IC 有接地形成一放电路径时，电荷便会流向接地端形成放电动作，现今已有多项工业测试标准来针对 HBM 提供一个可以判断 IC-ESD 可靠度的依据，如 JEDEC JESD22-A114-E（2007）、ESDA ESD STM5.1-2001、MIL-STD-883G 3015.7 等，而目前典型的 HBM 等效电路可利用一个人体等效电容（100 pF）和人体等效放电电阻（1.5 kΩ）来实现，当充电时对人体等效电容充电，放电时由人体等效电容放电经由人体等效放电电阻来对待测物放电，如图 6-77 所示，其中 ESD 的过程会在数百毫微秒（ns）的时间内产生数安培的瞬间放电电流，足以将 IC 内部的电路烧毁。

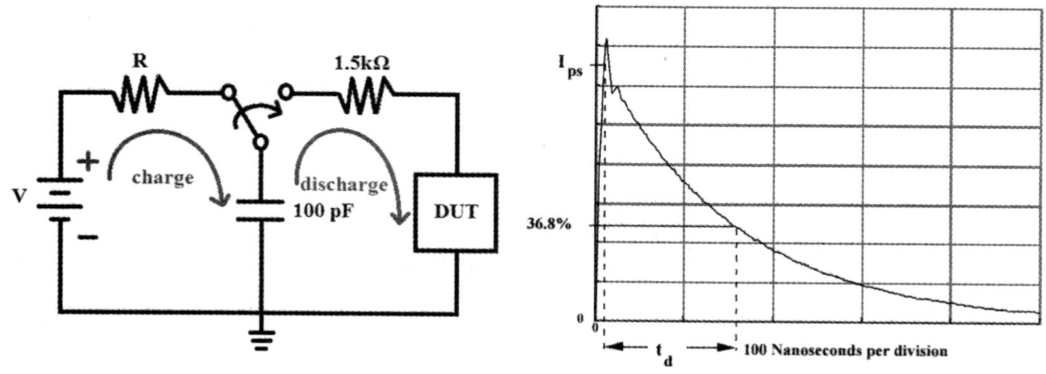

图 6-77　人体充放电等效电路示意图和放电电流波形

2. 机器放电模型（Machine Model，MM）

IC 在制造的过程中会接触到许多机器（金属机械手臂、金属夹具），当这些机器及金属夹具上带有电荷且靠近 IC 时会产生金属与 IC 之间的 ESD，主要的测试标准有：JEDEC JESD22-A115-A、ESDA ESD STM5.2-1999 等，由于是金属放电的关系，MM 的等效放电电阻为 0 Ω，充电电容为 200 pF，其等效电路如图 6-78 所示，由于等效放电电阻为 0，故其放电的过程更短，在几毫微秒（ns）到几十毫微秒（ns）之内就会有数安培的瞬间放电电流产生。

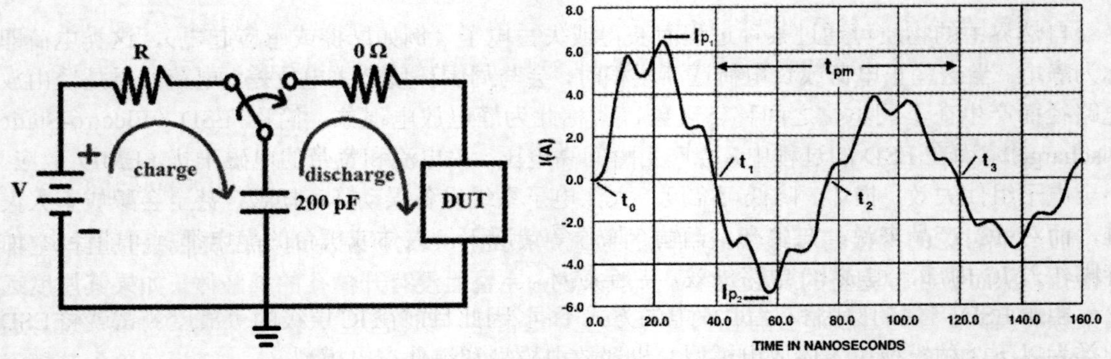

图 6-78　机器充放电等效电路示意图及其放电电流波形

而放电电流波形会有上下震动的情形，是因为测试机台导线的寄生等效电感和电容互相耦合所引起，而图 6-79 所示是 HBM-2kV 和 MM-200V 的放电波形比较，可以看到 MM 虽然只有 200V，但 MM 所产生的瞬间放电电流却比 HBM-2kV 所产生的瞬间放电电流大很多，由此可知 MM 所带来的破坏力更大了。

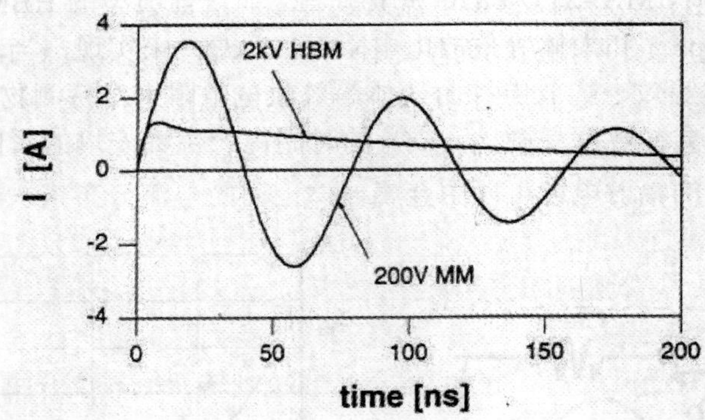

图 6-79　HBM-2kV 和 MM-200V 电流波形比较图

3. 组件充电模型（Charged-Device Model，CDM）

IC 经过摩擦或感应等因素在内部累积了电荷，在电荷累积的过程中，对 IC 不会有任何损伤，但当 IC 管脚不小心碰触到地的时候，IC 内部的电荷会经由管脚流向地，因而产生放电现象，目前针对 CDM 的测试标准有：JEDEC JESD22-C101-C（2004）、ESDA ESD STM5.3.1-1999 等，其等效电路如图 6-80 所示，由于 IC 摆放的角度与 IC 本身封装的不同，因此会造成等效充电电容有所变化，而 ESDA ESD STM5.3.1-1999 标准将 IC 倒躺在地面上时的等效电容定义为 4pF。

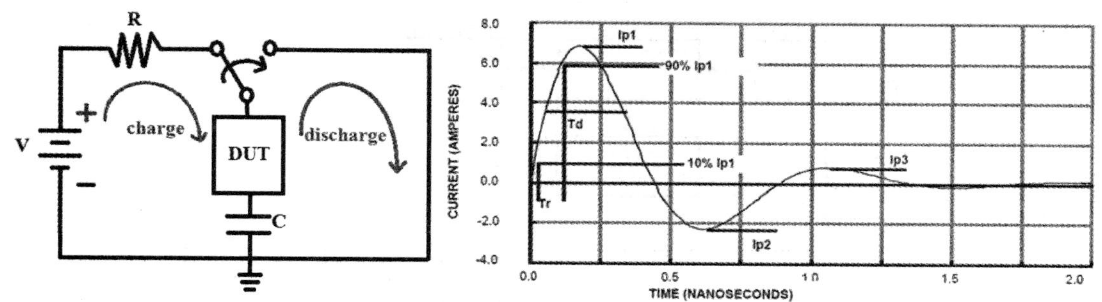

图 6-80　组件充放电等效电路示意图及其放电电流波形

此模型的瞬间放电时间更短了，仅约几毫微秒（ns）之内，其放电电流波形与时间的关系如图 6-81 所示。

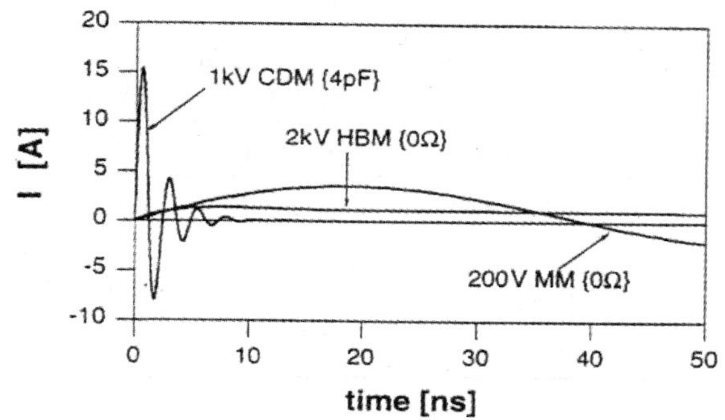

图 6-81　HBM-2kV、MM-200V 与 CDM-1kV 电流波形比较图

放电电流与 MM 一样有上下震动的情形，在此模型中是因为 IC 本身内部的寄生 RLC 所造成的，而图 6-81 是 HBM-2kV、MM-200V 与 CDM-1kV 的波形比较。

由图 6-81 可知，CDM 在不到 1 ns 的时间内瞬间电流达到 15 A 以上，虽然放电过程仅短短的 10 ns，但其 ESD 过程更容易对 IC 产生强大的破坏力。

6-5-2　IEC 62215-3 的 EFT 测试配置与失效准则

由于上述是 IC 组件未通电情况下的可靠度试验，而通电后实际运行情况下的瞬时噪声（ESD、EFT、Surge）EMS 测试（IEC 62215-3）配置如图 6-82 所示，将待测的 IC 量测板接上电源使量测板上待测的 IC 启动，并且可对 IC 施加一个功能性的刺激（可通过外部的设备或 IC 程序设计实现）来提升监控单元观察 IC 动作的敏感度，而瞬时产生器连接测试板上的电路对 IC 注入瞬时噪声，最后再连接监控单元（示波器及其他可明显观察 IC 功能变化的单元）对 IC 功能变化进行监控并收集数据来通过标准的失效准则定义 IC 的失效程度，其失效准则共分为 6 个等级，如表 6-2 所示，而 IEC 62215-3 测试标准将在第 7 章中详细说明。

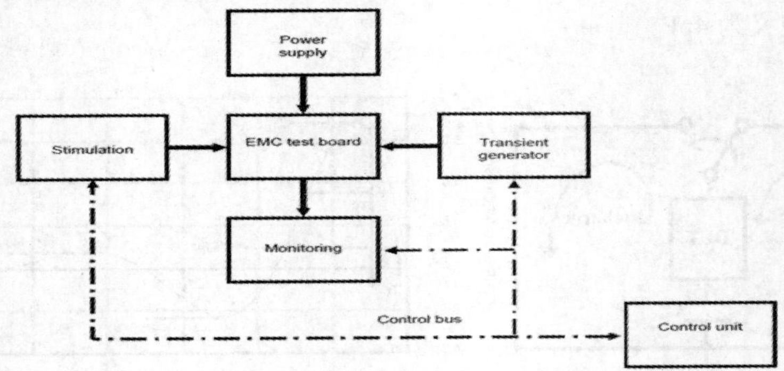

图 6-82　测试配置示意图

表 6-2　IC 失效准则

失效等级	描述
A	瞬时干扰注入时，无任何误动作
B	使用另一监控单元，在一监控单元无任何误动作的情况下，在另一监控单元中观察到在短时间内有些微弱的信号异常
C	瞬时干扰注入时发生异常，干扰结束后可自动回复正常
D1	瞬时干扰注入时发生异常，干扰结束后无法自动回复正常，需要经由人员重置关闭
D2	瞬时干扰注入时发生异常，干扰结束后自动回复电源刚启动时的动作
E	瞬时干扰注入时发生异常，而且不可回复（IC 损毁）

接着以 IEC 62215-3 异步瞬时注入法的测试板为范例进行分析，该测试板除了对 IC 进行瞬时耐受测试外，还可方便之后直接针对失效的脚位放上对策组件。本范例使用的是 8 位微控制器（TM57PA20A）作为测试板的待测物，其管脚分配和框图如图 6-83 所示，管脚说明如表 6-3 所示。

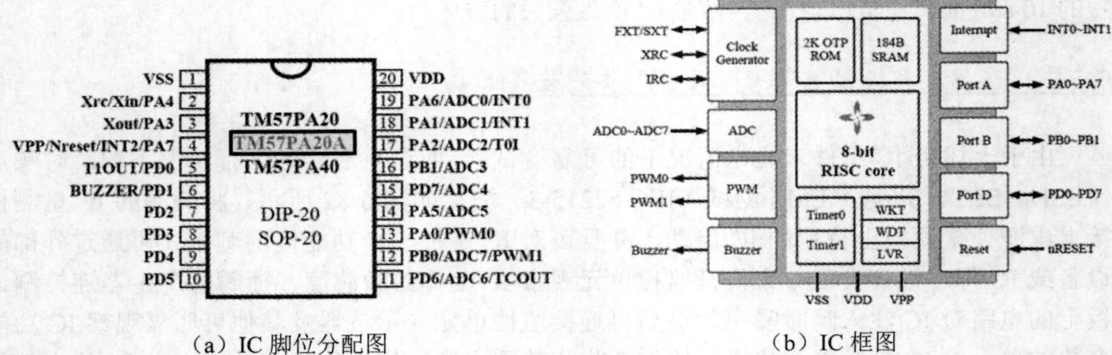

（a）IC 脚位分配图　　（b）IC 框图

图 6-83　待测 IC 的管脚分配和框图

分析范例的噪声源为 EFT，电路设计为一段简单闪灯程序使 IC 启动，以 LED 灯作为测试板的监控单元，其 IC 动作如图 6-84 所示。当输入为 0V 时，管脚 18 输出的 LED 灯无任何动作，而当输入为 5 V 时，管脚 18 输出的 LED 灯会规律闪烁，利用 LED 灯的动作来作为失效判定的依据，而管脚 13 同样程序也将其定义成输出脚位，主要是为了方便设计输出注入的电路用，而这样一来 IC 就有了输入和输出的功能，我们就可以针对这 3 种具有代表性的脚位来设计测试的注入电路。

表 6-3　IC 管脚功能说明

名称	I/O	管脚描述
PA2-PA0	I/O	Bit-programmable I/O port for Schmitt-trigger input, CMOS "push-pull" output or "pseudo-open-drain" output. Pull-up resistors are assignable by software.
PA6-PA3 PB1-PB0 PD7-PD0	I/O	Bit-programmable I/O port for Schmitt-trigger input, CMOS "push-pull" output or "open-drain" output. Pull-up resistors are assignable by software.
PA7	I	Schmitt-trigger input
nRESET	I	External active low reset
Xin、Xout	-	Crystal/Resonator oscillator connection for system clock
Xrc		External RC oscillator comection for system clock
V_{DD}、V_{SS}	P	1. Power input pin and ground
V_{PP}	I	2. PROM progamming high voltage input
INT0-2	I	External Interrupt Input
TOI	O	Timer0's input in counter mode
T1OUT	O	Timer1 match output, T1OUT toggles when Timerl overflow occurs
BUZZER	O	BUZZER output
TCOUT	O	Instruction cycle clock divided by N output, Where N is 1,2,4,8. The instruction clock frequency is system clock frequency divided by two
PWM0/PWM1	O	10-bit PWM output
ADC7～0	I	A/D converter input

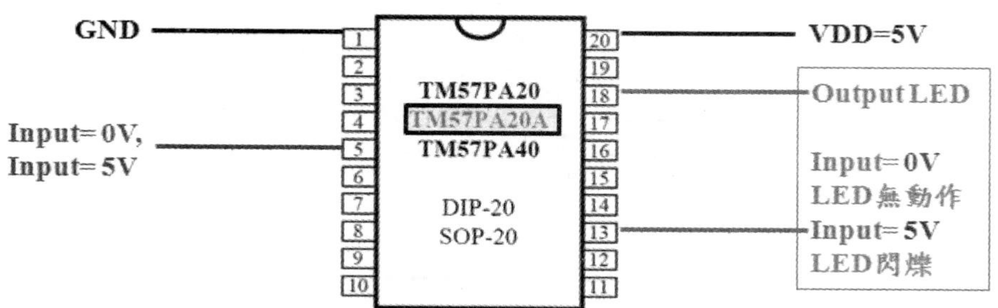

图 6-84　IC 动作示意图

此范例是使用简单的 FR-4 双层板架构，初版的测试板实体如图 6-85 所示，测试板的板厚为 0.8 mm，走线均使用 1 mm 宽度去做设计，走线与邻近接地面的间隙为 0.26 mm。根据 IC 所使用的功能去布线，对电源、输入及输出管脚各设计了注入瞬时噪声的注入电路，由 SMA 到耦合网络这段走线阻抗必须为 50Ω，而且长度小于测试中最高频率波长的 1/20，以 EFT 的波形来说，最快的上升时间（t_r）为 1 ns，在 FR-4 中的传输速率（v_p）为 14.8 cm/ns，符合 IEC 62215-3 的布线要求。

$$7.4\text{mm} \leqslant \frac{1\text{ns} \times 14.8\text{cm/ns}}{20}$$

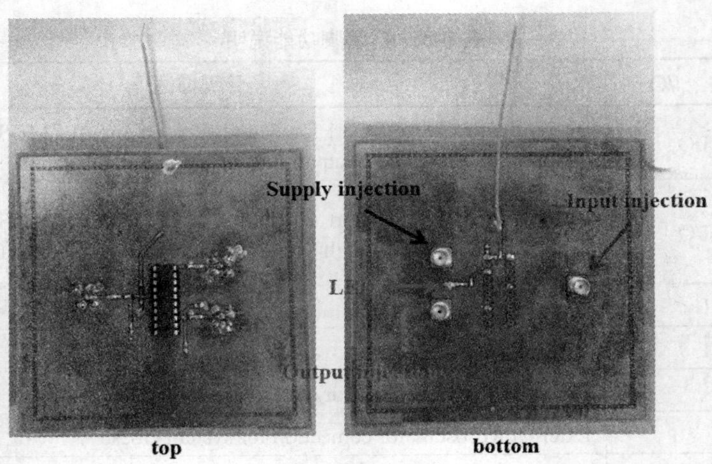

图 6-85　初版测试板实体图

Electrical Fast Transient/Burst 简称 EFT/B（快速瞬时脉冲群），是由电感－电容电路中断时所产生的，而电感负载如继电器线圈、马达、接触器和定时器在导线上连接和切断，当此现象发生时，在开关的机械接触点之间发生火花放电，此放电电弧的性质是不稳定的，时断时续的电弧只要在接触点的电压超过火花间隙的电气崩溃临界值时就会继续发生，如图 6-86 所示，当多次重复开关时，脉冲群又会以相应的时间多次重复出现。

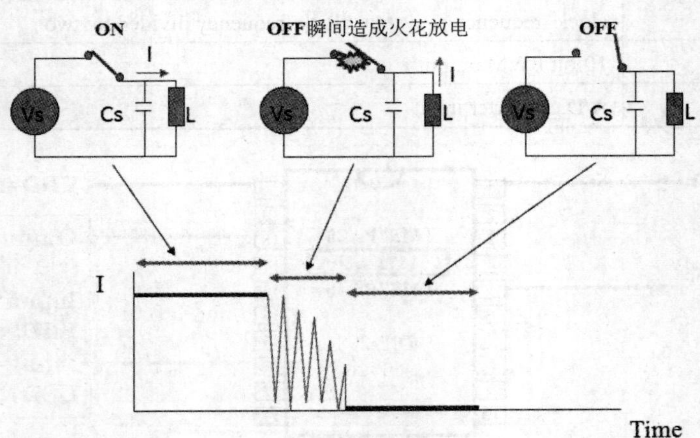

图 6-86　脉冲群产生示意图

由于瞬间的高电压可能会对系统设备内的 IC 造成损坏，甚至瞬间脉冲会产生频谱分布较宽的传导或辐射电磁干扰，对系统设备的工作效能和工作的可靠性产生影响。

本分析范例先确认实验所使用的 EFT 产生器输出波形，其测试配置如图 6-87 所示，EFT

产生器输出先经由阻抗为 50Ω 的衰减器（衰减 500 倍）连接到 50Ω 缆线再连接到示波器（终端 50Ω），在负载为 50Ω 且衰减 500 倍的情况下，在示波器上所看到的电压为衰减 1000 倍，其各极性、等级的输出电压波形如图 6-88 所示，可以看出电压峰值在±10%误差之内符合 IEC 61000-4-4 标准的规定，而图 6-89 所示为范例的瞬时耐受性测试配置。

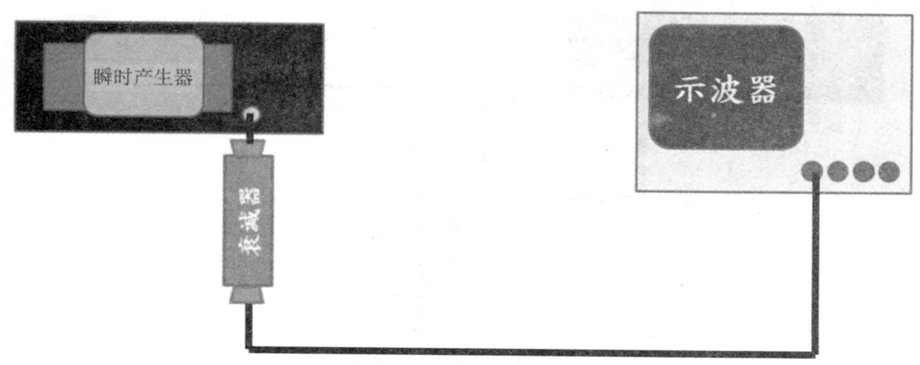

图 6-87　EFT 产生器输出波形量测配置

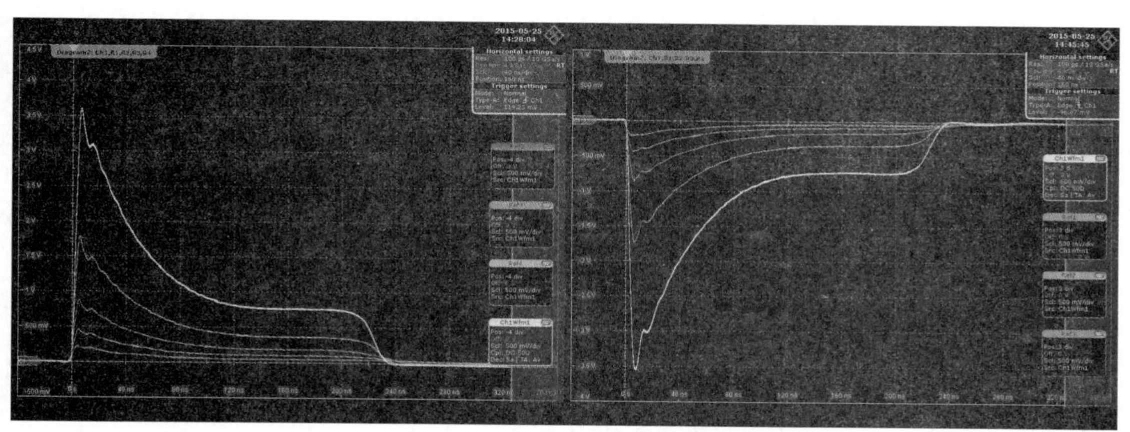

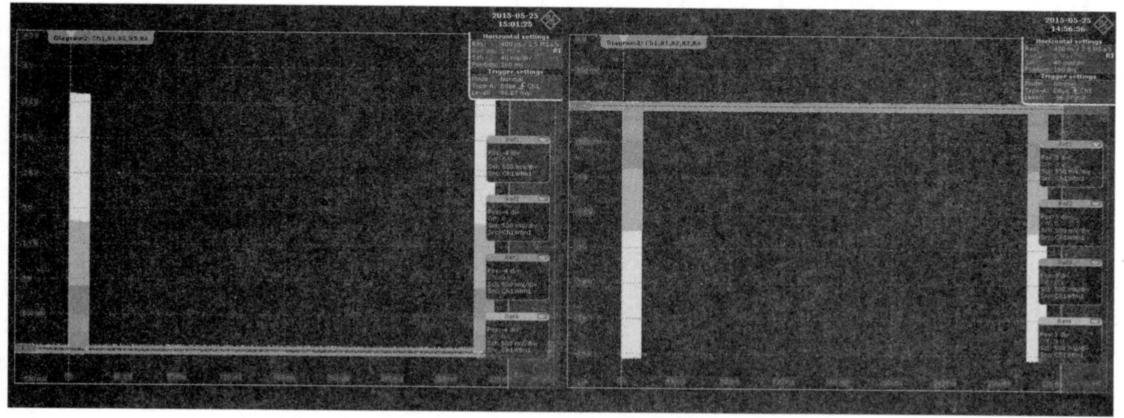

图 6-88　EFT 单一脉冲（上图）和脉冲群正负极电压波形（下图）

将瞬时产生器经由 50Ω 缆线连接到要注入的接头上，电源供应器供应 IC 电源，并且要将测试板有效地接地，EFT 的测试条件已在前面说明，而图 6-90 所示为测试程序的框图，其由电源端（Supply）与输入/输出端（I/O）注入 EFT 信号的测试结果如表 6-4 所示。

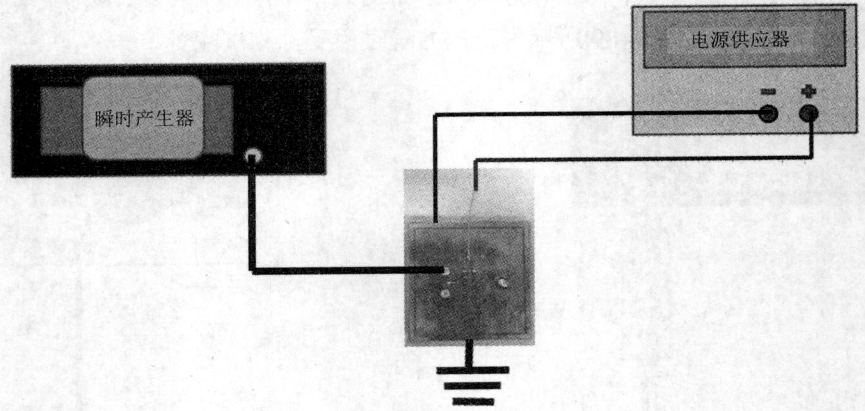

图 6-89　IC 的 EFT 测试配置图

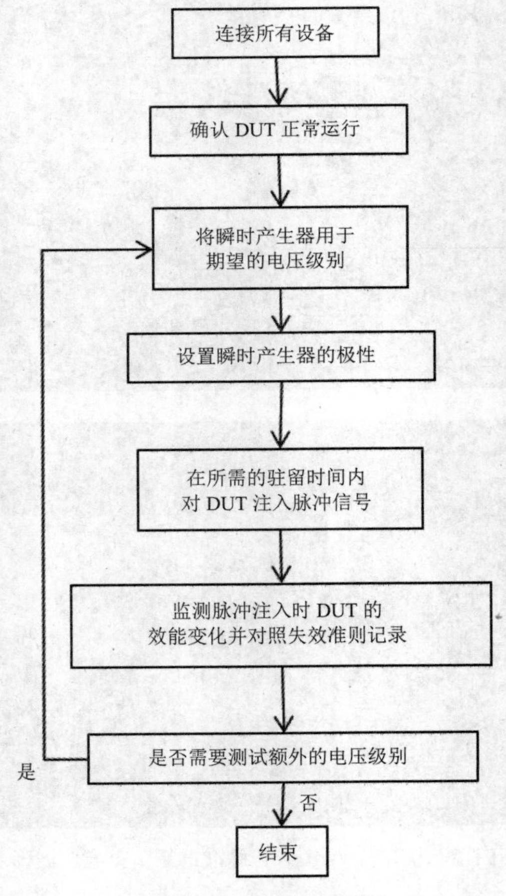

图 6-90　测试程序框图

表 6-4 电源端（Supply）与输入/输出端（I/O）测试结果

正极性

Supply								
Level	1		2		3		4	
	电压峰值	重复率	电压峰值	重复率	电压峰值	重复率	电压峰值	重复率
	0.5kV	5kHz	1kV	5kHz	2kV	5kHz	4kV	2.5kHz
Supply Injection	A		C		E			

I/O								
Level	1		2		3		4	
	电压峰值	重复率	电压峰值	重复率	电压峰值	重复率	电压峰值	重复率
	0.25kV	5kHz	0.5kV	5kHz	1kV	5kHz	2kV	5kHz
Input Injection	A		A		C		E	
Output Injection	A		A		A		E	

负极性

Supply								
Level	1		2		3		4	
	电压峰值	重复率	电压峰值	重复率	电压峰值	重复率	电压峰值	重复率
	-0.5kV	5kHz	-1kV	5kHz	-2kV	5kHz	-4kV	2.5kHz
Supply Injection	C		C		C		E	

I/O								
Level	1		2		3		4	
	电压峰值	重复率	电压峰值	重复率	电压峰值	重复率	电压峰值	重复率
	-0.25kV	5kHz	-0.5kV	5kHz	-1kV	5kHz	-2kV	5kHz
Input Injection	C		C		C		E	
Output Injection	A		A		A		E	

分析测试结果发现，在电源注入的部分，当电压峰值为 1kV、-500V、-1kV 和-2kV 时，LED 灯会有异常闪烁，而电压峰值到达 4kV 和-4kV 时，IC 即损毁；在输入注入的部分，当电压峰值为 1kV、-250V、500V 和 1kV 时，LED 灯会有异常闪烁，而电压峰值到达 2kV 和-2 kV 时，IC 即损毁；在输出注入的部分，在电压峰值到达 2kV 和-2kV 之前，IC 均能正常动作，但电压峰值到达 2kV 和-2kV 时，IC 即损毁。

由于失效准则是针对IC当时所工作的情况去判定，负极性的输入注入时，干扰使得输入端电压不稳定，由于程序设计的关系而导致IC受到干扰时LED闪烁异常，造成IC在这个动作的情况下失效等级降低为C，而且该测试板的监控单元LED灯只有一个，单靠一个LED灯闪烁的动作可能无法明确地判别一些细微的部分，例如IC在受到干扰时LED灯是否只是闪烁异常而已（等级C），或者IC在受到干扰时是否自动回到电源刚启动时的动作（等级D2），该测试板无法明确地判别这两种等级的差异，对此问题可以修改IC的程序以改善失效监控的有效性，这样相当于改变了测试板的测试环境，其修改后的IC动作如图6-91所示。

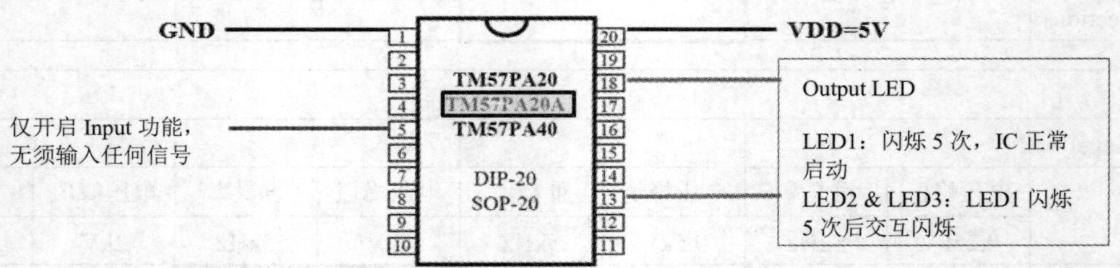

图6-91　修改后的IC动作示意图

在修改后，IC 输入端经由内部程序开启，在这次 IC 动作中无须输入任何信号，输出端LED灯监控由一个改为三个，当IC启动时，LED1会先闪烁5次，闪完后LED2和LED3会开始交互闪烁，由这样的设计使IC的动作增加，在这样的环境下能够利用这些动作更精确地判断IC的失效程度，图6-92所示为修改后的测试板实体图，而表6-5所示为注入EFT至修改后的测试板的测试结果。

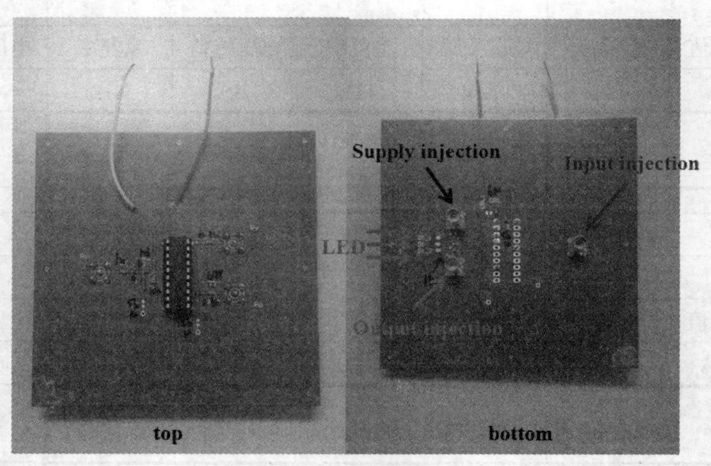

图6-92　修改后的测试板实体图

对测试结果进行分析可以发现，部分结果与初版的测试板相同，而在初版测试板中较有争议的等级C在此有了明显的分别，电源注入的部分，当电压峰值为-0.5kV时，LED灯在干扰时闪灯发生异常，干扰结束后随即又继续闪烁，我们将此现象判别为等级C，当电压峰值为1kV、-1kV和-2kV时，LED灯在干扰时发生异常，干扰结束后又自动回到了刚启动时的闪烁5次，我们可将此现象判别为等级D2；在输入注入的部分，当电压峰值为-0.25kV和-0.5kV时，原先在初版的测试板上因输入端电压受到瞬时干扰而导致失效等级下降，而修改后程序将输入端设定成无须输入信号，因此输出端结果不会受到瞬时注入影响而产生误动作，在此我们判别为 A 等级，当电压峰值为-1kV 时，LED 灯在干扰时发生异常，干扰结束后又自动回到了刚启动时的动作，因此判别为等级 D2。

表 6-5　测试电路动作修改后的测试结果

正极性

Supply								
Level	1		2		3		4	
	电压峰值	重复率	电压峰值	重复率	电压峰值	重复率	电压峰值	重复率
	0.5kV	5kHz	1kV	5kHz	2kV	5kHz	4kV	2.5kHz
Supply Injection	A		C→D2		E			

I/O								
Level	1		2		3		4	
	电压峰值	重复率	电压峰值	重复率	电压峰值	重复率	电压峰值	重复率
	0.25kV	5kHz	0.5kV	5kHz	1kV	5kHz	2kV	5kHz
Input Injection	A		A		C→D2		E	
Output Injection	A		A		A		E	

负极性

Supply								
Level	1		2		3		4	
	电压峰值	重复率	电压峰值	重复率	电压峰值	重复率	电压峰值	重复率
	-0.5kV	5kHz	-1kV	5kHz	-2kV	5kHz	-4kV	2.5kHz
Supply Injection	C		C→D2		C→D2		E	

I/O								
Level	1		2		3		4	
	电压峰值	重复率	电压峰值	重复率	电压峰值	重复率	电压峰值	重复率
	-0.25kV	5kHz	-0.5kV	5kHz	-1kV	5kHz	-2kV	5kHz
Input Injection	C→A		C→A		C→D2		E	
Output Injection	A		A		A		E	

通过上述的范例说明，我们可以利用 IEC 62215-3 标准中的失效准则来设计标准的测试板，然后再针对失效的部分直接在测试板上加入对策组件，以分析失效情况改善方案的有效性。

6-6 ANSYS 仿真范例 4：PCB 接地平面开槽的耦合与 EMI 效应分析

1. 前言

这里探讨 PCB 板的传输线摆放间距及破坏参考平面对传输线耦合和串扰现象的影响，并通过 ANSYS 仿真软件 HFSS 2015 + Designer 2015 观察以下现象：

- 两传输线间距与耦合的关系，3W 比 2W 有更好的电场不互相干扰特性。
- 探讨单一传输线与差模对向旁边相邻线的耦合效应。
- 破坏参考平面对干扰的影响。
- 对差模和共模信号分别改变 slot 大小，观察对 EMI 的影响。

2. 模拟

（1）传输线间距对耦合的影响。

使用 HFSS 画出所需 Stripline 模型，调整板材为 FR4，介电系数为 4.4，传输线间距为 0.8mm（2W），图 6-93 左图中下方传输线为 Trace1，上方传输线为 Coupled_Trace，设计参数如表 6-6 所示，电场分布和磁场分布如图 6-94 至图 6-96 所示。

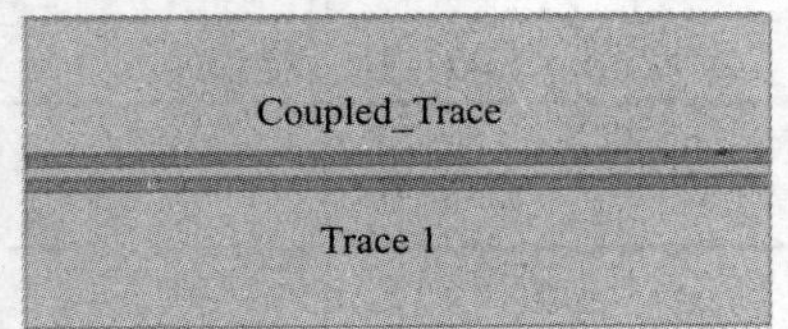

板子正面图

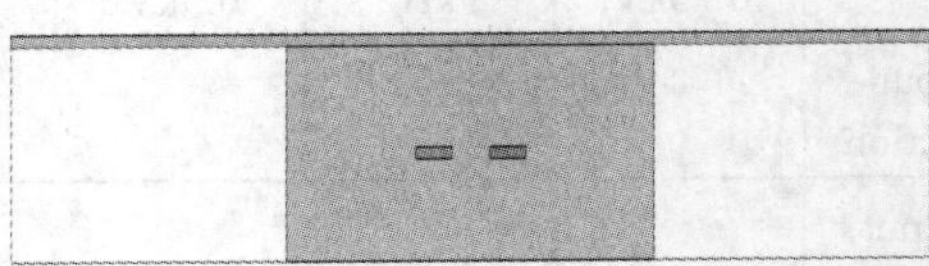

板子侧面图

图 6-93 板子示意图

表 6-6 设计参数

	L（mm）	W（mm）	H（mm）
FR4	100	20	2
Trace1	100	0.8	0.1
Coupled_Trace	100	0.8	0.1
Ground	100	20	0.1

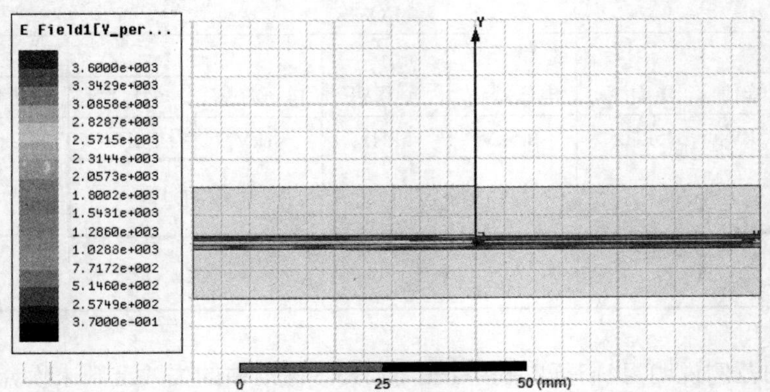

图 6-94 电场分布正视图

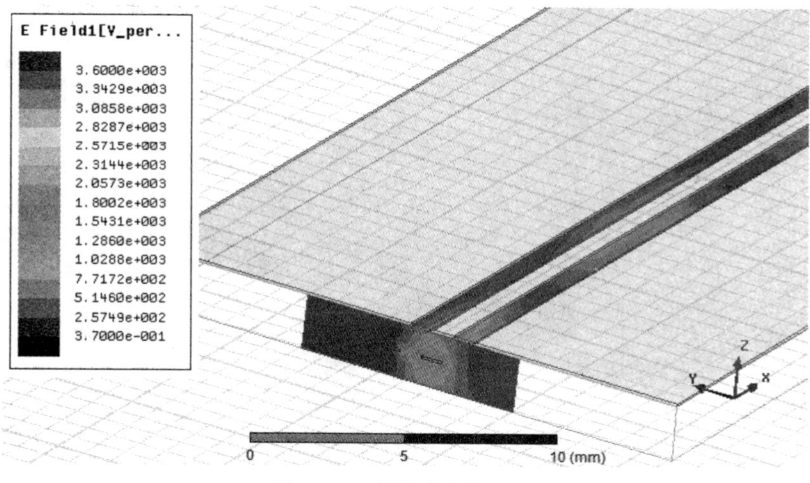

图 6-95　电场分布侧视图

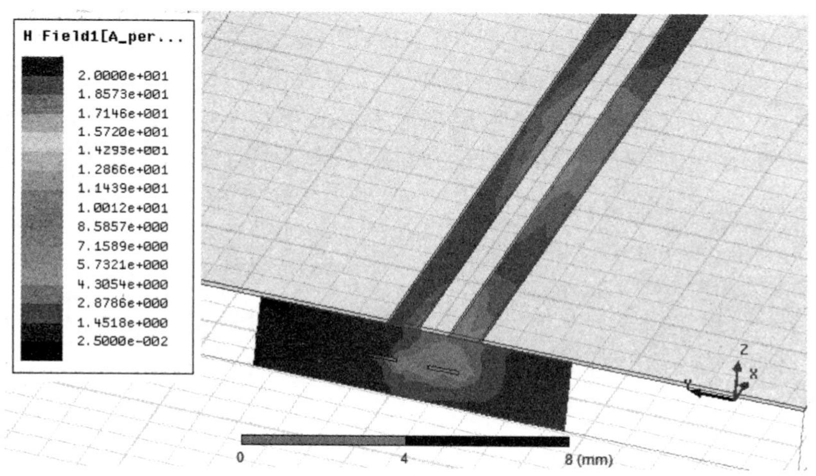

图 6-96　磁场分布侧视图

将传输线间距改为 1.6mm（3W），其他参数固定，得到的电场正视图如图 6-97 和图 6-98 所示。

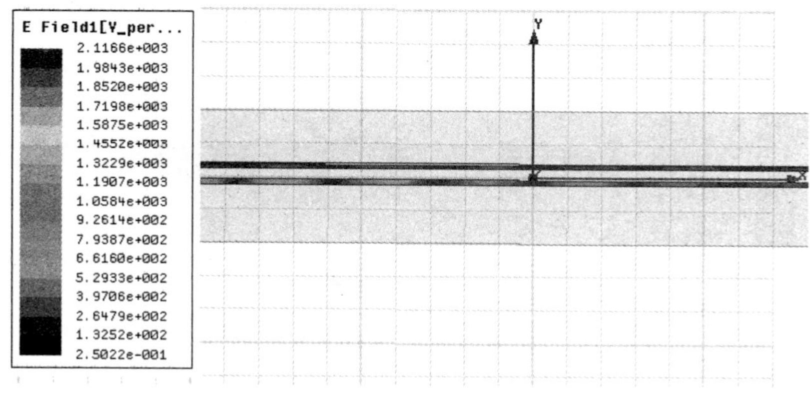

图 6-97　电场正视图

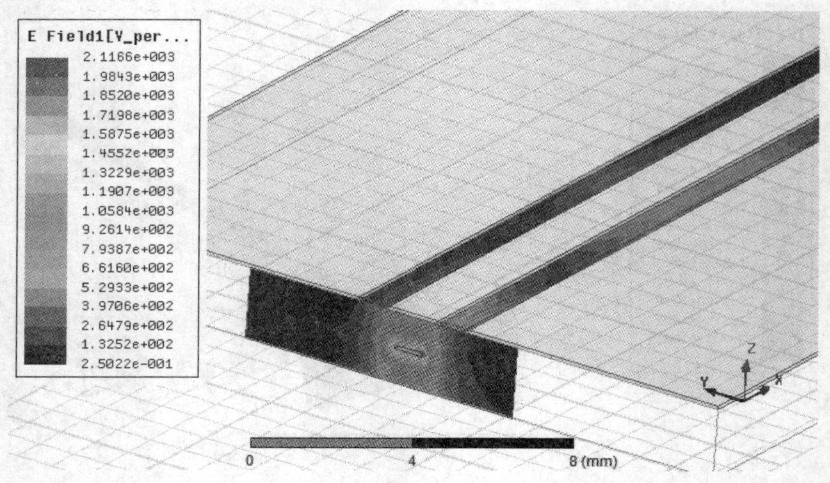

图 6-98　电场分布侧视图

线距采用 3W 比采用 2W 时明显发现对 Coupled_Trace 的电场耦合小很多。

（2）Differential Pair 对相邻线耦合的影响。

以例(1)中 2W 的设计模型进行更改，将下方 Trace1 部分多加入一条相同的传输线 Trace2，并定义这两条传输线为差模对，图 6-99 至图 6-102 所示为板子示意图和电场分布图。

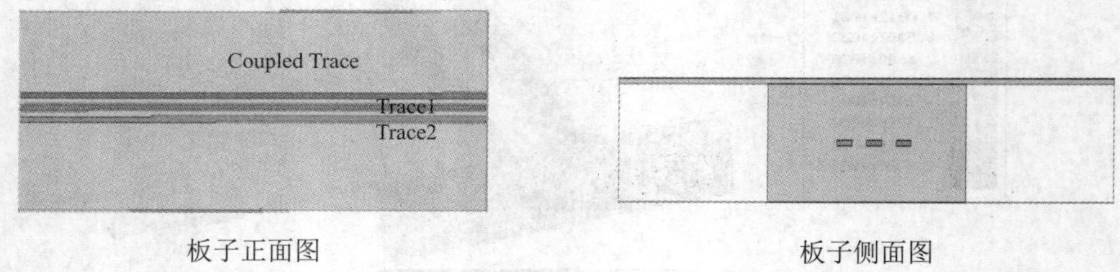

板子正面图　　板子侧面图

图 6-99　板子示意图

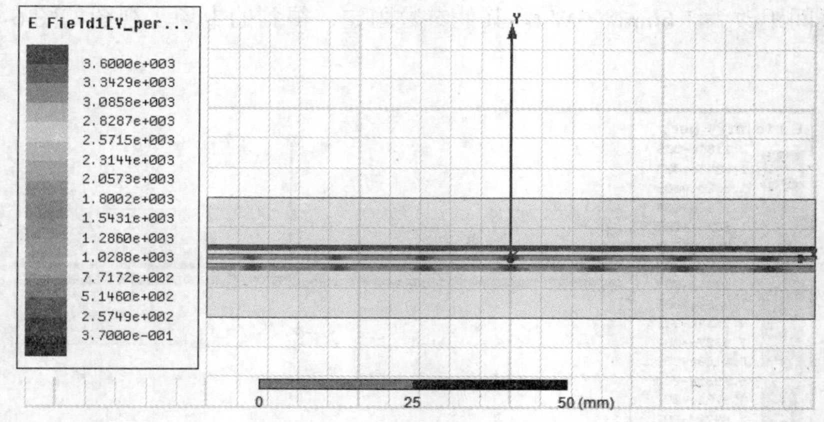

图 6-100　电场分布正视图

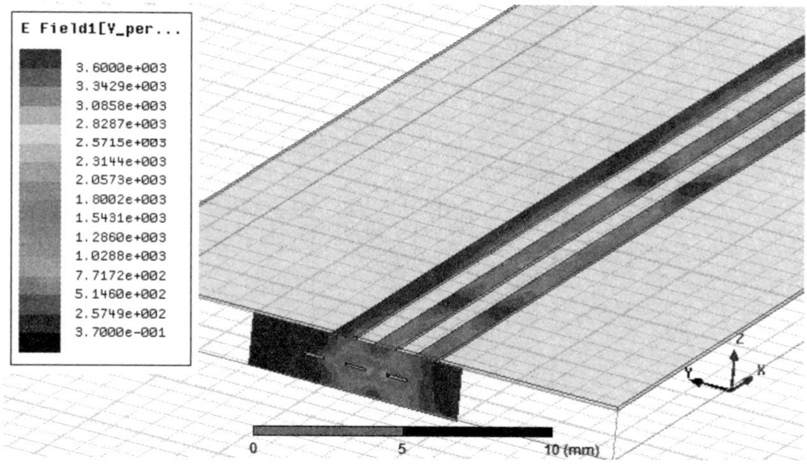

图 6-101 电场分布侧视图

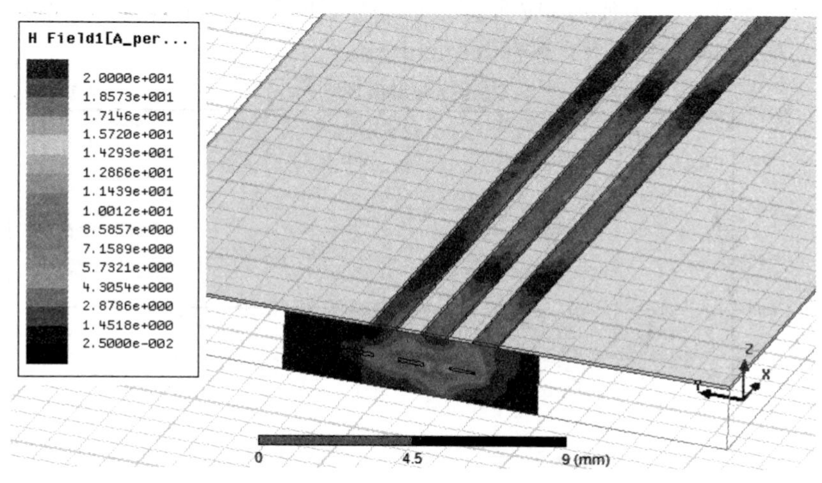

图 6-102 磁场分布侧视图

（3）破坏参考平面对两线间干扰的影响。

1）延续（1）中的例子，对走线间距 3W 板子的 Ground 中间进行挖槽，挖槽大小为 2mm ×12mm，如图 6-103 所示。

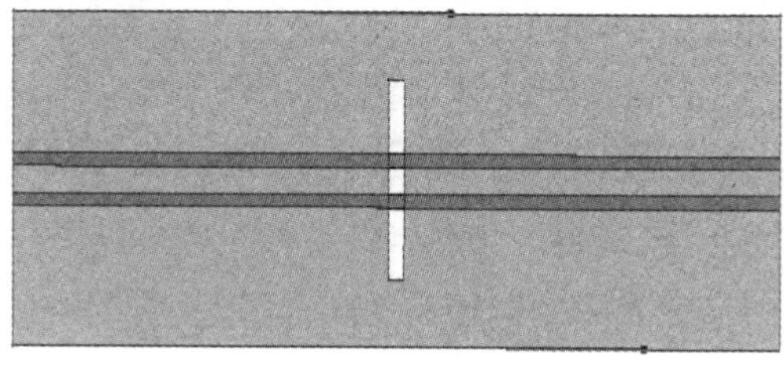

图 6-103 板子正面图

将 HFSS 的模型导入 Designer 中，配置如图 6-104 所示，其中在 Trace1_T1 端输入 T_r=0.2ns 和宽度 10ns 的 1V 脉冲。

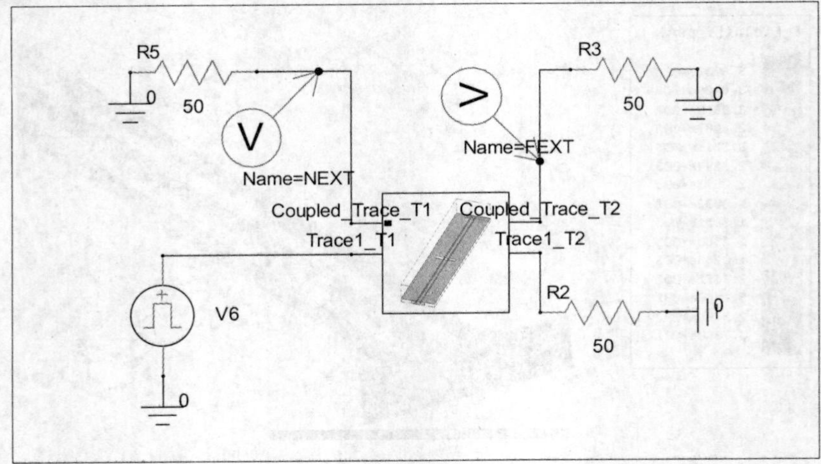

图 6-104 配置情况

图 6-105 中的实线部分为使用 3W 原则设计的板子的干扰，而虚线部分为其割地的干扰，可以发现割地后的 NEXT 和 FEXT 都有微小的上升。

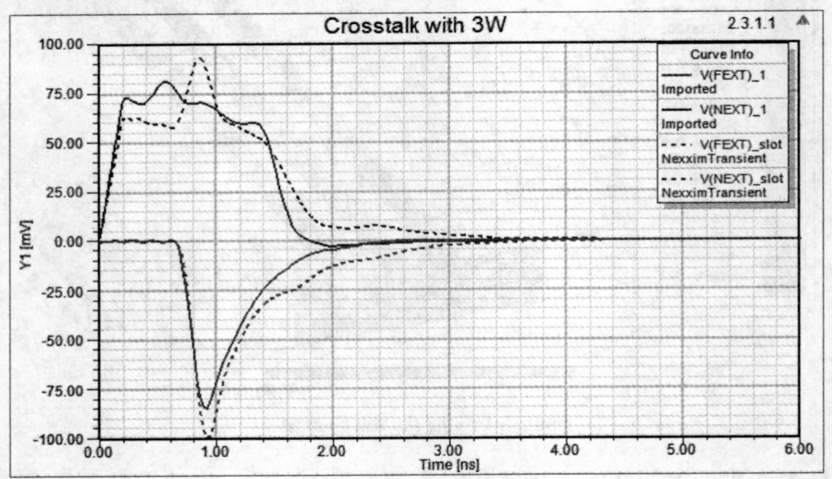

图 6-105 板子的干扰

2）延续（2）中的例子，破坏参考平面，挖槽大小为 2mm×12mm，如图 6-106 所示。

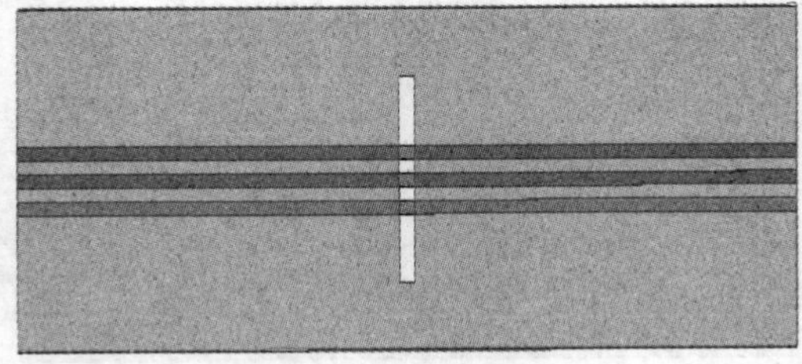

图 6-106 板子正面图

将 HFSS 的模型导入 Designer 中，配置如图 6-107 所示。

图 6-108 中虚线为割地，实线为完整参考平面。

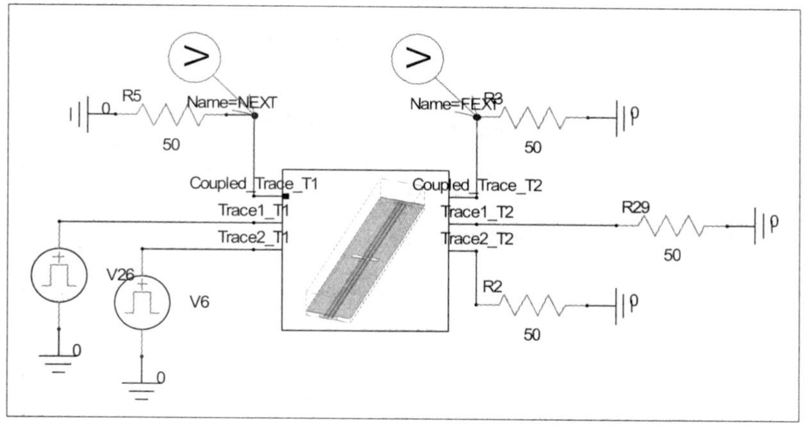

图 6-107　配置情况

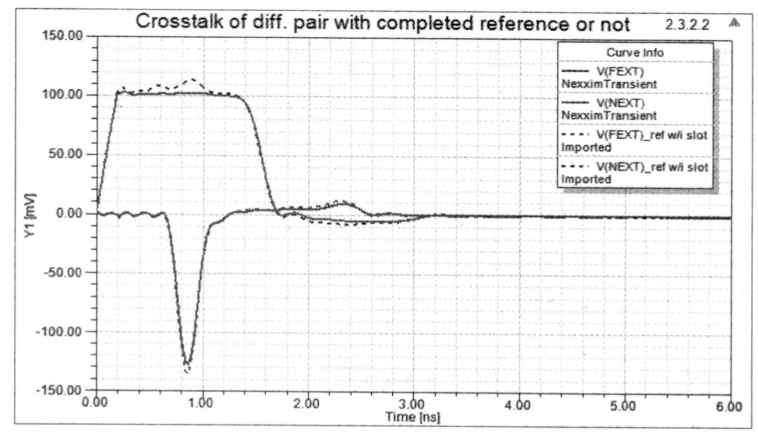

图 6-108　板子的干扰

由图 6-108 可以发现，割地对双差分线往相邻线所产生的干扰影响非常小，即使稍微切割了参考平面，对旁边 Coupled_Trace 的干扰还是与原本相差无几，亦即双差分线对不连续的参考平面具有较好的耐受能力。

（4）对差模和共模信号分别改变 Slot 大小，观察对 EMI 的影响。

1）对差模信号，分别改变 Slot 的大小，先将 Slot 的宽度变大（W=12），长度不变（L=12）；再将 Slot 的长度变大（L=17），宽度不变（W=2），如图 6-109 所示。

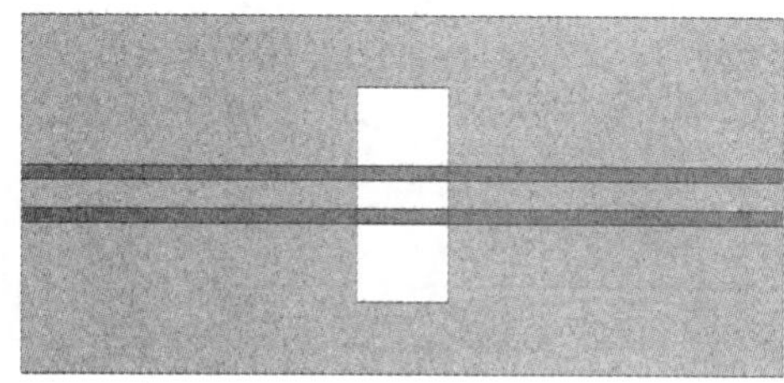

Slot（W=12，L=12）

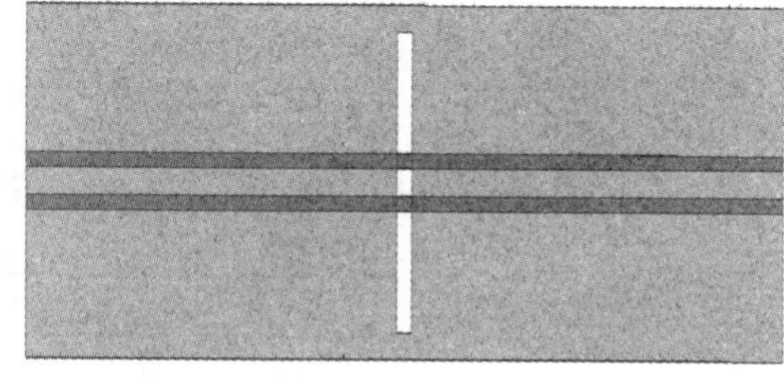

Slot（W=2，L=17）

图 6-109　对差模信号改变 Slot 的大小

图 6-110 中①实线为原始的 Slot 大小，②虚线为增大长度、宽度不变，③虚线为长度不变、宽度增大。

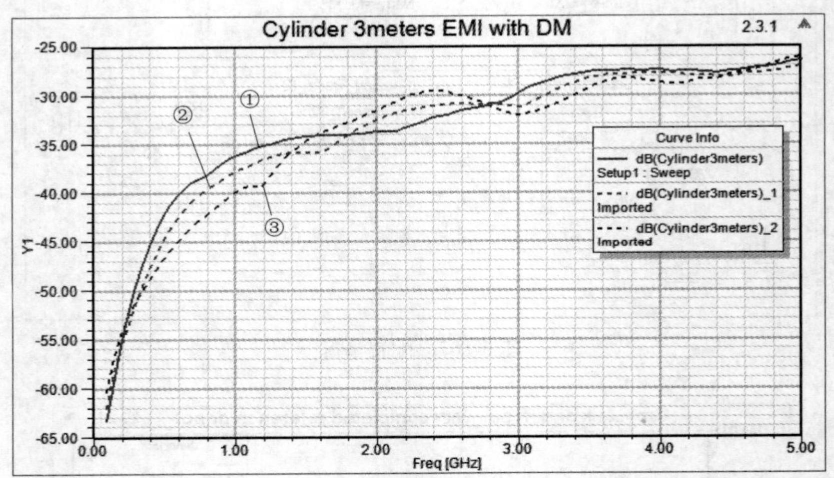

图 6-110　对差模信号改变 Slot 大小对 EMI 的影响比较

从图中可以观察到，改变宽度（W）和改变长度（L）对差动对上的差模信号所产生的 EMI 分别在不同的频段上有影响，但基本上影响不算大。

2）对共模信号做与 1）中同样的比较。

图 6-111 中①实线为原始的 Slot 大小，②虚线为增大长度、宽度不变，③虚线为长度不变、宽度增大。从图中可以观察到：

- 同样的信号功率，共模引起的远场 EMI 远比差模引起的高出许多（~20B）。
- 改变宽度（W）和改变长度（L）对差动对上的共模信号所产生的 EMI 分别在不同的频段上有影响，但又以改变宽度的影响为大。

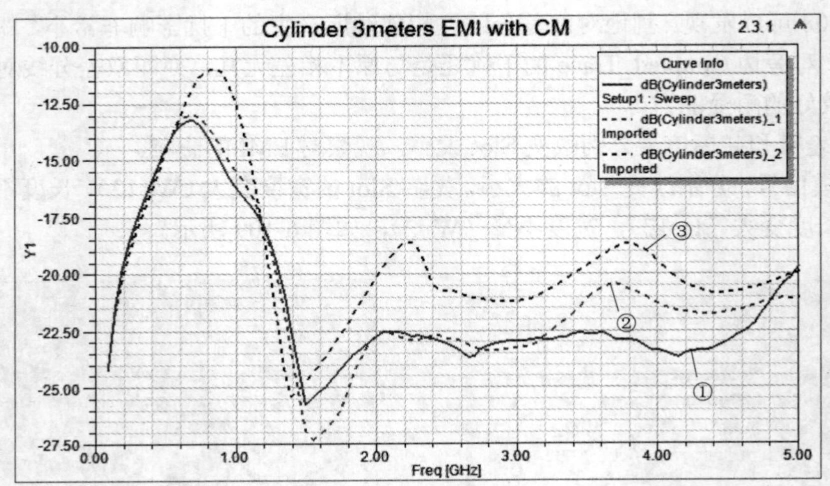

图 6-111　对共模信号改变 Slot 大小对 EMI 的影响比较

6-7　ANSYS 仿真范例 5：PCB 接地平面开槽的信号完整性 SI、电源完整性 PI 与 EMI 效应分析

1. 前言

这里使用 SIwave 2015 探讨不同的电源与地平面设计（PI）对 SI、SSN、EMI 所造成的影响。

- 参考平面（P/G 平面）完整时，有无考虑 PI 的 SI、SSN、EMI。
- 参考平面（P/G 平面）不完整时，分割的参考平面是否通过 1nH 电感隔离的 SI、SSN、EMI。
- 参考平面（P/G 平面）不完整时，不同优化方法的 SI、SSN、EMI。

2. 模拟

（1）参考平面（P/G 平面）完整时，有无考虑 PI 的 SI、SSN、EMI。

1）没有考虑 PI 的 SI、SSN、EMI。

IBIS IO model 使用 model 本身所定义的理想 1.5V 当电源，而不使用外部实际电路 VRM 所供给的 1.5V 当电源，如图 6-112 所示。

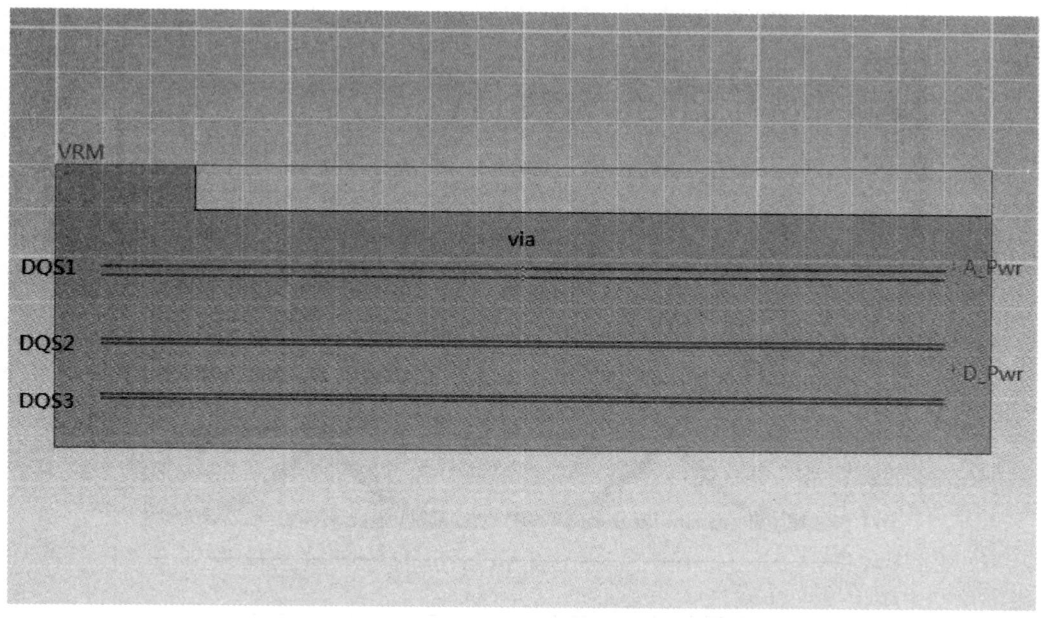

图 6-112　没有考虑 PI 的 SI、SSN、EMI

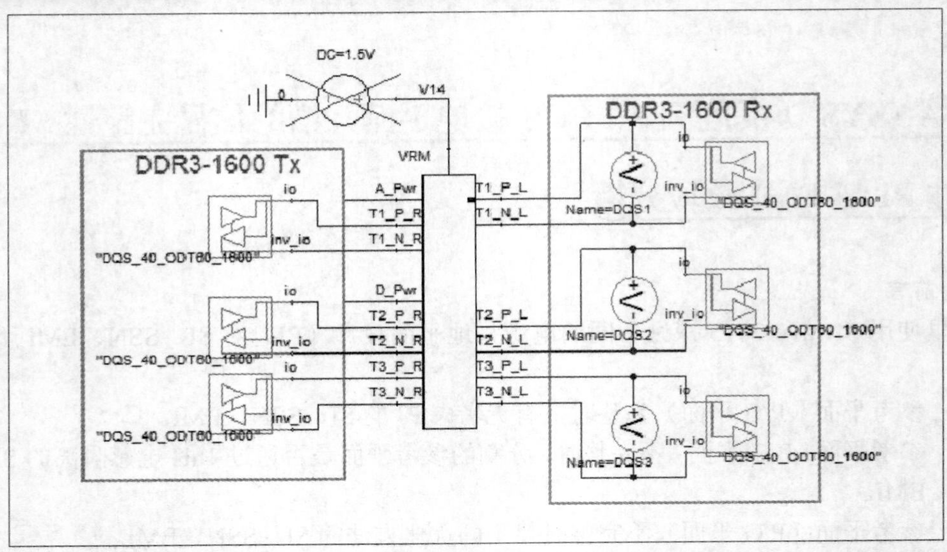

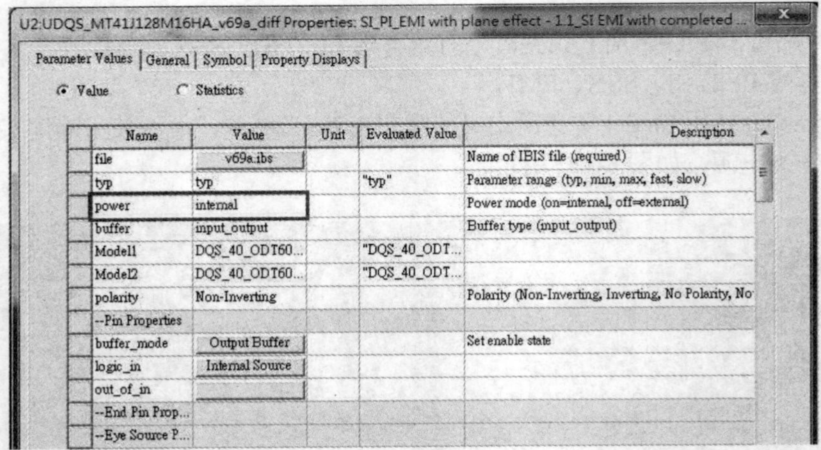
U2:UDQS_MT41J128M16HA_v69a_diff Properties: SI_PI_EMI with plane effect - 1.1_SI EMI with completed ...

Parameter Values | General | Symbol | Property Displays

Value　Statistics

Name	Value	Unit	Evaluated Value	Description
file	v69a.ibs			Name of IBIS file (required)
typ	typ		"typ"	Parameter range (typ, min, max, fast, slow)
power	internal			Power mode (on=internal, off=external)
buffer	input_output			Buffer type (input_output)
Model1	DQS_40_ODT60...		"DQS_40_ODT...	
Model2	DQS_40_ODT60...		"DQS_40_ODT...	
polarity	Non-Inverting			Polarity (Non-Inverting, Inverting, No Polarity, No
--Pin Properties				
buffer_mode	Output Buffer			Set enable state
logic_in	Internal Source			
out_of_in				
--End Pin Prop...				
--Eye Source P...				

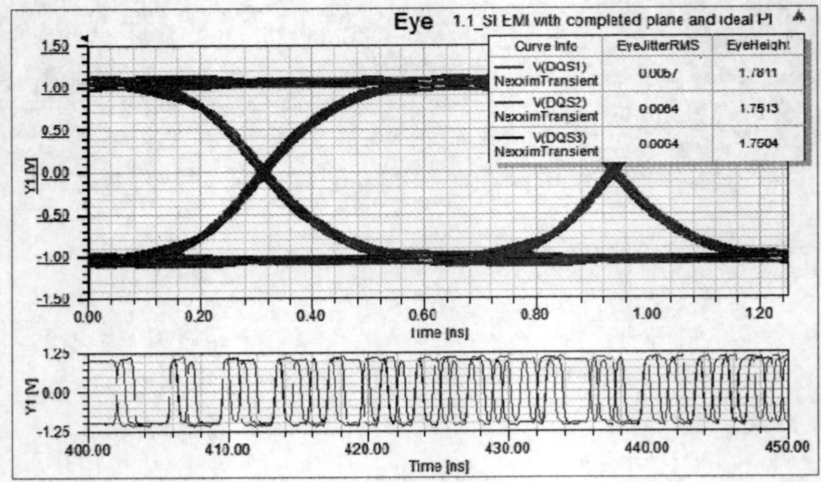

图 6-112　没有考虑 PI 的 SI、SSN、EMI（续图）

2）考虑了 PI 的 SI、SSN、EMI。

IBIS IO model 使用外部实际电路 VRM 通过 PCB 上的 P/G 平面所供给的 1.5V 当电源，如图 6-113 所示。

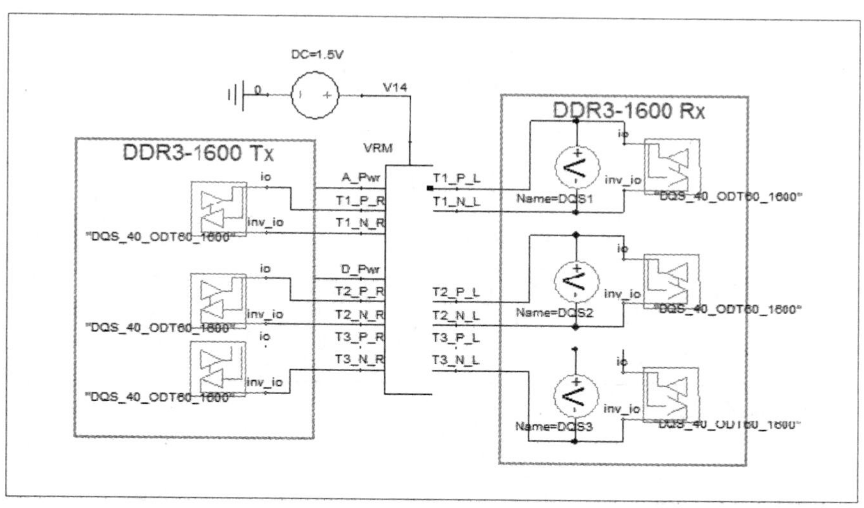

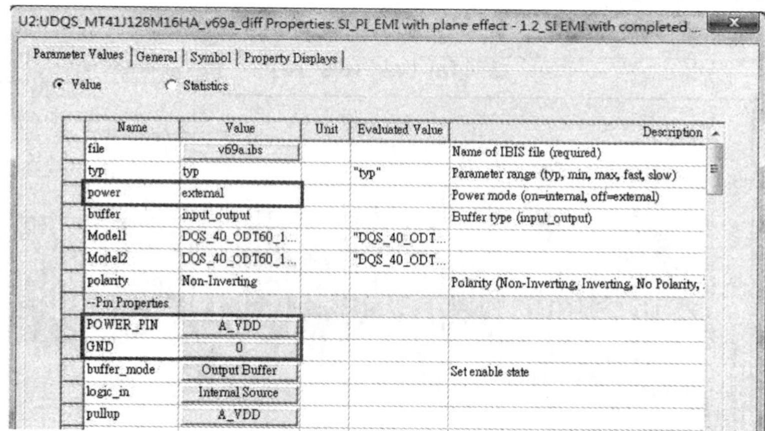

U2:UDQS_MT41J128M16HA_v69a_diff Properties: SI_PI_EMI with plane effect - 1.2_SI EMI with completed ...

Parameter Values | General | Symbol | Property Displays

Value　Statistics

Name	Value	Unit	Evaluated Value	Description
file	v69a.ibs			Name of IBIS file (required)
typ	typ		"typ"	Parameter range (typ, min, max, fast, slow)
power	external			Power mode (on=internal, off=external)
buffer	input_output			Buffer type (input_output)
Model1	DQS_40_ODT60_1...		"DQS_40_ODT...	
Model2	DQS_40_ODT60_1...		"DQS_40_ODT...	
polarity	Non-Inverting			Polarity (Non-Inverting, Inverting, No Polarity,
--Pin Properties				
POWER_PIN	A_VDD			
GND	0			
buffer_mode	Output Buffer			Set enable state
logic_in	Internal Source			
pullup	A_VDD			

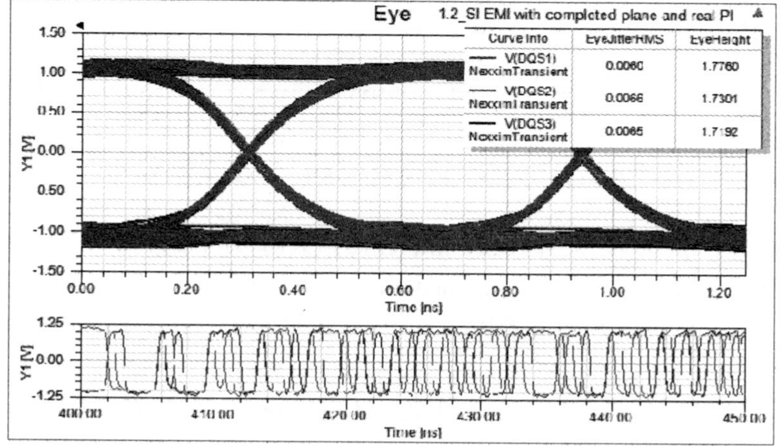

图 6-113　考虑了 PI 的 SI、SSN、EMI

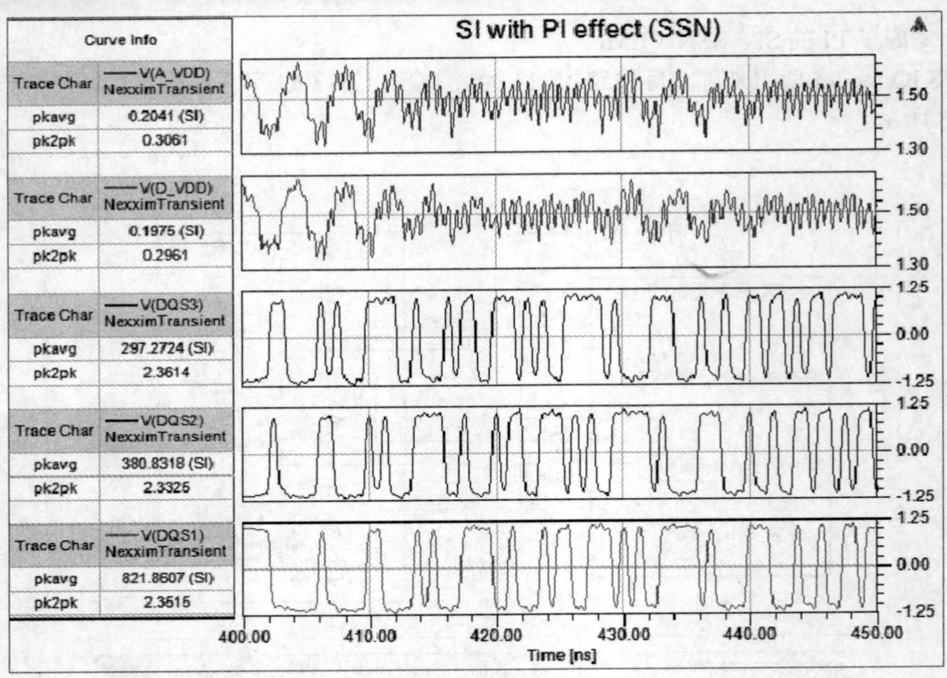

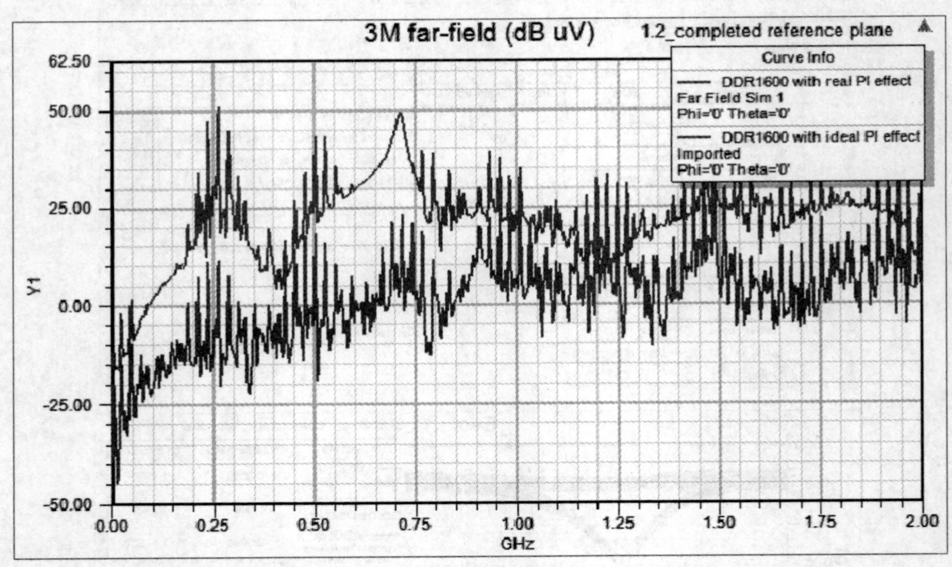

图 6-113　考虑了 PI 的 SI、SSN、EMI（续图）

再有考虑真实 PI 的影响下（有 SSN 和 P/G 噪声），抖动会略大，眼高会略小，EMI 的差异更是明显，所以 SI+PI 协同模拟 co-simulation 是绝对需要的。

（2）参考平面（P/G 平面）不完整时，分割的参考平面是否通过 1nH 电感隔离的 SI、SSN、EMI。

1）电源平面与地平面都分割，并且通过 1nH 电感隔离，如图 6-114 所示。

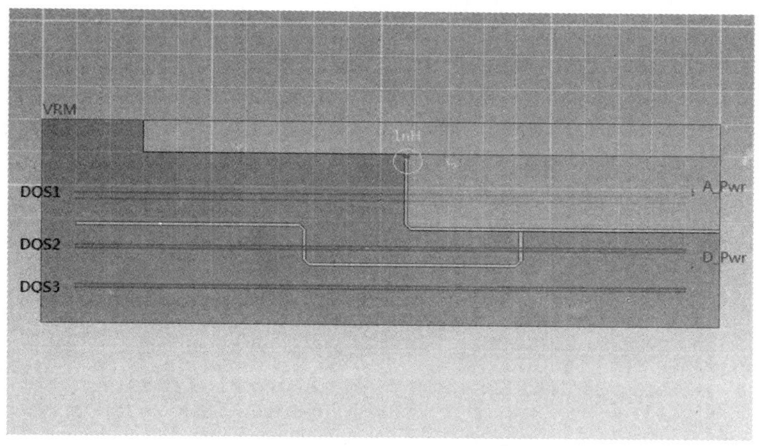

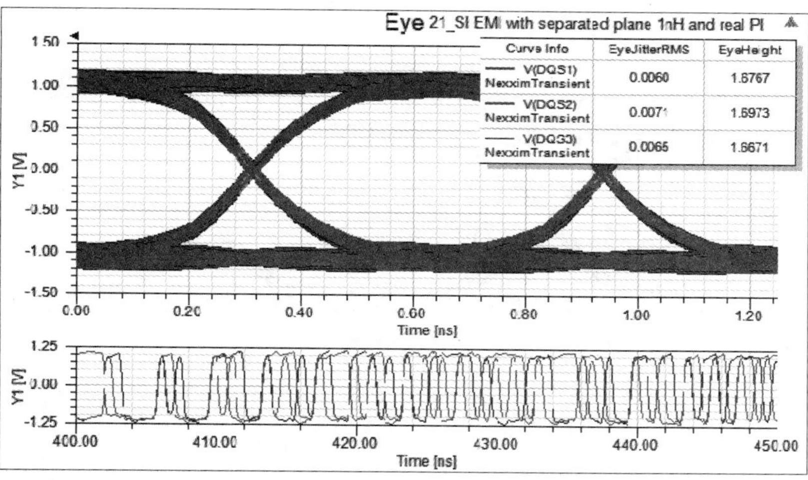

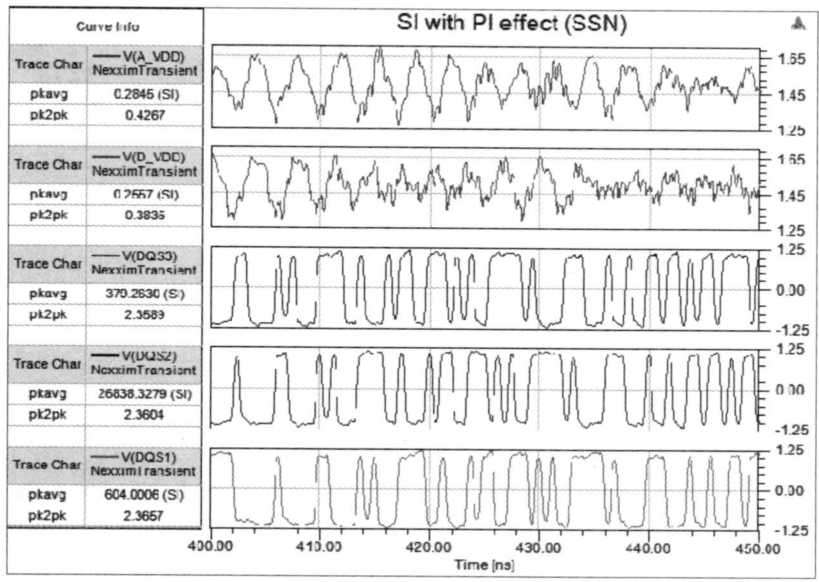

图 6-114　参考平面不完整且通过 1nH 电感隔离的 SI、SSN、EMI

2）电源平面与地平面都分割，但没有割断彼此的连接，如图 6-115 所示。

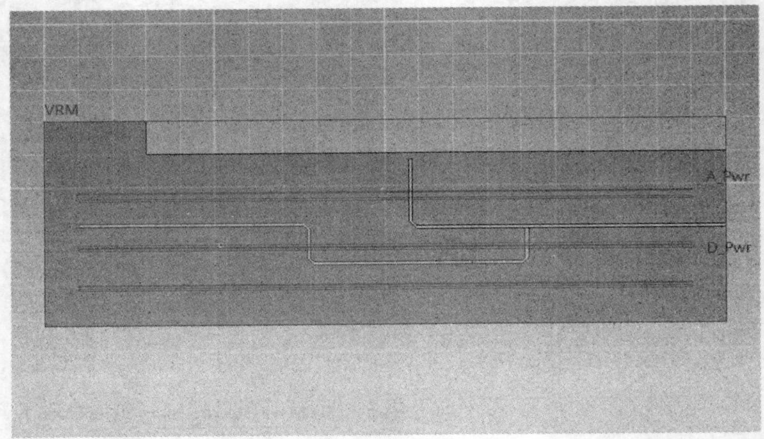

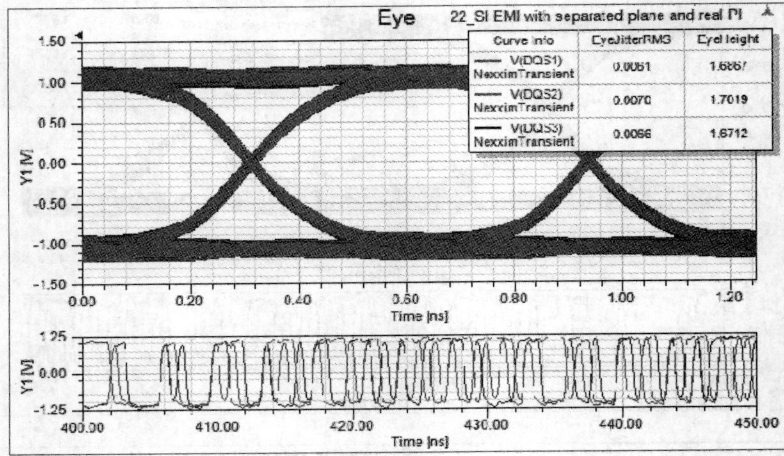

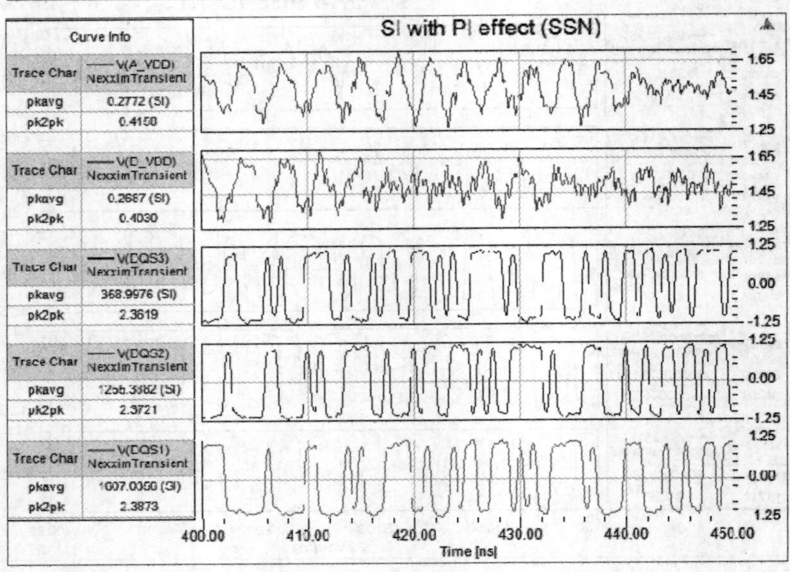

图 6-115　参考平面不完整但没有隔离的 SI、SSN、EMI

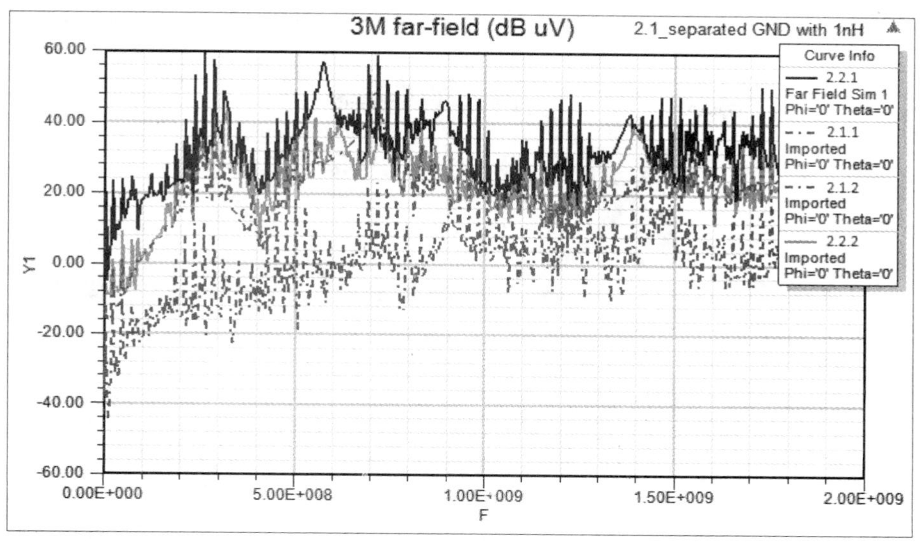

图 6-115　参考平面不完整但没有隔离的 SI、SSN、EMI（续图）

通过电源与地平面分割，甚至串联 1nH 电感隔离，确实可以看到 A_VDD（A_Pwr）和 D_VDD（D_Pwr）上的 SSN 噪声差异程度略微拉开了，但用 A_VDD 的 DQS1 眼高反而略微变小。另外，被切出来的 A_VDD 和 A_GND 区域，因为没有摆放任何去耦合电容，反而 SSN 噪声因分割而变得较 D_VDD 略差。

串联电感或 bead 隔离两组电源和地回路，如果没有做好各自的 PI，分割平面与串联电感可能产生反效果。

分割参考平面，若没有处理好，反而会造成 SI 和 EMI 变差。

（3）参考平面（P/G 平面）不完整但经优化后的 SI、SSN、EMI。

1）电源平面与地平面都分割，但没有割断彼此连接的情况下增加 decap 电容优化 PI，如图 6-116 所示。

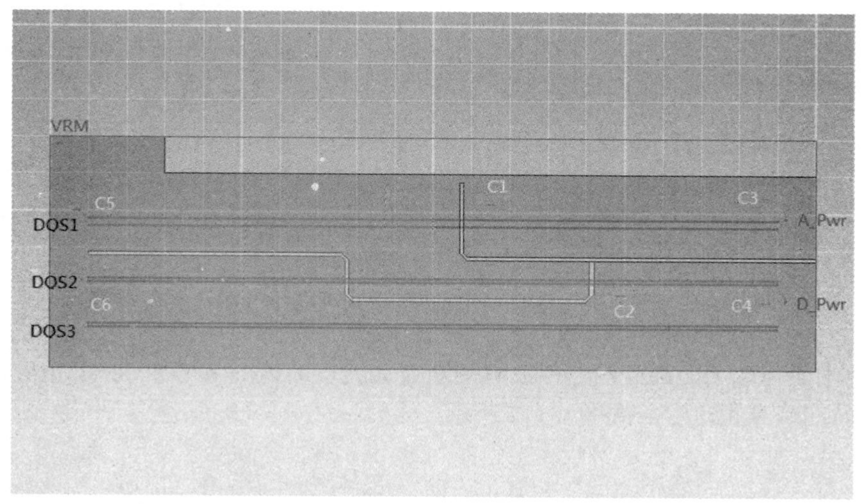

图 6-116　参考平面不完整但不隔离且优化 PI 的 SI、SSN、EMI

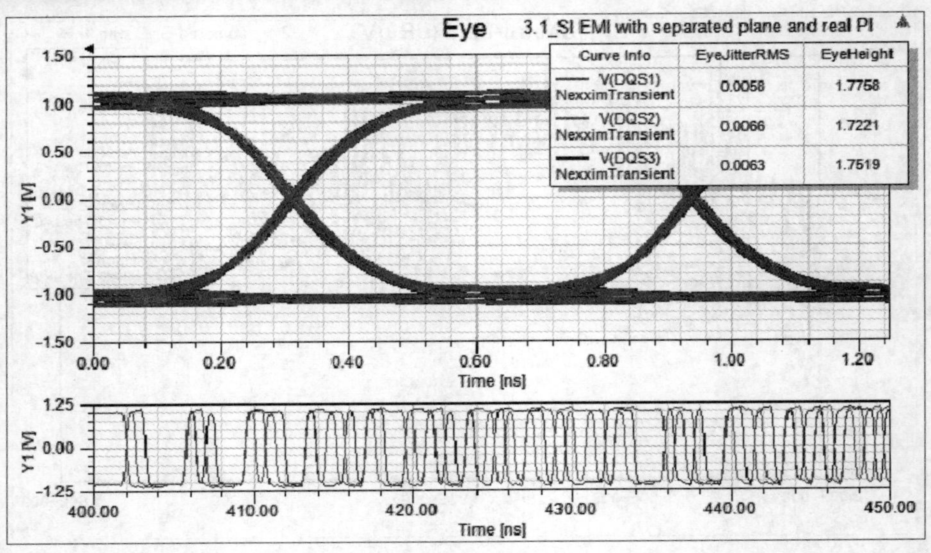

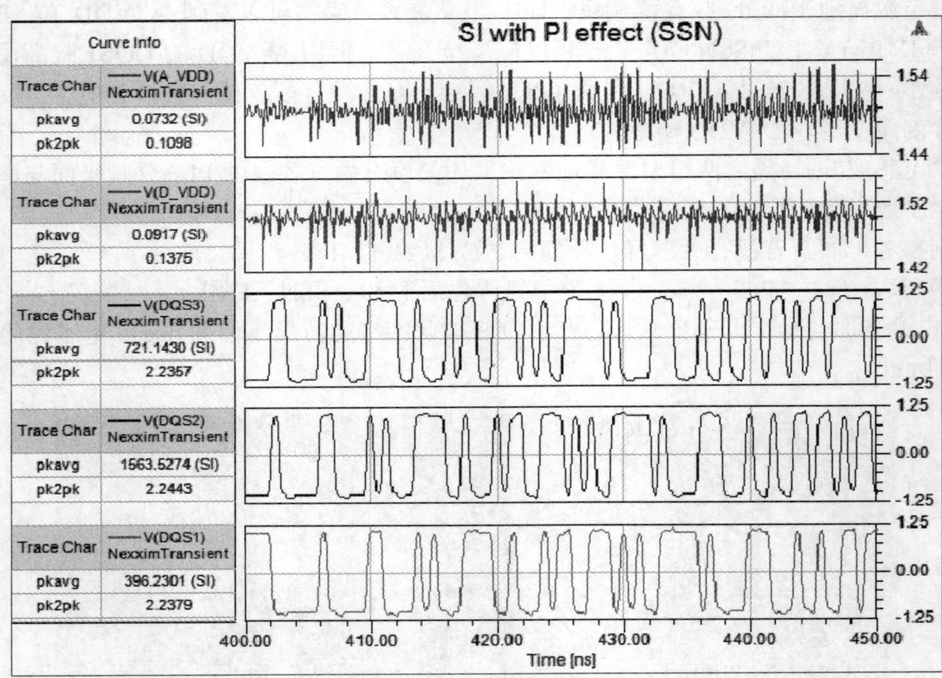

图 6-116　参考平面不完整但不隔离且优化 PI 的 SI、SSN、EMI（续图）

2）电源平面与地平面都分割，但没有割断彼此连接的情况下增加 decap 电容优化 PI，并在不同的平面间跨高频电容，如图 6-117 所示。

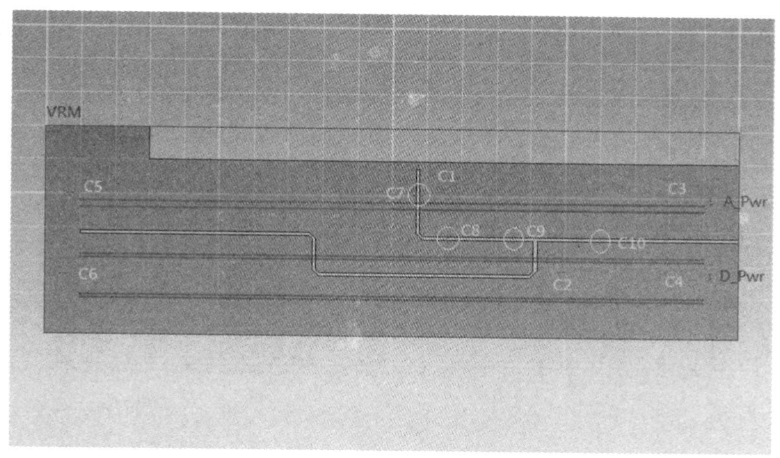

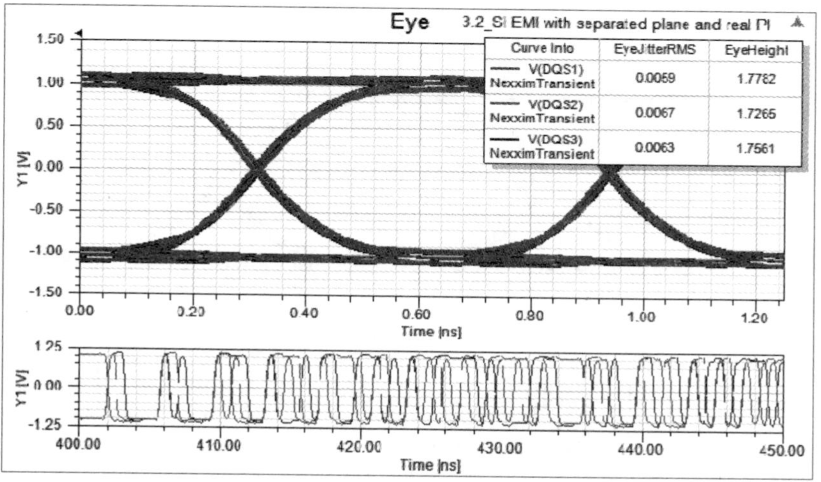

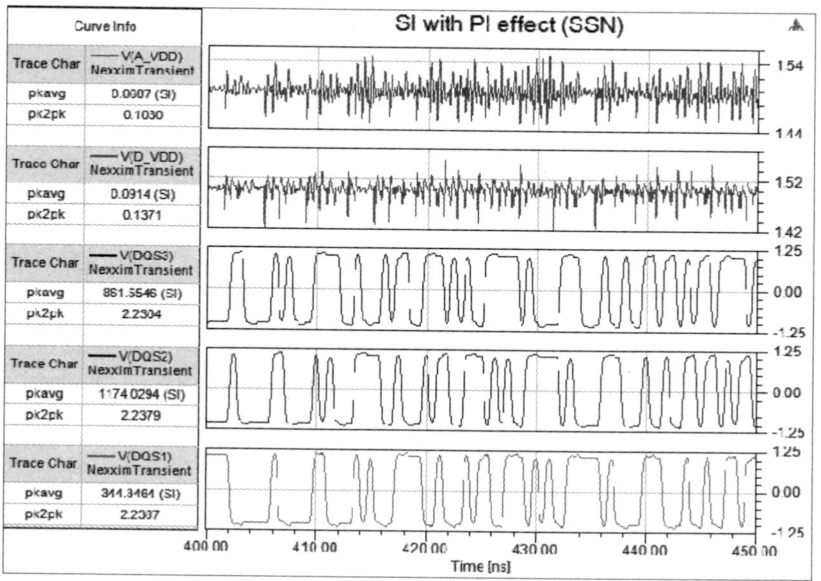

图 6-117　参考平面不完整但没有隔离且优化 PI 并跨高频电容的 SI、SSN、EMI

3）只分割电源平面（串联 1nH），不分割地平面，增加 decap 电容优化 PI，如图 6-118 所示。

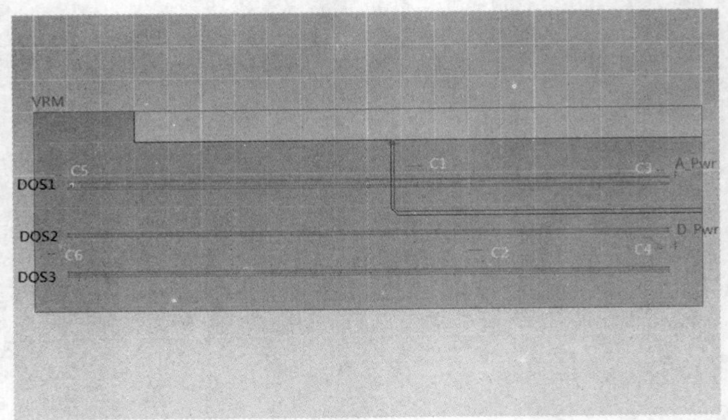

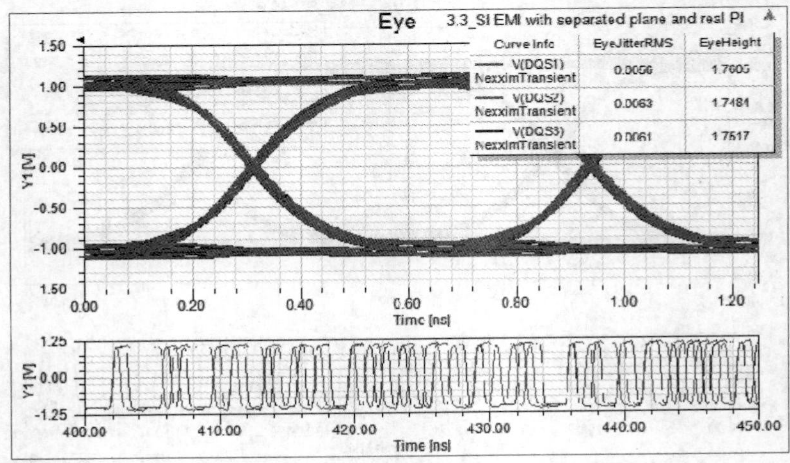

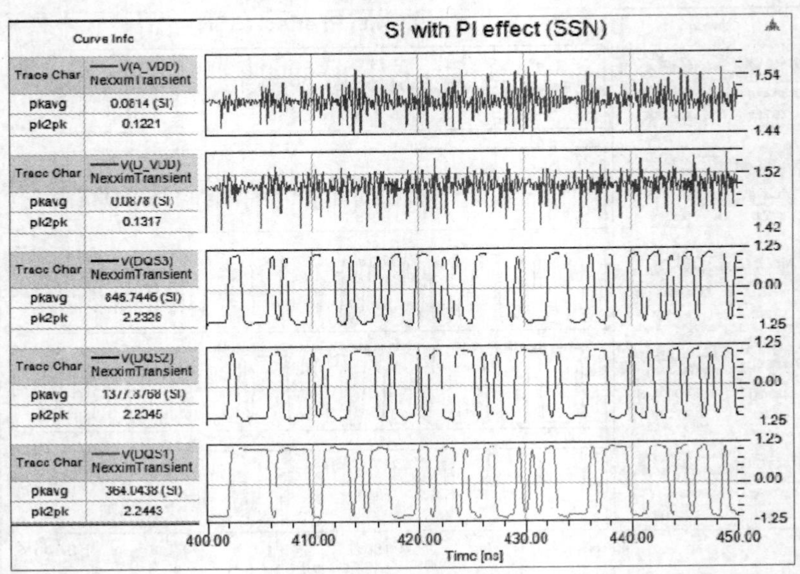

图 6-118　只分割电源平面并增加电容优化 PI 的 SI、SSN、EMI

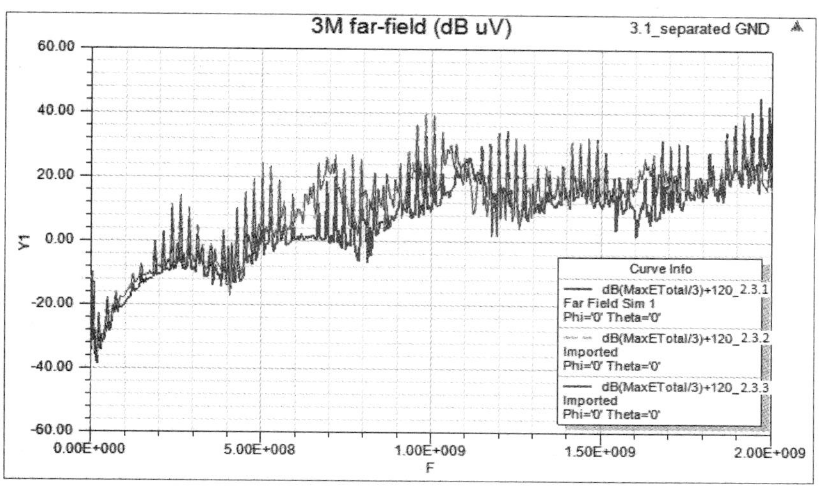

图 6-118 只分割电源平面并增加电容优化 PI 的 SI、SSN、EMI（续图）

与 1）和 2）的结果相比较，3）的 EMI 最好，这正是我们期望的良好设计所呈现的结果：既要隔离噪声，又要兼顾 SI 和 EMI。

3. 问题与讨论

（1）问：为什么 DQS3 的 SI（抖动，眼高）总是比 DQS1 差？

答：分别比较 3 个例子中的 S-parameter，DQS1 的 loss 是比 DQS2 和 DQS3 pair 略大的（因为有过孔换层），大约差 0.5dB。

为什么 loss 较大的传输线反而 SI 相关指标较好呢？

DQS1 的线间距较宽，差动特性阻抗约 117Ω，而 DQS2 和 DQS3 的差动特性阻抗约 105Ω。

又第一个例子中即使是用 ideal PI 的模拟条件，也可以看到 DQS3 的抖动与眼高比 DQS1 差的现象，所以这不是 PI 的影响。若试着在第一个例子中把 Rx 端的 IBIS mode 从 DQS_40_ODT_60 改成 DQS_40_ODT_120，就会看到 DQS3 的眼高比 DQS1 好的结果。各种比较如图 6-119 所示。

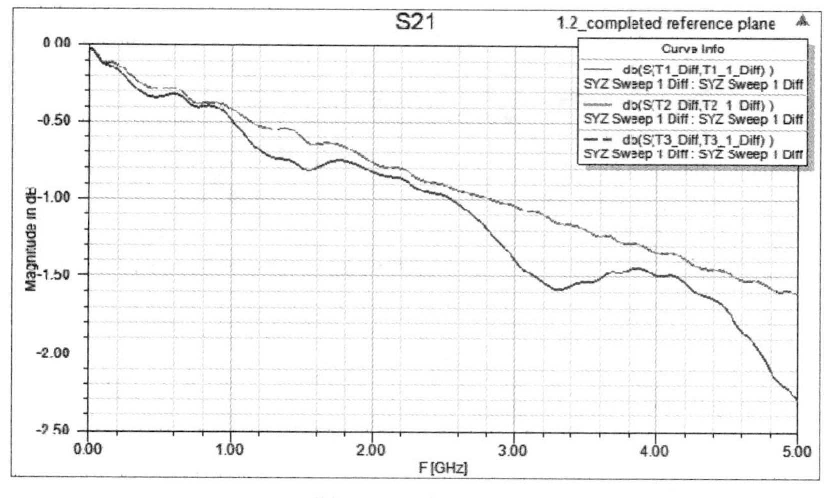

图 6-119 各种比较

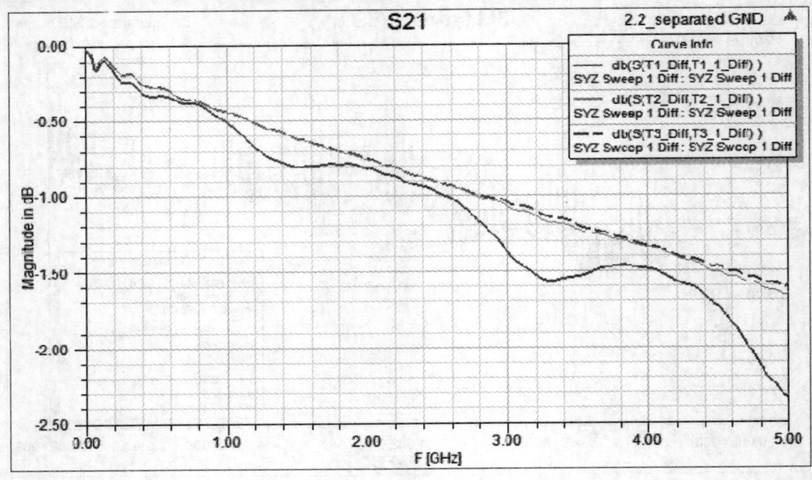

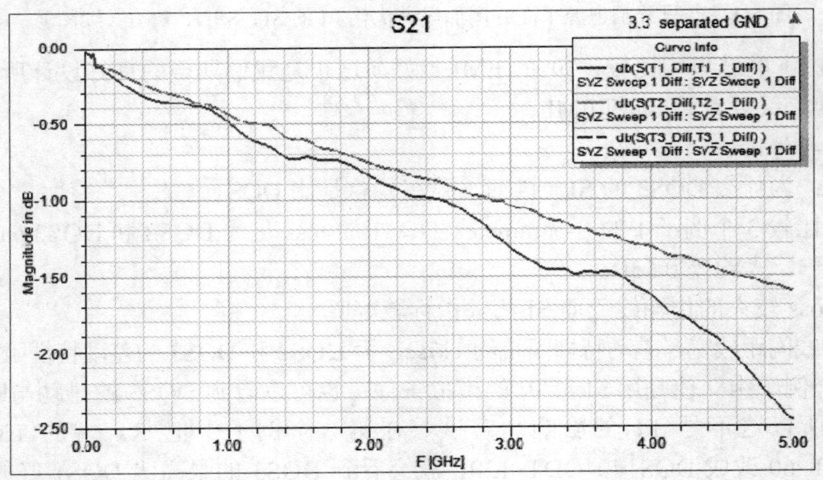

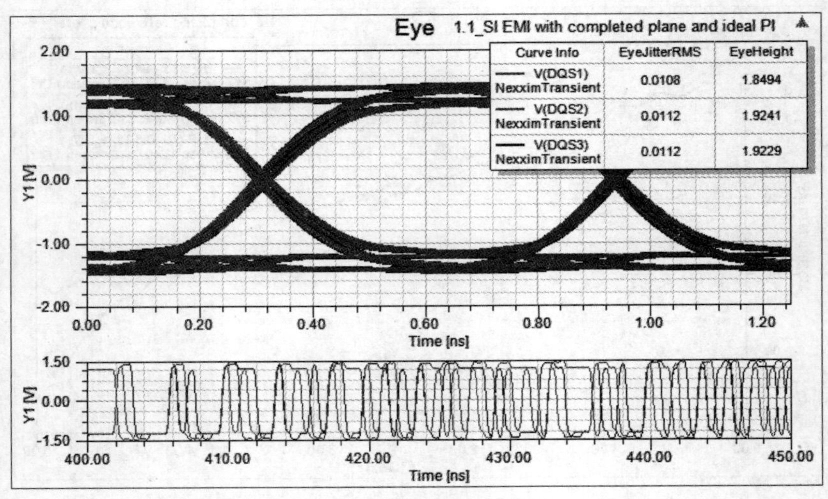

图 6-119　各种比较（续图）

做高速信号仿真，不仅需要关心传输线本身的 SI 和整个系统的 PI，还有 I/O 的驱动特性和传输线之间的匹配，这些都会影响最后的结果。至于何者是关键因素，要看具体情况。

（2）问：为什么 DQS1 有经过一次的过孔换层，但却不觉得其 SI 比较差？

答：因为 DDR 的 Rx 端开了很强的 ODT（On-Die-Terminator）。

（3）问：第 3 个例子中的 C1～C6 六个去耦合电容的摆放位置是如何决定出来的呢？

答：共振区域摆 C1～C2，I/O 旁边摆 C3～C6。

（4）问：为什么第二个例子中在分割的平面间跨电容所形成的高频回流路径对 SI 和 EMI 没有明显的改善？

答：这与 Slot 的宽度、跨接电容的数量、高频回流成分的频段、跨接电容值的选择都有关，有整个平面的 PI 一般还是会比较好的。

此例在传输线下方的 Slot 很细（0.5mm），所以对传输线所造成的阻抗不连续只是很短的一段，对 SI 的影响在打开了 ODT 的情况下几乎看不出来，又因为 Slot 很细（很窄），所以 Slot 两侧的 coplane 本身彼此间就会形成一定寄生耦合电容，故再跨接几个 0.1μF 的电容器件其实没有明显地更好。但如果把此例的 Slot 加宽至 1.2mm，如图 6-120 所示，就可以看出 EMI 有差别。

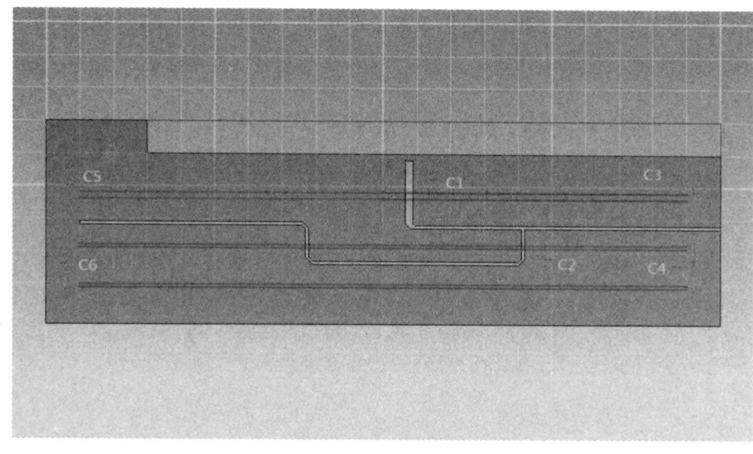

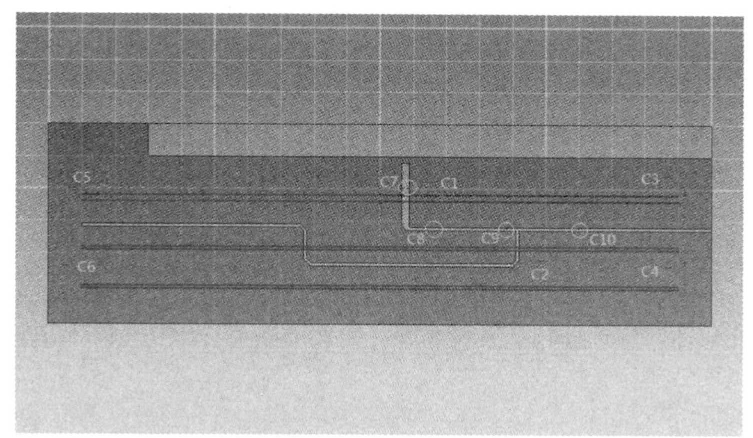

图 6-120　加宽 Slot 至 1.2mm 时 EMI 的差别

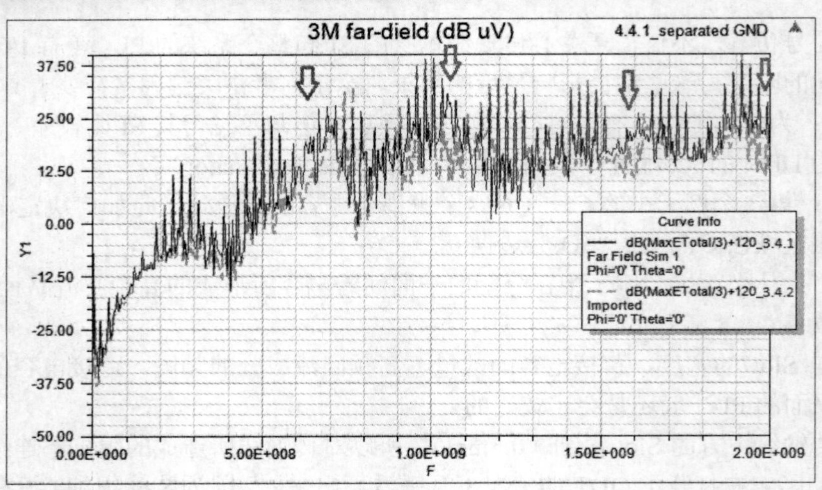

图 6-120　加宽 Slot 至 1.2mm 时 EMI 的差别（续图）

7 电磁兼容法规要求与量测原理

要了解电机电子产品与系统的电磁兼容性问题和相关测试标准法规，先要从分析形成电磁干扰现象的基本要素出发，而这些组成要素和相关的干扰能量传输机制就是相关测试法规和测试方法的基础。在第 1 章就开宗明义地提到，由电磁干扰源发射的电磁能量经过耦合路径传输到对电磁噪声敏感的设备，这个过程称为电磁干扰效应。因此，形成电磁干扰的现象必须同时具备以下 3 个基本要素（如图 7-1 所示）：

（1）电磁干扰源（或噪声源）。

任何形式的自然现象或电能装置所发射的电磁能量，能使共享同一环境的人或其他生物受到伤害，或使其他设备分系统或系统发生电磁危害，导致性能降低或失效，这种自然现象或电子装置即称为电磁干扰源或噪声源。

（2）耦合路径。

耦合路径即传输电磁干扰能量的通路或媒介，它可以是经由导体传输的传导路径或是经由空气辐射的辐射路径，而这两者是由干扰源的频率所决定的。

（3）噪声受体。

噪声受体是指当受到电磁干扰源所发射的电磁能量的作用时会受到生理性伤害的人或其他生物，以及敏感设备会因为发生电磁危害导致性能降低或失效的器件、设备、分系统或系统。许多器件、设备、分系统或系统可以既是电磁干扰源又是敏感的噪声受体设备。

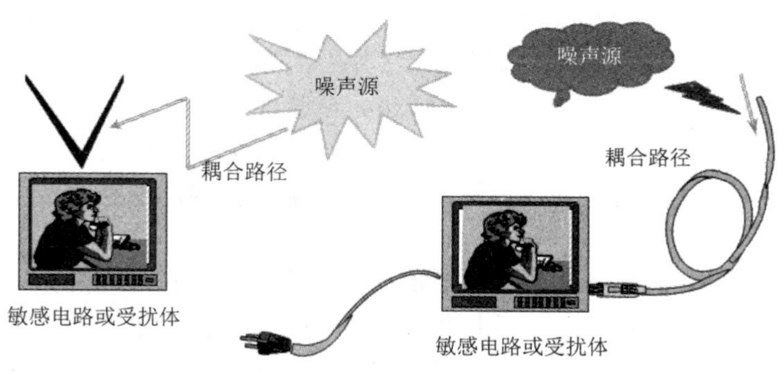

图 7-1　电磁兼容现象的组成要素

依据上述的现象分析，电磁兼容性标准和规范进而分为两大类：电磁干扰（EMI）和电磁耐受性测试（EMS），在不同频率范围内（传导或耐受）采用不同的方式进行。当噪声源为待测物而噪声受体为量测仪器时，此即为 EMI 测试；反之，如果噪声源为干扰信号产生仪器而噪声受体为待测物时，此即为电磁耐受性测试（EMS）。基于任意电子电机设备既可能是一个干扰源，也可能是被干扰者，因而电磁兼容性测试包含电磁干扰测试（EMI）和电磁耐受性测试（EMS），在不同频率范围中的测试项目，从军规 EMC 标准到全球商规 EMC 标准的演变趋势和应用普及就可以观察到 EMC 的重要性和涵盖范围越来越广。

为了实现电磁兼容性的设计和各类电器产品对应的验证测试，必须从上面 3 个基本要素出发，从技术和组织两方面着手。所谓技术，就是从分析电磁干扰源、耦合路径和敏感设备着手，采取有效的技术抑制干扰源，消除或减弱干扰的耦合，降低敏感设备对干扰的回应，对人为干扰进行限制，并验证所采用技术的有效性。组织，则是制订和遵循一套完整的标准和规范，进行合理的频谱分配，控制和管理频谱的使用，依据频率、工作时间、天线方向性等规定工作方式分析电磁环境并选择地域进行电磁兼容性管理等。

电磁兼容性是电子设备或系统的主要性能之一，电磁兼容设计是实现设备或系统规定的功能，使系统效能得以充分发挥的重要保证，因此必须在设备或系统功能设计的同时进行电磁兼容设计。电磁兼容设计的目的是使所设计的电子设备或系统在预期的电磁环境中实现电磁兼容，其要求是使电子设备或系统满足 EMC 标准的规定并具有以下两方面的能力：

- 能在预期的电磁环境中正常工作，而且无效能降低或故障。
- 对于该电磁环境不是一个污染源。

而为了实现电磁兼容的环境，我们必须深入研究以下 5 个与标准法规的制定息息相关的问题：

（1）对电磁干扰源的研究，包括电磁干扰源的频域和时域特性、产生的机制和抑制方法等的研究。

（2）对电磁干扰传播特性的研究，即研究电磁干扰如何由干扰源传播到敏感设备，包括对传导干扰和辐射干扰的研究。传导干扰是指沿着导体传输的电磁干扰，辐射干扰即由组件、部件、连接线、电缆或天线、设备系统辐射的电磁干扰。

（3）对敏感设备抗干扰能力的研究。

（4）对测量设备测量方法和数据处理方法的研究。由于电磁干扰十分复杂，测量与评价需要有许多特殊要求，例如测量接收机要有多种检波方式、多种测量频宽、大过载系数、严格的中频滤波特性等，还要求测量场地的传播特性和理论值符合得很好等。如何评价测量结果也是一个重点问题，需要应用概率论、数理统计等数学工具。

（5）对系统内、系统间电磁兼容性的研究。系统内电磁兼容性是指在给定系统内部的分系统、设备及部件之间的电磁兼容性，而给定系统与它运行时所处的电磁环境或与其他系统之间的电磁兼容性即系统间电磁兼容性，这方面的研究需要广泛的理论知识和丰富的实践经验。

还应当指出，由于电磁兼容是抗电磁干扰的扩展和延伸，它研究的重点是设备或系统的非预期效果和非工作性能、非预期发射和非预期响应，而在分析干扰的叠加和出现统计概率时，还需要按最不利的情况考虑，即“最不利原则”，这些都比研究设备或系统的工作性能复杂得多。

7-1 EMC 符合性法规简介

人类的演进已经跨入 21 世纪，在上世纪末环保观念逐渐萌芽，人类不再专注于经济增长，而已经开始思考经济增长是否会带来环境污染，任何一国政府均不愿意看见经济增长是通过牺牲环境保护所换来的。在倡导环保概念的今天，应有正确的认知，环保概念的范围不仅包括空气污染、水质污染，更应广义地涵括电磁环境污染。因为空气和水质污染属于有形的污染，较容易引起人类的重视，亦较容易监测和防范，而电磁环境污染是高科技时代的产物，而且因为电磁波平时看不见摸不着，属无形的污染，人们往往身陷其中，亦不知其严重性。

近年来科技发达，电子、电机、信息工业的发展一日千里，商品制造，为迎合消费市场需求，多朝轻、薄、短、小方面和高频与高速方向研发，加上现今半导体组件已跃为电子信息的主流组件，致使体积小功率低的产品大行其道，面对消费大众的广泛使用，产品间的兼容性就显得格外重要。

电磁环境污染的污染源共可分为 3 类：一为自然界所产生的干扰电波，如雷击、太阳辐射；二为人为非意图产生的电波，此类干扰源多为不当的产品设计造成噪声波的辐射；三为人为意图产生的电波，此类产品通过辐射电波而传达信息，如无线电通信。

其中非意图产生的干扰即指现代人所使用的电气产品所产生的电磁波干扰等所带来的污染，小则如日常生活中，家电产品因设计不良而相互干扰，导致声音或画面质量的低落，进而可能使计算机产品无端死机，严重至医院的医疗设备可能因为受电波干扰导致治疗仪器失控，抑或是由于电波干扰而破坏正常通信，影响飞行助航的安全。

为此，世界主要先进国家，为求适当保护无线电通信及计算机信息控制起见，对商品因操作时所产生的电磁干扰或者商品为达操作上充分发挥机能，本身应具备适当的抗电磁干扰耐受能力，均已加以规范管制，以免社会大众因使用电子电气商品而使生命财产受到损害。

目前各先进工业化国家对商品的电磁兼容性管制已推行多年，以日本为例，目前已实施各类标志，用以强制性管理规定；又如美国所实施的 FCC 登记制度（现部分商品已改为自行声明制），已被美国规定为商品营销市场的必备条件；欧洲方面的电磁兼容指令（EMC）已推行多年，已于 1996 年 1 月开始实施强制性规定产品 CE 标示制度；各国也陆续实施相关的检验制度，并逐步对各类电机电子产品实施强制性规定产品 EMC 和安全规范的标示制度。

一般而言，电磁兼容性（EMC）所含括的商品范围但凡使用电子、电机的商品（或组件）均有可能是产生电磁污染的污染源，尤其以下 5 类产品为主要管制对象：

- 消费性、家庭用轻工业产品：一般电器、电子产品（含半成品）和办公室产品。
- 维护、安装机器装置：计算机信息网络系统装置。
- 一般交通工具：客货运输车辆。
- 大（重）型工业机器。
- 无线通信产品：移动电话、无线对讲机等。

目前世界上有很多机构和组织都已经对电磁兼容问题展开了积极的研究，如国际电工委员会（IEC）、早期的国际电报电话咨询委员会（CCITT）和国际无线电咨询委员会（CCIR）（注：现已分别纳入 ITU-T 和 ITU-R）、国际电信联盟（ITU）、国际电机电子工程师学会（IEEE）

等，另外还有一些区域性的标准化组织。其中，IEC 于 1906 年成立，其目标是促进在电机、电子及有关技术领域中的所有标准化问题，以及有关其他问题上的国际合作。IEC 下设技术委员会（Technical Committee，TC）和分组技术委员会（Subcommittee，SC），其中从事电磁兼容的主要单位为国际无线电干扰特别委员会（CISPR）、第 77 技术委员会（TC77）和其他相关的技术委员会等，CISPR 的目的在于促进国际间射频干扰的问题能在以下几个方面获得一致意见，以有利于国际贸易：

- 无线电接收装置的保护，使其免受以下干扰源的影响：所有类型的电子设备；点火系统；包括电气牵引系统在内的供电系统；工业、科学和医用设备的辐射（不包括通信用的发射机所产生的辐射）；声音和电视广播接收机；信息技术设备等。
- 测量电磁干扰的设备与方法。
- 由第一项中所列的各种干扰源所产生干扰的限制值。
- 声音和电视广播接收机电磁耐受性要求和耐受性测试方法的规定。
- 为避免 CISPR 和 IEC 及其他国际组织的各种技术委员会在制定标准时的重复工作，CISPR 和相关委员会共同考虑除接收机外其他设备的干扰发射和耐受性要求。
- 安全规范对抑制电气设备可能干扰的影响。

CISPR 自 1934 年 6 月成立以来，在电磁干扰的研究与抑制方面投注了大量精力，并获得明显的成果。目前为止，CISPR 已经出版了数十个标准，这些标准也已经被全球绝大多数国家所采用，这些对处理国际上的电磁干扰问题提供了依据。此外，TC77 是 IEC 的电磁兼容技术委员会，其主要任务是制订电磁兼容（EMC）基本文件，也就是 IEC 61000 系列标准，其中涉及了电磁环境、干扰与耐受、试验程序与测量技术等的规范，特别是处理电力网络、控制网络以及与其相连接设备的 EMC 问题。

目前普遍使用的 EMC 符合性标准法规如表 7-1 所示。

表 7-1　目前普遍使用的 EMC 符合性标准法规

名称	代号
无线电干扰和耐受性测量仪器和测量方法－第 1 部：无线电干扰和耐受性测量仪器	CISPR 16-1-x
无线电干扰和耐受性测量仪器和测量方法－第 2 部：无线电干扰和耐受性测量方法	CISPR 16-2-x
信息技术设备射频干扰特性的限制值和量测方法	CISPR 22
声音与电视广播接收机和相关设备射频干扰特性的限制值和量测方法	CISPR 13
家用及其类似用途的电动、电热器具和电工器具的电磁干扰限制值和量测方法	CISPR 14
家电制品、电动工具和类似装置的电磁兼容性要求－第 1 部：发射	CISPR 14-1
家电制品、电动工具和类似装置的电磁兼容性要求－第 2 部：免疫力－产品族系的标准	CISPR 14-2
工业、科学、医疗射频设备的电磁干扰特性的限制值和量测方法	CISPR 11 & CISPR 23
应用置换法测量微波炉 1GHz 以上的辐射指引	CISPR 19
电气照明与类似设备的射频干扰限制值和量测方法	CISPR 15
车辆、船舶和由火花点火引擎驱动的装置的无线电扰动特性限制值和量测方法	CISPR12
广播接收机及相关设备电磁耐受性的限制值和量测方法	CISPR 20
多媒体设备的电磁兼容性－射频干扰特性的限制值和量测方法要求	CISPR 32

续表

名称	代号
电磁兼容性词汇	IEC 60050（161）
道路车辆一经由传导和耦合方式的电扰动一第 0 部：定义及通则	ISO 7637-0
道路车辆一经由传导和耦合方式的电扰动一第 1 部：使用标称电压 12V 的小客车和轻型商用车的电源线传导电瞬时传输	ISO 7637-1
道路车辆一经由传导和耦合方式的电扰动一第 2 部：使用标称电压 24V 的商用车的电源线传导电瞬时传输	ISO 7637-2
道路车辆一经由传导和耦合方式的电扰动一第 3 部；使用标称电压 12V 或 24V 的车辆经由电源线以外的导线以电容式或电感式耦合的电瞬时传输	ISO 7637-3
道路车辆一来自静电放电的电扰动	ISO TR 10605
保护车载接收机无线电扰动特性的限制值和量测方法	CISPR 25
电磁兼容性（EMC）一第 1 部：总则一第 1 章：术语和基本定义的应用与说明	IEC 61000-1-1
电磁兼容性（EMC）一第 2 部：环境一第 5 章：电磁环境分类	IEC 61000-2-5
被动式射频干扰滤波器和抑制组件特性的量测方法	CISPR 17
脉冲性噪声对移动无线通信的干扰一产品恶化的判定方式及其性能的改善方法	CISPR 21
电磁兼容性（EMC）一一般性标准一第 1 部：住宅区、商业区和轻工业区环境的电磁免疫力	IEC 61000-6-1
电磁兼容性（EMC）一一般性标准一第 3 部：住宅区、商业区和轻工业区环境的电磁放射标准	IEC 61000-6-3
信息技术设备电磁免疫力特性的限制值和量测方法	CISPR 24
电磁兼容测试与量测技术一第 1 部：概述	IEC 61000-4-1
电磁兼容测试与量测技术一第 2 部：静电放电免疫力测试	IEC 61000-4-2
电磁兼容测试与量测技术一第 3 部：辐射、射频、电磁场免疫力测试	IEC 61000-4-3
电磁兼容测试与量测技术一第 4 部：电性快速瞬时噪声的免疫力测试	IEC 61000-4-4
电磁兼容测试与量测技术一第 5 部：突波免疫力测试	IEC 61000-4-5
电磁兼容测试与量测技术一第 6 部：射频场感应的传导扰动免疫力	IEC 61000-4-6
电磁兼容测试与量测技术—第 8 部：电源频率磁场免疫力测试	IEC61000-4-8
电磁兼容测试与量测技术—第 9 部：脉冲磁场免疫力测试	IEC61000-4-9
电磁兼容测试与量测技术—第 10 部：阻尼振荡磁场免疫力测试	IEC61000-4-10
单灯头及双灯头荧光灯的电子式安定器电磁发射测试方法	CISPR 30
电磁兼容一第 2 部：谐波电流发射（设备输入电流每相小于等于 16A）的限制值	IEC61000-3-2
电磁兼容一第 3 部：对每相额定电流小于等于 16A 且不属于有条件连接的设备在公共低电压供应系统电压变动和电压闪烁的限制值	IEC61000-3-3
电磁兼容一第 4 部：对设备额定电流大于 16A 在公共低电压共应系统谐波电流的限制值	IEC61000-3-4
电磁兼容一第 5 部：对额定电流大于 16A 的设备在低电压供应系统电压变动和电压闪烁的限制值	IEC61000-3-5

由于电机电子产品通常都会不预期地产生射频电磁能量，因此根据产品的用途和使用场合，各国政府均要求电机电子产品在上市或进口输入之前必须符合相关 EMC 标准或法规的要求，才能判定该产品是否可标示合格标志以便于在市场上售卖。欧盟的 EMC 指令要求制造厂商必须提出符合性声明，并指出其所适用的测试标准。另外，有些国家则强制规定只有经过其所认可的指定实验室执行测试验证并向权责主管单位申请产品认证后才能售卖，由此可知 EMC 符合性测试的重要性。

无论军规、商规还是车用电子等产品的电磁兼容性测试标准和规范，都对 EMI/EMS 各类试验就仪器配备、场地配置、试验步骤、连接方式等有严格的规定，试验时应严格按照规格要求执行。由于电磁兼容性测试种类太多，无法逐一详细说明，因此下面对几个典型的传导干扰（CE）、辐射干扰（RE）、传导耐受（CS）和辐射耐受（RS）等 EMC 测试的试验方法进行讲述。

7-2 产品层级传导干扰测试

参考标准有 MIL-STD-461D/462D、CE102（10kHz～10MHz）、FCC Part 15（450kHz～30MHz）、CISPR 22（150kHz～30MHz）和 CISPR 14-1 等，而从相关标准所规定的限制值图即可知道以上各种 CE 规格的差异，实际摆设、电缆、引线和接地平板间的最小间隔亦有些差异，其中细节在相关法规中均有阐述。此外，传导干扰可再区分为连续性干扰和非连续性干扰两类。

- 连续性干扰：装有整流式电动机和其他装置的家用电器、电动工具和其他类似电气产品可能产生连续性干扰。连续性干扰可能为宽频带噪声，例如由机械开关、整流器、半导体调节器等开关装置所引起，也可能是窄频带噪声，例如由微处理器的电子控制装置所造成。
- 非连续性干扰：具有恒温控制的产品、自动可程序控制机器以及其他电子式控制或操作的产品其开关的动作产生了非连续性的干扰；非连续性干扰是指干扰超过连续性干扰的限制值且持续时间不大于 200 ms 并与随后的干扰分开至少 200ms。非连续性干扰会随重现率和振幅的大小而干扰声音和影像的质量，所以必须区分非连续性干扰的不同种类特性。

1. 电源端传导干扰测试

目的是对所有适用于上述参考法规的待测件在关注干扰效应的频率范围内交直流电源输入和输出线（包括设备内部不接地的中性线）执行传导干扰测试。

一般电源线传导干扰测试所需的配备如图 7-2 所示，以 CE102 为例，电缆、引线和接地平板间的间隔为 5cm，从待测件到 LISN（线阻抗稳定网络）或贯穿电容的电源线长度不超过 2cm，待测设备的每条电源线从导线分界处到 LISN 或贯穿电容器的长度是 2m，根据测试系统的灵敏度及宽频带测试要求选用阻抗匹配转换器和滤波器。

电源线传导干扰测试的步骤为：将电流探夹沿每根电源线的导线分界处到 LISN 或贯穿电容器的线段移动，以使频谱分析仪或测试接收机的读数最大，记录读数，将所得结果与法规的限制值比较即可知道是否合格。

2. 通信端口传导干扰测试

与电源线传导干扰测试的不同之处是，其测试端点是用于声音、数据和信号转换的连接点，而且该电信通信网的目的在于通过多重用户的通信网络（如公共电信交换网（PSTN）、综合业务数字网（ISDN）、X 型数字用户线路（xDSL）等）、局域网（如以太网、环状局域网等）以及类似网络等方法，以便连接分布式系统，因此除了需要控制数据传输的对应测试软件外，其所使用的通信端口阻抗耦合网络 ISN 也与 LISN 有所不同。

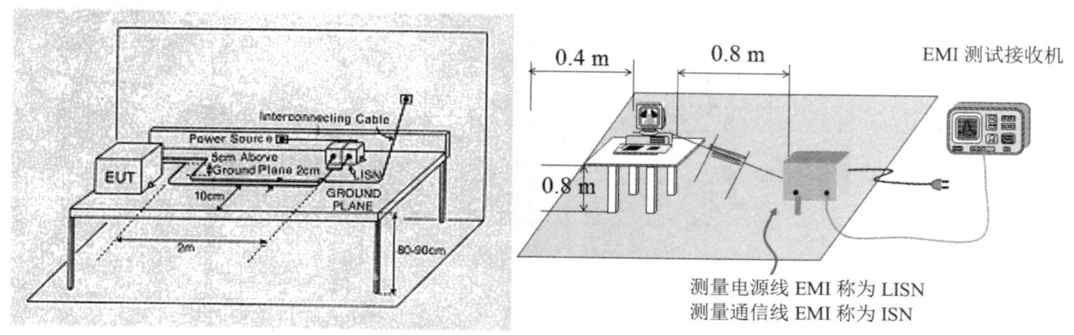

图 7-2　CE102 传导干扰测试配置

7–3　产品层级辐射干扰测试

参考标准有 MIL-STD-461D/462D、RE102（10kHz～18GHz）、FCC Part 15（30MHz～18GHz）和 CISPR 22（30MHz～6GHz）等，而从相关标准所规定的限制值图即可知道以上各种 RE 规格的差异，实际摆设与测试距离亦同样一个标准与地区而有些差异，其中细节在相关法规中也均有阐述。

目的是测试电子电机、电气和机电设备及其组件所辐射的电磁发射，包括来自所有组件、电缆及连接线的噪声发射。它适用于发射机的基本波发射、假电信发射、振荡器发射和宽频带发射，但不包括天线的辐射发射和交连导线上的电场辐射。测试所需配备如图 7-3 所示，按照待测件的性质可分为桌上型配备和落地型配备。以 CISPR 22 的开放空间执行 1 GHz 以下测试为例（如图 7-3 所示），旋转台上木桌高度为 80 厘米，天线与待测件距离为 10m，在 1m～4m 高度间升降天线，同时待测件应在转台上旋转，找出最大值的辐射点。对不同频率选择相应的测试天线，上述电场辐射试验亦可在隔离的电波暗室内进行，但如果是执行 1 GHz 以上的辐射干扰测试，则是在 3m 的测试距离和接收天线在固定高度情况下，在地面上也铺上吸波材料的类似全无反射环境要求下进行，如图 7-4 所示。

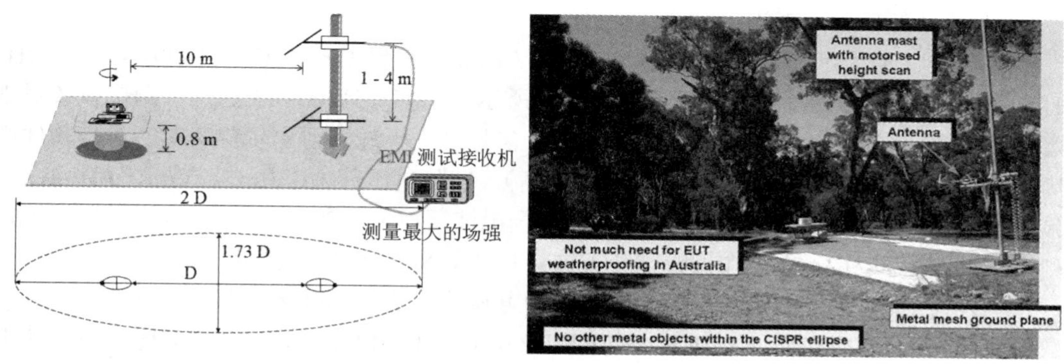

图 7-3　CISPR 辐射干扰测试（1GHz 以下）

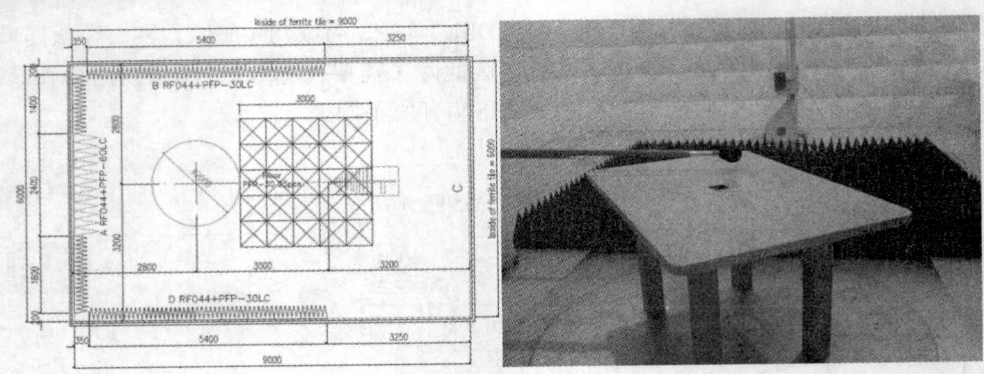

图 7-4　CISPR 辐射干扰测试（1GHz 以上）

7-4　产品层级电磁耐受性测试

1. 传导耐受/抗扰性测试

参考标准有 MIL-STD-461D/462D、CS102（10kHz～10MHz）、IEC 61000-4-6（150kHZ～30MHz）等，传导耐受性测试的配备如图 7-5 所示，以 IEC 61000-4-6 为例，RF 电压直接注入电源线或信号线，试验电压有 3 种：1V、3V 和 10V，频率范围为 150kHz～80MHz，使用耦合/去耦合网络，可加振幅调变方式（1kHz，80% AM）执行测试。

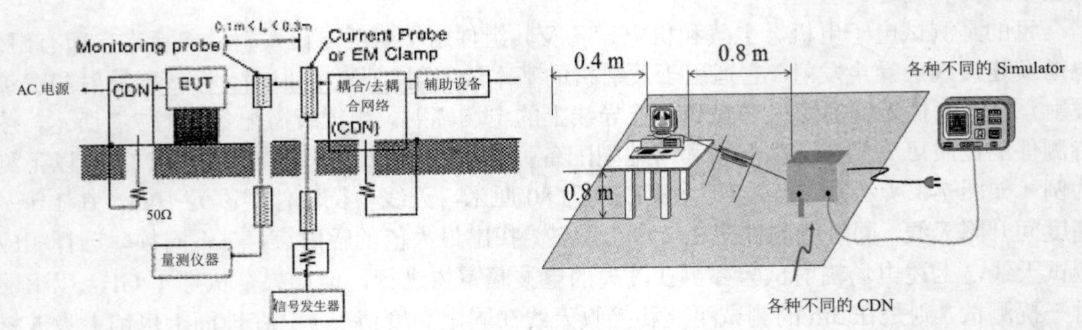

图 7-5　IEC 61000-4-6 传导耐受性测试配备

2. 电场辐射耐受性测试

参考标准有 MIL-STD-461D/462D、RS103（10kHz～18GHz）、IEC 61000-4-3（80MHz～1GHz）等，电场辐射耐受性测试配备如图 7-6 所示，以 IEC61000-4-3 为例，测试设备对规定频谱成分和规定强度电场辐射场的耐受性。RF 信号经由天线辐射出 RF 功率，对待测件产生干扰，干扰频率范围为 80MHz～1GHz（或更高），试验电压分为 1V/m、3V/m、10V/m 三种；试验方位包括前、后、左、右（上、下），使用全电波反射室（需要符合 16 点均匀场的规定），待测件至天线距离为 3m，可加振幅调变方式（1kHz，80% AM）执行测试。

3. 电场辐射耐受性测试（TEM Cell：横向电磁波室法，10kHz～200MHz）

参考标准为 ISO 11452-3（10kHz～200MHz），以 ISO 11452-3 为例，横向电磁波室法电场辐射耐受性测试配备如图 7-7 所示，使设备尽可能置于接近地电位处，待测件尺寸最好符合三分之一原则，连接线和电源线保持在底板上面 4～6cm 处。待测件应在它直立位置的两个方向上进行测试，一个方向是设备前面板沿着横电磁波室长度方向，另一个方向是设备前面板对着锥形过渡段方向。设定对待测件耐受性的频率和最小场强或按规定的极限值进行耐受性试验，试验频率不应超出正常工作频率范围。

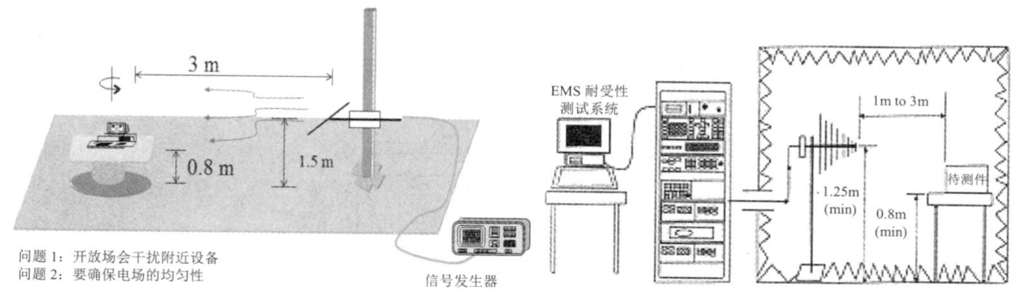

图 7-6　IEC61000-4-3 辐射耐受性测试配备

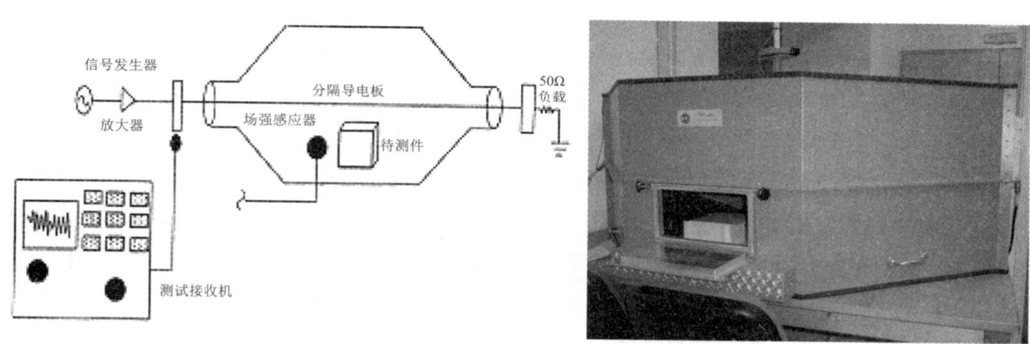

图 7-7　横向电波室（平行板天线或扁条式天线）内执行 EMC 试验

4. 静电放电耐受性测试（ESD）

参考规格为 IEC 61000-4-2（如图 7-8 所示的静电放电电流波形），模拟人体所带静电对产品的影响。试验点包括所有接触面（如图 7-9 所示），空气放电加至 15kV（或其他电压），接触放电加至 8kV（或其他电压，含垂直耦合和水平耦合），试验次数分正负极性，至少各放电 10 次，试验间隔一般约 1s，静电放电测试前后要同时监测待测件功能是否正常，以判定是否合格。

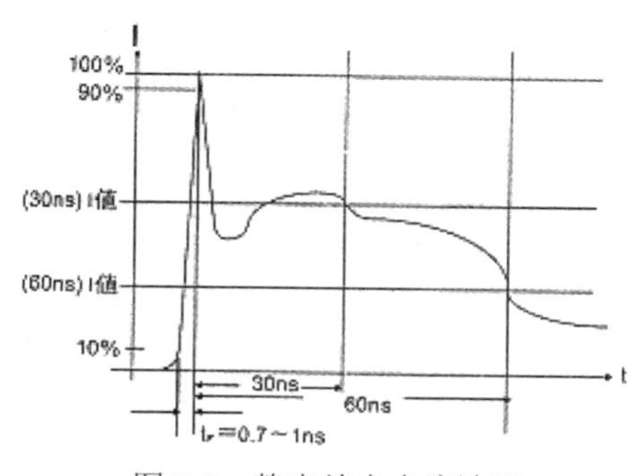

图 7-8　静电放电电流波形

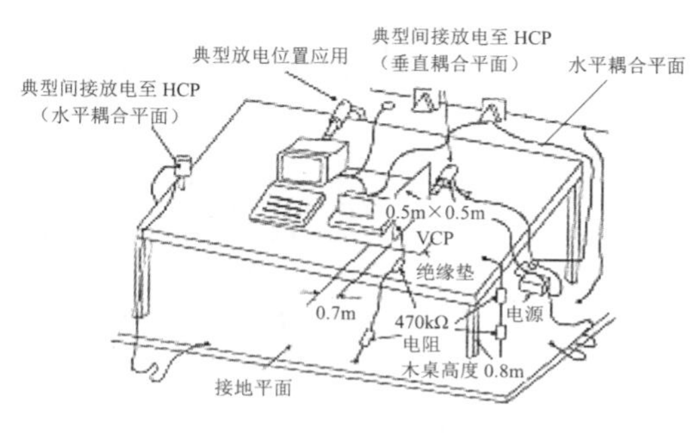

图 7-9　桌上型设备静电放电测试架构

5. 电性快速瞬时耐受性测试（EFT/Burst）

参考规格为 IEC 61000-4-4（如图 7-10 所示为快速瞬时波形），干扰频率为 5kHz，试验水平为 0.25kV～4kV，噪声脉冲形式在 5/50ns，试验模式用来干扰电源线和信号线，噪声耦合模式可分直接接入和电容性线夹，试验方法分正负极性，不同两线接法均可测试，测试前后要同时监测待测件功能是否正常，以判定是否合格。

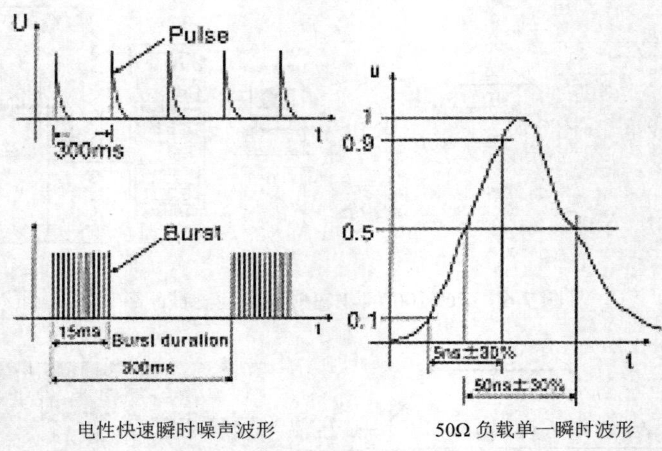

电性快速瞬时噪声波形　　50Ω 负载单一瞬时波形

图 7-10　电性快速瞬时波形

6. 雷击突波耐受性测试

参考规格为 IEC 61000-4-5（如图 7-11 所示的雷击突波波形），模拟雷击诱导与电感性负载切换，试验电压为 0.5kV～4kV，脉冲形式在 1.2/50μs（8/20μs），试验模式可分电源线和信号（通信）线，试验方法包括正负极性、相位，不同两线接法均可测试，测试前后要同时监测待测件功能是否正常，以判定是否合格。

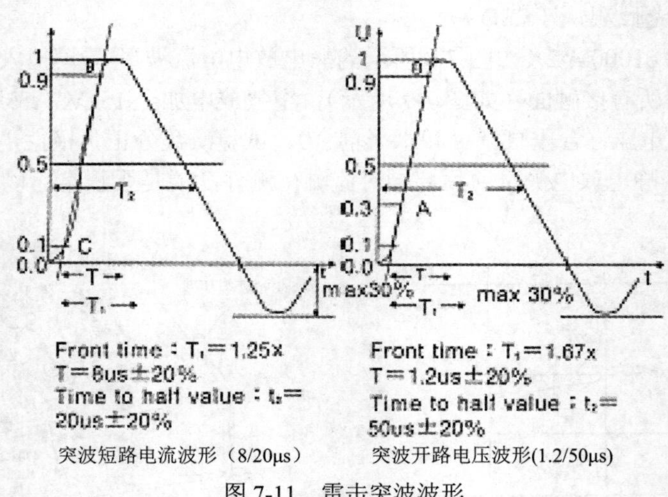

突波短路电流波形（8/20μs）　　突波开路电压波形(1.2/50μs)

图 7-11　雷击突波波形

7. 电源频率磁场耐受性测试

参考规格为 IEC 61000-4-8（如图 7-12 所示的测试架构），模拟电流流经电力线所产生的电源频率磁场，仿真器必须提供连续 120A 和瞬时 1200A 的电流，经诱导线圈注入电流产生干扰源，试验水平包括 1A/m、3A/m、10A/m、30A/m、100A/m，试验方向可分前后、左右、上下，试验环境电磁场至少需要低于试验条件 20dB 以上，待测件至诱导线圈距离约为待测件直径的 1/3，测试前后要同时监测待测件功能是否正常，以判定是否合格。

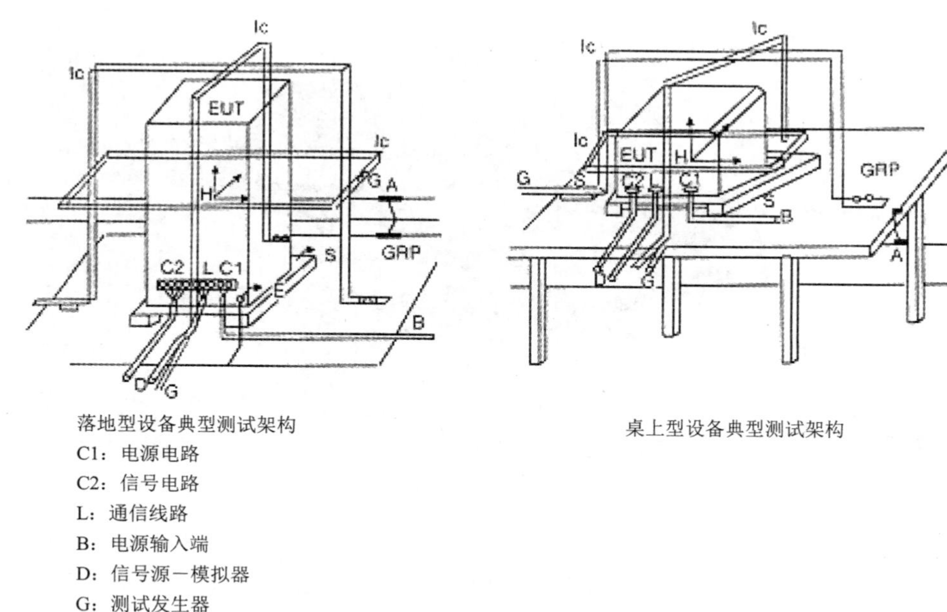

图 7-12　电源频率磁场测试架构

8. 电压瞬降瞬断耐受性测试

参考规格为 IEC 61000-4-11，模拟电源瞬时快速变动和缓慢连续变动，试验模式只有电源线，试验水平包括 0%、40%、70%，持续周期可分 0.5、1.5、10、25、50 圈，侵入电流为 100～120V/250A、220～240V/500A 等，试验方法包括变动相位范围 0～360°，间隔范围为 3dips/s，电压上升、下降速率范围为 1～5μs 等，测试前后要同时监测待测件功能是否正常，以判定是否合格。

7–5　车用电子 EMC 测试技术发展

近年来车辆的舒适便利性和安全性的要求已是市场趋势，因此越来越多的电子设备都已列为标准配置，车厂着重在汽车增值服务的同时，各国半导体产业也看好汽车信息应用及汽车电子市场。根据产业调查，若将汽车电子分类为保全、汽车信息/通信、车体、主动/被动安全、悬吊/底盘、引擎/电动等项目（如图 7-13 所示），则过去近十年以主动/被动安全、汽车信息/通信、悬吊/底盘、车体的预估复合增长率最高。面对这么多电子设备安装在有限的车辆空间中，装置间彼此的电磁干扰已不容小觑，甚至相邻电子装置的辐射位准可能会造成周围组件的误动作，加上电磁兼容法规的要求已是全世界的共识，因此如何规划一套既符合法规要求又可以加速产品研发进度的EMC 量测系统和设计规范正是目前汽车电子与半导体产业界所迫切需要的。此外，近年来对云计算和无线通信技术的需求与依赖下，有许多用户非常希望将无线通信的能力延伸至他们所使用的车辆上，并在车上大量采用电子系统以达到车辆控制智能化、乘坐空间舒适化和信息服务多元化的目的，使车辆电磁兼容（EMC）的考验日趋严苛。

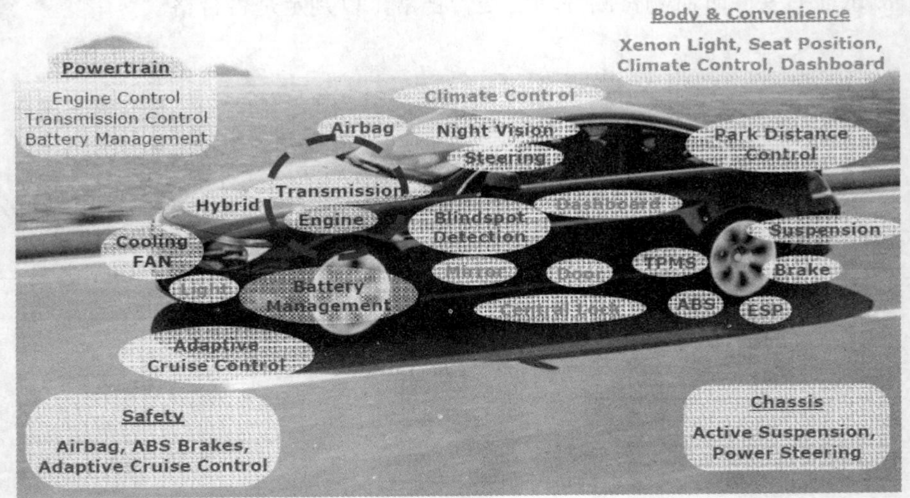

图 7-13　汽车电子的分类

近年来，日益繁多的电子产品广泛应用在汽车上并逐渐形成汽车电子技术。汽车电子技术的应用程度已成为提升汽车技术水平的重要标志，各种电子电气产品已占汽车总成本的30%，甚至更多，而且这种趋势还在不断地发展。在这样的形势下，便派生出一门新兴技术即汽车电磁兼容技术，因为在强烈电磁场的环境条件下，精密的汽车电子零部件可能会遭遇到因传导、放射而直接或间接干涉到器材所引起的性能老化、错误动作、破坏等障碍。

我国以往在消费性商品主导的市场，因为多样化的需求，加上科技的进步，各种不同性能的车辆仪控逐一并入行车之中，如车用倒车雷达、车辆定位系统、车辆防滑轨迹系统、车辆防死锁刹车系统、车用计算机芯片等，使得过去用来代步的交通工具提供了更多的附加值。然而在狭小且有限的空间中装置这么多的电控装置造成车辆中的电磁环境复杂而且混乱。为避免因为电控设备相互影响引起安全的疑虑并确保行车当中的安全，国际间相关组织开始针对信息、电子产品等车装设备制定相对的电磁兼容（EMC）法规，如 ISO 11451 和 11452 系列标准、ECE/R10、72/245/EEC、97/24/EC 等。汽车电磁兼容技术的定义为：车辆或零部件或独立技术单元在其电磁环境中能令人满意地工作，又不对该环境中的任何事物造成不应有的电磁干扰的能力。即在汽车及其周围空间中，在一定的时间内（营运的时间），在可用的频谱资源条件下，汽车本身及其周围的用电设备可以共存而不致引起性能降级。

汽车技术比较先进的国家都十分重视对汽车电磁兼容技术的研究，纷纷制定了相应法规和标准。各大汽车生产商投入资金建立相应的汽车电磁兼容技术研究中心，对其整车执行测试认可，对汽车电子产品零部件的批量生产进行检查，分析事故的赔偿责任，对整车电磁环境的测试进行分析和描述，从而提出整车电气系统和汽车电子产品电磁兼容性设计的技术要求。

7-5-1　车用电子应用发展趋势和相应的 EMC 要求

全球车辆产业正朝着先进安全、智能化、节能等趋势发展，目前我国电子产业正处于将通信科技融入汽车工业的萌芽阶段，国内业者从上游半导体业者到中下游的光电、被动组件、系统大厂都正全力抢进智能化车辆零部件市场。早期探讨的电磁兼容测试是在测试设备与设备或系统与系统间相互干扰，而随着无线通信的应用与科技的日新月异，产品轻薄短小化且功能丰富的状况下，车辆电子所使用的高速数字系统的设计都需要附加越来越多的无线通信技术，当很多发射组件或模块一起紧密建置在系统内时，所需注意的焦点已经不只是设备与设备之间的电磁兼容问题，更发展到系统内模块与模块间的兼容性测试。车辆电子所使用的 IC 设计已进入芯片系统（SoC）设计时代，因此电磁兼容领域的研究最近几年也渐渐演变聚焦并运用到 IC 上。在其操作频率上渐渐提升，供给的电压渐渐降低，在 IC 的电磁耐受度上面逐渐遭遇问题。举例来说，无所不在的电磁环境在我们的运输车辆装置上，如 ABS 刹车系统、安全气囊感应器或是一些马达管理装置。如果没有一个合适的设计，IC 上的电磁兼容问题将会成为限制未来先进车辆电子系统的主要问题。

汽车电子一直被视为嵌入式产业的蓝海市场，和其他嵌入式产品不同的地方在于产品应用和人身安全有关，加上汽车产业的产品周期较长，产品研发到推出，需要以年作单位，汽车电子的出货表现是在稳定中求增长。此外，汽车电子影响人身安全，加上科技日新月异且能将新科技纳入汽车中，将有效提高行车安全。除车厂会针对辅助驾驶、行车安全方向提出不少新应用外，世界各国亦针对汽车电子产业及 ITS 智能型运输系统明确制定出政策，其中以美国及欧洲最为积极，其目标均在减少汽车交通事故、提高用路质量如减少塞车等，同时也是为了创造新的产业经济价值。为了达到上述目标，技术核心在于汽车信息是否真无线传输，为让此信息能做到无线传输，多是以短距无线通信（DSRC）架构，而为了让车和车之间做出信息传递，目前美国以 OBE 为主要技术。有了无线通信加持后，让驾驶人在行车时可实时得知路况及各项用路情报如安全、天气、停车信息等，甚至不需要道路指标就可告知驾驶人目的地的距离，由于所有数字都是实时告知，完全和传统 GPS 卫星导航方式不同。欧盟则是利用 i2010 计划，希望通过车上通信系统传送紧急事故来降低伤亡，省去交通事故所造成的成本负担。而我国汽车电磁兼容技术的研究起步较晚，相关标准还不够完善，同先进国家相比还有一定差距，因此产业界应正视这一问题，积极寻求解决办法。

7-5-2　高度整合化汽车电子遭遇系统性问题分析

我国电子厂商的难题在于汽车电子零部件将走向机电整合，但微控制器（MCU）、传感器（Sensor）、线传控制等零件均涉及严格的认证程序，而国内电子厂商在这一部分着墨不易，而且整车厂通常自己有完整的零部件供应链体系，我国电子厂商进入不易。而车用信息、娱乐设备则属于消费性电子应用，是我国电子厂商的强项且 OEM 进入障碍也相对较低，后市场（AM）亦有需求，因此我国电子厂商可将车载电子作为进入汽车电子领域的敲门砖。然而，汽车电子零部件着重温度、湿度、电磁兼容性、电压方面的考验，这些层面的考验尤甚于消费性电子。汽车电子零部件需要长期且稳定供货，成本降低并不是唯一考虑，我国电子厂商的长处不一定受青睐。汽车电子在动力、底盘、车体系统方面，我国厂商进入障碍大，我国厂商将继续扮演传统电子零部件的供应角色。

一般而言，代工思维常会压制内需创意，我国汽车电子或其他电子高科技产业，在某种程度上是以外销为导向，因此为了维持出口的前景，更让国人不自觉地习惯于代工制造精神，习惯从降低成本的单线角度寻求利润空间。相对地，缺乏对提高附加值、提升服务质量的升级思考。而这些心态层面的问题却是打造我国内需市场的核心关键。这里就希望通过 EMC 设计与验证技术的发展协助国内产商提高其产品在全球市场的附加值。

车辆嵌入式电子 EMC 领域是希望通过事先对主要的数字 IC 进行噪声量测，接着以电磁仿真软件进行仿真和分析，进而建立车辆内部干扰耦合的电磁行为模型，以便车厂及车辆电子厂商在设计阶段即可进行电磁兼容模型连接，换句话说，车辆嵌入式电子 EMC 的解决方案是借改变车辆电子系统设计与组装的流程来解决以前等到产品制造完成后再进行 EMC 验证测试时才发现 EMC 不符合法规或客户要求规格时才执行 EMC 对策的耗时耗费补救措施，改善为在车辆嵌入式电子系统的设计阶段即对 EMC 进行验证模拟，使通过 EMC 验证的嵌入式电子模块或系统在产品制造完成后即能符合 EMC 的规定。这样可有效减少产品因失败而蒙受巨大损失的风险，有利于缩短产品进入市场的时间，降低产品的成本，使产品在市场上更具有竞争优势。

7-5-3 车辆零部件 EMC 相关标准与规范的发展

在大多数汽车控制系统设计中，EMC 变得越来越重要。如果设计的系统不干扰其他系统，也不受其他系统发射影响，并且不会干扰系统自身，那么所设计的系统就是电磁兼容的。在美国出售的任何电子设备和系统都必须符合联邦通信委员会（FCC）制定的 EMC 标准，而美国主要的汽车制造商也都有自己的一套测试规范来制约其供货商。其他的汽车公司通常也都有各自的要求，例如：

- SAE J1113（汽车组件电磁敏感性测试程序）提供了汽车组件推荐的测试级别和测试程序。
- SAE J 1338 提供了关于整个汽车电磁敏感性如何测试的相关信息。
- SAE J1752/3 和 IEC 61967 的第二和第四部分是专用于 IC 发射测试的两个标准。

除此之外，欧洲也有自己的相关标准要求，欧盟 EMC 指导规范 89/336/EEC 于 1996 年开始生效，从此欧洲汽车工业引入了一个新的 EMC 指导标准（95/54/EEC），而且随着电子技术的迅速发展 89/336/EEC 也于 2004 年 12 月更新为 2004/108/EC 指令。

由于车辆电源系统的特殊性而且为保护车辆的电装产品（音响、行车记录仪）的正常动作，针对车辆电力系统产生的各项电源脉波，国际标准化组织制定了 ISO 7637 传导瞬时试验法，国际化标准 ISO 11452、10605、7637 将车辆零部件执行电磁耐受（EMS）测试时的操作功能状态以功能状态等级（FPSC）来区分，EMS 测试方法仿真车辆零部件可能遭遇的电磁扰动，以确保零部件能在此电磁环境下正常运作。而且因人体易带正电，当手指碰触到汽车零部件时容易产生静电放电而破坏车上的电装产品，因此 ISO 10605 明确规定设备（静电放电仿真器）、放电波形、次数、极性等来对车辆的静电现象提供完整的试验。

随着车辆中使用的电子部件日益增多，汽车厂商将部件外包的趋势也日趋明显，因此 EMC 测试开始逐渐变成部件厂商的责任。在诸如 ISO 11452（国际标准化组织）和 SAE J1113（汽车工程师协会）等汽车部件电磁免疫力测试国际标准中都描述了频率存在重叠的多种不同测试方法和测试等级。在没有任何更高的立法要求时，车辆厂商们就可以在这些通用标准的基础上制定其测试要求。即当某汽车厂商欲为其部件供货商制定部件等级的测试要求时，他可以从包含多种测试方法、测试频率范围和测试等级的清单上选择合适的款项来构成他自己的测试标准。最终，一个为多家汽车厂商提供子部件的厂家就有可能必须根据不同的标准采用不同的方法，在同一个频率范围内测试同样的部件。目前国际普遍采用的标准有以下几个：

- CISPR 25：2008-03, Vehicles, boats, and internal combustion engines-Limits andmethods of measurement for the protection of on-board receiver
- ISO 11452-1：2005-02, Road vehicles-Component test methods for electrical disturbances from narrowband radiated electromagnetic energy-Part 1：General principles and terminology
- ISO 11452-2：2004-11, Road vehicles-Component test methods for electrical disturbances from narrowband radiated electromagnetic energy-Part 2：Absorber-lined shielded enclosure
- ISO 11452-3：2001-03, Road vehicles-Component test methods for electrical disturbances from narrowband radiated electromagnetic energy - Part 3：Transverse electromagnetic（TEM）cell
- ISO 11452-4：2005-02, Road vehicles-Component test methods for electrical disturbances from narrowband radiated electromagnetic energy-Part 4：Bulk current injection（BCI）
- ISO 11452-5：2002-04, Road vehicles-Component test methods for electrical disturbances from narrowband radiated electromagnetic energy-Part 5：Stripline
- ISO 11452-7：2003-11, Road vehicles-Component test methods for electrical disturbances from narrowband radiated electromagnetic energy-Part 7：Direct radio frequency（RF）power injection
- ISO 11452-8：2007-07, Road vehicles-Component test methods for electrical disturbances from narrowband radiated electromagnetic energy-Part 8：Immunity to magnetic fields
- ISO/CD 11452-09：Road vehicles-Component test methods for electrical disturbances from narrowband radiated electromagnetic energy-Part 09：Portable transmitters

7-5-4 车辆零部件 EMC 测试方法简介

车辆零部件 EMC 试验的分类共有两种：电磁兼容基本分类和电磁干扰（EMI）测试分类。车辆零部件的 EMC 测试方法依其噪声耦合机制与部件特性选择 EMC 测试项目，可分为辐射和传导两种方式。一般车辆零部件 EMC 测试规范包含辐射发射（RE）、传导发射（CE）、辐射耐受（RI）、传导耐受（CI）、传导瞬时和静电放电（ESD）等测试项目，而不同的测试项目具有不同的测试目的，因此需要依据零部件的组成结构、电气特性等来规划适合零部件的测试计划。在部分车厂厂规中，已将零部件划分为不同的类别，再依此类别选择所需的测试项目，以正确检测出零部件的特性。

辐射干扰测试主要有以下 3 种：

- 微波暗室中的辐射天线测量法
- TEM Cell 法（根据 ISO 11452-3 和 SAE J1113/24 中的规定）
- 带状线法和三平面板法

TEM Cell 法属于封闭型测量方法，而带状线法和三平面板法所采用的测试装置则是开放式传输线，也就是说，在采用这两种方法时，最大场虽然位于平面之间，但仍有能量辐射到测试装置外部，因此测试必须在一间屏蔽室内进行。ISO 11452-5 和 SAE J1113/23 中均对带状线测试有所描述，而三平面板测试只在 SAE J1113/25 中提到了。

传导干扰测试主要有以下两种：

- 电流注入法（BCI，在 ISO 11452-4 和 SAE J1113/4 中均有描述）
- 直接注入法

BCI 法对驱动能力要求过高，而且在测试过程中与相关设备的隔离也不好，直接注入法的目的就是克服 BCI 法的这两个缺点，具体做法是将测试设备直接连接到 EUT 电缆上，通过一个宽带人工网络（Broadband Artificial Network，BAN）将 RF 功率注入 EUT 电缆，而不干扰 EUT 与其感应器和负载的接口，该 BAN 在测试频率范围内对 EUT 呈现的 RF 阻抗可以控制。BAN 在流向辅助设备的方向至少能够提供 500W 的阻塞阻抗。干扰信号通过一个隔直电容器直接耦合到被测线。ISO 11452-7 和 SAE J1113/3 中描述了该方法。

7-5-5　车辆零部件 EMC 测试原理简介

1．EMI 测试为防止车载接收机受干扰

CISPR 25 及其对应的 CNS 和 GB 标准的主要目的是保护车辆所搭载的接收机，避免因为车辆上的电装设备产生过大的电磁扰动进而影响车载接收机的正常收信和动作。该测试标准中主要制定 3 种 EMI 量测方式，试验范围包含调幅（AM）广播、调频（FM）广播和移动服务，其试验方法如下：

（1）整车量测法。

试验频率范围为 150kHz～2500MHz，测试时测试车辆必须位于电波暗室内，测试天线为车辆上原始搭载的接收机天线，如图 7-14（a）所示。

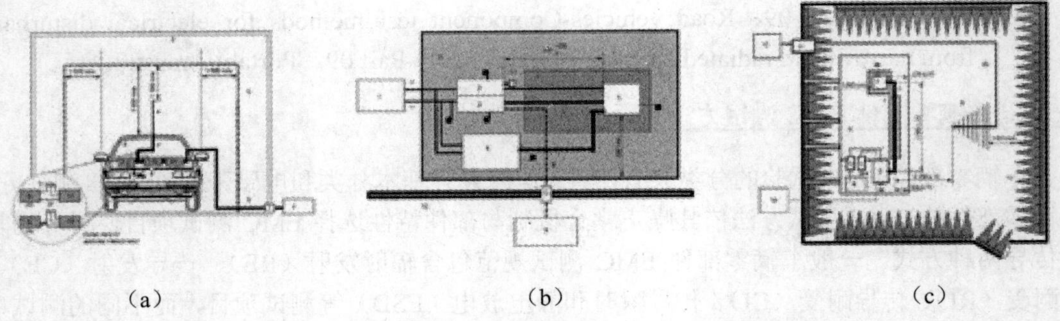

（a）　（b）　（c）

图 7-14　CISPR 25 整车/车辆零部件电磁干扰试验配置

（2）车辆零部件传导干扰量测法。

试验频率范围为 150kHz～108MHz，模拟车上因电源线扰动而影响零部件的正常动作，电磁扰动通过电源线传递，测试时测试件位于隔离室内并经由人工仿真网络（5μH/50Ω）量测其所产生的电磁扰动，测试配置如图 7-14（b）所示。

（3）车辆零部件辐射干扰量测法。

试验频率范围为150kHz～2500MHz，模拟车上因电磁波扰动而影响零部件的正常作动，电磁波扰动通过空气传递，测试时测试件必须位于电波暗室内并分别由4种量测天线（杆形、双锥、对数周期和号角天线）组合其完整量测频段，如图7-14（c）所示。EMI测试方法依照扰动源的特性可分为传导发射测试和辐射发射测试，EMI测试计划必须选定合适的限制值来限制电装产品的电磁扰动值，而测试计划中应使用的限制值与设定量测接收机的方式必须了解电磁扰动的特性来规划。

依国际标准CISPR 25分类，电磁扰动包含宽带扰动和窄频扰动两大类，一般而言，宽带扰动是指频宽大于特定量测仪器或接收机的发射，包含点火系统、电动马达等；窄频发射是指频宽小于特定量测仪器或接收机的发射，包括微处理器、数字逻辑电路、振荡器、频率发生器、显示器等动作时所产生的扰动均为窄频发射。CISPR 25进行试验时必须选定适合待测物的限制值，判定全频带限制值的程序如图7-15所示，分为平均值和峰值、平均值和准峰值两种分类方式，搭配不同的检波器和限制值来判定待测物是否合格。

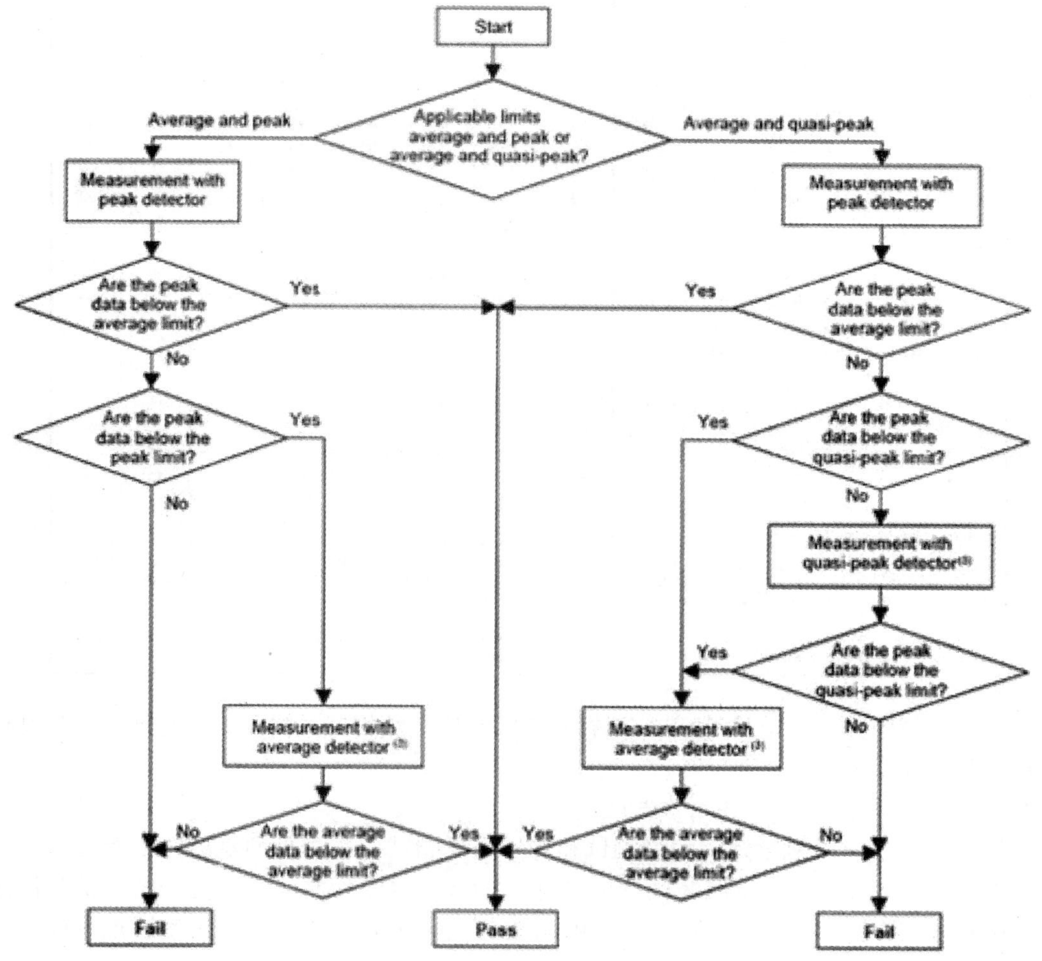

图7-15 判定全频带限制值的流程

CISPR 25 中除了依据电磁扰动源的类别来选择限制值外，在国际标准 CISPR 25 中针对 EMI 测试的限制值分为 5 个等级，依据表 7-1 所示的零部件准峰值与峰值辐射发射限制值和表 7-2 所示的零部件平均值辐射发射限制值来判定待测件符合的限制值等级。

表 7-1　CISPR 25 的准峰值与峰值辐射发射限制值

Service / Band	Frequency MHz	Levels in dB(μV/m)									
		Class 1		Class 2		Class 3		Class 4		Class 5	
		Peak	Quasi-peak	Peak	Quasi-peak	Peak	Quasi-peak	Peak	Quasi-peak	Peak	Quasi-peak
BROADCAST											
LW	0,15 - 0,30	86	73	76	63	66	53	56	43	46	33
MW	0,53 - 1,8	72	59	64	51	56	43	48	35	40	27
SW	5,9 - 6,2	64	51	58	45	52	39	46	33	40	27
FM	76 - 108	62	49	56	43	50	37	44	31	38	25
TV Band I	41 - 88	52	-	46	-	40	-	34	-	28	-
TV Band III	174 - 230	56	-	50	-	44	-	38	-	32	-
DAB III	171 - 245	50	-	44	-	38	-	32	-	26	-
TV Band IV/	468 - 944	65	-	59	-	53	-	47	-	41	-
DTTV	470 - 770	69	-	63	-	57	-	51	-	45	-
DAB L band	1447 - 1494	52	-	46	-	40	-	34	-	28	-
SDARS	2320 - 2345	58	-	52	-	46	-	40	-	34	-
MOBILE SERVICES											
CB	26 - 28	64	51	58	45	52	39	46	33	40	27
VHF	30 - 54	64	51	58	45	52	39	46	33	40	27
VHF	68 - 87	59	46	53	40	47	34	41	28	35	22
VHF	142 -175	59	46	53	40	47	34	41	28	35	22
Analogue UHF	380 - 512	62	49	56	43	50	37	44	31	38	25
RKE	300 - 330	56	-	50	-	44	-	38	-	32	-
RKE	420 - 450	56	-	50	-	44	-	38	-	32	-
Analogue UHF	820 - 960	68	55	62	49	56	43	50	37	44	31
GSM 800	860 - 895	68	-	62	-	56	-	50	-	44	-
EGSM/GSM 900	925 - 960	68	-	62	-	56	-	50	-	44	-
GPS L1 civil	1567 - 1583	-	-	-	-	-	-	-	-	-	-
GSM 1800 (PCN)	1803 - 1882	68	-	62	-	56	-	50	-	44	-
GSM 1900	1850 - 1990	68	-	62	-	56	-	50	-	44	-
3G / IMT 2000	1900 - 1992	68	-	62	-	56	-	50	-	44	-
3G / IMT 2000	2010 - 2025	68	-	62	-	56	-	50	-	44	-
3G / IMT 2000	2108 - 2172	68	-	62	-	56	-	50	-	44	-
Bluetooth/802.11	2400 - 2500	68	-	62	-	56	-	50	-	44	-

NOTE 1　All values listed in this table are valid for the bandwidths in Tables 1 and 2. If measurements have to be performed with different bandwidths than those specified in Tables 1 and 2 because of noise floor requirements, then applicable limits should be defined in the test plan.

NOTE 2　Where multiple bands use the same limits the user shall select the appropriate bands over which to test. When the test plan includes bands that overlap the test plan shall define the applicable limit.

在车厂厂规中并不一定与 CISPR 25 有干扰限制值等级的分类相同，可能只有一个限制值等级作为判定依据。

2. 电磁耐受测试减少部件运作失误

电磁耐受测试方法包含辐射耐受测试和传导耐受测试，仿真车辆零部件可能遭遇的电磁扰动，以确保零部件能在此电磁环境下正常运作。ISO 11452 车辆零部件电磁耐受试验包含有一般通则及电波暗室、横向电磁波室、大电流注入、导波线（带状线）、射频能量直接注入及磁场耐受力等试验法。

（1）一般通则。

主要是定义各种试验法的条件、功能分类和频率范围等。

表 7-2　CISPR 25 的平均值辐射发射限制值

Service / Band	Frequency MHz	Levels in dB(μV/m)				
		Class 1	Class 2	Class 3	Class 4	Class 5
		AVG	AVG	AVG	AVG	AVG
BROADCAST						
LW	0,15 - 0,30	66	56	46	36	26
MW	0,53 - 1,8	52	44	36	28	20
SW	5,9 - 6,2	44	38	32	26	20
FM	76 - 108	42	36	30	24	18
TV Band I	41 - 88	42	36	30	24	18
TV Band III	174 - 230	46	40	34	28	22
DAB III	171 - 245	40	34	28	22	16
TV Band IV/V	468 - 944	55	49	43	37	31
DTTV	470 - 770	59	53	47	41	35
DAB L band	1447 - 1494	42	36	30	24	18
SDARS	2320 - 2345	48	42	36	30	24
MOBILE SERVICES						
CB	26 - 28	44	38	32	26	20
VHF	30 - 54	44	38	32	26	20
VHF	68 - 87	39	33	27	21	15
VHF	142 -175	39	33	27	21	15
Analogue UHF	380 - 512	42	36	30	24	18
RKE	300 - 330	42	36	30	24	18
RKE	420 - 450	42	36	30	24	18
Analogue UHF	820 - 960	48	42	36	30	24
GSM 800	860 - 895	48	42	36	30	24
EGSM/GSM 900	925 - 960	48	42	36	30	24
GPS L1 civil	1567 - 1583	34	28	22	16	10
GSM 1800 (PCN)	1803 - 1882	48	42	36	30	24
GSM 1900	1850 - 1990	48	42	36	30	24
3G / IMT 2000	1900 - 1992	48	42	36	30	24
3G / IMT 2000	2010 - 2025	48	42	36	30	24
3G / IMT 2000	2108 - 2172	48	42	36	30	24
Bluetooth/802.11	2400 - 2500	48	42	36	30	24

NOTE 1　All values listed in this table are valid for the bandwidths in Tables 1 and 2. If measurements have to be performed with different bandwidths than those specified in Tables 1 and 2 because of noise floor requirements, then applicable limits should be defined in the test plan.

NOTE 2　Where multiple bands use the same limits the user shall select the appropriate bands over which to test. When the test plan includes bands that overlap the test plan shall define the applicable limit.

（2）电波暗室电磁耐受试验法。

本标准规定车辆零部件的车外辐射源内衬吸波材料屏蔽室法，为待测装置及其线束（原型或标准试验线束）在内衬吸波材料屏蔽室内遭受电磁扰动时，其周边装置在电波暗室内执行试验（如图 7-16 所示），此严苛位准（Severity Level）以测试天线所激发出的辐射电场强度（V/m）表示，如表 7-3 所示。测试时，水平极化为 400MHz～18GHz，垂直极化为 80MHz～18GHz。

（3）横向电磁波室电磁耐受试验法。

电磁耐受试验位准如表 7-4 所示。TEM Cell 由同轴电缆线演变而来，能在电磁波室内产生均匀的电磁场，对于小型待测物可提供绝佳的测试环境，解决无电波暗室的困扰。利用横向电磁波室激发出一电磁场，将此测试场强耦合至测试线束和测试件上。为维持横向电磁波室的均匀场强及试验结果的重现性，待测装置应不大于电磁波室（内部）高度的六分之一，且待测物必须置于腔室内的中心并放置在介电质设备支撑物上（如图 7-17 所示），频率范围为 10kHz～200MHz。

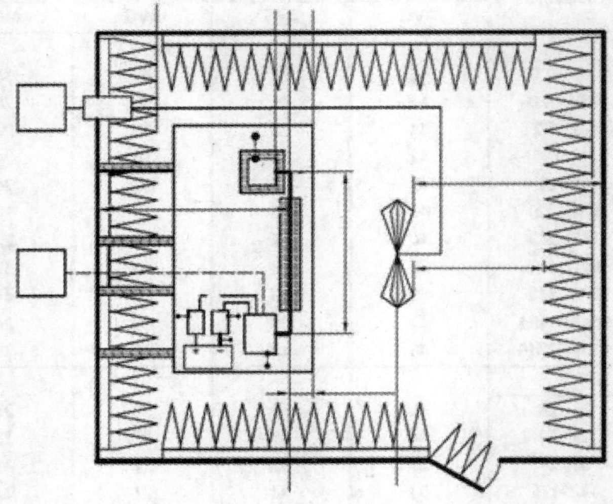

图 7-16　电波暗室电磁耐受试验法测试配置

表 7-3　电波暗室电磁耐受试验法试验位准

Test severity level	Value V/m
I	25
II	50
III	75
IV	100
V	Specific value agreed between the users of this part of ISO 11452, if necessary

表 7-4　横向电磁波室电磁耐受试验法试验位准

Test severity level	Value V/m
I	50
II	100
III	150
IV	200
V	Specific value agreed between the users of this part of ISO 11452, if necessary.

（4）大电流注入电磁耐受试验法。

电磁耐受试验位准如表 7-5 所示。模拟车辆上有一电磁场以电流形式耦合到测试线束上，耦合是通过人脑计算机接口探测器（BCI Probe）来实现的，其中 BCI 可分为替代法和闭回路法两类。替代法测试时，注入探针与待测件的距离为 150mm、450mm 和 750mm，使用金属平面的测试桌，如图 7-18（a）所示。闭回路法测试时，注入探针与待测件距离为 900mm，监控探针与待测件距离为 50mm（如图 7-18（b）所示），频率范围为 1MHz～400MHz。

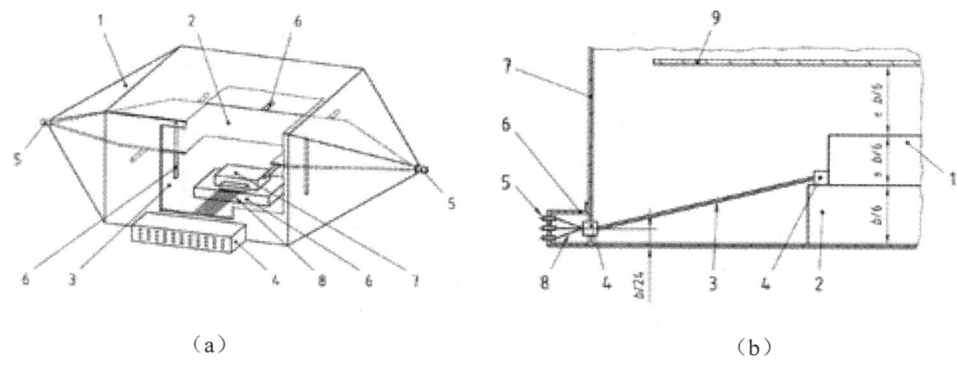

（a）　　　　　　　　　　　　　　　　（b）

图 7-17　横向电磁波室电磁耐受试验法测试配置

表 7-5　大电流注入电磁耐受试验法试验位准

Test severity level	Value mA
I	25
II	50
III	75
IV	100
V	Specific value agreed between the users of this part of ISO 11452, if necessary.

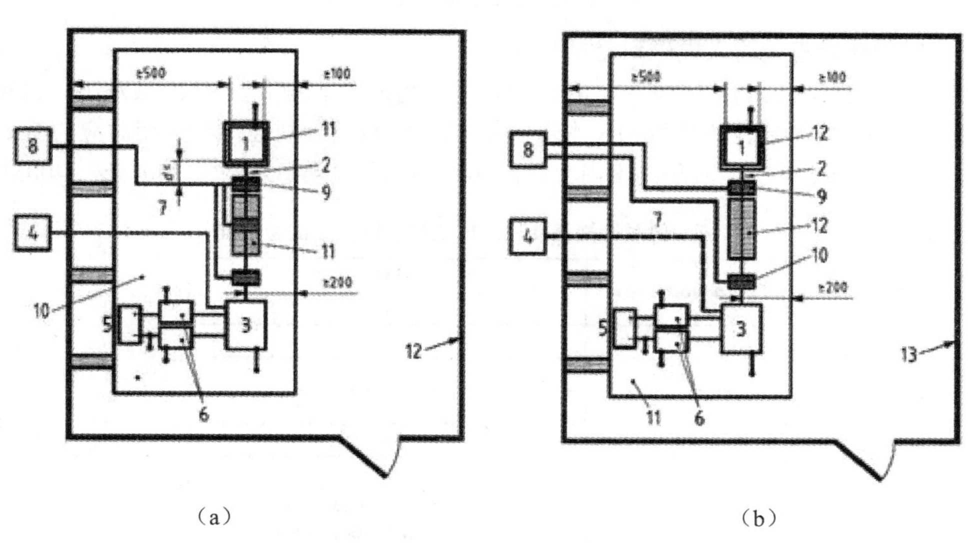

（a）　　　　　　　　　　　　　　　　（b）

图 7-18　大电流注入电磁耐受试验法测试配置

（5）导波线（带状线）电磁耐受试验法。

电磁耐受试验位准如表 7-6 所示。Stripline 原理与 TEM Cell 相似，利用上下金属板产生均匀的电磁场，但缺点是两侧有电磁波泄漏问题。测试时将此测试场强耦合至测试线束，在测试设备内配置测试件连接线束，测试件和测试件辅助设备摆置于 Stripline 外，测试场地必须位于电磁波隔离室内（如图 7-19 所示），频率范围为 10kHz～400MHz。

表 7-6　导波线电磁耐受试验法试验位准

Test severity level	Value V/m
I	50
II	100
III	150
IV	200
V	Specific value agreed between the users of this part of ISO 11452, if necessary.

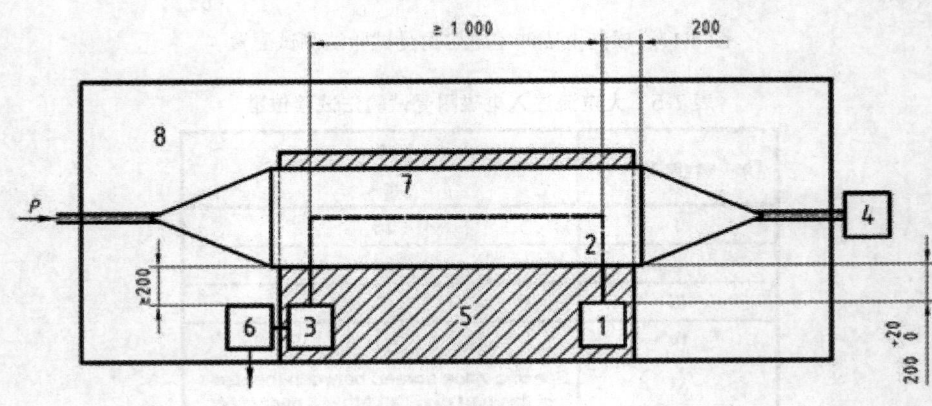

图 7-19　导波线电磁耐受试验法测试配置

（6）射频能量直接注入电磁耐受试验法。

电磁耐受试验位准如表 7-7 所示。测试时利用一宽带人工网络（BAN）激发出一射频能量，将此能量直接注入于测试件的管脚上，依测试件的管脚数量分别连接至其相对应的 BAN 设备中，测试场地必须位于电磁波隔离室内（如图 7-20 所示），频率范围为 250kHz～400MHz。

表 7-7　射频能量直接注入电磁耐受试验法试验位准

Test severity level	Power W
I	0,1
II	0,2
III	0,3
IV	0,4
V	0,5
VI	Specific value agreed between the users of this part of ISO 11452, if necessary

（7）磁场耐受力试验法。

磁场耐受力试验位准如表 7-8 所示。模拟邻近线圈所激发出的磁场影响待测物，利用辐射循环和赫姆霍兹线圈激发出一磁场，将此测试场强耦合至待测物上。测试时，必须对待测物三轴向进行试验，测试场地不必位于电磁波隔离室内（如图 7-21 所示），频率范围为 15kHz～150kHz。

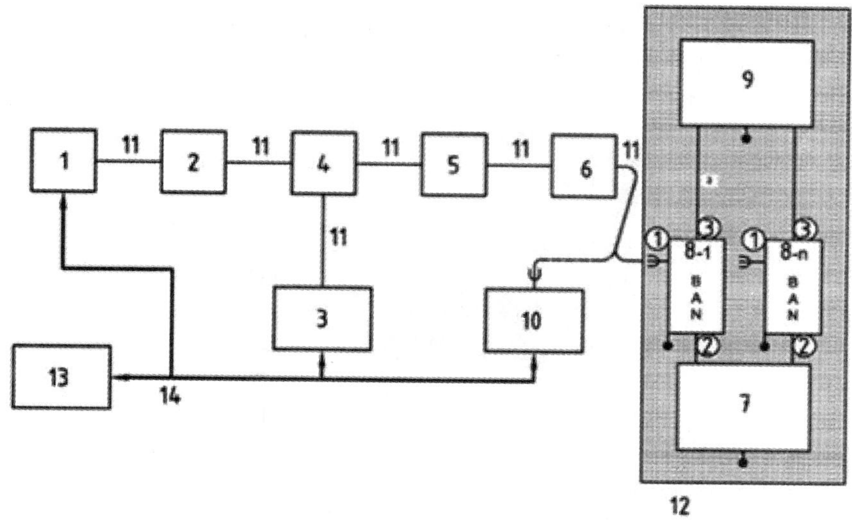

图 7-20　射频能量直接注入电磁耐受试验法测试配置

表 7-8　磁场耐受力试验法试验位准

Frequency band Hz	Test level 1 A/m	Test level 2 A/m	Test level 3 A/m	Test level 4 A/m	Test level 5 A/m
15 to 1,000	30	100	300	1 000	Specific value agreed between the users of this part of ISO 11452
1,000 to 10,000	30/(f/1,000)^2	100/(f/1,000)^2	300/(f/1,000)^2	1,000/(f/1,000)^2	
10,000 to 150,000	0,3	1	3	10	

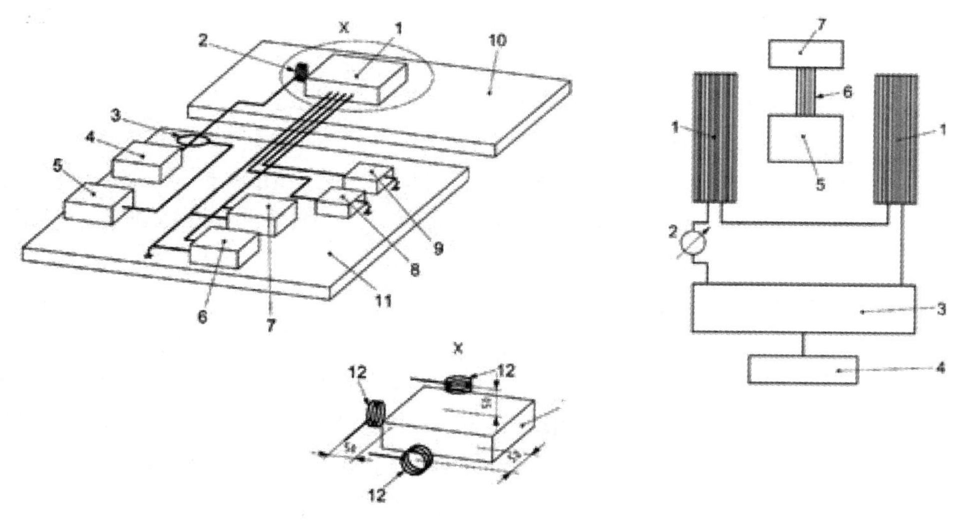

图 7-21　磁场耐受力试验法测试配置

7-5-6　Telematics 车载电子通信系统的 EMC 问题趋势与测试分析

在现今计算机技术日益普及的数字化社会，伴随着笔记本电脑的使用需求越来越大，图 7-22 所示的 Telematics 车载电子系统是目前我国通信产业与车用电子厂商积极开发的领域，对想要随时随地上网和执行先进应用与完美使用体验的消费者与专业人士来说，无线通信模块已经变成计算机平台不可或缺的一部分。

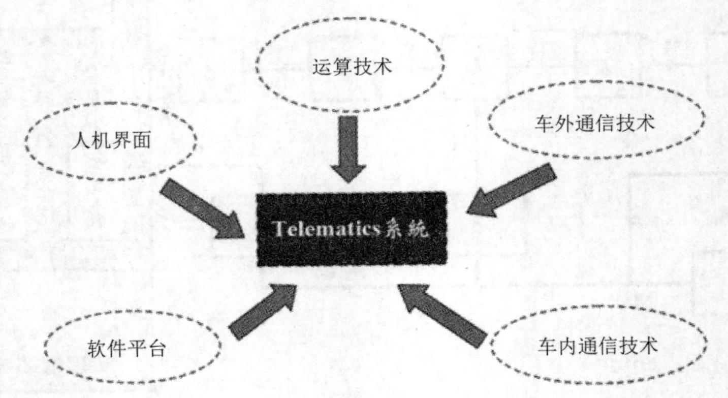

图 7-22　车联网车载电子系统架构

而随着半导体产业的蓬勃发展，数字组件的速度和效能也逐渐提高，再加上消费性电子产品流行、无线通信装置的小型化且附加功能越来越强大的趋势下，在越小体积的平台上放入更多的无线装置和功能更强大的数字系统，然而在越多模块同时作用下（如笔记本电脑内部加入 GSM、WLAN、GPS、Bluetooth、DVB-H 等天线模块时），所需注意的焦点不只是探讨在电磁兼容法规所关注的测试设备与设备间的问题，更发展到模块与模块间、模块与集成电路零件间以及电子零件与零件之间干扰的问题所造成的性能下降问题。为了解决不同厂商所制造的模块和电子组件间电磁干扰与兼容性的问题，并减少产品本身所产生的电磁辐射对通信频段的干扰，无线通信模块与数字系统的共存也成为产品量产出货前的重要性能认证之一。

过去在设计电路走线时，因为频率较低，所以考虑的因素相对来说并不多，只要遵守一些基本原则即可，但随着传输速度增加、工作频率上升，渐渐地已无法防止电磁效应所产生的干扰。同时，IC 设计已进入到芯片系统（SoC）设计时代，因此电磁兼容领域的研究最近几年也渐渐演变运用到模块和 IC 上。在其操作频率上渐渐提升，供给的电压渐渐降低，在 IC 的电磁耐受度上面逐渐遭遇问题。

一般来说，电磁兼容是定义一个电子系统或组件能工作在恰当的电磁环境中而不是在不正常的干扰环境中而遭遇失效或性能恶化，这也是电磁兼容对于产业（尤其是电子科技和无线通信产业）如此重要的原因。举例来说，当笔记本电脑功能越来越强的同时也在内部加入许多无线通信模块，有 Wi-Fi 模块、Bluetooth 模块、GPS 模块等，由于除了高速的中央处理器和内存都是严重的干扰源外，LCD 和 CCD 等影像信号线路也是明显的 EMI 干扰源，而随着无线通信接收电路的高敏感度要求，使得相对装置逐渐增加而设计难度变得更为复杂，如果没有考虑到载台噪声和射频模块共存的问题，在整合完成后将使整个研发进度受到极大的考验。因此，为达成较高传输速率或较远传输距离与较低噪声位准的要求，利用不同天线设计摆置技巧和改善方法，以降低成本、提高通信速度、使通信无死角便成为从系统整合观点研究 EMC 的主要目的。

我们可以利用 TEM Cell、Stripline 和 Magnetic Probe 量测与仿真技术，从数字 IC 的噪声

频谱分析来建构出其在无线通信载台的干扰机制，进而设计出针对高速电路传输的最佳化 EMC 与内建式天线的设计技术，以提升无线通信的效能。如果没有一个合适的设计，IC 上的电磁兼容问题将会成为限制未来先进电子系统的主要问题。

由于电子仪控设备普遍安装在车辆上已是市场主流，加上对产品的要求趋向于微小化、数字化、高速化和多任务性，在空间有限的车辆当中，电磁干扰的影响已逐渐浮现，导致车辆仪器误动作而影响行车安全。汽车上的电子电器设备所产生的电磁干扰会给汽车本身装备的电子控制系统及其他电子产品的正常工作带来不利影响。因此，要保证诸如自动刹车系统（ABS）、发动机燃油电子控制等系统和其他电子设备的正常可靠工作，就必须重视对电磁兼容技术的研究、设计和量测技术。

汽车电磁兼容技术涉及整车对外的辐射干扰防治，车内的传导、耦合、辐射干扰的防制技术，汽车电子部件的抗干扰技术，整车的抗辐射干扰技术，各种电子电器部件的兼容技术，整车与环境电磁兼容技术等诸多方面的内容。而一般商品的量产，从设计到出货是一段与时间的拉锯战。如果每个细节都可以环环相扣，对公司来说是非常有利的。但由于现行的电磁兼容法规已是形势所趋，对商品安全性的要求已列为基本要件。因此，消费性电子商品在设计之初就应该导入电磁兼容的观念，除了可以用最有效率的布件方式来规划电路走线，免除电子零件之间相互干扰而产生误动作外，更可以将商品的性能发挥到极致，并免除消费者对电子性消费产品的疑虑。最重要的是可以缩短产品量产出货的时间，过去的经验告诉我们，产品延后上市或被迫下架都是因为对电磁干扰的问题考虑不周所引发的，这对企业的信誉会有深远的影响。

放眼当前世界各国均对车辆 EMC 检测技术开发进行大量投入，协助其国内厂商产品验证，提升其厂商的国际竞争力，但目前国内使用的验证系统扩充性不佳且无法客制化设计，不仅维护不易，而且耗费巨大，关键核心技术仍旧依赖国外原厂的技术支持。车电产品发展日新月异，测试的需求及方法不断更新，验证系统的便利性、扩充性、可靠度、自动化和人性化非常重要，国内目前使用的验证系统短期内无法满足需求，将使研测技术和开发设计能力大幅落后，因此建立自主性验证技术就显格外重要。有鉴于此，这里就依循目前汽车电子产业验证系统架构的发展加以分析说明，以其相关车电产业缩短产品测试和开发流程，提升国内业者的技术开发能力和产品竞争力，以利于产业进军国际市场。

7-6 集成电路（IC）层级 EMC 测试技术

鉴于近年来集成电路制程技术发展相当快速，现已进入纳米时代，所设计的电路速度也已进入到 GHz 时代，然而这些进步却衍生出如信号完整性和电磁兼容等相关问题，使得系统芯片（将射频、模拟电路、数字电路等电路整合至单一系统芯片）在整合实现时将更加困难，亟待解决。随着集成电路速度越来越快，所造成的电磁干扰问题也越来越严重，集成电路已成为电子系统整体电磁干扰能量的重要来源，一般而言，EMC 的问题越往源头越容易解决，而且解决的成本也较低，因此 EMC 技术发展的趋势是由系统开始，然后逐渐朝模块与电路板设计方向发展，未来则毋庸置疑地必须往芯片层级解决电磁兼容（EMC）的问题。随着制程技术的进步，开发一个 IC 的成本和难度变得越来越高，为了降低 IC 开发的成本和风险，缩短产品进入市场的时间，需要在设计阶段，IC 未制造前，即能解决集成电路电磁兼容相关的问题。

集成电路的电磁兼容性正日益受到重视。电子设备和系统供货商努力改进其产品以满足电磁兼容（EMC）规格，降低电磁发射，增强抗干扰能力。过去，集成电路供货商关心的只是成本、应用领域和性能，几乎很少考虑电磁兼容问题。即使单个集成电路通常不会产生较大的辐射，但它还是经常成为电子系统辐射发射的根源。当大量的数字信号瞬间同时切换转态时便会产生许多高频分量。尤其是近年来，集成电路频率越来越高，整合的晶体管数目越来越多，集成电路的电源电压越来越低，芯片特征尺寸进一步减小，但功能越来越多，甚至是一个完整的系统都被整合在单一芯片中，这些发展都使芯片级电磁兼容更加突出。现在，集成电路供货商也必须考虑自己产品电磁兼容方面的问题了。

IC-EMC 这个领域，是通过事先对 IC 进行 IC-EMC 量测，接着以电子自动化设计（Electronic Design Automation，EDA）软件进行仿真与分析，进而建立 IC 的电磁行为模型，以便提供 IC 设计 EDA 软件，在设计阶段即可进行 IC 电磁行为模型连接，换句话说，IC-EMC 的解决方案是通过改变 IC 设计的流程来解决以前等到产品制造完成后再进行 EMC 测试，发现 EMC 不符合规定或客户要求规格时才作 EMC 对策，改变为在设计阶段即对 EMC 进行验证模拟，使通过 EMC 验证的产品在 IC 制造完成后即能符合 EMC 的规定。这样可有效减少产品因失败而蒙受巨大损失的风险，有利于缩短产品进入市场时间并降低产品成本，使产品在市场上更具竞争优势，目前部分国际 IC 大厂的出厂型录中已附有 IC-EMI、IC-EMS 的测试报告供客户参考。

7-6-1 集成电路电磁兼容的标准化

由于集成电路的电磁兼容是一个相对较新的学科，尽管对电子设备及子系统已经有了较详细的电磁兼容标准，但对集成电路来说，其测试标准却相对滞后。欧洲的主要汽车工业与航天工业为了确保飞航系统与汽车行控系统的安全，纷纷组成研究团队并投入大笔研究经费，进行汽车电子的电磁兼容性测试、分析和设计，也因此国际电工委员会（International Electrotechnical Committee，IEC）第 47A 技术分委会早在 1990 年就展开了集成电路的电磁兼容标准研究。

此外，北美的汽车工程协会也开始制订自己的集成电路电磁兼容测试标准 SAE（Society of Automobile Engineering）J1752，主要着重于发射测试部分。1997 年，IEC SC47A 所属的第九工作组 WG9（Working Group 9）成立，专门研究集成电路电磁兼容测试方法，参考了各国的建议，至今相继出版了 150kHz～1GHz 的集成电路电磁发射测试系列标准 IEC61967-x 和集成电路电磁抗扰度系列标准 IEC62132-x。此外，在脉冲抗扰度（免疫力）方面，WG9 也正积极制订相关系列标准 IEC62215-x。目前有关 IC-EMC 的标准架构如图 7-23 所示。

集成电路电磁发射测试标准 IEC61967 系列属于基本标准类别，其制订动机主要是：将在车辆系统层级（CISPR 25）的各种电磁辐射的寄生放射效应量测方法予以一致和标准化，但并不对 IC 集成电路的放射量测水平和电磁模型提出限制值要求。

至于 IEC61967 系列标准的目的则有以下几项：提供具有较低 EMI 放射位准性能的组件选择依据；提供滤波设计结构的测试方案；提供最佳的组件摆置和 PCB 布线参考；评估 IC 集成电路因重新设计、制程技术微缩化改善、封装方式改变等情况所造成的 EMI 性能变化冲击等。

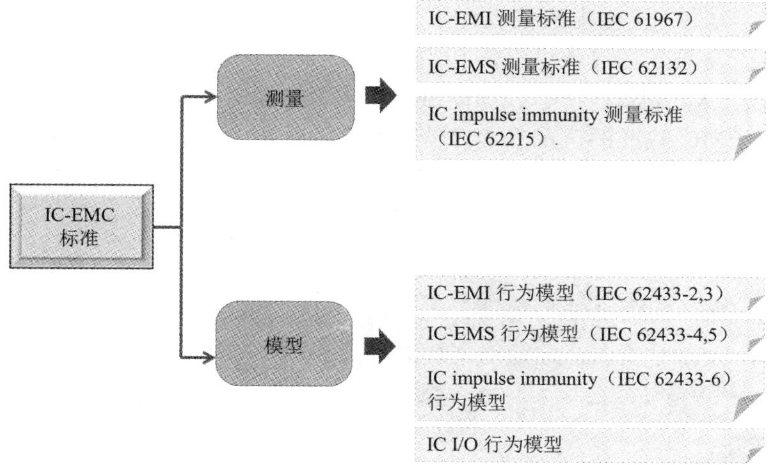

图 7-23　IC-EMC 的标准架构

依据集成电路内部噪声的耦合机制（如图 7-24 所示），例如经由电源和接地路径的传导干扰（电源完整性 PI 问题）、信号走线的共模耦合串扰（信号完整性 SI 问题）、较大封装结构所造成的辐射干扰（电磁干扰 EMI 问题），各技术组织分别开发了相关对应问题的 IC-EMC 测试技术，如图 7-25 所示。

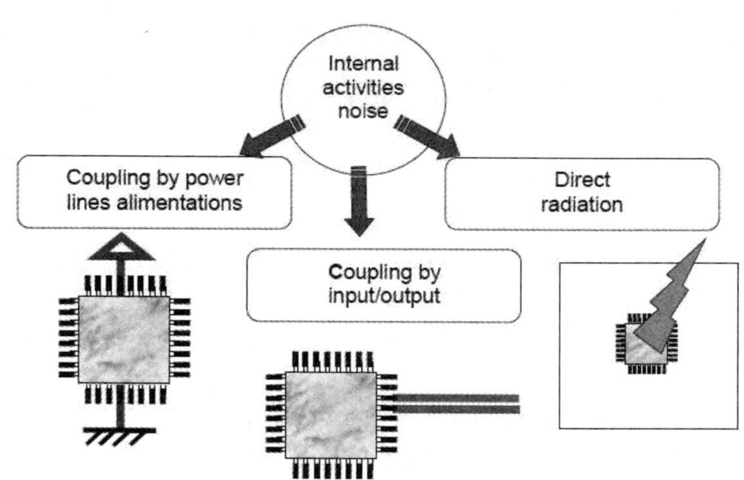

图 7-24　IC-EMI 噪声的耦合机制

7-6-2　IC-EMI 量测方法简介

为了顺应目前积极发展半导体产业的形势，并协助国内 IC 设计、半导体晶圆、封装测试等高科技厂商持续朝高附加值产业迈进，同时更是配合区域性特色及研究领域整合发展，IC-EMC 的研究发展需要整合资电领域的研究能量，协助产业解决电磁干扰的问题，通过系统芯片的电磁兼容（SoC-EMC）量测和电磁模型的建立，以便可以通过事先对 IC 进行 IC-EMC 量测，接着以 EDA 软件进行仿真与分析，进而建立 IC 的电磁行为模型，以便提供 IC 设计 EDA 软件，使得未来在设计阶段即可进行 IC 电磁行为模型连接。换句话说，SoC-EMC 的解决方案是通过改变 IC 设计的流程来解决以前等到产品制造完成后再进行 EMC 测试，发现 EMC 不符合规定才作 EMC 对策，改变为在设计阶段即对 EMC 进行验证模拟，使通过 EMC 验证的产品在 IC 制造完成后能符合 EMC 的规定。这样可有效减少产品因失败而蒙受巨大损失的风险，有利于缩短产品进入市场时间并降低产品成本，使产品在市场上更具竞争优势。

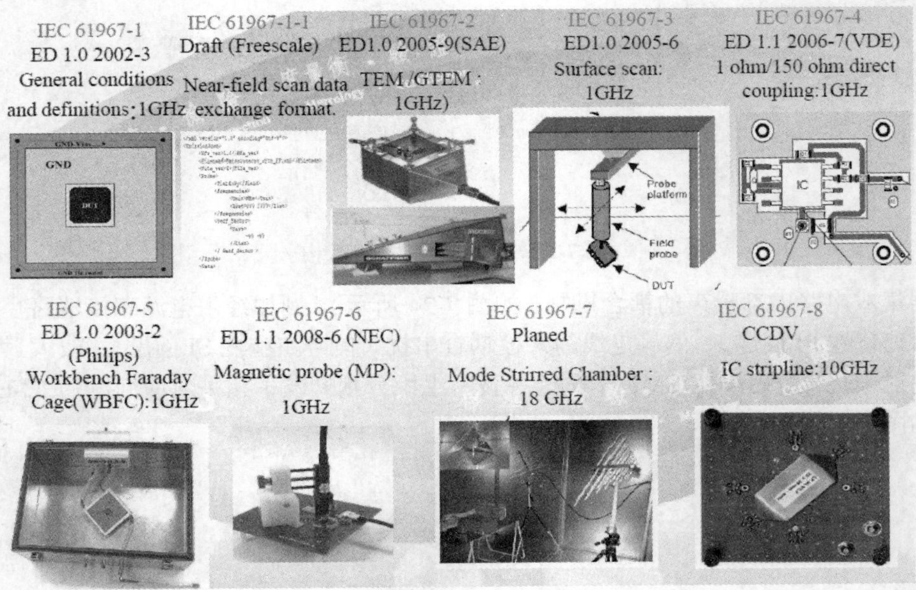

图 7-25　部分 IC-EMI 量测方法与配置简图

随着电子技术的快速发展，各式各样复杂的电机电子设备或系统在正常运作过程中也会同时向周围发射电磁能量，而低功率与低操作电压的产品需求更使得设备受干扰而造成性能失效的机会大增。电磁兼容（EMC）问题在目前电机、电子、信息、通信等产品不断运用数字新科技而推陈出新的情势下更显其重要性和时效性，而且是绝大多数产品设计者无法回避的课题。

为了达到这样的目的，我们必须事先建立 IC-EMC 的行为特性模型，建立的方法是，首先使用 IEC61967 系列的量测方法来建立 EMI 辐射噪声的模型，并使用探针站、网络分析仪来量测 IC 的 S 参数，再将所量得的 S 参数利用电磁仿真软件来进行被动分布网络（Passive Distribution Network，PDN）等效电路模型的仿真和最佳化处理，最后结合主动的 EMI 噪声模型与被动分布网络的等效电路模型建立这个 IC 的 EMC 电磁行为特性等效模型，同时也可利用严谨的实验量测数据进行验证，这也导致了发展 IC 的 EMC 量测技术与分析的急迫性，对于电子与半导体科技产业为经济主流的我国尤其如此。

为了将半导体与集成电路设计产业延伸至汽车产业的应用，欧洲亦于 2005 年提出利用 TEM cell 进行辐射干扰和辐射耐受力测试法（ISO 61967-2 和 62132-2）。TEM 室不但可以测量待测 IC 的电磁辐射程度，而且也可以确认其电磁场的耐受程度。以上这两种状况都不是直接将待测 IC 放置在 TEM 室内，而是将这些待测电子装置或待测 IC 架设在 PCB 板上，而且这些装置均需符合标准来设计。我们将架设好的 IC 夹至 TEM 室上，使 PCB 板为 TEM 或 GTEM 室的一部分，而且必须将此 PCB 板插至 TEM 室或 GTEM 室的顶端或底部，另外此 TEM 或 GTEM 室的一端为匹配端。

在某种程度上，我们设计测试板时，在 TEM 室内需要避免有导线的存在。所有的导线必须位于板后并且在 TEM 室外，只有待测的 IC 能够在 TEM 室内。TEM 室的两端各有一个 50Ω 端口，一端 50Ω 端口连接 50Ω 终端负载，另一端则是要测量 TEM 室的辐射测试，我们将这一端连接至 EMI 接收器或频谱分析仪来测量从 IC 中放射出来的 RF 噪声能量。在测试免疫力方面则是将 50Ω 端口连接至 RF 信号发射机，我们习惯以电磁能利用发射机灌入 TEM 室内，因此 TEM 室内会产生电磁场以至于造成 IC 的冲击而使 IC 的机能下降，然后将 RF 发射机的振幅增强至功率标准的最大值或是监测系统监测到待测 IC 的机能失常为止。

此外，IEC 61967-6 是因为 IC 上的管脚太密集，无法准确地接触到待测 IC 管脚，甚至以 IC 封装的演进过程中，从最早的 P-DIP（Plastic Dual Inline Package）、PLCC（Plastic Leaded Chip Carrier）和 SOP（Small Outline Package）到目前常见的 BGA（Ball Grid Array），然而像 BGA 其管脚位于 IC 的正下方，要用探针直接接触 IC 的管脚是一件不可能的事，所以利用磁场来探测管脚产生的感应电流。因为不需要直接接触，所以对于已经封装的 IC，测试上也比较方便，并且在成本上也相对低廉，其量测频率以 150kHz～1GHz 为主，然而磁场探棒是以近场量测，不需要考虑天线介入的影响，可以用单纯的磁场耦合效应，所以量测频率还可以使用在 1GHz 以上。

综合上述背景与技术发展趋势的说明，目前已有以下相关 IC-EMC 的国际标准发布：

- IEC 61967-1：Integrated circuits - Measurement of electromagnetic emissions, 150 kHz to 1 GHz - Part 1：General conditions and definitions
- IEC 61967-2：Measurement of radiated emissions, TEM cell method
- IEC 61967-3：Measurement of radiated emissions, surface scan method
- IEC 61967-4：Integrated circuits - Measurement of electromagnetic emissions, 150 kHz to 1 GHz - Part 4：Measurement of conducted emissions, 1 ohm/150 ohm direct coupling method
- IEC 61967-5：Integrated circuits - Measurement of electromagnetic emissions, 150 kHz to 1 GHz - Part 5：Measurement of conducted emissions - Workbench Faraday Cage method
- IEC 61967-6：Integrated circuits - Measurement of electromagnetic emissions, 150 kHz to 1 GHz - Part 6：Measurement of conducted emissions - Magnetic probe method
- IEC 61967-7：Integrated circuits -Mode stirred chamber method（尚未发行）
- IEC 61967-8：Integrated circuits - Measurement of electromagnetic emissions, 150 kHz to 1 GHz - Part 8：Measurement of conducted emissions - Stripline method
- IEC 62132-1：Integrated circuits - Measurement of electromagnetic immunity, 150 kHz to 1GHz - Part 1：General and definitions
- IEC 62132-2：Integrated circuits-measurement of radiated immunity-part 2：TEM cell method
- IEC 62132-3：Integrated circuits, immunity test to narrow-band disturbances by Bulk

current injection（BCI）,10KHz-400MHz

- IEC 62132-4：Direct RF power injection to measure the immunity against conducted RF-disturbances of Integrated circuits up 1GHz
- IEC 62132-5：Integrated circuits - measurement of radiated immunity-part 5：Workbench Faraday Cage method
- IEC 62132-6：Integrated circuits -Mode stirred chamber method（尚未发行）
- IEC 62132-7：Integrated circuits - Integrated circuits - measurement of radiated immunity-part 7：Stripline method
- IEC 62215-3：Integrated Circuits Impulse Immunity：Non-synchronous transient injection method

在各个 EMC 的技术相关组织持续寻找更具可靠性、测试结果重复性和经济成本的测试程序过程中，希望通过集成电路的 IC-EMC 测试标准可以提供各产业从电磁干扰源头彻底了解 EMC 问题与解决之道的参考。

7-6-3　车用电子及集成电路的 EMC 限制值简介

各国主要汽车制造商针对 IC 组件对其整车系统整合的采购需求，除了传统的性能规格外，目前更将 EMC 的效应纳入评估，目前主要汽车电子的 IC 集成电路限制值标准均参考国际专业组织对汽车电子的 EMC 要求（欧洲 ZVEI 于 2010 年发行的 Generic IC EMC Test Specification），它属于产品类标准，因此必须依据该标准所定义的测试方法再加以限制值的规范。该标准关于汽车电子的 EMC 限制值提供了 IC 类型和管脚类型的定义、试验与量测网络架构、试验管脚的选择、待测组件操作模式、限制值等级的相关一般性信息。该标准文件将可以让 IC 用户自行建立对某一特定 IC 的 EMC 规格要求，并提供可兼容互换的不同 IC 的 EMC 特性比较结果，以便后续使用时采购参考。

此外，该标准汽车电子的限制值有以下目标和好处：

- 获得有关 EMC 特性的量化测试结果以便设计分析。
- 将必需的 IC 试验方法数量减少到最低。
- 强化 IC 的 EMC 试验结果的接受度。
- 花费最少的时间和金钱，以便 IC 供货商和用户能获得可比较的 EMC 试验结果。
- 依据 IC 层级的 EMC 试验结果分级售卖组件。

Generic IC EMC Test Specification 的规划制订是针对车辆载具功能性系统导入的系统层级的强健确认流程，并依据确认流程中的各种 IC 应用场景描述各 IC 功能模块的特性和组成该 IC 的架构范例，进而介绍 ISO/IEC 61967 和 62132 系列标准，最后说明车用 IC 集成电路的初步 EMC 限制值。限制值等级会依据该 IC 应用场景的不同要求而有所差异，至于因为 EMC 特性等级不同而所需的对策则将因为应用、电子控制单元（ECU）嵌入方式、PCB 电路板的层数、滤波器组件使用等因素而改变。集成电路的初步 EMC 限制值等级分类如表 7-9 所示。

至于各测试方法所对应的限制值则如图 7-26 至图 7-28 所示。

表 7-9　IC-EMI 效应的等级划分

Limit class	Description
I	high application EMC effort
II	medium application EMC effort
III	low application EMC effort
C	customer specific
C-BS	customer specific: external bus systems

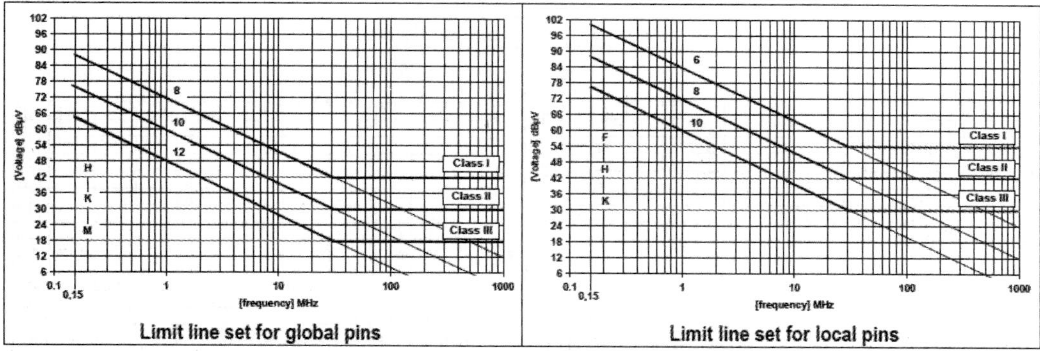

图 7-26　所有 IC 功能模块的 150Ω 法传导放射限制值

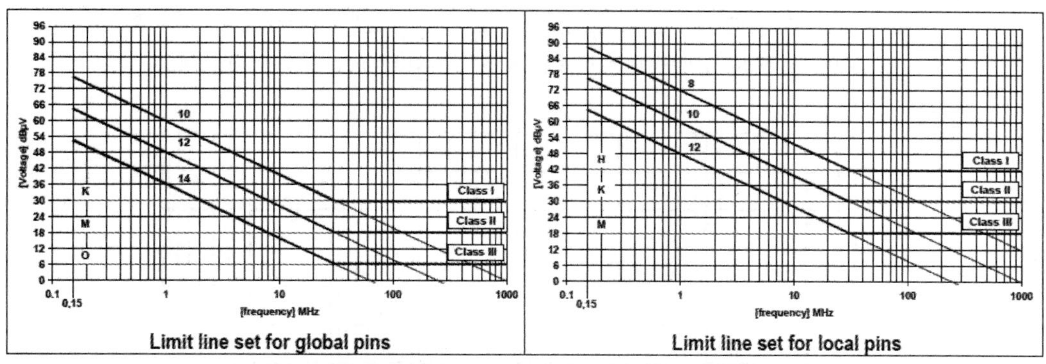

图 7-27　所有 IC 功能模块的 1Ω 法传导放射限制值

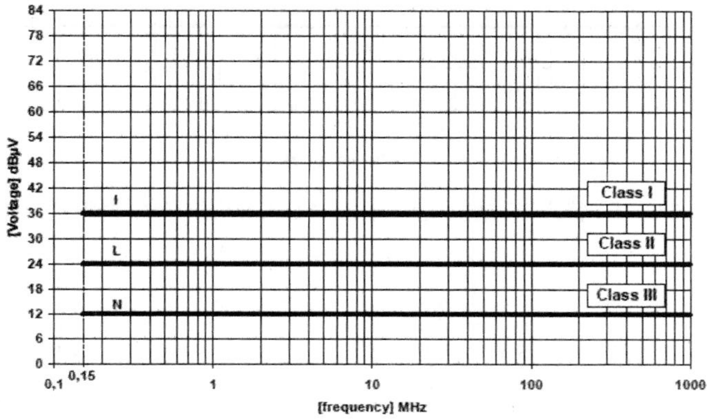

图 7-28　所有 IC 功能模块的 TEM Cell 法辐射放射限制值

至于一般常用的 DPI 和 TEM Cell 测试方法，其相关电磁免疫力试验的等级及其对应性能等级关系如表 7-10 和图 7-29 与图 7-30 所示。

表 7-10　DPI 和 TEM Cell 方法的免疫力性能试验的等级

Immunity limit classes	*DPI* *[forward power] dBm*		*TEM* *[E-field] V/m*
	global pin	*local pin*	*entire IC*
I	18	0	200
II	24	6	400
III	30	12	800
C	*customer specific*		

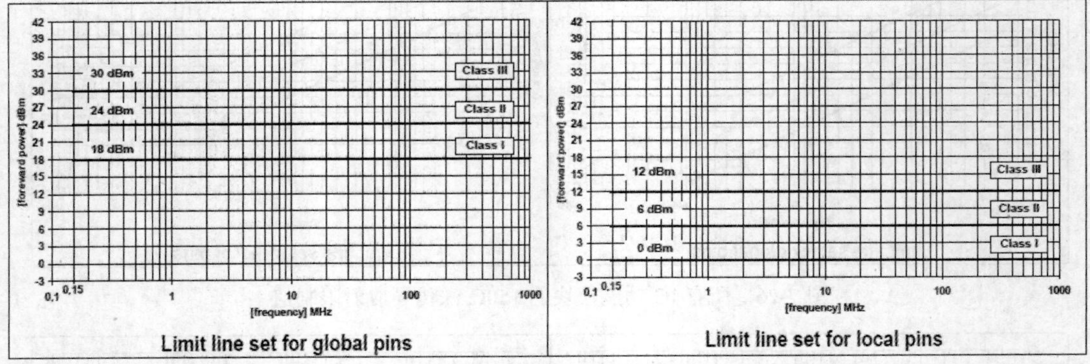

图 7-29　所有 IC 功能模块的直接功率注入（DPI）法传导免疫力限制值

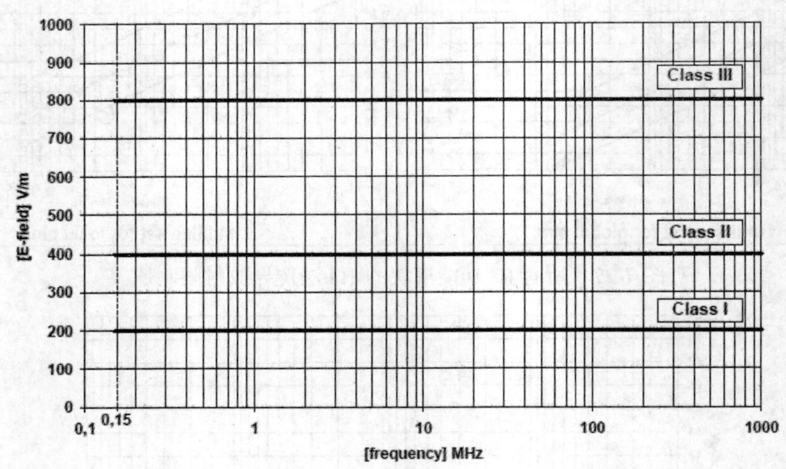

图 7-30　特定 IC 功能模块的 TEM Cell 法辐射免疫力限制值

7-6-4　异步瞬时注入法介绍

随着半导体制程与内部电路密集化的发展，一般电子 IC 组件的破坏性瞬时噪声的耐受能力已经明显下降，而目前 IC 供货商仅能提供明确个别组件的静态未通电（HBM、MM、CDM）可靠度测试结果，所以当产品系统在执行法规所要求的产品层级 ESD 测试（IEC 61000-4-2）

时，其耐受水平是否与可靠度耐受能力相当呢？从图 7-31 所示的比较结果可以发现，实际运作时的产品层级 ESD 测试（IEC 61000-4-2）和个别组件的静态未通电（HBM、MM、CDM）可靠度测试结果并没有相同的改善趋势，因此必须在针对通电运作下的个别组件实施 ESD 试验。但是当该 IC 整合于产品或系统内部时，在执行前述的产品层级 ESD 测试（IEC 61000-4-2）的瞬时耐受能力与单独 IC 是否有相同的趋势就会涉及是否只要 IC 源头的 ESD 耐受能力提升即可让整体系统的 ESD 耐受能力提升的问题，因此对于当 IC 受到瞬时噪声的破坏时其动作是否会受到瞬时干扰的影响，这类的测试则是各家厂商使用自家的方法，如图 7-32 所示，因为欠缺一致性的标准，所以最后的结果也就会出现与实际使用在系统设计时有相当的性能差异。

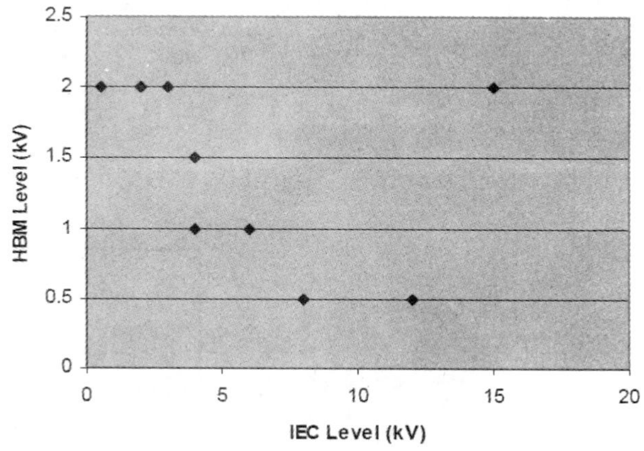

图 7-31　IC ESD 可靠度与系统 ESD 的位准效应比较

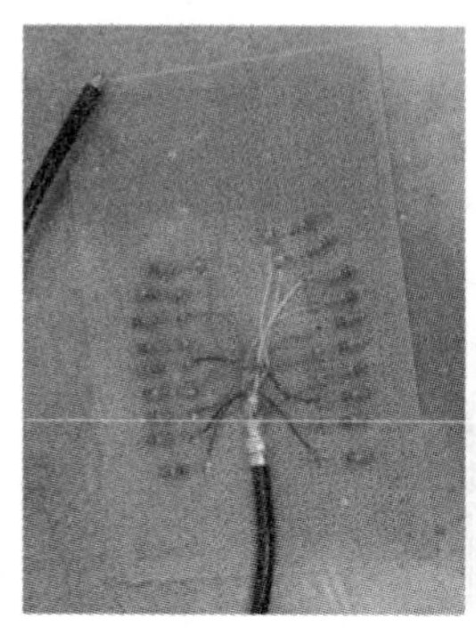
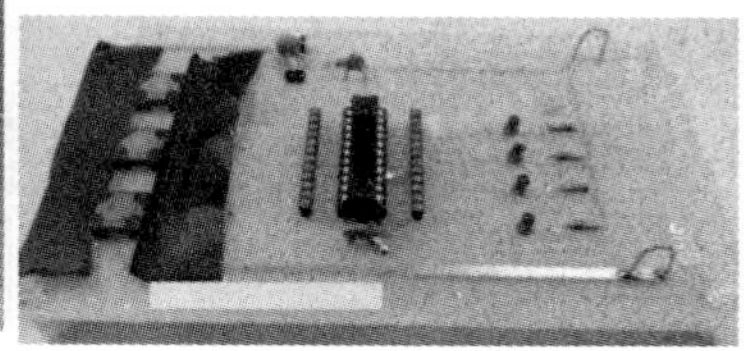

图 7-32　各 IC 供货商所使用的不同瞬时测试板架构

由于并没有明确的 IC 组件层级的瞬时噪声耐受测试标准依据，因此造成了有些系统厂商使用 IC 供货商所提供的 IC 后，产品仍然在系统级瞬时耐受性测试时出现问题，而 ESD 问题的解决方案在不同层级有不同的方式，如图 7-33 所示。

鉴于 IC 层级可靠度与产品层级 ESD 耐受度没有绝对的关联性，因此标准化组织于 2013 年即制订 IEC 62215-3（异步瞬时注入法）标准，提供了 IC 层级瞬时能力耐受性测试的解决方法，如图 7-34 所示。该标准在消费性电子上主要是 IC 在工作时针对不同的 IC 管脚以不同的方法注入瞬时噪声来检测 IC 对瞬时干扰的耐受性，并且对测试板及失效准则也有明确的规范，后面会有更进一步的说明。

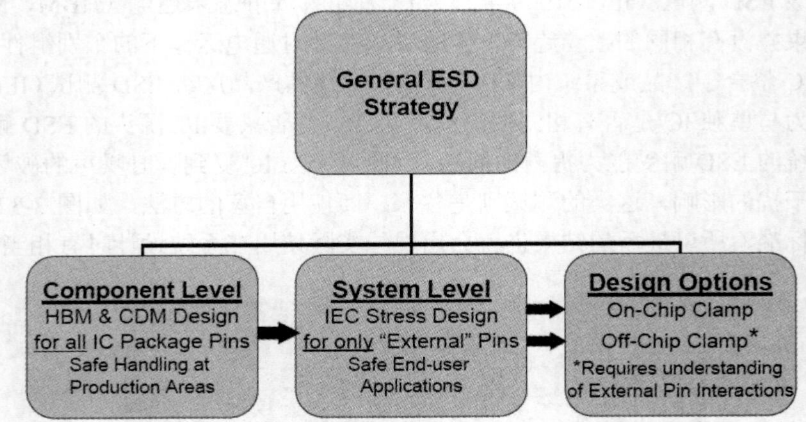

图 7-33　组件层级与产品系统层级的 ESD 解决方案

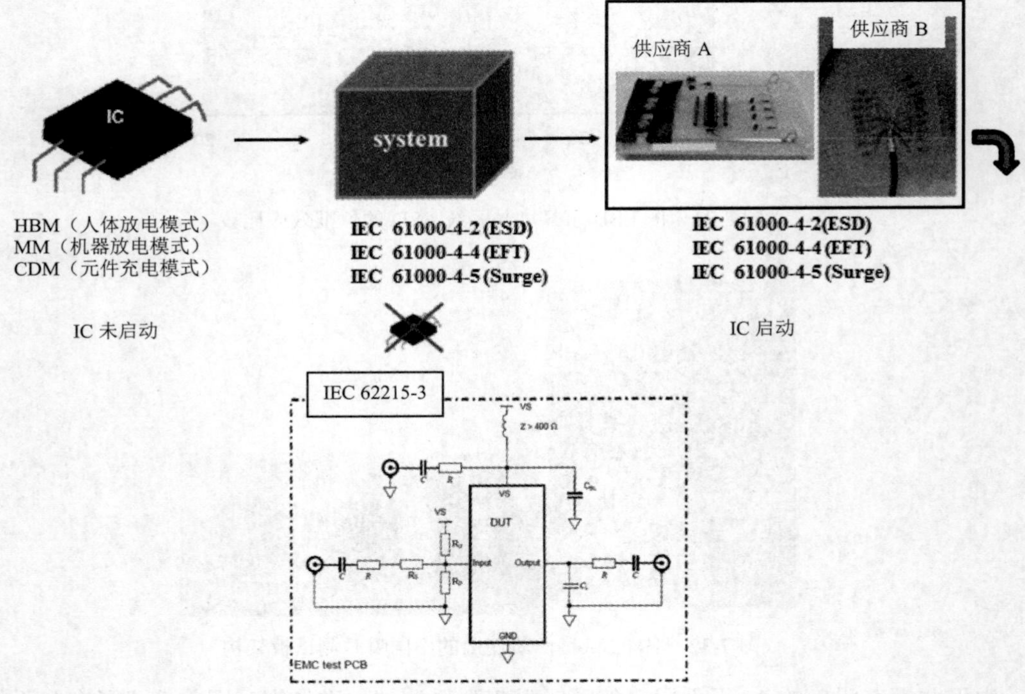

图 7-34　IC 与产品层级瞬时测试间的关联

1．IEC 62215-3 测试方法介绍

IEC 62215-3 测试方法类似于 IEC 62132-4 所定义的射频干扰耐受性测试法，绝大部分测试板上的规范都是参考 IEC 62132-4 标准，在 IEC 62132-4 标准中，射频干扰噪声可通过耦合网络被注入到 IC 管脚，耦合网络是由一个电容和电阻所组成的，一般而言电容可以被用来当作直流阻隔组件，而电阻可被用来限制电流大小，如不希望所流入的电流过大，可选择使用电阻值较高的限流电阻，其示意图如图 7-35 所示。

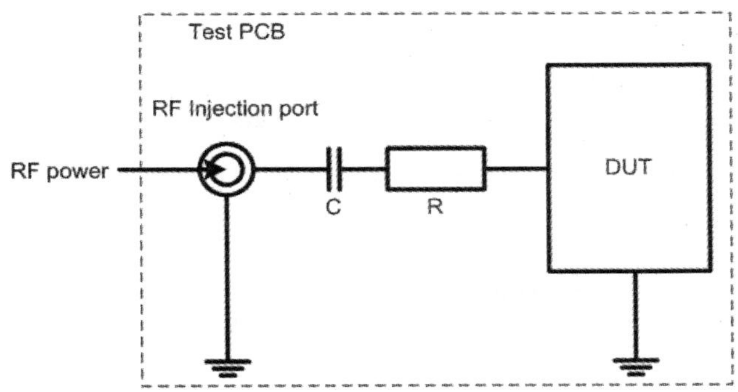

图 7-35　IEC 62132-4 标准注入方法示意图

而在 IEC 62215-3 标准中，则是注入其他系统级瞬时耐受性测试的瞬时噪声，例如 IEC 61000-4-2（ESD）、IEC 61000-4-4（EFT/B）、IEC 61000-4-5（雷击）等噪声波形。标准里依照不同特性的管脚定义出以下 4 种注入方法：

（1）电源注入法（Supply Injection）。

电源注入法又分为直接注入（Direct Injection）和电容耦合注入（Capacitive Coupling），直接注入所模拟的情况是 IC 的电源管脚直接连接在电源网络，而瞬时产生器将瞬时噪声经由内部耦合/去耦合网络注入到电源管脚上，因此在电路板上无须再多设计一组耦合网络，如图 7-36 所示；电容耦合注入则是模拟 IC 的电源管脚不是直接连接到电源网络，而是连接到电路板上电源分配器的部分，因此需要设计一组耦合网络来仿真瞬时噪声经由电容性耦合至电源分配器的网络上，再注入到电源管脚，如图 7-37 所示。

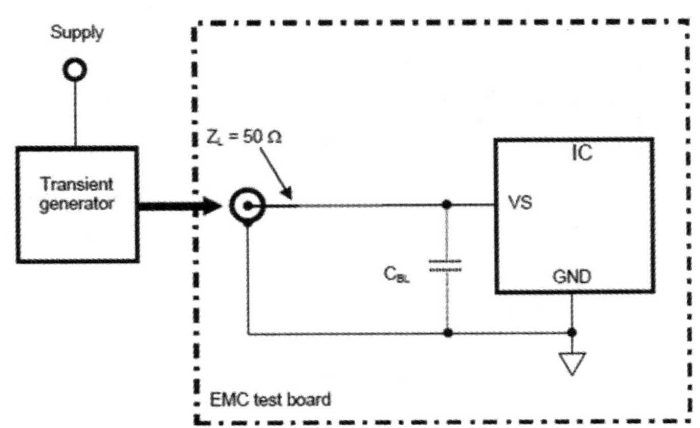

图 7-36　电源直接注入法示意图

耦合网络与 IC 间可并联稳压电容、滤波器和瞬时对策组件，标准中耦合网络的电容值预设为 1nF，这个值决定了最低测试频率，而电阻默认值为 0Ω，如果担心电流过大可增加电阻值，在连接电源端的部分，去耦合电感的阻抗必须大于 400Ω，默认值为 50μH，用来防止噪声反馈到电源端。

（2）输入端注入法（Input Injection）。

输入端注入法一般使用在 I/O 管脚被配置为输入端或者是仅输入端的部分，主要是仿真瞬时噪声经由电容性耦合到输入端，其测试电路如图 7-38 所示，在耦合网络与输入管脚之间，针对 IC 的需求可适当增加外部上拉电阻、下拉电阻或串联电阻，而标准里耦合网络的电容值预设为 1nF，这个值决定了最低测试频率，电阻默认值为 0 Ω，如果担心电流过大可增加电阻值，在连接外部信号源端的部分，去耦合电感的阻抗必须大于 400 Ω，默认值为 50 μH，用来防止噪声进入到信号源端。

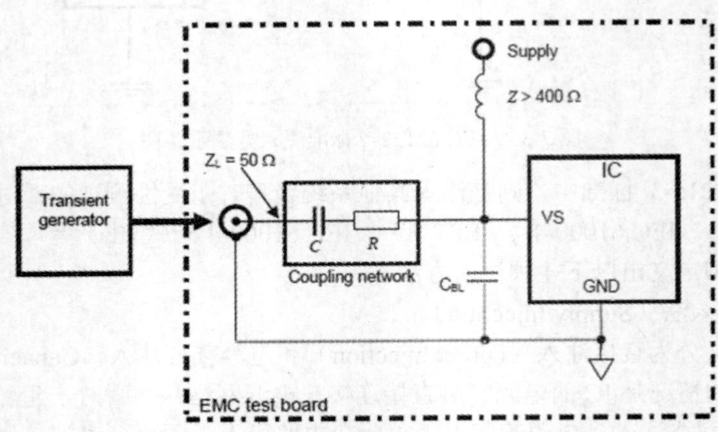

图 7-37　电源电容耦合注入法示意图

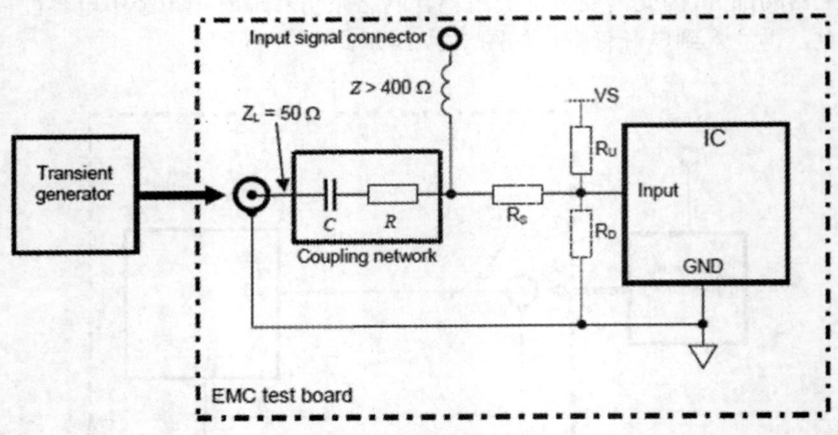

图 7-38　输入端注入法示意图

（3）输出端注入法（Output Injection）。

输出端注入法一般使用在 I/O 管脚被配置为输出端或仅输出端的部分，主要是仿真瞬时噪声经由电容性耦合到输出端，其测试电路如图 7-39 所示，在耦合网络与输出管脚之间，在测试时需要增加外部负载电容，其默认值为 47pF，而标准里耦合网络的电容值预设为 1nF，这个值决定了最低测试频率，电阻默认值为 0Ω，如果担心电流过大可增加电阻值，在连接到外部信号处理单元或负载的部分，去耦合电感的阻抗必须大于 400Ω，默认值为 50μH，用来防止噪声反馈到负载端。

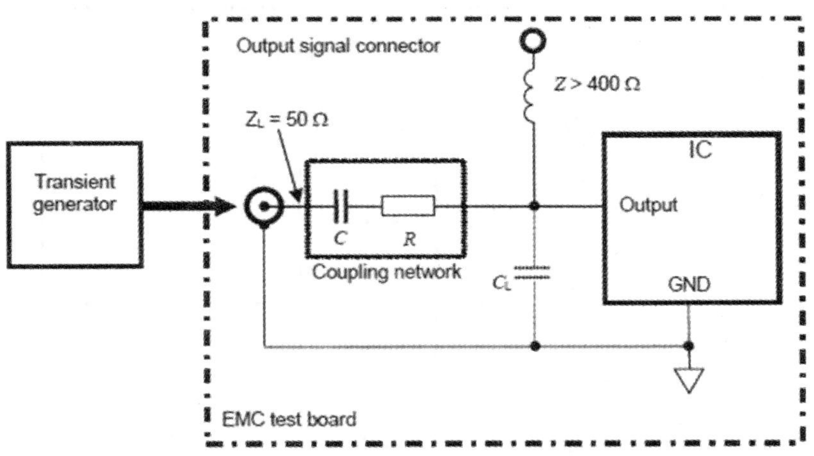

图 7-39 输出端注入法示意图

（4）同步多管脚注入法（Multiple Pin Injection）。

同步多管脚注入法可同时并联耦合到多个管脚，而每个管脚配有一组耦合网络，且每个耦合网络的默认值都是一样的，主要是仿真瞬时噪声经由电容性耦合同时耦合到多个管脚，其测试电路如图 7-40 所示。

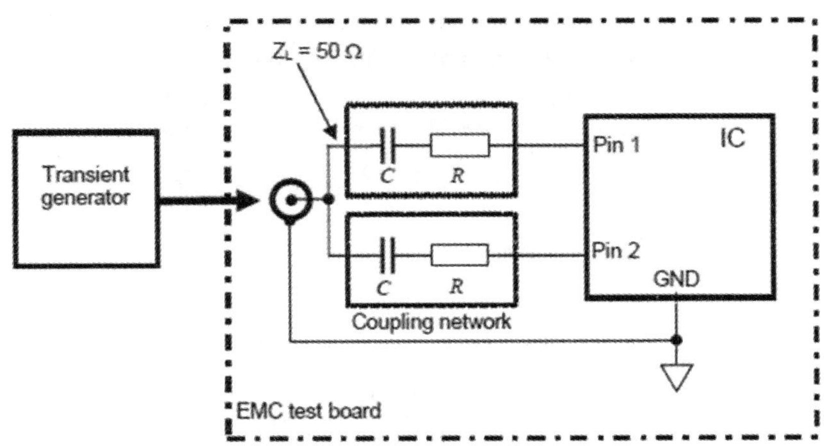

图 7-40 同步多管脚注入法示意图

2. IEC 62215-3 测试板规范

针对需要测试的管脚，依照管脚不同的特性并配合上一节所介绍的不同注入法电路，需要设计出如图 7-41 所示的测试板。

关于测试板的要求部分与 IEC 62132-4 所规范的类似：测试板尺寸必须为 100 mm×100 mm，由 SMA 或 SMB 接头出来的走线的阻抗必须为 50Ω，且走线长度必须小于测试中最高频率波长的 1/20，其长度 l_t 可用公式（7-1）计算，而耦合网络间组件与组件之间越靠近越好，到 IC 的接线也是越短越好，如图 7-42 所示。

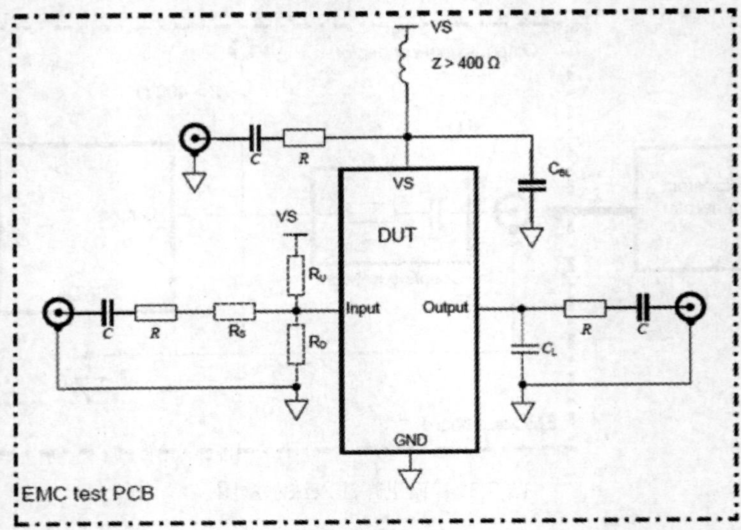

图 7-41　测试板示意图

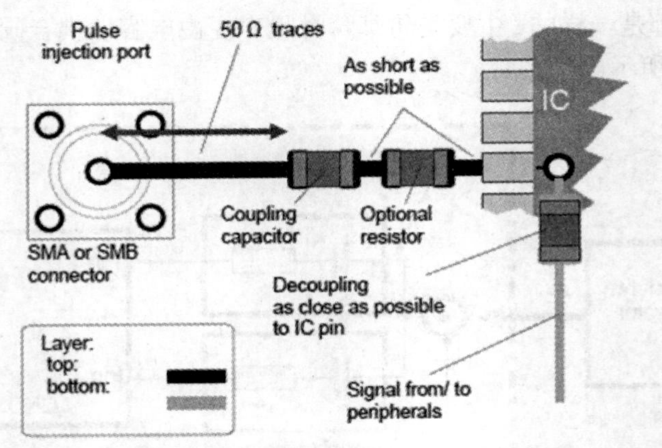

图 7-42　电路板上注入端电路示意图

$$l_t \leqslant \frac{t_r \times v_p}{20} \tag{7-1}$$

$$v_p = \frac{c}{\sqrt{\varepsilon_r}} \tag{7-2}$$

其中，l_t为走线长度（cm），t_r为上升时间（ns），c为光速（m/s），v_p为传播速度（cm/s）（例如空气中：v_p=30cm/ns，FR-4 上：v_p=14.8 cm/ns），ε_r为相对介电系数。

有了本章所说明的各层级 EMC 测试方法及其对应的规格限制值要求的信息后，工程师在产品设计时便可有 EMC 的设计目标，即思考并规划能使所开发的 IC 组件、功能模块和最终的系统产品符合 EMC 测试规格并能顺利上市售卖的目标。

8 电磁兼容失效分析

在前面讨论 EMC 问题的时候已经提到过信号完整性（SI）和电源完整性（PI）的问题就是导致电磁干扰效应的原因，因此 SI/PI 的问题归纳起来其实就是一般典型的 EMC 问题，而要有效解决这些问题，方法就是必须从其失效原因着手，进而提出解决对策或方案并加以验证其有效性，累积相当的经验并搭配噪声产生与耦合的原理后，就可以从产品规划初期即导入优化的 EMC 设计，因此电磁兼容失效分析技术的重要性不言而喻。

EMC 问题的发生是因为电路的非理想现象造成的，而这些非理想因素有：组件本身的非理想特性、信号传输结构与路径的电磁寄生效应等，例如传输过程中信号完整性、电源完整性的串扰或参考电位波动而产生的共模噪声电压，因为共模噪声电压会形成电偶极的形式而辐射出来，因此 EMI 最大的问题就是共模噪声的产生，因为第 3 章的辐射耦合效应中无用的共模噪声比起一般真正有用的差模信号辐射电场强度大概高出 10^8 倍。由于共模噪声电压几乎都与寄生电感效应有关（因为 $L\mathrm{d}i/\mathrm{d}t = v_\mathrm{n}$），因此接地或信号回路路径所形成的面积大小就是最重要的 EMC 设计问题，另外终端或电路阻抗匹配特性好不好、是否会造成反射与涟波效应等也都是 PI 或 SI 造成的 EMI 问题，因此接下来就来看若产品依据第 7 章的 EMC 标准规范进行测试而结果无法达到符合性要求时要如何实施 EMC 失效分析，以有效解决问题让产品能顺利上市售卖。

曾经有相关的国际电子技术杂志针对产品的 EMC 失效原因进行过调查统计，结果显示产业界认为 EMC 最严重的 5 个问题依次为：

- 辐射干扰问题（最严重）。
- 瞬时耐受性问题，在系统层级是 ESD 较严重，IC 层级则是 EFT 较严重。
- 辐射耐受性问题，这主要是与屏蔽结构的转换阻抗有关联。
- 电源传导干扰问题，主要是与电源完整性（PI）有关，需要确认何处产生激发后造成电源浮动。
- 内部兼容性问题，例如信号完整性和载台噪声的问题。

以上这些问题可以利用瞬时抑制组件、滤波器或屏蔽材料等控制其噪声的耦合路径，以期在最短时间内解决相关问题，从而达到产品或设备的电磁兼容符合性规范要求。

然而此种方式也不能完全解决 EMC 的问题，只能通过分析以减少影响 EMC 性能恶化的因素，而工欲善其事，必先利其器，因此在执行 EMC 的失效分析时也必须要有适合的工具。

从EMI和EMS两种问题的角度来看，EMI的问题来自高速数字电路或组件，最常见的工具为近场探棒（电场或磁场），利用它在侦错量测分析中，先确定干扰频率后再针对该频率产生的原因找出问题点（例如噪声源的位置和特性）；而 EMS 关注的对象是敏感电路或天线，通过探棒将干扰信号耦合到可能的敏感电路区域，以便定位特定IC或模块并观察其对噪声的频率响应，进而分析出敏感电路的问题和解决方案。因此本章就从电磁兼容问题的诊断技巧开始，然后通过一般电机电子产品或设备的EMI问题诊断流程和EMC失效的可能原因分析，最后找到解决电磁干扰与射频干扰问题的有效对策。

8-1 电磁兼容问题诊断技巧

电磁兼容问题诊断的目的在于：

（1）噪声干扰发射源的定位、干扰源的特性和发射强度的确定：因为它将直接导致产品的干扰发射超过限制值，并将干扰其他模块的正常运作。

（2）敏感电路或模块的定位，并确定敏感受扰部件对外不干扰噪声的频率响应特性：因为它将直接影响产品能否通过免疫性（抗扰度）试验以及该模块能否在系统内正常运作。

目前在 EMC 产业实务中最熟悉且简便的诊断方法就是宽带量测，一次扫描整个 EMI 标准要求的频段，但因为频谱扫描速度和分辨率的考虑，在简单快速的过程中常会错失真正的问题和干扰信号，而在实施无线通信装置的射频干扰 RFI 问题诊断时，由于只关注在特定通信使用频段，因此都使用窄频量测，仅观察小频段的频谱特性，主要针对无线装置的本地振荡和数据传输所产生的旁带和谐波干扰问题，最主要目的是找出对应的噪声源，因此会比较快速又准确；而若有太多干扰频率相邻密集时，可以锁定宽带扫描频谱中的主要噪声峰值频率并将量测范围缩小到比窄频更小（例如频宽可能只有10Hz），这就是所谓的Zero Span，当频宽等于零时，该频谱分析仪的功能就像一部示波器，以更精确地定位出噪声源的真实频率，像刚提到的宽带扫描方法可能一次涵盖 6GHz 频宽，而窄频则可能只有 20MHz 频宽，至于 Zero Span 则可能只锁定在10Hz频宽，就可以观察噪声从何处产生出来，像AM、FM、无线麦克风的频宽都很窄，所以现在很多示波器或频谱分析仪都会增加信号处理的FFT和iFFT功能，就是为了达到这些目的。

除了刚刚提过的 3 种频谱分析法之外，在研究与分析电磁干扰的问题与成因时还有一些重要的技术，例如短期间的快速傅里叶分析法（Short Term FFT）、远近场间的相关联性分析，其主要目的都是针对噪声源的侦测与确认，不同分析方法的相关应用与复杂程度的比较可以参考表8-1。

接着针对噪声传播的耦合路径侦测分析，几种主要的EMI问题侦错方法与工具、适用场合与复杂程度的比较如表8-2所示，其中有共振分析法（例如扫频量测、近场探棒共振定位、S 参数共振扫描等）、端口端电压与阻抗量测法、转换阻抗量测法、近场扫描法、电流夹具探棒与电场/磁场探棒量测法、横向电磁波室（TEM Cell）量测法等。近场扫描法（Near-Field Scan）除了已经纳入IEC 61967-3标准以量测IC层级的干扰电磁场的分布外，也可以利用不同高度的电磁场扫描来合成干扰源的辐射场型，并可进一步建立其等效辐射模型。而利用电流夹具探棒（Current Clamp）则可以有效地侦测到信号传输对上的共模噪声电流，以确认主要的电磁干扰耦合路径。此外，TEM Cell 方法则除了也被纳入IEC 61967-2标准以量测IC层级的封装辐射电磁耦合干扰场外，它也是车用电子最重要的 EMC 要求项目。

表 8-1 主要的 EMI 问题分析技术概要

Method		Application	For identifying	Complexity
Frequency spectrum analysis [2][3]	Broadband measurement	Obtain an overview of the radiated emission. Distinguish between narrowband and broadband signals.	General	Easy
	Narrowband measurement	Analyze at very narrow span to identify fine spectra details, e.g.,sidebands, for distinguishing between possible sources.	Source	Easy
	Zero span measurement	For narrowband signal: differentiate AM or FM modulation. For broadband signal: determine switching frequencies.	Source	Easy
Shrot term FFTanalysis [4]		Reveal how a signal spectrum evolves with time. Identify EMI sources from multiple broadband sources in a complex system.	Source	Complex
Correlation analysis [5][6]		Analyze mathematical correlation between near-field sources and far-field, or among multiple near-field observations.	Source	Complex

表 8-2 主要的 EMI 问题分析方法与工具概要

Resonance analysis [7]	Swept frequency measurement	Investigate the resonance behavior by substituting a swept frequency clock for the source.	Coupling path/antenna	Moderate
	Resonance identification	Use manual probing or near-field scanning to locate the resonance on a printed circuit board (PCB) or metal structure.		Moderate
	Resonance scanning	S21 scannign for each point on a PCB using a cross probe to find local resonance and coupling pathe.		Complex
Port voltange and port impedance measurement		Measure between two metal parts on a PCB or enclosure to find suspected antenna structure and noise voltage.	Coupling path/antenna	Easy
Transfer impedance measurement		Quantify coupling path (coupling strength from the source to other structures). Substitute an external signal for a possible EMI source.	Coupling path	Complex
Near-field scanning [8][9][10]		Use scanning system to obtain the E or H field distribution across the user-defined drea on the equipment under test (EUT).	Source/ Coupling path	Complex
Current clamp and E/H Field Probe measurement		Measure common mode current on cables,then estimate far-field. Measure or inject E/H field on EUT.	Source/ Coupling path	Moderate
TEM cell measurement [11][12]		Determine the main EMI excitation mechanism: E or H field coupling. The board has 10cm×10cm standard size.	Coupling path	Complex

针对噪声耦合路径侦测的小技巧如表 8-3 所示，其中有频谱的辐射场型扫描法、利用强力磁铁移除亚铁盐效应法、利用压触观察噪声振幅变化的邻近效应法等。

表 8-3　一般 EMI 问题分析的小技巧

Small techniques	Obtain radiation patterm using spectrum analyzer	A quich view of the radiation pattern of the EUT.	Antenna	Easy
	Use strong magnet to remove effect of a ferrite	A fast method to remove the effect of ferrite without physically changing the c	Coupling path	Easy
	Press and observe ampliturde change to distinguish contact and proximity effect	Loose contact of metal connectors or proximity of noisy cables to metals may cause bad repeatabilify of EMI tests. By observing the magnitude in zero span measurement, abrupt changes indicate contact effect, while smooth changes indicate proximity effect.	Coupling path	Easy

在第 6 章的无线通信数字载台噪声分析中，范例针对造成 1.8 GHz 的移动无线网络 WWAN、2.4 GHz 的无线局域网 WLAN 接收灵敏度降低问题，利用进场扫描实施噪声源侦测以确认对接收天线的耦合影响，目的就是要定位出噪声源的强度和辐射场型特性，所以就可以看到载台上的噪声是如何传播的，如图 8-1 所示即为利用近场扫描确认一般 LCD 显示器驱动电路的干扰源位置，以及利用磁场探棒（中图）与电场探棒（右图）扫描由噪声源出去的耦合途径量测结果。其中磁场探棒的量测结果主要是分析低阻抗电流路径，例如电源与接地平面上的噪声电流分布情形，而电场探棒的量测结果则主要是分析高阻抗逻辑信号路径，例如频率信号的传输路径分布情形。

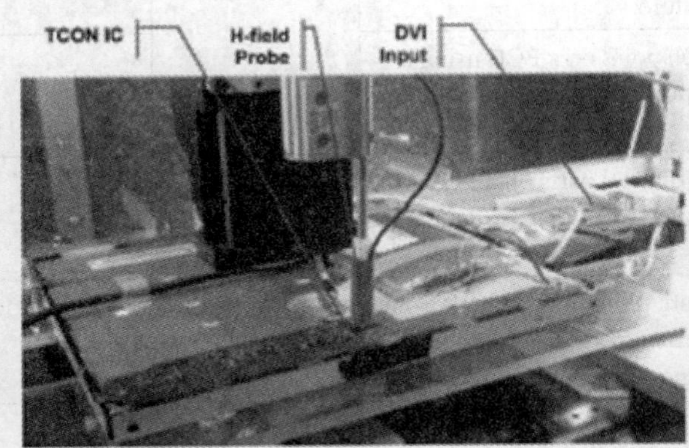

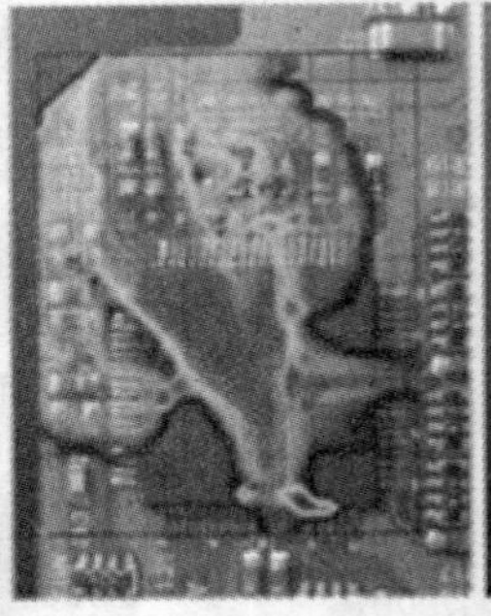
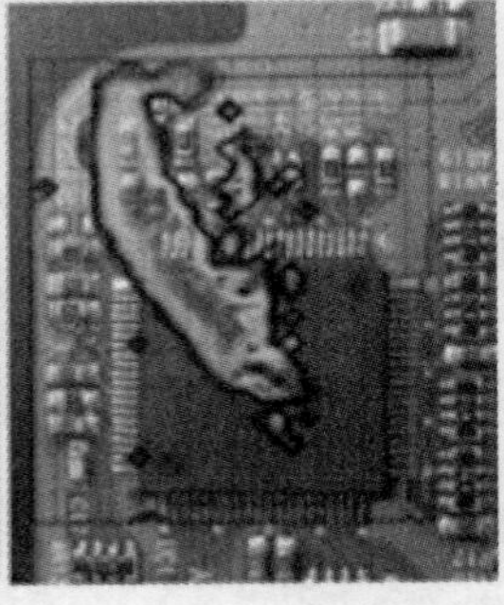

图 8-1　利用近场扫描确认显示器的干扰源与噪声扩散路径

此外，假设有一个复杂的系统，其中同时有非常多的 IC 组件都是受同一驱动频率连接，因此该等 IC 同样操作于 333 MHz 的时候，那么如何确认到底是怎样的电路动作产生的这些噪声呢？实际产生 EMI 问题的根源是什么？其现象如图 8-2 所示，如果像一般情况仅利用 EMI 测试天线接收电磁干扰噪声时，那么在电波暗室中量测到的噪声结果就如右边所示，假设其中有 3 个组件都是操作于 333MHz 时，那么实际造成 EMI 问题的根源到底是 3 个箭头中的哪一个位置噪声造成的？

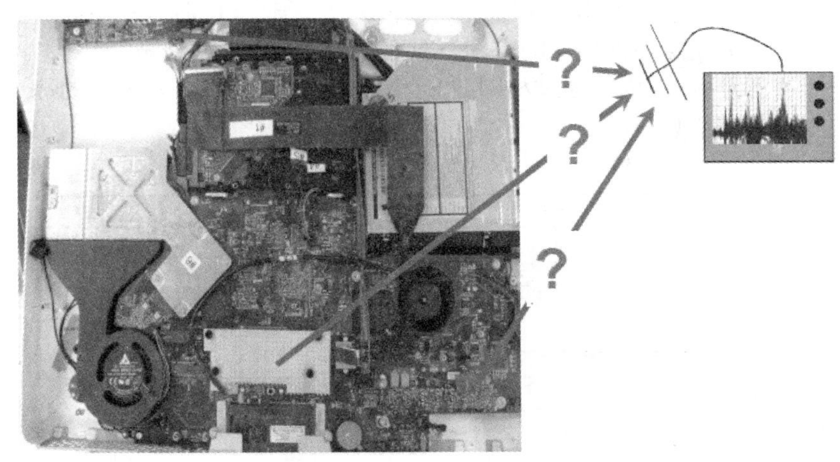

图 8-2　问题范例：在多个 IC 同样操作于 333 MHz 的复杂系统中确认产生 EMI 问题的根源

解决这个问题的方法是使用信号同步技术，我们控制让哪个组件或电路启动，而其他同一操作频率的组件功能则维持不动作，因为这几个操作在同一频率的噪声源在正常情况下就不见得是同时动作的，只是这几个 IC 的操作频率刚好都在相同的 333MHz，所以很多时候就要看时间同步波形与干扰信号，并同时利用远场与近场量测结果的相关联性来做比较，如图 8-3 所示，这种技术对于同时有数种无线通信系统的载台装置射频干扰（RFI）更为重要，因此主要的仪器厂商也针对这一需求趋势纷纷推出高阶的实时频谱分析仪，以分别从时间瀑布图中观察各时间的电磁噪声频谱分布情形，确认出实际造成主要 EMI 问题的组件。图 8-3 所示的范例中，远场测试当然是在一般的电波暗室中执行（如左图所示），但是近场测试除了使用一般常见的手持式电场和磁场探棒外，由于共模噪声是影响最大的因素，因此量测共模电流最常用的是电流探棒夹圈（如右图所示），结果则如下图所示，从时间和频率同步测试的结果波形即可确定真正的干扰源，这种方法就是远场与近场的相关联性分析技术。

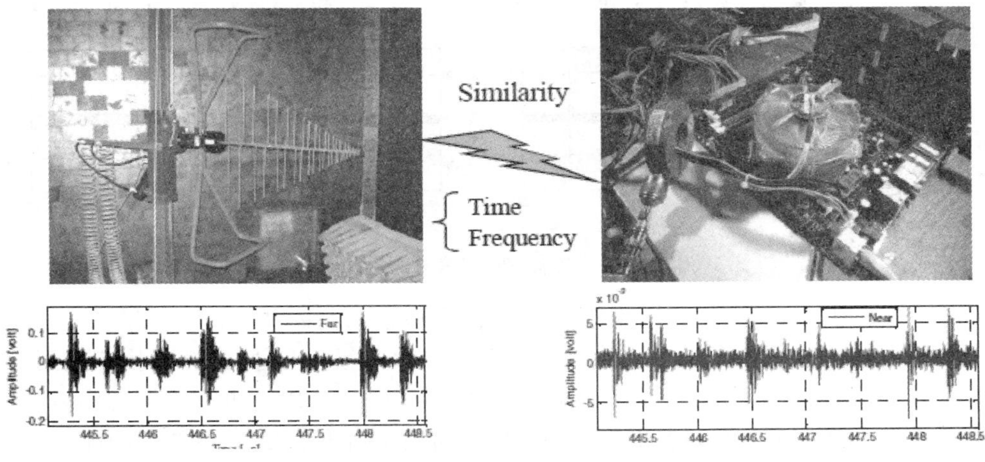

图 8-3　利用近场与远场时间同步方式确认 EMI 干扰源

远场与近场的相关联性分析技术可以利用图 8-4 中有四端口或一般双端口的数字实时示波器，在左图的测试配置中，远场的 EMI 测试天线与近场探棒同时接至示波器，同步侦测噪声就可以确认与对应真正噪声源出现的时间有没有一致，因为远场可测整个系统噪声，而近场测试则仅涵盖一小部分区域，因此通过相同的时间比较我们就可以从右上图的测试结果得到右下图中真正的噪声频谱信息。

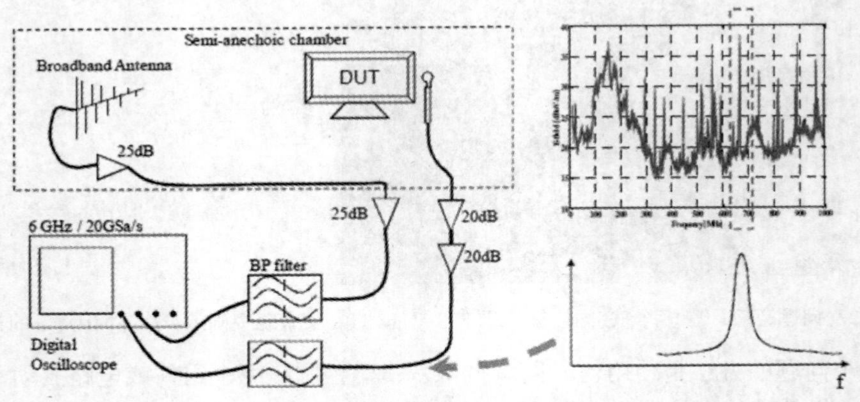

图 8-4 同步量测方式设置

图 8-5 所示是利用脉波同步信号同时得到的近场和远场的量测结果，下图是远场量测结果，当扫描近场的时候则得到上图所示的波形图，右图两者因为彼此并没有关联性的噪声所以有明显的差异，代表在近场找到的那个噪声源不是真正的问题所在，但是左图就像是示波器随着时间进行的同步关联性，所以像左图明显的关联性结果就可以确认出真正的噪声源了。

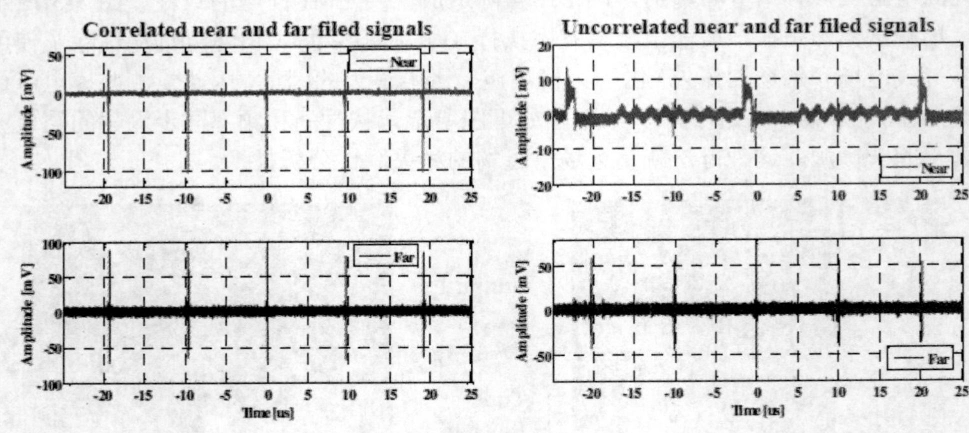

图 8-5 以脉波同步信号的量测

一般在 EMI 测试实验室中，因为有完整的测试环境和设备，所以就常在产品层级的标准测试过程中，从待测装置在天线 1～4m 升降与垂直及水平极化交替扫描、测试转桌于 360 度旋转过程中观察何种高度、极化、角度影响比较严重来进一步加以分析。依据待测装置与周边辅助装置的摆置和接线方式可以判断辐射耦合路径可能来自于 PCB 或缆线，因此也能够通过水平或垂直测试结果的判断技巧来分析待测配置是哪个电路布线走向出了问题，而噪声最大角度的侦测就是在观察待测物何处可能有屏蔽缺失而导致有漏波现象，例如屏蔽箱开槽、组件衔接不好而产生槽缝。

因此在实验室的环境中，快速诊断电磁干扰问题的技巧有以下 5 项：

- 水平、垂直极化判断技巧
- 旋转桌最大辐射角度判断技巧
- 共模与差模噪声的判断技巧
- 谐波的判断技巧
- 噪声频谱展开的判断技巧

第一个噪声源诊断技巧是确认产品内外的水平或垂直部分辐射，同样的噪声在接收天线为水平极化方向与垂直极化方向时量测到的大小不一样（如图 8-6 所示），这样就可以知道最大的问题是来自于垂直或水平导线和电流路径，就去找垂直比较严重的是哪些，例如 PCB 走线与外部缆线配置。

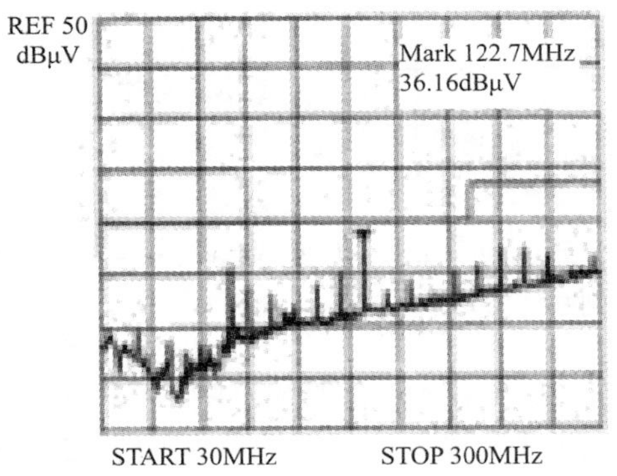

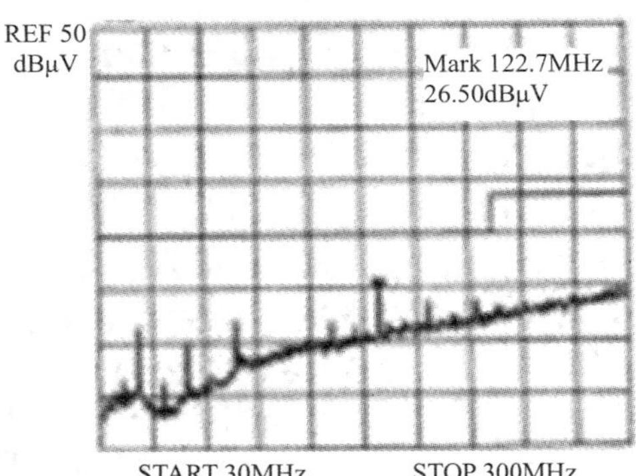

图 8-6 水平、垂直判断技巧

第二个技巧是利用旋转桌产生最大辐射角度来分析，测试过程中发现转到某一个角度，辐射电场位准就变大（如图 8-7 所示），目的是在同一个垂直或水平极化情况下确认产品哪一部分辐射最强，待测物的正面或侧面是对向接收天线的，因此就可以确认何处有电磁波泄漏出来，EMI 就是要分析产品对周围环境的影响，因此才要待测物 360 度旋转，找到哪边辐射最强后最简单的方式就是用金属屏蔽住，若不会泄漏出来就可以确定噪声的正确位置。

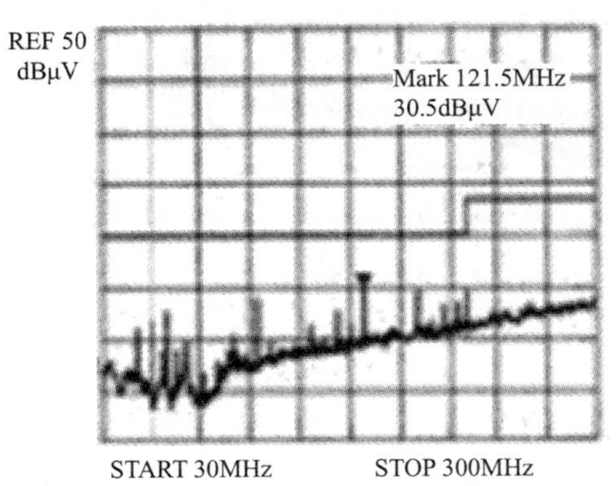

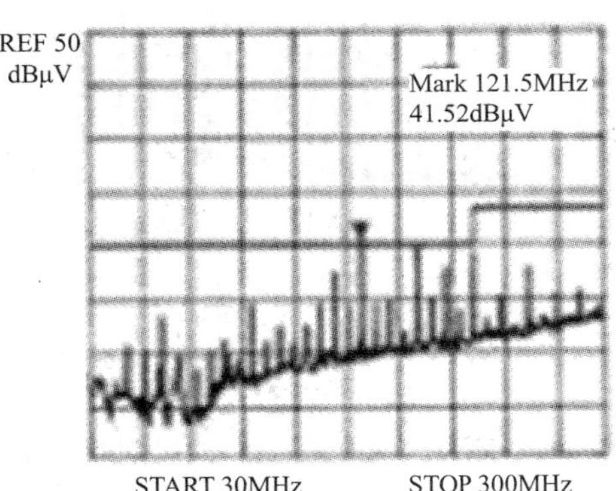

图 8-7 最大辐射值的角度判断技巧

第三个技巧判断出干扰源是共模噪声还是差模信号，目的是确认产品噪声辐射主要是接地还是走线造成的。差模信号涉及的是正常运作模式，电流沿着回路流动，而且有相关的技术文件说明，所以较容易了解；而共模噪声与正常的运作模式无关，一般涉及寄生效应（通常是涉及寄生电容），而且并无相关的技术文件说明，因此不容易了解，共模噪声一般是由接地效应所造成的，以同时存在共模和差模噪声的CCD产品为例（如图8-8所示），我们就需要判定到底是哪种机制来的，因为接地噪声一般就是共模，参考地波动起来即让地的噪声变成辐射电压，经外部缆线就会形成辐射天线造成电磁干扰。

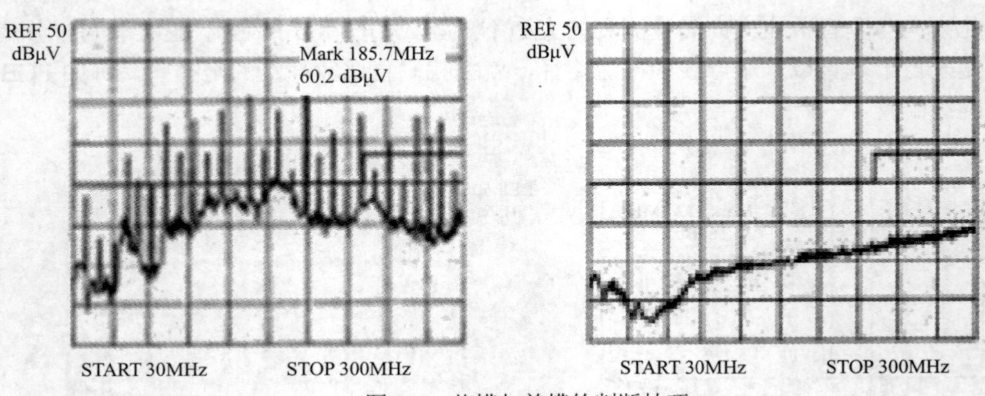

图8-8　共模与差模的判断技巧

第四个技巧通过噪声的谐波频谱分析，以便在有部分噪声重叠的数个噪声源中确认产品内最主要的辐射干扰源是什么。以图 8-9 所示的测试结果为例，某个产品中有 28MHz 的 CCD 组件（左图）和 14MHz 的无线麦克风射频模块（右图），因此两者会有很多倍频重叠在一起，此时可以通过谐波的密集程度和基频主波的频谱分布趋势判断出真正造成EMI失效的噪声源。

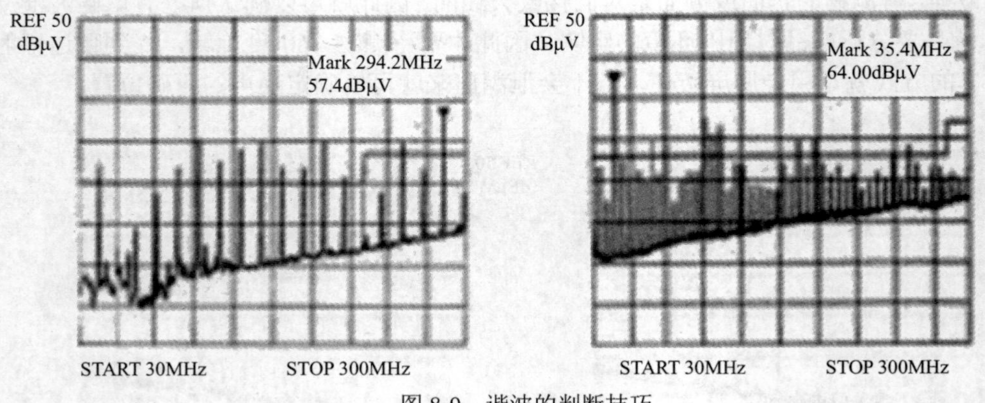

图8-9　谐波的判断技巧

第五个噪声源的判断技巧就是利用噪声峰值的频谱展开以确认真正的噪声源，例如前一例的谐波是一根根地很清楚显示，主要是测试时设定频宽较大，但有些噪声则不见得是一根根频率稳定的噪声源，例如马达产生的噪声，因为它在转动时会产生宽带噪声，所以没办法判断噪声来源，这时候便可以用频谱分析仪展开来看。图 8-10 左图可以看出是一个很明显的 broadband 噪声，右图是将其最点的噪声展开，将频谱分析仪的 Span 降到 100 kHz，便可看出噪声波形明显为 SMPS 所产生，这个噪声很高而且超标了，可是从图中怎么都看不出来，因为这个图为结合到电源线，但如果把最严重的峰值频率锁定出来展开，就很清楚了。

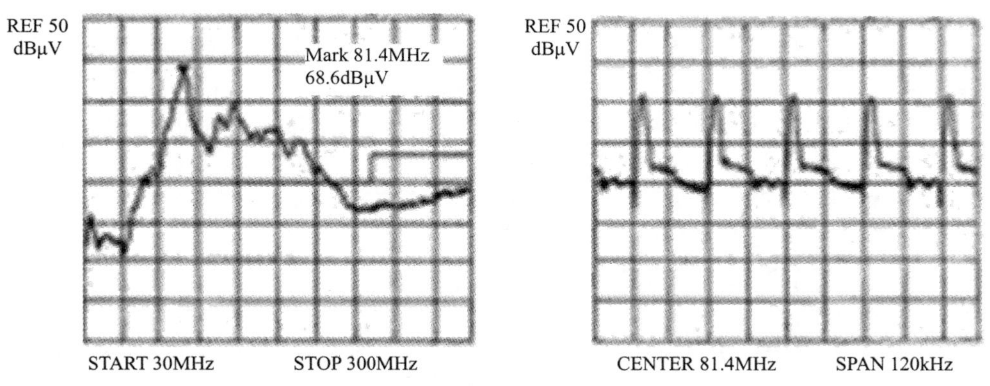

图 8-10　噪声展开的判断技巧

另外，如图 8-11 左图所示的测试结果，中间黑点标示的是频率信号的输出，而右图是频率发生器，其为频率内部的本地振荡源，一样将该频率点频率展开，这样的噪声频谱就可以知道到底是频率信号的输出还是频率发生器。左图结果可以看出是一个窄频的噪声，右图是将其最点的噪声展开后，可以看出噪声主要是频率所造成的。

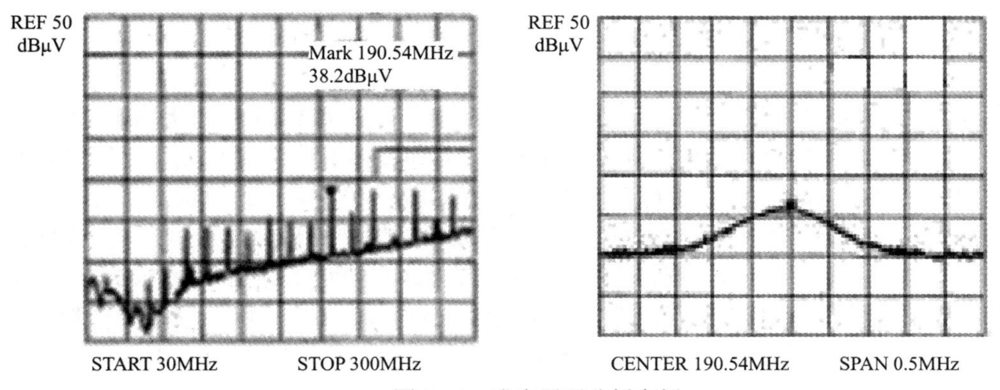

图 8-11　噪声展开分析实例

对于某些噪声，可以通过由频谱分析仪上展开的技巧来分析各种噪声产生的原因与特性，如图 8-12 所示。

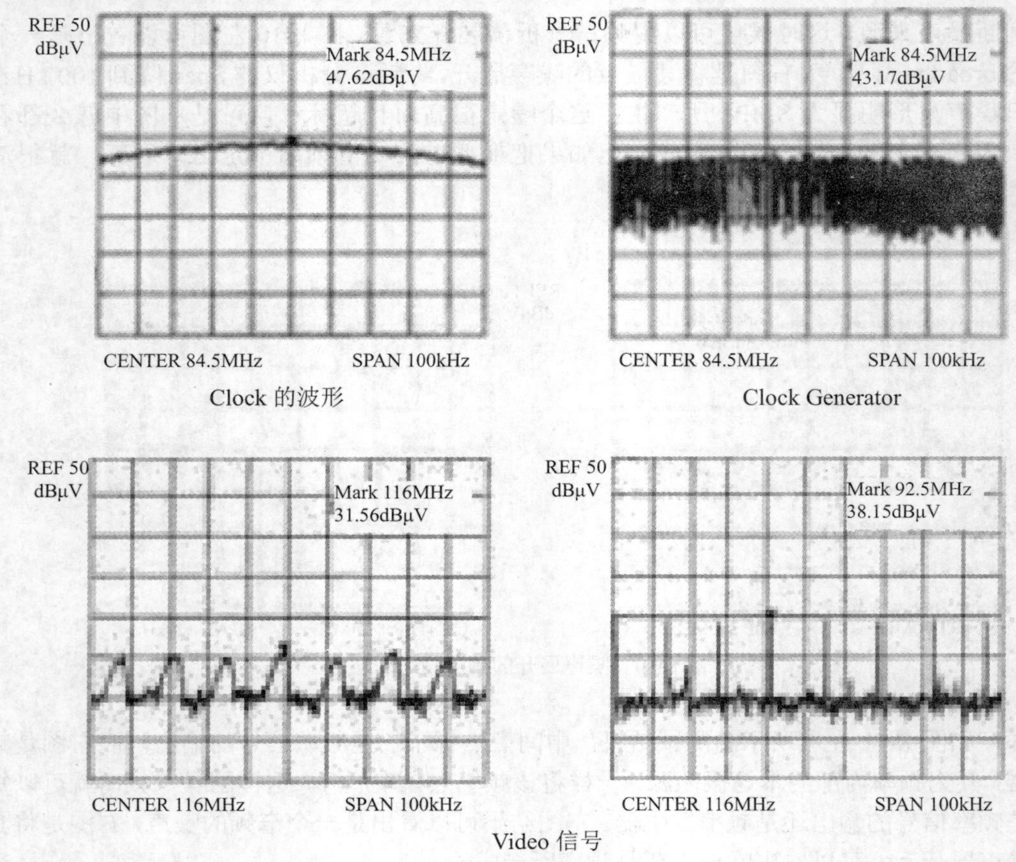

图 8-12　噪声种类说明

8-2　EMC 问题诊断流程

由于 EMC 问题涵盖两个特性完全相反的方向：一个是主动式由内而外的电磁干扰 EMI 问题，另一个是被动式由外而内的电磁耐受 EMS 问题，因此诊断的流程就要先从 EMI 方向下手，然后再进行 EMS 问题的分析，这是因为 EMS 的测试与诊断都是从外面施加进去的破坏性能量，而 EMI 与 EMS 其实也是一体两面，几乎都是经由同样的耦合途径，所以里面噪声源怎么出来外面造成电磁干扰，同样地外部的各种瞬时噪声也可能这么经由路径进去里面产生性能受扰的问题，所以如果从 EMI 问题控制了耦合途径（例如滤波或屏蔽），使得内部噪声无法出去形成电磁干扰的话，那么外部的干扰能量也同样就进不来造成电磁耐受的问题了。

此外，由于电磁干扰的问题都是噪声电流所造成的，而且问题的诊断是针对观察到的现象开始，所以第一个进行的诊断步骤就是先从外部看到的最大耦合结构（例如外部电源或信号缆线）开始实施传导干扰测试，尤其因为传导测试的对象是决定共模电流的问题，而共模噪声又是电磁干扰最严重的根源，因此在待测走线上有电流就会产生辐射，所以先诊断传导干扰的原因也是为了观察其辐射效应，而且产生传导干扰的这些缆线都是较长的耦合结构，例如电源线、信号线、鼠标线等，这些线缆绝对都比本体尺寸长，因此代表辐射效率也是较高的。早期针对传导干扰诊断的方式仅有电源一直连接供电，然后拔掉鼠标线，拆掉屏幕接线等，再看哪个步骤的 EMI 位准掉下来，就会知道是哪条线缆造成的电磁干扰问题。既然 EMI 问题的除错是由外而内逐一解决的，因此侦测诊断是由外部的缆线逐步朝系统内部进行，而这可以利用电流探棒逐次量测电源线和各信号线的共模噪声，要特别注意的是以电流探棒测试时待测信号线要尽量与其他缆线距离拉开，因为两条缆线过于靠近时就会有串扰耦合，这样一来就无法确认真正的 I/O 噪声出口了。

因此一般在进行 EMI 问题分析时，依据图 8-13 中左图所示的流程逐步诊断就是从这样的角度来思考。针对电源线与每一条信号线完成诊断后才可以针对有问题的缆线在其离开设备处加装滤波器解决。完成外部缆线的传导或辐射测试（如图所示利用电流探棒量测共模电流）诊断与问题解决后再开始进行 EMS 耐受性测试，最简单的实施步骤就是先从干扰能量比较小、破坏性比较低的测试开始（如图 8-13 中的右图所示），例如从电源端 EFT 开始，然后是模拟电磁场感应耦合的大电流注入测试（BCI），最后才是对半导体破坏性比较大的 ESD 静电放电测试这些耐受性的问题分析，然后再针对各种噪声耦合的问题采取解决的改善对策。在诊断完从外部就可以清楚看到的各缆线耦合路径后，接着就要逐步从其 I/O 端口向内部继续进行问题诊断与结果观察。

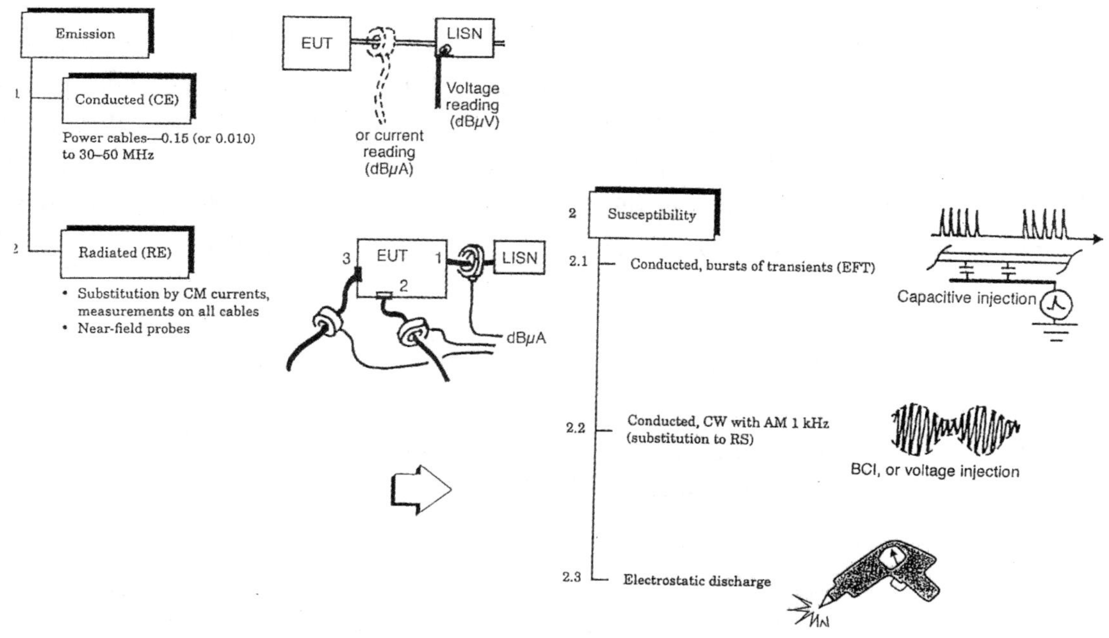

图 8-13　EMI 诊断测试的最佳流程

如果在传导干扰测试中发现结果超过限制值而使 EMI 失效时，要怎么知道引起问题的原因是共模还是差模电流所导致的呢？因为从滤波的角度来看，为了使噪声电流不要流过 LISN 而让频谱分析仪或 EMI 接收机侦测到，究竟要采用电感阻绝还是电容分流疏导，以及要分流到接地（共模滤波）还是另一对应导线（差模滤波），所采取的对策不同结果也不一样，因此如图 8-14 所示，当某一电源供应器的传导干扰测试结果（0.15MHz～30MHz）超标失效时要加装共模或差模滤波器，就可以利用其下图所示的方法，利用电源或信号线的双导体在电流探棒的通过方式即可量测出共模电流（下图左）与差模电流（下图右）的结果，以便后续采取适当的滤波器结构。

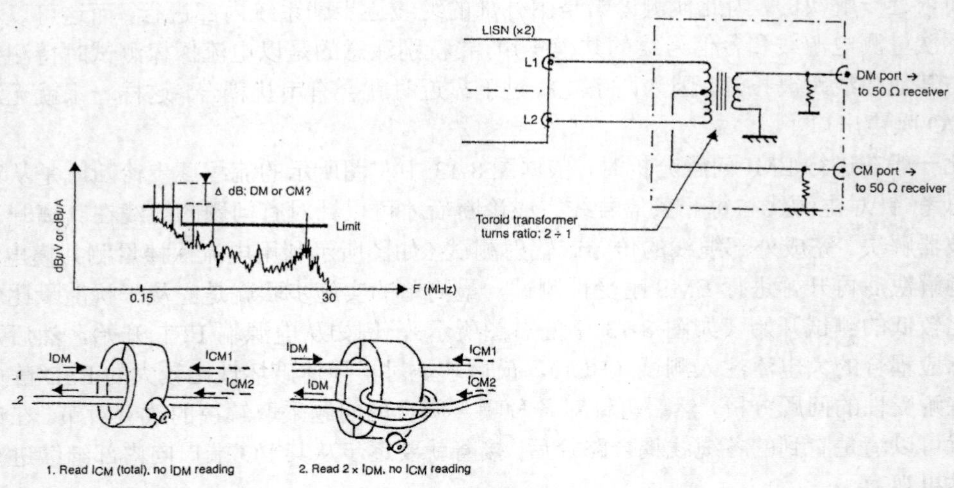

图 8-14 判定传导干扰噪声中的差模与共模特性

每一条缆线都利用过电流探棒夹诊断其传导问题（如图 8-15 中的 A 与 B 点所示），其流程就如图中 C 点处的判定结果所示，对每一条有问题的线都在 I/O 处装设滤波器或再针对其干扰源进行处理。如果每条由系统引到外部的线都没有问题时，就代表产品的 EMI 失效可能是构装缝隙或槽孔泄漏出来的，因此就要利用磁场探棒仔细针对任何缝隙或槽孔处进行漏波侦测（如图中的 D 点所示），若真的有问题，则可以修改机构或使用金属弹片和导电贴布等方式来改善其屏蔽效率，或是直接拆开外壳而在内部 PCB 上面采取解决对策，例如更换零件或改变布线方式。

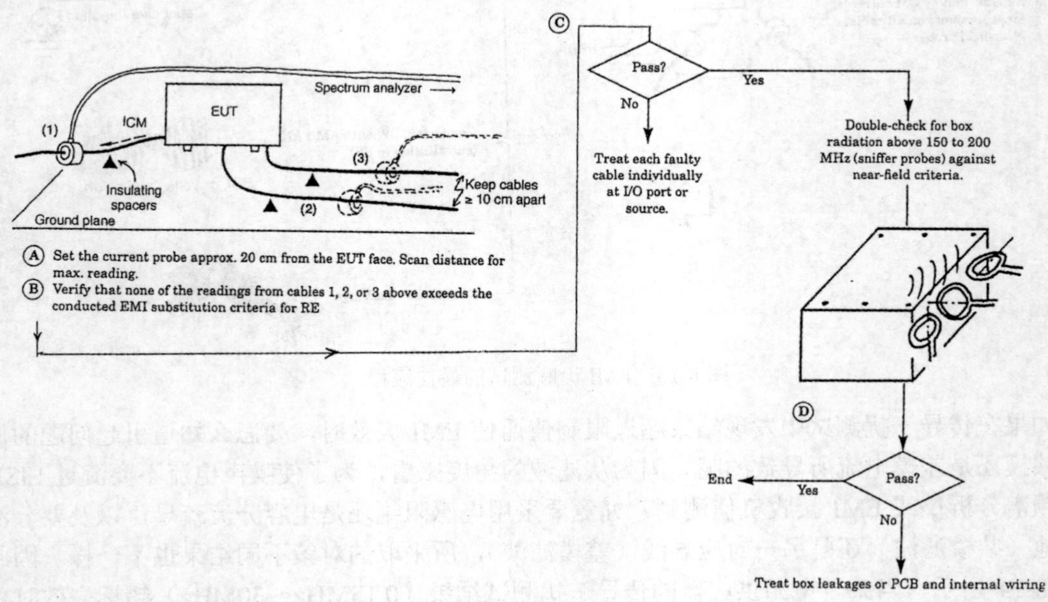

图 8-15 电磁干扰评估的测试流程

8-3 EMC 失效原因与分析

利用前述的电磁干扰诊断技术进行完评估流程后，就可以针对过程中发现的问题在适当的位置加以处理，这也只是治标的方法。如果可以累积 EMC 问题诊断的经验并加以原因分析，则可以在后续的产品开发规划中导入适当的 EMC 防护性设计，以达到 EMC 问题解决的治本目标。他山之石可以攻玉，EMC 的问题是从 IC 到 PCB 板再到产品模块一直到最终的系统整合，所以我们从一般典型的 EMC 测试失效的问题归纳出以下几点发生原因：

- 接地回路设计不当，致使回路面积太大。
- 信号终接结构不完善，以致阻抗不匹配。
- 组件摆置方式不良。
- IC 电路本身噪声过高。
- 布局不佳，致使噪声耦合至 I/O 走线。
- 缆线与机壳因共模电压而有电位差。
- 不当的滤波器特性。
- 屏蔽机壳上的缝隙与槽孔导致屏蔽效率降低。
- DC 电源总线的去耦合设计不良。

1. 接地回路问题

在很多地方都会出现接地回路面积太大的问题，例如电信机房或大型厂房。图 8-16 所示的情形是一般大家经常看到的现象，这是一般收音机或其他接收机的范例。从图中可以看到接收机插电后有电源，有信号线到扩音器（喇叭），有接地，我们会把 I/O 线接到喇叭，所以喇叭一样通电，当喇叭通电后发现这里有信号会传送过去，喇叭通电之后与接地形成回路系统，所以现在问题就在这里，放大器的接地跟电源端或接地端的接地会有接地阻抗，而且任何的导线都会有电感效应，这个电感效应在这里影响回路阻抗之后，输出的放大器接地跟喇叭输入端的接地电位就会波动，而这些波动就形成了噪声，由放大器与喇叭将信号放大，所以就会出现右图所示的噪声。

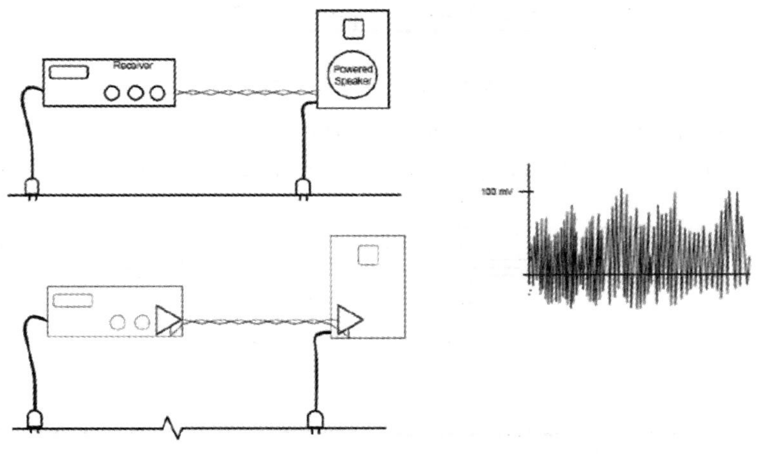

图 8-16 音响系统主动组件造成的高频干扰噪声

以图 8-17 所示为例，音响系统的电源是 60Hz，供电电流是 10A，所以会发现刚刚音响系统内部主动组件产生的高频噪声会出现在喇叭输出上，本来在数字音响系统中由于电源偏压波动而产生噪声后搭载到 60Hz 的电源系统频率载波上面，系统的接地是要提供信号良好的回路，因此如果接地回路做得不够好时就会发现音响系统内部电路的高频噪声会与电源的回路混在一起，这就是所谓的接地回路设计好或不好的问题。

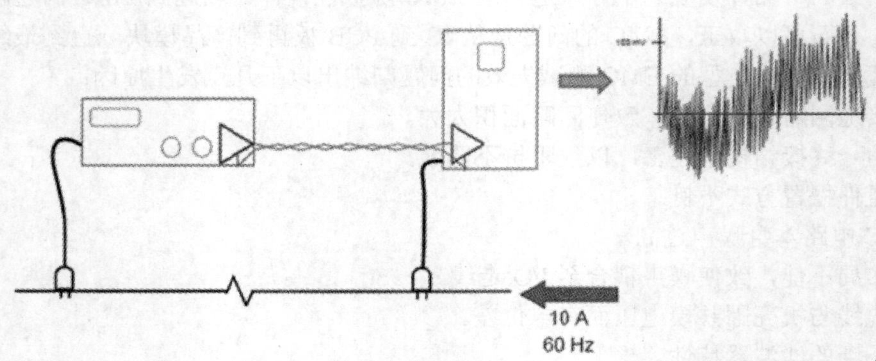

图 8-17　音响与电源系统回路所造成的噪声干扰

为了降低接地回路造成的问题，一般可以利用接地设计加以改善，图 8-18 所示为两种接地与信号回路的架构：单点接地和多点接地。单点接地就是各电路模块或系统的接地参考点都是同一点，而多点接地就像图 8-18 下图所示，各电路模块或系统的接地是独立到机壳地，其优点是每一个独立接地长度都很短而直接接地，以避免彼此信号回路的干扰影响，所以很多设计因信号接地回路不好以致造成信号回来路径变远而回路面积变大，致使电感效应与干扰问题加重。

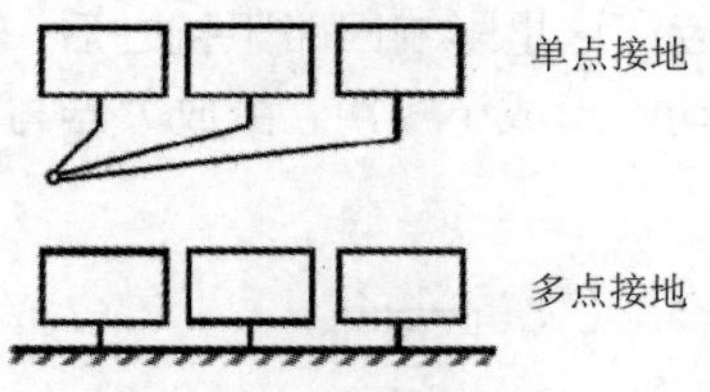

图 8-18　接地与信号回路架构

如果因为多系统的接地结构无法完全避免接地回路的干扰问题时，也可以如图 8-19 右图所示，在敏感的接收负载电路前端加装滤波器，以抑制接地回路上的干扰噪声。

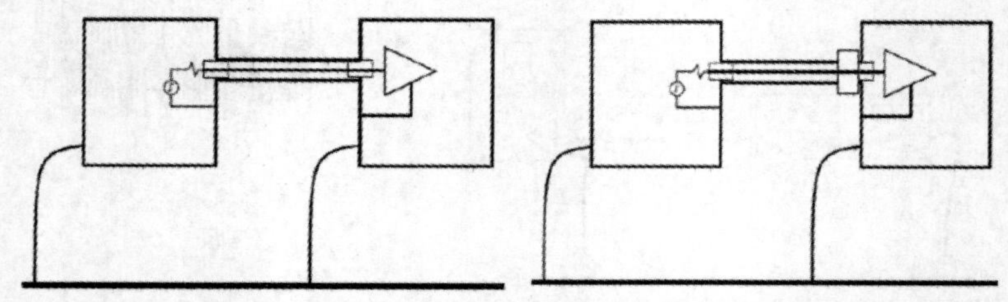

图 8-19　利用加装滤波器（右图）降低回路干扰问题

接着来看信号回路所形成的回路问题。我们知道一般数字组件是噪声产生源，因为在逻辑转态时会产生一个瞬时噪声电流，而模拟电路一般是容易受扰的敏感电路，所以一般都会将接地再分割为数字地和模拟地，因为如果两种类型的电路是使用共同的接地，数字电路启动进行逻辑状态切换之后产生的噪声就会污染整个接地，结果参考电位的波动就会影响模拟放大电路的正常偏压而使其功能特性出现问题，如果系统上同时有数字与模拟的电路，例如图 8-20 范例所示有数字区和模拟区以及一个 D/A 数字模拟转换器，而右图更在 I/O 处将数字地和模拟地隔开以避免数字噪声传送到外面，可是会碰到一个问题，即当信号在数字与模拟电路间流传时，因接地被割开而可能找不到回路回到信号端，甚至信号只好慢慢地绕较大路径回去，就会再产生回路面积太大的问题，所以有些接地间就会有跨桥结构，或是电源参考平面间（例如 5V 和 15V 电源面之间）就会利用去耦合电容来提供较短的信号回路长度。

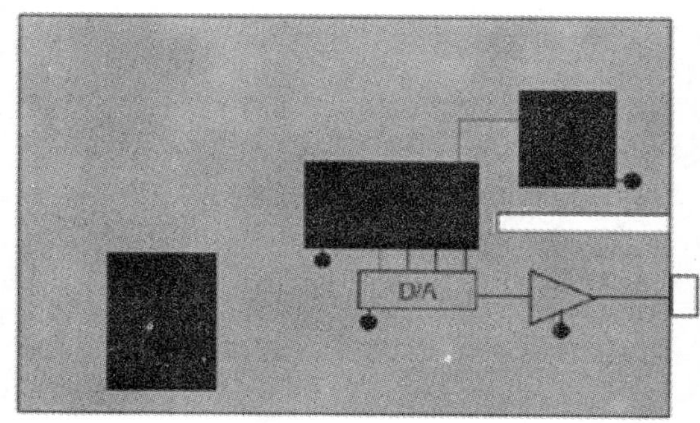

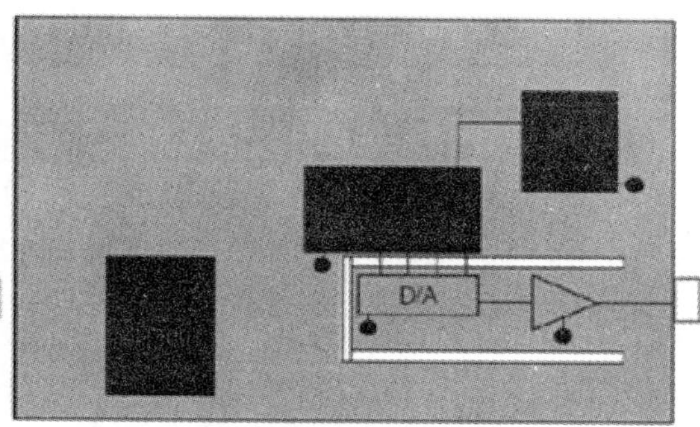

图 8-20　数字地与模拟地的分隔方式

接地回路永远是 EMC 问题的主要根源，因为信号走线只要跨过接地或电源平面上的开槽，它就会找不到回来的最短路径而使回路面积变大，回路面积变大电感效应就会变大，而等效电感变大之后共模噪声电压 Ldi/dt 和 EMI 干扰就会变得更严重。

信号回路会被割断的原因除了要区隔数字区域与模拟区域以避免彼此的数字传导耦合干扰外，还有如图 8-21 左边的不同供压电源（例如电源有 5V、15V 和 3V），因为不同的组件有其各自不同的操作电压，所以不同的操作电压就必须将电源平面分割；另外一种就是 EMC 设计希望 I/O 端口是最干净的，因为 I/O 要阻挡里面的数字噪声出去以避免产生电磁干扰问题，同时阻隔外部的噪声进来以免造成 EMS 的问题，该区域就是干净接地区，它一定要与机构有最好的接地特性。还有最右边的参考平面不连续的问题是来自于一些 IC 的封装焊接而可能在 PCB 上面的反焊盘区域造成管脚场或信号回路不完整的问题。

针对回路结构造成的问题，以图 8-22 所示的 4 种不同回路形式的 PCB 结构为例，PCB 长度为 30cm，宽度为 15cm。上层的信号线完全一样都是前面连接信号发生器，在另一端则接上匹配负载，接着分析信号回路因参考平面不完整所产生的现象。以图 8-22 左上图的 case 1 来看，它的信号回路非常完整，右上图的 case 2 则可能是因为数字模拟地需要割开或者因为电压不同而需要割开而在参考平面产生割槽，左下图的 case 3 则可能因为槽格状接地结构而无法提供完整的参考平面，但信号线下方的回路结构还是非常完整的，右下图的 case 4 则与 case 3 一样有槽格状接地结构，但信号线下方的回路结构也同样是不完整的槽格状接地。

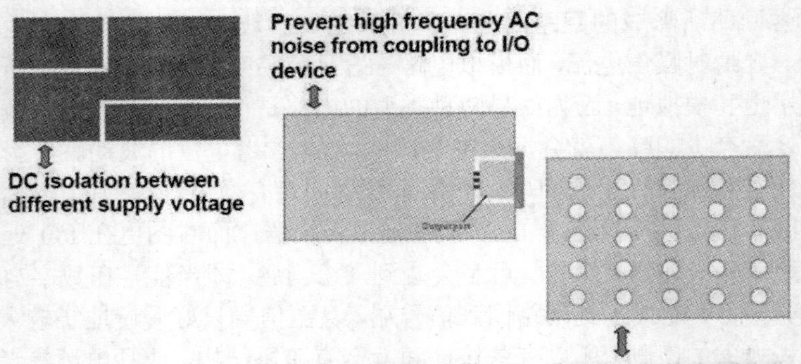

图 8-21　信号参考回路不连续的架构

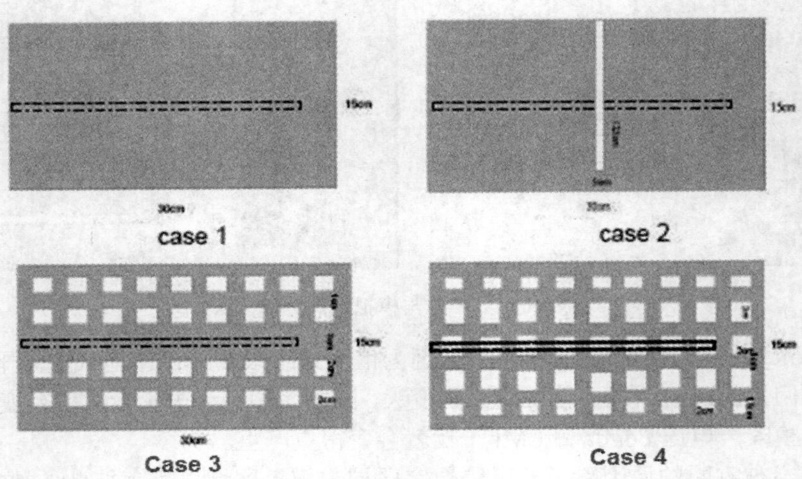

图 8-22　4 种不同回路形式的 PCB 结构

从图 8-23 所示的结果可以发现，case 1 和 case 2 这两个结构因为接地回路上的一条槽缝而使得 EMI 的结果差了将近 35dB，这就是回路所造成的问题。

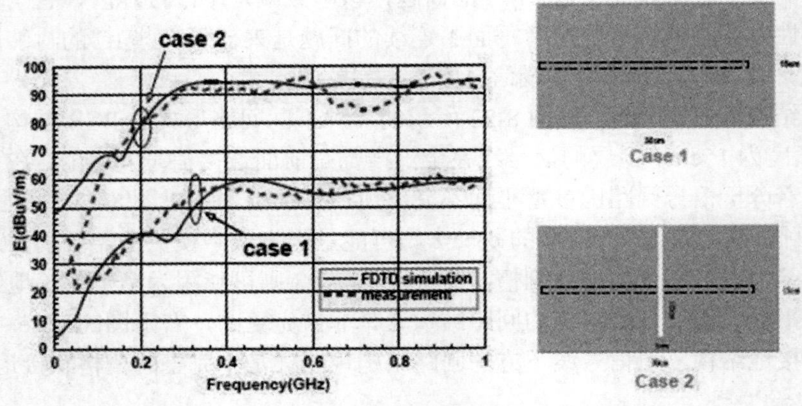

图 8-23　不同回路结构的电磁干扰辐射电场比较

从图 8-24 所示的结果可以发现，case 3 和 case 4 这两个结构虽然都是槽格状接地结构而无法提供完整的参考平面，但信号线下方的回路结构还是不同，这也是回路面积所造成的问题，因此两种结构的 EMI 表现大概相差了 10dB。

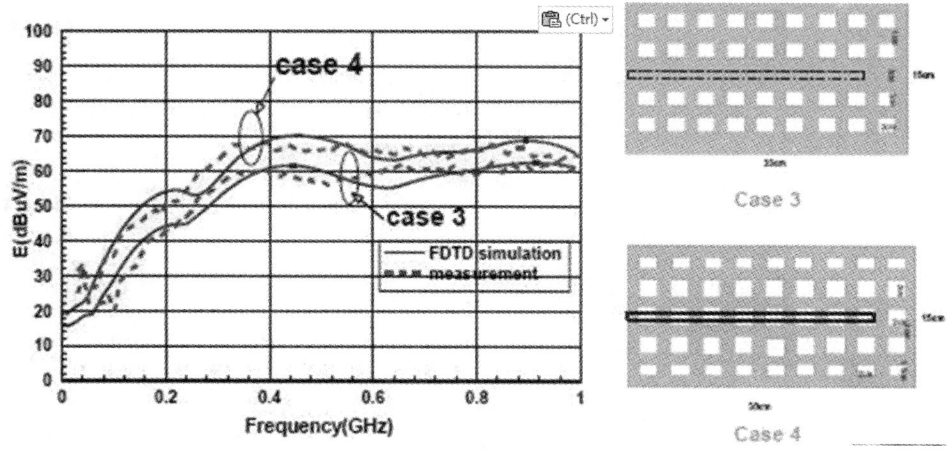

图 8-24　不同回路结构的电磁干扰辐射电场比较

将前面 4 种不同接地面缺陷的回路结构辐射电场加以比较（如图 8-25 所示）可以发现，在 EMC 的设计上信号回路电路是决定电磁干扰问题的关键因素，因此在 PCB 布线时就要特别注意。

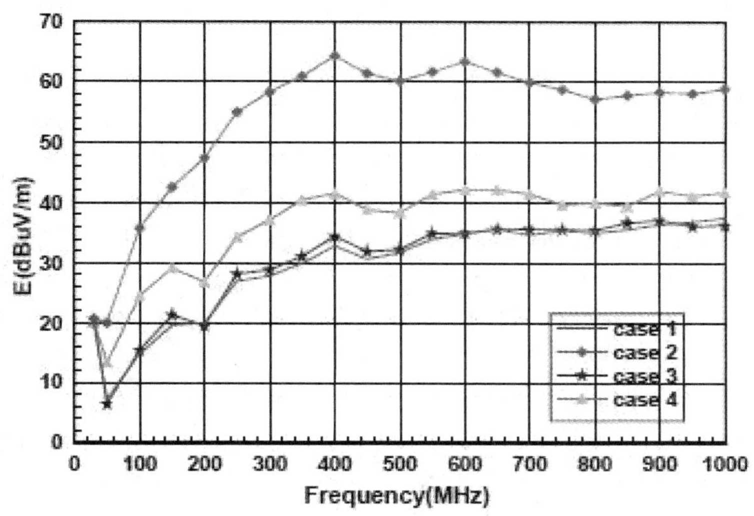

图 8-25　不同接地面缺陷的回路结构辐射电场比较

为了确认上述强调有关信号回路对电磁干扰问题的效应，可以利用差分时域分析法（FDTD）进行分析，通过模拟结果在 PCB 参考平面上的回路电流分布情形，就可以从图 8-26 发现回路面积的相对比较为 csae 2 > case 4 > case 3 > case 1，也印证了电磁干扰问题与电流回路面积的关联性。

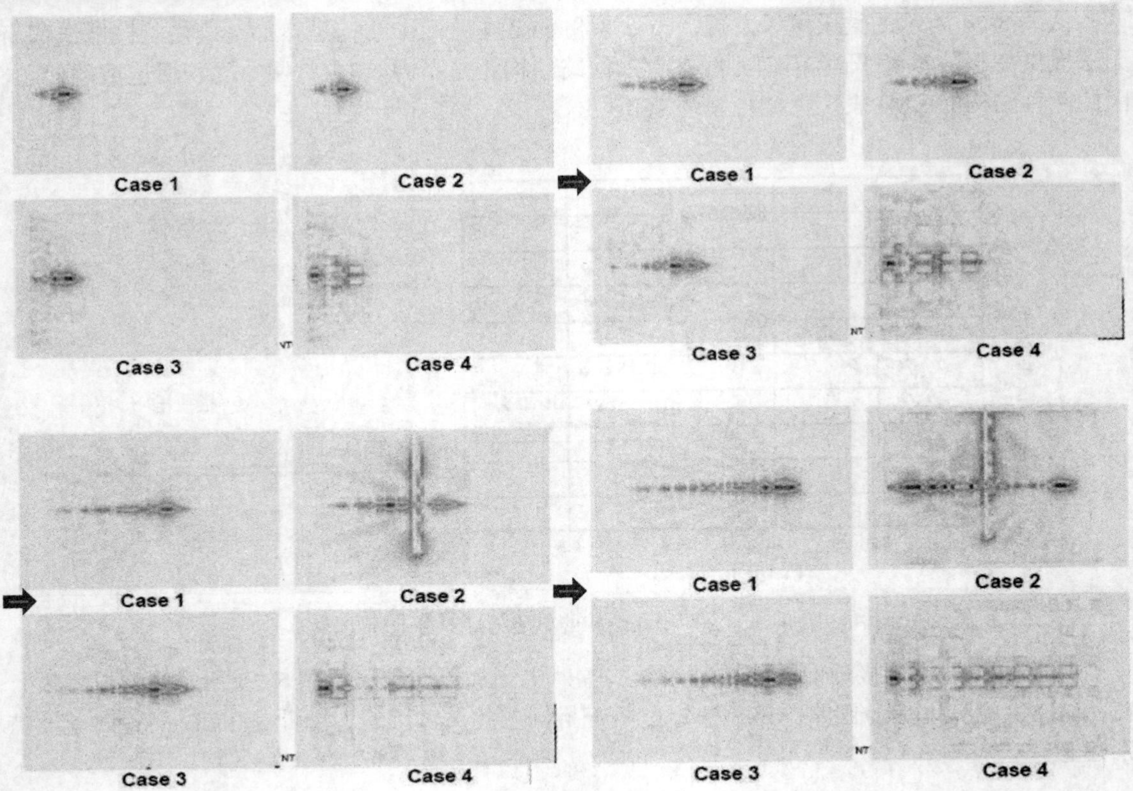

图 8-26　不同回路结构的参考平面回路电流流动情形

可以观察到，一开始的时候除了 case 4 因为信号下方为槽格状参考平面，所以有明显的回路电流扩散的现象，其他 3 种参考平面结构的状况没有什么问题，信号随着时间继续往右边负载传送时，当 case 2 碰到参考平面的槽缝时，问题就明显地出现了，其回路电流几乎是四处漫延，所以 case 2 就形成最大的回路面积，也因此而产生最严重的辐射干扰电场。这也显示可能很多人尤其是数字工程师在设计的时候只考虑信号传送的路径而未考虑其回来的路径，所以就会产生很多 EMI 的问题。

因此我们就在分析电流回路的问题，也就是在电路设计时如何去确认电流的实际路径，即阻抗最小的路径，而因为数字信号涵盖的频谱相当宽，而且信号路径又有相当的寄生效应，因此电流路径就不见得会像电路工程师在 PCB 上的布线般沿着导体传送了。一般低于 10 kHz 的信号电流能量会沿着最小电阻路径行进，而高于 100 kHz 的信号电流能量则会沿着最小电抗（最小寄生电感）路径行进，如图 8-27 所示。

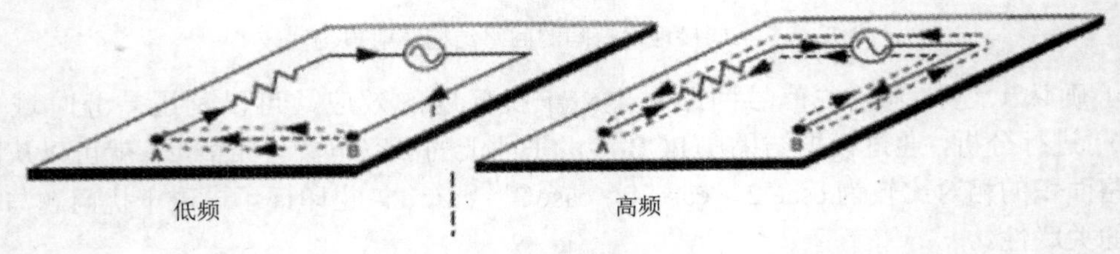

图 8-27　低频与高频信号的回路路径

以图 8-28 所示的电路为例，我们分析看看 56 MHz 的信号回路会怎么走。如图左上角所示有 6V 的 DC 输入，然后有一大片完整的接地，另外在 56MHz 振荡器的上方有电源和信号输出，下方有一个接地，左下角是电压调控电路（VRM）将外面接进来的 6V DC 转换为 5V DC 供 PCB 上的那些组件进行偏压，而且 PCB 内层还有电源和接地平面。

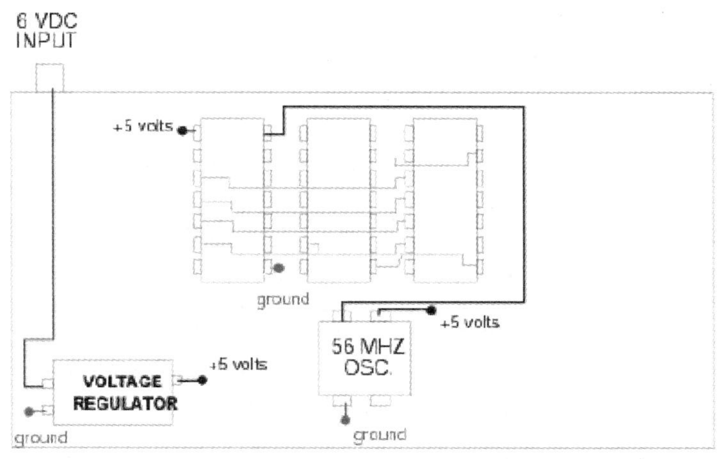

图 8-28　56 MHz 信号的回路分析

由前面章节的讨论已经知道从 6V 的 DC 输入到电压调控电路（VRM），以致到 5V DC 的这段电源区块本身就容易产生电源切换噪声，所以可以观察到该电源侧的接地相当完整，而且距离右方的电路也有一段距离。那么 VRM 除了通过 PCB 的电源平面提供 5V 给 56MHz 的振荡器外，还有位于振荡器上方的 3 个 IC，IC 之间的信号联机以淡色线表示，其中研究最左边的 IC，其 5V 电源偏压在左上角，而接地处则在右下角的管脚位置，图中较粗的黑线是从本地振荡器的输出接到这个 IC 输入端的 56MHz 频率走线。这时候思考的问题是：你认为频率信号沿着粗黑线路径从本地振荡器的输出走到 IC 对应的输入管脚，那它的电流回路会怎么回来呢？除了 IC 与振荡器有其对应的地以外，各 IC 在 PCB 上的管脚焊接也可能会破坏完整的参考平面，是否可能还是经由表面看到有信号回路是从 IC 接地，然后再回到振荡器的接地而形成阻抗与面积最小的回路。

此时，很多工程师在电路设计的时候只考虑表面的信号路径（例如从振荡器的输出到 IC 的频率输入），但从 IC 的接地到振荡器的接地之间是否完整、是否有分割与不完整处而影响回路电流路径，因此必须确认电路的回路电流，否则会出现像图 8-22 所示的不完整接地结构所造成的严重电磁干扰问题。

前面刚提到过，如果信号频率大于 100kHz 时，一般而言都会走电感最小的路径，因为随着频率增加则阻抗变大（$Z_L=\omega L$）而电流不易流动，那么电感最小的路径就绝对不会是从振荡器的输出到 IC 输入的那条粗黑走线，因为那条走线的长度长电感很大。而对于频率低于 10 kHz 的信号而言，一般就会走电阻最小的路径，所以它会走振荡器输出信号的那条走线，因为此时只有电阻且频率很低，电感效应不大。可是当信号频率高的时候，振荡器输出信号的那条走线电感变大，可是 PCB 内上下电源与接地间的层板电容阻抗小，所以就会通过位移电流而走到下层。利用图 8-29 所示的量测配置可以用电流探棒量测粗黑信号走线的电流，通过量测结果可以发现信号频谱里面有哪些可能会走最少电感的回路或是走最少电阻的回路，例如 10 kHz 以下的电流比例即印证了上述的说明。

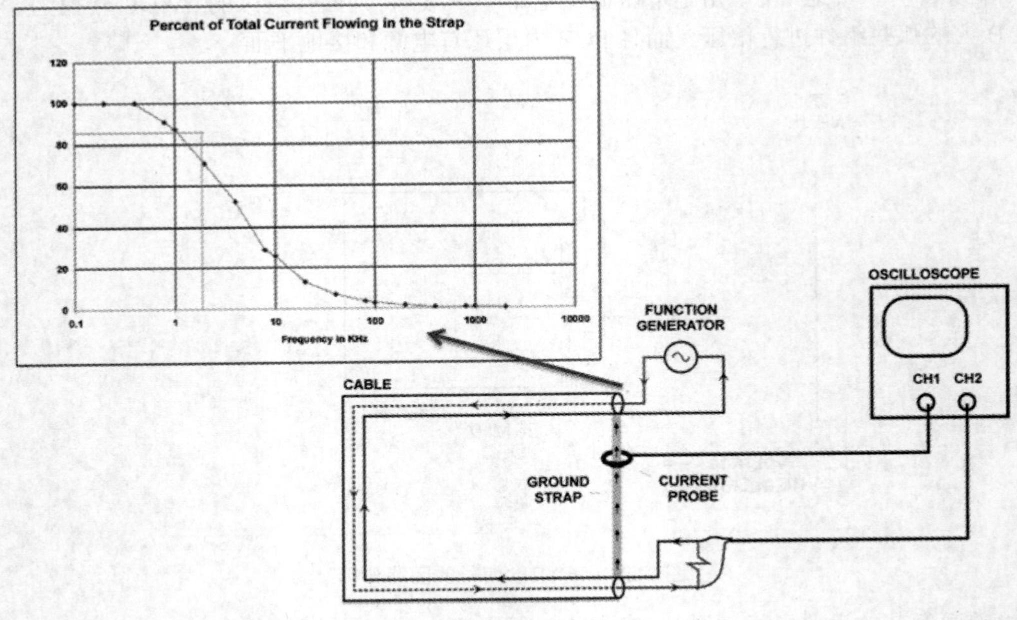

图 8-29　确认电流路径

图 8-29 所示为电流路径分析架构，左上角为粗黑信号导线上的电流百分比，与图 8-28 所示的电路对照，可以假设波形发生器为本地振荡器，示波器 CH2 的输入即为 IC 输入，在回路的中间加上一个电流量测套管，利用电流探棒或磁场探棒连接至 CH1 来量测在里面有多少电流，从百分比结果图来看，低频时大约有 100%，代表在低频的时候信号沿着走线流动而形成大回路，可是当频率越高时就不再走大回路路径了。

接着再来看图 8-30 所示的两个走线范例，左图是我们经常看到的电话电路，其左上角是 6V 的电压输入，接着有个电压 VRM 用来稳定想要的输出供电电压范围，左边是一个电话线的输入插孔，最右边是电话的输出插孔，中间有许多信号线进行电路处理，整个电路以 8MHz 的本地振荡频率控制。在此我们就要评估这样的布线方式，到底 8MHz 的频率信号会从哪里走回来？哪个信号线的路径最短？从图中来看，发现它的回路可能会走参考电源，因为电源的路径比较短。

那么如果是 1 kHz 的信号呢？从图 8-30 的下图可以看到，接黑点的就是接到电源平面，接到白色圆圈的就是连接到接地，电路中左侧有一个 4MHz 的频率振荡器和一个 D/A 转换器，中间有一个电源供应器和模拟放大电路，最右侧有高速信号输出及光纤输入，因此如果要知道在进行计算机仿真设计评估时走线到底要多短，板材的厚度又需要多厚，以便设计出来的频率或高速信号的走线阻抗真的与设计预期的一样，就要去确认信号与回路电流路径，以避免功能失效及电磁干扰问题的出现。

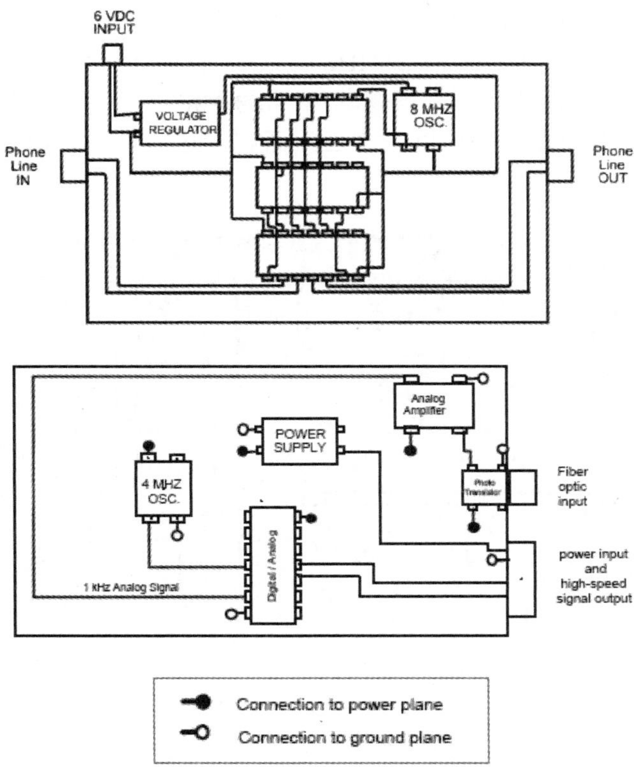

图 8-30 确认不同频率的电流路径

此外，从图 8-30 的右图可以看到电路的最右侧有高速信号输出及光纤输入，因此外部的瞬时噪声（ESD、EFT、雷击突波 Surge）就容易由此进入而造成 EMS 的问题。如果数字电路与振荡器是干扰源，那么最右侧的 I/O 应该是比较干净的，因此在两区块之间利用去耦合电容接地以提供滤波与阻隔的目的，如图 8-31 所示，刚刚提到过在 I/O 端需要瞬时噪声抑制器（例如 TVS、MOV、Gas Tube 等），右上方所示的组件就是瞬时抑制器，那么到底其接地要放在数字区（Digital GND）还是机壳接地（Chassis GND）处，以便让噪声能够回流而不会损坏数字组件，如果瞬时抑制器的接地跟机壳接地 Chassis GND 这块最大的接地，因为它与金属地有最好的导电连接，所以接地连接到这边就可以很快将瞬时噪声消逸掉，因此瞬时抑制器接地到 Chassis GND 是最好的，因为瞬时噪声能量较大，如果接地在数字区时，数字参考地会因噪声能量的流入而浮动起来，进而可能影响到数字电路的操作，致使系统的电磁耐受力降低。

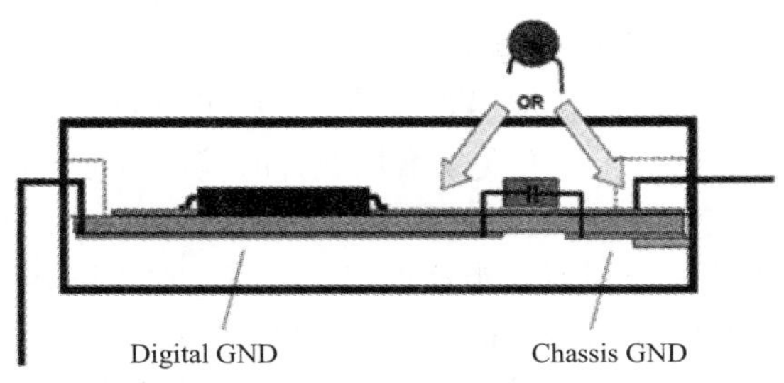

图 8-31 瞬时噪声抑制器的接地

图 8-32 所示的 PCB 范例即是接地与信号回路确实已经将数字区（上方）与模拟区（下方）的地割开了，图中右下方有一个 33MHz 的频率信号经由模拟区的 A/D 转换器输出到上方的数字 IC 组件，这时会碰到一个问题，即信号的回路是否会因为这一割槽而受到影响，是否需要在两接地区之间设计跨桥以减少回路面积，这些都是在电路设计时就要考虑的 EMC 议题。

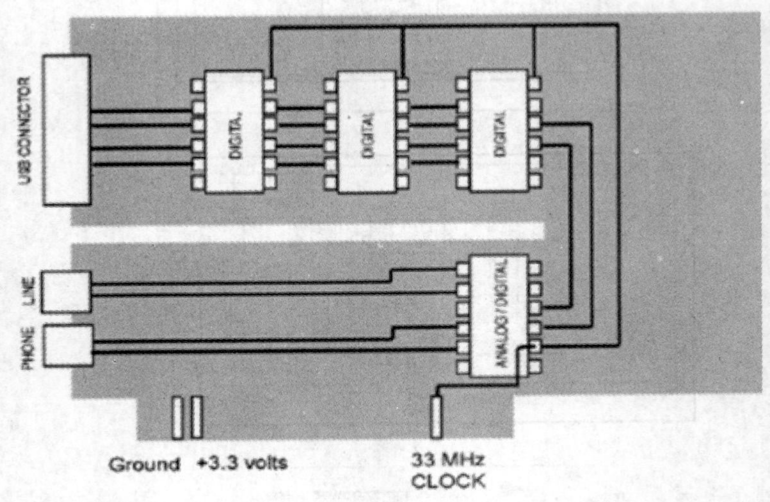

图 8-32　接地与信号回路

2. 信号终接问题

一般数字电路的逻辑门几乎都是以 CMOS 反向器的架构组成，其驱动电路模型与输入等效电容如图 8-33 所示，在第 2 章的噪声源分析中曾讨论过 CMOS 在转态时所产生的瞬时切换电流与对应噪声电压，经傅里叶转换后会涵盖极宽的频谱，以致在高速数字电路的信号传输过程中就必须特别注意终接的问题，否则会产生信号完整性 SI 与电磁干扰的问题，就如同第 5 章有关信号完整性效应分析内容所分析过的情形。然而影响 EMI 问题最主要的第二转折点频率差是与上升或下降时间成反比的，因此也提到过控制上升或下降时间即可控制噪声的频谱分布，例如图 8-33 下方的两个数字信号电压波形，上面的波形边缘相当陡峭接近方波，因此其对应的频谱范围相当宽广，而下面的波形其边缘比较和缓类似梯形，因此其对应的频谱范围明显较集中在较低频处，也由于频宽较窄，因此在信号的终接匹配与电磁干扰的问题上就比较小。

如果数字信号的持续时间和上升或下降时间都很短，其波形就类似图 8-34 左上方所示的脉冲，其所对应的右侧频谱除了频率范围宽广外，连各谐波的位准也都很高，除了容易因终接与阻抗匹配不易而造成信号反射外，其导致的电磁干扰问题也会很严重。

要解决这个问题，可以利用几种方式来增加上升时间，以便抑制高频的谐波分量；由于上升或下降的转态时间其实就是电路的时间常数（$R\times C$），所以当 CMOS 的输入为等效电容（C）时，增加上升时间的方法当然就是串连电阻，电阻的缺点是会引进额外的损耗，好处是有阻尼效果能避免严重的过激（Over-Shoot）情形出现，因此增加了电阻后就会因为有损耗及增加时间常数而使波形的振荡变得更平滑，而高频的频谱成分也会明显降低，如图 8-34 下方所示；而如果只有电抗性的电感 L 和电容 C 时，因为两者都是理想的储能组件，因此波形就会相当陡峭，由于信号输出都有低电阻，因此可以通过增加串联电阻或并联电容来增加上升时间，而控制上升时间就可以改变频谱。此外，如果有合适的逻辑对负载匹配和终接特性可以符合要求时，就不要再去选择更快的数字逻辑以避免出现信号接终的问题。

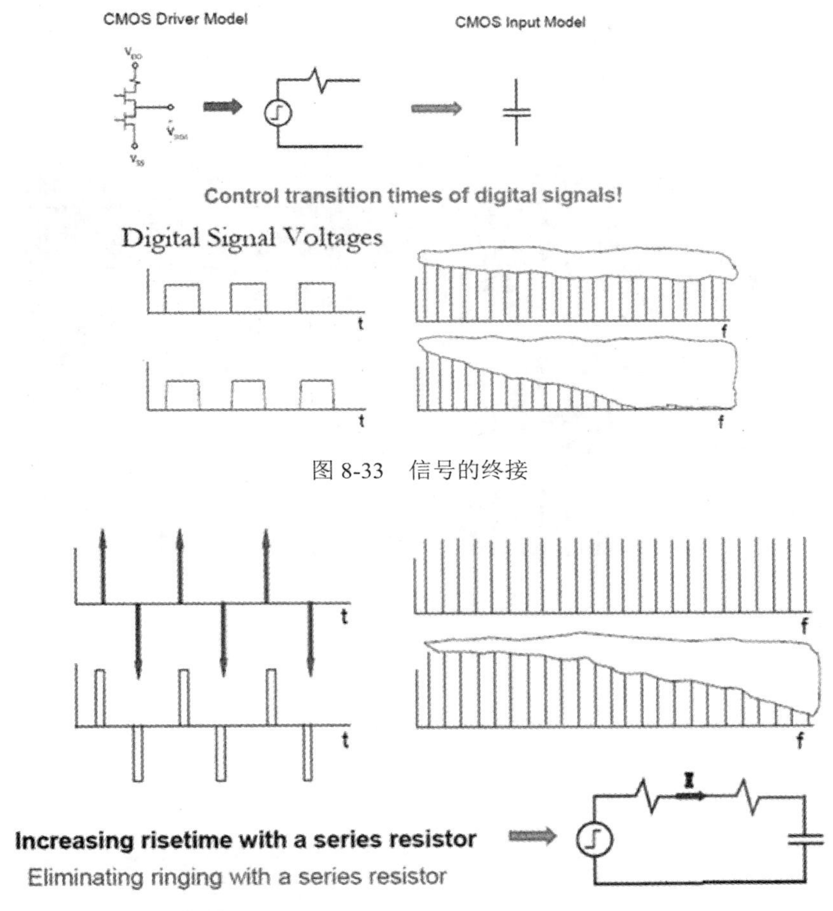

图 8-33　信号的终接

图 8-34　控制数字信号的转态（上升或下降）时间

3. 组件摆置问题

有关信号回路的问题，除了第一部分讨论过的 PCB 电流回路与对应的回路面积外，由于电路系统的信号传输都是从驱动组件的输出连接到另一个负载或接收组件的输入，然后再经由其对应的回路路径回到驱动组件而形成电流回路，而为了避免数字与模拟电路彼此间的干扰，一般除了尽量将两电路区域分开外，也会分别以独立 PCB 分隔彼此的功能，然后再利用 I/O 连接器彼此进行信号传输，如图 8-35 所示。图 8-35 所示的 3 块 PCB 利用信号排线进行连接后，其连接方式就如同形成了一个偶极天线一般，而这种 I/O 的问题是因为组件摆置不理想以致信号的传输也会因排线中信号线的指派分配而形成一个大的回路天线。

由于组件的布局与摆置方式不好而形成图 8-35 所示的 PCB 连接方式时，当我们将其拉开后就形成一个类似图 8-36 上方所示的偶极天线，如果其长度刚好是某共振频率的半波长时，它的天线效益就会非常高；如果电路的布局使得其中的一个 I/O 端刚好有一个非常理想的接地（例如机壳或大地），这时就会对应到图 8-36 左下方的单极天线，而 1/4 波长单极天线效率等同于半波长偶极天线，所以也会形成明显的共振辐射结构而造成电磁干扰的问题。另外一种就是组件的摆置与其信号回路或是不同 PCB 的 I/O 排线形成电流回路，虽然因为是差模而非共模辐射所以比较没有问题，但它还会等效于图 8-36 右下方的小型循环天线，因此重点是在能否让其尺寸缩小或是回路面积缩小以降低天线效率，所以设计时一定要确认到底有哪些走线、接地的结构、排线信号指派分配是否会因为组件摆置的问题而形成明显的天线效应。

图 8-35　组件摆放布局不良

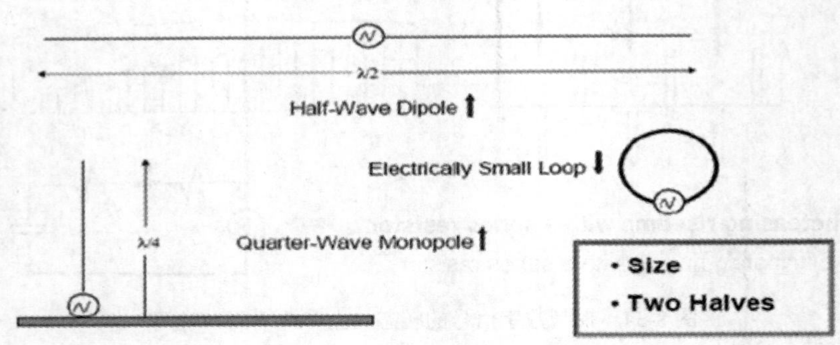

图 8-36　天线结构效应与影响因素

分析完上面的天线结构效应后，接着分析其激发辐射的耦合机制。第 6 章的电磁干扰效应中曾经讨论过图 8-37 所示的两种噪声耦合机制：电流驱动和电压驱动，如果是低阻抗的驱动电路，它会以电流方式形成一个回路而产生磁场，如果是高阻抗的电路，它基本上是以开路电压方式形成一个偶极天线而产生电场。以马达的驱动电流为例，该电流回路除了有回路形成的电感外，还有马达的电感负载，此时回路 $L\mathrm{d}i/\mathrm{d}t$ 会产生共模噪声电压，若邻近区域有 I/O 而且走线又太长时，就会形成辐射。另外一个是电压驱动，一般常见的是散热片的天线效应，通常散热片就紧贴在 IC 上面，如果散热片只是浮接而没有接地时，因为散热片与 IC 中间的绝缘材料会形成等效电容，所以 IC 的数字切换噪声从此处耦合并辐射出去，从而造成的电磁干扰问题就会比较严重。

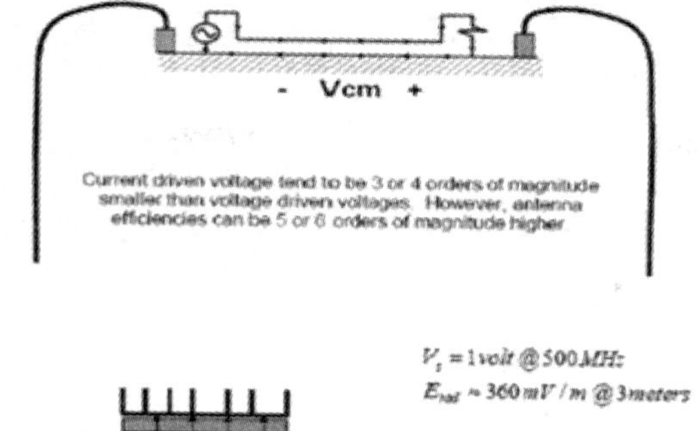

图 8-37　确认耦合噪声机制：电流驱动（上图）与电压驱动（下图）

4. IC 组件噪声问题

因为 IC 的数字切换噪声就是电磁辐射干扰的激发源，前面讨论过天线效应与耦合机制后，接着就要探讨 IC 的噪声问题，这也是 EMC 的测试标准会朝芯片层级发展的原因。如同第 4 章有关电源完整性的说明，当一个数字组件启动后就会产生瞬时切换噪声电流，以致会造成电源的波动，而为了由外部电源系统获得供电，这些噪声电流就容易在电源接脚上出现明显的干扰现象（如图 8-38 左图所示），而右图是低速 I/O 的噪声分布情形，如果能掌握 IC 组件噪声分布的问题，即可了解在连接在 PCB 的电路时其内部噪声的特性和可能的传播与耦合途径，必须要如何规划布线以避免噪声耦合，应该在哪些主要噪声处的电源管脚进行去耦合的处理、去耦合电容的摆置。

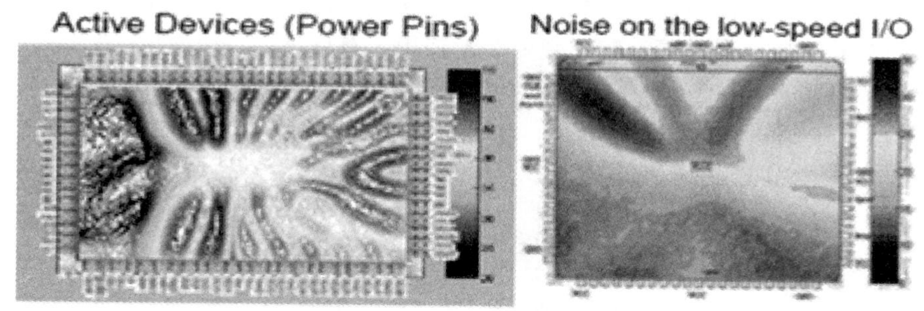

图 8-38　确认 IC 噪声源位置：电源管脚（左图）与 I/O 管脚（右图）

5. I/O 耦合问题

由于在 I/O 处耦合的任何噪声都会经由 I/O 排线或缆线带离 PCB 而产生干扰的问题，以图 8-39 所示的 I/O 电路为例，左图中上面的火线（Hot）和水线（中性线：Neutral）连接到左上角的电源供应器，它本身只有电源频率及其谐波因此载送的频率不高，在此并不是电磁干扰的问题，但不幸的是紧靠在水线旁边还有一条由 25MHz 的本地振荡器输出的频率信号线与其平行布线，虽然本地振荡器的输出信号线并未连接至外部，但是该信号会通过直接耦合到电源线而传送出去。这样就会碰到一个问题：因为电源频率很低，所以一开始设计时认为不必要加装滤波，结果因为有高速的信号会串扰耦合到低速信号线或电源线的 I/O，然后直接将高速信号带出 PCB 或系统，进而导致电磁干扰位准超标而失效。

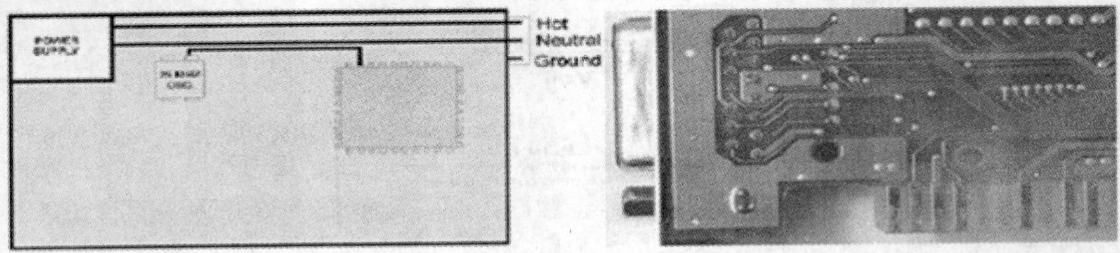

图 8-39　噪声直接耦合至 I/O

6. 缆线与机壳电位不同的问题

由于外部缆线与机壳都具有良好的天线特性，如果两者又未被维持在相同的电位时，那么当两者连接在一起时就会因为电位差而产生共模电流，进而形成电磁辐射的问题，除非机壳是非金属材质而因此没有机壳接地，或是缆线本身并没有连接器可以跟机壳相连接。

一个很好的屏蔽结构可以有效地将噪声阻隔在外面，但事实 yi 上很难得到完整的屏蔽效果，屏蔽体可能会被挖槽或是开孔而产生泄漏波现象，而 PCB 的地因为有数字信号与电源的电流回路，而在一段距离后才接地到机壳或系统的地，因为接地线到这一个 PCB 板的走线都有阻抗，而且 IC 或主动电路启动之后的电位和接地参考都会产生波动（电源完整性问题），此时若有 I/O 缆线的地是接到 PCB 的地时，因为 PCB 的接地电位已经有波动现象，因此最大金属体的机壳与电路板的参考接地电位就会有电位差，进而形成共模噪声电压，所以就以类似单极天线的方式产生电磁干扰辐射，如图 8-40 所示。这种问题的解决方法有两种：第一种是使用非常好的屏蔽机壳和连接器，使缆线的屏蔽层能以 360°连接方式与机壳连接而使两者保持等电位，但成本相对地会比较高；另外一种是在 I/O 端口加装滤波器（如图 8-41 所示）以阻隔共模噪声的扩散干扰，但是滤波和屏蔽要一起使用才有效率。

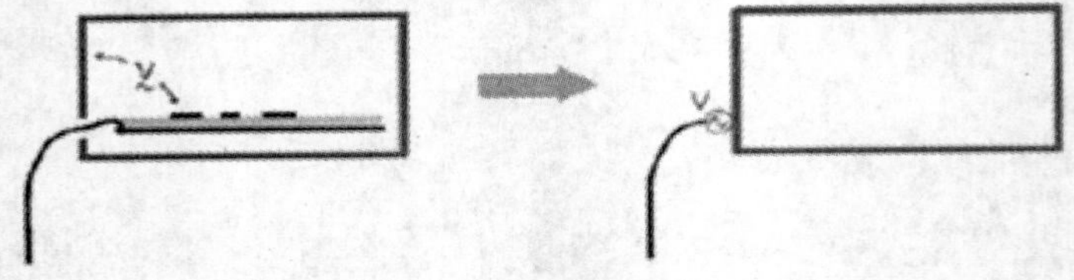

图 8-40　缆线与机壳有不同电位的情况

7. 不当的滤波器问题

前面提到在 PCB 信号布线时难免都会有噪声串扰现象，或是高速信号直接耦合到电路的 I/O 端口，然后传送出去造成干扰问题，因此必要时都要设计滤波器以阻隔不必要的信号或噪声。一般传导干扰的 EMI 滤波器都是低通滤波器，其电路架构如图 8-42 上方所示，滤波器的左边是噪声源，右边是负载或要保护的电路，而中间围框的部分就是滤波器，因为是低通滤波器，只让低频信号通过而阻挡高频信号，因此可以利用电感阻抗随频率而增加的特性，以串联电感的围堵政策让高频信号过不去或滤除高频的噪声，只让低频信号或 DC 可以通过。另外一种就是利用电容阻抗随频率而减少的特性，以并联电容的疏导政策让高频信号去耦合或旁路到接地，而只让低频信号能够通过，所以滤波器有串联电感或并联电容的架构以及由两者组合而成的其他滤波器架构，例如 π 型滤波器和 T 型滤波器。

图 8-41 I/O 端口的去耦合电容滤波器

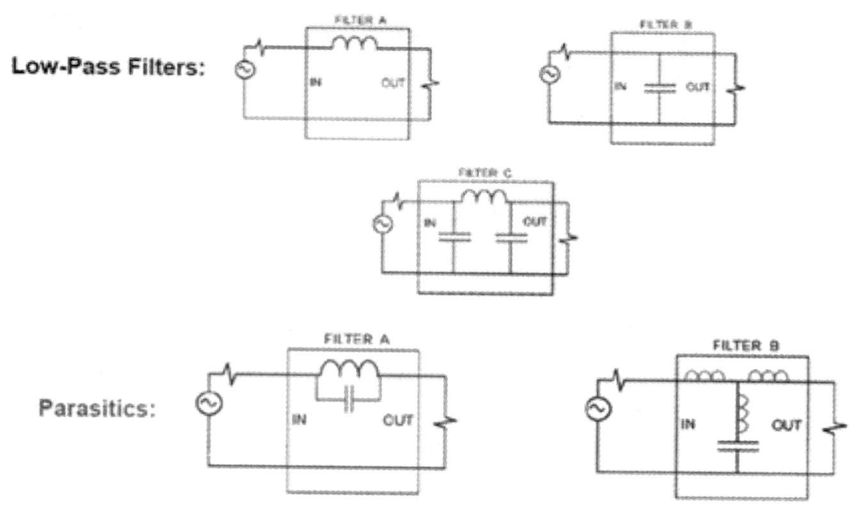

图 8-42 不适当的滤波器特性

然而以上的滤波器特性是理想的情况，但实际上被动组件（例如走线、电阻、电感、电容等）都有非理想的寄生效应特性，所以如图 8-42 下方所示，原本要利用电感阻隔高频信号，结果因为电感有一个寄生的并联等效电容，而使更高频信号仍然通过；以及本来要利用电容将高频信号去耦合或旁路到接地，结果因为电容有一个寄生的串联等效电感，而使更高频信号被阻挡而无法到接地，因此在实际设计滤波器的时候，我们一定要将这些寄生效应一并考虑进去；此外，还有去耦合电容在 PCB 上的焊接布线方式也会影响滤波器的特性，因为焊接走线也会产生电感效应，而这些寄生效应都可以在阻抗分析仪上观察得到。

以图 8-43 所示下面的电容作滤波器为范例，假设其焊接所在的 PCB 并没有电源平面，左边是网络分析仪的 Port 1，右边是网络分析仪的 Port 2，PCB 有焊接走线因此就会有电感效应，PCB 中间就是电容滤波器。单独一个电容的滤波器，其传输系数（S21）以实线代表，可以看到原本随着频率增加高频信号会被旁路到接地而不会传输到负载端 Port 2，以致传输系数（S21）逐渐变小，但是因为有寄生电感，所以在 $\sqrt{1/LC}$ 这个自振频率以上它又变成一个电感效应，本来希望高频是从中间滤波器旁路走线到接地，而不让高频由电路通过去到负载端，结果看到更高频那边的阻抗因寄生电感而再次变大，使它继续由电路走到负载。可是如果使用两个并联电容（如下图以及量测结果中的虚线），它的电感值将会降为一半，所以发现它的共振频率更高，滤波特性更好。

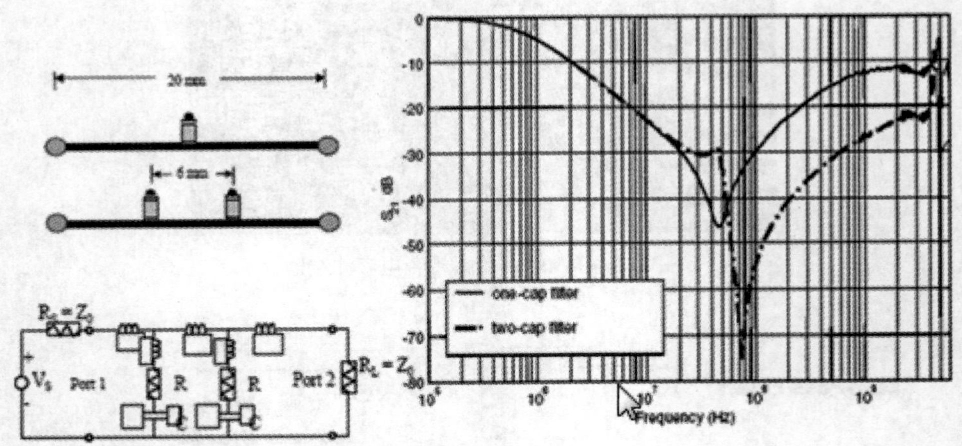

图 8-43　两个电容的滤波特性（PCB 无电源平面）

8. 屏蔽机壳上的缝隙和槽孔导致屏蔽效率降低

如果因为通风散热或其他共性需求而必须在屏蔽机壳上开洞挖槽，而使得屏蔽机构不完整时，最好能够将其化整为零而使单一槽孔的尺寸不要太大，散热孔就是这样的例子，如果需要大面积的散热孔以利通风，但是利用大尺寸槽孔挖开的话，整个屏蔽体上的感应电流路径变长，电感值变大，因此它的电磁干扰 EMI 问题就变得严重；但反过来，如果总开孔面积不变的情况下，将大尺寸槽孔化整为零变成多个小洞时（如图 8-44 所示），屏蔽体上的感应电流路径变化就不大，电流面积就会变小。另外一种就是很多金属构件或机械结构看起来好像是很紧密，但在衔接处可能会有一些隙缝，因此会有泄漏波现象，所以有如图 8-44 下方所示的几种方式可以解决缝隙漏波的屏蔽问题。

9. DC 电源总线的去耦合问题

除了前面讨论过的电容滤波器非理想特性的效应外，就是与第 4 章的电源完整性议题相关的去耦合电容的摆放位置，当时的阶层式分析对象是分别对应 PCB 层级、IC 封装层级、晶元 die 层级的相对位置效应比较，而此处则是针对 PCB 上不同位置的电源去耦合效应分析。

以图 8-45 所示的电路架构为例，右边区块是电源供应，中间是电源供应线连接到左边区块的 PCB 电路板，因此形成了完整的电源回路，前面一再提到如果回路面积太大等效电感也会很大，因此当 PCB 上的 IC 组件激发启动后，IC 的快速瞬时切换电流必须由最右侧的电源及时提供电荷，但由于回路面积大使电感的阻抗过高（如图 8-45 上图所示），电荷无法及时补充就如同是远水救不了近火一般，因此电源去耦合的目的就是阻隔耦合到电源供应端的数字切换噪声，并就近且及时地补充电荷供 IC 正常偏压操作，所以去耦合电容一般就会紧靠着 IC 组件，在 DC 的时候电容开路并由电源供应电荷存储起来，当 IC 组件启动的时候，再由电容就近将电荷送出供 IC 使用，这样一来电源回路面积就会变小，等效电感效应也会明显降低（如

图 8-45 下图所示），同时也能提供电源滤波的功能，因此一般的去耦合电容一定要尽量靠近所要保护或是供电的 IC。

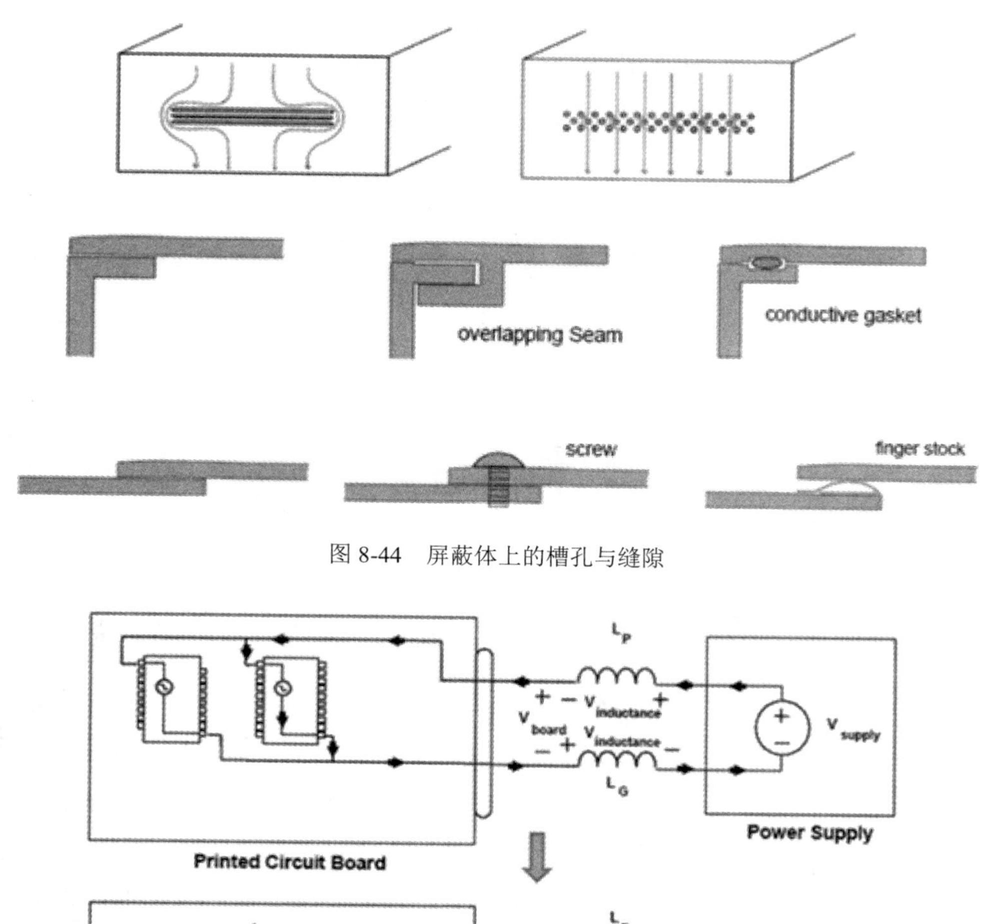

图 8-44 屏蔽体上的槽孔与缝隙

图 8-45 电源总线的去耦合概念

第 4 章的电源分配网络阻抗分析中说明了各层级的电源去耦合电路都会因为寄生效应而产生 LC 共振现象，等效电感变小（例如回路面积缩小、电容焊接走线缩短等），共振频率就会变高，以便在 IC 切换速度再快的时候相关层级的去耦合电容都能来得及供电给 IC 正常使用；由于整个电源网络是最右侧的电源供应器所提供，为了达到内外电源网络的低频（电源频率）滤波效能，因此其电感值最大，共振频率与适用频率范围都最低，接着可能在电源的外部或者是 PCB 的最外部电源输入摆放大电解电容作为全域去耦合电容，接着在 IC 旁边再放置 SMD 电容或陶瓷电容，因为一般而言电容越小对应的共振频率 $\frac{1}{\sqrt{LC}}$ 就越高，如果用大电容则共振频率 $\frac{1}{\sqrt{LC}}$ 就会较低，也代表在较低频时该去耦合电容就开始呈现电感的效应了，如图 8-46 所示。

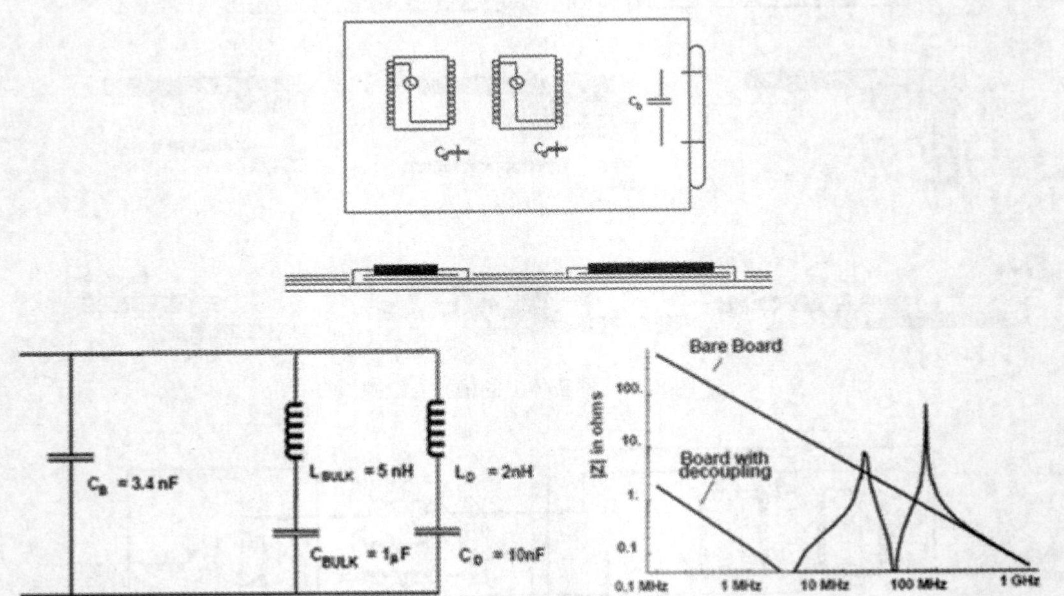

图 8-46　有紧密相邻电源平面的 PCB（上）及其电源分配网络模型（下：5MHz～500MHz）

图 8-46 显示电源从 PCB 右侧进来后，第一级先供电给大电容来存储电荷，接着在 PCB 上还会有很多小的电容分布，而且更会有 SMD 电容尽量靠近 IC，最后在 IC 所在的 PCB 上还有电源平面通过贯孔和 IC 管脚直接供电给 IC，所以 PCB 电源平面对的电源回路面积就很小，其空板的共振频率就会更高，以便有效提供 IC 快速切换操作时所需的电荷。图中的电源网络上有三处去耦合电容，其中的大电容（Bulk Capacitor）值是 1μF，等效电感 ESL 值为 5nH；较小的去耦合电容值是 10nF，等效电感 ESL 值为 2nH；最后是 PCB 电源平面与接地平面所构成的 PCB 本质电容，若先不考虑其高频的共振腔效应，理论上这块 PCB 空板就只有一个等效电容（C_B=3.4nF）而完全没有电感效应。

讨论了去耦合电容位置对整体电源阻抗的影响后，接着要分析去耦合电容焊接方式的效应。一般会把电容紧靠主动组件或 IC，以尽量避免在 PCB 上的参考电源与接地之间形成太大的回路面积而产生太大的等效电感效应，但是还有因素也会影响去耦合电容的效能，除了电容本身的等效串联电阻 ESR 和等效串联电感 ESL 的非理想特性外，还有就是 SMD 焊盘与焊接走线形状的电感效应。

图 8-47 所示是 SMD 电容焊接在 PCB 上的两个焊盘之间时连接电源平面与接地平面的去耦合贯孔及焊接点的各种走线方式，走线细又长则电感值就大，走线越粗短或贯孔点越多时电感值就越小，这代表虽然是使用相同的电容，但因为焊接走线的配置所产生的等效电感效应不

同，以致阻抗的频率响应和共振现象会有所不同，因此其去耦合电容的特性与效能也就会明显不同。

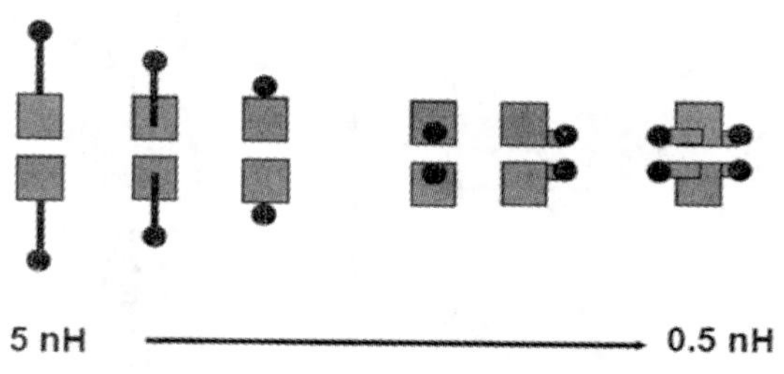

图 8-47　SMD 去耦合电容焊接走线的等效电感

8-4　射频干扰分析与对策

随着移动通信与云端计算应用的普及，除了以往一般主管部门或组织针对产品在外面呈现出来的 EMC、射频功率及频带特性现象进行管制外，电信运营商和用户更在意的是无线移动装置的通信效能，例如 TRP（全向辐射功率）和 TIS（全向接收灵敏度）的性能，因此就必须考虑射频干扰（RFI）的效应，也就是第 6 章的载台噪声分析或系统内干扰问题，因为装置内部的噪声耦合会造成无线接收灵敏度变差，另一方面则要考虑外部的电磁波是否会干扰到移动装置外接的耳机与麦克风音频功能的 EMS 电磁耐受性问题。

以图 8-48 所示的手机为例，左图所示为手机上的几种主要功能组件，例如 LCD 屏幕、数字相机、外接或内建内存、USB 连接器、广播或数字电视接收模块等，右图所示的黑色射频信号则是各个国家电信主管部门针对各种通信系统与其对应的分配频谱所规定的频道功率位准和频宽限制，以管制各种意图发射的无线射频装置彼此间不会产生干扰，例如低功率射频电机的无线局域网 WiFi 产品在中国台湾地区的辐射功率规定是 1W，但是欧洲与美国则是 0.5W。然而现在消费者对手机功能的要求越来越多，有高分辨率 LCD 和千万像素的相机配备就会产生高速数字切换噪声，有 USB 3.0/2.0 的连接接口以及外接或内建的高速存储卡也都会产生宽带的数字噪声而干扰到手机的接收灵敏度，尤其是很多电信运营商因为基站建置的成本考虑与居民对其辐射电磁波影响健康的疑虑，因此都希望手机的接收灵敏度可以达到-106dBm，以扩大基站的覆盖范围。

但是当手机的功能与效能越来越强时，数字组件也越来越多，而每个组件都会产生宽带的电磁干扰噪声（如图 8-49 所示），手机内部各数字组件的噪声干扰频谱很明显地涵盖了 800 MHz 频段的通信系统，以致产生如图 8-48 右图所示在射频信号功率不能增加的情形下启动的功能越多时 EMI 干扰噪声功率就越大，也就代表信噪或信噪比（S/N Ratio）变差，接收灵敏度就会严重恶化，这就是系统内射频干扰 RFI 的问题，将导致传输速率变慢或通信传输距离变短等通信效能的问题。

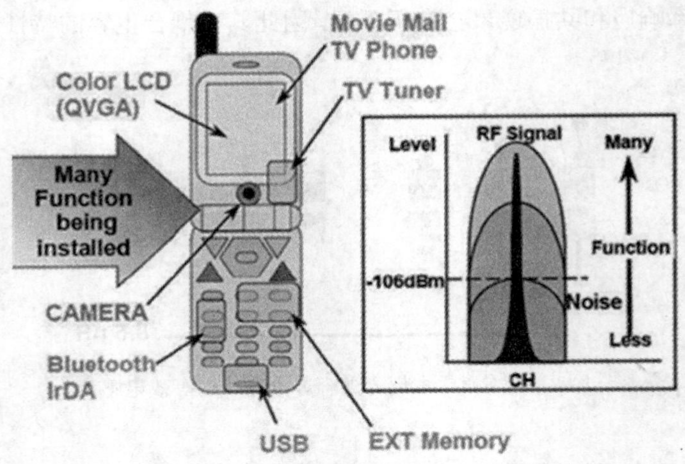

图 8-48　手机的内部数字组件干扰示意图

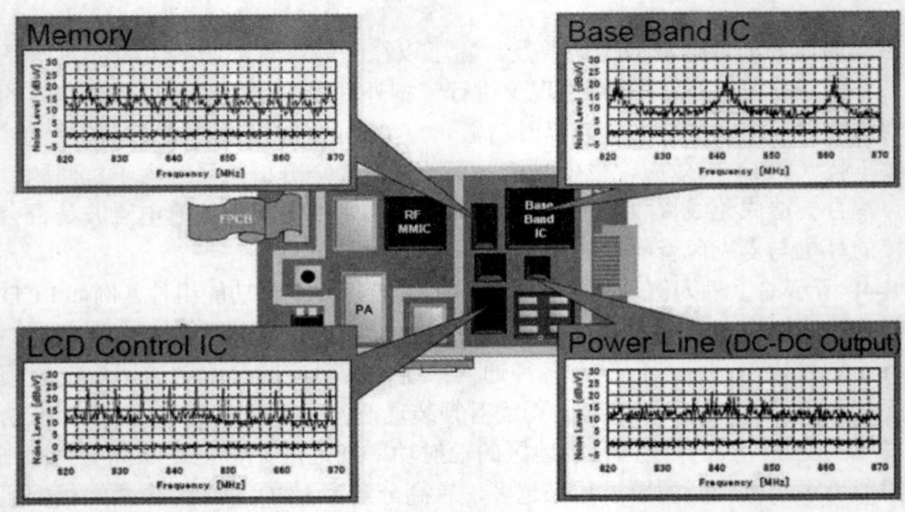

图 8-49　手机内部各数字组件的噪声干扰频谱

图 8-49 所示的各种噪声源与其所产生的噪声频谱很容易在手机狭小的空间中以各种耦合机制影响到天线或射频模块的信号接收灵敏度，这里就依据 EMI 问题诊断流程先从传导干扰路径着手，必要时则通过滤波器的应用分析射频干扰 RFI 改善的效果。由于从目前的主要消费性移动装置（例如智能手机、平板电脑、笔记本电脑等）来看，高分辨率且高性能的 LCD 或触控屏幕无疑是最重要的人机接口和在产品外观上最醒目面积最大的数字组件模块，因此移动装置接收灵敏度的恶化最大的问题就是来自于 LCD 模块的数字干扰噪声，所以我们就利用图 8-50 来说明有关解决 LCD 对通信接收灵敏度 RFI 干扰问题的流程，图中 ER 代表错误率，BB 代表基频。

在手机或移动装置的无线射频通信功能启动之后，LCD 功能与联机段开并测量此时的误码率，也就是最简单的问题诊断方法是先只将 LCD 的接线拆掉，让其他功能都继续维持原来的动作，如果发现误码率的情况有所改善，也就是整个 RFI 噪声降低，我们就可以知道接收灵敏度降低的 RFI 问题来自于 LCD 的走线，因此就可以在 LCD 走线上进行滤波处理，而因为 LCD 接线中有电源和信号线，所以滤波可以分别从信号源端和电源端来进行，然后再确认实际的误码率改善情况以了解真正的噪声路径是什么。如果拆掉 LCD 接线对误码率的改善并没有什么帮助，则代表 RFI 问题不是来自 LCD 排线，而是 LCD 的基频电路走线，则代表那是 PCB 布线或 IC 本身噪声的问题，因此接着可以观察是只有单独一个通信频道或有多个通信频道受到影响，如果是只有特定的通信频道效能受到影响，则代表噪声源是频率信号及其谐波所造成的 RFI 问题；如果是多个通信频道效能受到影响，那么就是载送数据和符码的数据信号线以及 LCD 驱动电路的电源线所引起的 RFI 问题。经过上述的诊断分析后就可以利用电源完整性的设计来解决电源线与接地的干扰问题，并利用信号完整性的设计来解决频率和数据符码信号线的干扰问题。

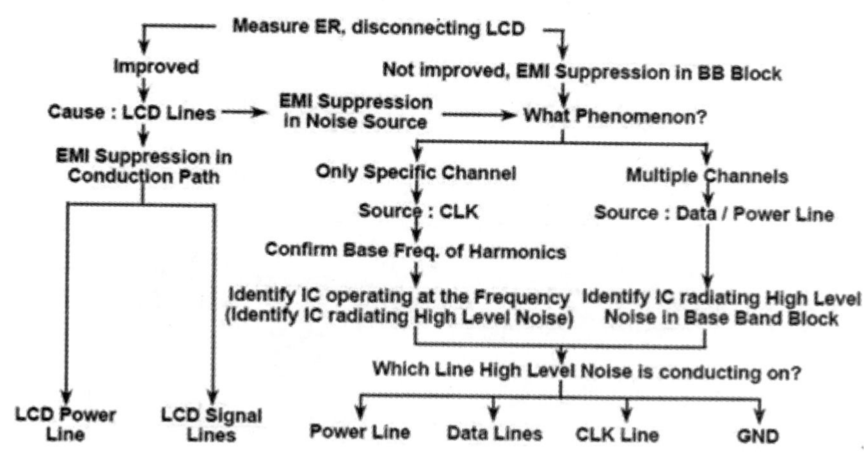

图 8-50 解决 LCD 对通信接收灵敏度 RFI 干扰问题的流程

以图 8-51 所示的 LCD 噪声耦合至天线而影响接收灵敏度的示意图为例，在 GSM 通信系统的某频段中，由手机基频 IC 经由软性可弯曲 PCB（FPCB）连接到 LCD 模块的路径中，软性可弯曲 PCB（FPCB）会将辐射噪声耦合至接收天线上（右图），使手机的接收灵敏度降低。利用前面介绍过的电磁干扰表面扫描法，我们可以从左图的量测结果发现，在 GSM 通信频段中确实有很多频道会有干扰噪声的出现，而且从电磁干扰表面扫描的结果也可以发现除了软性可弯曲 PCB（FPCB）上的噪声分布会影响到天线的接收区域外，连数字相机镜头也是非常明显的邻近干扰源。

前面曾经讨论过要解决噪声耦合路径的问题，第一个方法是在 LCD 排线滤波（抑制传导路径问题），第二个方法是将信号软排线予以屏蔽处理（抑制辐射路径问题）。在此我们还是先从传导路径的问题着手，也就是先在信号与电源走线上进行滤波处理，如图 8-52 所示。由于 LCD 的信号是由最右边的基频 IC 传送过去的，所以就在信号进入软排线 FPCB 之前先进行滤波，以抑制可能流经软排线 FPCB 而耦合至邻近天线的高扰噪声。但要注意的是进行滤波处理而解决 EMI 或 RFI 的问题之后，还要观察滤波后的信号波形是否受到影响而改变，也就是要确认解决了 EMI 或 RFI 的问题之后，是否会产生信号完整性（SI）的问题。

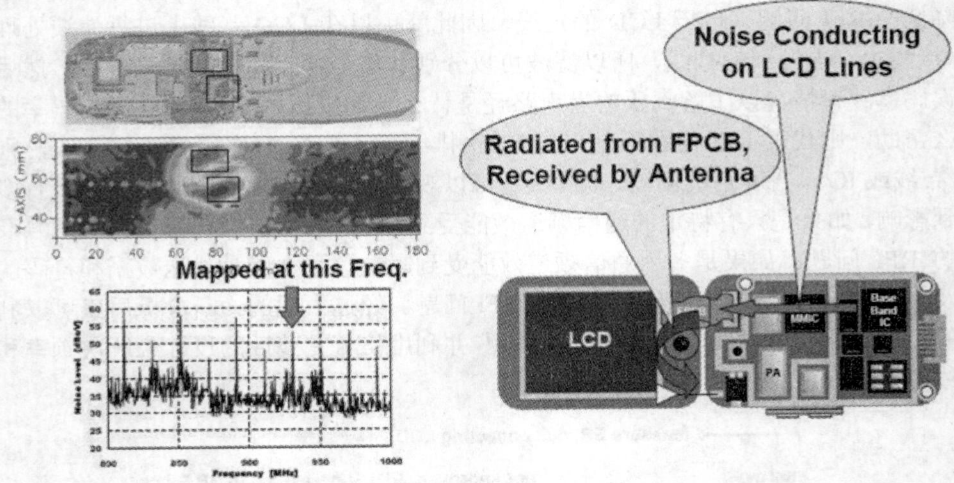

图 8-51　LCD 限制接收灵敏度示意图

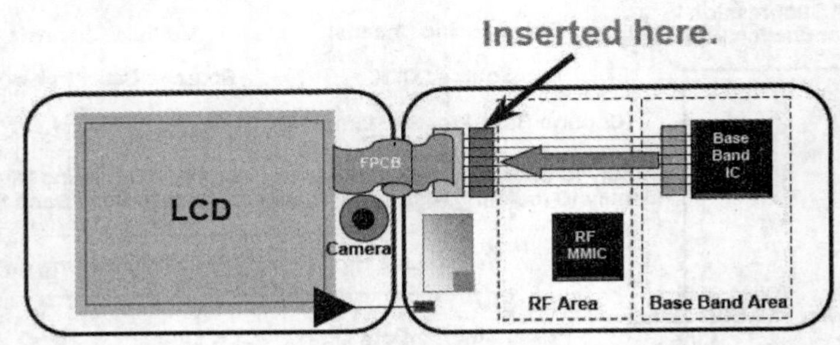

图 8-52　以 EMI 滤波器解决问题

在图 8-52 箭头所示的位置加了滤波器之后，在该处量测信号波形，以便比较加了滤波器对策前后的信号完整性是否有问题。图 8-53 所示的量测结果显示加装滤波器对策前后的信号波形（上图），可以发现对策前（左图）与对策后（右图）的信号波形变化不大，所以代表加了对策之后的信号并没有失真，也没有产生信号完整性的问题；可是从误码率（下图）结果的比较中可以发现没有加对策时，RFI 或 EMI 的干扰较严重，接收灵敏度较差，所以误码率较高（左图所示），但是在加了滤波器之后误码率有明显下降（右图所示），代表接收灵敏度提升，而且 RFI 或 EMI 的干扰问题也已经被解决改善了。

由于图 8-51 所示在分析 LCD 噪声耦合至天线的电磁干扰表面扫描结果中发现除了 LCD 信号软排线外，数字相机镜头也是非常明显的干扰源，因此在上例分析完 LCD 的干扰问题之后，接着就来探讨相机镜头产生的 RFI 问题。由于相机镜头与天线的距离一般都比较近，因此其噪声耦合的效应也会非常明显，因此之前的设计是将镜头以金属套筒框起来，以使镜头获得较佳的屏蔽特性，但研究也发现一个问题，就是天线特性因为该邻近的金属套筒耦合效应而偏离原本的设计效能和规格，而且还要增加额外成本。图 8-54 所示就是一般相机镜头未以金属套筒框起来的范例，右下图是在相机镜头模块功能启动后由软排线 FPCB 辐射出来的噪声频谱（800 MHz～1GHz），而右边中间的图是该频段的电磁干扰表面扫描结果，在相机镜头的噪声分析过程中可以发现，在待机、视频传输、持续录像或拍照的各种使用模式下，其所产生的电磁干扰频谱与强弱都会有所差异。

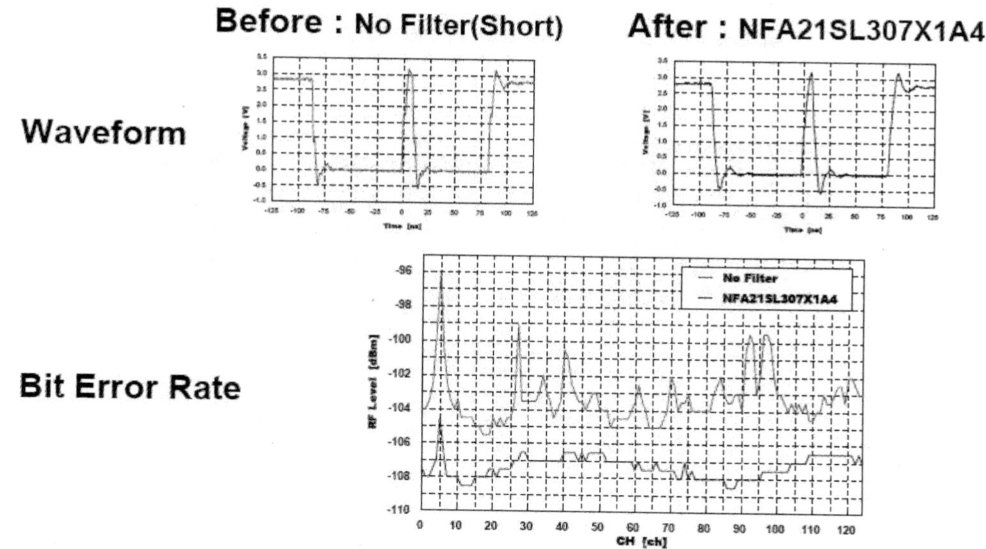

图 8-53　加装滤波器对策前后的信号波形（上图）与误码率（下图）比较

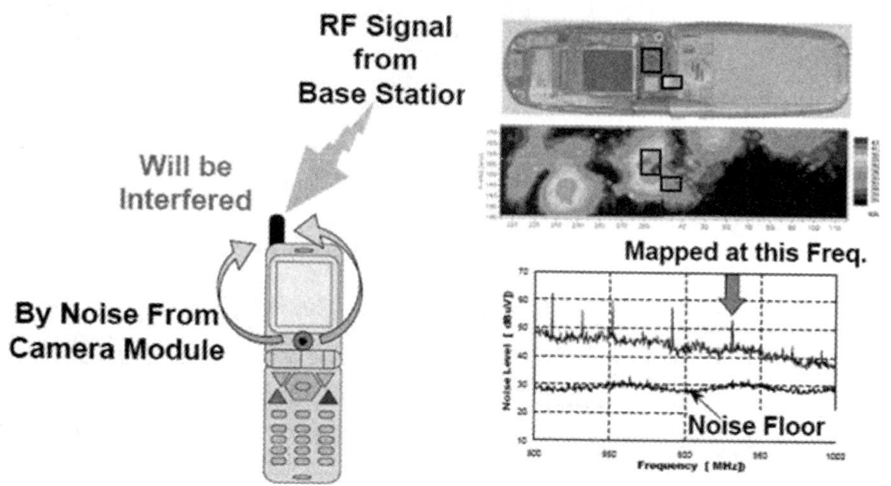

图 8-54　受到相机镜头的耦合噪声路径影响接收灵敏度降低

针对相机镜头的 RFI 问题，前一段说明解决的方法可以利用滤波方式（如图 8-55①所示）来阻隔传导噪声或是利用屏蔽方式（如图 8-55②所示）来阻隔辐射耦合噪声；图 8-56 所示为在传导路径上加装滤波器之后，在相机镜头的不同操作模式下其干扰功率位准、干扰噪声表面分布和波形的量测结果，可以发现 RFI 问题至少改善 3dB，而且也没有造成新的信号完整性问题。

刚刚所讨论的是系统内的射频干扰范例，也是第 6 章讨论到的无线通信系统载台噪声效应分析，所探讨的是数字组件与传输线的噪声对无线通信效能的影响。接着来看手机数字信号的非意图辐射，也就是主管部门法规所要管制产品的 EMI 问题，刚刚讨论的 RFI 问题是电信运营商或用户对无线通信产品的性能要求，影响的是有没有用户要购买，而现在要讨论的这个EMI问题则是各国政府主管部门所要求的，影响的却是能不能在市场上售卖。

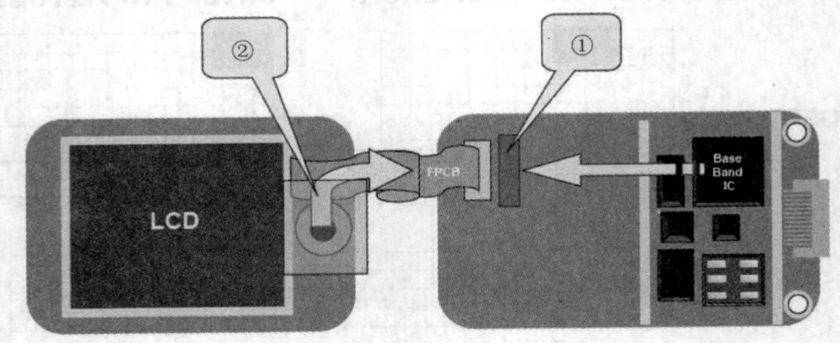

图 8-55　受到相机镜头的耦合噪声路径影响接收灵敏度降低

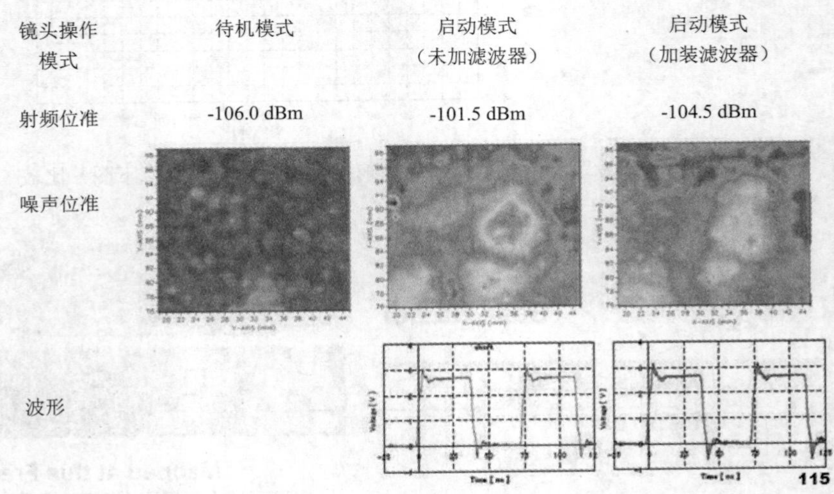

图 8-56　相机镜头操作模式与滤波器效应

由于手机有充电线、耳机和麦克风等音源线和数据传输线等，而且很多产品的设计都已经将多种功能整合在同一条传输线上。由于一般的USB线可以用来执行数据传输，所以在执行手机的EMI测试时就必须将其可连接的相关外围设备一并连接，就像信息类产品的测试配置一样，图 8-57 所示的手机 USB 联机配置（左图）和低频辐射 EMI 的量测结果（30MHz～1GHz）就是手机内部基频的数字电路通过 USB 传输线与测试外围的笔记本电脑联机传输数据过程的 EMI 测试结果，其中限制值（折线）就是一般信息类产品 EMI 的限制值，而测试结果必须将射频主波频段以带阻滤波器阻隔，因为那是属于无线通信装置射频测试的要求范围。由 EMI 测试结果发现，噪声会经由 USB 的连接线或电源接线直接从传输线辐射出来而造成的 EMI 问题，另外还有耳机线的问题也类似，而以往很多 USB 线和耳机线的 EMI 问题都不大，主要原因是使用频率较低、传输速度较慢，可是现在 USB 3.0 与 3.12 的应用普及后，因为它的速度很快，所以若连接器或传输线屏蔽设计不良，就会容易导致电磁辐射干扰的问题。

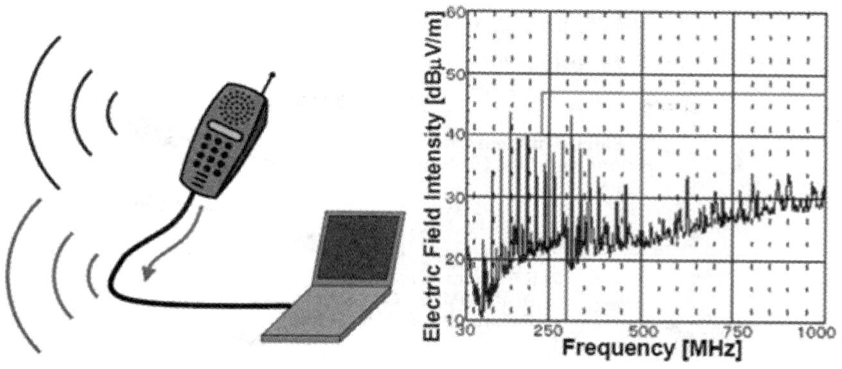

图 8-57 手机中数字信号的非意图辐射（3m 测试距离）

如果上述的 USB 传输线会导致产品的 EMI 测试结果失效，除了利用屏蔽技术外，还可以利用图 8-58 所示的共模与差模电感扼流的方式加以解决。

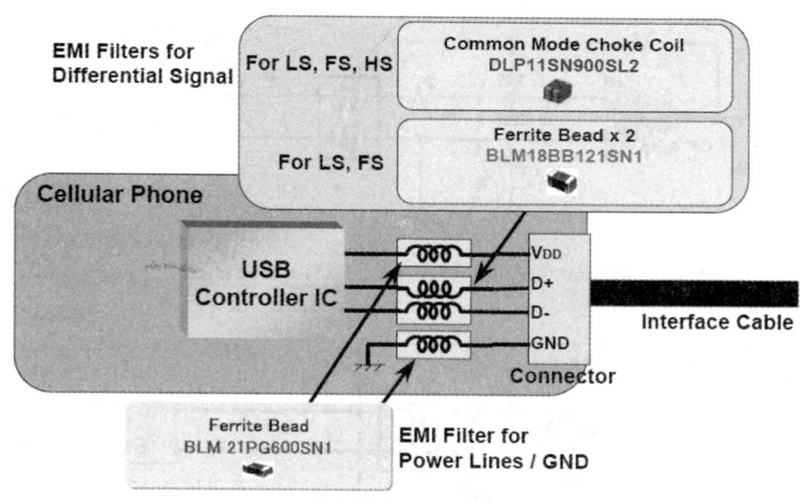

图 8-58 USB 接口的解决方法（滤波）

接着探讨辐射耐受 EMS 问题，它的主要目的是测试当手机的音源线（麦克风和耳机线）暴露在外面各式各样广播与通信系统的电磁环境中时，外面的电磁波从 80MHz 到 1000MHz（有些要求则会到 6 GHz）的频率范围内耦合进来，是否会因为音源线的屏蔽不够好感应出共模噪声而耦合进去，以致音频输出产生噪声，这就是手机的 EMS 测试，如图 8-59 所示。另外如果是针对低频的耐受性 EMS 测试（0.15 MHz～80 MHz），就会以大电流注入法（BCI）的方式将低频噪声耦合至待测物的音源线。

由于图 8-59 所示的测试结果会在音源线由辐射电场感应出共模噪声，因此若要判断其是否影响音频传输而导致 EMS 测试结果失效，可以使用图 8-60 所示的运算放大器来侦测音频信号是否受到干扰，通过图标的共模噪声耦合路径，图 8-60 也同时列出了 3 种滤波对策：利用共模扼流圈、共模电容、差模电容的滤波架构加以解决这一 EMS 的问题。

图 8-61 所示是在麦克风或耳机线上加装了共模扼流圈滤波之后其声压的改善结果，改善前的结果（①曲线标示）不只干扰频率较高，而且干扰的声压位准也相当高，而改善后的结果

（②曲线标示）则不只干扰频率明显往低频偏移，而且干扰的声压位准也有显著的降低，也确实达到了产品性能规格的符合性要求。

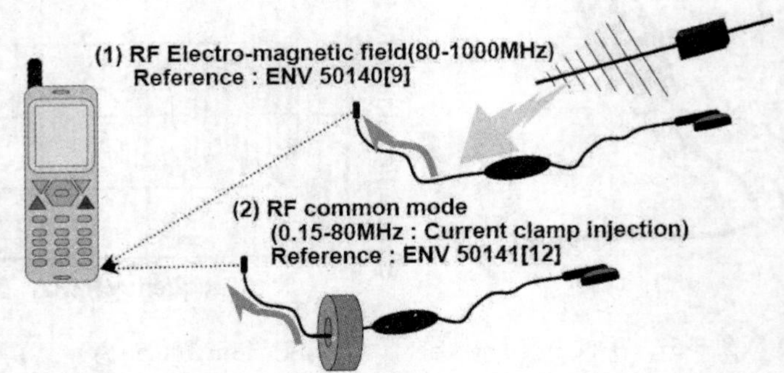

图 8-59　移动电话的音源线辐射耐受性测试

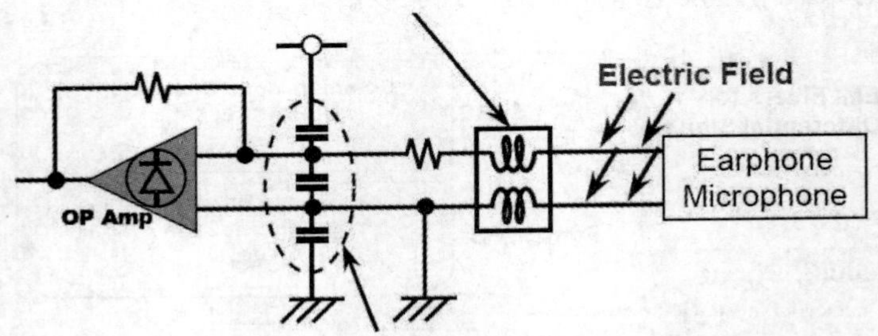

图 8-60　手机音频放大器的 EMS 解决方法

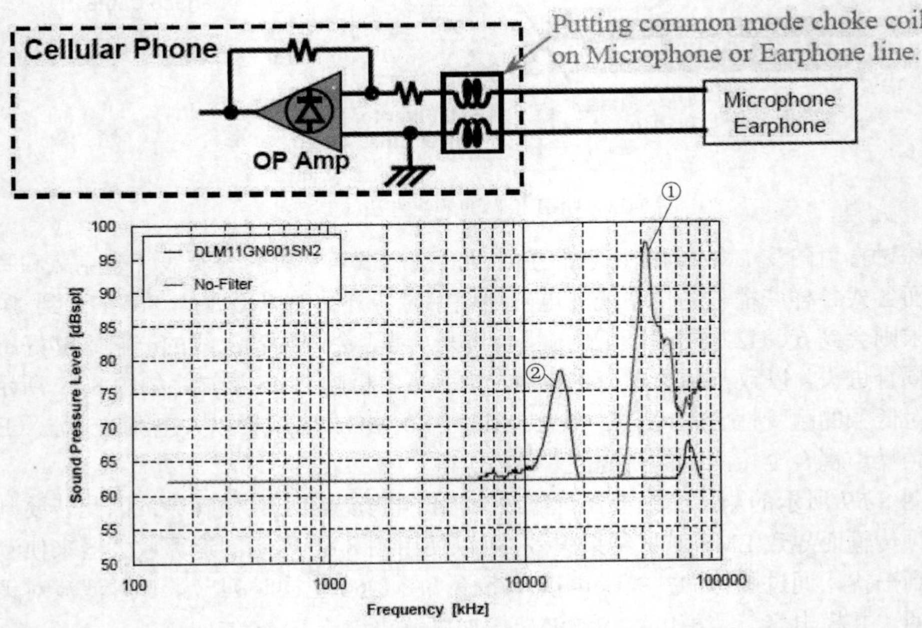

图 8-61　在麦克风或耳机线上加装共模扼流圈的滤波结果

9 系统产品电磁兼容设计策略

从本书前面各章的讨论与说明来看，EMC 的问题分析都是围绕在形成这种现象的三个组成要素上：一定是有某种特性的干扰源（例如瞬时噪声、数字逻辑电路、发射机等），然后该干扰源会通过某种耦合途径（例如低频时的传导路径、频率较高时传输线效应的近场电容性或电感性串扰、更高频率时的远场电磁场辐射等）将噪声能量干扰到对电磁敏感的受害电路（例如传感器、模拟放大器、接收机、天线等），所谓的兼容共存（Compatibility）就是以上三者缺一不可，如第 8 章所讨论的 EMC 问题诊断与解决过程中就是想办法排除其中的一个因素使其不存在，那么 EMC 的问题就解决了，而如果问题尚未发生之前即未雨绸缪，将在设计过程中可能出现的 EMC 情境与预防措施纳入产品开发流程中，那么就能够先发制人，并能事半功倍地解决 EMC 问题于无形，但毕竟 EMC 的问题是个相当复杂的系统整合线问题，因此本章的目的即在于提供 EMC 设计策略，以协助读者在产品开发的各个阶段能洞悉可能的设计障碍与限制，并能及早整合资源排除可能面临的问题。

本书的编排流程就是希望通过 EMC 问题发生现象、诊断分析、解决对策的原理，让读者对 EMC 的问题和议题有全面的了解，这样才能在碰到问题的时候找到最有效的解决方案，因此电磁兼容设计的依据与相关技术就如图 9-1 所示：①如果一开始就把干扰源频谱控制下来，那问题就解决了一半，例如可以通过改变噪声源（小至逻辑门，大至系统模块）的上升或下降时间、工作周期，或是利用展频频率（Spread Spectrum Clock，SSC）、调整符码信号的位排列来控制干扰频谱，而 IC 层级的 EMC 技术也是为了能协助产业，从一开始就先将会成为干扰源的数字组件压制下来，以使后续系统制造业者省却很多 EMC 的设计负担；但是如果一开始无法有效控制噪声源，那么接下来就是要从耦合途径阻隔噪声避免往外部传送而造成干扰问题，②所以针对低频的传导干扰问题就以滤波技术阻隔噪声电压与电流、或是利用瞬时抑制器防护内部的敏感组件避免受到瞬时能量的破坏，③而针对高频的辐射干扰问题就以屏蔽技术阻隔噪声电场、磁场、电磁场的传播，而因为电源完整性与信号完整性又是 EMC 问题的根本原因，所以必须在系统内部着手，④先从接地的设计去解决电源完整性的问题，⑤再从 PCB 的布线设计去解决信号完整性的问题，以降低共模噪声电压，从根本设计概念系统性地改善 EMC 的问题。

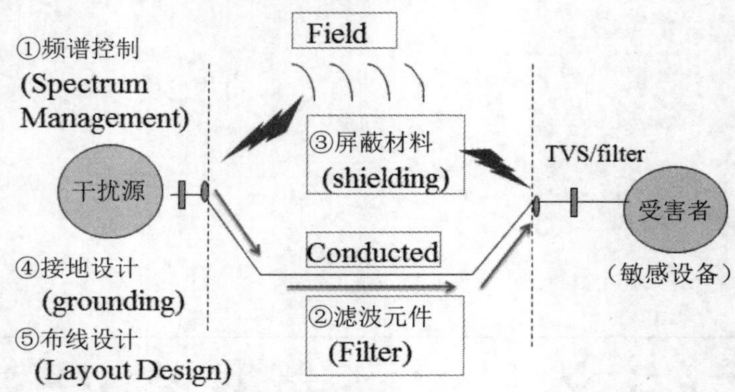

图 9-1　电磁兼容设计的依据与技术

因此在进行电磁兼容设计时，可根据所采取的措施以及在实现电磁兼容时的重要性规划不同层依次进行设计，例如第一层为主动（有源）元器件的选择，第二层为接地设计和 PCB 印刷电路板设计，第三层为滤波设计，第四层为屏蔽设计。

此外，针对不同产品层级开发时面临的 EMC 问题，所需要的电磁兼容设计考虑因素也会有所不同，简述如下：

- 零件（如 IC）层级：数字切换噪声、噪声的辐射与耦合、突波与静电放电防护技术。
- 印刷电路板（PCB）层级：PCB 的板层安排（layer stack-up）、信号路径规划（trace routing）、阻抗控制（impedance control）等与信号完整性相关的议题，以及接地弹跳（ground bounce）、接地面分割（ground partitioning）等与电源完整性相关的议题。
- 产品与装备（Equipment）层级：EMC 法规的探讨、电磁屏蔽设计、滤波设计，以及研发阶段与符合性的测试验证。
- 系统整合层级：EMC 控制计划，接地（grounding）与搭接（bonding）设计、线束（Harness）与布线（wiring and routing）设计，以及系统 EMC 测试规划。
- 系统安装时必须考虑各连接系统间的 EMC 规格、频道规划与管制、辐射伤害的管控等。

上述说明是产业界上中下游厂商针对其本身所属的产品属性所必须裨益的 EMC 设计目标。而对于最终产品的系统代工与组装厂商而言，从设计规划开始直到最后的产品出现过程中，各阶段的 EMC 设计所需要注意的议题可以归纳于图 9-2 的右侧中，依序从组件层级（Component）、印刷电路板层级（PCB）、主板层级（Motherboard）、系统内部组装（Internal Packaging）层级直到最后的系统安装与外部缆线层级，例如在组件的选择与采购时，要特别注意其电压与电流的动态操作参数、操作速度、EMI 噪声特性、封装的形式；接着在 PCB 进行布局与走线规划时，必须特别注意电源完整性中的电源分配网络与接地的设计、信号完整性中的阻抗匹配设计与串扰的问题、影响电磁干扰辐射强度的回路面积控制（例如 I/O 接脚的指派分配以及数字模拟区的分隔等）；当数个 PCB 组成主板时，必须特别注意的是连接器的使用规划、I/O 区域的划分、0V 参考接地的设计、频率信号的传输路径等；而在系统组装时，要特别注意的有电源供应器的封装方式、滤波器的设计与摆放位置的规划及影响、系统内部模块与电路间连接缆线的配置、机壳与连接器的屏蔽效率等；最后在完整系统的安装与使用时，必须特别注意系统外部连接缆线的特性与配置方式、系统安装的安全接地等因素。

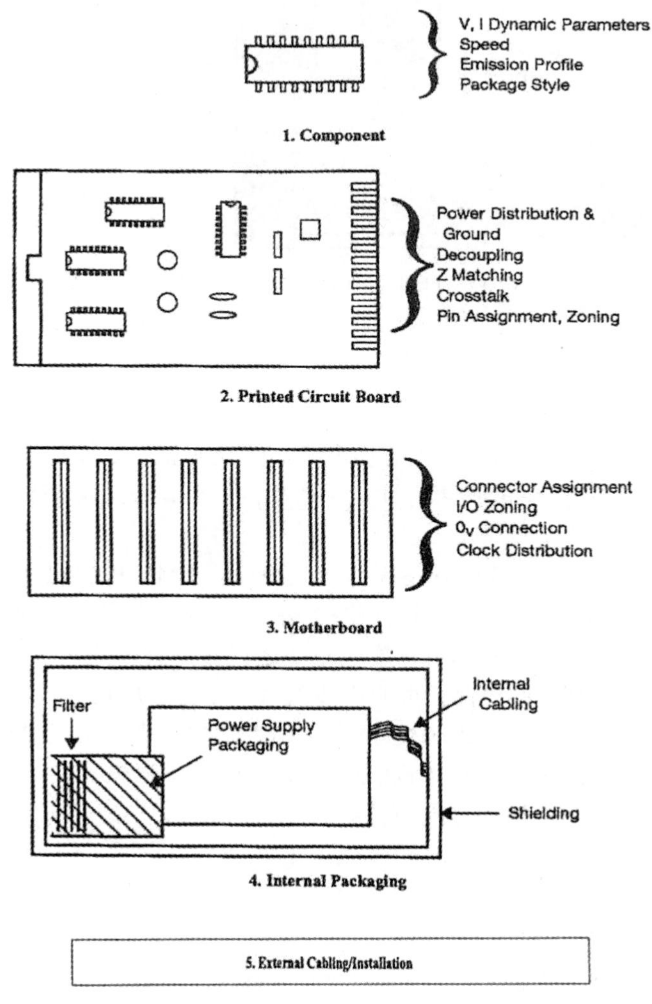

图 9-2　由内而外不同层级的 EMI 设计考虑

以上注意事项所考虑的因素涵盖了设计工程师所能控制的系统内部问题（Inside World），另外还有工程师无法控制的系统外部电磁环境（Outside World），如图 9-3 所示，因此电磁兼容的系统性设计方法由内而外有不同的解决途径，例如电磁干扰问题的解决对策：通过组件的选择、组件的布局、PCB 的布线设计、产品内部缆线与模块的规划、滤波与瞬时噪声抑制技术、屏蔽技术分析与机壳构装、产品外部连接器与缆线规划等，而对于射频干扰 RFI 问题的解决最根本的方法就是通过 IC 组件或数字模块的 EMI 噪声量测、应用无线装置的噪声概算设计评估、组件电磁模型的建置，除了可以从组件的选择与采购源头控制 IC 的 EMI 噪声特性外，还可以有效地在电路设计之初即同步导入 EMC 分析准则，以确保产品层级的 EMC 特性能够符合性能与测试标准的规格要求。因为在前面几章的分析内容中已经讨论过部分的设计技巧，所以下面仅原则性地逐一简要说明。

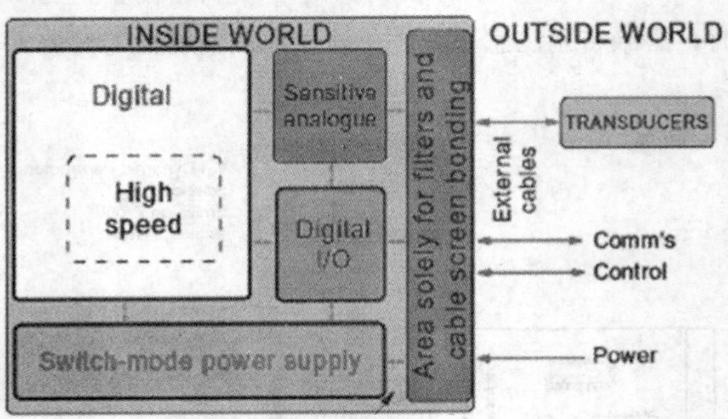

图 9-3　由单一 PCB 构成的产品的电路分区设计范例

9-1　组件的选择

由于数字组件几乎是所有 EMI 问题的噪声源，而且随着半导体制程的持续发展，不同制程或批次生产的 IC 组件所产生的噪声特性也不尽相同，因此在规划 EMC 的电路设计时应考虑以下几点：

- 选择适当的组件特性：选用具备高信号完整性和 EMC 特性的 IC，因为大部分的数字电路都以方波为频率信号，其具有非常高的谐波成分，频率的速度越快，波形的边缘越陡峭，因此谐波频率和辐射程度也会随之提升。大多数数字 IC 制造业者都会有一系列具有低辐射性能的产品，并且有少数版本 I/O 芯片具备改良过的静电免疫能力，更有一些厂商还推出所谓“EMC 友善”的版本超大规模集成电路 VLSI。
  - 相邻、多重或中央管脚排置的电源和接地。
  - 降低输出电压摆幅和控制回转率。
  - 能和 I/O 匹配的传输线。
  - 平衡的信号传送。
  - 较低的接地电位弹跳。
  - 较低位准的干扰辐射。
  - 优先选择非饱和逻辑。
  - 对静电和其他瞬时干扰的现象具有较高的抗扰和耐受性。
  - 较低的输入电容。
  - 较低的电源瞬时电流。
  - 输出的驱动能力不大于电路应用所需。
- 生产批次及缩小光罩可能衍生的问题（例如上升与下降时间的改变）。
  - 缩小光罩能以较少的能量（对电压、电流、功率或电荷而言）来控制 IC 内部的晶体管逻辑门，也意味着其相对电磁免疫力的位准也较低。
  - 较薄的氧化层意味着对静电、雷击或过电压的损害免疫能力较低。
  - 较低的内部晶体管热容量，意味着对于电性过压（Electrical Overstress，EOS）有较高的敏感度和较低的耐受能力。

   - 晶体管运作的速度较快，也意味着会产生较大的辐射位准和较高的辐射频率。
   - 大部分用户会购买足够的“旧”IC 来维持生产线所需，直到因光罩缩小后生产的新 IC 所造成的 EMC 问题可能又出现了，因此需要确认这批新 IC 是否有不同的 EMC 表现。
- IC 插槽不良。
   - IC 插槽的存在对于 EMC 设计而言是相当不合适的，直接将 IC 黏焊于 PCB 表面（或以芯片打线或类似的直接芯片终端技术）的方式才是最佳做法。较小的 IC 因具有较小的镑线和导线架，故 EMI 特性会较佳（例如 CSP、BGA 和类似的芯片封装方式）。
   - 为了安装昂贵的 CPU 或 ASIC 而增加的 ZIF（Zero Insertion Force）插槽和弹性扣片散热片（较容易升级）的主板，可能需要额外的花费在其滤波和屏蔽问题上，但对于其接触点选择具有最短内部接触金属导体的表面黏着 ZIF 插槽还是会有较好的特性。
- 电路的终接技术。
   - 频率电路是最易产生辐射的部分，因此其走线在 PCB 上是最重要的。需要调整组件的布局使其频率路径长度最小化，并尽量使每个频率路径保持在同一 PCB 电路平面上，同时也要避免任何贯孔导致的阻抗不连续性。
   - 当频率必须上走较长的距离以连接至几个负载时，应在靠近这些负载的地方使用合适的频率缓冲器，这样可使得长路径（或线）上有较低的电流，同时也要注意信号路径上的旁株负载效应和终接设计，以避免信号完整性的问题。
   - 当引起的相关信号歪斜或变形但不会造成问题时，在长路径上的频率边缘必须适度地予以圆滑，即使是正弦波信号，也要由在靠近负载处的缓冲器再加以方波化以降低信号传送过程中所造成的辐射效应。
   - 尽量使负载的输入电容值小：当逻辑状态改变时，这样可以降低输出电流的瞬时噪声，有助于减少磁场辐射、接地弹跳和在接地面与电源供应电路的瞬时电位波动。
   - 利用能使它正常工作的最大电阻值将驱动电路为集极开路的上拉网络靠近其输出组件：使回路面积及最大电流降低，有助于减少磁场辐射，然而在一些场合可能会恶化其免疫的性能，所以要取得折衷。
   - 保持高速组件远离连接器及走线。
      - 耦合（如串扰）可能发生在 IC 结构内部的金属及连接线之间，以及其他附近的导体间。
      - 耦合的噪声电压、电流在高频下会使共模辐射增大，所以应保持高速组件远离所有连接器、走线、线束及其他导体，唯一的例外是供给该 IC 的高速接头（例如主板的连接器）。
      - 散热片就像一般的金属片状天线，因为紧贴所要散热的 IC，故容易由 IC 内部耦合噪声，常用的解决方法是利用较厚的热传导体隔离散热片及 IC，同时利用多数的短导线将其连接到 IC 周围的接地。
- 展频频率：展频频率造成的频率抖动必须控制在不会引起系统时序错乱的水平，一般用频率调变度的百分比表示，必要时应在产品技术规格中注明其中频率周期、幅度的抖动等信息。展频频率与展频通信技术类似，虽然不能真的减少瞬间的辐射功率，但却能降低辐射频谱位准，对于某些会对干扰现象产生快速响应的组件而言则可能仍会维持在原本的高辐射位准上。

➢ 其原理是将频率以1%或2%的调变方式来展开该信号的谐波成分，使得在用EMI测试标准的峰值测量辐射时能降低量测的辐射位准，标准频率信号经展频处理后的波形和频谱如图 9-4 所示。

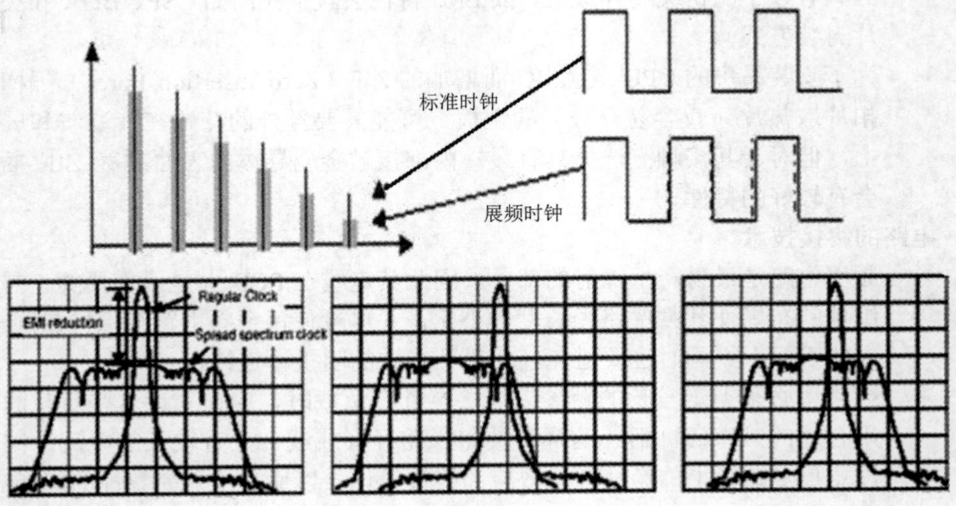

图 9-4　展频频率的波形和频谱

➢ 到底会降低多少的量测位准完全取决于测试接收机的频宽和积分时间常数。

➢ 展频频率不可以使用在对频率信号决定数据传送的通信链路上，如以太网、光纤信道、FDDI、ATM、SONET 和 xDSL 等。

➢ 大多数数字电路组件的辐射问题均是由同步频率所引起的，异步逻辑的技术发展将能达到以展频方式降低总辐射位准的目的。

● 防止解调问题。

由于模拟组件的输出波形不像数字信号那么明确，因此在 EMC 的设计考虑上并不像选择数字组件的原则那样直接，但是仍有针对低放射的高频模拟电路一般的组件选择原则：回转率、电压摆幅、输出的驱动电流能力等，应该只要能达到功能的最小要求即可；而大多数模拟集成电路在低频应用时的最大问题是它们很容易将那些位于其线性操作频带以外的射频信号加以解调而产生 DC 电位误差干扰到电路组件的正常操作。

➢ 大多数模拟组件的耐受性问题，几乎都是由于辐射耐受性测试中的射频信号在半导体组件上的 PN 接面二极管解调所造成的。

➢ 不管运算放大器采用哪种回授的设计架构，它们所有的管脚对射频干扰都非常敏感，如图 9-5 所示即为辐射耐受测试过程中运算放大器在 10V/m 场强下的 DC 偏压误差。

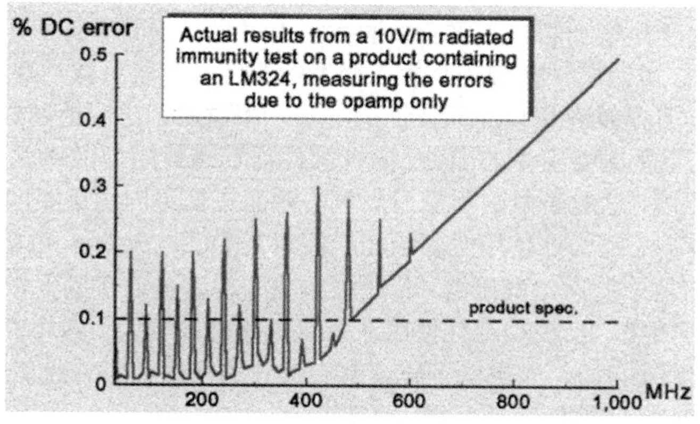

图 9-5　运算放大器在辐射耐受测试过程中的 DC 偏压误差

- 所有半导体都会解调射频信号。模拟电路的解调效应是常见的问题，但是可能对数字电路产生灾难性的影响（如当软件被破坏时）。
- 为了解决解调的问题，模拟电路需要在干扰期间保持其线性和稳定性，对于回授电路尤其需要特别注意。
- 回授电路的稳定性和线性测试可以通过移开所有输入和输出的负载和滤波器来进行，然后将快速上升（上升时间<1ns）的方波注入到输入（也可能通过小电容注入到输出和电源端）；为了防止信号峰值被截断，测试信号的位准应限制在峰对峰值大约是最大值的 30%，而且测试信号的基本频率应该靠近电路规划的通带中心附近。

至于被动组件的选择方面，必须了解所有的被动组件都有寄生的电阻、电容和电感等效应。在许多电磁兼容（EMC）发生的高频问题中，这些寄生效应经常扮演着重要的角色，使得电路组件特性完全不同于正常的设计要求，例如：

- 一个薄膜电阻在高频情况下，其特性不是变成电容（因为它的分流电容大约 0.2pF）就是变成电感（因为它的导线电感和螺旋容许度），这两者甚至会共振而产生更复杂的效应。
- 绕线电阻在超过数 kHz 时是没有效用的，而薄膜电阻在 1kHz 以下到数百 MHz 通常仍能保持其电阻特性。
- 一个电容会由于其内部与导线电感效应而产生共振，并且在它的第一次共振点以上的频率将会有显著的电感性阻抗。
- 表面黏着组件对电磁兼容有更好的帮助，因为它们的寄生成分更低，所以在相当高的频率仍能维持其标称特性。如 SMD 电阻在 1kHz 之下到 1000MHz 通常仍维持其电阻特性。

所有的组件特性都会受限于它们的功率容纳能力（特别是对于突波或浪涌的瞬时噪声耐受度）、dV/dt 容纳度（例如固态钽质电容在 dV/dt 过量时会形成短路）和 dI/dt 的能力限制等。而且被动组件特性也会遭受严重的温度系数效应影响，或者会因此而需要减少额定功率。一般而言，SMD 部件比导线管脚部件有较低的额定功率，但由于大部分的电源功率都发生在较低的频率，所以通常在那些频段内应尽可能使用导线管脚部件，但也应尽量去减少导线长度造成的寄生电感效应。对于电容而言，陶磁介质通常能提供最佳的高频特性，所以SMD陶瓷电容是极佳的EMC组件，虽然有一些陶瓷介质有极大的温度或电压系数，但是COG或NPO介质材料则相对非常稳定且是具有极佳高频特性的电容，不过对于电容值超过 1nF 时，它们的体积较大且成本较高。至于磁性组件的部分，磁性部件需要有封闭的磁路以免开放的磁力线会耦合到邻近的组件和走线，这对于电磁耐受与放射问题而言都是同样重要的。如果必须使用到杆状磁芯扼流圈或电感时，那么在使用时必须相当注意其DC电流偏压可能产生的饱和效应。对于传统线性电源供应器中的市电变压器，若能将其绕圈的遮蔽连接到保护接地上，那么就可以获得更好的电磁兼容效果。当被动组件使用在高频电路时（例如将频率高达1000MHz的干扰信号耦合到一个接地平面时），如果能了解全部有关它的寄生效应并且简单概要地评估它们的影响，那么将会对EMC的性能设计有很大的帮助。

9-2　组件的布局

当选择完适当的电路组件后，接着就要依据电路功能设计结果将各级的驱动与负载接收IC组件安排在PCB上适当的位置，也就是应该遵循EMC的设计准则划分为电源区、I/O区、数字区和模拟区等，以避免复杂的交互耦合问题，然后就在各自区域中摆置相关的IC组件。PCB上布件的原则简要依序说明如下：

（1）将高速与高频组件置于PCB中央位置。

- 这些组件包含处理器CPU、特定应用集成电路ASIC和频率发生器等。
- 这样可以降低组件至其他机壳底架结构或其他部件相关缆线的耦合效应。
- 未适当接地的金属镜像平面，若高速信号距离平面板边缘不到一英寸时，对于试图降低电磁辐射干扰是没有什么效果的。

（2）重要的关键性信号网络（例如频率信号分配网络）相关组件，要尽量让其信号源与接收负载紧邻在一起。

- 组件的摆置应能使重要的信号路径长度保持最短。
- 客制化IC或ASIC的设计应使其I/O引脚的走线长度保持最短，如图9-6所示。

频率输出应有提供GSG（接地－信号－接地结构）接线的邻近接地管脚。

- 将去耦合电容尽量靠近模块或IC的电源 V_{CC} 管脚位置。

（3）注意I/O连接器的位置。

- 将所有连接器沿着PCB的同一侧边缘或相邻的两侧边缘摆放。
- 这样将可以消除PCB上共模噪声源造成电压差的偶极天线激发效应。
- 利用连接器四周与机壳的紧密接地可提供逻辑接地连接至机壳的额外连接点选择。
- 缆线的屏蔽体与电路接地应能够在连接器处连接至机壳接地。

（4）注意滤波器的位置。

- 应用于解决电磁干扰的滤波器位置应靠近干扰源IC或模块，例如频率/总线控制线、低阶寻址电子组件等。
- 应用于解决电磁耐受或免疫问题的滤波器位置应靠近敏感电路区域或接收器模块，例如位准制动的复位RESET或是波形边缘触动的信号等，在其每个输入管脚上都应该有一个小电容。

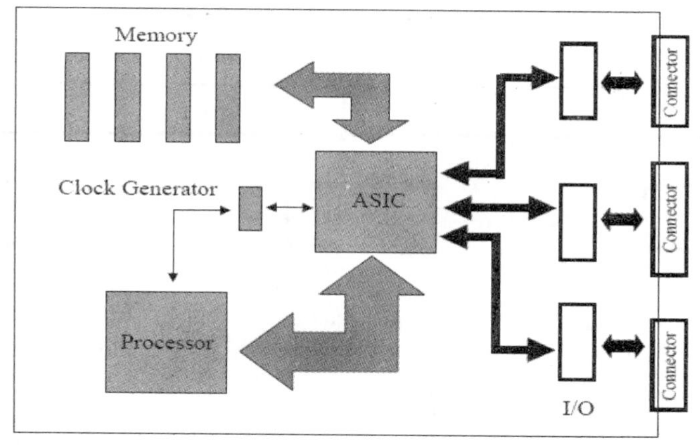

图 9-6　组件的摆置和引脚应能直接以线连接

上述有关电路组件的布局原则，对后续在 PCB 上的信号路径走线规划以及产品的 EMC 性能都会有相当明显的影响，其布局架构如图 9-7 所示，PCB 中央区域为高速电路组件，而连接器则尽可能放置在 PCB 的同一侧；此外，还要尽可能地将振荡器、高速芯片及其所对应的高速信号走线远离 PCB 的边缘和连接器的位置，必要时也可以在 PCB 上实施局部的屏蔽机构以阻隔仅靠的噪声耦合，如果可能的话，也要将那些附接类似天线效应缆线的连接器尽量群组在一起。

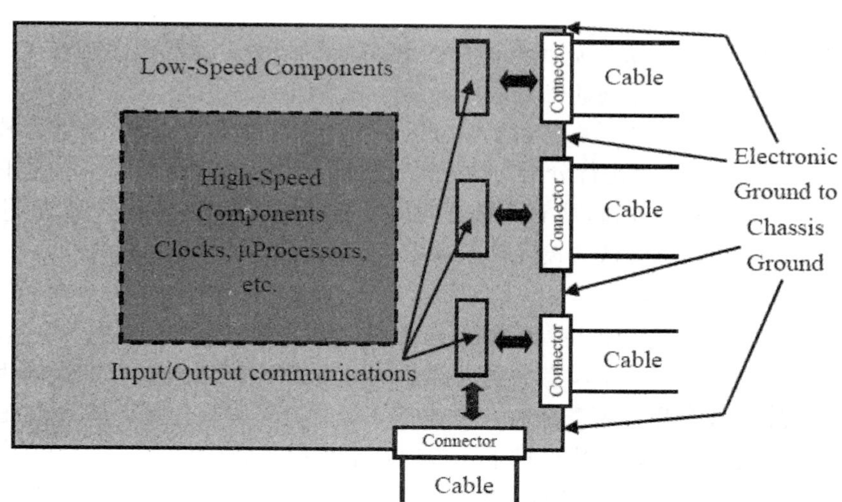

图 9-7　一般 PCB 上的组件布局架构

9–3　印刷电路板走线与设计

PCB 印刷电路板的组件布局规划与设计后，接着就要将各组件连接起来，以提供必要的电源、信号和接地等传输路径走线，而目前常用的多层 PCB 在布线设计时需要考虑的电源完整性和信号完整性议题以及可能产生的电磁干扰效应如图 9-8 所示。

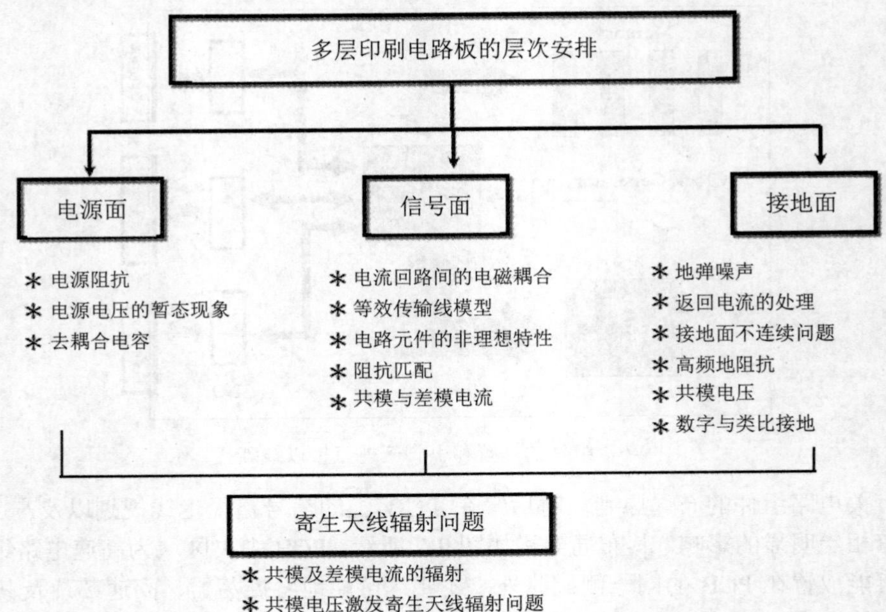

图 9-8　PCB 印刷电路板的电磁干扰问题

PCB 的布件位置确认后，PCB 上的电源、参考接地回路、信号走线或布线的原则简要依序说明如下：

- 在 PCB 布局时，首先应确定元器件在 PCB 上的位置，然后依序布置接地线、电源线等参考电位，再安排高速信号线，最后才考虑低速信号线。
- 元器件的布局应按其不兼容性予以分区，并按不同的电源电压、数字及模拟电路、速度快慢、电流大小等进行分组，以免相互干扰；然后根据元器件的位置即可确定 PCB 连接器各个引脚的安排，所有连接器应尽可能安排在 PCB 的同一侧，尽量避免从 PCB 两侧引出电缆，以降低共模噪声的偶极天线辐射效应。
- 输入输出地的架构。
  - 为了减小电缆上的共模辐射，需要对电缆采取滤波和屏蔽技术，但不论滤波还是屏蔽都需要一个没有受到内部干扰污染的干净接地区，如图 9-9 所示。
  - 当接地线有噪声不干净时，滤波在高频时几乎没有作用，除非在布线时就考虑这个问题，否则一般这种干净接地是不会存在的。
  - 干净接地既可以是 PCB 上的一个区域，也可以是一块金属板（例如镜像平面）。
  - 所有输入输出线的滤波和屏蔽层都必须连到干净接地的区域上。
  - 干净接地与内部的接地线只能在一点相连接，这样可以避免内部信号电流流过干净接地区而造成污染干扰。
- 电源线：在考虑安全条件下，电源线应尽可能靠近接地线，以减小差模辐射的电源回路面积，也会有助于减小电路的串扰现象。
- 频率线、信号和地线的位置。
  - 信号线与接地线距离应较接近，以使形成的回路面积较小。
  - 按逻辑速度分割：当需要在 PCB 电路板上布置快速、中速和低速等不同速度的逻辑电路时，高速的元器件（如快逻辑、频率振荡器等）应安放在紧靠边缘连接器范围内，而低速逻辑和缓存器应安放在远离连接器的影响范围内，这样对共阻抗耦合、辐射和串扰的降低都是有帮助的。

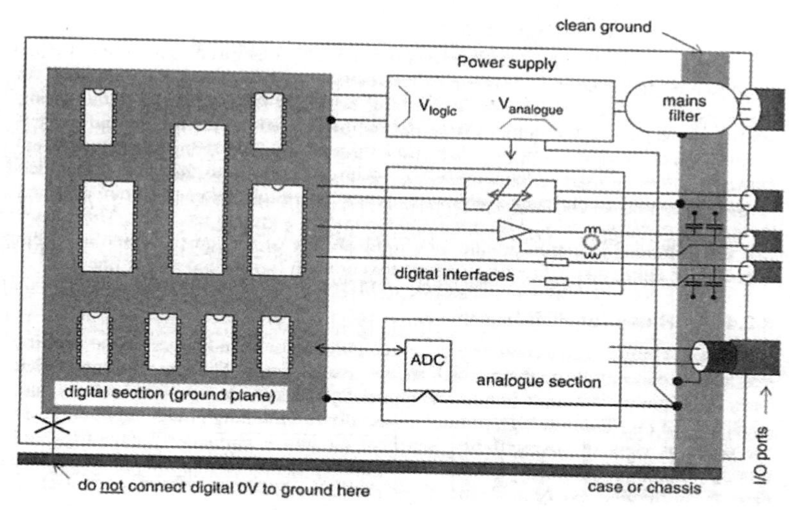

图 9-9　多种接地的区域划分与干净接地

- 应避免 PCB 电路板走线的不连续性，例如走线宽度不要为电路阻抗匹配而突然改变，而是以较和缓的方式逐渐改变，同时走线也尽可能不要突然转角。

合理的布局是针对 EMC 设计中 PCB 走线规划或布线成功的第一步，但是由于目前在 PCB 设计时有很多自动布线的功能，因此为避免盲目相信 PCB 自动布线的效果，工程师应在自动布局的基础上，利用上述的原则进行交互式布局的调整，以期达到 EMC 设计优化的目的，其原则归纳如下：

- 考虑 PCB 尺寸的大小。尺寸过大时，PCB 走线长时阻抗增加，电磁耐受或抗扰能力下降，成本也会增加；PCB 尺寸过小时，散热可能不好，串扰效应也会增加。
- 按电路功能与 EMC 效应不兼容分区原则确定特殊元器件的位置，然后将输入输出组件彼此尽量远离。
- 把信号传输联机关系密切的元器件尽量放在一起，尤其要使高速信号走线尽可能的短。
- 按照电路流程安排各功能电路单元的位置，使布局便于信号传输流通，尽量减少和缩短各元器件之间的引线和连接，再对其他辅助元器件进行布局。

此外，一般对 PCB 上的布线要求还有以下几点：

- 电源线与接地线之间要加去耦电容，而且对于布线宽度：接地线>电源线>信号线。
- 数字与模拟共地的处理：数字电路频率高，模拟电路敏感度高，因此元器件、信号线都要远离数字地，而且在主板上 0V 共同参考电位的要求下，模拟地只有一点与数字地连接，以增加电感性的高频噪声阻隔阻抗。
- PCB 相邻两层的布线要互相垂直，以防止串扰感应耦合。
- 输入输出端的信号传输导线应避免相邻平行，必要时其间加接地线防护。

- PCB 采用大面积铜箔时应尽量采用栅极格状，以免因电路功率散热不佳而使其长期受热且与 FR4 导热系数差异而发生膨胀和脱落现象，也有利于排除铜箔与基板间粘合剂受热产生的挥发性气体。
- 大功率射频信号线尽量摆放在 PCB 的中间层并提供良好接地，以减少能量辐射。
- 直角走线等效为电容性负载，因此会造成传输线阻抗减小，并因阻抗不连续造成信号反射，同时在直角尖端容易产生电磁干扰发射。

另外在最重要的接地线处理方面，因为完整的接地参考平面虽然是最理想的，但在现实的 PCB 布局上是不可能的，然而电源接地回路与信号回路的面积都要尽可能维持最小的情况下可以在 PCB 上采用接地线网格的架构（如图 9-10 所示），那是平行多点接地线概念的延伸，使信号可以回流的平行地线数目大幅增加，从而使接地线电感对任何信号而言都保持最小，这种接地线架构特别适用于数字电路，否则如果是如图 9-11 所示的梳状接地结构，除了因信号回路的路径太长而形成大的回路面积外，其间的接地噪声还会在接地回路上干扰到其他组件，因此必须避免采用。

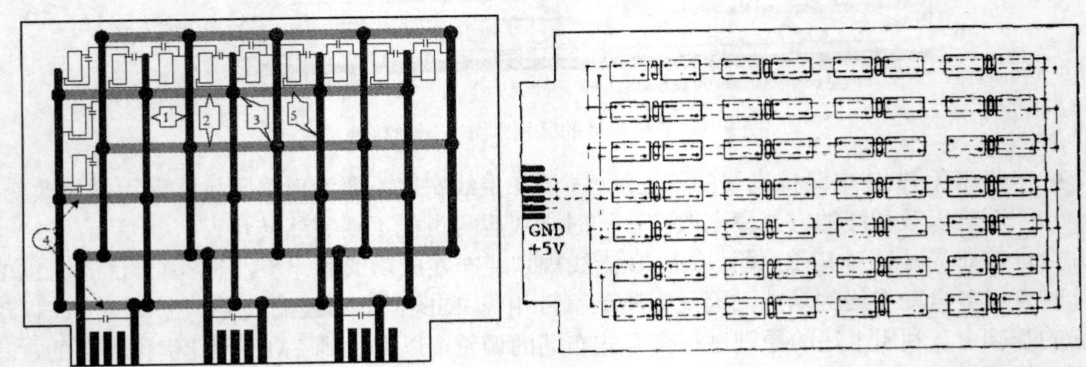

图 9-10　接地线网格结构（较合理的安排）

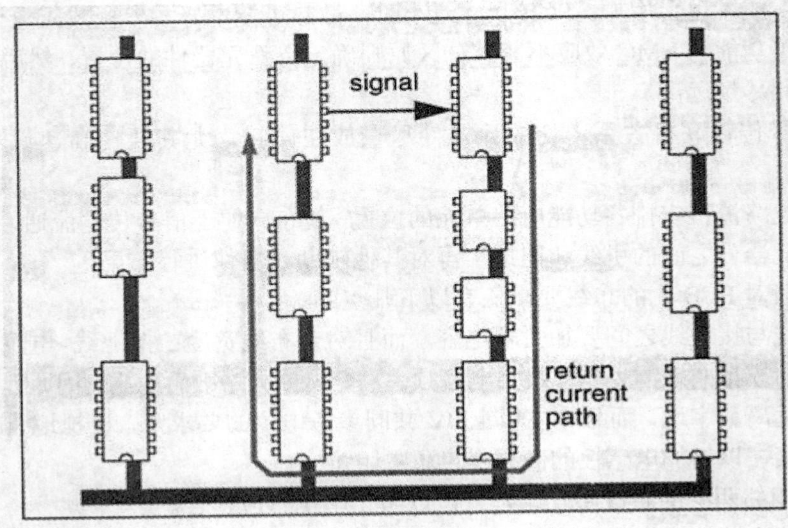

图 9-11　梳状接地结构

接地线网格的极端形式是有无限多的平行接地导线构成了一个连续的导体平面，这个平面就是接地平面，这在多层板 PCB 中很容易实现，它能与电源平面形成几乎没有电感效应的本质电容，这种架构特别适合于射频电路和高速数字电路中。通常四层板以上的 PCB 都会专门设计一个电源面与接地面形成电源对，以便在高频时提供一个低阻抗的电源平面。而且电源平面与接地平面的另一个主要好处是能够使产生辐射干扰的电源与信号回路面积缩小，也可以确保 PCB 的最小差模辐射干扰与对外界干扰的敏感度，否则像图 9-12 所示的情形，因为欠缺完整的电源平面与接地平面或是网格结构的电源线与接地线，以致电源和接地线造成的回路太长而使回路面积太大，就容易引起电源完整性与电磁干扰的问题。

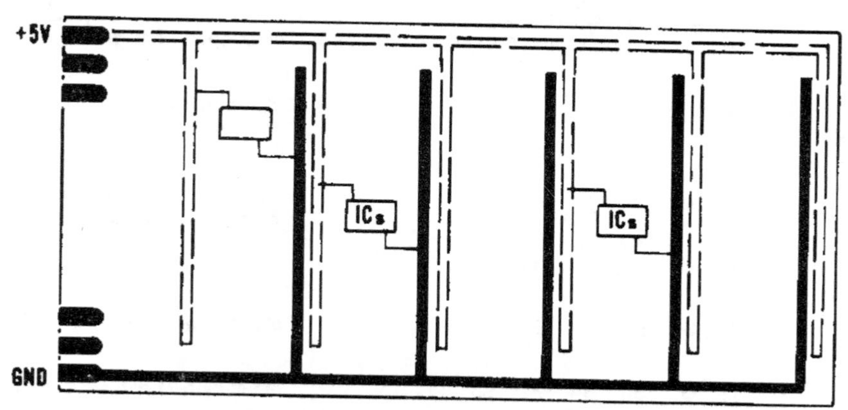

图 9-12　电源和接地线造成的回路太长

如果确实无法有完整的电源面与接地面时，那对应 IC 布件的规划，电源与接地线网格结构也必须如图 9-13 所示，每一列都有专用的电源和接地回路，使得电流回路面积最小，产生的干扰也最小，而且电源的稳定度很好，接地点的电位会相当均匀，每两个 IC 共享一个滤波电容，也可以降低成本。

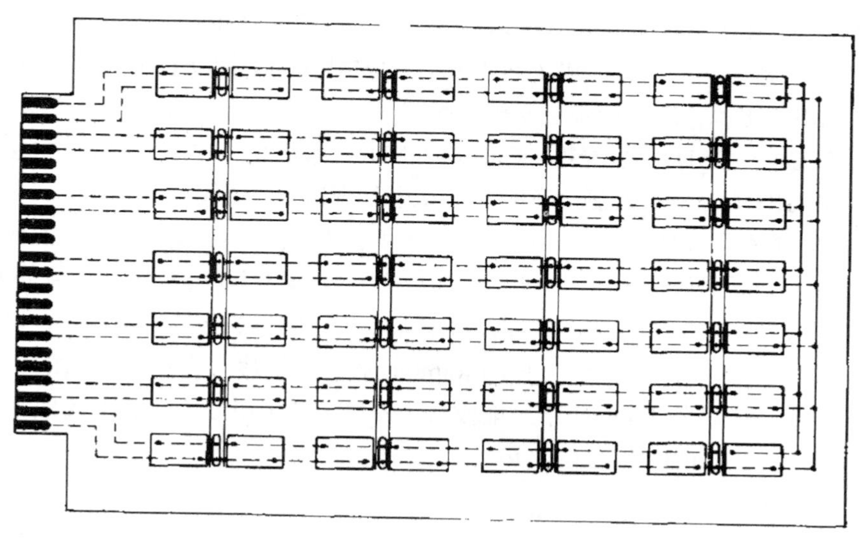

图 9-13　最理想的电源与接地线网格结构安排

针对多层板 PCB 的堆栈排列规划也让工程师有很大的发挥空间，但是基本原则就是要让电源与信号回路最小、信号回路对应的参考平面（例如接地平面或电源平面）应该是同一层，也就是信号贯孔路径不要穿越太多层，最后当然就是尽量让电源平面与接地平面仅靠相邻，而上述的多层板 PCB 设计原则都是由前面几章电源完整性与信号完整性的设计原理应用而来，图 9-14 所示即为多层板 PCB 堆栈（从 2 层到 10 层）规划的考虑与应用（右边字段），横轴即为各层的编号，其中 S 代表信号走线层，P 代表电源层，G 代表接地层。

Layer #	*1*	*2*	*3*	*4*	*5*	*6*	*7*	*8*	*9*	*10*	*Comments*
2 layers	S1 G	S2 P									Lower-speed designs
4 layers (2 routing)	S1	G	P	S2							Difficult to maintain high signal impedance *and* low power impedance
6 layers (4 routing)	S1	G	S2	S3	P	S4					Lower-speed design, poor power high signal impedance
6 layers (4 routing)	S1	S2	G	P	S3	S4					Default critical signals to S2 only
6 layers (3 routing)	S1	G	S2	P	G	S3					Default lower-speed signals to S2–S3
8 layers (6 routing)	S1	S2	G	S3	S4	P	S5	S6			Default high-speed signals to S2–S3. It has poor power impedance
8 layers (4 routing)	S1	G	S2	G	P	S3	G	S4			Best for EMC
10 layers (6 routing)	S1	G	S2	S3	G	P	S4	S5	G	S6	Best for EMC. S4 is susceptible to power noise

图 9-14　多层板 PCB 堆栈层次的考虑

如果考虑到 PCB 上是否也同时装载切换式电源供应器（SMPS），因为必须考虑到电源切换噪声和电源供应器散热的问题，那么 PCB 叠层的安排就应如图 9-15 中的范例所示，其中图（a）为不含 SMPS 电源供应器的叠层安排，而图（b）是 PCB 上含 SMPS 电源供应器的叠层安排，干净地（Quiet GND）、机壳地（Chassis GND）、敏感信号电路（SENS SIGNAL）和干扰信号（NOISE SIGNAL）等也都明确标示在最适合的 PCB 叠层中。

由于在 PCB 的叠层布线结构中，板层的厚度相当小，因此相邻的信号层之间会有明显的电容性串扰现象，为了降低这种电容性耦合效应，就必须减少其重叠的面积，所以相邻的两层信号线都会以正交方式（相互垂直）布线，对于高速数字信号的传输更是如此，以 Rambus 信号传输为例，图 9-16 所示为六层板 PCB 的 Rambus 微带线堆栈布线安排，而图 9-17 所示分别为六层板和八层板 PCB 的 Rambus 带线堆栈布线安排，其中粗线段代表金属导体走线或平面的横截面，RSL 代表 Rambus 信号层。

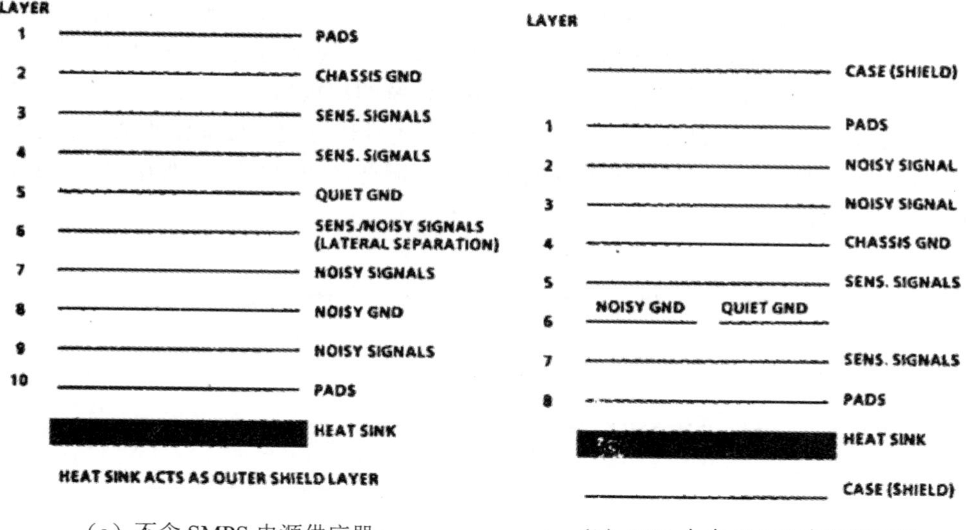

（a）不含 SMPS 电源供应器　　（b）PCB 上含 SMPS 电源供应器

图 9-15　多层板 PCB 的堆栈范例

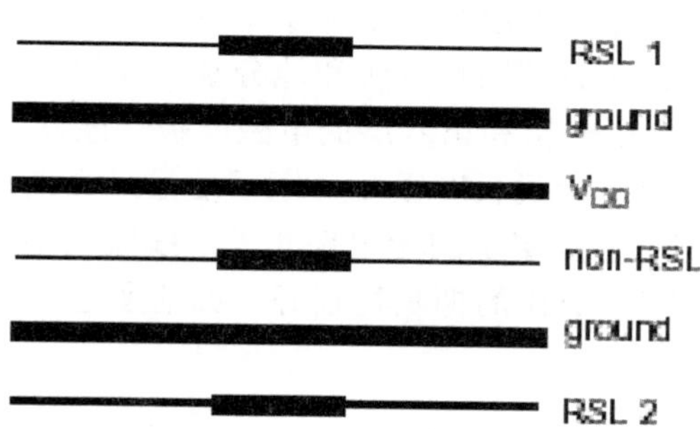

图 9-16　六层板 PCB 的 Rambus 微带线堆栈布线范例

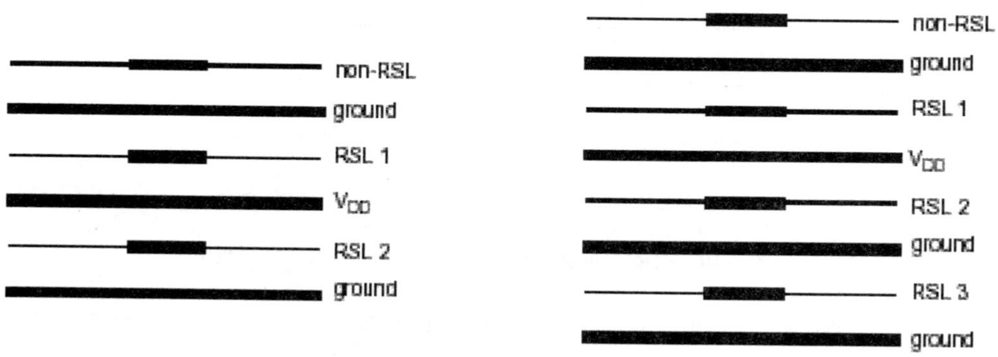

图 9-17　六层板和八层板 PCB 的 Rambus 带线堆栈布线范例

图 9-18 和图 9-19 所示的一般四层板和六层板的 PCB 叠层安排则是有助于将高速噪声电路屏蔽以抑制 EMI 问题的设计，在图 9-18 的四层板 PCB 范例中，左图 PCB 的外层均为地层，

中间两层均为信号/电源层。信号层上的电源用宽线走线，这可使电源电流的路径阻抗低，而且信号微带路径的阻抗也低。从EMI控制的角度看，这是现有的最佳四层PCB结构。而右图的外层走电源和地，中间两层走信号。该方案相对传统四层板来说，改进要小一些，层间阻抗和传统的四层板一样欠佳。如果要控制走线阻抗，上述堆栈方案都要非常小心地将走线布置在电源和接地铺铜岛的下边。另外，电源或地层上的铺铜岛之间应尽可能地互连在一起，以确保DC和低频的连接性。

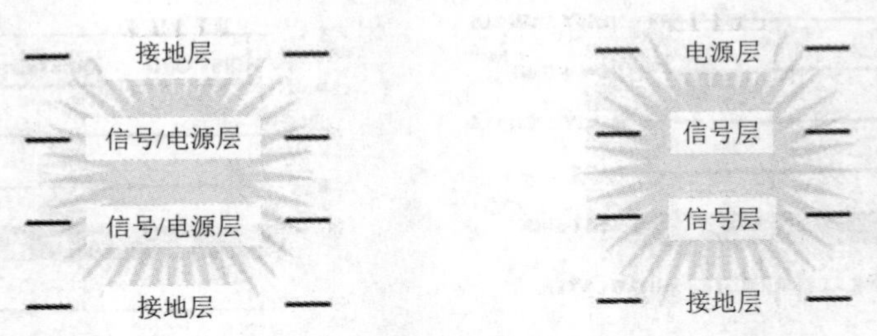

图9-18　有助于屏蔽和抑制EMI的堆栈技术（四层板）

另外在图9-19所示的六层板PCB范例中，左图将电源和地分别放在第二层和第五层，由于电源覆铜阻抗高，对控制共模EMI辐射非常不利。不过，从信号的阻抗控制观点来看，这一方法却是非常正确的。而右图则将电源和地分别放在第三层和第四层，这一设计解决了电源覆铜阻抗问题，由于第一层和第六层的电磁屏蔽性能差，差模EMI增加了。如果两个外层上的信号线数量最少，走线长度很短（短于信号最高谐波波长的1/20），则这种设计可以解决差模EMI问题。将外层上的无组件和无走线区域铺铜填充并将覆铜区接地（每1/20波长为间隔），则对差模EMI的抑制特别好。如前所述，要将铺铜区与内部接地层多点相连。

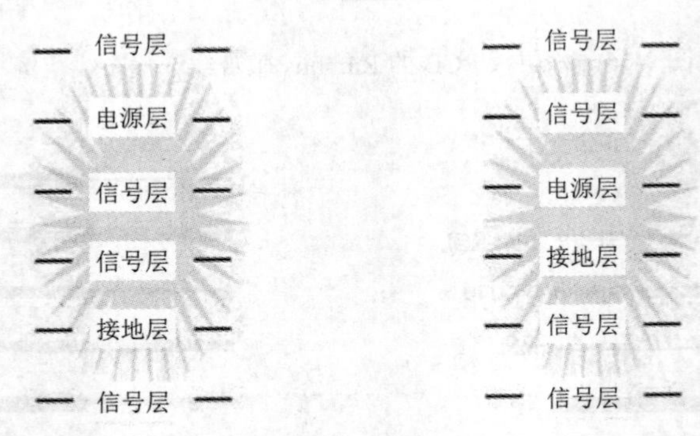

图9-19　有助于屏蔽和抑制EMI的堆栈技术（六层板）

一般通用的高性能六层板设计是将第一层和第六层布为地层，第三层和第四层走电源和地。由于在电源层和接地层之间是两层居中的双微带信号线层，因而EMI抑制能力是优异的。该设计的缺点在于走线层只有两层。前面介绍过，如果外层走线短且在无走线区域铺铜，则用传统的六层板也可以实现相同的堆栈。另一种六层板布局为信号、地、信号、电源、地、信号，这可以实现高级信号完整性设计所需要的环境。信号层与接地层相邻，电源层和接地层配对。

显然，不足之处是层的堆栈不平衡。

有关多层板 PCB 需要有多电源层的设计时，可以参考以下设计准则：

- 如果同一电压源的两个电源层需要输出大电流，则电路板应布成两组电源层和接地层。在这种情况下，每对电源层和接地层之间都放置了绝缘层。这样就得到我们期望的等分电流的两对阻抗相等的电源总线。如果电源层的堆栈造成阻抗不相等，则分流就不均匀，瞬态电压将大得多，并且 EMI 会急剧增加。
- 如果电路板上存在多个数值不同的电源电压，则相应地需要多个电源层，要牢记为不同的电源创建各自配对的电源层和接地层。在上述两种情况下，确定配对电源层和接地层在电路板上的位置时切记制造商对平衡结构的要求。
- 电路板设计中厚度、过孔制程和电路板的层数不是解决问题的关键，优良的分层堆栈是保证电源总线的旁路和去耦、使电源层或接地层上的瞬时电压最小并将信号和电源的电磁场屏蔽起来的关键。

9-3-1　PCB 设计技术对 EMC 效应改善分析

1. PCB 电源层与接地层结构的效应

由于在 PCB 的堆栈规划中，电源层与接地层可以形成分布式本质电容，其对电路的 EMC 特性有明显的影响。图 9-20 所示为三明治的电源平面对架构，但由于两个*号标示的电源层与接地层中间还有两层信号层，PCB 本质电容变小，因为在这边两个电源层与接地层距离比较远，电容值小对高频的去耦合有帮助但对低频则帮助不大，所以这就是为什么在电源完整性设计的时候要一层一层来做，因为本来就是希望借助 PCB 在高频噪声部分有抑制的作用。

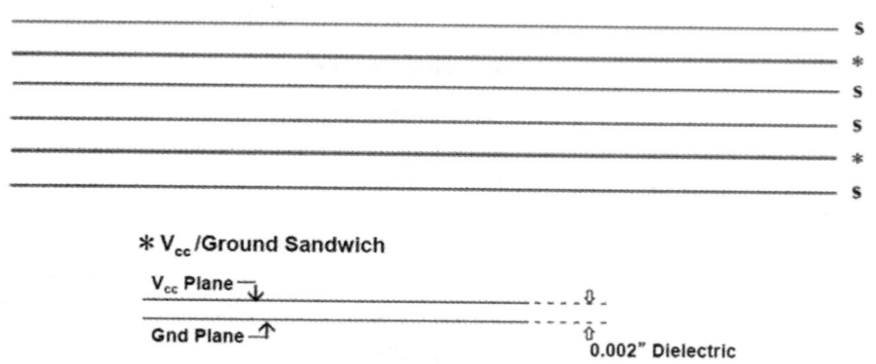

图 9-20　PCB 分散是电容的建构

图 9-21 所示的电源与接地噪声量测电压频谱分别代表的是一般未考虑电源平面对的标准 PCB（左图）量测结果和在 PCB 内部增加电源层与接地层的改善 PCB（右图）量测结果，可以明显地发现高频噪声已经被抑制了下来。

2. 电源间的隔离

接着讨论 PCB 上电源隔离的问题，图 9-22 左边是主要的电源平面 V_{CC}，椭圆部分是所要隔离的电源平面，目的是供电给频率电路等高速信号等使用，因为担心主要电源端的总线走线被数字噪声干扰，所以将它隔离掉，然后其间再以 π 型滤波器将右端的数字电源噪声与电源平面的其他部分加以隔离阻绝。

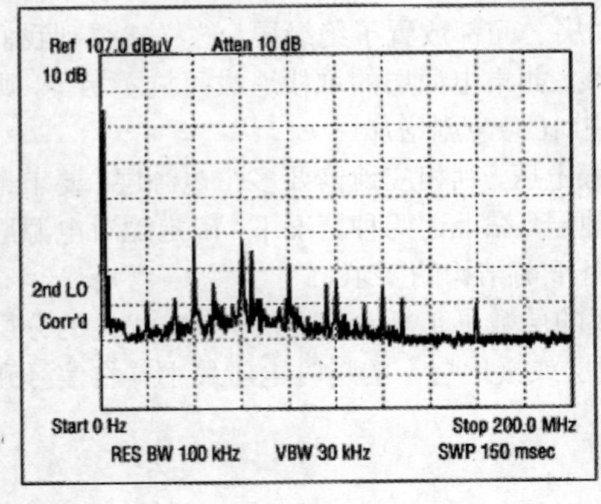

标准 PCB

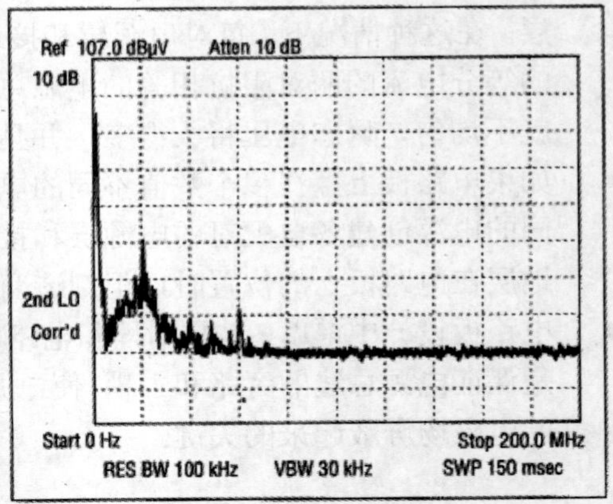

改善 PCB

图 9-21 电源与接地噪声电压频谱

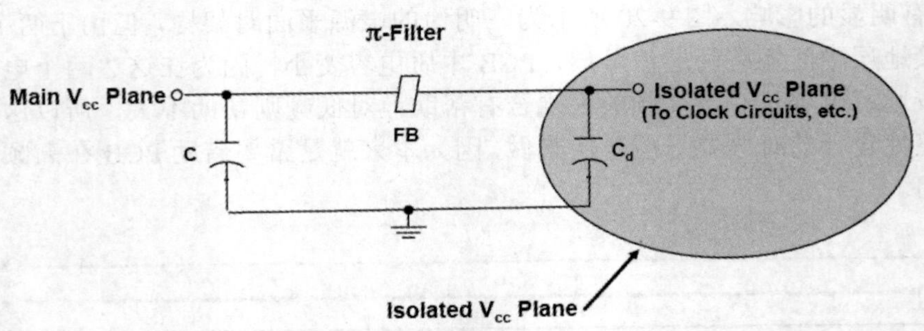

图 9-22 电源平面的隔离结构

如图 9-23 所示的 PCB 电源与接地对仅将电源平面分割隔离但接地面保持完整的结构，因为两个相互隔离的电源平面是等电位，只是因为要分成数字或模拟电源，所以两者之间就利用磁珠电感连接，它在 DC 的时候短路，而在高频的时候阻抗增加而有效阻隔两边噪声的传导。可是如果是两个不同的电源电压，但是该电源平面却又是信号的回路参考平面时，为了要让信号能形成一个回路，所以就会利用一个电容，但此时又会将数字区高频噪声带进主要电源区，所以在布局的时候要将相同的电压位准电路靠近，再将数字与模拟或主要电源在电源平面上加以隔离，并利用磁珠电感把它们隔开。

图 9-24 上图箭头所指的方框区域为隔离的电源平面区，下图所示是在 PCB 上电源 V_{CC} 到接地的噪声电压量测结果，左图是频率平面的隔离区量测结果，右图是主要电源平面的噪声电压量测结果，可以明显看到数字频率电源区的噪声已经被磁珠有效阻隔，所以在主要电源平面上就显得干净许多。

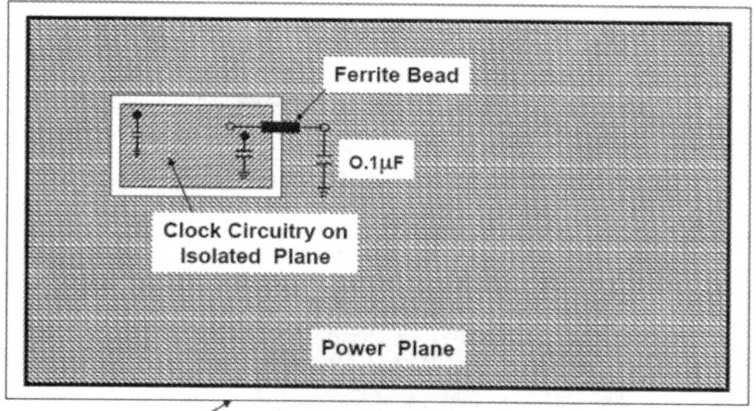

图 9-23　仅将电源平面分割隔离但接地面保持完整结构

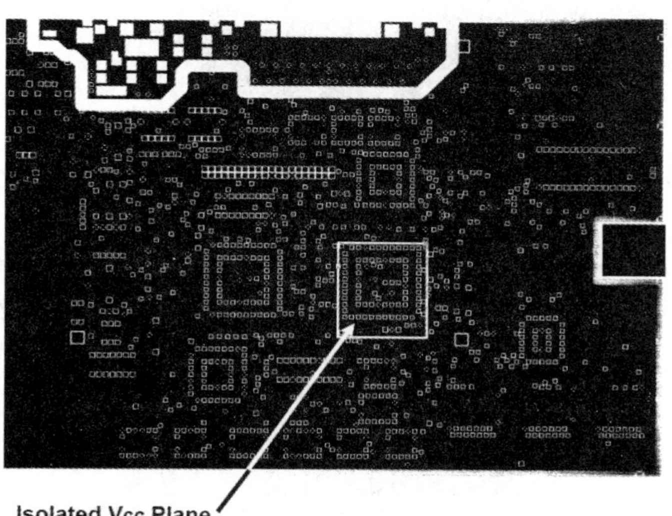

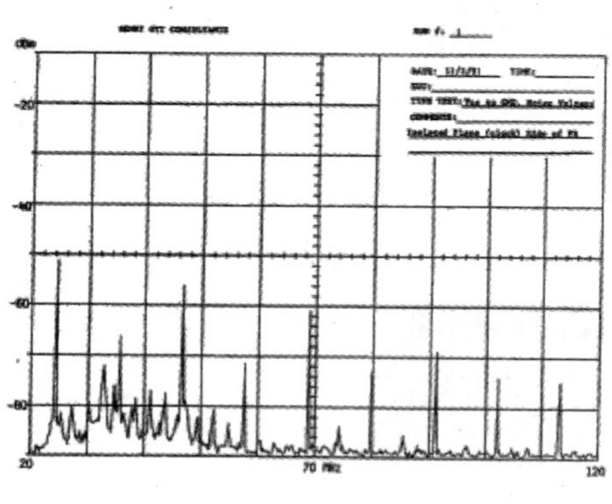

频率平面的隔离区

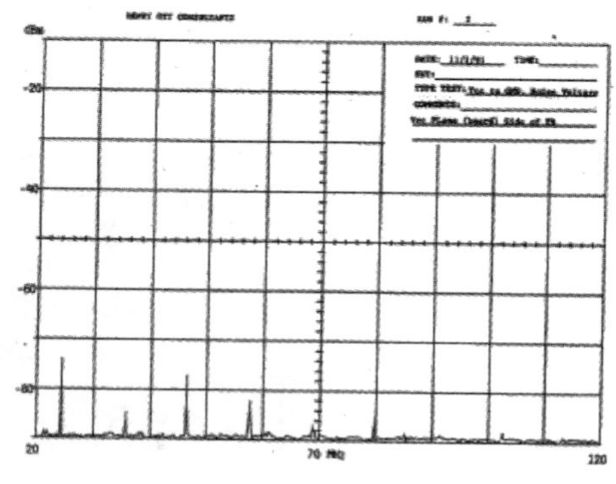

主要电源平面

图 9-24　电源 V_{CC} 到接地的噪声电压

9-3-2 PCB设计对静电放电（ESD）回路的效应

由于ESD和EFT等瞬时噪声的保护组件（如MOV或TVS）越来越小，瞬时噪声能量不可能完全被吸收掉，此时如果保护组件遭遇的是电流就会造成断路，而如果瞬时噪声是电压时，保护组件就会形成一个变阻器或者短路，然后将残余的噪声能量导入到接地，而不要传递到后面所要保护的IC组件，如图9-25所示的PCB范例。

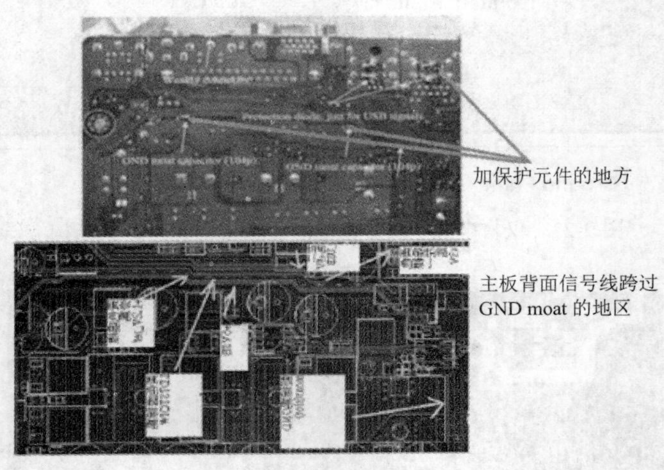

图9-25　PCB上的ESD问题

为了分析分割的接地或电源参考平面对ESD瞬时噪声能量散逸的影响，可以利用图9-26所示的测试PCB电路板上的电流接地路径进行量测，PCB左边的SMA连接器端口是接到数字示波器，右边是50Ω的终端匹配，信号线的接地平面（背面）上有挖槽而非完整接地面，ESD静电枪放电位置是接地面凹槽中间的圆点位置。

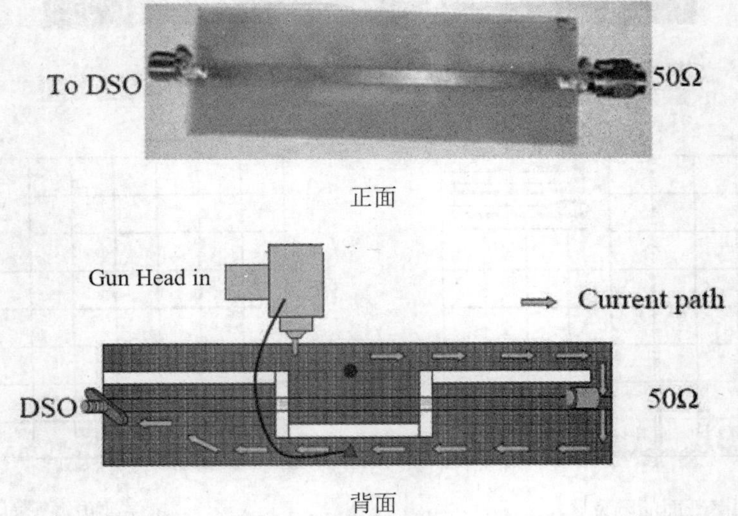

图9-26　ESD瞬时噪声在PCB上的接地路径分析电路板

当 ESD 在指定的位置放电后，就会看到电流的流动路径（下图），因为 PCB 接地面中间被割开，所以 ESD 电荷会到处流窜，甚至耦合到连接器和信号走线。如果在信号线正下方的两处接地挖空区域摆置电容（如图 9-27 上图所示）或是在其他接地挖槽的区域摆置电容（如图 9-27 下图所示），即可发现其电流路径与形成的放电回路面积不同，当然 EMC 的问题也会有所不同。

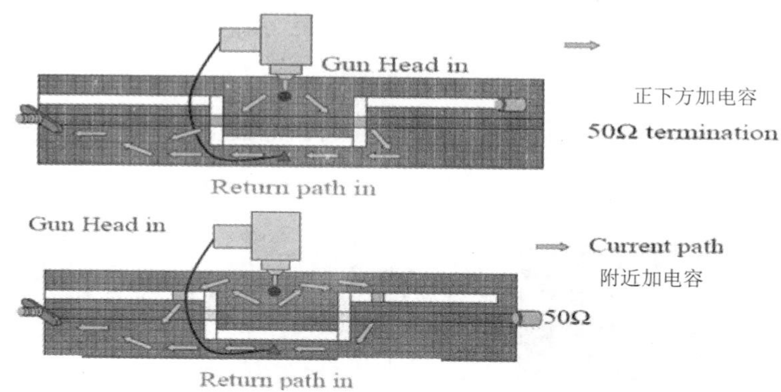

图 9-27　在接地挖槽区域的不同位置摆置电容的 ESD 电流路径与方向

由于在 PCB 接地平面挖槽上的不同位置使用不同旁路电容时其 ESD 瞬时电流的路径就会不同，而回路面积的大小也会有所差异，如果在 ESD 放电的时候形成一个较大的电流回路时，它产生的 EMI 问题就会比较严重，因此为了让电流回路面积变小，可以在下方加上电容以提供高频回路，为了分析此种效应和改善程度，利用图 9-28 所示的试验与模拟方法（左图）以及右图中的 7 种电容摆放架构进行结果比较。

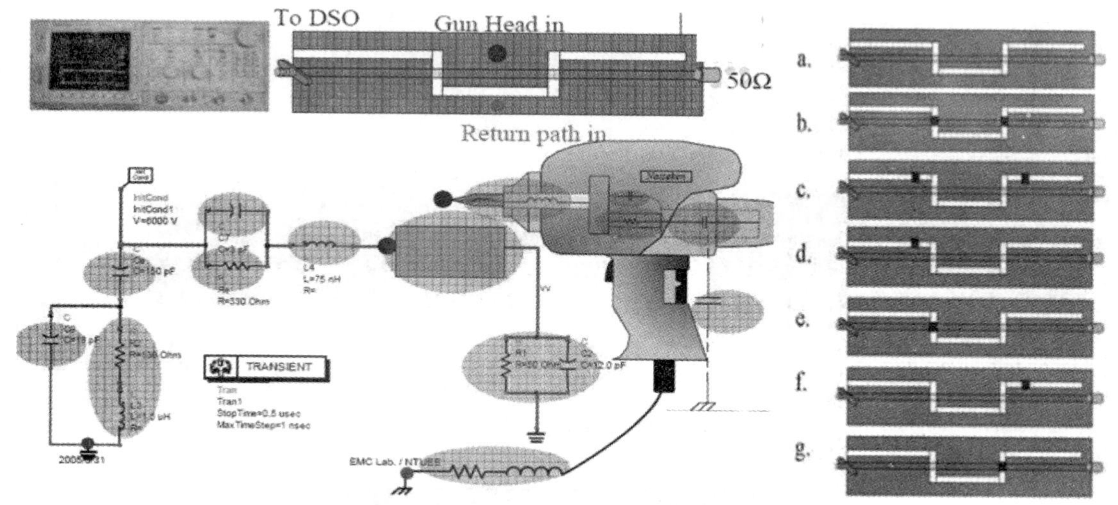

图 9-28　在不同位置使用不同旁路电容（右图）的试验与模拟方法（左图）

图 9-29 和图 9-30 所示的结果分别为未加任何电容的情况和在两侧信号正下方加上电容的情况，从量测到的电压位准结果可以明显地发现在两侧信号正下方加上电容可以大幅改善问题，电容值越大，其恢复稳定的时间越短，对接地参考平面的稳定效果也较大。此外，图 9-31

所示是在不同位置使用不同旁路电容的结果比较。

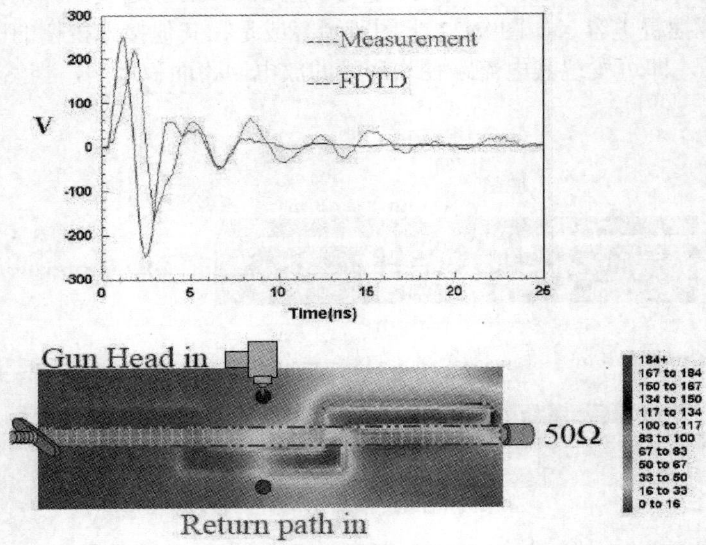

图 9-29　未加任何电容的情况

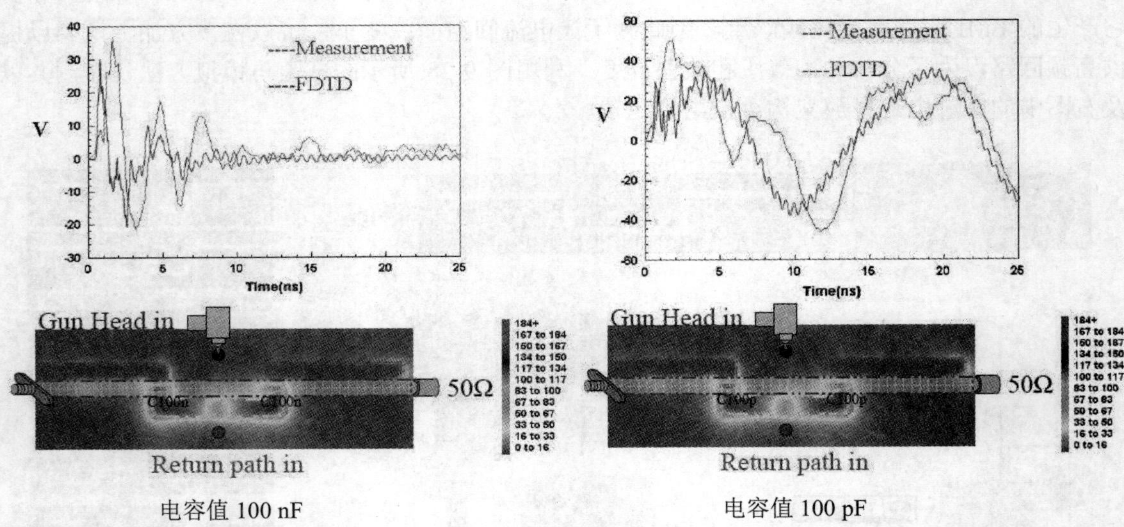

电容值 100 nF　　电容值 100 pF

图 9-30　两侧信号正下方加上电容的情况

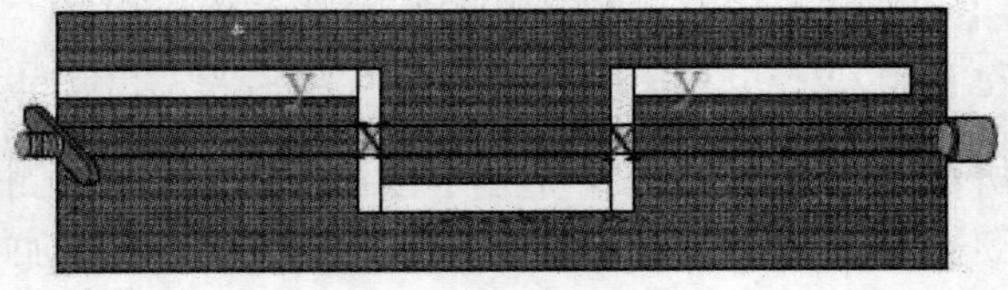

图 9-31　不同位置使用不同旁路电容的结果比较

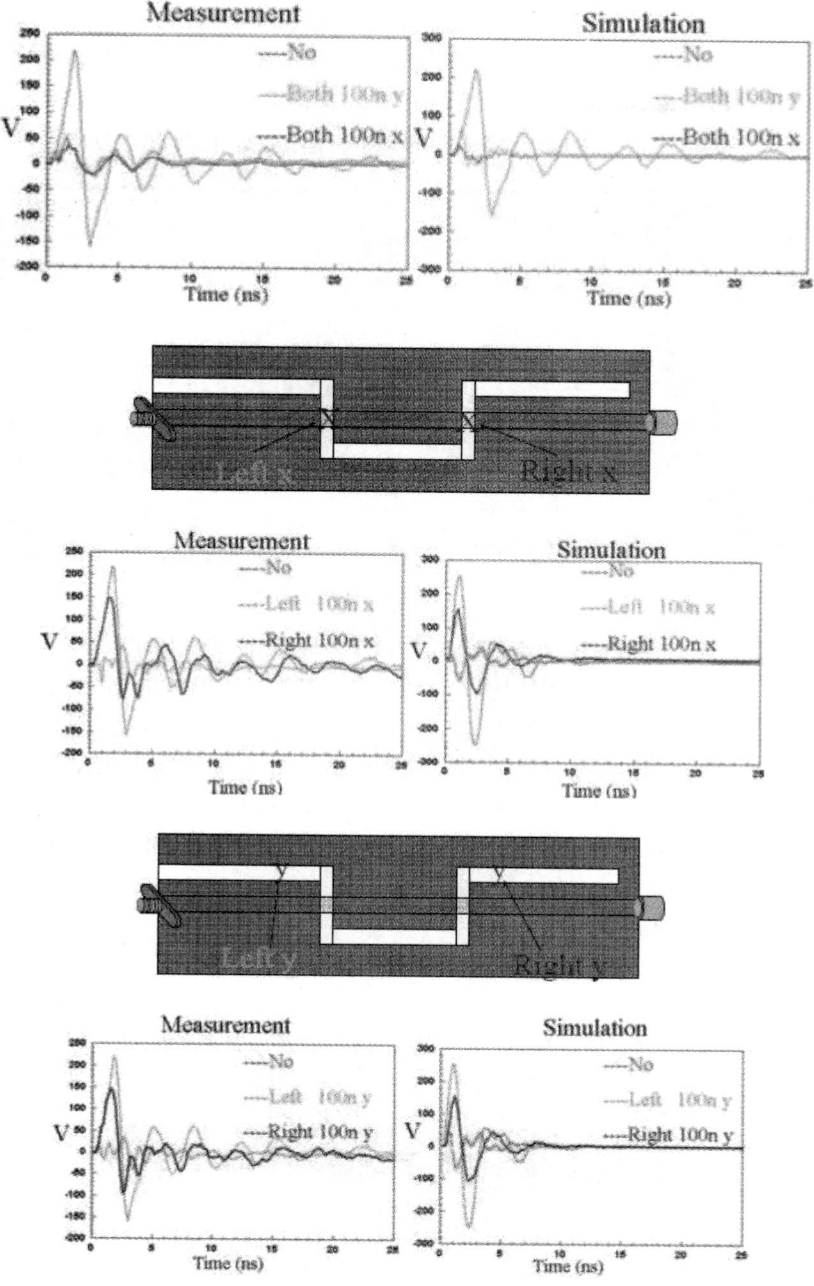

图 9-31 不同位置使用不同旁路电容的结果比较（续图）

9–4 产品内部缆线与模块的规划

当完成 PCB 层级的设计后，将各功能的 PCB 子板安装在主板上，然后通过各式连接器和内部信号排线将彼此连接，必要时也要将电源供应器置放在系统内部实现电源转换功能（大部分的可携式移动装置的切换式电源供应器均独立于外部），如图 9-32 所示为一般产品的内部实际状况，可以看到其中的功能模块和内部缆线的情形，由于在离开 PCB 的走线控制下，缆线与 PCB 的连接方式和摆置方式可能会产生辐射干扰的问题，因此就必须针对在系统内部的模块放置情形和信号排线对 EMC 的影响，依据前述的各项设计准则进行规划。

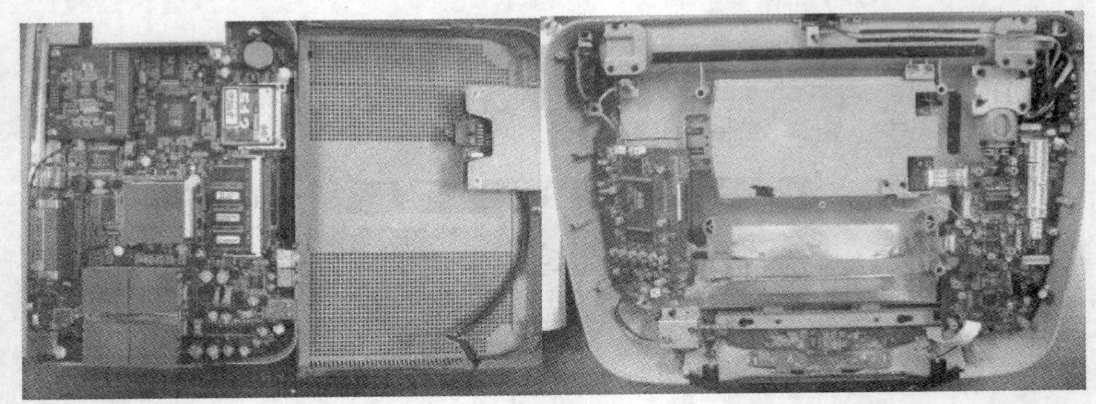

图 9-32　产品内部的 PCB 模块连接方式

以系统内部常见连接各 PCB 插卡的信号排线为例（如图 9-33 所示），正常的信号传输会在两片 PCB 之间形成功能性的差模回路（如图中#9 与#1 路径形成的信号回路），而第 3 章已经说明差模辐射干扰与回路面积成正比，因此如果系统内部的信号排线只有一条接地线（如图中的#1），因为排线同时传输电源与很多不同信号，要经由排线在两片 PCB 之间传送就会形成差模回路，因此图中扁平排线的#9 或#10 信号线会与 0V 的#1 形成较大的辐射回路而产生很明显的辐射干扰问题，而且在其产生回路的过程中其回路间的排线（例如#2～#8）也都会受到磁场耦合干扰。

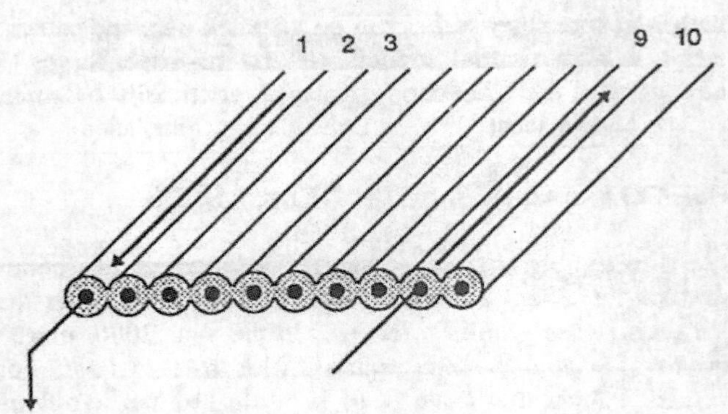

图 9-33　PCB 插卡间的连接信号排线

因此若要降低其电感性串扰耦合或是差模辐射干扰的耦合因子，则必须在信号排线的安排上适度地增加 0V 接地线，以缩小信号的电源回路的面积，进而降低其串扰与辐射的耦合因子以改善干扰的问题。以图 9-34 所示为例，左上方的排线安排即为图 9-33 的单一接地组态，右下方的排线是在信号线旁边都增加接地线而形成 G-S-G 的传输线组态，从 1m 长度的排线量测结果可以发现，在信号线旁增加接地线以减少回路面积，干扰耦合因子可以改善将近 30 dB，但还是要付出排线走线连接器管脚必须增加成本的代价，因此有些排线安排回信号线分别只对应一条接地线而形成 G-S-S-G 的传输线组态。

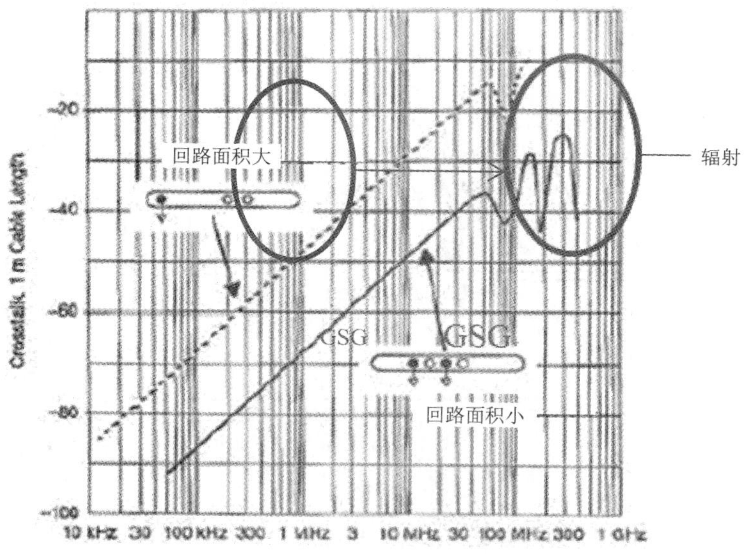

图 9-34　扁平排线的辐射与串扰

如果真的不想增加接地线来增加成本，那么也可以在既有的信号排线下将接地线安排在中间，这样可以使可能最大的回路面积降低一半，如图 9-35 所示，当接地线分别安排在边缘（Edge）和中央（Center）位置时，最大面积就会相差一半，因此从一条 3m 长排线、频率为 5MHz、转态时间（上升或下降时间）为 10 ns、电压振幅为 5.3V、工作周期为 50%传输的信号线，其辐射电场强度就约降低了一半（大约是 6dB）。

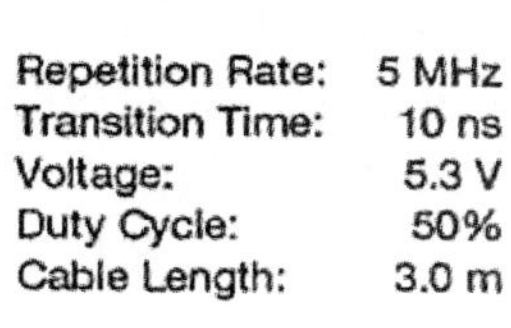

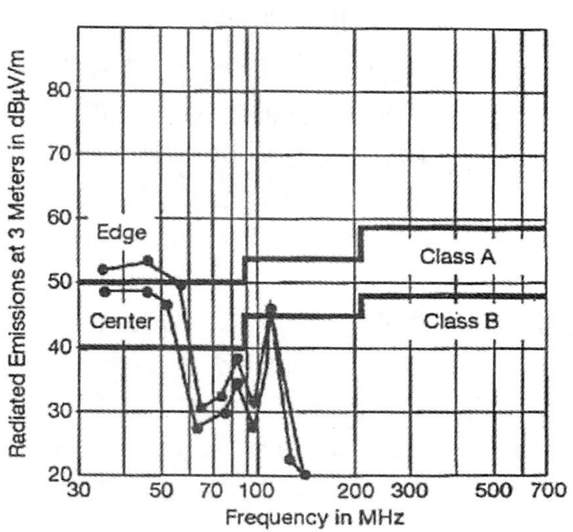

图 9-35　接地线位置对扁平排线辐射场的效应

此外，在主板上安装的各 PCB 板之间的信号连接也要特别注意，如前述布局单元中特别提醒要让连接器尽量装置在 PCB 的同一侧，避免从两侧引出信号线，否则会在主板上形成各式隐藏的大回路（如图 9-36 所示），在低频的时候问题还不大，但是在高频情况下则会产生严重的辐射干扰问题。

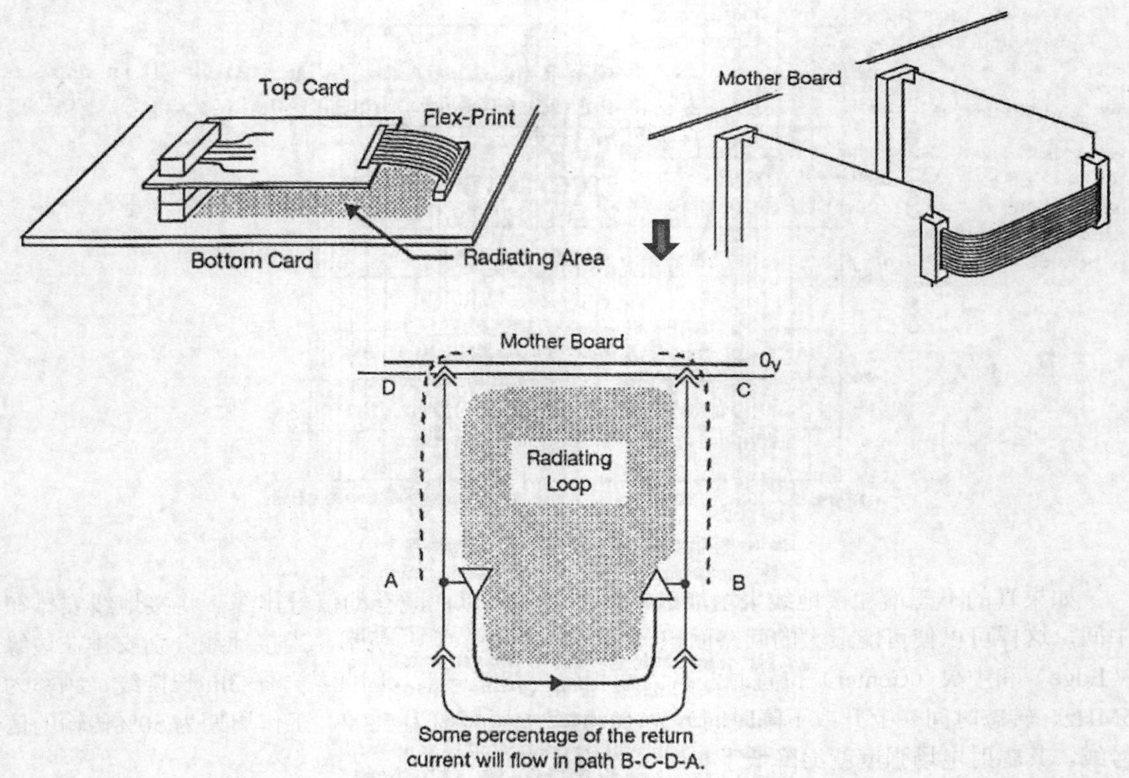

图 9-36　PCB 插卡间由排线与连接器所造成的隐藏性辐射回路

另外，如果在系统内部因担心较长的连接缆线的辐射干扰效应而采用遮蔽缆线时，则必须考虑将遮蔽缆线连接在 PCB 电路板上不同方式的效应，如图 9-37 所示，右边的屏蔽层接地是以猪尾巴形式连接于 PCB 连接器的 0V 接地，而由于其结构就像单点接地而使电感效应明显，进而产生较严重的共模噪声电压，因此最佳的接地方式就是使用无线多条接地线形成的封闭型接头，以降低与连接器间的接地阻抗并达到最佳的屏蔽效率，但如果考虑成本时，也可以采用左下图的权宜方式。

如果在系统内部安装了电源供应器，则因为它会连接到外部的电源系统，可以利用外部市电网络系统提供稳定的参考电位，因此一般系统内部的参考接地也都会连接至电源供应器的 0V 接地处，如图 9-38 左下方所示。如果有速度较慢的 I/O 信号从系统内部的 PCB 要传送到外部，因为左下方的电源滤波器旨在解决电源供应器对外部电源网络的传导干扰问题，所以当慢速 I/O 接地与系统内部高速频率信号驱动电路共地时，高速数字接地噪声会在 I/O 处造成共阻抗耦合，因为慢速 I/O 接地点 A 距离实际的 0V 参考电位太远，所以接地阻抗耦合的噪声（ΔV_{HF}）若在 I/O 处没有用信号滤波器将噪声阻隔，则这些噪声会通过外部的缆线而直接产生共模辐射。

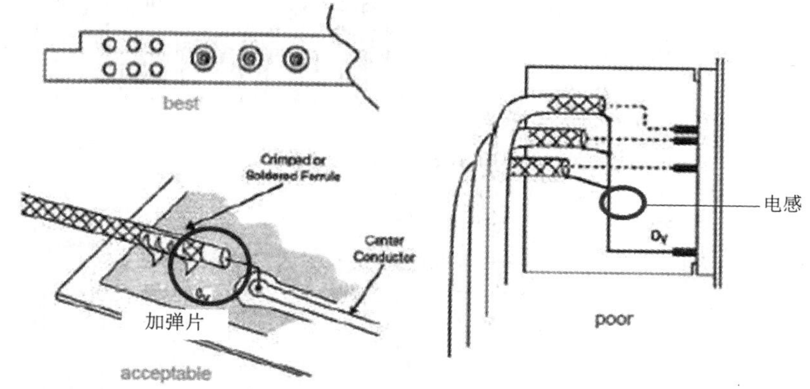

图 9-37 系统内部将遮蔽缆线连接于 PCB 电路板的方式

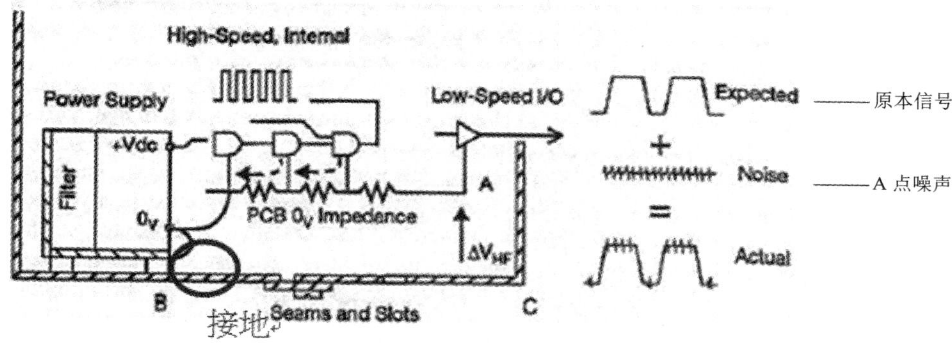

图 9-38 慢速 I/O 线路受到 PCB 接地噪声的共模污染

另外，如果发现了图 9-38 所示的 I/O 接地线太长而产生的共地阻抗噪声问题，而以低阻抗的粗短线在 I/O 处接地，以提供干净的 I/O 接地（如图 9-39 所示的 A 点处接地线），但因为左下方电源滤波器距离机壳接地过长，所以电源供应器上的切换噪声就会导致电源完整性的问题，因此 0V 接地距离机壳接地太远时，PCB 受到切换式电源供应器的噪声也会通过电源波动而造成 I/O 的共模污染。

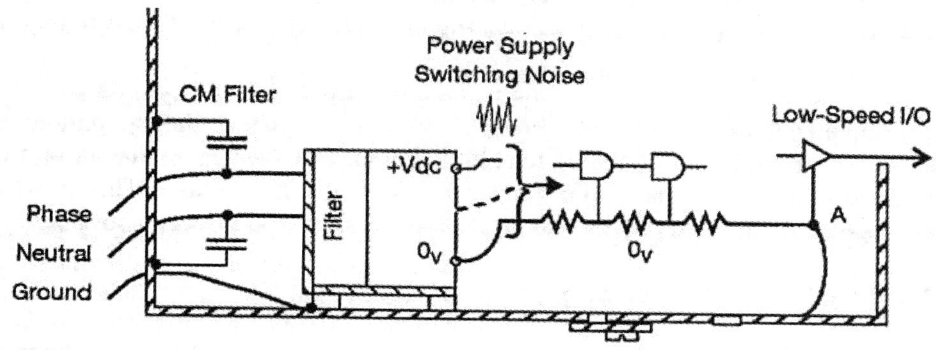

图 9-39 0V 接地在远程时 PCB 受到切换式电源供应器噪声的共模污染

因此如果将电源供应器的 0V 参考接地与 I/O 同侧，同时以低阻抗的粗短线在 I/O 处与机壳接地，以提供干净的 I/O 接地，将大幅可以改善 I/O 接地的噪声干扰问题，如图 9-40 所示。

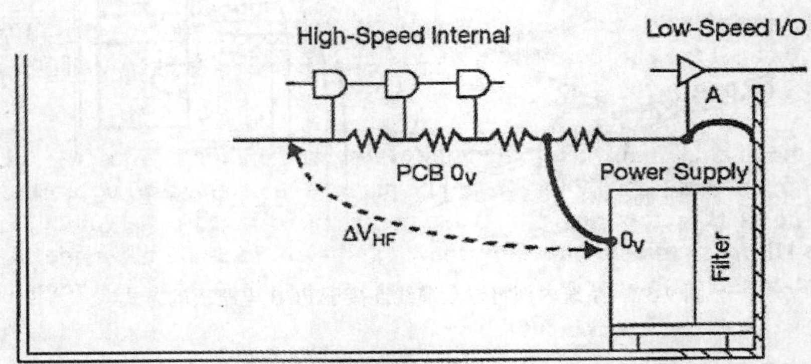

图 9-40　系统内部良好的 I/O 接地

9-5　滤波与瞬时抑制技术分析

9-5-1　滤波技术

滤波器的作用是在信号或电源的传导路径上切断干扰噪声沿着信号线或电源线传播的传导耦合路径，但它必须与屏蔽有效结合才能共同构成完善的电磁干扰防护，因为两者的功能都是阻断噪声传输耦合的途径，而且两者的原理也都是通过路径上阻抗不连续的反射、结构厚度与电抗性组件的共振吸收、传输媒介的损耗衰减 3 种机制达到噪声能量衰减的目的，只是滤波器是针对低频的传导噪声电压与电流，而屏蔽的对象是高频的辐射噪声电场与磁场。

图 9-41 所示系统的 I/O 滤波器一般会分为信号滤波器和电源滤波器两种功能，其中信号滤波器是允许有用的信号能量毫无衰减地通过，同时大大衰减会造成电磁干扰的噪声，而电源滤波器则是允许直流或 60Hz 等电源频率的功率无衰减地通过电源网络，同时能够大大衰减经电源线传导的电磁干扰噪声，以保护连接至该电源网络的设备避遭受其危害，同时也抑制设备所产生的切换电磁干扰，防止其进入电源网络，因此一般电源滤波器的额定电压高、额定电流大，并且也要能够承受瞬时大电流的冲击，而在设计与使用时必须考虑噪声源端及负载端的端接阻抗对滤波性能的影响，而且还必须结合接地技术与屏蔽措施才能有效地达到良好的噪声抑制效果。

如前面刚刚提到过的，滤波器最主要的工作原理是借着信号在沿导体传送的路径中刻意造成阻抗的不连续性来完成，因此阻抗不连续性越大，其衰减量会跟着增加，例如有无用噪声的阻抗是 100Ω，若在传输路径上串联一个 1kΩ 的电阻，则只剩下约 10%的信号会通过这条高阻抗电路，也就是噪声衰减量大约为 20dB。最简单的滤波器是只有电阻或只有电感串连的滤波器，高频时会形成一串联的高阻抗，所以最主要是应用在当无用信号或噪声为低阻抗时，但因为电阻容易造成有用信号的损耗，所以一般滤波器都会使用电抗性组件。而对于只有电容的滤波器，高频时会形成一并联的分流低阻抗路径，所以最主要是应用在当无用信号为高阻抗时，因此随着噪声源端与负载端的不同阻抗条件，我们可以有 4 种 LC 滤波器的组合，如图 9-42 所示的 L 型、T 型和 π 型滤波器架构。

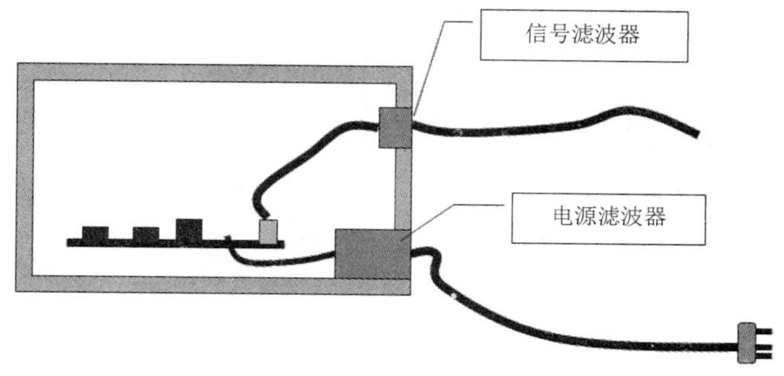

图 9-41　滤波器的作用

干扰源阻抗	滤波器类型	负载阻抗
低	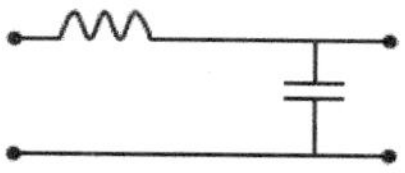	高
高	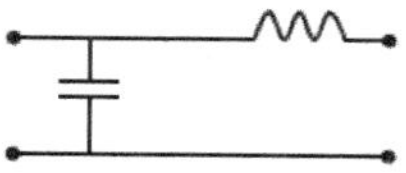	低
低	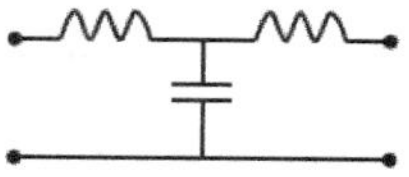	低
高	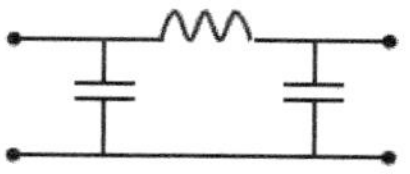	高

图 9-42　噪声源与负载阻抗对应滤波器网络架构的选择

然而，在设计被动组件的滤波器时也必须注意滤波器组件的非理想性寄生效应，例如在高频时，电阻会由于其杂散分流电容效应，使得电阻特性消失；电感也同样会遇到杂散分流电容效应而受到自振的影响，因而使其高频的阻抗特性受到限制（如图 9-43 所示），因此最好的 EMC 滤波器电感是具有封闭磁性的电路（例如环形、圆柱线圈及其他没有隙缝的线圈结构等），但也要注意磁性材料很可能在大电流时因饱和效应致使在高频时的阻抗特性受到影响；电容也同样会受到本质电感与引线电感所造成的自振的影响，因而使其高频阻抗特性也受到限制（如图 9-44 所示），因此三引线的电容在电感方面所受到的影响就较少（如图 9-45 所示，只要其接地引线非常短时），而若要根除电容的寄生电感效应，其极限就是使用贯穿电容，它在高频时有极优秀的性能（如图 9-46 所示），但贯穿电容一定要焊接或栓锁在金属屏蔽机壳上才有作用。

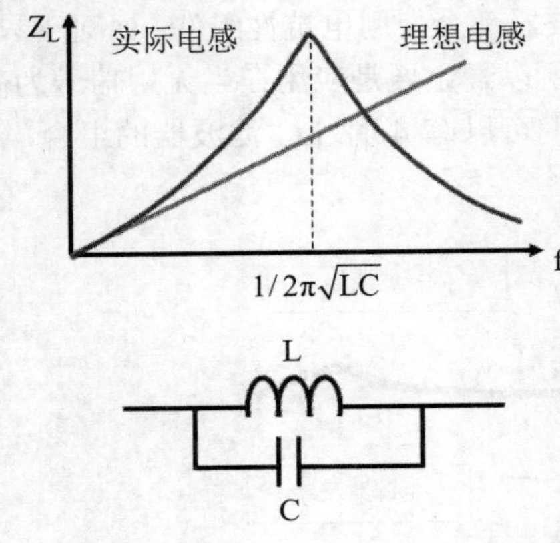

绕在铁芯上的电感

电感量（μH）	谐振频率（MHz）
3.4	45
8.8	28
68	5.7
125	2.6
500	1.2

图 9-43　实际电感器的等效电路与频率特性

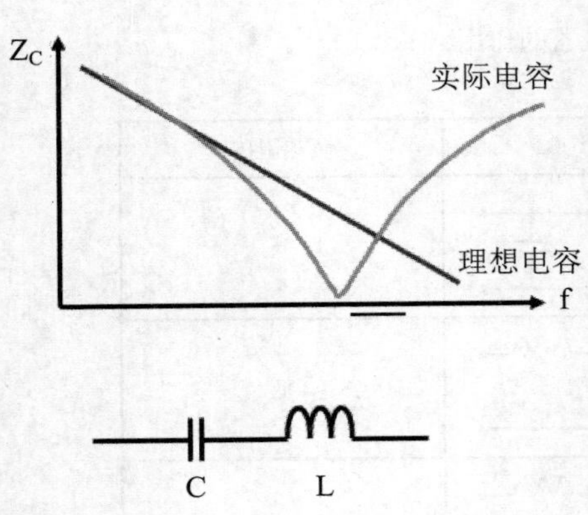

电容量	谐振频率（MHz）
1μF	1.7
0.1μF	4
0.01μF	12.6
3300pF	19.3
1100pF	33
680pF	42.5
330pF	60

图 9-44　实际电容器的等效电路与频率特性

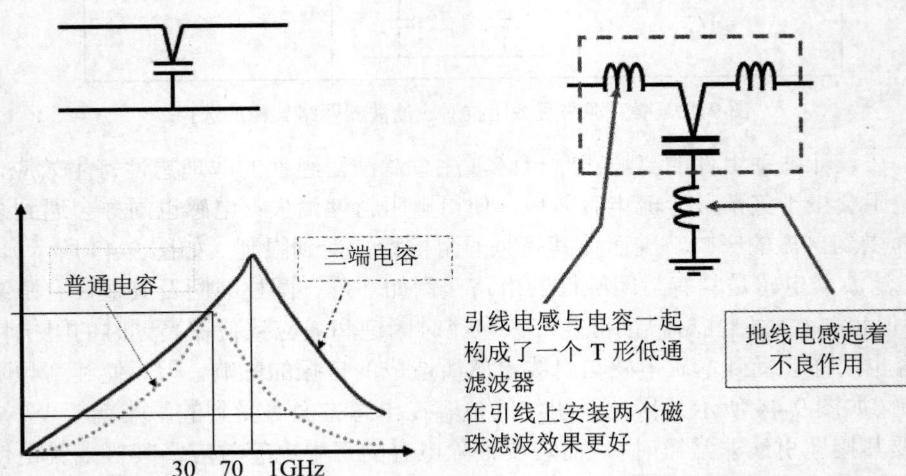

图 9-45　三端电容器的原理与插入损耗等效电路特性

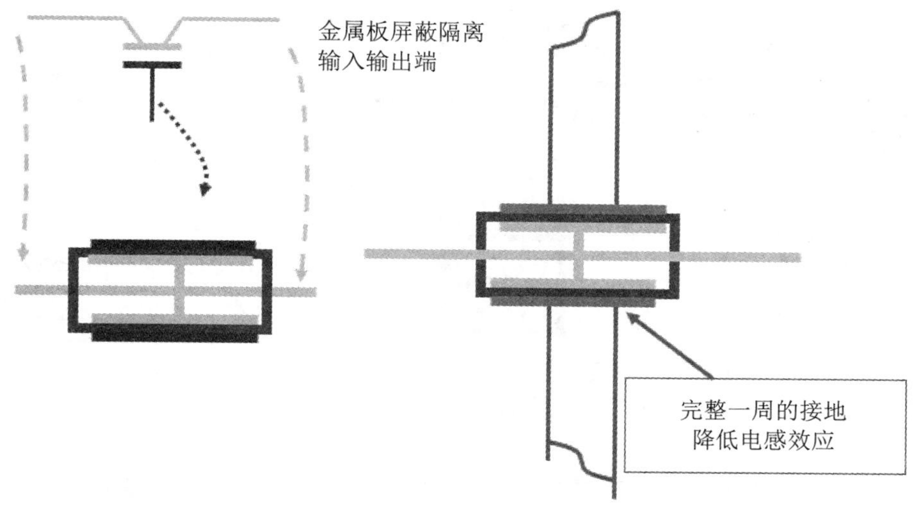

图 9-46　贯穿电容的低电感效应原理

一般的电源滤波器电路架构如图 9-47 所示，差模电容也称为 x 电容，而接地的共模电容则称为 y 电容，其中共模滤波电容因为受到漏电流的限制，所以一般对它的要求是 $L_y = 0.3\text{-}38$ mH、$C_y < 0.1\mu$F、漏电流< 3.5 mA，而对差模电容的要求是 $L_x =$ 数十到数百 μH、$C_x < 0.1$ μF。

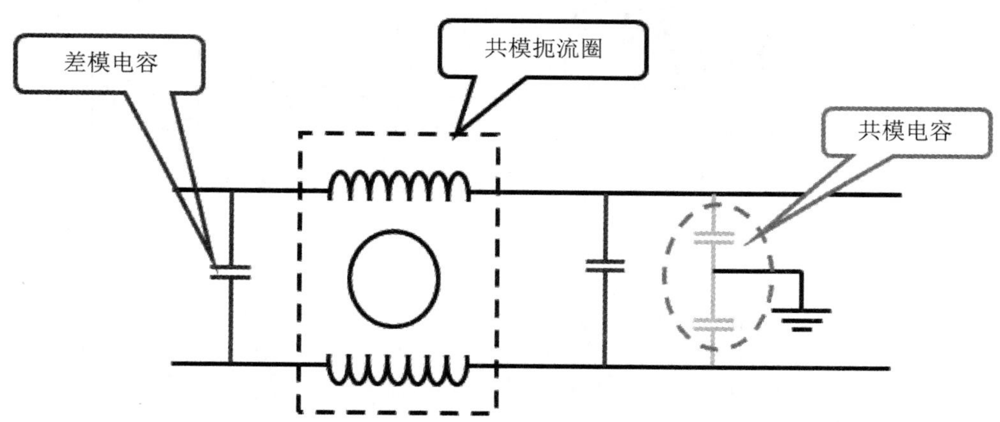

图 9-47　电源线滤波器的基本电路

此外图 9-47 中常见的共模滤波器就是磁性共模扼流圈，其使用架构和特性如图 9-48 所示，从右图的衰减特性中可以明显地发现它对共模信号的衰减量很大，但是对有功能性的差模信号则没有什么影响，图中也显示了其在单相与三相电源系统中的使用连接方式。

有时候除了利用共模扼流圈的电感效应进行共模噪声的滤波外，也会利用各磁性材料（例如铁 Fe、锰 Mn、锌 Zn、镍 Ni 等的化合材料）制成的磁芯电感进行滤波，但因为由图 9-49 和图 9-50 所示的各种不同磁芯材料的电感阻抗、损耗特性与频率有明显的变化关系，所以不同磁芯材料在滤波器的设计上就有不同的应用频率范围。此外，从电磁学的知识中知道线圈电感值会与绕圈匝数的平方成正比（理论上），因此要增加电感时，可以在磁芯电感上绕圈，即能得到大的电感特性，如图 9-51 所示。

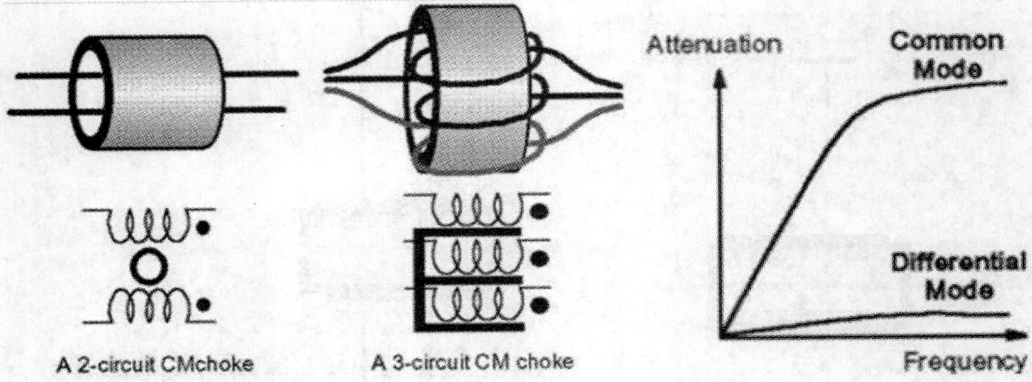

图 9-48　共模扼流圈的使用架构和特性

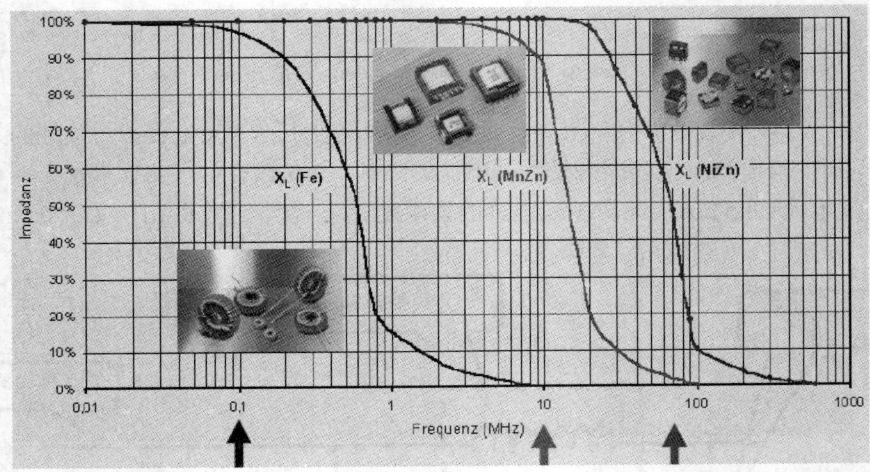

图 9-49　不同磁芯材料的电感阻抗特性比较

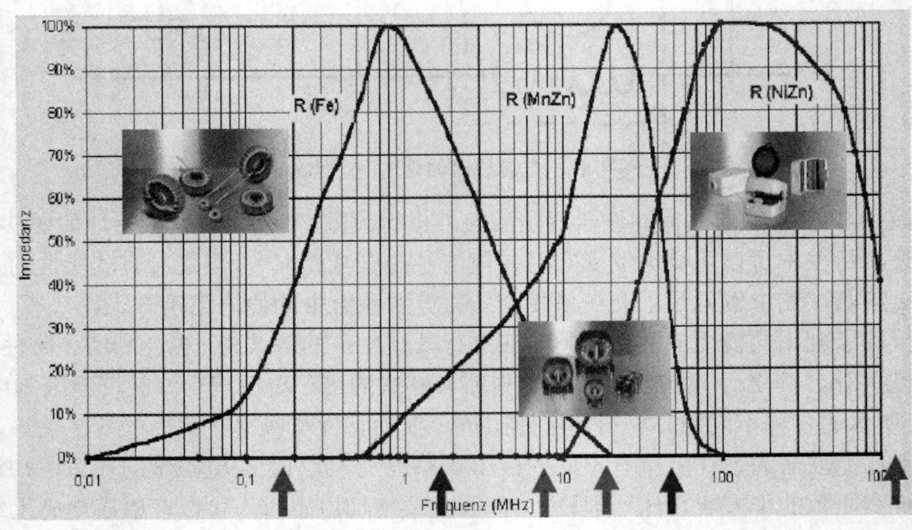

图 9-50　不同磁芯材料的损耗特性比较

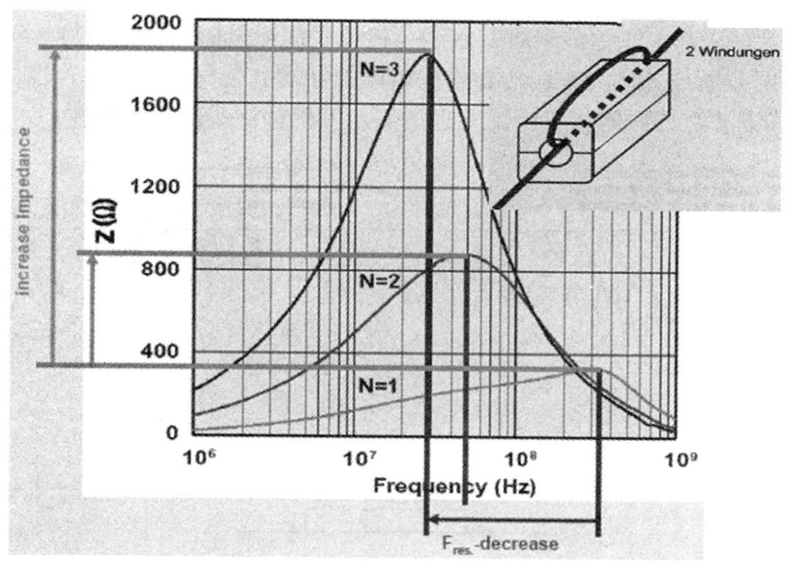

图 9-51　阻抗随着磁芯绕圈匝数而增加

由以上对磁性材料的特性分析可知，我们在使用时可以依照不同的电路应用特性适当地选择利用电感或 EMC 亚铁盐材料进行滤波，例如应用在射频的信号滤波器，必须在使用频率范围内具有高 Q（质量因子值）和低损耗的特性，而对于 EMI 的吸收滤波器的应用，则必须在噪声的频率范围内具有很大的磁芯损耗特性。

讨论完滤波组件的特性后，接着利用范例来验证各种滤波器组件与组态的噪声滤波效果。以图 9-52 所示的一般电源滤波器可以应用的组态为例，例如使用差模电容、共模电容、接地电感和共模扼流圈等对传导干扰问题的改善程度分析，图 9-52 中的右边代表待测物，左边是连接到频谱分析仪或 EMI 滤波器的电源阻抗稳定网络（Line Impedance Stabilization Network，LISN），其内部跨过 50Ω 阻抗的 V_P 和 V_N 分别代表火线和水线的传导干扰电压。

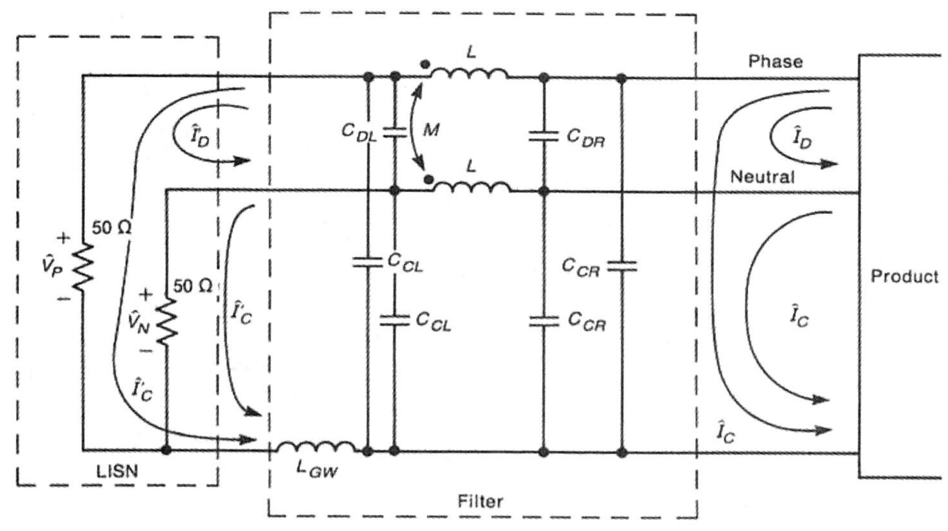

图 9-52　典型的电源滤波器架构组态

图 9-53 所示是未加电源滤波器时在水线与接地之间所量测到的水线传导干扰电压 V_N（实线），图中另外两条断线分别为水线传导干扰电压的共模分量与差模分量，图 9-54 至图 9-57 是逐步加上各式滤波组件后的传导干扰改善情形，以确认滤波器的有效性。

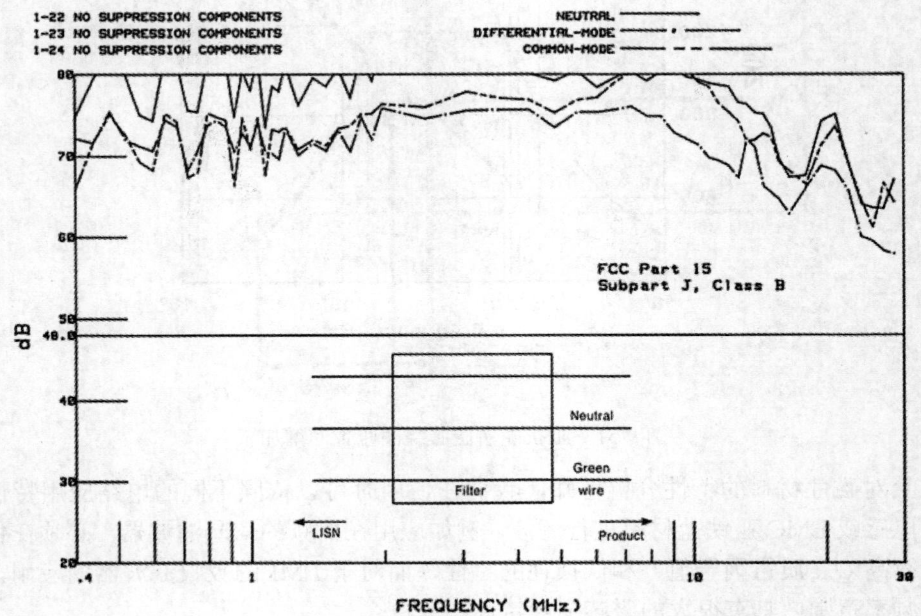

图 9-53　未加电源滤波器所量测到的传导干扰电压

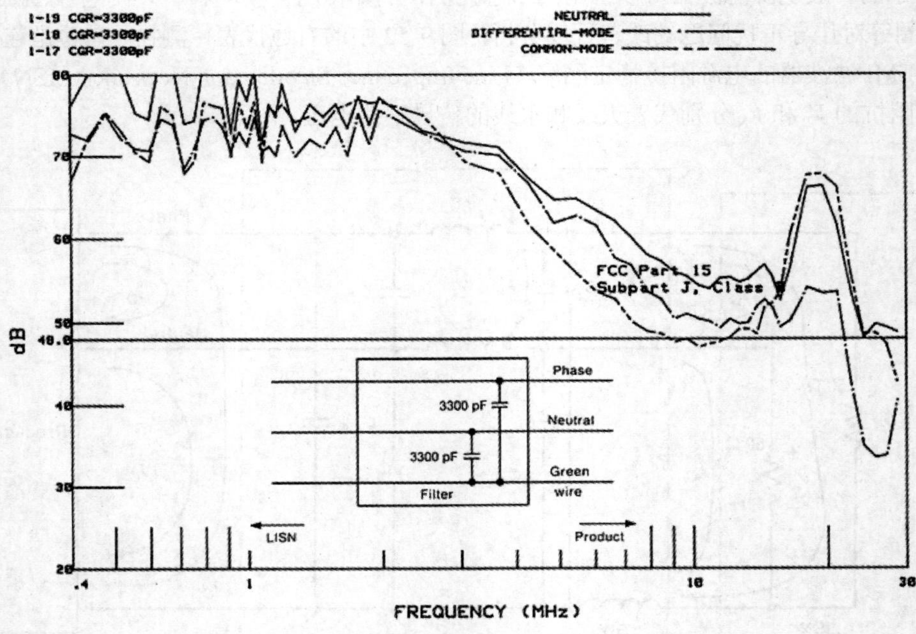

图 9-54　加上 Y 电容所量测到的传导干扰电压

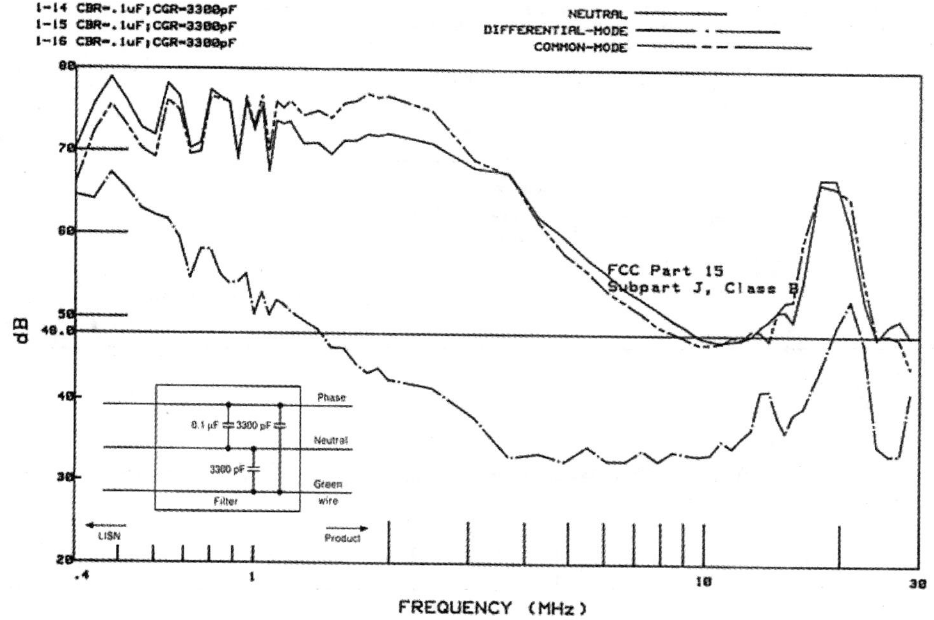

图 9-55　再加上 X 电容所量测到的传导干扰电压

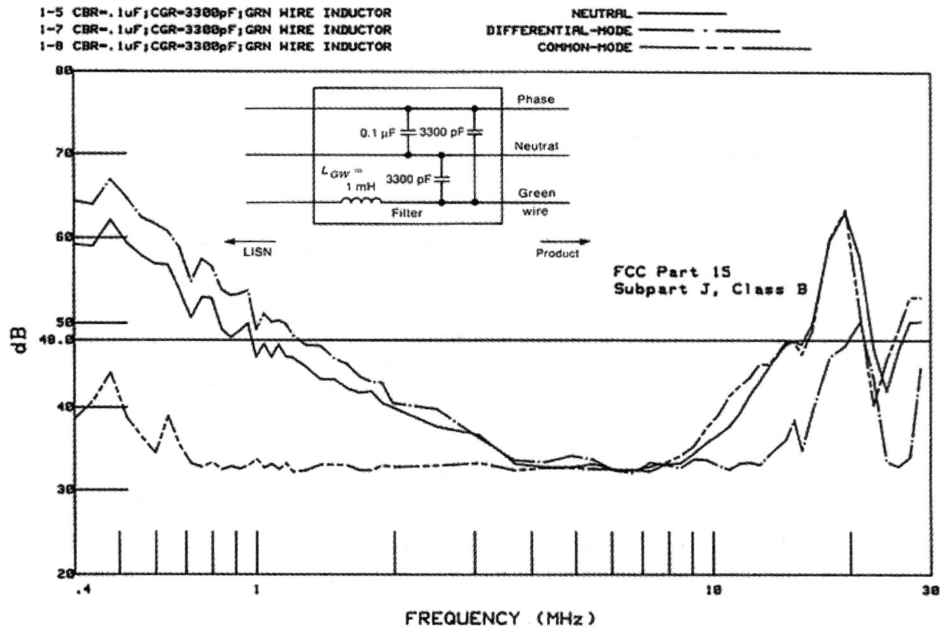

图 9-56　再加上接地导线电感所量测到的传导干扰电压

另一个滤波器范例是 PCB 上的电源滤波器设计分析，其测试与验证架构如图 9-58 所示，左侧为噪声源，右侧为电源供应器 VRM，中间为可以分离共模与差模噪声电压分量的 Dual LISN 和要进行设计分析的 EMI 滤波器 PCB 板，以便在其原型品上利用各种组态安装不同滤波器组件后验证其滤波的有效性，达到后续正式产品的传导干扰控制要求。

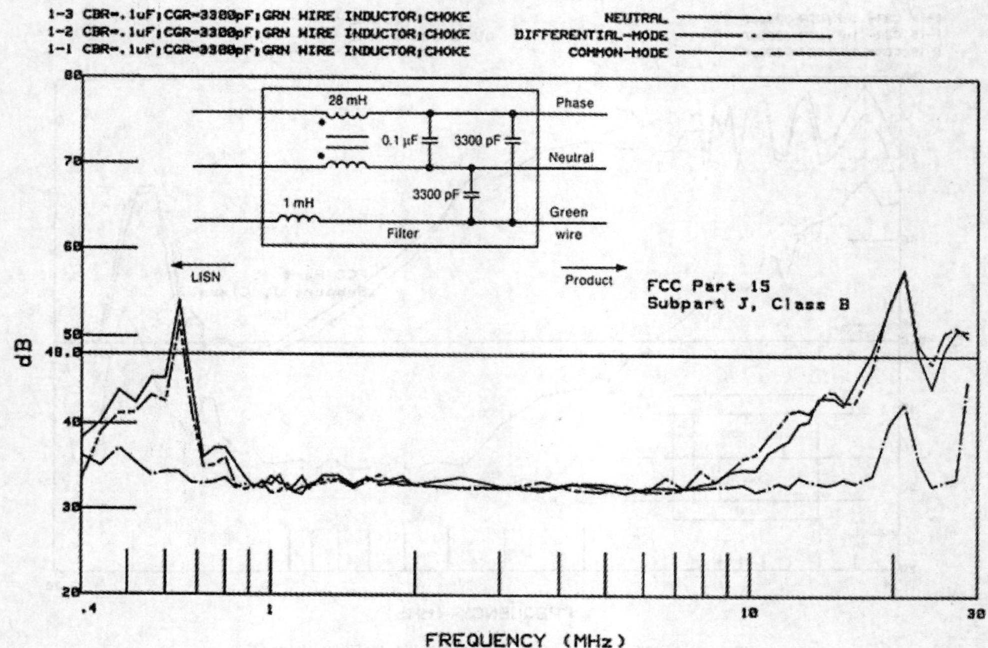

图 9-57 再加上共模扼流圈所量测到的传导干扰电压

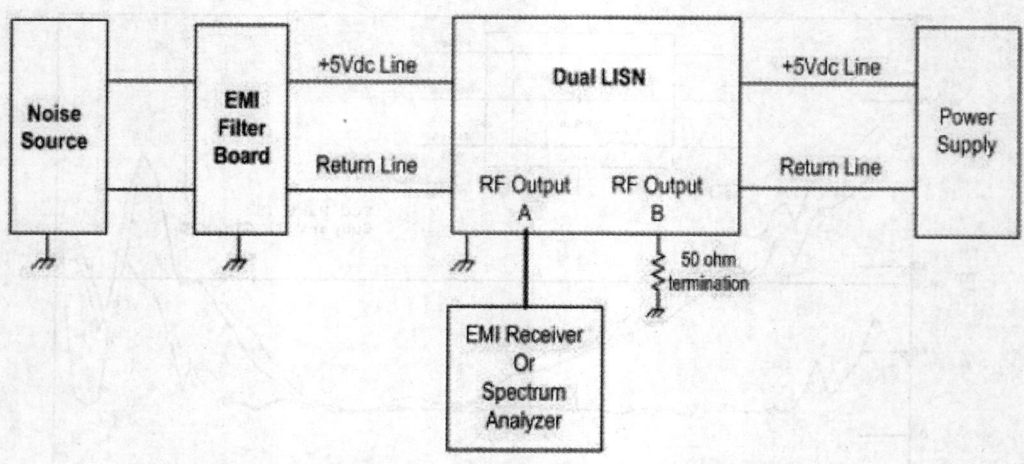

图 9-58 噪声源与 EMI 滤波器设计板的测试设置图

在 EMI 滤波器设计板上完全未加滤波器时，在 V_{DC} 电源端与接地端量测到的传导干扰电压结果如图 9-59 所示，而对应的差模与共模分量分别显示于图 9-60 和图 9-61 中，针对共模与差模分量所进行的各项对策步骤和产生的效果（共模与差模分量位准降低的）如图 9-62 至图 9-70 所示。

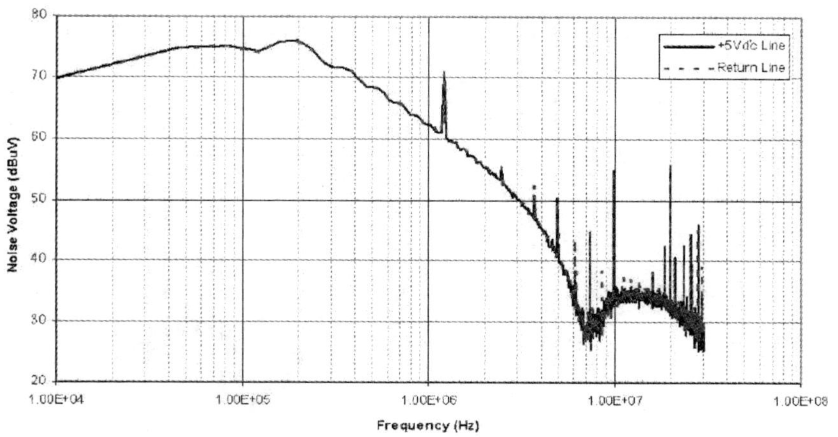

图 9-59　未加滤波器时的传导干扰结果：VDC 电源与接地线

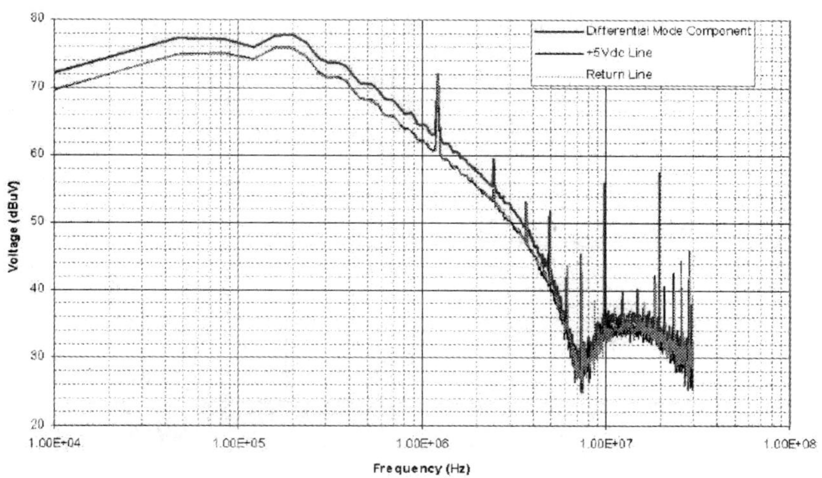

图 9-60　未加滤波器时的传导干扰结果：VDC 电源、接地线与差模分量

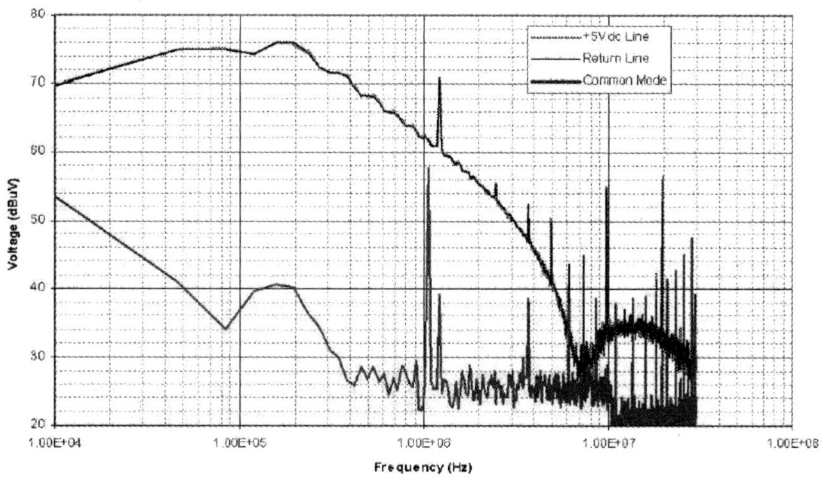

图 9-61　未加滤波器时的传导干扰结果：VDC 电源、接地线与共模分量

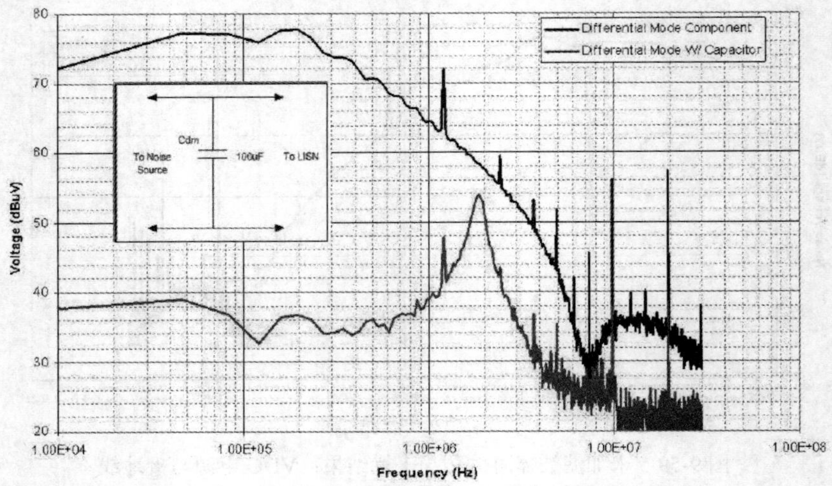

图 9-62　加上 100 μF 差模电容前后的差模分量比较

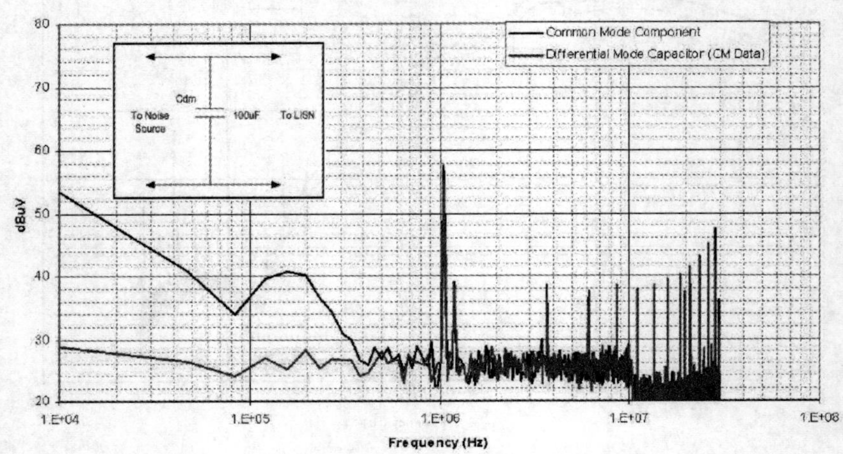

图 9-63　加上 100 μF 差模电容前后的共模分量比较

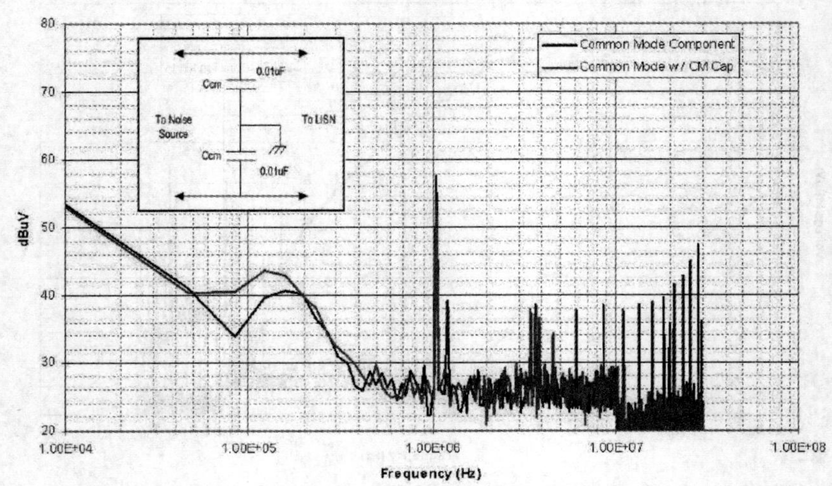

图 9-64　加上 0.01 μF 共模电容前后的共模分量比较

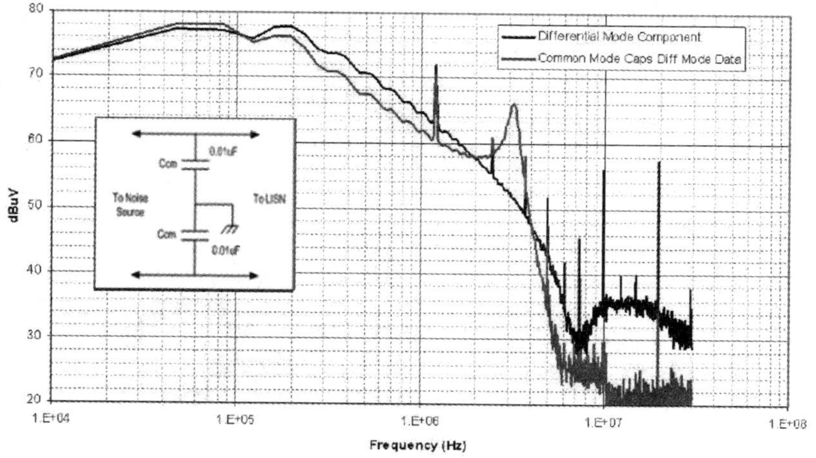

图 9-65　加上 0.01 μF 共模电容前后的差模分量比较

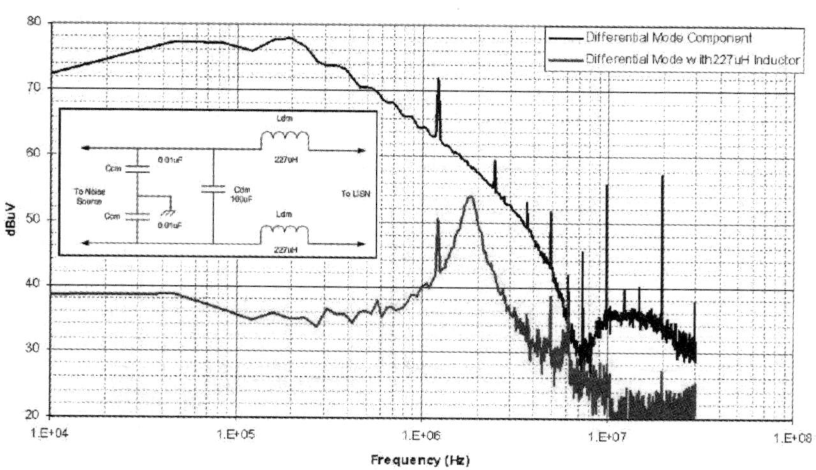

图 9-66　加上 227μH 差模电感前后的差模分量比较

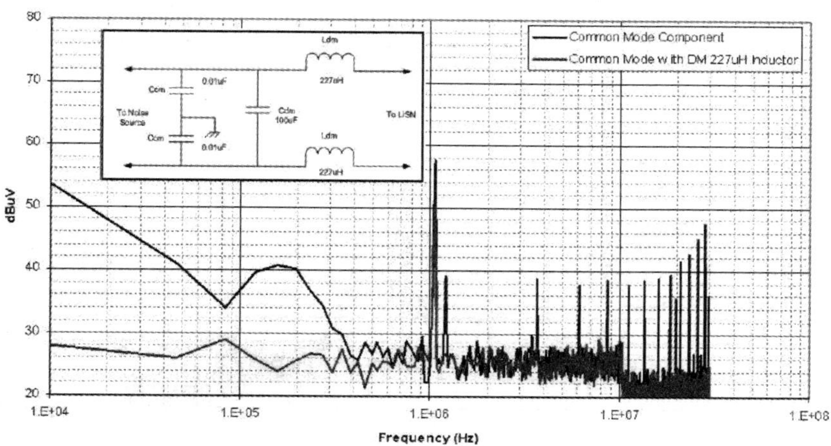

图 9-67　加上 227μH 差模电感前后的共模分量比较

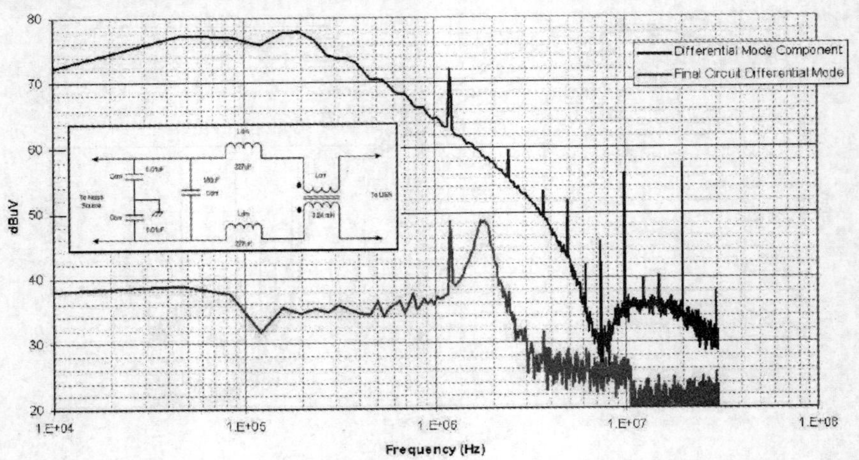

图 9-68　加上所有滤波器组件前后的最后差模分量比较

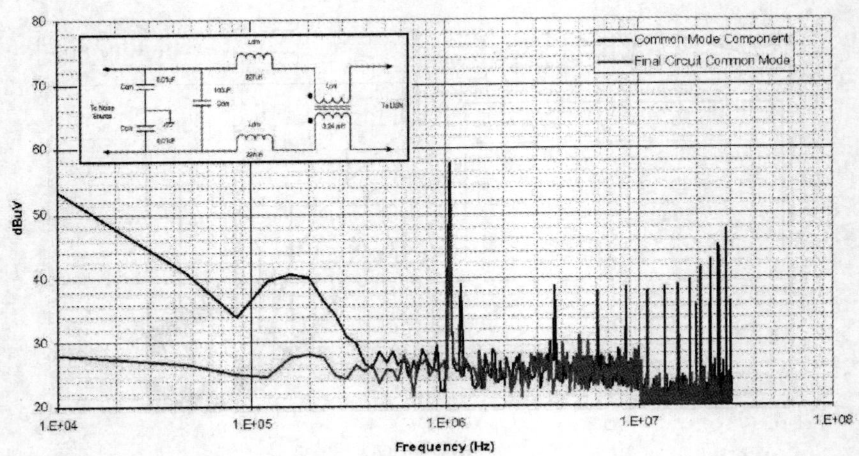

图 9-69　加上所有滤波器组件前后的最后共模分量比较

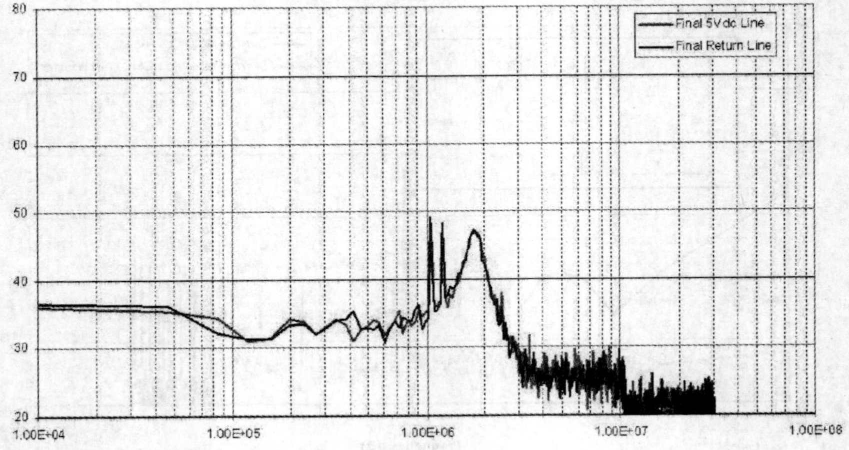

图 9-70　加上所有滤波器组件后的最后电路干扰电压量测结果

当EMI滤波器设计板加上所有设计的滤波器组件后，从图9-70所示的最后电路干扰电压量测结果可以发现该滤波器的确能达到设计的目标。但是如果在系统内部组装该电源线滤波器不适当或安装错误时（如图9-71所示），例如滤波器通过细线接地，则高频的滤波效果会变差；输入输出线过长或是配线不理想而形成耦合效应（左图），则最后在系统层级仍旧无法达到滤波的目的，所以除了滤波器设计很重要以外，滤波器在系统内部的安装也同样重要。

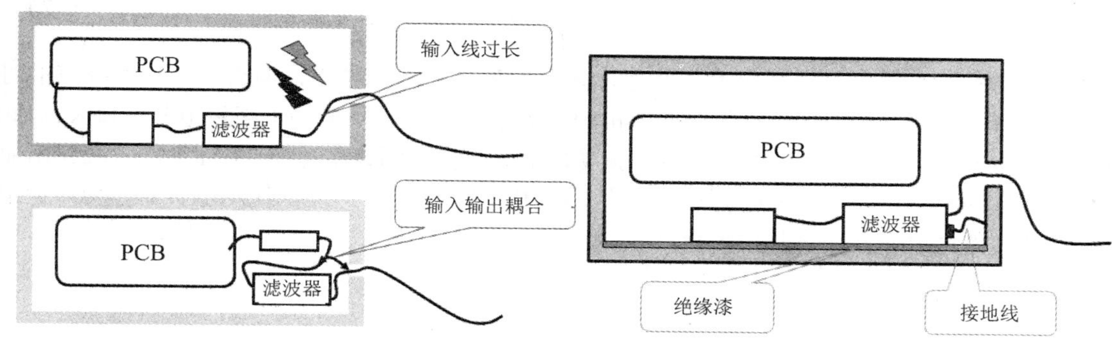

图9-71 电源线滤波器的错误安装范例

9-5-2 瞬时噪声抑制技术

1. 瞬时对策组件介绍

市面上有很多种用于ESD、EFT和雷击的对策组件，依据不同的特性会用在不同的地方，下面针对一些常用的对策组件进行简单介绍。

（1）电容器（Capatitor）。

图9-72（a）所示为电容器示意图，电容器常用来作为旁路电磁干扰的组件，一般我们都将电容器视为高通滤波器，并联电容器可提供一低阻抗路径来旁路不必要的高频噪声，由于瞬时噪声的上升时间快包含了许多高频成分，因此利用此特性，电容器亦可作为瞬时噪声的对策组件，通常我们会将它以并联接地的方式作为我们使用的保护电路，如图9-72（b）所示。

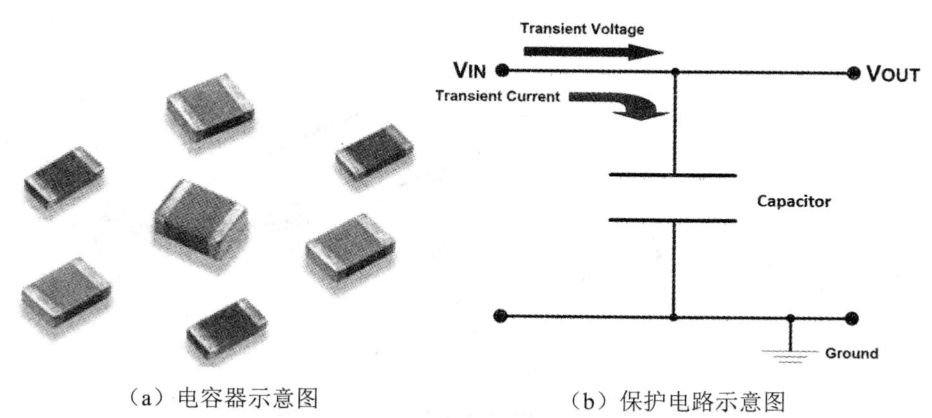

（a）电容器示意图　　（b）保护电路示意图

图9-72 电容器与保护电路示意图

理想的电容器阻抗大小可由公式（9-1）算出：

$$Z = \frac{1}{j\omega C} \tag{9-1}$$

阻抗的确会与频率成反比并且无损耗，如图 9-73 所示，但实际上电容器除了本身的电容之外，还存在着介电系数或电极损耗所产生的寄生电阻（ESR）和电极或导线所产生的寄生电感（ESL），因此是由一 RLC 等效串联形式电路所组成，如图 9-74 所示，此时阻抗大小公式为：

$$Z = R_{\mathrm{ESR}} + \frac{1}{j\omega C} + j\omega L_{\mathrm{ESL}} \tag{9-2}$$

在低频时，阻抗会呈现电容性的状态，随着频率越高阻抗越小，但到了某一频率点的时候电容与寄生电感（ESL）产生共振使阻抗掉到最小值并且最小值等于寄生电阻（ESR），此频率点为电容器的自共振频率，过了自共振频率后，阻抗会因寄生电感（ESL）的效应突出而呈现电感性的状态，随着频率越高阻抗越大，如图 9-74 所示。因此，使用电容器作为对策组件时要特别留意电容器的自共振频率点。

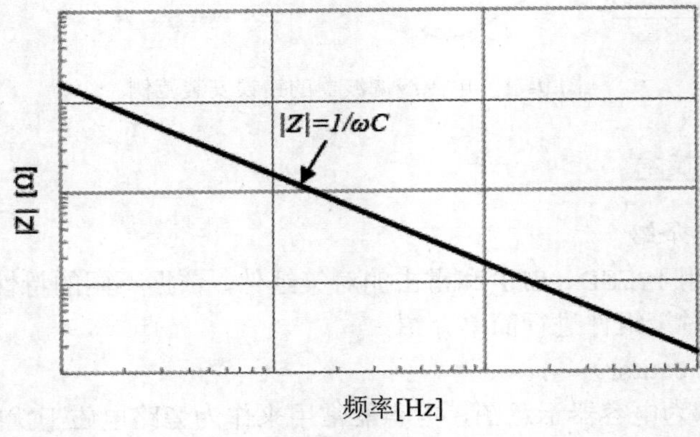

图 9-73　理想电容器阻抗示意图

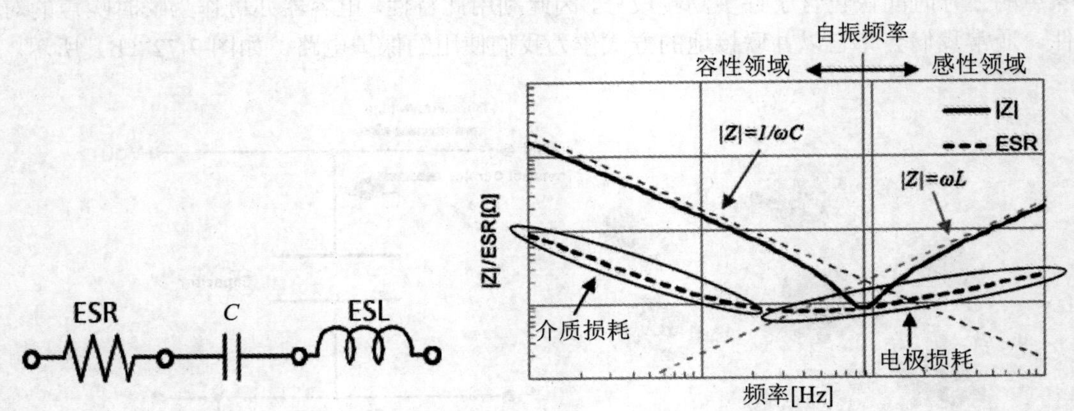

图 9-74　实际电容器等效电路与阻抗示意图

（2）瞬时电压抑制器（Transient Voltage Suppressor，TVS）。

图 9-75（a）所示为瞬时电压抑制器（TVS）示意图，TVS 是二极管的形式（TVS Diode），具有方向性，其保护方式如图 9-75（b）所示。

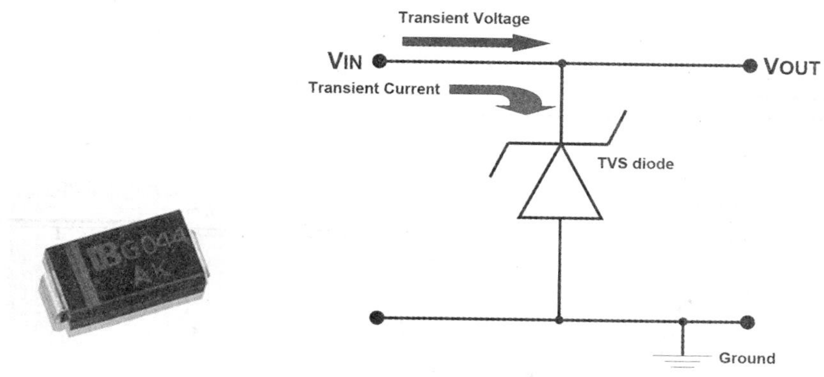

（a）瞬时电压抑制器示意图　　（b）典型保护方式示意图

图 9-75　瞬时电压抑制器（TVS）与典型保护方式示意图

TVS 在顺向偏压操作时和一般二极管特性相同，作为对策组件时操作在逆向偏压，当电压超过 TVS 的崩溃电压后，TVS 会将偏压固定在箝位电压值，以避免过电压对电路造成损害。但在一般没启动的情况下，TVS 会有漏电流产生，图 9-76 所示为一个典型的 TVS 电压－电流特性曲线图。

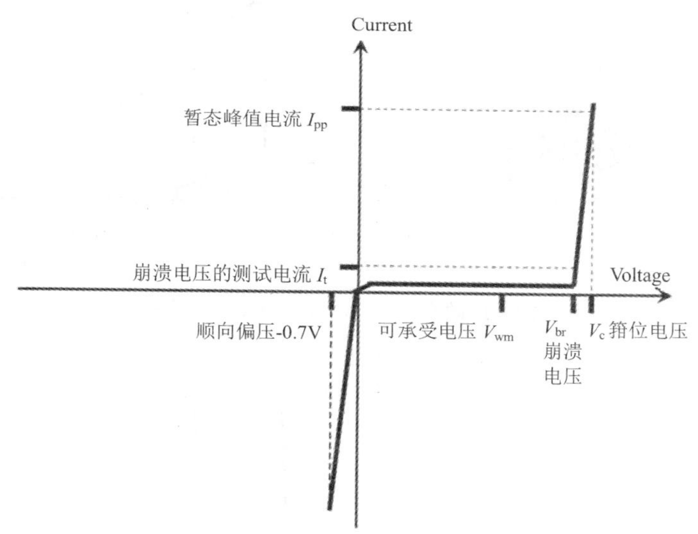

图 9-76　典型的 TVS 电压－电流特性曲线图

当然，也有一种是类似将两个二极管头对头串接的双向保护 TVS，对不同方向的瞬时噪声可同时做到双向保护的动作，如图 9-77（a）所示，图（b）是其电压－电流特性曲线图。

（3）压敏电阻（Metal Oxide Varistors，MOVs）。

图 9-78 所示为压敏电阻（MOVs）与保护方式示意图，MOVs 又称为变阻器或突波吸收器，它其实也是 TVS 的一种，保护方法也与 TVS 二极管相似，并且具有双向性。

其材料主要是由氧化锌（ZnO）和其他的氧化金属混合烧结而成，而部分 MOVs 的材料是碳化硅（SiC）的半导体原料，但这种的反应表现并没有像金属氧化物的 MOVs 那么出色，如图 9-79 所示为氧化锌与碳化硅作为原料的电压－电流特性曲线图。

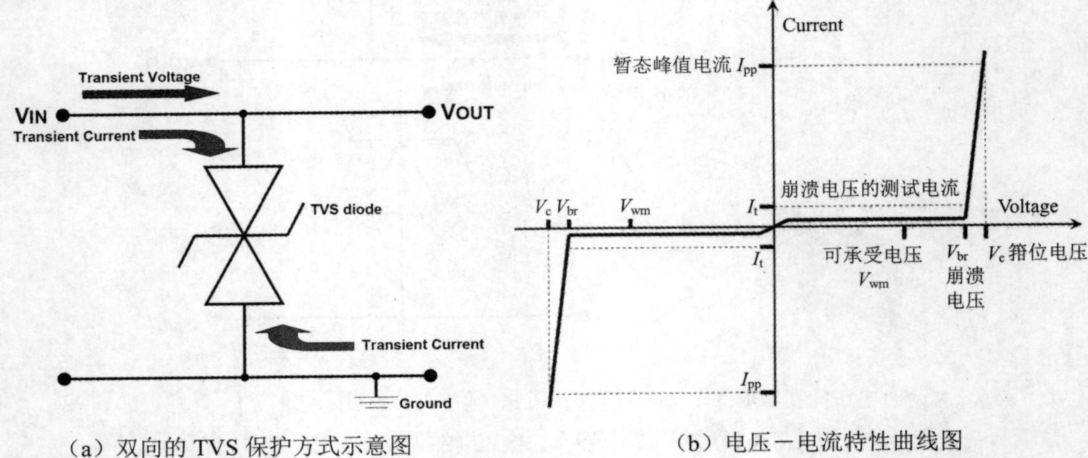

（a）双向的 TVS 保护方式示意图　　（b）电压－电流特性曲线图

图 9-77　双向的 TVS 保护方式示意图与电压－电流特性曲线图

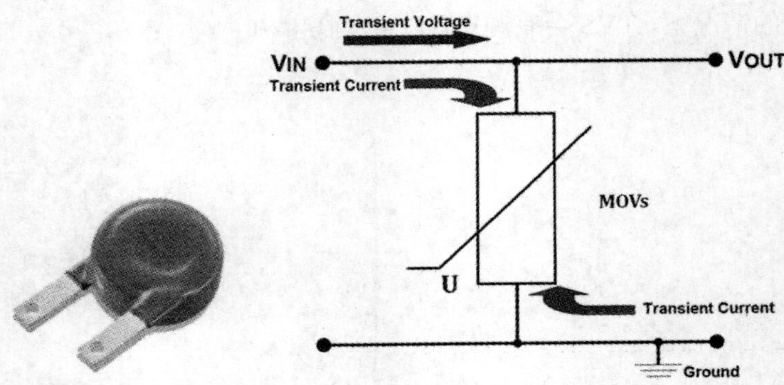

图 9-78　压敏电阻（MOVs）与保护方式示意图

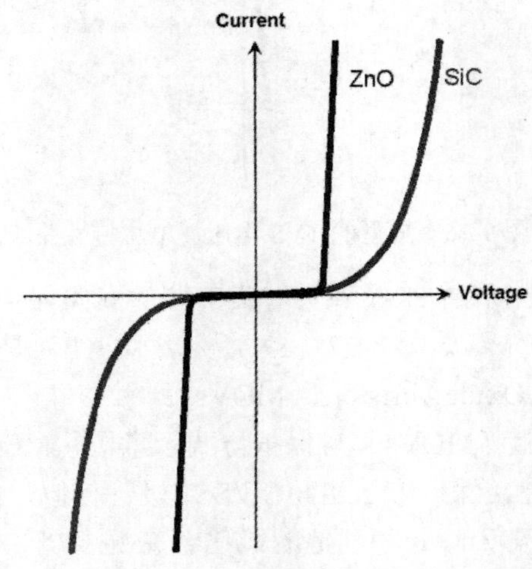

图 9-79　不同原料 MOVs 的电压－电流特性曲线图

当电压未达到 MOVs 的崩溃电压时，两端具有非常大的阻抗（数 MΩ），呈现类似开路的状态，当电压超过其崩溃电压之后，两端的阻抗会降低（仅有几 Ω），电流便会开始导通，随着两端的电压升高，电阻与电流会呈现非线性的倍数增长，MOVs 具有高度非线性阻抗特性，能承受比 TVS 二极管更高峰值的电流，而且漏电流更小，但是 MOVs 的箝位电压较高，而且所能承受的能量或功率有限，会受到瞬时噪声的吸收次数而逐渐恶化其性能表现。

（4）陶瓷气体放电管（Gas Discharge Tube，GDT）。

图 9-80 所示为陶瓷气体放电管（GDT）与保护方式示意图，GDT 是由封装在充满惰性气体的陶瓷管中相隔一定距离的两个尖端电极组成的，由于是尖端电极且有一定的距离，因此寄生电容较小且不会有漏电流产生。

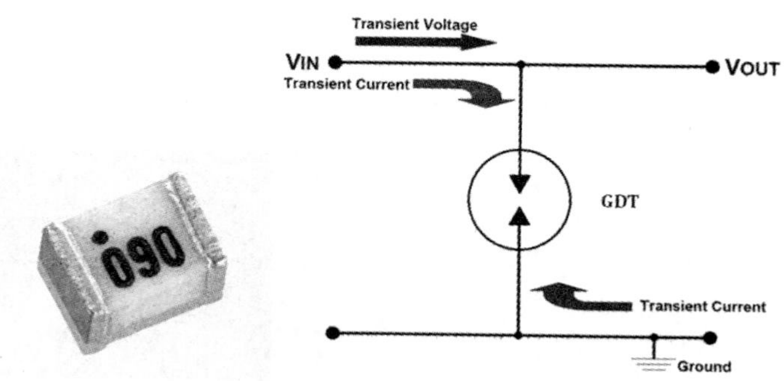

图 9-80　陶瓷气体放电管（GDT）与保护方式示意图

当 GDT 两端电压低于放电电压时，两端具有非常大的阻抗（数 MΩ），呈现类似开路的状态；当两端电压升高到大于放电电压时，会产生弧光放电，气体电离放电后由高阻抗转为低阻抗，使其两端电压迅速降低，达到保护的效果。图 9-81 所示为 GDT 电压－电流特性曲线图。

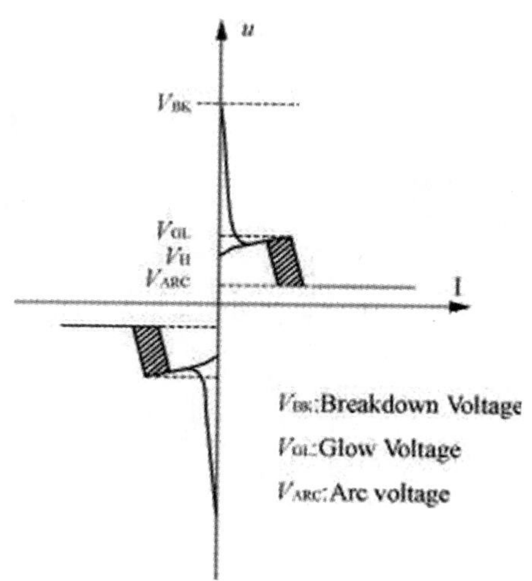

图 9-81　GDT 电压－电流特性曲线图

综合以上各种主要瞬时抑制组件的特性，我们可以简要归纳如下：压敏电阻反应快速且有额定能量范围宽广的成品；陶瓷气体放电管本质上只是个火花放电间隙，反应虽然慢但适合高功率应用；雪崩组件是以齐纳形式动作的半导体，反应非常快速但耐受功率不高。此外，相较于滤波器是从频域分析其噪声的抑制能力，瞬时抑制组件的保护能力则是从时间的反应上来看，因为它们必须在外来的瞬时电压与能量尚未破坏其所要保护的IC组件之前即能启动其应有的功能。

2. 瞬时对策组件的抑制效果

不同的对策组件对瞬时抑制的效果也有所不同，我们以EFT为例，利用一个设计为50 Ω的接地－共平面波导的100 mm×100 mm测试板（如图9-82所示），在其信号线中间的部分并联各种我们手边现有的对策组件，并且在前端接头连接上EFT发生器，后端接头连接上衰减器（衰减500倍）和示波器（50 Ω）来观察对策组件对瞬时噪声的抑制效果，由于是在50 Ω的系统上且衰减500倍，因此我们由示波器中所看到的电压值为衰减了1000倍的，其配置如图9-83所示。

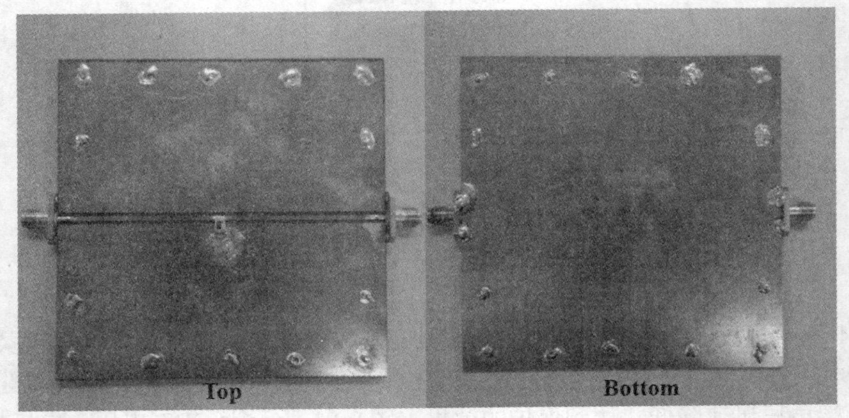

图9-82　接地－共平面波导测试板

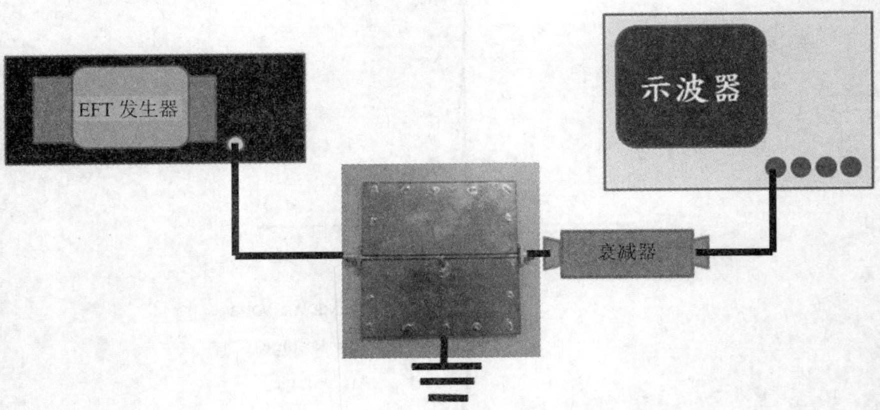

图9-83　对策组件抑制效果测试配置

先来看不同电容值的电容器对EFT的效果。我们使用电容值分别为1nF、10nF、100nF和1μF的电容器来做比较，电容器可将高频成分经由电容旁路到地，图9-84所示为电容器对EFT的抑制效果，由图可以看出，当电容值越大时，瞬时噪声被延缓的效果越好，当电容值大到一定程度后，瞬时噪声将被完全旁路掉。

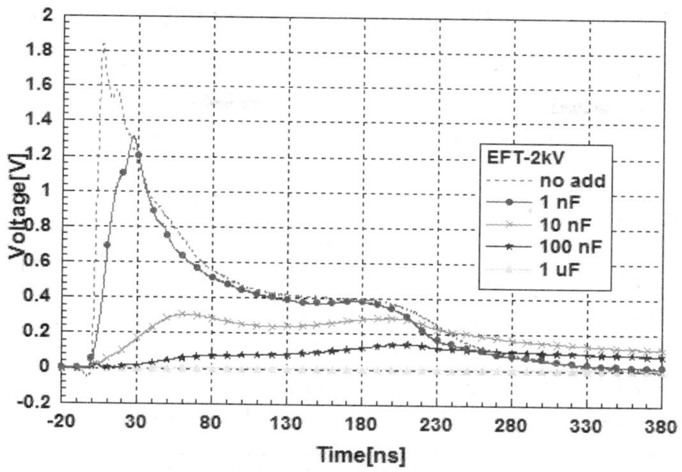

图 9-84　量测电容器抑制 EFT－2kV

图 9-85 所示为 TVS 对 EFT 的抑制效果，由图可以看出，加入 TVS 后其反应时间非常快，输出信号马上就稳定在箝位电压上，达到保护的效果。

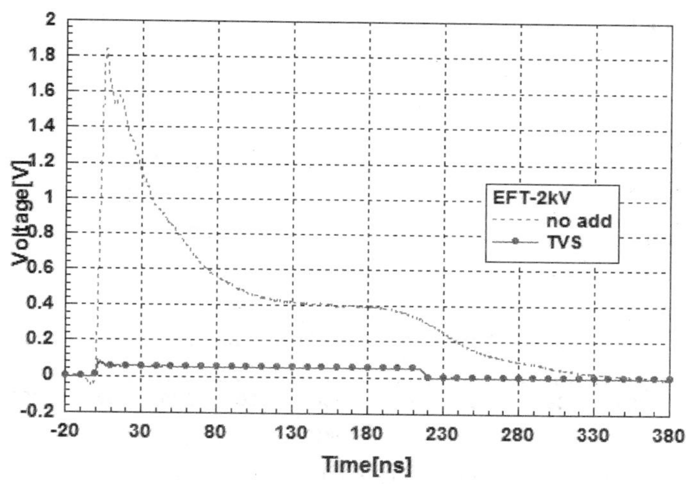

图 9-85　量测 TVS 抑制 EFT－2kV

图 9-86 所示为 MOVs 对 EFT 的抑制效果，加入 MOVs 后其反应时间稍微慢了些，过了一段时间才完全稳定在箝位电压上。

图 9-87 所示为 GDT 对 EFT 的抑制效果，由于需要充电到内部的气体电子游离，因此大约慢了 10 ns 才反应达到保护的效果，但其保护的效果是以上这些对策组件中最好的。

图 9-88 所示为各种对策组件抑制 EFT 的比较，对于 IC 来说，所需要的对策组件能耐受的能量可以不用太大，但必须要有够快的反应时间，不让任何的高电压趁虚而入来保护 IC，而由图可知，电容器是所有对策组件中表现最好的，其次是 GDT，但 GDT 的反应时间较慢，在充电到反应的过程中 IC 可能已经被破坏，再来是 TVS，反应时间快且能稳定地箝制住电压，最后是 MOVs，虽然反应时间比 TVS 慢了一些，但还是在可允许的范围之内，因此由结果可

以得知，适合用于保护 IC 的对策组件为电容器、TVS 和 MOVs。

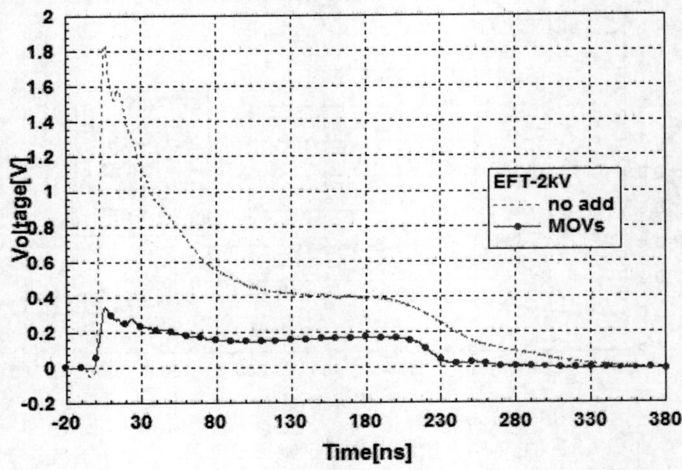

图 9-86　量测 MOVs 抑制 EFT－2kV

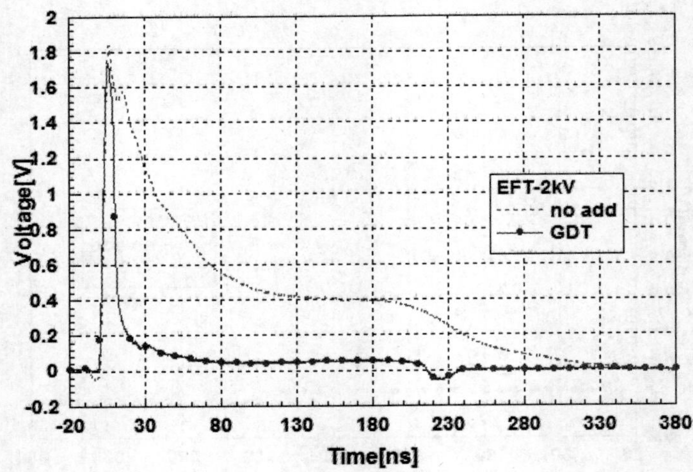

图 9-87　量测 GDT 抑制 EFT－2kV

对于突波抑制器的选用，则可以利用以下步骤依序进行：

（1）计算电源电路电压最大变化量是否小于所安装抑制器的熔断电压。

（2）评估电路中零组件最大耐突波电压大小。

（3）计算电路中最大突波电流并由突波抑制器的电流－电压特性曲线中找出 V_C 和 V_C 时的工作电流 I_C。

（4）由 V_C 和 I_C 并依突波时态（8×20μs）波形可以计算出此突波抑制器所消耗的功率。

（5）比较突波抑制器消耗功率需要小于规格功率值，以免抑制器本身遭烧损。

3. 瞬时对策组件对信号完整性的影响

因为瞬时对策组件与其他一般的电路组件一样，除了其本身设计的功能特性外，也都会有寄生电容或电感效应，因此模拟及数字数据的突波保护通常都不完整，因为即使突波不至于造成损害，但会导致错误的数值或位，在简单的模拟指示仪器等不涉及内存及程序的情况下，在读取时若有短暂的干扰可能还可以接受（依功能而定），但对于某些模拟信号和所有的数字数据（如控制信号）来说，短暂的错误信号可能会改变存储的数据或是运作的模式，而这通常都是不能接受的，因此非常慢的数据也许能够使用滤波的方式将尖峰突波的位准降低至可侦测的临界值以下。

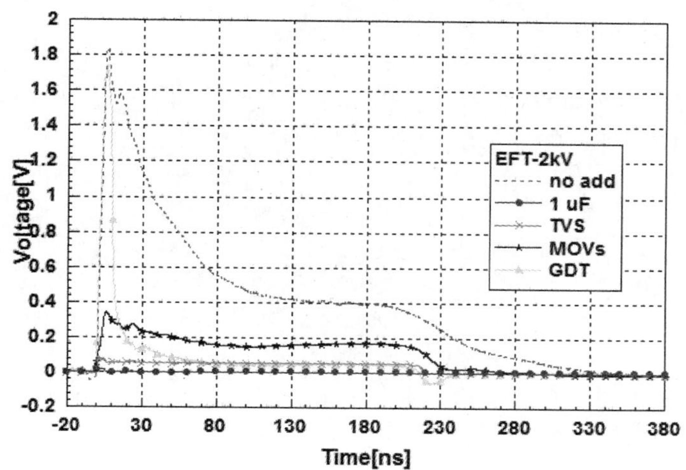

图 9-88 各种对策组件抑制 EFT－2kV 比较图

对于 IC 来说，在电路板上使用对策组件的确是可以防止 IC 受到瞬时干扰，但是对策组件在平常没有触发的时候，随着 IC 速度越来越快、频率环境升高的情况下，对策组件本身的寄生效应就会越来越明显，当对策组件摆在那边时，I/O 信号端的部分可能会受到寄生效应而产生信号完整性问题，这也是我们使用对策组件时应该考虑的部分，因此我们做了几个测试来呈现各种对策组件对信号完整性的影响。

我们利用前面所提到的测试板，在前端接头连接信号发生器，分别注入 500 kHz 和 25 MHz 两种不同频率的信号方波，信号线中间的部分并联对策组件来仿真信号在传输的时候我们使用对策组件是否会受到对策组件的寄生效应的影响，其配置如图 9-89 所示。

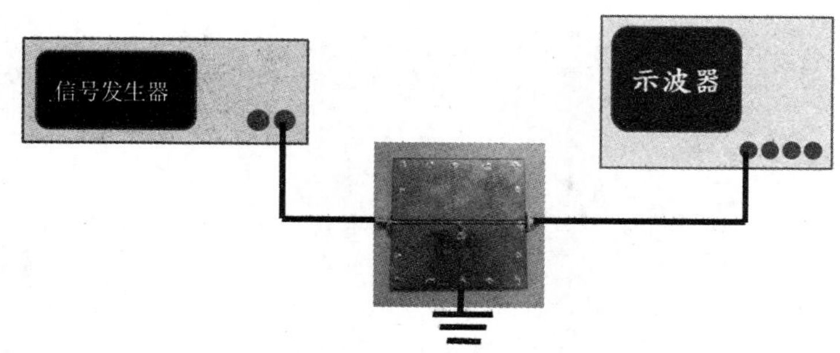

图 9-89 分析对策组件对信号完整性影响的配置

先注入频率为 500 kHz，振幅为 1.6 V 的方波，看其对测试板本身的影响，测试结果如图 9-90 所示。

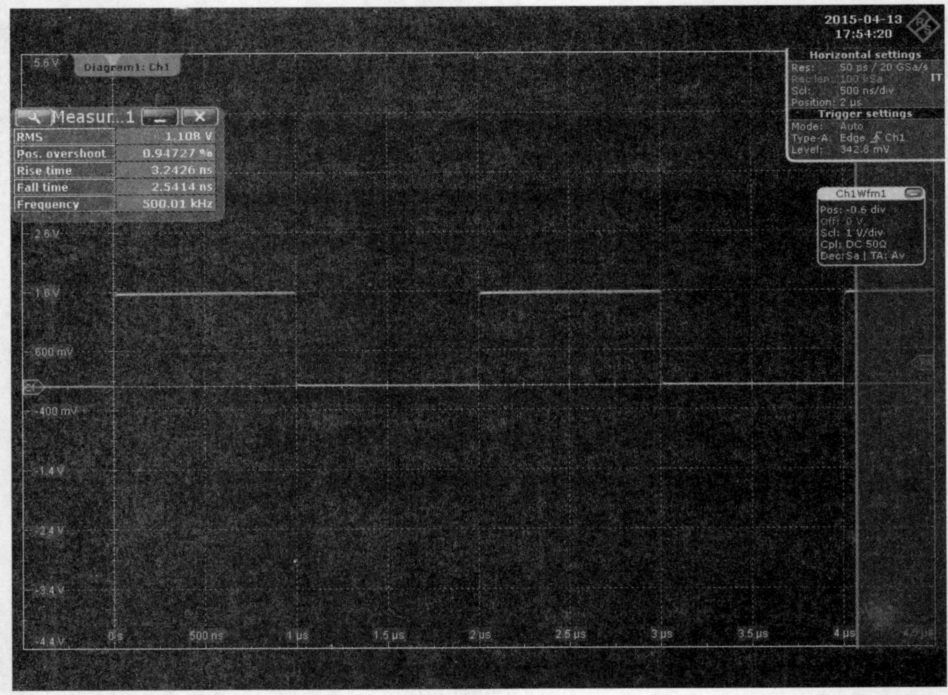

图 9-90　测试板本身的测试结果（500 kHz）

再看不同电容值的电容器对信号完整性的影响，测试结果如图 9-91 至图 9-94 所示。

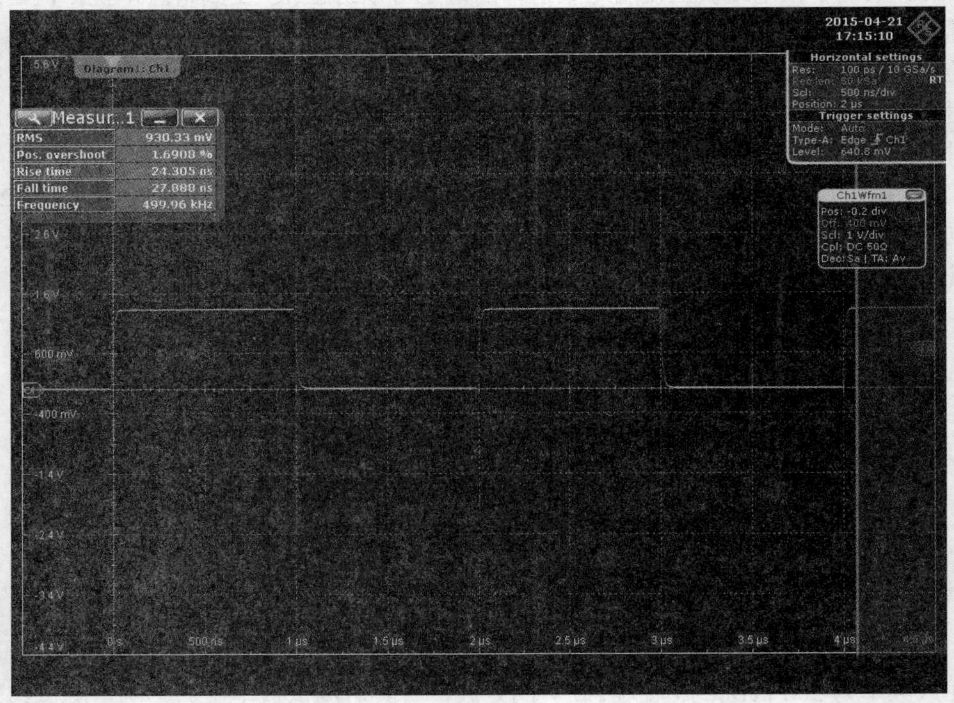

图 9-91　1nF 电容器的测试结果（500 kHz）

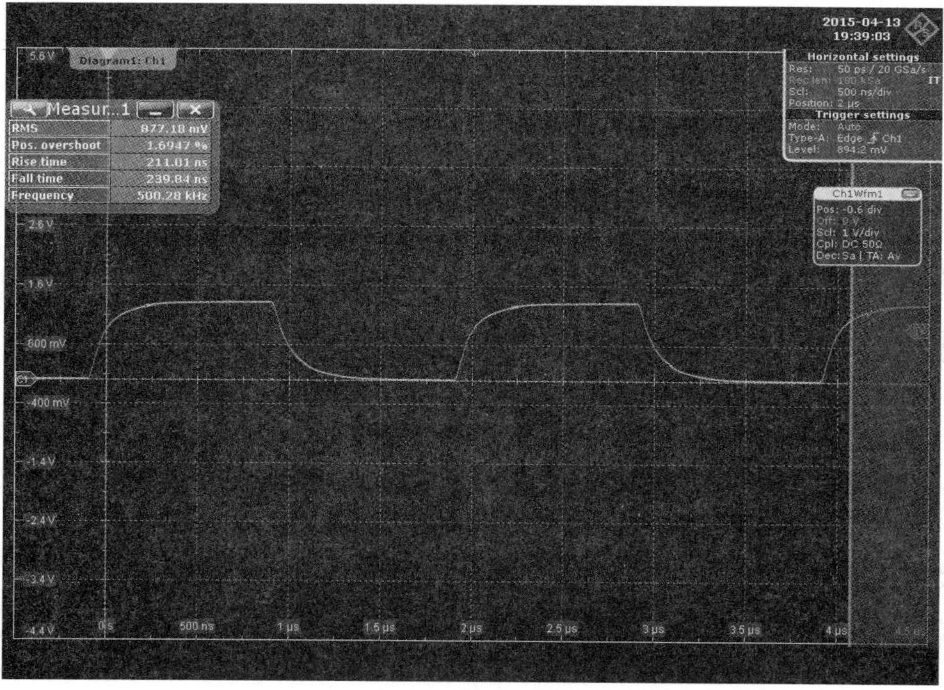

图 9-92　10nF 电容器的测试结果（500 kHz）

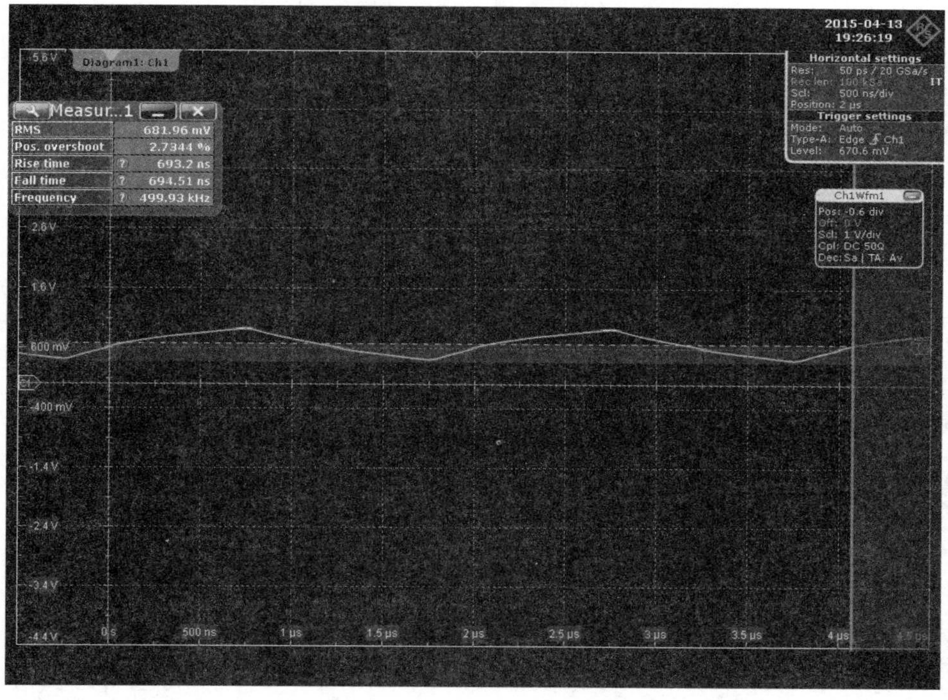

图 9-93　100nF 电容器的测试结果（500 kHz）

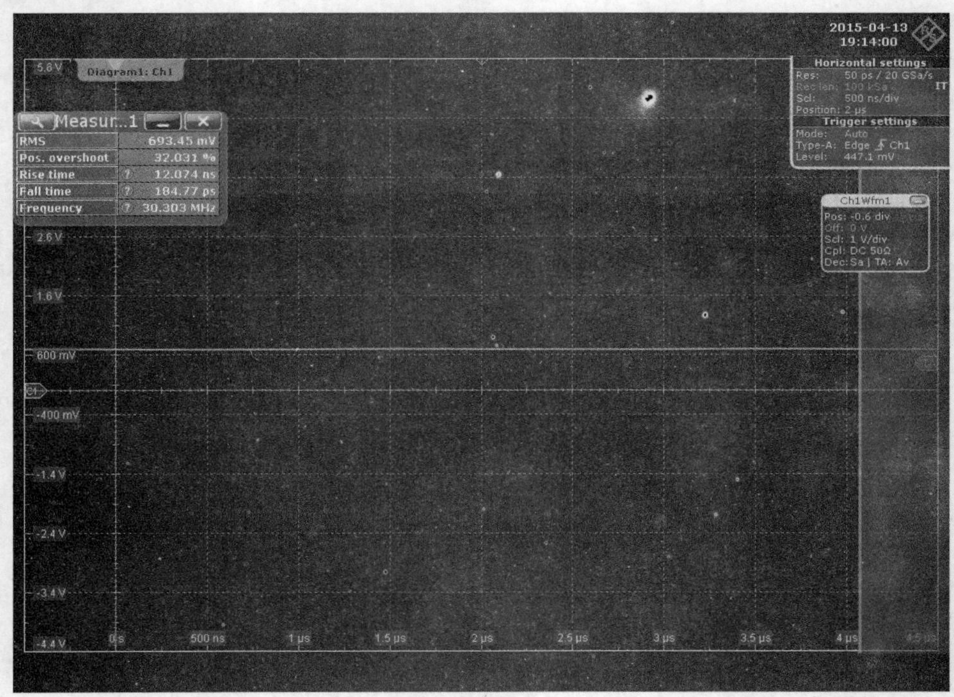

图 9-94　1μF 电容器的测试结果（500 kHz）

接着看其他对策组件对信号完整性的影响，测试结果如图 9-95 至图 9-97 所示。

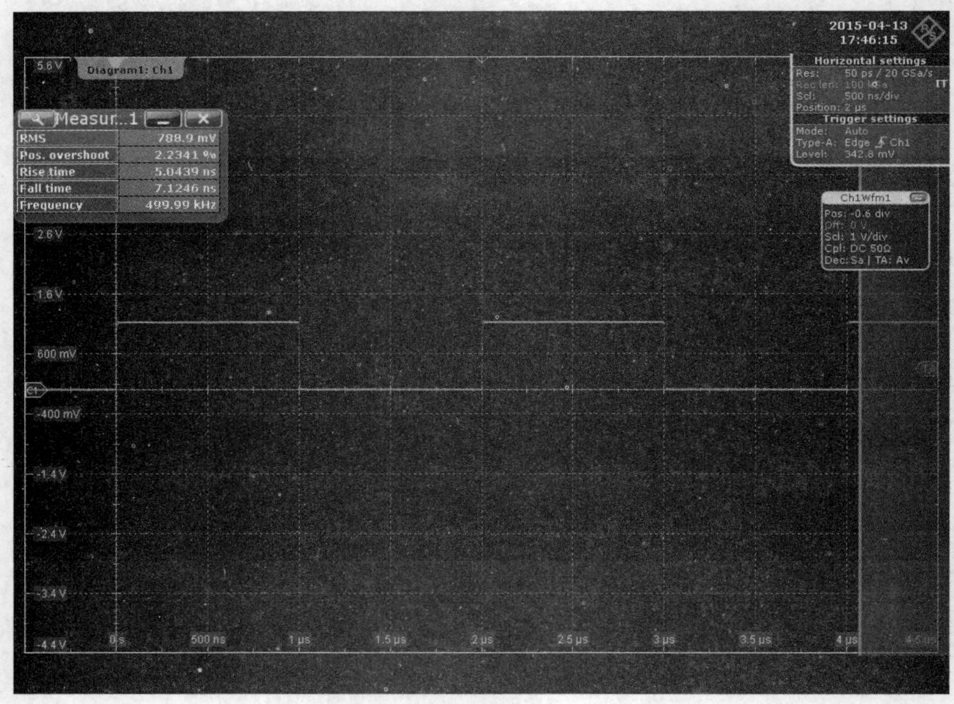

图 9-95　TVS 测试结果（500 kHz）

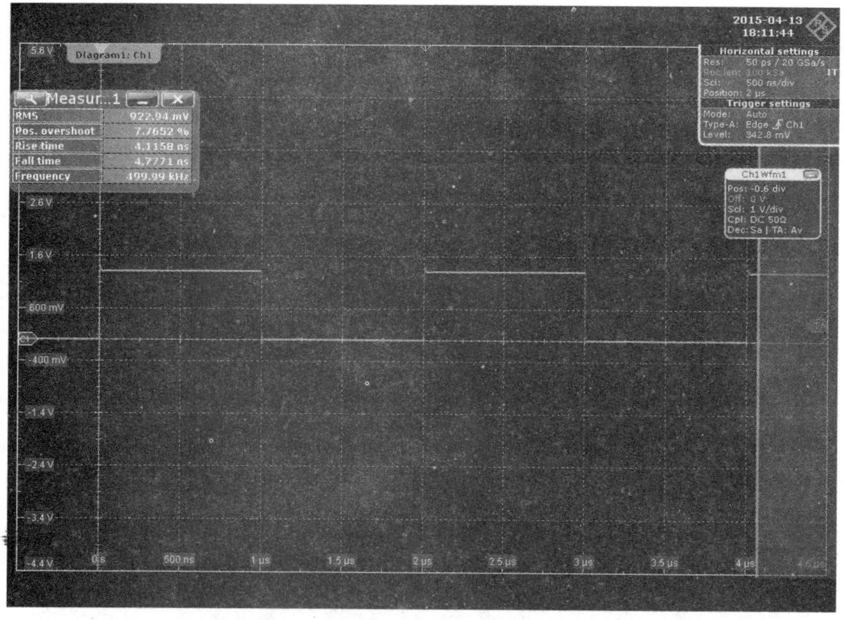

图 9-96　MOVs 测试结果（500 kHz）

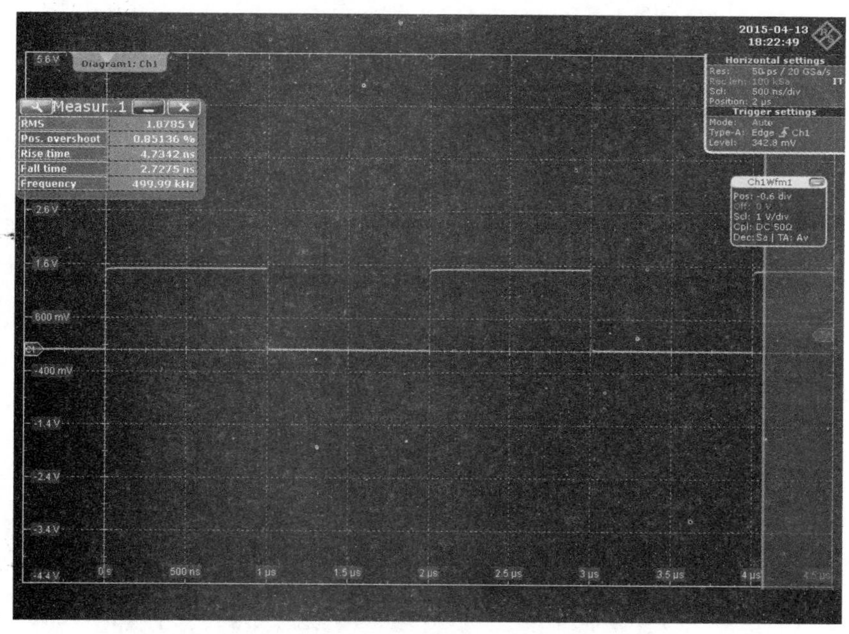

图 9-97　GDT 测试结果（500 kHz）

由以上这些结果可知，电容器的部分，我们在前面提到过当电容值越大时瞬时噪声被延缓的效果越好，但同样地，基于这个原理我们可以看到方波信号也变得越来越平缓，原来电容也将一般的信号给旁路掉了，因此，使用电容器作为对策组件时较不适合用于 I/O 信号端的部分，而其他对策组件，TVS 由结果可以看出，虽然波形没有失真，但是它的振幅下降了约 0.5V，其原因是当 TVS 在没有启动的时候本身会有漏电流产生，因此造成振幅有下降的情形，MOVs

的结果波形也没有失真，但振幅下降了约 0.3V，由振幅下降的情形可以推断 MOVs 的漏电流会比 TVS 的小，GDT 的结果波形也没有失真，而且振幅下降不到 0.1V。

接着注入频率为 25 MHz，振幅为 1.6 V 的方波，看其对测试板本身的影响，测试结果如图 9-98 所示，从图中可以看出在 25 MHz 的环境下通过测试板的信号已经会受到测试板上寄生效应的影响。

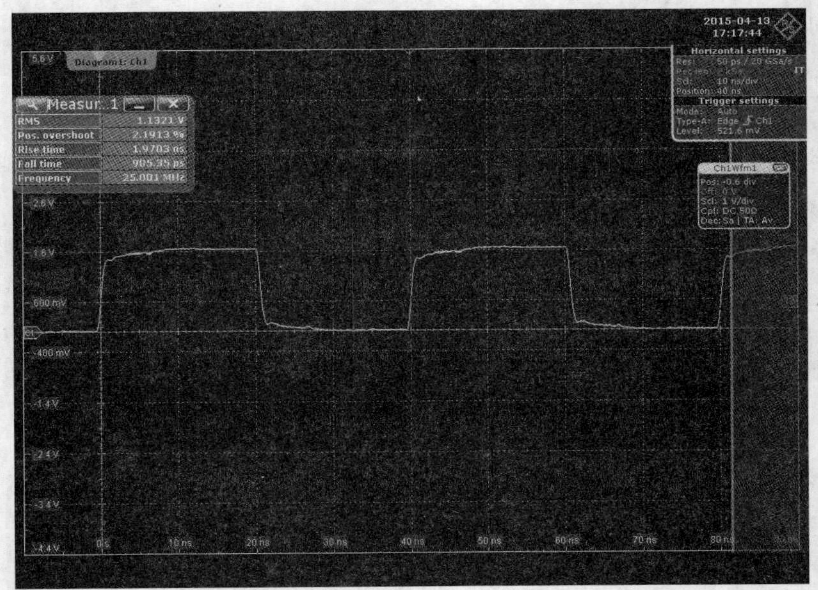

图 9-98　测试板本身的测试结果（25 MHz）

再看不同电容值的电容器对信号完整性的影响，测试结果如图 9-99 至图 9-102 所示。

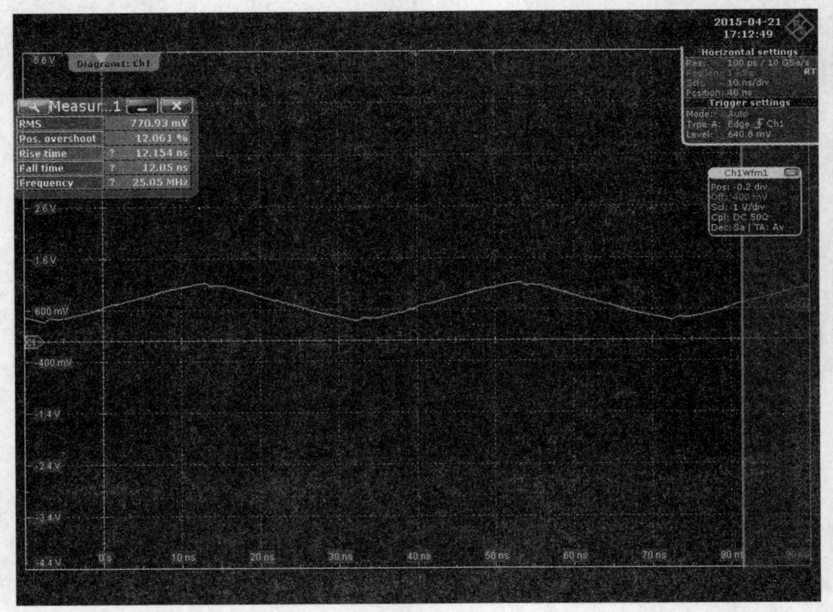

图 9-99　1nF 电容器的测试结果（25MHz）

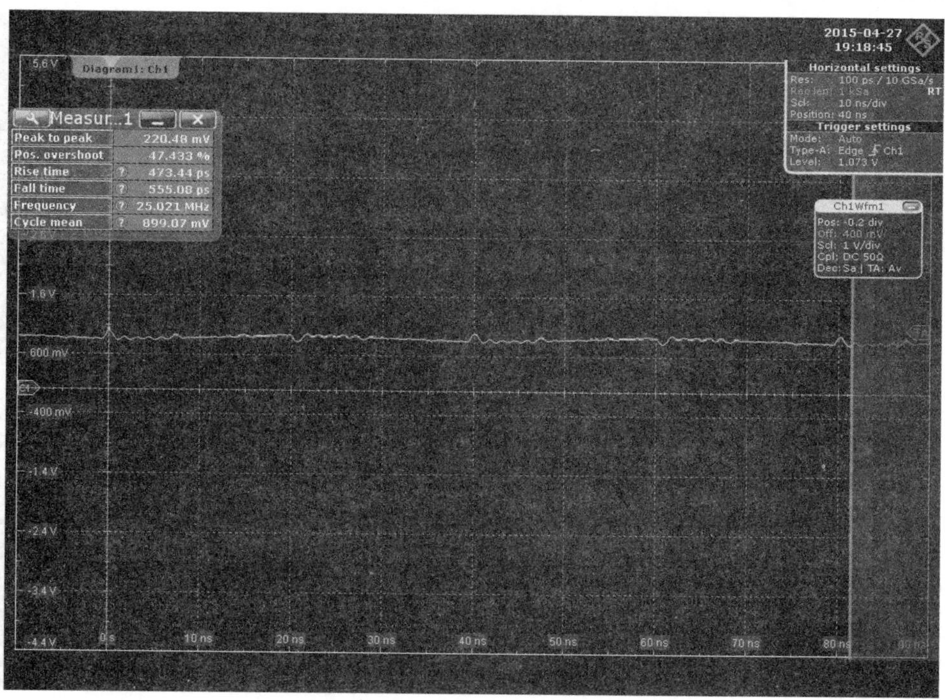

图 9-100　10nF 电容器的测试结果（25MHz）

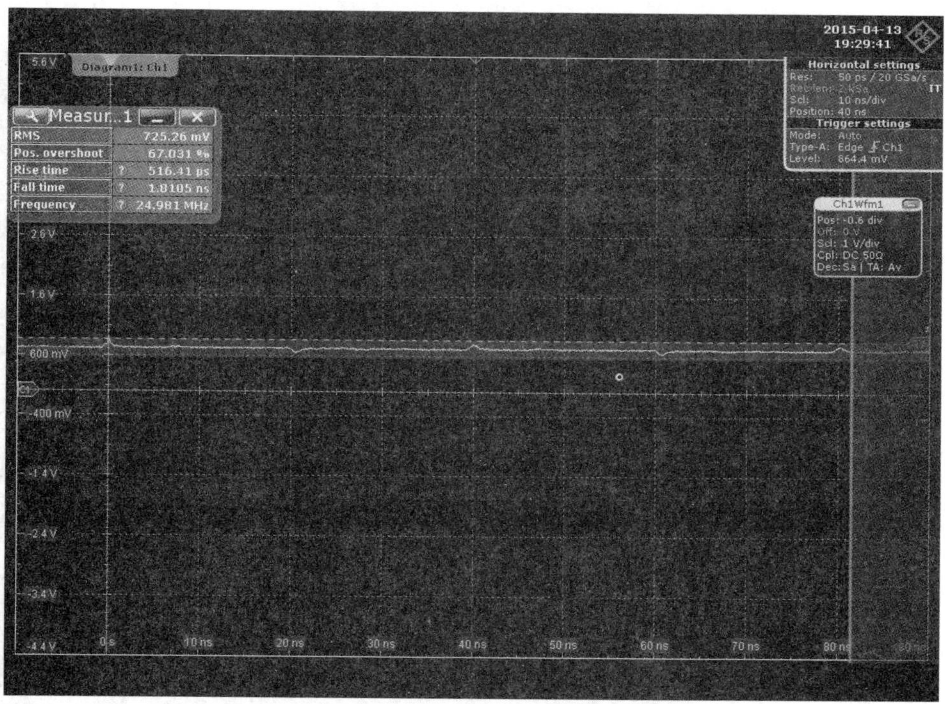

图 9-101　100nF 电容器的测试结果（25MHz）

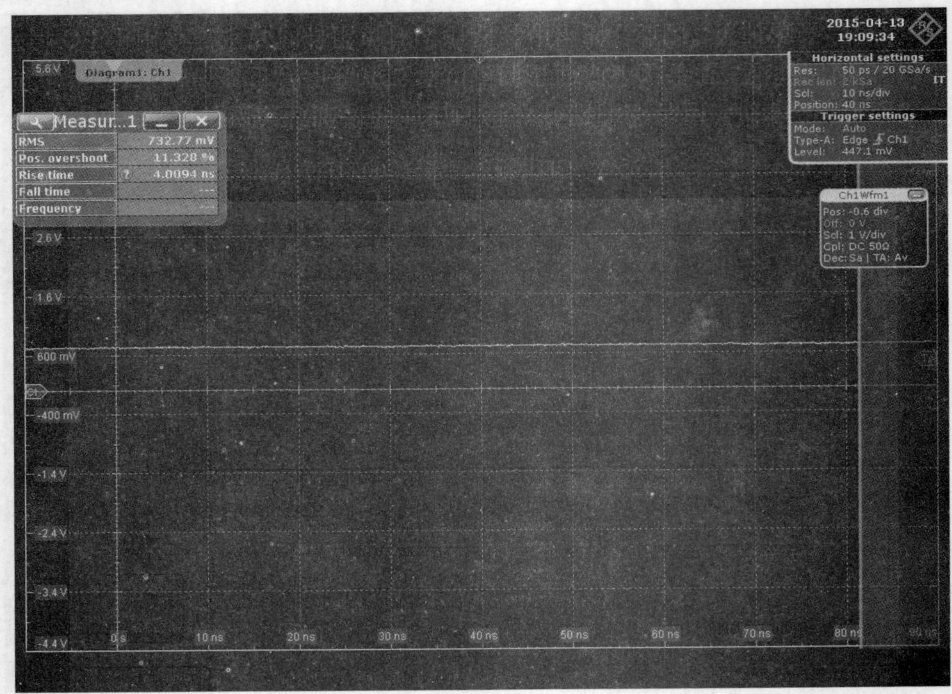

图 9-102　1μF 电容器的测试结果（25MHz）

接着看其他对策组件对信号完整性的影响，测试结果如图 9-103 至图 9-105 所示。

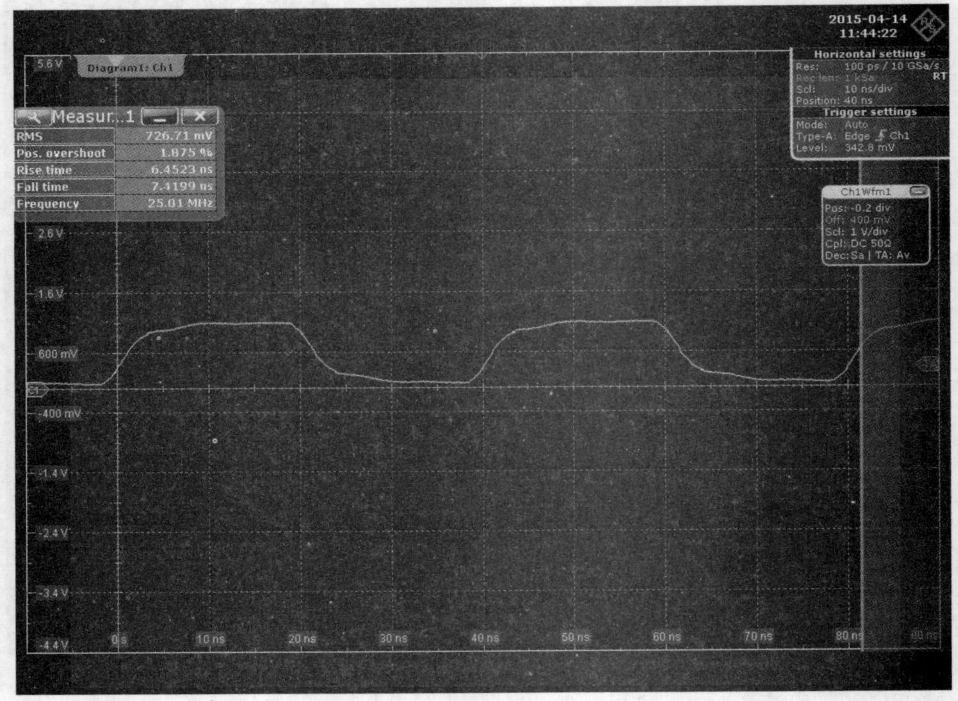

图 9-103　TVS 测试结果（25MHz）

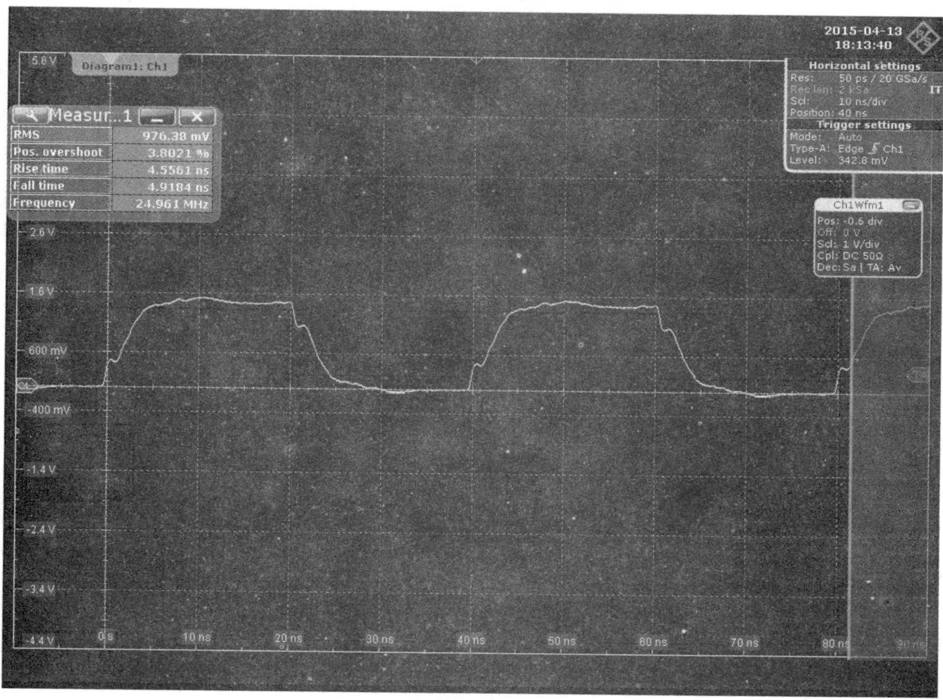

图 9-104　MOVs 测试结果（25MHz）

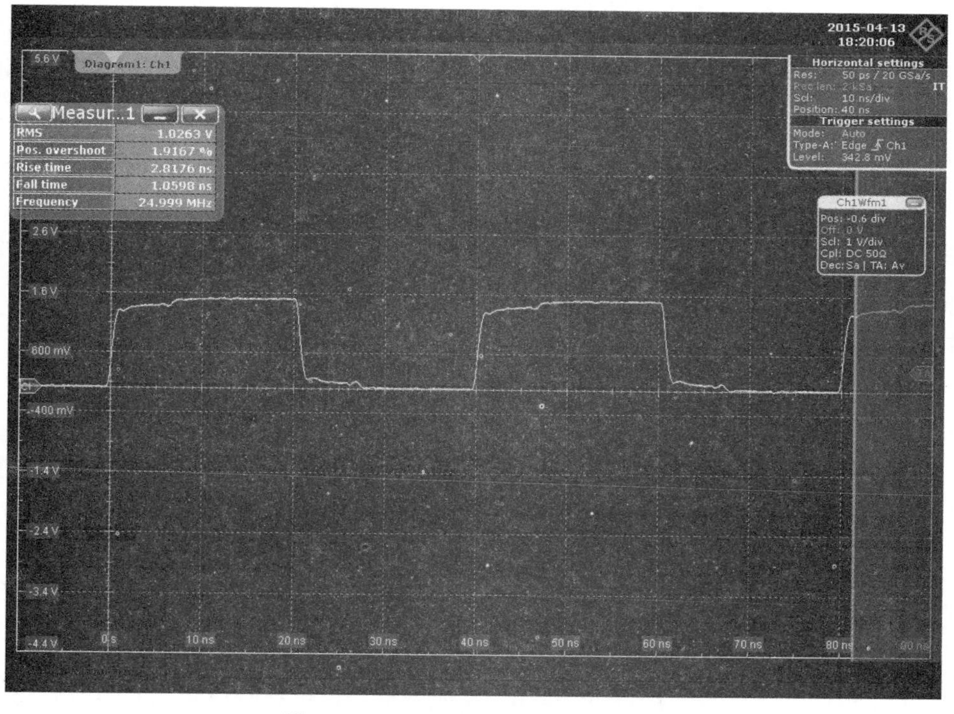

图 9-105　GDT 测试结果（25MHz）

由以上的测试结果可知，电容器的部分，基本上与注入 500 kHz 方波时有同样的情形，不过可以看到当电容值加到 10 nF 时，信号就已经快要完全被旁路掉了，因此在较高频率的环境下，电容器已经完全不被考虑使用作为I/O信号端的对策组件；TVS由结果可以看出，在25MHz的环境里，除了受到测试板上信号走线长度的寄生电感和信号走线对接地的寄生电容影响之外，还受到 TVS 本身焊接点到内部之间的寄生电感和内部的寄生电容的影响，因此除了漏电流降低振幅之外，我们可以看到信号有较明显的失真；MOVs 的结果，也是受到焊接线的寄生电感和内部寄生电容的影响，因此也是可以看到很明显的失真，不过失真的程度比 TVS 好一些；GDT 的结果与测试板的结果差不多，由于 GDT 内部的设计是尖端对尖端放电并且中间有一段间距，我们由基本电容公式（9-3）来推断：

$$C = \frac{\varepsilon A}{d} \tag{9-3}$$

尖端使得面积 A 缩小，而且间距 d 大，因此 GDT 内的寄生电容值非常低，作为 I/O 信号端的对策组件能使信号保留较佳的完整性。

由以上结果可知，在 500 kHz 较低频的部分，在寄生效应较小的情况下，除了电容之外的对策组件基本上都适合用于 I/O 信号端来保护 IC，而在 25 MHz 较高频的部分，由于寄生效应较明显，因此使用对策组件时需要考虑得较严谨，GDT 虽然在高频的部分表现杰出，但由于反应时间较长对于 IC 来说较不适用，而使用 MOVs 的效果或许会比 TVS 好，但 MOVs 会随着瞬时噪声的注入次数而导致性能下降，因此在这部分必须要有所抉择。

4. 实际对策案例

由于希望能在 IC 层级改善电源端的 ESD 耐受性，因此会增加使用的接地面积，但在半导体制程而言对提升电荷散逸的改善效果并不大，况且重新设计测试板后接地面积大幅增加，测试结果却还是未改善，因此可以利用电源端连接出外部走线，并在 PCB 层级并联接地使用对策组件，如图 9-106 所示。

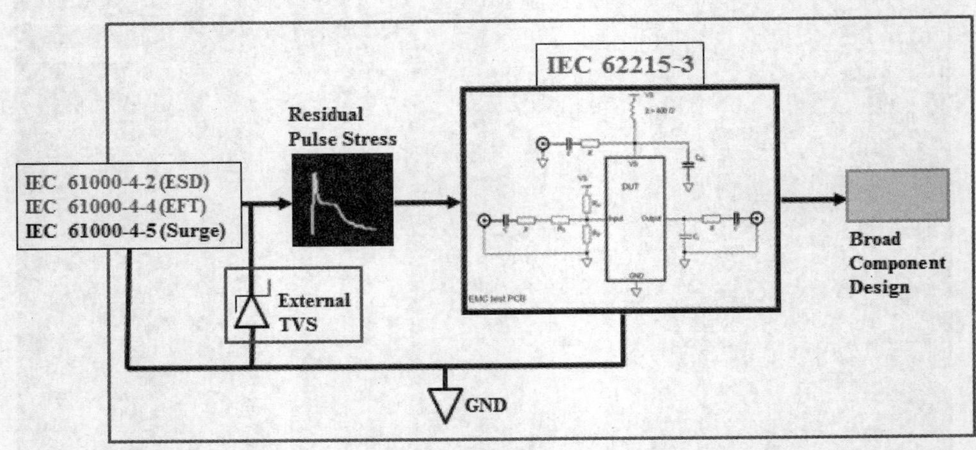

图 9-106 增加瞬时抑制对策的策略示意图

原本测试板所使用的稳压电容为 100nF，前面曾提到当电容数值越大时瞬时噪声被延缓的效果越好，因此我们将稳压电容换成 1μF，如图 9-107 所示，其测试结果如表 9-1 所示。

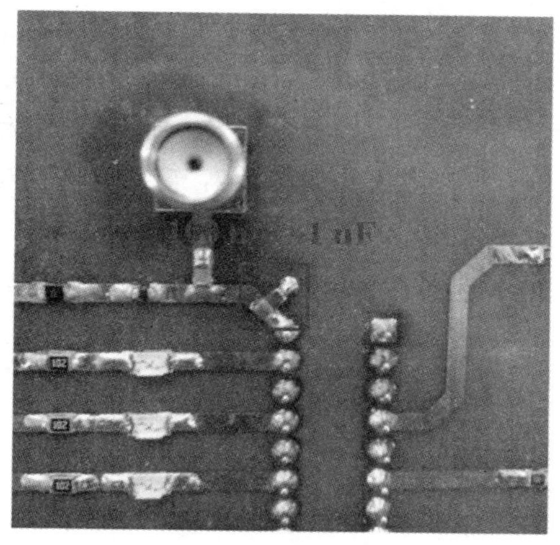

图 9-107 改变稳压电容示意图

表 9-1 改变稳压电容的测试结果

测试电压	-2 kV	-2.5 kV	-3 kV	-3.5 kV	-4 kV	-4.5 kV	-5 kV
100nF	A	A	D2	D2	D2	E	
1μF	A	A	A	A	A	A	A

在原本失效或损毁的部分，经过我们调整稳压电容值后有明显的改善，我们再对改善后的测试板注入 IEC 61000-4-2 所要求的测试电压，其结果如表 9-2 所示。

表 9-2 改善后的 ESD 测试结果（电容器）

测试电压	-8 kV	-6 kV	-4 kV	-2 kV	2 kV	4 kV	6 kV	8 kV
测试结果	D2	A	A	A	A	A	A	A

由结果可以发现，当我们将稳压电容值增大后，稳压电容将更多的 ESD 电压延缓并旁路至地，使得直流电压免受 ESD 电压波动的影响稳定在 3V，IC 不会有误动作，直到测试电压到达-8kV 时，虽然电压还是受到了稳压电容的削弱，但还是超出了 IC 可承受的范围，因此使得直流电压不稳定，注入时造成 IC 供电电压降低，使得 IC 在注入 ESD 时会产生重新启动的情况。但由结果的现象可以得知，对于 IC 电源端的部分，原来我们只要改变一个稳压电容就能有很明显的效果。

接着我们将稳压电容值维持在 100 nF，并联手边有的最小箝位电压为 9.8V 的双向 TVS，如图 9-108 所示，其测试结果如表 9-3 所示。

图 9-108 并联 TVS 示意图

表 9-3　并联 TVS 的测试结果

测试电压	-2 kV	-2.5 kV	-3 kV	-3.5 kV	-4 kV	-4.5 kV	-5 kV
未增加	A	A	D2	D2	D2	E	
增加 TVS	A	A	D2	D2	D2	D2	D2

失效的部分虽然没有改善，但损毁的部分已有改善，我们再对改善后的测试板注入 IEC 61000-4-2 所要求的测试电压，其结果如表 9-4 所示。

表 9-4　改善后的 ESD 测试结果（TVS）

测试电压	-8 kV	-6 kV	-4 kV	-2 kV	2 kV	4 kV	6 kV	8 kV
测试结果	D2	D2	D2	A	A	A	A	A

由结果可以发现，虽然 TVS 能将过电压箝制在一定的电压值，但是负极 ESD 注入时-2kV 电压已经被稳压电容削弱了，从注入-4kV 后 TVS 开始启动，将电压箝制在-9.8V，负电压仍然会对直流电压造成降压的现象，使得 IC 在注入 ESD 时会产生重新启动的情况。

然后我们将稳压电容值维持在 100nF，并联手边有的最小箝位电压为 93V 的 MOVs，如图 9-109 所示，其测试结果如表 9-5 所示。

图 9-109　并联 MOVs 示意图

表 9-5　增加 MOVs 的测试结果

测试电压	-2 kV	-2.5 kV	-3 kV	-3.5 kV	-4 kV	-4.5 kV	-5 kV
未增加	A	A	D2	D2	D2	E	
增加 MOVs	A	A	D2	D2	D2	E	

失效的部分并未得到改善，在此假设判断是 MOVs 并没有启动为主要原因，我们对测试板注入 IEC 61000-4-2 所要求的测试电压，其结果如表 9-6 所示。

表 9-6　改善后的 ESD 测试结果（MOVs）

测试电压	-8 kV	-6 kV	-4 kV	-2 kV	2 kV	4 kV	6 kV	8 kV
测试结果	D2	E	D2	A	A	A	A	A

由结果可以看出，在测试电压-6kV 注入时 IC 损毁，而在测试电压为-8kV 后 MOVs 才启动保护的功能，先前的假设成立，而保护的效果与 TVS 一样，但 MOVs 本身的箝位电压较高，我们手边有的只有 93 V，目前对策组件供货商提供最小箝位电压的 MOVs 为 36 V，或许使用更小箝位电压值的 MOVs 所需启动的能量会更低，效果或许会与 TVS 符合，因此由结果现象得知，我们使用的 MOVs 较不适合用于此实际案例中。

最后我们将稳压电容值维持在 100nF，并联 GDT，如图 9-110 所示，其测试结果如表 9-7 所示。

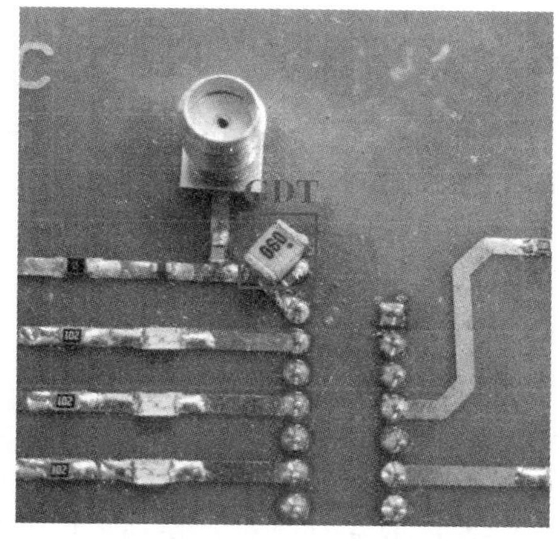

图 9-110　并联 GDT 示意图

表 9-7　增加 GDT 的测试结果

测试电压	-2 kV	-2.5 kV	-3 kV	-3.5 kV	-4 kV	-4.5 kV	-5 kV
未增加	A	A	D2	D2	D2	E	
增加 GDT	A	A	D2	D2	D2	E	

结果发现失效的部分也未得到改善，GDT 启动时会有弧光放电的效果，在注入的过程中并没有看到此情形，因此判断为 GDT 未启动，我们一样对测试板注入 IEC 61000-4-2 所要求的测试电压，其结果如表 9-8 所示。

表 9-8　改善后的 ESD 测试结果（GDT）

测试电压	-8 kV	-6 kV	-4 kV	-2 kV	2 kV	4 kV	6 kV	8 kV
测试结果	E	E	D2	A	A	A	A	A

由结果可以看出，GDT 在注入测试电压-8kV～8kV 的过程中也没有弧光放电的效果，由

于 ESD 的能量无法达到 GDT 内部惰性气体电离的能量，造成无法启动保护 IC 的作用。因此，由结果现象得知，GDT 较不适合用于此实际案例中。

以上结果显示，在此实际案例中，以增加稳压电容值的效果为最佳，而 TVS 确实能保护 IC 不被击坏，但对于负极 ESD 电压还是会因为使直流电压降低而造成 IC 误动作，最后 MOVs 和 GDT，由于启动保护的能量较高，在此实际案例中较不适用，或许将来对于能量较大的 EFT 和雷击的部分，我们可以额外搭配这两者来保护 IC 免受更大瞬时噪声的伤害。

9–6 屏蔽技术分析与机壳构装

电磁屏蔽的目的是防止电子产品辐射出干扰电磁场，或阻挡外在的电磁场耦合至电子产品内部，屏蔽效应是在辐射的电磁波传播路径上加入阻抗的不连续性，并因此将其反射或吸收。屏蔽在概念上和滤波器的工作原理很像，它们都是在不需要的传导信号路径上置入阻抗的不连续性，而阻抗的差异越大屏蔽效果就越好。所以，电磁屏蔽在概念上便是在阻隔电磁场的传递，好的电磁屏蔽设计可以有效降低电子产品辐射干扰超过法规限制的可能，也可以大大提升电子产品的电磁耐受能力，因此电磁屏蔽技术一直是处理电子产品电磁兼容的重要研究课题。另外，电磁屏蔽的概念也可以扩及到对建筑物的要求，小者如隔离室，大者如房屋，因测量精密或军事保密的要求，也必须加入电磁屏蔽的设计，以阻隔电磁场的泄漏或对人体健康的危害。

电磁屏蔽技术的困难在于所屏蔽的电磁场的频率范围非常广，从直流到微波频段皆有可能，其屏蔽的对象有几种：电场、磁场和电磁场，电场可通过薄金属箔轻易地加以阻挡，这是因为电场的屏蔽机制是电荷在导电接口上重新分布，所以几乎所有低导电率的金属在低频时都会呈现适度的低阻抗特性；而在高频时，快速的电荷重新分布会导致大量的位移电流，虽然如此，但只要薄铝片就可应付自如；然而，磁场就很难去加以阻挡，因为它们需要在屏蔽材料内部产生涡电流，以便产生一个与外加磁场相反的磁场来相互抵消，此时薄铝片并不太适用，而且针对给定的屏蔽效率需求，电流的穿透深度取决于场的频率和作为屏蔽的金属特性，而且产生的电磁场可能是在远场或近场的范围，因此便衍生出选择电磁屏蔽材料的难题。此外，在电磁屏蔽上会有不可避免的不连续性，例如散热、机能旋钮的孔洞或接缝等，均会降低电磁屏蔽的效能，所以如何设计有效的电磁屏蔽是相当的技术挑战而不是一件容易的事。此处仅简要说明屏蔽的应用和注意事项，至于较完整的原理分析可以参考附录 B。

对电磁波产生衰减的作用就是电磁屏蔽（如图 9-11 所示），电磁屏蔽作用的优劣是以屏蔽效能来衡量，其中 E1 和 E2 分别代表屏蔽前与屏蔽后的电场强度：

$$SE = 20\log(E1/E2)\ \mathrm{dB}$$

对于一片完整的实心屏蔽材料，共有 3 种机制能够提供屏蔽的效能计算：反射、材料的吸收衰减、材料内部的多重反射，如图 9-112 所示。在 3 种屏蔽机制中，因引入屏蔽材料而导致阻抗不连续的反射现象是最有效的，其原理与滤波器的各种组态效能都跟噪声源及负载阻抗有关一样。

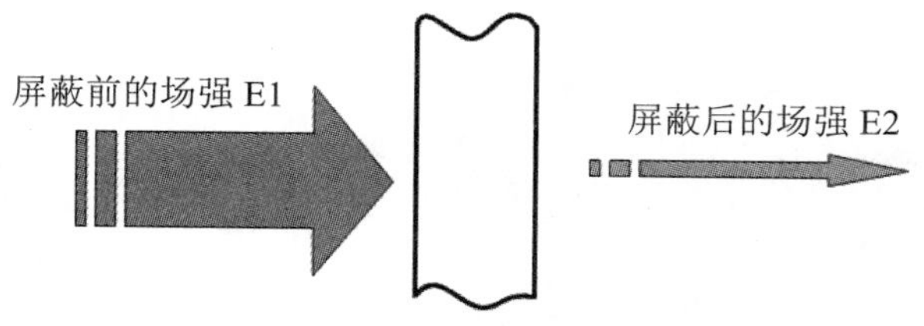

图 9-111　电磁屏蔽示意图

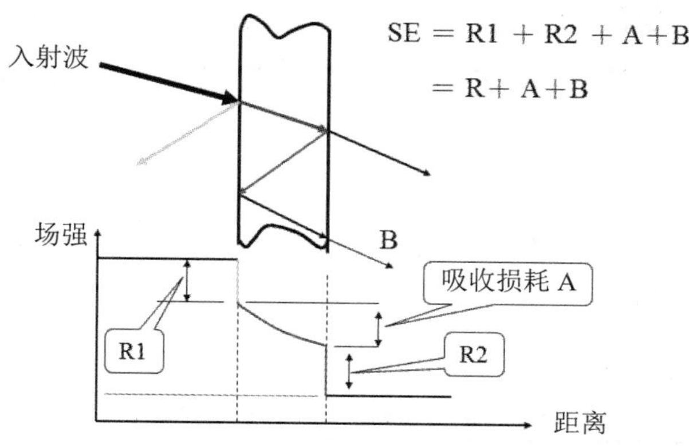

图 9-112　实心材料屏蔽效能的 3 种机制

入射波一进来遇到材料接口时会因为阻抗不连续而产生反射现象，接着若是没有全反射，则会有一部分反射一部分透射，而透射的部分在材料内部会有吸收衰减，吸收量则与厚度成正比（集肤深度效应），所以厚度越厚衰减程度越大；有很多吸波材料中间会夹金属层，它会将感应电流旁路到接地予以滤除。若将屏蔽模拟于滤波，在图 9-112 所示的 3 种机制中，R 对应滤波的阻抗不连续反射，B 对应滤波的电能和磁能的储存，A 对应的是在滤波里面如果有串联电阻，串联电阻就会将能量损耗掉。

由于屏蔽材料对电磁场会有集肤效应，针对一个给定的屏蔽效能要求，电磁场或感应电流的穿透深度将会取决于电磁场的频率和作为屏蔽的金属材料的特性（如导电率和导磁系数）的现象就叫做“集肤效应”。集肤深度定义为：集肤效应会导致由入射电磁场所感应的电流，减少约 9dB 时的屏蔽材料深度或厚度。3 个集肤深度厚的屏蔽物质就会在其另一面产生减少将近 27dB 的电流，因此就可获得将近 27dB 的屏蔽效能。

集肤效应在低频时尤其重要，因为此时所遭遇的场主要都是阻抗低于自由空间阻抗 377Ω 的磁场干扰。对屏蔽效能来说，良好的屏蔽材料应具有高导电率和高导磁率的特性，同时在相关的最低频时，也要有足够的材料厚度来符合所需的集肤深度。图 9-113 所示为几种常见金属屏蔽材料的集肤深度，可以发现在较低频时，铜和铝的集肤深度较厚，因此若用来屏蔽低频噪声时使用的材料就必须要较厚且较笨重，而在较高频时，反而是钢的集肤深度相对较厚，所以就比较不适合用来屏蔽高频噪声。然而屏蔽材料的特性都会随着频率而改变，例如低碳钢在低频时典型的相对导磁系数大约为 300，而当频率增加超过 100kHz 时就会降至 1。由于较高的导磁系数可以减少集肤深度，因此使得在低频应用时低碳钢比铝更适合，因此 1mm 厚镀纯锌（≥10μm）的低碳钢板在相当多的应用中都是相当好的解决方案。

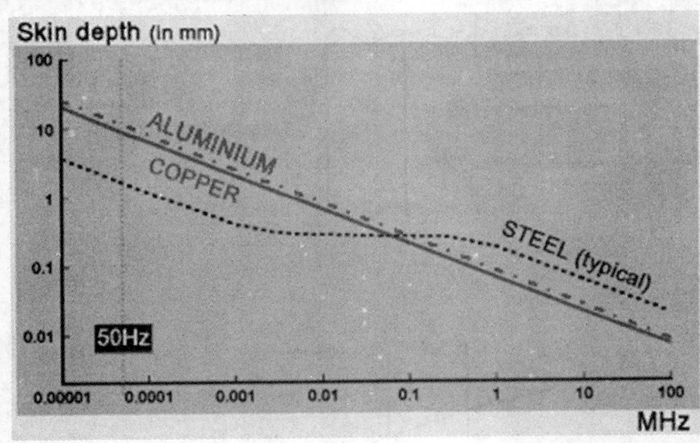

图 9-113　铜、铝、钢的集肤深度

屏蔽材料可以使用两种主要材料：导磁材料和金属材料，越低频的时候集肤深度越厚，可利用磁性材料（铁钴镍锰），越高频则是金属效果较好，表 9-9 列举了一些主要屏蔽材料的导磁率与导电率。

表 9-9　主要屏蔽材料的导磁率与导电率

材料	μ_r	σ_r	材料	μ_r	σ_r
银	1	1.05	不锈钢	500	0.02
铜	1	1	4%矽钢	500	0.029
金	1	0.7	热轧矽钢	1500	0.038
铝	1	0.61	高导磁矽钢	80×10^3	0.06
工业纯铁	50～1000	0.17	坡莫合金	80×10^3～120×10^4	0.04（79%镍，21%铁）
冷轧钢	180	0.17			

1．近场与远场效应

为了在电磁波传输路径上导入阻抗不连续性以形成屏蔽效能中的反射机制，就需要了解材料阻抗是指什么。对屏蔽效能而言，此处的材料阻抗称为表面阻抗，反射机制就是希望电磁场阻抗与表面阻抗不匹配而形成反射，然而电磁场的波阻抗 $Z_W=E/H$，会依据波源（或干扰源）与场点（或受扰电路）的距离而分类为以下两种：

- 近场波阻抗：又再分为电场阻抗和磁场阻抗。
- 远场波阻抗：在真空中为 377Ω。

近场与远场的约略区隔是依照波源（或干扰源）与场点（或受扰电路）所在位置的距离而定义如下：

- 近场区：到辐射源的距离小于 $\lambda/2\pi$ 的区域。
- 远场区：到辐射源的距离大于 $\lambda/2\pi$ 的区域。

以 $\lambda/2\pi$ 为基准点是因为在图 6-51 和图 6-52 电偶极及磁偶极的辐射电磁场表达式中，$\beta r=1$ 为远近场的转换点，因为 $\beta r>1$ 时代表距离远相位改变大所以是远场区域，而 $\beta r<1$ 时则代表距

离近相位改变不大所以是近场区域，其中 β（= 2π/λ）为相位常数，因为电磁在周期性运动时，在时间上的一个周期，在空间上是一个波长，而在相位上则代表改变 2π。由于波阻抗是电场除以磁场，因此依据图 6-51 和图 6-52 电偶极及磁偶极的辐射电磁场分量表达式，近场与远场的波阻抗关系如图 9-114 所示，其中电偶极对应的共模辐射大小和电流、长度成正比，而磁偶极所对应的差模辐射大小和电流、面积成正比。

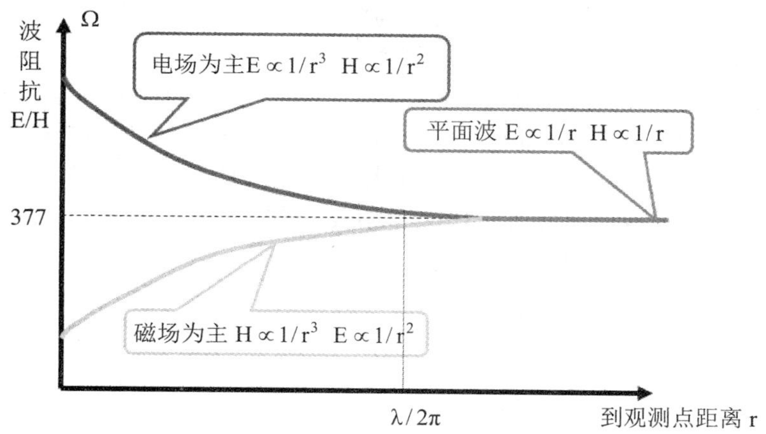

图 9-114　波阻抗与远近场效应

电磁波在远场区域（βr>> 1）可以想象成平面波，其中由图 6-51、图 6-52 和图 9-114 都可以发现电场与磁场都与 r 成反比，因此远场阻抗与距离无关，也就是自由空间的本质阻抗 377Ω；而近场区域（βr<< 1）中，高阻抗电路以电场为主，其近场阻抗与 r 成反比（1/r），因此越靠近时阻抗越大，所以用低阻抗的金属即可有效屏蔽阻挡，而低阻抗电路则是以磁场为主，其近场阻抗与 r 成正比，因此越靠近时阻抗越小，所以适合利用高阻抗的磁性材料或高阻抗表面（HIS）的周期性结构予以有效屏蔽。

上述所讨论的都是完整的电磁屏蔽体，但在实际的系统中却不可能由完整的屏蔽体所围组而成，因为系统内部必须有信号沟通的路径、组装时的接缝、散热通风等会破坏完整屏蔽体的机构问题，所以实际的机箱上有许多泄漏源：不同部分结合处的缝隙通风口、显示窗、按键、指示灯、电缆线、电源线等，如图 9-115 所示，因此必须考虑这些孔洞和缝隙对屏蔽效能的影响以及改善的方法。

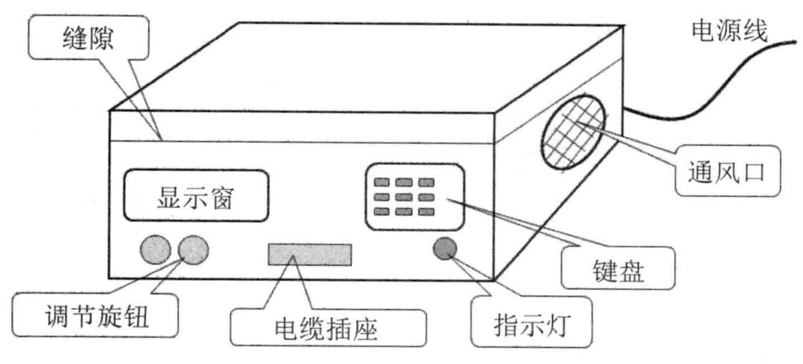

图 9-115　实际屏蔽体的问题

2. 孔径效应

当孔缝的最大尺寸接近半波长的整数倍时，其所对应频率的电磁泄漏最大，因此针对系统内部有高频噪声时应做好孔缝的屏蔽，一般要求缝长或孔径必须小于 λ/100～λ/10。如果需要在屏蔽体上开孔或挖洞的区域较大时，可能的话要尽量化整为零，对所有必要的或不可避免的大面积孔径分割成为数较多的较小开孔，以确保不会严重影响屏蔽效能，结构如图 9-116 所示，其中可以改善的屏蔽效能（或泄漏波的衰减量）以 dB 计算的数值为 A，λ 为对应噪声频率的波长，d 为孔洞最大直径，n 则为小孔洞个数，因此一群数目众多且相互靠近的完全相同的小孔径，其改善的屏蔽效能 SE 相较于占据同一面积的单一孔洞而言，约略会与其数目的平方根成正比，例如两个孔洞会有 3dB 的屏蔽效能改善，4 个孔洞的屏蔽效能改善为 6dB，8 个孔洞为 9dB 等，依此类推。但是当小孔径的最大尺寸开始与对应频率的半波长相当时，或是当孔径彼此并不是相近时，则会由于相位会相互抵消的效应而使每增加一倍开孔数目就改善 3dB 屏蔽效能的粗略规则不再适用。

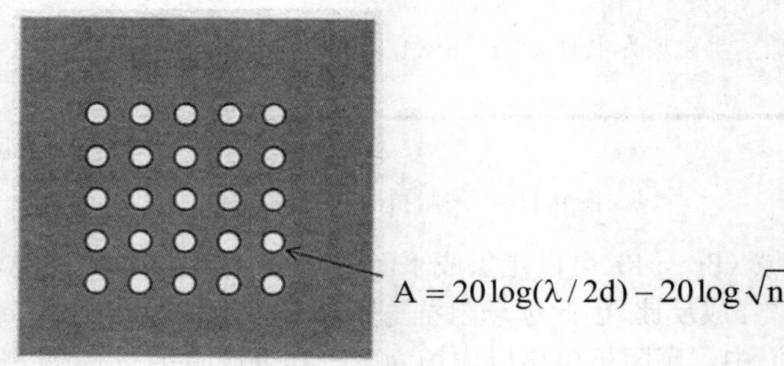

图 9-116　将槽孔化整为零的网状屏蔽板范例

在第 3 章和第 6 章都曾针对槽孔的辐射耦合机制进行过分析，因为在一金属屏蔽层上所感应流动的表面电流，将会由于其上的孔径所造成的不连续而迫使电流从它们的理想路径转向，进而导致该孔径会辐射电磁场，因此对于无法避免的长形孔径（如门盖等），则可能需要导电衬垫或弹性金手指来保持屏蔽导体的连续性，或者当考虑长条狭窄孔径时，也可以通过调整内部电路摆置方式和孔径上较长尺寸的相对走向来降低此类辐射水平，如图 9-117 中的示意图所示。

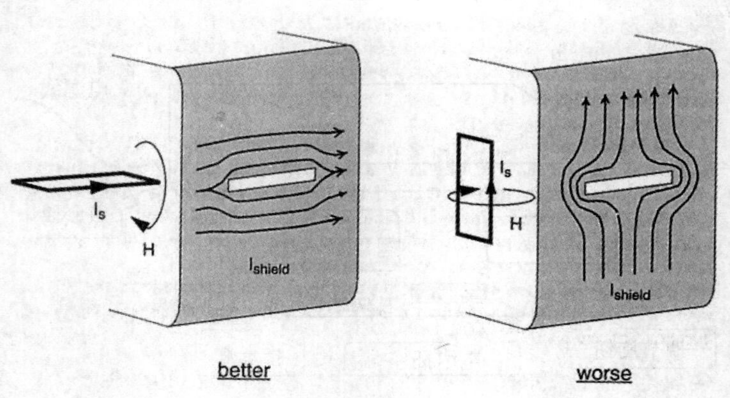

图 9-117　电流回路与槽孔方向的关系

由于在系统屏蔽机壳组装的时候常必须处理板材接合处的缝隙（如图 9-118 上图所示），如果未妥善处理，则会出现如图 9-118 左下图所示的漏波狭缝出现，此时可以利用右下图的永久性焊接工艺来降低接缝的最大长度，其中焊接点距离 d 也要符合 λ/100～λ/10 的要求。

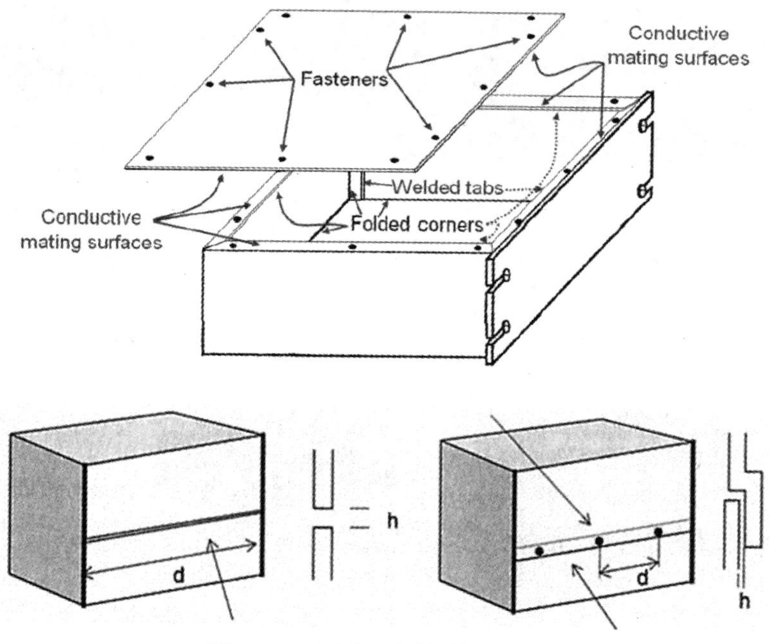

图 9-118　屏蔽机壳接板间的缝隙

至于一些活动式的非永久性接面所形成的接缝问题则可以采用导电衬垫、卷曲螺旋弹簧、卷曲螺旋屏蔽条、高性能型屏蔽条、硅橡胶芯屏蔽衬垫、多重密封条、指形簧片衬垫、金属编织网衬垫、导电橡胶衬垫等方式加以改善，图 9-119 所示即为一般的处理方式和常见的电磁密封衬垫的类型，其中有金属丝网衬垫（带橡胶芯的和空心的）、导电橡胶（不同导电填充物的）、指形簧片（不同表面涂覆层的）、螺旋管衬垫（不锈钢的和镀锡铍铜的）和导电贴布等。

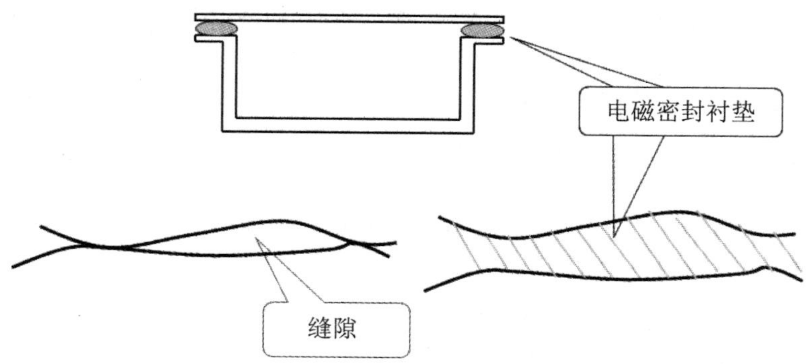

图 9-119　活动式缝隙的处理与常见的可压缩性电磁密封衬垫种类

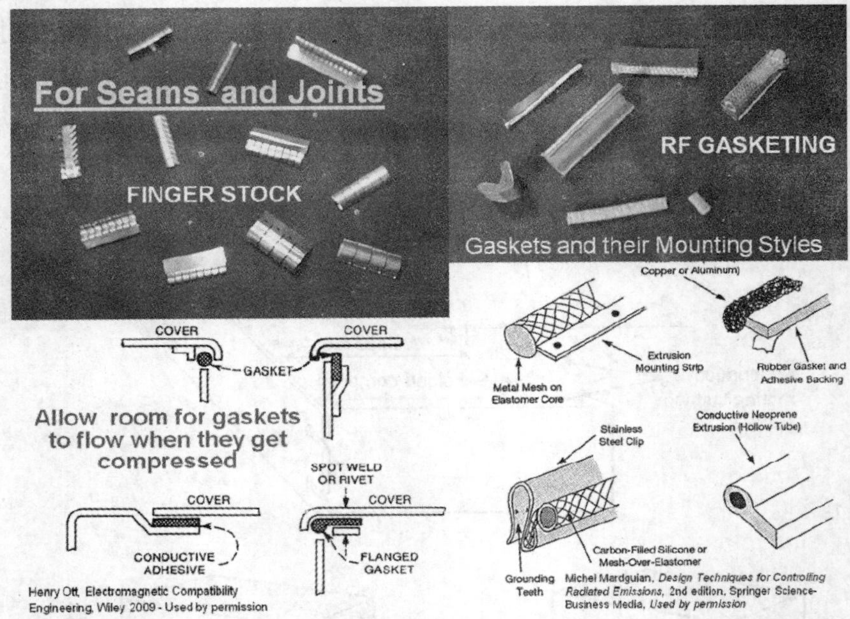

图 9-119 活动式缝隙的处理与常见的可压缩性电磁密封衬垫种类（续图）

在设计和选择电磁屏蔽衬垫时，应正确地选择其电磁屏蔽的应用，应考虑的要素如下：

- 衬垫形状。
- 机械耐久性。
- 衰减水平：多数商用设备要求衰减量达到 60～100dB，极致为 120 dB。
- 压缩量：多数商用设备考虑低闭合力设计。压缩量对导电橡胶的屏蔽效能有很大影响。由于导电橡胶所采用的填料不同，其导电性有高有低，所以导电橡胶可达到的屏蔽效能范围较宽。
- 屏蔽衬垫和接触金属介质间的电腐蚀性，避免导致电蚀电流的产生。
- 对水、灰尘和类似外部介质的环境密封。

此外还应考虑成本、耐用寿命、公差和安装方法（如铆接式、粘接式等）等实际问题。

3. 截止波导的屏蔽效应

一般在屏蔽面上的槽孔所产生的电磁波泄漏现象如图 9-120 左图所示，可以明显地发现当孔径越大时电磁屏蔽效能的恶化就更为严重，而如果类似通风口的面积要够大（例如已经利用蜂窝式通风板化整为零）或是信号线束较粗而需要大的接口导孔时，则可以利用具有高通滤波特性的截止波导来实现，如图 9-120 右图所示。波导结构可以大幅降低多数在辐射干扰测试规范中的较低频率电磁泄漏，因为噪声频率低于波导截止频率的电磁波损耗很大，而只让 EMI 测试标准规范以外的高频电磁波能穿过波导管，因此达到辐射 EMI 测试的限制值要求。

波导管的截止频率计算如下：

F（cutoff）= 150000/g（MHz，最大尺寸 g：mm）

在截止频率以下，电磁波在波导中不会像平常的孔径那样产生漏波，因而能够提供较好的屏蔽效能，这是通过延伸孔径而产生漏波的传输距离，使其在周围都是金属的路径中传送而产生明显的振幅衰减，以达到所需要的屏蔽效能 SE 特性，这就是截止波导技术，图 9-121 所示的蜂巢状金属构件事实上就是由一堆截止波导边靠边地堆栈而成，而且经常被用在屏蔽室中和具有高屏蔽效能要求的类似机壳中作为通风散热使用。

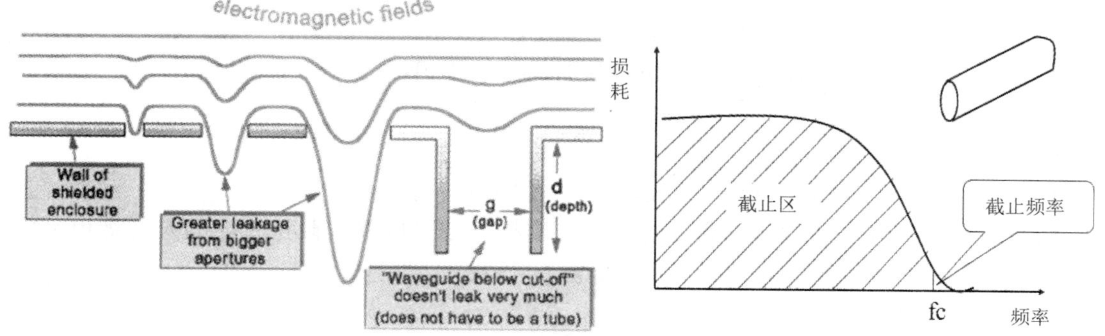

图 9-120　槽孔漏波现象和可以大幅降低电磁泄漏的波导结构

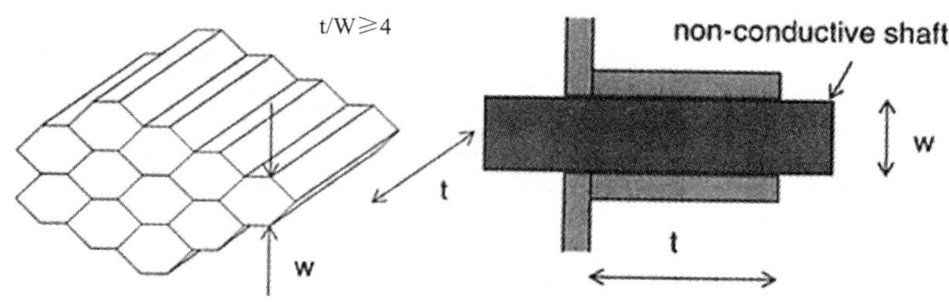

图 9-121　截止波导结构

4. 其他种类开孔的处理

除了上述提到的几种可能槽缝现象外，还有几种因系统的功能需求而必须存在的开孔结构，例如显示器、操作器件（如指示灯、表盘等）等，其中对显示器的处理可以采用导电玻璃、屏蔽隔离腔与滤波器的组合、缩小指示灯孔等方式来降低槽孔对屏蔽效能的影响，如图 9-122 所示。

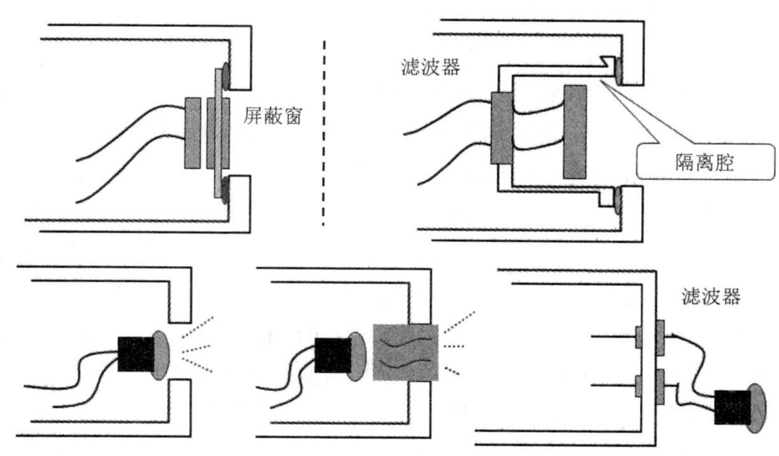

图 9-122　显示窗或器件的处理

屏蔽玻璃主要的应用是在电子设备需要透明的窗口时，例如 CRT、仪表的液晶显示窗口等，其材料多属于透光导电聚酯，在选择时必须考虑的因素有以下几个：

- 屏蔽效能：
  - 磁场：100 kHz 时约 20 dB。
  - 电场：10 MHz 时约 80 dB；1GHz 时约 70 dB。
- 透光率：一般为 40%～50%。
- 工作温度范围：-40℃～55℃。
- 安装方式：外围必须预留 20 mm 丝网供接地使用。

而对于操作器件、指示灯、表盘等的开孔结构，则可以采用截止波导的方式将相关控制器件与内部电路连接，如图 9-123 所示的安装范例。

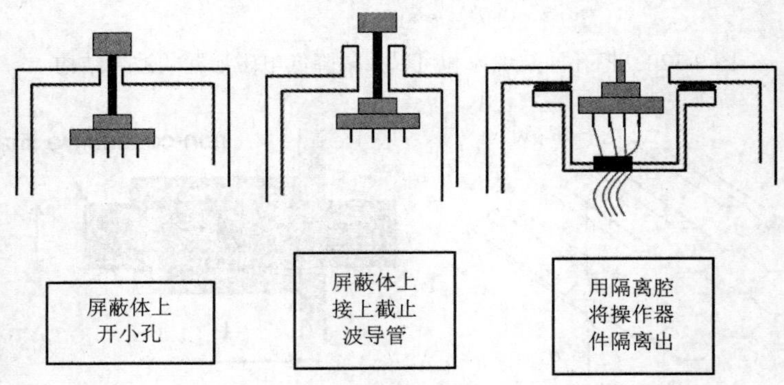

图 9-123　操作器件开孔的处理

由于屏蔽壳体上不允许有任何未加以防护的导线穿过，而通过该缆线的天线效应将系统内部的干扰噪声向外面辐射，因此必须加以抑制，例如在缆线出口处安装贯穿滤波器、滤波器连接器、滤波器数组、遮蔽型线缆等方式，以阻隔噪声向外扩散而造成电磁干扰的问题。

9–7　产品外部连接器与缆线规划

完成系统的屏蔽封装后，如果有外部电源或信号缆线必须穿过屏蔽体与内部电路连接时，则由于缆线在机壳的出口接口处会因为破坏完整的屏蔽效能而出现如图 9-124 上图所示的将内部噪声通过线缆传送出去的电磁干扰问题；同样地，由于系统外部是我们所无法掌握的电磁环境，因此系统外部的电磁干扰噪声也可能会通过该连接线缆耦合至系统内部，影响电路的正常运作，所以必须利用图 9-124 下图所示的解决方法（例如滤波、遮蔽型连接器、遮蔽型线缆等）来抑制系统内外因连接线缆而耦合的电磁干扰噪声。

如果在线缆出口接口处没有滤波器，噪声就会通过传导方式相互耦合；如果线缆与连接器没有屏蔽，共模噪声就会通过线缆产生辐射，所以滤波器一定要与机壳整并在一起设计。那么究竟在缆线穿透屏蔽体时的可能噪声耦合效应要采取哪种解决方案呢？在考虑整体系统的电磁波屏蔽效能和成本因素等的情况下，其可以选择的设计流程如图 9-125 所示。

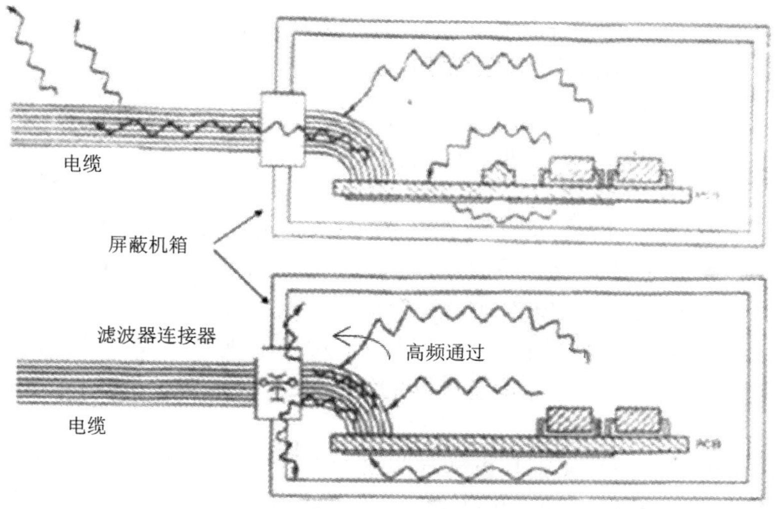

图 9-124　穿过屏蔽体缆线的辐射干扰问题与解决方法

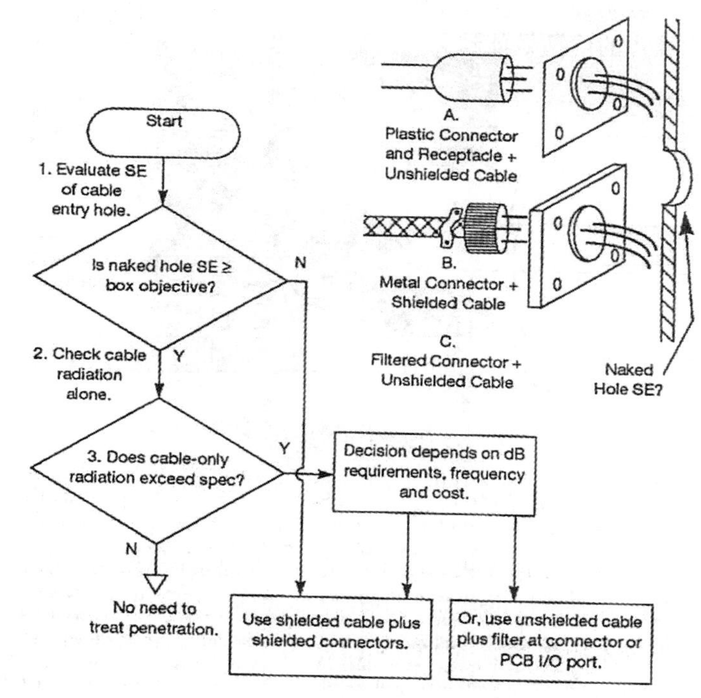

图 9-125　线缆穿透屏蔽体时的设计流程

（1）第一步：定义出隔离度。

先由设计规格确定完整金属板（屏蔽板）要将里面的噪声整个隔离的屏蔽效能要求有多高，就像衰减多少 dB，所以一开始先选择屏蔽材料或进行其表面阻抗的导电分析；接着因为要提供系统内外连接的 I/O 接口，所以必须在屏蔽体上开孔，以便后续提供连接线缆之用；接着需要评估开孔的孔径大小是否会让屏蔽效能变差而无法符合原先的设计规格，若是这种开孔的效应没有影响到系统屏蔽效能的规格，则可以继续下一步骤的设计；而若是一开孔就出现问题（有些开孔必须较大，例如旋转轴）而破坏原本的屏蔽效能，则只能采用遮蔽缆线再加上屏蔽连接器的方法加以解决，因为此时加滤波器并没有用，泄漏波会从滤波器旁边的缝隙耦合出去。

（2）第二步：确认线缆是否有辐射。

如果第一步的开孔效应并没有影响到系统的屏蔽效能，则接着会不会经由连接缆线辐射就要看它有没有屏蔽或滤波了。如果连接缆线不会形成天线而产生辐射，那么产品就通过EMI 测试认证了；而如果开孔效应没有问题，但是在接了缆线之后 EMI 电磁干扰问题却变得严重了，此时系统内部的干扰噪声就会耦合到缆线上，然后再传送出去造成辐射干扰，这时要解决问题前就要考虑打算衰减几 dB、是否针对特定频率、成本等因素，再选择以下两种解决方案：采用遮蔽缆线再加屏蔽连接器的组合（成本最高）、使用无遮蔽缆线再加滤波器的组合。

而有关遮蔽缆线的屏蔽效能则是以转换阻抗参数来进行评估。转换阻抗的定义是：在缆线内部激发电流后，在遮蔽层外面产生的共模电压（就是某一个地方产生的噪声电流在另一个地方产生了多大的电位），如图 9-126 所示，由于一般的系统外部连接缆线都较长，因此其电磁耦合的效应也相对比较明显，所以外部遮蔽线缆的转换阻抗性能是造成 EMC 问题的重要因素，转换阻抗越小则噪声的屏蔽效能越高，从而可以使系统整体的 EMC 特性越好。

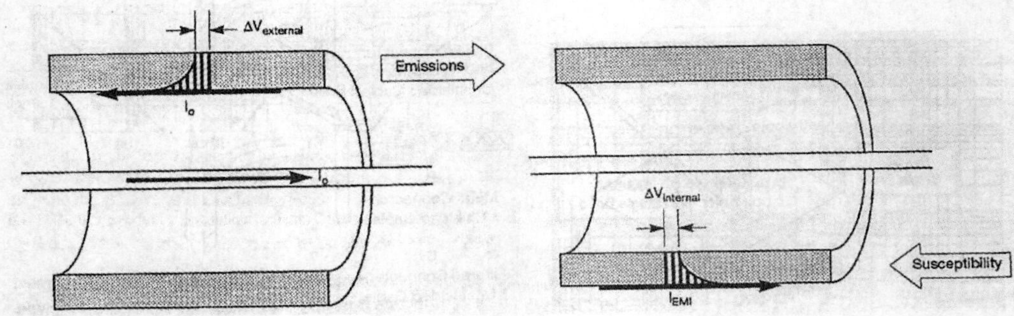

图 9-126　转换阻抗的定义及其对电磁干扰与耐受的影响

图 9-126 所示的现象是，由于任何的功能性有用信号线都是一去一回形成回路，所以在遮蔽型缆线里面如果是一个屏蔽导线，里面信号传输过去的时候，回路电流路径应该走外导体的内层，可是因为外导体的内层会有集肤深度（若是一个完整的金属）问题，频率越低集肤深度越厚，所以部分低频电流可能透过屏蔽层而泄漏在外导体表面。此外，因为很多时候缆线都必须要能够弯曲，因此就会采用金属层辫带编织网形式（类似大多数的单层遮蔽同轴电缆），以致会发现原来外部回归电流会因为集肤深度或编织网而泄漏到外面来，所以在信号线里面送电流，在外面一段距离量电压，电压除以电流就是转换阻抗。

对 EMI 问题而言，遮蔽层缆线内部信号电流感应到外部共模电压越小越好，否则表示外面金属导体感应出一个共模辐射电压，这种现象称为差模至共模的模态转换，在连接器上常会看到这种现象。而对于 EMS 而言，原本遮蔽层缆线内部并没有任何信号传输，结果因为外面环境的电磁场会在遮蔽层导体上面产生感应电流，而感应电流也会因为集肤深度或是缆线屏蔽效能不够而在内部导线上产生感应电压而形成差模噪声，这种现象称为共模至差模的模态转换。

讨论完系统外部连接缆线的效应后，接着就要讨论与其息息相关的连接器在屏蔽体上的连接方式与产生的电磁干扰效应了。由于外部环境存在很多的电磁场，而电磁场会在遮蔽连接缆线的外部屏蔽导体上面感应电流，但当原本有很好屏蔽效能的缆线要与系统的机壳接地连接时，最后终接时来到系统的接地端却是采用猪尾巴形式，使得整体的屏蔽效能最后功亏一篑。例如图 9-127 所示将屏蔽层导体揉成猪尾巴形式直接焊在接地上会产生电感效应，也因为这个电感效应会将遮蔽层上从环境电磁场感应出的电流转换成共模噪声电压，因此外面屏蔽层有越多接地导线就是越多电感并联（即多点接地），电感效应就更小，共模噪声电压就越低，而最终也是最高级的就是利用 360°金属屏蔽环绕的连接器。

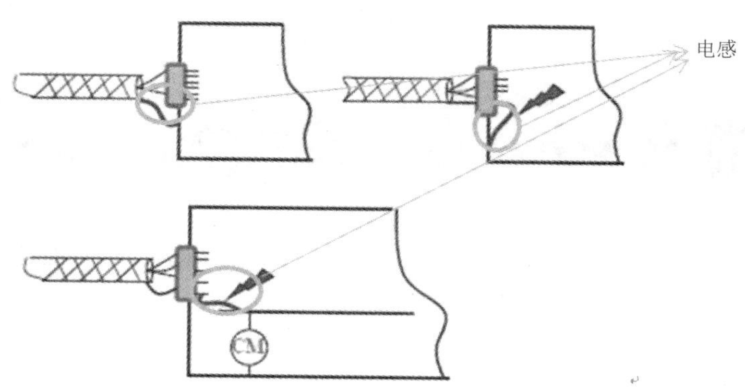

图 9-127　屏蔽层的错误接法

一般在评估遮蔽缆线的屏蔽效能（或转换阻抗）时最常见的测试配置是如图 9-128 所示的 TEM Cell 和 BCI 测试法，这两种测试方法的原理可参考第 7 章的对应测试原理说明。

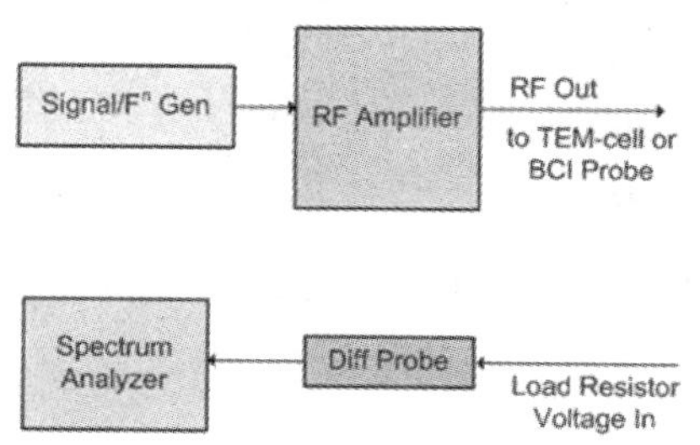

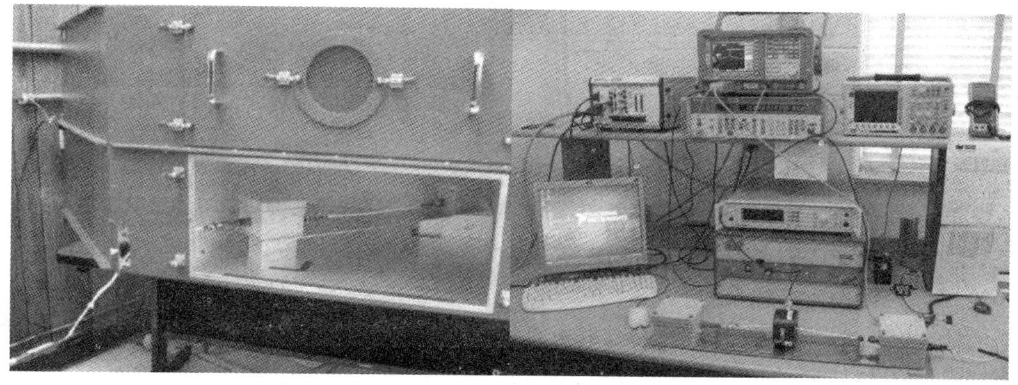

图 9-128　利用 TEM Cell（左）和 BCI（右）评估遮蔽缆线屏蔽效能的测试设置

利用图 9-128 所示的测试配置分别以图 9-129 所示的 5 种缆线屏蔽方式进行测试后，TEM Cell 和 BCI 测试法的结果如图 9-130 和图 9-131 所示。

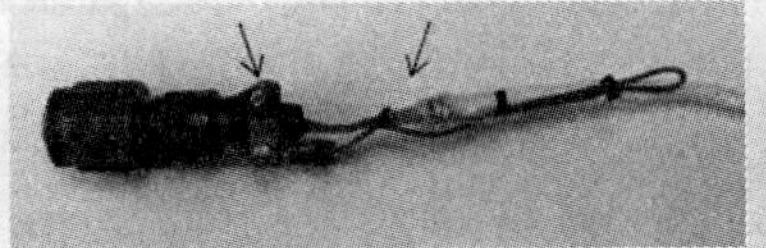

（a）猪尾巴连接至标准后壳

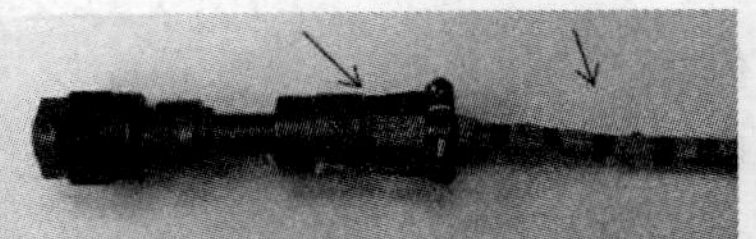

（b）缆线遮蔽层连接至 360° 环绕的 EMI 后壳

（c）软管套屏蔽接至 360° 环绕的 EMI 后壳

（d）软管套屏蔽夹至连接器

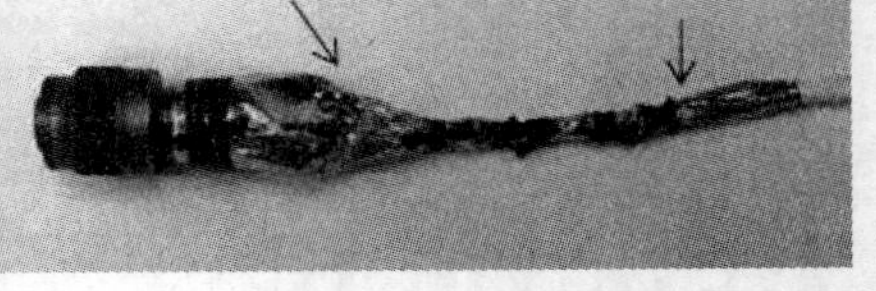

（e）导电贴布包覆标准后壳

图 9-129　5 种不同单层遮蔽终接方式的线缆

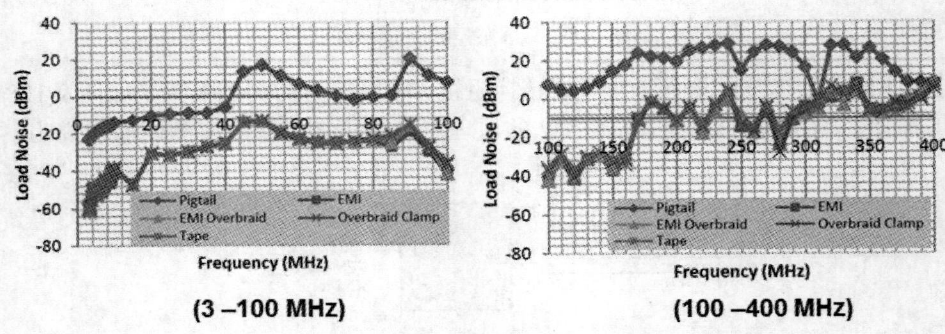

图 9-130　TEM Cell 测试法的负载端噪声结果

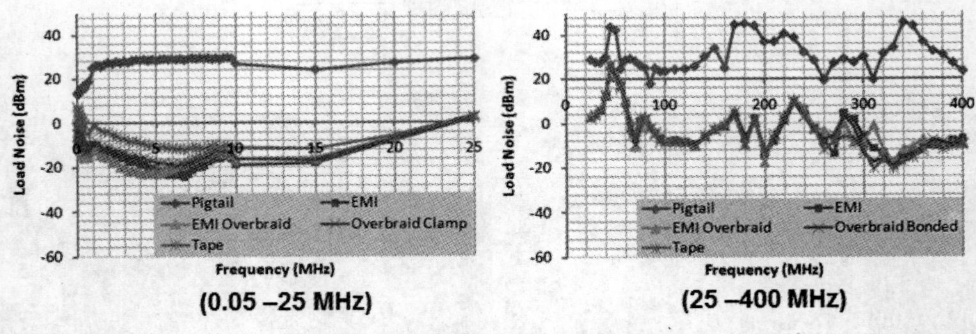

图 9-131　BCI 测试法的负载端噪声结果

一般常见的遮蔽缆线包覆方式及其转换阻抗的特性如图 9-132 所示，要注意的是，转换阻抗越小屏蔽效能越好。

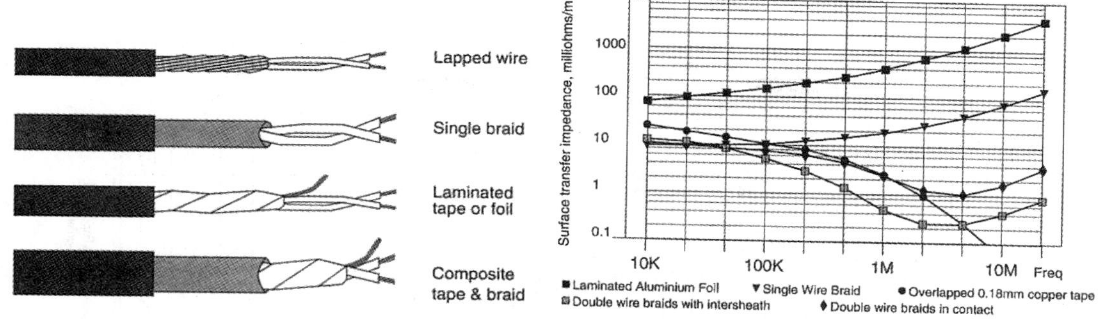

图 9-132　一般常见的遮蔽缆线种类及其表面转换阻抗

前面刚刚讨论到遮蔽缆线在系统接地终接若采用猪尾巴形式，则将会使整体的屏蔽效能最后功亏一篑，因为将屏蔽层导体揉成猪尾巴形式直接焊在接地时会产生电感效应，以致当外部有辐射噪声时就会产生共模电压，其效应与转换阻抗如图 9-133 所示。

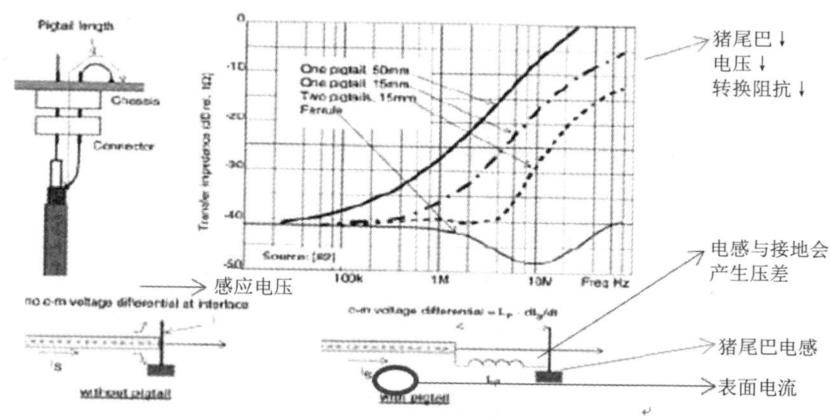

图 9-133　猪尾巴效应及其转换阻抗

屏蔽层表面的感应电流因为猪尾巴的电感效应会产生共模噪声，图中一条 5 厘米的猪尾巴转换阻抗最大，屏蔽效能最差，如果猪尾巴变短电感值变小，转换阻抗就变小，如果用两条猪尾巴就如同两个电感并联，转换阻抗就会更小，而最后整个遮蔽层用环绕套管后，转换阻抗几乎小到可以忽略不计了。

另外一种抑制缆线共模噪声传送的方法则是利用共模扼流圈的原理，这种缆线不是利用金属遮蔽层实现噪声屏蔽，而是利用分布式共模扼流圈或磁珠的滤波方式，直接在传输缆线的被覆层内加入亚铁盐磁性损耗材料，形成连续性的分布式共模滤波，而缆线长度越长时共模的抑制能力就越高，如图 9-134 所示。

如果不打算在系统外部的连接缆线上处理电磁干扰的问题，则也可以直接在连接缆线穿过屏蔽体的地方加装贯穿滤波器，利用屏蔽体与贯穿滤波器的 360°连接来改善噪声的接地效应，再利用图 9-42 所示的各种滤波器组态，滤波器面对低阻抗要使用电感，面对高阻抗要使用电容，这样就可以用如图 9-135 和表 9-10 所示的贯穿滤波器组合有效地抑制传输线的干扰噪声。

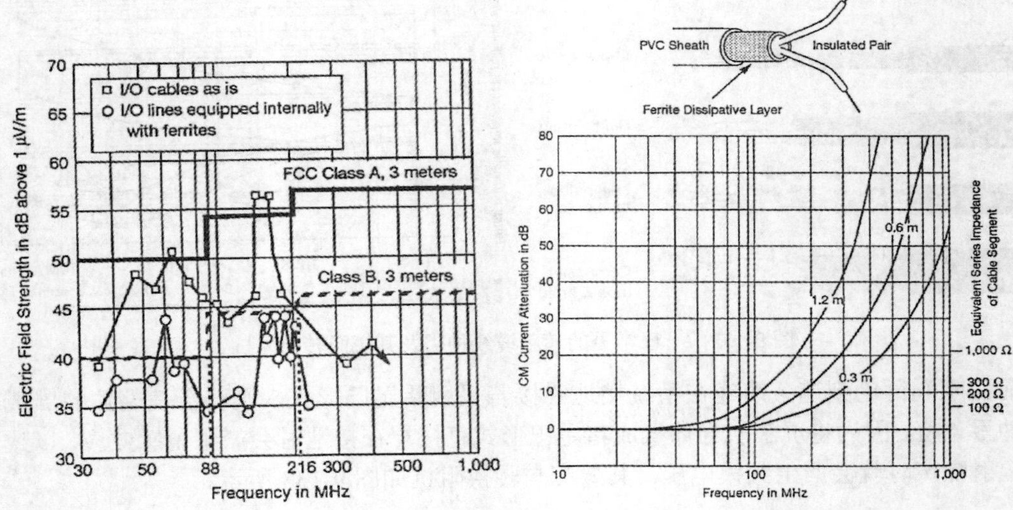

图 9-134　磁珠对 I/O 缆线的辐射效应和损耗性电缆的共模衰减特性

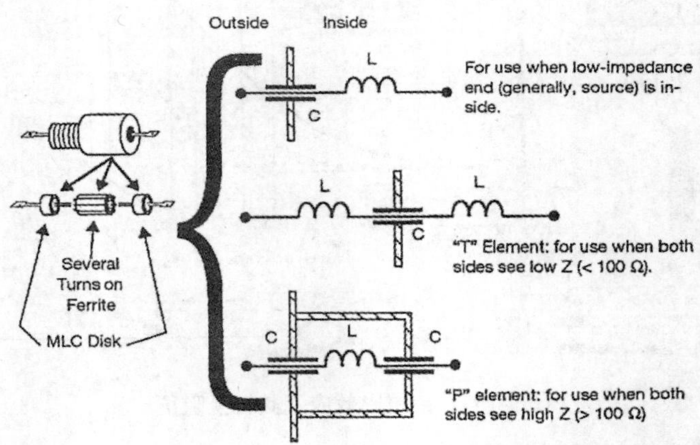

图 9-135　低电流信号线的二级与三级贯穿滤波器

表 9-10　贯穿滤波器组合

内部	外部	方法
低阻抗	高阻抗	低通滤波器
低阻抗	低阻抗	T 型滤波器（低阻抗用电感，但高频噪声要下地故使用电容）
高阻抗	高阻抗	π 型滤波器（用一个金属屏蔽）

最后讨论连接器的屏蔽方式对系统屏蔽效能的影响和最佳的连接器与屏蔽体的连接方式。前面的讨论一再强调要减少电磁干扰的问题就要试着让信号回路的面积缩小，因此不同的排线信号安排会严重影响信号回路面积和电磁干扰的特性，以图 9-136 所示的 5 种扁平排线的结构组态为例，（a）的特性最差，因为信号回路面积大；（b）虽然可以大幅降低回路面积，但因为有一半的接线都用来作为接地，所以会有设计过度的问题；（c）在成本与性能同时权衡下会优于前两者；（d）虽然仅靠一层接地即可大幅改善前述几种的所有问题，但还是会有少量的

辐射由表面出去；（e）无疑是最好的排线连接与遮蔽方式，兼顾了内部缩小回路面积降低串扰问题，外部则提供了绝佳的屏蔽效能。

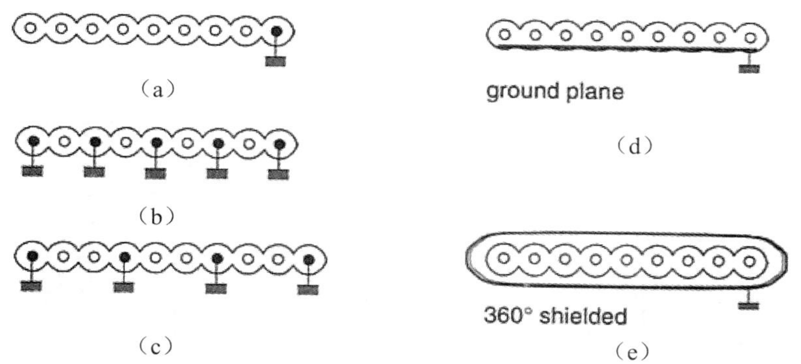

图 9-136　扁平排线的结构组态

图 9-137 所示为几种能大幅提升屏蔽效能的遮蔽型扁平排线结构，而图 9-138 所示是均为 3m 长的不同电缆排线组态在信号频率 10MHz、上升/下降时间 10ns、振幅 5.3V、工作周期 50% 的激发源条件下的辐射电场位准比较，即可发现缆线层效能对电磁干扰辐射的影响。

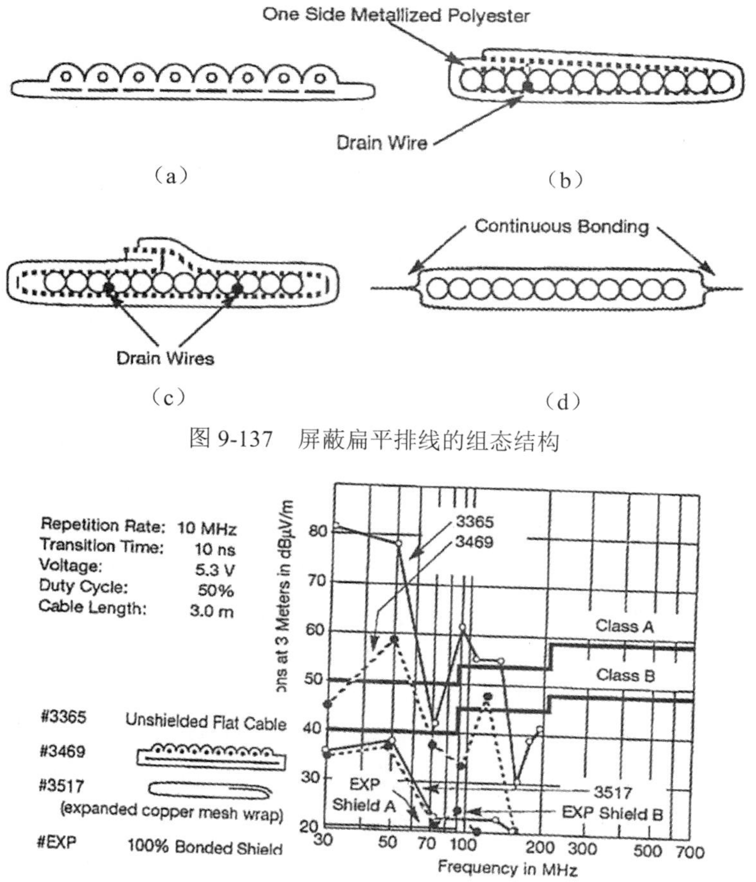

图 9-137　屏蔽扁平排线的组态结构

图 9-138　不同电缆排线的辐射位准比较

经过以上有关系统外部缆线和连接器的屏蔽效能分析与对电磁干扰效应的影响后，在最后系统机壳屏蔽体的连接上更要用如图 9-139 所示的正确电缆屏蔽层端接方式才能形成完整的屏蔽结构。

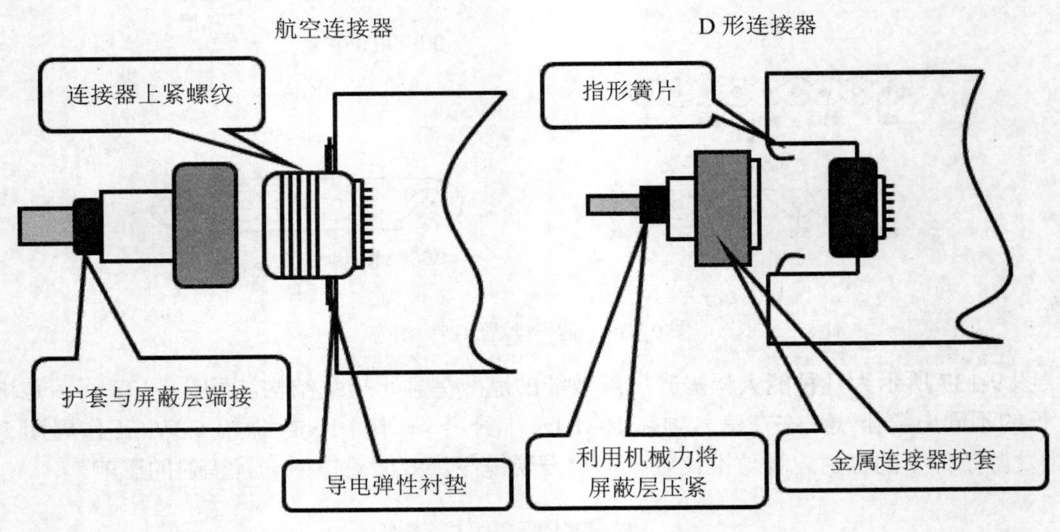

图 9-139　电缆屏蔽层的正确端接

9–8　噪声预算表应用

随着科技的跃进，计算机的发展从过往的桌上型进入移动式时代，且皆具备无线载台的功能以提供网络功能，这些移动式设备如笔记本电脑、迷你笔记本电脑、平板电脑和手机等，不仅携带方便，性能更不断提升，体积和重量也越发小巧轻盈，并且具有可长时间使用的电源，面对较以往更为复杂的电磁环境，EMI 噪声问题变得更加严重，若在模块与电路间彼此传送信号的过程中有非必要的高频成分，就可能通过 PCB 走线和零部件辐射信号将电磁波向外部传送，导致无线载台内的通信彼此相互干扰，造成通信性能降低或功能故障（如图 9-140 所示）。也因为如此，许多文献致力于噪声的预测，以提供产品在设计前期干扰程度的考虑，实现符合 EMC 验证的设计，例如使用国际标准 IEC 61967-2 TEM cell 量测方法获得辐射共模电压，即可对应出磁场耦合来源的强度，通过这些方法可有效掌握噪声位准的等级，这样就可以避免设计产品过程中错误配置造成的研发经费损失，同时也使移动设备的性能与无线传输的效能大大提高。本章内容所提出的方法是参照通信性能规划的连接预算的概念，尝试控制系统的噪声位准以提升系统性能，因此利用标准偶极天线仿真移动设备或其他系统层级产品内各模块在操作时所产生的 EMI 辐射噪声，并建立产品的估测值及噪声预算（如图 9-141 所示），产品设计开发时期即可掌握噪声预算，借此评估出适合的模块、集成电路、组件及天线的摆放位置，并进行最佳的 PCB 布线规划，加速产品成功上市的进程，让产品获得最大的效益。

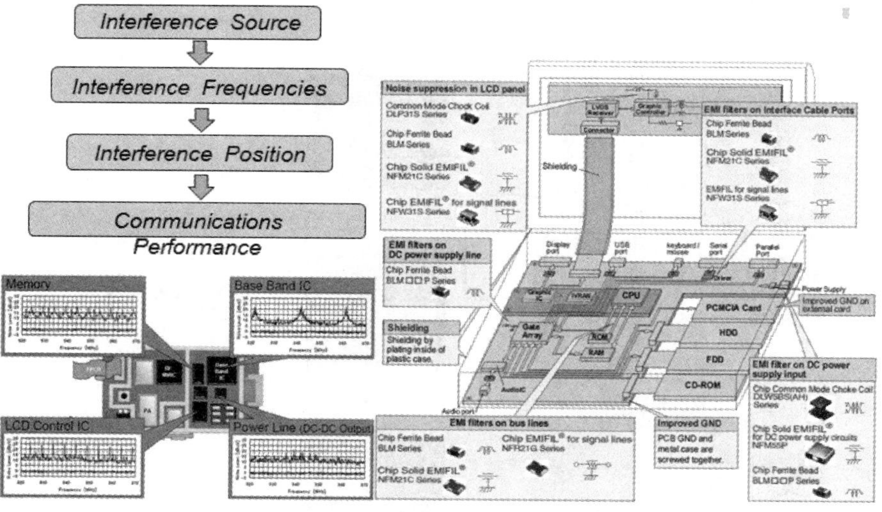

图 9-140　噪声预算的应用概念

PATH LOSS

ANTENNA GAIN	-3dB
DIPLEXER INSERTION LOSS	-2dB
MISMATCHING LOSS	-0.5dB
LNA GAIN	+20dB
LNA NOISE FIGURE	2dB
SAW FILTER LOSS	-2dB
MIXER CONVERSTION LOSS	-0.5dB
SAW FILTER LOSS	-2dB
LNA GAIN	+20dB
I/Q CONVERSTION LOSS	-8dB

NOISE LEVEL

CPU	
NORTH BRIDGE(LVDS DIRVER....)	
MEMORY	
LVDS SOKET	
LVDS FLAT FLEX CABLE	
LCD PANEL (T-CON, BACKLIGHT)	
TOUCH ME	
WEB CAM	
MINI COAXIAL CABLE FOR RF	
SOUTH BRIDGE	

图 9-141　通信连接预算与噪声预算

本章内容设计制作的噪声干扰源（偶极天线）为意图产生辐射对四周进行干扰，相对于移动设备内部的模块在操作期间非意图产生的噪声是一种较严重程度干扰的考虑，这样可以创建出最大的噪声容忍范围，确保设计的产品可以通过 EMC 验证。为建立干扰源的电磁模型，我们采用国际标准 IEC 61967-3 表面扫描法，通过电磁波量测系统观测天线实际的辐射场型，量测配置如图 9-142 所示，并以不同的距离（10mm、20mm 和 30mm）接收天线发送的辐射能量，比对辐射场型是否均匀分布于空气之中，右方为不同高度的 2D 辐射场型图，得知辐射干扰的能量均匀分布于四周。

接着我们将设计完成的移动通信天线安装于笔记本电脑（DUT）中（如图 9-143 所示），利用此天线接收不同功能模块所产生的干扰噪声，以通过耦合因子来建立主要干扰源的数字模块的噪声预算。

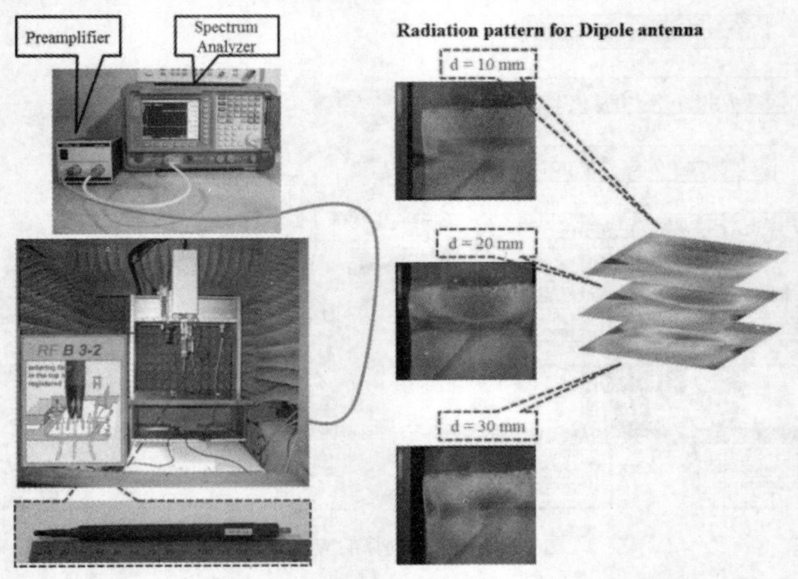

图 9-142　利用近场表面扫描法量测偶极天线近场辐射场型

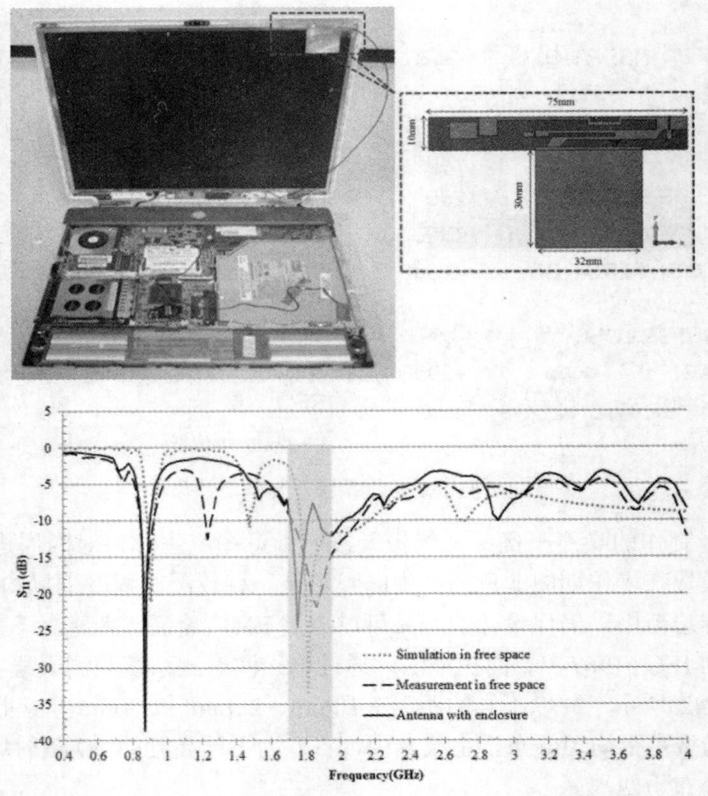

图 9-143　笔记本电脑上的 PIFA 天线（上图）及其 S 参数（下图）

为了建立笔记本电脑上各功能模块的噪声功率位准，噪声功率位准量测配置如图 9-144 所示，其中包含屏蔽箱、前置放大器、频谱分析仪、待测物、噪声干扰源（偶极天线）等，噪声功率位准建立的步骤如下：

（1）DUT 置放入屏蔽箱内（确保接收天线不会被外在的电磁波干扰）。

（2）接收天线通过屏蔽箱内部的同轴电缆线连接至外部的前置放大器输入端，再由前置放大器输出端接到频谱分析仪。

（3）噪声干扰源通过屏蔽箱内部的同轴电缆线连接至外部的信号发生器（产生噪声干扰频率及位准）。

（4）设置频谱分析仪。

（5）设置信号发生器的输出功率和频率。

（6）将噪声干扰源分别摆放在 Camera、LVDS、LAN Chip 等位置。

（7）设置完成，将屏蔽箱关上，开始记录频谱分析仪所量测到的数据。

（8）重复步骤（6）和（7）更换噪声干扰源的位置并调整信号发生器的功率。

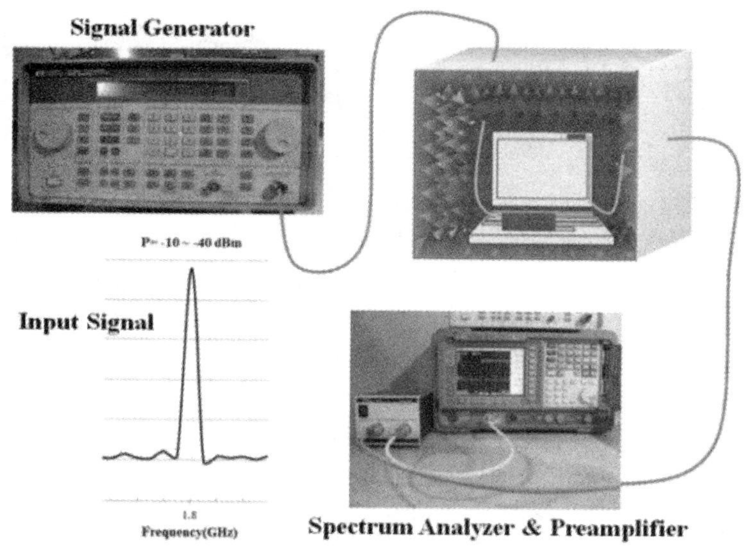

图 9-144　噪声功率位准量测配置

其中各分析噪声干扰源的摆放位置如图 9-145 所示，通过上述步骤即可建立待测物上的配置接收天线对各功能模块的噪声干扰功率位准，因此可以知道各功能模块辐射的干扰功率对接收天线造成的噪声位准，假使这个噪声位准高于无线通信所能容忍的范围，将使无线传输性能不佳，甚至导致误动作，例如蓝牙的噪声限制为-95dBm，GSM（1.8GHz）的为-105dBm，因此在设计产品时就要考虑各功能模块所产生的干扰功率，否则受到干扰的情况下移动设备无法正确接收信号。

各组件的噪声预算建立与其到受扰电路（例如此处的移动接收天线）的路径损耗有明确的关联，因为电磁波的能量经介质传递的过程中会由于传输介质和距离远近有不同程度的损耗，因此路径损耗的估算即是在建立移动设备各模块通过不同路径传输分别造成多少衰减量，并搭配前述步骤的模块干扰功率位准（NModule Limit），即可制订出各数字干扰源模块应符合的通信频率噪声位准（NLimit），计算方法如下：

NLimit = NModule Limit + LOSSPath +GA（dBi）-SNR（dB）

NModule Limit = Nant +GA（dBi）$\Rightarrow$ NModule Limit + LOSSPath $\leqslant$ NLimit

其中，NLimit 为无线通信系统要求的灵敏度噪声限制值，LOSSPath 为路径衰减，GA 为天线增益，SNR 为配合系统解调时所要求的信噪比值。

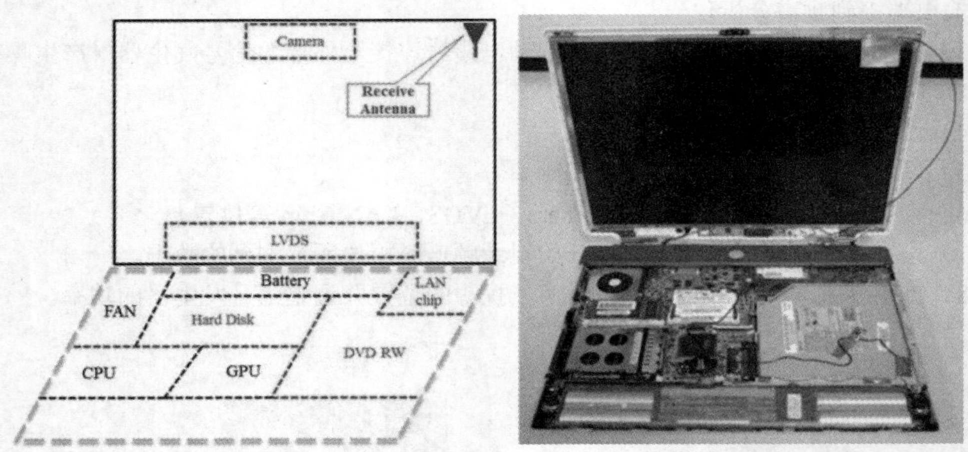

图 9-145　待测物内模块的摆放位置

路径损耗的建立方法也可以利用两支相同的半波长偶极天线，一支当成噪声干扰源，另一支则每次间隔 10mm 量测一次辐射接收能量，记录路径增加时的损减量如图 9-146 所示，量测配置考虑 DUT 各功能模块的实际位置，其中接收天线和干扰来源的摆置有同平面、不同平面、水平与垂直之分，综上所述共有 8 种摆放配置，如图 9-147 所示，借此即可推算出各功能模块所造成的损减量。

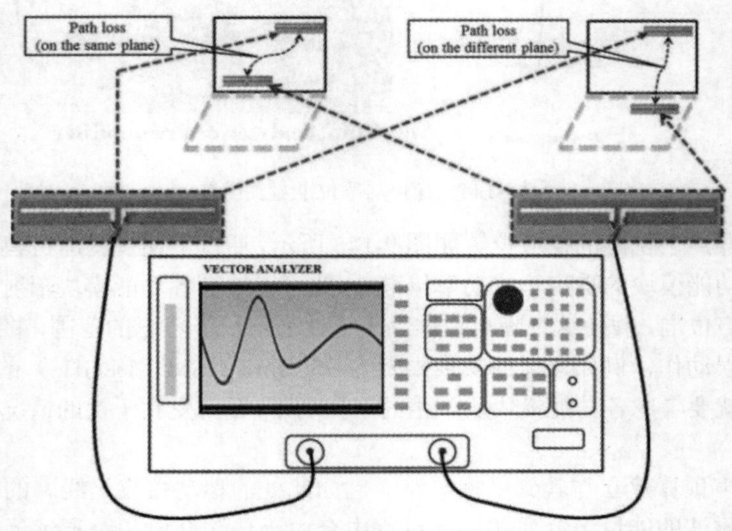

图 9-146　路径损耗的量测配置

通过路径损耗的量测或模拟分析便可以制订出各功能模块的噪声预算，电路设计者或系统集成人员在移动设备机构完成时即可利用其估测方法依实际的机构尺寸制订出各功能模块应符合的噪声限制值并选择适用的模块、集成电路及零部件制作出符合 EMC 规范的产品，若能借此噪声预算的概念和应用在设计阶段即考虑噪声对接收性能或受扰电路的干扰影响，便可以防止因错误的配置而导致产品无法符合 EMC 的规范，可降低产品开发成本，并加速产品上市售卖的进程，以获得最佳的效益。

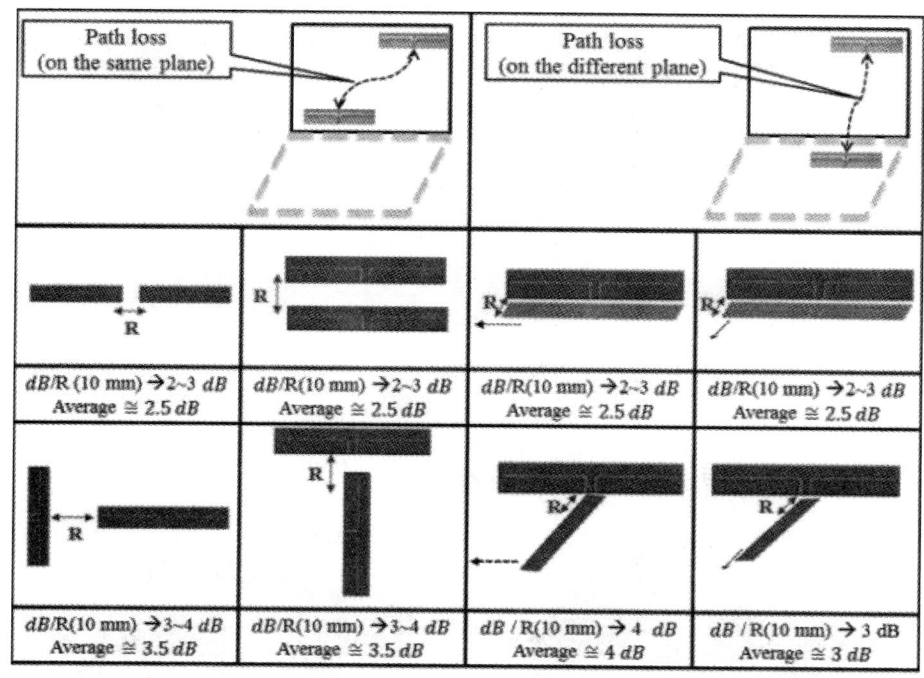

图 9-147　不同耦合路径与极化的量测配置范例

9–9　ANSYS 仿真范例 6：去耦合电容摆放位置对降低 EMI 效应的分析

1. 前言

这里探讨 PCB 的 PI 设计对 EMI 的影响，并通过 ANSYS 仿真软件 SIwave 2015 观察以下现象：

- Resonant mode 与 Z-Profile 的相关性。
- Power/Ground Plane 的划分与 PCB 结构对 Z-Profile 的影响。
- De-coupling 电容的位置对 Resonance mode 与 Z-Profile 的影响。
- De-coupling 电容的 ESR、ESL 对 target impedance 设计的重要性。
- PI 最佳化设计对 EMI 的影响。

2. 模拟

（1）完整的 Power/Ground Plane 所呈现的谐振模态与 Z Profile。

1）以两层间距 3.6mils（Er=4.4）的 90mm×80mm 的矩形平面为例。

SIwave 的 Resonant Mode 分析，显示有 0.79G、0.89G、1.19G、1.59G 等谐振频点，如图 9-148 所示。

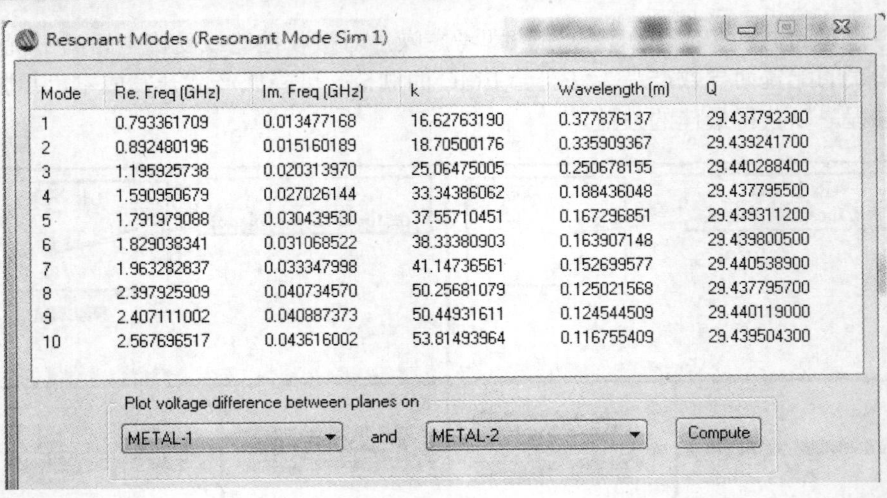

Resonant Modes (Resonant Mode Sim 1)

Mode	Re. Freq (GHz)	Im. Freq (GHz)	k	Wavelength (m)	Q
1	0.793361709	0.013477168	16.62763190	0.377876137	29.437792300
2	0.892480196	0.015160189	18.70500176	0.335909367	29.439241700
3	1.195925738	0.020313970	25.06475005	0.250678155	29.440288400
4	1.590950679	0.027026144	33.34386062	0.188436048	29.437795500
5	1.791979088	0.030439530	37.55710451	0.167296851	29.439311200
6	1.829038341	0.031068522	38.33380903	0.163907148	29.439800500
7	1.963282837	0.033347998	41.14736561	0.152699577	29.440538900
8	2.397925909	0.040734570	50.25681079	0.125021568	29.437795700
9	2.407111002	0.040887373	50.44931611	0.124544509	29.440119000
10	2.567696517	0.043616002	53.81493964	0.116755409	29.439504300

Plot voltage difference between planes on

METAL-1 and METAL-2 Compute

图 9-148　SIwave 的 Resonant Mode 分析

对应谐振模态的频点与位置如图 9-149 所示。

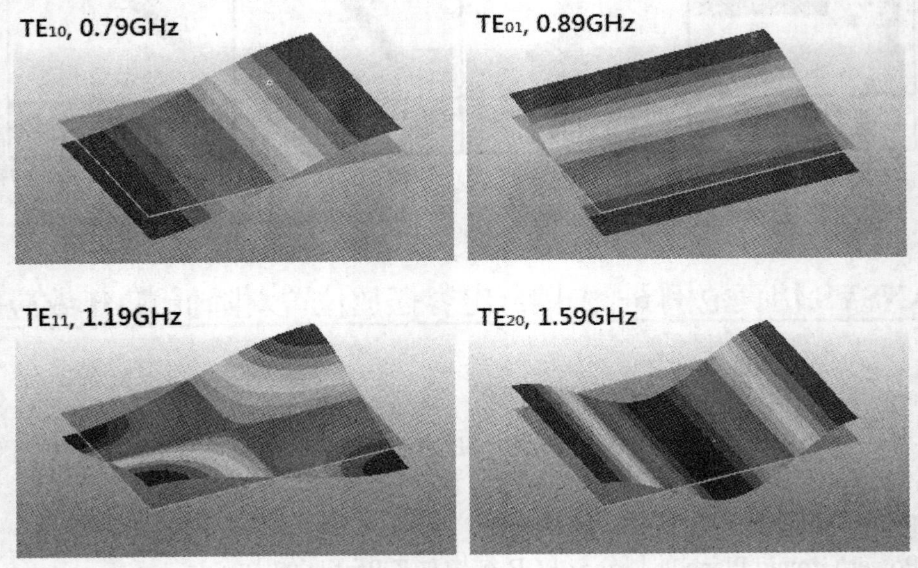

图 9-149　对应谐振模态的频点与位置

2）在板子的左上角放一个 0.1Ω 电阻跨在 P/G 间当 VRM，右下角放端口 P1 在 P/G 间，得到的 Z Profile 如下：可以清楚地看出，在 Resonant Mode 中所看到的谐振频点，其在 Z Profile 中也会呈现较高的 Z 值，如图 9-150 所示。

（2）完整的 Power/Ground Plane，但改变尺寸，对谐振模态与 Z Profile 的影响。

将板子的尺寸各边缩小一半，改为 45mm×40mm 的矩形平面（面积变成 1/4）。

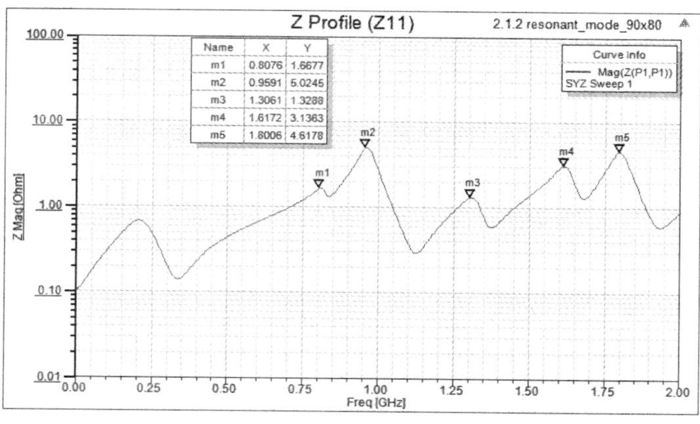

图 9-150　Z Profile

此时的第一个谐振频点变成 1.596GHz，这个值大约是 0.79GHz 的两倍，所以我们可以看出，平面谐振腔所形成的最低谐振频点与能量传递的最长路径成反比，如图 9-151 所示。

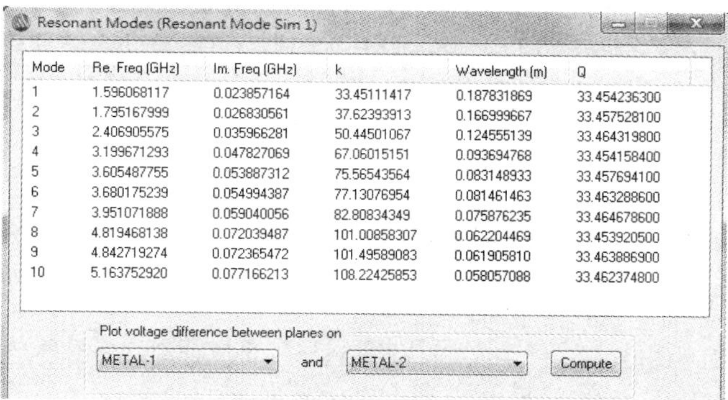

Resonant Modes (Resonant Mode Sim 1)

Mode	Re. Freq (GHz)	Im. Freq (GHz)	k	Wavelength (m)	Q
1	1.596068117	0.023857164	33.45111417	0.187831869	33.454236300
2	1.795167999	0.026830561	37.62393913	0.166999667	33.457528100
3	2.406905575	0.035966281	50.44501067	0.124555139	33.464319800
4	3.199671293	0.047827069	67.06015151	0.093694768	33.454158400
5	3.605487755	0.053887312	75.56543564	0.083148933	33.457694100
6	3.680175239	0.054994387	77.13076954	0.081461463	33.463288600
7	3.951071888	0.059040056	82.80834349	0.075876235	33.464678600
8	4.819468138	0.072039487	101.00858307	0.062204469	33.453920500
9	4.842719274	0.072365472	101.49589083	0.061905810	33.463886900
10	5.163752920	0.077166213	108.22425853	0.058057088	33.462374800

Plot voltage difference between planes on

METAL-1 and METAL-2 Compute

TE_{10}, 1.59GHz

TE_{01}, 1.79GHz

TE_{11}, 2.4GHz

TE_{20}, 3.19GHz

图 9-151　SIwave 的 Resonant Mode 分析及对应谐振模态的频点与位置

（3）Power Plane 被切割后的共振频率与 Z Profile。

延续 90mm×80mm 的平面尺寸，但把 Power Plane 分割成两个区块，同样左上角放 0.1Ω 的 VRM，右下角放端口 P1，如图 9-152 所示。

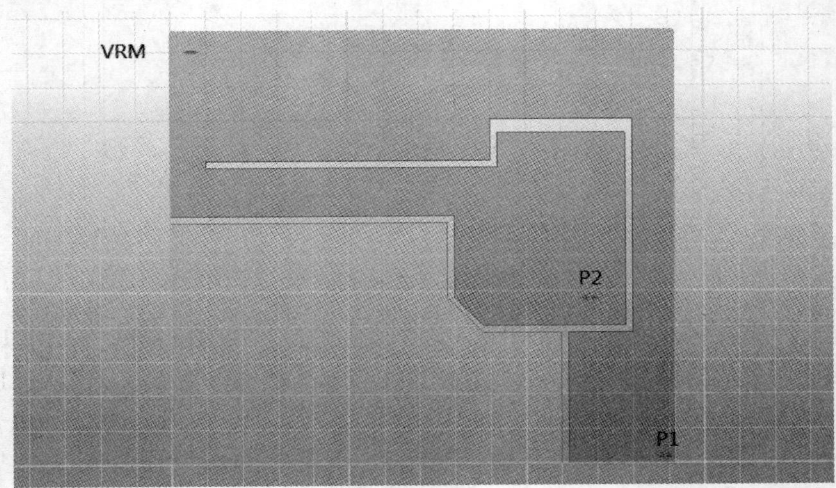

图 9-152　切割平面

此时端口 P1 和 P2 看到的 Z Profile 如图 9-153 所示：P1 的 Z Profile 整体比 P2 差，尤其是在 0.56GHz 和 1.62GHz 这两个频点上。

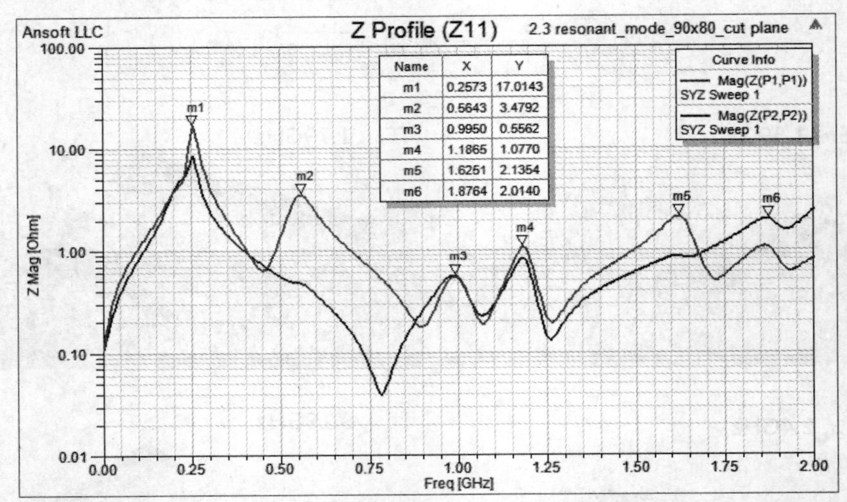

图 9-153　P1 和 P2 的 Z Profile

从图 9-154 所示的 Resonant Mode 来观察：在 P1 和 P2 位置，0.26GHz 存在谐振，但在 0.55GHz 处只有 P1 有谐振能量（①区域表示无谐振能量，②和③区域表示有很强的谐振）。

（4）下 de-coupling 电容抑制谐振频点后的 Z Profile。

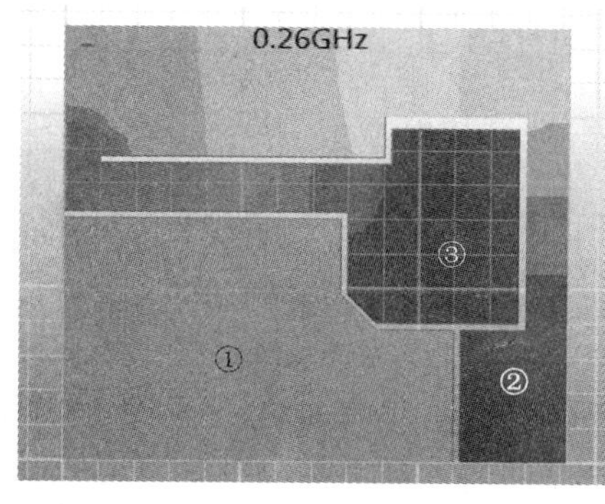

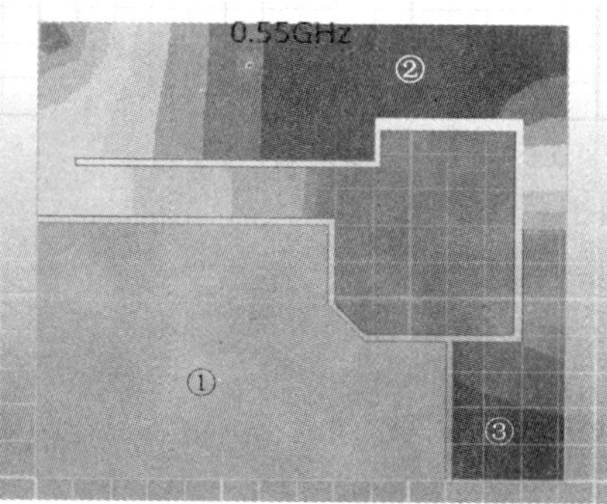

0.26GHz　　0.55GHz

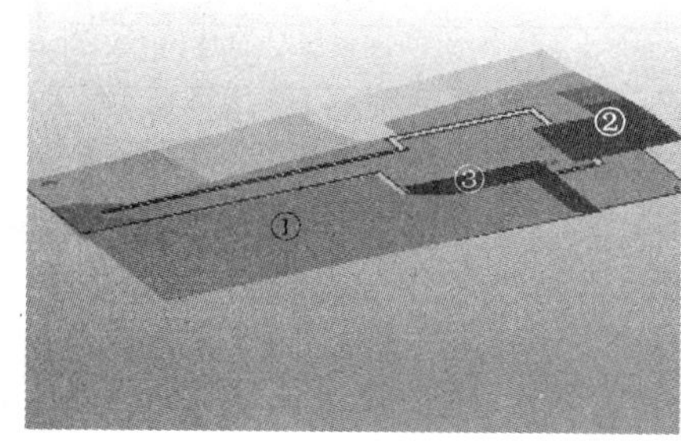

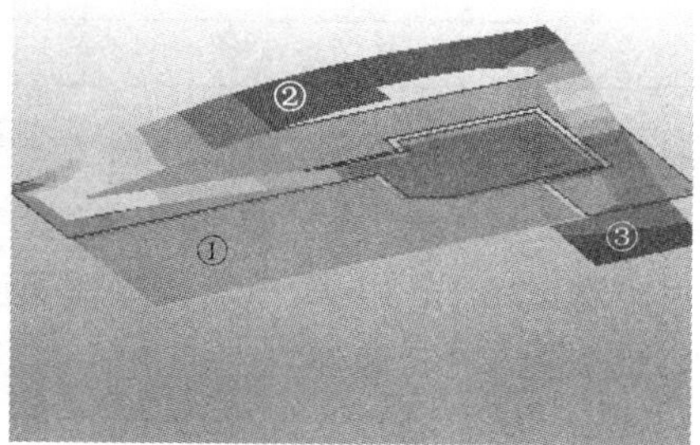

图 9-154　Resonant Mode 分析

1）去耦合电容的摆放位置。

延续（3），若假设端口 P1 和 P2 处分别是两个不同的 IC 设备放在板子上的位置，以 PI 设计优化的观点，放 P1 处的 IC 至少要抑制 Z Profile 在 0.26GHz 和 0.55GHz 的峰值，而放 P2 处的 IC 要抑制 Z Profile 在 0.26GHz 的峰值。

而（3）中通过 Resonant Mode 所得到的谐振能量较强的区域就是摆放去耦合电容的最佳位置。我们先在图 9-155 所示的位置上摆上 4 个 0.1μF 电容，然后观察 Z Profile 与谐振区域的变化，如图 9-156 所示。

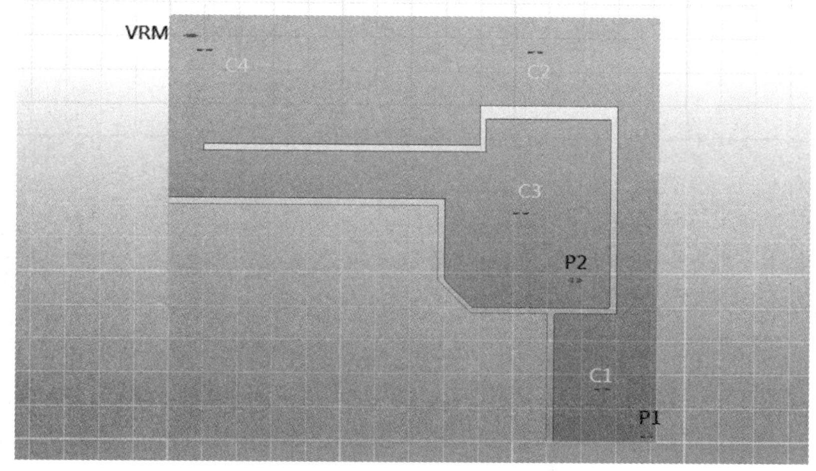

图 9-155　电容的摆放位置

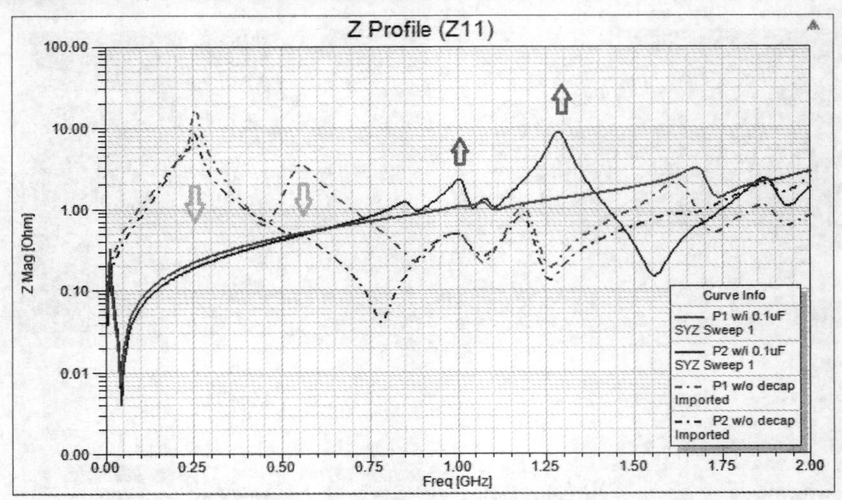

图 9-156 Z Profile 与谐振区域的变化

0.26GHz 和 0.55GHz 处的 Z 值明显降低许多，但 1GHz 和 1.3GHz 附近的 Z 值却上升了，主要原因是目前选的 0.1μF 去耦合电容频宽不够，只对较低频段有较好的效果。

2）去耦合电容型号的选择。

通过 SIwave 内建的电容数据库分别比对一下 0.1μF、10nF、1nF 电容的 Z Profile 差异。

从图 9-157 所示可以清楚地看出，如果想要旁路掉 0.25GHz 的能量，则选择 1nF 比 0.1μF 好。

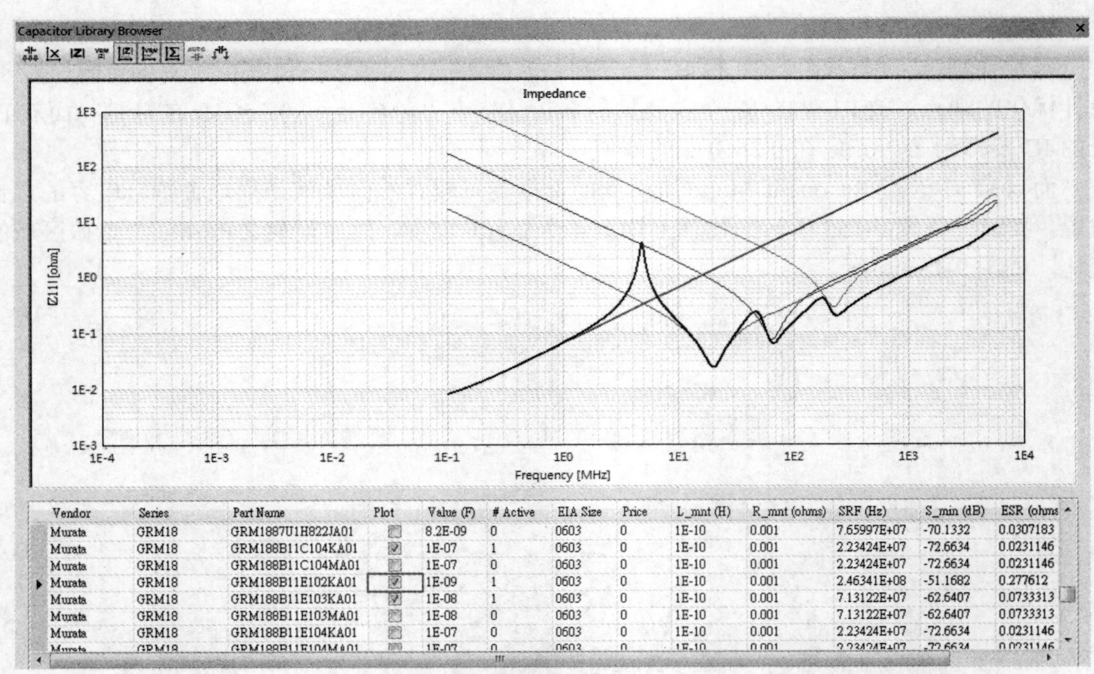

Vendor	Series	Part Name	Plot	Value (F)	# Active	EIA Size	Price	L_mnt (H)	R_mnt (ohms)	SRF (Hz)	S_min (dB)	ESR (ohms
Murata	GRM18	GRM1887U1H822JA01	☐	8.2E-09	0	0603	0	1E-10	0.001	7.65997E+07	-70.1332	0.0307183
Murata	GRM18	GRM188B11C104KA01	☑	1E-07	1	0603	0	1E-10	0.001	2.23424E+07	-72.6634	0.0231146
Murata	GRM18	GRM188B11C104MA01	☐	1E-07	0	0603	0	1E-10	0.001	2.23424E+07	-72.6634	0.0231146
Murata	GRM18	GRM188B11E102KA01	☑	1E-09	1	0603	0	1E-10	0.001	2.46341E+08	-51.1682	0.277612
Murata	GRM18	GRM188B11E103KA01	☑	1E-08	1	0603	0	1E-10	0.001	7.13122E+07	-62.6407	0.0733313
Murata	GRM18	GRM188B11E103MA01	☐	1E-08	0	0603	0	1E-10	0.001	7.13122E+07	-62.6407	0.0733313
Murata	GRM18	GRM188B11E104KA01	☐	1E-07	0	0603	0	1E-10	0.001	2.23424E+07	-72.6634	0.0231146
Murata	GRM18	GRM188B11E104MA01	☐	1E-07	0	0603	0	1E-10	0.001	2.23424E+07	-72.6634	0.0231146

图 9-157 Z Profile 的对比

通过 SIwave 直接以在电容数据库中挑选的 Murata 1nF 电容（GRM188B11E102KA01）取代原先的 0.1μF 电容，再做一次分析，得到的 Z Profile 如下：0.25GHz 的 Z 值被压下来，而且

1GHz 以上的 Z 值并没有因此增加太多，如图 9-158 所示。

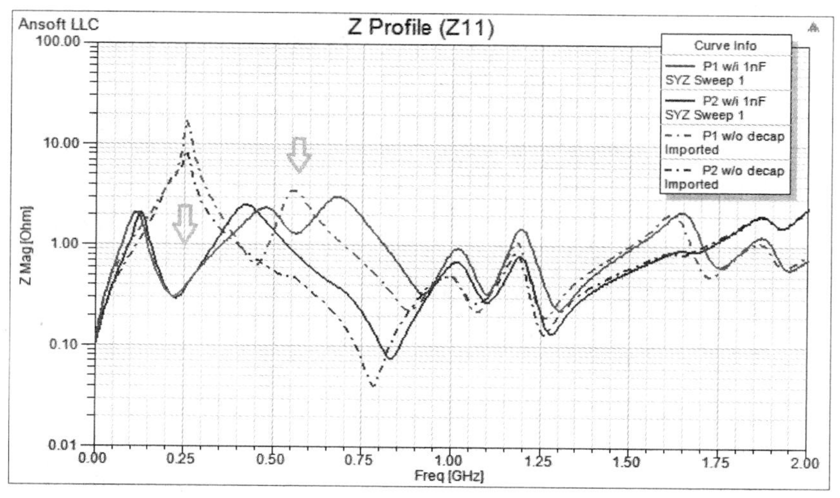

图 9-158 Z Profile 的对比

（5）下 de-coupling 电容前后的 EMI 差异。

延续前例，把 VRM 处的 0.1Ω 电阻换成频率无关电压源（1V），板子没有去耦合电容与板子放 4 个 1nF 的 EMI 比较，如图 9-159 所示。

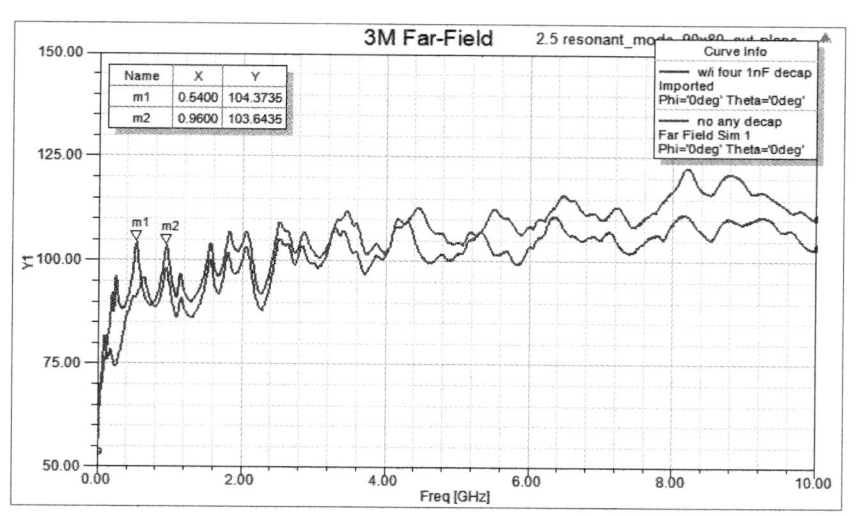

图 9-159 EMI 比较

可以看出没有去耦合电容的例子中，其两根 EMI 0.54GHz 和 0.96GHz 与（3）中的谐振频率正好可以对起来。

（6）比较（1）中 1）和（3）中的例子，观察 S21 可以了解分割平面对 P1 和 P2 两个位置上摆放的 IC 彼此间 PI 关系的影响，如图 9-160 所示。对参考平面分割，增加低频 0.25GHz 处的阻抗，有时我们会利用这样的特性来隔离 P1 和 P2 间的电源噪声耦合。但参考平面的分割设计必须考虑其他更高频信号成分回流路径的连续性，避免影响高速信号的传输或在板子上产生共模噪声成分，必须小心。

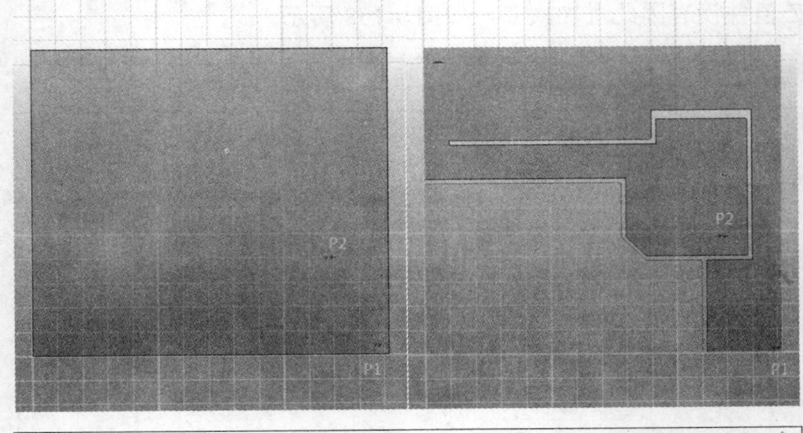

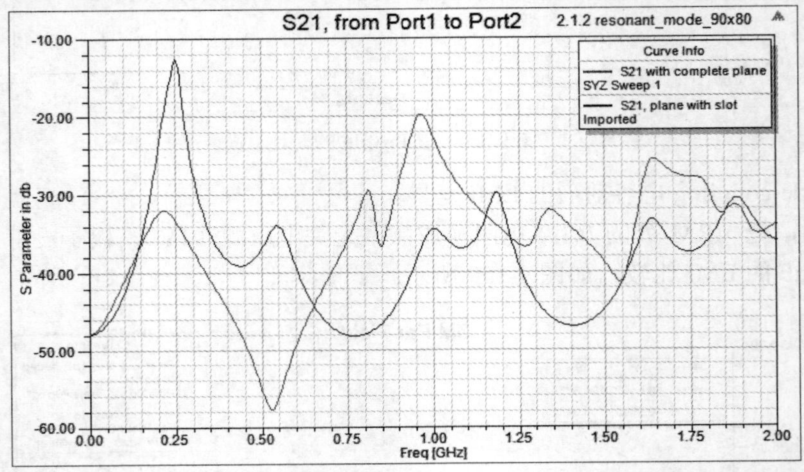

图 9-160　分割平面对 P1 和 P2 两个位置上摆放的 IC 彼此间 PI 关系的影响

3. 问题与讨论

（1）问：去耦合电容的选择与摆放应该如何决定呢？

答：如（3）和（4）中的说明，去耦合电容的最佳位置可以靠观察 Resonant Mode 的谐振区域得知；去耦合电容值或型号的选择则从欲优化的电源回路 Z Profile 上观察 Z 存在峰值的频点进行。

（2）问：在（4）的 2）中，如果在更高频段（约 0.5GHz）要进一步优化 PI，该怎么做？

答：板级电容因为存在一定的 ESR 和 ESL，所以能有效抑制 Z Profile 的范围通常在数百 MHz 内。对于更高频段的处理，可以考虑封装内嵌电容、IC 内建电容、板级寄生电容（PCB 相邻内层间 Power/Ground Plane 夹出的电容，也就是调整叠构或介电质板材）等措施。

（3）问：若去耦合电容没有放在适当的位置，抑制 Z-Profile 或谐振的效果是否会受到影响？

答：如果去耦合电容没有摆在合适的位置（离谐振区域较远），导致去耦半径涵盖的范围内无法有效地抑制谐振与 Z Profile。若将（4）中 1）的去耦合电容 C1 和 C3 的位置如图 9-161 至图 9-163 移动，板中心的谐振频点抑制效果明显受到影响。

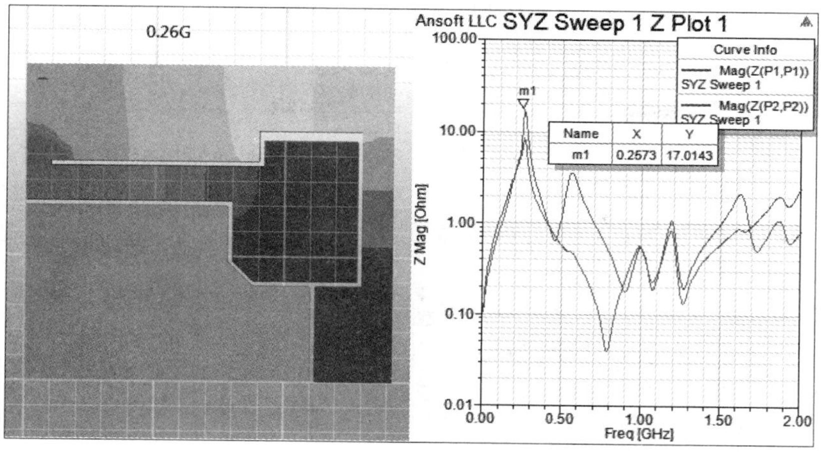

图 9-161　没放去耦合电容

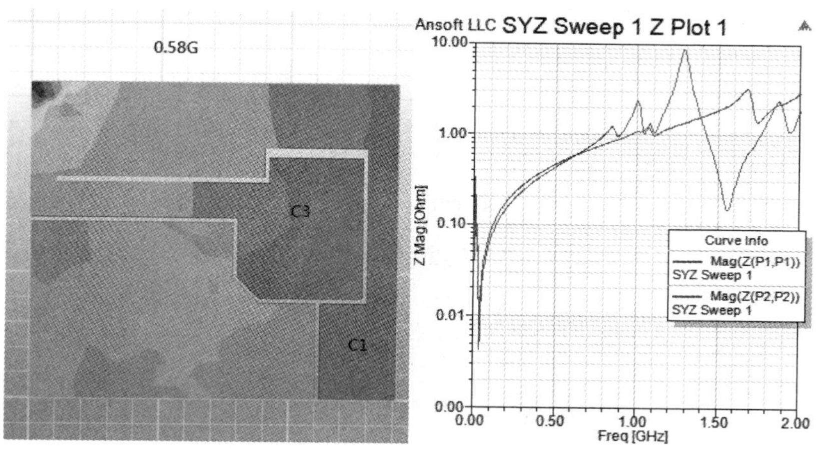

图 9-162　去耦合电容放置在正确位置

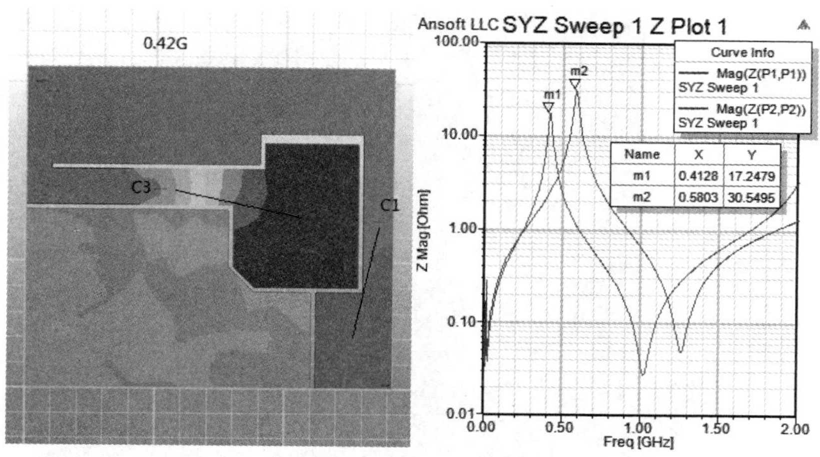

图 9-163　去耦合电容放置在错误位置

9-10 ANSYS 仿真范例 7：电磁屏蔽材料的屏蔽效能分析

1. 前言

这里进行屏蔽材料的屏蔽特性分析，并通过 ANSYS 仿真软件 HFSS2015 观察以下现象：

- 建立量测屏蔽材料基准。
- 在量测屏蔽材料基准上加入一层材料并观察其屏蔽特性。
- 屏蔽材料接地对远场场型影响。

2. 模拟

（1）建立量测屏蔽材料基准。

先看单一微带线的电场与磁场分布图，并使用探棒来观察其 S 参数变化，针对微带线近场（电场与磁场）模拟定义高度 3.24 mm 为观测点，如图 9-164 至图 9-168 所示。

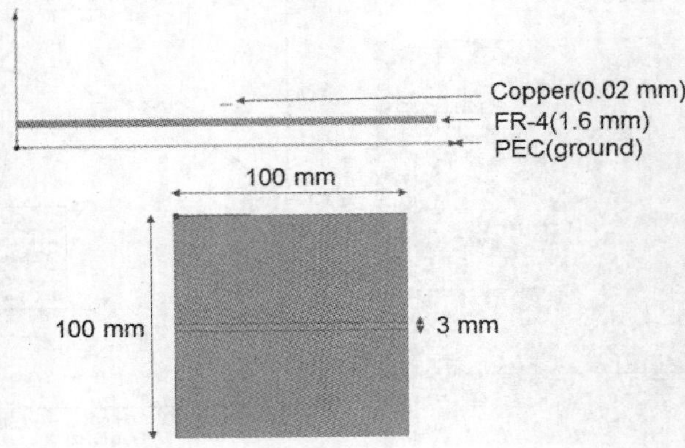

图 9-164 微带线板层示意图

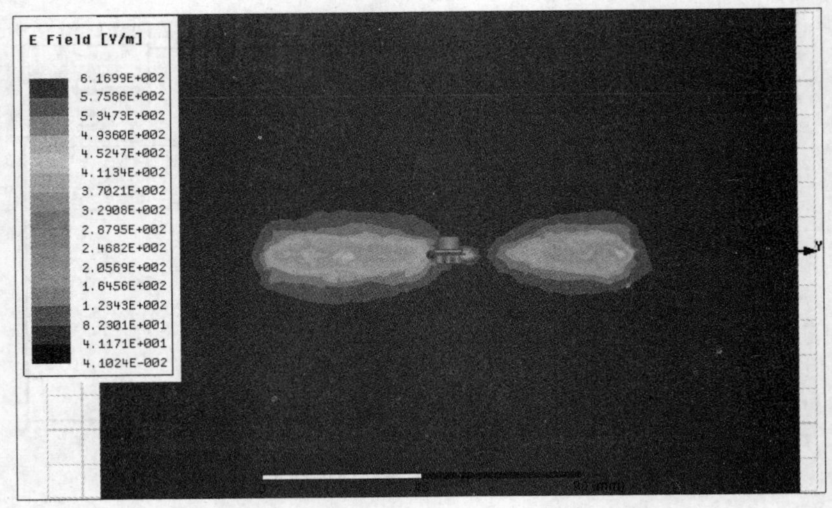

图 9-165 微带线 1GHz E-Field（Z=3.24 mm）

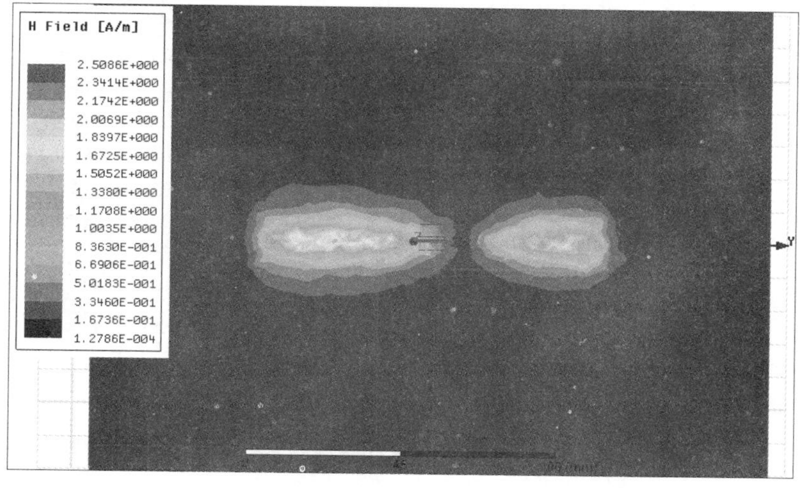

图 9-166 微带线 1GHz H-Field（Z=3.24 mm）

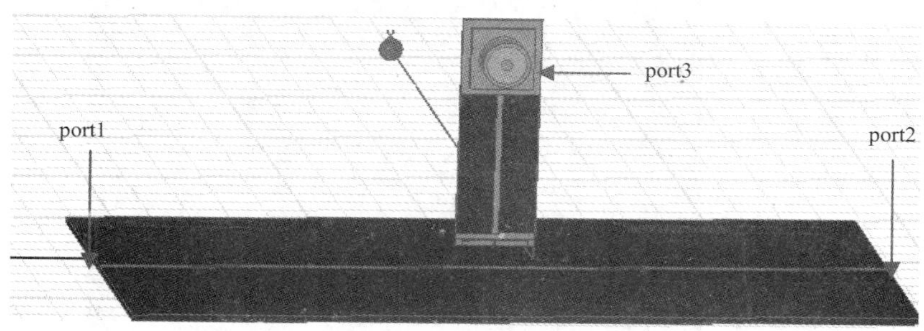

图 9-167 量测配置图

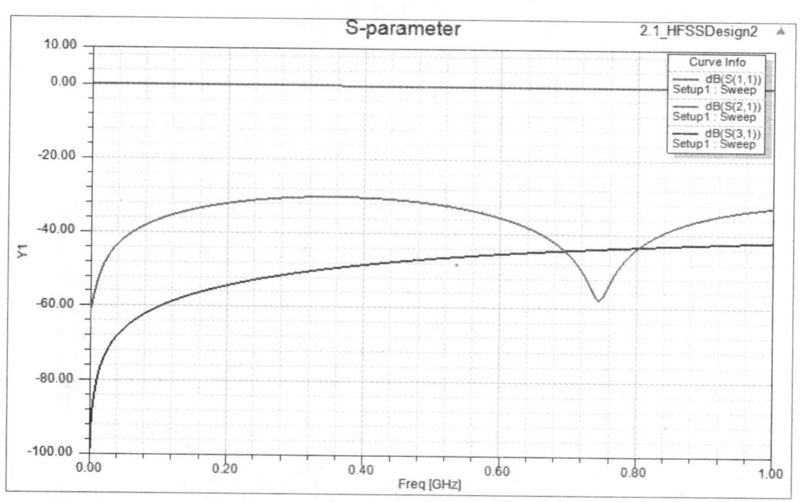

图 9-168 加入探棒模拟出的 S 参数图

（2）材料的屏蔽特性。

延续（1）中的例子并在微带线上方加入材料（FR4 板上有铜厚 0.02 mm），板层示意图如图 9-169 所示，仍以定义高度 3.24 mm 为微带线电场与磁场模拟观测点，本例以常见的铜为例，如图 9-170 至图 9-174 所示。

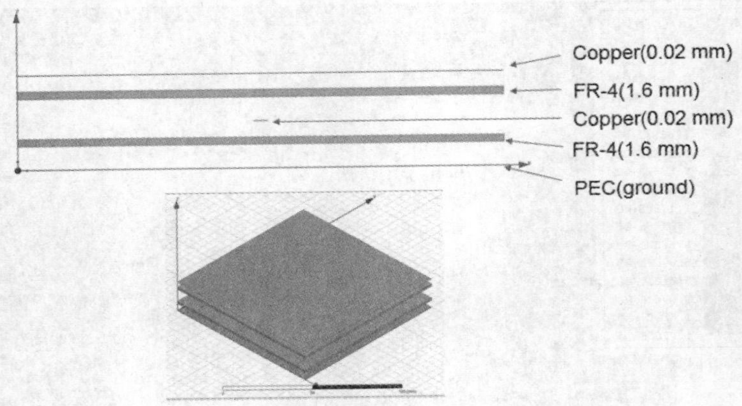

图 9-169　微带线与材料铜板层示意图

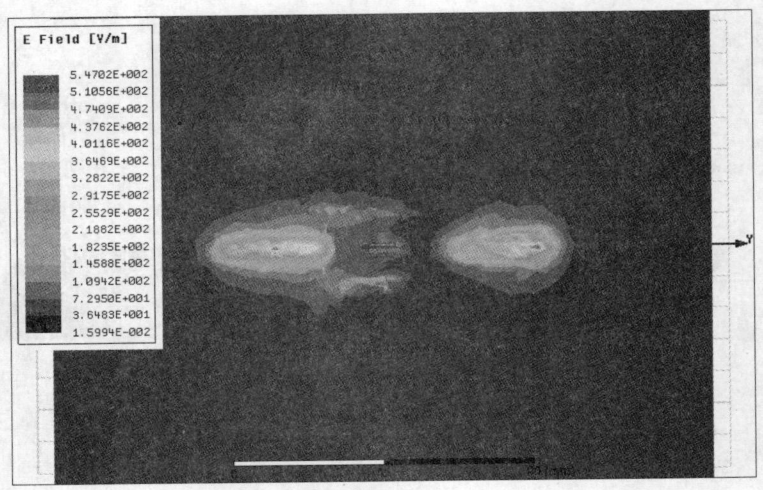

图 9-170　微带线覆盖导体屏蔽的 1G E-Field（Z=3.24 mm）

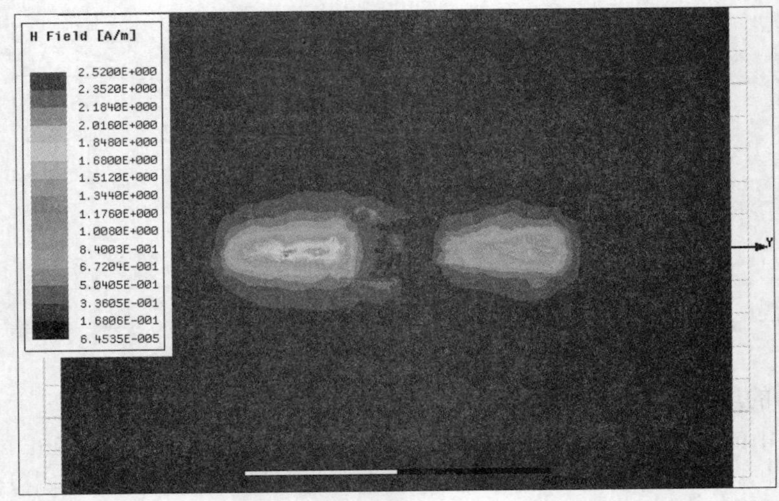

图 9-171　微带线覆盖导体屏蔽的 1G H-Field（Z=3.24 mm）

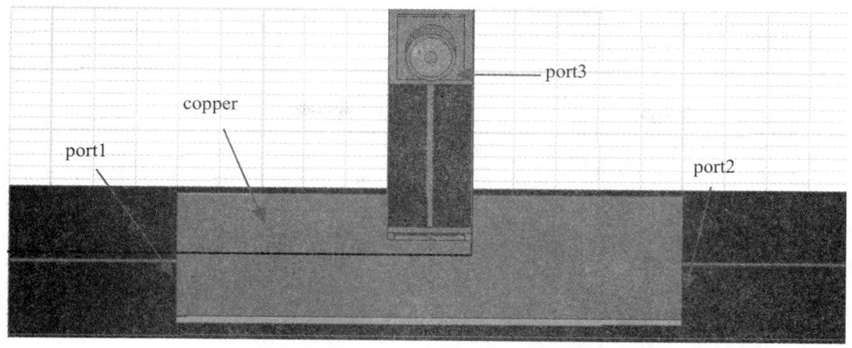

图 9-172　量测配置图

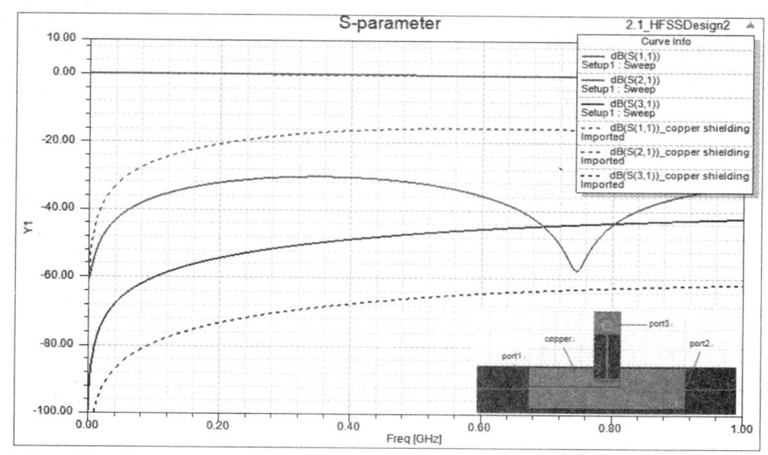

图 9-173　加入磁场探棒模拟出的 S 参数图（嵌入 copper 于 trace 和 probe 中）

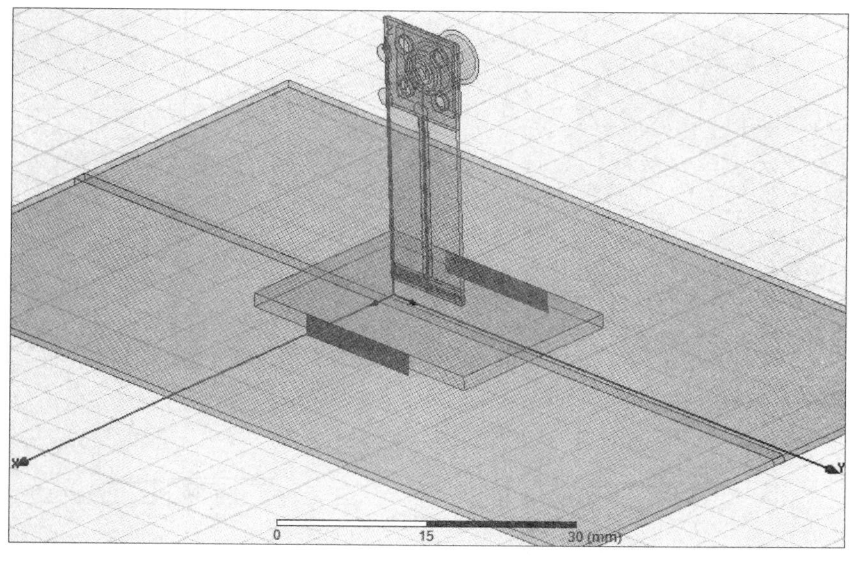

图 9-174　配置图

由上面的电场图和磁场图可以得知加上材料（铜）能量明显变得比较小，也就是其屏蔽特性比较好，而且从后来的 S 参数图也可以看出，加上材料（铜）的 S31 比没加上材料的 S31 大约低 20dB。

（3）屏蔽材料接地对远场场型影响的模拟与分析。

此部分分成两个子部分：材料未接地和材料上下侧边以ㄇ字型接地，如图 9-175 和图 9-176 所示。

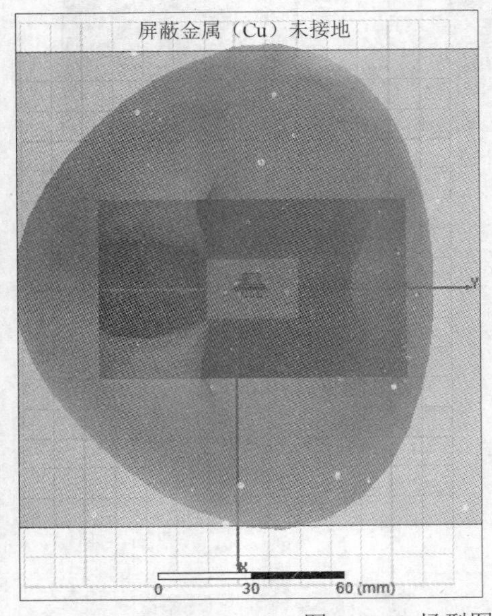

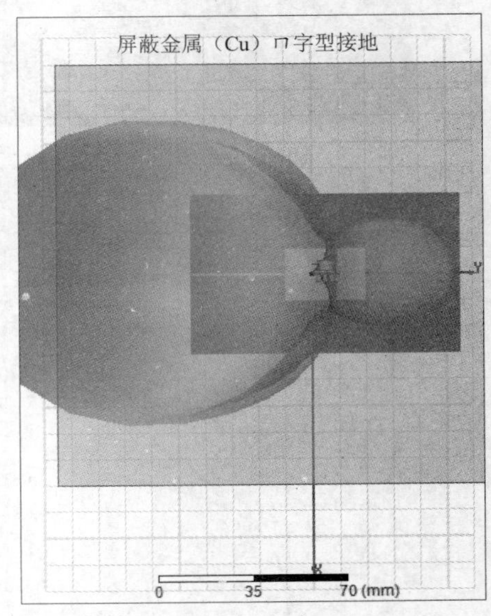

图 9-175　场型图 x-y plot（1 GHz）

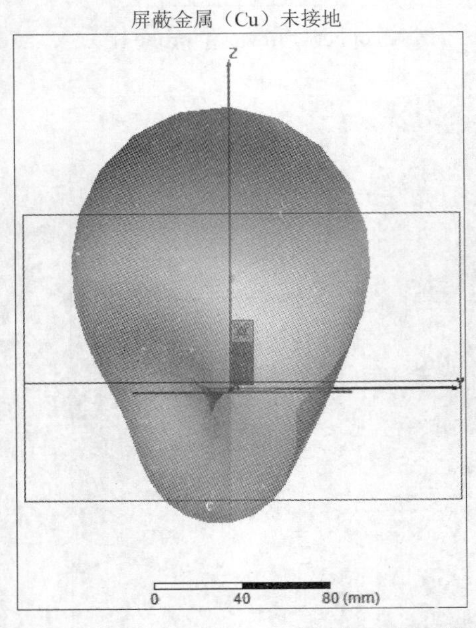

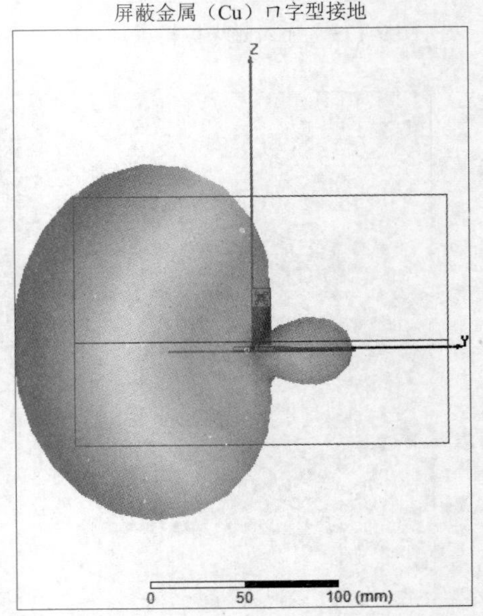

图 9-176　场型图 y-z（1 GHz）

由上面的结果可以发现，能量明显改为从未加上接地的左右侧开口端辐射。

基础电磁原理

在本附录里我们将复习一些在 EMC 问题分析中可能会使用到的基础电磁概念和理论。一般来说，电磁理论的陈述可分为归纳和演绎两种方式[1]。归纳的方式普遍被物理书籍采用，在这样的方式当中，作者会先描述电磁场的物理现象，再从这些物理现象归纳出麦克斯韦方程组。在演绎的方式当中，作者会直接认定麦克斯韦方程组的正确性，再通过向量积分解释麦克斯韦方程组所代表的电磁现象。这两种方式各有优点，在现今工程用的电磁学书籍中，多数采用演绎的陈述方式，少数采用归纳的陈述方式。本附录采用的就是这种被大多数具有电机与电子工程背景的人所熟悉的演绎陈述方式。

A–1　麦克斯韦方程组

宏观的电磁现象可以很严谨地以以下 4 个麦克斯韦方程组来规范：

$$\nabla\times\bar{E}(\bar{r},t)=-\frac{\partial}{\partial t}\bar{B}(\bar{r},t) \tag{A-1}$$

$$\nabla\times\bar{H}(\bar{r},t)=\frac{\partial}{\partial t}\bar{D}(\bar{r},t)+\bar{J}(\bar{r},t) \tag{A-2}$$

$$\nabla\cdot\bar{D}(\bar{r},t)=\rho(\bar{r},t) \tag{A-3}$$

$$\nabla\cdot\bar{B}(\bar{r},t)=0 \tag{A-4}$$

上述式子中 $\bar{r}=\hat{x}x+\hat{y}y+\hat{z}z$ 表示空间位置向量，其中 $\hat{x}$ 、 $\hat{y}$ 和 $\hat{z}$ 是位置向量，此外还有：

$\bar{E}$ ：电场强度，单位为 V/m。

$\bar{H}$ ：磁场强度，单位为 A/m。

$\bar{D}$ ：电通密度，单位为 C/m^2。

$\bar{B}$ ：磁通密度，单位为 Wb/m^2 或 Tesla。

$\bar{J}$ ：体电流密度，单位为 A/m^2。

ρ ：体电荷密度，单位为 C/m^3。

上述 4 个麦克斯韦方程组是以微分方程的形式来表现的，它们的积分方程的形式可以表示为：

$$\oint_C \vec{E}(\vec{r},t)\cdot \mathrm{d}\vec{\ell} = -\frac{\mathrm{d}}{\mathrm{d}t}\iint_S \vec{B}(\vec{r},t)\cdot \mathrm{d}\vec{s} \tag{A-5}$$

$$\oint_C \vec{H}(\vec{r},t)\cdot \mathrm{d}\vec{\ell} = \frac{\mathrm{d}}{\mathrm{d}t}\iint_S \vec{D}(\vec{r},t)\cdot \mathrm{d}\vec{s} + \iint_S \vec{J}(\vec{r},t)\cdot \mathrm{d}\vec{s} \tag{A-6}$$

$$\oiint_S \vec{D}(\vec{r},t)\cdot \mathrm{d}\vec{s} = \iiint_V \rho(\vec{r},t)\,\mathrm{d}v \tag{A-7}$$

$$\oiint_S \vec{B}(\vec{r},t)\cdot \mathrm{d}\vec{s} = 0 \tag{A-8}$$

配合斯托克斯定理，式（A-1）可以被转换为式（A-5）。斯托克斯定理可以表示为：

$$\iint_S \vec{A}\cdot \mathrm{d}\vec{s} = \oint_C \vec{A}\cdot \mathrm{d}\vec{\ell} \tag{A-9}$$

这个式子指出一个向量场 $\vec{A}$ 在一个曲面 S 上的面积分等于 $\vec{A}$ 在包围 S 的封闭路径 C 上的线积分（或称循环量），其中线积分方向 $\mathrm{d}\vec{\ell}$ 与面积分方向 $\mathrm{d}\vec{s}$ 遵守右手定则。斯托克斯定理的特点是等式左边的面积分可被等式右边降一阶的线积分所取代。同理，式（A-2）可以通过斯托克斯定理被转换为式（A-6）。

配合散度定理，式（A-3）可以被转换为式（A-7）。散度定理可以表示为：

$$\iiint_V \vec{A}\,\mathrm{d}v = \oiint_S \vec{A}\cdot \mathrm{d}\vec{s} \tag{A-10}$$

这个式子指出一个向量场 $\vec{A}$ 在一个体积 V 上的体积分等于 $\vec{A}$ 在包围 V 的封闭曲面 S 上的面积分，其中面积分方向 $\mathrm{d}\vec{s}$ 为离开体积 V 的法线方向。散度定理的特点是等式左边的体积分可被等式右边降一阶的面积分所取代。同理，式（A-4）可以通过散度定理被转换为式（A-8）。

式（A-1）至式（A-4）与式（A-5）至式（A-8）的信号源可以随时间任意变化，其对应的场量是一般的时变电磁场。从傅里叶变换的观念我们可以了解任意时变信号均可被分解为所有不同频率成分的正弦信号（$\sin(\omega t)$ 与 $\cos(\omega t)$ 或 $\exp(j\omega t)$）的合成。如果所存在的空间的物质是线性的，那么式（A-1）至式（A-4）与式（A-5）至式（A-8）的麦克斯韦方程组也是线性的，则角频率为 ω 的正弦信号源所产生的电磁场必定也随时间呈正弦变化，且其角频率也必定为 ω。另一方面，信号源是正弦时变的情况比任意时变的情况还容易求解电磁场量。因此，只要正弦信号源所产生的正弦电磁场的关系式能被求出来，不论信号源的时变波形为什么，均可以反通过傅里叶变换（或傅里叶积分）的技巧求得最后的时变电磁场。这就是正弦时变的特例这么受重视的原因。

针对下面正弦时变的电流信号：

$$i(t) = I_0\cos(\omega t + \theta_0) \tag{A-11}$$

其中，I_0 表示振幅，θ_0 表示以 $\cos(\omega t)$ 为参考标准的相位。可以将其改写为：

$$\begin{aligned} i(t) &= \mathrm{Re}\{I_0 \mathrm{e}^{j\theta_0}\,\mathrm{e}^{j\omega t}\} \\ &= \mathrm{Re}\{I\,\mathrm{e}^{j\omega t}\} \end{aligned} \tag{A-12}$$

可以称 $I = I_0\exp(j\theta_0)$ 为 $i(t)$ 的相量，$i(t)$ 为相量 I 的正弦时变表达式。另一种改写方式为：

$$\begin{aligned} i(t) &= \mathrm{Re}\{I_0 \mathrm{e}^{-j\theta_0}\,\mathrm{e}^{-j\omega t}\} \\ &= \mathrm{Re}\{I'\,\mathrm{e}^{-j\omega t}\} \end{aligned} \tag{A-13}$$

可以称 $I' = I_0\exp(-j\theta_0)$ 为 $i(t)$ 的相量。式（A-12）所定义的相量惯用法常见于工程书籍，式（A-13）所定义的相量惯用法常见于物理书籍，需要注意的是，$I' = I^*$，这里上标*代表复数共轭。本书采用的是式（A-12）所定义的相量惯用法。

对于相量的运用，可以考虑如图 A-1 所示的串联 RLC 电路，电压信号源为 $v(t) = V_0\cos(\omega t)$，$t > -\infty$，求电路上的电流响应 $i(t)$。

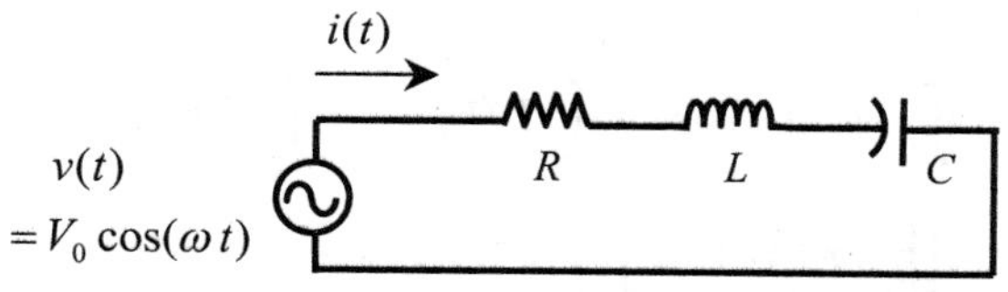

图 A-1 串联 RLC 电路

根据基尔霍夫电压定律，可以列出回路方程：

$$R\,i(t) + L\frac{\mathrm{d}\,i(t)}{\mathrm{d}t} + \frac{1}{C}\int i(t)\,\mathrm{d}t = v(t) = V_0\cos(\omega t) \tag{A-14}$$

假设电流 $i(t)$ 的形式为：

$$i(t) = I_0\cos(\omega t + \theta_0) = \mathrm{Re}\{I_0\mathrm{e}^{j\theta_0}\,\mathrm{e}^{j\omega t}\} = \mathrm{Re}\{I\,\mathrm{e}^{j\omega t}\} \tag{A-15}$$

将其代入上述回路方程，可得：

$$\mathrm{Re}\left\{\left(R + j\omega L + \frac{1}{j\omega C}\right)I\,\mathrm{e}^{j\omega t}\right\} = \mathrm{Re}\left\{V_0\mathrm{e}^{j\omega t}\right\} \tag{A-16}$$

或

$$\mathrm{Re}\left\{\left[\left(R + j\omega L + \frac{1}{j\omega C}\right)I - V_0\right]\mathrm{e}^{j\omega t}\right\} = 0 \tag{A-17}$$

上述式子必须对所有的时间 t 都成立，唯一的可能性是中括号内的算式恒等于零，也就是说可以先从代数方程：

$$\left(R + j\omega L + \frac{1}{j\omega C}\right)I = V_0 \tag{A-18}$$

求解 I，再根据相量定义求出 $i(t)$。

从这个例子可以发现，只要进行如下代换：

$$\frac{\mathrm{d}}{\mathrm{d}t} \longrightarrow j\omega \tag{A-19}$$

$$\int \cdot\,\mathrm{d}t \longrightarrow \frac{1}{j\omega} \tag{A-20}$$

便可以很容易从时变方程转换成代表正弦时变的相量方程，因此式（A-1）至式（A-4）所对应的麦克斯韦方程组的相量微分形式可以写为：

$$\nabla\times\bar{E}(\bar{r})=-j\omega\bar{B}(\bar{r}) \tag{A-21}$$

$$\nabla\times\bar{H}(\bar{r})=j\omega\bar{D}(\bar{r})+\bar{J}(\bar{r}) \tag{A-22}$$

$$\nabla\cdot\bar{D}(\bar{r})=\rho(\bar{r}) \tag{A-23}$$

$$\nabla\cdot\bar{B}(\bar{r})=0 \tag{A-24}$$

同理，式（A-5）至式（A-8）所对应的麦克斯韦方程组的相量积分形式可以写为：

$$\oint_C\bar{E}(\bar{r})\cdot\mathrm{d}\bar{\ell}=-j\omega\iint_S\bar{B}(\bar{r})\cdot\mathrm{d}\bar{s} \tag{A-25}$$

$$\oint_C\bar{H}(\bar{r})\cdot\mathrm{d}\bar{\ell}=j\omega\iint_S\bar{D}(\bar{r})\cdot\mathrm{d}\bar{s}+\iint_S\bar{J}(\bar{r})\cdot\mathrm{d}\bar{s} \tag{A-26}$$

$$\oiint_S\bar{D}(\bar{r})\cdot\mathrm{d}\bar{s}=\iiint_V\rho(\bar{r})\,\mathrm{d}v \tag{A-27}$$

$$\oiint_S\bar{B}(\bar{r})\cdot\mathrm{d}\bar{s}=0 \tag{A-28}$$

在上列式子当中：

$$\bar{A}(\bar{r},t)=\mathrm{Re}\{\bar{A}(\bar{r})\mathrm{e}^{j\omega t}\} \tag{A-29}$$

其中向量 $\bar{A}$ 代表 $\bar{E}$ 、 $\bar{H}$ 、 $\bar{D}$ 、 $\bar{B}$ 和 $\bar{J}$ 。我们以相同的符号同时代表时变向量和与之对应的相量向量，只靠其自变量来区分彼此，对于时变纯量和与之对应的相量纯量亦然。在以后的符号表示中，在不会造成混淆或是通过前后文即可区分两者的情况下，我们将会省略自变量。

若以抽象系统的角度来看，这 4 个方程组（式（A-1）至式（A-4）、式（A-5）至式（A-8）、式（A-21）至式（A-24）与式（A-25）至式（A-29））的等号的左边是电磁场的场量，而等号的右边代表的是产生电磁场的信号源。若以物理的角度来看，体电流密度与体电荷密度是产生这些电磁场的信号源，而体电流密度与体电荷密度这两者并不是独立的，在宏观的世界中，这两者会受到电荷守恒定律的规范。根据电荷守恒定律，电荷既不能被创造也不能被破坏，若考虑一个边界为封闭曲面 S 的体积 V，因为电流的定义是电荷的时间变化速率，则离开这个体积的总电流量必然要等于这个体积内所包含的总电荷量的时间减少速率，这句话可以用数学式表达为：

$$\oiint_S\bar{J}\cdot\mathrm{d}\bar{s}=-\frac{\mathrm{d}}{\mathrm{d}t}\iiint_V\rho\,\mathrm{d}v \tag{A-30}$$

再根据散度定理，上式可以改写为：

$$\iiint_V\nabla\cdot\bar{J}\,\mathrm{d}v=-\frac{\mathrm{d}}{\mathrm{d}t}\iiint_V\rho\,\mathrm{d}v \tag{A-31}$$

或

$$\iiint_V\left[\nabla\cdot\bar{J}+\frac{\mathrm{d}\rho}{\mathrm{d}t}\right]\mathrm{d}v=0 \tag{A-32}$$

因为上式对所有的体积 V 都成立，唯一的可能性就是被积分的中括号内的算式恒等于零，换句话说就是：

$$\nabla \cdot \bar{J} = -\frac{\mathrm{d}\rho}{\mathrm{d}t} \tag{A-33}$$

这个式子与其相量形式：

$$\nabla \cdot \bar{J} = -j\omega\rho \tag{A-34}$$

被称为连续方程。

配合电荷守恒定律，可以由式（A-2）推导得出式（A-3），这个证明可以参考文献[4]，在此略过。同样地，可以由式（A-1）推导得出式（A-4）。这个事实说明这 4 个方程彼此间并不是独立的，所以只需要式（A-1）和式（A-2）两个式子就可以从已知的电流分布求解未知的电磁场量。事实上，$\bar{E}$、$\bar{H}$、$\bar{D}$ 和 $\bar{B}$ 的每一个向量场都包含 3 个垂直分量的纯量场，因此式（A-1）和式（A-2）总共包含 12 个未知的纯量场，但这两个向量方程总共只包含 6 个纯量方程。以 6 个纯量方程并无法求得 12 个纯量场的唯一解。为了求得唯一解，还需要 6 个额外的纯量方程，这 6 个纯量方程可以用隐函数的方式表达为：

$$\begin{aligned} \bar{D} &= \bar{D}(\bar{E}, \bar{H}) \\ \bar{B} &= \bar{B}(\bar{E}, \bar{H}) \end{aligned} \tag{A-35}$$

这些隐函数可被称为结构关系式。对于本章所要考虑的简单介质，其结构关系式可以表示成常数的比例关系，如：

$$\begin{aligned} \bar{D} &= \varepsilon \bar{E} \\ \bar{B} &= \mu \bar{H} \end{aligned} \tag{A-36}$$

这里 ε 是介电系数，单位为 F/m，描述的是介质受外加电场影响而极化的特性；μ 是导磁系数，单位为 H/m，描述的是介质受外加磁通密度影响而磁化的特性。配合电磁场在介质内的这 6 结构关系式可以得到包含 12 个未知纯量场的 12 个纯量方程，因而求得唯一解。

此外，还有一个描述受外加电场影响下介质内感应出导电电流的特性的参数 σ，称为导电系数，单位为 S/m 或 M/m，即：

$$\bar{J}_c = \sigma \bar{E} \tag{A-37}$$

这个关系式可以称为欧姆定律的点的形式。有了这一个导电电流 $\bar{J}_c$，可以把式（A-2）右边的体电流密度 $\bar{J}$ 细分为：

$$\bar{J} = \bar{J}_c + \bar{J}^{\mathrm{imp}}$$

其中 $\bar{J}^{\mathrm{imp}}$ 产生场的最原始的激励电流。

A–2 麦克斯韦方程组所对应的物理定律

式（A-1）、式（A-5）、式（A-21）和式（A-25）对应法拉第定律，此电磁感应（磁场感应电场）定律是法拉第在 1831 年经过实验后所归纳出来的。微分形式（A-1）指出，随时间变化的磁通密度会感应出具有旋转特性的电场（亦即旋度不为零的电场），或者是时变的磁通密度是产生电场的旋涡源。积分形式（A-5）指出，通过封闭回路 C 所限定的开放曲面 S 的净磁通量的时变率等于回路 C 上的感应电动势。此电动势可定义为：

$$\text{emf}=\oint_C \vec{E}\cdot \mathrm{d}\vec{\ell} \tag{A-38}$$

通过开放曲面 S 的净磁通量可以表示为：

$$\Phi_m=\iint_S \vec{B}\cdot \mathrm{d}\vec{s} \tag{A-39}$$

因此，法拉第定律也可以表示为：

$$\text{emf}=-\frac{\mathrm{d}\Phi_m}{\mathrm{d}t} \tag{A-40}$$

需要特别注意的是，在回路 C 上不必然有导体存在，如果 C 上是实质的导体回路，则封闭导体回路上必然会有感应电流，即使导体不存在，回路 C 上的电动势仍然是存在的，只是没有感应电流。此外，式（A-40）并未规范净磁通量随时间的变化是如何发生的，它可以是回路 C 固定而 $\vec{B}$ 时变，也可以是回路 C 时变而 $\vec{B}$ 非时变，或者是两者皆时变。

如同紧跟着式（A-9）的那段文字说明，式（A-38）的线积分方向 $\mathrm{d}\vec{\ell}$ 与式（A-39）的面积分方向 $\mathrm{d}\vec{s}$ 遵守右手定则，若赋予回路 C 与曲面 S 方向性，则也可以说回路 C 与曲面 S 的方向遵守右手定则。感应电动势只是个纯量，纯量没有方向，只有数值的正负，所以谈电动势的方向容易造成混淆，最好的办法是为这个电动势定义参考方向或参考极性，针对所定义的参考方向决定电动势的正与负。就好比在一根导线上的电流是纯量，我们可以为导线上的电流定义一个参考方向，再找出在参考方向上电流的数值（可正可负）。通常，我们选定的电动势的参考方向与回路 C 的方向相同，那么式（A-40）表示若净磁通量随时间增加，则感应电动势是负的，回路上的感应电流也是负的。根据安培定律，由这个电流所产生在曲面 S 的磁场与一开始外加的磁场方向相反，进而反抗净磁通量的增加，图 A-2（a）就很清楚地说明了这个现象，在这个图上标示的感应电动势和感应电流都是负的，负的感应电流表示实际的电流流动方向与图上参考的箭号方向相反，至于净磁通量随时间减少的情况请参考图 A-2（b）。这张图与式（A-40）等式右边的负号代表的物理现象就是楞次定律，也就是说线圈上的感应电动势和感应电流倾向于阻止与线圈交链的磁通量的改变。

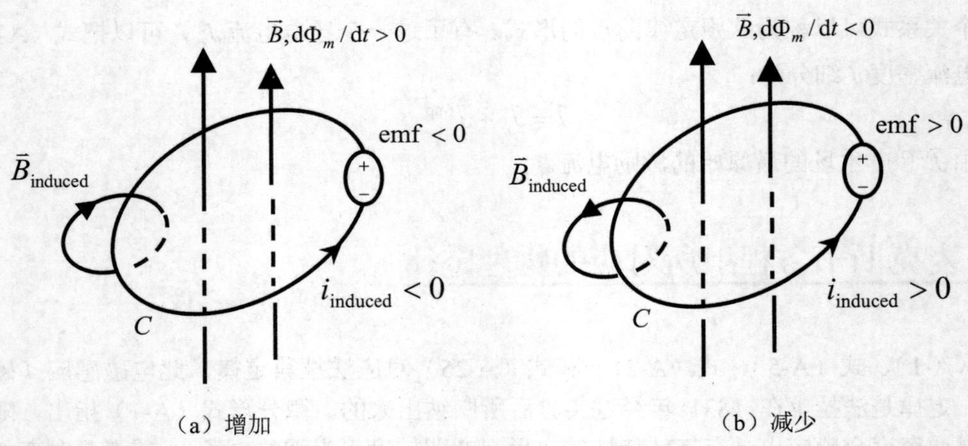

图 A-2　外加净磁通量与感应磁通密度的关系

感应电动势的单位是 V，它源自于对具有旋转特性的电场沿着回路 C 积分完整一圈的结果，这个电场与由静电荷所产生的静电场特性不同，静电场积分完整一圈的结果是零（所以是保守场），且其电力线从正电荷出发终止于负电荷，而由时变磁通密度感应的电场（属于非保守场），其电力线则形成封闭回路。从式（A-5）可以知道，封闭回路 C 是曲面 S 的边缘，符合同样回路 C 的曲面有无穷多个，因为感应电动势的数值是唯一的，通过这些具有相同边缘的不同曲面的磁通量也必定相同。

式（A-2）、式（A-6）、式（A-22）和式（A-26）对应安培定律。微分形式（A-2）指出，电流密度与时变的电通密度都会产生具有旋转特性的磁场。在稳定电流或直流电流（即电流密度非时变）的条件下，安培定律（或称安培环路定律）可以用下式表示：

$$\oint_C \vec{H} \cdot \mathrm{d}\vec{\ell} = \iint_S \vec{J} \cdot \mathrm{d}\vec{s} = I_{\text{enclosed}} \tag{A-41}$$

此式指出，磁场强度沿封闭路径 C 的循环量等于通过边缘为 C 的曲面 S 的净直流电流。麦克斯韦在理论上发现在时变的条件下，式（A-41）等号右边必须再加上电通量的时间变化率，成为式（A-6）之后才是正确的结果。这个额外加进去的项一般被称为位移电流：

$$i_d = \frac{\mathrm{d}}{\mathrm{d}t}\iint_S \vec{D} \cdot \mathrm{d}\vec{s} \tag{A-42}$$

而与之对应的式（A-2）中的：

$$\vec{J}_d(\vec{r},t) = \frac{\partial}{\partial t}\vec{D}(\vec{r},t) \tag{A-43}$$

就是位移电流密度。为什么称之为位移电流呢？我们以下面这个例子来说明。图 A-3 所示是一个电容器 C_0 接上角频率很小的交流电压源的电路，图上边缘为 C 的有平面 S_1 和曲面 S_2，安培定律（A-6）右边沿着 S_1 的面积分与沿着 S_2 的面积分具有相同的数值，假设 C 是一个紧邻着导线横截面的外缘的回路，则平面 S_1 的面积几乎与导线横截面的面积相同，通过 S_1 的只有导电电流而没有位移电流，即：

$$\frac{\mathrm{d}}{\mathrm{d}t}\iint_{S_1} \vec{D}(\vec{r},t) \cdot \mathrm{d}\vec{s} + \iint_{S_1} \vec{J}(\vec{r},t) \cdot \mathrm{d}\vec{s} = \iint_{S_1} \vec{J}(\vec{r},t) \cdot \mathrm{d}\vec{s} = i_c(t) \tag{A-44}$$

曲面 S_2 并未与导线相交，所以通过 S_2 的只有位移电流而没有导电电流，即：

$$\frac{\mathrm{d}}{\mathrm{d}t}\iint_{S_2} \vec{D}(\vec{r},t) \cdot \mathrm{d}\vec{s} + \iint_{S_2} \vec{J}(\vec{r},t) \cdot \mathrm{d}\vec{s} = \frac{\mathrm{d}}{\mathrm{d}t}\iint_{S_2} \vec{D}(\vec{r},t) \cdot \mathrm{d}\vec{s} = i_d(t) \tag{A-45}$$

所以，我们得到的结果：

$$i_c(t) = i_d(t) \tag{A-46}$$

是符合基尔霍夫电流定律的，也就是说，集成电路上同一支路上任何一点的电流都是相同的。在电路学的概念里，电流是电荷移动造成的，可是电容器 C_0 两个电极板之间并没有电荷的移动，导电电流 $i_c(t)$ 好像是通过中间位移电流的协助从电容器的左边电极板直接移位（或跳跃）到右边电极板，这就是我们把电容器两个电极板之间的等效电流称为位移电流的原因，因为这个位移电流使导电电流产生空间的位移而不至于断路。Place 是放置的意思，placed 是放好了或是放对了位置的意思，displace 是从原来的地方移开，displaced 有被移开了、被取代了或被放偏了位置的意思，displacement 是取代或移位，所以我们认为把 displacement current 翻译成移位电流可能比位移电流更为贴切一些。

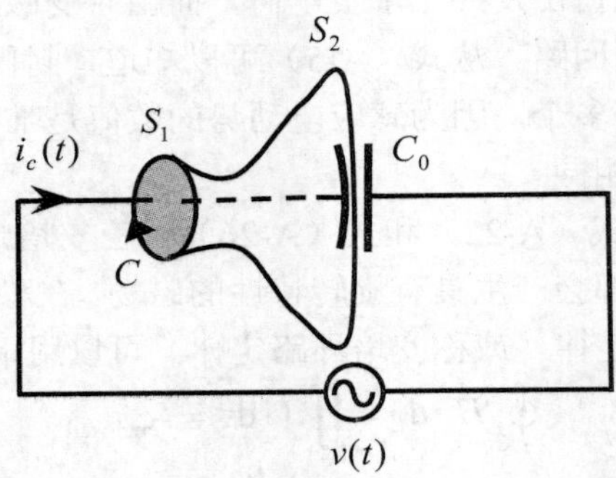

图 A-3　电容器 C_0 接上交流电压源的电路

在麦克斯韦在原始的安培定律上加上这个位移电流项之后，就立刻预告了电磁波的存在，这一点终于在 1887 年由赫兹实验证实。因为安培定律指出时变的电流或时变的电场都可以产生时变的磁场，而法拉第定律又说明了时变的磁场会产生时变的电场，这环环相扣的反应就让电磁波向离开信号源的方向传播出去。图 A-4 所示就是这样的机制，假设时变电流密度 $\bar{J}_0(t)$ 只存在空间中一个小曲域，它产生时变旋涡磁场 $\bar{H}_1$，时变旋涡磁场 $\bar{H}_1$ 又产生时变旋涡电场 $\bar{E}_2$，接着 $\bar{H}_3$、$\bar{E}_4$、$\bar{H}_5$ 发展下去使能量向外传播，这里下标的数字代表时间的先后次序。

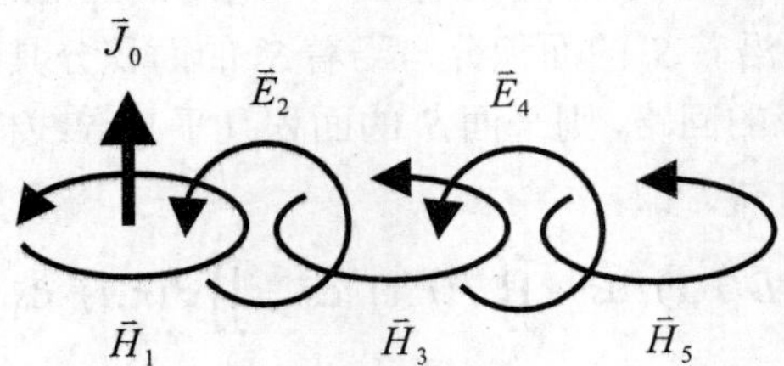

图 A-4　由时变电流密度产生磁场再感应电场而使能量向外传播的示意图

式（A-3）、式（A-7）、式（A-23）和式（A-27）对应电场的高斯定律。微分形式（A-3）指出，电荷会产生具有发散（或收敛）特性的电场（亦即散度不为零的电场），或者是电荷是产生电场的通量源。对静电场而言，式（A-1）指出电场不具有旋转特性（电场的旋度为零），式（A-3）指出在电荷密度不为零的地方电场具有发散特性（电荷密度不为零的地方电场的散度亦不为零）。对时变的情况而言，电场到处都具有旋转特性，而在电荷密度不为零的地方电场还同时具有发散特性。积分形式（A-7）指出，流出封闭曲面 S 的净电通量等于由 S 所包围的体积内部的净电荷量。这并不是说所有流出 S 的电通密度都是由内部电荷产生的，如图 A-5 所示，可能有些通过 S 的电通密度并非源自于内部电荷，这些电通密度从 S 的某处流入也必从另一处流出，因而不对式（A-7）左边的面积分产生任何贡献。在静电场且结构对称的情况下，高斯定律很可能使得电场的计算大大简化。

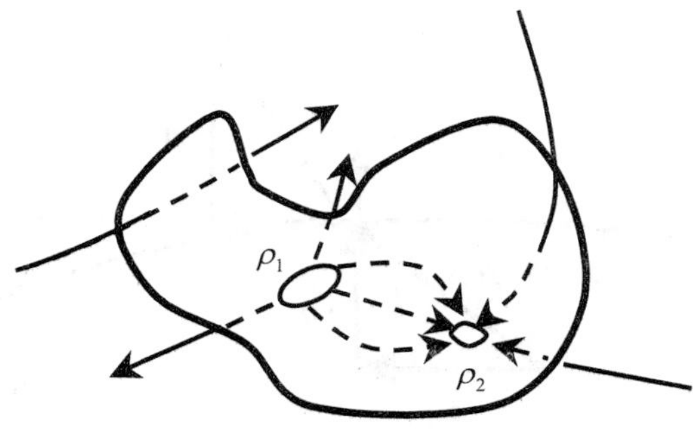

封闭曲面 S

图 A-5　进出封闭曲面 S 的电力线，部分电力线非源自于内部电荷

式（A-4）、式（A-8）、式（A-24）和式（A-28）对应磁场的高斯定律。微分形式（A-4）指出，磁通密度不具有发散特性（其散度永远为零），磁力线不会终止于空间任何一个点，进到任何一个点的磁力线还会离开那个点，最后磁力线必然形成一个封闭的回路；独立的磁荷（独立的南极或独立的北极）并不存在，任何一个磁铁切半后，两块磁铁各自仍具有成对的南北极。式（A-2）指出，对时变的情况而言，磁场到处都具有旋转特性；对静磁场而言，在电流密度不为零的地方磁场才具有旋转特性。

A–3　边界条件

从工程数学可以知道，常微分方程的通解可以分为两部分：一个是齐次解，另一个是特解，因为齐次解的任意倍数还是一个齐次解，所以通解的个数就有无穷多个，只有在指定了起始条件之后，才可能有唯一解。对于像式（A-1）至式（A-4）或式（A-21）至式（A-24）这样的偏微分方程，也同样只有边界条件确立之后才可能有唯一解。从麦克斯韦方程组的积分形式出发，可以推导得到对应式（A-1）至式（A-4）的边界条件如下[1]：

$$\hat{n}_1 \times (\vec{E}_1 - \vec{E}_2) = 0 \qquad (A\text{-}47)$$

$$\hat{n}_1 \times (\vec{H}_1 - \vec{H}_2) = \vec{J}_s \qquad (A\text{-}48)$$

$$\hat{n}_1 \cdot (\vec{D}_1 - \vec{D}_2) = \rho_s \qquad (A\text{-}49)$$

$$\hat{n}_1 \cdot (\vec{B}_1 - \vec{B}_2) = 0 \qquad (A\text{-}50)$$

如图 A-6 所示为通过边界所隔开的两个介质的场量 $\vec{A}$，其中 $\hat{n}_1$ 是边界上向介质 1 的法线单位向量，下标 n 指的是与 $\hat{n}_1$ 平行的分量，下标 t 指的是边界切面方向的分量，这里的边界可以是虚拟的（介质 1 与介质 2 完全相同），也可以是实质的（介质 1 与介质 2 不相同）。式（A-47）指出，边界两边的切面方向电场是相等的，或者说切面方向电场跨越边界时是连续的。式（A-48）指出，若沿着边界表面存在着表面电流 $\vec{J}_s$（单位为 A/m），则跨越边界且与 $\vec{J}_s$ 垂直的切面方向磁场分量是不连续的，其数值上的差异等于所对应的 $\vec{J}_s$ 的分量的大小，当然，如果 $\vec{J}_s$ 不存在，则跨越边界切面方向磁场就连续了。式（A-49）指出，若沿着边界表面存在着表面电荷 ρ_s（单位为 C/m^2），则跨越边界的法线方向电通密度分量是不连续的，其数值上的差异等于所对应的 ρ_s 的大小，当然，如果 ρ_s 不存在，则跨越边界的法线方向电通密度分量就连续了。式（A-50）指出，跨越边界的法线方向磁通密度分量是连续的。

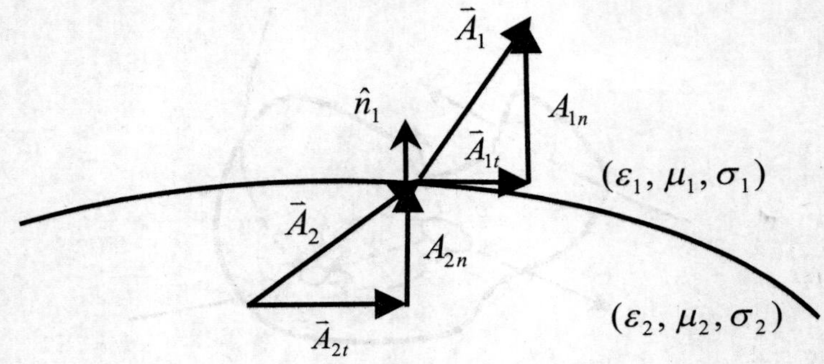

图 A-6　通过介质 1 与介质 1 边界的场量示意图（其中 $\vec{A}$ 代表了 $\vec{E}$ 、$\vec{H}$ 、$\vec{D}$ 和 $\vec{B}$ ）

需要特别注意的是，式（A-48）并没有限定什么情况下 $\vec{J}_s$ 可以存在，一个较为人所熟知的例子是在时变场的条件下，当两个介质中一个是个理想导体（$\sigma \to \infty$）时，$\vec{J}_s$ 可以存在于这个导体的表面。实际上，导体的导电系数 σ 不可能是无限大，理想导体可以被看成是良导体的近似。若在时变场中放入一个良导体，我们可以证明导体内的场强随着与导体表面的距离呈指数下降，当然根据欧姆定律 $\vec{J} = \sigma\vec{E}$ ，导体内的导电电流也会以同样形式呈指数下降，换句话说，电流多半聚集在导体表面附近，导电系数越大，电流越聚集在表面，这就是集肤效应[1]。在理想导体的情况下，导体内部的所有场量的场强均为零，且电流只会沿着导体表面流动。假设介质 2 是理想导体（$\sigma_2 \to \infty$），那么 $\vec{E}_2 = \vec{H}_2 = \vec{D}_2 = \vec{B}_2 = 0$ ，则边界条件为：

$$\vec{E}_{1t} = 0 \tag{A-51}$$

$$\hat{n}_1 \times \vec{H}_1 = \vec{J}_s \tag{A-52}$$

$$D_{1n} = \rho_s \tag{A-53}$$

$$B_{1n} = 0 \tag{A-54}$$

显然，理想导体的表面可以存在表面电荷密度 ρ_s。另一个例子是，在静电流的条件下，若 $\sigma_1 / \sigma_2 \neq \varepsilon_1 / \varepsilon_2$ ，则边界上允许 ρ_s 存在。

A-4　均匀平面波

考虑一个一维方向的波动方程：

$$\frac{\partial^2}{\partial x^2} g(x,t) = \frac{1}{v_p^2} \frac{\partial^2}{\partial t^2} g(x,t) \tag{A-55}$$

的解，这里 v_p 是波的速度，取时间的傅里叶变换可得：

$$\frac{\mathrm{d}^2}{\mathrm{d}x^2} G(x,\omega) = -\frac{\omega^2}{v_p^2} G(x,\omega) \tag{A-56}$$

这是自变量为 x 的二阶常系数微分方程，其解为：

$$G(x,\omega) = F(\omega)\exp\left(\mp j\frac{\omega}{v_p}x\right) \tag{A-57}$$

取反傅里叶变换可得两个可能的解：

$$
\begin{aligned}
g(x,t) &= \frac{1}{2\pi}\int_{-\infty}^{\infty} F(\omega)\exp\left\{j\omega\left(t \mp \frac{x}{v_p}\right)\right\}d\omega \\
&= f\left(t \mp \frac{x}{v_p}\right)
\end{aligned} \tag{A-58}
$$

其中，$F(\omega)$ 是 $f(t)$ 的傅里叶变换。这里的 $f(t)$ 只要是二次微分存在，其形式并未被限定，包括 $\sin(t)$、$\cos^2(t)$、$\exp(t)$ 和 at^2+bt+c 等都是可被允许的 $f(t)$。图 A-7 所示是 $f(x-v_pt)$ 在 $t=t_1$ 和 $t=t_2$ 两个时间点的函数图形分布，因为 $\Delta t>0$，$t_2=t_1+\Delta t>t_1$，使得 $f(x-v_pt_2)$ 的图形分布相对应于 $f(x-v_pt_1)$ 的图形分布向正 x 方向偏移了 $\Delta x=v_p\Delta t$ 的距离，这正说明了 $f(x-v_pt)$ 或 $f[t-(x/v_p)]$ 代表了向正 x 方向传递的波函数。同理，$f(x+v_pt)$ 或 $f[t+(x/v_p)]$ 代表了向负 x 方向传递的波函数。若信号源是正弦时变，则波函数可以写为：

$$
\begin{aligned}
f\left(t \mp \frac{x}{v_p}\right) &= A_0^{\pm}\cos\left[\omega\left(t \mp \frac{x}{v_p}\right)+\theta_0^{\pm}\right] \\
&= \mathrm{Re}\left\{A_0^{\pm}\exp(j\theta_0^{\pm})\exp\left(\mp j\frac{\omega}{v_p}x\right)\exp(j\omega t)\right\}
\end{aligned} \tag{A-59}
$$

显然，$\exp\left(-j\frac{\omega}{v_p}x\right)$ 和 $\exp\left(j\frac{\omega}{v_p}x\right)$ 分别对应向正 x 和向负 x 方向传递的波。

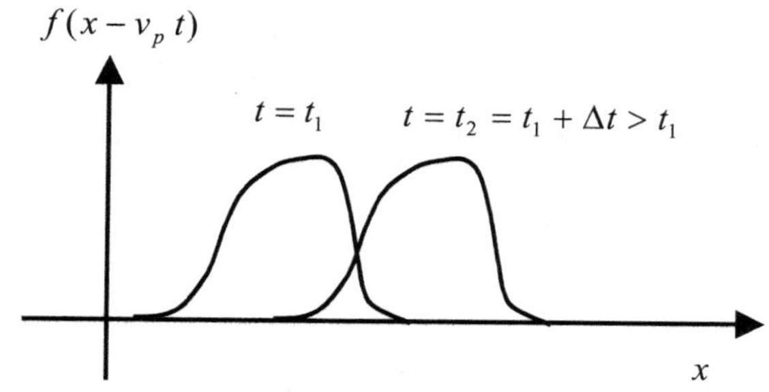

图 A-7　一个向正 x 方向传递的波

可以把式（A-65）推广为在三维空间的波动方程，如下：

$$
\left(\frac{\partial^2}{\partial x^2}+\frac{\partial^2}{\partial y^2}+\frac{\partial^2}{\partial z^2}\right)g(x,y,z,t)=\frac{1}{v_p^2}\frac{\partial^2}{\partial t^2}g(x,y,z,t) \tag{A-60}
$$

或

$$
\nabla^2 g(\bar{r},t)=\frac{1}{v_p^2}\frac{\partial^2}{\partial t^2}g(\bar{r},t) \tag{A-61}
$$

假设我们所考虑的区域导电系数为零（$\sigma=0$），而且激励源也为零（$\bar{J}^{\mathrm{imp}}=0$，$\rho=0$），

则从式（A-1）至式（A-3）我们可以得到：

$$\begin{aligned}\nabla\times\nabla\times\vec{E}&=\nabla(\nabla\cdot\vec{E})-\nabla^2\vec{E}=-\nabla^2\vec{E}\\&=-\mu\frac{\partial}{\partial t}\nabla\times\vec{H}\\&=-\mu\varepsilon\frac{\partial^2}{\partial t^2}\vec{E}\end{aligned} \tag{A-62}$$

或

$$\nabla^2\vec{E}-\mu\varepsilon\frac{\partial^2}{\partial t^2}\vec{E}=0 \tag{A-63}$$

同理，上式的 $\vec{E}$ 换成 $\vec{H}$ 之后式子仍然成立。与式（A-55）比较的结果，我们发现式（A-61）是一个标准的三维空间波动方程，而且波的速率为：

$$v_p=\frac{1}{\sqrt{\mu\varepsilon}} \tag{A-64}$$

这正验证了前面所提到的，麦克斯韦在原始的安培定律上加上这个位移电流项之后宣告了电磁波的存在。

从现在开始，我们将只考虑正弦时变的无源场，并允许介质损耗的存在（$\sigma\neq 0$），这里可以把 σ 看成是一个等效的导电系数，换句话说，它所描述的包含欧姆损耗和其他可能的损耗，例如为了克服介质极化后内部偶极子随着外加场量而改变方向的摩擦阻尼机制而造成的损耗[1]，此时安培定律可以表示为：

$$\begin{aligned}\nabla\times\vec{H}&=\vec{J}_d+\vec{J}_c=j\omega\varepsilon\vec{E}+\sigma\vec{E}\\&=j\omega\left(\varepsilon-j\frac{\sigma}{\omega}\right)\vec{E}\\&=j\omega\varepsilon_c\vec{E}=j\omega(\varepsilon'-j\varepsilon'')\vec{E}\end{aligned} \tag{A-65}$$

这里的 ε_c 是复数介电系数。同理，高斯定理也可以表示为：

$$\nabla\cdot(\varepsilon\vec{E})=\rho=\frac{j}{\omega}\vec{J}_c=\frac{j\sigma}{\omega}\vec{E} \tag{A-66}$$

或

$$\nabla\cdot\left(\varepsilon-j\frac{\sigma}{\omega}\right)\vec{E}=\nabla\cdot(\varepsilon_c\vec{E})=0 \tag{A-67}$$

类似于推导式（A-63）的过程，我们可以从式（A-65）和式（A-67）推导出如下赫尔姆霍茨方程：

$$\nabla^2\vec{E}+k^2\vec{E}=0 \tag{A-68}$$

其中：

$$k=\omega\sqrt{\mu\varepsilon_c} \tag{A-69}$$

是波数。在无损耗的情况下，$\sigma=0$，$\varepsilon_c=\varepsilon$，而且：

$$k=\omega\sqrt{\mu\varepsilon}=\frac{\omega}{v_p}=\frac{2\pi f}{v_p}=\frac{2\pi}{\lambda} \tag{A-70}$$

其中λ是正弦波在这个介质中的波长，而波数可以被解释为每米所包含的波长的个数乘以2π。

波的形式有很多种，均匀平面波表示这个波的等相位面或是波前是个平面，同时在这个平面上的场强与位置无关。我们也可以证明，把式（A-68）中的$\bar{E}$换成$\bar{H}$之后，式子仍然成立。换句话说，$\bar{E}$和$\bar{H}$的任何一个直角坐标系的分量都符合赫尔姆霍茨方程。假设$\bar{E}=\hat{x}E_x$，且其强度与x和y的坐标无关，则式（A-68）可简化为：

$$\frac{\mathrm{d}^2E_x}{\mathrm{d}z^2}+k^2E_x=0 \qquad \text{(A-71)}$$

它的解是代表向正z传播的$\exp(-jkz)$和代表向负z传播的$\exp(jkz)$的线性组合。为了方便起见，我们只考虑向正z传播的这个解，因此：

$$\bar{E}=\hat{x}E_x=\hat{x}E_{x0}\mathrm{e}^{-jkz}=\hat{x}E_{x0}\exp(-j\bar{k}\cdot\bar{r}) \qquad \text{(A-72)}$$

其中，波数向量：

$$\bar{k}=\hat{z}k \qquad \text{(A-73)}$$

指向波传播的方向。将式（A-72）代入法拉第定律（A-21）后可以得到：

$$\bar{H}=\hat{y}H_y=\hat{y}\frac{1}{\eta}E_{x0}\exp(-j\bar{k}\cdot\bar{r})\hat{z}\times\hat{x}\frac{1}{\eta}E_{x0}\exp(-j\bar{k}\cdot\bar{r})=\frac{1}{\eta}\hat{z}\times\bar{E} \qquad \text{(A-74)}$$

其中：

$$\eta=\frac{\omega\mu}{k}=\sqrt{\frac{\mu}{\varepsilon_c}} \qquad \text{(A-75)}$$

是这个介质本质阻抗或是均匀平面波在这个介质中的波阻抗。借着把式（A-72）和式（A-74）代回4个麦克斯韦方程，我们可以确认这是一组有效的解。从这个均匀平面波可以发现其$\bar{E}$、$\bar{H}$和$\bar{k}$的方向是两两互相垂直的。因此，一个传播方向为任意方向$\hat{n}$的均匀平面波可以被表示为：

$$\bar{E}=\bar{E}_0\exp(-jk\hat{n}\cdot\bar{r})=\bar{E}_0\exp(-j\bar{k}\cdot\bar{r}) \qquad \text{(A-76)}$$

$$\bar{H}=\frac{1}{\eta}\hat{n}\times\bar{E}=\frac{1}{\eta}\hat{n}\times\bar{E}_0\exp(-j\bar{k}\cdot\bar{r}) \qquad \text{(A-77)}$$

其中：

$$\bar{k}=\hat{n}k=\hat{x}(\hat{x}\cdot\bar{k})+\hat{y}(\hat{y}\cdot\bar{k})+\hat{z}(\hat{z}\cdot\bar{k})=\hat{x}k_x+\hat{y}k_y+\hat{z}k_z \qquad \text{(A-78)}$$

一般来说，前面所定义的本质阻抗η和波数k有可能是表达式很复杂的复数，在良好导体与良好绝缘介质的条件下，这些表达式其实是可以被化简的。我们以式（A-65）中位移电流与导电电流的比值来决定物质的归类：

$$\frac{|J_c|}{|J_d|}=\frac{\sigma}{\omega\varepsilon}=\begin{cases}>>1, & \text{良导体}\\ <<1, & \text{绝缘介质}\end{cases} \qquad \text{(A-79)}$$

对于良导体而言：

$$\eta=\sqrt{\frac{\mu}{\varepsilon-j\dfrac{\sigma}{\omega}}}\approx\sqrt{\frac{j\omega\mu}{\sigma}}=\sqrt{\frac{\omega\mu}{2\sigma}}(1+j) \qquad \text{(A-80)}$$

$$k=\omega\sqrt{\mu(\varepsilon-j\frac{\sigma}{\omega})}\approx\sqrt{-j\omega\mu\sigma}=\sqrt{\frac{\omega\mu\sigma}{2}}(1-j)=\beta-j\alpha \tag{A-81}$$

此种情形下式（A-72）和式（A-74）所对应的时域表达式为：

$$E_x(z,t)=|E_{x0}|\mathrm{e}^{-\alpha z}\cos\left\{\omega t-\beta z+\theta_{x0}\right\} \tag{A-82}$$

$$H_y(z,t)=\frac{2\sigma}{\omega\mu}|E_{x0}|\mathrm{e}^{-\alpha z}\cos\left\{\omega t-\beta z+\theta_{x0}-\frac{\pi}{4}\right\} \tag{A-83}$$

我们发现，$\beta=\alpha$，而β决定相位的空间变化率，因此被称为相位常数，单位为 rad/m，把式（A-82）或式（A-83）的自变量对 t 作微分并取微分值为零，可得出等相位面传播的速度（相位速度v_p）为：

$$v_p=\frac{\mathrm{d}z}{\mathrm{d}t}=\frac{\omega}{\beta} \tag{A-84}$$

此外，α 决定场强的空指数衰减速率，因此被称为衰减常数，单位为 nep/m，这里的 nep 和 rad 一样是无因次的单位。场量在传播方向上前进：

$$z=\delta=1/\alpha=\sqrt{\frac{2}{\omega\mu\sigma}}=\sqrt{\frac{1}{\pi f\mu\sigma}} \tag{A-85}$$

的距离，其强度即衰减为原来的$1/\mathrm{e}$，我们把这个特定的长度δ称为集肤深度。电场在深入导体δ的距离处，其强度即衰减为导体表面强度的$1/\mathrm{e}$，而$\vec{J}_c=\sigma\vec{E}$，所以导体的导电电流密度也以同样的指数方式在导体内部衰减，其电流密度大小沿衰减方向的积分正比于：

$$\int_0^{\infty}\left|\mathrm{e}^{-j(\beta-j\alpha)z}\right|\mathrm{d}z=\frac{1}{\alpha}=\delta \tag{A-86}$$

这个数值与假设只均匀分布在导体内部δ的深度的电流密度大小的积分值相同，这个原因也许可以解释为什么要称δ（而不是2δ或$\delta/2$）为集肤深度了。与此同时，我们也可以把式（A-80）和式（A-81）改写为：

$$\eta=\frac{1+j}{\sigma\delta} \tag{A-87}$$

$$k=\beta-j\alpha=\frac{1}{\delta}(1-j) \tag{A-88}$$

对于良导体而言：

$$\eta=\sqrt{\frac{\mu}{\varepsilon-j\dfrac{\sigma}{\omega}}}\approx\sqrt{\frac{\omega}{\varepsilon}} \tag{A-89}$$

$$k=\omega\sqrt{\mu\left(\varepsilon-j\frac{\sigma}{\omega}\right)}\approx\omega\sqrt{\mu\varepsilon} \tag{A-90}$$

这两个参数在理想绝缘介质的情况下几乎一模一样。

A–5　功率流与交流电阻

考虑如图 A-8 所示的并联 RLC 电路，信号源是电流源，图上电压和电流的符号都是相量，节点方程为：

$$I=\left(\frac{1}{R}+\frac{1}{j\omega L}+j\omega C\right)V \tag{A-91}$$

进入并联 RLC 网络的复数功率为：

$$\begin{aligned}P&=\frac{1}{2}VI^*=\frac{1}{2}\left(\frac{1}{R}+\frac{j}{\omega L}-j\omega C\right)|V|^2\\&=\frac{|V|^2}{2R}+j2\omega\left(\frac{|V|^2}{4\omega^2 L}-\frac{C|V|^2}{4}\right)\\&=\frac{|V|^2}{2R}+j2\omega\left(\frac{L|I_L|^2}{4}-\frac{C|V|^2}{4}\right)\\&=P_d+j2\omega(\bar{W}_L-\bar{W}_C)\end{aligned} \tag{A-92}$$

其中，$P_d=|V|^2/(2R)$ 是消耗在电阻上的时间平均功率，$\bar{W}_L=L|I_L|^2/4$ 是存储在电感上的时间平均能量，$\bar{W}_C=C|V|^2/4$ 是存储在电容上的时间平均能量[2]。需要注意到，进入并联 RLC 网络的时间平均功率即为消耗在电阻上的时间平均功率，换句话说：

$$P_{\text{avg}}=\text{Re}\{P\}=\text{Re}\left\{\frac{1}{2}VI^*\right\}=\frac{|V|^2}{2R} \tag{A-93}$$

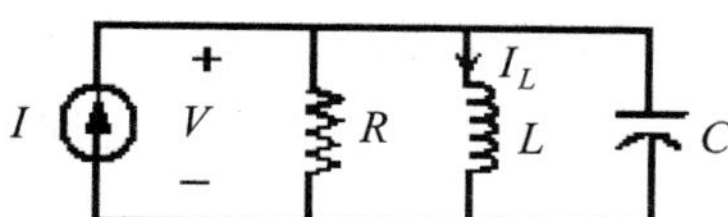

图 A-8　一个接上电流源的 RLC 并联电路

现在，我们来考虑电磁场的情况。由式（A-72）至式（A-74）可知，$\bar{E}\times\bar{H}$ 得到往传播方向的向量，$\bar{E}$ 与 $\bar{H}$ 的乘积单位为 W/m^2，是个功率密度，参考式（A-92）和式（A-93）后，我们可以定义一个代表垂直通过每单位面积的复数功率流的向量：

$$\bar{S}=\frac{1}{2}\bar{E}\times\bar{H}^* \tag{A-94}$$

一般称为复数坡印亭向量。为了得到类似式（A-92）的结果，我们重新列出必须用到的方程：

$$\nabla\times\bar{E}=-j\omega\mu\bar{H} \tag{A-95}$$

$$\nabla\times\bar{H}=j\omega\varepsilon\bar{E}+\sigma\bar{E} \tag{A-96}$$

再推导出：

$$\begin{aligned}-\nabla\cdot(\bar{E}\times\bar{H}^*)&=\bar{E}\cdot\nabla\times\bar{H}^*-\bar{H}^*\cdot(\nabla\times\bar{E})\\&=\sigma\left|\bar{E}\right|^2+j\omega\mu\left|\bar{H}\right|^2-j\omega\varepsilon\left|\bar{E}\right|^2\end{aligned} \tag{A-97}$$

将上式对一封闭曲面 S 包围的体积 V 积分，并利用散度定理，可得：

$$
\begin{aligned}
&-\oiint_S \frac{1}{2}\bar{E}\times\bar{H}^*\cdot \mathrm{d}\bar{s} \\
&=\iiint_V \frac{1}{2}\sigma\left|\bar{E}\right|^2 \mathrm{d}v + j2\omega\left\{\iiint_V \frac{1}{4}\mu\left|\bar{H}\right|^2 \mathrm{d}v - \iiint_V \frac{1}{4}\varepsilon\left|\bar{H}\right|^2 \mathrm{d}v\right\} \\
&= P_d + j2\omega\left\{\bar{W}_m - \bar{W}_e\right\}
\end{aligned}
\tag{A-98}
$$

这个等式的左边代表进入曲面 S 的净复数功率，等式右边的 P_d 是体积 V 中总消耗的平均功率，$\bar{W}_m$ 和 $\bar{W}_e$ 分别是存储在 V 中的时间平均磁能和电能。

与交流电路类似的是，进入曲面 S 的净时间平均功率即为体积 V 中总消耗的平均功率：

$$
P_{\text{avg}} = \mathrm{Re}\{-\oiint_S \frac{1}{2}\bar{E}\times\bar{H}^*\cdot \mathrm{d}\bar{s}\} = \mathrm{Re}\left\{\frac{1}{2}VI^*\right\} = \iiint_V \frac{1}{2}\sigma\left|\bar{E}\right|^2 \mathrm{d}v \tag{A-99}
$$

有了以上的概念，可以开始讨论交流电阻了。在一段通过交流电流的导线上所消耗的时间平均功率为：

$$
P_{\text{avg}} = \frac{1}{2}|I|^2 R_{\text{ac}} \tag{A-100}
$$

所以交流电阻为：

$$
R_{\text{ac}} = \frac{2P_{\text{avg}}}{|I|^2} \tag{A-101}
$$

现在考虑图 A-9 所示的平面边界问题，$z<0$ 的区域是空气，$z>0$ 的区域是良导体，假设空气中的场包含有垂直入射良导体的波的成分，并假设此成分是由 E_x 和 H_y 组成，则在导体内部也将存在随 z 呈指数衰减的 E_x、H_y 和 J_x，电流在 x 方向流动的欧姆损耗实际上就是良导体内向 z 方向传播的波（随 z 衰减）造成的，因此，若只考虑在 x 方向长度为 ℓ，在 y 方向宽度为 w 的电流流动范围，我们可以找出交流电阻如下：

$$
\begin{aligned}
R_{\text{ac}} &= \frac{2P_{\text{avg}}}{|I|^2} = \frac{2\ell w \mathrm{Re}\left[\frac{1}{2}\bar{E}\times\bar{H}^*\right]_{z=0}\cdot\hat{z}}{\left|w\int_0^\infty \sigma E_x \mathrm{d}z\right|^2} \\
&= \frac{\ell\left|H_{y0}\right|^2 \mathrm{Re}(\eta_c)}{w\left|\int_0^\infty \sigma\eta_c H_{y0}\mathrm{e}^{-\alpha z}\mathrm{e}^{-j\beta z}\mathrm{d}z\right|^2} = \frac{\ell\left|H_{y0}\right|^2 \mathrm{Re}(\eta_c)}{w\sigma^2\left|H_{y0}\right|^2\left|\frac{1}{\alpha+j\beta}\right|^2} \\
&= \frac{\ell\,\mathrm{Re}(\eta_c)}{w\sigma^2\frac{2}{\sigma^2\delta^2}\frac{1}{2\alpha^2}} = \frac{\ell\,\mathrm{Re}(\eta_c)}{w\sigma^2\frac{2}{\sigma^2\delta^2}\frac{\delta^2}{2}} \\
&= \frac{\ell\,\mathrm{Re}(\eta_c)}{w} = \frac{\ell R_s}{w}
\end{aligned}
\tag{A-102}
$$

这里，η_c 是良导体的本质阻抗，$H_{y0}=H_y(z=0)$，而且：

$$
R_s = \mathrm{Re}(\eta_c) = \frac{1}{\sigma\delta} = \sqrt{\frac{\pi f\mu}{\sigma}} \tag{A-103}
$$

是所属的表面电阻或片电阻，单位为 Ω/□[2]，意思是面对导体表面所看到的电流流动范围是正方形时的电阻值，不论这个正方形的边长是多少都一样，当然在电流流动方向的长度越长交流电阻越大，电流通过的宽度越宽交流电阻越小，可见式（A-102）是一个很合理的结果。若把式（A-103）代入式（A-102），可得：

$$R_{ac} = \frac{\ell}{w\delta\sigma} \qquad \text{(A-104)}$$

从针对式（A-86）的讨论我们发现，式（A-104）的 $w\delta$ 相当于交流电流通过的等效截面积，以这个观点来看，交流电阻与直流流电阻的公式是一样的，都是长度除以横截面面积，再除以导电系数，其差异在于这两种电流通过的截面积不同。需要特别注意的是，在推导式（A-104）的过程中，我们已经使用了良导体本质阻抗的近似表达式（A-87），我们也做了一些假设，首先是导体的厚度无穷大，允许场量在良导体内衰减至零，其次是交流电流通过的横截面的宽度方向上其密度必须是均匀的，除此之外，式（A-104）其实是一个很严谨的结果。实际的应用上，对于一个长度为 ℓ 周长为 w 的导体，只要其横截面是简单形状，而且半径或厚度比集肤深度大很多，式（A-104）就是一个很直观也很有用的计算交流电阻的近似公式，否则应该用数值方法来计算才能得到较佳的精确度。在电磁学教科书中常见的两条导线构成的传输线（如平行双圆导线、平行板与同轴电缆）的单位长度电阻的表达式用的就是这个公式。

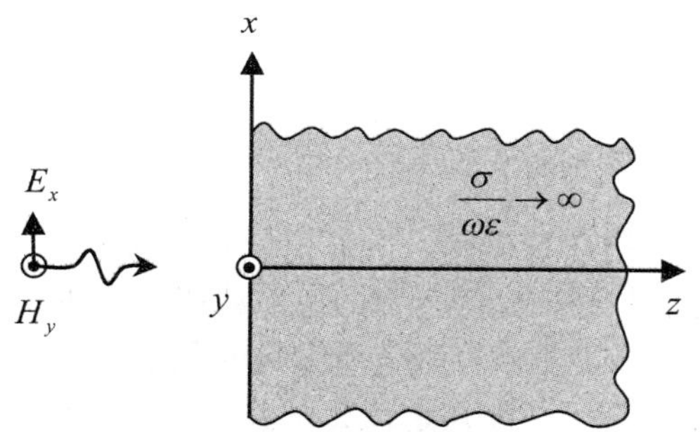

图 A-9 电磁波(E_x , H_y)垂直入射一个 $z > 0$ 的良导体

参考文献

[1] Cheng, D. K., 1989 Cheng, *Field and Wave Electromagnetics,* 2nd ed., Addison-Wesley Publishing Company.

[2] Hayt, Jr., W. H. and Kemmerly, J. E., 1996, *Engineering Circuit Analysis*, 4th. ed., McGraw-Hill.

[3] Paul, C. R., 1992, Introduction to Electromagnetic Compatibility, John Wiley & Sons.

[4] Paul, C. R., 2004, Electromagnetics for Engineers: With Applications to Digital Systems and Electromagnetic Interference, John Wiley & Sons.

B 电磁屏蔽原理分析

本附录将介绍电磁屏蔽原理、电磁屏蔽效能定义、电磁屏蔽材料的选择、近场电磁屏蔽、低频磁场屏蔽和不连续性屏蔽的处置等问题，最后以多层平板屏蔽体作为电磁屏蔽设计的范例。

B-1 电磁屏蔽原理

电磁屏蔽的原理主要是依据两种机制：反射损失和吸收损失。反射损失是由于屏蔽体与外在空间的波阻抗不匹配造成从外在空间入射的电磁波在屏蔽体表面产生反射而成。吸收损失则是部分进入屏蔽体内的电磁波能量被屏蔽体所吸收的现象。

要了解反射损失的现象，首先必须知道什么是波阻抗。波阻抗就是某电磁波的电场与磁场的比值，它是讨论反射损失的关键参数。以自由空间中传递的平面波为例，它的波阻抗为：

$$Z_0 = \sqrt{\mu_0 / \varepsilon_0} = 120\pi \ (\Omega) \tag{B-1}$$

其中：

$$\mu_0 = 4\pi \times 10^{-7} \ (\text{H/m}) \tag{B-2}$$

$$\varepsilon_0 = 8.854 \times 10^{-12} \ (\text{F/m}) \tag{B-3}$$

此常数是探讨远场屏蔽问题的重要参考，因为屏蔽问题一般是在自由空间中讨论，而远场的电磁波通常假设为平面波。所以此屏蔽体的波阻抗若与 377Ω 差异很大时便会造成很明显的反射现象，从而使得远场的屏蔽效能大为提升。

波阻抗的大小亦决定于此电磁波与产生此电磁波的波源的距离。如果距离已达远场的范围，波阻抗便为定值。若距离仍在近场的范围，波阻抗会随此距离而变动，而且也受到产生此电磁波的波源种类的影响。波源分为磁场波源和电场波源两大类。对于电场波源而言，在很靠近此波源的地方所量到的电磁波的电场会远大于磁场，故其波阻抗会很大。反之，在很靠近磁场波源的地方所量到的电磁波，其波阻抗会很小。所以若以最常用来作为屏蔽材料的金属而言，它无法依赖反射损失来屏蔽磁场源所产生在近场的电磁波。因金属的波阻抗为：

$$Z=\sqrt{\frac{j\omega\mu}{\sigma+j\omega\varepsilon}}\ (\Omega) \quad \text{(B-4)}$$

其中金属的导电率σ会很大，因此波阻抗会很小，和磁场波源的近场波阻抗差异变小，电磁波在屏蔽体表面的反射便降低。

电磁波若不能在屏蔽体表面被反射，便需依赖吸收损失来增强其屏蔽效能。吸收损失的大小一般需视屏蔽的厚度与集肤深度而定。电磁波在导体中因集肤效应影响，仅能传递很短的距离便衰减殆尽，其所能传递的距离便以集肤深度近似表示成：

$$\delta=\frac{1}{\sqrt{\pi f\mu\sigma}}\ (\mathrm{m}) \quad \text{(B-5)}$$

其中f为电磁波的频率。观察式（B-5）可知，若f越高或屏蔽的μ值和σ值越大，则集肤深度便越小。所以屏蔽体的厚度若能大于此集肤深度，此屏蔽体便会因吸收损失而增强屏蔽效能。在一般常用来作为屏蔽体的金属中，其典型的集肤深度如表 B-1 所示。

表 B-1 铝、铜和铁的集肤深度

频率	铝	铜	铁
100Hz	8458μm	6604μm	660μm
1kHz	2667μm	2083μm	203μm
10kHz	845μm	660μm	66μm
100kHz	266μm	208μm	20μm
1MHz	84μm	66μm	6μm
10MHz	26μm	20μm	2μm
100MHz	8μm	7μm	0.6μm
1GHz	2μm	2μm	0.2μm

B-2 电磁屏蔽效能定义

若要量化一屏蔽体的屏蔽能力，则需要定义一个适当的参数来描述，通常称此参数为屏蔽效能。定义屏蔽效能必须考虑其可操作性，所以一般以在某一位置不存在与存在屏蔽体的情形下而量测到的电磁波大小的比值作为屏蔽效能的定义，故屏蔽效能可有以下定义：

$$\mathrm{SE\ (dB)}=10\log_{10}(P_1/P_2) \quad \text{(B-6)}$$

$$\mathrm{SE\ (dB)}=20\log_{10}(E_1/E_2) \quad \text{(B-7)}$$

$$\mathrm{SE\ (dB)}=20\log_{10}(H_1/H_2) \quad \text{(B-8)}$$

其中下标 1 代表不存在屏蔽情形下量测的量，下标 2 是存在屏蔽情形下量测的量。式（B-6）、式（B-7）和式（B-8）分别表示功率、电场强度和磁场强度的屏蔽效能。式（B-7）和式（B-8）屏蔽效能的定义通常已假设不存在与存在屏蔽情形下的波阻抗是相同的。注意此屏蔽效能的定义是以 dB 值来表示。

B-3 电磁屏蔽材料

选择电磁屏蔽材料，必须考虑屏蔽材料的反射特性和吸收特性。有时屏蔽材料同时也用来作为防腐蚀的被覆体，因此也需要考虑此屏蔽材料与本体材料的兼容性。

对以反射损失为屏蔽效能来源的屏蔽材料，其厚度通常不是主要考虑的对象，所以此类屏蔽材料经常是有高导电率的金属，用镀或漆的方式被覆于某一低导电率的本体材料上。常用的此类材料有镍、铜、铝和银等。由于金属有很低的波阻抗，所以对于自由空间中传递的平面波有极佳的反射效果。另外，若电磁波的频率很高，此类屏蔽材料亦能造成可观的吸收损失。当然，一般金属也可单独作为屏蔽体，此时其厚度较厚，对于较低频的电磁波亦可造成很大的吸收损失。除了金属材料之外，有一些碳或石墨材料亦可作为屏蔽体，但其导电率较金属低，所以屏蔽效能远不及金属材料。

有些情况下，加屏蔽不可造成过多的反射，因此增加屏蔽效能只能依赖材料的吸收损失。由式（B-4）可知，若某金属的 μ 值变大，其波阻抗增加，则此波阻抗与式（B-1）自由空间平面波的波阻抗的差异降低，便不会造成过多的反射。然而由式（B-5）集肤深度的公式可得，μ 值变大可使集肤深度变小，屏蔽效能增强。所以磁性材料经常用作此种用途。经过高温退火热处理的钢便是一般常用的材料，但价格较昂贵。另外，磁铁也可作为此类屏蔽材料，但是其磁性在频率高于 1kHz 时便迅速下降，故失去屏蔽的效能。因此在 1kHz～100kHz 的范围内使用钢的效果较磁铁好。

B-4 近场电磁屏蔽

讨论电磁屏蔽必须分近场和远场，因为近场的波阻抗会随与波源的距离而改变，而远场的波阻抗则为定值。除此之外，在近场还必须分磁场波源和电场波源两种情形。以最基本的点波源为例，通常以距离波源：

$$d = \frac{\lambda}{2\pi} \tag{B-9}$$

为一界线，式中 λ 为波长，大于此距离 d 即为远场，反之为近场。若波源所产生的电磁波传至远场，可近似成平面波，在自由空间中其波阻抗即如式（B-1）所示，为定值 $120\pi\,\Omega$。若所产生的电磁波仍在近场，其波阻抗必须视波源种类而定。因为若是电场波源，在近场范围，电场与距离的三次方成反比，磁场与距离的二次方成反比，故在很靠近此波源的位置将量到很高的波阻抗。但若是磁场波源，在近场范围，磁场与距离的三次方成反比，电场与距离的二次方成反比，故在很靠近此波源的位置将量到很低的波阻抗。所以电场波源称为高阻抗波源，而磁场波源称为低阻抗波源。

根据以上叙述可知，在近场范围的屏蔽必须分为电场波源和磁场波源来讨论。电场波源是高阻抗波源，在近场范围，其产生电磁波的波阻抗很高，所以一般用导电率好的金属屏蔽它即可有很好的屏蔽效能。因为从式（B-4）中已知，金属的波阻抗很低，故此处仅依赖反射损失便可达到很好的屏蔽效能。反之，如果是磁场波源，因它为低阻抗波源，在近场范围，便无法依赖金属屏蔽体的低波阻抗特性造成高反射效果来增强屏蔽效能。所以在此情形下，屏蔽效能仅能依赖吸收损失。然而，欲屏蔽的电磁波的频率若很低，一般金属屏蔽体中的集肤深度会很大，则吸收损失所造成的屏蔽效能必不佳。因此就金属屏蔽体而言，是很难在近场屏蔽磁场波源所产生的低频电磁波的。此种屏蔽情形将在下节中讨论。

B-5　低频磁场屏蔽

由先前的陈述可知，对于远场屏蔽，在高频时主要依赖金属屏蔽体的吸收损失，而在低频时主要依赖此屏蔽体的反射损失便能达到很好的屏蔽效能。对于近场屏蔽，如果是电场波源，与远场时相同，高频时主要依赖金属屏蔽体的吸收损失，而在低频时主要依赖此屏蔽体的反射损失。然而，对于近场磁场波源的屏蔽，高频时依然是靠金属屏蔽体的吸收损失，但是低频时的屏蔽效能会很差。所以要屏蔽近场的低频磁场波源必须有其他的方法。

对于低频磁场波源的近场屏蔽，主要的方法有两种：第一种方法是依赖永久磁性材料的高导磁率作为屏蔽体，则低频的磁场便可被此屏蔽体引导离开欲屏蔽的区域；第二种方法是运用法拉第定律，在欲屏蔽的区域外加上线圈状的屏蔽体，其面朝磁场方向，当低频的磁场通过时，便会产生反方向的磁场而减弱原磁场的强度。

使用永久磁性材料作为屏蔽体时，必须注意此类物质的两种特性：永久磁性物质的磁性会随着磁场频率的上升而降低；永久磁性物质的磁性会随着磁场的增强而降低。如果此屏蔽体能运用在高磁性的条件下，磁场便会汇集于此屏蔽体，经由适当的导引，避开欲被屏蔽的区域。

运用法拉第定律来屏蔽低频磁场，必须做出适当的线圈状屏蔽体。然而在使用此屏蔽体时，要尽可能地让其面与磁场方向相垂直，才能产生最大的反方向磁场来抵消原磁场。另外，若欲增加反方向磁场的产生，则可增加线圈状屏蔽体的圈数来增强屏蔽效能。

B-6　不连续性屏蔽的处置

在一电子产品的屏蔽体上，避免不了的一定会有一些开洞，例如作为散热用途或信号线进出的孔洞或屏蔽体上下盖间的接缝等。一旦有这些开洞所造成的不连续性存在，屏蔽体的屏蔽效能必然大为降低。然而若能适当地处置这些开洞，则仍然可使此不连续性屏蔽体拥有可接受的屏蔽效能而不至到无有用之处的窘境。

当电磁波入射至金属屏蔽体上时，会在屏蔽体表面感应出面电流。当此面电流在屏蔽体表面流动时，遇到不连续的开洞，便会再次激发出电磁波，因此降低屏蔽体的屏蔽效能。所以在屏蔽体上开洞时，必须考虑尽可能地不去破坏面电流流动的连续性。如图 B-1 所示便是较好的开洞方式，因为较不破坏面电流流动的连续性。反观图 B-2，便是较差的开洞方式。

在屏蔽体上，可能会有很长的接缝。根据电磁理论的巴比涅原理[1]，这样的接缝辐射电磁波的能力就像是同等长度的偶极天线的辐射能力。所以，如果此长度达到电磁波波长的一半，将会有相当好的辐射效率。就屏蔽体而言，这便意味着屏蔽效能的大大降低。因此，屏蔽体上接缝的长度必须小心控制，勿使以上的情形产生。

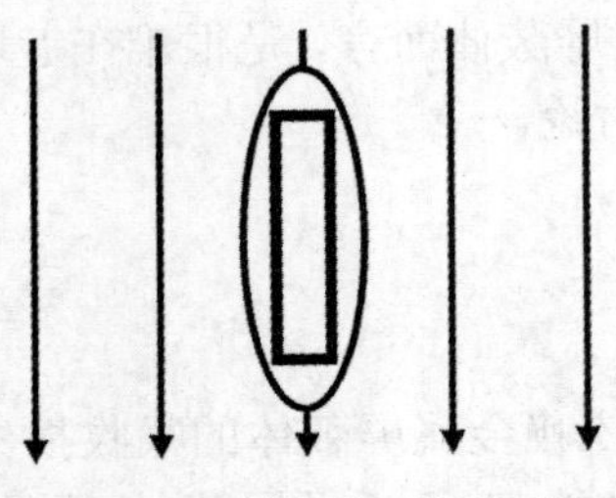

图 B-1　较好的开洞方式

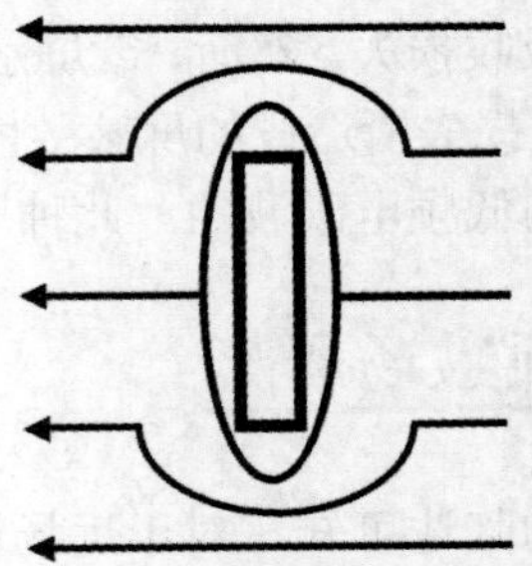

图 B-2　较差的开洞方式

在某些高屏蔽效能要求的情况下，可以刻意让屏蔽体上的开洞呈现出波导管的效应。以一边长为 D 的方形孔洞为例，可以在此孔洞表面加上同样截面的空心方柱，如图 B-3 所示，其长度假设为 L，这样所造成的波导管效应将使频率低于：

$$f = \frac{1.5\times10^8}{D}\ \text{Hz} \tag{B-10}$$

的电磁波很难通过此孔洞，其屏蔽效能可以达到：

$$\text{SE(dB)} \approx 27.3\frac{L}{D} \tag{B-11}$$

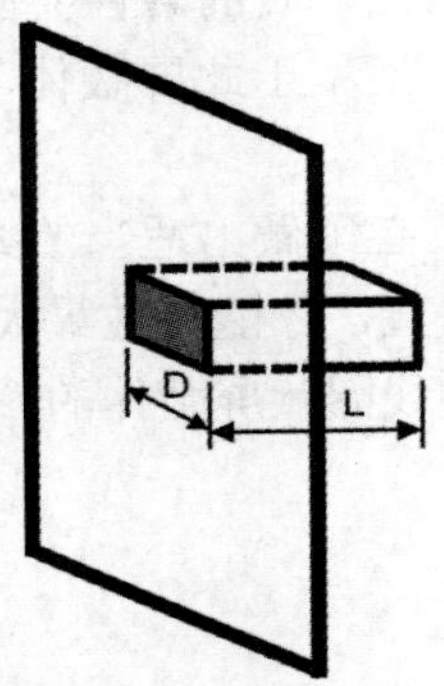

图 B-3　呈现出波导管效应的方形孔洞

所以当此长宽比够大的情形下，便可造成很好的屏蔽效能。因此有很多实验用途的屏蔽室便是利用此原理作为通风口的设计。

B-7　多层平板屏蔽体

要计算多层平板屏蔽体的屏蔽效能，必须先了解基础的平面波屏蔽理论。若有一沿着 x 轴传递的平面波正向入射至一平板屏蔽体上，其电磁场分布可由频域麦克斯韦方程预测，该方程在此可以表达为：

$$\frac{\mathrm{d}E}{\mathrm{d}x} = -j\omega\mu H \tag{B-12}$$

$$\frac{\mathrm{d}H}{\mathrm{d}x} = -j(\sigma + j\omega\varepsilon)E \tag{B-13}$$

其中 μ、ε 和 σ 为电磁参数。此平面波的波阻抗为式（B-4）所示，其传播常数可以表示为：

$$\gamma = \sqrt{j\omega\mu(\sigma + j\omega\varepsilon)} \tag{B-14}$$

式（B-12）和式（B-13）与传输线方程非常相似。若有一传输线平行于 x 轴，其电压与电流的分布会遵守传输线方程：

$$\frac{\mathrm{d}V}{\mathrm{d}x} = -\hat{Z}I \tag{B-15}$$

$$\frac{\mathrm{d}I}{\mathrm{d}x} = -\hat{Y}V \tag{B-16}$$

此传输线的特征（或特性）阻抗与传播常数为：

$$Z_c = \sqrt{\frac{\hat{Z}}{\hat{Y}}} \tag{B-17}$$

$$\hat{\gamma} = \sqrt{ZY} \tag{B-18}$$

其中 $\hat{Z}$ 和 $\hat{Y}$ 分别为传输线单位长的串联阻抗和并联导纳，可分别定义为：

$$\hat{Z} = R + j\omega L \tag{B-19}$$

$$\hat{Y} = G + j\omega C \tag{B-20}$$

其中 R、L、G 和 C 为此传输线单位长的电阻、电感、电导和电容。

观察式（B-12）和式（B-13）与式（B-15）和式（B-16），两组方程间具备了数学上的二元性关系，故由二元性概念，平面波正向入射至一平板屏蔽体的电磁行为可模拟为一传输线电压与电流的分布行为。所以平面波正向入射至多层平板屏蔽体产生的反射和穿透波公式与多段传输线串接的反射和穿透波公式在数学上完全一致。更清楚地说，将传输线相关公式中的电压 V、电流 I、特征阻抗 Z_c 和传播常数 $\hat{\gamma}$ 替换成平面波的电场 E、磁场 H、波阻抗 Z 和传播常数 γ，则传输线相关公式便变成平面波正向入射至一平板屏蔽体的相关公式。因为，传输线的电压 V、电流 I、特征阻抗 Z_c 和传播常数 γ 与此处平面波的电场 E、磁场 H、波阻抗 Z 和传播常数 $\hat{\gamma}$ 互为二元性量。总之，多层平板屏蔽体的屏蔽效能可由较为简单的多段传输线公式通过二元性关系而获得。

多层平板屏蔽体是由若干个单层平板屏蔽体所合成的。在每一个单层中，当电磁波入射时均会产生反射损失和吸收损失。以图 B-4 所示的单层平板屏蔽体为例，当电磁波入射至此屏蔽体表面时便会产生部分反射，其余便穿透至屏蔽体中。入射至屏蔽体中的电磁波，在传递过程中，部分能量会被屏蔽体所吸收。当电磁波传递至屏蔽体的背面时又再一次地产生部分反射和穿透。所以最后穿透过此单层平板屏蔽体的电磁波可视为入射波减去：①第一回传递过程中在屏蔽体表面及背面的反射损失；②第一回传递过程中在屏蔽体中的吸收损失；③其余在屏蔽体中，第一回传递过程以外，内部多重反射和吸收的损失。

对此单层平板屏蔽体，反射损失可以估计为：

$$\mathrm{R(dB)} = 20\log_{10}\frac{|1-v|^2}{4|v|} \tag{B-21}$$

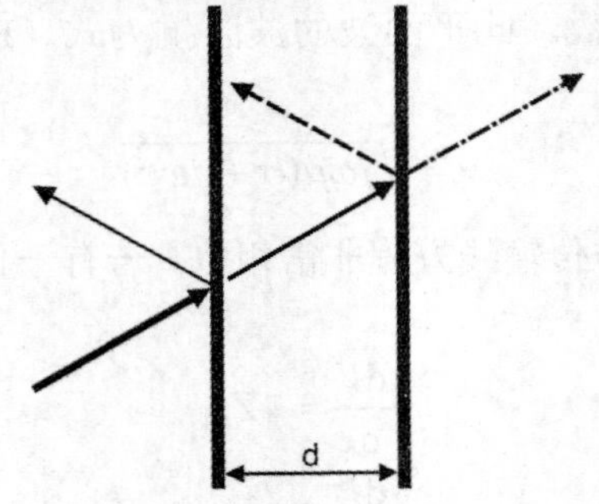

图 B-4　单层的屏蔽体

其中 v 是相速度，可以表示为：

$$v = \sqrt{\frac{\omega}{\mu_0 \sigma}} \quad (\mathrm{m/s}) \tag{B-22}$$

另外，吸收损失可以估算为：

$$\mathrm{A(dB)} = 8.686 \frac{\mathrm{d}}{\delta} \tag{B-23}$$

其中 δ 为式（B-5）所示的集肤深度。内部多重反射和吸收的损失为：

$$\mathrm{IR(dB)} = 20\log_{10}\left|1 - \left(\frac{v-1}{v+1}\right)^2 \mathrm{e}^{-2(1+j)d}\sqrt{\pi f \mu \sigma}\right| \tag{B-24}$$

所以，此平板屏蔽体的屏蔽效能可以表示为：

$$\mathrm{SE(dB)} = \mathrm{R(dB)} + \mathrm{A(dB)} + \mathrm{IR(dB)} \tag{B-25}$$

此式便是最终设计此单层平板屏蔽体的依据。

对于多层平板屏蔽体而言，假设是由 N 层单层平板屏蔽体合成的，如图 B-5 所示，其屏蔽效能的估算为式（B-25）。但是，反射损失 R、吸收损失 A 和内部多重反射和吸收的损失 IR 的估算较为繁复。其中，反射损失为：

$$\mathrm{R(dB)} = 20\log_{10}\frac{\left|1+\dfrac{Z_1}{Z_0}\right|}{2} + 20\log_{10}\frac{\left|1+\dfrac{Z_2}{Z_0}\right|}{2} + \cdots + 20\log_{10}\frac{\left|1+\dfrac{Z_0}{Z_{N-1}}\right|}{2} \tag{B-26}$$

其中 $Z_1, Z_2, \cdots, Z_{N-1}$ 为第一、第二至第 N-1 层的波阻抗。吸收损失可以表示为：

$$\mathrm{A(dB)} = 8.686\left(\frac{d_1}{\delta_1} + \frac{d_2}{\delta_2} + \cdots + \frac{d_N}{\delta_N}\right) \tag{B-27}$$

其中 $\delta_1, \delta_2, \cdots, \delta_N$ 为第一、第二至第 N 层的集肤深度。内部多重反射和吸收的损失为：

$$\begin{aligned}\mathrm{IR(dB)} &= 20\log_{10}\left|1-\Gamma_1 \mathrm{e}^{-2k_1 d_1}\right| + 20\log_{10}\left|1-\Gamma_2 \mathrm{e}^{-2k_2 d_2}\right| \\ &\quad + \cdots + 20\log_{10}\left|1-\Gamma_N \mathrm{e}^{-2k_N d_N}\right|\end{aligned} \tag{B-28}$$

其中：

$$\Gamma_n = \frac{(Z_n - Z_{n-1})(Z_n - Z_{tn})}{(Z_n + Z_{n-1})(Z_n + Z_{tn})} \qquad n = 1, 2, \cdots, N \tag{B-29}$$

$$k_n = (1+j)\sqrt{\pi f \mu_n \sigma_n} \qquad n = 1, 2, \cdots, N \tag{B-30}$$

在式（B-29）中，Z_{tn} 为第 n 层往右方看入的总阻抗。总之，将式（B-26）、式（B-27）和式（B-28）放入式（B-25）中即可获得多层平板屏蔽体的屏蔽效能的估算公式。依据此公式，便可选择适当的平板层数、平板厚度和屏蔽体材料来组合出多层平板屏蔽体，以达到屏蔽效能的需求。

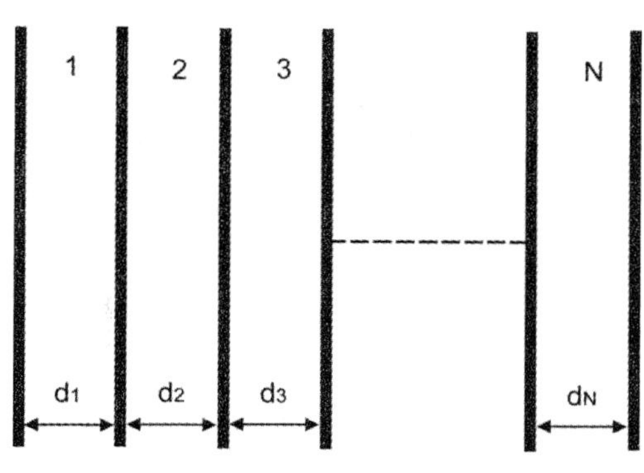

图 B-5 多层平板屏蔽体

参考文献

[1] Kong, J. A., 1986, *Electromagnetic Wave Theory*, John Wiley and Sons.

[2] Schulz, B. R., Plantz, V. C., and Brush, D. R., 1998, Shielding Theory and Practice, *IEEE Trans. Electromagnetic Compatibility*, vol. 30, pp. 187-201.

[3] Harrington, R. F., 2001, *Time-Harmonic Electromagnetic Fields*, IEEE Press.